300MW火力发电机组丛书

2014年版

第三分册

汽轮发电机及电气设备

涂光瑜　主编

中国电力出版社
CHINA ELECTRIC POWER PRESS

内 容 提 要

本书是300MW火力发电机组丛书之一，本书在第一版的基础上对内容进行了更新修改，并加以充实、提高，使之更适合大容量火电机组的目前状况。全书系统地介绍了300MW汽轮发电机及电气设备和系统的原理、结构、特性及运行、维护、调试等技术。主要内容包括汽轮发电机本体、励磁系统、电气一次系统及设备、继电保护配置及设备，电气设备调整试验，并且介绍了大型汽轮发电机设备的结构特点以及当今世界上大功率汽轮发电机及电气设备先进技术的发展趋势。全书内容丰富，讲述精练，反映了我国生产和进口的300MW等级汽轮发电机及电气设备的技术装备水平。

本书适合从事300MW火力发电机组设计、安装、调试、运行、检修及管理工作的工程技术人员阅读，或作为技术培训教材使用，也可供其他高参数、大容量火电机组的有关专业技术人员以及高等院校电力工程类和热能动力类专业师生参考。

图书在版编目（CIP）数据

汽轮发电机及电气设备/涂光瑜主编. —2版. —北京：中国电力出版社，2007.6（2018.9重印）

（300MW火力发电机组丛书）

ISBN 978-7-5083-5035-6

Ⅰ.汽…　Ⅱ.涂…　Ⅲ.汽轮发电机组-电气设备　Ⅳ.TM311

中国版本图书馆CIP数据核字（2007）第067236号

中国电力出版社出版、发行

（北京市东城区北京站西街19号　100005　http://www.cepp.sgcc.com.cn）

三河市百盛印装有限公司印刷

各地新华书店经售

*

1998年10月第一版

2007年6月第二版　　2018年9月北京第十五次印刷

787毫米×1092毫米　16开本　37.75印张　927千字

印数38401—39400册　定价**85.00**元

《300MW火力发电机组丛书》第二版

编　委　会

第二版前言

进入21世纪以来，随着我国经济的飞速发展，电力需求急速增长，促使电力工业进入了快速发展的新时期。我国电力工业的电源建设和技术装备水平有了较大的提高，大型火力发电机组有了较快增长，亚临界参数的300、600MW机组，甚至超临界的600～800MW机组，已经成为我国各大电网的主力机组。

由于引进型300MW机组具有调峰性能好、安全可靠性高、经济性好、负荷适应性广及自动化水平高等特点，早已成为我国现运营的火电机组中的主力机型，对我国电力事业的发展起到了积极的作用。有关工程技术人员、现场生产人员急需了解和掌握这些高参数、大容量机组的结构、系统和运行知识。为此，1998年组织编写了这套《300MW火力发电机组丛书》。

此套丛书面市以来，深受广大读者的厚爱，发行量逐年递增，已达数万套。为了适应当前电力大发展和广大读者日益增长的对大容量火电机组的知识需求，我们又根据制造厂、运行电厂、研究单位多年来对300MW等级机组在技术改进、结构完善、系统优化、运行水平提高等方面的新情况，对这套丛书各分册的内容进行了更新修改，并加以充实、提高，使之更适合大容量火电机组的目前状况以及有关工程技术人员和现场生产人员的知识需求和技术培训的要求，也更便于高等院校热能动力类和电力工程类专业师生参考。

本丛书包括《燃煤锅炉机组》、《汽轮机设备及系统》、《汽轮发电机及电气设备》、《计算机控制系统》四个分册。全套丛书由华中科技大学吴季兰担任总主编。

《汽轮发电机及电气设备》是300MW火力发电机组丛书的第三分册。本分册内容在第一版的基础上进行了更新修改，介绍了300MW汽轮发电机及电气设备的结构特点及先进技术的发展趋势，侧重讲述我国汽轮发电机及电气设备制造行业及运行单位，采用世界上先进的产品优化设计及制造技术对引进型汽轮发电机及电气设备和系统进行优化、完善及改造，实现设备更新换代。力求反映我国汽轮发电机及电气设备的制造水平和技术特点，以及这些设备所采用的新原理、新技术、新材料和新工艺。

本分册由华中科技大学涂光瑜主编，参加编写的人员有张永立（第一篇）、涂光瑜（前言、第二篇）、熊信银（第三篇第一、二、六章）、侯云鹤（第三篇第三、四、五章）、尹项根（第四篇第一、二、三、四章）、刘沛（第四篇第五、六、七、八、九、十章）。

本分册在收集资料和编写过程中，参阅了参考文献中列举的正式出版文献以及国内有关制造厂、研究单位、设计院、安装单位和高等院校编制的相关技术资料、说明书、图纸等，在此一并表示衷心的感谢。

由于编者水平和搜集的更新资料有限，且编写时间仓促，书中缺点和谬误在所难免，诚恳希望读者批评指正。

编　者

2006年12月

第一版前言

为促进社会主义经济建设的发展，我国正大力发展电力工业，新建及在建不少高参数、大容量的火力发电机组，尤以300MW机组居多。300MW机组已成为我国各大电网的主力机组，因此有关工程技术人员、现场生产人员急需了解和掌握这些高参数、大容量机组的结构、系统和运行知识。为此，我们组织编写了这一套《300MW火力发电机组丛书》。

丛书包括《燃煤锅炉机组》、《汽轮机设备及系统》、《汽轮发电机及电气设备》、《计算机控制系统》四个分册。全套丛书由华中理工大学吴季兰担任总主编。

本丛书可供从事300MW火力发电机组设计、安装、调试、运行、检修及管理工作的工程技术人员阅读，或作为培训教材使用，也可供其他高参数、大容量火电机组的有关人员以及高等院校热能动力类和电力工程类专业师生参考。

《汽轮发电机及电气设备》是本丛书的第三分册。这一分册共分十章，主要讲述300MW汽轮发电机及电气设备的结构、原理、特性以及运行、调试、维护。内容包括：300MW汽轮发电机（第一篇）、励磁系统（第二篇）、电气一次系统及设备（第三篇）和继电保护配置及设备（第四篇）。本分册力图既系统、又有重点地反映我国300MW机组电气设备的制造水平和技术特点，以及这些设备所采用的新原理、新技术、新材料和新工艺。

本分册由华中理工大学涂光瑜主编，参加编写的有张永立（第一篇），涂光瑜（第二篇），熊信银（第三篇第一、二、五章）、胡能正（第三篇第三、四章），尹项根（第四篇第一、二、三、四章）、刘沛（第四篇第五、六、七、八、九、十章）。另外，陆继明和张国强分别参加了本分册第二篇和第三篇第一章初稿的编写。本书审稿为山东电力局高级工程师徐福田（第一篇、第三篇），华北电力大学教授李先彬（第二篇），山东工业大学教授王广延（第四篇）。本分册在收集资料和编写过程中，参阅了书中“参考文献”所列的正式出版文献，以及国内有关制造厂家、安装单位、设计院、研究所和高等院校编印的说明书、讲义和图纸等技术资料，在此一并表示衷心的感谢。

由于编写时间仓促，又受搜资条件所限，错漏之处在所难免，恳请读者指正。

编　者

1997年12月

目　录

第二篇　300MW汽轮发电机的励磁系统

第三篇　电气一次系统及设备

第四篇 继电保护配置及设备

第一篇　300MW汽轮发电机

第一章　300MW汽轮发电机的结构和冷却系统

第一节　同步发电机的发展概况

同步发电机的功能是将原动机转轴上的动能通过发电机转子与定子间的磁场耦合作用，转换到定子绕组上变成电能。

按照原动机的不同，同步发电机通常分为水轮发电机、汽轮发电机、燃气轮发电机及柴油发电机等。水轮发电机和柴油发电机的转速较低，极数较多，多采用凸极式转子；汽轮发电机和燃气轮发电机的转速很高，则采用隐极式转子。水轮发电机组、燃气轮机组启动迅速，宜于承担电力系统的峰荷；而火电机组以及核电机组（均为汽轮发电机），由于不能快速启动，只宜于承担电力系统的基荷。

按照冷却介质的不同，同步发电机可分为空气冷却、氢气冷却、水冷却等。其中还可分为外冷式（冷却介质不直接与导线接触）和内冷式（冷却介质直接与导线接触）。

近年来，我国电力系统中发电机单机容量不断增长，300MW的单机已成为电力系统中的主力机组，600MW及以上的单机进入电力系统，也已成为主力机组。单机容量增长的原因是：

（1）可降低发电机的造价和材料消耗量。例如一台800MW机组比一台500MW机组的单位成本要降低17%；一台600MW机组比一台100MW机组，其材料消耗率只有60%。

（2）可降低电厂基建安装费。若以200MW机组安装费用为100%，则500MW机组的单位安装费用只需85%。

（3）可降低运行费用。单机容量大的机组的运行人员数和厂用电均较单机容量小的机组低。

当然，并不是在任何情况下单机容量越大越好，如果电力系统总容量小而单机容量过大，则不仅事故停机影响大，平时安排检修也有困难，所以，电力系统大机组的单机容量应与系统总容量相匹配，其合理的比例见表1-1-1。例如，目前华中、华东、东北和华北四大区域电网电力系统容量都已超过40000MW，因而装置300～600MW以上的单机容量是合适的。

表1-1-1　大机组的单机容量和电力系统容量的合理比例

系统容量（MW）	小于1000	1000～10000	大于10000
$\frac{\text{大机组经济容量}}{\text{系统容量}}$（%）	4～6	6～10	约≥10

发电机单机容量的加大并非轻而易举，它受到许多因素的制约，因为发电机的单机功率表达式为

$$P = KAB_{\delta}D_{i}^{2}nl \tag{1-1-1}$$

式中：K 为常数；A 为定子绕组线负荷，A/mm；B_{δ} 为气隙磁通密度，T；D_{i} 为定子内径，m；n 为额定转速，r/min；l 为定子铁心有效长度，m。

要提高发电机的单机容量 P，必须提高式（1-1-1）右侧 6 个因子的数值。

一般说，常数 K 与转速 n 不可能大幅度提高。增大定子内径 D_{i} 可以提高发电机功率，但 D_{i} 的增大意味着转子直径的增大，会使转子受到很大的离心力，尤其轴中心孔受到的应力最大，其值与转子直径的 3 次方成正比。因此加大直径要受到转子材料的机械强度限制。目前汽轮发电机转子本体最大直径为 1.25m，其轴中心孔的应力已接近现今转子材料的极限。

增加转子长度也有一定限度，转子长度和直径的比例不能太大，否则刚度不够，挠度太大，使气隙不均匀，产生不平衡的磁拉力。大型汽轮发电机转子的有效长度 l 与直径 D 的比值一般应满足

$$6.5 \geqslant \frac{l}{D} \geqslant 3 \tag{1-1-2}$$

此外，提高气隙磁通密度 B_{δ} 虽属途径之一，但目前硅钢片最大磁密只能达 2T，气隙磁密 B_{δ} 不能超过 1T，否则会过度饱和。

看来，只有通过冷却技术的发展来提高线负荷 A，才有较大的潜力可挖。几十年来发电机的冷却介质由空气到氢气，又发展到水，使发电机单机容量大幅度上升，这是由于介质的性能所决定的。

表 1-1-2 列出了空气、氢气和水 3 种冷却介质的冷却性能。表中均以空气的各项指标为 1，其他介质所列为相对值。从冷却角度看，水是最好的：水的热容量比空气大 4.16 倍，密度较空气大 1000 倍，散热能力比之大 84 倍。此外水还有良好的绝缘性能，获得电阻系数为 $200\times10^{3}\Omega\cdot cm$ 的凝结水是没有困难的。

表 1-1-2　　常用冷却介质的相对指标

冷却介质	相对比热	相对密度	吸热能力*		散热能力	
			体积流量	相对吸热量	流速（m/s）	相对散热系数
空　气	1	1	1	1	30	1
氢　气	14.35	0.21	1	3	40	5
水	4.16	1000	0.05	208	2	84

*　按水的流速为气体流速的 1/20 计算。

大型同步发电机已没有完全的空气冷却了。当定、转子均采用氢表冷时，汽轮发电机单机极限容量只能达 100MW；氢内冷是对氢表冷的重要改进，转子氢内冷、定子氢表冷则可达 250MW；转、定子绕组均采用氢内冷时，约可达 1000MW；而目前较为普遍的是转子绕组采用氢内冷、定子铁心采用氢表冷、定子绕组为水内冷（简称水氢氢冷却）方式，其单机极限容量可达 1200MW。

同步发电机冷却介质与冷却方式的不断改进，已使发电机的线负荷 A 由 60A/mm 左右

提高到了 200～250A/mm 左右。若要再进一步提高，在现有的冷却方式下遇到了极大的困难。

目前，科技发达的国家都把目标瞄准了“超导化”，即定子绕组仍采用常导材料导电，转子绕组则采用超导材料。因为超导励磁绕组能产生高于常导励磁绕组所能产生的气隙磁通密度，而不需定子、转子铁心的存在，定子电枢绕组就可做成无槽气隙绕组，去掉了铁齿，定子的空间利用率及线负荷都大大提高，将单机极限容量提高 3 倍左右，即达 3600MW。

1979 年美国西屋公司开始 300MVA 大型超导汽轮发电机的研制，1983 年制成，由于各方面的原因尚未正式并网发电。苏联在研制这种发电机中，后来居上，处于世界领先地位。圣彼得堡的“电力”工厂所开发的 300MVA 大型超导汽轮发电机完成了并网发电试验。

第二节　我国 300MW 汽轮发电机发展概况

1949 年前我国完全没有大型汽轮发电机制造能力。1952 年开始制造出空冷 3MW 汽轮发电机，到 1970 年就造出了 200MW 定子水冷、转子氢内冷的机型。表 1-1-3 列出的数据可以看到我国国产汽轮发电机单机容量的增长情况。

表 1-1-3　　国产汽轮发电机单机容量增长情况

时间	1954 年	1957 年	1958 年	1959 年	1960 年	1969 年	1970 年	1971 年
型　号	QF-6-2 型	QF-12-2 型	QFS-12-2 型 QF-25-2 型	QFQ-50-2 型	TQN-100-2 型	QFS-125-2 型	QFQS-200-2 型 QFS-200-2 型	QFS-300-2 型
单机容量（MW）	6	12	12 25	50	100	125	200	300
冷却方式	空冷	空冷	双水内冷 空冷	氢外冷	氢外冷	双水内冷	定子水冷，转子氢内冷 双水内冷	双水内冷

表 1-1-3 中的 QFS-12-2 型是上海电机厂于 1958 年率先开发的我国首台双水内冷汽轮发电机，其容量为 12MW，这在世界电机制造业上亦可谓开创了先河。时隔 13 年，该厂于 1971 年试制成功我国首台 300MW 汽轮发电机，即双水内冷 QFS-300-2 型机，该机于 1974 年投入运行。

1977～1986 年，上海电机厂在上述基础上对该机进行了完善化工作。其主要内容是修改机座结构，调整转子本体横向槽尺寸，提高自振频率，加强转子绝缘引水管绝缘等。由于提高了产品质量，改进型 QFS-300-2 型的年运行时间在 6000h 以上，其中几台达到了 7000～8000h。

从 1986 年开始，上海电机厂进一步吸收成熟的科研成果并移植引进新技术，从第 13 台产品开始，制造出创优型 300MW 汽轮发电机产品，这是第 3 代产品。主要的改进是提高转子绝缘引水管使用寿命，由于引进了德国 KWU 技术，采用了外用钢丝编织、内用聚四氟乙烯的新型转子绝缘引水管，使其寿命由原来的 3 年提高到 4～5 年。

为了适应我国电网迅速发展的要求，近年来从国外进口了一些单机容量为 300MW 左右的汽轮发电机组。它们的运行情况都比较好，其经济技术指标列于表 1-1-4。

表 1-1-4　　进口 300MW 汽轮发电机组的技术经济指标

制造国厂家	美国 西屋	美国 通电	苏联 3·C	意大利 ASGEN	法国 CEW	罗马尼亚
运行厂	石　横	上　安	—	大　港	元宝山	蒲　城
机型	—	AB-350-2 型	TBB-300-2 型	—	—	THA-320-2 型
额定功率(MW)	300	379	300	320	300	330
额定电压(kV)	20	23	18	20	22	24
额定电流(kA)	10.190	11.196	11.320	10.868	9.264	9.340
功率因数	0.85	0.85	0.85	0.85	0.85	0.85
转速(r/min)	3000	3000	3000	3000	3000	3000
冷却方式	全氢	水氢氢	水氢氢	水氢氢	水氢氢	水氢氢
额定氢压(MPa)	0.428	0.414	0.3	0.32	0.41	0.35
效率(%)	98.5	98.72	98.8	98.76	98.46	98.87
短路比	0.609	0.50	0.53	0.585	0.495	0.5
x'_d(饱)(%)	28.2	21.0	32.0	21.5	27.0	33
x''_d(饱)(%)	23.6	16.0	21.0	14.5	—	22
励磁方式	无　刷	机内励	高频整流	晶闸管	晶闸管	晶闸管

改革开放以来，我国开始积极引进国外技术，与美国西屋公司进行了 300MW 机型的联合设计。随后国内各大型电机制造厂充分吸收国外先进技术，充分发挥自己原有技术优势，生产出自己的优化产品。

上海电机厂生产的 QFSN-300-2 优化型水氢氢汽轮发电机，先后运行于吴泾、石横、汉川等发电厂。

哈尔滨电机厂的首台 QFSN-300-2 型水氢氢汽轮发电机于 1992 年制成，并先后运行于珠江、阳逻、铁岭等发电厂。

东方电机厂于 1974 年就已开始研制 300MW 容量等级的机型，该厂以自力更生为主，嫁接国外技术，于 1985 年试制成功 QFSN-300-2-18 型 300MW 机，该机单位容量的铜耗、铁耗较美国西屋 300MW 机分别低 19.6%和 21%，各项技术经济指标均超过国家标准。首台东方型 300MW 汽轮发电机在山东黄台投运，至 1994 年，已有 19 台汽轮发电机产出。该型发电机于 1991 年 12 月通过了国家级鉴定。随后该厂将该机型进一步优化，将定子绕组额定电压由 18kV 改为 20kV，定型为 QFSN-300-2-20 型。2001 年，他们又推出了第三代 300MW 汽轮发电机机型。

我国三大电机厂目前所生产的 300MW 汽轮发电机主要额定参数列于表 1-1-5。该表表明，QFS-300-2 型汽轮发电机在冷却方式上采用的是水水空方式，即转子绕组、定子绕组均为水内冷，定子铁心为空冷。表中有 3 种 QFSN-300-2 型汽轮发电机都是水氢氢，即定子绕组为水内冷，转子绕组为氢内冷，定子铁心为氢表冷的方式。本篇将以哈尔滨电机厂所产汽轮发电机作为典型加以介绍，其他机型仅作简要叙述。

表 1-1-5　　国产 300MW 汽轮发电机主要参数

型　　号	QFSN-300-2-20 型	QFSN-300-2 型	QFSN-300-2 型	QFS-300-2 型	QFN-300-2 型
生产厂	东方电机厂	哈尔滨电机厂	上海电机厂	上海电机厂	上海电机厂
额定功率（MW）	300	300	300	300	300
额定电压（kV）	20	20	20	18	20
额定电流（A）	10190	10190	10190	11320	10190
额定功率因数	0.85	0.85	0.85	0.85	0.85
额定转速（r/min）	3000	3000	3000	3000	3000
额定氢压（MPa）	0.3	0.3	0.31	0.2（水压）	0.41
额定励磁电流/电压（A/V）	2203/426	2642/365	2510/302	1844/483	2698/403
绝缘等级	F/B	B（F）/B（F）	B	B	B
励磁系统	三机同轴交流，静止 SCR	三机同轴交流，静止 SCR	三机同轴交流，旋转 SCR	三机同轴交流，静止 SCR	三机同轴交流，旋转 SCR
效率（%）	≥98.8	98.82	98.8	98.61	>98.6
短路比	0.556	0.656	>0.5	0.47	>0.5
冷却方式	水氢氢	水氢氢	水氢氢	水水空	氢氢氢

宏观上看，国产 300MW 汽轮发电机组由于引进和嫁接了国外技术，不断地自我优化，目前在质量上已比国产 200MW 汽轮发电机组有大幅度的提高。

第三节　300MW 汽轮发电机组的主要部件及参数

300MW 汽轮发电机组通常采用卧式轴，轴系上带有三台同步发电机。图 1-1-1 展示了 QFSN-300-2 型机组的侧视面，其中 11 为主同步发电机（机壳），其强大的电能由 3 引出；5 为主励磁机（属小型同步发电机），它发出的三相 100Hz 中频交流电流由该机的定子绕组引出，经不控整流柜整成直流电流，供给主同步发电机的励磁绕组；4 为永磁副励磁机，也是一台小型同步发电机，采用永磁式转子，其定子为三相绕组，发出 400～500Hz 的交流电流经可控整流柜整流后，供主励磁机转子励磁。这就是所谓三机同轴励磁系统。

有些 300MW 汽轮发电机组，例如 QFSN-300-2 型机组（运行于汉川电厂），采用了无刷励磁方式。其主励磁机的三相电枢绕组绕在转子上，三相交流出线直接顺转轴引向轴上的旋转二极管，转换成直流后又沿轴送到主发电机转子励磁绕组，在总体上看仍然是三机同轴运行。

就主发电机本体而言，其最基本的组成部件是定子和转子，见图 1-1-2。定子主要由定子铁心 1 和定子绕组 2 构成，由于在正常运行状态，尤其是故障短路状态下，定子受有很大的力矩，故必须用机座 3 将其固定。在机座壁与铁心段之间有隔振结构，以减少倍频振动。

转子 4 正常运行时是插在定子铁心段中的，只有检修时才抽出来，因而在运行现场留有抽转子的空地，其长度大于 10.9m。当转子上的励磁绕组流过励磁电流，且以额定转速旋转

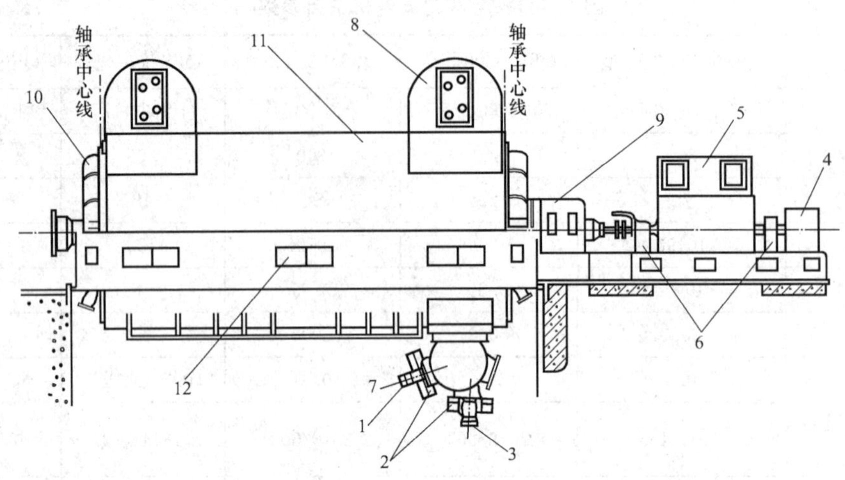

图 1-1-1　QFSN-300-2 型汽轮发电机组侧视图

1—X、Y、Z 引出线；2—电流互感器；3—A、B、C 引出线；4—永磁副励磁机；5—主励磁机；6—励磁机轴承；7—出线盒；8—汽体冷却器；9—碳刷架隔音罩；10—端盖；11—机壳；12—测温引线盒

时，就会在气隙中产生正弦分布的旋转磁场，作用于定子绕组上，使其产生正弦电动势。

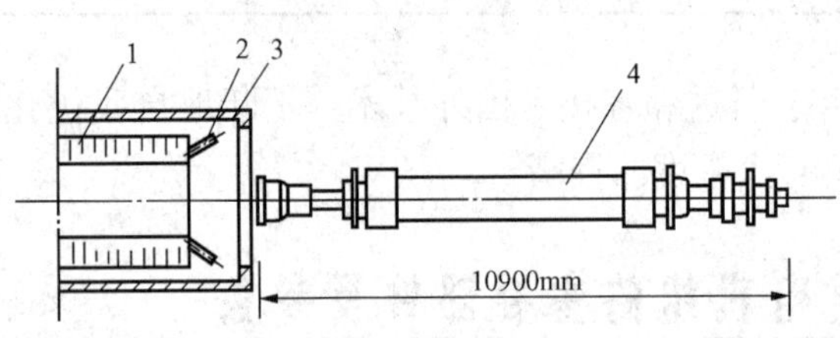

图 1-1-2　QFSN-300-2 型发电机主要部件

1—定子铁心；2—定子绕组端部；3—机座；4—转子

当定子绕组带上负荷后，负荷电流又会产生一同步旋转的反作用磁场作用于转子，通过这一作用与反作用便将能量从转子传递到定子。

同步发电机运行时，由于效率只有 98.5%左右，还有在绝对数值上可观的部分能量变成热量损耗在机内，使电机温度升高。要把这部分热量排出去，300MW 汽轮发电机内设有一套水循环系统和一套氢循环系统。

为了轴与轴承的润滑，以及将氢气密封在机内而不外泄，还有一套复杂的油循环系统。

为了监视运转中发电机各重要部分的温度，机内埋设了一套完备的测温系统，图 1-1-1 中的 12 便是测温用的引线盒。

在发电机本体醒目的地方设有铭牌。铭牌上标有发电机的最重要的参数，这些参数是设计和运行中的依据。一般有发电机额定的功率、电压、电流、功率因数、转速、氢压、励磁电压、励磁电流、连接方式以及效率等。进口和我国国产 300MW 汽轮发电机主要铭牌参数分别列于表 1-1-4 和表 1-1-5。其中额定有功功率 P（MW）、额定电压 U（kV）、额定电流 I（kA）以及额定功率因数的关系是

$$P=\sqrt{3}UI\cos\varphi \tag{1-1-3}$$

额定转速 n（r/min）、电网额定频率 f（Hz）和同步发电机的磁极对数 P_1 之间的关系是

$$n = \frac{60f}{P_1} \tag{1-1-4}$$

通常汽轮发电机的额定转速 n 为 3000r/min，因而当 f 为 50Hz 时 P_1 则为 1 对。

式（1-1-3）表明，由于绕组电流受到导线截面和冷却方式的限制，当额定功率增长时，额定电压应随之增长，两者之间应有最优的关系。我国国家标准和原水利电力部对 300MW 汽轮发电机的额定电压分别规定为 18～20kV 和 20～24kV，见表 1-1-6。目前三大厂生产的 QFSN-300-2型汽轮发电机均采用 20kV，但东方电机厂早期产品 QFSN-300-2-18 型和上海电机厂的 QFS-300-2 型双水内冷汽轮发电机的额定电压只有 18kV，显然这个电压偏低，目前这两型产品的额定电压均已提高为 20kV。

表 1-1-6　　国产 300MW 汽轮发电机的额定电压（kV）

国家标准 GB/T 7064—1996 GB 755—2000	原水利电力部的要求 （83）水电技 字 37 号文	上海、东方、哈尔滨 电机厂生产 QFSN-300-2 型	东　方 QFSN-300-2-20 型	上　海 QFS-300-2 型
18 或 20	20～24	20	20	18

第四节　机座及附属部件

一、机座

机座主要用于支撑和固定定子铁心和定子绕组。300MW 汽轮发电机通常采用端盖式轴承，机座还要承受转子重量。除此之外，在结构形状上还要满足发电机的散热、通风和密封要求。

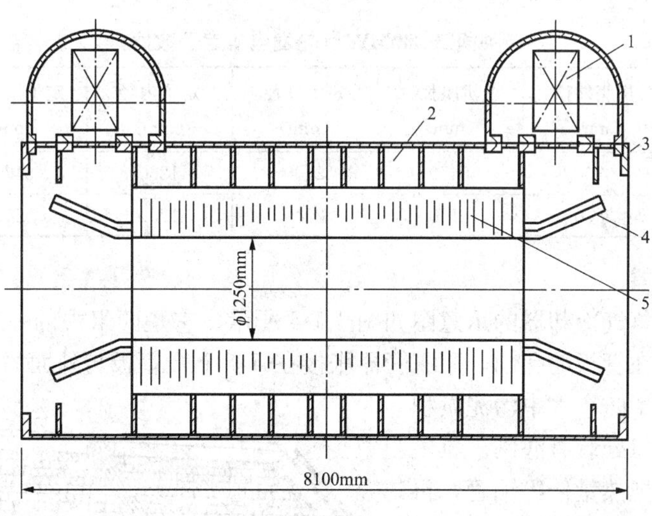

图 1-1-3　机座及氢冷却器安装图

1—氢气冷却器；2—风室；3—机座；4—定子绕组；5—定子铁心

上海电机厂和哈尔滨电机厂的 300MW 汽轮发电机机座均采用不可拆卸的整体结构，用优质碳素结构钢板按需要形状滚弯并焊接而成。除外壳和两端端板外，其内部共有 12 道环板将定子内空隔成许多风室，所有焊缝均为气密焊缝。图 1-1-3 表示出机座 3、定子铁心 5 与氢气冷却器 1 的安装情况，机座连同铁心（不包括氢气冷却器）总重约 197t，外径 3.8m，运输长度 8.1m，它是汽轮发电机部件中最重、最大的一件。其尺寸和质量主要受火车运输条件的限制。

机壳和铁心外圆背部之间的空间属发电机通风系统的部分，为轴向分段式通风。在结构上用横隔板将机壳和铁心背部之间的空间沿轴向分成 9 段，形成了 9 个环形小风室，各风室相互交替地分为进风区和出风区，各进风区之间和出风区之间分别用椭圆形钢管连通，其中偶数段为进风区，奇数段为出风区，即形成所谓“四进五出”的通风系统。

机座下面的底座上装有氢气和中间介质二氧化碳气体的进出气管道。底座励磁机端（以下简称励端）装有出线盒，它是用反磁钢板焊接而成的。

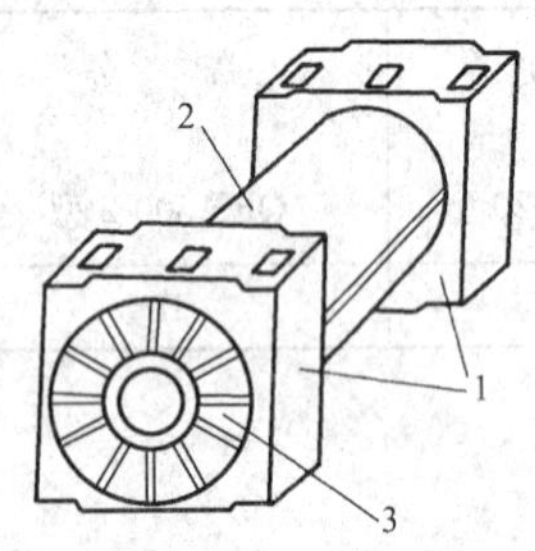

图 1-1-4　QFSN-300-2 型汽轮发电机三段式机座

1—端罩；2—机座；3—端盖

为了保证机座连同端盖、出线盒、出线套管以及氢气冷却器等的气密性，出厂前在不插入转子状态下，要进行额定氢压下的气密试验，以保证所有接合面的良好气密性。

为了减轻定子机座的质量和尺寸，东方电机厂生产的 QFSN-300-2 型机采用了三段式机座。即沿轴向将机座分为三段，中间段为机座主体，呈圆筒形，用以支撑铁心；两端部分称为端罩，呈方盒形，用以设置氢气冷却器并支撑端盖轴承，如图 1-1-4 所示。三段机座在制造厂制造完之后，分段运输至运行电厂再组装成一整体，其间再采用机械连接并设置橡皮圈密封及适当的焊缝密封，以保证机座的气密性。

表 1-1-7 列出了两种国产 300MW 汽轮发电机定子尺寸及质量，由表可见双水内冷机组（QFS-300-2 型）由于冷却介质的改善，其尺寸与质量均较小。

表 1-1-7　　两种国产 300MW 汽轮发电机定子数据

机　型	机座外径（mm）	机座长（mm）	定子外径（mm）	定子内径（mm）	定子铁心长（mm）	定子质量（t）
QFS-300-2 型	3300	5470	2400	1260	5420	157
QFSN-300-2 型	3800	8100	2540	1250	5200	197

二、氢气冷却器

冷却氢气用的氢气冷却器的示意图如图 1-1-5 所示。它是四组中的一组，由许多铜管组成，铜管的两头穿在管板的孔内，用胀管器胀接在管板上，管板与外面的盖子形成水室，铜管内通冷却水。为了防止水中污泥淤积而阻塞铜管，进水口处装有滤网。氢气在铜管外面通过，把热量传给铜管，再传给冷却水。为了增加冷却表面面积，用薄铜片做成翅片焊在铜管的外表面。管内工作水压为 0.25MPa，冷却水进水温度不超过 33℃，冷却后氢气温度不超过 40℃。

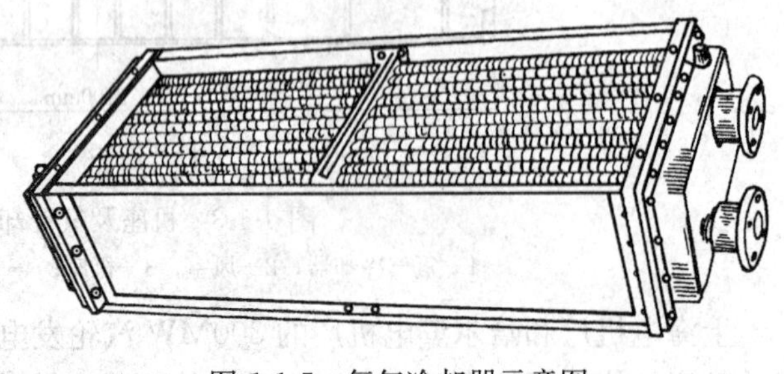

图 1-1-5　氢气冷却器示意图

至于氢气冷却器在机座上的布置，因不同产品而不同，QFSN-300-2 型汽轮发电机采用机座背包式。这一布置方式可减小机座的运输质量和尺寸，到发电厂现场才组装在机座上。两组冷却器分别安装在发电机的汽端、励端机座之顶部（参见图 1-1-3），每一组又分成两个单元，沿气流方向串联排列。这种布置方式除可以减轻发电机机座运输质量外，还缩短了轴承跨距，冷却器检修时，运行中的发电机无需停机，且能带 80%的负荷。

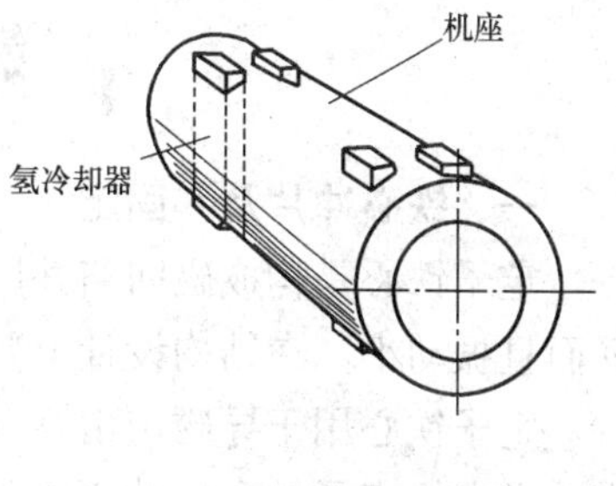

机座

氢冷却器

图 1-1-6　氢冷却器在机座内垂直布置方式

上述背包式布置为水平布置。另一种则为垂直式布置，即将氢气冷却器垂直地放置在发电机机座的四角，如图 1-1-6所示。现上海电机厂的 300MW 汽轮发电机即为此种布置。

三、端盖与轴承

端盖的作用是用于保护定子端部，对发电机进行密封。为安装、检修、拆装方便，QFSN-300-2 型汽轮发电机的端盖从水平中心线分为上下两个半圆。由于机座、端盖与轴承要承受高速旋转的转子，它们之间应准确同心，因此安装时应特别精确、保证质量。

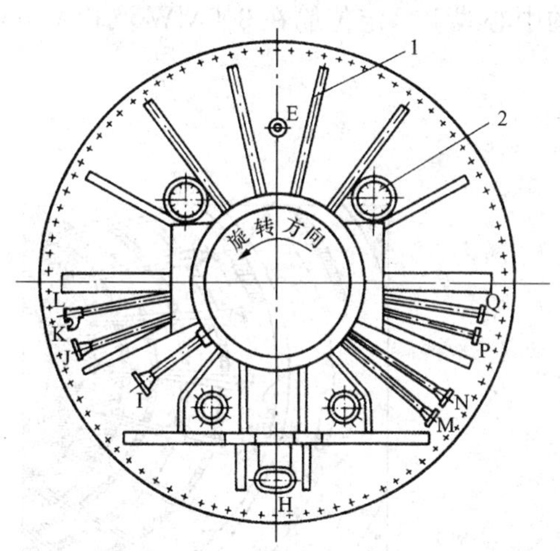

图 1-1-7　QFSN-300-2 型发电机端盖（励端）
1—加强筋；2—人孔；E—温度计接口；Q—油密封推力油进口；P—油密封氢侧差压表；N—油密封氢侧进口；M—轴承油进口；H—发电机轴承回油；I—分离箱排气接口；J—油密封空侧进油；K—油密封空侧差压表；L—油密封空侧压力表

与机座一样，端盖也应是防爆和密封的。它是由优质钢板焊接，经消除应力后加工而成的。端盖的外形如图 1-1-7 所示，除加强筋条 1 外，上半圆有人孔 2，便于检修；下半圆上装有一些油管，用于进油、排油，供轴承和油密封用。上下两个半圆间的把合面上车有沟槽，槽内置入丁腈橡胶带或密封填料，用螺栓固牢，以防漏气。

300MW 汽轮发电机的轴承一般为端盖式，安装于端盖的中心孔处。其轴瓦多为椭圆形结构，见图 1-1-8，采取双侧进油或单侧进油。当转子以 3000r/min 转速运转时，在轴与轴承间形成厚度约 0.25mm 的油膜，用以防止轴与轴承间的金属摩擦。

额定工况下，轴承进油温度为 24℃，回油温度约 42℃，轴承发热损耗为 166kW。为监视轴瓦温度，在下半轴瓦最高温度点附近的钨金面下埋设有铜热电阻测温元件。

为了防止轴电流流经两个轴承、轴承座与轴瓦垫块之间，密封座与端盖之间及密封座与轴瓦垫块之间，密封座与进出油管之间均设有绝缘物。下半轴瓦还设置有高压顶轴油孔。

为了防止氢气从发电机内轴与端盖间的间隙外漏，或空气从外部混入机内，引起爆炸，在端盖与轴交接处装有油密封设备。

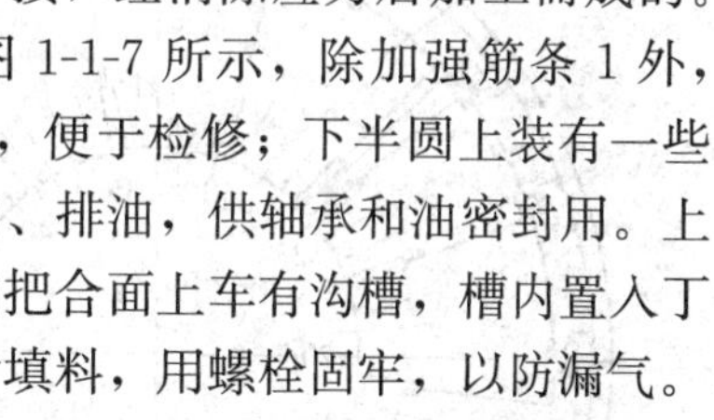

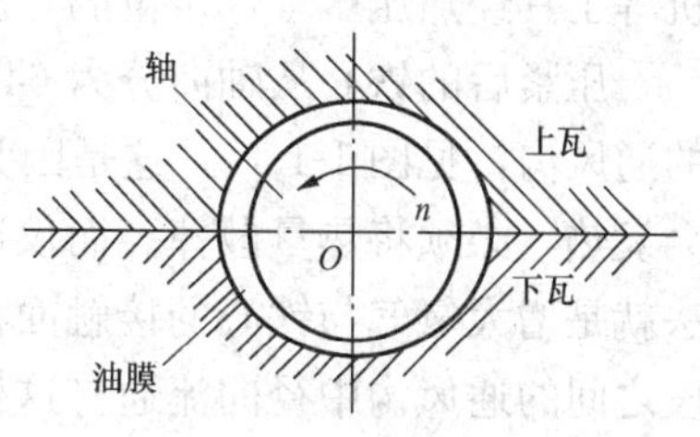

图 1-1-8　椭圆瓦轴承及油膜

第五节 定 子 铁 心

一、铁心冲片及其固定

定子铁心是构成磁回路并固定定子绕组的重要部件，要求它导磁性能好、损耗低、刚度好而且振动小，在结构设计上及通风布置上具有良好的冷却效果。

定子铁心用于导磁，由0.5mm厚的优质冷轧无取向硅钢片经冲制叠压而成。大、中型汽轮发电机定子铁心尺寸很大，常将硅钢片冲成扇形，再由多片拼装成圆形。QFSN-300-2型汽轮发电机的定子冲片形状及拼装情况如图1-1-9所示，由图可见，它总共有54个线槽，一张扇形片上有4个槽距，两片之间的接缝处在槽部，而不在齿部。扇形片的外圆弧上冲有鸠尾槽，两鸠尾槽间相距3个定子线槽槽距，其相应的弧为20°，整个圆周上共有18个定位槽。发电机就是用18根定位筋将扇形片固定在机座上的。

定位筋的横断面多为方形，与扇形片接触处带鸠尾状，轴向两端车有螺纹，便于与压圈相连。定位筋的位置在定子槽的中心线上，或齿的中心线上。定位筋在300MW汽轮发电机机座内空的布置如图1-1-10所示。

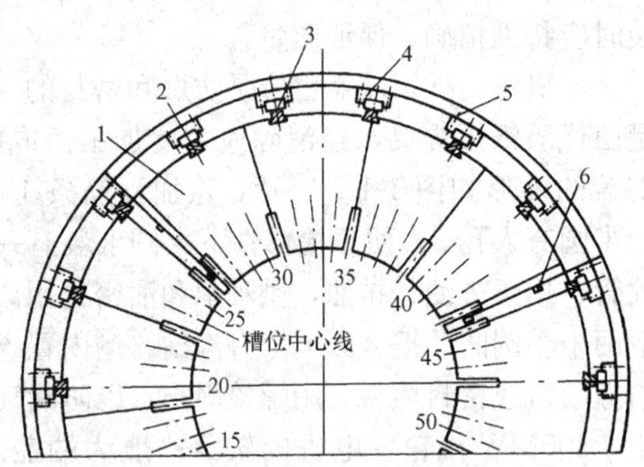

图1-1-9 QFSN-300-2型汽轮发电机定子硅钢片拼装

1—扇形硅钢片；2—定位筋；3—垫块；4—弹簧板；5—机座；6—测温元件

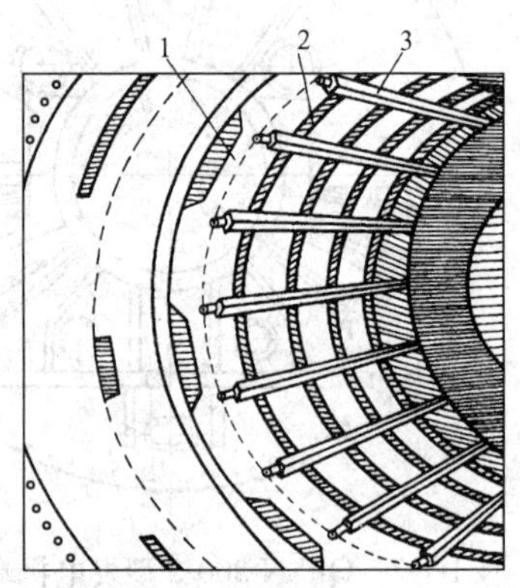

图1-1-10 300MW汽轮发电机定子机座内空图

1—风道；2—机座横隔板；3—定位筋

扇形冲片两面涂刷绝缘漆，漆膜厚约20～35μm。扇形片应交叉叠装，即每装两片旋转一个鸠尾槽槽距，使扇形片间的接缝不全在同一位置，以减小磁阻。硅钢片叠装后，用油压机等工具经热压压紧，定位筋与压紧压圈好像一个笼状物，将铁心固定在其中间。

压紧后的铁心从轴向分为64段，每段长75mm，段与段之间用嵌条隔离，形成8mm宽的通风沟，见图1-1-11。这是因为发电机运行时，硅钢片会有磁滞、涡流损耗，定子绕组也会发热，必须将热量散掉。而仅通过定子铁心的外表面散热是很不够的，改善散热的主要办法就是增大氢气与铁心的接触面积，即采用径向通风来冷却定子铁心，让冷却氢气在硅钢片段之间的通风沟中径向流通。这样，就把铁心散热面从原来的两个端面增大为128个端面，大大地改善了散热条件。

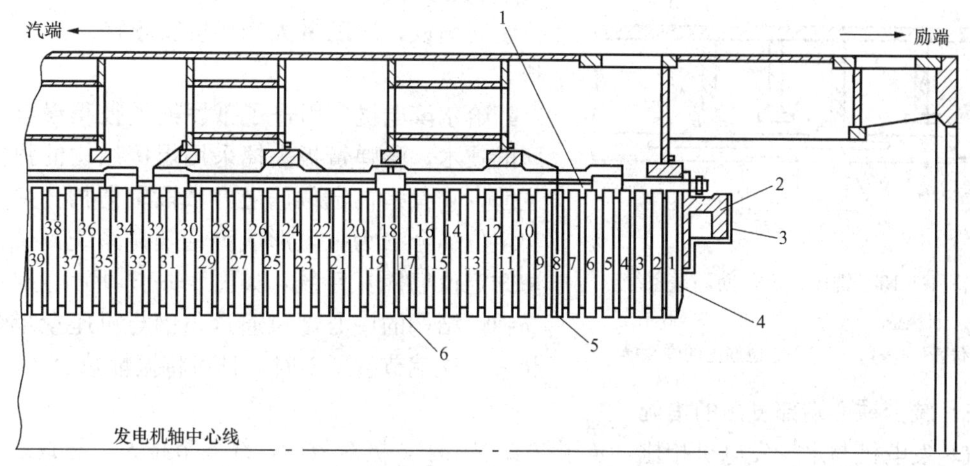

图 1-1-11 QFSN-300-2 型汽轮发电机定子铁心装配图

1—定位筋；2—压圈；3—铜屏蔽；4—压指；5—测温元件；6—通风沟

从图 1-1-11 还可以看到，在第 1 段和第 64 段硅钢片的端部用了压指和压圈，压指呈条形，用于压住铁心的每个齿；压圈呈圆环形，用于压紧压指和铁心的轭部，最后用定位筋两端的螺母压紧。

二、定子隔振系统

两极式同步发电机运行时，气隙磁场强度沿定子铁心内圆各点是交变的。相应就会对定子铁心产生磁拉力，两磁极中心线上的磁拉力最大，极间则最小，使定子铁心产生椭圆形变形。在转子旋转时，每转一周，铁心的变形要交变两次，这就使定子铁心产生双频振动。长时期的双频振动会引起定子铁心松动，片间压力减小，绝缘受到磨损，机座焊缝疲劳，并伴随着噪音。

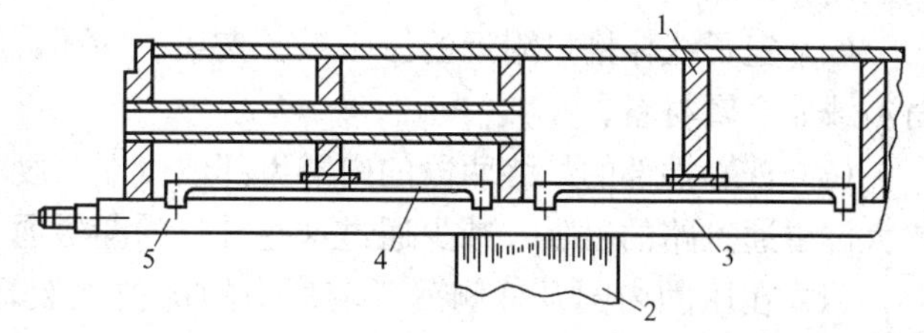

图 1-1-12 弹簧板式隔振系统结构图

1—机座壁；2—定子铁心段；3—定位筋；4—弹簧板；5—螺钉

为降低定子铁心的振动向机座传递，国产 300MW 汽轮发电机采取了在定子铁心和机座间加装定子隔振系统的措施。隔振系统又称弹性隔振装置。我国三大电机厂均采用轴向组合式弹性隔振系统（另一类为切向结构），且均为单弹簧板式，如图 1-1-12 所示，即在定子铁心段的每根定位筋背部装设 4 根单弹簧板，每块弹簧板两端用螺钉、销套与定位筋连接，弹簧板中部用螺钉与机座连接，构成扁担式弹性系统。弹簧板长 1100mm，宽 90mm，厚 32mm。这种结构隔振效果较好，国内各电厂实际运行表明，发电机的振动和噪声均远远小于规定值。

但是弹簧板结构隔振系统也存在一些问题：首先，由高强度合金钢锻件加工而成的弹簧板在机内占有较大空间，使机座直径加大；其次，组装后的单元隔振结构与机座用销钉连

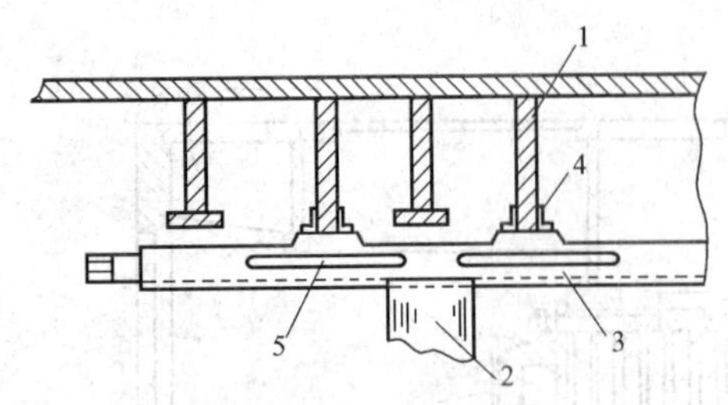

图 1-1-13 铣槽式定位筋隔振系统
1—机座壁；2—定子铁心段；3—开槽定位筋；4—角钢；5—定位筋上的弹性槽

接，机座共需加工 288 个销孔，且要求弹簧板与机座同钻铰，加工量大，精度要求高，加工周期长。

哈尔滨电机厂引进了俄罗斯圣彼得堡电力工厂的技术，将弹簧板去掉采用焊接结构的弹性定位筋，它只是在定位筋上开数段轴向槽，弹簧板与定位筋合二为一，形成弹性隔振系统，又称铣槽式定位筋隔振系统，如图 1-1-13 所示，即定位筋弹性结构的中心部位通过角钢与机座壁板焊接起来，这就节省了工时，且可将振幅减少 3/4。

三、减少铁心端部发热的措施

汽轮发电机与水轮发电机相比，定子铁心直径小，极对数少，线圈节距大，导致定子绕组端部长，出口倾角大。同时由于线负荷大、磁密高，故端部漏磁大，且形成一个旋转的定子漏磁场。

转子端部也有一个随转子旋转的转子漏磁场。两者合成起来仍以定子漏磁场占主导地位。

端部漏磁场的分布情况比较复杂。它随发电机结构、材料、距离以及带负荷的情况不同而不同。例如在滞后功率因数运行时，定子和转子的合成磁通相互削弱；而在超前功率因数下运行时，两者合成磁通相互加强，端部漏磁就增多，故发电机在进相运行时端部易于发热（详见本篇第四章第三节）。

端部漏磁总是企图从磁阻最小的路径通过。因此定、转子漏磁通主要集中在压圈内圆、压指和端部最边缘段铁心的齿部，导致这些部位附加损耗增大，局部温度升高。减少端部铁心发热的主要措施有：

（1）缩短定子端部绕组尺寸和出槽口后的倾斜角；增大端部绕组与压圈、压指、铁心间的距离，以加大磁阻。

（2）定子线棒槽口附近的齿压板、支架、端环、压圈、螺栓以及转子护环都采用非磁性材料或非金属材料。

（3）铁心端部的最终两段的内沿齿部向汽端、励端叠成阶梯状，逐步增大气隙，以逐步增大漏磁通磁路的磁阻，减少通过这些叠片的漏磁通（见图 1-1-11）。

（4）在压圈内圆及外侧漏磁较集中的部位加装环形电屏蔽（又称铜屏蔽），利用铜屏蔽内的涡流阻止漏磁进入压圈的内圆，以防止压圈局部过热。铜屏蔽采用 16～20mm 厚的铜板制成，应与压圈接触良好，以免间隙内出现火花。此外，在压圈和齿压板之间还有磁屏蔽。出厂试验表明，这些屏蔽结构对降低定子端部温升有明显效果，使得实际温升较低。

（5）为了加强端部铁心通风冷却，从风扇送来的高压、低温氢气首先通过铁心端部以及铜屏蔽、压圈、磁屏蔽、齿压板之间的风道，使其获得良好的通风冷却条件。

大容量汽轮发电机定子端部铁心及其附近金属部件的发热问题，已成为近年来电机制造行业重点研究的课题，运行与维护中也应给予足够的重视。

第六节 定 子 绕 组

一、发电机定子绕组电路

从原理上看，大型同步发电机有三个绕组。转子上有两个：励磁绕组与阻尼绕组。另外就是定子绕组。定子绕组分为 3 相（AX、BY 和 CZ），其电磁原理见图 1-1-14。

励磁绕组用于建立励磁磁场。阻尼绕组主要用于减小涡流回路的电阻，提高发电机承受不对称负荷的能力，这两个绕组都装在转子上。定子三相绕组嵌放在定子槽中，它们在布局上应相差 120°电角度，以便在转子旋转时产生互差 120°相位差的电动势。为了降低定子绕组电流，国产 300MW 汽轮发电机定子绕组额定电压一般设计得较高，为 20kV。国产水氢氢与双水内冷汽轮发电机的定子绕组电流密度与线负荷列于表 1-1-8。双水内冷机的电流负荷能力大于水氢氢机的负荷能力，其原因是显然的。

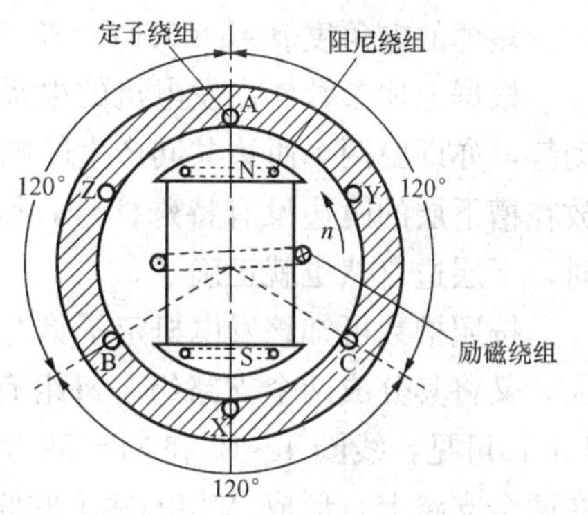

图 1-1-14 同步发电机电磁原理图

表 1-1-8 两种国产 300MW 汽轮发电机定子绕组电流负荷

机 型	冷 却 方 式	定子绕组线负荷 A_1 (A/mm)	定子绕组电流密度 J_1 (A/mm²)
QFS-300-2	双水内冷	154	8.51
QFSN-300-2	水氢氢	140	6.9

实际上，现代大型汽轮发电机的定子绕组并不是集中在一个槽内，而是分布在整个定子的内表面上，以利于散热和充分利用空间。因而沿电枢圆周单位长度上的电流值就被定义为定子绕组线负荷，它是设计汽轮发电机的重要参数，前面已在式（1-1-1）中进行了讨论。

QFSN-300-2 型汽轮发电机定子铁心内圆上开有 54 个槽，每个槽内都嵌有包上绝缘物的导体（亦称为线棒）。一根线棒分为直线部分和两个端接部分：直线部分放在槽内，它是切割磁力线从而感应电动势的有效边；端接部分起连接作用，把各个线棒按一定规律连接起来，构成发电机的定子绕组。

该型发电机的定子绕组为三相双层短节距绕组。即每个槽内放有两个线棒，所有的绕组线圈具有同样的尺寸。线圈的一个边放在某槽的上层，而另一个边则放在另一槽的下层。

一个线圈的两有效边间的齿距称为节距，用 y 表示；两个磁极中心线之间的距离称为极距，用 τ 表示。QFSN-300-2 型汽轮发电机有 54 槽，其中 1 至 27 槽处在 S 极下，而 28 至 54 槽则处在 N 极下，其极距为 28－1＝27（或 54－27）槽，即 $\tau=27$ 槽。本机型一个线圈的节距 y 设计为 23－1＝22 槽，$y<\tau$，短了 5 个槽，故称为短节距绕组。采用短节矩绕组的目的在于节约有色金属和消除发电机电压中的谐波。

令总槽数 $Z=54$，极对数 $p=1$，则：

每极下槽数 $Q=\dfrac{Z}{2p}=\dfrac{54}{2}=27$；

每极每相所占槽数 $q=\frac{Z}{2pm}=9$；

槽间夹角 $\alpha=\frac{p\times 360^{\circ}}{Z}=\frac{360^{\circ}}{54}=6.67^{\circ}$（电角度）；

相与相相隔槽数 $n=\frac{120^{\circ}}{6.67^{\circ}}=18$；

短掉的电角度 $\beta=5\times 6.67=33.3^{\circ}$（电角度）。

根据上述参数作出发电机的电动势星形图如图 1-1-15 所示。图中各个相量代表绕组电动势，亦即由两个匝边共同产生的电动势。电动势相量上的数字与上层边所占槽号相对应。放在槽下层的匝边没有特殊标号，因为每一个线圈的节距都是一样的，当上层边安排正确时，下层边自然也就正确了。

按照槽数可知该发电机定子具有 54 个线圈，每相 18 个线圈，由于在每相导体内电流太大，又将其分成两个支路组，每组有 9 个线圈，分别处于两磁极的下面。从电动势星形图 1-1-15可见，线圈 4～12 和 31～39 中所感应的电动势大小相等且符号相反，可以把它们放在两个支路上，形成 A 相的两个并联支路 A1 和 A2，这样支路与槽的对应关系为：

A1—（4～12），A2—（31～39）

B1—（22～30），B2—（49～54～3）

C1—（40～48），C2—（13～21）

形成了双星形（即 YY）接线方式，如图 1-1-16 所示。国产 300MW 汽轮发电机定子绕组多采取这种接线方式。

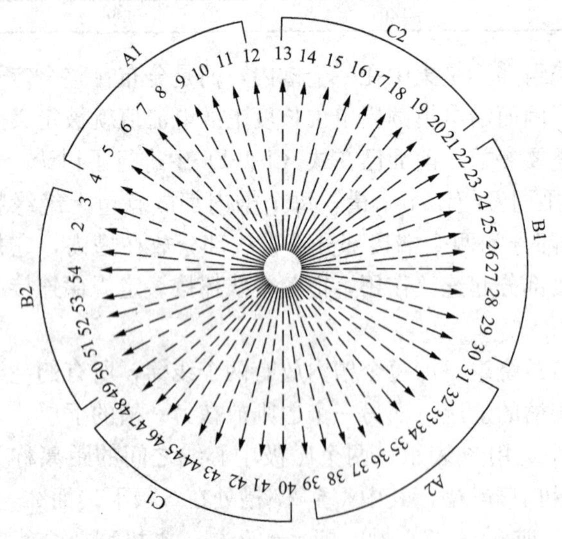

图 1-1-15　QFSN-300-2 型汽轮发电机电动势星形图
A1～A2＝A 相绕组；B1～B2＝B 相绕组；C1～C2＝C 相绕组

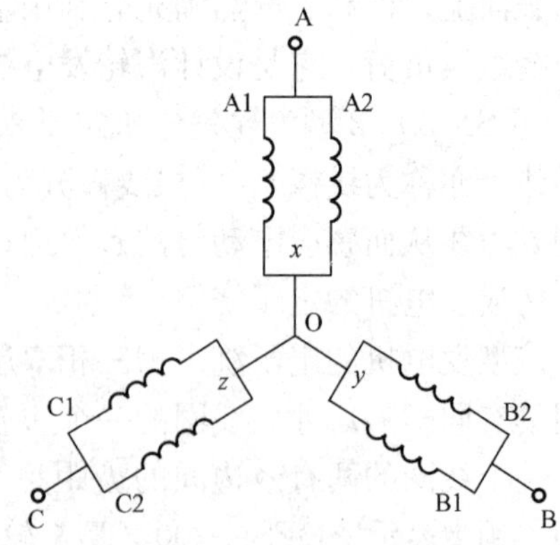

图 1-1-16　汽轮发电机定子
双星形接线方式

根据电动势星形图 1-1-15 和其他一些要求，可以画出定子绕组展开图，如图 1-1-17 所示。该图是将定子绕组从 33 槽与 34 槽中间剖开，展成平面的，其端部的粗线部分为电路，细线部分为水路，最上部的出水用于冷却定子绕组；最下部的出水从出线盒而来，用于冷却

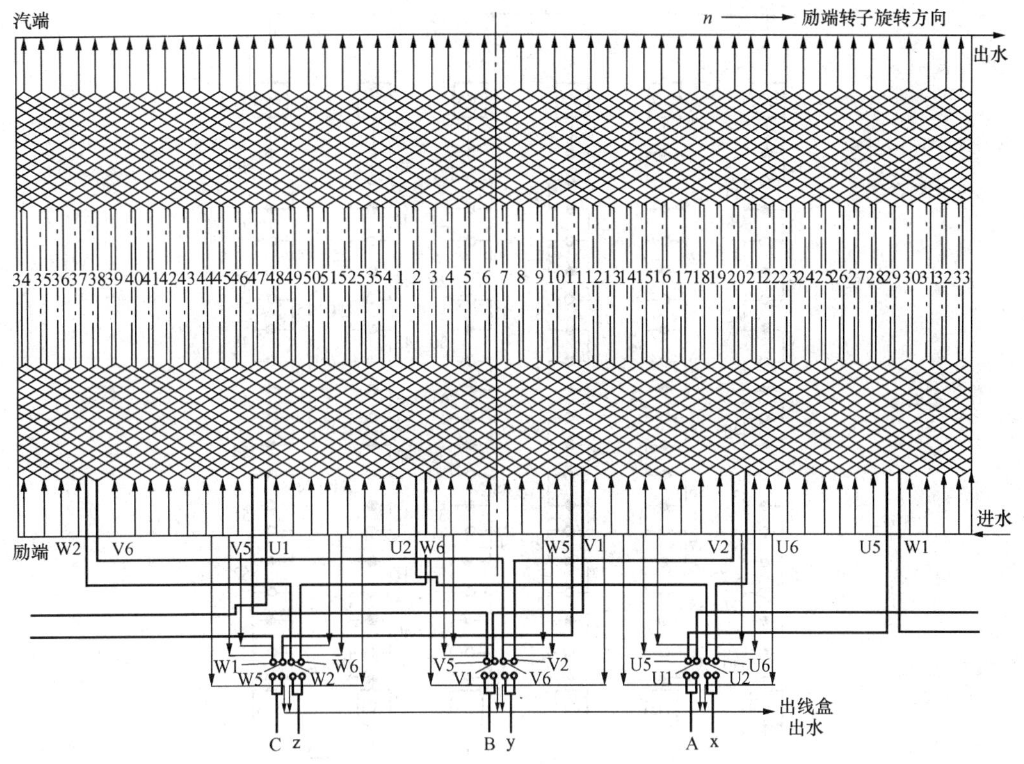

图 1-1-17　发电机定子绕组展开图

出线端。下面先分析其电路部分。

绕组每一槽中的上层线棒与下层线棒在图中平行地画在一起，右侧实线为上层线棒；左侧虚线为下层线棒。因为绕组的节距 $y=22$ 槽，所以位于槽 1 下层的线圈边必须与第 23 槽的上层线圈边连接起来，构成一个线圈。同样，应使槽 2 下层线圈边与槽 24 的上层线圈边连接起来构成另外一个线圈。在看图时，可从线端 V1 出发至 54 下→22 上→1 下→23 上→2 下→24 上直至 30 上→V2，形成了 B 相的一个支路。再从 V5 端子出发→3 上→35 下→2 上→34 下→1 上→33 下直至 27 下→V6，形成了 B 相的另一支路。从电势星形图 1-1-15 可以看到，以上两支路的相位刚好相差 180°，只要选择好头尾，将它们并联起来，就形成了 B 相绕组。共计每个支路串联了 9 个线圈。

依此类推，可以在超前 B 相绕组 120°的槽位（即超前 18 槽），找到 A 相绕组，它们是：

U1→36 下→4 上→37 下→5 上…→44 下→12 上→U2

U5→39 上→17 下→38 上→16 下…→31 上→9 下→U6

同理，在滞后 B 相绕组 120°电角度的槽位找到 C 相绕组，它们是：

W1→18 下→40 上→19 下→41 上…→26 下→48 上→W2

W5→21 上→53 下→20 上→52 下…→13 上→45 下→W6

这样就可画出全部绕组的连接图，如图 1-1-18 所示，此图清楚地表明了绕组内部与外部的连接方法。

如图 1-1-17 所示的绕组，其各线圈的末边均返回至邻近的次一个线圈的起边，整个绕

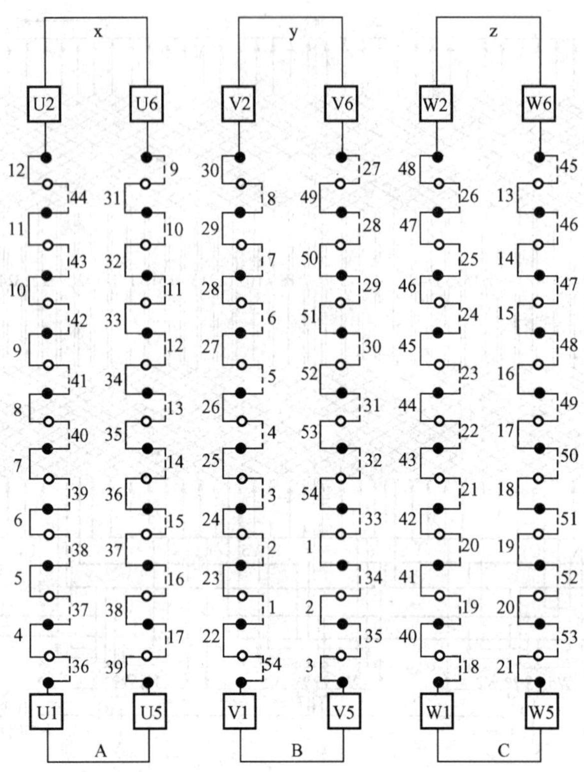

图 1-1-18　定子绕组连接图

[—上层线棒；[—下层线棒；●—励磁机侧；○—汽轮机侧

组呈环环相叠的形象，称为叠绕组。一般汽轮发电机都采用叠绕组，而水轮发电机则采用波绕组。

表 1-1-9 列出了三种国产 300MW 汽轮发电机的定子绕组数据，可见它们是大同小异的。

表 1-1-9　　三种国产 300MW 汽轮发电机定子绕组数据

机　　型	生产厂	定子电压（kV）	定子绕组冷却方式	定子槽数	槽节距	接线方式	引出线头数	一相串联匝数
QFS-300-2	上海电机厂	18.0	水内冷	54	1～23	双星形	6	9
QFSN-300-2	哈尔滨电机厂	20.0	水内冷	54	1～23	双星形	6	9
QFQS-300-2	东方电机厂	18.0	水内冷	60	1～24	双星形	6	10

二、发电机定子绕组对消除谐波的作用

对现代同步发电机定子绕组的基本要求是：

（1）在一定导体数下，获得较大的基波电动势和磁通势。

（2）三相电动势和磁通势必须严格对称。

（3）电动势和磁通势波形必须接近正弦。

(4) 用铜量少。

为了达到这些要求，大型同步发电机定子绕组通常设计为整数槽、双层、短节距、分布式叠绕组。下面将着重分析短节距、分布式绕组的基波电动势及其在降低谐波电动势方面的作用。

(一) 短节距绕组的基波电动势

由电机学基本知识可知，汽轮发电机定子一根导体内产生的基波电动势（以有效值表示），为

$$E_1 = 2.22 f_1 \Phi_1 \tag{1-1-5}$$

式中：f_1 为基波频率，Hz；Φ_1 为每磁极下的基波磁通，Wb；E_1 为导体内的基波电动势，V。(其中右下角标 1 表示基波)

对于具有两个有效边，且为全节距（$y=\tau$）的线圈来说，其两线棒内感应的电动势有效值为两有效边电动势的代数和，见图 1-1-19 (a)，即

$$E_{(y=\tau)1} = 2E_1 = 4.44 f_1 \Phi_1 \tag{1-1-6}$$

而对于两有效边为短节距（$y<\tau$）的线圈，如图 1-1-19 (b) 所示，其两线棒内的电动势不是两有效边电动势的代数和。设该短节距线圈所短掉的角度为 β，则合成基波电动势为 $\dot{E}_{1A}$与 $\dot{E}_{1B}$的相量和，即

$$E_{(y<\tau)1} = 2E_1 \cos\frac{\beta}{2} = 4.44 f_1 \Phi_1 k_{y1} \tag{1-1-7}$$

式中：$k_{y1}=\dfrac{E_{(y<\tau)}}{E_{(y=\tau)}}=\cos\dfrac{\beta}{2}<1$，称为短距系数。

式 (1-1-7) 说明，采用短节距线圈使得基波电动势有所降低。由于减少了绕组端部长度，因而节省了用铜量；另外，采用短节距线圈在减少谐波电动势方面也有重要的作用。这点下面将进行分析。

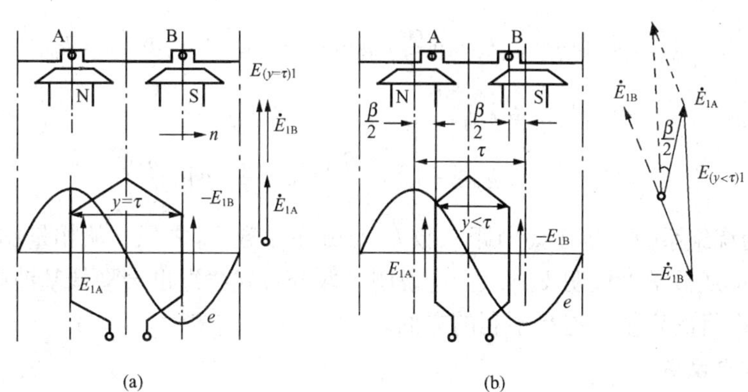

图 1-1-19　线匝的基波电动势

(a) 全节距线圈基波电动势；(b) 短节距线圈基波电动势

(二) 分布绕组基波电动势

为了散热，发电机定子绕组均匀分布在整个定子的内表面上，称为分布绕组。以每极每

相匝数 $q=6$ 的情况为例，见图 1-1-20（a），绕组均匀分布在 6 个槽内，显然相绕组基波电动势 $E_{q1}\neq qE_{(y<\tau)1}$，这是由于各线圈电动势之间相差了一个电角度 α，各电动势相量的相量和才等于总电动势。

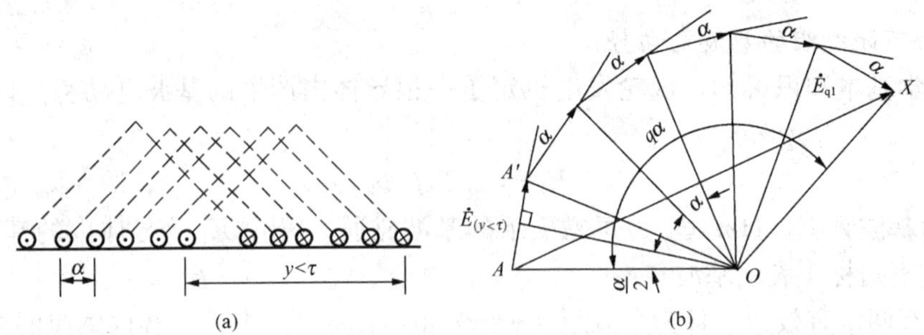

图 1-1-20 分布绕组及其基波电动势相量

（a）$q=6$ 的分布绕组；（b）$q=6$ 的分布绕组基波电动势

从图 1-1-20（b）中的三角形 OAX 可知，合成电动势

$$E_{q1}=2OA\cdot\sin\frac{q\alpha}{2} \tag{1-1-8}$$

由$\triangle OAA'$可得关系式

$$2OA=E_{(y<\tau)}/\sin\frac{\alpha}{2} \tag{1-1-9}$$

将式（1-1-9）代入式（1-1-8）可得 q 个线圈的基波电动势有效值为

$$E_{q1}=E_{(y<\tau)1}\cdot\sin\frac{q\alpha}{2}\Big/\sin\frac{\alpha}{2}=qE_{(y<\tau)1}\cdot\sin\frac{q\alpha}{2}\Big/q\sin\frac{\alpha}{2}$$

考虑到式（1-1-7），有

$$\begin{aligned}E_{q1}&=4.44qf_1\Phi_1k_{y1}\sin\frac{q\alpha}{2}\Big/q\sin\frac{\alpha}{2}=4.44qf_1\Phi_1k_{y1}\cdot k_{p1}\\&=4.44qf_1\Phi_1k_{yp1}\end{aligned} \tag{1-1-10}$$

$$k_{yp1}=k_{y1}k_{p1}=\left(\cos\frac{\beta}{2}\right)\left(\sin\frac{q\alpha}{2}\Big/q\sin\frac{\alpha}{2}\right) \tag{1-1-11}$$

式中：k_{yp1}称为绕组系数，等于短节距系数 k_{y1}与分布系数 k_{p1}之积。从相量图 1-1-20（b）可直观判断，也可从数学上证明 $k_{p1}<1$。这说明采取分布式绕组也会降低基波电动势，相应地将降低汽轮发电机的容量，这是不利的方面。

（三）谐波电动势

实际转子磁场强度在气隙中并不是理想正弦波，往往有些畸变，如图 1-1-21（a）所示。磁场强度 B 在空间可分解为许多奇次谐波 B_1、B_3、B_5，…，就基波而言，一个磁极的空间内，对三次谐波就相当于三个等效磁极，即在同一空间中占 540°电角度，增长了 3 倍。相应极距只有$\frac{\tau}{3}$，见图 1-1-21（b）。

采用上述同样方法可推导出 ν 次谐波磁密所产生的 ν 次谐波电动势有效值为

$$E_{q\nu}=4.44qf_{\nu}\Phi_{\nu}k_{y\nu}\cdot k_{p\nu}$$
$$=4.44qf_{\nu}\Phi_{\nu}k_{yp\nu} \quad (1\text{-}1\text{-}12)$$

式中：$k_{y\nu}=\cos\frac{\nu\beta}{2}<1$，称为 ν 次谐波短距系数；$k_{p\nu}=\sin\frac{q\nu\alpha}{2}\Big/ q\sin\frac{\nu\alpha}{2}<1$，称为 ν 次谐波分布系数。

对于 QFSN-300-2 型汽轮发电机而言，定子绕组有关数据如表 1-1-10 所示。由该表可以看出，对于基波而言电动势削弱较小；对于 3、5、7 等次谐波而言，电动势被削弱很多。换言之，短距、分布绕组对削弱谐波有明显作用。

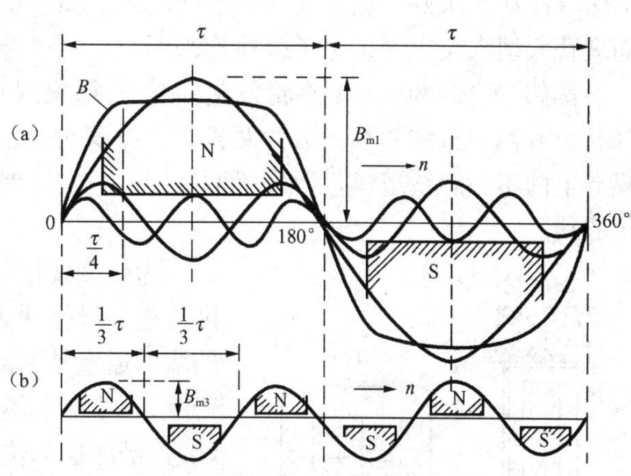

图 1-1-21　气隙磁场强度分布

(a) 转子气隙磁密的分解；(b) 三次谐波及等效磁极

表 1-1-10　　QFSN-300-2 型汽轮发电机定子绕组数据

Z	y	α	β	q	K_{y1}	K_{y3}	K_{y5}	K_{y7}	K_{p1}	K_{p3}	K_{p5}	K_{p7}
54	22	6.67°	33.3°	9	0.958	0.643	0.118	−0.447	0.955	0.64	0.194	−0.14

依据类似道理可以证明，短节距、分部绕组对消除由定子电流引起的谐波磁通势方面也有同样的作用。这就是说，大型同步发电机不仅空载电动势波形好，负荷下的电压波形也是比较好的。

应该说明，表 1-1-10 中系数 K_{y3} 与 K_{p3} 都还比较大，即三次谐波电压在相绕组中还比较大。但这不会带来危害，因为发电机通常接成星形接线，其三次谐波电压是不可能在输出的线电压中出现的。

同步发电机电压波形的畸变会产生许多不良后果，如使发电机本身以及所供电的线路、电动机损耗增加，对邻近通信线路产生干扰，甚至对某些谐波产生谐振过电压与过电流等。发电机电压波形畸变的程度用电压波形畸变率 k_v 来表示，即用不包括基波在内的所有各次谐波幅值平方和的平方根值与该波形基波分量的幅值的百分比来表达，其表达式为

$$k_v=\frac{\sqrt{U_{m2}^2+U_{m3}^2+\cdots+U_{mk}^2+\cdots}}{U_{m1}}\times 100\%$$
$$=\frac{\sqrt{\sum_{n=2}^{\infty}U_{mn}^2}}{U_{m1}}\times 100\% \quad (1\text{-}1\text{-}13)$$

交流发电机在空载及额定电压时的线电压波形允许畸变率，对于额定功率在 1MVA 以上者，不超过 5%。目前国内 300MW 汽轮发电机生产厂家均采用这一指标，有的厂家还提出了电话谐波因数（THF）小于 1.5%的要求。

三、定子线棒的结构及绝缘

（一）定子线棒的结构

中、小型发电机的定子线棒均为实心导线。大型发电机由于散热问题，曾有厂家采用过全部空心导线组成的线棒。实践证明这种全空心导线方案并不好。空心导线可以通冷却水，

显然其冷却效果好，但空心导线会使股线的高度增大，涡流损耗增加，而且其刚性较差。因而现代大型汽轮发电机定子线棒均采用空、实组合的线棒。

例如 QFSN-300-2 型汽轮发电机定子每根线棒设计如图 1-1-22（a）所示。从断面图（b）可看到，其线棒纵向分为两排，每排又分为三组，每组由一根通水的空心铜管和四根只导电的实心扁线组成，形成所谓“四实一空”制股线。每个线棒共含 6 空、24 实，共 30 根股线。

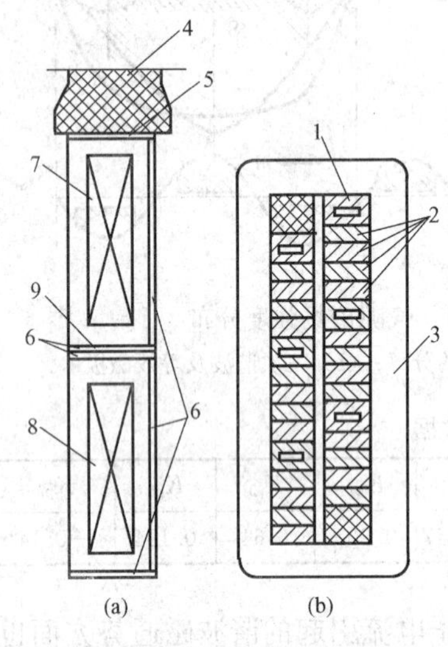

图 1-1-22 QFSN-300-2 型机定子槽及其嵌线

（a）线棒断面；（b）定子槽嵌线
1—空心导线；2—实心导线；3—环氧粉云母带绝缘；4—槽楔；5—弹性波纹板；6—半导体玻璃板；7—上层线棒；8—下层线棒；9—适形材料

为什么要把一根粗的线棒分成相互绝缘的多股导线呢？因为整块导体通入交流电流时，导体沿槽高 y 方向所交链的漏磁通量越来越少，相应的导体电抗即越来越小，电流密度 J 则越来越大，电流被挤到槽的上层，见图 1-1-23（b），槽深层部位的电流密度很小，相当于减小了导体通流面积，这种现象称为槽内导体的挤流效应。

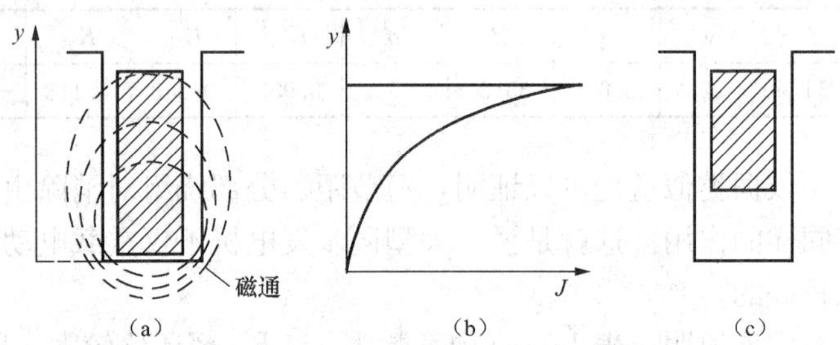

图 1-1-23 槽内导体的挤流效应

（a）槽内导体及漏磁通分布；（b）电流密度 J 沿槽高 y 方向的分布；（c）计及挤流效应的等效导体

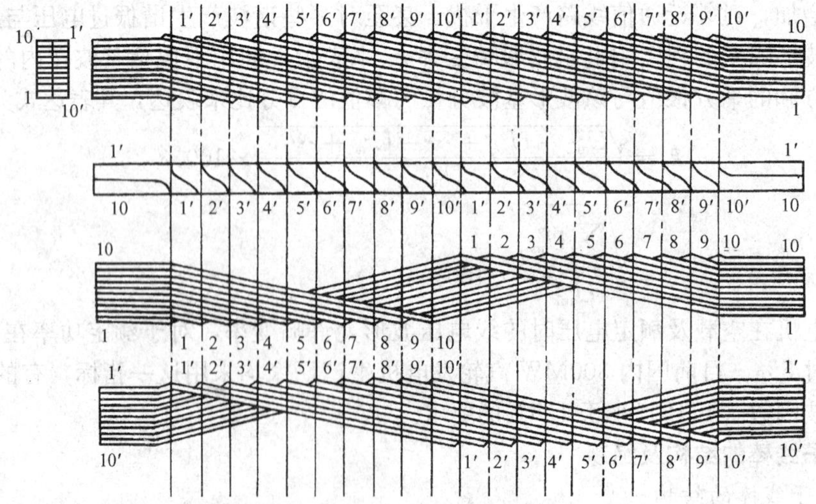

图 1-1-24 定子槽内股线 360°换位

为此将槽内导线分为多股，股间相互绝缘。而且为了各股导体上的漏磁通均等，避免产生股间环流，还要在槽内对各股线进行换位。中型发电机广泛采用槽部 360°换位，如图 1-1-24所示。换位的结果使得股线轮流处于槽深的不同部位，其原理与架空输电线三相之间的换位相似。

像 300MW 这样容量的大型汽轮发电机通常采用槽部 540°换位，如图 1-1-25 所示。从断面 B—B′至 C—C′，C—C′至 D—D′，D—D′至 E—E′共分 3 段，每段换位 180°，总共换位 540°。360°换位对于由槽部漏磁通不均所引起的环流电动势可全部抵消；而 540°换位的作用，除可抵消上述槽内环流电动势之外，还可以部分抵消由端部漏磁通所引起的环流电动势。

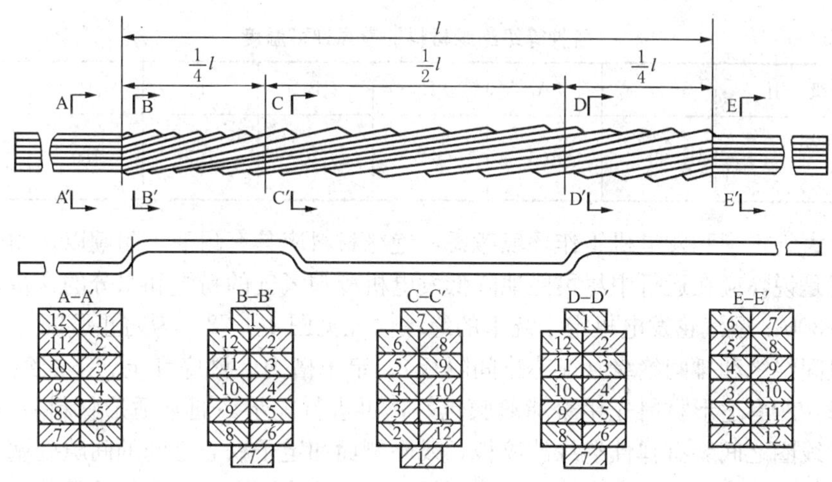

图 1-1-25　定子槽内股线 540°换位

表 1-1-11 列出了国产两种 300MW 汽轮发电机定子导线规格及换位情况，说明 QFS-300-2 型双水内冷汽轮发电机与 QFSN-300-2 型水氢氢汽轮发电机的定子绕组是大同小异的。

表 1-1-11　　国产两种 300MW 汽轮发电机的定子导线规格及换位

机　型	产　地	空心导线（mm^2）			实心导线（mm^2）		组　数	换位（°）	
		根　数	截　面	内　孔	根　数	截　面		槽　内	端　部
QFS-300-2	上海电机厂	6	5×9.7	2×6.7	24	2.5×9.7	6	540	0
QFSN-300-2	哈尔滨电机厂	6	4.7×9.9	—	24	2.5×9.5	6	540	0

（二）定子线棒的绝缘

定子线棒的绝缘主要是起隔离电流、电压的作用，但在运行中绝缘材料同时还受到交变的电磁力、复杂的机械力、高温以及电化学腐蚀的综合作用。绝缘性能如何，对发电机的造价和寿命有很大影响，因此对发电机的绝缘材料有多方面的要求：

（1）在电气性能上，应具有高的耐电场强度能力和小的介质损失，除此，另一个重要方面是要耐电晕引起的电腐蚀。运行中，为了掌握绝缘性能，及早发现绝缘缺陷，防止事故，必须进行规定的预防性试验、加强定期检查和维修。

（2）在机械性能上，应具备高的机械强度、弹性和韧性。发电机在运行中，槽部和端部绕组经常受到交变电磁力的作用，当发生突然短路时，所受到的冲击力比正常运行时要大好几十倍，当温度变化时，绝缘还要受到拉伸和压缩的热应力。因此绝缘层应有一定的厚度，线棒应有一定的刚度，线圈在定子槽部和端部都应很好地固定。

（3）应具有高的耐热性和良好的导热能力。运行中的定子和转子导体都是发热体，会引起发电机温升，绝缘材料的温度过高会加速其老化。按耐热能力通常将绝缘材料分为七级，即O、A、E、B、F、H、C等，它们对应着不同的最高许可温度，见表1-1-12。绝缘处于表1-1-12中所列最高温度之内，发电机可以长期运行，超过该温度发电机绝缘寿命将随温度升高按指数规律缩短，如A级绝缘在高于许可温度8～10℃持续运行，就会使其绝缘寿命缩短一半。

表1-1-12　　各种等级绝缘材料的最高许可温度

绝缘级别	O	A	E	B	F	H	C
最高许可温度（℃）	90	105	120	130	155	180	180以上

（4）从大气污染和发电机工作环境考虑，绝缘材料应具有耐油、耐潮以及耐化学腐蚀的能力。也就是说，应在运行中尽可能地降低发电机冷却氢气的粉尘和水分的含量。

QFSN-300-2型汽轮发电机定子绕组的绝缘情况见图1-1-22，为防止股间与排间发生短路，设有股间绝缘和排间绝缘（又称排间隔板）。定子槽内、槽底和上、下层线棒之间都放有适形材料，所有适形材料先用聚酯薄膜包好，再进行配垫，通常适形材料有50%的压缩量。槽楔和线圈之间装有弹性绝缘波纹板，线圈侧面和定子铁心之间的间隙处塞有半导体玻璃布板，以使线圈和定子铁心之间保持良好接触，并使线圈在槽内可靠地固定。

图1-1-22（b）中的3为定子导体与铁心间的绝缘，称为主绝缘，亦称对地绝缘。主绝缘是线棒各种绝缘中最重要的一种。根据槽部与端部是否采用同一结构，主绝缘分为连续绝缘和复合绝缘两种。目前世界上大型发电机多数采用环氧粉云母带连续绝缘，表面有防电晕措施，它的优点是耐潮性能好、老化慢、价廉，电气、机械及耐热性能好，但耐磨和抗电腐蚀能力较差一些。

（三）定子线棒的电晕、电腐蚀及其防止

定子线棒至铁心间电场在槽内的分布比较均匀，在端部不均匀，如图1-1-26（a）所示，在槽口A点附近电场强度E_A最强。为便于分析，用图1-1-26（b）所示的等值电容链电路加以模拟，图中C_1为主绝缘体积比电容；C_2为主绝缘表面比电容，并认为铁心接地。导体对铁心的电压为U，在它的作用下有电容电流I_1、I_2、I_3等通过，AB两点间的电容电流最大，故这两点间的电位差最大。电压U从A向右越来越高，如图1-1-26（c）中曲线$U=f_1(x)$所示，而电位差（即电场强度E）则越向右越小，如图曲线$E=f_2(x)$所示，可见电场强度尤以A点附近最强，此处最容易发生电晕。

电晕是一种局部游离放电现象，6kV以上的发电机就有可能出现。电晕在空气中出现时伴有蓝色荧光并产生臭氧（O_3）及氮的氧化物（NO，NO_2），它们与潮气结合便形成有害的酸性物质，对绝缘材料有腐蚀作用。电晕通常出现在电场强度较大的出槽口、通风槽、绝缘材料内部气泡以及槽壁间的狭窄气隙内，应采取措施加以消除。

消除定子电晕的基本措施是：

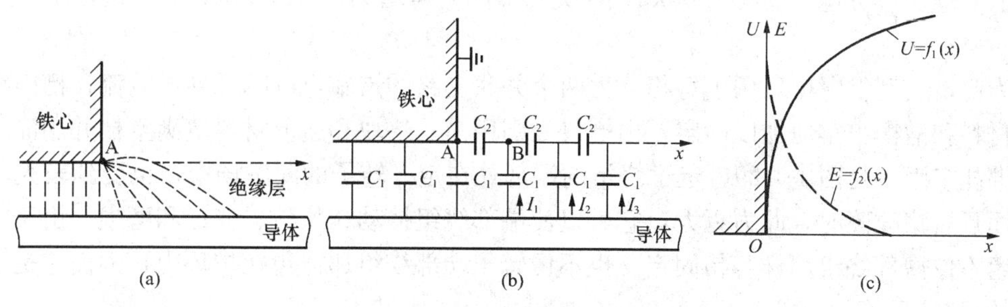

图 1-1-26　定子绕组出槽口电场分布情况

(a) 出槽口电场分布；(b) 出槽口等值电容链电路；(c) 出槽口电位 U 与电场强度 E 在空间的分布

(1) 尽量消除槽内绝缘材料内的气泡与气隙；

(2) 使出槽口部分的电场分布均匀化。削弱铁心边缘处电场强度的方法有电阻分压法与电容分压法，下面重点介绍前者。

电阻分压法就是在定子线棒表面涂以不同电阻率的半导体漆，用以减少铁心边缘处AB段的电位差，从而使空间电场的分布得以均匀，参见图 1-1-27。涂上不同电阻率的半导体漆之后的情况，相当于半导体漆具有的电阻（其线棒表面电阻率为 ρ）与主绝缘表面比电容 C_2 并联，其等值电路如图 1-1-28 所示。由于 ρ 远小于 $1/\omega C_2$，流过比电容 C_2 的电流比流过电阻率为 ρ 电阻的电流要小得多，这样便降低了 AB 间的电压降，相应的电场强度也降低了。当然，如图 1-1-27 所示，将导体分为三段涂上不同阻值的半导体漆，效果会更好些。

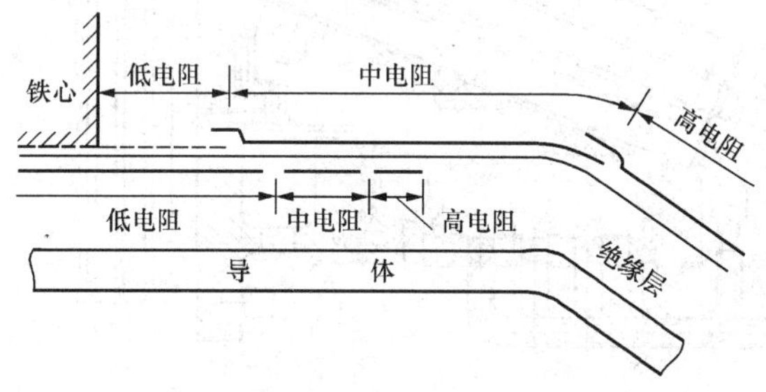

图 1-1-27　定子绕组端部防电晕结构

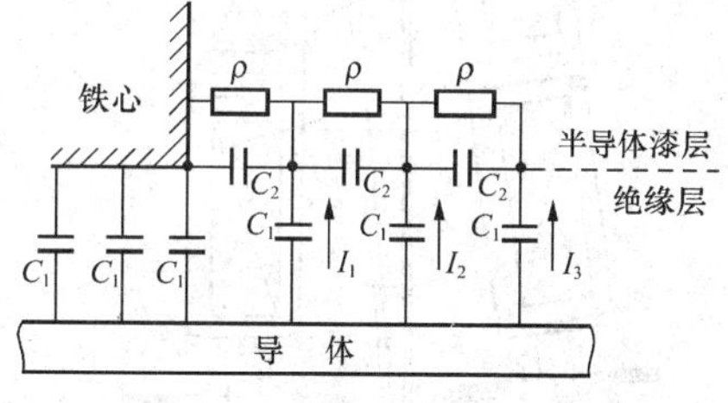

图 1-1-28　ρ 与 C_2 并联的等值电路

另一个问题是电腐蚀。当热固性绝缘表面防晕层与槽壁接触不良或不稳定时，在电磁振动作用下，接触点若及若离，引起槽内间隙火花放电。这种放电的能量为电晕放电的数百倍以上，可使局部温度达摄氏数百度乃至上千度，能使绝缘表面受到严重腐蚀，在短期内即可造成深达 1mm 及以上的麻坑，且腐蚀位置随振动、接触等条件的变化而经常变动，这就是所谓电腐蚀。

防止电腐蚀的方法是在工艺上采取措施，使线棒和槽壁间保持稳定接触，加强线棒在槽部和端部的机械固定，防止槽楔材料收缩而发生槽楔松动现象。

（四）定子绕组在槽内和端部的固定

当线棒通过电流时，与穿过槽的漏磁通作用，在线棒上产生电动力，这个力与电流平方成正比，并使线棒以双倍的工作频率在槽内振动。计算表明，正常运行状态的上层线棒整个长度上的电动力可达 6000～7000kg，在突然短路时可增大到 200～300 倍，这是不可忽视的问题。

为此，大型发电机采用了每相分为两个并联支路的措施，以降低导线电流；槽内线棒用绝缘材料和槽楔牢牢地加以固定；出槽口处则用楔、垫块和适形材料填满空档并用涤纶玻璃丝绳绑扎牢固，见图 1-1-29。定子绕组的端部处在定、转子的漏磁场中，也受到较大的电磁力，而且短路故障时，此力更大，它可以使端部绕组振动、位移、变形和磨损。由于定子端部绕组不像槽部绕组那样容易固定，也不像转子端部绕组那样包在护环内，因而它是个比较薄弱的环节。

QFSN-300-2 型汽轮发电机定子端部出槽口后向外圆倾斜 20°～30°，形成一个圆锥体，形似花篮，称为篮形绕组。这种布置的优点是端部线圈排列均匀、整齐、结实，易于固定成一个整体。除此之外，它的端部漏磁少，附加损耗小，冷却氢气易于流通。目前大型发电机普遍采用这种绕组形式。定子绕组端部的固定方式如图 1-1-30 所示，为连接片式。在端部绕组圆锥形内圆上沿圆周布置着许多绝缘连接片 1，每块连接片都利用反磁螺杆 2 将上、下层线棒压紧并固定在绕组外圆的三角支架板 7 上（连接片的数量与三角支架板数相等）。然后再用浸环氧涤纶玻璃丝绳将上、下层线棒分别和三角支架板一道一道地绑扎在一起。

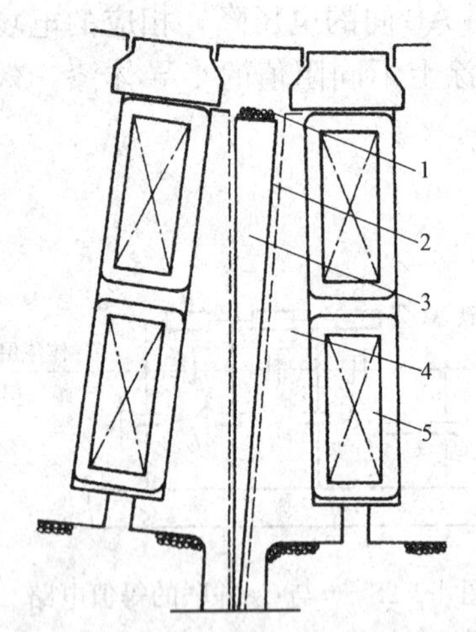

图 1-1-29　定子绕组出槽口处线棒固定

1—涤纶玻璃丝绳；2—垫块；3—楔；4—适形材料；5—线棒

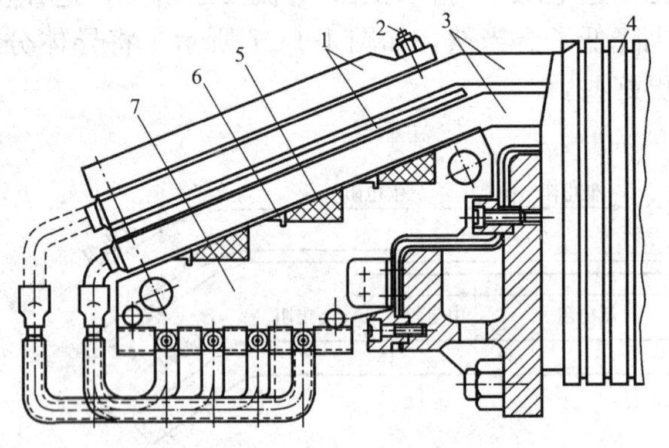

图 1-1-30　QFSN-300-2 型机励端定子绕组端部固定

1—环氧玻璃布连接片；2—反磁螺杆；3—定子端部绕组；4—定子铁心；5—绝缘端环；6—挡板；7—支架板

从图 1-1-30 可以看出，端部绕组外侧有三个绝缘端环 5 将绕组套紧，它是端部固定的主要受力部件。端环又靠若干块支架板 7 支撑着，三个端环互为同心，应很好地调整。采用反磁螺杆 2 的原因是避免端部漏磁场在该零件中引起发热而增加损耗。

（五）发电机定子绕组的水路

由于 QFSN-300-2 型汽轮发电机定子绕组的股线为“四实一空”制，空心导体中央通以冷却水，这就构成了一个与电回路共存的水回路。

定子绕组的冷却水从发电机侧面下层用管道引向发电机顶部，进入圆形汇水总管（见图

1-1-17 励端细线）。水由此分为两路：一路进入 6 个有绝缘瓷套管的导电杆和主引线，另一路经绝缘引水管流入半匝线圈，从汽端汇水管流出，吸收了这些部位的热量后，再由发电机顶部水管经发电机侧面流入下层。

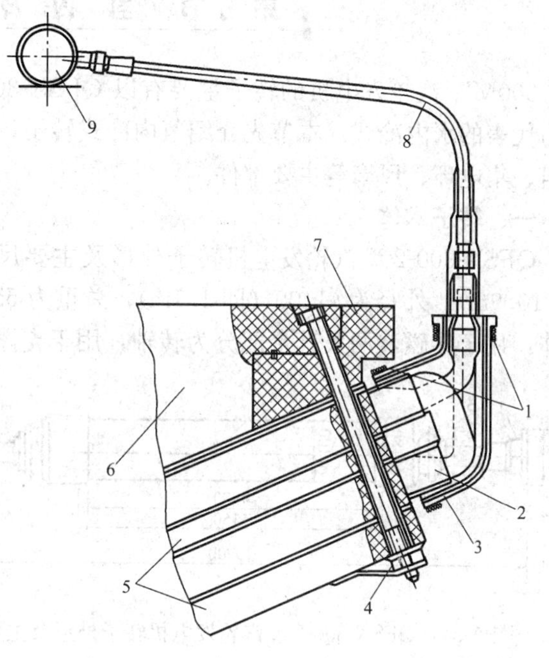

图 1-1-31　定子绕组汽端水接头

1—涤纶绳；2—线圈；3—绝缘盒；4—反磁螺栓；5—连接片；6—支架板；7—绝缘端环；8—绝缘引水管；9—圆环形汇水管

圆形汇水总管与绕组端部的通路要求只通水不通电。因而连接用的水管是绝缘的，称为绝缘引水管，用聚四氟乙烯塑料制成，见图 1-1-31。要求装配后的绝缘引水管进行压力为 2.5MPa、时间为 20min 的水压强度试验，不允许有漏水或产生有害的变形。

冷却水在定子绕组内部采用并联单流水路，即一个线圈边为一条水路，亦称为半匝水路，大型汽轮发电机均采用这种水路。水从励端圆形汇水总管引入端部后分为两个支路并行流向汽端，但一路是从下层线棒流过去，与另外一路从上层线棒流过去的水路汇合，再经过绝缘引水管到汽端汇水总管，见图 1-1-32。

这种方案水路短，水压降小，水速在 1～2m/s，进水压力低，约为 0.2～0.3MPa，冷却效果好。

运行中，励端进水温度为 42℃，汽端出水温度为 85℃，导线温度分布示意图如图 1-1-33所示。实心导线散热能力差些，其温度比空心线要高 2～4℃，定子绕组极限温度为 105℃。

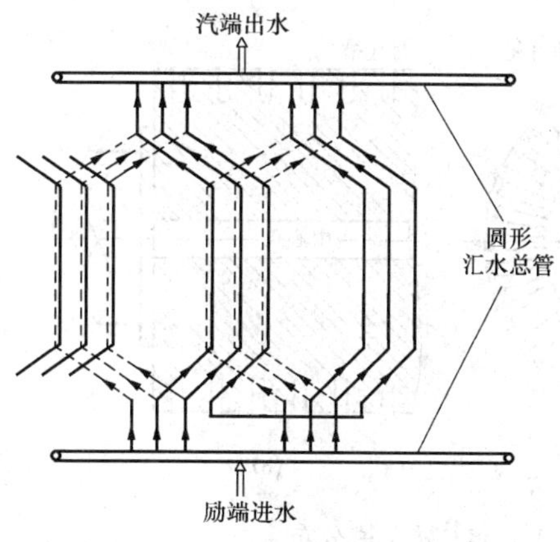

图 1-1-32　冷却水在定子绕组中的流向

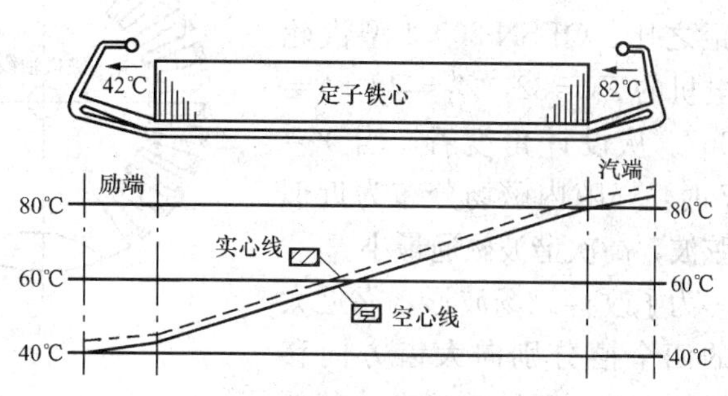

图 1-1-33　定子绕组温度分布图

第七节 氢内冷式转子

300MW 汽轮发电机的转子主要有以 QFSN-300-2 型为代表的氢内冷式和以 QFS-300-2 型为代表的水内冷式。本节先介绍氢内冷式转子，它包括转子本体、励磁绕组、护环、阻尼绕组、集电环、风扇等主要部件。

一、转子本体

QFSN-300-2 型汽轮发电机转子外形及主要尺寸如图 1-1-34 所示，其全长为 10900mm（即 10.9m），外径为 ϕ1100（即 1.1m），总重为 55t。转子轴向正中间 5150mm 长的部分为本体，用于导磁，两头其余部分为转轴，用于支撑本体。

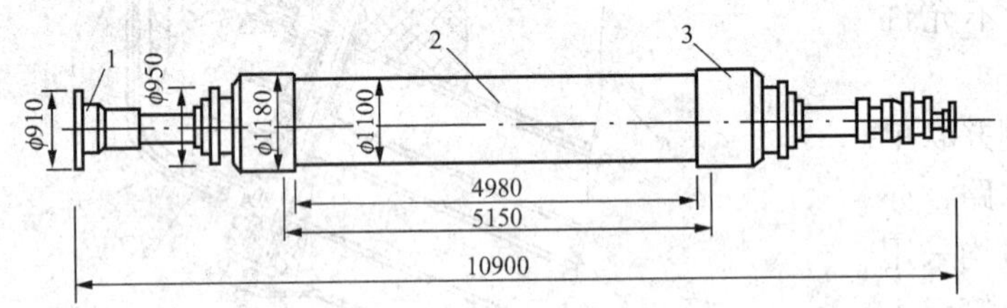

图 1-1-34 QFSN-300-2 型汽轮发电机转子外形及主要尺寸图

1—联轴器；2—铁心；3—护环

转子的材料为 26Cr2Ni4MoV（镍铬钼钒）合金钢，在真空中浇注成一整体，经复杂的热加工、冷加工、锻压成带轴的转子毛坯，再经机械加工成为一整体转子。励磁电流产生的磁场对定子铁心虽属交变，但对转子本身则为不变，因而转子铁心无需用硅钢片叠合，而如上述采用整体实心是合适的。

转子旋转时，转子中心所受机械应力最大，为了消除转子有害的内应力，提高转轴机械强度，防止转轴可能出现裂纹，常沿转轴的中心线膛一个中心孔，从中取出较粗的晶粒进行检验。本机中心孔还用于将转子绕组引线通过它引向滑环。

为了嵌入转子绕组，沿转子表面铣有 32 个轴向槽，从断面看呈辐射形分布在磁极的两侧，一边 16 个，图 1-1-35（a）为其横断面示意图（为清晰起见，其槽数画得较少）。

转子轴向槽数通常为 4 的整数倍。如将转子本体沿圆周长均匀分为 Z'_2 个等分，实际铣的槽数为 Z_2，则（Z'_2-Z_2）部分没有轴向槽，这部分槽对称地分为两部分，称为大齿或磁极。Z_2 与 Z'_2 的关系为

$$Z_2 = \gamma Z'_2 \quad (1\text{-}1\text{-}14)$$

式中：γ 为每极嵌放绕组部分与极距之比。QFSN-300-2 型汽轮发电机的 $Z_2=32$，$Z'_2=48$，$\gamma=0.667$。从设计角度看，当 $\gamma=0.7$ 时，气隙内磁场分布为近似正弦波，高次谐波磁通最小。

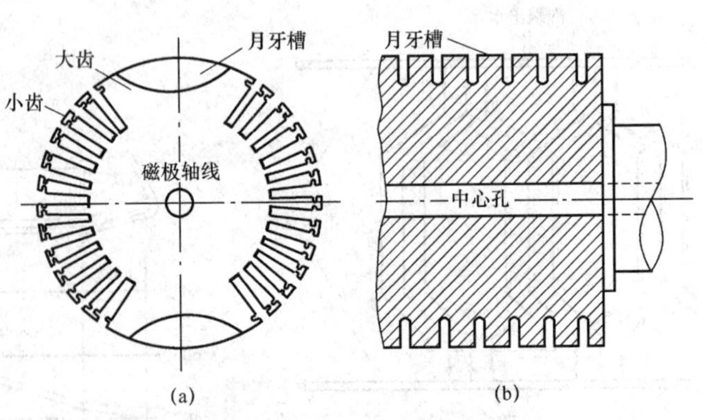

图 1-1-35 转子槽分布

（a）切削好的转子锻件横断面；（b）转子横向月牙槽

为了改善磁场波形，靠近大齿的四个槽分别向大齿方向移 2.2°和 0.9°，而且槽深也较其他槽浅些。例如靠近大齿的槽深为

134.1mm，而其他槽深则有 158.7mm，这样有利于扩大磁极的磁路截面。

当转子表面铣出轴向槽后，磁极轴线上的大齿部分刚度显然比开槽区的刚度大。受自重影响，转子在水平与垂直两个方向的弯曲程度（挠度）不相同，转子每转一周弯曲程度要变化两个周期。因而转子旋转时，转轴会发生双频振动，对大型细长形转子尤为明显。为此在大齿表面沿横向铣出若干个圆弧形月牙槽，见图 1-1-35，使大齿区域和小齿区域两个方向刚度相近。

图 1-1-36（a）表示转子受力后出现挠度 f 的情况。计算表明，当转子的转速 ω 从零起升速，达到某一临界转速 ω_{cr} 时，挠度 f 出现最大值。实际汽轮发电机转子的受力较图 1-1-36所示的情况更为复杂一些，因其两端还连接有其他转动部分，通常要出现两个临界固有振动转速，分别称为一阶临界转速和二阶临界转速。QFSN-300-2 型汽轮发电机的一阶临界转速为 1290r/min，二阶临界转速为 3453r/min。通常前者低于额定转速，后者高于额定转速，设计中必须保证各阶临界转速均离开正常工作转速±10%以上。

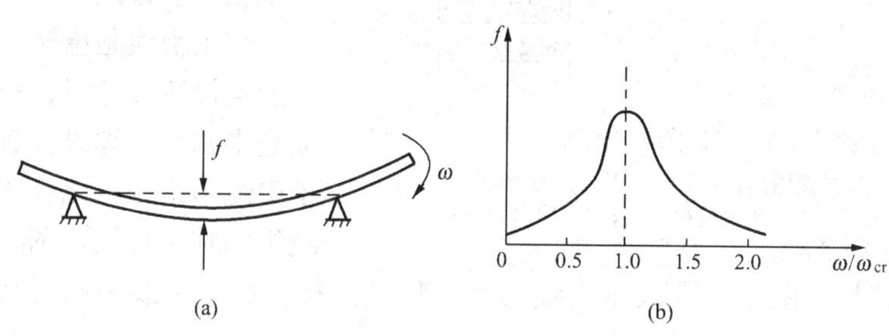

图 1-1-36 挠度 f 与转速 ω 的关系

（a）示意图；（b）关系曲线

二、转子绕组

转子采用同心式绕组，每极由 8 个线圈组成，两极共有 16 个线圈，其连接情况如图 1-1-37所示，图中励磁机端实跳线表示上部连线；虚跳线表示下部连线。

转子绕组导体采用机械强度高、含银低的铜冷拉成型，每匝由两根导体组成。在转子本体范围内采用实心线，铜线每槽轴向每隔 70～80mm 沿宽度方向冲有双排孔，共 150 多个长腰圆孔，用于转子绕组内部通风，见图 1-1-38。转子绕组的端部导线则采用凹型铜排，两根拼在一起，中间形成一个通风风道。

含银低的冷拉铜，其含银量在直线部分较高，端部较低，一般在 0.025%～0.1%之间。这种导线较普通铜线的疲劳极限高且导电率约降低 0.5%，但导热性以及在高温下抗蠕变强度有显著提高，这对减少和防止导线在多次启动和停机过程中因热胀冷缩而出现的残余变形和降低匝间短路的机率是有效的，可适应调峰的要求。

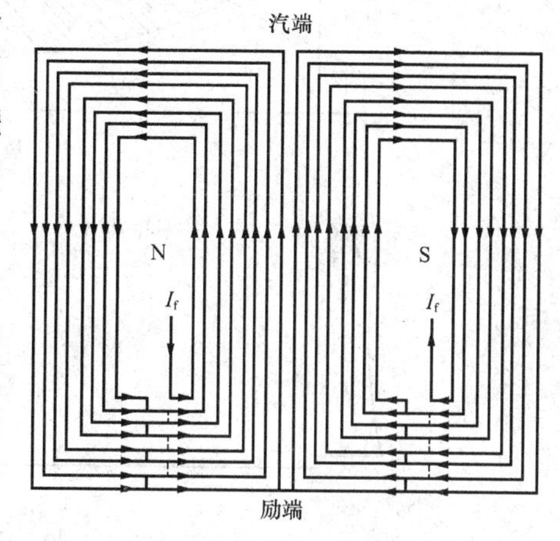

图 1-1-37 转子绕组接线及线圈中电流流向

早年在美国发生过由于转子绕组变形，造成总

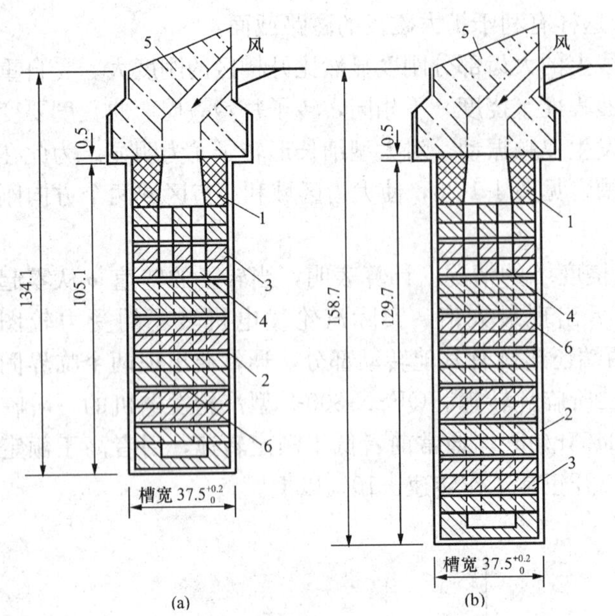

图 1-1-38　转子绕组槽部

(a) Ⅰ号线圈槽部；(b) Ⅱ～Ⅶ号线圈槽部
1—楔下垫条；2—转子槽衬粘接；3—槽内导体；
4—双排腰圆孔；5—风斗；6—匝间绝缘

容量为670MW的5台发电机停机事故，前苏联也出过类似问题。转子绕组改为含银后，这一问题得到了大的改善。

转子绕组的绝缘分为匝间绝缘、槽绝缘、垫条及护环绝缘。转子绕组两端正常时的励磁电压只有365V，但在不正常时也可能出现较高的操作过电压，绝缘材料会受到机械应力和热应力的双重作用，因此转子的绝缘材料也应具有高的机械强度、耐热性和耐电压强度。

三、引线及集电环

转子引线是指转子绕组与集电环间的连接线，有正、负各一条，横截面是半圆形，埋设在轴中心孔内。转子引线是励磁电流经集电环进入转子绕组的唯一连线，图1-1-39表示引线与转子绕组的连接，图1-1-40表示引线与集电环的连接。由于引线一端通转子绕组，有氢

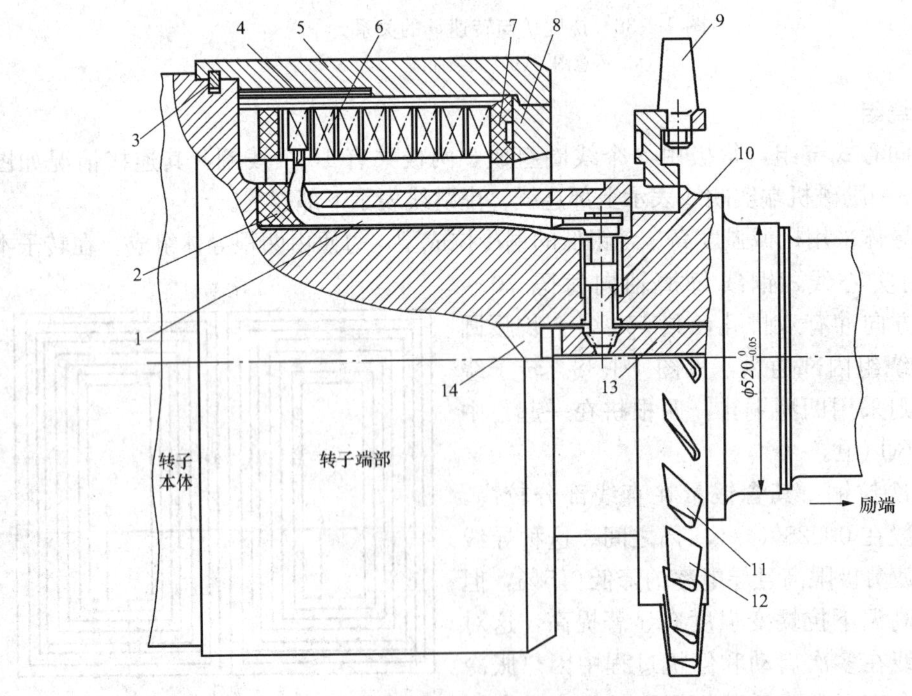

图 1-1-39　引线与转子端部绕组的连接

1—引线；2—引线绝缘；3—环键；4—阻尼疏齿片；5—护环；6—端部连线；7—绝缘体；
8—中心环；9—扇页；10—引线螺杆；11—扇页；12—扇环；13—导电杆；14—中心孔

压，另一端通集电环，即大气，故引线从中心孔通过有利于氢气密封，且每根导电杆两端均用带有绝缘和密封圈的铍铜螺钉固定在轴上。每个螺钉上有两个橡胶密封圈，对内外起着良好的密封作用。

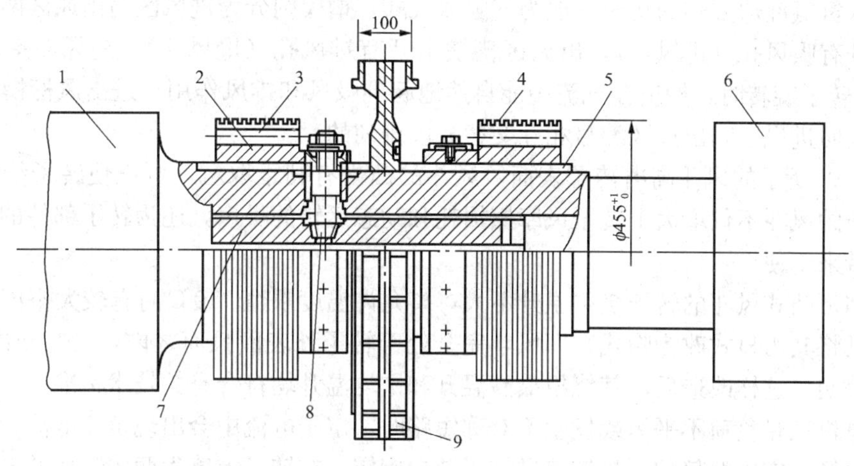

图 1-1-40　引线与转子集电环的连接

1—转子轴；2—集电环；3—通风孔；4—螺旋沟；5—绝缘套筒；6—励端联轴器；7—导电杆；8—导电螺杆；9—风扇

集电环分为正、负两个环，装于发电机的励磁机侧轴承外侧。其材料除要有足够的机械强度外，还要求耐磨。因而它是用合金锻钢制成，且对表面还进行了硬度处理，其深度达3mm。集电环一般先加温到250～300℃后，利用热套法套在轴上的绝缘套筒上（参见图1-1-40）。

集电环表面运转速度约为30～70m/s，旋转时接触面的气膜能将电刷浮起，导致接触不良和电流分布不均，出现火花、电腐蚀、加速磨损和电刷发热。为此，在集电环表面加工一些螺旋沟，用以消除气膜，改善电刷表面的电流分布。螺旋沟还可以增加集电环的散热面积，帮助排除脱落的炭末。

为了加强集电环散热，在集电环轴向还开了若干个通风孔，沿集电环圆周均匀分布。两环之间装有离心式风扇，该风扇直接热套于轴上，加强了集电环部位的通风冷却。

随着发电机容量的提高和励磁电流的增大，电刷数量和尺寸也在增长，每极可达30个以上，以减少集电环表面的磨损。电刷由石墨制成，是发电机中最易损坏和维护工作量最大的零件，为了减少噪声和保持电刷与集电环表面的清洁，防止短路和接地，将电刷和集电环装在一个小室内。小室同时起隔离电刷噪声的作用，其内壁一般喷涂吸音材料，可使机组噪声保持在90dB以下，其本身具有单独的通风系统。

经过一段时间的运行，集电环表面会形成一层几微米厚的、含有电刷材料成分的石墨薄膜，以后电刷不直接接触环面，而是在环面上的保护层上滑动，起到润滑作用，使电刷磨损和摩擦力减小，这对连续运转起着重要的作用。另外，电刷下有时出现灰尘、钢末，形成金属堆而产生小电弧，使集电环表面出现微小的凹坑，形成电腐蚀。电腐蚀在正、负两个环面上的程度不同，一般负环较正环腐蚀快，运行中可根据集电环磨损程度，每年定期调换极性1～4次。

四、槽楔和阻尼绕组

转子绕组靠槽楔固定在槽内。转子旋转时，槽楔要受到导体和槽楔自重的离心力，因此槽楔采用机械强度高、密度小的合金硬铝（L_y-12-CE）制成。

由于水氢氢冷却方式的转子一般为气隙取气式，槽楔则分为进风区与出风区两种。进风区槽楔上开有吸风孔（进风斗），出风区槽楔上开有排风孔（甩风斗），进风斗形状参见图1-1-38。当转子旋转时，槽楔在气流中能自然地起到吸风和排风作用，进出风槽楔在各槽内的位置是按照进风区和出风区编号相互交替分段排列的。

图1-1-38所示的风斗高出转子表面，风斗的凸出有利于取氢，可以使转子绕组温升较低。但外凸的风斗不仅增大了转子风摩擦损耗和动态运转的噪声，还为转子部件的吊装、存放及安装带来不便。

考虑到带凸式风斗的转子绕组温升不大，离允许温度限值110℃尚有较大裕度。现哈尔滨电机厂已将其由显式改为隐式，即风斗完全处于转子外表面弧面之内，没有凸出部分了。通风计算表明，这样改造后，其绕组最高温升和平均温升均符合有关技术标准。

当发电机三相负荷不平衡或发生不对称短路时，定子电流中会出现负序电流，因而产生负序旋转磁场，它以两倍的同步转速逆转子转向旋转，在转子上感生两倍频率的电流，使转子表面附加损耗增大，温度升高。同时还会产生交变力矩，加大振动，定子电压波形也会发生畸变。

倍频电流由于频率高，往往集中在转子表面齿、槽楔的表层约几毫米以内。整块结构的转子本体内感生的涡流对定子负序旋转磁场有一定的阻尼作用，但还不够，还需安装专门的阻尼装置。

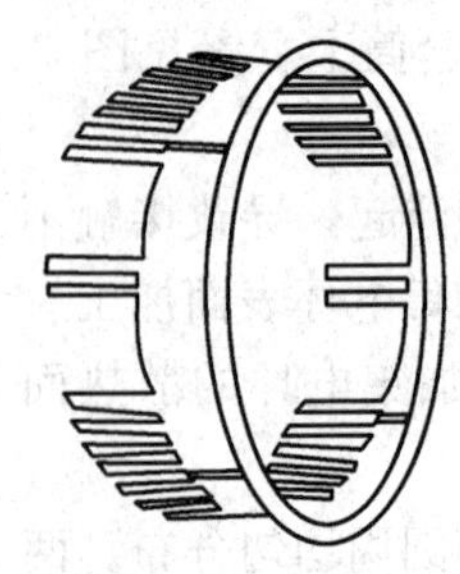

图1-1-41　氢内冷汽轮发电机转子上的梳齿片外形

国产300MW汽轮发电机的阻尼装置（也称阻尼系统）有两种：半阻尼装置和全阻尼装置。

例如QFQS-300-2型汽轮发电机采用了梳齿型半阻尼系统。它由若干片带有梳齿的弧段组成，如图1-1-41所示，每端两层，总厚度约6～12mm。梳齿部分伸入槽内的轴向长度约为200～300mm，压在槽楔下。弧段部分各层交叉搭接，形成一个整圆的端环，压在护环下面。

QFSN-300-2型汽轮发电机则采用全阻尼系统。该系统由绕组铝槽楔、楔间连接块、大齿上通长阻尼条以及端部紧打铍青铜槽楔共同组成。这项技术是由国外引进的，由于铍青铜具有较高的导电率和机械强度且耐高温，故其机械强度高；由于阻尼槽楔采用了非磁性的铝材，它与阻尼条可共同承担负序磁场感生的双频涡流，因而提高了发电机承担不对称负荷的能力。

五、护环和中心环

转子绕组的两个端部外面套有钢环，称为护环（参见图1-1-39）。护环的作用是承受转子绕组端部在高速旋转时产生的离心力，保护绕组端部不致沿径向发生位移、变形和偏心。为了减少转子端部绕组产生的漏磁、附加损耗及发热，护环材料采用具有高机械性能、高电阻非磁性合金冷锻钢。其超速安全系数$K \geqslant 1.6$，屈服极限为1070N/mm^2，而转轴本身的屈服极限只有657N/mm^2，可见护环的材料十分坚固。

中心环对护环起固定、支持和保持与转轴同心的作用，也有防止端部绕组轴向位移的作用，一般采用铬锰磁性锻钢制成。

护环形式分为刚性护环、悬式护环和弹性护环三种。刚性护环剖面图如图 1-1-42 所示，加工时，先将中心环热套在转轴花鼓筒上，用环键或螺钉固定，再把护环热套在中心环和转子本体上，这样就在 1、2、3 三处形成紧接合面，其中以接合面 1 较为薄弱。当转子旋转时，由于轴的挠度，使护环受到交变应力，与转子本体搭接的护环边缘易发生疲劳、裂纹。弹性护环也有类似问题。

大型汽轮发电机多采用悬式护环，如图 1-1-43 所示。其特点是护环的一端热套在转子本体上，另一端热套在悬空的中心环上，中心环与轴有一定距离。因而当转子旋转时，轴的挠度不会使护环受到交变应力的损害。这种结构的护环加工容易，装配简单，运行可靠。护环与转子本体间另外还用开口环键作为轴向固定，其装配部位见图 1-1-43 中的元件 2。

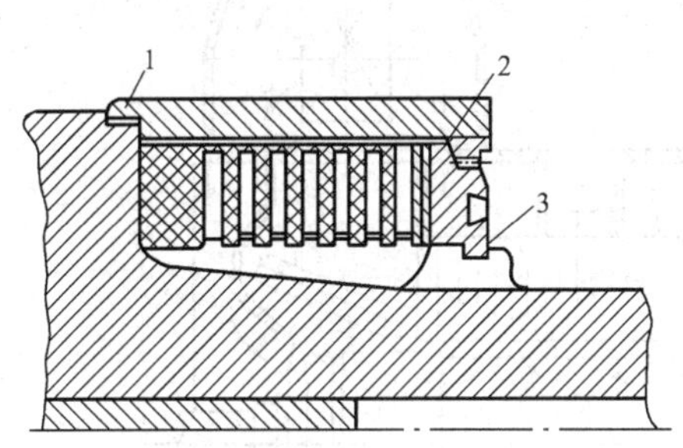

图 1-1-42　刚性护环剖面图

1—护环与转子本体接合面；2—中心环与护环接合面；3—中心环与转轴接合面

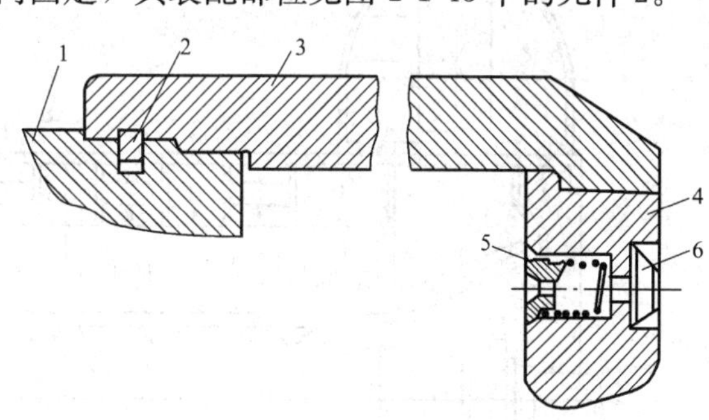

图 1-1-43　悬式护环装配部位图

1—转子体端部；2—开口环键；3—护环；4—中心环；5—弹簧压环；6—平衡块

六、风扇

QFSN-300-2 型汽轮发电机转轴上装有三个风扇。其中一个为离心式，装于正、负集电环之间，用于冷却碳刷与集电环接触面（参见图 1-1-40）。离心式风扇的风向为径向，由轴向四周辐射，在电刷隔音小室内自成独立的通风系统，且装有进、出风筒，其长度不小于 6m，风筒内还有空气滤布一层，以防电刷粉尘污染车间环境。另外两个风扇分别装在转子两个端部之外侧，两个端盖之内侧。风扇为旋浆式，风向为轴流方向，压头较低，流量较大，机械效率较离心式高，约为 40％～60％。扇页由优质铝合金模锻而成，装在扇环外圆上（见图 1-1-39）。当发电机转子旋转时，两个风扇之内侧形成高压区，外侧为低压区。氢气经过定、转子端部与本体后，温度升高，再经过氢气冷却器又降下来，如此循环不已。

第八节　水氢氢汽轮发电机的氢气系统

发电机在运行中存在着各种损耗，包括电磁损耗与机械摩擦损耗，这些损耗将引起发电机各个部分温度升高。发电机的允许温度决定于绝缘材料的性能，温度太高会损坏绝缘材料，使发电机不能安全可靠地运行。

水氢氢冷却方式是指汽轮发电机的定子热量是用水内冷方式带走的，转子热量是用氢内冷方式带走的，定子铁心也是用氢气进行冷却的。本节重点介绍转子氢内冷及定子铁心利用氢气冷却的原理。

一、定子氢循环系统

发电机的定子铁心采取径向通风方式。运行中氢的流向表示在图 1-1-44 中。

铁心沿轴向交替地分成 9 个风区：4 个冷风区，用 C 表示；5 个热风区，用 H 表示。热风经过氢气冷却器后，由于热量被水带走而变成冷风，冷风从风扇轴向进入定子各冷风区(C)，再沿定子铁心外圆四周径向流向内圆，进入气隙，这一区域刚好是转子的进风斗，将风兜入转子再斜流到相邻的出风斗，经过气隙又径向地从铁心段间的风道流到热风区（H）。然后再经定子机座外圆的风道汇集，流向发电机两端的氢气冷却器，见图 1-1-45。

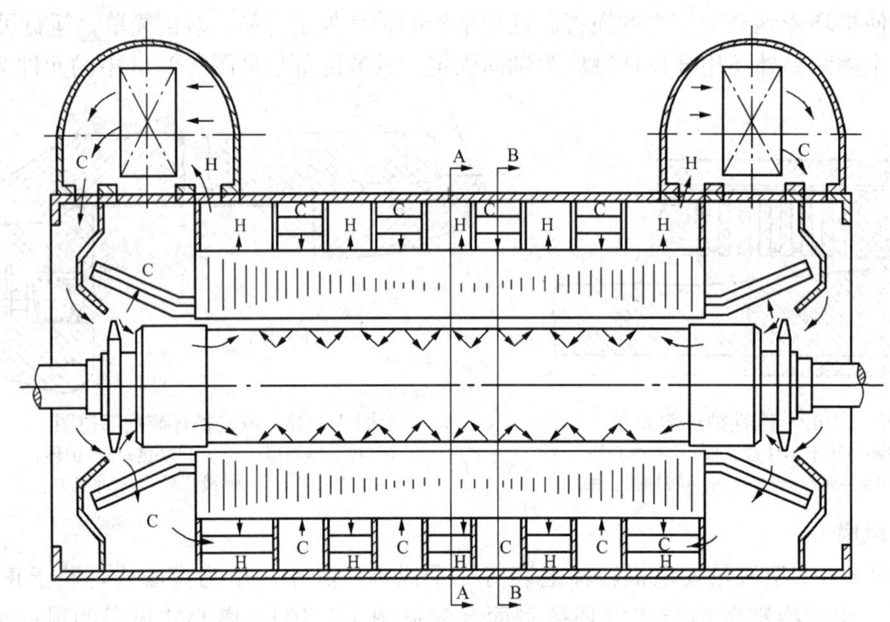

图 1-1-44　定子铁心和转子通风的对应关系

C—冷风区；H—热风区；A—A、B—B——断面位置

二、转子氢循环系统

转子通风采用气隙取气斜流式。转子和定子一样也分为 9 个风区，4 进 5 出，与定子的进出风区一一对应，如图 1-1-44 所示。

转子气隙取气方式见图 1-1-46，旋转时由于转子表面的进风斗对气隙气流的相对运动形成正压，出风斗附近为负压，形成了氢气在转子导体槽内流动的压力源。其中一个风斗的进风供两支风路：一路由右侧长孔斜流向前，至槽底；另一路则由左侧长孔斜流向后，也至槽底，最终都折回到相邻的出风区。整个转子的进、出风路见图 1-1-47。图中转子本体部分为 4 个进风区、5 个出风区，相互连通。运行时出风区绕组的温升要比进风区温升高，温升试验表明，绕组沿转子长度 l 的温升分布如图 1-1-47 下部曲线所示。

考虑到转子端部从护环边端到转子本体第一个出气部分的路径要比转子本体部分气体路径长得多，会使边端温度增高，可能导致转子绕组变形，故该型汽轮发电机采用了两路通风，如图 1-1-48 所示。氢气从端部中间进入凹形导线中间的槽，一路沿 A1、A2、A3 进入本体第一出风区；另一路则沿 B1、B2、B3 从磁极中心线附近的方孔流出。

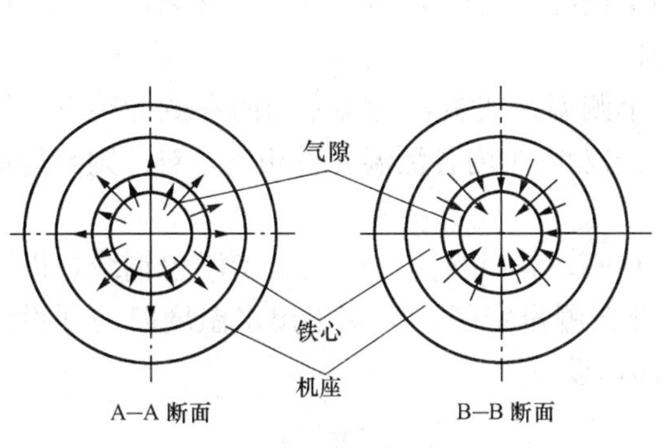

图 1-1-45　定子铁心内氢气的流向

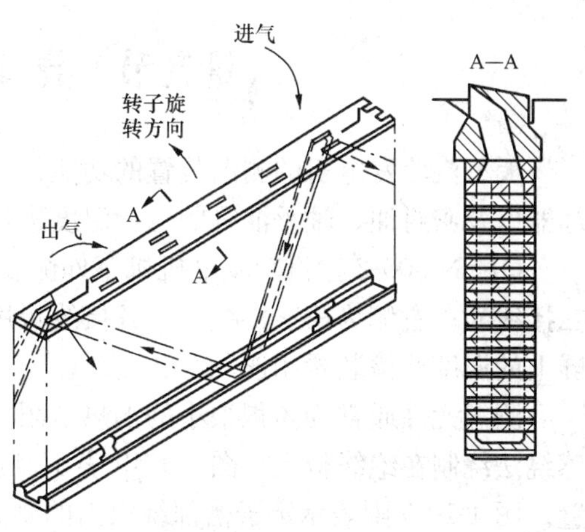

图 1-1-46　转子绕组槽内部分风路示意图
（槽楔一个风头供两路风）

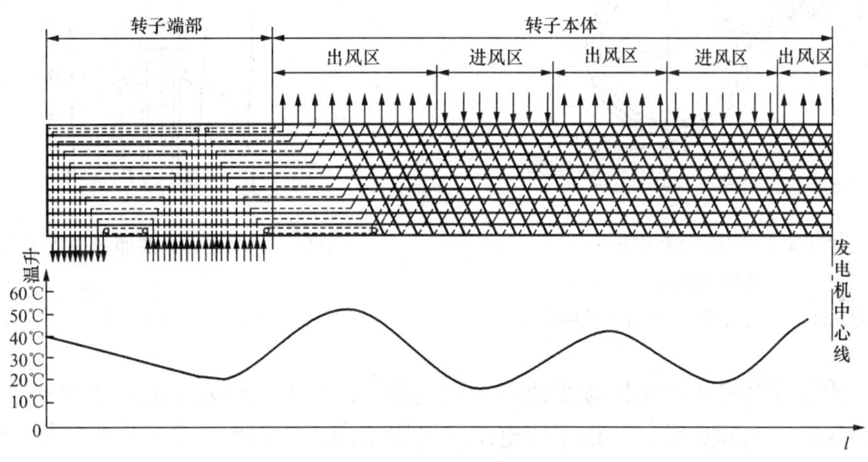

图 1-1-47　转子风路及温升示意图

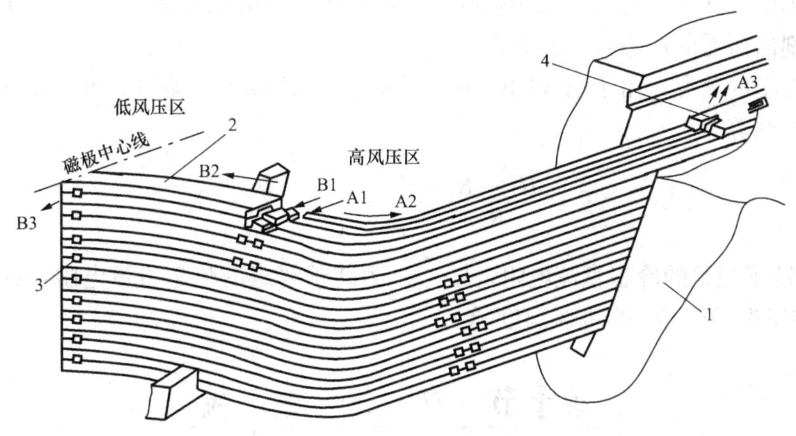

图 1-1-48　转子绕组端部风路
1—转子铁心；2—端部 π 型绕组；3—通风沟；4—双排通风孔

第九节 汽轮发电机的测温

大型汽轮发电机的测温装置的功能是对定子绕组、定子铁心、冷风区、热风区、氢气冷却器以及密封油、轴承油等的运行温度进行监测。

QFSN-300-2 型汽轮发电机机座外侧装了 3 个测温接线板，励端方向的左侧为第一、第二接线板；右侧为第三接线板。各接线板用导线与发电机内各测温元件相连，对外则与控制屏上的温度巡检装置相连。

测温元件通常为体积很小的铜热电阻，约 500Ω，其材料为高强度聚脂漆包铜线，以无感绕法绕制在绝缘板上。图 1-1-49 表示测温元件在测量定子汽端绕组出水温度时的埋设位置。图 1-1-50 则表示定子槽部绕组内的测温元件埋设位置。

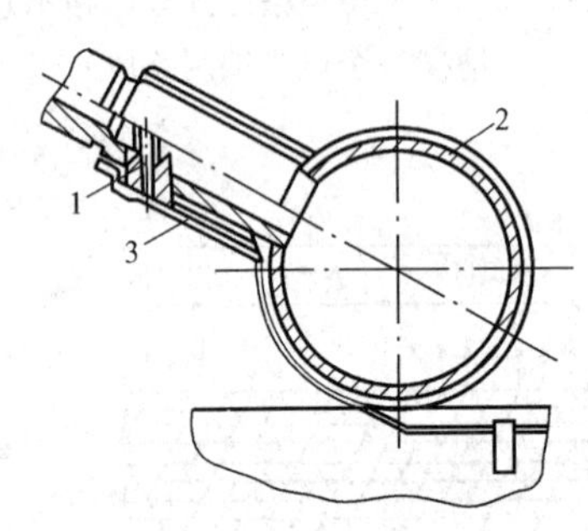

图 1-1-49 定子汽端绕组出水温度测量

1—测温元件；2—汇水管；3—醇酸玻璃漆管

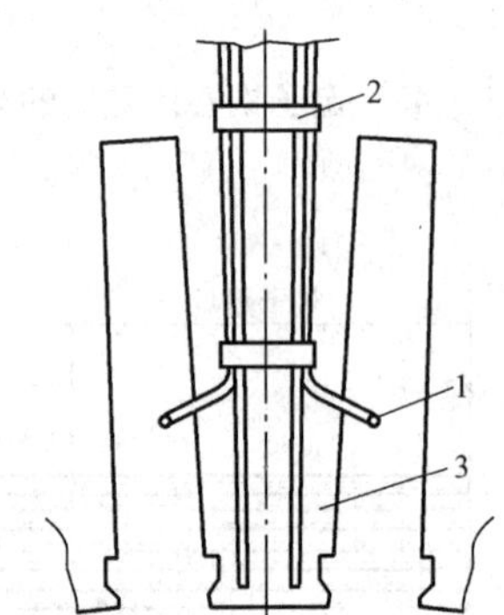

图 1-1-50 定子槽部绕组内测温元件的埋设位置

1—测温元件；2—线夹；3—定子铁心齿

近来，测温元件已由铜电阻逐步改进为铂电阻。因为铜的电阻率低，绕制的电阻器体积稍大一些，热响应时间比较长。由于铂电阻的电阻率高、体积小、热响应时间短和性能稳定等优点，300MW 汽轮发电机定子测温系统已逐步改用 WZPD-1 型薄膜式铂电阻元件，增加了可靠性。铂电阻元件是通过阴极溅射的方法，将铂金属沉积到特殊的陶瓷基片上，然后用激光在其上刻出所需的回路，工艺简单。

发电机转子的测温，由于引线的困难尚不能埋设测温元件。转子绕组的温升 ΔT 只能用下列公式加以估算

$$\Delta T=\frac{R_2-R_1}{R_1}(235+T_1)+T_1-T_2 \qquad (1\text{-}1\text{-}15)$$

式中：R_1 为转子绕组的冷态直流电阻，Ω；R_2 为转子绕组的热态直流电阻，Ω；T_1 为相应于 R_1 的冷态温度，℃；T_2 为进风温度，℃。

第十节 供 气 系 统

水氢氢冷却方式的汽轮发电机要求建立专用的供气系统。该系统应保证：给发电机充以

氢气和空气；进行这两种气体的置换，补漏气；自动监视和保持氢的额定压力和纯度。

各种不同形式的汽轮发电机的供气系统都大体相仿。图 1-1-51 所示为用于 300MW 汽轮发电机的 QK3-300-1 型供气系统。该系统由气体控制站、氢气干燥器以及气体控制屏组成，气体控制站内包括有：供气管路、排气管路、氢气过滤器、液位控制器和气体状态的监视仪表等。由图 1-1-51 可知，氢气（H_2）从制氢站或储氢钢瓶送到母管，经过氢气过滤器送到汽轮发电机机壳上部的总管，进入发电机机壳。其中氢气减压阀用于自动维持机内氢气压力恒定。

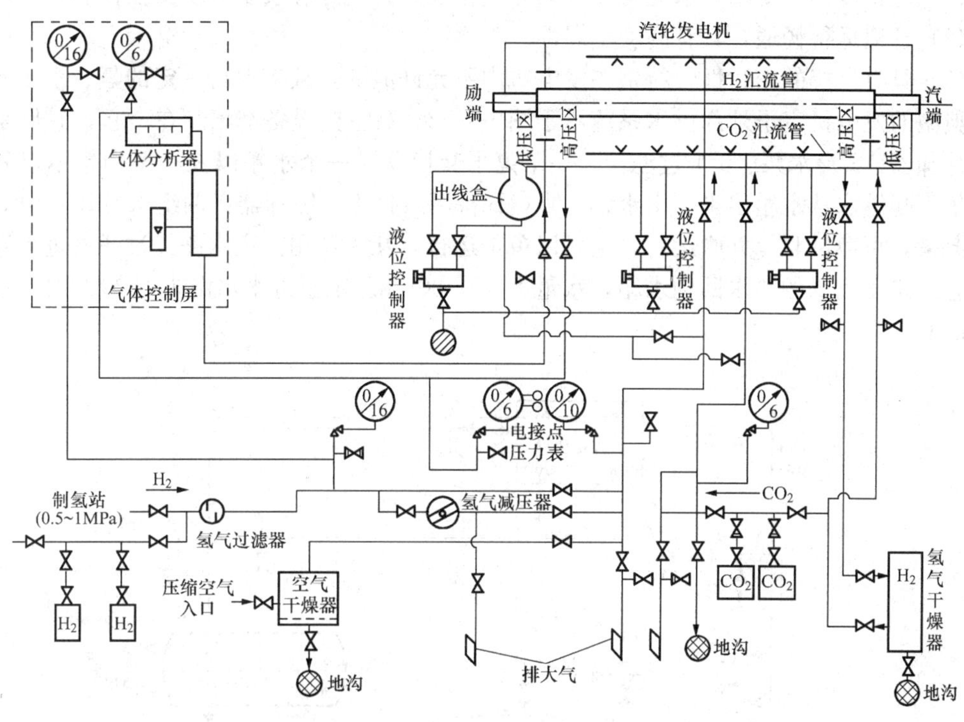

图 1-1-51　QK3-300-1 型气体供应系统原理图

二氧化碳（CO_2）或氮气（N_2）从制气站出来后，经过管道与阀门进入汽轮发电机机壳下部的总管，再进入发电机，气体控制站管道上装有压力表，以监视氢（或 CO_2）气的压力。

发电机在充氢和排氢过程中，应该采用二氧化碳或氮气作为中间介质进行置换，以防止机壳内形成混合气体而发生爆炸。在发电机充氢之前，先用气体控制站的二氧化碳（或氮气）排除机内和系统管道中的空气，当中间气体的含量超过 85%（CO_2）或 95%（N_2）后，方可充入氢气，排除中间气体，最后置换到氢气状态。如果需要排除发电机内的氢气，则先用二氧化碳（或氮）排除氢气，当中间气体超过 95%（CO_2）或 97%（N_2）后，方可引进空气，最后排除中间气体，当中间气体含量低于 15%以后，即可停止排气。

在发电机风扇前后分别设有氢回流管。氢回流管与系统中的氢干燥器连通，使发电机内一部分氢在风扇的压差作用下，不断流经干燥器，以维持氢的干燥。正常运行时，氢的纯度应保持在 98%以上。氢分析器可自动对氢的纯度进行分析并加以显示，如果纯度低于 92%，即发出报警，并进行排污补氢。当氢气压力超过额定压力，并到达一定限度时，报警排氢；当氢气压力降低到最低限度值时，作报警补氢处理。

第十一节　定子外部供水系统

水氢氢冷却方式的发电机，其定子采用清洁纯净的凝结水进行冷却，对供水系统的要求是：

(1) 定子冷却（凝结）水应有良好的介质特性，为此，应装设离子交换器和过滤器。

(2) 管道运行畅通，具有高度可靠性。

(3) 具有良好的密封性，特别在发电机内不允许泄漏，故应保持一定的氢、水压差。

典型的发电机定子外部供水系统示于图 1-1-52，其主要设备都集装在一起，它们是：两组水冷却器、2 台水泵、3 个过滤器、一个离子交换器、一个水箱以及一系列指示仪表及信号器等。凝结水从水箱出来，由水泵 1A（1B 备用）打入水冷却器，两组水冷却器由 5 个阀连接起来，可以串联、并联运行，也可以单个运行，互为备用。主水路经过滤网进入发电机定子，从定子出来的热水回到水箱，水量为 26～30t/h。定子进水水温为 45℃，出水水温为 75～80℃。

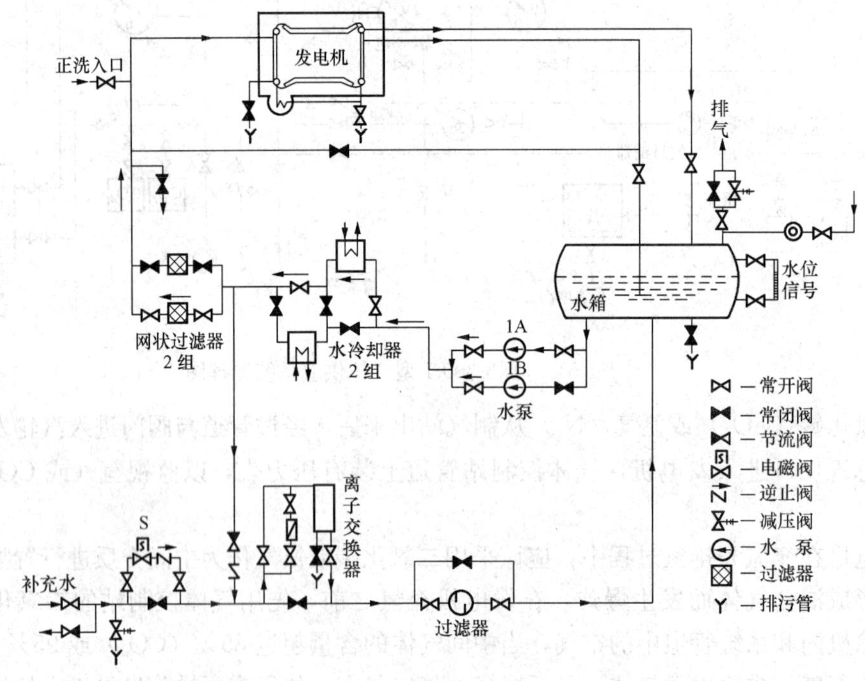

图 1-1-52　QFSN-300-2 型汽轮发电机定子冷却水供应系统图

为了将水箱中的热水温度降低到 45℃，在水冷却器内通以二次水，水量为 150t/h，水温 33℃。为避免定子绕组的空心导线脏污、堵塞，凝结水进入定子前先经过网状过滤器（通常一个运行，另一个备用）。

为了避免发电机内水系统密封性破坏，导致绕组绝缘受潮，应使凝结水的水压低于发电机机壳内的氢压，如定子冷却水压为0.2～0.25MPa，则定子内氢压应为0.31MPa。当然也不允许水系统密封破坏，导致氢气进入定子绕组，从而使凝结水流量降低。所装设的凝结水水箱本身具有气水分离作用，可以把水与氢气分离出来，并通过排气管路排至大气或地沟。

为了补偿闭式水循环系统水的泄漏，设置了补充水管路，利用电磁阀S，根据水箱水位自动调节凝结水的补充量。为了运行安全可靠，水系统内还设置了一系列信号器，如水泵停止、水箱液位过高或过低、水温过高、凝结水导电率过高、总的氢水压差过低等均可发出信号。

定子外部供水系统虽属辅助系统，但根据1993～1995年的不完全统计，300MW及以上容量的发电机，其定子外部供水系统的断水、堵塞，引水管破裂，及空心导线漏水等故障却占发电机本体故障的62%以上，因而应加强对定子外部供水系统的检查和维护，以确保安全运行。

第十二节　油密封及外部供油系统

一、油密封

为防止外界气体进入发电机以及发电机内氢气漏出，所有氢冷发电机都装有“油密封”装置，实现转轴与端盖之间的密封。“油密封”是以压力油注入密封瓦与转轴之间的间隙，在静止部分与转动部分之间的间隙中形成一层油膜，使空气与氢气隔离开来。它依靠压力不断地把油压入，以维持稳定的油膜。为了达到密封作用，油压应比氢压高。同时油流也有冷却与润滑密封瓦的作用。

油密封分为环式和盘式两种，盘式油密封的瓦面形状似盘形，靠在转轴的台肩端面上，中间隔着一层盘形油膜。QFSN-300-2型汽轮发电机采用“双流环式油密封”，其结构大体如图1-1-53所示。该油密封由两块环形密封瓦5和8组成，运转时在转轴1与密封瓦5和8之间形成一层圆筒形油膜。图中氢气侧与空气侧各有一股油（7与9）流入两个油室，即氢气侧（氢侧）油室与空气侧（空侧）油室。氢侧油从垂直油道进入油膜间隙，从右侧2出油；空侧油则从斜向油道进入油膜间隙，并从左侧4出油，两个油流各成独立的循环系统。两股油流的油压由均压装置控制，因而在密封瓦中间区段处就没有油的交换，从而避免了由于油的吸附作用造成氢气泄漏和纯度降低。这种油密封性能好，可保持发电机内氢气纯度达到97%以上，而且其中任一股油流因故暂时断油时，另一股油可维持向密封瓦供油，提高了运行的可靠性。

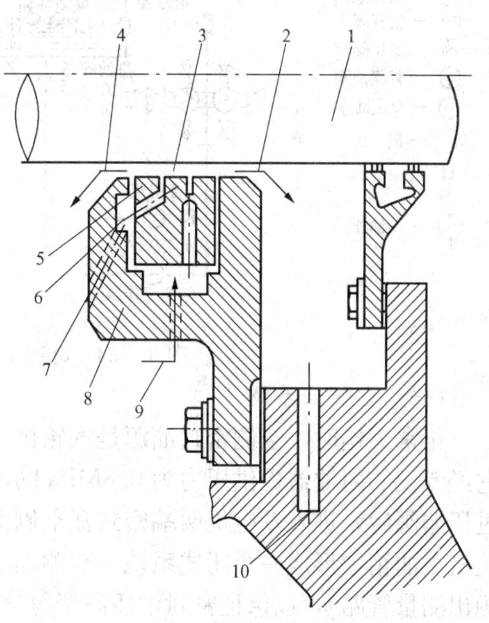

图1-1-53　双流环式油密封结构图

1—转轴；2—氢侧出油；3—密封油楔；4—空侧出油；5—密封瓦；6—空侧供油室；7—空侧进油；8—密封瓦；9—氢侧进油；10—氢侧出油（油管未画出）

氢侧和空侧两路油密封的油量、油温和油压均由外部密封油系统来保证。

二、外部供油系统

发电机外部供油系统如图 1-1-54 所示。供油系统除应保证要求的油量、油温和油压外还应满足以下条件：

(1) 系统密封性好，不漏气。

(2) 当供油系统破坏时，密封部件和轴应完整无损。

(3) 保证密封瓦温度不超过规定值 (75℃)。

(4) 防止油经过密封部件漏入发电机内。

以下分别叙述两个独立的油路系统。

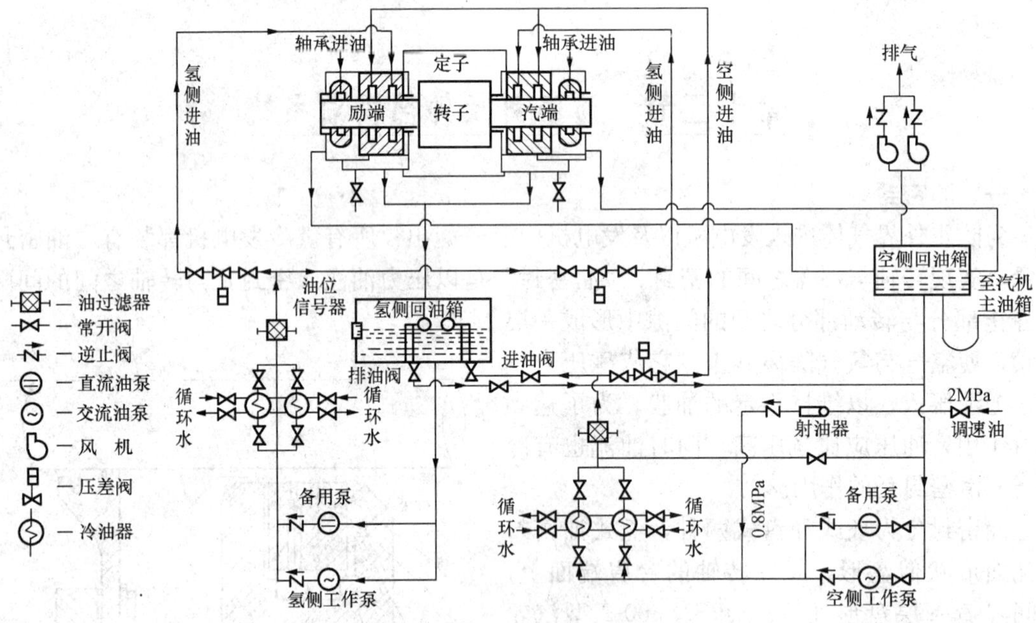

图 1-1-54　QFSN-300-2 型发电机密封油系统

(一) 空侧油系统

正常工作时，空侧密封油源是汽轮机主油泵出口的高压油 (油压为 2MPa 的调速器油)，它经专设的射油器提供压力为 0.8MPa 的油，压入油冷却器、过滤器进行降温、过滤，又经过压差阀后，进入发电机两端密封瓦空侧油环。其回油经空侧回油箱 (即氢油分离箱) 至汽轮机主油箱，形成一个闭式系统。空侧油压由压差调节阀按机内氢气压力自动调节 (图中未画出测量管路)，以保证密封油压高于氢气压力。氢、油压差为 0.085MPa。

发电机回油中含有氢气，这部分油不能直接进入汽轮机主油箱，它们同发电机轴承润滑油，先回到氢、油分离箱，经扩容，使氢和油分离后，氢气自然逸出到大气，油再回到主油箱。此外，为保证供油的可靠性，还设置了 1 台交流电动油泵和 1 台直流电动油泵 (备用泵)，参与空侧油循环。

为避免氢气聚集，在主油箱上设有排气机，将氢气抽出排入大气。

(二) 氢侧油系统

氢侧密封油正常工作油源由交流电动油泵供给，从交流电动油泵出来的压力油经冷油器、过滤器后分成汽端和励端两路，各经过一个压差阀，按两侧油压自动调节氢、空两侧压力，平衡后进入密封瓦。氢侧密封瓦返回油路经氢侧回油箱，又进入油泵打出去，形成一个闭式循环油路系统。为确保氢侧供油可靠，设有自动装置，在交流电动油泵故障时，自动启动直流油泵。

氢侧回油中含有较多的氢气，经由密封的氢侧回油箱分离出氢气，再顺着回油管回到发电机内。安装氢侧回油管时须注意尽量避免起伏和急弯，防止形成气封，致使回油不畅。

整个供油系统的主要设备包括氢侧回油控制箱、4 台冷油器、4 台油泵、射油器以及滤油器均集装在一起，形成一个整体。

第十三节　水内冷式转子

QFS-300-2 型汽轮发电机是上海电机厂生产的双水内冷式汽轮发电机，近来已将定子绕组出线电压由 18kV 改为 20kV，经过多方面的优化改型为 QFS2-300-2 型。它的定、转子绕组均采取内部通水直接冷却方式，冷却效果好，运行温度低。定子铁心采用封闭循环空气冷却，因而机内不用氢气，不需气密，整机质量轻、体积小。这种冷却方式简称为“水水空”方式。这种机型已在江苏望亭电厂、浙江秦山核电站等投入运行。

这里对独具特色的水内冷式转子加以介绍。

300MW 水内冷转子结构如图 1-1-55（a）所示，它是由转子铁心、转子励磁绕组、护环、小护环、集电环、进、出水箱以及风扇组成。

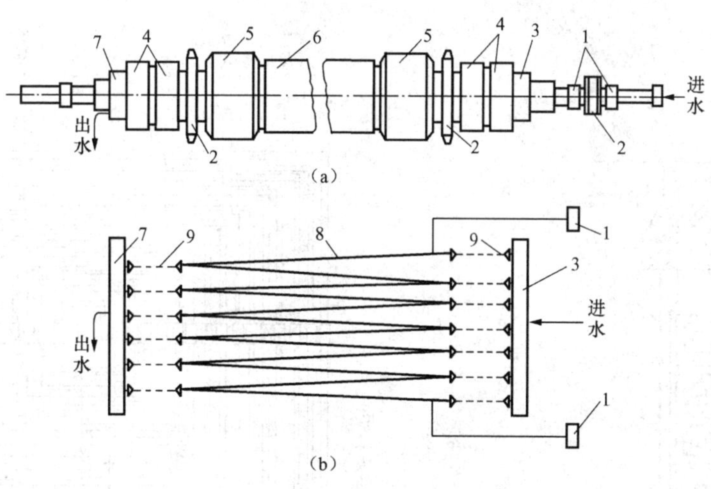

图 1-1-55　水内冷转子结构与电路、水路

（a）水内冷转子结构；（b）转子绕组电路与水路示意图

1—集电环；2—风扇；3—进水箱；4—小护环；5—护环；6—转子本体；7—出水箱；8—励磁绕组；9—绝缘引水管

这种转子的电路和水路如图 1-1-55（b）所示。其中冷却水（即凝结水）从励磁机轴中心孔压入，通过励磁机与发电机转子间的连轴器进入转子中心孔，再从中心孔经过集电环，依靠外面水压和转子离心力，通过与中心孔相通的辐射形管道甩入转子进水箱 3，有 17 根

绝缘引水管 9 布置为环状将进水箱与转子绕组连通，其特点是只通水而不通电，因而对它的机械电气的性能要求非常高。转子绕组采用 16mm×16mm×δ4.5mm 的正方形铜管。水取并联方式由励端流向汽端。电流则取串联方式由一个集电环流向另一个集电环。凝结水在汽端又通过 16 根绝缘引水管 9 汇集到出水箱 7。

可以看到，水内冷转子的绝缘引水管是关键部件，它除通水及将转子绕组对进、出水箱绝缘外，还受到强大的离心力，因而其外部装设了 4 个小护环 4 将它保护起来。过去，转子绝缘引水管的寿命只有 3 年，近年来上海电机厂在引进德国 KWU 技术基础上，发展了外用钢丝编织内用聚四氟乙烯的新型绝缘引水管技术，将其寿命提高到 4～5 年，乃至 6 年，满足了发电机大修的要求。

QFS-300-2 型汽轮发电机的转子上总共开有 32 个嵌线槽，每极 16 个。空心导线在槽内分两排安置，每排 6 匝，其间用排间绝缘隔开，导体本身还包有匝间绝缘，如图 1-1-56 所示。承担转子绕组与铁心之间绝缘任务的是槽绝缘，形如 U 字的匣子放在槽内，采用环氧玻璃丝布压制而成。

图 1-1-57 绘出了转子一极绕组水、电连接的详细情况，另一极则与此完全相同。转子绕组采取同心式，由许多个从小到大的线圈组成。

由图 1-1-56、图 1-1-57 可以看到，一个槽内的两排导体实际上就是两个线圈的边：一个靠近大齿称为小线圈，另一个远离大齿，称为大线圈。

直流电流从集电环引入，经过外引线进入 1 号槽小线圈，绕过 6 匝后，进入 1 号槽大线

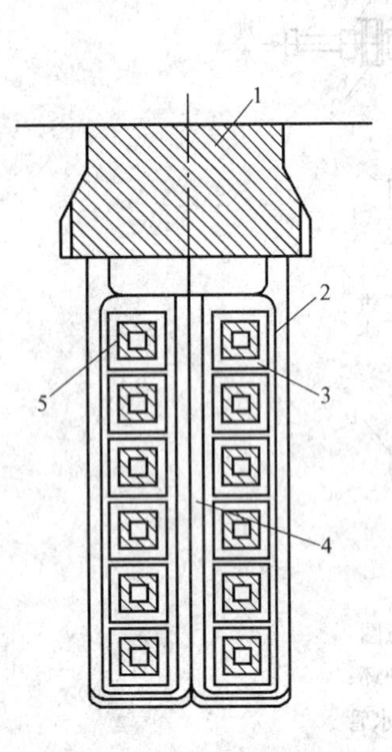

图 1-1-56　水内冷转子槽截面

1—槽楔；2—槽绝缘；3—匝间绝缘；4—排间绝缘；5—空心铜导线

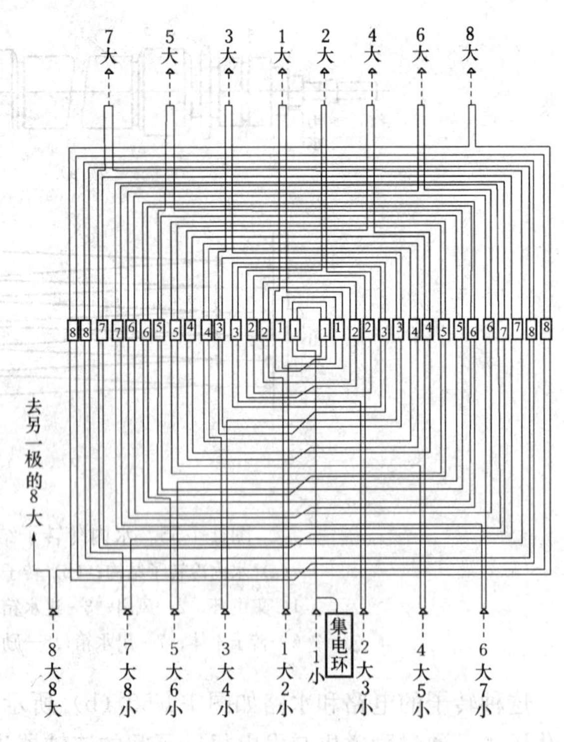

图 1-1-57　水内冷转子水电连接

圈，又绕过 6 匝再转入 2 号槽小线圈，再到 2 号槽的大线圈。这样电流的流向是：集电环→1 小→1 大→2 小→2 大→3 小→3 大→4 小→4 大→…→8 小→8 大→另一磁极的 8 大，形成串联电路。

凝结水则由绝缘引水管引向 17 个水电接头（以 6 大 7 小、4 大 5 小等命名），进入励磁绕组。转子的汽端则是通过 16 个水电接头（以 8 大、6 大…等命名）将水送至绝缘引水管和出水箱，形成并联的水路。

为了将凝结水从外部管道引入发电机转子，设置了一个转子进水支座，其结构见图 1-1-58。水从外水道先进入静止的水套 13，转子进水管 15 是高速旋转的，两者之间用盘根 9 加以密封。调整压盖 10 的螺钉可以控制盘根的松紧。为了防止盘根因摩擦发热，压盖不能压得过紧，故允许有少量水渗漏出来，通过罩板 11 和泄水口 14 排出。为防止因故断水时，盘根摩擦过热，备有盘根冷却水管 6 向盘根注水。

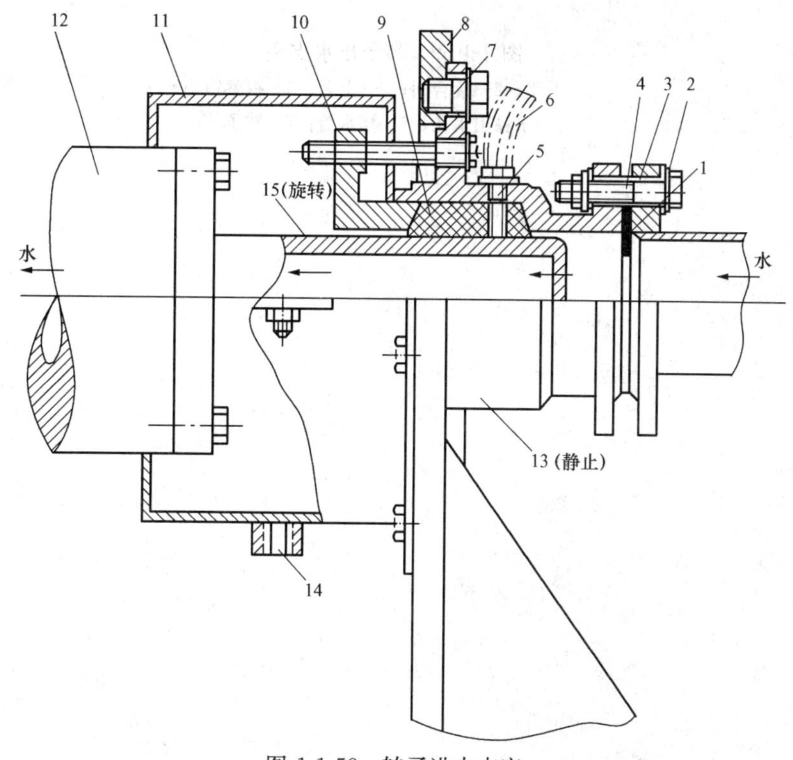

图 1-1-58　转子进水支座

1—橡皮垫圈；2—绝缘垫圈；3—纸管；4—螺栓；5—环；6—盘根冷却管；7—套；8—支持件；9—盘根；10—压盖；11—罩板；12—转子；13—水套；14—泄水口；15—转子进水管

为了将转子冷却水引至外水道，设置了转子出水支座，如图 1-1-59 所示。水从转子的出水箱借助离心力甩出，并为挡水盖挡住，再从出水支座的下部排出，经外部水系统冷却后再循环使用。出水支座由上盖和下座两部分组成，其接合面应低于轴中心线，这样作是为了便于检修，也利于接合面的封水作用。上盖还备有视察窗，便于监视。

双水内冷式汽轮发电机的外部供水系统与供气系统相近，它多了一支水路引向转子进水支座。此外它无需排氢，水箱的结构简单一些。

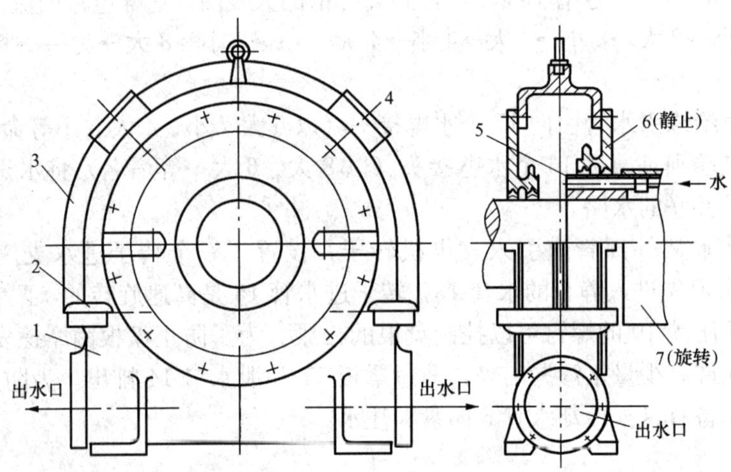

图 1-1-59　转子出水支座

1—下座；2—接合面；3—上盖；4—视察窗；
5—水箱出水孔；6—挡水盖；7—转子

第二章　汽轮发电机的启、停和维护

第一节　水氢氢汽轮发电机的启动和并列

一、启动前的准备

发电机安装或检修完毕，得到系统调度的命令即可将其启动，并投入运行。启动前，为保证发电机的安全可靠，必须对有关设备和系统进行一系列检查、测量和试验。只有在下述全部项目都合格后，方可启动机组。

（一）需要检查的项目

（1）发电机变压器组的一、二次设备安装或检修终结后，在启动前应将工作票全部收回。详细检查发电机变压器组各部分及其周围的清洁情况，各有关设备、仪表是否完好，短路线和接地线是否拆除，检修人员是否已撤离现场。

（2）检查升压变压器和厂用变压器油位是否正常，各散热器蝴蝶阀、冷油器进出油阀是否全开，主断路器油位、操动机构是否正常。

（3）将经过过滤与干燥的压缩空气通入发电机，保持机座内压力达到0.3MPa，并在转子静止状态下，检查发电机氢冷系统、油路、气路与水路的密封性。

（4）进水前检查滤净设备是否完好，水质的导电率、硬度和pH值等是否达到要求。

（5）检查轴承润滑油路及高压顶轴设备，在油压大于15MPa时，顶起高度是否大于0.04mm。

（6）打开定子汇水管上的排气阀门，启动冷却水泵，开启定子绕组的进水阀，待从排气阀门溢水时关闭汇水管上的排气阀门，维持定子进水压力为0.2～0.5MPa。

（二）需要测量的项目

（1）在冷态下测量转子绕组的直流电阻和交流阻抗。

（2）测量定子、转子绕组的绝缘电阻。

定子绕组的绝缘电阻采用1000～2500V绝缘电阻表测量，其绝缘电阻阻值未作规定，但若测得结果较前次有明显降低（如为前次的1/3～1/5），则应查明原因并采取措施加以恢复；转子绕组的绝缘电阻应包括发电机转子及向其供电的励磁机回路两部分的绝缘电阻，测量时应采用500～1000V绝缘电阻表。励磁回路全部绝缘电阻若低于0.5MΩ时，应采取措施加以恢复。

（三）需要进行试验的项目

（1）在通水情况下，进行发电机定子绕组对地交流耐压试验，试验时间为1min，试验电压为

$$0.75(2U_N + 3000) = 32250(\text{V})$$

式中：U_N 为发电机的额定电压。

（2）对定子绕组水路进行 0.75MPa、8h 的水压试验，应无渗漏现象。在额定水压下通水循环 4h 以后，绝缘电阻仍应符合要求。

二、启动与升压

（一）*启动*

水氢氢发电机只有处于氢气冷却时，才允许投入运行，因此在转子尚处于静止和盘车状态时就应该充氢。充氢时应保持轴密封的密封油压力，以免漏氢。充氢过程如下：

（1）用二氧化碳（或氮气）充满气体系统，以驱出空气。

（2）用氢气充满气体系统，以驱出二氧化碳（或氮气），将发电机转换到氢气冷却运行状态。

充氢后，当发电机内的氢纯度及定子内冷凝结水水质、水温、压力和密封油压等均符合规程规定，气体冷却器通水正常，高压顶轴油压大于规定值时，即可启动转子。在转速超过 200r/min 时停止顶轴。应注意，发电机开始转动后，即应认为发电机及其全部电气设备均已带电。

对安装和检修后第一次启动的机组，应缓慢升速并监听发电机的声音，检查轴承给油情况及振动情况。在确认无摩擦、碰撞声后，逐渐增加转速，然后迅速通过一阶临界转速。通过临界转速时，轴承座的振动值要大些，但不大于 0.1mm。这时还要检查集电环上的电刷是否有跳动、卡涩或接触不良现象，如有，应设法消除。如无异常情况，即可升速至额定转速 3000r/min。

（二）升压

当汽轮发电机升速至额定转速且定子绕组业已通水的情况下，就可以加励磁升高发电机定子绕组电压，简称升压。发电机电压的升高速度一般不作规定，可以立即升至规定值，但在接近额定值时，调整不可过急，以免超过额定值。

升压时还应注意：

（1）三相定子电流表的指示均应等于或接近于零，如果发现定子电流有指示，说明定子绕组上有短路（如临时接地线未拆除等），这时应减励磁至 0，拉开灭磁开关进行检查。

（2）三相电压应平衡，同时也以此检查一次回路和电压互感器回路有无断路。

（3）当发电机定子电压达到额定值、转子电流达到发电机的空载值时，将磁场变阻器的手轮位置标记下来，便于以后升压时参考。核对这个指示位置可以检查转子绕组是否有匝间短路，因为有匝间短路时，要达到定子额定电压，转子的励磁电流必须增大，这时该指示位置就会超过上次升压的标记位置。

（三）并列

当发电机电压升到额定值后，可准备与电网并列。并列是一项非常重要的操作，必须小心谨慎，操作不当将产生很大的冲击电流，严重时会使发电机遭到损坏。发电机的同期并列方法有两种，即准同期与自同期。

1. 准同期并列

准同期并列即准确同期并列的方式，是一种常用的基本同期方式，并列时应满足三个条件：

（1）待并发电机的电压与电力系统电压相等。

（2）待并发电机的频率与电力系统频率相等。

（3）待并发电机的电压相位角与电力系统的电压相位角一致。

并列操作可以手动进行，称为手动准同期；也可以自动进行，称为自动准同期。自动准同期需借助于专用的自动准同期装置进行。

进行手动准同期操作前，应确认主断路器、隔离开关位置正确，如有屏幕显示器，也可通过画面确认。还应确认操作开关及同期开关位置正确（不允许有第二个同期开关投入）。接着可投入同期表盘，同期表开始旋转，同期灯也跟着时亮时暗。这时可能还要少许调整发电机端电压，以满足第1个并列条件。调整的方法是调整自动电压调节器的电压给定开关（特殊情况下也可利用调节器内的“手动回路开关”或感应调压器进行调压），继而调整发电机的转速以满足第2、3个并列条件。当3个条件都满足时，同期表指针指在同期位置，同期灯最暗，表示已到达同步点，但一般是在指针顺时针方向缓慢旋转，且接近同步点（预留到达同步点的主断路器合闸时间）时，即可合闸，使发电机与系统并列。随即可增加发电机的励磁电流和有功负荷，确认发电机已带上5%的负荷，即15MW的有功负荷和7～10Mvar的无功负荷，记下并列时间，切断同期表开关和同期开关，并列操作告终。

发电机手动准同期操作是否顺利，与运行人员的经验有很大关系，经验不足者往往不易掌握好合闸时机，从而发生非同期并列事故。因此，现在广泛采用自动准同期装置进行自动并列。

自动准同期并列装置的功能是根据电力系统的频率，检查待并发电机的转速，并发出脉冲去调节待并发电机的转速，使其高出系统一预整定数值。然后检查同期的回路开始工作，当待并发电机以微小的转速差向同期点接近，且待并发电机与系统的电压差在±10%以内，它就提前一个预先整定好的时间发出合闸脉冲，合上主断路器，实现与系统的并列。

应该说明，有些自动准同期装置只能发出“调速”脉冲，而不发出“调压”命令，因而并列时仍要人工调整励磁调节器的给定开关，使待并发电机电压与系统电压相等。

2. 自同期并列

自同期并列的方法是：当待并发电机的转速接近额定转速（相差±2%范围之内）时，在励磁开关断开的情况下，先合上发电机的主断路器，然后再合上励磁开关，加上励磁，使发电机自动牵入同步。

采用自同期并列的优点是：

（1）操作简单；

（2）可防止非同期并列引起的危险；

（3）在紧急情况下，可以很快地将发电机并入系统，对加速事故的处理有很重要的意义。

自同期并列的缺点是，并列时待并发电机会受到较大电流的冲击，甚至使系统电压降低。对于100MW以下的任何发电机，在电力系统运行条件允许的情况下，均可采用自同期并列。对于100MW及以上的发电机，是否能采用自同期并列，应经过试验后慎重决定。

（四）发电机带负荷与负荷调整

发电机并列后，接到电网调度员的命令、要求带负荷时，一般由值班员进行加负荷与调整负荷的操作。

有功负荷的调整是通过汽轮机的同步器电动机进行的，即调整汽轮机的进汽量，该操作可由值班员或由自动装置协调控制。有功负荷的增加速度通常由汽轮机和锅炉的工作条件决定，但无论是开机或正常运行，增加速度都不能过快。

加负荷时，应注意监视冷却介质、铁心、绕组的温度，以及电刷、励磁装置的工况，监视定子端部有无渗漏现象，在增加发电机有功负荷的同时，要相应地增大其无功负荷，以保持一定的功率因数。

有功负荷不变，调整无功负荷也会改变功率因数。QFSN-300-2 型汽轮发电机的额定功率因数为 0.85（滞后），即功率因数从 0.85～1 之间均可长时间带额定有功负荷运行。但是如果励磁再进一步减少就会变为进相运行，这时 $\varphi<0$。虽然一般汽轮发电机都允许在 $\cos\varphi=0.95$（超前、进相）情况下运行，但进相运行下有两个问题特别要注意：

(1) 可能导致发电机定子端部构件发热。

(2) 可能导致电力系统运行失去稳定。

因而，在正常运行中，如发现功率因数表指示进相，且超过了允许的功率因数值，则应增大励磁电流。如果这时定子电流过大，则在增大励磁电流的同时，应减少发电机的有功负荷，否则可能引起发电机振荡或失步。

第二节　水氢氢汽轮发电机的解列与停机

在接到电网调度员解列命令后，操作人员应按值长命令填写操作票，经审核批准后执行。

有的发电机出线上带有厂用电，则首先应将厂用电切换后，拉开供厂用电的断路器，随后将本机的有功及无功负荷转移到其他发电机上。对于正常停机，应在机组有功负荷降到 15MW，无功降到接近零时，才能进行解列。在减有功负荷的同时，注意相应减少无功负荷，保持功率因数约为 0.85。

断开发电机出口断路器，调整励磁调节器的自动（或手动）整定开关，使励磁电流减小，检查发电机电压约为 8.4kV 时，断开励磁机磁场开关，记下解列时间。

解列后，如果发电机必须停下来，值长应通知汽轮机值班员减速停机，拉开发电机出线隔离开关，停运主变压器及其冷却装置，拉开主变压器中性点接地开关。

在解列与停机之间的时间内，定子的冷却水系统应继续运行，直至汽轮机完全停止转动为止。如果发电机停用时间较长，应将定子绕组和定子端部的冷却水全部放掉、吹干，冷却水系统管道内的积水也应放掉，并注意使发电机各部分的温度不致低于+5℃，以防止冻坏。

运行两个月以上的发电机停机后，应对发电机的水回路进行反冲洗，以确保水路畅通。

第三节　汽轮发电机运行中的检查和维护

对于运行中的汽轮发电机，必须经常进行检查、维护，以便及时发现异常情况，消除设备缺陷，保证发电机长期安全运行。下面将分别介绍各个设备的检查维护内容。

一、对汽轮发电机的一般检查与维护

(1) 严密监视运行中发电机各种表计，如电压、电流、频率以及各处温升等，不得超过规定值。每小时应记录一次发电机的工况参数，如有计算机打印值，可与之对照。如发现个别温度测点值异常，应对其加强监视，缩短记录间隔时间。

(2) 按值长命令执行负荷曲线的运行。

(3) 通过窥视孔检查发电机端部，应无异状、异音、焦味、放电、火星、臭味、渗水、

漏水及结露等。用手摸触发电机外壳，应无异常振动与过热等。

二、对定子水冷系统的检查与维护

（1）定期检查定子冷却水水箱水位、水质导电率。水质导电率应小于 5μA/cm，过大会引起较大的泄漏电流，从而使绝缘引水管加速老化，并可能造成定子相间闪络。

（2）检查定子绕组是否有漏水、堵塞现象。如有漏水，应立即停机；如有冷却水量减少，要密切监视定子绕组的温升，如未超过允许值仍可继续运行。

（3）检查氢气冷却器进水温度应低于 35℃，进水压力不高于 0.86MPa。

（4）定期检查定子冷却水的流量、进出水温度、压力和进出风温度等，至少每 2h 抄录一次，特别要注意出水温度不得超过允许值。

三、对供气系统的检查与维护

（1）对气体质量经常性的监视，应以气体分析器和差压表的指示为根据。气体分析器指示的氢气纯度应在 97%以上，低于此值时，应进行排污，同时把新鲜氢气补充到机内，以保持氢气纯度。在一定转速下，氢冷发电机风扇前后的压差与冷却气体密度成正比。如果冷却气体的压力和温度不变，若含氢量降低，气体的密度就会增加，差压表所指示的压差亦会增加。

（2）氢气压力应维持在额定值 0.31MPa。若检查中发现大于 0.345MPa，应立即停止补氢，并打开排氢门将氢压降到额定值，同时查明原因加以处理；若发现氢压小于 0.3MPa 则应立即手动补氢，如属漏氢，则应对密封油系统、供氢系统进行检查，发现问题及时消除。在氢压不能维持的情况下，可降低负荷运行。如仍不能维持运行，应请示停机。

（3）冷却后的氢气温度过高（例如大于 50℃），应检查氢气冷却水温度、压力以及流量等是否正常。

四、对轴密封的检查与维护

（1）当发电机充满氢气时，监视密封瓦中的供油应不中断。

（2）油密封油压、油流量应正常，回油温度应不高于规定值（71℃）。

（3）主油箱上的排烟机必须经常投入运行。应定期检查出油管和主油箱中氢气的含量，当氢气含量大于 2%时，应查明原因加以消除。

五、对集电环和电刷的检查与维护

集电环和电刷的检查与维护由电气值班人员负责，其检查与维护的内容主要有：

（1）检查电刷在刷框内有无摇动或卡住现象，接触是否良好，有无发热和冒火情况。

（2）检查各电刷的电流分担是否均匀，电刷和连线是否过热。

（3）按照电刷的磨损程度，调整电刷的压力。

（4）发电机停机后，必须清理集电环的通风孔，因为这些孔会逐渐被灰尘阻塞而失去通风作用。

（5）应定期用干布擦拭集电环及其周围零件，因为炭粉弄脏了表面会降低转子绕组的绝缘电阻。

（6）检查集电环时，可顺序将电刷由刷框内抽出。更换电刷时，在同一时间内，每个刷架上只许换一个。换上的电刷需在相等直径的集电环模型上研磨良好，且新旧牌号应一致。

（7）为了使集电环磨损均匀，在 2～3 个月内必须更换一次集电环的极性。

发电机运行中，在励磁回路上进行调整时，工作人员应站在绝缘垫上，并应穿绝缘靴，将衣袖扎紧，切不可戴手套，工作时应有专人在场监护。

第三章　汽轮发电机的正常运行方式

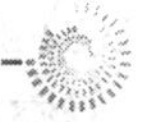

汽轮发电机的正常运行方式是指发电机按铭牌额定数据运行的方式。发电机额定数据，如转速、定子电压、定子和转子温度、振动幅度等，是制造厂的设计依据，只有严格控制其在允许值范围内运行，才能保障发电机安全而高效地运行。

因此，发电厂值班人员应对上述重要数据严密监视、定期打印（或抄表）。表 1-3-1 列出了 4 个发电厂对 QFSN-300-2 型汽轮发电机正常运行时监录的数据。数据表明，这 4 台发电机运行正常，实现了安全满发，且定、转子绕组以及氢气温度、振动值都在额定指标允许范围之内。

表 1-3-1　　QFSN-300-2 型汽轮发电机的正常运行数据

参数	定子										转子			氢气		轴颈振动	
	有功功率 (MW)	无功功率 (Mvar)	转速 (r/min)	电压 (kV)	A相电流 (kA)	B相电流 (kA)	C相电流 (kA)	功率因数	绕组温度 (℃)	铁心温度 (℃)	电压 (V)	电流 (kA)	绕组温度 (℃)	冷氢温度 (℃)	热氢温度 (℃)	5号 (μm)	6号 (μm)
额定值*	300	186	3000	20	10.19	10.19	10.19	0.85	90	120	364	2.50	110	40	75	≤76	≤76
铁岭1号	300	120	3000	20	9.10	9.70	9.70	0.93	54	70	250	2.00	82	33.5	42	34	26.0
珠江1号	300	115	3000	19.3	9.30	9.30	9.30	0.94	56	72	250	2.30	83	32	42	71	69.0
妈湾1号	302	168	3000	19.9	9.80	9.80	9.80	0.87	57	81	252	2.25	76	37	43	32	29.3
阳逻1号	300	160	3000	20	10.00	10.00	10.00	0.88	60	76	290	2.50	56	36.5	51	62	30.0

* 为各参数额定值，如有功功率额定值 300MW；无功功率额定值 186Mvar；额定转速 3000r/min 等。

为了便于对正常运行方式进行分析，下面对一种典型的运行方式——接于无限大容量电力系统的发电机在稳态、对称条件下的运行方式进行分析。

第一节　汽轮发电机的稳态运行特性

一、汽轮发电机的电压相量图

为了研究同步发电机的稳态运行特性，先讨论它的电压相量图。一般汽轮发电机都是隐极式转子，其纵轴（d 轴）和横轴（q 轴）磁导率相等。因而反映在这两个轴向上绕组的电抗值也基本相等，即 $x_d = x_q$；且 $x''_d = x''_q$，因此汽轮发电机的相量图要比水轮发电机（凸极式）的相量图简单些。

图 1-3-1 是隐极同步发电机的电压相量图。当定子绕组开路时，由纵轴励磁绕组磁通势 $\dot{F}_q$ 所感应的电动势称为空载电动势 $\dot{E}_q$。当发电机向电网送电流时，发电机端电压在数值和相位上都要发生变化。图中 $\dot{U}$ 表示发电机端电压相量，δ 为 $\dot{E}_q$ 和 $\dot{U}$ 间的夹角，$\dot{I}$ 表示发电

机定子电流相量，通常 $\dot{I}$ 滞后 $\dot{U}$ 一个功率因数角 φ。$\dot{I}$ 所产生的电枢反应磁通势 $\dot{F}_a$ 的相量与 $\dot{I}$ 是平行的。$\dot{F}_a$ 所产生的电动势为 $\dot{E}_a=-\mathrm{j}\dot{I}x_a$，而 $\mathrm{j}\dot{I}x_a$ 可视为电枢反应电抗 x_a 上的电压降。$\dot{E}_q$ 和 $\dot{E}_a$ 的相量和即是气隙电动势 $\dot{E}_\delta$，它是由气隙磁通势 $\dot{F}_\delta$ 产生的气隙磁通所感生的。气隙磁通势则是由磁通势 $\dot{F}_0$ 和电枢反应磁通势 $\dot{F}_a$ 所合成。发电机气隙电动势 $\dot{E}_\delta$ 再减去定子漏抗压降 $\mathrm{j}\dot{I}x_1$ 和定子电阻压降 $\dot{I}r$，就得到发电机的端电 压 $\dot{U}$。

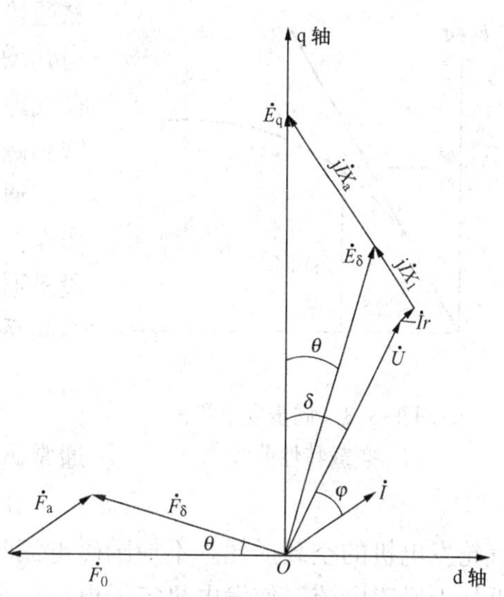

图 1-3-1　隐极同步发电机电压相量图

应该指出，汽轮发电机稳态对称运行时需要按两种情况考虑：一种是当磁通经过铁心时，铁心磁路消耗的磁通势大到不可忽略的程度，气隙磁通显现饱和现象；另一种是忽略铁心磁路损耗磁通势，只考虑气隙中的磁通势，这是不饱和的情况。在这种情况下，磁通与相应的磁通势成正比，这样，不仅磁通势可应用重叠原理，与之相应的磁通、感应电动势及电压降均可分别叠加。这对简化分析计算有非常重要的意义。

由图 1-3-1 可知，空载电动势 $\dot{E}_q$ 与端电压 $\dot{U}$ 之相量差是定子绕组的阻抗压降，即

$$\dot{I}[r+\mathrm{j}(x_a+x_1)]=\dot{I}(r+\mathrm{j}x_d) \tag{1-3-1}$$

式中：$x_d=x_a+x_1$ 是同步电抗。

各电压相量之间的关系可用下式表达，即

$$\dot{E}_q=\dot{U}+\dot{I}r+\mathrm{j}\dot{I}(x_1+x_a)=\dot{U}+\dot{I}(r+\mathrm{j}x_d) \tag{1-3-2}$$

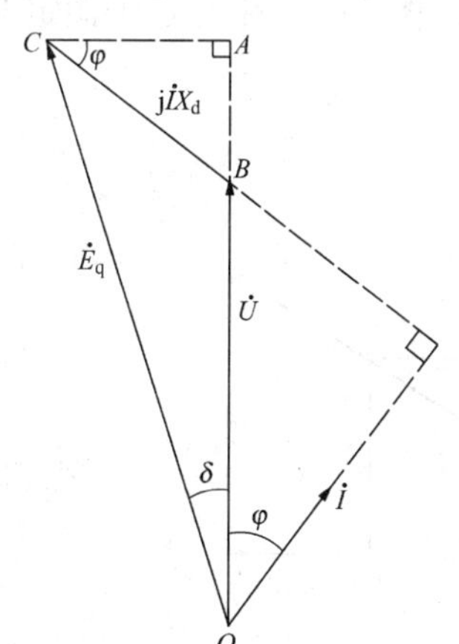

图 1-3-2　简化的汽轮发电机电压相量图

实测表明，大容量同步发电机的电枢电阻 r 与同步电抗 x_d 相比，小到可以忽略不计，所以图 1-3-1 可以简化为图 1-3-2，这样就得到隐极式同步发电机电压方程

$$\dot{E}_q=\dot{U}+\mathrm{j}\dot{I}x_d \tag{1-3-3}$$

二、空载运行及空载特性

同步发电机空载运行是指定子绕组开路，转子转至额定转速，转子绕组通以直流励磁电流的情况。由于加了励磁电流 i_F，相应就会产生定子绕组电动势 E_q。调节励磁电流 i_F 即改变了主磁通 Φ_0 值，从而改变了定子空载电动势 E_q。关系式 $E_q=f$（i_F）称为空载特性，如图 1-3-3 所示。

因为 E_q 与 Φ_0（主磁通）成正比，励磁磁通势 F_1 与励磁电流成正比，所以空载特性曲线 $E_q=f$（i_F）也就是带气隙的发电机铁磁材料的磁化曲线 $\Phi_0=f$（F_1）。当 Φ_0 小时，铁心不饱和，

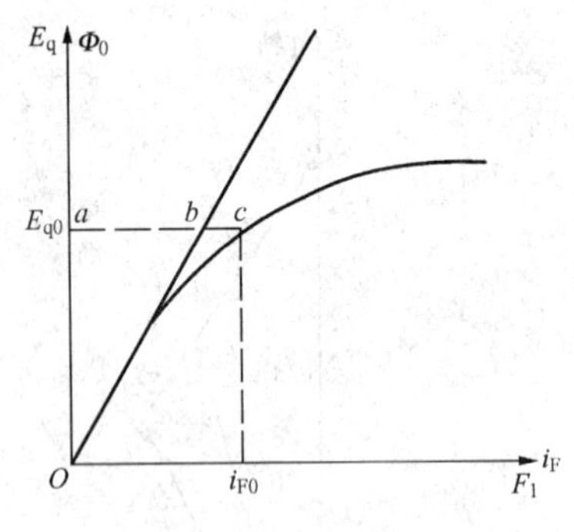

图 1-3-3　同步发电机的空载特性曲线

磁通势全部降落在气隙内，Φ_0 与 F_1 成正比，为直线关系。当Φ_0增加到一定程度时，铁心趋于饱和，磁通势压降降落在气隙和铁心两部分。图中直线 Ob 称为气隙线，亦即不饱和磁化曲线，曲线 Oc 为饱和磁化曲线。

通常空载额定电压设计在 c 点，即曲线接近饱和的工作点，i_{F0} 为建立空载额定电压所需的励磁电流。其中 ab 段磁通势消耗在气隙内；bc 段磁通势消耗在铁心内。常用饱和系数 K_s 描述发电机工作点的饱和程度，即

$$K_s=\frac{ac}{ab} \tag{1-3-4}$$

通常 $K_s=1.1\sim1.25$ 的范围内。

在进行空载试验时，同时还可测出另一重要数值，即汽轮发电机的空载损耗。不加励磁电流时拖动同步发电机所需的功率为发电机的机械损耗，再加上励磁电流，使发电机定子电压升至额定电压（例如 2kV），这时测得的拖动功率为发电机机械损耗与铁耗之和。例如 QFSN-300-2 型汽轮发电机的机械损耗 $\Delta P_m=678$kW，铁耗 $\Delta P_{Fe}=724$kW，测得拖动功率应为 $\Delta P_m+\Delta P_{Fe}=678+724=1402$（kW）。

三、短路特性

短路特性是指定子三相绕组短接，转速 $n=n_N$，机端电压 $U=0$ 的条件下，励磁电流 i_F 与三相稳定短路电流 I_k 间的关系，即 $I_k=f(i_F)$。这是同步发电机非常重要的特性之一。

短路特性可用试验方法求得。由于定子绕组电阻 r 较之同步电抗小得多，故短路电流几乎为纯感性电流，I_k 产生的电枢反应为纵轴电枢反应，对励磁绕组磁通势 F_0 有去磁作用。由图1-3-4可知，气隙磁通势 $\dot{F}_\delta=\dot{F}_0+\dot{F}_a$，$\dot{F}_\delta$ 对应于电动势 E_δ，因 $U=0$，故短路时合成电动势等于定子漏抗压降，即 $\dot{E}_\delta=-\mathrm{j}I_kx_\sigma$（参见图 1-3-1）。由于漏磁压降约为 6%～18% U_N，因此，发电机短路试验时，气隙内的合成磁通势 F 很小，铁心处于不饱和状态，故短路电流 I_k 和励磁电流 i_F 为直线关系。

上述直线关系就是同步发电机的短路特性，如图 1-3-5 所示。图 1-3-5 中与定子额定电流 I_N 对应的励磁电流为 $i_{F\cdot k}$。

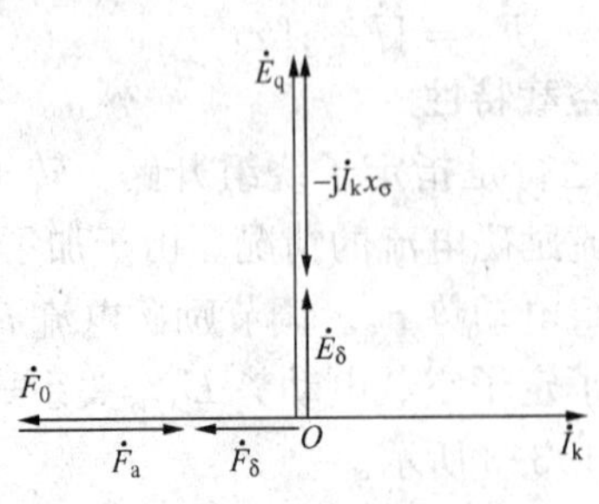

图 1-3-4　发电机端上稳定电动势相量图

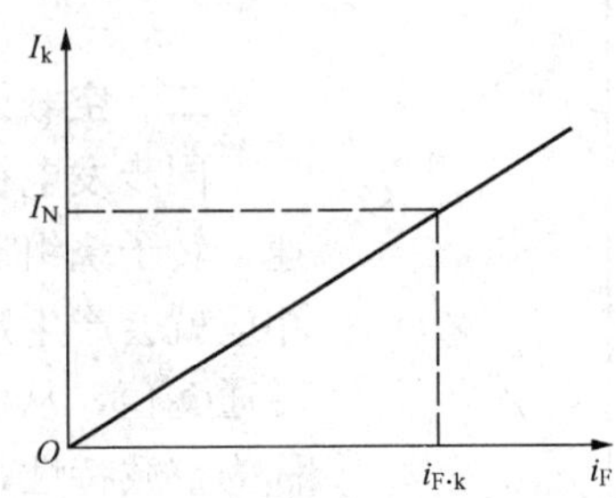

图 1-3-5　同步发电机短路特性

同样，在进行短路试验时亦可测出定子绕组铜耗 ΔP_{Cu} 与短路附加损耗 ΔP_k，两者之和为短路损耗。例如，QFSN-300-2 型汽轮发电机的短路损耗为 1264kW。

已知机械损耗、定子铁耗、铜耗、短路附加损耗再加上励磁损耗，就可得到发电机的总损耗 ΔP，从而可以算出满载时的总效率 η，300MW 汽轮发电机总效率约为 98.8%左右。

四、负荷特性

负荷特性是发电机在额定转速下（$n=n_N$），保持负荷电流 I 及 $\cos\varphi$ 不变的条件下，励磁电流 i_F 和机端电压 U 之间的关系，即 $U=f(i_F)$。

图 1-3-6 中绘出了 QFSN-300-2 型汽轮发电机一条空载特性和四条负荷特性，它们都可通过试验得到，即：

（1）$\cos\varphi=1$，$\varphi=0°$，$I=I_N$。

（2）$\cos\varphi=0.8$（迟相），$\varphi>0°$，$I=I_N$。

（3）$\cos\varphi=0.8$（进相），$\varphi<0°$，$I=I_N$。

（4）$\cos\varphi=0$，$\varphi=90°$，$I=I_N$。

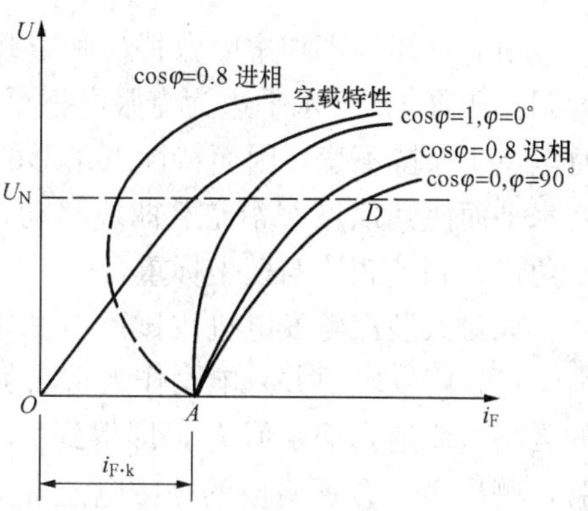

图 1-3-6 QFSN-300-2 型汽轮发电机的负荷特性

从曲线可知，迟相状态下的电压低于空载电压，这是由于感性负荷的去磁电枢反应造成的。进相状态则相反，带负荷时的电压反而高于空载时的电压，显然这是由于容性负荷的助磁电枢反应形成的。

最令人有兴趣的是零功率因数负荷特性，即纯感性负荷特性。它基本上与空载特性曲线相像，且用处很大。下面对零功率因数负荷特性加以分析。

图 1-3-7（a）为零功率因数负荷情况的相量图，由于 $\varphi=90°$，而发电机内部的电阻 r 又远小于同步电抗，故此时 $\dot{E}_q$ 与 $\dot{I}$ 间的夹角 $\varphi=90°$，可见，零功率因数负荷时的电枢磁通势也是去磁的纯直轴磁通势。由图 1-3-7（a）可见，此处磁通势之间、电动势之间再没有相位差，相量关系均简化为代数关系，即

$$\left.\begin{aligned}E_\delta &\approx U+Ix_\sigma\\ F_\delta &\approx F_0-F_a\end{aligned}\right\}\qquad(1\text{-}3\text{-}5)$$

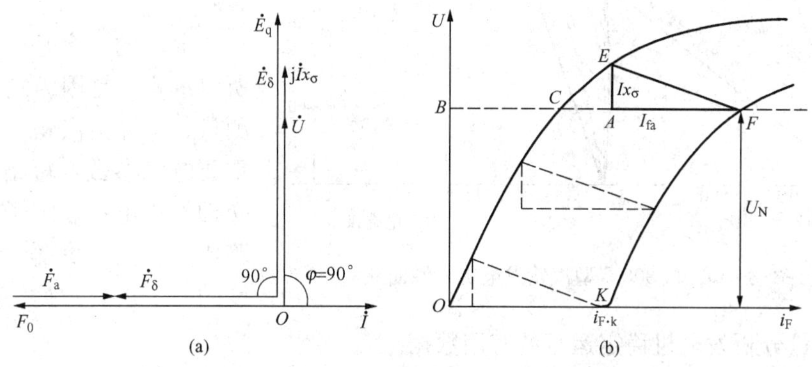

图 1-3-7 零功率因数负荷特性分析

（a）相量图；（b）零功率因数负荷特性与特性三角形

这样，在图 1-3-7（b）中，用$\overline{OB}$表示额定相电压 $U_{N\varphi}$，$\overline{BC}$表示空载时产生额定电压所需的励磁电流。在零功率因数负荷时，由于需克服定子漏抗压降和去磁电枢反应，励磁电流显然比$\overline{BC}$大才能保持同一电压 U_N。若从空载特性作$\overline{BF}$的垂线$\overline{EA}$，使其等于定子漏抗压降 Ix_σ，则$\overline{CA}$即为克服定子漏抗压降所需增加的励磁电流。再作延长线$\overline{AF}$，使$\overline{AF}=\frac{F_a}{W_F}=I_{fa}$，其中 F_a 为磁通势、W_F 为匝数。则$\overline{AF}$即为克服电枢去磁磁通势所需增加的励磁电流 I_{fa}，最后得出零功率因数负荷特性上的 F 点和对应的励磁电流值

$$I_f=\overline{BF}=\overline{BC}+\overline{CA}+\overline{AF} \tag{1-3-6}$$

由此可知，零功率因数特性和空载特性之间只相差一个特性三角形△AEF，其垂直边为漏抗压降 Ix_σ，水平边为克服电枢反应磁通所需的励磁电流 I_{fa}。由于测取零功率因数特性时电流 I 保持不变，因而特性三角形的大小、形状不会改变。这样，把特性三角形的底边保持水平而使其顶点 E 沿空载曲线移动，则其右顶点 F 的轨迹即为零功率因数特性。当特性三角形移到其底边与横坐标重合时，可得 K 点，由于该点端电压 $U=0$，故即为短路点。

如对大型汽轮发电机用试验方法求取零功率因数负荷特性时，找不到这样大的无功负荷，可以将发电机并入电网作无有功负荷的过励运行，并调节发电机的励磁电流，使它发出的无功电流达到额定值 I_N，即得到零功率因数负荷特性上的 F 点；再作发电机稳态短路试验，测出 $I_k=I_N$所对应的励磁电流 i_{Fk}，则 $i_F=i_{Fk}$，又 $U=0$，则为此特性上的另一点，即图 1-3-7（b）中 K 点。实用上有这两点就够了。

五、利用特性曲线求发电机的电气参数

图 1-3-8 为 QFSN-300-2 型汽轮发电机实测特性曲线。它包括空载特性、零功率因数负荷特性和短路特性（其定子线电流的纵坐标位于右侧）等三个重要的特性曲线。图 1-3-8 中还给出了 cosφ=1 和 0.85 两条等负荷（I_N=10189A）特性曲线，以虚线表示。

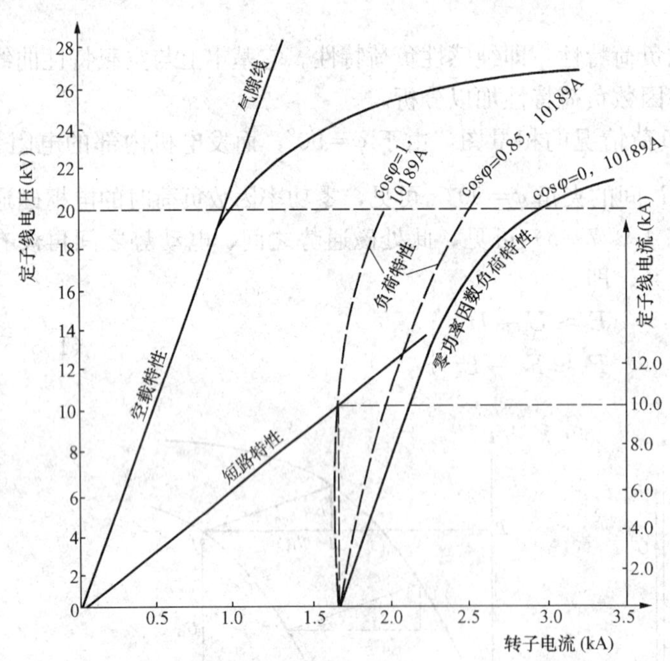

图 1-3-8 QFSN-300-2 型汽轮发电机特性曲线

上面的三个基本特性曲线之所以重要，是因为它们可以用来测量、计算出汽轮发电机的几个重要电气参数：短路比、直轴和交轴同步电抗、定子漏抗等。短路比是表征汽轮发电机静态稳定度的一个重要数据，其他几个电抗参数是定量分析发电机稳定运行的有用数据。

利用零功率因数负荷特性可确定定子漏抗和电枢反应磁通势；利用空载和短路特性可以确定直轴同步电抗的不饱和值；利用空载和零功率因数负荷特性可确定同步电抗的饱和值；

利用空载特性和短路特性可确定短路比。短路比对发电机的设计和运行有重大影响，汽轮发电机的短路比在 0.5～0.7 范围内，容量愈大其值愈小，300MW 汽轮发电机的短路比约为 0.5。

第二节　发电机与无限大容量电力系统并联的运行特性

一、同步发电机对无限大容量电力系统的功角特性

将孤立运行的各个电厂的发电机连接起来形成电力系统，无论在技术上、经济上都会带来很大好处。我国大的电力系统容量均超过 4000 万 kW，一台几万或几十万千瓦的发电机并联到如此大的系统中，可以近似视为发电机与无限大容量的电力系统并列运行。这样，无论怎样调节所并列的单个发电机的有功功率和无功功率，都不会影响电力系统的电压和频率。换言之，无限大容量电力系统就是电压和频率都不变的电力系统。实际上，当某一台发电机功率变化时，总要引起电力系统电压和频率的微小波动，只是在进行工程分析时忽略不计而已。因而对具有自动调频和调压功能的现代电力系统，用这种假设是合理的。

由于假设发电机与无限大容量电力系统并列运行，且发电机的端电压 U＝常数，频率 f＝常数，即可作出图 1-3-9（a）所示的简单电力系统接线图。

若假定发电机处于不饱和状态，且忽略定子绕组电阻，则如前述，可得到图 1-3-2 所示的简化电流、电压相量图。图中感应电动势 $\dot{E}_q$ 与端电压 $\dot{U}$ 之间的夹角 δ 称为功率角，它由交轴电枢反应形成，其值随有功负荷的大小而变化。例如对纯电感或纯电容性负荷，相量 $\dot{E}_q$ 与 $\dot{U}$ 的方向相同，没有交轴（q 轴）电枢反应，则 $\delta=0°$，发电机输出的有功功率为零。图 1-3-9（b）表示了各主要相量之间的关系。δ 角的另一物理意义即为，产生 $\dot{E}_q$ 的励磁绕组磁通势 $\dot{F}_0$ 相对于产生端电压 $\dot{U}$ 的合成磁通势 $\dot{F}$ 之间的夹角。实际上 $\dot{F}_0$ 与 $\dot{F}$ 之间的夹角既可看成为空间相角，又可看成转子磁极中心线与电力系统合成等效发电机磁极中心线间的电角度，这两者在一对磁极的发电机内是统一的。

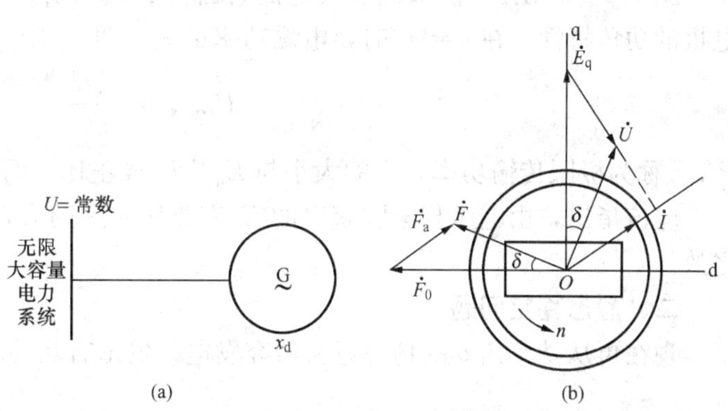

图 1-3-9　单机对无限大容量电力系统的接线图与相量图

（a）接线图；（b）磁通势与电流、电压相量图

当同步电机作为发电机运行时，相量 $\dot{F}_0$ 永远超前于 $\dot{F}$，规定此超前的 δ 角为正值。下面推导功率角 δ 与电磁功率 P_e 之间的关系。三相同步发电机的电磁功率可用众所周知的公式描述为

$$P_e = 3U_p I_p \cos\varphi \tag{1-3-7}$$

式中：U_p 为发电机的相电压，V；I_p 为发电机的相电流，A；φ 为功率因数角。

现再返回到图 1-3-2，从 $\dot{E}_q$ 的端点 C 点画一条垂直于 $\overline{OU}$ 的直线，并交 $\overline{OU}$ 于 A 点，则

从图中可知

$$I_p x_d \cos\varphi = E_q \sin\delta \tag{1-3-8}$$

或

$$I_p \cos\varphi = \frac{E_q \sin\delta}{x_d} \tag{1-3-9}$$

将式（1-3-9）代入式（1-3-7），可得电磁功率 P_e 的另一表达式，也就是发电机向受端系统输送的有功功率表达式

$$P_e = \frac{3U_p E_q \sin\delta}{x_d} \tag{1-3-10}$$

若 E_q 和 U_p 都用线电压表示，则电磁功率又可表达为

$$P_e = \frac{UE_q}{x_d}\sin\delta \tag{1-3-11}$$

即使 U、E_q 和 P_e 均用标幺值（p.u.）表示，式（1-3-11）同样成立。

由式（1-3-11）可看出，在 U 等于常数时，同步电机可作为发电机运行，此时 $\delta>0°$，同步电机向电网输出有功功率；同步电机也可作为电动机运行，此时 $\delta<0°$，同步电机从电网吸收有功功率。

图 1-3-10 示出了隐极同步发电机电磁功率 P_e 与功率角 δ 成正弦函数变化的关系，即发电机的功角特性。在 $\delta=90°$ 时，电磁功率最大，即

$$P_{e\cdot\max} = \frac{E_q U}{x_d} \tag{1-3-12}$$

$P_{e\cdot\max}$ 称为极限传输功率，它的大小与 E_q 及 U 成正比，而与 x_d 成反比。

应该指出，由电压相量图获得的 E_q 值要比实际的大，这是因为假设电机磁路为不饱和之故。

二、静态稳定问题

现在再从功率角 δ 的物理意义研究发电机发出有功功率的物理过程。

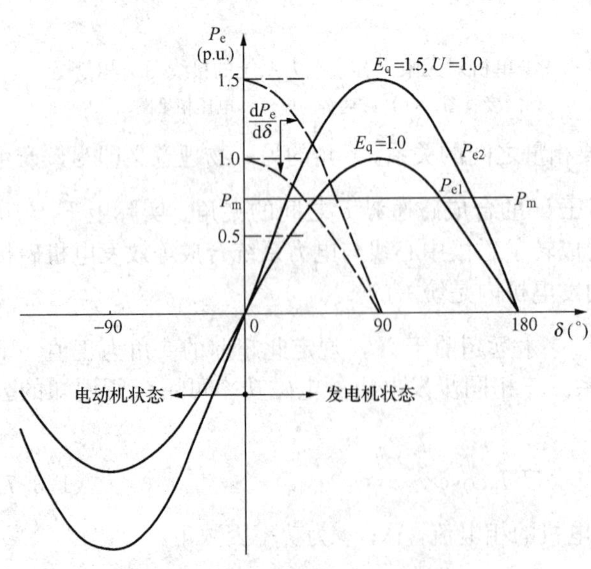

图 1-3-10　隐极同步发电机功角特性

发电机运行时，若逐步增加原动机输入功率 P_m（即加大汽轮机汽门），使输入转矩大于电磁转矩与空载转矩之和，则剩余转矩使转子加速。而合成等效磁通势 $\dot{F}$ 的值以及转速，受无限大容量电力系统电压、频率的牵制保持不变，于是励磁磁通势 $\dot{F}_0$ 就会超前于 $\dot{F}$ [见图 1-3-9（b）]，即 δ 角要增大。δ 角的增大，如图 1-3-10 所示，又使电磁功率增大，相应地电磁转矩 M_e（属阻力矩）增大，直到剩余转矩为零、转子转速不再升高，达到新的平衡状态。这种平衡过程是逐渐增加输入功率而得

到的，属于静态性质。因此，要调节发电机的输出功率，只需调节汽轮机输入的机械功率即可。

当$\delta=90°$时，电磁功率达到最大值，如果再继续增大汽轮机对发电机的输入功率P_m，则$\delta>90°$，此时电磁功率反而减小，就会出现更多的剩余功率，因而功率不能保持平衡。剩余功率将使转子继续加速，直至转速大于同步转速而失去同步，即同步发电机失去静态稳定。

电力系统正常运行中，假定汽轮机输入功率保持不变，发电机在受到小的扰动后，引起δ的变化，而δ角能否自行恢复到原来平衡状态，也属静态稳定问题。分析表明，$\delta<90°$的系统是稳定的，$\delta\geqslant90°$的系统为不稳定系统。

失去稳定的发电机，由于电磁功率迅速减小，如果不立即减小汽轮机功率，就会使转子达到很高的转速，巨大的离心力将使转子损坏。另外，由于发电机电动势的频率与电网电压频率不同，定子绕组中将出现足以损坏定子的大电流。因此保持发电机对系统之间的静态稳定运行是最基本的要求。

为了判断发电机的静态稳定性，由此总结了一个判据：发电机对电力系统的整步功率（P_r）大于零则保持稳定。以微分形式表示则为

$$P_r=\frac{dP_e}{d\delta}>0 \tag{1-3-13}$$

式中：P_r为整步功率。

当$P_r>0$时，能保持稳定；$P_r<0$时，不能维持稳定运行。图1-3-10中虚线即为$P_r=f(\delta)$的关系曲线。由曲线知$\delta>90°$，P_r为负值，发电机失去静态稳定，这是因为功角特性为式（1-3-11）所表示的正弦规律，静稳极限角$\delta=90°$。

对装有灵敏励磁系统的同步发电机，其运行极限功角可以超过90°，进入所谓人工稳定区工作。但实际运行中，应留有足够的静态稳定储备，往往发电机正常只运行在$\delta=30°\sim45°$范围内。

有的发电机由于装设了快速励磁系统，或由于与电力系统间的联系很弱（联系电抗大），会引起发电机对电力系统的自发振荡，即当发电机向电力系统输送的有功功率达一定数值时，产生频率约为（0.2～2）Hz的低频振荡，这是另一类静态不稳定问题。解决的办法是在发电机励磁系统内投入电力系统稳定器（即PSS）。

三、动态稳定问题

同步发电机在电力系统中运行时，其负荷除缓慢微变外，还会发生大幅度的突变。例如突然的甩负荷、短路、线路掉闸以及自动重合闸动作等都属于大幅度的突变，它们可以引起发电机母线电压明显下降，δ功角大幅度振荡，甚至失步。这称为动态稳定问题，或称暂态稳定问题。

现以图1-3-11上部绘出的简单系统为例，说明动（暂）态稳定的概念。设发电机原来运行在

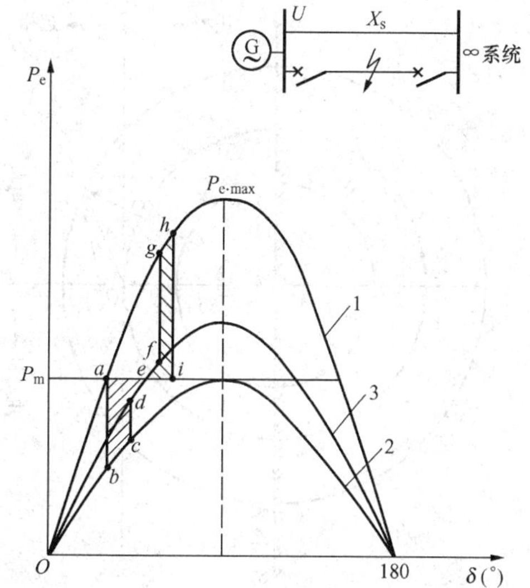

图1-3-11 同步发电机的动态稳定概念的说明

曲线 1 的 a 点上，发生短路后，发电机端电压 U 下降，$P_{e\cdot max}$ 下降［见式（1-3-12)］，运行点由 a 点降到曲线 2 上的 b 点。这时汽轮机输入功率 P_m 尚来不及调整而暂时维持原值输入，发电机转子因功率过剩迫使 δ 角加大，运行点将由 b 点沿曲线 2 上升至 c 点，继电保护随即将短路点故障切除，联系电抗变成 $2X_s$，变成单回路运行，运行点由 c 点跃变到曲线 3 上的 d 点。运行点接着沿曲线 3 继续上升至 e 点。这时汽轮机输入功率与发电机输出的电磁功率相等，发电机转子虽然不再加速运动，但由于转动惯量，转子 δ 角继续加大至 f 点，设这时自动重合闸装置起动，将已消除了短路电弧的线路重新投入运行，系统恢复至原状运行于 g 点，转子沿曲线 1 作减速运动至 h 点，将加速运动积蓄的能量消耗完，δ 才减少。经过来回几个振荡，转子回到原运行点 a。这叫做动态稳定性未遭破坏。

但是，如果继电保护动作慢一些，或强行励磁速度慢一些，甚至重合闸也慢一些，则 c、f、h 点都将会向后推，以至代表加速能量的面积 $abcde$ 大于最大可能的减速面积 $efghi$，发电机转子将拉不回来，δ 角将超过 180°而失步。这叫做动态稳定性的破坏。

因此，提高继电保护和强行励磁的速度和顶值倍数是提高发电机动态稳定性至关重要的措施。

第三节　汽轮发电机的安全运行极限

汽轮发电机正常工作的有功功率和无功功率，分别由调速器和励磁调节器进行自动调节，维持在稳定值。运行人员可以根据调度员的命令和机组安全性要求加以干预，这种安全性要求表现在机组所发出的有功和无功功率受到严格的限制。为研究这些限制，可先考察同步电机运行时定子电流的轨迹，然后将其移植到 P-Q 功率平面上，从而得到功率极限范围。

一、隐极式同步电机的电流轨迹

在不计铁心饱和影响时，可根据隐极式同步电机的电压相量图推导出电机运行时电流轨迹图。

首先在图 1-3-12 的有功电流 I_a 与无功电流 I_r 平面上叠加上图 1-3-2 所示的简化的汽轮发电机电压相量图。让电压三角形△OBC 移植到图 1-3-12 中的△MOC 上，也就是让 $\dot{U}$ 顺时针转 90°与 $\overline{MO}$ 重合，并将 3 个电压相量均除以同步电抗 jx_d，使得△MOC 转换为电流相量三角形：与横轴重合的 $\dot{U}/jx_d$ 是空载状态机端电压为 U 时的定子稳态短路电流，其所对应的励磁电流为 i_{F0}；$\dot{E}_q/jx_d$ 是在负荷情况下，空载电动势为 E_q 时的定子稳态短路电流，其所对应的励磁电流为 i_F；第三个相量则是定子负荷电流 $\dot{I}$。

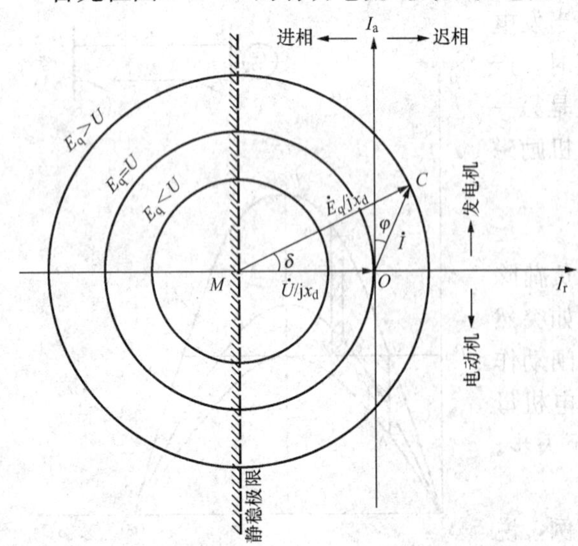

图 1-3-12　隐极式同步电机的电流轨迹

对于单机对无限大容量系统的并列

而言，U 为定值，即$\overline{MO}$长度不变。若励磁电流 i_F 也保持一定，则代表 $\dot{E}_q/\mathrm{j}x_d$ 的$\overline{MC}$长度也不变，但该相量的相位将随功角 δ 而变。因此端点 C 的轨迹是一个以 M 为圆心，以与励磁电流 i_F 成比例量为半径（$\overline{MC}$）的圆。显然，该圆是在 i_F 一定时的定子电流轨迹。图 1-3-12 中画出了 $E_q>U$、$E_q=U$ 和 $E_q<U$ 三种不同情况时的圆。定子电流 $\dot{I}$ 与纵坐标的夹角可从图 1-3-12 直观看出是功率因数角 φ。因此其纵向投影 $I\cos\varphi=I_a$ 为定子有功电流，而横向投影 $I\sin\varphi=I_r$ 则是感性无功电流。当 I_a 加大时，δ 加大，φ 减小，可进入进相运行区，这时 $I_r<0$，$\varphi<0$，机组从系统吸收无功。在极端情况下，当 $\delta=90°$、$I_a=I_{a\cdot max}$ 时，便失去静态稳定性。

图 1-3-12 还清楚表明，电流轨迹图中，横轴的上下两个区域分别为发电机状态和电动机状态，纵轴的左右两个区域分别为进相状态和迟相状态。

二、汽轮发电机的安全运行极限

为了使用方便，现以恒定电压 U 乘以图 1-3-12 中的各个电流分量，则 $I_aU=P$，$I_rU=Q$，所有电流分量就可代表功率分量，以电流 I_a、I_r 为坐标的电流平面就变成了以功率 P、Q 为坐标的功率平面，如图 1-3-13 所示。由图 1-3-13 可看出：

$$I_a=I\cos\varphi=\frac{E_q}{x_d}\sin\delta \tag{1-3-14}$$

$$I_r=I\sin\varphi=\frac{E_q}{x_d}\cos\delta-\frac{U}{x_d} \tag{1-3-15}$$

因而有

$$P=I_aU=\frac{E_qU}{x_d}\sin\delta \tag{1-3-16}$$

$$Q=I_rU=\frac{E_qU}{x_d}\cos\delta-\frac{U^2}{x_d} \tag{1-3-17}$$

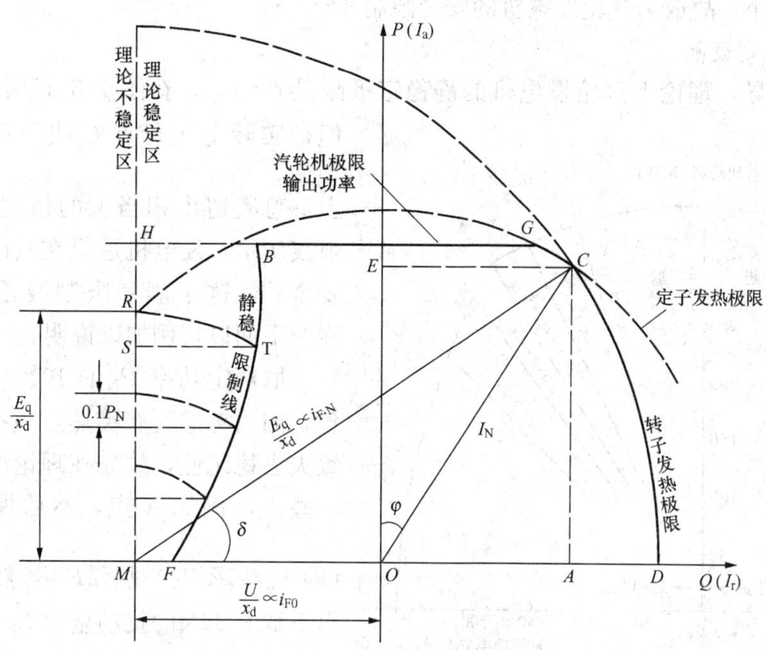

图 1-3-13　隐极汽轮发电机的安全运行极限

有功表达式（1-3-16）与式（1-3-11）结果一致，无功表达式（1-3-17）也很重要，下面将讨论之。

图 1-3-13 所示的 P-Q 图对于运行人员是很有用的。图中$\overline{OC}$表示额定视在功率 $S_N=I_NU$；$\overline{OC}$在纵横两轴上的投影$\overline{OE}$和$\overline{OA}$分别为 P_N 和 Q_N；$\overline{OC}$与纵轴的夹角 φ 的变化即反映 $\cos\varphi$ 的变化。图中粗实线框内即是汽轮发电机的安全运行区域，以下将对各安全限制线进行讨论：

1. 定子发热极限

定子绕组的发热与定子电流的平方成正比。因而，为防止定子过热，像 300MW 这样大型的汽轮发电机不允许连续过负荷运行。所以 $I=I_N$ 的轨迹圆就是避免定子过热的安全极限。图 1-3-13 中弧线$\overset{\frown}{GC}$即是这一限制线，C以下和 G 以上的弧线，由于这时转子发热极限和汽轮机输出功率的限制比定子发热极限更小，故它已不起作用了。

2. 转子发热极限

转子发热正比于转子铜损，而后者又与励磁电流的平方成正比。代表额定励磁电流 $i_{F\cdot N}$ 大小的是相量$\overline{MC}$，这在图 1-3-12 中已有说明。如果定子电压和电流都不变，则视在功率 S 不变，这时如果 φ 角加大就意味着 i_F 增加，即 $i_F>i_{F\cdot N}$，转子就会过热；反之当 $\varphi<\varphi_e$，其运行极限则不再由 $i_{F\cdot N}$起作用，而由较小的定子发热极限$\overset{\frown}{GC}$起限制作用，转子发热极限比$\overset{\frown}{GC}$大，因而未能充分利用转子发热的潜力。

3. 汽轮机输出功率极限

汽轮机是拖动发电机的原动机，因而其额定功率应稍大于发电机的额定功率。图 1-3-13中的水平线$\overline{BG}$即是由汽轮机最大安全输出功率 P_m所决定的，它比转子发热极限、定子发热极限都小，故成为汽轮发电机的安全限制线。

4. 静态稳定极限

前面已推导，理论上汽轮发电机的静稳定极限是 $\delta=90°$，在图 1-3-13 中为$\overline{HM}$虚线。但是实际上运行点 C 决不能处于$\overline{HM}$线上，总应留出相当大的裕度，如图中$\overset{\frown}{BF}$弧线所示，发电机运行在其限制线内才是安全的。这个静稳限制线是如何得到的呢？下面以实例加以说明。

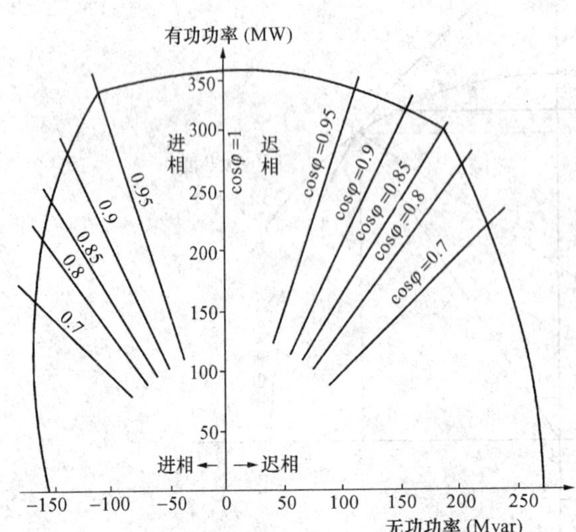

图 1-3-14　QFSN-300-2 型汽轮发电机的功率限制线

取额定功率 P_N的 10%作为静稳定储备，因为考虑到有突然过负荷时，也应不致失去稳定性，故先在理论稳定边界上取一些点，例如 R 点，然后保持励磁不变（即 E_q/x_d不变）画弧$\overset{\frown}{RT}$，然后再从 R 点以下取 $0.1P_N$的扰动量得 S 点，作水平线$\overline{ST}$，得交点 T。同理可以作出若干点，连成线即得到留有10%P_N裕量的静稳定限制线。

最后将FBGCD连起来形成了汽轮发电机的安全运行极限区。实际上如果再考虑电力系统电抗X_s的影响，励磁调节器（AVR）以及短路比等的影响，左侧的静稳定限制线会更为复杂，更小，这将在本篇第四章中讨论。

制造厂家给出的QFSN-300-2型汽轮发电机功率限制线如图1-3-14所示。图1-3-14中未画出汽轮机极限输出功率线，它应当是在纵坐标300MW上的一根横线。图中给出了两簇等功率因数线，它们均通过原点。右侧一簇为迟相运行区；左侧一簇为进相运行区。可以看到进相情况下，P、Q的受限值很大，其原因还要在下一章讨论。

第四节 调节励磁时发电机的工作状态

运行中的电力系统，由于同步发电机电枢反应特性，使无功功率与电压有着密切关系。如果系统无功功率不足，会导致电力系统电压水平下降，严重时还可能发生系统电压崩溃。因此同步发电机与电网并列后，在向电力系统输送有功功率的同时还应输送一定的无功功率。

调节励磁电流时，发电机电动势E_q会相应变化。在不考虑饱和因素情况下，励磁电流i_F与发电机定子电动势E_q呈线性关系。因此，发电机工作状态与励磁电流的变化关系，就转化为与发电机电动势E_q之间的关系。下面由简至繁分三种情况加以讨论。

一、发电机不带有功功率的状况

当发电机与无限大容量电力系统并列时，如果发电机不带有功负荷，调节发电机励磁电流，其工作状态如图1-3-15所示，发电机定子电流只产生纵轴电枢反应。

图1-3-15（a）为励磁磁通势$\dot{F}_0$等于合成磁通势$\dot{F}$的情况，定子电流$\dot{I}$与电枢反应磁通势$\dot{F}_a$均为零。此时的励磁电流称为“空载额定的励磁电流”i_{F_0}。

如加大励磁电流，则出现感性无功电流$\dot{I}$及去磁磁通势$\dot{F}_a$，励磁磁通势会相应增大。但因要保持$\dot{U}$为常数，合成磁通势$\dot{F}$亦为恒定值，即$\dot{F}_a+\dot{F}_0=\dot{F}=$常数。图1-3-15（b）为发电机发出感性无功功率（$Q>0$）的相量图。此时的励磁电流称过励励磁电流。

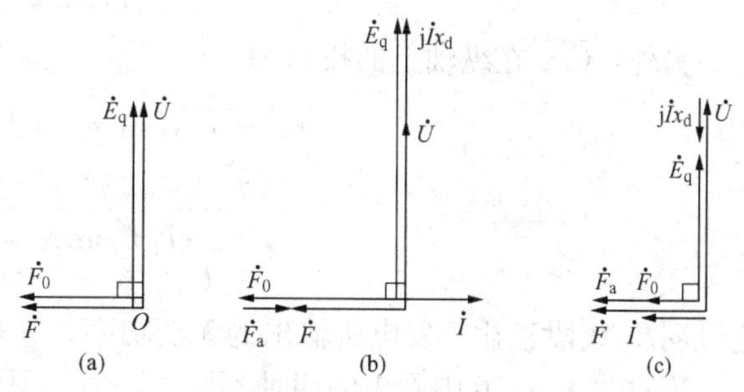

图1-3-15 不带有功负荷运行的发电机相量图

(a)$\dot{F}_0=\dot{F}$；(b)$\dot{F}_0>\dot{F}$；(c)$\dot{F}_0<\dot{F}$

反之，如果减小励磁电流，$\dot{F}_0$相应减小，则定子绕组中出现越前于$\dot{U}$的容性负荷电流$\dot{I}$，该电流产生助磁的电枢反应磁通势$\dot{F}_a$，以补偿$\dot{F}_0$的减小，使$\dot{F}_a+\dot{F}_0=\dot{F}$仍维持不变，发电机则发出容性无功功率（$Q<0$），如图1-3-15（c）所示，此时的励磁电流称为欠励励磁电流。

二、发电机带恒定有功功率的状况

由式（1-3-16）、式（1-3-17）可知，当电压U、有功功率P为常数且x_d不变时，励磁

电流的变化将引起 E_q、Q、I、δ 等参量的变化。下面用电压相量图来分析这种变化。

图 1-3-16 画出四种不同励磁电流的相应各电气量。当励磁电流变化时，在 P 为常数的条件下，E_q的变化轨迹为平行于 $\dot{U}$ 的$\overline{A_1A_4}$线段，相应的定子电流的变化轨迹为$\overline{DD'}$线段（相当于有功电流为常数）。

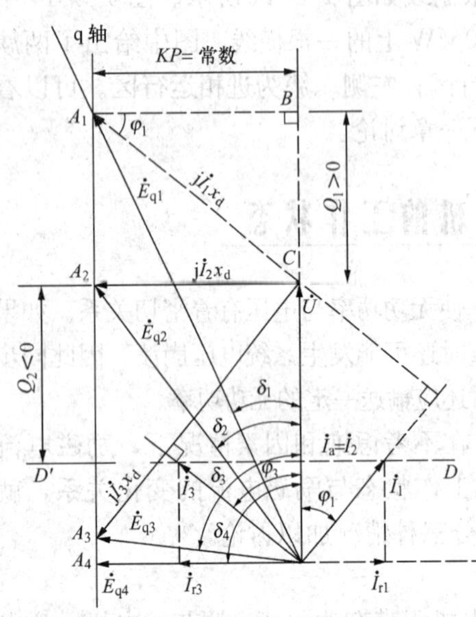

图 1-3-16 P 为常数时的电压相量图

由图 1-3-16 可知，电压降相量 $\dot{I}x_d$ 在横轴和纵轴的投影分别正比于发电机输出的有功功率和无功功率。例如$\overline{CA_1}$在横轴上的投影为

$$\overline{A_1B}=\overline{CA_1}\cos\varphi_1=\dot{I}_1x_d\cos\varphi_1$$

$$=\frac{\dot{U}}{\dot{U}}\dot{I}_1x_d\cos\varphi_1=\frac{x_d}{\dot{U}}\cdot P=K\cdot P=\text{常数} \tag{1-3-18}$$

$$K=x_d/\dot{U}$$

由式（1-3-18）看出，线段$\overline{A_1B}$与有功功率 P 成正比。在 P 为常数而励磁电流 i_F变化时，电抗压降 $j\dot{I}_1x_d$相量在横轴上的投影将保持$\overline{A_1B}=K\cdot P$ 不变。所以 E_q的变化轨迹为平行于相量 $\dot{U}$ 且与 $\dot{U}$ 距离为 KP 的直线。

另外，$\overline{CA_1}$在纵轴上的投影为

$$\overline{BC}=\overline{CA_1}\sin\varphi_1=\dot{I}_1x_d\sin\varphi_1$$

$$=\frac{\dot{U}}{\dot{U}}\dot{I}_1x_d\sin\varphi_1=\frac{x_d}{\dot{U}}Q=KQ \tag{1-3-19}$$

这说明$\overline{BC}$线段正比于发电机输出的无功功率，它是随励磁电流而变化的。

现对图 1-3-16 中画出的四种不同励磁电流下的工作状态分别加以说明。

1. $i_F=i_{F2}$ 时

$i_F=i_{F2}$时，相应的定子电动势为 $\dot{E}_{q2}$，定子电流为 $\dot{I}=\dot{I}_2=\dot{I}_a$，$\dot{I}_2$ 与 $\dot{U}$之间的夹角$\varphi_2=0$，即定子电流仅有有功分量，$Q_2=I_2x_d\sin\varphi_2=0$。由于有功功率仍保持 KP 不变，此时，定子电流为最小值。

2. $i_F=i_{F1}>i_{F2}$ 时

$i_F=i_{F1}>i_{F2}$时，发电机处于过励状态。$\dot{E}_{q1}>\dot{E}_{q2}$，$\cos\varphi_1>0$；定子电流 $\dot{I}_1>\dot{I}_2$，除了有功分量 $\dot{I}_a$ 外，还出现了滞后 $\dot{U}90°$ 的无功分量 $\dot{I}_{r1}$；发电机输出感性无功功率，通常规定此值为正值，即 $Q_1>0$，功率角 $\delta_1<\delta_2$。

3. $i_F=i_{F3}<i_{F2}$ 时

$i_F=i_{F3}<i_{F2}$时，发电机处于欠励状态。对应的 $\dot{E}_{q3}<\dot{E}_{q2}$，$\cos\varphi_3<0$，定子电流 $\dot{I}_3>\dot{I}_2$，

除有功分量 $\dot{I}_a$ 外，还出现了超前 $\dot{U}$90° 的无功分量 $\dot{I}_{r3}$；发电机向电网输出容性无功功率，所以$Q_3<0$，功率角 $\delta_3>\delta_2$。

4. $i_F=i_{F4}$ 时

$i_F=i_{F4}$时，对应的 $\dot{E}_{q4}$ 与 $\dot{U}$ 的夹角 $\delta_4=90°$，发电机达到静稳运行极限。

由以上分析可知，当励磁电流连续变化时，发电机各电气参数（Q、δ、$\cos\varphi$、I 等）的变化关系如图 1-3-17 所示。由图1-3-17可知，随着 i_F（或 E_q）的变化，无功功率 Q 也在变化，所以调节励磁电流可以调节发电机无功功率，随 i_F（或 E_q）的减小，功率角 δ 总是增大，但当 $\delta>90°$时，发电机静态稳定将遭破坏而失去同步。

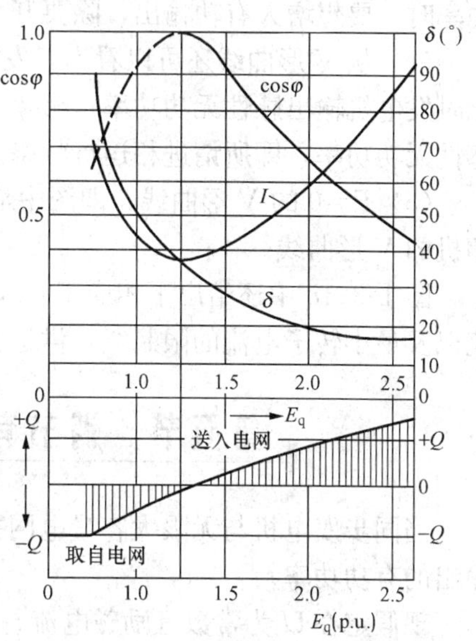

图 1-3-17　当励磁变化时，δ、Q、I 和 $\cos\varphi$ 的变化曲线

三、发电机的V形曲线

以上的讨论是以发电机输出有功功率 P 为常数为前提进行的。当有功功率变化时，如 $P=P_1$、P_2、P_3、…，作出定子电流 $I=f$（i_F）的关系曲线，由于形似 V 字故名 V 形曲线。曲线随 P 值的增大而位移。图 1-3-18 示出了 QFSN-300-2 型汽轮发电机的 V 形曲线。由图可看出：

（1）各条 V 形曲线的最低点对应的 $\cos\varphi$ 值为 1，是仅输出有功功率的工作状态。连接各条 V 形曲线上 $\cos\varphi=1$ 的点，便得出一条稍微向右倾斜的曲线，这说明当输出为纯有功

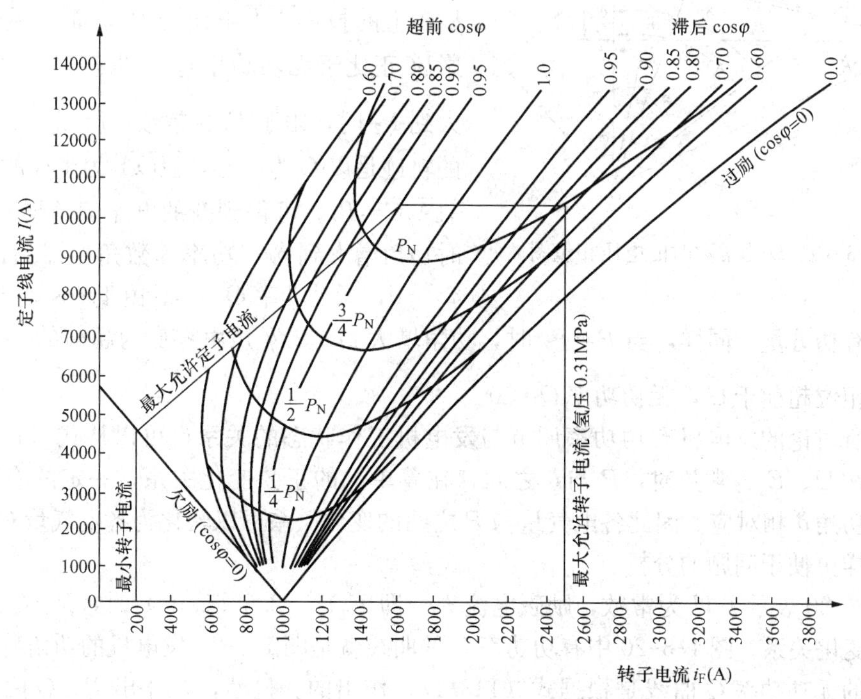

图 1-3-18　QFSN-300-2 型汽轮发电机的 V 形曲线

功率时，要想增大有功输出，除要开大汽门外，必须相应地增大励磁电流。

（2）从V形曲线还可以看出，发电机在 $\cos\varphi=1$ 曲线的右侧区域运行是处于过励状态，此时发电机输出感性无功功率；$\cos\varphi=1$ 曲线的左侧区域属欠励状态，由电网吸收发电机的感性无功功率，即所谓进相运行状态。

（3）$P=0$ 的V形曲线，即图中最下面的曲线，也可以看作是只发送无功功率的同期调相机的V形曲线。

图 1-3-18 中还给出了相应于 0.31MPa 额定氢压下最大允许转子电流、最大允许定子电流以及最小转子电流的限制线，供运行中遵守。

第五节　调节有功功率时发电机的工作状态

当同步发电机与无限大容量电网并联运行时，只要调节汽轮机的功率，就可改变发电机输出的有功功率。

现假定在 U 为常数且励磁电流 i_F 为常数情况下，分析有功功率变化与发电机工作状态的关系。此处先用电压相量图分析它们之间的关系，然后给出当 i_F 为常数且 U 为常数时有功功率 P、无功功率 Q、定子绕组电流 I、功率因数 $\cos\varphi$ 与功角 δ 的关系曲线。

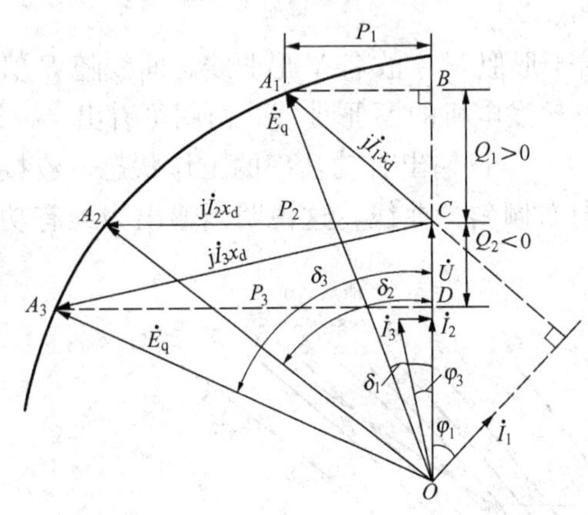

图 1-3-19　E_q 为常数时的电压相量图

由式（1-3-16）和式（1-3-17）可知，当有功功率 P 变化时，δ、Q 随之变化，从而 I、$\cos\varphi$ 也相应变化。现用图 1-3-19 说明它们的变化关系：当 $P=P_1$ 时，电压相量三角形为 OCA_1，$\overline{A_1O}=E_q$。由上节已知，电压降 $j\dot{I}_1x_d$ 在横轴上的投影 $\overline{A_1B}$ 正比于 P_1，而在纵轴上的投影 $\overline{BC}$ 正比于无功功率 Q_1。当有功功率由 P_1 增大到 P_2 时，由于 $E_q=$ 常数，所以 $\dot{E}_q$ 的顶点 A_1 的轨迹是以 O 为圆心，以 $\overline{OA_1}$ 为半径的圆弧。若取 $\overline{A_2C}=P_2$，可得到新的电压三角形 OCA_2，这时功角增大到 δ_2，功率因数角由滞后的 φ_1 变为 $\varphi_2=0$，无功功率 $Q_2=0$。由于 $\cos\varphi_2=1$，定子电流仅为有功分量；同样，当 $P=P_3$ 时，功角增大到 δ_3，φ 角由零变为超前的 φ_3，定子电流增大且相位超前于 $\dot{U}$，无功功率 $Q_3<0$。

上面所讨论的发电机有功功率调节与发电机工作状态的关系也可以从式（1-3-16）看出，因为在 U、E_q 为常数时，P 与 δ 之间存在着单一的正弦变化关系，一定的有功功率 P 和一定的功角 δ 相对应。因此各电气量与 P 之间的变化关系可以转化为各电气量对 δ 的变化关系，这样更便于问题的分析。

图 1-3-20 表示了 U 为常数，励磁电流 i_F（即 E_q）$=2.6$（p.u.）时，P、Q、I、$\cos\varphi$ 对 δ 角的变化关系。图 1-3-20 中有功功率 P 的曲线就是图 1-3-10 发电机的功角特性，而发电机输出的无功功率 Q 曲线是根据式（1-3-17）作出的。显然，在作出 P、Q 曲线与功角

的关系曲线之后，就很容易作出 I、$\cos\varphi$ 与 δ 的关系曲线了。

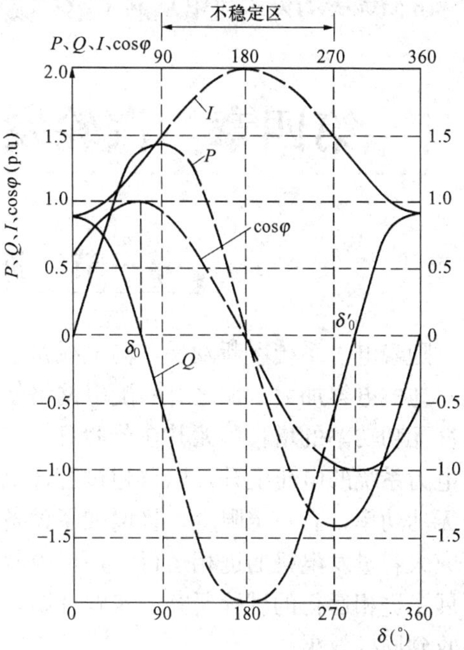

由图 1-3-20 可知，当 P 增大时，只有 δ 相应增加，发电机才具有稳定的工作点。由静稳定判据可知，有两个区段符合 $\frac{dP}{d\delta}>0$ 的条件，即 $\delta=0°\sim90°$ 和 $270°\sim360°$ 区段。每区段又以 $\cos\varphi=1$ 对应的 δ_0 和 δ'_0 值为分点，划分为两种运行状态，即迟相与进相运行状态。

这样，同步电机就具有四种运行状态：

(1) 发电机正常运行状态：δ 由 0° 至 δ_0（这时 $\cos\varphi=1$），发电机同时向电网输送有功功率和无功功率，即 $P>0$ 且 $Q>0$，为迟相运行状态。

(2) 发电机进相运行状态：δ 由 δ_0 至 90°，发电机向电网输出有功功率，而吸收电网感性无功功率，即 $P>0$ 且 $Q<0$。

(3) 电动机运行状态：δ 由 270° 至 δ'_0 区段，电动机从电网吸收有功功率和无功功率，即 $P<0$，$Q<0$，处于进相运行状态。

(4) 电动机作调相机运行状态：δ 由 δ'_0 至 360° 区段，电动机从电网吸收有功功率，所吸收的有功功率主要用来抵偿电动机的内部损耗，因而所需的有功功率值很小。

图 1-3-20　在 $E_q=2.6$（p. u.），$x_d=1.8$（p. u.），$U=1.0$（p. u.）的情况下，P、Q、I、$\cos\varphi$ 与 δ 角的关系

以上四种运行状态说明了同步电机的运行状态具有可逆性。

第四章　汽轮发电机的进相运行方式

第一节　进相运行的基本概念

随着电力系统不断发展，输电线路电压等级越来越高，输电距离越来越长，因而线间及线对地的电容加大，加之有的配电网络使用了电缆线路，从而引起了电力系统电容电流以及容性无功功率的增长。尤其在节假日、午夜等低负荷期间，线路所产生的无功功率过剩，使得电力系统的电压上升，以致超过容许范围。采用并联电抗器或同步调相机可以吸收部分剩余无功功率，有一定限度，且增加了设备投资。因此早在20世纪50年代，国外就开始试验研究大容量发电机的进相运行，用以吸收过剩的无功功率并进行电压调整。近年来，我国也开展了进相运行的试验研究。实践证明，这是一项切实可行的办法，无需增加额外设备投资而收到同样效果。

图1-4-1（a）表示发电机直接接于无限大容量系统的情况。设其端电压$\dot{U}_G$恒定，并设发电机电动势为$\dot{E}_q$，负荷电流为$\dot{I}$，功率因数角为φ。这时调节励磁电流i_F，$\dot{E}_q$随之变化，功率因数角φ也在变化。如增加励磁电流，$\dot{E}_q$变大，此时负荷电流$\dot{I}$产生去磁电枢反应，功率因数角φ是滞后的，发电机向系统输送有功功率和无功功率，这种运行状态称为迟相运行。反之，如图1-4-1（b）所示，减少励磁电流i_F，使发电机电动势$\dot{E}_q$减小，功率因数角φ变为超前的，发电机负荷电流$\dot{I}$产生助磁电枢反应，发电机向系统输送有功功率，但吸收无功功率，这种运行状态称为进相运行。

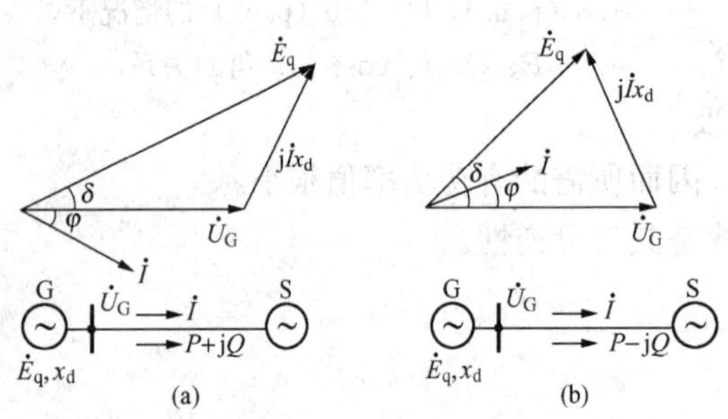

图1-4-1　迟相与进相运行概念图
（a）迟相运行；（b）进相运行

同步发电机进相运行，从理论上讲是可行的，但由于发电机的类型、结构、冷却方式及容量等不同，容许输送多少有功功率和吸收多少无功功率，理论上的计算还是不够精确的。例如哈尔滨电机厂规定：QFSN-300-2型汽轮发电机可以长期连续地在功率因数$\cos\varphi=0.95$（超前）的情况下进相运行，并同时可带300MW的有功功率。

进相运行中要考虑的问题之一是电力系统稳定性的降低；其二是发电机端部漏磁引起的定子发热；其三是发电机端电压的下降。

第二节　电力系统稳定性的降低

已知发电机单机对无限大容量系统的输出功率为

$$P=\frac{E_{q}U}{x_{d}}\sin\delta \tag{1-4-1}$$

因而进相运行时，在输出功率 P 恒定的前提下，随着励磁电流 i_F 的减少，发电机电动势 E_q 随之减小，功率角 δ 就会增大，从而使静态稳定性降低。

式（1-4-1）是相应于发电机直接接在无限大容量母线上的情况，实际上，发电机总是要经变压器、输电线才接到系统上的，所以需要计及这些元件的电抗（统称为系统电抗 x_s），此时式中的 x_d 要用 x_d+x_s 取代，故系统的静态稳定性还要进一步降低。图 1-4-2 反映了这一情况。

在图 1-3-13 中已经讨论了汽轮发电机的理论稳定区是 MH 垂线的右侧，即是相应于系统电抗 $x_s=0$ 的，可是当 $x_s>0$ 时，稳定区已缩到图 1-4-2 中的 MK 圆弧的右侧，下面予以证明。

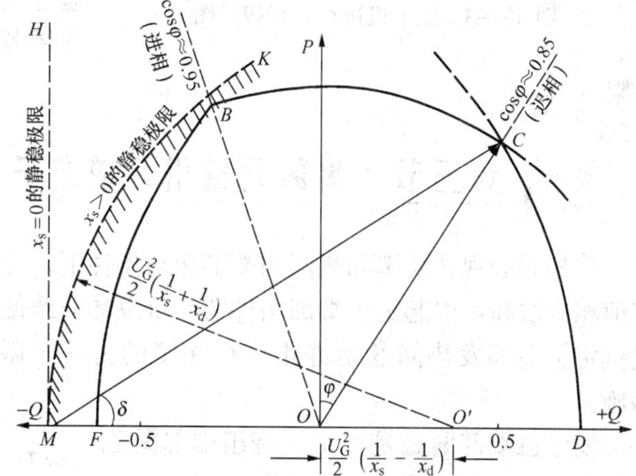

图 1-4-2　进相运行时发电机静稳极限的降低

当发电机接有系统电抗 x_s 时，由图 1-4-3 的相量图可得出进相运行时，发电机的有功功率 P 和无功功率 Q 的表达式为：

$$\begin{aligned}P&=U_GI\cos\varphi=U_GI\cos(\psi-\delta_G)\\&=U_GI(\cos\psi\cos\delta_G+\sin\psi\sin\delta_G)\end{aligned} \tag{1-4-2}$$

$$\begin{aligned}Q&=U_GI\sin\varphi=U_GI\sin(\psi-\delta_G)\\&=U_GI(\sin\psi\cos\delta_G-\cos\psi\sin\delta_G)\end{aligned} \tag{1-4-3}$$

考虑到进相运行时 $\varphi<0$，式（1-4-2）、式（1-4-3）中应用了 $\varphi=\psi-\delta_G$，再从相量图（图 1-4-3）可知

$$I\sin\psi=I_d=(U_G\cos\delta_G-U\cos\delta)/x_s \tag{1-4-4}$$

$$I\cos\psi=I_q=U_G\sin\delta_G/x_d \tag{1-4-5}$$

将式（1-4-4）、式（1-4-5）代入式（1-4-2）和式（1-4-3），稍加整理得

$$P=\frac{U_G^2}{2}\left(\frac{1}{x_s}+\frac{1}{x_d}\right)\sin2\delta_G-\frac{U_GU}{x_s}\cos\delta\sin\delta_G \tag{1-4-6}$$

$$Q=\frac{U_G^2}{2}\left(\frac{1}{x_s}-\frac{1}{x_d}\right)+\frac{U_G^2}{2}\left(\frac{1}{x_s}+\frac{1}{x_d}\right)\cos2\delta_G-\frac{U_GU}{x_s}\cos\delta\cos\delta_G \tag{1-4-7}$$

由相量图 1-4-3 可知，δ_G 与 δ 均随电流 I 成正比变化，δ_G 与 δ 有关联，它们的变化将引起 P、Q 的变化。式（1-4-6）和式（1-4-7）可以用来计算发电机输出功率 P、Q 值，适当变化后，还可以求出系统运行的稳定边界。当不考虑励磁调节器时，发电机的静稳极限角 $\delta=90°$，则式（1-4-6）、式（1-4-7）中含有 $\cos\delta$ 的各项均为零。此外，将式（1-4-7）等号

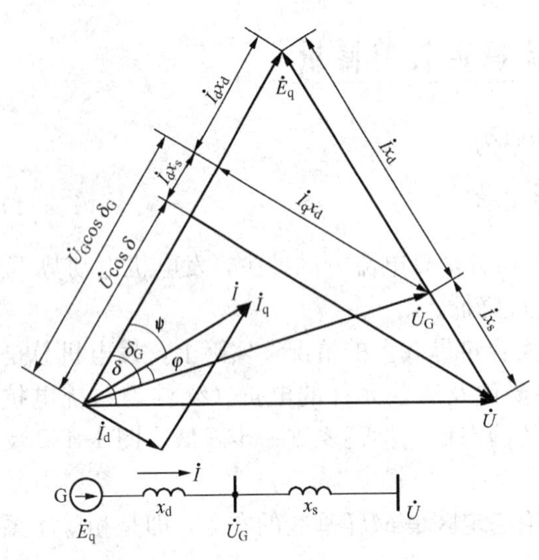

图 1-4-3　发电机进相运行相量图

后第一项移项后的平方与式（1-4-6）的平方相加即得

$$P^2+\left[Q-\frac{U_G^2}{2}\left(\frac{1}{x_s}-\frac{1}{x_d}\right)\right]^2=\left[\frac{U_G^2}{2}\left(\frac{1}{x_s}+\frac{1}{x_d}\right)\right]^2 \qquad (1\text{-}4\text{-}8)$$

式（1-4-8）表明，P-Q 平面上的静稳边界是圆。其圆心是在 Q 轴上距原点 O 为 $\frac{U_G^2}{2}\left(\frac{1}{x_s}-\frac{1}{x_d}\right)$ 的 O' 点，其半径为 $\frac{U_G^2}{2}\left(\frac{1}{x_s}+\frac{1}{x_d}\right)$，即图1-4-2上的 MK 弧线的半径。当 $x_s \to 0$ 时，上述圆的圆心移向右端无限远处，圆半径则趋于无限长。如果考虑留有静稳裕度，运行极限还要向右移，图 1-4-2 中的弧线 BF 即是考虑到这一裕度以及端部发热后的运行极限。

第三节　端部漏磁引起的定子发热及机端电压下降

在相同的视在功率和相同的端部冷却条件下，发电机由迟相向进相转移时，端部漏磁磁密值相应增高，引起定子端部构件的严重发热，致使发电机出力要相应降低。换句话说，发电机定子端部发热问题是进相运行深度的另一个限制因素，制造厂家一直在研究其改善措施。

发电机端部漏磁是由定子绕组端部漏磁与转子绕组端部漏磁共同合成的，它的大小与发电机的结构、材料、定子电流大小、功率因数等有关。发电机的上述合成漏磁总是尽可能地通过磁阻最小的路径形成闭路。因此，由磁性材料制成的定子端部铁心、压圈以及转子护环等部件便通过较大的漏磁。漏磁在空间与转子同速旋转，对定子则有相对运动，故在定子端部铁心齿部、压指、压圈等部件中感应的涡流磁滞损耗较大，特别是“水氢氢”直接冷却的、定子线负荷大的发电机尤为显著。

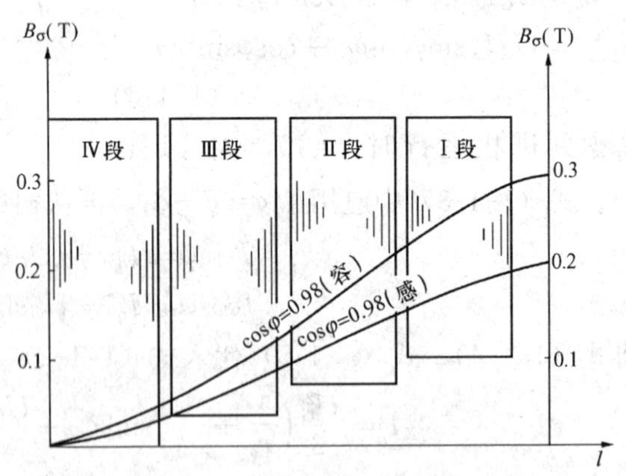

图 1-4-4　定子端部铁心段内漏磁磁场的分布

图 1-4-4 示出一台 200MW 汽轮发电机定子端部铁心段内漏磁磁场实测值 B_σ 的分布曲线（单位为 T，即特斯拉），其 S/S_N（S 为视在功率）为 0.8，Ⅰ、Ⅱ、Ⅲ和Ⅳ段表示定子端头铁心段数，图下部显示出定子铁心的阶梯形状。曲线表明：

(1) 定子端部漏磁较内部（>Ⅳ段）严重。

（2）进相运行（容性负荷）时，较迟相运行（感性负荷）时，漏磁严重。

为什么进相运行时漏磁磁通密度高呢？下面作简要分析。

对于汽轮发电机，其简化的磁通势、电压相量图在图 1-3-9（b）中已示出，其中电枢反应磁通势 $\dot{F}_a$、励磁磁通势 $\dot{F}_0$ 与合成磁通势 $\dot{F}$ 形成三角形。在不考虑饱和时，上述三个磁通势所产生的相应磁通分别为电枢反应磁通 $\dot{\Phi}_a$、励磁磁通 $\dot{\Phi}_0$ 与合成磁通 $\dot{\Phi}$，也形成一个与上述相似的三角形△ABC，见图1-4-5（a），这是因为三个磁通通过的路径完全相同。但是，在研究定子端部某指定点的合成漏磁场时，就不能这样考虑。具备条件的情况下，一般用计算机仿真方法对端部漏磁场进行研究，确定漏磁场强度。这里用比较直观的方法加以说明。转子漏磁通与定子漏磁通的路径不同，转子主磁场离定子端部较远，故转子漏磁通的磁路长，磁阻大。这样，将气隙磁通 Φ、Φ_a、Φ_0 组成的三角形转化为定子端部漏磁通相量图时，应将相量 $\dot{\Phi}_0$ 打一个折扣，即乘以小于 1 的系数 λ，可用 $\overline{AC}$ 表示定子电枢反应磁通产生的漏磁通 $\Phi_{\sigma a}$，$\overline{AB}\lambda=a$ 表示由转子主磁通 Φ_0 产生的漏磁通 $\Phi_{\sigma 0}$，$\overline{DC}$ 则表示合成的漏磁通 Φ_σ，即端部合成漏磁通，见图1-4-5（b）。

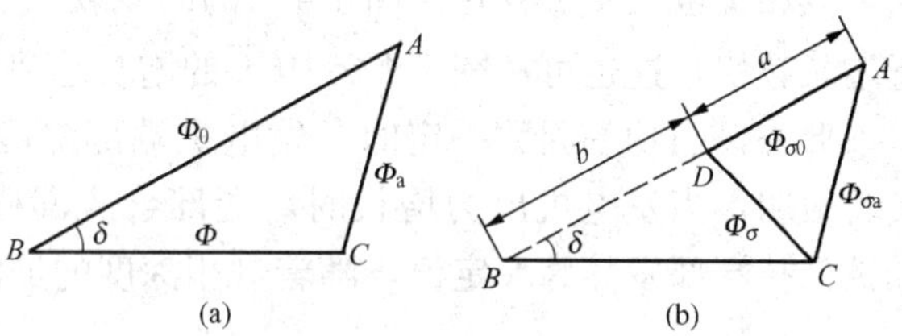

图 1-4-5　磁通相量图

（a）气隙磁通相量图；（b）端部漏磁通相量图

Φ_0—励磁磁通势产生的磁通；Φ_a—电枢反应磁通势产生的磁通；Φ—合成磁通；Φ_σ—端部漏磁通

下面进一步考察定子电流值不变，但功率因数 φ 由迟相转为进相运行时，端部合成漏磁通 Φ_σ的变化规律。图 1-4-6 中的△ABC 即是图 1-4-5（b）中的△DBC。从$\overline{AB}$上取$\overline{AB}\lambda=a$ 得 D 点，从 D 点作虚线 DO 与 AC 平行，得到△BDO，△BDO 相似于△BAC，这样有

$$\frac{BD}{AB}=\frac{OD}{AC},\quad 即\frac{BD}{AB}AC=OD$$

由于

$$AB-BD=a=AB\cdot\lambda$$

有

$$BD=AB\ (1-\lambda)$$

因而

$$\frac{AB\ (1-\lambda)}{AB}AC=OD=\ (1-\lambda)\ AC \tag{1-4-9}$$

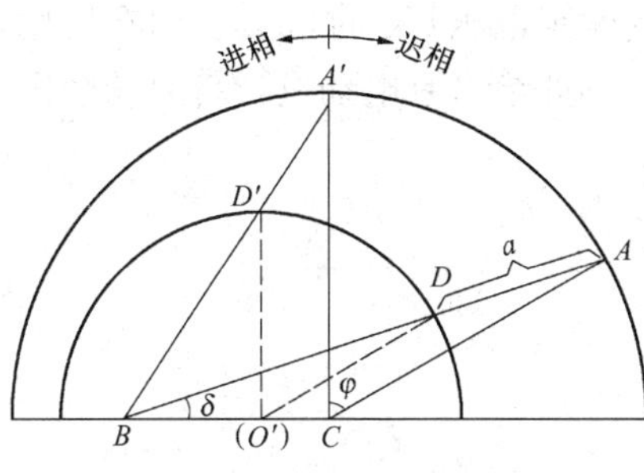

图 1-4-6　端部合成漏磁通与功率因数的关系

式（1-4-9）表明，保持定子电流不变即是保持 $\overline{AC}=R$ 长度不变，A 点的轨迹为圆，而且$\overline{OD}=(1-\lambda)\ \overline{AC}=r$ 也会保持不变，故 D 点的轨迹也是圆。由上述相似三角形关系还可知

$$\frac{OC}{BC}=\frac{AD}{AB}=\frac{\lambda\cdot AB}{AB}=\lambda \tag{1-4-10}$$

现在大圆周上另找一点 A'，作 $A'BC$ 三角形，取 $A'B\cdot\lambda=A'D'$，作 $D'O'/\!/A'C$，得另一对相似三角形△$A'BC$ 和△$D'BO'$，同样可得

$$O'D' = (1-\lambda)A'C$$

以及

$$\frac{O'C}{BC}=\frac{A'D'}{A'B}=\frac{A'B \cdot \lambda}{A'B}=\lambda \tag{1-4-11}$$

比较式（1-4-10）和式（1-4-11）可知，O'点与O点相重合，且

$$OD' = OD = r \tag{1-4-12}$$

这就证明A、A'的轨迹是以C为圆心，电流值$AC=R$为半径的大圆；D、D'的轨迹则是以O为圆心，$OD=r$为半径的小圆。当功率因数角$\varphi>0$时，随着迟相运行时$\cos\varphi$的增加，端部合成漏磁通$\Phi_\sigma=\overline{CD}$将增长；且进相运行时随着进相深度加深，$\Phi_\sigma=\overline{CD}$会进一步加大，其相位也发生了变化。图1-4-7的曲线表明了Φ_σ数值增长的趋势，其中尤以$\cos\varphi=1$附近增长较快，这也可从图1-4-6中$\overline{CD}$的增长趋势看出。

此外，当功率因数一定时，发电机端部漏磁与发电机出力（kVA）也有关系，计算与实验表明，当发电机出力增长时，端部合成漏磁通Φ_σ随着增长，如图1-4-8所示。因此，如欲保持端部发热为一定值，随着进相深度的加深，发电机的出力数应相应降低。

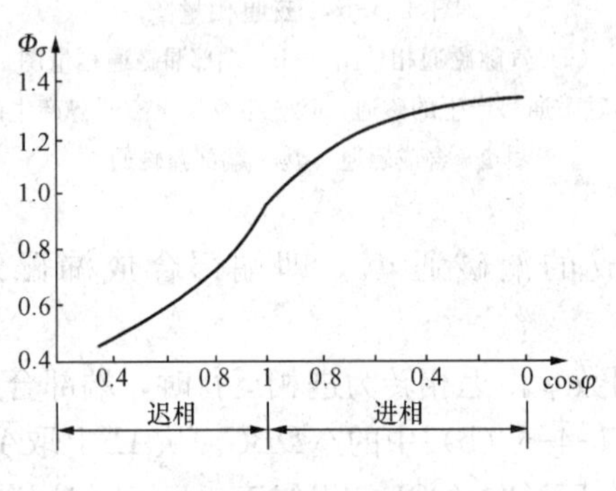

图1-4-7　端部合成漏磁通Φ_σ随功率因数$\cos\varphi$变化曲线

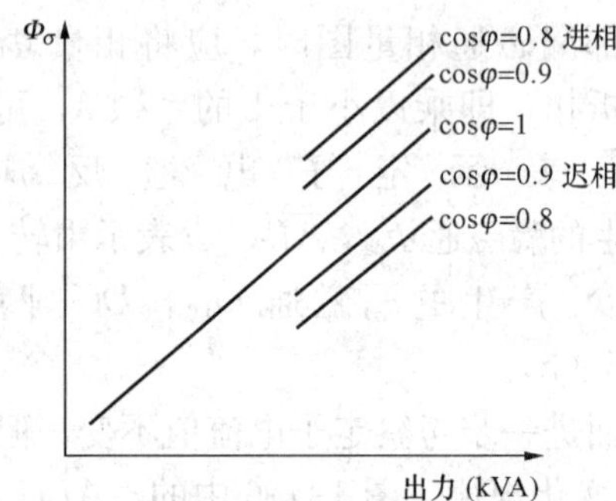

图1-4-8　端部合成漏磁通Φ_σ与发电机出力的关系

目前，大型汽轮发电机已采取多种措施减少端部发热。例如采用非磁性钢的转子护环、非磁性材料的定子压圈、压指、铜板屏蔽等都是300MW汽轮发电机的常用措施。此外定子铁心的端头分几段制成阶梯形也有利于降低漏磁磁场强度。

最后，还应注意，厂用电通常引自发电机出口或发电机电压母线。进相运行时，随着发电机励磁电流的降低，发电机无功功率的倒流，发电机出口处的厂用电电压也要降低。

正常情况下，进相运行的发电机端电压还不致降低到额定电压U_N的95%。但在厂用电支路发生短时故障后恢复供电时，某些大型厂用电动机，例如给水泵电动机，自启动会发生困难。

第五章　汽轮发电机的不对称运行方式

第一节　概　　述

汽轮发电机有时可能在不对称状态下运行，此时其三相电流、电压大小不相等，相位差也可能不是120°。在下列情况下可以形成不对称运行：

（1）负荷不对称。如冶金企业某些电炉、电气铁道上的电气机车均为单相负荷。

（2）各种类型的不对称短路。这种不对称故障相当于负荷的极端不对称，通常依赖继电保护可在短暂时间将它消除。

（3）输电线路的不对称。例如发电机—变压器组高压侧分相操作断路器一相触头被切除后，仍可维持继续运行。

前二者称为横向不对称运行，第三者称为纵向不对称运行或非全相运行。

不对称条件下的运行对于发电机、变压器以及用电设备、通信线路有许多危害：对于同步发电机，其危害反映在负序电流会使发电机定子产生100Hz的振动并在转子的励磁绕组、阻尼绕组以及转子本体中感应出两倍工频的电流，它一方面引起附加损耗而降低发电机效率，另一方面则会在转子表面引起局部过热。对于电力变压器，不平衡电流会使各相绕组发热不均，当个别相绕组已经过热时，其他相负荷还不大，变压器的容量得不到充分利用。对于电力用户，由于系统电压的不对称，使电能质量变坏，可使异步电动机出力下降，寿命降低。例如：负序电压达额定电压的5%时，电动机出力将降低10%～15%；负序电压达7%时，出力将降低20%～25%。对于通信线路，其危害主要是零序电流，它可能在与输电线路平行的通信线路上感生出危险的对地电压，危及通信设备和人身的安全，降低通信质量。

尽管不对称运行有诸多危害，但短时间的这一运行方式具有实用价值。例如中性点直接接地系统中，当线路、变压器的一相发生故障时，可以只切除故障相，使之短时间两相运行，然后单相重合闸动作，可以提高电力系统运行的安全性和稳定性；在发生单相永久性故障时，在某些条件下，可以让故障相暂时停电检修，其余两相继续供电，或者先采取短时的两相运行，待电源、负荷转移妥当之后，在系统具备安全可靠条件下，再断开这两相，为连续供电赢得时间。

综上所述，电力系统和发电机采取不对称运行方式，作为一项应急措施，是有意义的，但事先应作全面而周密的分析、计算和研究，以确保设备的安全。

在发电机和电力系统的不对称运行研究中，不能像前面已采用的方法那样，只看一相电流、电压的变化，而必须对三相电流、电压同时考察，考察的方法通常为对称分量法。

对称分量法的基本出发点是，任何一组不对称三相相量，可以分解为三组对称的三相相量。反之，对称的三相相量叠加起来，可合成为一组不对称的三相相量。这不仅对电流、电压、电动势，而且对磁通等都适用。

对于单相断线的不对称运行，应用对称分量法可得出以下结论：

(1) 一相断开时，系统中的正序电流较断相前的负荷电流要小些。因此一相断开后，向系统输送的功率（kVA）要降低。

(2) 一相断开时，在一般情况下，非故障相的电流较故障前的负荷电流有所增加。因此要注意监视非故障相的电气设备是否过负荷。

(3) 一相断开时，线路中通过的负序电流与序网络中的零序阻抗与负序阻抗之比值（$Z_{0\Sigma}/Z_{2\Sigma}$）有关，该值越小，负序电流越小。电力系统能否采用非全相运行及单相重合闸，主要取决于负序电流的大小，因负序电流会对发电机产生不利影响。从分析计算可以看出，要减少负序电流，就要减少 $Z_{0\Sigma}/Z_{2\Sigma}$ 的比值，也就是要减小 $Z_{0\Sigma}$ 值，即系统的接地点要多一些。但接地点多少还取决于其他多种因素的考虑，需权衡利弊。

第二节 负序电流对同步发电机的危害

通常大型同步发电机采取中性点不接地或经高阻抗接地的方式，其零序电流基本上没有通路，因此对同步发电机而言，不对称运行的危害来自负序电流。负序电流一方面与正序电流叠加，使定子绕组某相电流可能超过额定值，引起该相绕组发热，另一方面还会引起转子的附加发热和机械振动。后者有时更为严重，现作简单分析。

当定子三相绕组流过负序电流时，在发电机定子内出现负序旋转磁场，此磁场以同步速度按与转子相反的方向旋转，在励磁绕组、阻尼绕组及转子本体中感应出两倍工频的电流，从而引起这些部位的附加损耗与发热。由于该电流频率较高（100Hz），集肤效应较大，故不易进入转子深处，只在转子表面的薄层中流过。对于汽轮发电机，通常齿部穿透深度为几毫米，槽楔约为 1～1.7cm。因此感应电流在转子各部分造成的附加发热集中于表面层，如图 1-5-1 所示，这些电流（A）不仅流过本体 1，还流过护环 2（B、C）及中心环 3（D）。这些电流流过转子的槽楔与齿，并流经槽和齿与护环的许多接触面，这些地方电阻较高，发热尤为严重，可能出现局部高温，破坏转子部件的机械强度和绕组绝缘，尤其以护环在转子本体上嵌装处特别危险，因为护环是应力最大的部件，其机械强度稍微削弱，就可能引起极严重的后果。例如，某厂一台 10MW 的汽轮发电机，因所连接的升压变压器高压侧 C 相接头接触不良，引线烧断，造成发电机三相电流严重不对称，虽然各相电流均未超过额定值，但不对称度达 38.5%。由于事故处理不及时，运行持续时间长达 68min，致使发电机转子遭受严重损伤，最严重的是励磁机侧护环与转子嵌装面，其温度高达 560℃，因而不得不将护环全部更新。

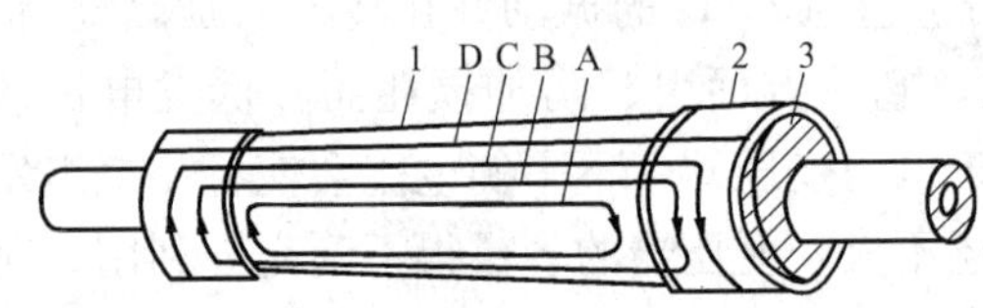

图 1-5-1 隐极式转子表面涡流分布
1—转子本体；2—护环；3—中心环

除上述附加发热外，负序电流还会引起机械振动。因为正序磁场对转子是相对静止的，其转矩作用方向总是与汽轮机运转方向相反，即为阻力矩，而负序旋转磁场相对转子却是以两倍同步速度相对转子旋转的，与转子磁场相互作用，产生 100Hz 的交变电磁力矩，该交变电磁力矩同时作用在转子轴和定子机座上，使机组产生频率为 100Hz 的振动和噪声，使发电机的各个部件产生附加的机械负荷。

负序电流产生的附加发热和振动对发电机的危害程度与发电机的类型和结构有关。由于汽轮发电机的磁极与轴是一个整体，绕组置于槽内，散热条件不好，所以负序电流产生的附加发热要严重些，比较而言水轮发电机则要轻一些。

第三节　对负序电流的限制

为了减轻由不对称运行引起的危害，必须对同步发电机和电力系统的负序电流加以限制，其方法如下。

(1) 对供电部门而言，应尽可能保持三相平衡，如沿电气化铁道的各牵引变电站中的变压器，在接入110kV系统时，应注意轮流换相，以避免单相负荷集中于某一相。

(2) 对电力系统而言，系统的零序阻抗对不对称运行的电流不对称度有直接影响。因而运行中应适当地减小零序阻抗，如增加系统中变压器的直接接地点。

(3) 对电机制造厂而言，应在设计、制造工艺上尽可能减轻负序电流的危害。目前各制造厂对300MW这样的大型汽轮发电机均在转子两端装设了梳齿型半阻尼系统（参见图1-1-41），而200MW级的发电机没有装。梳齿型阻尼系统在负序磁场中运转时，将感应出涡流，对负序磁场起削弱作用。这一阻尼系统对于降低转子端部以及槽楔接缝处的局部发热是有利的，但对于大齿区域影响不大。

为了限制汽轮发电机运转中的负序电流引起的发热，对国产300MW机提出了两项指标：暂态指标、稳态指标。

暂态指标是用来限制不对称短路时间和负序电流值的。对300MW汽轮发电机应满足I_2^2t的持续时间小于10s，其中I_2为负序电流标幺值；t为短路时间，单位为s。I_2由式（1-5-1）决定

$$I_2=\sqrt{\int_0^t i_2^2\mathrm{d}t/t} \tag{1-5-1}$$

式中：i_2为负序电流的瞬时值对额定电流的比值。对I_2^2t的限制表明不仅限制I_2值，还要限制其承受I_2的时间。I_2^2t表示发热量。

稳态指标是用来限制稳态负序电流值的。对300MW汽轮发电机，通常要求I_2^*/I_N^*（标幺值）小于0.08～0.10以内。国产几种300MW级汽轮发电机的负序电流指标列于表1-5-1。

表1-5-1　国产300MW级汽轮发电机负序电流指标

机　型	生产厂家	冷却方式	I_2^2t持续时间（s）	I_2^*/I_N^*
QFSN-300-2	上海电机厂	水氢氢	10	0.08
QFSN-300-2	哈尔滨电机厂	水氢氢	10	0.10
QFSN-300-2	东方电机厂	水氢氢	8	0.08
QFN-300-2	上海电机厂	全氢	10	0.08
QFSN-350-2	上海电机厂	水氢氢	10	0.10

(4) 最后，对发电机运行而言，应注意不对称运行时，负荷最重的相电流不应超过汽轮发电机的额定值。而且各相电流与额定电流之比也不能超过10%，否则应降低发电机的出力。

第六章　汽轮发电机的主要故障及其处理

第一节　汽轮发电机组振动的增大

汽轮发电机安全可靠运行，在很大程度上决定于它的振动。超过允许值的振动将带来许多危害：

（1）引起动、静部分摩擦，如转轴、集电环等，会加速这些部件的磨损，产生偏磨、电刷冒火。

（2）使某些部件产生过大的动应力，导致疲劳损坏，其中尤以轴瓦钨金碎裂及烧毁轴瓦为最。

（3）引起某些紧固件的断裂和松脱，例如轴承座地脚螺栓断裂、松动等。

（4）使汽封、油封间隙加大而降低机组热效率。

（5）使定子铁心叠片（或线圈绕组）间绝缘破坏，引起短路。

（6）产生噪声，导致工作人员疲劳。

我国水利电力部曾对3000r/min的汽轮发电机组的轴承双振动幅值制定了如表1-6-1所示的标准。靠近轴承的轴上振动幅值约要再大一倍左右。

表1-6-1　水利电力部部颁汽轮发电机组轴承双振动幅值振动标准（μm）

转速（r/min）	优	良	合　格
3000	20以下	30以下	50以下

国产QFSN-300-2型汽轮发电机在额定转速时轴承振动值在x、y、z三个方向上都在30μm以内，而轴上的振动值则在76μm之内，属于“良”的范围。

汽轮发电机定子振动源有二：其一是转子旋转产生的机械振动，主要表现为50Hz和100Hz两个频率。50Hz的振动主要由转子不平衡引起，并通过轴承、端盖传给机座。减小振动的办法是提高转子动平衡精度；100Hz的机械振动则是由于转子大齿和小齿两个方向的刚度不同而引起，减小的办法前已提到，在大齿上开横向的月牙槽。另一个振源来自电磁场的电磁振动。例如，定子和转子间气隙不均匀，引起沿转子圆周方向的磁通不均匀、转子绕组匝间短路或两点接地、定子三相负荷不对称等。其结果是引起定子铁心振动。减小振动的方法是使定子铁心、机座的固有振动频率避开电磁振动频率，安装定子隔振系统。

发电机运行人员发现振动超标后应判别振动原因。为了确定是否属电磁方面原因，首先应观察三相电流是否平衡，如不平衡则产生100Hz的振动。其次，应检查转子绕组主绝缘是否损坏。然后，再保持负荷值一定，并在较大范围内改变励磁电流，观察励磁电流对振动的影响，如果随其变化，振动值也急剧变化，就表明振动原因是转子绕组存在匝间短路。转子绕组匝间短路和两点接地引起的振动频率等于转子旋转频率（50Hz）。如果振动是由于转子不对称地放在定子膛内引起的，改变励磁电流也会引起轴承振动，但振动的频率为两倍旋转频率（100Hz），这是由于每个磁极经过最小气隙区时均会产生单向电磁拉力的缘故。

为了确定是否属于机械方面的原因，可保持励磁电流一定，若振动随着有功负荷值变化，则表明振动是由于机械原因引起的，通常应在汽轮机上或在汽轮机与发电机轴的连接部位上寻找原因。如果振动值较大，而且不随励磁电流或负荷的变化而变化，这种现象也属于机械原因引起的。这种振动通常与转动部分的平衡被破坏（如转子绕组变形）有关，这种振动频率也等于转子旋转频率。

为了估计汽轮发电机定子振动特性，查明振动原因，可以在发电机上装设必要的传感器，进行专门的检测与试验。

严重的振动值增大，说明机组在安装、调试、制造和结构上有缺陷，应停机消除这些缺陷或故障才能投入运行。

第二节　发电机事故过负荷

发电机正常运行时，应按铭牌规定的额定负荷或低于该值运行，不得超过。额定负荷相当于在一定冷却介质（空气、氢或水）的温度下，在定子和转子绕组以及铁心长期容许发热温度的范围内，发电机的连续容许千伏安数。长时间超过额定负荷运行对发电机绝缘寿命有重大影响。例如，B级绝缘发电机绕组在105℃时可运行25～30年；120℃时只可运行15年；当温度升至140℃运行时，其寿命将降为2年。因此，一般不允许过负荷运行。

在特殊情况下，例如电力系统发生事故的情况下，为了防止系统稳定性破坏，允许发电机短时间过负荷运行。对QFSN-300-2型300MW汽轮发电机而言，在表1-6-2中列出了它的允许过负荷电流值和时间。

表 1-6-2　QFSN-300-2 型汽轮发电机过负荷电流与时间限制

定子负荷电流倍数（p. u.）	1.10	1.15	1.20	1.25	1.30	1.35	1.40	1.50
定子电流（A）	11209	11719	12228	12738	13247	13757	14266	15285
允许过负荷时间（s）	235	153	112	87	71	60	51	39

当发电机的定子电流达到过负荷值并尚在允许值范围之内时，运行人员首先可发现“过负荷信号”光字牌发光，随后应作如下处理：

（1）当发电机转子、定子电流超过正常允许值时，应首先检查发电机功率因数和定子端电压，并注意过负荷运行时间不超过表1-6-2所列数值。

（2）如系统电压正常，应适当减少无功负荷，使定子电流降低到最大允许值之内，此时功率因数不得超过0.95（滞后），电压不得低于19kV。

（3）如发电机电压低于19kV，不能减无功负荷，应报告值长请求降低有功负荷。

（4）当电力系统内其他并列运行的发电机发生事故，引起电压下降，导致本发电机励磁调节器进行强行励磁时，励磁电流增加到正常值的2倍左右，其时间不应超过20s，如时间过长，应采取措施减小发电机的定子与转子电流到正常运行所允许的数值。

第三节 定子绕组故障

一、定子绕组绝缘损坏

定子绕组绝缘损坏故障，除了绝缘体的自然老化外，更主要是由各种外部原因引起的。例如定子铁心叠装松动，使齿发生振动并折断而导致绝缘损坏；绝缘体表面落上磁性物体(如铁屑)，在磁场中振动引起绝缘损坏；绕组线棒在槽内固定不紧，运行中振动，使槽部绝缘对槽壁摩擦；在发电机制造中下线粗心，线棒绝缘产生局部缺陷；有时由于转子零件在运行中飞出或端部固定零件脱落，端部接头开焊等都可能引起绝缘损坏，进一步造成定子绕组接地或相间短路故障。

当发电机机端发生相对相短路时，300MW 级汽轮发电机可出现 4～5 倍于额定电流的大电流，在次暂态过程中，此电流值可达 9～10 倍。它在发电机内产生很大的电磁转矩，例如在相—相短路中，该转矩最大值可达 907t·m，严重时甚至破坏电力系统的稳定性。

绝缘损坏引起的故障均会导致发电机主保护（差动保护等）动作，通常迅速将断路器跳闸，灭磁开关也应跳开（如后者未跳开，应考虑为发电机变压器组外部短路）。然后检查是哪一组保护动作，并根据记录式表计查明故障性质和地点。

在中性点不接地或经高阻抗接地的系统中，发电机组出现定子回路单相接地时，还不致引起很大的接地电流，应根据不同的机组作不同处理。对中等容量（150MW）以下的发电机，还允许短时运行 0.5～2h，以便寻找接地相和接地点，加以消除。但对 300MW 以上的大型汽轮发电机，则应立即将发电机或发电机—变压器组从系统中解列，并断开励磁，再查明接地点及原因，及时消除之。

当已确认定子绕组有故障时，可更换有缺陷的线棒。根据故障程度和形式的不同，可以采取不同方法处理。例如，对于严重受潮或脏污的绝缘，应进行干燥和清扫；对于距离铁心不小于 150mm 的端部故障，可以在不取出线棒的情况下，局部重包绝缘。

二、定子绕组水冷系统故障

采用水内冷方式的发电机定子绕组可能出现下列故障：

(1) 运行中的冷却水泵故障停运。此时应自动启动备用水泵，运行人员应及时检查定子绕组出水温度是否超过规定值，若超过了，应降低发电机的负荷运行。若工作水泵和备用水泵均停，则应由发电机断水保护装置动作于主断路器跳闸。

(2) 出现“进水温度高”的报警信号。这时应检查水冷却器的冷却水流量是否足够，冷却水出水门是否全开，冷却水压力是否正常。

(3) 出现“出水温度高”的报警信号。这时应检查进水温度是否正常，定子绕组水流量是否过低，水过滤器压差是否大，有无堵塞现象，进水门是否全开。

(4) 定子绕组水流量低。此时应检查定子冷却水进水压力是否正常、水过滤器是否堵塞、发电机定子是否有内漏，如果定子绕组水流量非常低，应考虑解列、停机。

(5) 定子绕组两端水压降过大。此时，应检查定子冷却水进口压力是否升高、定子绕组是否被杂质堵塞并引起某些绕组支路出水温度升高，如有，则应降低发电机负荷。

三、定子绕组漏水

发现定子绕组漏水应立即停机，确定漏水部件，进行检修。定子绕组漏水常发生在绕组端部，一般由下列情况引起：

（1）绝缘引水管接头松动，须旋紧接头螺丝。

（2）因绝缘引水管日久老化、磨损或击穿而破裂。

（3）由于空心导线材料缺陷而引起渗漏。

（4）绕组引水接头焊接部分因长期振动而损坏。

如要更换新的定子绝缘引水管，更换前应单独进行水压试验，压力为 2MPa，时间为 30min。

第四节 转子绕组故障

氢内冷式转子的绕组上有开启式进氢和出氢孔，因此转子绕组绝缘发生故障的概率要高于间接冷却的发电机。例如，转子内部受潮导致铁心生锈，铁锈进入绕组，可能造成转子绕组主绝缘损坏；外部微粒、脏物易落入转子内部，可能引起匝间绝缘损坏；在发电机启停时，由于振动较大，部分匝间绝缘发生位移，可能引起氢气通风孔局部堵塞，造成绕组局部过热，进而导致绕组绝缘损坏。这种故障常常不能及时发现。

转子绕组的绝缘损坏可导致绕组的匝间短路和对外壳的“接地”。

一、转子绕组匝间短路

出现这种故障时，励磁电流增加，汽轮发电机组振动增大，匝间短路处局部温度升高，导致主绝缘和绕组铜线的损坏。

曾经发生过由于护环下面掉落异物造成转子绕组之间的匝间短路，从转子绕组自身发热和对护环的影响来看，这是很危险的。

为了查明转子绕组的匝间短路，可在转子绕组上加 220V 的工频电压，测量绕组的交流阻抗。试验是在 0～3000r/min 的不同转速下进行。在转速改变中，交流阻抗（或电流）不出现突变，表明不存在由于离心力作用使绕组发生位移而引起的匝间短路。也可以利用在相同条件下，现测数据与以往测量的转子交流阻抗相比较，来判断有无匝间短路。应注意的是，导磁材料的非线性使励磁绕组的交流阻抗与所加的电压值有关，故必须采取相同电压下的测量结果，再作比较。

运行中，由于转子绕组匝间短路而引起不允许的振动或转子电流急剧增加时，应减少负荷，使振动或电流减小到允许的范围，必要时亦应解列。如果运行中发现有 2～3 匝以上的匝数短路，通常必须尽快停机，抽出转子，找出短路点及原因。

二、转子绕组接地

众所周知，发电机转子绕组一点接铁心即是接地，但绕组与地之间并未形成回路，因此故障点没有电流流过，励磁回路仍能保持正常运行状态。但转子绕组一点接地后，如果励磁系统主回路中任一处再发生接地，就会形成两点接地，其电流会大大超过正常额定励磁电流。这样大的故障电流流过故障点，不但转子绕组的绝缘和铜线会被烧坏，甚致可能损坏转子轴。因此，运行时应随时监视转子绕组的对地绝缘电阻是否降低。

我国有关发电机运行规程规定，当隐极式发电机的转子绕组发生一点接地时，应立即查明故障的地点与故障性质，如系稳定性金属接地，对于容量在 100MW 及以上的转子内冷发电机，应尽快安排停机处理；……当励磁系统发生两点接地时，必须立即解列发电机，并用自动灭磁开关切断励磁。

第五节 失 去 励 磁

并列运行于电力系统中的发电机突然部分或全部失去励磁，是并不鲜见的故障。发电机失去励磁的原因可归纳为励磁回路短路或开路两种，如副励磁机回路断线、晶闸管元件损坏、励磁调节器以及辅助设备故障将励磁绕组闭合到灭磁电阻上等。其中有些故障能较快地消除，即使不能消除，也可切换至备用励磁系统上；另一方面，发电机失去励磁后经过失步—异步运行—再同步的过程，可以恢复正常运行。这就是说，在一定条件下对失去励磁故障处理正确，可以无需解列发电机，而经过一段短暂的失磁运行后，能回到安全、稳定的运行状态。

试验研究表明，汽轮发电机失去励磁（如将有功功率迅速减小到额定功率的 40%～50%）后，有可能在低滑差下进入异步运行，并可以在继续向系统输送一部分有功功率条件下进行再同步。例如我国某发电厂单机 200MW 的发电机，曾在 7 次失去励磁事故中，有 6 次采取异步运行再同步成功，只有 1 次因为整流柜烧损被迫切除了发电机。

300MW 汽轮发电机是否能采取失去励磁运行，应根据具体系统和电厂条件，经过试验，慎重地决定。下面对失去励磁（以下简称失磁）运行的机理作简单讨论。

一、发电机从失磁到失步的过程

发电机刚失磁时，由于转子有很大的机械惯性，它仍以同步转速继续运转。虽然励磁电压可以很快降为 0，但由于励磁回路电感很大，励磁电流却不能立即减到 0，而是按指数规律衰落到 0，即

$$i_F(t)=i_F(0)e^{-\frac{1}{T_F}} \tag{1-6-1}$$

式中：i_F（t）为失磁后 t 时刻的励磁电流；i_F（0）为失磁瞬间（$t=0$）的励磁电流；T_F 为转子回路时间常数，如果属于励磁回路短路失磁，T_F 为转子回路时间常数，如属开路失磁，则仅由纵轴阻尼回路时间常数来决定。

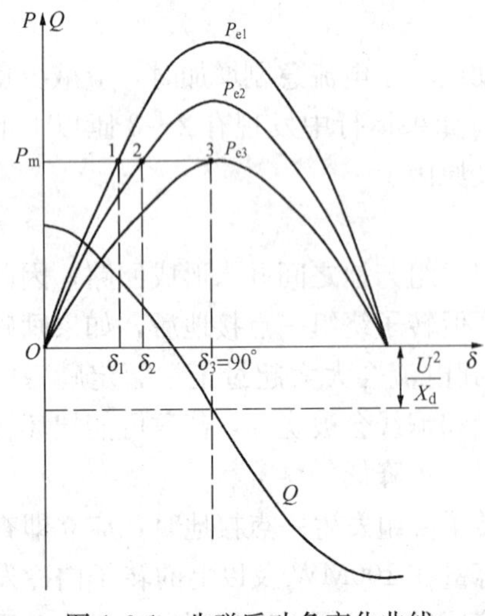

图 1-6-1 失磁后功角变化曲线

可见，相应的发电机定子感应电动势 E_q（t）也将按指数规律衰减，最终只剩下由于剩磁所产生的定子感应电动势 $E_{q\cdot rest}$。

当发电机接至无限大容量母线时，母线电压 U 为常数，则根据电磁功率公式（1-3-16）可知，发电机送出的电磁功率也将随 E_q（t）减小而减小。由发电机转子运动方程

$$\Delta P=J\frac{d^2\delta}{dt^2}=P_m-\frac{E_q(t)\cdot U}{x_d}\sin\delta \tag{1-6-2}$$

可知，由于电磁功率的减小，输入的汽轮机功率 P_m 为常数，在转子上出现过剩功率 ΔP，它将驱使发电机转子加速，并使 δ 角不断增大。由图 1-6-1 可知，运行点将从 1 向 2 过渡，如果 E_q 继续下降，则将再向点 3 过

渡，使 δ 角增大到大于 90°，最后失去同步且转子过剩功率 ΔP 还会继续加大，进入异步运行状态。

另外，从式（1-3-17）可作出发电机定子无功功率 Q 与功角 δ 的关系曲线如图 1-6-1 中 $Q=f(\delta)$ 所示。可以看出，失磁过程中，发电机由发出感性无功功率转变为从系统吸收感性无功功率，即由迟相转变为进相运行。当然，发电机的端电压 U_g 也将随之下降。

发电机从失磁到失步，通常要经过 2～6s 的过程。图 1-6-2 表示失磁过程中有功功率 P、无功功率 Q、定子电压 U_g、定子电流 I_g 以及励磁绕组感应电压 U_f 的变化，该失磁为交流励磁机出口短路所造成的。可以看到失磁（即 $t=0s$）之后：

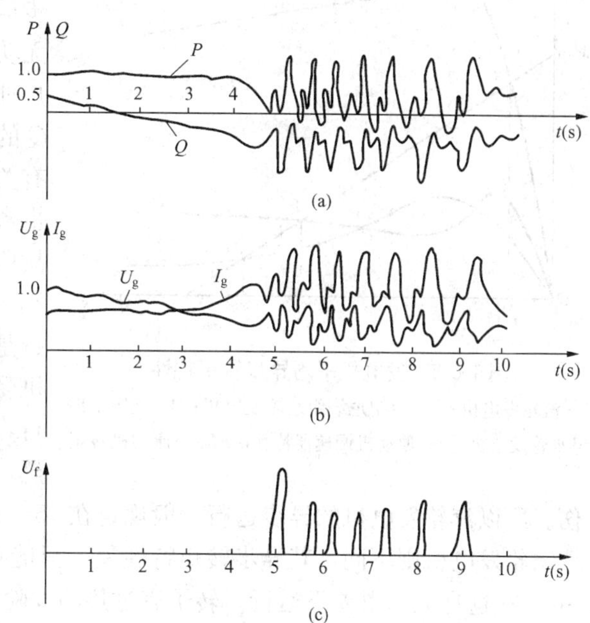

图 1-6-2 交流励磁机出口短路失磁后各电量的变化
(a) 有功功率 P，无功功率 Q 变化曲线；(b) 定子电压 U_g，定子电流 I_g 变化曲线；(c) 励磁绕组感应电压 U_f 变化曲线

（1）有功功率 P 有 4.5s 的等有功过程；

（2）无功功率 Q 有从迟相至进相的过程；

（3）机端电压 U_g 逐步降落；

（4）定子电流 I_g 逐步有所上升；

（5）发电机励磁绕组感应电压 U_f 起初为 0，随后由于失步引起异步感应电压。

二、异步运行过程

失步后的发电机转子与定子旋转磁场有了相对运动，即它们之间有了滑差 s，即

$$s=\frac{n_0-n}{n_0}\times 100\% \tag{1-6-3}$$

式中：n_0 为定子旋转磁场同步转速，r/min；n 为转子转速，r/min。

很显然，由于发电机转子超出同步转速运行，滑差 $s<0$。于是在转子绕组、阻尼绕组以及转子的齿与槽楔中，将感应出滑差频率的交流电流，这些电流与定子旋转磁场作用，产生制动的异步转矩，同步发电机变成异步发电机，开始向电网送出有功功率。转速的增大会一直持续到制动异步转矩和汽轮机的旋转转矩相等为止。

图 1-6-3 表示发电机的平均异步转矩特性（曲线 1、2、3）和汽轮机的转矩特性（直线 4）。随着转速 n 的升高，调速器动作，减小进汽（或进水），汽轮机的输入转矩即由 M_{m0} 直线下降，与汽轮机的转矩特性 1 交于 A_1 点，与有阻尼的水轮发电机的转矩特性 2 交于 A_2，与无阻尼绕组的水轮发电机的转矩特性 3 交于 A_3。点 A_1、A_2 和 A_3 为转矩平衡点，这些点决定了稳态异步运行时，有功功率 P（与转矩 M 成正比）和转差率 s 的值。

由于汽轮发电机具有良好的平均异步转矩特性，仅在千分之几的滑差，就能达到稳定运

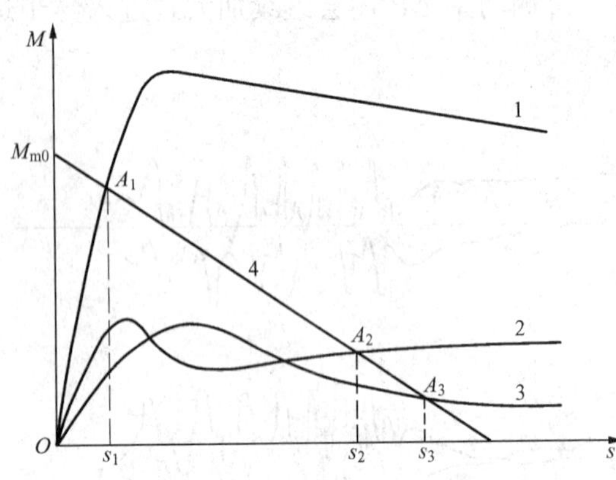

图 1-6-3　发电机平均异步转矩特性

1—汽轮发电机；2—有阻尼绕组水轮发电机；3—无阻尼绕组水轮发电机；4—原动机调速器特性；M_{m0}—原动机转矩

行点 A_1，此时由于调速器使汽门关闭的幅度很小，故输出的有功功率还相当高。在异步运行时，发电机需从电力系统吸收大量的无功功率用于励磁，所以发电机以及附近用户处的电压会下降一些。所吸收的无功功率 Q 的大小与发电机的同步电抗 x_d、转差率 s 有关。x_d 愈大且 s 愈小，所需的无功功率 Q 也愈小。由于汽轮发电机的 x_d 大，s 较小，故所需无功功率 Q 也较小，网络电压降低很小。汽轮发电机短时间在这种情况作异步运行是容许的，不会出现转子损耗过大而使电机受损的问题。但是长时间的异步运行也不行，因为会引起发电机定子和铁心端部过热，转子绕组也由于感应电流而发热，引起损伤。所以汽轮发电机的异步运行一般规定在 15～30min 以内。

水轮发电机则不同，其异步转矩特性差，只能在滑差相当大时才能达到稳定运行点 A_2 和 A_3。在这样大的滑差下运行，转子有过热的危险，故不容许异步运行。

三、再同步过程

处于异步运行的发电机恢复励磁电流后，由异步重新转入同步运行的过程称为“再同步过程”。这一过程可通过作用在转子上转矩的变化加以阐述。

1. 异步转矩

未恢复励磁时，发电机转子主要受原动机传递过来的驱动转矩 M_m 和起阻力矩作用的异步转矩 M_{as} 共同作用，维持一定的滑差而稳定运行。M_m 和 M_{as} 两个转矩对应的功率分别为 $P_m=M_m s$ 和 $P_{as}=M_{as}s$，见图 1-6-4（a）。

异步转矩是由定子旋转磁场以及与转子反向旋转磁场相互作用产生的。其作用是让转子接近同步转速：当转子转速低于同步转速时，它帮助转子升速（$s>0$）；反之它将降低转子的转速（$s<0$），故为阻力矩。但它永远不能把转子拖入同步，转子一进入同步，则 $s=0$，异步转矩 P_{as} 亦告消失。另一个异步转矩是由定子旋转磁场以及与转子同向旋转的磁场相互作用产生的，它以两倍于滑差频率而交变，其平均值近于 0，故在再同步过程中不起同步作用。

2. 同步转矩

当直流励磁电流恢复时，其过程也是按指数规律增加的，见图 1-6-4（b），励磁电流 i_F 所建立的转子磁场与定子磁场相互作用产生同步转矩 M_e，同步转矩对转子的作用是将转子拉入同步。随着励磁电流 i_F 的增长，与之成正比的发电机电动势 E_q 也逐步增大，相应地，同步转矩 M_e 及电磁功率 P_e 也随之变化，即

$$P_e=\frac{E_qU}{x_d(s)}\sin(\delta_0+st) \tag{1-6-4}$$

$$M_e=P_e/s \tag{1-6-5}$$

式中：E_q 为发电机内电动势；U 为发电机端电压；x_d 为纵轴同步电抗，是滑差 s 的函数，

当 $s=0$ 时，$x_d(s)=x_d$，当 s 增大时，$x_d(s)$ 减小，s 足够大时，$x_d(s)$ 接近于 x''_d；δ_0 为 $t=0s$ 时的功角。

由式（1-6-4）可以看出，同步功率 P_e（或同步转矩 M_e）是以滑差频率作正弦脉动的，时正时负，见图 1-6-4（c）。在同步功率为正的半周内，发电机转子减速，瞬时滑差减小；同步功率为负的半周内，发电机转子加速，瞬时滑差增大，且随着励磁电流的增大，同步功率的振幅也逐渐增大，瞬时滑差的变化幅度也逐渐增大。另一个趋势是运行人员在减负荷，使平均滑差逐步减小，这样有可能在某一瞬间，如图 1-6-4（c）中的 k 点，瞬时滑差抵达 0 值，发电机便重新拖入同步运行，异步转矩消失。

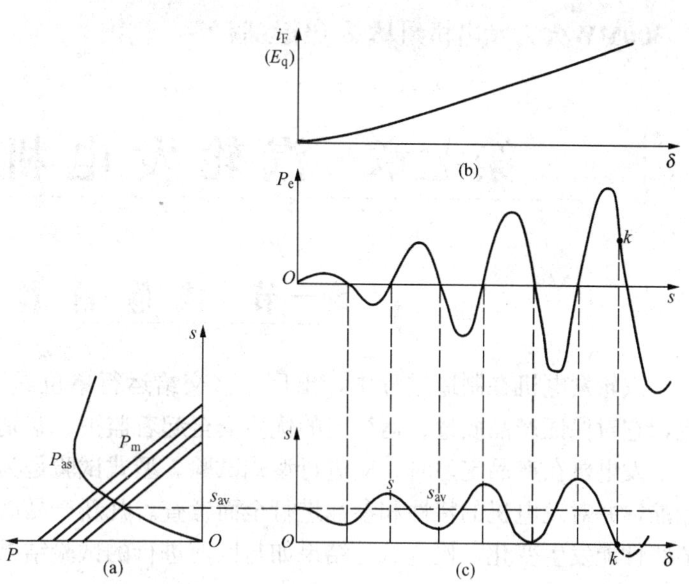

图 1-6-4 投入直流励磁重新进入同步的过程

（a）稳态异步运行转差率的逐渐减小；（b）励磁电流恢复过程；（c）瞬时转差率的抵达零值

四、对失磁故障的处理

（1）对于未作出允许失磁的发电机，应作为不允许失磁运行处理。处理方法是利用失磁保护将严重失磁的发电机出口断路器跳闸、解列，若失磁保护未动作，应立即手动解列停机，查明原因并加以消除。

（2）对于已确认可以失磁运行的发电机，应作如下处理：

1）出现失磁异步运行时，在 3min 内，将负荷减至 40%，允许继续运行 10min。

2）监视发电机定子电流不应超过额定值的 110%，同时监视发电机定子端部温度不应超过允许值。

3）设法迅速恢复励磁电流。如励磁调节器不能正常工作，应转换至感应调压器电源提供励磁，如仍不行，则应启用备用励磁电源。

4）异步运行中，监视发电机端电压应不低于额定电压的 90%。

第七章　汽轮发电机的试验

第一节　试验的种类

汽轮发电机在制造过程中，出厂、移交给运行单位或运行中，各种类别的试验至关重要，它对保证产品质量、运行上的优质安全起着监视、鉴别作用，因而受到普遍的重视。

发电机在产品定型时，应进行型式试验。型式试验是为了确定汽轮发电机是否符合设计标准，并对发电机的特性和参数进行全面考查。凡新产品试制完成、工艺的变更，足以引起某些性能发生变化，检查试验结果如与以前进行的试验结果发生不容许的偏差时，都应进行型式试验。

每台发电机出厂前，为了确定新装完的发电机在电气或机械方面是否都符合设计标准，应进行检查性试验。为了某些研究课题需要，还可进行一定的专题性研究试验。

发电机运到电厂后，由于试验条件和仪器设备限制，不可能对其作型式试验所要求的全部项目，但发电机在安装完毕投入运行前，则必须进行交接性验收试验。

已经运行的发电机在进行定期检修以前和以后，都需进行“预防性试验”。

交接性验收试验和预防性试验均应遵循DL/T 596—1996《电气设备预防性试验规程》，该标准对试验项目、周期和评判标准作了具体规定。型式试验和检查性试验应根据GB 755—2000《旋转电机　定额和性能》和GB/T 7064—2002《同步电机技术要求》予以判定。试验方法则应遵循GB/T 1029—2005《三相同步电机试验方法》进行。

第二节　300MW汽轮发电机的型式试验

根据上述有关汽轮发电机型式试验国家标准，通常300MW汽轮发电机应作如下试验项目：

（1）定子绕组相间及对地绝缘电阻测定，转子绕组对地绝缘电阻测定。

（2）冷态定、转子绕组直流电阻测定。

（3）端盖轴承对地绝缘电阻测定。

（4）振动测定。

（5）电压波形畸变率和电话谐波因数测定。

（6）空载特性测定。

（7）三相稳定短路特性测定。

（8）损耗及效率测定。

（9）温升试验。

（10）电气参数试验。

(11) 额定励磁电流测定。

(12) 噪声测定。

(13) 定子绕组直流耐压试验。

(14) 定、转子绕组交流耐压试验。

(15) 转子动平衡及超速试验。

(16) 不同转速下转子绕组的交流阻抗测定。

(17) 定子铁心的损耗发热试验。

我国东方电机厂第一台 QFQS-300-2 型汽轮发电机的型式试验主要项目、试验值、设计值列于表 1-7-1。试验结果表明，该型发电机性能已达到要求。例如效率的实测值为 98.76%，接近世界先进水平值 98.8%；短路比实测值为 0.4548，符合标准（不低于 0.40）；电压波形畸变率实测值为 0.5%，比优等产品允许值 4%还低很多。

表 1-7-1　　东方电机厂 QFQS-300-2 型汽轮发电机型式试验结果

测试项目		试验值	设计值	有关标准规定值
定子绕组直流电阻（75℃）	(Ω)	0.002366	0.002320	
转子绕组直流电阻（75℃）	(Ω)	0.1914	0.1982	
机械损耗	(kW)	778.0	759.8	
铁心损耗	(kW)	420.0	424.5	
定子绕组基本铜耗	(kW)	851.0	820.0	
转子绕组基本铜耗	(kW)	1012.0	1102.9	
杂散损耗	(kW)	621.3	971.0	
电刷电损耗	(kW)	4.6	4.6	
励磁机损耗	(kW)	82.0		
效　率	(%)	98.76	98.65	98.60
空载励磁电流	(A)	734	750	
短路励磁电流	(A)	1614	1627	
满载励磁电流	(A)	2300	2299	
短路比		0.4548	0.4610	≥0.4
定子绕组温升	(℃)	20.6		
定子铁心温升	(℃)	31.0		
转子绕组温升	(℃)	37.0		
纵轴超瞬变电抗 x''_d	(标幺值)	0.2286	0.1915	≥0.10
电压波形畸变率	(%)	0.50		≤5.0
电话谐波因数	(%)	0.064		≤1.5
轴承最大振动（双幅值）	(mm)	0.032		≤0.038
2min 超速试验	(r/min)	3600		3600
定子绕组相间及对地耐压	(V/min)	37000		37000
转子绕组对地耐压	(V/min)	4940		4940

第三节　交接和预防性试验

GB/T 1029—2005《三相同步电机试验方法》对普通三相同步电机的试验方法作了详细规范。水利电力部颁布的DL/T 596—1996《电气设备预防性试验规程》对1000kW以上的同步发电机和调相机应做的25项测试作了明确的规定。限于篇幅这里只就其中主要的试验项目进行讨论。

一、定子绕组的绝缘电阻和吸收比的测量

同步发电机定子所采用的各种绝缘材料，其电阻率很高。当绝缘良好时，它的绝缘电阻值很大，但当发生局部缺陷或受潮时，其值就会急剧下降，故测量绝缘电阻可初步了解绝缘情况是否良好。

通常采用绝缘电阻表测量绝缘电阻，而使用时应注意以下问题：

(1) 所使用的绝缘电阻表要与被测设备的电压等级相适应，额定电压在1000V以上的发电机应使用2500V的绝缘电阻表。测量水内冷定子绕组绝缘电阻时，应使用专用的绝缘电阻测定仪。因为当绝缘引水管内有凝结水时，所测的值主要是凝结水的电阻，而不是定子绕组的绝缘电阻，绝缘电阻较凝结水的电阻要大得多。只有在放出并吹干了绝缘引水管内的水后，才可用普通绝缘电阻表测量。

(2) 测量时如果各相绕组的始、末端单独引出，应分别测量各相绕组对机壳以及相对相之间的绝缘电阻；如果绕组的中性点连在一起而不易分开时，则允许测量三相绕组对机壳的绝缘电阻。

(3) 测量时，绝缘电阻表的读数应在指针稳定后读取，并应同时记录绕组温度，因为一般绝缘电阻随温度而变，温度每变化20℃阻值变化约2倍。

影响定子绕组绝缘电阻的因素很多，故对绝缘电阻值不作规定。主要应着重于历次测试结果的比较。若在相近试验条件（如温度、湿度）下，绝缘电阻降至上次的1/3～1/5时，应查明原因。各相绝缘电阻的不平衡值也不应大于2倍，否则也表明绝缘存在缺陷。

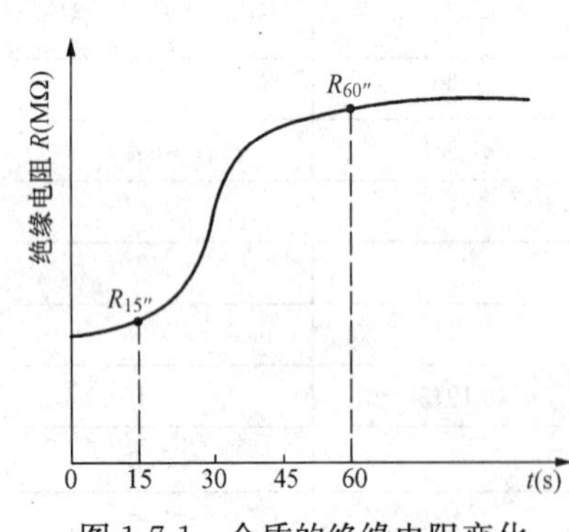

图1-7-1　介质的绝缘电阻变化

绝缘电阻测量的原理是，在绝缘结构两端施加由绝缘电阻表产生的直流电压，根据以绝缘电阻值表示的最后稳定下来的传导电流来确定绝缘是否正常。当绝缘介质上施加外电压时，就要产生极化现象，此时介质中有三种电流流过：充电电流、传导电流和吸收电流。通常充电电流衰减很快，由于电容值很小，时间常数很小，从判定绝缘状态角度看，该电流没有实际意义。因而，主要只考虑传导电流和吸收电流。前者主要取决于绝缘的潮湿和脏污程度，在测量中只要电压不变，它的数值不会变；后者受潮湿的影响很小，但它随时间会逐步缓慢衰减，故所测得的电阻 R（MΩ）值将随时间而缓慢增长，见图1-7-1。

当绝缘有缺陷时，或受潮或脏污等，传导电流增大，吸收电流相对不变，则合成电流随时间的相对变化减小。通常把60s和15s时的绝缘电阻值之比称为吸收比，因而吸收比也是衡量绝缘情况的指标。表1-7-2列出了某国产300MW汽轮发电机定子绕组绝缘电阻的测量

结果。例如表中第一栏 $R_{15''}=500M\Omega$，$R_{60''}=1000M\Omega$，吸收比就是 1000/500＝2.00。一般发电机定子绕组的绝缘正常时，吸收比应在 1.30 以上，如果低于 1.30，或发现吸收比较上次测得结果下降很多时，就可以判定绕组受潮或者发生了局部缺陷。

表 1-7-2　　某 300MW 汽轮发电机定子绕组绝缘电阻测量值

相　别	绝缘电阻（MΩ）		吸收比
	15s	60s	
A 相对 B、C 相及地	500	1000	2.00
B 相对 A、C 相及地	550	900	1.64
C 相对 A、B 相及地	600	1000	1.67
测量仪器：2500V 绝缘电阻表	测定时绕组温度：28℃		

二、转子绕组的绝缘电阻测量

转子绕组工作电压较定子绕组电压低很多，其绝缘电阻也比较低。在《交接与预防性试验标准》中规定，转子绝缘电阻应不小于 0.5MΩ，未要求测量吸收比。

测量时，转子绕组额定电压为 200V 以上的，用 2500V 绝缘电阻表；200V 及以下的，则用 1000V 绝缘电阻表。

三、定子和转子绕组直流电阻的测量

发电机的定子和转子绕组中有许多接头，这些接头在运行中要受到各种机械振动的影响，如质量不好，经一定时间运行后就会使接头开焊。为了及早发现薄弱环节，需要在交接和大修时测量发电机定、转子绕组的直流电阻。

发电机定子各相各支路的始末端单独引出时，应分别测量定子各相及各支路的直流电阻；当只引出三个出线端时，则可测量每两个出线端间的直流电阻，然后进行换算。转子绕组的直流电阻测量应在绕组引至滑环的接线端或滑环表面上进行。

绕组直流电阻可用电桥法或两表（电压表、电流表）法测量。

1. 电桥法

直流电阻在 1Ω 及以下的应采用双臂电桥，1Ω 以上的可用单臂电桥进行测量。

试验时应尽量减少接触电阻和引线电阻的影响，通过被测绕组的试验电流不应超过绕组额定电流的 10%，通电时间不超过 2min。每一绕组至少应测量 3 次，每次测量时必须重新调整桥臂，取平均值为被测的直流电阻值。对大型发电机每测一绕组电阻后，还应倒换电池极性再测一次。

某 300MW 汽轮发电机定子绕组冷态直流电阻测量结果列于表 1-7-3。

表 1-7-3　　某 300MW 发电机定子绕组直流电阻测量

相　别	阻　值（Ω）	使用仪表与测量时温度
A 相	0.001960	仪表：QJ44 双臂电桥
B 相	0.001953	温度：21.5℃
C 相	0.001961	

2. 两表法

两表法接线原理如图 1-7-2 所示。应采用磁电式仪表测量，由蓄电池或其他电压稳定的直流电源供电。试验时所加电流不应超过绕组额定电流的 10%，历时低于 2min。应同时读取电流及电压值，每一绕组电阻至少应在 3 种不同电流值下测量，取其平均值，每个测量值

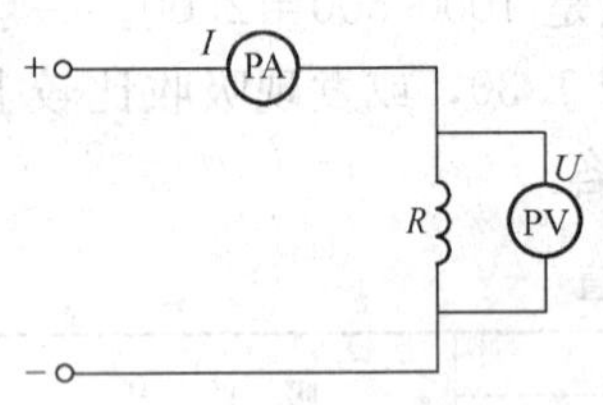

图 1-7-2　两表法测量直流电阻原理图

与平均值差不应大于 0.5%。被测直流电阻为 $R=U/I$（Ω）。

如果电压表回路的总电阻值 R_v（包括电压表内阻及为数极小的引线电阻）小于1000R 时，被测电阻值应为

$$R=\frac{U}{I-U/R_v} \tag{1-7-1}$$

绕组的直流电阻与初次（交接或大修时）所测结果相比，其差别一般不应超过 2%。定子各相或各分支的直流电阻相互之差也不得大于最小值的 2%，超过者应查明原因。

某 300MW 汽轮发电机转子绕组用两表法测量直流电阻数据列于表 1-7-4。

表 1-7-4　　某 300MW 发电机转子绕组直流电阻测量（绕组温度：16℃）

电　压　(V)	电　流　(A)	转子绕组电阻（Ω）	平　均　电　阻（Ω）
32.6	210	0.1552	0.1551
37.5	242	0.1549	
44.2	285	0.1551	

四、直流耐压试验和泄漏电流测量

用绝缘电阻表测量绝缘电阻时，绝缘体上所加直流电压较低，绝缘体的个别弱点和缺陷不一定会暴露，因而有必要加上较高的直流电压进行直流耐压试验。进行直流耐压试验的同时还可用一只微安表测量通过绝缘体的泄漏电流，以进一步检验绝缘体的性能。

1. 试验电压标准

(1) 新安装的或大修中全部更换了定子绕组的发电机，用 3 倍的额定电压试验。

(2) 在大修前，除对运行了 20 年以上且不与架空线路直接连接的发电机用 2.0～2.5 倍额定电压试验外，一般均用 2.5 倍的额定电压试验。

(3) 在大修和小修后，用 2.0 倍额定电压进行试验。

2. 泄漏电流标准

对空冷和氢冷发电机，应满足：

(1) 在规定的试验电压下，各相泄漏电流的差别不应大于最小值的 50%；最大泄漏电流在 20μA 以下者，各相间差值与历次试验比较，不应有显著变化。

(2) 泄漏电流不应随时间的延长而增大。

对水内冷发电机，由于通水后，水的电阻小，使直流电压脉动系数大大增加，加上水路极化电动势的影响，使泄漏电流误差较大。因而不要求相间差值小于最小值的 50%，但绝对要求不随时间的延长而增长。

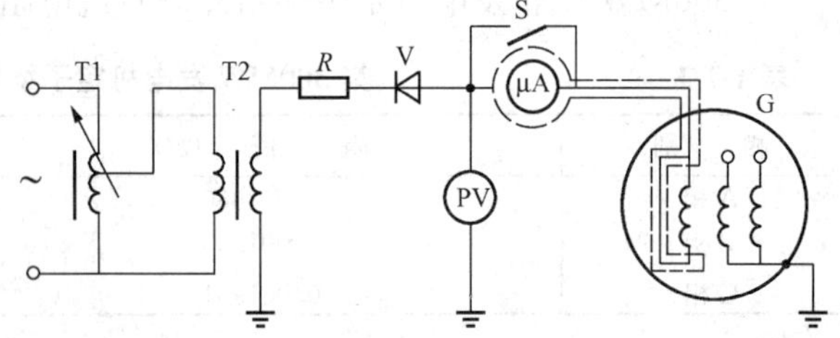

图 1-7-3　空冷、氢冷发电机直流耐压试验接线图

T1—调压变压器；T2—高压试验变压器；R—限流保护电阻，其值为（0.1～1）Ω/V；V—高压整流硅堆；μA—微安表；PV—静电电压表；G—被试同步发电机

3. 空冷或氢冷发电机定子绕组直流耐压试验方法

试验接线原理图如图 1-7-3 所示。

试验时先接通电源，调节调压变压

器，均匀升压。试验过程中电压应逐步上升，例如 $0.5U_N$，$1.0U_N$，$1.5U_N$，$2.0U_N$，直至规定值。每升到一值应停留 1min，并记录此间微安表的稳定电流值（即泄漏电流）。试验完毕，将调压变压器退回零位，断开电源，并将绕组接地放电。试验过程中，如发现泄漏电流随时间急剧增长或有异常放电现象时，应立即停止试验，断开电源进行检查。

对于水内冷发电机，可在放完水后并吹干的情况下，按上述同样的方法试验。表 1-7-5 列出某 300MW 水内冷汽轮发电机定子绕组的直流耐压试验结果，表中列出了泄漏电流值。

表 1-7-5　某 300MW 水内冷汽轮发电机定子绕组泄漏电流试验结果　μA

试验电压 / 相别	$1.0U_N$	$1.5U_N$	$2.0U_N$	$2.5U_N$	$3.0U_N$	$3.5U_N$
A 相对 B、C 及地	22	32	55	78	116	168
B 相对 A、C 及地	28	39	70	100	136	196
C 相对 A、B 及地	29	41	75	110	160	240

注　$U_N=18$kV，环境温度为 28℃。

4. 通水情况的水内冷发电机定子绕组直流耐压试验方法

由于引水管和汇水管通有水流，直流耐压试验与前述方法区别很大。为此，首先考察这种情况下定子绕组绝缘体等值电路，见图 1-7-4（a），图中 A 相绕组引水管电阻为 R_1、R_2。

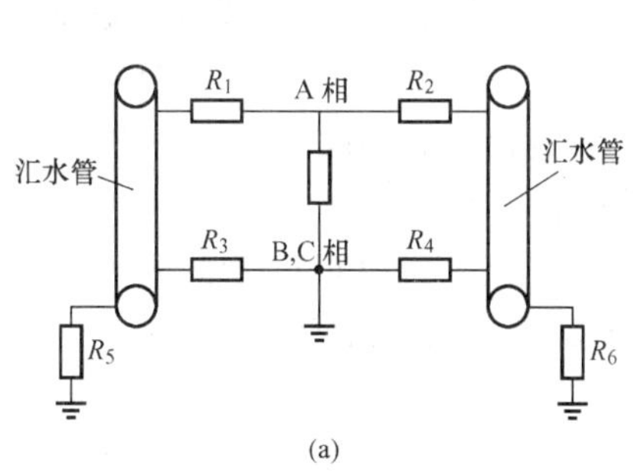

(a)

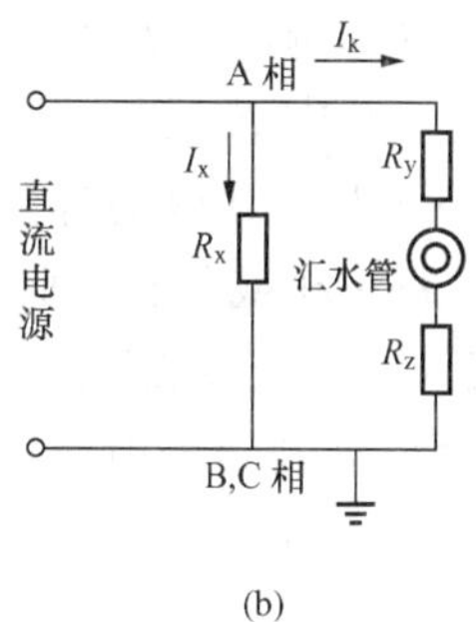

(b)

图 1-7-4　水内冷发电机定子绝缘体等值电路

（a）等值电路；（b）简化后电路

设等值电阻为

$$R_y=\frac{R_1R_2}{R_1+R_2} \tag{1-7-2}$$

另将非加压相（B、C 相）连接起来并接地，则引水管电阻为 R_3、R_4；汇水管本身对地绝缘电阻为 R_5 和 R_6。显然 R_3、R_4、R_5 和 R_6 是并联的，其等值电阻为

$$R_z=\frac{1}{\frac{1}{R_3}+\frac{1}{R_4}+\frac{1}{R_5}+\frac{1}{R_6}} \tag{1-7-3}$$

图 1-7-4（b）中，R_x 为被测电阻，试验时流过它的电流 I_x 通常只有数十微安，即为直流泄漏电流。然而流过引水管的电流 I_k 则大得多，可达数十（或数百）毫安。为判断绝缘状况，必须把 I_x 与 I_k 区分开来，见图 1-7-4（b），这即是要讨论的主题。

目前采用的试验接线分为两类：低压屏蔽法（由它的微安表一端直接接地而得名）与高

压屏蔽法。这里只介绍常采用的低压屏蔽法，见图 1-7-5，图中 A、B、C 为定子三相绕组；C_2 为滤波电容，其时间常数应满足 $\tau \approx C_2 R_y \geqslant 0.3\text{s}$；$C_1$ 为金属化纸介电容器参数为 200μF、150V，其作用是分流交流分量电流，使微安表指示稳定；L_1 为电感，可利用 6kV 电压互感器的高压线圈代替，与 C_1 的作用相同。

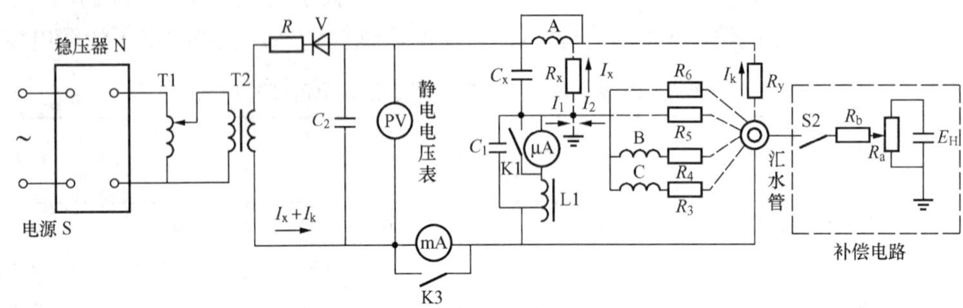

图 1-7-5 水内冷发电机定子直流泄漏试验接线图

试验时要保证绝缘引水管的安全，不致因表面泄漏而闪络或击穿，故试验时引水管内应通以除盐的水（或充满水），水质的导电率应不大于 5μS/cm。

冷却水通过绝缘引水管时，会产生极化电动势，其值与水质有关，约为 5～20mV，对微安表有几微安的影响，故另加补偿极化电动势的电路，如图 1-7-5 中虚框内部分所示，用以提高测量精度。其中 E_H 为 1.5V 电池；R_b 为 100kΩ；R_a 为 500kΩ 电位器。试验前，先调整 R_a，取得一个与极化电动势极性相反、数值相等的补偿电动势，使微安表指示为 0。然后正式加高压，每一相或分支试验前，都要调整一次。

图 1-7-5 表明，微安表支路与等值电阻 R_z 支路相互并联。若微安表内阻和串接的电感线圈内阻之和为 R_0，流过的电流为 I_1；R_z 支路流过的电流为 I_2，则有

$$I_1 + I_2 = I_x \tag{1-7-4}$$

且

$$I_1 R_0 = R_z I_2 \tag{1-7-5}$$

由此得泄漏电流表达式

$$I_x = I_1\left(1+\frac{R_0}{R_z}\right) \tag{1-7-6}$$

其中 R_0 和 R_z 可事先用万用表测得。

不接试品的微安表读数称为空试电流 I_0，是由高压引线的电晕和试验设备的泄漏造成的。应从试验结果中将空试电流 I_0 扣除，即

$$I_x = I_1\left(1+\frac{R_0}{R_z}\right) - I_0 \tag{1-7-7}$$

五、工频交流耐压试验

发电机定子绕组的直流耐压试验，能够有效地检出定子绕组端部绝缘的缺陷。但对槽部绕组，其效果却不如工频耐压试验好。因为直流电压加在绕组上没有电容效应，电场在绝缘

层的各处分布均匀，对于检出离发电机接地部分较远的绕组端部绝缘缺陷是有效的；如果加上50Hz交流电压，由于电容效应（见图1-1-28），电场分布不均，接近铁心槽部的绝缘所承受的电场较强。故两种试验相辅相成，不能互相代替。

1. 试验电压标准

工频交流耐压试验电压，是根据既要确保绝缘水平而又不致引起绝缘劣化的要求决定的，主要有如下要求：

（1）国际电工委员会（IEC）规定预防性试验电压为1.5U_N；苏联《电力设备试验规程》规定为1.5～1.7U_N。

（2）我国有关标准规定为1.3～1.5U_N；大修前或局部更换绕组后，运行20年及以下的发电机，或运行20年以上不与架空线路直接连接的发电机定子绕组，其试验电压值均为1.5U_N，试验时间为1min。

2. 交流耐压试验方法

工频交流耐压试验应在停机后清除污秽前热状态下进行，交接时或发电机处于备用状态时，则可在冷状态下进行。水内冷发电机应在通水情况下进行，并应将汇水管接地。一般应每相对地进行试验，被试绕组两端同时加压，其他两相绕组均应接地。如三相绕组的中性点不易分开时，应对三相绕组的所有出线端同时加压。

为了使试验电压波形为正弦，应尽量采取星形接线变压器中的线电压作为电源，还应保证试验变压器有足够容量。如被试发电机的电容C较大，则试验变压器的额定容量S应大于下式所求数值

$$S = 2\pi fCUU_{NT} \times 10^{-3} \quad (kVA) \tag{1-7-8}$$

式中：f为50Hz；U为试验电压，V；U_{NT}为试验变压器高压侧额定电压，V；C为被试发电机的一相电容值，F。作为参考，表1-7-6中列出了几种汽轮发电机的定子绕组一相对地电容值。

表1-7-6　　汽轮发电机定子绕组一相对地电容

型　号	电　压（kV）	额定容量（MW）	一相对地电容（μF）
WT23S-083AF3	15.0	300	0.29
TBB-320-2	20.0	320	0.30
TBB-500-2	20.0	500	0.25

试验接线原理图如图1-7-6所示。图中T1为调压变压器；T2为高压试验变压器；R为限流保护电阻，其值为0.2～1Ω/V；R_0为球隙保护电阻，其值为1Ω/V；Q_X为过电压球隙，球隙和球径按《高压电气设备绝缘试验电压和试验方法》确定，球隙的放电电压调整到试验电压的1.1～1.15倍；TV为测量用的电压互感器；PV为电压表，也可用静电电压表；G为被试发电机。如果在试验中需测量电容电流时，可在试验变压器高压侧接入毫安表和与它并联的短路开关。

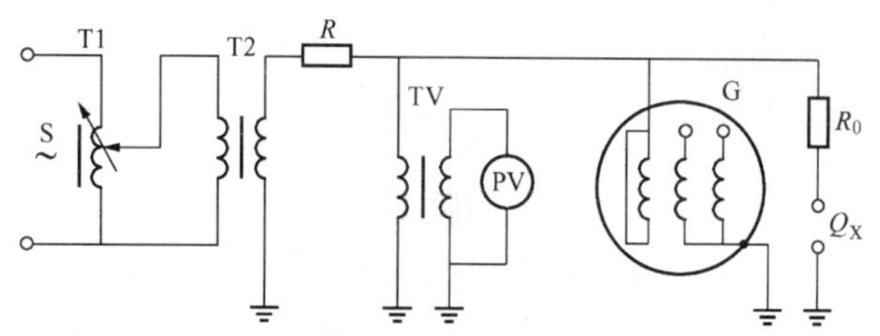

图1-7-6　发电机交流耐压试验接线原理图

由于被测绕组属于电容性负荷，高压试验变压器在电容性负荷下，会使高压侧电压升高，即比按试验变压器变比计算的电压还要高，而且当发电机的容抗与试验变压器的漏抗发生串联谐振时，此电压升高更为显著，最高可达计算电压的 3～4 倍，这对发电机的绝缘是很危险的。所以在进行这一试验时，一方面要选择容量合适的试验设备，另一方面要在高压侧用电压互感器测量试验电压，并用球隙作为过电压保护。

试验时先接通电源，调节调压变压器均匀升压。从试验电压的一半升至全值的时间以 10～15s 为宜。当电压升到全值时，开始计算时间，并读取试验电压，耐压持续时间为 1min。试验完毕也应均匀降压，待电压降到全值的 1/3 以下时，再断开电源，并将被试绕组接地放电。

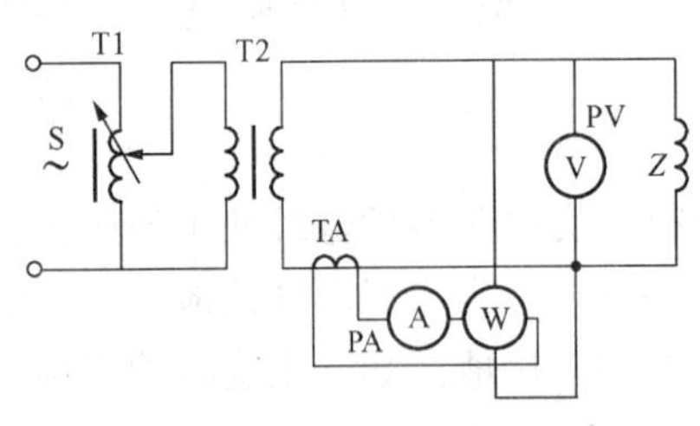

图 1-7-7　测量转子绕组交流阻抗的接线图

试验中，如果发现电压表指针摆动很大、毫安表指示急剧增加、绝缘冒烟或发出响声等异常现象时，应立即降低电压，断开电源，接地放电并进行检查。

六、转子绕组交流阻抗的测量

在本篇第六章第四节中已指出，测量转子绕组交流阻抗是检查转子匝间短路的有效方法，在交接和大修时都要进行。

测量接线图如图 1-7-7 所示。图中 T2 是为试验安全而采用的隔离变压器。试验时所加电压不应超过额定励磁电压，一般为额定励磁电压的 50%～100%。

试验可在转子处于定子膛外情况下，也可处于定子膛内不同转速下进行。处于膛内的阻抗值 $Z=\sqrt{R^2+X^2}$ 和损耗 P 均比处于膛外要大。因为处于膛内时，除了包括转子本身铁心损耗、铜耗外，还包括定子铁耗，相应的等值电阻也大些；除此转子在膛内比膛外的磁阻小，显然阻抗 Z 就大些。

试验结果表明，转子处于静态 ($n=0$) 和动态($n=n_N$) 情况下的转子绕组阻抗 Z 和损耗 P 均随转速升高而变化。通常转速升高，Z 降低，P 升高。试验结果还表明，数据对匝间短路很敏感，例如有一台 YQQ-50-2 型发电机，试验所加电压为 200V，结果列于表1-7-7。从试验结果可知，该试验对判断转子绕组有无匝间短路是很有效的。

表 1-7-7　　TQQ-50-2 型发电机转子绕组交流阻抗测量结果

项　目 / 短路与否	$n=0$ 的阻抗 (Ω)	$n=n_N$ 的阻抗 (Ω)	阻抗下降 (%)	$n=0$ 的损耗 (W)	$n=n_N$ 的损耗 (W)	损耗增加 (%)	短路匝数与总匝数之比 (%)	转子位置
无匝间短路	44.05	22.99	47.81	502	990	97.21	0	膛内
有匝间短路	19.90	9.75	51.00	1050	2000	90.48	1.98	

七、发电机轴电压的测量

由于种种原因，发电机会产生轴向电压，相应出现轴电流。其主要原因是转子主磁通的两个并联支路的磁阻不对称。从图 1-7-8 (a) 可以看到由于定子与转子不在同一轴线上，或沿圆周方向有效铁心扇形片的合缝不等，组装这些扇形片的鸠尾筋以及轴向孔等装配不当，引起相当于定子铁心内有气隙存在的效应，见图 1-7-8（b），这就等于沿定子铁心圆周形成一交变磁通，从而在轴上感生出轴向电动势。

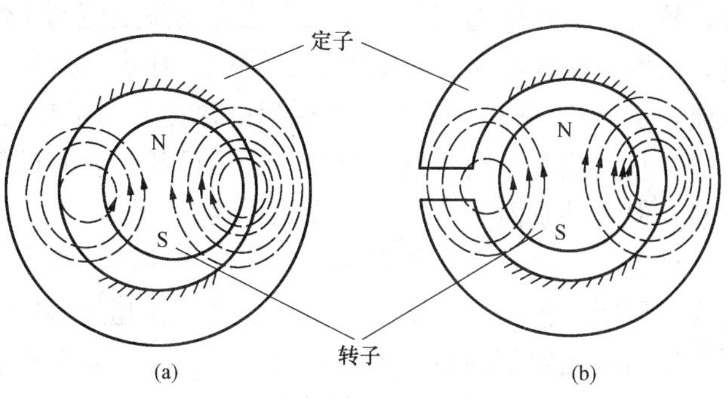

图 1-7-8　主磁通两并联支路磁阻不对称情况

（a）转子偏心；（b）等效磁路不对称

在 50～300MW 汽轮发电机上测得的上述电动势通常有 4～6V，有时达 10～15V。如果轴—轴承—基础回路中间没有绝缘物，该回路可能流过几百甚至几千安培的电流，引起轴承、汽轮机叶轮及与轴接触的其他金属部件的损坏。

为此，不仅在励磁机侧的轴承和轴密封内以及其上面的油管法兰上装设绝缘垫，轴承座对“地”也要绝缘开来。

检修时可用 1000～2500V 的绝缘电阻表测量其绝缘电阻值，其值不应低于 1MΩ。运行时每月应进行一次轴电压的测量。测量时先测发电机转轴两端的电压 U_1，再测机座与励磁机侧轴承之间的电压 U_2，见图 1-7-9。在测量 U_2 时，应把轴承外壳和转轴之间短路，否则由于轴承和转轴之间存在油膜电阻（约 30～50kΩ），影响测量的进行。通常 U_1 与 U_2 相等，若 U_1 与 U_2 相差 10%以上，则表示绝缘垫等的绝缘不良。这是因为绝缘不良时，会引起轴电流在轴内部和底座上产生电压降，使得 $U_2<U_1$。

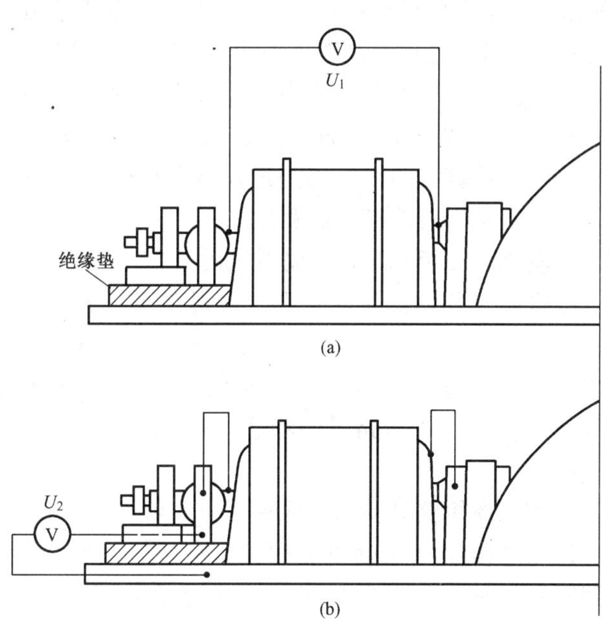

图 1-7-9　发电机轴电压的测量

（a）测量转轴两端的电压；（b）测量机座与励磁机侧轴承间的电压

测量时可以使用量程为 3～10V 的交流电压表，若无此种电压表，可经适当变比的升压变压器，将此电压升高后，用一般的电压表测量。测量接线必须接有专用的电刷，且电刷上应有长达 300mm 以上绝缘柄。由于测量直接在高速转动的发电机上进行，因此要特别注意安全，尤其要防止卷轧事故。

八、同步发电机的空载特性试验

空载特性是同步发电机在额定转速状况下，定子空载电压与转子励磁电流之间的关系曲线。通过空载特性试验不仅可以检验发电机励磁系统的工作情况、观察发电机磁路的饱和程度，而且可以检查发电机定、转子绕组的连接是否正确，同时利用它和发电机短路特性曲线，可求得发电机许多参数。因此在新机组投入和大修后，都需进行此项试验。

试验时，发电机定子绕组处于开路状态，启动发电机并逐渐达到额定转速后保持转速不变，然后调节励磁电流，使空载电压升到额定值的130%，或达额定励磁电流所对应的电压值，读取三相线电压、励磁电流、频率，作出空载特性的第一点，然后单方向逐步减少励磁电流，量取7～9点，最后读取励磁电流为0时的剩磁电压。

空载试验时，同步发电机相当于运行状态，它的继电保护装置都要投入运行，并作用于灭磁，但自动励磁调节装置仅投入手动。

试验时，每测点所测得的三相线电压应该接近相等，相互之间差值不应超过3%，否则应查明原因，消除后再试验。由于发电机在超过额定电压时，铁心温度上升很快，故定子绕组电压超过额定值的时间不宜过久。试验时，励磁电流应从大到小，或从小到大逐步变化，中途不应改变变化方向，否则因铁心有磁滞，会影响测量的正确性，测得的各点也不能“光滑”地落在一条曲线上。

若试验时频率 f 与额定频率 f_N 略有差异，则空载电压应按下式换算

$$U_0=\frac{f_N}{f}U \tag{1-7-9}$$

式中：U 为试验测得的空载电压，V；U_0 为换算到额定频率的空载电压，V。

关系曲线 $U_0=f(i_F)$ 即为所求的空载特性。若剩磁电压较高，应对空载特性进行校正，即将特性曲线的直线部分延长与横轴相交，交点的横坐标绝对值 Δi_{F0} 即为校正量。也就是说要在所有测得的励磁电流数据上加上 Δi_{F0} 即得通过原点之校正曲线，如图1-7-10所示。

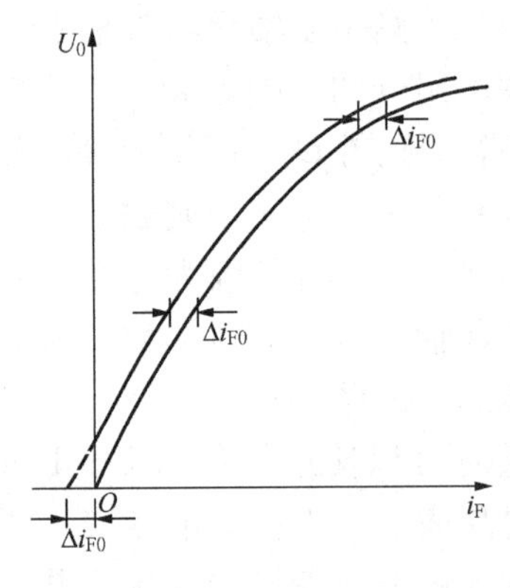

图1-7-10　发电机空载特性的校正方法

试验后，将测得的空载特性曲线与制造厂（或以前测得的）数据比较，应在测量误差的范围以内。当误差较大时，应检查试验接线、计算和曲线的绘制过程是否有差错。若无上述情况时，则转子绕组可能存在短路故障。

九、同步发电机三相稳态短路特性试验

同步发电机的三相稳态短路试验同空载试验一样，也是发电机的基本试验项目之一。在新机组投入、交接和大修后认为有必要时，也要进行该项试验。同步发电机的三相稳态短路特性是定子绕组三相短路时的稳态短路电流与励磁电流间的关系曲线。

在进行三相稳态短路试验前，应使用有足够截面的导线，在尽可能接近定子绕组出线处可靠短接。短接后，启动发电机并升速到额定转速，调节励磁电压，使定子电流达到1.2倍额定值，同时读取定子电流和励磁电流，然后逐步减小励磁电流，使之降到0。其间共读取5～7点，绘制短路特性曲线，其形状见图1-3-5。

同步发电机的转速虽然对试验数值有些影响，但影响很小，所以当转速略为偏离额定转速时，一般不必进行转速偏差的校正。

试验后，将测得的稳态短路特性曲线与制造厂出厂（或与以前测得）数据比较，差值应在测量的误差范围以内。若所测数据与原始记录偏差较多，则应进一步对定、转子的直流电阻、匝间绝缘和绕组的接线进行检查，并考虑是否有短路故障。

第二篇　300MW汽轮发电机的励磁系统

第一章　概　　述

第一节　励磁控制系统

发电机是将旋转形式的机械能量转换成三相交流电能量的设备。为了完成这一转换并满足系统运行的要求，除了需要原动机（汽轮机或水轮机）供给动能外，它本身还需要有可调的磁场，以适应运行工况的变化。产生这个可调磁场的励磁电流称为发电机的励磁电流，为发电机提供可调励磁电流的设备，构成发电机的励磁系统。

励磁系统一般由两个基本部分构成：第一部分是励磁功率单元（包括整流装置及其交流电源），它向发电机的励磁绕组提供直流励磁电流；第二部分是励磁调节器，它感受发电机电压及运行工况的变化，自动地调节励磁功率单元输出的励磁电流的大小，以满足系统运行的要求。

励磁系统及其控制对象——发电机共同组成的闭环反馈控制系统称为励磁控制系统，其系统框图如图2-1-1所示。

一、励磁系统的任务

在发电机正常运行或事故情况下，励磁系统都起着十分重要的作用。性能优良的励磁系统不仅能保证发电机的安全运行，提供合格的电能，而且还能有效地提高发电机及其相联的电力系统的技术经济指标。根据系统运行方面的要求，励磁系统应承担下述任务：

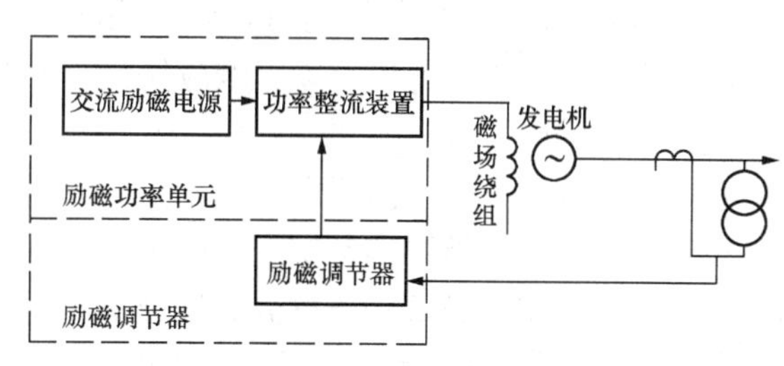

图2-1-1　励磁控制系统框图

（1）在正常运行条件下，供给发电机励磁电流，并根据发电机所带负荷的情况，相应地调整励磁电流，以维持发电机机端电压在给定水平上。

（2）使并列运行的各同步发电机组所带的无功功率得到稳定而合理地分配。

（3）增加并入电网运行的发电机的阻尼转矩，以提高电力系统动态稳定性及输电线路的有功功率传输能力。

（4）在电力系统发生短路故障造成发电机机端电压严重下降时，强行励磁，将励磁电压迅速增升到足够的顶值，以提高电力系统的暂态稳定性。

（5）在发电机突然解列、甩负荷时，强行减磁，将励磁电流迅速降到安全数值，以防止发电机电压过分升高。

（6）在发电机内部发生短路故障时，快速灭磁，将励磁电流迅速减到零值，以减小故障损坏程度。

（7）在不同运行工况下，根据要求对发电机实行过励磁限制和欠励磁限制等限制，以确保发电机组的安全稳定运行。

二、励磁系统的主要技术要求

为了很好地完成上述任务，励磁系统应满足以下基本要求：

（1）有足够的强励顶值电压。强励顶值电压是励磁系统在强励时可能提供的最高励磁电压 $U_{f(max)}$，它与额定工况下的励磁电压 $U_{f(N)}$ 之比，称为励磁系统强励电压倍数 K_u，其值一般取 2，特殊情况可高于或略低于 2，但不宜低于 1.8。励磁系统允许强励时间应与发电机转子过负荷能力相适应。

（2）具有足够的励磁电压上升速度。理论分析及运行实践表明：仅有较高的强励倍数而无快速响应性能的励磁系统，对改善电力系统暂态稳定的效果并不明显，要提高电力系统的暂态稳定性，励磁系统必须同时具有较高的强励倍数和足够的励磁电压上升速度。通常，评价励磁电压上升速度的两项指标是电压响应比和电压响应时间。

电压响应比定义为：在强励作用的头 0.5s 内，根据等面积原则确定并用标幺值表示的励磁电压平均增长率。对一般励磁系统，其值为 2.0 左右，该指标适用于有励磁机的励磁系统。对于由晶闸管直接供发电机转子励磁的励磁系统，由于其强励快速，显然，用电压响应比来衡量其电压上升速度是不合适的。

电压响应时间定义为：在强励作用下，励磁电压由额定值向顶值电压增长，当励磁电压升至顶值电压与额定电压之差的 95%所花费的时间。该时间小于或等于 0.1s 的励磁系统称为高起始励磁系统。

（3）有足够的调节容量。为了适应各种运行工况的要求，励磁系统应保证励磁电流在 1.1 倍额定励磁电流时能长期运行，以及保证强励允许持续时间不小于（10～20）s。

（4）应运行稳定、工作可靠、响应快速、调节平滑，并具有足够的电压调节精度。

三、主要励磁方式

发电机的励磁方式按励磁电源的不同分为三种方式：一是直流励磁机励磁方式，多用于中、小型汽轮发电机组；二是交流励磁机励磁方式，其中按功率整流器是静止还是旋转的不同，又可分为交流励磁机静止整流器励磁方式（有刷）和交流励磁机旋转整流器励磁方式（无刷）两种；三是静止励磁方式，其中最具代表性的是自并励励磁方式。后两种励磁方式多用于大型（容量在 100MW 及以上）汽轮发电机组。

1. 直流励磁机励磁方式

汽轮发电机传统的励磁方式是采用同轴的直流发电机作为励磁机，通过励磁调节器改变直流励磁机的励磁，来改变供给发电机转子的励磁电压，从而调节转子的励磁电流，达到调节发电机电压和无功的目的。

直流励磁机励磁方式的主要问题如下：

（1）直流励磁机受换向器所限，其制造容量不可能大。

（2）整流子、炭刷及滑环磨损，污染环境，降低绝缘水平，运行维护麻烦。

（3）励磁调节速度慢，可靠性低。

早期的中、小型汽轮发电机容量较小，所需的励磁容量也较小，因此采用直流励磁机励磁方式。随着汽轮发电机单机容量的增大，励磁功率显著增长，传统的直流励磁机励磁方式已无法适应大容量汽轮发电机组的需要。伴随着大功率电力电子器件和装置的问世，适应大型汽轮发电机组的交流励磁机励磁方式和静止励磁方式得到了迅速发展。

2. 交流励磁机静止整流器励磁方式（三机励磁方式）

交流励磁机静止整流器励磁方式通常称为三机励磁方式。这是因为发电机、主励磁机和副励磁机三机同轴旋转，整流装置和励磁调节器是静止的，励磁机采用交流发电机不需换向器，因而励磁容量不会受到限制。这种励磁系统，因有灭磁回路，故灭磁时间较短，但是由于旋转部件较多，励磁系统发生故障的几率也较高，加之轴系长，轴承座较多，易引起机组振动超标。前苏联的汽轮发电机较多采用三机励磁方式，国产大型汽轮发电机目前大多数也是采用这种励磁方式。

3. 交流励磁机旋转整流器励磁方式（无刷励磁方式）

交流励磁机旋转整流器励磁方式通常称为无刷励磁方式。这种励磁方式也属于三机励磁的范畴，所不同的是旋转整流装置与发电机、主励磁机和副励磁机在同轴上旋转，因而取消了炭刷和滑环，避免了因炭粉和铜末引起的电机绕组的绝缘污染。除了三机励磁方式的共有问题外，无刷励磁方式的特殊问题是：一是励磁回路无灭磁装置，事故跳闸后发电机靠自然灭磁，灭磁时间相对较长；二是旋转整流装置难以直接测量和观察励磁电流和电压。

无刷励磁方式国外以美国西屋公司、日本三菱公司、德国西门子公司和法国阿尔斯通公司的产品居多。我国引进西屋技术生产的300MW和600MW汽轮发电机也是采用这种无刷励磁方式，并已得到成功应用。

4. 静止励磁方式

静止励磁方式中，最具代表性的当推自并励励磁方式。这种励磁方式，励磁电源取自发电机端，经静止的整流变压器及静止的可控整流装置供给发电机转子绕组励磁。由于励磁系统没有旋转部件，结构简单，因而可靠性提高。又由于缩短了轴系长度，减少了轴承座，因而提高了轴系稳定性。这种励磁方式的励磁响应快速，调压性能好。

近年来由于继电保护的完善和发展，动作速度加快（0.1s内切除短路故障），因此自并励励磁方式与继电保护的配合方面除发电机后备保护需改进外，已不影响继电保护的正确动作。由于短路时间短，短路后发电机端电压恢复较快，因此自并励励磁系统已与同样强励倍数（$K_u=2$）的交流励磁机励磁系统的暂态稳定水平相当。更由于电力系统稳定器（PSS）的广泛应用，自并励励磁系统配置PSS以后，其静稳定、动稳定水平均高于交流励磁机励磁系统。

静止励磁方式范畴中，还推出了一种电压源可控整流励磁方式（美国GE公司开发的Generrex—PPS，Potential Power Source），它与自并励励磁方式又有较大区别。它的励磁功率取自发电机内部，是由定子绕组槽内的三根附加“P”线棒提供，经励磁变压器和可控整流装置供给转子绕组励磁。励磁变压器与发电机外壳构成一体，与发电机共冷却系统。灭磁方式也与传统方式不同，是由“P”线棒中性点的真空开关起灭磁作用的。我国进口的（GE公司产）大型汽轮发电机就是采用这种新型的电压源可控整流静止励磁方式的。

本篇将以目前国产300MW汽轮发电机常用的三机励磁系统为主，介绍300MW汽轮发电机励磁系统的工作原理、运行特性，并对无刷励磁、自并励等主要励磁方式的特点加以分析。

第二节　交流励磁机静止整流器励磁系统

交流励磁机静止整流器励磁系统（三机励磁系统）的原理图如图 2-1-2 所示。发电机的励磁电流由同轴的交流励磁机经静止整流装置供给，交流励磁机的励磁电流通常由同轴的中频副励磁机经可控整流装置供给。随着主机运行参量的变化，励磁调节器自动地改变交流励磁机励磁回路中可控整流装置的控制角，以改变交流励磁机的磁场电流，这样就改变了交流励磁机的输出电压，从而调节了主机的励磁。

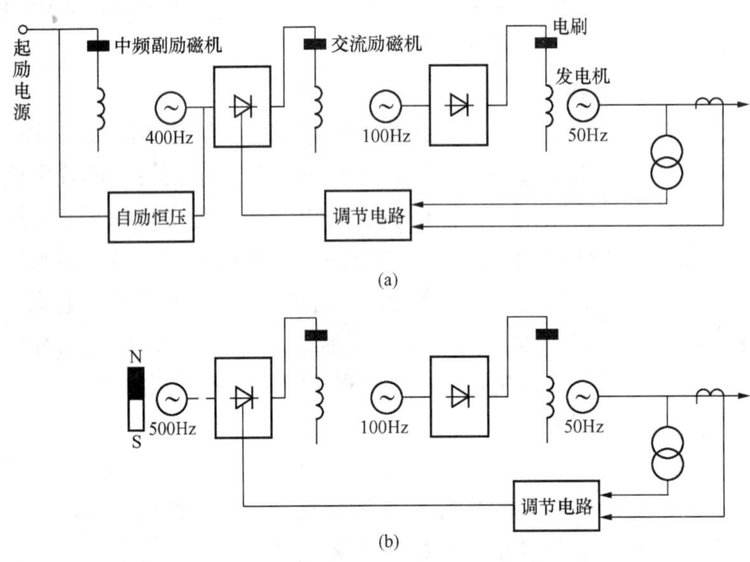

图 2-1-2　交流励磁机静止整流器励磁系统原理图

（a）采用自励恒压中频副励磁机；（b）采用永磁式中频副励磁机

为了加快励磁系统的响应，除交流励磁机采用特殊结构外，通常将交流励磁机的频率设计得高些，以减少其励磁绕组的电感及时间常数，减小调节的时滞。交流励磁机的频率一般采用 100Hz。交流副励磁机多采用中频同步发电机，其频率一般为 400～500Hz。交流副励磁机本身的励磁通常有两种方式：一种是感应式交流副励磁机，采用晶闸管自励恒压方式，如图 2-1-2（a）所示，先由外部电源起励，建压后转为自励，并靠励磁调节器保持其端电压恒定；另一种是采用永磁式同步发电机作为副励磁机，如图 2-1-2（b）所示，这样，既简化了结构，又提高了副励磁机运行的可靠性。目前大型汽轮发电机励磁系统多采用永磁式中频副励磁机。

整流柜采用三相桥式二极管整流电路，通常由两个或两个以上整流柜并联运行，并留有备用，因此整流装置的运行是可靠的。主发电机励磁的可靠性主要取决于交流励磁机磁场供电的可靠性，通常设有多条供电电路：由副励磁机经三相半控桥整流供电以保证正常运行的自动调节励磁电路；由副励磁机经感应调压器和整流桥供电的手动调节励磁电路，当励磁调节器或晶闸管发生故障时，可由自动调节电路切换到手动调节电路；还有由厂用电经感应调压器和整流桥供电，作为备用励磁或由发电机端经增设的复励装置，供给交流励磁机励磁，以提高交流励磁机磁场供电的可靠性，进而提高励磁系统的可靠性。

交流励磁机静止整流器励磁方式的励磁能源取自主轴功率，不受电力系统扰动的影响，工作稳定可靠，并且高速大容量的交流励磁机容易制造，大容量的静止整流器代替了转动的换向整流，解决了整流子和炭刷的运行维护问题。因此，三机励磁方式目前在国产300MW大容量汽轮发电机组上采用较为广泛。本篇将以介绍这种励磁方式为主。

值得指出的是，三机励磁系统存在以下主要问题：

（1）旋转部件多，出故障的几率较高。据统计，国产大型汽轮发电机励磁系统事故中，旋转部件事故占励磁系统事故的28.29%。国外的统计表明，在交流励磁机系统中，励磁系统的故障大部分是旋转部分产生的，其强迫停机小时中80%是由这部分造成的，而且事故后的平均修复时间较长，检修维护工作量大。

（2）由于机组轴系长，轴承座多，使轴振和瓦振值较高甚至超标，对轴系稳定和机组的安全运行不利。

第三节　交流励磁机旋转整流器励磁系统

交流励磁机旋转整流器励磁系统的工作原理和运行性能与交流励磁机静止整流器励磁系统相似，只不过励磁主回路的整流二极管是与交流励磁机电枢和主机转子同轴旋转的，励磁电流不需经炭刷及滑环引入主发电机的转子绕组。因此，这种励磁系统又称为无刷励磁系统（或旋转半导体励磁系统）。无刷励磁系统按旋转整流器类型分为旋转二极管型和旋转晶闸管型，其系统原理图如图2-1-3所示。目前实际上采用的均是旋转二极管型，旋转晶闸管型由于晶闸管旋转中收发触发脉冲及检测等技术问题处于研究试验阶段，目前虽有个别在小型电站机组运行的系统，但尚未在大型机组运行。

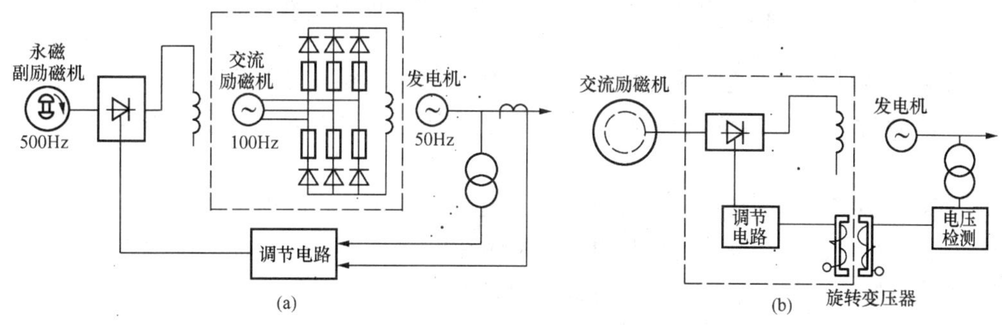

图2-1-3　无刷励磁机系统原理图

（a）旋转二极管励磁系统；（b）旋转晶闸管励磁系统

在无刷旋转二极管励磁系统中，主励磁机一般采用100Hz电枢旋转式交流发电机，交流励磁机的输出经二极管整流桥整流后直接送入主机转子绕组。旋转二极管组成三相桥式整流电路，一般分成两组，分别安装在两组同轴旋转的与轴绝缘的金属圆盘（散热盘）上。一组为阴极型二极管，阴极固定在同一个散热盘上，称共阴极组；另一组用阳极型二极管，其阳极固定在另一个散热盘上，称共阳极组。每臂的二极管可以串联或并联。二极管的并联个数，应根据额定励磁电流，加上20%的裕度，还要考虑15%左右的电流不平衡来选择，以保证当一个并联支路的快速熔断器熔断后，其余支路仍能维持发电机额定出力运行。此外，对于短时的强励电流以及发电机突然短路产生的过电流，也应加以考虑。二极管的串联个数，应根据恶劣条件下产生的反向电压的数值来选择。目前，二极管的额定反向电压和额定正向电流的制造水平都已很高，一般情况下，每分支仅用一个二极管，每臂二极管的并联数也大为减少，因而容纳整流器的轮架尺寸只比原来容纳滑环和电刷的地方略大一些。

由于无刷励磁方式整流元件和熔断器均装在旋转圆盘周围，因此必须考虑圆盘承受强大离心力的机械强度，连接在整流元件上用于抑制保护的并联电阻、电容等元件，也要采用耐离心力的材料，并用环氧树脂固定。为了简单可靠，往往取消了与二极管并联的阻容抑制保护回路，而选用反向峰值电压高的二极管。为了简化过电压保护，一般仅在整流器直流侧装设一个并联电阻。

无刷励磁方式取消了滑环和电刷后带来了两方面新的问题：一是无法用常规的方法直接测量转子电流、转子温度，监视转子回路对地绝缘，监视旋转整流桥上的熔断器等，而必须采用特殊的测量和监视手段；二是无法采用发电机磁场回路装设快速灭磁开关和放电电阻的传统灭磁方式，而只能在交流励磁机磁场回路装设灭磁开关，因此灭磁时间相对较长，300MW汽轮发电机组无刷励磁的灭磁时间长达20s。这些问题在技术上都得到了较好的解决。

由于无刷旋转二极管励磁系统具有结构简单、便于维护、可靠性高的特点，对于大容量的汽轮发电机组是适于采用的。目前，国外采用无刷励磁系统的以美国西屋公司、日本三菱公司、德国西门子公司和法国阿尔斯通公司居多，并且已在1200MW的汽轮发电机组上采用了无刷励磁系统，我国引进了600MW汽轮发电机无刷励磁系统全套技术后，已在300MW及600MW大型汽轮发电机组上采用了无刷励磁系统。

第四节 自并励励磁系统

自励系统的共同特点是，励磁电源取自发电机自身，经励磁变压器（或励磁变流器）供给静止整流装置，整个励磁装置没有转动部分，因此又称为静止励磁系统或全静态励磁系统。

自励系统中接线最简单的一种励磁方式是自并励方式，其原理图如图2-1-4所示。只用一台接在机端的励磁变压器作为励磁电源，通过受励磁调节器控制的晶闸管整流装置，直接控制发电机的励磁，这种励磁方式又称简单自励方式。

大型汽轮发电机自并励励磁系统具有以下优点：

（1）运行可靠性高。自并励励磁系统为静态励磁，设备及接线简单，与交流励磁机励磁系统相比，没有旋转部件，减少了励磁系统故障，提高了运行可靠性。国外统计资料表明，自并励励磁系统的强迫停机率仅为交流励磁机励磁系统的1/3，平均修复时间仅为交流励磁机励磁系统的1/4。

（2）改善发电机轴系稳定性。自并励励磁系统可缩短发电机组的轴系长度，减少轴承座数量。300MW及以上容量的大型汽轮发电机组的轴系长度可减少大约3m，这样可提高轴系的稳定性，改善轴系振动，从而提高机组的安全运行水平。

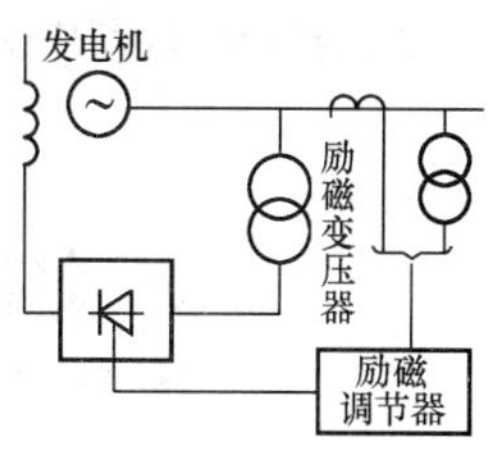

图 2-1-4 自并励励磁系统原理图

（3）提高电力系统稳定水平。自并励励磁系统响应速度快，可提高电力系统稳定水平。在小干扰稳定方面，自并励励磁系统配置电力系统稳定器（PSS）后，小干扰稳定水平（即静态稳定极限）较交流励磁机励磁系统有明显提高。在大干扰稳定方面，自并励励磁系统的暂态稳定水平与交流励磁机励磁系统相近或略有提高。

（4）经济性好，可降低投资。自并励励磁系统由于设备简单，降低了造价；又由于缩短了轴系长度，减少了厂房和基础造价；加上调整容易，维护简单，故障后修复时间较短，可提高发电效益。

对于自并励励磁系统，长期以来人们关心的主要问题是：在发电机近端发生三相短路，而切除时间又较长的情况下，不能及时提供足够的强行励磁；另外，接于地区网络的发电机，由于短路电流的衰减迅速，继电保护的配合较为复杂。随着快速继电保护的发展和完善，动作速度加快，因此自并励励磁系统与继电保护的配合方面，已不影响继电保护的正确动作。同时，由于短路时间短，短路后发电机端电压恢复较快，因此自并励励磁系统已与同样强励倍数的交流励磁机励磁系统的暂态稳定水平相当，更由于电力系统稳定器（PSS）的广泛应用，自并励励磁系统配置了 PSS 后，其静稳定、动稳定水平均高于交流励磁机励磁系统。

大型汽轮发电机采用自并励励磁系统在国外已成为发展趋势，在国内大型水轮发电机上，自并励励磁系统也已成为主要励磁方式，在 100～600MW 级汽轮发电机上也已积累了相当的运行经验。因此，在新建或改造工程中，汽轮发电机励磁系统选型时，应积极推荐采用自并励励磁系统。

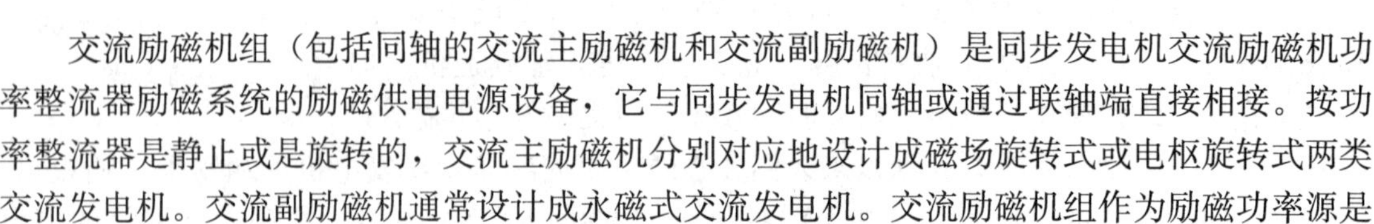

第二章 交流励磁机组

交流励磁机组（包括同轴的交流主励磁机和交流副励磁机）是同步发电机交流励磁机功率整流器励磁系统的励磁供电电源设备，它与同步发电机同轴或通过联轴端直接相接。按功率整流器是静止或是旋转的，交流主励磁机分别对应地设计成磁场旋转式或电枢旋转式两类交流发电机。交流副励磁机通常设计成永磁式交流发电机。交流励磁机组作为励磁功率源是独立专用的，不受外系统干扰，可靠性高。为了减小时间常数，提高励磁系统的快速响应能力，交流励磁机通常采用较高的工作频率和较低的短路比。

第一节 主励磁机

一、主励磁机的结构特点

主励磁机是一台小型三相隐极式同步发电机，除转子结构和极数有区别外，与主同步发电机基本相同，其结构特点是：

(1) 有较高的工作频率。对于同一额定容量的交流励磁机而言，提高其工作频率可减小其励磁绕组的电感，从而减小励磁绕组的时间常数，有利于加快励磁系统的响应速度。此外，较高的工作频率还有利于减小同步发电机励磁电流的纹波，缩小交流励磁机的尺寸。汽轮发电机三机励磁系统中的交流主励磁机的工作频率一般都选用100Hz或150Hz。无刷励磁系统中交流主励磁机的频率可达200～400Hz。

(2) 为了进一步减小交流励磁机励磁绕组的时间常数，转子铁心采用薄钢板迭片结构，以增大转子铁心涡流电阻，减小磁路内涡流阻尼作用和转子附加铁损。

(3) 在交流励磁机的转子槽内加装阻尼绕组，以减小电枢磁通势在励磁电流中感应的6次谐波，减小转子铁心表面的附加铁损，从而改善电动势、电流波形，降低转子槽楔上的局部高温；同时，加装阻尼绕组减小了换相电抗，因而减小了换相压降。但是，阻尼绕组在一定程度上加大了励磁绕组的时间常数。

(4) 为了减少交流励磁机定子线棒内频率较高的非正弦电流产生的附加铜损和集肤效应，定子线圈采用与汽轮发电机定子线圈一样的由多股扁导线换位编织的线棒。

(5) 为了提高交流励磁机定子绕组的工作可靠性，当汽轮发电机绕组过电压时，其绝缘不致破坏，交流励磁机定子绕组绝缘应与主机转子绕组绝缘等级相同，均采用B级绝缘。

(6) 为了提高电压突变时的电压增长速度，对影响交流励磁机饱和程度的电机参数——短路比选得较小，一般为0.4～0.5左右，减小短路比还可降低交流励磁机造价。

(7) 为了保证主机所需的2倍左右的强励倍数，交流励磁机气隙内的磁通密度不宜过高，一般为0.4T左右（T为磁感应强度B的单位），齿部磁通密度不应超过磁化曲线的饱和点，应运行在磁化曲线的直线部分。

二、磁场旋转式交流励磁机

磁场旋转式交流励磁机用于有刷型交流励磁机静止整流器励磁系统，其输出经静止二极管（或晶闸管）整流供主机转子绕组励磁。这类交流励磁机设计成磁场旋转式的100Hz三相交流同步发电机，适合于带整流负荷，并具有强励能力，采用独立的封闭式通风系统，冷却器按背包式结构方式放置。这里，以国产的JK-1434-4型交流励磁机为例，说明这类磁场旋转式交流励磁机的结构。

1. 定子结构

定子机座为钢板焊接结构，外端盖为铸铝结构，内端盖为钢板焊接结构，内外端盖均为左右分半，便于拆卸。

定子铁心为0.5mm H10硅钢冲片组成，铁心固定结构与一般交流电机相同，有径向通风道。定子绕组为篮式绕组，线圈股线为双玻璃丝包扁铜线，定子线圈直线部分经360°编织换位，以减少集肤效应产生的附加铜耗。定子绕组为B级绝缘，线圈采用云母带连续包扎，并浸漆处理。定子绕组为四路并联，星形接法，有六个出线头，出线端子位于副励磁机侧。

2. 转子结构

转子铁心为叠片式结构，由1mm 16Mn钢板冲片组成。叠片式结构可减少高次谐波磁场在转子表面的附加铁损，又可降低励磁机的时间常数。转子铁心有径向通风道，利用导向键工具将带有凸形键的转轴插入到热压好的转子铁心内，进行转子铁心热套，并用两片楔形键固紧。转子为四极式，转子绕组为B级绝缘。转子绕组由扁铜线绕制成，转子引线用多层软紫铜板叠装在一起，装入转子轴表面的引线槽内后，与集电环相接。集电环为套筒式结构。冷却风扇为焊接的离心式结构，装在转子的两侧。

3. 通风系统

交流励磁机一般采用离心式风扇封闭式通风系统，其通风系统图如图2-2-1所示。封闭式通风系统的优点是，冷却空气在封闭系统中重复利用，可防止外部灰尘和水分的侵入。为了检修及运行维护的方便及发电机集电环通风的要求，主励磁机的两个空气冷却器安装在机座顶部。转子两侧的风扇将冷却器中的冷空气吸入机内，吹入风道，用来冷却定子绕组、转子绕组、定子铁心和转子铁心及其他构件。从风道排出的热空气进入空气冷却器，由流过冷却器的循环水将热量带走，使空气冷却，冷风再次由风扇吸入风道。如此循环往复，便构成了封闭式通风系统。

三、电枢旋转式交流励磁机

电枢旋转式交流励磁机，用于无刷型交流励磁机旋转整流器励磁系统，其输出经旋转二极管（或晶闸管）整流直接供主机转子绕组励磁。这类交流励磁机设计成电枢旋转式的100Hz（或150Hz）三相交流同步发电机，适合于带整流负荷，并具有强励能力。这里，以进口的旋转电枢式交流励磁机为例，说明这类交流励磁机的结构。

1. 电枢铁心和绕组

电枢铁心热套在退火碳钢锻造的轴上，由低损耗电工用钢片叠层构成，每层叠片的两侧均由薄薄一层烤漆形成耐久的绝缘层。叠片由电枢齿的指压板夹在端板之间，一端用与轴一起加工的轴肩，另一端则用圆形双头螺栓将两块端板夹紧。

沿转子体每隔相同间距的径向通风导管是用隔板形成的。冷却空气从转子的一端沿轴上

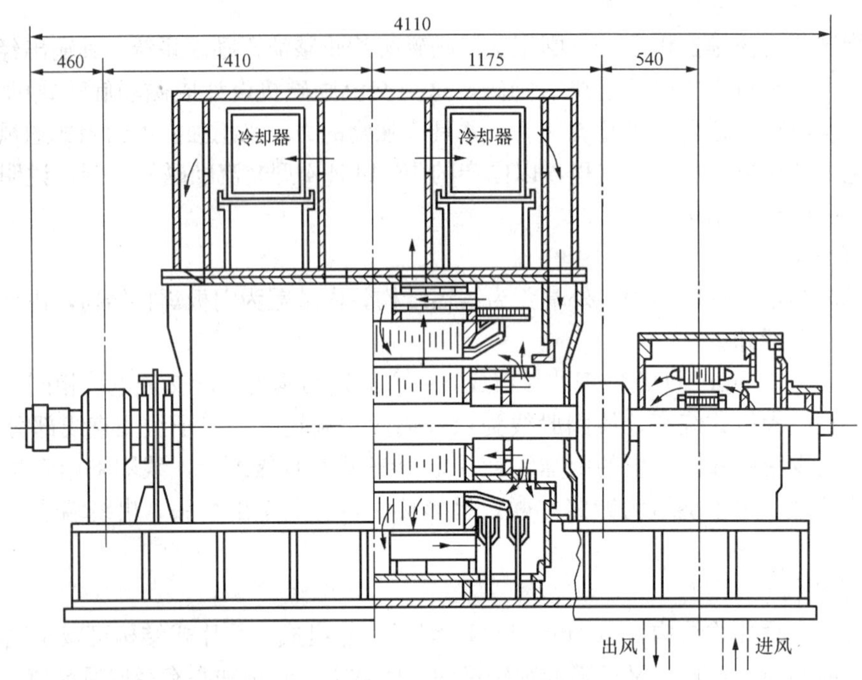

图 2-2-1 交流励磁机组总体布置及通风系统图

的槽轴向流动，通过径向通风导管流到磁轭上的极间空隙中。

电枢绕组是一个三相双层绕组，由安装在开口槽中的菱形线圈组成。线圈用环氧破璃纤维织物制成的槽楔夹固在适当的位置。每个槽都有两个线圈边，每个线圈边都有两个导体。线圈制成半节状，并在电枢绕组制成后将线圈与线圈用铜焊接在一起。为了使涡流引起的附加热损耗减到最小，采用了换位的线圈。

每个线圈的直线长度都比铁心的长度长，所以模压绝缘层伸到了铁心之外。每个线圈边的外伸部分用可折挠的玻璃衬云母带紧紧地绑扎。对电枢外伸部分固化密封，并加护玻璃纤维编织带，以便将线圈牢固地下拉到外伸部分的支架上，然后烘干转子，并用铜焊连接线圈，接着拆掉临时绑扎的带子，再缠上浸渍的高抗拉性的玻璃编织带，以便形成对端部绕组的支撑。然后再将电枢烘干，以固化绑扎带，最后浸漆。加工完后，应在一定转速下进行转子平衡，最后以高出正常转速 20％的速度运转 5min。在制造阶段，电枢绕组还须经受高压试验。

2. 轭和磁极

支撑磁极的磁轭由叠片组成，叠片装在预先加工好的由轴向连杆连起来的两块钢端板中。这种结构方式能确保刚性构架耐电枢短路，并具有优良的磁路特性。为了避免阻尼，在加工上采取了不使用焊接、螺钉和铆钉的特殊措施。

磁极为叠片，并用螺栓与磁轭固定。用有挠性的云母板绝缘磁极本体，再将磁场线圈直接绕在磁极上。

3. 通风系统

主、副励磁机有一个共用的空气通路，用装在旋转整流器盘两面上的风扇来冷却。风扇迫使冷却空气通过转子中的通风导管和定子中的极间间隙。保留在封闭式通风系统中的冷空气通过热交换器，再进入交流励磁机空气入口，从这里，空气通过副励磁机和主励磁机进入旋转整流器盘上的风扇，再返回到冷却器。为净化空气，在交流励磁机端盖上安装了一台空气过滤器。

第二节 副 励 磁 机

作为交流主励磁机励磁供电电源设备的副励磁机，除了要满足一般同步发电机的要求外，还要求做到：

(1) 输出电压波形接近正弦波，且具有较硬的输出外特性。

(2) 适宜带可控整流负荷，即要求其换相电抗小，以及由可控整流负荷引起的转子表面附加损耗小。

(3) 具有较高的工作频率，以提高励磁系统响应速度，缩小电机尺寸，以及改善主励磁机励磁电流波形。

一、感应式副励磁机和永磁式副励磁机

现代大型汽轮发电机励磁系统中的副励磁机，有两种基本类型，即感应式副励磁机和永磁式副励磁机，作为副励磁机使用时，其工作频率通常选用400～500Hz。

早期的副励磁机多采用感应式副励磁机。这类机组起动时，需要外界的起励电源，机组运行时，由可控的自励恒压装置维持恒压运行。由于感应式副励磁机带的是可控整流负荷，以及转子凸齿及横轴电枢反应的影响，致使电压波形畸变较大。又由于转子凸齿和气流的作用，电机噪声较大，还由于自励恒压装置的存在，增加了励磁控制系统不可靠因素。

为了提高励磁控制系统运行的可靠性，减少大型汽轮发电机突然失励磁运行给电力系统带来的危害，采用永磁式发电机作为副励磁机，可显著地提高汽轮发电机组运行的可靠性。因此，目前300MW汽轮发电机组的三机励磁系统大多采用永磁式副励磁机。

永磁式副励磁机为永磁式发电机。永磁式发电机与感应式发电机相比，主要优点在于：

(1) 采用永磁式转子，无需外界励磁，可省去励磁绕组、电刷和滑环，因而电机结构简单。永磁式转子永不失磁，且不受外部干扰，运行可靠性高。

(2) 无需起励及自励恒压装置，操作及控制设备简单，运行维护工作量小。

(3) 电动势波形好，发热小，噪声低，效率高。

二、永磁式发电机的结构特点

根据励磁系统要完成的任务，主励磁机对同轴副励磁机的要求是：电压波形接近正弦波，且输出外特性要硬，换相角要小等。这些要求相应地形成了永磁式发电机在结构上具有如下特点：

(1) 为了改善电动势波形、消除高次谐波，定子槽为斜槽，三相短距分数槽绕组安放在定子槽内。磁路一般处于不饱和状态，定子铁心用0.5mm低损耗的硅钢片叠成。

(2) 转子磁极用铝浇铸充填，使之成一整体，这些充填铝在磁极间形成一阻尼绕组，起着阻尼作用，可防止短路电流冲击对磁钢的退磁作用。另外，增大磁极的极弧系数（极弧长与极距之比）和缩短极间距，可减弱电枢反应的去磁、退磁作用，对提高永磁式发电机输出特性硬度有益。

(3) 永磁钢的转子一般为凸极式，转子磁极用螺栓固定在支架上，支架再用键固定在转

轴上。转子上每个磁极都是由若干个尺寸相同的永久磁钢轴向排列组成。各对磁极的极性沿圆周以N、S极间隔排列，凸极式永磁发电机转子磁极排列示意图如图2-2-2所示。为了使充好磁的转子容易插入定子腔内，应先用软铁将极间短路，装入定子后再将软铁取除。

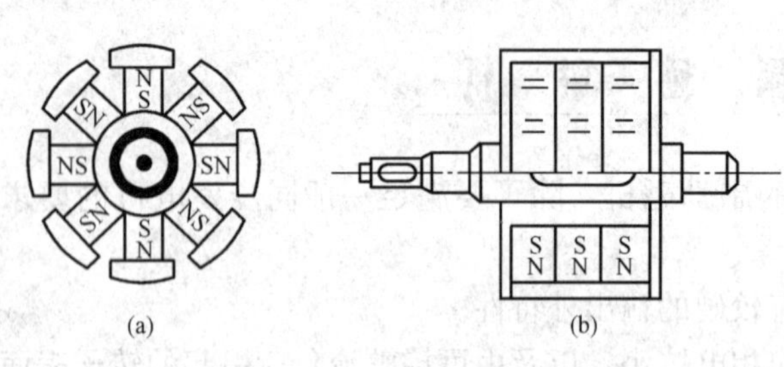

图2-2-2　凸极式永磁发电机转子

(a)磁极的轴向排列；(b)磁极沿圆周的排列

三、永磁式副励磁机的结构

这里，以TFY-80-400型永磁式副励磁机为例，说明这类励磁机的结构。该机系稀土钴永磁式400Hz三相交流同步发电机，具有较硬的外特性，转子为悬挂式结构，采用独立的防护式通风系统，并设有空气过滤器。

1. 定子结构

机座为钢板焊接结构，机座底脚开有导向槽。定子铁心为0.5mm H10硅钢片叠成。电枢为分数槽绕组，绕组由亚胺漆包圆铜线绕制而成，B级绝缘，星形接法六个引出线端子固定在出线盒内的接线板上。从主励磁机端看，出线盒位于机座右侧。

2. 转子结构

转子采用横向磁路，转子槽内放置稀土钴永磁体，转子本体为分段组装，沿轴向分为几段，每段为一个磁盘，每个磁盘单独进行装配，再利用专用工具将各磁盘热套在转子套筒上。其端部有非磁性压板，用压紧螺帽压紧，进行轴向固定，组成永磁式转子。

使用中应注意，禁止拆卸永磁式副励磁机转子的压紧螺帽及压板，以防磁钢受轴向排斥力飞出伤人和损害设备。若检修时拆永磁式副励磁机转子，应先拆下风扇，再将永磁式副励磁机转子整体拆下，并用转子保护工具罩好，以防转子表面吸附铁磁性物质，保持转子表面清洁。对于吸附在永磁式副励磁机转子表面的铁磁性物质，可用橡皮泥粘掉，并用丙酮洗去油渍。永磁式副励磁机转子磁场是强磁场，拆下后应装短路条，并应避免接近磁电式仪器仪表，以免仪器仪表受到磁化后影响测量准确度。

永磁式副励磁机的气隙非常小，最小气隙为3mm，且磁场很强。为了防止永磁式副励磁机定子和转子间的气隙不均匀而造成单边磁拉力，使定子和转子相擦（俗称“扫膛”）而损坏电机，要求机组停机和每次检修时，必须检查和调整永磁式副励磁机的气隙，特别是电机下部的气隙，并从电机中清除积聚在转子表面的尘屑。永磁机的气隙是靠其底板下面的垫片和轨道来调节的。

3. 通风系统

永磁式副励磁机采用独立防护式通风系统。冷风由装在转轴上的风扇吸入底架下的进风管，再吹入气隙和定子铁心背部。热风从另一端出来，经底架下面的排风管排出。在进风管入口处，装有空气过滤器，以净化进入永磁式副励磁机内部的空气。

第三节　备用励磁装置

为了提高励磁控制系统的运行可靠性，往往采用双重化措施，以保证励磁主回路和励磁调节回路工作可靠。在同轴三机励磁控制系统中，双重化措施包括有：

（1）永磁式副励磁机向主励磁机磁场供电的回路中，由两台可控整流柜并联运行，其中一柜故障，另一柜仍能保证发电机组正常励磁和强行励磁。

（2）主励磁机向发电机磁场供电的回路中，由两台整流柜并联工作，其中一柜故障，另一柜仍能保证发电机组正常励磁。

（3）励磁调节器中设有自动（AC）和手动（DC）两个独立工作的通道，正常运行时，AC调节器工作，DC调节器备用，一旦AC调节器故障，将自动切换到DC调节器工作。

（4）励磁主回路通常还设有备用励磁装置，作为可控整流柜及其控制器的后备。当可控整流主电路或自动励磁调节器故障时，自动切换到备用励磁装置工作，以提供发电机正常励磁，保证发电机组正常运行。

一、备用励磁装置的组成

备用励磁装置由感应调压器、隔离变压器、整流器和磁场开关等组成。备用励磁装置是靠改变感应调压器的输出电压来调节发电机励磁的。备用励磁装置的电源，取自永磁式副励磁机，经感应调压器、隔离变压器变压和隔离后，由整流桥整流成直流，当需要时合上磁场开关，即可向主励磁机磁场回路提供励磁。备用励磁装置可以作为可控整流装置的后备，以保证主励磁机正常励磁。

二、感应调压器

感应调压器是备用励磁装置的主要控制部件，备用励磁装置靠改变感应调压器的输出电压来调节主励磁机的励磁，从而达到调节发电机励磁的目的。

感应调压器的原理接线图如图2-2-3所示。感应调压器由定子绕组和转子绕组构成，两部分绕组有电的联系，转子绕组借助蜗轮蜗杆传动，由人工操作可在一定角度（一般限在0°～180°）内转动。为了连接和操作上的方便，通常将转子绕组作为原绕组接到电源上，而将定子绕组作为副绕组接到负荷上。当三相交流电压加到三相转子绕组上，就产生旋转磁场，这个磁场分别使转子绕组和定子绕组感应出电动势 $\dot{E}_1$ 和 $\dot{E}_2$。感应调压器的输出电压 $\dot{U}_2$ 就是这两个电动势的相量和，即

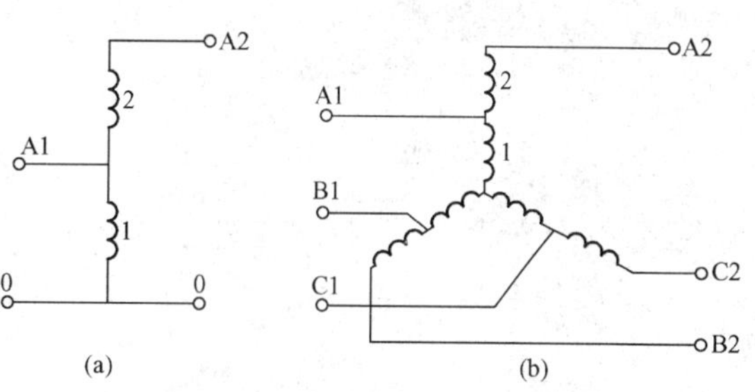

图2-2-3 感应调压器原理接线图
（a）单相；（b）三相
1—转子；2—定子

$$\dot{U}_2 = \dot{E}_1 + \dot{E}_2$$

感应电动势的大小与电源频率和绕组匝数成正比。对于已制造好的感应调压器来说，绕组匝数已定，电源频率也是一定的，因此感应电动势 $\dot{E}_1$ 和 $\dot{E}_2$ 的大小也就一定了。要改变输出电压 $\dot{U}_2$ 的大小，唯有改变感应电动势 $\dot{E}_1$ 与 $\dot{E}_2$ 之间的夹角。由于三相是对称的，只分析其中一相（如A相），即可看出感应调压器的调压原理。感应调压器的A相接线原理图及电动势相量图，如图2-2-4所示。

当转子A相和定子A相重合时，即 $\alpha=0°$ 时，$\dot{E}_1$ 与 $\dot{E}_2$ 同相位，感应调压器输出电压最

大，如图 2-2-4（a）所示。

当转子 A 相与定子 A 相相差 180°时，即 $\alpha=180°$时，$\dot{E}_1$ 与 $\dot{E}_2$ 反相，感应调压器输出电压最小，如图 2-2-4（b）所示。

当转子 A 相与定子 A 相相差任意角 α 时，如图 2-2-4（c）所示，感应调压器输出电压大小可由余弦定理确定，即

$$|U_2|=\sqrt{E_1^2+E_2^2+2E_1E_2\cos\alpha}$$

从上述分析可见，移动转子以改变转子与定子之间的夹角来改变 $\dot{E}_2$ 对 $\dot{U}_1$ 的相位角，从而使感应调压器的输出电压（$\dot{U}_2$）得到平滑调节。

感应调压器由于没有滑动触头，运行安全可靠，维护简便，并允许在负荷情况下及在相当宽的范围内平滑地调节输出电压。

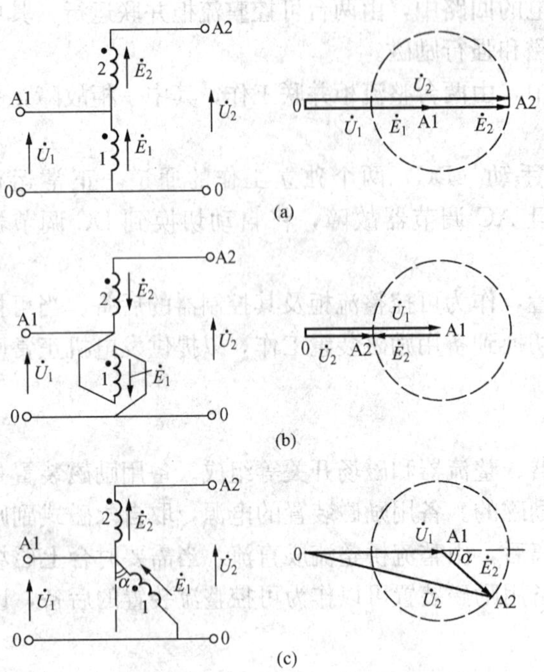

图 2-2-4 感应调压器的接线原理图及电动势相量图

(a) $\alpha=0°$；(b) $\alpha=180°$；(c) α 为任意角

第三章　整　流　装　置

同步发电机的励磁及主励磁机自身的励磁需要的通常是直流电流，在励磁控制系统中，进行交—直流转换的设备是整流装置。将交流励磁电源获得的交流电压变换为可调的直流电压，并供给发电机转子励磁绕组的励磁需要，这是同步发电机半导体励磁系统中整流装置的主要任务。就其安装位置，整流装置可以是静止的或旋转的；就其整流电路原理，整流装置可以是不可控整流的或可控整流的。

第一节　三相桥式不可控整流电路

利用半导体二极管的单向导电特性构成的三相桥式不可控整流电路如图 2-3-1 所示。整流电路由六只二极管 V1～V6 组成。其中 V1、V3、V5 的阴极连在一起，称为共阴极组；V4、V6、V2 的阳极连在一起，称为共阳极组。当输入三相交流电压时，在负荷 L 的两端将得到直流电压。

一、整流电路的工作原理

整流二极管具有单向导电特性，即当二极管阳极电位高于阴极电位时，二极管处于正向电压作用下而导通；如果二极管阳极电位低于阴极电位，则二极管处于反向电压作用下而截止。

在图 2-3-1 所示的电路中，如果忽略二极管正向导通的管压降，则阴极公共点 m 的电位等于最高输入电位，阳极公共点 n 的电位等于最低输入电位。换言之，在共阴极组中，只有阳极电位最高的那一相的二极管导通，其余两相的二极管因受反向电压而截止；在共阳极组中，只有阴极电位最低的那一相的二极管导通，其余两相的二极管因受反向电压而截止。

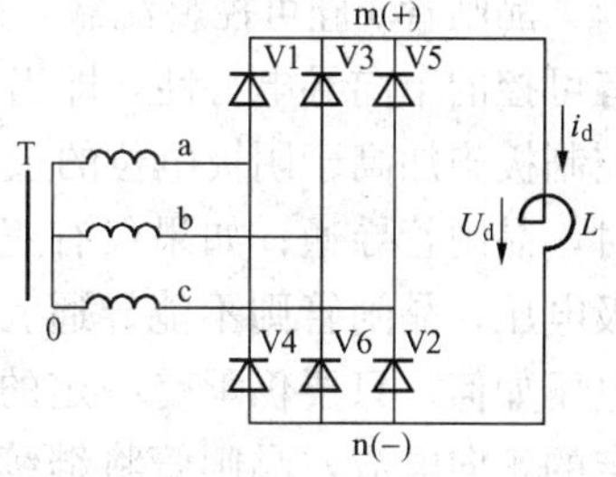

图 2-3-1　三相桥式整流电路

三相桥式整流电路的工作原理分析如下。当输入 a、b、c 三相交流电压时，如图 2-3-2（a）所示，在 $\omega t_0 \sim \omega t_1$ 时间间隔中，a 相电位最高，b 相电位最低，则共阴极组的 V1 和共阳极组的 V6 导通，即接在线电动势最高的 e_{ab} 上的两管（V1、V6）导通，其余二极管均受反向电压而截止。整流桥输出电压 $U_d = U_{mn} = e_a - e_b = e_{ab}$。在 $\omega t_1 \sim \omega t_2$ 时间间隔中，a 相电位最高，c 相电位最低。则 V1 和 V2 导通，$U_d = e_{ac}$，按输入线电动势的相序，依此类推。

由上面分析可知，三相整流电路当输入三相对称正弦电压时，其输出电压波形是对称的六相线电压波形的上包络线，如图 2-3-2（b）中粗线所示，它位于坐标系的上半平面。可见输出电压 U_d 是一个每周期内有六个均匀波头的直流电压。

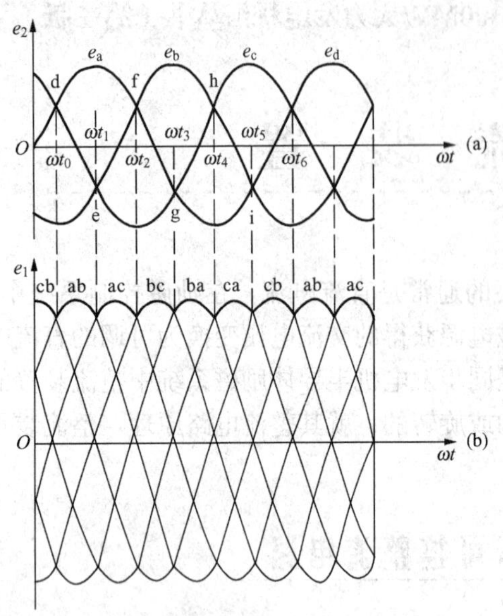

图 2-3-2　三相桥式整流电路的输入、输出电压波形

(a) 三相正弦输入电压；(b) 直流输出电压

三相桥式整流电路工作时，在任何时刻总有一对整流元件导通，其中共阴极组和共阳极组各有一个整流元件。共阴极组中总是与交流相电动势瞬时值最高的一相相连的二极管导通，共阳极组则总是与交流相电动势瞬时值最低的一相相连的二极管导通。这样每隔 1/6 周期，桥路中的整流元件就换流一次。图 2-3-2（a）中各相正弦波电动势的交点 d、e、f、x、h、i 称为自然换流点（或自然换相点）。每一自然换流点表示某一相的整流元件由导通变为截止、另一相的整流元件由截止变为导通的交界点（假设换流是瞬间完成的）。每周期换流六次，故有六个自然换流点。每个整流元件在一个周期内的导电时间是 1/3 周期（120°）。

二、整流电路的数值关系

（1）直流输出电压的平均值 U_d

$$U_d = \frac{6}{2\pi}\int_{-\pi/6}^{\pi/6}\sqrt{2}E_1\cos\omega t\,d\omega t = 1.35E_1 \tag{2-3-1}$$

式中　E_1——整流桥交流侧线电动势有效值。

（2）二极管承受的反向重复峰值电压值 U_{RRM}

$$U_{RRM} = \sqrt{2}E_1 \tag{2-3-2}$$

第二节　三相桥式全控整流电路

晶闸管（硅可控整流器）是一种可控的整流元件（通常习惯简称为可控硅）。晶闸管具有可控的单向导电特性，即当晶闸管阳极电位高于阴极电位，承受正向阳极电压，同时又在控制极施加高于阴极电位的正向控制极电压（即触发脉冲）时，晶闸管导通；如果仅有正向阳极电压，而无正向控制极电压，晶闸管则不能导通。晶闸管导通后，无论控制极电压如何，只要仍承受一定的正向阳极电压作用和流过一定的正向电流，晶闸管将继续维持导通；当一旦受反向阳极电压作用，则不论控制极电压如何，晶闸管都将处于关断状态。

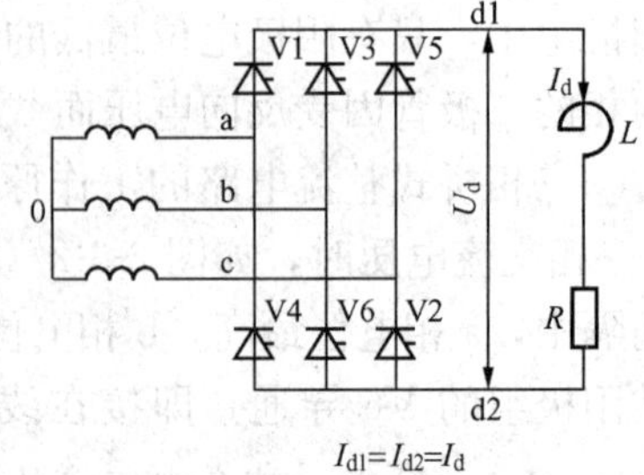

图 2-3-3　三相桥式全控整流电路

利用晶闸管可控的单向导电特性构成的三相桥式全控整流电路如图 2-3-3 所示。三相全控桥式整流电路由六只晶闸管 V1～V6 组成，与三相不可控桥式整流电路比较，两者具有相似的结构，不同的只是采用了可控整流元件。不可控整流电路输出直流平均电压 U_d 与其交流输入电压 E_1 有着固定不变的数值关系，而三相全控整流电路，则能在同一交流输入电压作用下，通过改变施加正向控制极电压的时刻来改变输出直流平均电压的大小和方

向，起到可控直流电源的作用。

一、三相桥式全控整流电路的工作原理

图 2-3-4（a）是三相桥式全控整流电路交流侧输入的三相正弦电压波形。图中各相正弦波电压的交点 d、e、f、g、h、i 称为自然换流点（或自然换相点）。在这些点上，最高电位相或最低电位相进行更替。如果在这些点上又具备正向控制极电压，则晶闸管将如同二极管一样，在这些点上自动地由截止变为导通，或由导通变为截止。正向控制极电压的施加时刻滞后于自然换流点的电角度称为控制角，用 α 表示。改变控制角 α，即可改变整流桥输出直流平均电压 U_d 的大小和方向。

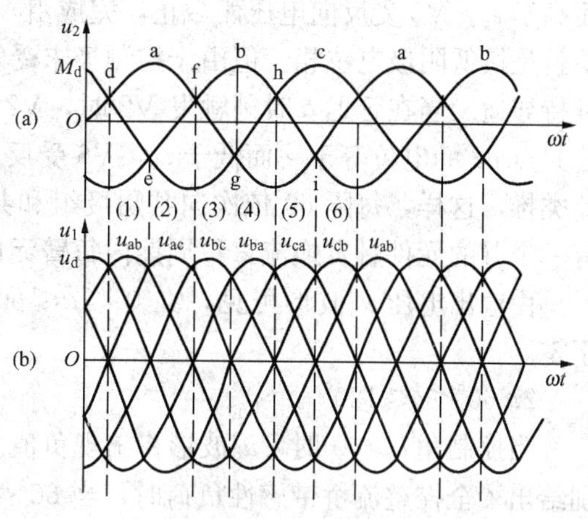

图 2-3-4　三相桥式全控整流电路的电压波形

（a）输入电压；（b）输出电压（$\alpha=0°$）

为了便于分析和理解，对控制角 α 在不同范围时的全控桥工作情况分述如下。

1. $0°\leqslant\alpha\leqslant60°$

如图 2-3-4（a）所示时间段（1）中，a 相电动势最高，b 相电动势最低，Vl 和 V6 承受正向阳极电压，此时如果给 V1 和 V6 施以正向控制极电压（即触发脉冲），则 V1 和 V6 导通，电流从 a 相经 V1、负荷和 V6 回到 b 相；在时间段（2）中，a 相电动势最高，c 相电动势最低，如果给 V1 和 V2 触发脉冲，则 V1 和 V2 导通，…，按时间序列，依此类推。图 2-3-4（b）、图 2-3-5、图 2-3-6 分别给出了 $\alpha=0°$、$\alpha=30°$ 和 $\alpha=60°$ 时直流输出电压 U_d 的波形。

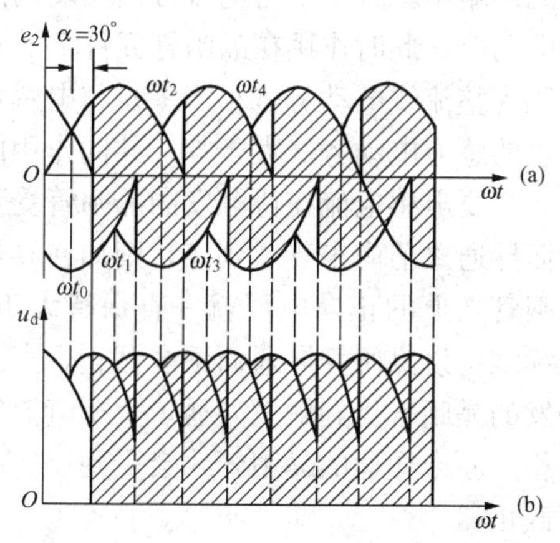

图 2-3-5　$\alpha=30°$ 时的电压波形

（a）相电压波形；（b）直流侧电压波形

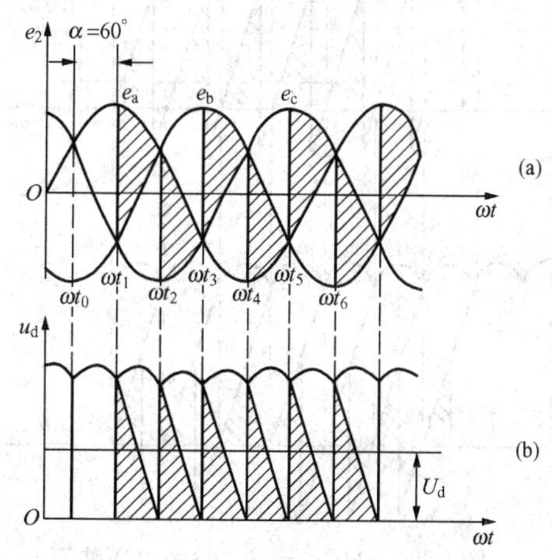

图 2-3-6　$\alpha=60°$ 时的电压波形

（a）相电压波形；（b）直流侧电压波形

可见，当 $\alpha=0°$ 时，U_d 的波形与不可控整流桥的直流输出电压波形相同。当 $0°<\alpha\leqslant60°$ 时，虽然 V1 从 d 点（亦即 $\alpha=0°$）开始，就已具备最高阳极电位，但由于还不具备正向控制极电压，所以不能导通，而继续由具备中间阳极电位的 V5 维持导通。当触发脉冲在延迟 α 时刻加给 V1 时，V1 因具备最高阳极电位而导通，与此同时阴极公共点 d1 的电位等于 e_a

而高于 e_c，V5 受反向电压而截止，完成由 V5 到 V1 的换流过程。同理，V2 虽然从 e 点开始就是最低阴极电位相，但由于控制极未受触发而不导通，继续由具备中间阴极电位的 V6 维持导通。当在延迟 α 时刻触发 V2 时，V2 因具备最低阴极电位而导通，与此同时，阳极公共点 d2 的电位等于 e_c 而低于 e_b，V6 受反向电压而截止，完成 V6 到 V2 的换流过程。依此类推，这样，每隔 60°依次向共阴极组和共阳极组的晶闸管施以触发脉冲。则每隔 60°就有一个臂的元件触发换流，每周期内每臂元件导电 120°。

由输出电压 u_d 波形可见，在 $0° \leqslant \alpha \leqslant 60°$ 的情况下，u_d 的瞬时值在每一瞬间都大于等于零。

2. $60° < \alpha \leqslant 120°$

当控制角 $\alpha > 60°$ 时，u_d 波形将出现负值。图 2-3-7（b）、图 2-3-7（c）和图 2-3-8（b）分别给出了全控整流桥带感性负荷时，当 $60° < \alpha < 90°$，$\alpha = 90°$ 和 $\alpha = 120°$ 的输出电压波形。

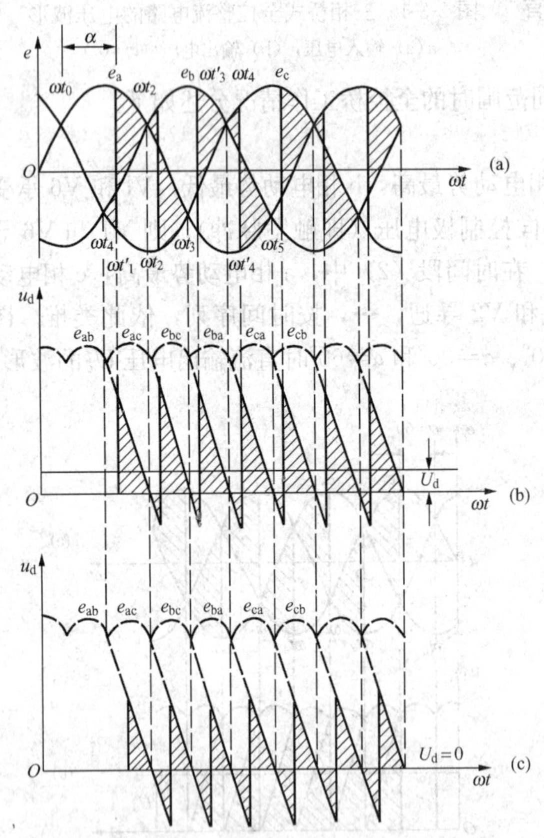

图 2-3-7　$60° < \alpha \leqslant 90°$时的电压波形

（a）相电压波形；（b）当 $60° < \alpha < 90°$时的输出电压波形

（c）$\alpha = 90°$时的输出电压波形

由图 2-3-7 和图 2-3-8 可见，u_d 瞬时值都出现了负值。这是由于当线电压为负时，晶闸管仍然维持导通所致。线电压为负时晶闸管仍能继续导通这一现象，是因为在感性负荷中，当负荷电流有减小趋势时，电感负荷 L 便产生正比于电流衰减率 $\frac{di_d}{dt}$ 的感应电动势 e_L，企图阻止负荷电流的减小，感应电动势的方向与负荷电流的方向一致；当线电压过零变负时，负荷电流开始有下降趋势，在电流回路中就有一个与电流方向相反的感生反电动势，此时作用在晶闸管元件上的正向电压为整流线电动势（小于零）与电感负荷产生的感应电动势（大于零）共同作用的结果。只要电感电流在待触发的晶闸管受到触发而导通之前尚未衰减到零，则加在导通的晶闸管之上的正向电压就一直保持大于零，继续维持该晶闸管导通而不会截止，直到待触发的晶闸管受到触发导通，负荷电流得以换相，原未导通的晶闸管才会受到反向电压而截止。

由此可以得出结论，u_d 的波形出现并维持负值，必须同时具备两个条件：①负荷必须是电感性的，如果是电阻性负荷，则晶闸管在线电动势为零时截止；②电感性负荷中必须储有足够的磁场能量，如果在待触发晶闸管受触发导通之前，电感性负荷中的磁场能量，亦即负荷电流已衰减到零，则原来导通的晶闸管将会自行关断，u_d 瞬时值回到零。

由于输出电压 u_d 出现负值，使其直流平均值 U_d 减小。随着控制角 α 的增大，正值部分的面积渐减，负值部分的面积渐增，u_d平均值愈来愈小；在电感足够大，且当$\alpha=90°$时，u_d波形正负部分面积相等，如图 2-3-7（c）所示，输出平均电压$U_d=0$。

三相全控桥式整流电路输出电压U_d的波形在一个周期内分为均匀的六段，故计算其平均电压U_d只需求交流线电压 $\sqrt{2}E_1\cos\omega t$ 从 $\left(-\frac{\pi}{6}+\alpha\right)$到$\left(+\frac{\pi}{6}+\alpha\right)$的平均值即可，即

$$
\begin{aligned}
U_d &= \frac{6}{2\pi}\int_{-\frac{\pi}{6}+\alpha}^{+\frac{\pi}{6}+\alpha}\sqrt{2}E_1\cos\omega t\,\mathrm{d}\omega t \\
&= 1.35E_1\cos\alpha
\end{aligned}
\tag{2-3-3}
$$

式中 E_1——交流输入线电压有效值；

α——控制角。

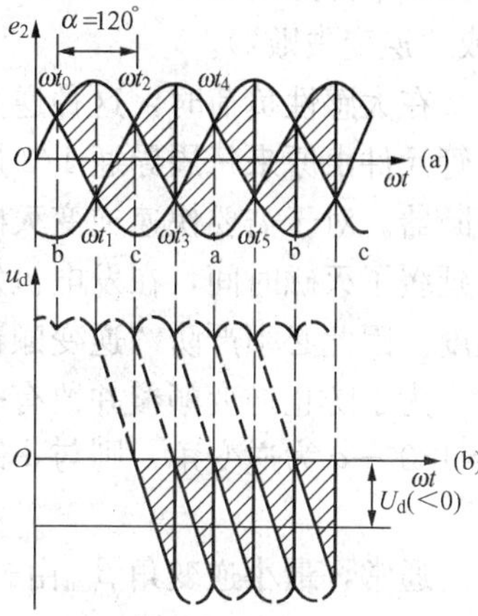

图 2-3-8 逆变工作状态（$\alpha=120°$）

（a）相电压波形；（b）逆变电压波形

在$\alpha<90°$时，输出平均电压$U_d>0$，三相全控桥工作在整流状态，将交流转变为直流，向负荷输送电功率；当$\alpha>90°$时，输出平均电压$U_d<0$，三相全控桥工作在逆变状态，将直流转变为交流，吸收负荷储能，回送给交流电源；$\alpha=90°$时，输出平均电压$U_d=0$。

3. $120°<\alpha\leqslant180°$

当$120°<\alpha\leqslant180°$时，如果前一晶闸管已因负荷电流衰减到零而截止，则$120°<\alpha\leqslant180°$时的触发脉冲无法使待触发的晶闸管导通，因为该晶闸管已承受反向电压（线电动势小于零，电感电动势等于零）；如果前一晶闸管仍在电感电动势作用下维持导通，则因同样的电感电动势使本晶闸管比本组（共阴极组或共阳极组）前一晶闸管承受更大的正向电压，因而可以触发导通。在大感性负荷情况下，给出$\alpha=150°$和$\alpha=180°$的u_d波形如图 2-3-9 所示。

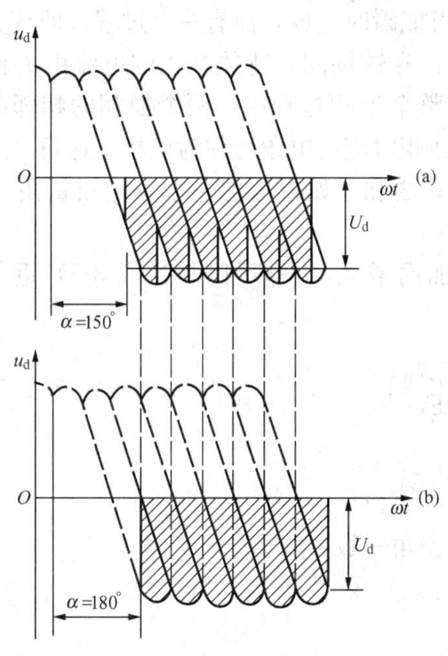

图 2-3-9 $\alpha=150°$及$\alpha=180°$时 u_d 的波形

（a）$\alpha=150°$；（b）$\alpha=180°$

二、逆变颠覆与最小逆变角 β_{min}

由于α角过于后移（接近于 180°）时，如果在触发时刻，本组前一晶闸管已截止，则待触发晶闸管已自前一晶闸管截止时开始承受反向电压，故不能触发导通；如果前一晶闸管仍然维持导通，则待触发晶闸管虽已开始承受正向电压，但仍不能触发导通。总之，当α接近于 180°时，触发脉冲已失去控制作用，使该导通者不能导通，该截止者不能截止（负荷电流未衰减到零时），导致换相失败。因为不能正常换相，则原导通者将一直导通，原截止者将一直截止。感性负荷将工作在放电—励磁（充电）—放电的交替过程中，负荷所承受的电压为正弦交流线电压，其平均直流电压$U_d=0$。直到负荷电流自行衰减到晶闸管元件的维持

电流以下，晶闸管才能关断，结束这种异常运行状态。这种异常状态称之为“逆变颠覆”（或“逆变失败”）。

在大感性负荷时，这种逆变颠覆往往持续较长时间，由于不能正常换相、正逢导通的晶闸管元件由原来每周导通 1/3 周期，变为全周期导电。因此，很容易烧坏晶闸管元件或快速熔断器。对于需要快速逆变灭磁的大型同步发电机而言，因 α 角过于后移，造成逆变颠覆，则延缓了灭磁时间，在发电机发生内部故障时，可能因延缓了灭磁时间而加重发电机的损坏程度。因此必须严防“逆变颠覆”的发生。

为了防止逆变颠覆并留有一定裕度，控制角 α 必须有一个上限值 $\alpha_{max}<180°$ 的限制。设 $\beta=180°-\alpha$ 为逆变角，则与 α 最大值 α_{max} 相对应，β 有一个最小值 β_{min}，称为最小逆变角，即

$$\beta_{min}=180°-\alpha_{max}$$

通常，最小逆变角 β_{min} 由式（2-3-4）决定

$$\beta_{min}\geqslant\delta+\gamma+\theta \tag{2-3-4}$$

式中：δ 为关断角，代表晶闸管关断时间所对应的电角度；γ 为换相重迭角；θ 为安全裕量角。

如果导通中的晶闸管元件承受反向电压的时间小于关断角 δ 所对应的时间，则晶闸管的正向阻断能力不能完全恢复，此时，如再加上正向电压，即使在没有触发的情况下，晶闸管也会重新导通而失去正向阻断能力。各种类型的晶闸管的关断时间差别较大，从几十微秒到几百微秒不等，快速晶闸管一般为 60μs，普通晶闸管为 300μs（约 5°）。

上述对换流过程的描述都是在忽略交流侧电抗即换相是瞬时完成的情况下进行的。实际上，交流侧各相都有电抗存在。因此晶闸管的换相不可能瞬时完成，而有一个过程，即从受到触发脉冲的瞬间开始换相到换相结束需要一定时间。在这期间，待关断相的电流由 I_d 渐减，直到零，新导通相的电流由零渐增，直到 I_d。在整个换相过程中，两个换相的相邻晶闸管是同时导通的，相当于两相短路状态，与换相期间相对应的电角度称为换相重迭角 γ。

最小逆变角 β_{min} 必须大于换相重迭角 γ 和关断角 δ 之和。如再考虑一个安全裕量角 θ，则最小逆变角 β_{min} 便有如式（2-3-4）的形式。

换相重迭角 γ 随直流平均电流和换相电抗的增加而增大，一般可用式（2-3-5）近似计算

$$\gamma=\arccos\left(1-\sqrt{6}\,\frac{I_dX_B}{E_1}\right) \tag{2-3-5}$$

式中：I_d 为平均负荷电流；X_B 为换相电抗。

换相重迭角 γ 一般在 15°～20°之间。

安全裕量角 θ 通常取 5°～10°左右。这样，最小逆变角一般可取 25°～30°。

三、对触发脉冲的要求

1. 触发脉冲的顺序

为保证三相全控桥中六只晶闸管均匀承担全部负荷电流，必须使它们具有相同的控制角 α。这就要求六个触发脉冲间隔要均匀，都是相距 60°，并且六个脉冲的触发顺序是 V1—V2—V3—V4—V5—V6。对应的相序是＋A—－C—＋B—－A—＋C—－B。

2. 要求双脉冲或宽脉冲

在三相全控桥中，负荷电流总是流经共阴极组的一个晶闸管和共阳极组中的一个晶闸管

构成电流通路。为了保证形成初始电流通路或在电流中断后再次形成电流通路，必须同时向这一对晶闸管元件施以触发脉冲。例如，触发 V1 时，必须同时向 V6 发辅助触发脉冲；触发 V2 时，必须同时对 V1 发辅助触发脉冲，依此类推。这样，才能使整流电路正常工作。每只晶闸管元件在一个周期时间内，接受两次触发脉冲，其间隔为 60°，即所谓“双脉冲触发”方式。脉冲宽度一般为（300～1000）μs，即约 5°～20°左右。

除了上述双脉冲触发方式外，还有一种宽脉冲触发方式，即用一个宽度为 80°左右的宽脉冲代替上述的两个相隔 60°、脉宽为 20°左右的双脉冲，从控制效果来说是完全一样的。这时序号相邻的两个晶闸管的触发脉冲有一段重迭时间，保证了三相全控桥中每一对晶闸管能同时导通形成电流通路。

3. 移相范围

根据应用场合的不同，所要求的移相范围也不同。对用于同步发电机励磁控制的全控桥来说，既需要在正常情况下作整流运行，为同步发电机提供励磁电流；还需要在发电机发生内部故障时，作逆变运行，迅速将励磁电流降到零，实现快速灭磁。所以，要求其移相范围在 0°～180°之间。考虑到可靠触发和避免“逆变颠覆”的发生，一般还设有最小 α 角限制和最大 α 角限制。典型的 α 角移相范围为 10°～150°。

第三节　整流元件的保护

整流元件（包括整流二极管和晶闸管）是半导体励磁装置中的重要功率器件。为了使它们能安全可靠地长期运行，除了提高整流元件的产品质量、正确选择整流元件的参数并留有足够的电压裕量和电流裕量之外，还必须在装置中适当地采取保护措施。因为整流元件承受过电压和过电流的能力以及晶闸管元件承受正向电压上升率和正向电流上升率的能力，都有一定的限度。如不采取适当的保护和抑制措施，在运行中就有可能使整流元件承受的电压、电流超出容许范围，使整流元件的工作失常，寿命缩短，甚至损坏。

为此，必须熟悉整流元件本身的标准定额，了解装置所在电路产生过电压、过电流以及引起电压上升率、电流上升率过高的原因和危害。对于保护器件，则必须熟悉其性能参数，并力求选用最简单有效的保护方式。

一、过电流保护

1. 过电流原因

整流元件发生过电流的主要原因是：

（1）直流侧短路。

（2）定子回路中的暂态冲击耦合到转子绕组中，引起转子绕组瞬时过电流。

（3）整流元件本身短路。当整流桥内部某一整流元件击穿短路，失去阻断能力，则交流电源可通过已短路的整流元件与同组其他完好的整流元件形成短路，造成完好的整流元件也流过短路电流，其路径如图 2-3-10 所示。

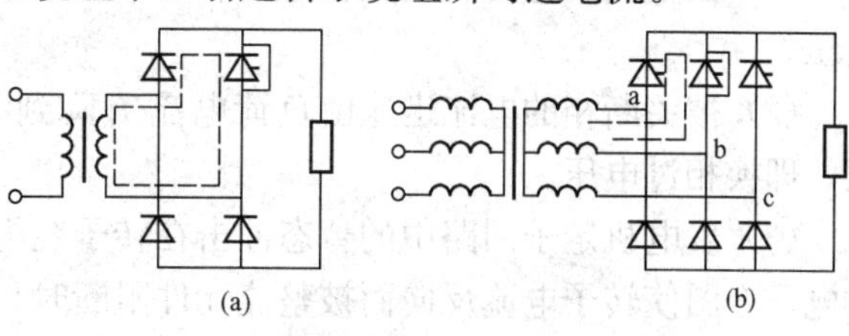

图 2-3-10　一只整流元件击穿短路时的短路电流路径

（a）单相桥式电路；（b）三相桥式电路

（4）晶闸管元件的控制脉冲失常。

如误触发、失脉冲、"逆变颠覆"和α角过小等。

2. 过电流保护措施

对于以上异常情况下的过电流，通常是采用过电流保护措施，及时切断故障电流，或者采用过电流限制措施，限制流过整流元件的电流，以避免整流元件因PN结的结温过高而遭到损坏。

在整流装置中，常用的过电流保护措施有：

(1) 装设快速熔断器。一般将快速熔断器与整流元件串联，能有选择地切断故障支路，而不影响完好支路的工作。快速熔断器的熔断时间一般在10ms之内。对于小型整流装置，快速熔断器可以接在交流侧或直流侧，如图2-3-11所示。

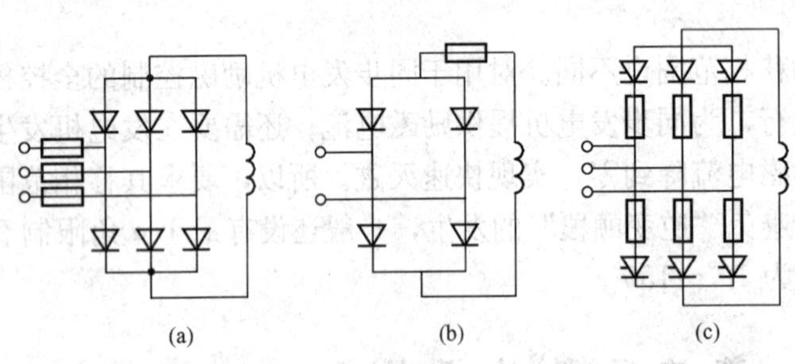

图2-3-11 快速熔断器在电路中的位置

(a) 在交流侧；(b) 在直流侧；(c) 与整流元件串接

快速熔断器具有结构简单、保护范围广的特点，因而它作为过电流保护器件得到了最广泛的应用。

(2) 对于大功率整流装置，当仅用快速熔断器不能与整流装置的过载特性全面配合时，可在直流输出侧或交流输入侧加装快速过电流继电器与快速熔断器配合使用，就可使整流装置在全范围内得到有效的保护。过电流继电器动作，延时跳开整流桥输入端的自动空气开关，其延时时间应小于所保护范围内的整流元件允许过载持续时间的最小值。

二、过电压保护

如果加在晶闸管元件上的瞬时反向电压超过其非重复反向峰值电压而达到反向击穿电压，则将造成晶闸管元件的反向击穿；如果所加瞬时正向电压超过其非重复峰值断态电压而达到其正向转折电压，则将造成晶闸管元件的误导通（失控），破坏可控整流电路的正常工作，也可能导致晶闸管元件的损坏。对于二极管整流元件同样也有反向击穿的问题。

在选用整流元件的电压参数时，一般应留有3倍以上的安全裕度。但实际电路中，可能出现的过电压峰值往往超过此安全裕度数倍，威胁着整流元件的安全，而整流元件承受过电压的能力又较低，因此必须采取必要的抑制过电压的措施。

(一) 过电压的来源

(1) 当整流装置的负荷突然被切除，则在交流回路的电感元件上因电流突变而产生过电压。

(2) 被关断相的电流迅速由负荷电流I_d降到零，在交流回路的电感元件上感应出高电压，即换相过电压。

(3) 发电机定子回路中的暂态冲击在转子绕组中感应出很高的过电压，当所产生的感应过电压企图使转子电流反向而被整流元件阻断时，将产生极高的过电压。

(二) 保护措施

对过电压保护措施的基本要求是：过电压时，吸收暂态能量的能力要大，限制过电压的能力要强，残压要小；正常时，对运行的影响要小，功耗低，简单可靠，寿命长。

常用的过电压保护措施主要有下述几种。

1. 阻容保护

利用电容器两端电压不能突变而能储存电能的基本特性，来吸收瞬时的浪涌能量和限制过电压，可以收到很好的保护效果。实用中，为避免电容与回路中的电感发生谐振，防止关断的晶闸管在再次导通时电容器向晶闸管放电造成正向电流瞬时上升率超过通态电流临界上升率，因而引起元件的损坏，通常在电容回路中串入适当的电阻，构成阻容吸收保护。

阻容保护可用于整流桥交流侧、直流侧及整流元件本身的过电压保护。阻容吸收电路如图 2-3-12 所示。

三相交流侧阻容保护通常采用三角形接法，以减小电容量，但耐压要求高。阻容电路星形接法时，其电容量是三角形接法的 3 倍，但耐压要求低，所需电阻值也小。

无论星形或三角形接法，由于电容 C 所储电能将在晶闸管触发导通时释放，从而增加了晶闸管开通时的正向电流上升率。除此之外，对于大容量的晶闸管装置，三相阻容保护体积比较庞大，这时可以采用如图 2-3-12（d）所示的三相整流式阻容保护，虽然多了一组三相整流桥，但是只用一个电容，并因只承受直流电压而可采用体积小、电容量大的电解电容，从而可以减小保护器件的体积。

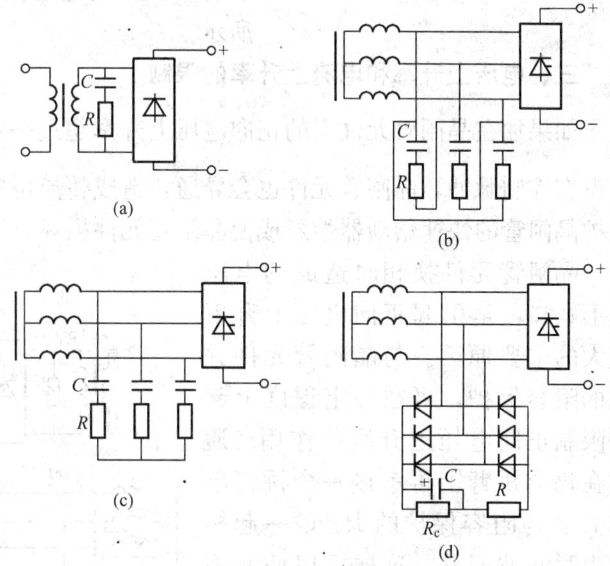

图 2-3-12　阻容吸收电路的几种接法

（a）接整流桥交流侧；（b）三角形接法；（c）星形接法；（d）三相整流式阻容保护

交流侧及直流侧阻容保护主要用来吸收来自交流电源侧和直流负荷侧的浪涌过电压。与整流元件并联的阻容保护主要用来吸收换相过电压。对于多个整流元件串联的电路，还起动态均压作用，以及配合桥臂电感起限制正向电压上升率的作用。因此，阻容保护得到了最广泛的应用。

2. 非线性电阻过压保护

利用非线性电阻具有接近于稳压二极管非线性伏安特性来限制浪涌电压，构成非线性电阻过电压保护具有结构简单、运行可靠的优点。

阻容吸收保护限制过电压的能力有限，当出现甚高电压时，仅靠阻容保护过电压可能仍然会突破允许值。因此，在采用阻容保护的同时，还应配置非线性电阻保护。

非线性电阻常用的有硒堆和压敏电阻。硒堆保护的优点是能吸收较大的浪涌能量，缺点是体积大、伏安特性不陡、维护工作量较大。

金属氧化物压敏电阻是一种新型过电压保护器件。它具有正、反向相同的很陡的伏安特

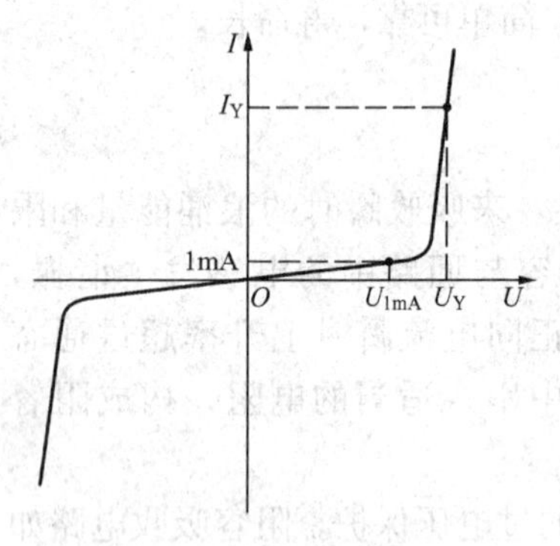

图 2-3-13　压敏电阻的伏安特性

性，如图 2-3-13 所示。正常工作时，漏电流很小（<1mA），故损耗小。遇到过电压时，可通过数千安培的放电电流，因此，抑制过电压的能力强。除此之外，它对浪涌电压的反应快，而本身的体积又小。因此，它是一种较好的过电压保护器件，可以用来取代硒堆保护。压敏电阻的主要缺点是：持续的平均功率太小（仅数瓦），如果正常的工作电压超过了它的额定电压 U_{1mA}，则压敏电阻会在很短的时间内烧坏。

压敏电阻可以用在交流侧和直流侧作过电压保护，亦可并在整流元件两端以吸收关断过电压，但不能抑制电压上升率。压敏电阻保护整流装置的几种接法，如图 2-3-14 所示。

三、电压上升率和电流上升率的限制

如果加在晶闸管元件上的正向电压上升率超过一定限度（断态电压临界上升率 $\frac{du}{dt}$），即使没有控制脉冲，晶闸管元件也会导通，造成整流桥失控。这种误导通往往引起过电流，使保护晶闸管的快速熔断器熔断或使晶闸管元件损坏。

晶闸管元件换相时造成的电压波形缺口，是引起正向电压上升率过大的主要原因。与晶闸管元件并联的阻容保护，可在一定程度上起到限制正向电压上升率的作用。通常在每个桥臂上再串接一个桥臂电抗 L_s，与阻容保护的 R、C 一起构成串联滤波回路，这样可以使晶闸管元件上的电压波形的缺口拉平，使正向电压上升率降到安全的数值。晶闸管串接桥臂电抗器的电路，如图 2-3-15 所示。

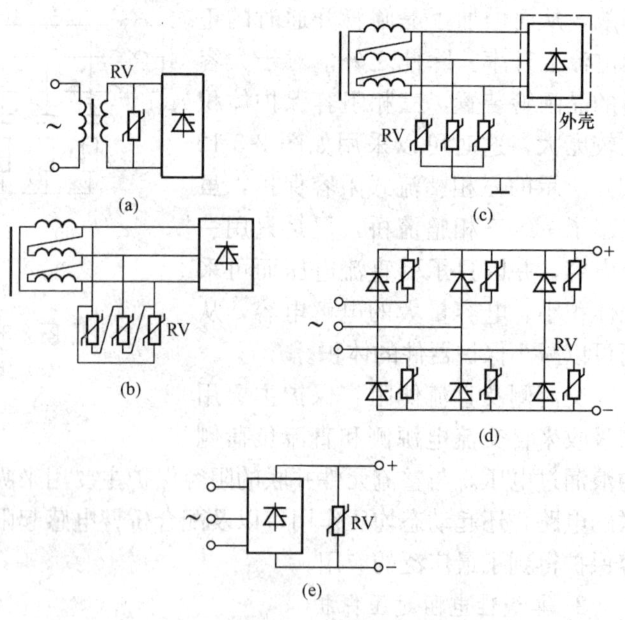

图 2-3-14　压敏电阻保护整流装置的几种接法

（a）接交流侧；（b）三角形接法；（c）星形接法；（d）并接在晶闸管两端；（e）接直流侧

晶闸管元件在导通初期，如果正向电流上升率过大，超过通态电流临界上升率 $\left(\frac{di}{dt}\right)$，则在控制极附近会强烈发热，造成晶闸管元件损坏。正向电流上升率过大的主要原因是各种阻容吸收保护的放电电流过大。限制正向电流上升率的方法是：对于与晶闸管元件直接并联的阻容保护，以牺牲过电压保护效果为代价，适当增加电阻值，以减小其放电电流；对于其他原因造成正向电流上升率过大，可以通过每个串接桥臂电抗上 L_s 的限流作用来抑制。如果交流侧和直流侧的阻容

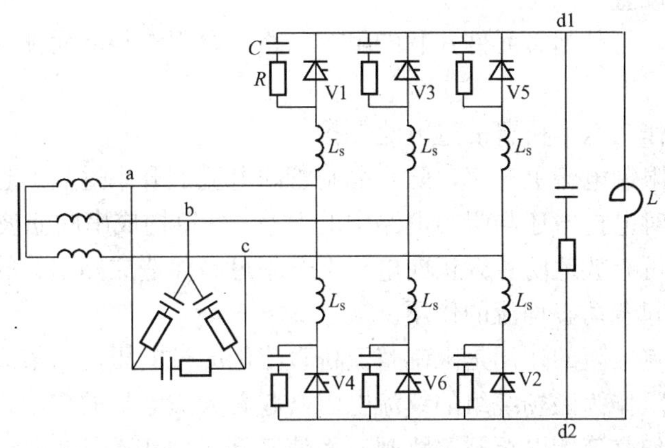

图 2-3-15 晶闸管串接桥臂电抗器电路图

保护都采用整流式的阻容保护装置，则可以大大地减小晶闸管元件所承受的正向电流上升率。

第四节 可控整流柜

在交流励磁机励磁系统中，可控整流柜（以下简称装置）的交流输入电源是同轴副励磁机，它的直流输出负荷是主励磁机的励磁绕组。正常时为两柜并联运行，但在一柜故障一柜单独运行时，仍应能满足强励要求。

装置通常采用三相全控桥式接线，为了提高其耐压能力，每个桥臂若为两只晶闸管串联，柜内则共装有 6×2=12 只晶闸管元件。

一、电压储备系数和电流储备系数

1. 电压储备系数

装置允许承受的最大正、反向峰值电压与装置额定运行时所承受的实际最大正、反向峰值电压之比定义为装置的电压储备系数。

例如，整流桥交流侧额定输入电压，即永磁式副励磁机额定输出电压为 186V。整流桥中使用的晶闸管元件型号为 KP500A/1000V，即额定电流（通态平均电流）为 500A，额定电压（正、反向重复峰值电压）为 1000V，则两只晶闸管串联后的电压储备系数为 $\frac{2\times1000}{\sqrt{2}\times186}\times0.8=6.08$。该电压储备系数远远大于常规要求的 3～5 倍电压储备系数。式中系数 0.8，为两元件串联的均压系数。

2. 电流储备系数

装置允许最大负荷电流与实际最大负荷电流之比定义为电流储备系数。

整流桥的直流负荷是交流主励磁机的励磁绕组。例如，额定励磁电流为 289A，设强励时的励磁电流倍数为 2.5 倍（大于同步发电机要求的 2 倍强励倍数），则单柜运行时的电流储备系数为 $\frac{500\times3}{2.5\times289}=2.07$。该电流储备系数也大于常规要求的 2 倍的电流储备系数。因此，单柜运行完全可以保证发电机强励的需要。

二、保护措施的设置

在可控整流柜中，与晶闸管元件并联的阻容电路主要用作整流元件的过压保护和作为串联元件的均压保护。

快速熔断器分别作为六个桥臂的过电流保护。

电抗器主要用作限制电流上升率，防止晶闸管因电流上升率过高引起控制极附近过热而造成元件的损坏；同时电抗器还与阻容电路中的 R、C 一道构成串联滤波电路，起限制正向电压上升率的作用，可有效地防止因正向电压上升率过高而造成晶闸管的误导通。在两柜并联运行时，电抗器还起着动态均流的作用。

直流侧并接的固定电阻的作用是限制整流桥直流侧的过电压。当整流桥交流侧电源开关跳闸灭磁时，固定电阻作为磁场绕组的续流电阻，起着灭磁电阻的作用；当因交流励磁机定子侧受暂态冲击（例如交流侧电源开关跳闸）而使其转子绕组产生一个反向电流突变量时，固定电阻可为其提供反向通路，避免因整流元件的反向阻断而产生危险的过电压。

三、可控整流柜的内部布置

为了提高装置的运行可靠性和便于检修，每一桥臂的两个串联晶闸管元件及其阻容保护元件、均压电阻和脉冲变压器等，均装在具有高机械强度和高绝缘强度的特制抽屉内，以防止晶闸管元件所承受的高电压对柜内其他电器元件的放电。特别是将脉冲变压器单元放置在晶闸管抽屉内，可以大大地减少脉冲变压器单元的事故发生。

可控整流柜的正面上方门上通常装有电流监视表计，分别用以监视整流桥交流侧各相电流（用换相开关切换，三相共用）、直流侧正端电流和负端电流；还装有信号指示灯，用以表示冷却风机的状态，红灯亮表示风机停转，绿灯亮表示风机运转正常。

打开前门后，可以看到由标准模件组成的熔断指示器插件和 6 红 6 绿共 12 只熔断指示灯，红灯亮表示熔丝熔断，绿灯亮表示熔断器正常。除此之外，还有冷却风机控制开关、交流电流表换相开关、风机启动用的磁力启动器和整流桥直流侧的负荷电阻。再打开内门，可以看到 6 组成排的晶闸管抽屉。

柜内下部通常装有交流刀闸、直流刀闸、电流分流器、均流空心电抗器和快速熔断器等。柜内上部装有冷却风机。

主回路的连接导线和一次端子装在柜体背面，打开后门便于维护检修。为了减少晶闸管受到的污染，在风道进口处，设有空气过滤网。为便于整流柜采用密封式通风，整流柜的门通常采用磁性密封式结构。风机风向为由柜底向柜顶抽风。

四、风机控制电路及熔断指示器

冷却风机的启、停控制可由安装在整流柜上的开关操作磁力启动器来完成，亦可通过开机（指启动汽轮发电机组）继电器的触点自动启动风机，还可在主控制室进行远方手动控制。

磁力启动器内部设有过流脱扣装置，当风机故障引起驱动电流大于 5A 时，过流脱扣装置动作，自动切断工作电源。

磁场开关合上，操作风机电源开关便可启动风机运转。亦可先合风机电源开关，然后由磁场开关的辅助触点自动控制风机的启停。

熔断指示器用于检测与晶闸管元件串联的快速熔断器是否熔断，并通过输出信号指示灯供运行人员巡视观察。

第四章　灭磁及转子过电压保护装置

第一节　同步发电机灭磁原理

一、灭磁与理想灭磁过程

同步发电机发生内部短路故障时，虽然继电保护装置能迅速地将发电机与系统断开，但如果不能同时将励磁电流快速降低到接近零值，则由磁场电流产生的感应电动势将继续维持故障电流，时间一长，将会使故障扩大，造成发电机绕组甚至铁心严重受损。因此，当发电机发生内部故障时，在继电保护动作快速切断主断路器的同时，还要求将发电机的励磁电流迅速地降低到接近零值，即快速灭磁。

最简单的灭磁方法是将磁场回路断开，则磁场电流瞬间到零，完成灭磁。但磁场绕组具有很大电感，突然断流会在其两端产生很高的感应过电压，可能将绝缘击穿。因此，在断开磁场电流的同时，还应将转子励磁绕组自动接入到放电电阻或其他消能装置上，使磁路中的储能迅速消耗掉。

理想的灭磁过程是：在保证转子过电压不超过容许值 U_m（其值通常为转子额定励磁电压的 4～5 倍）的前提下，灭磁过程时间越短越好。由于转子感应电压与转子电流的变化率成正比，因此，理想的灭磁过程也可以描述为，在整个灭磁过程中，转子电流的衰减率保持不变，且由衰减率而引起的转子感应电压等于 U_m。

用时间曲线表示的不同灭磁过程如图 2-4-1 所示。曲线 1 表示转子电流以不变的衰减率 $\left(\frac{di}{dt}\right)$ 从 I_0 直线衰减到零值，如果该衰减率为最大允许衰减率，则此曲线即理想灭磁曲线，它的灭磁时间最短。而曲线 2、3、4，则因其衰减率小于最大允许衰减率，且衰减率依次渐小，使灭磁过程延长。根据实际灭磁曲线 2、3、4 与理想灭磁曲线 1 的靠近程度，可以评价其灭磁方案的优劣。

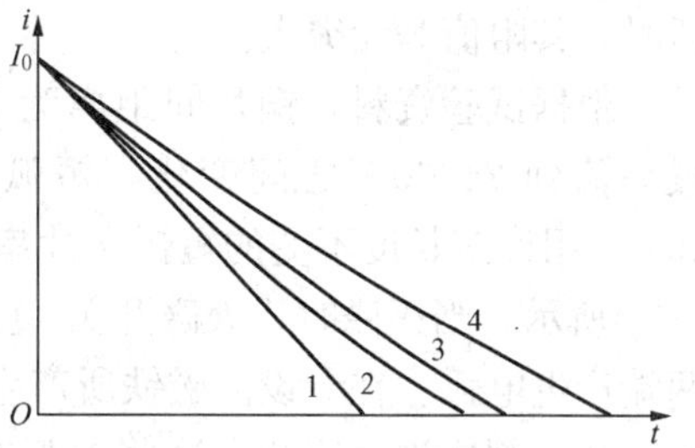

图 2-4-1　不同灭磁方案的灭磁曲线

二、常用灭磁方法及其特点

有多种灭磁方法在实际中使用，下面介绍几种常用的灭磁方法及其特点。

（一）恒值电阻放电灭磁

恒值电阻放电灭磁的典型电路如图 2-4-2 所示。灭磁时，灭磁开关 Q 动作，动断触点 Q-2 首先闭合，将放电电阻并接在发电机转子绕组两端，然后动合触点 Q-1 断开，将转子绕组与直流励磁电源切开。这时，转子电流将由放电电阻续流，不致产生危险的过电压。之后，转子电流在由转子绕组和放电电阻构成的回路中自行衰减到零，完成灭磁过程。

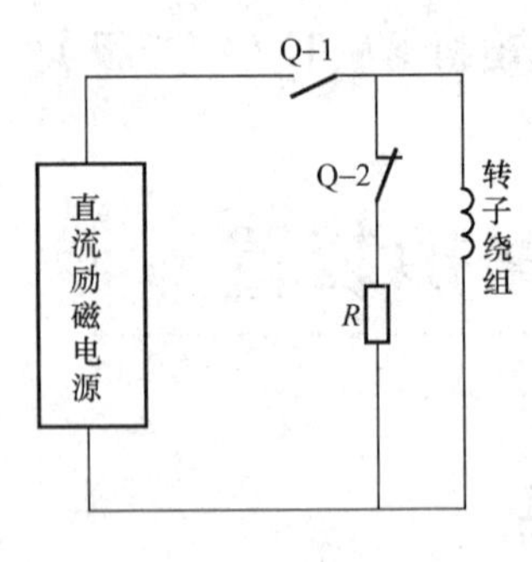

图 2-4-2　恒值电阻放电灭磁电路

这种恒值电阻放电灭磁方式的特点是：转子绕组两端电压等于转子电流与放电电阻的乘积。转子绕组两端的电压正比于转子电流衰减率，提高放电电阻值可以加速灭磁过程，但放电电阻值的提高，还应受到转子绕组电压不得超过转子电压容许值U_m的限制，即应保证在最大转子电流情况下灭磁时，转子电压小于或等于U_m。放电电阻值一般可据此原则来选定。随着灭磁过程的进行，转子电流不断衰减，使转子绕组两端电压（亦即放电电阻两端电压）随之降低，也就是转子电流衰减率随之降低。由于转子电流衰减率在灭磁过程中渐减，使该灭磁方案的灭磁过程时间较长。

（二）非线性电阻放电灭磁

用非线性电阻代替恒值电阻，可以加快灭磁过程。非线性电阻具有非线性伏安特性，它有如稳压二极管，当并接在转子绕组两端时，可以保证转子电压小于或等于转子电压容许值U_m，且允许转子电流在很大范围内变动。换言之，当转子电流大时，其阻值小；当转子电流小时，其阻值又变大，使电流电阻两者乘积变化不大，并始终接近U_m，以此保证转子电流的衰减率始终接近理想值。这种非线性电阻放电灭磁方式的优点是，灭磁速度快，接近于理想灭磁曲线。

由于非线性电阻在额定励磁电压和强励电压下，其阻值很大，流过电阻的漏电流很小，因此可以直接并接于转子绕组两端，既作为灭磁电阻又作为过电压保护器件，而不必像恒值电阻灭磁方式那样，为了减小正常运行时的功耗，只有当灭磁开关Q动作时才投入。非线性电阻灭磁方式简化了接线和控制回路。非线性电阻放电灭磁电路如图 2-4-3 所示。

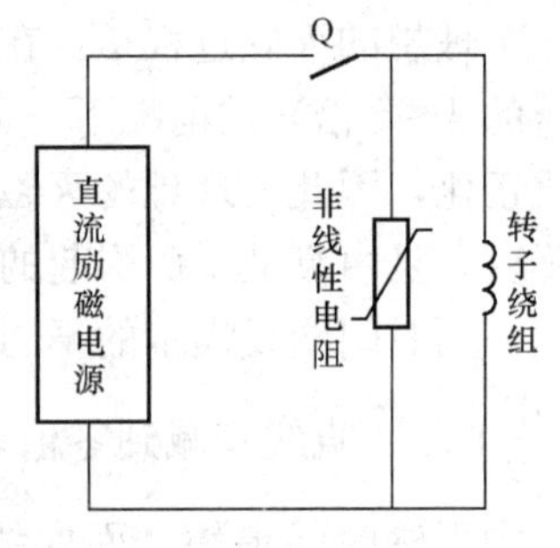

图 2-4-3　非线性电阻放电灭磁电路

（三）灭弧栅灭磁

灭弧栅中的电弧电阻实质上也是一种非线性电阻。当燃弧时，其两端电压与电流大小无关，基本维持一定值不变。当熄弧时，其阻值为无穷大。

根据试验资料，铜片间距离为 2～3mm 的短弧中，电流从很小值到 24000A 之间变化，短弧上的电压始终保持为 25～30V。用许多长度不变的短弧铜片串联起来，就构成了灭弧栅。灭弧栅灭磁原理电路如图2-4-4所示。当灭磁时，灭磁开关Q动作，则其动合和动断触点Q1，Q2相继打开，在Q2两端产生电弧。在专设的磁铁所产生的横向磁场H的作用下，电弧被引入灭弧栅，铜栅片将电弧切割成许多短弧，这些短弧在整个灭磁过程中一直在燃烧，并保持灭弧栅上的电压U_s为常数。电压U_s与原励磁电源极性相反，相当于在原励磁回路中串入了一个幅值为U_s的反电动势。反电动势U_s越大，则转子过电压越高，灭磁过程也越快。适当地选择串联短弧铜片的个数，可使转子过电压不超过容许值U_m。由于反电动势U_s在整个灭磁过程中基本不变，因此可维持转子电流衰减率基本不变。只要灭弧栅中串联钢片个数选择合适，灭弧栅的灭磁速度可十分接近理想灭磁速度。

由于灭弧栅中的电弧在其电流近似地直线下降到零之前就已熄灭，而一个短弧的熄灭就会造成断流而导致所有的短弧熄灭，为避免此时产生有害的过电压，在灭弧栅上并联了电阻R1，并且将电阻R1分段，使每一短弧钢片（栅片）并联一段电阻，这样，灭弧栅中的电弧就不会同时熄灭，而是分段地依一定顺序熄灭。适当地选择并联电阻R1的数值，可使过电压降低到安全数值以下。

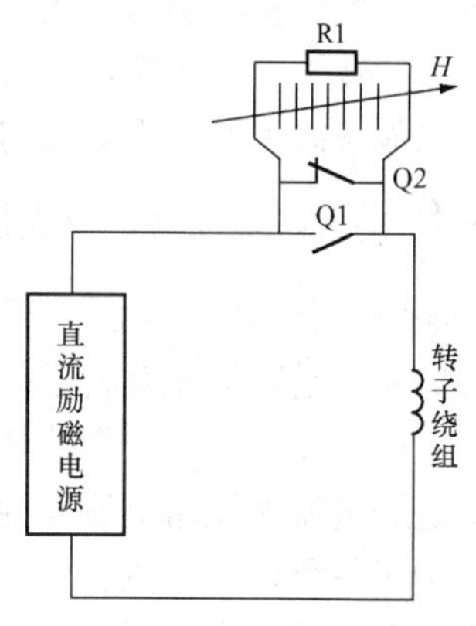

图 2-4-4　灭弧栅灭磁电路

灭弧栅灭磁方式接近理想灭磁，应用较广泛。国产DM2系列灭磁开关就是采用灭弧栅灭磁原理制造的快速灭磁开关。其缺点是，当转子电流过小时，不能很快地断弧，原因是电流小，磁通势 H 就小，电弧不能完全进入灭弧栅，因此使快速灭磁受到影响。

（四）*逆变灭磁*

利用三相全控桥的逆变工作状态，控制角 α 由小于90°的整流运行状态，突然后退到 α 大于90°的某一适当角度，此时励磁电源改变极性，以反电动势形式加于励磁绕组，使转子电流迅速衰减到零的灭磁过程称为逆变灭磁。

这种灭磁方式将转子储能迅速地反馈到三相全控桥的交流侧电源中去，不需放电电阻或灭弧栅，是一种简便实用的灭磁方法。由于无触点、不燃弧、不产生大量热量，因而灭磁可靠。

反电动势越大，灭磁速度越快。三相全控桥逆变时产生的反电动势与其交流侧电源电动势成正比，因此反电动势的数值受到一定限制，同时为防止“逆变颠覆”而设的最大控制角 α_{max}（或最小逆变角 β_{min}）的限制，也在一定程度上降低了反电动势。所以，单独逆变灭磁，受交流电源电压的限制，逆变灭磁时，励磁电流虽直线下降，但逆变时所施加的反电动势数值比灭弧栅灭磁方式要小，因此电流衰减率较小，灭磁时间相对较长，但过电压倍数也很低。

另外，对于自并励励磁系统而言，逆变灭磁过程中机端电压的下降使施加于转子绕组的逆变反电动势也降低，因而造成逆变灭磁过程的延缓，在这种情况下，应配合其它灭磁方法同时灭磁。

事实上，两种灭磁方式配合使用的情况是很常见的。如300MW汽轮发电机励磁系统中，交流励磁机灭磁方式一般采用逆变和恒值电阻放电这两种灭磁方式加以配合；同步发电机灭磁则采用灭弧栅灭磁和非线性电阻灭磁这两种灭磁方式加以配合使用。灭磁方式的配合使用，可以产生互补效果，使灭磁更迅速，更可靠。

第二节　转子过电压保护原理

一、转子过电压来源

造成转子过电压的主要原因如下：

（1）发电机在失步和失步后拉入同步的过程中，将引起转子绕组过电压。发电机失去励磁或者网络电压严重下降时，会引起发电机失步。例如，由于励磁系统故障，使发电机失去励磁，此时在定子绕组中将要产生很大的进相冲击电流，相应地在转子回路中便产生一个负的电流突变量；另外由于发电机因失磁而失步时，在转子绕组中因转差而产生交变感应电动势，当此转差频率的感应电动势出现负半周时，促使转子电流迅速减小。上述两种情况的综合，使转子电流锐减，甚至会使转子电流过零变负。由于整流元件的反向阻断特性，转子电流只能正向流通，不能反向。当转子电流衰减到零的过程中，在转子绕组两端便产生了正比于 $\frac{di}{dt}$ 的暂态电动势，反向加在整流桥的两端和转子绕组两端。据资料介绍，如考虑到转子表面的屏蔽作用，大型汽轮发电机异步运行时，转子暂态过电压仍可达到 10～12 倍空载励磁电压，足以构成对转子绕组绝缘的威胁。

（2）发电机外部短路切除后的电压恢复过程引起的转子绕组过电压。当短路切除，发电机定子电流由短路电流变为负荷电流时，定子电枢反应突然减小。于是在发电机转子绕组中产生了一个负的电流突变量，它甚至力图使转子电流反向，致使整流桥反向阻断产生反向暂态过电压。在最不利的条件下，据计算转子过电压可达 10 倍空载励磁电压，但小于异步运行时的最大过电压值。

（3）发电机非同步并列引起的转子过电压。非同步并列在定子绕组中产生的冲击电流可能使转子电流产生反向突变量；在非同步并列拉入同步的过程中，因存在着滑差，故可能使转子电压反向。这两方面的共同作用，可能导致转子电流反向，产生反向暂态过电压。

（4）从定子绕组耦合过来的大气过电压和操作过电压。由于转子表面良好的屏蔽作用，这种耦合过电压较低，一般对转子无危险（整流装置加阻容吸收保护后也可保无恙）。

（5）发电机快速灭磁过程中断开转子回路时产生的过电压。这类过电压主要由灭磁装置自身加以抑制，使之不超过安全允许范围，但也需考虑到万一灭磁装置失灵，可能引起的过电压。

由上述可知，前三项产生暂态过电压的原因是反向电流受阻所致。为此，限制过电压措施的关键在于当产生过电压时，设法为反向电流开辟一条通路。

二、常用的转子过电压保护措施

对转子过电压通常采用固定电阻、阻容、转子放电器、晶闸管双向跨接器和非线性电阻等保护措施。

1. 固定电阻保护方式

在励磁绕组两端并联一固定电阻，阻值约为励磁绕组直流电阻的数十倍。这种方式接线简单，工作可靠，只是正常时在电阻上要消耗一部分功率。

2. 阻容保护方式

利用电容器两端电压不能突变，但能储存电能的基本特性，可以吸收瞬间的浪涌能量，限制过电压。为避免电容与回路电感产生振荡，通常在电容回路中串入适当的电阻，构成阻容吸收保护。正常时，电阻会因励磁电压纹波的影响消耗一些功率。

3. 转子放电器保护方式

采用具有磁吹熄弧间隙放电特性的放电器作为转子过电压保护，其结构简单，正常时不消耗功率。转子放电器限制过电压的原理是：当转子过电压超过放电器的放电电压时，放电间隙被击穿，放电电流通过放电间隙和限流电阻而流通，从而将转子过电压限制在允许范围内。限流电阻可利用自同期电阻，调整放电间隙，即可改变放电器的放电电压。

固定电阻、阻容保护和转子放电器三种过电压保护方案如图 2-4-5 所示。

固定电阻保护方式是在励磁绕组两端并接一固定电阻，其阻值约为励磁绕组直流电阻的数十倍，它给反向转子电流提供了一条通路，因而避免了因整流元件的反向阻断特性而产生的反向暂态过电压。这种保护方式接线简单，工作可靠，但正常时要消耗较多功率。转子放电器正常时不消耗功率，但击穿后不易熄弧，且整定值易变化。实用中，还有采用直流磁吹避雷器代替转子放电器作转子过电压保护的。直流磁吹避雷器限制转子过电压的原理与转子放电器类似。在正常运行时，放电间隙对励磁回路正、负极起着隔离作用。当发生过电压时，放电间隙被击穿，放电电流通过放电间隙和避雷器中的阀型电阻构成回路。阀型电阻片具有非线性特性，其承受高电压时阻值很小，承受正常电压时阻值很大，因此，在转子回路发生过电压时，一旦间隙击穿后，能使放电电流顺利通过，并在放电终了时，使间隙很快断流。直流磁吹避雷器中永久磁钢产生的直流磁场能将电弧拉长，有利于灭弧，通常称之为磁吹灭弧。直流磁吹避雷器提高了灭弧能力，但仍存在整定值调整麻烦和整定值易变的缺点。

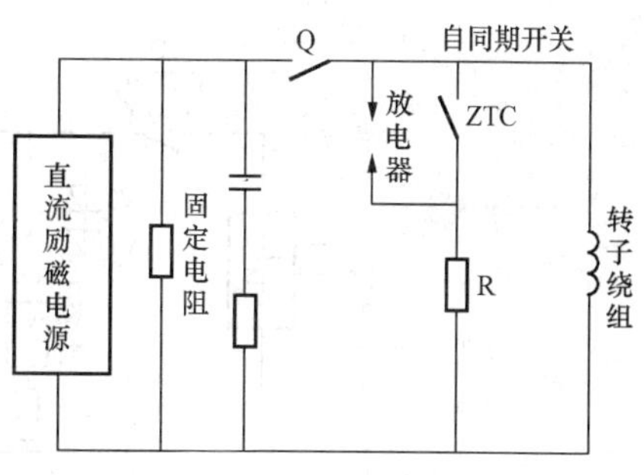

图 2-4-5　固定电阻、阻容吸收电路和转子放电器的过电压保护方案

4. 晶闸管双向跨接器保护方式

晶闸管跨接器是一种转子回路过电压自投放电电阻的保护，其保护原理图如图 2-4-6 所示。正常运行时，晶闸管 V1、V2 不导通，放电电阻 R 不接入；而当转子回路出现过电压时，晶闸管自动触发导通，将放电电阻并接于转子绕组两端，提供放电回路，以抑制转子回路的过电压。这种保护方式既可消除直接并接固定电阻功耗大的缺点，又可提高过电压保护整定值的准确性。由于晶闸管只能单向导通，所以为了能抑制转子回路正、反向过电压，必须设置双向晶闸管 V1、V2。为了简化设备，该保护回路的电阻也可利用原有的磁场灭磁电阻或自同期电阻来兼用。

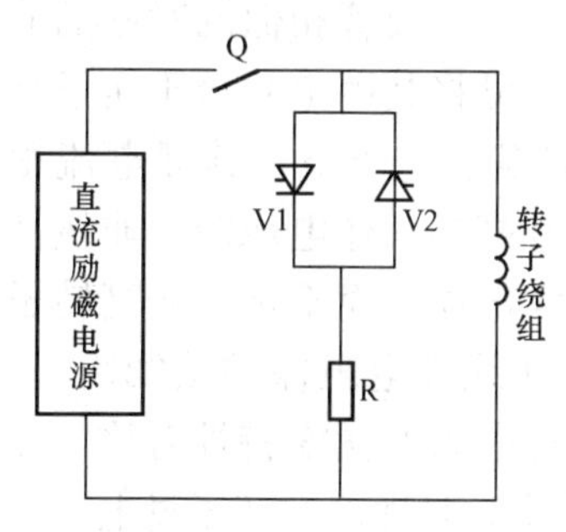

图 2-4-6　晶闸管跨接器保护方式原理接线图

为了使晶闸管跨接器能正常工作，必须做好两项工作：

（1）配以准确的过电压检测与可靠的晶闸管触发控制电路。

（2）过电压消失后，晶闸管的关断要可靠。

除以上各种保护方式外，尚有多种方案可供选择。目前，国内已生产出将晶闸管及其触发电路集成在一起的新型过电压保护器件——限压二极管。利用限压二极管组件构成的转子过电压保护方式的原理接线及直流回路展开图如图 2-4-7 所示。图 2-4-8 是限压二极管的符号和伏安特性。

这种大功率限压二极管具有转折电压稳定性好、通流容量大、通态电压低、正常运行时平均功耗小等特点。图 2-4-7 中串入二极管 V3 和 V4 可提高整个器件承受反向电压的能力。因为限压二极管的伏安特性是大体对称的，当外加反向电压高于其承受电压时，元件将要发生永久性损坏。故串入容量大于或等于限压二极管容量的二极管，并组装在一起作成限压二极管组件，使整组的反向转折电压大于正向转折电压。

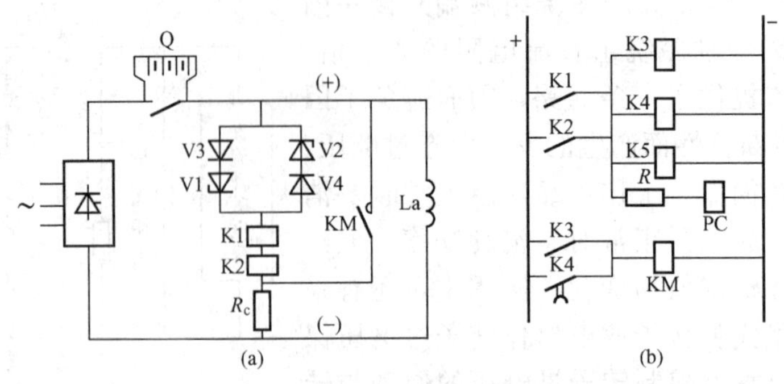

图 2-4-7　由限压二极管组件构成的转子过电压保护

（a）原理接线图；（b）直流回路展开图

当转子绕组两端的反向过电压大于限压二极管 V2 的正向转折电压（即开通电压）U_{B0} 时，V2 瞬时开通续流，并使继电器 K1 动作。若正向过电压大于限压二极管 V1 的正向转折电压时，V1 瞬时开通，且使继电器 K2 动作。接触器 KM 是用作过电压保护动作后关断限压二极管的。由于 KM 将限压二极管组件两端短路，使流过限压二极管组件的电流被旁路而变为零，则限压二极管组件自行恢复关断状态。K5、PC 分别是过电压保护动作的信号继电器与动作次数的计数器。

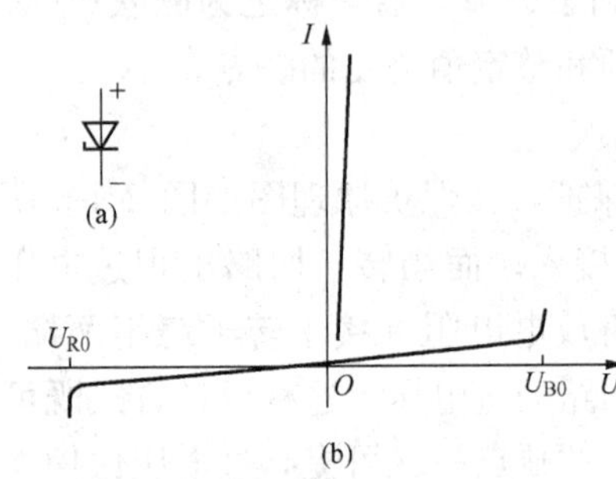

图 2-4-8　限压二极管的符号和伏安特性

（a）符号；（b）伏安特性

5. 非线性电阻保护方式

非线性电阻具有与双向稳压二极管相似的对称的非线性伏安特性，正常运行时，可将其固定并接于转子绕组两端。在正常额定电压和强励电压下，其漏电流很小，耗能很小；当转子电压升高到动作电压时，非线性电阻阻值变小，使其流过很大电流，而不至于升高转子电压，起到限压保护作用。非线性电阻保护接线简单，无需控制电路，又由于非线性电阻的伏安特性对称，故可同时起正、反向转子过电压保护作用。非线性电阻应用日渐增多，是理想的转子过电压保护器件。

发电机灭磁时，其转子电压也要升高。对于大容量的机组，其转子电感和转子电流都很大，储能较多，通常靠灭磁开关 Q 单独承担灭磁任务，故灭磁开关负担过重，还必须依靠其他转子过电压保护措施来配合，以减轻灭磁开关 Q 的负担，提高灭磁的可靠性。因此，转子过电压保护装置实际上还承担着配合灭磁开关 Q 进行发电机灭磁的任务。事实上，有些转子过电压保护装置就是发电机灭磁装置的一部分，如非线性电阻，既作为转子过电压保护的浪涌电压抑制装置，又作为灭磁电阻。

发电机灭磁的核心问题如同转子过电压保护一样，也是如何限制转子过电压（当然还要求灭磁速度尽量快）的问题。产生转子过电压的根本原因是，转子绕组中原积聚的电磁能量或由定子绕组通过电动势耦合传递到转子绕组中的电磁能量不能及时地转换或消耗掉所致。而防止转子过电压的根本措施就是设法将上述能量及时转换或消耗掉。常用的方法是，设置有效地消耗或转换这些能量的元件及通路。

第三节　灭磁及转子过电压保护装置

这一节以一种典型的灭磁及转子过电压保护装置，说明灭磁和转子过电压保护的应用。ZDMQ3-4000 型灭磁及转子过电压保护装置由 GDMQ3-4000 灭磁柜和 GYB1 过电压保护柜组成。该装置主要采用灭弧栅灭磁的方法，同时以恒值电阻放电灭磁方法加以配合。非线性电阻直接跨接在转子绕组两端，主要用作转子过电压保护，同时也兼作灭磁电阻，以减轻灭磁开关 Q 的灭磁负担。

ZDMQ3-4000 型灭磁及转子过电压保护装置的电气原理图如图 2-4-9 所示。当需要灭磁时，首先跳开发电机灭磁开关 Q，利用灭弧栅灭磁。当 Q 跳开后，延时 0.3s 合上接触器 KM，投入恒值灭磁电阻 RP，以便于灭弧栅在小电流时熄弧，同时作为后备灭磁措施，因而提高了灭磁的可靠性。发电机灭磁开关 Q 采用 DM2-4000 型灭磁开关，其额定遮断容量为：电压 1000V，电流 4000A。

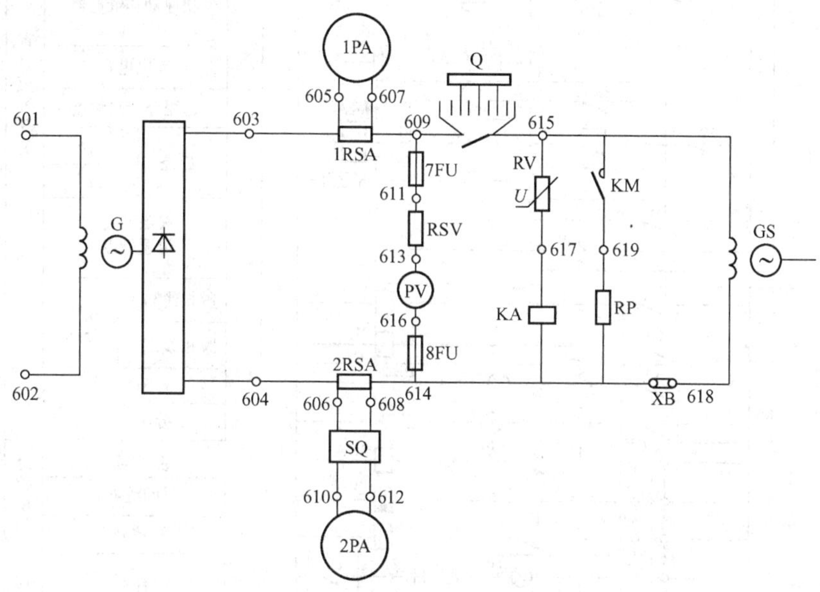

图 2-4-9　灭磁及转子过电压保护装置的电气原理图

非线性电阻 RV，是装置中主要的转子过电压保护设备（型号：ZMYN-2800/180），过压动作峰值电压为 2800V，吸能 180kJ。电流继电器 KA，其动作电流整定为 3 倍额定励磁电流。当流过非线性电阻 RV 的电流大于其整定值时，电流继电器 KA 动作。延时 0.5s 使接触器 KM 合上，投入灭磁电阻 RP，增加一条放电通路，以减轻非线性电阻 RV 的负担，并降低转子过电压的幅度。同时给计数器 PC 送一计数脉冲，以记录转子过电压保护的动作次数。

灭磁电阻 RP 的阻值为 0.6Ω，额定通流容量为 215A，六只串联使用时，总阻值为 3.6Ω。由于其通流容量较小，故应在灭磁开关 Q 或非线性电阻 RV 动作后，再延时一段时间投入，主要作为灭磁和转子过电压保护的辅助手段使用。

灭磁柜中设有 DM2-4000 型灭磁开关、转子电流表 1PA、转子电压表 PV、合跳灭磁开关 Q 的手动按钮及反映 Q 分合的位置信号灯。

转子过电压保护柜中设有非线性电阻 RV、电流继电器 KA、接触器 KM 和恒值电阻器 RP，以及控制回路中的若干时间继电器、中间继电器及过电压保护动作次数计数器 PC 等。

灭磁及转子过电压保护装置控制回路原理接线如图 2-4-10 所示。控制回路主要实现对发电机灭磁开关 Q 和接触器 KM 的控制。灭磁开关 Q 控制有近控分、合闸，远控分、合闸和自动快速分闸控制及相应的分、合闸位置信号。接触器 KM 控制有跳 Q、延时投 KM 和过电压保护动作、延时投 KM。当 Q 合上且无过电压时，KM 自动打开。

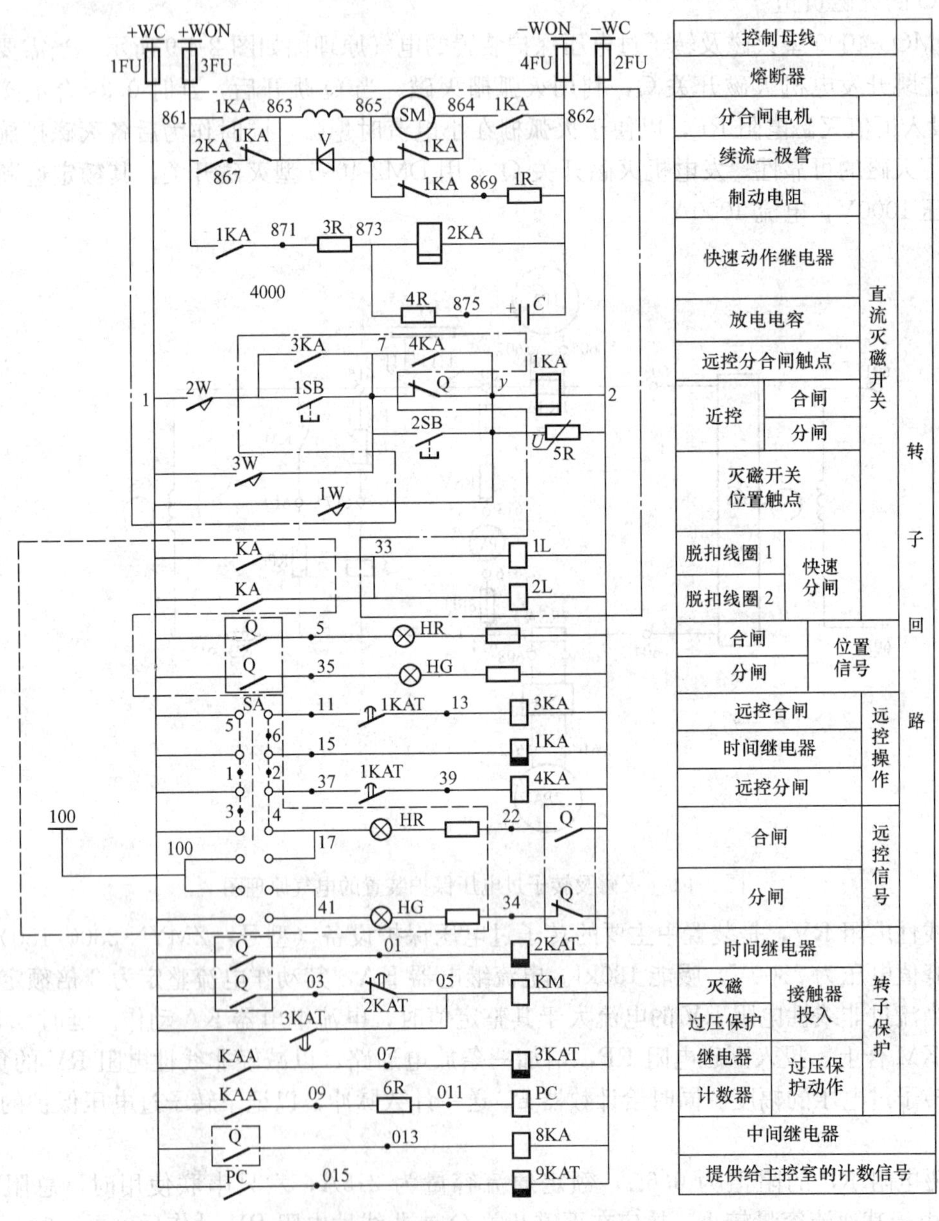

图 2-4-10 灭磁及转子过电压保护装置控制回路原理接线图

第五章 自动励磁调节器

第一节 概　　述

自动励磁调节器（或称自动电压调节器，AVR）是发电机励磁控制系统中的控制设备，其基本任务是检测和综合励磁控制系统运行状态的信息（包括发电机机端电压U_G、有功功率P、无功功率Q、励磁电流I_f和频率f等），并产生相应的控制信号，控制励磁功率单元的输出，以达到自动调节励磁，满足发电机及系统运行有关电压水平和无功功率控制要求的目的。

发电机励磁控制系统能否连续稳定、安全可靠地运行，能否完成所应承担的基本任务，在很大程度上取决于自动励磁调节器技术性能的优劣。与励磁系统主回路相比，自动励磁调节器的控制线路复杂，环节较多，运行时发生故障的可能性相对较大，维护工作量也较大。一般为提高其工作的可靠性，都设计自动和手动两套励磁调节器构成双通道结构，通常一套主用，一套备用，并能自动跟踪切换；或者设计两套独立的励磁调节器，正常运行时，双回路一起控制励磁，由两个并联运行的晶闸管桥供励磁机建立磁场，每个晶闸管桥都由其对应的励磁调节器进行控制，如果其中一套励磁调节器故障，则自动退出工作，励磁系统由另一套励磁调节器继续维持运行，如果另一套也不能使用，则切换到手动励磁控制。

自动励磁调节器有模拟型和数字型两类。目前大型汽轮发电机的自动励磁调节器仍多采用模拟型励磁调节器。数字型微机励磁调节器性能优良，发展迅速，有广阔的应用前景。自动励磁调节器各环节的电路种类繁多，但其基本构成和工作原理大同小异。本章将以用于300MW汽轮发电机励磁系统中引进的模拟型自动励磁调节器为例，分析自动励磁调节器的基本工作原理。

模拟型自动励磁调节器原理图如图2-5-1所示。励磁调节器由自动励磁（AC）调节器

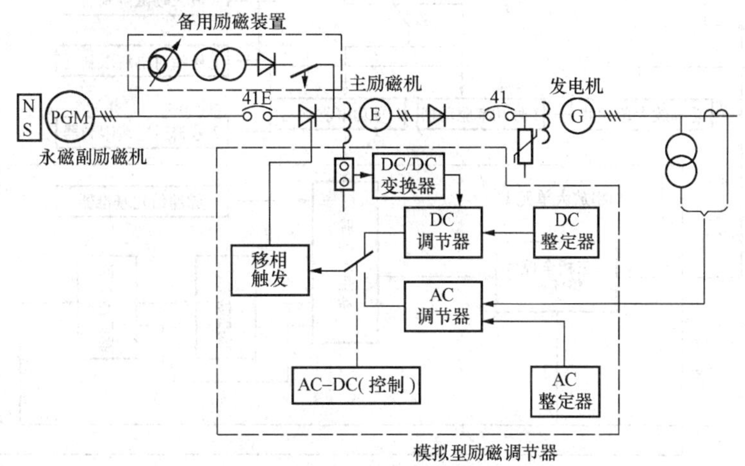

图2-5-1　模拟型自动励磁调节器原理图

和手动励磁（DC）调节器组成，为双通道结构。AC 调节器是主励磁调节器，按发电机端电压对给定值的偏差量大小自动调节发电机励磁，以维持机端电压稳定。正常运行时，AC 调节器工作，DC 调节器作 AC 调节器的备用。当 AC 调节器故障，由 AC-DC 自动切换装置控制，将 DC 调节器投入运行，以保证发电机的正常运行。为了防止 AC 调节器向 DC 调节器切换引起冲击，在励磁调节器中还设有 DC 调节器自动跟踪 AC 调节器的自动跟随器，可确保切换冲击最小。

模拟型自动励磁调节器构成原理框图，如图 2-5-2 所示。自动励磁（AC）调节器主要由测量比较及调差单元、综合单元、移相触发单元、励磁限制单元以及其他辅助单元构成。

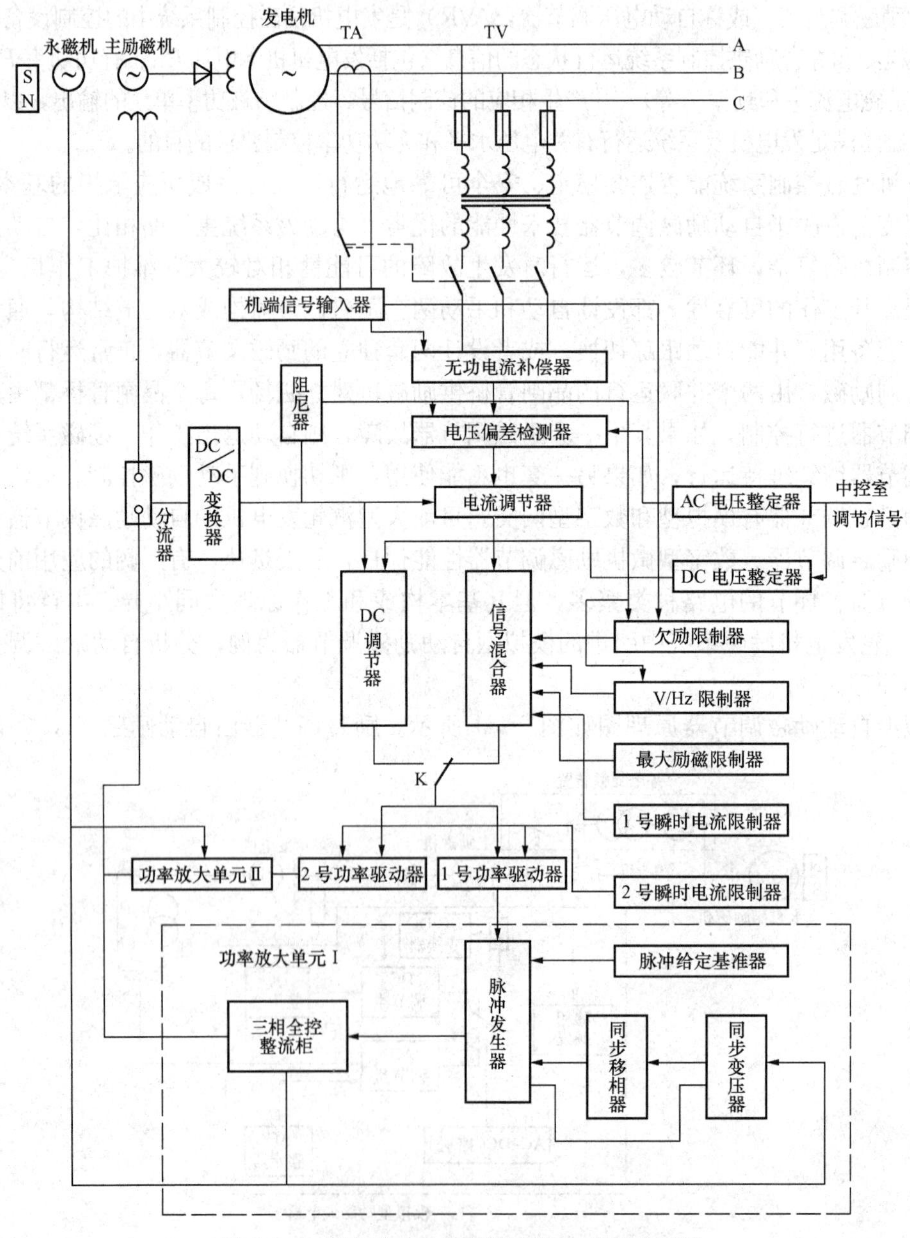

图 2-5-2　模拟型自动励磁调节器构成原理框图

第二节　测量比较及调差单元

测量比较及调差单元的原理框图如图 2-5-3 所示。

测量比较及调差单元的基本任务是：

（1）从机端取得电压和电流信号，完成无功电流的补偿，并满足并列运行机组间无功负荷的合理分配。

（2）检测出经无功电流补偿的机端三相合成电压的平均值，并与 AC 电压整定器给出的给定电压水平 U_g 进行比较，得出电压偏差信号送综合放大单元，以实现自动调节励磁、稳定机端电压的目的。

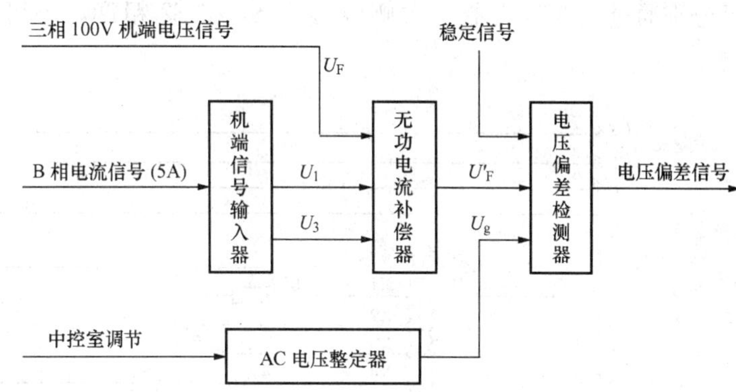

图 2-5-3　测量比较及调差单元原理框图

测量比较及调差单元由四个基本环节组成，即机端信号输入器、无功电流补偿器、AC 电压整定器及电压偏差检测器。

一、机端信号输入器

机端信号输入器从机端通过电流互感器 TA 取得 B 相电流信号，并将该单相电流信号转换成两个不同相位的电压信号：一个（$\dot{U}_1$）与 B 相电流信号同相位，另一个（$\dot{U}_3$）超前 B 相电流 60°。两个电压信号的大小均与 B 相电流大小成正比。机端信号输入器的原理电路图如图 2-5-4 所示。

B 相电流由端子 2 进，经 R1、R2、L1、R3、R4 和 L2，最后由端子 15 出。在端子 1 和 3 之间形成一个与 B 相电流信号成正比且相位相同的电压信号 $\dot{U}_1$。在端子 3 和 4 之间，经适

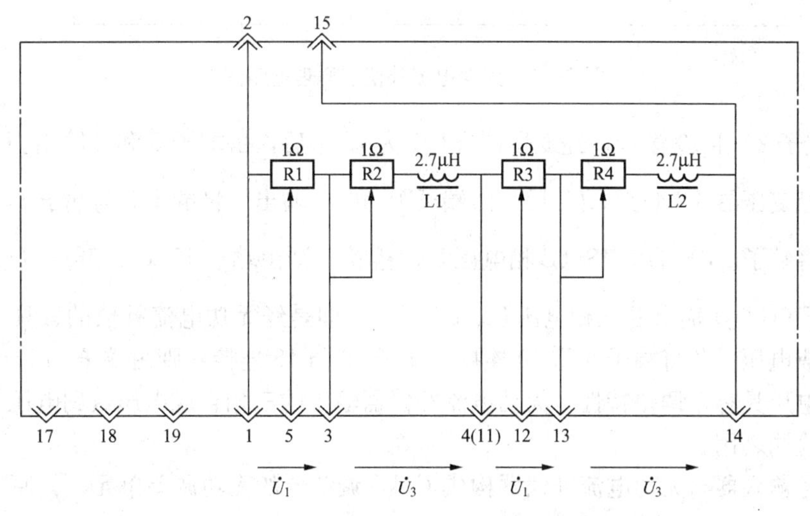

图 2-5-4　机端信号输入器原理电路图

当调整电位器的阻值R_2后，可获得一个与B相电流信号成正比且相位超前B相电流60°的电压信号$\dot{U}_3$。同时，在端子4与13之间也输出$\dot{U}_1$，在端子13与14之间也输出$\dot{U}_3$。其中一组$\dot{U}_1$和$\dot{U}_3$，送至无功电流补偿器作无功电流补偿用，另一组$\dot{U}_1$和$\dot{U}_3$，送欠励限制器用于确定欠励限制曲线。

二、无功电流补偿器

无功电流补偿器的原理接线如图2-5-5所示。图中可见，无功电流补偿器将机端信号输入器送来的$\dot{U}_1$和$\dot{U}_3$，分别经变压器T1和T2幅值变换为$K\dot{U}_1$和$K\dot{U}_3$，保持相位不变，其幅值可分别通过改变变压器二次侧分接头S1和S2粗调，还可分别通过电位器RP1和RP2细调。

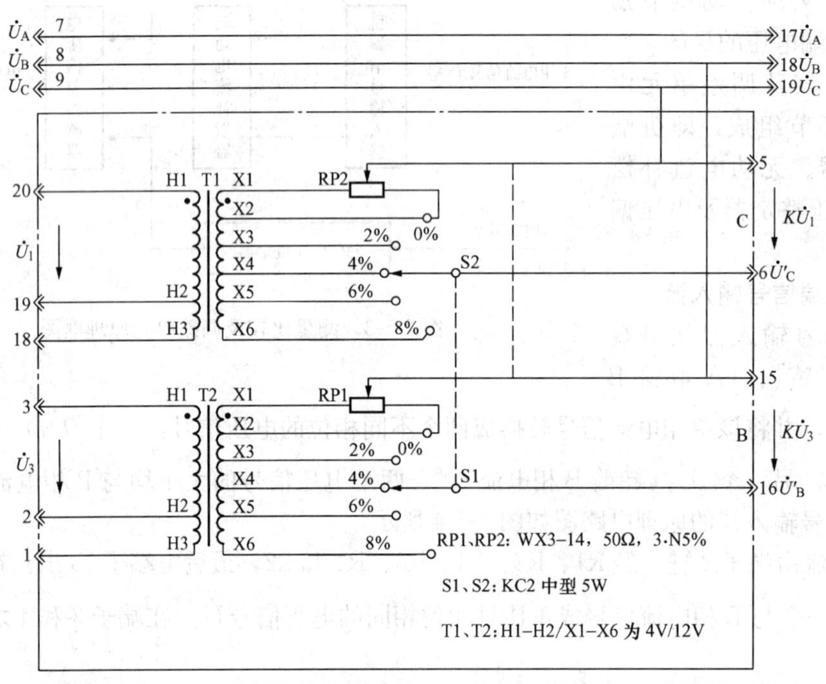

图2-5-5 无功电流补偿器原理电路图

$\dot{U}_1$由端子20和19输入，经变压器T1变为$K\dot{U}_1$后，由端子5和6输出。$\dot{U}_3$由端子3和2输入，经变压器T2变为$K\dot{U}_3$后，由端子15和16输出。将端子5与端子19（C相电压$\dot{U}_C$）连接，将端子15与端子18（B相电压$\dot{U}_B$）连接，则由端子17（A相电压$\dot{U}_A$）、端子16（$\dot{U}'_B$）和端子6($\dot{U}'_C$）输出的三相电压$\dot{U}_A$、$\dot{U}'_B$、$\dot{U}'_C$，即是经无功电流补偿的、具有负调差特性的三相合成电压。若将端子6与19连接，端子16与18连接，则由端子17、15和5输出的三相合成电压具有正调差特性。无功电流补偿器输出的三相合成电压送到电压偏差检测器作机端电压检测之用。

机端信号输入器与无功电流补偿器构成了AC调节器的无功调差单元，其原理电路如图2-5-6所示。对应于不同功率因数的调差单元特性相量图如图2-5-7所示。

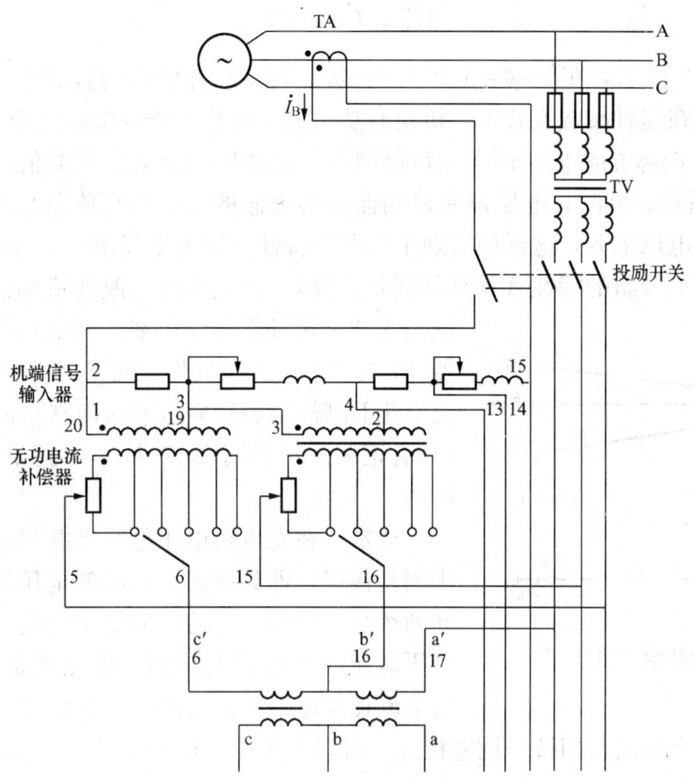

图 2-5-6　调差单元原理电路图

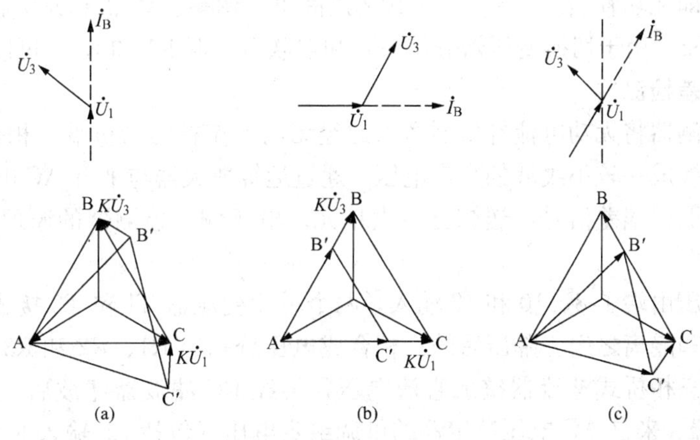

图 2-5-7　调差单元特性相量图

(a) cosφ=1.0；(b) cosφ=0（滞后）；(c) cosφ=cosφ

在相量合成中，负调差接线的电压相量遵循下列关系

$$\dot{U}'_A = \dot{U}_A$$

$$\dot{U}'_B = \dot{U}_B - K\dot{U}_3$$

$$\dot{U}'_C = \dot{U}_C - K\dot{U}_1$$

图 2-5-7（a）所示，在 $\cos\varphi=1.0$（纯有功）时，经补偿后的合成电压与补偿前电压数值相差不大，即在这种接线方式下，机组有功负荷不影响或极少影响机端电压整定值。而感性负荷时，随着 $\cos\varphi$ 的降低，即无功负荷增加，补偿后的合成电压数值逐渐减小，如图 2-5-7（b）、（c）所示。此时，电压偏差检测器获得虚假的机端电压降低信号，在 AC 调节器的作用下使机端电压上升，这样便实现了负调差特性，即发电机电压 U_G 随无功负荷 I_Q 增加而增加的一条向上倾斜的特性（具有负调差系数）。如上所述，改变机端信号输入器的输出端与无功电流补偿器输入端之间的连接，或者对换变压器 T1 与 T2 二次侧极性，可获得正调差特性，即发电机电压 U_G 随无功负荷 I_Q 增加而减小的一条下降的特性（具有正调差系数）。无功补偿（调差）特性如图 2-5-8 所示。

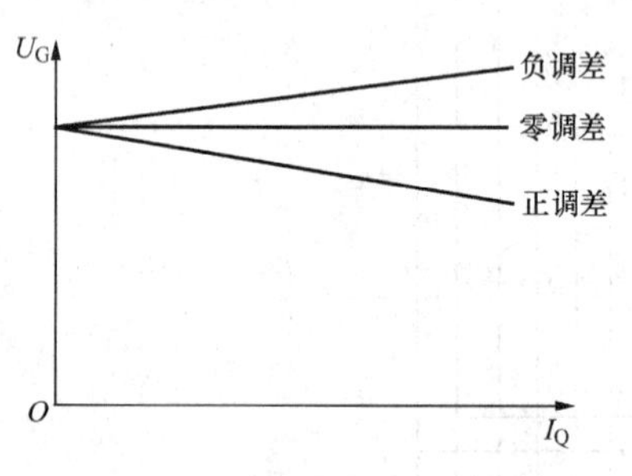

图 2-5-8　无功补偿（调差）特性

通常，在发电机电压母线上并列运行的机组应采用正调差接线，即具有向下倾斜的电压调节特性，以保证并列运行机组间无功功率的稳定分配。当发电机经升压变压器在高压母线上并列（单元接线方式），考虑到无功电流在变压器漏抗上产生的电抗压降，发电机的电压调节特性应为向上倾斜，即按负调差接线。可以看出，在这种情况下，在扣除了变压器的漏抗压降后，机组在高压母线上的电压调节特性实际上仍应适当向下倾斜，以保证并列在高压母线上的机组间无功功率的稳定分配。

调差系数（即无功补偿度）在 0%～10%之间可以调整。调整无功电流补偿器上的双联分段开关 S1 和 S2（用于切换变压器分接头）和双联电位器 R1 和 R2，可以改变调差系数。

三、电压偏差检测器

电压偏差检测器将无功电流补偿器送来的经无功电流补偿的机端三相合成电压，降压、整流、滤波后转换成一较小纹波的直流电压，通过运算放大器与来自 AC 电压整定器的给定电压进行比较，取得偏差信号，送综合放大单元。电压偏差检测器的原理电路图如图2-5-9 所示。

三相合成电压由端子 8、10 和 12 输入，两个单相变压器 Tl 和 T2 接成“V”形，作三相合成电压降压和隔离之用。降压后的三相合成电压分别经 R1、R2 和 R3 三个相位平衡调节电位器，送至三相桥式整流器整成直流电压，再经 RC 滤波器滤波后，送到运算放大器 A1 的反相输入端。来自 AC 电压整定器的可调给定电压（包括 R9 输入的固定分量），以相反的极性接入运算放大器 A1 的反相输入端，与直流合成电压比较。经运算放大器 A1 比较放大后，得到电压偏差信号 ΔU_G，且

$$\Delta U_G = K_{A1}(|U_{SET}| - U'_G)$$

式中：U_{SET} 为 AC 电压整定器的给定电压；U'_G 为发电机端合成电压（直流电压）；K_{A1} 为运算放大器 A1 的增益（可调范围 1～10）。

电位器 R1、R2、R3 主要用作相位平衡调整，通过改变其大小，使进入三相整流桥的三相电压趋于对称，从而使整流后的直流电压对称，减小纹波，有利于滤波和减小时延。同

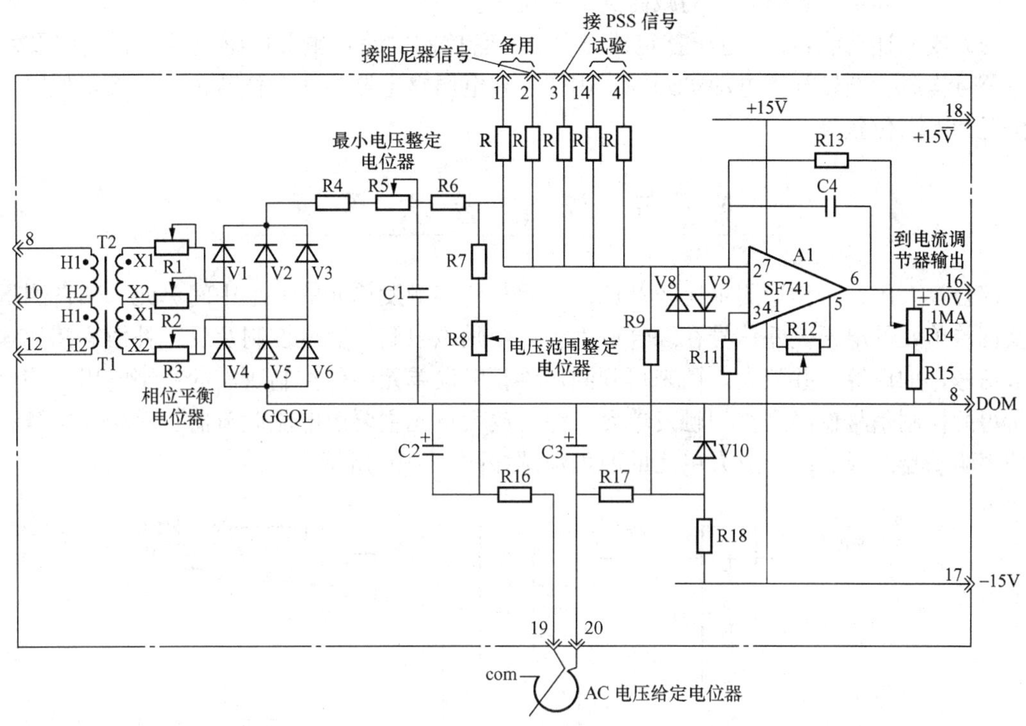

图 2-5-9 电压偏差检测器原理电路图

时这些电位器对电压调节范围的上、下限及电压偏差检测器的增益均有影响，因此，调定后不应随意再作改变。

电位器 R5，用作最小电压整定，其阻值减小，发电机运行电压下限降低；阻值增加，电压下限升高。整定时，置给定电压为最小值（端子 19 接 0V），模拟输入机端电压为预定下限电压，调节 R5，使 A1 输出（端子 16）为 0V。

电位器 R8 用作电压调节范围整定，其阻值减小，电压调节范围增大；其阻值增大，电压调节范围减小。当最小电压整定后，调节范围的大小便决定了发电机运行电压的上限。整定时（设最小电压整定电位器 R5 已整定完毕），置给定电压为最大值（端子 19 与 20 短接），模拟输入机端电压为预定上限电压，调节 R8，使 A1 输出为 0V。

电位器 R14 用作运算放大器 A1 的增益系数 K_{A1} 的调整。滑动端上移，增益减小；滑动端下移，增益增大。增益可调范围为 1～10 倍。

四、AC 电压整定器

AC 电压整定器主要用作电压水平的给定和调整，由微型控制电动机和可调电位器构成。电位器与控制电动机同轴，微电动机正转或反转便带动电位器的滑动触点移动，达到改变给定电压的目的。

为适应运行需要，微型控制电动机的控制电路应满足下列要求：

（1）增磁操作及增磁上限自动限位。

（2）减磁操作及减磁下限自动限位。

（3）正常停机时，自动复归到额定位置。

(4) 紧急停机灭磁时，自动减磁到下限位置。

为完成上述功能，AC电压整定器附设了一套控制电路，主要由继电器逻辑电路及六对凸轮节点构成。凸轮与微电动机同轴，用作反映电压整定器的几个特殊位置（额定位置、上限位置和下限位置等）。

第三节 综合放大单元

综合放大单元是沟通测量比较及调差单元与移相触发单元的一个中间单元。来自测量比较及调差单元的电压偏差信号在综合放大单元与励磁限制、稳定控制及反馈补偿等其他辅助调节信号，加以综合并放大，用来得到满足移相触发单元相位控制所需的控制电压。综合放大所得的控制信号输出到移相触发单元。综合放大单元主要由电流调节器、信号混合器和两组功率驱动器组成。综合放大单元的原理框图如图2-5-10所示。

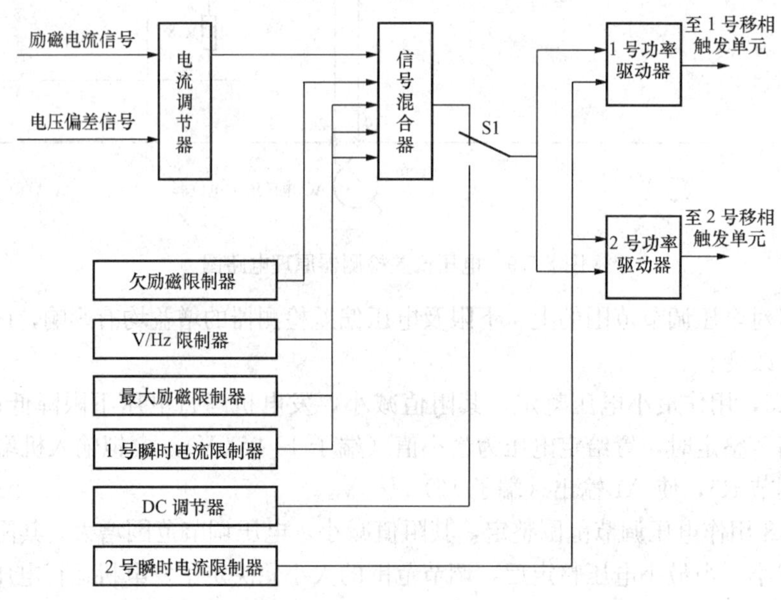

图2-5-10 综合放大单元原理框图

一、电流调节器

电流调节器的作用是对励磁机的时间常数进行补偿。励磁机时间常数过大，不但降低转子电压上升速度，不利于系统的暂态稳定，同时也影响到其他附加励磁控制信号的作用，而不利于系统的动态稳定。电流调节器引入励磁机励磁电流负反馈信号，使励磁机磁场等效时间常数减小。其时间常数补偿原理如图2-5-11所示。由图2-5-11可知，一个具有时间常数T、放大倍数K的环节的传递函数为

$$G=\frac{K}{1+Ts}$$

当增加反馈系数为β的负反馈后，可以证明等效的传递函数为

$$G'=\frac{K'}{1+T's}$$

其中：$K' = \dfrac{K}{1+\beta K}$、$T' = \dfrac{T}{1+\beta K}$，即等效放大倍数为原来的 $\dfrac{1}{1+\beta K}$ 倍，等效时间常数也为原来的 $\dfrac{1}{1+\beta K}$ 倍。可见，只要有 $\beta K > 0$，便有 $T' < T$，即等效时间常数得以减小。

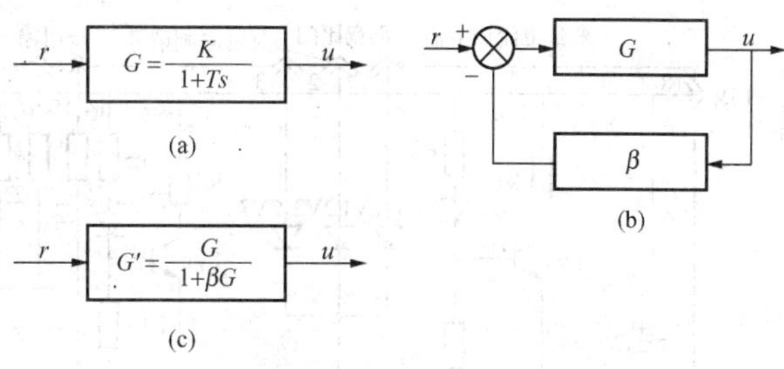

图 2-5-11　时间常数补偿原理图

（a）补偿前的传递函数；（b）电流调节器负反馈补偿；（c）补偿后的等效传递函数

电流调节器的原理电路如图 2-5-12 所示。来自电压偏差检测器的电压偏差信号，先经由倒相器 A2 倒相，再经放大器 A1 与励磁机磁场电流反馈信号加以综合并倒相，其输出送信号混合器，这样就引入了励磁机磁场电流负反馈。励磁机磁场电流信号取自励磁机磁场回路的分流器，并经 DC/DC 变换器隔离放大后，加到放大器 A1 的反相输入端。

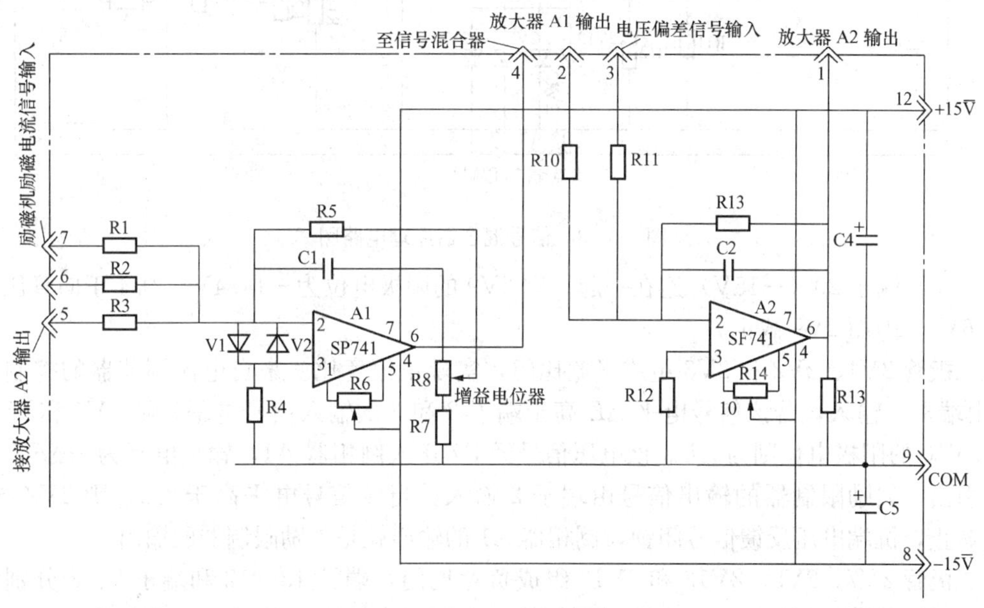

图 2-5-12　电流调节器原理电路图

增益电位器 R8，用作放大器 A1 的放大倍数整定，改变了放大器 A1 的放大倍数，也就改变了励磁机磁场电流负反馈的反馈系数 β。倒相器 A2 只起极性配合的作用。

二、信号混合器

信号混合器的主要作用是综合运算各种励磁控制信号，获得并输出一个综合性控制信号，该信号送到移相触发单元用来控制触发脉冲的相位。信号混合器的运算功能包括信号竞比、信号限制和信号叠加。信号混合器的原理电路如图 2-5-13 所示。

图 2-5-13 中，三极管 1V1、1V2 和 1V5 接成恒流源。当无任何输入信号时，1V1 经 2V9 到 1V5 导通，同时，1V2 经 2V10 到 1V5 导通，二极管 2V9 与 2V10 的阳极电位相等。二极管 2V4 和 2V5 组成负竞比门，实现负值竞比，其输入端子为 4 和 5。当其不用时，可

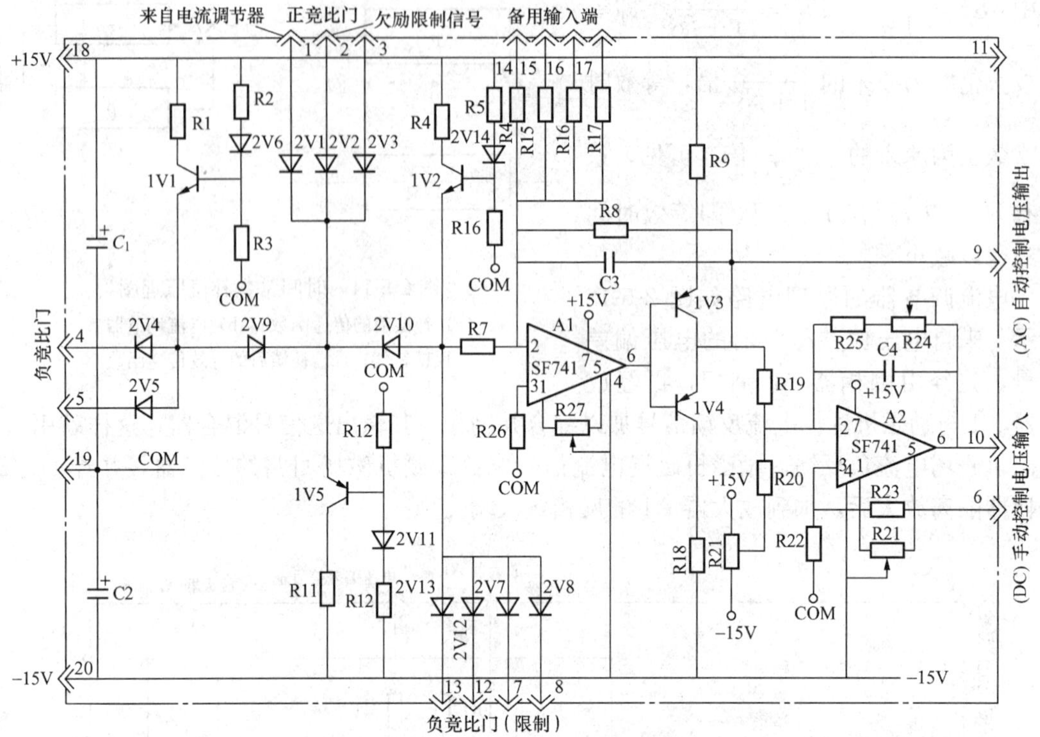

图 2-5-13　信号混合器原理电路图

将端子 4 与端子 20（−15V）连在一起，则 2V9 的阳极电位为−14.4V（2V4 正向管压降设为 0.6V），因而 2V9 截止。

二极管 2V1、2V2 和 2V3 组成正竞比门，实现正值竞比。来自电流调节器的控制信号 ΔE 由端子 1 输入，若该信号电平 ΔE 高于端子 2 和 3 的输入信号电平，则 2V2 和 2V3 截止，2V10 的阳极电位则为 ΔE。该电压信号经 R7 送入倒相器 A1，输出电平为$-\Delta E$，由端子 9 引出。欠励限制器的输出信号由端子 2 输入。当该信号电平高于 ΔE，则 2V2 导通，2V1 截止，机端电压反馈信号闭锁，倒相器 A1 的输出就是欠励限制器的输出。

二极管 2V7、2V8、2V12 和 2V13 组成负竞比门，端子 13、12 和端子 7、8 分别输入 V/Hz（伏/赫）限制信号、最大励磁限制信号和瞬时电流限制信号，实现负值竞比。当二极管 2V10 反向截止时，正竞比门所有输入信号被闭锁，负竞比门输入信号起励磁限制作用，倒相器 A1 的输出就是负竞比门所有输入信号中具有最低电平的励磁限制信号。2V10 反向截止的条件是

$$\min\{u_7, u_8, u_{12}, u_{13}\} < \max\{u_1, u_2, u_3\}$$

式中：u_i 为由端子 i 输入的相对参考零点"com"的信号电平，$i = 7,8,12,13,1,2,3$。

端子 14、15、16、17 为信号叠加运算备用输入端子。二极管 1V3 和 1V4 构成推挽式功率放大器。放大器 A1 接成倒相器，用作信号综合，其增益为 1。放大器 A2 用作电压比较器，用于 DC 控制电压和 AC 控制电压的比较。DC 控制电压由端子 6 输入，AC 控制电压由端子 9 输入。放大器 A2 的输出由端子 10 引出反映 DC 与 AC 两调节器的控制电压之差，即平衡电压。这一电压经滤波器后接平衡电压表，供手动切换时观测平衡电压用。

三、功率驱动器

功率驱动器是综合放大单元的输出级，其电路原理如图 2-5-14 所示。AC 调节器中信号混合器的输出（或 DC 调节器的输出），经 DC/AC 调节器的切换继电器触点 K1，接到由放大器 A5、A6 构成的两组同相放大器，进行输出功率放大，以增加驱动移相触发单元的能力。

两组功率驱动器 A5、A6 的输出分别接至 1、2 号移相触发单元，用以控制 1、2 号可控整流柜。功率驱动器（A5、A6）、移相触发单元（1、2 号）和可控整流柜（1、2 号）的双重化，使励磁控制系统的运行可靠性大为提高。同时，在切换继电器 K1 处，有 DC 调节器作为 AC 调节器的备用，做到了调节器的双重化。两套调节器由切换继电器 K1 进行自动切换，使励磁控制系统运行可靠性进一步提高。

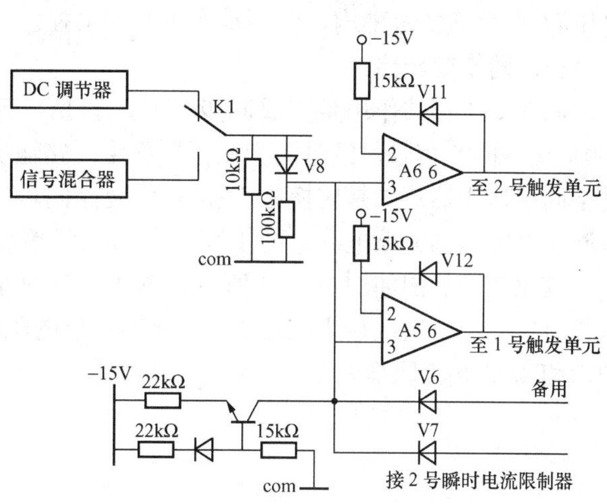

图 2-5-14　功率驱动器原理电路图

在功率驱动器 A5、A6 的输入端，接有由二极管 V6、V7 和 V8 组成的正竞比门。V8 输入来自 AC 或 DC 调节器的综合控制信号，V7 输入来自末级限制器（2 号瞬时电流限制器）的限制信号，V6 备用，实现正值竞比。当限制信号电平高于综合控制信号时，V8 截止。综合控制信号被封锁，末级限制信号起作用，实现励磁限制。由于该限制信号，无论在 DC 调节或 AC 调节都起作用，故称 2 号瞬时电流限制器为末级限制器。末级限制器主要用作 1 号瞬时电流限制器的后备，其整定值比 1 号瞬时电流限制器稍高。

第四节　移相触发单元

移相触发单元是励磁调节器的输出单元，它根据综合放大单元送来的综合控制信号的变化，产生可以改变相位的脉冲，用以触发功率整流单元中的晶闸管，从而改变可控整流柜的输出，达到调节发电机励磁的目的。移相触发单元的构成原理框图如图 2-5-15 所示。它主要由同步变压器、同步移相器、脉冲发生器和脉冲给定基准器组成。

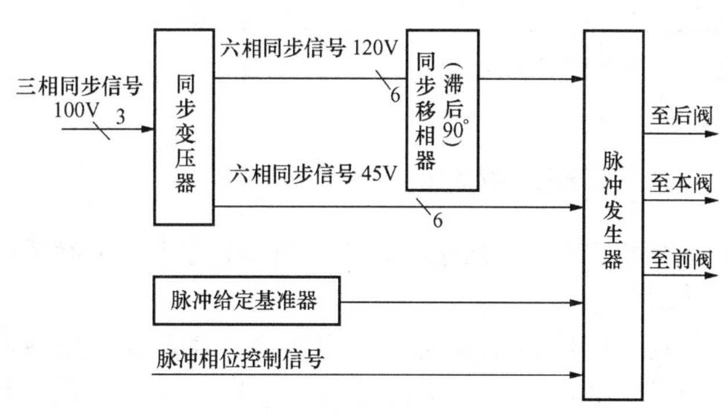

图 2-5-15　移相触发单元原理框图

同步信号取自晶闸管整流装置的主回路，以保证在晶闸管每次承受正向阳极电压时，向其控制极发出触发脉冲，使晶闸管可靠导通。触发脉冲与主回路之间的这种相位配合关系称为同步。同步变压器和同步移相器，主要用来作为同步信号发生器，以提供具有合适幅值和合适相位的交流同步信号。脉冲发生器则根据综合放大单元送来的综合控制信号与同步信号比较，产生与主回路同步且相位可控的脉冲，并加以放大，最后输出具有合适电压幅值、合适脉冲宽度和足够驱动能力的触发脉冲，送至可控整流桥，以触发晶闸管。脉冲给定基准器用来平移综合控制电压U_C与控制角α的关系（即移相特性），以使运行中的控制电压U_C在合适的范围内，而不致产生饱和失控。

一、同步变压器

同步变压器的作用是完成同步信号的转换，其输入是来自可控整流桥交流电源的三相100V交流同步信号。经过同步变压器产生两路输出，一是变换为六相120V交流同步信号，送至同步移相器；二是转换为六相45V交流同步信号，送至脉冲发生器，作为脉冲放大环节储能电容器的充电电源。同步变压器由三只单相变压器T1、T2、T3以及相序指示器组成，其原理接线图如图2-5-16所示，图中，三只单相变压器一次侧接成三角形，二次侧为六相星形。当一次侧输入三相100V交流同步电压时，二次侧输出六相120V交流同步电压和六相45V交流同步电压。

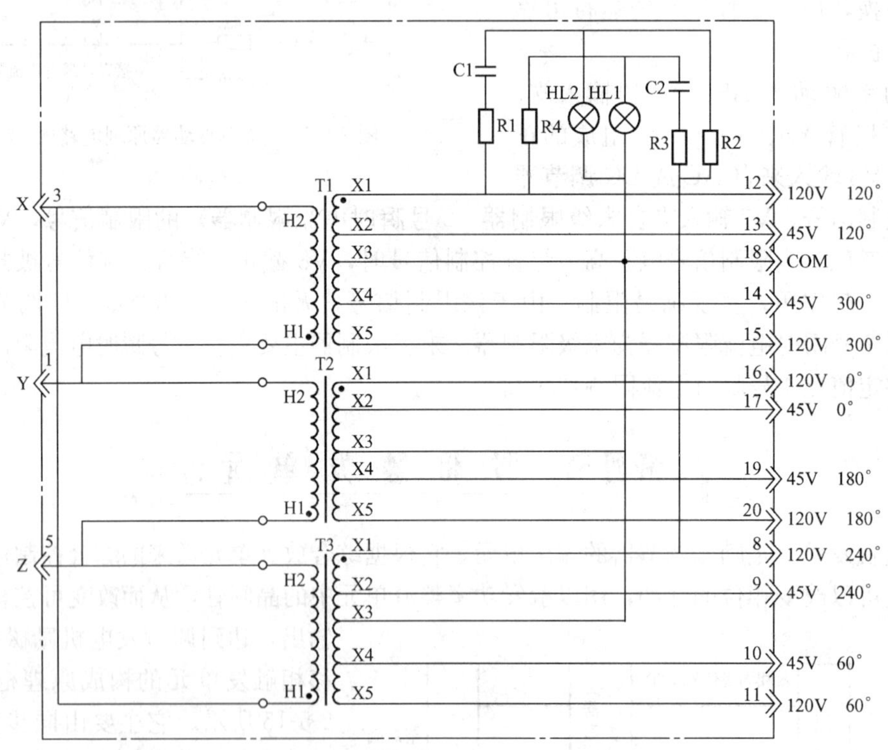

图2-5-16 同步变压器原理接线图

同步变压器一次侧、二次侧电压相量图如图2-5-17所示。图中以电压相量$\dot{U}_{T2}$为参考相量，其相位角为0°，电压参考零点为18号端子。

相序指示器由电阻、电容及指示灯组成，用以指示输入电压的相序。输入电压相序正确，即端子5接A相、端子1接B相、端子3接C相时，灯HLl亮，灯HL2灭；反之，如输入电压相序不正确，则灯HL1灭，灯HL2亮。

二、同步移相器

同步移相器的作用是产生余弦波同步信号，供脉冲发生器生成相位可控的触发脉冲。它将同步变压器送来的六相 120V 正弦波同步电压信号的相位后移 90°，生成余弦波同步信号。同步移相器的原理电路如图 2-5-18 所示。

同步移相器输入的六相 120V 正弦电压，经每相的电感、电阻降压和阻容电路的移相作用，输出电压滞后输入电压 90°。合理地选取和调整元件参数，即能保证滞后 90°的相位移关系。输出电压的大小由电位器调整，一般整定为额定输出 3.5V。同步移相器除了移相作用外，还具有滤波作用，可以有效地消除同步电压的波形畸变，确保脉冲发生器正常工作。

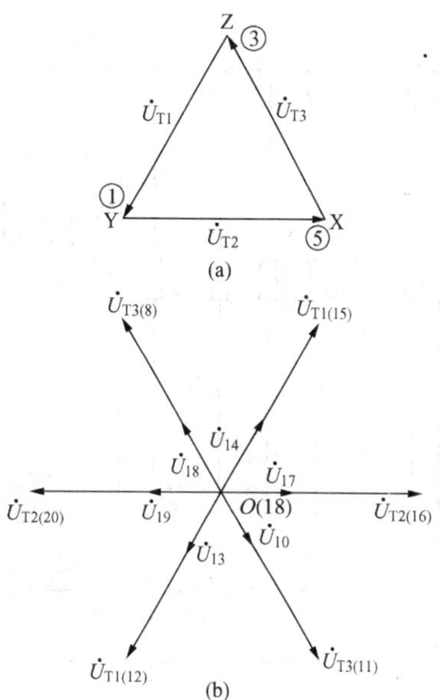

图 2-5-17　同步变压器电压相量图

（a）一次侧；（b）二次侧

三、脉冲发生器

脉冲发生器是移相触发单元的输出级，也是整个励磁调节器的输出级。它的作用是产生与主电路同步且相位可控的触发脉冲，为功率整流单元的晶闸管提供可靠、合格的控制极触发脉冲。脉冲发生器原理电路如图 2-5-19 所示。脉冲发生器以单结晶体管为主构成，单结晶体管触发电路具有结构简单和温度补偿性能稳定的特点。下面就这类脉冲发生器的脉冲形成原理、最大及最小控制角限制信号的形成原理、脉冲放大、双脉冲形成及脉冲发生器的特殊工作方式加以分析。

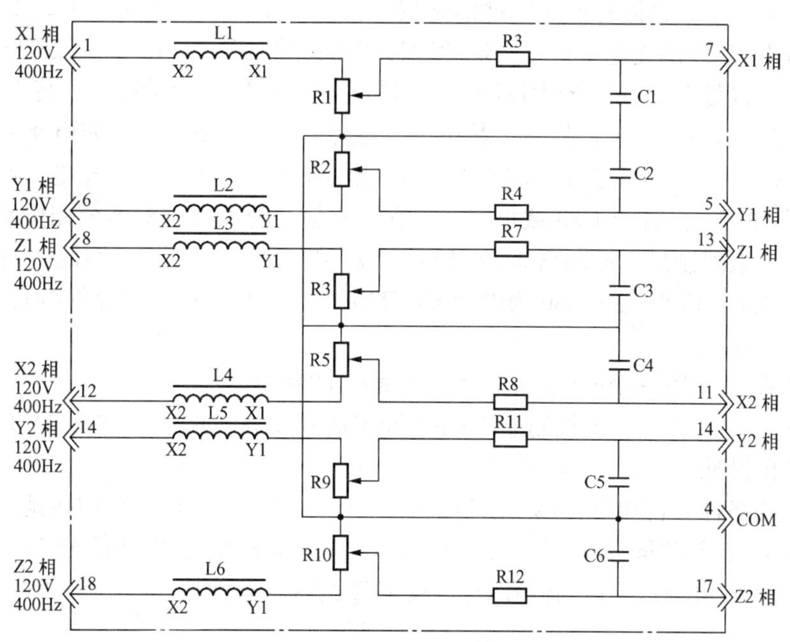

图 2-5-18　同步移相器原理电路图

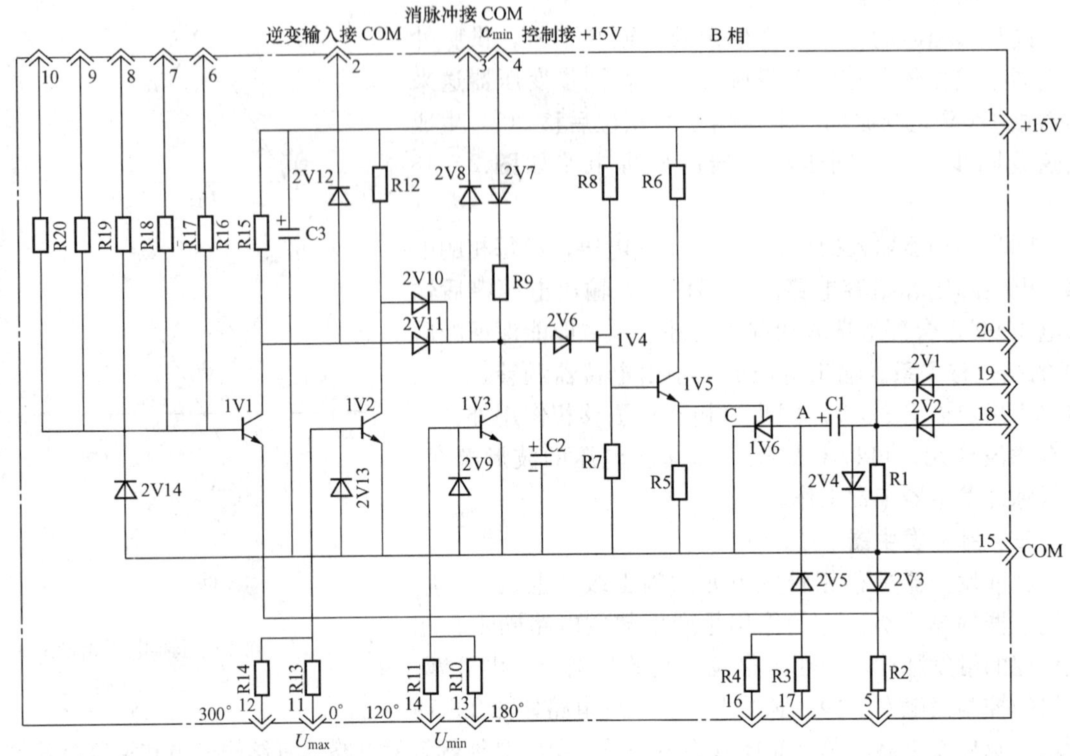

图 2-5-19 脉冲发生器原理电路图

（一）脉冲形成原理

负阻特性的单结晶体管和充放电特性的阻容电路可以组成非正弦的张弛振荡电路，产生频率可变的脉冲。单结晶体管形成脉冲的必要条件是，图 2-5-19 中电容 C2 具备充电条件。因此，控制对电容 C2 的充电时机是实现脉冲移相的关键。图 2-5-19 中，三极管 1V1 用作脉冲移相控制，三极管 1V2 用作最大控制角 α_{max}限制，二极管 2V11 和 2V10 将 1V1 与 1V2 的输出作"或"运算，只要 1V1 或 1V2 其中一个截止，电容 C2 便具备充电条件，可产生脉冲。三极管 1V3 用作最小控制角 α_{min}限制，1V3 导通，电容 C2 则无法充电，此时无论 1V1 和 1V2 的状态如何，只有当 1V3 截止时，才有形成脉冲的可能。根据全控桥触发脉冲移相范围的要求，一般限制最大控制角 $\alpha_{max}=150°$，最小控制角 $\alpha_{min}=10°$。因此，相应地要求：

（1）1V2 在 $\alpha=150°-\Delta\alpha$（$\Delta\alpha$ 为电容 C2 充电开始到形成脉冲对应的电角度）时截止，产生具有 α_{max}的脉冲。

（2）1V3 在 $\alpha=10°-\Delta\alpha$ 时截止，产生 $\alpha\geqslant\alpha_{min}$的脉冲。

（3）在 α_{min}与 α_{max}之间，由控制电压 U_C和同步信号 U_{sh}共同控制，决定 1V3 的截止时刻，产生相位可变的脉冲。

1V1 的截止条件分析如下：1V1 的射极电位（−0.6V）经 1V3 反向接地，1V1 基极信号有三个，即：①余弦同步信号 U_{cos}，幅值 5V；②脉冲给定基准信号 U_B，直流电平，−0.46～−2.5V，可调；③控制信号 U_C。故 1V1 的截止条件是

$$\frac{U_{cos}}{R}+\frac{U_B}{R}+\frac{U_C}{R}\leqslant 0$$

或
$$U_{\cos}+U_B+U_C\leqslant 0$$

令$U_s=U_B+U_C$称为合成电压，当$U_s=0$,$U_{\cos}\leqslant 0$时，1V1截止，此时$\alpha=90°$；当$U_s>0$时，1V1的截止点右移，$\alpha>90°$；当$U_s<0$时，1V1的截止点左移，$\alpha<90°$。

（二）最大、最小控制角限制信号的产生

设$\alpha_{min}=10°$，$\alpha_{max}=150°$，则要求1V3在$10°-\Delta\alpha$时截止，1V2在$150°-\Delta\alpha$时截止。为此，只要在1V3的基极施加$190°-\Delta\alpha$的正弦同步信号$\dot{U}_{min}$，在1V2的基极施加$330°-\Delta\alpha$的正弦同步信号$\dot{U}_{max}$，即可实现。一般地，从电容C2开始充电到单结晶体管发生脉冲的时间为10°左右。设$\Delta\alpha=10°$，则$\dot{U}_{min}$的初相角为180°，$\dot{U}_{max}$的初相角为320°。

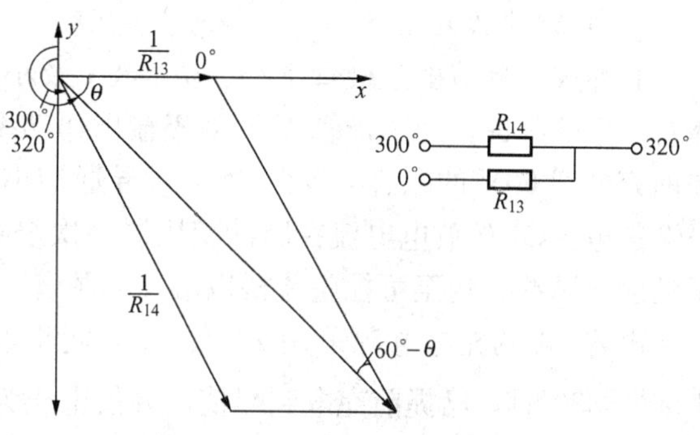

图 2-5-20　同步信号合成原理图

同步信号变压器输出的同步信号初相角都是60°的倍数，当需要不是60°的倍数的正弦信号时，可以用与其角度相邻的两个具有60°倍数初相角的正弦信号合成获得。以$\dot{U}_{max}$的初相角为320°为例，可由初相角为300°和0°两个正弦信号合成产生。同步信号合成原理图如图2-5-20所示。

设$\dot{U}_{300}$和$\dot{U}_0$两个相量的幅值均为1，则流过阻值为R_{14}和R_{13}两电阻的电流分别为$\frac{1}{R_{14}}$和$\frac{1}{R_{13}}$，相位不变。设需产生相对$\dot{U}_0$滞后θ角的同步信号，则可绘出如图2-5-20所示的平行四边形。根据正弦定理可得

$$\frac{\frac{1}{R_{13}}}{\sin(60°-\theta)}=\frac{\frac{1}{R_{14}}}{\sin\theta}$$

或
$$\frac{R_{14}}{\sin(60°-\theta)}=\frac{R_{13}}{\sin\theta}$$

$$\frac{R_{14}}{R_{13}}=\frac{\sin(60°-\theta)}{\sin\theta}=\frac{\frac{\sqrt{3}}{2}\cos\theta-\frac{1}{2}\sin\theta}{\sin\theta}=\frac{1}{2}(\sqrt{3}\cot\theta-1)$$

$$\cot\theta=\left(\frac{2R_{14}}{R_{13}}+1\right)\frac{\sqrt{3}}{3}$$

上述公式，可用于已知电路参数求合成相量的相角，亦可预定合成相量相角而计算电路参数。根据图2-5-20，若已知合成电路参数：$R_{13}=220\text{k}\Omega$，$R_{14}=100\text{k}\Omega$，计算合成相量$\dot{U}_{max}$的相角

$$\cot\theta=\frac{\sqrt{3}}{3}\left(\frac{2R_{14}}{R_{13}}+1\right)$$

$$=\frac{\sqrt{3}}{3}\left(\frac{2\times 100}{220}+1\right)$$

$$=1.10$$

$$\theta=\cot^{-1}(1.10)=42.2^\circ$$

因此，$\dot{U}_{max}$ 的相角为 360°−42.2°=317.8°。

（三）脉冲放大环节

脉冲放大环节由三极管 1V5、电容 C1 及小晶闸管 1V6 构成（见图 2-5-19）。由单结晶体管产生的脉冲，经三极管 1V5 射极输出作功率放大，再驱动小晶闸管 1V6 的控制极，已提前充电到 60V 的电容 C1，立即通过导通的小晶闸管 1V6、脉冲变压器一次绕组和二极管 2V2 放电。C1 的放电电流在脉冲变压器一次绕组产生尖脉冲电压，二次绕组感应输出放大了的触发脉冲，送至可控整流桥以触发晶闸管。

电容 C1 的充电电源采用 240°、45V 同步电压信号，因此，C1 在 $\alpha=0^\circ$之前，即 240°+90°=330°时，已提前充电到峰值，峰值电压为 $45\times\sqrt{2}=63.6$（V）。当电容 C1 放电终了，放电电流小于小晶闸管 1V6 的维持电流，小晶闸管 1V6 自行关断，准备下一次充电。

（四）脉冲发生器的特殊工作方式

脉冲发生器设有三个特殊功能信号的输入端子，即逆变信号、脉冲闭锁信号和强励信号的输入端子。

（1）逆变信号，由端子 2 与公共端 COM 短接产生。产生逆变信号时，1V1 的输出被钳位到零电位，只有靠 1V2 截止才能发 α_{max}脉冲，即逆变脉冲。

（2）脉冲闭锁信号由端子 3 与公共端 COM 短接产生。产生脉冲闭锁信号时，1V3 的输出被钳位到零，电容 C2 无充电机会，因而无脉冲产生。

（3）强励信号由端子 4 与＋15V 电源短接产生。产生强励信号时，只要 1V3 截止，＋15V电源便通过 2V7 和 R9，立即向 C2 充电，产生 α_{min}脉冲，即强励脉冲。

（五）双脉冲的形成

全控桥的触发方式有宽脉冲触发和双脉冲触发两种。宽脉冲触发方式的触发脉冲宽度应大于 60°，以保证整流电路的共阴极组和共阳极组各有一元件同时处在触发状态，以构成电流通路。双脉冲触发方式要求在给整流电路某一元件发触发脉冲的同时，还要补送一触发脉冲给构成通路的前一元件，以便整流桥可靠地构成电流通路。

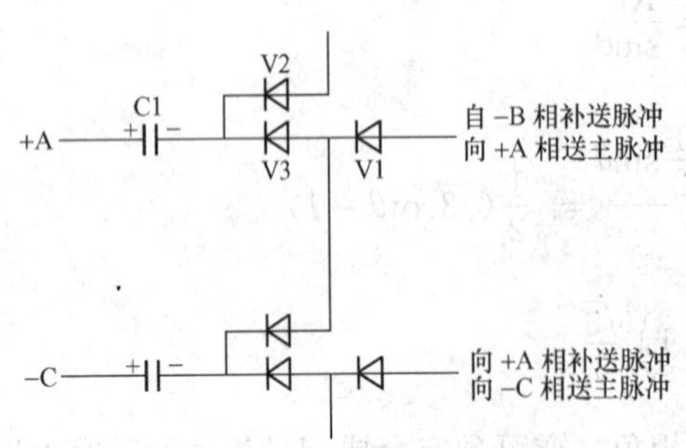

图 2-5-21　双脉冲形成原理图

双脉冲形成原理图如图 2-5-21 所示。双脉冲发生器每周期产生一个幅值为 60V、宽度为 100μs 的主脉冲。每一相脉冲发生器都要从滞后 60°的相引入一脉冲信号，又为超前 60°的相输送一脉冲信号，由此形成双脉冲。脉冲变压器一次绕组反极性，变比为 4∶1，二次侧短路电流能力为 1A，脉冲前沿不大于 2μs。脉冲变压器二次侧为双绕组，分别为整流桥的共阴极组和共阳极组中构成电流通路的一对整流元件提供触发脉冲。

第五节　励磁限制及保护单元

为了确保发电机组安全可靠稳定运行，自动励磁调节器一般都装设有较完善的励磁限制和保护单元，主要包括有欠励限制器、V/Hz（伏/赫）限制器、最大励磁限制器、瞬时电流限制器、反时限限制器、定时限限制器、机端信号丢失检测器及低频保护器等。

一、欠励限制器

欠励限制器主要用来防止发电机因励磁电流过度减小而引起失步，以及因过度进相运行而引起发电机端部过热。

当同步发电机的励磁不足时，发电机的定子电流由滞后的功率因数角，变为超前的功率因数角，发电机将从系统吸收感性无功功率，即所谓进相（或称 $\cos\varphi$ 进相）运行。在发电机输出一定的有功功率时，随着励磁电流的减小，发电机的同步电动势下降。发电机从向系统供给感性无功功率变为从系统吸收感性无功功率。励磁电流越小，吸收的无功功率越多，发电机同步电动势与系统等值电动势之间的功角 δ 增大到超过静态稳定极限功角时，发电机不能再与系统保持稳定运行，造成失步。

为了防止发电机励磁电流降低到稳定运行所要求的最低数值之下，必须对发电机的最小励磁电流，也就是对发电机的最大进相无功电流或无功功率相应地加以限制，以确保机组安全稳定运行。这种对于最小励磁电流的限制称为欠励限制（或称低励限制）。

欠励磁限制的另一个目的是，限制发电机运行在允许进相容量曲线之上，从而防止发电机定子端部过热。在相同的视在功率和相同的端部冷却条件下，发电机随着功率因数由滞相向进相转移，发电机定子端部漏磁磁密值相应增高，这将引起定子端部元件的损耗发热也趋向严重。因此，随着发电机进相程度的增大，要维持发电机端部元件的温度不超过允许值，其出力便要相应地降低。显然，防止定子端部过热，是发电机进相运行深度的一个限制因素。

在 P-Q 平面上，绘制出发电机进相运行容量曲线和临界失步曲线，再在两曲线围定的公共区域内留有适当的裕量，整定一条欠励限制曲线，如图 2-5-22 所示。欠励限制器的任务就是确保在任何情况下，将发电机的功率运行点（P、Q）限制在这条欠励限制线之上。

欠励限制器的输出接至综合放大单元的信号混合器的正值竞比端。欠励限制器首先检测发电机的现行功率运行点（P、Q），并与欠励限制线加以比较，若现行功率运行点高于欠励限制线，则输出一个负值电压，其电位低于信号混合器正值竞比门的其他输入，欠励限制器输出被封锁，不起作用。若功率运行点低于欠励限制线，则输出正值电压，其电位高于信号混合器正值竞比门的其他输入，欠励限制信号起作用，迫使功率运行点（P、Q）上移或不再下移。在欠励限制起作用期间，接电压反馈的通道被封锁，起作用的是接无功功率 Q 进行反馈的通道，即欠励限制器承担了调节励磁的任务。欠励限制器的原理电路图如图2-5-23所示。

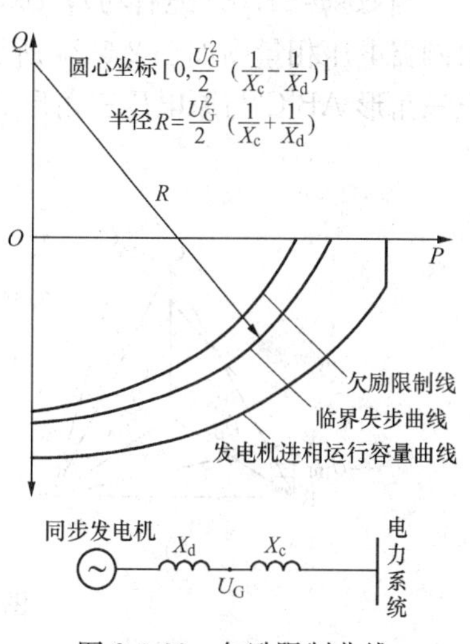

图 2-5-22　欠励限制曲线

欠励限制器输入的 $\dot{U}_1$ 和 $\dot{U}_3$ 来自测量比较单元的机端

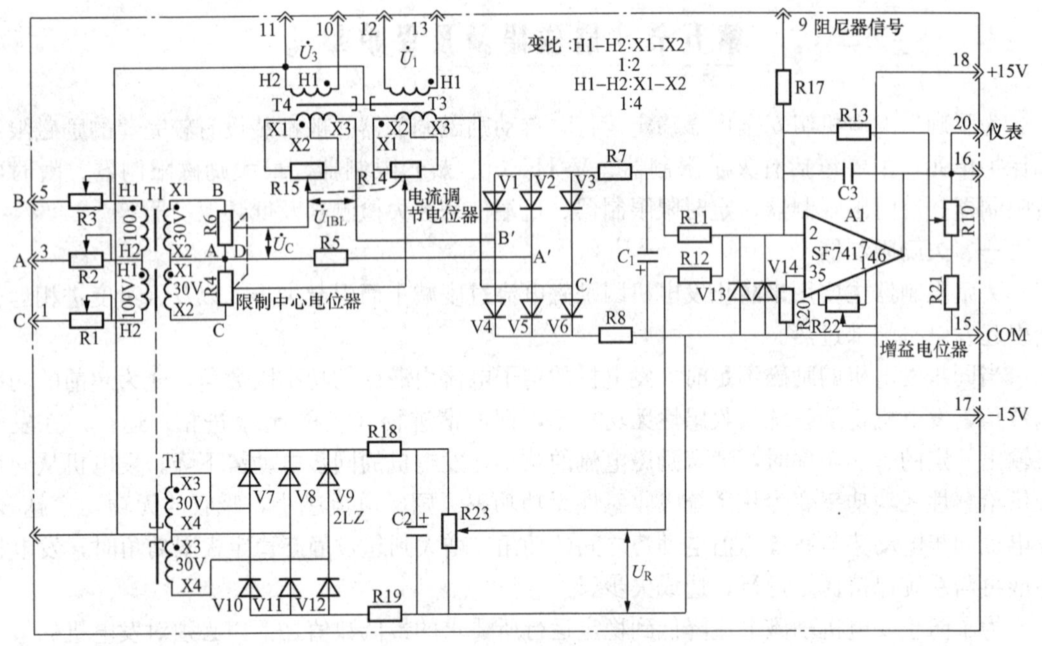

图 2-5-23 欠励限制器原理电路图

信号输入器的一组输出，$\dot{U}_1$ 与 $\dot{I}_B$ 同相，$\dot{U}_3$ 超前 $\dot{I}_B 60°$，但 $|\dot{U}_1|=|\dot{U}_3|$，即两者具有相等的幅值。根据图 2-5-23 中欠励限制器的电路接线，可得电压相量合成的关系为

$$\dot{U}'_A=\dot{U}_A$$

$$\dot{U}'_B=\dot{U}_B-K\dot{U}_3=\dot{U}_B-\dot{U}_{1BL}$$

$$\dot{U}'_C=\dot{U}_C-K\dot{U}_1=\dot{U}_C-\dot{U}_{1B}$$

式中，$\dot{U}_{1BL}$ 和 $\dot{U}_{1B}$ 分别与 $\dot{U}_3$ 和 $\dot{U}_1$ 同相，幅值可由同轴电位器 R14 和 R15 进行调整。

当 cosφ=1.0（纯有功），cosφ=0（纯滞后无功）和 cosφ=0（纯超前无功）时，欠励限制器电压相量图如图 2-5-24 所示。从电压相量图可见，cosφ=1.0（纯有功）时的合成电压三角形 AB′C′与原电压三角形 ABC 相差无几，cosφ=0（滞后）时的 AB′C′缩小，cosφ=

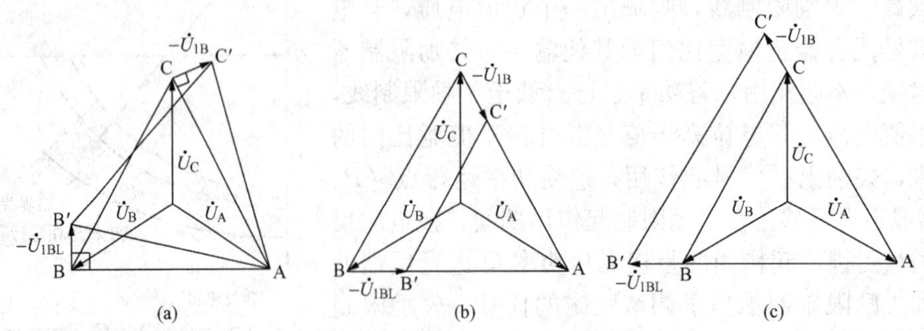

图 2-5-24 欠励限制器电压相量图

(a) cosφ=1.0；(b) cosφ=0（滞后）；(c) cosφ=0（超前）

0（超前）时的 AB′C′增大，这就实现了相敏测量。由于三相对称，欠励限制器的电压相量亦可用单相相量图来表示。设用$\dot{U}_C$表示$\dot{U}_{AC}$，用$\dot{U}_1$表示$\dot{U}_{1B}$，其合成相量$\dot{U}_{AC'}$用$\dot{U}'_C$来表示，则可表示为单相相量合成图，如图 2-5-25 所示。

欠励限制器（见图 2-5-23）中的放大器 A1 共有两路输入：一路是由 R23 得到的正固定偏置分量I_{R12}，另一路是由 R11 得到的经$\dot{U}_C$电压相量与$\dot{U}_1$电压相量的合成相量$\dot{U}_{C'}$整流滤波后的反相输入。若$I_{R12} > I_{R11}$，则放大器 A1 输入$\Sigma I > 0$，A1 输出为负，欠励限制不起作用；若$I_{R12} = I_{R11}$，A1 输出为 0，处于欠励限制的临界点；若$I_{R12} < I_{R11}$，则表示功率运行点（P、Q）已到欠励限制线以下，此时放大器 A1 输出为正，调节器进入欠励限制状态。需要指出的是，由于I_{R12}是固定的直流分量，I_{R11}又正比于合成电压相量，所以$I_{R12} = I_{R11}$的含义就是，只要合成电压相量$\dot{U}'_C$的模使等式$I_{R12} = I_{R11}$成立，则无论$\dot{U}_1$电压相量的幅值和φ角如何变化，放大器 A1 输出恒为 0，欠励限制均处于临界点。将合成电压相量$\dot{U}'_C$（保证其模不变）绘制在 P-Q 平面上，其相量终点描绘出的轨迹便是欠励限制的临界曲线，简称欠励限制线，如图 2-5-26 所示。欠励限制线是以$\dot{U}_C$的起点为圆心，$|\dot{U}'_C| = U_R$为半径的一段圆弧，十分接近临界稳定曲线的形状，可以很好地起到欠励限制的作用。U_R偏置分量是由电位器 R23 预先调好的直流电压。$\dot{U}'_C$是由双联的限制中心电位器 R4、R6 预先调好的发电机端电压分量。$\dot{U}_1$是由双联的电流调节电位器 R14、R15 预先调好的发电机电流分量。当它们的比例确定后，也就确定了欠励限制器的限制线坐标。

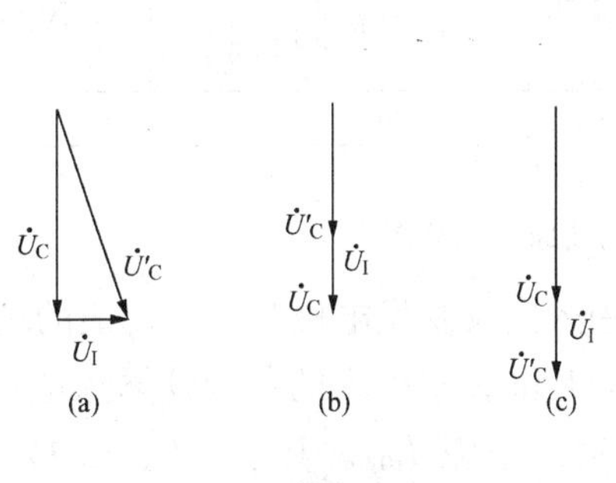

图 2-5-25　单相相量合成图

（a）$\cos\varphi=1.0$；（b）$\cos\varphi=0$（滞后）；（c）$\cos\varphi=0$（超前）

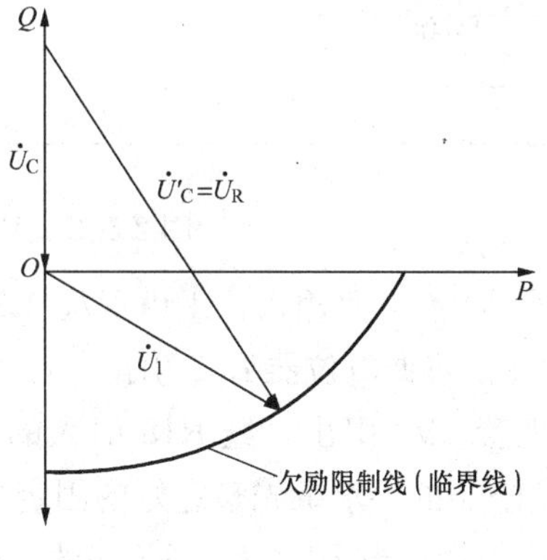

图 2-5-26　欠励限制器的限制线

二、V/Hz（伏/赫）限制器

V/Hz（伏/赫）限制器，用于防止发电机的端电压与频率的比值过高，避免发电机及与其相连的主变压器铁心饱和而引起的过热。

发电机解列运行时，其机端电压可能升得较高，频率也有可能较低，例如，机组启动期间，频率较低；甩负荷时，电压较高等。如果其机端电压U_G与其频率f_G的比值U_G/f_G过高，则同步发电机及与其相连的主变压器的铁心就会饱和，使空载励磁电流加大，造成铁心过热。V/Hz 限制器的任务，就是保证在任何情况下，将比值U_G/f_G限制在允许的安全数值以下。

V/Hz 限制器的原理电路如图 2-5-27 所示。图 2-5-27 中，整流桥之前的阻容电路是按反映 U_G/f_G 比值这一要求设计的。发电机端的三相电压信号经电压互感器接入，输入电压经△/Y 连接的信号变压器降压和隔离后，接入三相阻容电路。三相整流桥的输入电压取自三角形连接的电容器的三个端点。电容器上的电压 U_C 与发电机端电压 U_G 成正比，与 U_G 的频率 f_G 成反比，即 $U_C=KU_G/f_G$。将 U_C 整流滤波转换成直流电压后，经 R7、R8，由 R9 送放大器 A1 的输入端。由此可知，I_{R9} 正比于 U_C，也正比于 U_G/f_G。

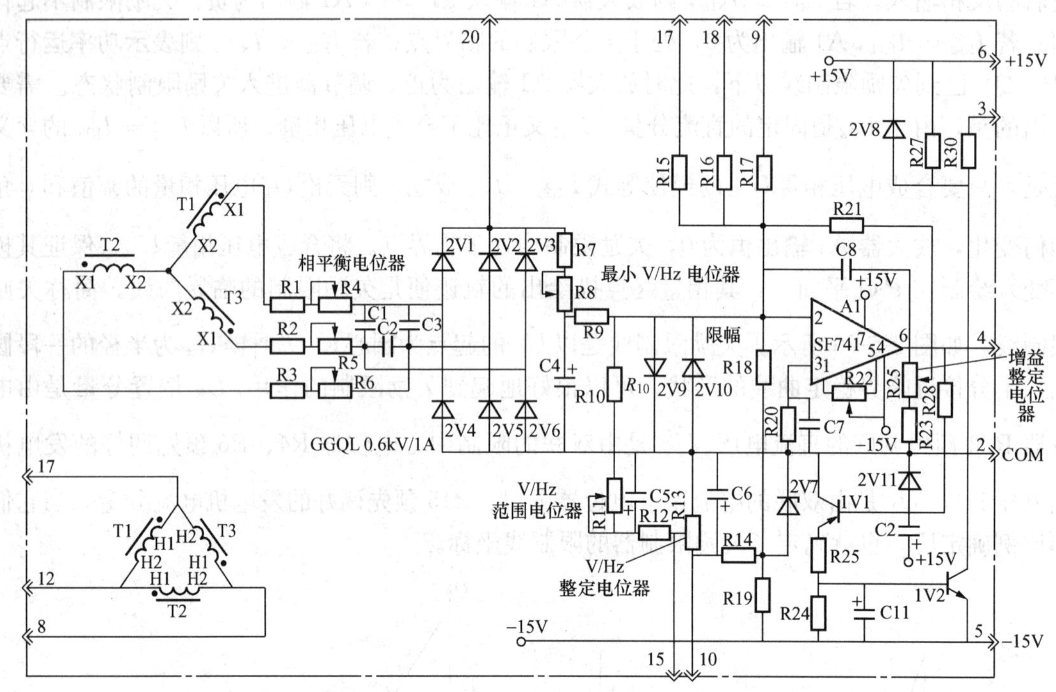

图 2-5-27　V/Hz 限制器原理电路图

放大器 A1 有三路输入：①由 R7、R8、R9 引入的反映发电机 U_G/f_G 比值的正极性输入电流 I_{R9}；②由可调电位器 R13 引出，经 R12、R11 和 R10 引入的负极性输入电流 I_{R10}；③由稳压二极管 2V7 引出，经 R18 引入的负极性输入电流 I_{R18}。其中，I_{R18} 和 I_{R10} 是按照对 U_G/f_G 比值限制的要求事先整定好的固定分量。机组运行时，只有 I_{R18} 是反映此时机组 U_G/f_G 比值变化的量。当 $I_{R9}<I_{R18}+I_{R10}$ 时，放大器 A1 的输出为正，A1 处于非限制状态；当 $I_{R9}=I_{R18}+I_{R10}$ 时，输出为 0，A1 处于 V/Hz（伏/赫）限制的临界状态；当 $I_{R9}>I_{R18}+I_{R10}$ 时，输出为负，进入 V/Hz（伏/赫）限制状态。V/Hz（伏/赫）限制器的输出端子 4 接至综合放大单元的信号混合器的负值竞比门。V/Hz（伏/赫）限制器进入限制状态，输出负电位；在非限制状态，输出正电位。

V/Hz（伏/赫）限制器动作的同时发出报警信号。由三极管 1V1 和 1V2 构成报警继电器的驱动电路。当 V/Hz（伏/赫）限制器动作时，限制器端子 4 输出负电平，三极管 1V1 和 1V2 导通，由端子 3 外接信号继电器发出 V/Hz（伏/赫）限制动作的报警信号。

三、反时限限制器

反时限限制器主要用于限制最大励磁电流。它按照已知的反时限限制特性，即按发电机转子容许发热极限曲线，对发电机转子电流的最大值进行限制，以防转子过热。反时限限制器的限制特性如图 2-5-28 所示，原理电路如图 2-5-29 所示。

反时限限制器主要由放大器 A1、A2 和 A3 组成。放大器 A1 用于信号检测；A2 和 A3 两级积分器用于形成其反时限限制特性。励磁电流信号由端子 18 输入，经 R51 和 R1 引入输入信号电流 I_{R1}，与固定不变的负极性电流 I_{R4} 相加。

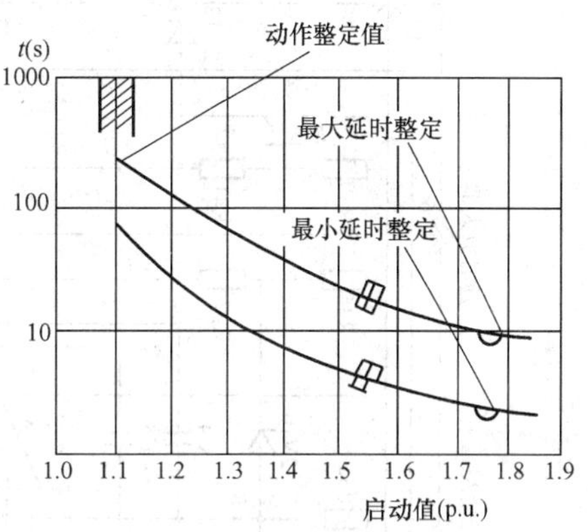

图 2-5-28　反时限限制器限制特性

输入信号小于启动值，即 $|I_{R1}|<|I_{R4}|$ 时，A1 输出为正，A2 积分输出为负，三极管 1V1、1V2、1V3 均截止，继电器 K20 不动作。+15V 电源经 R21、R31，放大器 A1 的输出（正电平）经 R30，同时加到 A3 的输入端，A3 积分输出为负，三极管 1V4、1V5 截止，继电器 K21 不动作，同时，定时限限制器也不启动延时；−15V 电源经 R42、2V15 和 R35，加到放大器 A4 的反向输入端，A4 的输出端子 1 和 2 为正电平，励磁电流不受限制。另外，A2 同相输入端经 2V3 接负电平，A4 的同相输入端经 R43 接 A1 输出的正电平，使得 A2 输出的负电平以及 A4 输出的正电平更为稳定，因而实现了可靠闭锁。

当输入信号大于启动值，即 $|I_{R1}|>|I_{R4}|$ 时，A1 输出为负，A2 积分延时输出正值，使三极管 1V1、1V2、1V3 导通，继电器 K20 动作，发出报警信号；1V3 导通后，A3 仅受 A1 输出电压的控制，A3 积分延时输出正值，三极管 1V5、1V4 导通，继电器 K21 动作，进行报警或作自动转手动调节器的切换执行器。同时，由端子 4 输出正电平，启动定时限限制器开始延时。由于 1V4 的导通和 2V13 的作用，A4 的反相输入端无信号输入，A1 的输出接 A4 的同相输入端，使 A4 输出与 A1 输出均为相同负极性，这一负信号接至综合放大单元的信号混合器的负值竞比门，起限制励磁的作用。另外，端子 3 的正信号送到 A2 的同相输入端，以保证 A2 输出为正饱和状态。

两级积分器 A2 和 A3 使其启动值与其动作延时形成了反时限限制特性。当输入信号越是比启动值大时，第一级积分器 A2 便越使 1V3 的导通提前，同时使第二级积分器 A3 越是提前受 A1 的输出信号单独控制，因而，1V4 导通也越提前，由此造成反时限特性。在限制信号起作用后，若励磁电流降到小于启动值，则 A1 和 A4 首先改变输出极性，信号混合器的负值竞比端解除了励磁限制信号。同时，A2 开始反向积分，延时输出负电平，使继电器 K20 复归；A3 因 2V10 的作用，可瞬时使继电器 K21 复归。

反时限限制器共有四种不同形式的输出：

（1）端子 9 接继电器 K20，用作最大励磁限制延时报警，受 A2 控制。

（2）端子 3 接继电器 K21，用于自动转手动调节器切换，受 A3 控制。

（3）端子 4 接定时限限制器，用于启动定时限限制器的延时，受 A4 控制。

（4）端子 2 接信号混合器的负值竞比端，当其为正电平时，励磁电流不受限制；当其为负电平时，励磁电流受到限制。

反时限限制器有两个主要用途，即用作最大励磁（延时）限制器和反时限限制器。当用作最大励磁（延时）限制器时，端子 2 接至信号混合器的负值竞比端，作用于 AC 调节器，

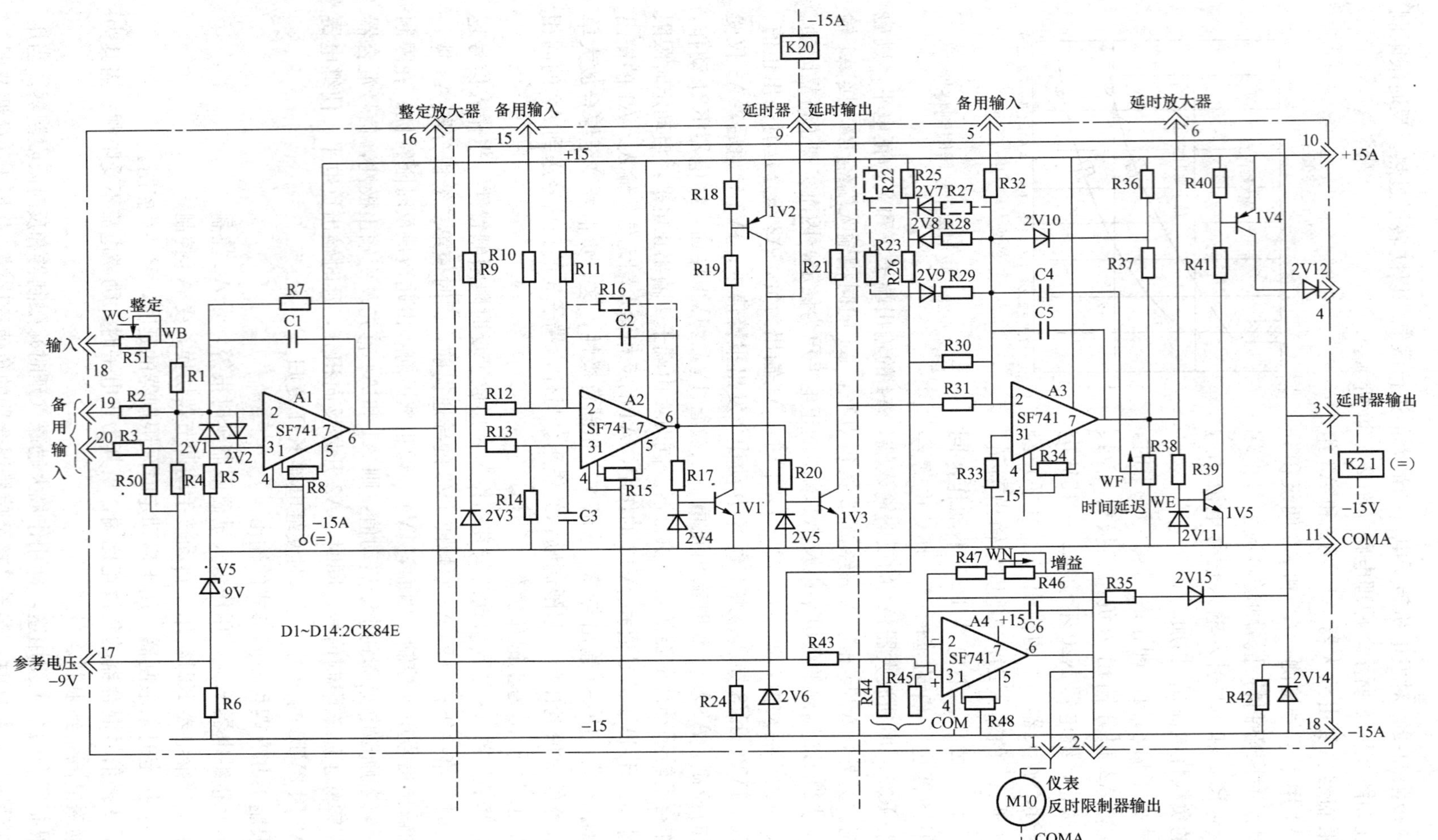

图 2-5-29　反时限限制器原理电路图

起限制励磁电流作用，继电器 K20 用于报警，K21 用于 AC 转 DC 的切换控制，端子 4 不用。当用作反时限限制器时，端子 2 不用，继电器 K20 用于解除 DC 调节器对 AC 调节器的自动跟踪，并使 DC 调节器的励磁电流给定值恢复到额定位置，继电器 K21 用于 AC 转 DC 的切换控制，通过 DC 调节器来实现励磁电流的限制。在继电器 K21 动作的同时，端子 4 向定时限限制器发一启动电平，启动定时限限制器开始延时。如果励磁电流在 3～5s 内恢复到反时限限制器的启动值以下，则定时限限制器因 A3 的瞬时复归而不能动作；否则，规定时间一到，即跳发电机开关。R48 用于改变反时限限制器的启动值，R38 用于改变反时限限制器的延时时间，R46 用于调整限制器的增益。

四、瞬时电流限制器

瞬时电流限制器用于具有高顶值励磁电压的励磁系统，限制发电机励磁电流的顶值，防止其超过设计允许的强励倍数，防止晶闸管整流装置和励磁绕组短时过负荷。

励磁调节器中的瞬时电流限制器通常分级设置（如 1、2、3 号三级），其电路相同，只是启动值不同。启动值逐级升高，后一级作为前一级的后备。另外，它们的输出形式和作用位置也不相同。瞬时电流限制器的原理电路如图 2-5-30 所示。由 DC/DC 变换器来的励磁电流信号，从端子 1 输入，通过放大器 A1 与启动值比较。当输入信号小于启动值时，处于正常运行状态，A1 输出正电位；当输入信号大于启动值时，电流限制启动，A1 输出负电位。A1 的输出由端子 5 接至信号混合器的负值竞比端，起限制励磁电流的作用（1 号限制器）；或经反相器 A2 反相后，由端子 8 接至功率驱动器的正值竞比端，起限制励磁电流的作用（2 号限制器）；或经继电器驱动电路起限制励磁电流的作用（3 号限制器），延时启动继电器 K16，跳发电机开关和灭磁开关。

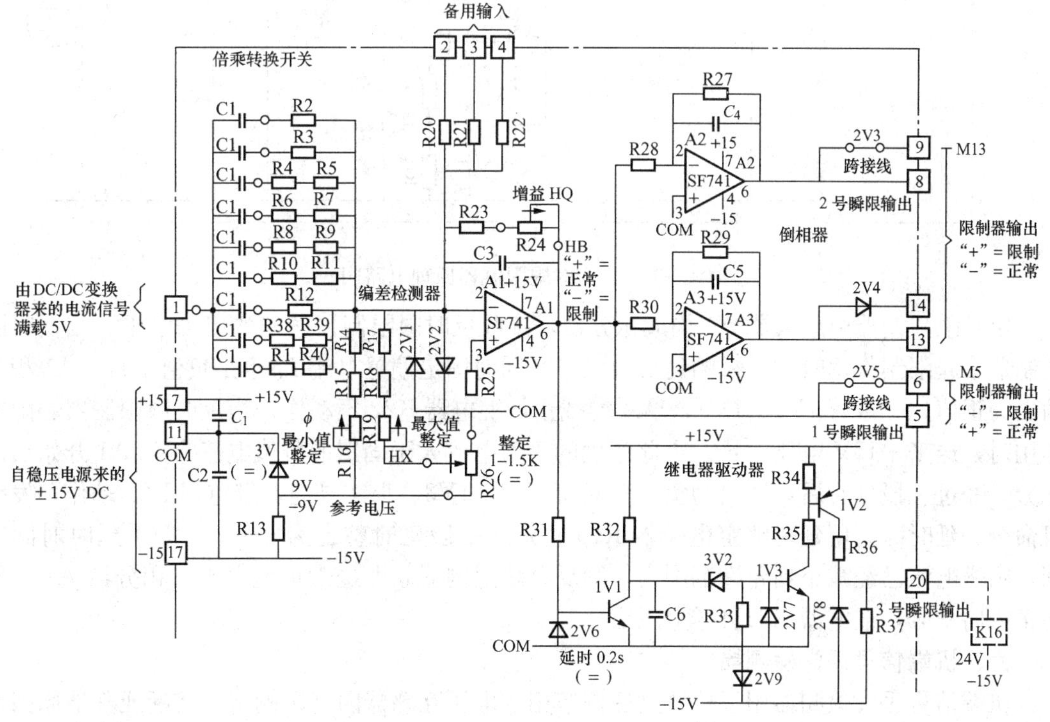

图 2-5-30　瞬时电流限制器原理电路图

瞬时电流限制器的启动定值由 R26 整定，根据 DC/DC 变换器送来的励磁电流信号的幅值，选择合适的整定值。增益调整电位器 R24 用于调整限制器的增益，以保证有合适的限制精度和运行的稳定性。延时环节由 R32、C6 和稳压管 3V2 构成，当三极管 1Vl 截止后，+15V 通过 R32 向电容 C6 充电，在 C6 上的电位未能使稳压管 3V2 击穿之前，三极管 1V3 不动作，因而起到了延时作用。

五、定时限限制器

定时限限制器实质上是一个延时继电器，它与反时限限制器配合使用。当反时限限制器限制动作后，转子电流在规定时间（如 3～5s）内未能恢复到反时限限制器的启动值（如 1.1 倍额定励磁电流）以下，则定时限限制器动作，跳发电机出口开关。定时限限制器作为反时限限制器的后备保护，其原理电路如图 2-5-31 所示。

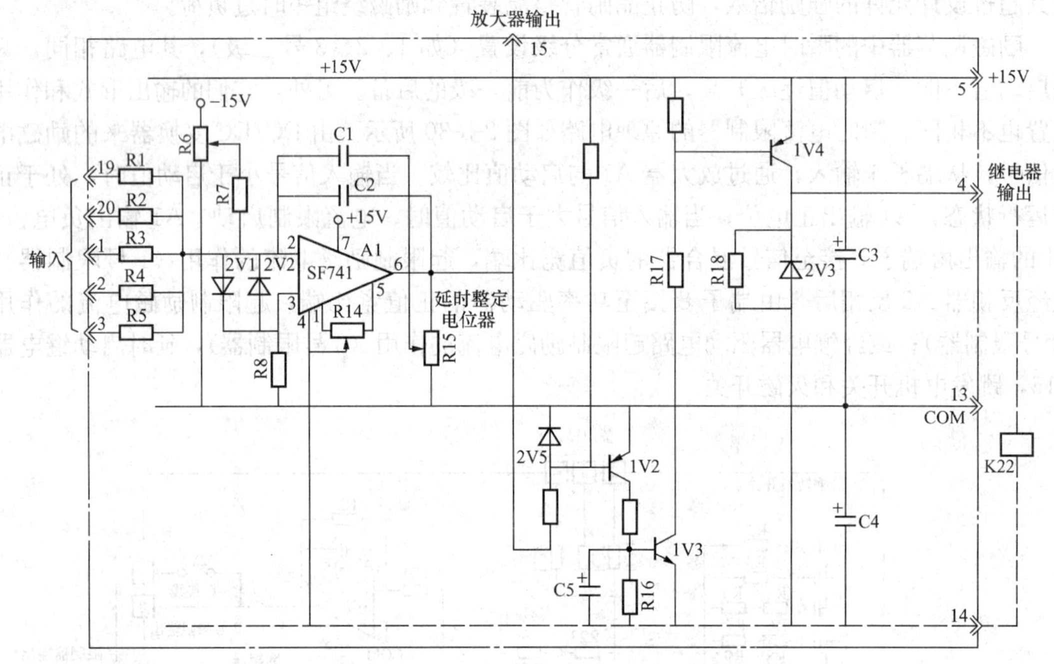

图 2-5-31　定时限限制器原理电路图

定时限限制器由放大器 A1 构成积分器，接收反时限限制器送来的启动电平。当反时限限制器未起限制作用时，送来的是负值电平，同时固定偏置电流 I_{R7} 也是负值信号，A1 积分输出为正值，三极管 1V2、1V3、1V4 均截止，继电器 K22 不动作；当反时限限制器起限制作用时，送来+15V 电压信号，由此产生的正值电流大于固定的负值电流 I_{R7}，A1 开始反向积分，经过一段延时后，输出为负，三极管 1V2、1V3、1V4 导通，继电器 K22 动作，发跳机命令。延时时间用延时整定电位器 R15 整定，一般延时整定为 3～5s。如果延时时间未到，励磁电流已经减小到允许范围内，则反时限限制器立即送来负值电平，积分器 A1 立即转正方向积分，继电器 K22 不会动作。

六、机端信号丢失检测器

机端信号丢失检测器用于检测励磁调节用的电压互感器因高压侧熔丝熔断或其他原因而使电压信号丢失。TV 信号丢失时，AC（自动）调节器立即自动地转到 DC（手动）调节器工作，防止因电压信号丢失引起误强励。

机端信号丢失检测的方案有多种可供使用。采用信号丢失自动由 AC 调节转为 DC 调节运行是一种可靠的方案。机端信号丢失检测器原理电路如图 2-5-32 所示。机端信号丢失检测器同时引入励磁调节用的电压互感器和测量仪表用的电压互感器两路电压信号，经降压、整流、滤波后，以相反的极性接入放大器 A1 进行比较。当励磁调节用的电压互感器正常时，两路信号相等，A1 因＋15V 经 R13 提供的输入电流而输出负值，三极管 1V1 和 1V2 截止，继电器 K17 不动作。当励磁调节用的电压互感器电压信号丢失时，测量仪表用的电压互感器电压信号相对较大，使 A1 输出为正，经 R14 和 C4 构成的积分电路延时后，使三极管 1V1 和 1V2 导通，继电器 K17 动作，将自动（AC）调节器退出工作，投入手动（DC）调节器，同时发出机端电压信号丢失报警信号。由于具有 DC 调节器自动跟踪 AC 调节器的功能，切换扰动很小。

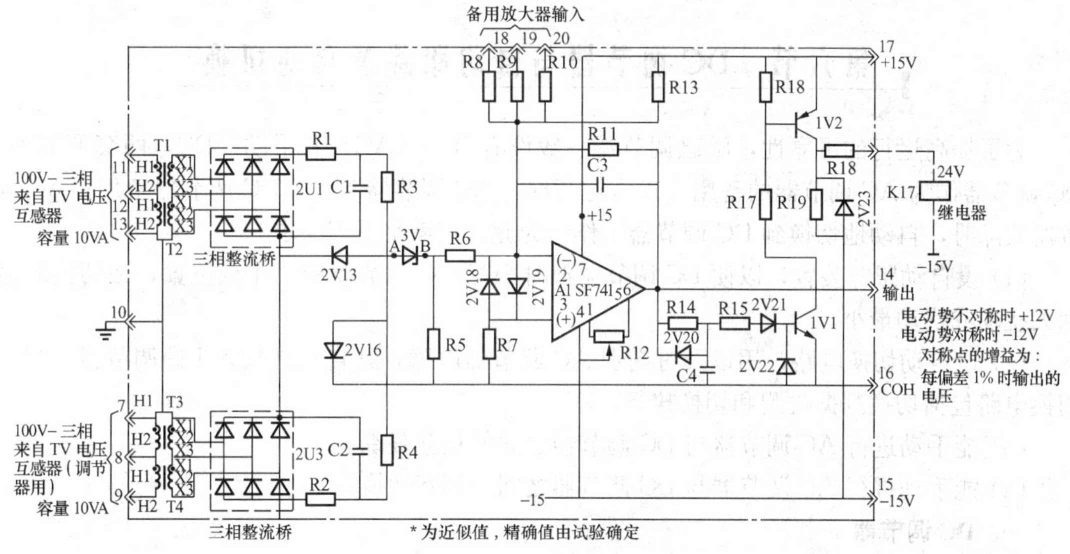

图 2-5-32　机端信号丢失检测器原理电路图

七、低频保护器

低频保护器用于防止机组解列运行时，长时间低频运行造成的不利影响。低频保护器检测发电机频率，当频率过低时，延时输出至继电器出口触点，作用于跳发电机开关和灭磁开关，并给出低频报警信号。

低频保护器的原理图如图 2-5-33 所示。它由六只继电器组成：K4 和 K5 是两只不同整定值（分别为 42Hz 和 45.5Hz）的低频继电器，接在机端电压互感器的二次侧，用来检测发电机频率；K6 和 K7 是中间继电器，用以增加低频继电器的触点；K8 和 K9 是两只不同时间整定值（分别为 6s 和 55s）的延时继电器。当机端频率降低到 45.5Hz 以下时，低频继电器 K5 先动作，并使中间继电器 K7 动作，K7 的一对触点送汽轮机控制盘低频报警，同时，K7 的另一对触点启动时间继电器 K9，K9 延时 55s 后动作，跳发电机开关及灭磁。当频率降低到 42Hz 以下时，低频继电器 K4 先动作，并使中间继电器 K6 动作，K6 的一对触点送汽轮机控制盘低频报警，同时 K6 的另一对触点启动时间继电器 K8，K8 延时 6s 动作，

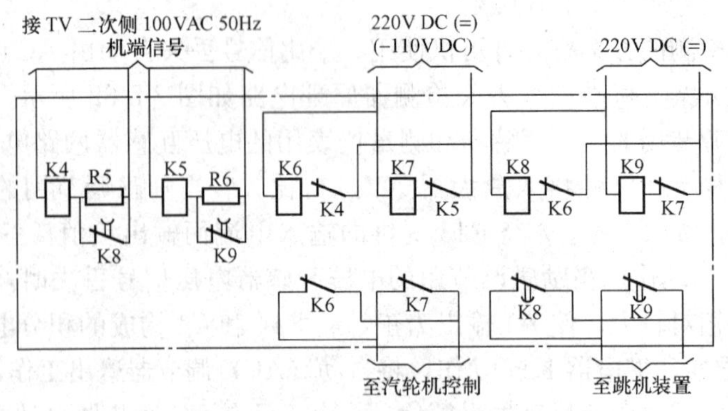

图 2-5-33　低频保护器原理图

跳发电机开关及灭磁。

第六节　DC 调节器与自动跟踪及自动切换

为了提高运行的可靠性，励磁调节器一般设有自动（AC）和手动（DC）两套调节器，DC 调节器作为 AC 调节器的备用。正常运行时，AC 调节器工作，DC 调节器备用；AC 调节器故障时，自动地切换到 DC 调节器工作。为此，应满足下列要求：

(1) 设自动跟踪装置，以便 DC 调节器随时跟踪 AC 调节器的工作点位置，在切换时做到无扰动或扰动最小。

(2) 设自动切换电路，用以及时判别 AC 调节器故障，并自动地投入 DC 调节器。自动切换电路包括切换判据检测和切换执行。

(3) 能手动进行 AC 调节器与 DC 调节器之间的相互跟踪。

(4) 能手动进行 AC 调节器与 DC 调节器之间的相互切换。

一、DC 调节器

DC 调节器主要用作 AC 调节器的备用，以及在励磁控制系统的检修、调试和试验期间使用。DC 调节器工作时，可将励磁机磁场电流稳定在给定水平上。当机组转速不变时，励磁机定子电压不变，从而发电机磁场电压及磁场电流也不变。

DC 调节器的原理电路如图 2-5-34 所示。它主要由放大器 A1 构成的比较放大电路和反相器 A2 组成。励磁机的磁场电流信号是一个由 2 号分流器和 2 号隔离变换器提供的与磁场电流成正比的直流电压信号，接到输入端子 3；来自 DC 电流整定器的负值给定电压接到输入端子 6。这两路输入信号分别经 R2 和 R5 接到放大器 A1 的反相输入端。A1 反相输入端还有一路负值输入信号由板内−15V 电路产生，调节电位器 R8 可改变其大小。当 DC 调节器给定电压为 0V 时，这一负值输入信号决定了磁场电流的最小整定值。三路输入信号由 A1 比较放大后，再经 A2 倒相，送到切换输出电路，当 DC 调节器由备用转入工作时，可控制移相触发单元的脉冲移相，实现闭环调节，维持励磁机磁场电流为给定值。DC 调节器的电流给定范围是：60％额定空载励磁机磁场电流到 130％额定负荷励磁机磁场电流。

二、自动跟踪

为了使切换无扰动或扰动最小，必须使备用的 DC 调节器输出随时保持与运行的 AC 调

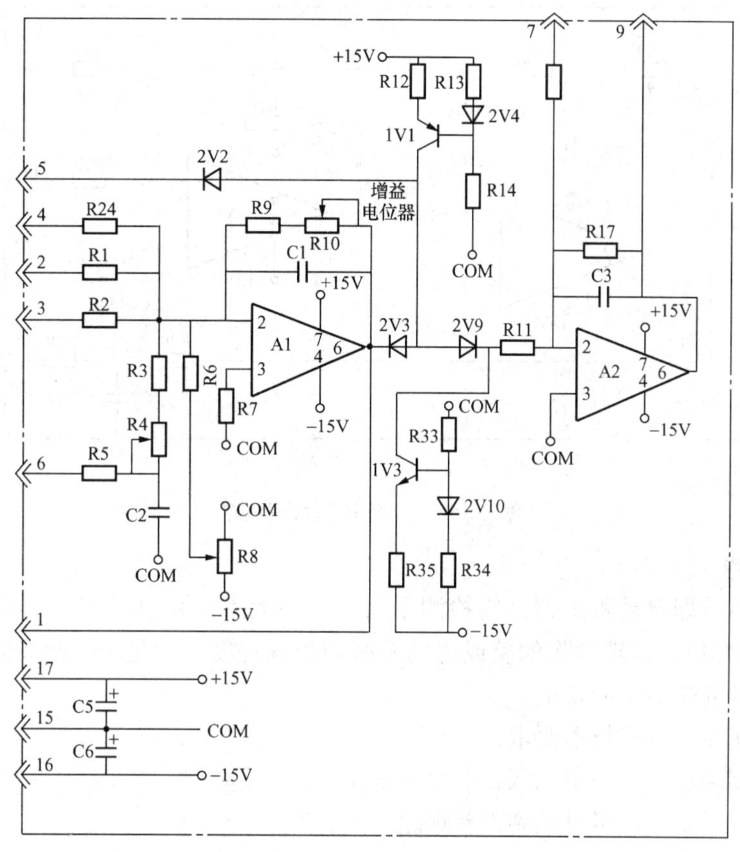

图 2-5-34　DC 调节器原理电路图

节器输出一致。只有这样，才能保证切换前后的脉冲相角不变，从而使磁场电压、磁场电流都维持不变。为此，励磁调节器一般设有控制电压平衡表和自动跟踪电路，分别用以手动跟踪和自动跟踪。

1. 手动跟踪

控制电压平衡表用于测量自动（AC）控制电压与手动（DC）控制电压的差值，并指示出差值的大小及方向。当平衡表指示为 0 时，表示 AC 和 DC 两调节器输出控制电压相等，此时进行切换扰动最小；当指示 AC 控制电压大于 DC 控制电压时，可手动操作，增加 DC 调节器给定；反之，则手动操作，减小 DC 调节器给定，使平衡表指示为 0，实现手动跟踪。

平衡电压检测电路如图 2-5-35 所示。AC 控制电压从端子 18 输入比较放大器 A3，DC 控制电压从端子 19 接入，经倒相器 A4 倒相后输入比较放大器 A3，这两路输入信号通过比较放大器 A3 进行比较、放大，其输出端子 20 和公共端 COM 之间接控制电压平衡表。根据控制电压平衡表的指示，便可知 DC 调节器电流给定的调节方向和所需调节量。反馈电阻 R22 用来调节 A3 的放大倍数，以改变检测灵敏度。R29、R30 和 C7 构成滤波电路，以便控制电压平衡表指示平稳。平衡表只能用于手动跟踪，而手动跟踪不可能做到随时跟踪，因而不能保证 AC 调节器随时向 DC 调节器切换都能做到扰动最小。为此，必须设自动跟踪电路。

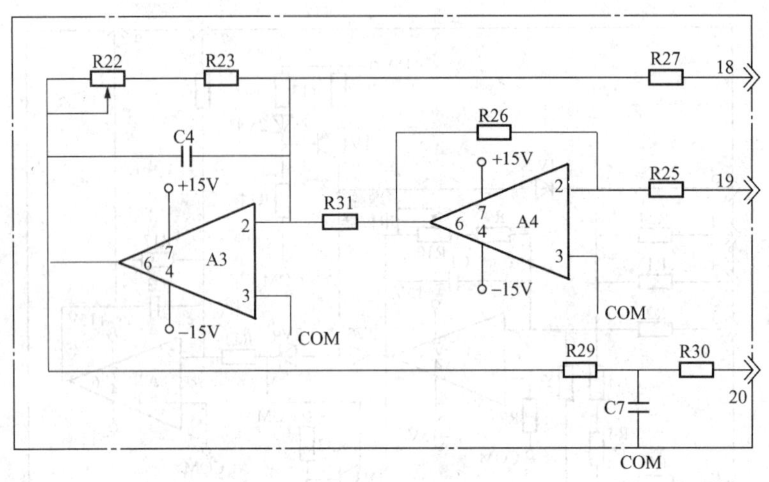

图 2-5-35　平衡电压检测电路

2. 自动跟踪

自动跟踪电路即自动跟随器。它检测平衡电压的大小，并根据其偏差方向，自动调整 DC 调节器的给定值，以求消除偏差或将偏差减到最低程度，满足 AC 调节器切换到 DC 调节器时机组无功冲击最小的要求。

跟随器应满足以下的技术要求：

(1) 跟踪启动值要有一定死区，以免频繁动作。

(2) 跟踪误差要小，尽量做到无差跟随。

(3) 免受暂态影响，防止误跟踪。

(4) 当工作在 DC 手动调节状态时，应停止跟踪。

自动跟随器的原理电路如图 2-5-36。来自平衡电压检测器的平衡电压信号经继电器 90XB 触点（图中未画出来），由端子 16 输入。若输入信号为负，则出口继电器 K2 动作，增加 DC 调节器给定值；若输入信号为正，则出口继电器 K3 动作，减小 DC 调节器给定值。由于三极管 1V2 和 1V3 的导通电平具有一定“门槛”，故增益电位器 R3 担负了（跟踪启动值）“死区”的调节任务。继电器 90XB 由手动—自动控制单元的继电器逻辑电路控制。当处于手动运行状态时，90XB 触点断开，跟随器无输入信号，一直处于跟踪启动值“死区”之中，不会动作。

当输入负信号，且越过“死区”后，经 A1 组成的惯性环节延时，使三极管 1V2 和 1V1 导通，由端子 8 输出接出口继电器 K2，使 K2 动作，送增磁信号至“90DC”整定器（即 DC 给定整定器）的微电动机控制回路，实现增磁操作；当输入正信号，且越过“死区”后，经 A1 惯性环节延时，三极管 1V3、1V4 和 1V5 导通，由端子 7 输出接出口继电器 K3，使 K3 动作，送减磁信号至“90DC”整定器（即 DC 给定整定器）的微电动机控制回路，实现减磁操作。

只要自动跟随器动作，不论是增磁或是减磁（增磁时 1V1 导通，减磁时 1V5 导通），均使 1V6 导通、1V7 和 1V8 截止，1V9 饱和导通，1V9 的集电极电位约为＋15V，由端子 2 输出接至出口继电器 K2、K3 回路（通过相应的触点选择配合）。当信号由于跟踪调节作用

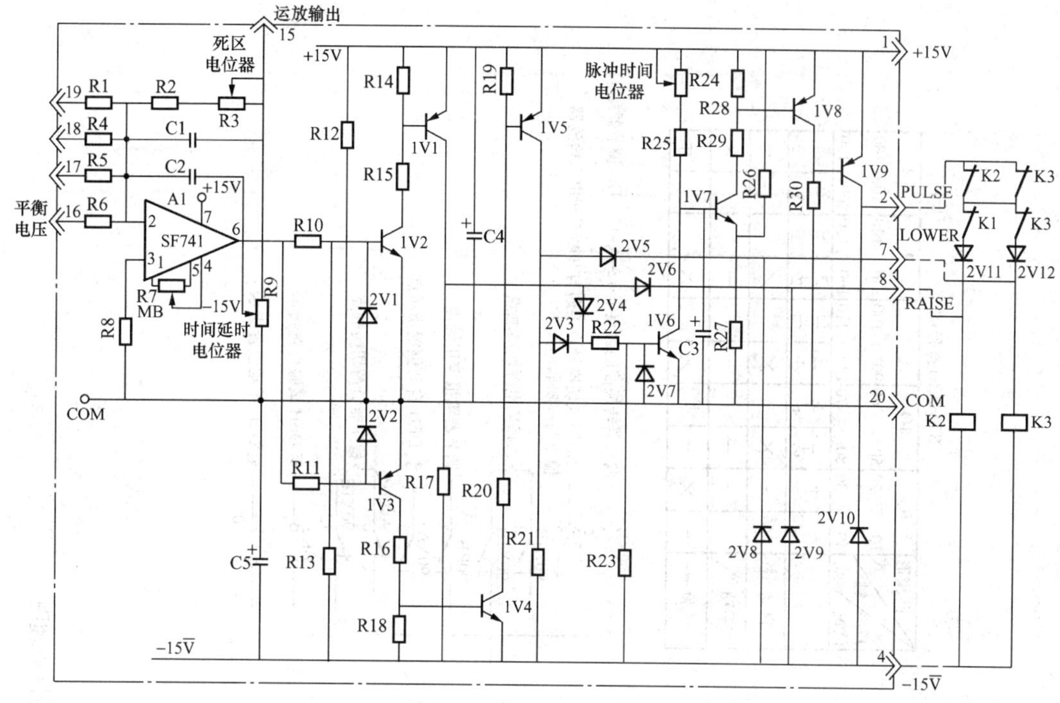

图 2-5-36　自动跟随器原理电路图

进入跟踪死区时，三极管 1V2、1V3 截止，分别使 1V1、1V5 截止，端子 7 和 8 均失压。为了克服死区，做到无差跟随，由端子 2 继续对整定器微电动机控制回路供电一段时间，该时间的长短由时间整定电位器 R24 整定。当跟踪进入死区时，三极管 1V1、1V5 截止，1V6 亦截止，于是 C3 按由 R24、R25 和 C3 确定的时间常数充电，延迟三极管 1V7、1V8 的关断时刻，加长 1V9 的导通供电时间，直到充电使得 1V7、1V8 导通，1V9 才截止，停止向继电器 K2、K3 回路供电，从而停止增减给定的操作，因而实现了无差跟随。为避免跟随器受暂态扰动信号的影响，在 A1 的反馈回路中并联电容 C2 以实现时延，其时滞大小由整定电位器 R9 整定，时滞时间可在 0～10s 间整定，典型值为 1s。

三、自动切换

励磁调节器正常运行时，AC 调节器工作，DC 调节器备用。当 AC 调节器故障时，由自动切换装置自动迅速地切换到 DC 调节器工作。AC 调节器到 DC 调节器的切换是通过继电器 K1 的触点对 AC 控制电压和 DC 控制电压进行切换来实现的，而 K1 的动作又由继电器 90XB 触点控制。AC－DC 切换控制原理图如图 2-5-37 所示。根据继电逻辑的逆向分析原则，可得如下动作链：

AC 调节器转 DC 调节器←继电器 K1 失电返回←90XB 动合触点打开←90XB 继电器失电←90RB 动断触点打开←94RB 继电器得电动作

←
- 41AX 动断触点闭合←磁场开关（41）跳闸灭磁
- K21 动合触点闭合←反时限限制器延时过励限制动作
- K17 动合触点闭合←励磁用电压互感器断线，信号丢失检测器动作

可见，当下列三个条件之一满足时，AC 调节器即自动地切换至 DC 调节器：

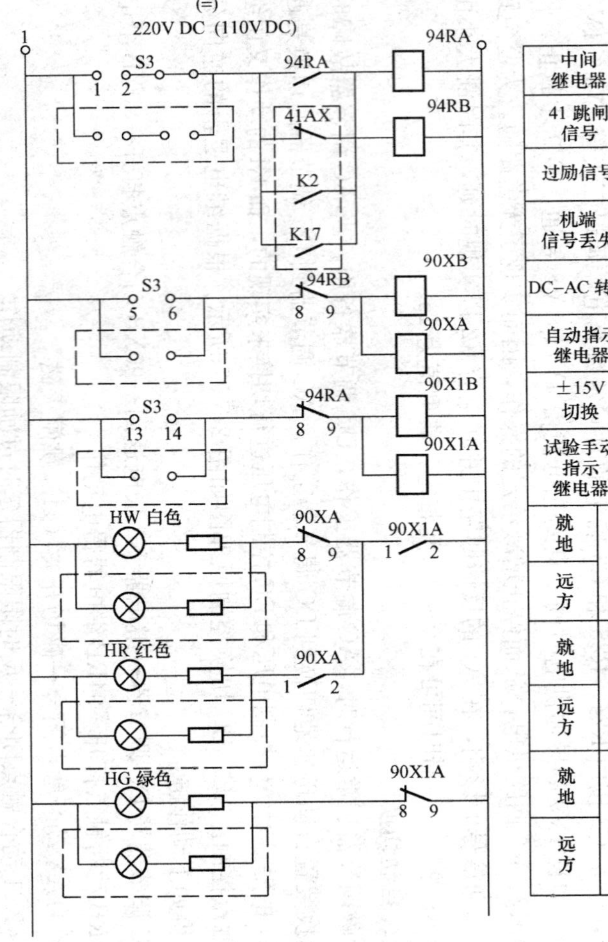

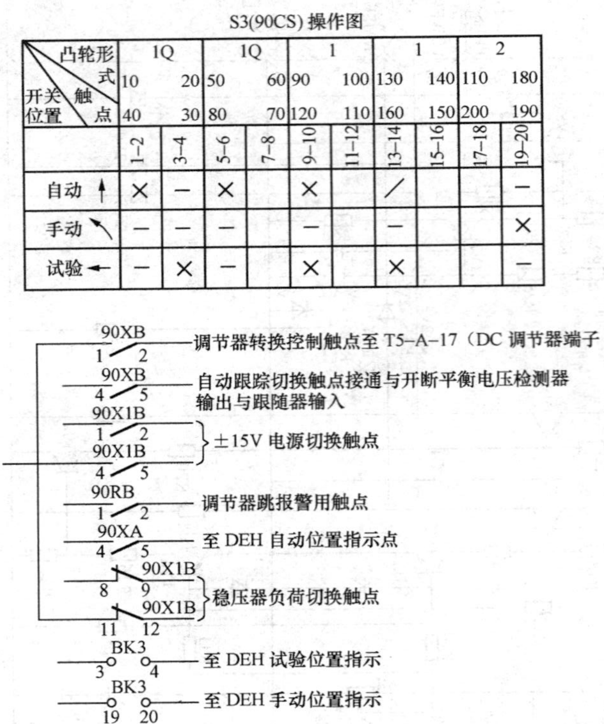

S3(90CS) 操作图

开关位置 \ 凸轮形式 / 触点	1Q 10 40	1Q 20 30	1Q 50 80	1Q 60 70	1 90 120	1 100 110	1 130 160	1 140 150	2 110 200	2 180 190
	1–2	3–4	5–6	7–8	9–10	11–12	13–14	15–16	17–18	19–20
自动 ↑	×	—	×		×		╱			—
手动 ↖	—	—	—		—		—			×
试验 ←	—	×	—		×		×			—

图 2-5-37　AC—DC 切换控制原理图

（1）磁场开关（41）跳闸灭磁；

（2）反时限限制器动作；

（3）励磁用电压互感器断线。

AC 调节器切换到 DC 调节器后，继电器 94RA 动作，其动合触点闭合，使继电器 94RB 自保持不再失电，直到故障消除，运行人员操作手动控制切换开关 BK3 后，方可复归。

第七节　励磁系统稳定器和电力系统稳定器

一、励磁系统稳定器

励磁控制系统中，开环放大倍数和各环节的时间常数对系统的性能影响较大。为了提高系统的调压精度，放大倍数应取大，但放大倍数过大又会使系统不稳定。各环节的时间常数如选择配合不当，也会引起过大的超调或产生振荡。对于同轴的三机励磁系统，由于引进了交流主励磁机磁场绕组的时间常数，不仅延缓了励磁响应速度还可能使励磁控制系统产生过大的超调或不稳定。为此，必须采取有效措施，削弱或消除这种不利影响。综合放大单元中的电流调节器就是其中的一种方法。电流调节器引入了励磁机磁场电流负反馈，使励磁机磁场等效时间常数减小，削弱了这种不利影响。

另外一种常用的办法是将发电机励磁电压（转子电压）微分，再反馈到综合放大单元的输入端参与调节。这种并联校正的转子电压微分负反馈网络称为励磁系统稳定器。由于它具有增加阻尼、抑制超调和消除振荡的作用，故又称为阻尼器。

阻尼器的原理电路如图 2-5-38 所示。阻尼器由一级比例微分和一级反相电路构成，其输入信号由 1 号分流器和 1 号隔离变换器将励磁机磁场电流转换成与之成正比的直流电压信号，该电压信号也正比于励磁机定子电压，从而正比于发电机转子电压，输入信号从端子 1 输入，微分后送 A1 放大，再经 A2 倒相后由端子 7 输出，输出电压正比于发电机转子电压

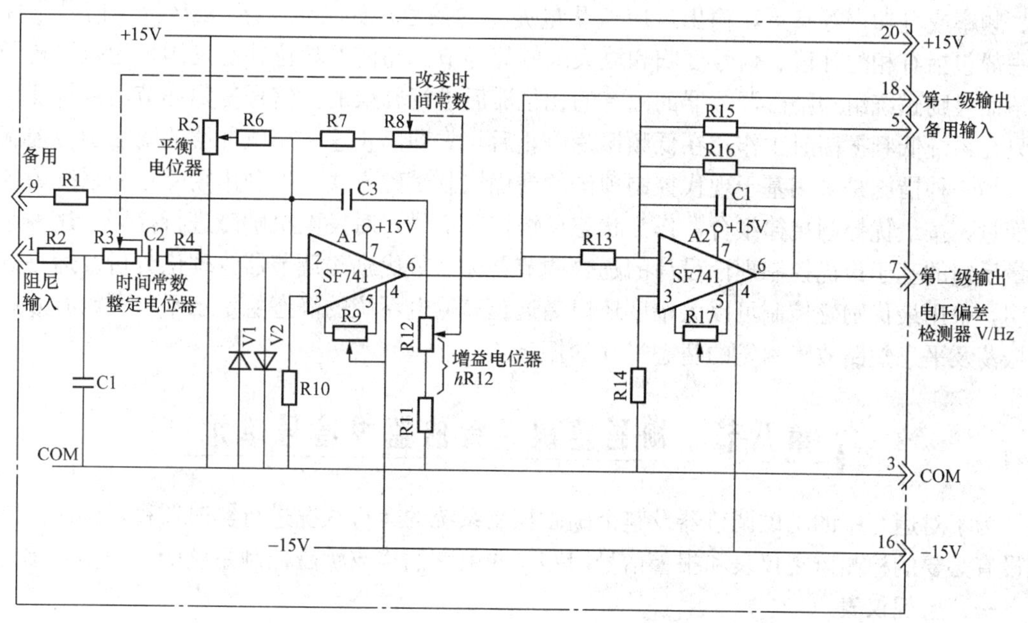

图 2-5-38　阻尼器原理电路图

的变化率。阻尼器的输出分别接到电压偏差检测器、欠励限制器和 V/Hz 限制器的输入端。因此，无论在正常运行，还是在励磁限制运行中，阻尼器均起作用。

励磁调节器在调节的动态过程中，当转子电压 U_f 变化后，由于转子时间常数的影响，发电机电压 U_G 的变化将有所滞后。当转子电压 U_f 升高时，由于阻尼器的作用，产生了一个相当于发电机电压 U_G 升高的信号，反馈到电压偏差检测器，再作用于移相触发单元，使控制角 α 增加，减少功率单元的输出，使发电机电压 U_G 上升的速度减缓；相反地，当 U_f 下降，阻尼器将产生一个阻碍 U_f 下降的反馈信号，使发电机电压 U_G 下降的速度减缓。微分负反馈的这种阻尼作用，相当于减小了调节器的暂态增益。励磁电压 U_f 的变化率愈大，负反馈的阻尼作用愈强，这样便起到了抑制超调和消除振荡的作用。

二、电力系统稳定器

随着同步发电机单机容量的不断增加，电力系统的日益扩大，电力系统的稳定性问题愈加严重。并入大电网后的同步发电机缺乏足够的正阻尼转矩，特别是仅以电压偏差控制的快速励磁控制系统，甚至会产生有害的负阻尼转矩。因此，在大电网中容易发生低频振荡，其振荡频率约为 0.2～2Hz，有些振荡频率甚至更低。这种低频振荡在长线重负荷远距离输电的情况下，表现得尤为严重，它可能因线路开关动作或电力系统故障等原因所激发，并由于系统正阻尼不足，甚至有负阻尼作用，更助长了低频振荡的发展，其结果可能导致系统运行失稳甚至解列。

目前，解决低频振荡问题大致采用两种措施：一种是相位补偿附加励磁控制，即向励磁控制系统引入一种按某一振荡频率设计的新的附加控制信号，以增加正阻尼转矩，克服快速励磁调节器对系统稳定产生的有害作用，改善系统的暂态特性。这种产生有利于电力系统稳定作用的新的附加控制环节通常称为电力系统稳定器（Power System Stabilizer，简称 PSS）。

电力系统稳定器一般由敏感单元和信号条件单元组成。敏感单元输入的信号主要有角速度、频率或电功率等参量，输出反应这些量偏差的信号，如 $\Delta\omega$、Δf、ΔP 等。信号条件单元一般包括有相位补偿、信号复归和放大限幅等环节。超前的相位补偿是用来为阻尼转子振荡角而对励磁绕组和励磁调节器的固有的相位滞后进行补偿的。信号复归环节用以保证稳定器只在系统低频振荡时工作；在低频振荡停止后，立即停止这一相位补偿的附加励磁控制。

另一种措施是采用基于现代控制理论的最优控制励磁方式，即利用励磁控制系统的各状态变量，按最优控制规律组合，作为状态反馈控制信号，对发电机励磁进行控制。这种用状态量反馈的基于最优控制理论设计的励磁调节器称为最优励磁调节器。理论分析及运行试验表明，采用最优励磁控制可以大幅度地提高远距离输电系统的静态稳定水平，可以有效地抑制振荡及平息短路故障引发的暂态过程的振荡。

第八节　励磁控制系统的监视信号单元

为了对运行中的励磁调节器及整个励磁控制系统的运行状况进行实时监视，励磁控制系统设有必要的检测监视仪表和报警信号回路，并由它们构成励磁控制系统的监视信号单元。

一、监视仪表

励磁控制系统的主要检测和监视仪表包括：发电机电压表、发电机定子电流表、励磁机磁场电流表、电压偏差检测器输出电压表、信号混合器输出电压表、欠励限制器输出电压表、最大励磁限制器输出电压表、瞬时电流限制器输出电压表、V/Hz 限制器输出电压表、电流调节器输出电压表、DC 调节器输出电压表、自动（AC）调节器输出平衡电压表、手动（DC）调节器输出平衡电压表、稳压电源电压表等。

二、报警信号回路

励磁系统主要的监视报警信号包括强励磁报警信号、脉冲丢失检测信号、磁场接地检测信号、过励磁延时报警信号、低频报警信号、电压互感器断线缺相报警信号和直流稳压电源故障报警信号等。

本章第五节在反时限限制器、低频保护器和信号丢失检测器中分别介绍了过励磁延时报警信号、低频报警信号和电压互感器断线缺相报警信号，这里仅就其他报警工作原理简述如下。

（一）强励磁报警器

励磁系统进行强励磁时，应及时发出报警信号，以引起运行人员的注意，必要时采取紧急措施，以免事故扩大。强励磁报警器原理电路如图 2-5-39 所示，它是由积分环节和继电器回路构成的。与定时限限制器一样，其继电器回路也是一个启动值可变的延时继电器。励磁机磁场电流经分流器和 2 号隔离变换器，由端子 1 输入，与由 R6 来的负偏置整定启动值信号比较。当输入信号超过整定值时，放大器 A1 输出电压经积分延时（经 1s）由正变负，于是三极管 1V2、1V3、1V4 导通，继电器 K18 动作，同时端子 4 输出正电平，送至外接继电器 K19，实现强励磁报警。延时时间由时间延时电位器 R11 整定，启动值由电位器 R6 整定。

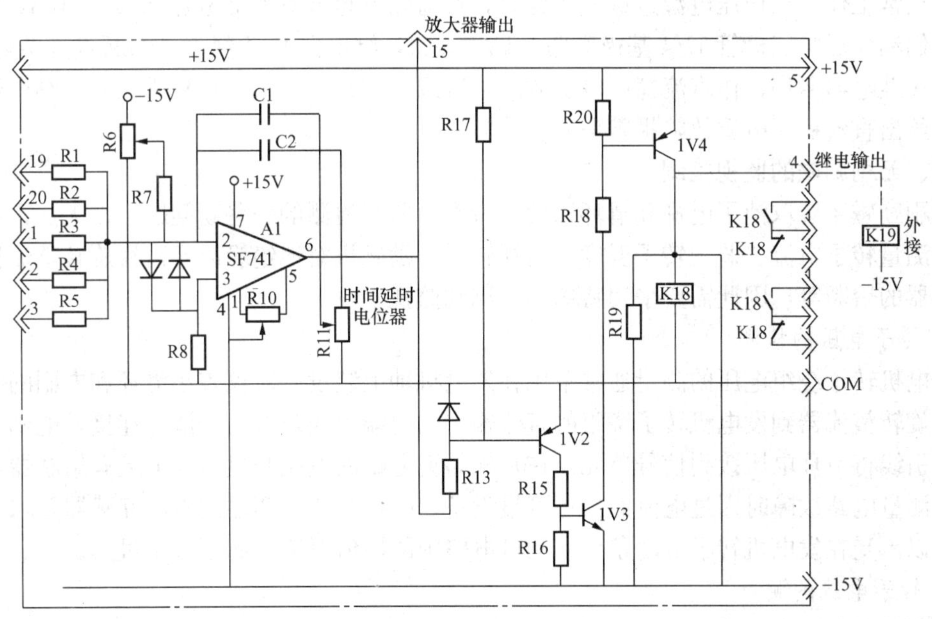

图 2-5-39　强励磁报警器原理电路图

（二）脉冲丢失检测器

晶闸管触发脉冲因故丢失时，应导通的晶闸管将不能导通，可控整流桥处于异常工作状态，励磁电流将减小，在要求励磁电流一定的情况下，便加重了其他晶闸管的负担。因此，当发生触发脉冲丢失时，应立即发出报警信号，以便运行人员及时处理，或更换备件、或作限制励磁运行。

脉冲丢失检测器原理电路如图 2-5-40 所示。图中脉冲发生器的六相脉冲信号分别加到输入端子 12、14、15、16、17 和 18。当六相脉冲信号全部正常时，三极管 1V1～1V6 均导通；其中任一相脉冲信号消失，与其相应的三极管关断。三极管 1V9、1V10、1V11 通过六个二极管 2V3、2V6、2V9、2V12、2V15 和 2V18 接在"与"门电路，全部脉冲信号正常时，"与"门输出高电平，1V9、1V10 关断，1V11 导通，由 1V11 输出脉冲正常信号，脉冲正常灯亮。如果有任何一相脉冲消失，与其相应的二极管关断，"与"门输出为低电平，1V9、1V10 导通，1V11 截止，由 1V10 输出脉冲丢失信号，脉冲丢失灯亮。

（三）直流稳压电源故障报警

直流稳压电源是励磁调节器的工作电源，直流稳压电源的可靠性直接影响励磁调节器以及整个励磁系统的可靠性。除了采用交流供电电源取自不同来源的供电方式、两套直流稳压电源并联运行、互为备用、自动切换的运行方式外，当稳压电源发生过载或短路时，应有相应的保护及报警措施。

直流稳压电源故障报警及保护原理电路如图 2-5-41 所示。该电路主要用于±15V 稳压电源过载和短路保护，当稳压电源发生过载或短路时，自动切除稳压电源，并给出报警信号。稳压电源的+15V、公共端、－15V 分别接端子 19（或 20）、14（或 l5）、10（或 11）。当稳压电源正常时，三极管 1V1、1V2 处于饱和导通状态，C2 充电，三极管 1V3 瞬时导通后，继电器 K14 动作，其动合触点闭合，1V4 受电导通，将继电器 K14 保持，稳压器供出电流，正常工作。当稳压电源过载或短路时，负荷电流超过电流继电器 KAl 和 KA2 的整定值，它们动作后将三极管 1V4 基极旁路，1V4 关断，继电器 K14 释放，切断直流供电电源。端子 4 接继电器 K15，作直流稳压电源故障报警用，当+15V 或－15V 丢失时，继电器 K15 返回，给出直流稳压电源故障报警信号。

三、无刷励磁的监视检测

无刷励磁系统取消了电刷和滑环以后，带来了监视检测的一些新问题，即无法再用常规的方法测量转子电流、监视转子温度、监视转子－励磁机对地绝缘以及监视旋转整流桥上快速熔断器的熔断等，因此需要采用特殊的检测和监视手段。

1. 转子电压的检测

发电机转子绕组电压的测量通常采用在发电机轴上装设一对仪表小滑环和电刷的测量方法。从旋转整流器到发电机转子绕组的直流输出的内端引线与这两个滑环连接，电刷接触滑环，由引线将滑环电压接到信号单元。在每根靠近电刷的电压测量引线上装有熔断器，以防止电压测量电路故障时因过电流而损坏测量设备。串接在滑环两端的电压互感器要求有足够容量，以承受在发电机转子滑动条件下测量电路中的峰值电流，而不致于过热。

2. 转子电流的测量

无刷励磁系统中，从励磁电源到发电机励磁绕组都是同轴旋转的，发电机转子电流的测量必须采用间接的特殊测量手段。通常采用谐波测流法和测流定子法两种方法。

(1) 谐波测流法。在交流励磁机与主机之间加装一组矩形磁极和绕组，交流励磁机静止横轴磁场中的高次谐波在绕组中感生谐波电压（而基波分量对磁极相对静止故无感应），感

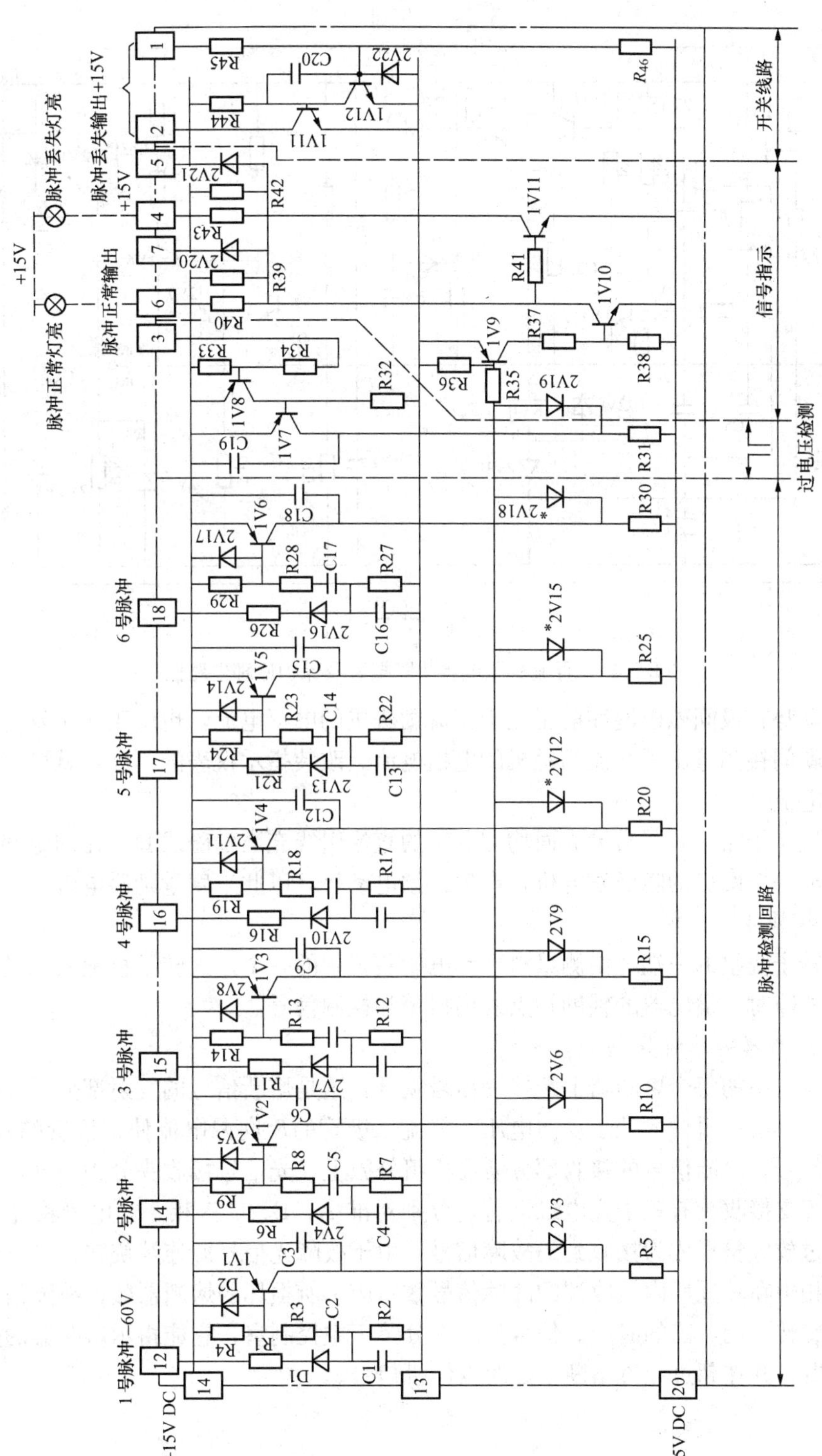

图 2-5-40　脉冲丢失检测器原理电路图

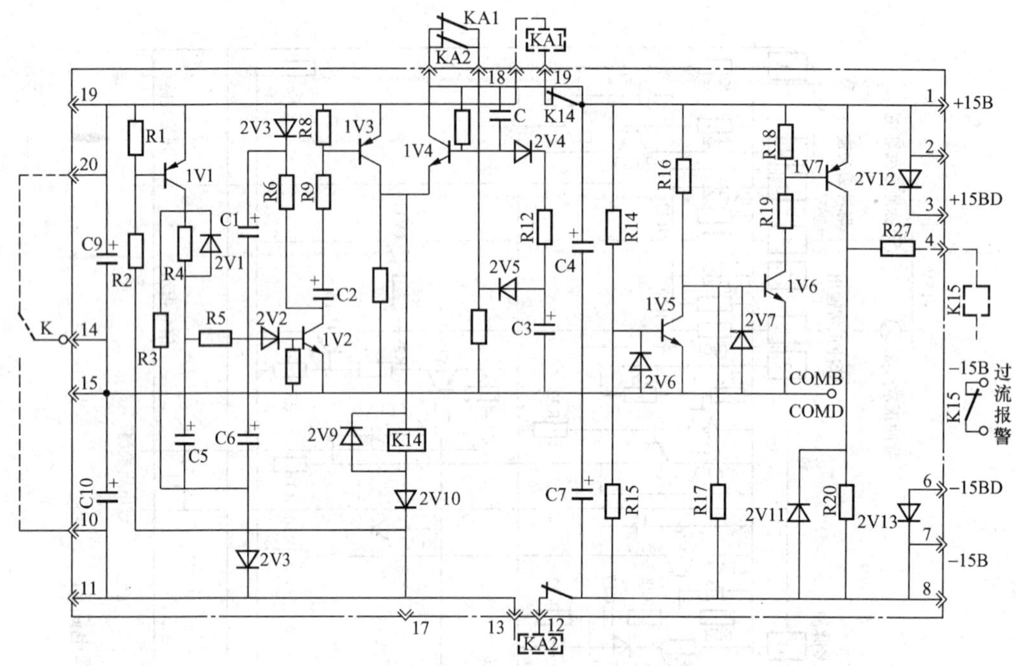

图 2-5-41　直流稳压电源故障报警及保护原理电路图

生的谐波电动势在极间磁极饱和前正比于交流励磁机的电枢电流，也就正比于发电机的励磁电流。这样就间接测量出了交流励磁机的电枢电流。改装指示仪表的刻度，就可直接读出发电机的励磁电流。

（2）测流定子法。利用沿轴表面均匀分布的直流引线充当励磁线圈，在固定部分装设电枢绕组，构成一个两极的隐极发电机，产生工频电动势，以此来度量励磁电流。

3. 转子接地故障监视

发电机转子绕组的一端经由测量滑环和电刷装置中的一个接入转子接地故障继电器，转子发生接地故障时，继电器的辅助触点发出报警和控制信号。

4. 旋转熔断器的熔断监视

旋转整流盘中的每个熔断器上跨接一信号氖灯，这是熔断信号的发射部分。只有当某熔断器熔断时，其所在桥臂才处于反向电压，整流二极管的反向漏电流使该桥管的氖灯发光，即发射熔断信号。熔断信号的接收部分装在机组外壳上，光信号接收头分为两支，分别对准两个半桥。每支接收头有三个光电二极管，分别对准 A、B、C 三相。光电管将光信号变为电信号，经过放大整形成为接收到的故障信号。由于故障光信号源连续旋转，经过相序和周期控制，一相中在一周期内接收到的故障信号数对应于所损坏的熔断器数，故障信号的周期即旋转圆盘旋转一周所需的时间。信号显示部分装于主控制室，它能指示熔断器的熔断个数及所处的桥臂，并在超过允许熔断个数时发停机信号。

第六章　励磁系统的调整试验

励磁系统要能稳定可靠地运行，除了需要合理的设计和高质量的制造、安装工艺以外，还需要进行必要的、细致的调整试验，以保证励磁系统工作在最佳状态，同时，日常运行中的正确操作和经常维护也是十分重要的。为此，作为现场运行和检修人员，应在熟悉励磁主系统和励磁调节器各单元工作原理的基础上，进一步了解各单元的相互配合关系、工作特性以及在励磁系统整体中的作用，了解励磁系统的调节特性，以便对励磁控制系统总的工作过程有一个系统的概念。同时，为了正确地进行调整试验，还需要了解励磁系统的一些基本试验项目、试验方法和主要技术要求。

本章将就300MW汽轮发电机励磁系统的基本试验项目、试验方法和主要技术要求作一简要介绍。

第一节　励磁功率单元调试

目前300MW汽轮发电机励磁系统常用的两种励磁方式为同轴三机励磁和无刷励磁，励磁功率部分通常包括：同轴永磁副励磁机和同轴交流主励磁机；可控整流柜；静止整流柜（或旋转整流器）；灭磁柜和过电压保护柜以及备用励磁柜等。励磁功率部分的共同特点是：均为高电压、大电流的强电设备，其接线相对简单，可调部分相对较少。因此，励磁功率部分的调试，应着重参照各设备的主要技术条件，做系统的检查和必要的试验，以确认是否达到设备技术条件所规定的要求。

一、交流主励磁机和永磁副励磁机

励磁机组的主要检查试验项目包括：

（1）绕组对地及绕组间绝缘电阻测定。用500V绝缘电阻表检查绝缘电阻，一般应不小于1MΩ。

（2）介电强度试验。试验电压为工频正弦波有效电压，试验时间为1min。试验结果应无绝缘损坏或闪络现象。试验电压为：主机定子绕组3500V；转子绕组1500V；永磁机电枢绕组1500V。

（3）测量线圈的直流电阻。

（4）主励磁机空载特性、短路特性及副励磁机外特性试验。

（5）主励磁机强励试验。主励磁机定子电压升至两倍主发电机励磁电压对应的交流电压，历时时间不小于10s，应无绝缘损坏现象。

二、整流柜和可控整流柜

功率整流柜的主要检查试验项目有：

（1）均压系数和均流系数检查。串联元件的均压系数不应低于0.9，并联支路的均流系数不应低于0.85。

(2) 冷却水系统工作正常情况下，控制回路模拟试验，应能正确动作。

(3) 冷却水或冷却风停止，快速熔断器熔断等功率柜故障时，检测回路模拟试验应能正确反映故障类型，且动作正确。

三、灭磁柜及过电压保护装置

分别在不带电及空载额定、额定负载和强励情况下，跳灭磁开关，检查操作回路是否正确动作，灭磁开关动作是否正确和灭磁是否可靠，检查过电压保护装置的动作整定值是否合适，动作次数记录是否准确等。

四、备用励磁柜

备用励磁柜主要检查试验项目有：绝缘电阻测定、介电强度试验、测定线圈的直流电阻及调节平滑额定试验。

第二节 励磁调节器开环调试

励磁调节器一般分为基本调节和辅助调节两部分。励磁调节器的基本调节部分主要有自动（AC）调节器和手动（DC）调节器。自动调节器包括测量比较及调差单元、综合放大单元及移相触发单元。手动调节器包括DC调节器、自动跟随单元和自动切换单元。励磁调节器的辅助调节部分主要有各种励磁限制器、保护器和稳定器。励磁限制器包括欠励限制器、V/Hz（伏/赫）限制器、反时限延时过励限制器、最大励磁电流瞬时限制器、定时限过励磁限制器等。保护器包括低频保护器和电压互感器电压信号丢失保护器等。励磁稳定器包含励磁系统稳定器和电力系统稳定器（PSS）。

本节主要介绍励磁调节器的基本调节部分和一部分励磁限制器的调试项目和方法。其他辅助调节部分的调试项目和方法将结合励磁调节器闭环试验介绍。

调试过程可参照各设备的原理电路。

一、DC调节器特性的整定

1.DC调节器完好性检查

主要检查DC电位整定器自动复归到空载额定和满载额定位置的功能。

(1) 在磁场开关合上的情况下，分别调整DC电压整定器在最大、最小位置或中间任意位置。然后模拟磁场开关跳开，观察DC电压整定器是否能自动复归到空载额定位置。

(2) 在磁场开关合上的情况下，模拟继电器动作（在反时限限制器动作、AC调节器切换到DC调节器之前），观察DC电压整定器是否能恢复到满载额定位置。

2.DC电压调节范围整定

DC电压调节器的调整范围是50%额定空载励磁机励磁电流到110%额定负荷励磁机励磁电流。调整时，用毫伏电压信号源代替分流器信号，由DC/DC变换器输入。先调毫伏电压信号，调到相当于机组负荷额定运行时的分流器电压数值，整定DC/DC变换器输出为5V。对应额定空载励磁机励磁电流，DC/DC变换器输出约1.7V。然后，按对应50%额定空载励磁电流的输入信号［1.7×0.5=0.85（V）］，将DC整定器调到最小位置。调R8使DC调节器输出控制电压为0，以此整定最小电流。按对应110%额定负荷励磁电流的输入信号［5×1.1=5.5（V）］，将DC整定器调到最大位置，调R4，使DC调节器输出为0，以此整定最大电流（参见图 2-5-34）。

3. DC 调节器反馈增益整定

DC 调节器反馈增益通常整定为 2 倍。增益太小，调节精度或稳流能力低；增益太大，则引起过大的超调或调节不稳定。

4. DC 调节器的输入—输出特性

DC 调节器的输入—输出特性表示 DC 调节器输出控制电压与励磁机磁场电流之间的关系。

二、移相触发单元与可控整流柜调试

1. 移相触发单元调试

移相触发单元由同步变压器、同步移相器、脉冲给定基准器和脉冲发生器四部分组成。同步变压器输入三相 100V、400Hz 交流电压，应输出六相 120V 和六相 45V 的交流电压，应注意相序指示器的指示。同步移相器输入三相 120V、400Hz 交流电压，应输出 3.5V、400Hz 交流电压。调节输出电位器，使六相输出均为 3.5V。脉冲给定基准器的输出电压可在－0.47～－2.35V 之间整定，一般置中间位置，输出电压－1.41V，其输出电压与 DC/AC 调节器的输出电压共同作用于脉冲发生器的输入端，起改变或调整 DC/AC 调节器工作点的作用。

2. 移相触发单元与可控整流柜的整体调试

可控整流柜接三相交流电源及直流模拟负荷，与移相触发单元作整体联调。触发单元切至 DC 调节器控制，预先调 DC 整定器于最小位置，并调毫伏电压信号，使 DC/DC 变换器输出大于空载额定值，观察 DC 调节器的输出是否大于＋5V。准备好后，合上可控整流柜交流电源开关，此时整流柜输出电压指示为 0。逐渐增加此整定值，观察 DC 调节器输出电压渐小，可控整流柜输出电压开始增加，用示波器观察其电压波形，见到频率为 400×6＝2400（Hz）的周期性对称波形，表明触发单元与可控整流柜均正常工作。缓慢调整 DC 整定器输出，可见可控整流柜输出电压波形的平滑渐变和幅值指示的平滑渐变。改变毫伏电压模拟输入信号时，也应有同样的结果。试验完毕，调 DC 整定器或毫伏电压信号使可控整流柜输出电压到 0，即可断开可控整流柜的电源开关。

三、AC 调节器的特性整定

1. AC 电压整定器自动复归功能检查

在合上磁场开关的情况下，调 AC 电压整定器于最大、最小位置或中间任意位置后断开磁场开关，观察 AC 电压整定器的自动复归功能及复归到额定位置的正确性。

2. AC 电压调节范围整定

AC 调节器的电压整定范围为 90%～110%额定电压。调整时，以外接三相 100V、50Hz 交流试验电源代替电压互感器信号。最小电压的整定是外加 90V 试验电压，调 AC 电压整定器于最小位置后，再调电压偏差检测器，使其输出电压为 0 即可。最大电压整定是外加 110V 试验电压，先调图 2-5-2 中 AC 电压整定器于最大位置，再调电压偏差检测器，使其输出电压为 0 即可。

3. AC 调节器反馈增益调整

AC 调节器的电压反馈通道由机端信号输入器、无功电流补偿器、电压偏差检测器、电流调节器和信号混合器组成。其中，机端信号输入器和无功电流补偿器只对无功电流补偿度起作用，不影响电压反馈系数。电流调节器和信号混合器的电压反馈增益固定为 1，唯有电压偏差检测器可改变电压反馈系数。通常，整定电压偏差检测器的增益为1～2倍。增益过小，调压精度低，稳压能力差；增益过大，又将引起过大的超调，甚至调节不稳定。

4. 电压偏差检测器的输入—输出特性

电压偏差检测器的输入—输出特性反映的是电压偏差检测器的输出电压与发电机端电压互感器二次侧电压之间的关系特性。实际上，这也就是AC调节器的输入—输出特性。

四、调差（无功电流补偿）特性的整定

励磁调节器的调差单元由机端信号输入器和无功电流补偿器组成。试验可将发电机定子（B相）电流通过电流互感器按规定极性接入机端信号输入器，也可外接电流信号模拟，当输入1A电流时，调节调差电位器（R1和R2），使$\dot{U}_1$和$\dot{U}_3$为1V，且$\dot{U}_3$超前$\dot{U}_1 60°$。$\dot{U}_1$和$\dot{U}_3$接入无功电流补偿器接法不同，最大补偿范围也不同（接端子19—20和2—3时，为10%；接端子18—20和1—3时，为5.77%）。根据所要求的调差系数，先用调差转换开关（S1和S2）粗调，再用调差电位器（R1和R2）细调。整定的调差系数还需在负荷试验中实测后，再进行调整（参见图2-5-5）。

五、自动跟随器和自动切换单元调试

自动跟随器中，控制死区大小、跟随速度和跟随精度分别由死区电位器（R3）、时间延时电位器（R9）、脉冲时间电位器（R24）完成（参见图2-5-36）。自动跟随器的调试可归结为对三只电位器的调整。死区过小，自动跟随器将会动作频繁，DC电压整定器负担过重，容易损坏；死区过大，跟随灵敏度降低，影响跟随效果，容易造成过大的切换冲击。因此应考虑适当的死区，并在自动跟踪切换试验中，加以调整。自动跟随器整定延时时间通常为1s，延时过小，易受外界干扰影响，造成误动；延时过大，则跟随不及时。跟随精度应按无差跟随的要求整定，即当自动跟随器动作返回时，DC调节器与AC调节器的输出控制电压应相等。脉冲时间整定过大，会造成过跟随；脉冲时间整定过小，又会造成欠跟随。合适的脉冲时间应通过试验调整确定。

自动切换单元由继电器逻辑电路组成，当满足磁场开关跳闸、反时限限制器动作或励磁用电压互感器电压信号丢失三个条件之一时，即自动切换动作。可在手动—自动控制单元（T9）的相应位置，用短接线模拟对应继电器触点闭合，来检查自动切换动作的正确性。

六、过励磁限制器整定

过励磁限制器包括最大励磁限制器、反时限限制器、定时限限制器和瞬时电流限制器。这些限制器都是在励磁机励磁电流大于额定值的1.1倍以上甚至2倍以上才动作。一般都只做模拟试验，即用毫伏电压信号代替分流器信号，作用于上述限制器，检查其动作，整定其限制值。

1. 最大励磁限制器和反时限限制器整定

最大励磁限制器实质上也是一种反时限限制器，它作用于信号混合器。当AC调节器工作时，通过限制AC调节器输出的控制电压，起反时限过励磁延时限制作用。而反时限限制器，则是通过复归DC电压整定器到额定位置，并将AC调节器切换至DC调节器，起反时限过励磁延时限制作用。

限制器中，控制启动延时的动作值、延时时间和限制器增益分别由启动值整定器（R51）、延时时间整定器（R38）和限制器增益整定器（R47）三个电位器整定（参见图2-5-

29)。用作最大励磁限制器和反时限限制器时，其启动值均按额定励磁电流的1.1倍整定，不同的只是反时限限制器的延时时间整定得要比最大励磁限制器略长一些，以作其后备。限制器增益与DC调节器增益相当，过小则不能将励磁电流限制在1.1倍以下，过大又容易引起振荡。

2. 定时限限制器整定

定时限限制器实质上是一个延时继电器，选取不同的输入端，并调整延时电阻（R11），延时时间可在0～20s范围内整定（参见图2-5-31）。在励磁调节器中，它与反时限限制器配合使用，作为过励磁保护器。延时时间一般整定为3s，启动延时由反时限限制器控制，当延时时间到，其输出继电器触点作用于跳机。

3. 瞬时电流限制器整定

瞬时电流限制器由三级构成，每一级电路相同，只是启动值逐级升高，后一级作为前一级的后备，启动定值由面板上的启动倍率转换开关和启动值整定电位器（R26）整定（参见图2-5-30）。1号整定为强励磁电流位置，2号整定为1.051倍强励磁电流位置，3号整定为1.105倍强励磁电流位置。整定时，用毫伏电压信号模拟分流器信号到规定数值，以改变启动定值。1、2号瞬时电流限制器，除需整定启动值外，还需整定其调节增益（R24），既要保证在限制定值附近有一定的调节精度，又要使其稳定。整定完毕后，应进行三级瞬时励磁电流限制的模拟试验。

4. 强励磁报警器调试

强励磁报警器的启动定值和延时时间分别由启动定值电位器（R6）和延时电位器（R11）整定（参见图2-5-39）。启动定值整定为1.06倍强励磁电流顶值，以作为过强励磁报警，延时时间通常整定为1s。用毫伏电压信号模拟分流器信号，调到对应1.06倍强励磁电流顶值后，缓慢调节启动定值电位器（R6），当放大器A1开始由正向负变化时，启动定值即整定完毕。整定完后，应进行强励报警模拟试验，调毫伏电压信号升到强励磁电流顶值的1.06倍时，强励磁报警器输出继电器（K19）应延时1s动作。

第三节　励磁控制系统闭环调试

励磁系统单元局部调试以后，可转入闭环系统调试。在开机试验之前，应严格检查励磁系统各柜之间，柜与励磁机组及主发电机，柜与控制室的一次、二次回路全部接线，确保接线正确，接触良好，相序极性无误。主要的闭环系统试验项目和要求简述如下。

一、开机起励试验

如图2-5-2所示，磁场开关在断开位置投入DC调节器，调DC电压整定器在最小位置后，启动机组。当机组转速升至额定转速时，检查永磁机的电压是否平衡，相序是否正确，然后合上磁场开关，即可起励。手动调整DC整定值将发电机电压升至50%额定值。观察发电机运行是否稳定。然后，手动缓慢增加DC整定值，直到发电机端电压升为额定值。

二、AC调节器闭环试验

发电机在DC调节器投入的情况下，机端电压和转速均为额定时，检查输入无功单元的三相电压相序是否正确，电压是否平衡，其误差应不超过±1%。手动调DC整定器，使机端电压降为95%。置运行方式转换开关于“试验”位置，调AC电压整定器，使平衡电压表指0。这时，操作运行方式转换开关，切到“自动”位置，即投入AC调节器。如发现信号混合器的输出电压表指示剧烈振荡，应立即将转换开关切回“试验”位置。振荡的原因可能是，AC调节器反馈增益过大，或阻尼器参数整定不当。将反馈增益或阻尼参数调整后，再调AC调节器，使平衡电压表指0后，切至“自动”，重复以上过程，直到无振荡现象为止。如振荡并不剧烈，也可在“自动”位置上，在线调整参数，但应十分小心仔细，并应考虑留出稳定性裕度。

三、AC调节器电压调节范围试验

发电机在AC调节器控制下运行，调节AC电压整定器到最小位置和最大位置，分别记录对应的发电机电压，并注意观察在整个调节范围内，调节的平滑性和运行的稳定性。

四、跟踪与切换试验

发电机在AC调节器控制下运行，改变AC电压整定值，注意观察DC调节器输出电压表的指示及自动跟随信号混合器输出电压，平衡电压表指0，表示跟踪良好。此时，将运行方式转换开关切换至“试验”位置，记录切换时发电机转子电压和定子电压的波形及切换前后转子电压和定子电压的稳定值，以检验跟踪效果。必要时应调整跟随器参数。

五、V/Hz（伏/赫）限制器调整和限制试验

V/Hz限制器的下限、上限、定值和增益分别由下限整定电位器（R8）、上限整定电位器（R11）、限制值整定电位器（R13）和增益整定电位器（R25）进行调整（参见图2-5-27）。最小限制值（下限）整定为1.8V/Hz，即90V/50Hz；最大限制值（上限）整定为2.2V/Hz，即110V/50Hz；在上下限之间整定V/Hz（伏/赫）限制器限制值为：2×1.06V/Hz，即106V/50Hz。增益一般整定在中间位置，它决定限制点的调节精度。

按上述V/Hz限制器下限、上限和定值的要求，与之相应的电位器可按下述方法整定：由端子17、8、12输入三相工频正弦电压，置定值整定电位器（R13）在COM位置，调输入电压为90V，此时调节下限整定电位器（R8），使A1输出为0；然后调定值整定电位器（R13）在最大位置，输入电压110V，调节上限整定电位器（R11），使A1输出为0；最后调输入电压为106V，调节定值整定电位器，使A1输出为0，则相应的下限、上限和定值按上述要求整定完毕。

V/Hz限制试验时用两种方法进行，一是人为升高电压、二是人为降低频率，均可使V/Hz比值升高。根据整定限制值为2×1.06V/Hz，故在频率为50Hz时，机端电压（电压互感器二次电压）升至106V时，V/Hz（伏/赫）限制器将动作，起限制作用，使机端电压无法继续升高（虽然AC电压整定器的最大位置为110V）。如调节机端电压为100V，则频率下降到$\frac{100}{2\times1.06}=47.17$Hz时，机端电压将不能维持为100V，而开始随频率的下降而下降，并始终维持V/Hz限制比值为2×1.06V/Hz不变。当频率恢复超过47.17Hz时，机端电压仍恢复到100V。

六、低频保护器整定试验

低频保护器中的两只低频继电器（K4和K5）及两只时间继电器（K8和K9）需要整定（参见图2-5-33）。两只低频继电器的低频启动值分别为低于42Hz（K4）和45.5Hz（K5）。两只时间继电器整定延时分别为6s（K8）和55s（K9）。

检查延时时间可用模拟方法进行。模拟低频继电器（K4和K5）动作，观察和记录时间

继电器（K8 和 K9）的动作和延时。检查低频继电器整定值，可在机组启动升速和停机减速的过程中，观察低频继电器（K4 和 K5）的动作情况及动作时的频率值。

七、电压互感器信号丢失切换试验

发电机在 AC 调节器控制下运行，切断一相电压互感器信号，以模拟信号的形式丢失，观察与拍摄电压互感器信号丢失后 AC 调节器自动切换到 DC 调节器的过程。

八、欠励磁限制器整定与欠励磁限制试验

欠励磁限制器的整定主要在于整定欠励磁限制线的圆心、半径、无功电流比例及调节增益，这些整定由相应的欠励磁限制线限制中心整定电位器（R4 和 R6）、半径整定电位器（R23）、无功电流比例整定电位器（R5 和 R16）以及增益整定电位器（R22）完成（参见图2-5-23）。

首先，计算临界失步曲线的圆心和半径，将失步曲线的圆心作为欠励磁限制线的圆心，将失步曲线的半径适当缩短作为欠励磁限制线的半径。设圆心到坐标原点的距离为 d，半径为 r（均为标幺值），又设每 1 个单位半径（标幺值）对应 10V 直流电压，则单独加三相 100V 正弦电压到电压输入端（端子 1、3、5），电流输入为 0。调欠励限制线半径整定电位器（R23），使 $U_R=10r$V，调圆心整定电位器（R4 和 R6），使电容电压 $U_{C1}=10d$V，再加上与 B 相电压同相的 B 相电流到机端信号输入器由此产生的电压 U_1 和 U_3，调节输入电流使之等于对应低励磁限制线上与 P 轴相交点的电流数值。这时，调节无功电流比例整定电位器（R15 和 R14），使放大器 A1 输出电压为 0 或欠励磁限制器输出电压为 0，则欠励磁限制线整定完毕。增益整定电位器（R22）用来调整在限制状态时的调节增益，一般可预置中间位置。在欠励限制试验中再加以调整，增益过低将降低欠励磁限制能力，过高将产生不稳定。

欠励磁限制试验：在发电机并网带不同有功负荷的情况下，人为调节励磁，使发电机进相运行、直至欠励磁限制器限制动作，此时欠励磁限制器输出电压大于电流调节器输出电压，观察记录欠励磁限制动作的有功功率和无功功率，从 $P=0$ 到 $P=P_N$（额定），共做 3～5 点，描绘出欠励磁限制线，并与预先整定的欠励磁限制线比较，必要时进行调整。应当注意的是，如在进相到应该限制时，仍末见欠励磁限制器动作，则应停止减励磁，调节无功电流比例整定电位器（R15 和 R14），使欠励磁限制器动作。

九、有关励磁系统性能指标的检查试验

1. 励磁系统顶值电压、电压响应比及电压响应时间的测定

发电机组并网额定运行，人为地将 AC 调节器的测量电压从 100%突降到 80%，历时 0.5s 左右，再恢复到 100%，拍摄励磁电压等波形。励磁系统的指标要求：顶值电压为 2 倍额定值；电压响应比为 3.5 倍/s；电压响应时间小于 0.1s。

2. 励磁系统超调量及调节时间测定

发电机带 AC 调节器，在空载额定转速下起励，使发电机端电压从 0 升到额定值，记录发电机端电压变化曲线。指标要求：超调量≤5%；调节时间≤10s。

3. 阶跃响应试验

发电机在空载额定状态运行，突增及突减 10%电压给定，记录端电压变化曲线。指标要求：超调量小于阶跃量的 50%；调节时间≤10s。

4. 电压一频率特性试验

发电机带AC调节器单机空载额定运行，机组频率从47～53Hz变化，测定发电机端电压及频率的对应关系。指标要求：频率变化1%时，机端电压变化≤0.25%。

5. 静差率（即电压调节精度）测定

无功补偿单元退出的情况下，发电机并网带额定负荷运行，测发电机端电压数值U_G，保持电压给定不变，断开发电机出线断路器，测发电机空载电压U_{G0}，计算静差率$=\frac{U_{G0}-U_G}{U_{GN}}\times 100\%$（$U_{GN}$为发电机额定电压）。指标要求：静差率≤±1%。

6. 并网运行时AC调节器至DC调节器切换试验

发电机并网带负荷运行，作手动切换，将AC调节器切换到DC调节器，记录切换过程中的励磁电压、发电机电压、无功功率等波形。

7. 甩负荷试验

发电机带额定负荷运行，突然跳开发电机断路器，甩去负荷，记录发电机励磁电压、励磁电流、机端电压等波形，记录甩负荷前后稳定电量数值。指标要求：超调量≤15%，调节时间≤10s。

8. 逆变灭磁试验

发电机单机空载额定运行，手动控制执行逆变灭磁，记录灭磁过程中的励磁电压、励磁电流、机端电压等。

十、连续72h额定运行试验

发电机并网带额定负荷连续运行72h试验是全部试验的最后一项，试验目的在于检查整套发电设备，包括锅炉、汽轮机及励磁控制系统连续运行的能力、运行的可靠性及稳定性。励磁系统方面，主要观察励磁调节器及励磁系统运行的稳定性，调节是否平滑，有无异常信号，系统各部件温升是否正常等，运行期间，应定时作好记录。

上述试验项目及试验方法仅供试验参考。现场试验前，应根据励磁系统和励磁调节器的具体情况，制订试验大纲，拟定详细的操作步骤和周密的安全措施，由专职人员负责指挥，各方协调，才能确保试验工作安全顺利地进行。

第三篇　电气一次系统及设备

第一章　电 力 变 压 器

变压器是一种静止的电气设备，它利用电磁感应原理把一种交流电压转换成相同频率的另一种交流电压。无论在发电厂或变电站中，都可以看到各种型式和不同容量的变压器。变压器已在电力系统中占据着重要的地位，并发挥着重要的作用。本章主要介绍电力变压器的基本原理、结构、技术数据和运行维护等。

第一节　变 压 器 的 基 本 原 理

变压器是应用电磁感应原理来进行能量转换的，其结构的主要部分是两个（或两个以上）互相绝缘的绕组，套在一个共同的铁心上，两个绕组之间通过磁场而耦合，但在电的方面没有直接联系，能量的转换以磁场作媒介。在两个绕组中，接到电源的一个称为一次绕组（也称原方或原边），而接到负荷的一个称为二次绕组，也称副方（或副边）。当一次侧接到交流电源时，在外施电压作用下，一次绕组中通过交流电流，并在铁心中产生交变磁通，其频率和外施电压的频率一致，这个交变磁通同时交链着一次、二次绕组。根据电磁感应定律，交变磁通在一次、二次绕组中感应出相同频率的电动势，二次侧有了电动势便向负荷输出电能，实现了能量转换。利用变压器一次、二次绕组匝数的不同及各相绕组不同的连接法，可使一次、二次侧有不同的电压、电流和相数。

按相数来区分，变压器可以分为三相变压器和单相变压器。在三相电力系统中，一般应用三相变压器。当容量过大且受运输条件限制时，在三相电力系统中也可应用三台单相变压器连接成三相变压器组。

按绕组数目来区分，变压器可以分为双绕组变压器和三绕组变压器。所谓两绕组变压器，即在一相铁心上套有两个绕组，一个为一次绕组，另一个为二次绕组。升压变压器的一次绕组是低压绕组，二次绕组是高压绕组，而降压变压器则相反。容量较大（5600kVA 以上）的变压器，有时可能有三个绕组，用以连接三种不同电压，此种变压器称作三绕组变压器，例如在电力系统中，220、110 和 35kV 之间有时就采用三绕组变压器。

按冷却介质来区分，变压器可以分为油浸式变压器、干式变压器（空气冷却式）以及水冷式变压器。干式变压器多用在低电压、小容量或用在防火防爆的场所，而电压较高、容量较大的变压器多用油浸式，称为油浸式变压器。电力变压器大多采用油浸式变压器。

为了提高发电厂厂用电的可靠性，大容量机组（单机容量 200MW 及以上）的厂用变压器常采用特殊结构的分裂绕组变压器。

第二节　变压器型号及其技术数据

一、变压器的型号及说明

变压器的型号是由字母和数字两个部分组成的，一般可表示如下：

1 2-3 4

其中：1—变压器的分类型号，由多个字母组成；

2—设计序号；

3—额定容量，kVA；

4—高压绕组电压等级，kV。

变压器分类型号的一般形式如下：

1 2 3 4 5 6

其中：1—绕组耦合方式，如 O 表示自耦；

2—相数，如 D 表示单相，S 表示三相；

3—冷却方式，可用一个字母或多个字母表示，如 F 表示油浸风冷，FP 表示强迫油循环风冷；

4—绕组数，如 S 表示三绕组；

5—绕组导线材质，如 L 表示铝；

6—调压方式，如 Z 表示有载调压。

电力变压器的分类和型号，如表 3-1-1 所示。

表 3-1-1　　电力变压器的分类和型号

型号中代表符号排列顺序	分类方式	类别	代表符号
1	绕组耦合方式	自耦	O
2	相数	单相	D
		三相	S
3	冷却方式	油浸自冷	—
		干式空气自冷	G
		干式浇注绝缘	C
		油浸风冷	F
		油浸水冷	W
		强迫油循环风冷	FP
		强迫油循环水冷	WP
4	绕组数	双绕组	—
		三绕组	S
5	绕组导线材质	铜	—
		铝	L
6	调压方式	无励磁调压	—
		有载调压	Z

电力变压器的新旧型号对照，如表3-1-2所示。

表3-1-2　　电力变压器的新旧型号对照表

分类项目	代表符号		分类项目	代表符号	
	新型号	旧型号		新型号	旧型号
单相变压器	D	D	强迫油导向循环	D	不表示
三相变压器	S	S	双绕组变压器	不表示	不表示
油浸式	不表示	J	三绕组变压器	S	S
空气自冷式	G	G	无励磁调压	不表示	不表示
风冷式	F	F	有载调压	Z	Z
水冷式	W	S	铝绕组变压器	L	L
强迫油循环	P	P	分裂绕组变压器	F	F

SFP7-360000/220型变压器表示三相油浸风冷强迫油循环式电力变压器，其设计序号为7，额定容量360000kVA，额定电压220kV。

SFFZ7-4000/220型变压器表示三相油浸风冷式有载调压分裂绕组电力变压器，其设计序号为7，额定容量为4000kVA，额定电压220kV。

OSSFPD-180000/220型变压器表示三相三绕组油浸强迫油循环导向风冷式自耦变压器，其额定容量为180000kVA，额定电压220kV。

二、变压器的额定数据

为了保证变压器运行安全、经济、合理，制造厂规定了额定数据。额定数据大都标注在变压器铭牌上。

要正确使用变压器，必须弄清楚额定数据的含义。变压器的主要额定数据如下。

1. 额定容量 S_N

在额定使用条件下，变压器施加的是额定电压、额定频率，输出的是额定电流，温升也不超过极限值时变压器的容量称额定容量，用 S_N 表示。对三相变压器而言，额定容量为三相额定容量之和。额定容量的单位为kVA。

2. 额定电压 U_{1N}、U_{2N}

在三相变压器中，如没有特殊说明，额定电压都是指线电压。根据变压器绝缘强度、铁心饱和的限制和允许温升所规定的一次侧电压值称做一次侧额定电压，用 U_{1N} 表示，单位为kV。变压器在空载（调压开关接在额定分接头上）时的二次侧电压值称做二次侧额定电压，用 U_{2N} 表示，单位为kV。为了适应电网电压变化的需要，高压侧一般都安装有供调压用的分接头。

3. 额定电流 I_{1N}、I_{2N}

在额定使用条件下，变压器一次侧输入的电流称做一次侧额定电流，用 I_{1N} 表示，单位为A。变压器二次侧输出的电流值称做二次侧额定电流，用 I_{2N} 表示，单位为A。在三相变压器中，如没有特殊说明，都是指线电流。

4. 阻抗电压百分值 U_k（%）

阻抗电压又称短路电压。对双绕组变压器来说，当一个绕组短接时，在另一个绕组中为产生额定电流所需要施加的电压称为阻抗电压或称短路电压。阻抗电压常以额定电压的百分数来表示，即用 U_k（%）表示。阻抗电压百分值的大小，在变压器运行中有着重要意义，也是计算短路电流的依据。

5. 空载损耗 P_0

当用额定电压施加于变压器的一个绕组上，而其余绕组均为开路时，变压器所消耗的有功功率称为空载损耗，用 P_0表示，单位为 kW。

6. 短路损耗 P_k

对双绕组变压器来说，当以额定电流通过变压器的一个绕组，而另一个绕组被短接时变压器所消耗的有功功率称为短路损耗，用 P_k表示，单位为 kW。

7. 空载电流百分值 I_0%

当用额定电压施加于变压器的一个绕组上，而其余绕组均为开路时变压器所吸取电流的三相算术平均值称为变压器的空载电流。变压器的空载电流常以额定电流的百分数来表示，即用 I_0（%）表示。

8. 联结组别

代表变压器各相绕组的连接法和相量关系的符号称为变压器的联结组别。例如 Yyn0 和 Yd11 符号中，Y、y 表示星形连接，d 表示三角形连接，n 表示有中性点引线。各符号中，由左至右代表一、二次侧绕组连接方式，其数字代表二次侧电压与一次侧电压的相角位移。

三、300MW 汽轮发电机组配用的变压器型号和技术数据

1. 主变压器

300MW 汽轮发电机组配用的升压变压器的型号为 SFP7-360000/220，即三相风冷强迫油循环式 360000kVA、220kV 电力变压器。变压器中性点接地方式为直接接地或经避雷器及放电间隙接地，调压方式为无载调压。

主要参数如下：

型号　SFP7-360000/220

额定容量　360000kVA

额定电压　242±2×2.5%/20kV

额定电流　858.9/10392.3A

额定频率　50Hz

联结组别　YNd11（即 Y_0/△-11）

冷却方式　ODFA

器身重　169t

油重　48.7t

上节油箱吊重　15t

总质量　262.7t

空载损耗　177kW

空载电流　≤0.3%

短路损耗　809kW

短路电压　11%

铁心温升　70℃

绕组温升　65℃

油面温升　55℃

2. 启动/备用变压器

启动/备用变压器高压侧接系统，供300MW汽轮发电机组启动使用。当发电机组启动并入系统带30%～40%负荷后，应将该发电机组厂用电源由启动变压器切换为高压厂用变压器供电，这时启动变压器处于联动备用状态，故称启动/备用变压器。

300MW汽轮发电机组配用的启动/备用变压器型号为SFFZ7-40000/220，即三相自然油循环风冷式有载调压分裂绕组变压器。主要技术参数为：

额定容量　40/25-25MVA

额定频率　50Hz

额定电压　230/6.3-6.3kV

调压范围　230±8×1.25%/6.3-6.3kV有载调压

联结组别　YNd11 d11（即Y_0/△-△-11-11）

额定工况下的总损耗　215kW

额定电压和额定频率下空载损耗　45kW

空载电流　<0.5%

额定负荷下负载损耗　170kW

全容量下的半穿越阻抗电压

　高压—低压1（低压2）18%

　低压1—低压2　34%

最高环境温度下的温升

　绕组　65℃

　油　55℃

变压器调压开关采用进口MR型有载调压开关，主要技术数据为：

额定电压　110kV

额定电流　250A

冲击电压　450kV

分接头数　17个

分接开关装在独立的油箱中，与变压器油箱隔开，两箱间油互不渗透。分接开关的油箱设自动滤油机1台，当开关换接后自动滤油。调压分接开关的操动机构装设在变压器油箱的壁上，调压分接开关装设独立的气体（即瓦斯）继电器。

分接开关的换接控制方式有：现场机械手动、现场按钮电动、远方控制盘电动。

启动/备用变压器装设带风扇的散热器6组，每组散热器中装1台电风扇，电机功率为0.4kW、电压380V。在高压侧套管中装设电流互感器（每相3只），LRD-220型、150-300-600/1A、0.5级20/40VA，1只，150-300-600/1A、5P40，2只。

3. 高压厂用变压器

300MW汽轮发电机组配用的高压厂用变压器型号为SFF7-40000/20，即三相自然油循环风冷式无励磁调压分裂绕组变压器，主要技术参数为：

额定容量　40/20-20MVA

额定频率　50Hz

额定电压　20/6.3-6.3kV

调压范围　20±2×2.5%/6.3-6.3kV

联结组别　Dd12d12（即△/△-△-12-12）

额定工况下的总损耗 208kW

额定电压、额定频率下的空载损耗 33kW

空载电流　<0.5%

额定负荷下负载损耗 175kW

全容量下的半穿越阻抗电压

　　高压—低压 1（低压 2）　<16%

　　低压 1—低压 2　<32%

最高环境温度下的温升

　　绕组　65℃

　　油　　55℃

低压绕组承受短路电流的能力

　　短路电流　32kA

　　持续时间　3s

　　绕组温度　<250℃

高压厂用变压器装设 8 组散热器，每组装风扇 2 台，电机功率为 0.25kW、三相 380V。

在高压侧套管中装设电流互感器每相 4 只，型号分别为：

LRB-20-B-1500/5A 5P40 40VA 1 只

LRB-20-B-1200/5A 5P20 40VA 2 只

LR-20-0.5-1500/5A 0.5 40VA 1 只

第三节　变压器的结构

电力变压器一般是由铁心、绕组、油箱、绝缘套管和冷却系统等主要部分组成。铁心和绕组是变压器进行电磁能量转换的有效部分，称为变压器的器身。油箱是油浸式变压器的外壳，箱内灌满了变压器油，变压器油起绝缘和散热作用。绝缘套管是将变压器内部的高、低压引线引到油箱的外部，它不但作为引线对地的绝缘，而且担负着固定引线的作用。冷却系统是用来保证变压器在额定条件下运行时温升不应超过允许值的。

一、铁心

铁心是变压器的磁路，为提高变压器磁路的导磁率，铁心材料采用高导磁性能的硅钢片。为减少交变磁通在铁心中引起的涡流损耗，铁心通常用 0.28～0.35mm 相互绝缘的硅钢片叠成。铁心分为铁心柱和铁轭两部分，铁心柱上套绕阻，铁扼将铁心柱连接起来，使之成为闭合磁路。

变压器铁心的基本结构有两种：一种叫芯式铁心，一种叫壳式铁心。由于芯式变压器结构比壳式简单，且绕组与铁心间的绝缘易处理，故电力变压器铁心一般都制造成芯式。

三相芯式变压器有三相三柱式和三相五柱式两种。三相三柱式是将 A、B、C 三相的三个绕组分别放在三个铁心柱上，三个铁心柱与上下两个磁轭共同构成磁路。三相五柱式与三相三柱式比较，它在铁心柱两头多了两个分支铁心，称为旁轭，旁轭上没有绕组。随着电力变压器单台容量的不断增大，其体积也相应地增大，与运输的高度限制发生矛盾，解决的办法之一是采用三相五柱式铁心，它能将变压器的上下铁轭高度几乎各减去一半，即整个变压器降低了一个铁轭的高度，而降低后铁轭中的磁通密度仍保持原值。

在大容量变压器中，为节省材料和充分利用空间，铁心柱的截面一般做成一个外接圆的多级阶梯形。随着变压器容量的不断增大，铁心柱的直径也随着增大，阶梯的级数也随着增加。为了使铁心中发出的热量被绝缘油在循环时充分地带走，以达到良好的冷却效果，除铁心的截面做成阶梯形外，铁心上还设有散热沟(油道)，散热沟的方向与硅钢片平行，也可垂直，图 3-1-1 为有散热沟的铁心截面示意图。铁心的装配有直接接缝、半直半斜接缝和全斜接缝等方式。在大容量变压器中，铁心损耗的绝对值很大，实现全斜接缝的经济意义很大，故目前已全力推广生产全斜接缝低损耗的电力变压器。全斜接缝的硅钢片叠积图如图 3-1-2 所示，接缝都是斜接的，这样在磁力线改变方向时，损耗可降到最低，这种装配方式使芯柱和轭部无空心螺孔，从而减小了由于冲孔产生的铁损。由于硅钢片无孔，钢片的夹紧采用环氧玻璃粘带绑扎，减少了附加损耗。

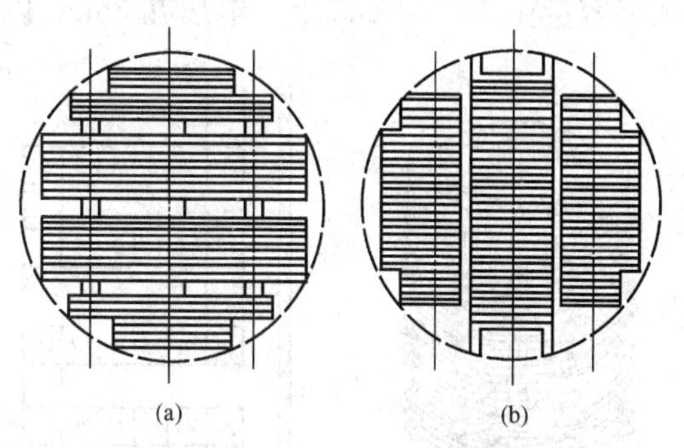

图 3-1-1 有散热沟的铁心截面示意图

(a) 散热沟与硅钢片平行；(b) 散热沟与硅钢片垂直

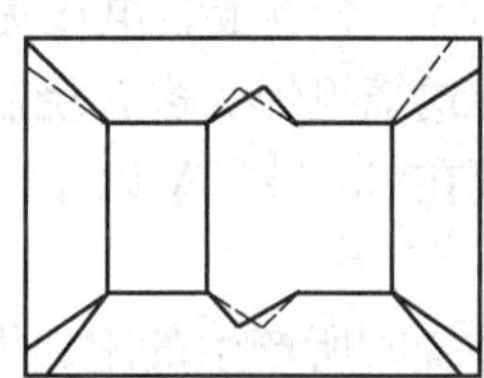

图 3-1-2 全斜接缝的硅钢片叠积图

SFP7-360000/220 型变压器采用三相五柱式结构，铁心结构全斜无孔，环氧玻璃粘带绑扎，铁心材料为 Z8H-0.3，由 0.3mm 的冷轧硅钢片叠成，叠压系数为 0.96，上、下铁轭及旁轭均采用椭圆形截面。

变压器铁心与油箱绝缘，铁心地线经附加绝缘套管引至油箱外接地。

二、绕组

绕组是变压器的电路部分，由铜或铝的绝缘导线绕成，电力变压器的高低压绕组在铁心柱上按同心圆筒的方式套装。一般情况下，将低压绕组放在里面靠近铁心处，以利于绝缘，把高压绕组放在外面，高、低压绕组间以及低压绕组与铁心柱之间留有绝缘间隙和散热通道。

按其结构不同，绕组可分为圆筒式、螺旋式、连续式、纠结式、内屏蔽式等形式。圆筒式绕组一般用于三相容量在 1600kVA 以下、电压不超过 15kV 的电力变压器。容量稍大的变压器，其低压绕组匝数很少，但电流却很大，所以要求线匝的横截面大，通常用很多根（例如 6 根或更多）导线并联起来绕制。螺旋式绕组每匝并联导线数量较多，而且是沿径向一根压着一根地叠起来绕。

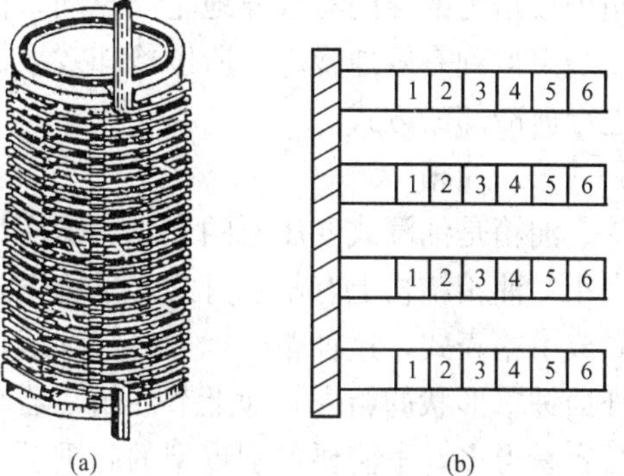

图 3-1-3 6 根导线并联绕制的螺旋式绕组

(a) 螺旋式绕组的外形；(b) 螺旋式绕组纵剖面导线的排列

图 3-1-3 为 6 根导线并联绕制的绕组外形及导线的排列图。并联的导线绕成一个螺旋，中间隔以沟道。当螺旋式绕组并联导线更多（例如 12 根）时，就把并联导线分成两组并排绕制，形成双螺旋式。为了减小导线中的附加损耗，绕制过程中将导线换位。螺旋式绕组一般用于三相容量在 800kVA 以上、电压在 35kV 以下的大电流绕组。

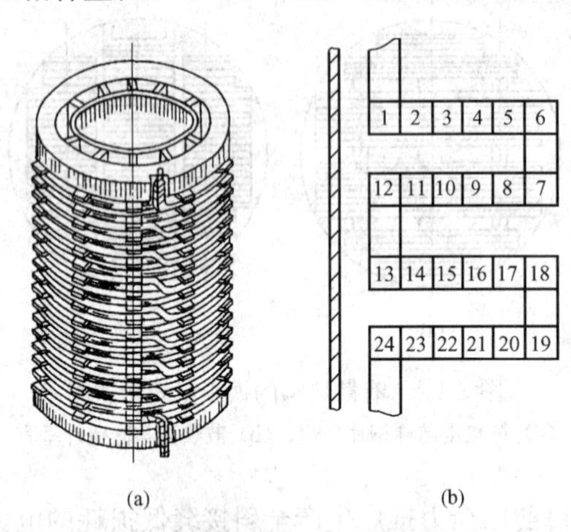

图 3-1-4 连续式绕组

(a) 连续式绕组的外形；(b) 连续式绕组纵剖面导线的匝间排列

连续式绕组由多个线饼沿轴向串联而成，绕制时，先是若干线匝沿径向串联绕成一个线饼，然后采用“翻绕法”，使绕制连续地过渡到下一个线饼。由于采用特殊的绕制工艺，从一个线饼到另一个线饼时，其接头交替地在绕组的内侧和外侧，但都用绕制绕组的导线自然连接，所以没有任何接头。由于这一特点，连续式绕组具有很高的机械强度和可靠性。图 3-1-4 为连续式绕组外形和纵剖面导线的匝间排列图。连续式绕组应用范围较广，它的机械强度高，散热条件好，一般用于三相容量为 630kVA 以上、电压为 3～110kV 的绕组。纠结式绕组焊头多，绕制费时，一般用于三相容量在 6300kVA 以上、电压在 110kV 以上的绕组。

为了减少大型电力变压器在采用多股导线并绕时所产生的附加损耗，绕组往往需要作换位处理，通常采用换位导线。所谓换位导线，就是将多股分散的并绕导线在绕制前，先按照一定的规律，360°连续地进行换位。在应用时，把换位导线当作一根导线来绕制。换位导线被广泛使用于大容量电力变压器。

SFP7-360000/220 型变压器的绕组用无氧铜换位导线绕制，主要绕组为内屏蔽连续式，匝间绝缘不小于 0.95，低压绕组为双螺旋式，匝间绝缘为 0.75。

为了使绕组有效地散热，绕组设有散热油道。在双绕组变压器强迫油循环导向冷却系统中，压力油在高、低压绕组之间有各自的流通路线，绕组中有纵向和横向油道，压力油在油箱中按指定的导向有规律地定向流动，保证所有的绕组都有低温冷却油流过，把热量带走，使绕组得到有效地冷却，所以冷却效果比较理想。因此，目前大型变压器几乎都采用这种强迫导向冷却的方式。

三、油箱

油箱是油浸式变压器的外壳，是用钢板焊成的，器身就放置在油箱内。按变压器容量的大小，油箱结构上有吊器身式和吊箱壳式两种。大容量变压器体积大质量大，都毫无例外地做成吊箱壳式，这种箱壳犹如一只钟罩，故又称钟罩式油箱。当器身需要进行检修时，吊去外面钟罩形状的箱壳，即上节油箱，器身便全部暴露在外，可进行检修。显然吊箱壳比吊器身容易得多，不需要特别重型的起重设备。

吊箱壳式变压器由上节油箱（钟罩式箱壳）、下节油箱和器身组成。箱壳上装有储油柜（又称油枕）。油浸式变压器的油箱内充满了变压器油，变压器油既起冷却作用，又起绝缘作用。油中如含杂质或水分，将降低油的绝缘性能，故要求油箱内的变压器油最好不与外界空气接触，为此需将油箱盖紧，但当油温变化时，油的体积会膨胀或收缩，从而引起油面升高或降低。对小型变压器，一般采用预留空间的办法，即箱壳内的油不能充满到箱盖。对大、中型变压器，如仍用小型变压器预留空间的办法，则因其油箱截面积较大，油面将与空气大面积地接触，使油质变坏，尤其是大、中型电力变压器的高压侧，电压较高，当油的绝缘强度下降时，会立即威胁变压器的安全运行，储油柜可解决这个问题。储油柜又称油枕、或油膨胀器，通过气体继电器的连通管与箱壳连通，其上部装一个呼吸器，正常时，储油柜中一半是油，一半是空气，箱壳内总是充满变压器油。当油受热膨胀后，储油柜的油面上升，上半部的空气通过呼吸器排到外面大气中去；当冷却时，油面下降，外部空气通过呼吸器的管子又进入储油柜，油面随温度的变化而自由升降，油与空气的接触面始终是储油柜的截面，减少了油与空气的接触面。呼吸器的下端装有能够吸收水分和杂质的物质。此外，储油柜上装有全密封式带磁性的油位指示器。变压器装设了储油柜后，还有利于装设气体继电器（亦称瓦斯继电器）。当变压器任何一部分因过热而使绝缘损坏，产生某些气体分解物时，气体继电器发出信号；当变压器内部发生严重故障时，有大量气体突然产生，气体继电器接通断路器的跳闸回路，将变压器切除。为防止变压器油因氧化而变质，大型变压器在储油柜上接一氮气袋，贮存氮气，进行充氮保护和空气隔离。

四、绝缘结构和绝缘套管

变压器的绝缘分主绝缘和纵向绝缘两大部分。主绝缘是指绕组对地之间、相间或同一相而不同电压等级的绕组之间的绝缘；纵向绝缘是指同一电压等级的一个绕组，其不同部位之间，例如层间、匝间、绕组对静电屏之间的绝缘。主绝缘应承受工频试验电压和全波冲击试验电压的作用，因此，主绝缘结构应保证在相应电压级试验电压作用下，具有足够的绝缘强度并保持一定的裕度。

变压器内部的主绝缘结构主要为油一隔板绝缘结构，目前广泛采用薄纸筒小油隙结构。绕组之间设置多层厚度一般为 3～4mm 的纸筒。铁心包括心柱和铁轭是接地的，靠近心柱的绕组与心柱之间，为绕组对地的主绝缘，用绝缘纸板围着圆柱形的铁心构成，根据电压的高低决定纸板的张数。纸筒的外径与绕组的内径之间，用撑条垫开，以形成一定厚度的油隙绝缘。电压较高时可以采用纸筒一撑条重复使用的办法构成。油隙同时又是绕组与心柱之间、不同电压的绕组与绕组之间的散热油道。每相绕组的上、下两端，绕组与上部的钢压板、下部铁轭，存在着绕组端部的主绝缘，又称铁轭绝缘，采用纸圈一垫块交叉地放置数层构成。为改善绕组端部电场的分布，在 110kV 以上的绕组端部，都放置静电屏。同一相不同电压的绕组之间或不同相的各电压绕组之间的主绝缘采用薄纸筒小油隙结构，这种结构具有击穿电压值高的优点。最外层的绕组与油箱之间的主绝缘：电压在 110kV 及以下时，依靠绝缘油的厚度为主绝缘；电压在 220kV 及以上时，增加纸板围屏来加强对地之间的主绝缘。

变压器的绝缘套管将变压器内部的高、低压引线引到油箱的外部，不但作为引线对地的绝缘，而且担负着固定引线的作用。40kV 及以下电压级的变压器绝缘套管一般以瓷质或主要以瓷质作为对地绝缘，它由瓷套、导电杆和一些零部件组成，其特点是结构简单。SFP7-360000/220 型主变压器低压侧采用单体瓷绝缘式套管，型号为 BD-20/16000，这种套管仅一个瓷套，中部有固定台，可卡装在箱盖上，用卡装法兰和压钉来固定，瓷伞的个数根据电压而定。60kV 及以上电压等级的绝缘套管，目前采用电容式绝缘套管，这种绝缘套管的高

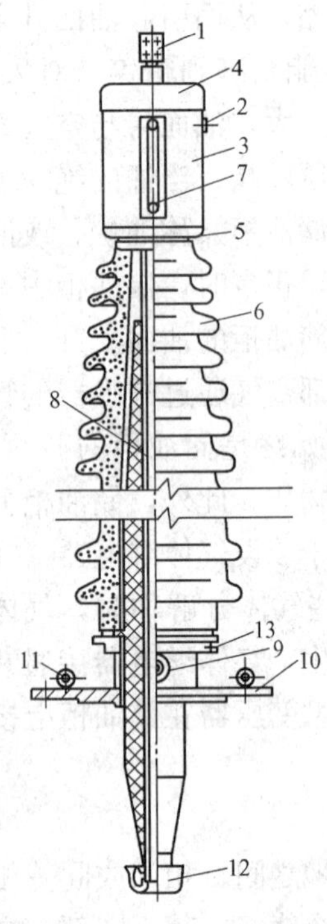

图 3-1-5　胶纸电容式套管结构图

1—接线头；2—放气塞；3—储油柜；4—罩；5—密封垫圈；6—瓷套；7—油位计；8—胶纸电容芯子；9—接地套管；10—法兰；11—单环；12—均压球；13—取油样塞

电位引线与接地的末屏之间，是一个多层紧密配合的绝缘纸和铝箔交错地卷制成的胶纸电容芯子，根据电容分压原理，径向电场的分布比较均匀，同时具有较高击穿强度的固体绝缘，套管的外形一般做成多级伞形。SFP7-360000/220 型主变压器高压侧采用可装电流互感器的胶纸电容式绝缘套管，型号为 BRL-220/1250，每相装设 3 只 LRD-220 型电流互感器，中性点装设 1 只 LRD-110 型电流互感器。胶纸电容芯子在户外使用时，需用瓷套作外绝缘，胶纸电容芯子与瓷套之间的空隙注入变压器油，在头部设有适应油热胀冷缩用的储油柜，图 3-1-5 为胶纸电容式套管结构图。

五、变压器冷却系统

油浸式电力变压器的冷却方式，按其容量的大小大致有油浸自冷式、油浸风冷式、强迫油循环水冷却、强迫油循环风冷却等方式。SFP7-360000/220 型变压器采用的是强迫油循环风冷却方式（ODFA），风冷却器采用日本进口的 NEFP-3-2LFT-P-Z 型产品，功率为 300kW，五组，每组装三台低噪声风扇，功率为 3×2kW。在强迫油循环风冷却器结构系统中，变压器上部的热油在潜油泵的作用下，通过蝶形阀、连接管，被吸入冷却器。热油经过冷却器后，油温降低，然后依靠潜油泵将冷油通过管道，打入变压器的底部，就这样不断地往复循环，使变压器的热油得到冷却。所谓“导向”，是指经过变压器外部冷却的油送回变压器后，使绝大部分冷油在变压器内部按给定的路线流通。为此，在器身底部下夹件的两侧各装一根与外部冷却管道相通的钢管，冷油由此流入，再由管子分几路穿过绕组下部的支持平面，往上流经铁心内的冷却油道及绕组的内部，加强冷油与这些发热部件之间的接触，有效地带走损耗所产生的热量，从而大大提高内部的冷却效果。冷却器由许多根纵向的铜管组成，热油在铜管的内部流通，冷却器上、下两端的集油室内设有分隔筋（或称隔板），将小室分隔成几个小的区域，使油的流通路径形成几个上、下弯曲的回路。这样，油的路径增长了，热油与铜管接触时间也就长了，以利于充分进行热交换，从而增加冷却效果。导风筒装在冷却器的正面外侧，其上有冷却风扇，冷风吹走铜管表面的热量，使温度降低。

第四节　分裂绕组变压器

一、分裂绕组变压器的用途

随着变压器容量的不断增大，当变压器二次侧发生短路时，短路电流数值很大，为了能有效地切除故障，必须在二次侧安装具有很大开断能力的断路器，从而增加了配电装置的投资。如果采用分裂绕组变压器，则能有效地限制短路电流，降低短路容量，从而可以采用轻型断路器以节省投资。现在大型发电厂的启动变压器和高压厂用变压器一般均采用分裂绕组变压器。

当发电厂高压厂用变压器采用分裂绕组变压器时，它的接线如图 3-1-6（a）所示，两发电机一变压器扩大单元制的升压变压器采用分裂绕组变压器的接线，如图 3-1-6（b）所示。

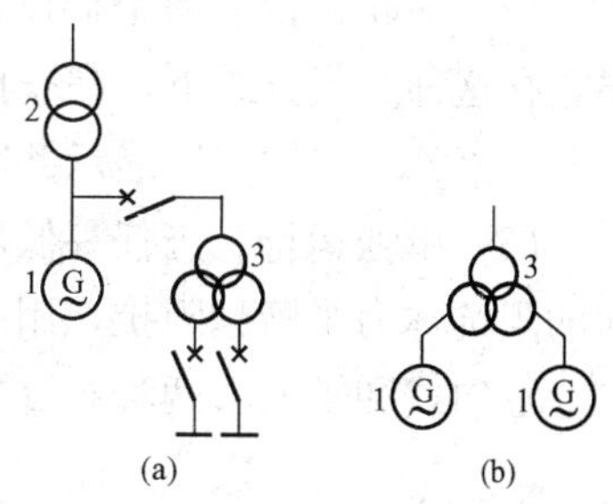

图 3-1-6 分裂绕组变压器接线图

（a）高压厂用变压器；（b）两发电机一变压器扩大单元制的升压变压器

1—发电机；2—升压变压器；3—分裂绕组变压器

二、分裂绕组变压器的结构原理

分裂绕组变压器将普通双绕组变压器的低压绕组在电磁参数上分裂成额定容量相等的两个完全对称的绕组，这两个绕组间仅有磁的联系，没有电的联系，为了获得良好的分裂效果，这种磁的联系是弱联系。由于低压侧两个绕组完全对称，所以它们与高压绕组之间所具有的短路电抗应相等。两个分裂绕组是相互独立供电的，但两个分裂绕组的容量相等，且为变压器额定容量的 1/2，或稍大于 1/2。

三相分裂绕组的结构布置型式有轴向式和径向式两种。在轴向式布置中，被分裂的两个绕组布置在同一个铁心柱内侧的上、下部，不分裂的高压绕组也分成两个相等的并联绕组，并布置在同一铁心柱的外侧的上、下部，绕组排列和原理接线如图 3-1-7 所示。

在径向式布置中，分裂的两个低压绕组和不分裂的高压绕组都以同心圆的方式布置在同一铁心柱上，且高压绕组布置在中间，绕组排列和原理接线如图 3-1-8 所示。

两种布置的共同特点是两个低压分裂绕组在磁的方面是弱联系，这也是两绕组分裂变压器与三绕组普通变压器的主要区别。

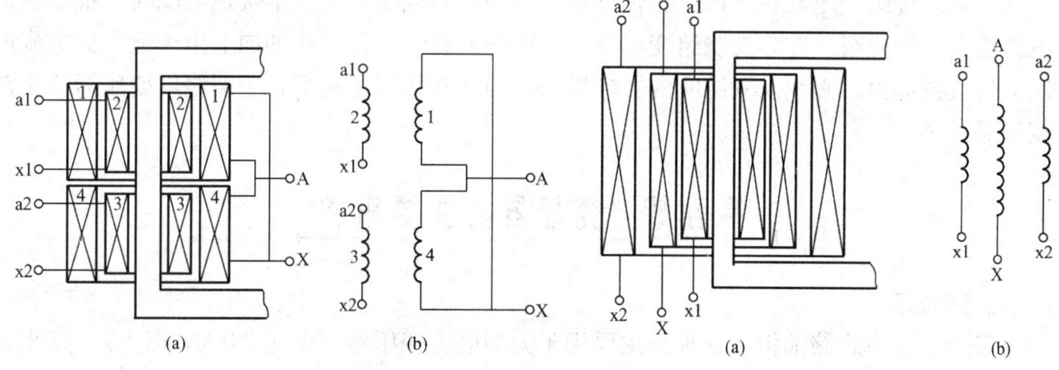

图 3-1-7 三相三铁心柱轴向布置分裂绕组变压器的结构

（a）绕组排列情况；（b）绕组原理接线图

图 3-1-8 三相三铁心柱径向布置分裂绕组变压器的结构

（a）绕组排列情况；（b）绕组原理接线图

三、分裂绕组变压器的运行方式

在讨论分裂绕组变压器的运行方式之前，先假设 Z_G 为分裂绕组变压器高压绕组的阻抗，取 $Z_G \approx 0$，Z_{D1} 和 Z_{D2} 分别为高压绕组开路时两个低压分裂绕组的漏阻抗，均等于 Z，即 $Z_{D1}=Z_{D2}=Z$。

分裂绕组变压器有三种运行方式：

（1）分裂运行。高压绕组开路，两个低压分裂绕组运行，低压绕组间有穿越功率，高低压绕组间无穿越功率。在这种运行方式下，两个低压分裂绕组间的阻抗称为分裂阻抗，用 Z_{D1-D2} 表示，即 $Z_{D1-D2}=2Z$。

（2）并联运行。两个低压绕组并联，高、低压绕组均运行，高、低压绕组间有穿越功率，在这种运行方式下，高—低压绕组间的阻抗称为穿越阻抗，用 Z_{G-D}表示，即 $Z_{G-D}=Z_G+Z_{D-1}//Z_{D-2}$（“//”表示并联），当 $Z_G=0$ 时，则 $Z_{G-D}=Z/2$。

（3）单独运行。当任一低压绕组开路，另一低压绕组和高压绕组运行时，高低压绕组之间的阻抗称为半穿越阻抗，用 Z_{G-D1}或 Z_{G-D2}表示，这时 $Z_{G-D1}=Z$，$Z_{G-D2}=Z$。

径向式和轴向式两种布置方式的分裂绕组变压器的阻抗，如表 3-1-3 所示。

表 3-1-3　　分裂绕组变压器的阻抗

阻　抗	径向式布置	轴向式布置
Z_{G-D1}	Z	Z
Z_{G-D2}	Z	Z
Z_{D1-D2}	$\approx 2.2Z$	$(1.8\sim2.0)\ Z$

根据上面的分析可得分裂绕组变压器的特点如下：

（1）能有效地限制低压侧的短路电流，因而可选用轻型开关设备，节省投资。

（2）在降压变电站，应用分裂绕组变压器对两段母线供电时，当一段母线发生短路时，除能有效地限制短路电流外，另一段母线电压仍能保持一定的水平，不致影响供电。

（3）当分裂绕组变压器对两段低压母线供电时，若两段负荷不相等，则母线上的电压不等，损耗增大，所以分裂绕组变压器适用于两段负荷均衡又需限制短路电流的场所。

（4）分裂绕组变压器在制造上比较复杂。例如，当低压绕组发生接地故障时，很大的短路电流流向一侧绕组，在分裂绕组变压器铁心中失去磁的平衡，在轴向上由于强大的电流产生巨大的机械应力，必须采取结实的支撑机构，因此在相同容量下，分裂绕组变压器约比普通变压器贵 20%。

第五节　变压器的主要附件

一、储油柜

这里介绍隔膜式储油柜，这种柜主要用于大型电力变压器（电压 110kV 以上）。隔膜式储油柜是利用柜内隔膜将变压器油和大气隔离的，这样，可防止油老化和吸收水分，因而保证了变压器油的绝缘强度。

隔膜式储油柜由两个半圆筒体组成，储油柜中间装有半圆形橡胶隔膜，隔膜周边均由柜沿上下密封垫压紧，使其隔膜浮在油面上，并随着油面的上升或下降而上下浮动。

在储油柜的右端柜底上方，装有磁针式油位表，油位表在最高和最低油位均装有报警信号器，当储油柜内油位达到最高或最低时可自动发出报警信号。另外通过油位表上的刻度和油温度关系曲线，可查得变压器油的温度。

储油柜的上边设有视察窗孔，在储油柜下面设有集污盆，通过集污盒可以放出储油柜内的污物。管接头用于注油或放油。在储油柜的柜沿处设有放水管，为排放隔膜上凝结水之用。

在储油柜的左端装有供有载分接开关用的储油柜，柜中间装有油位表及放油管接头，供注油或放油之用。

二、吸湿器

吸湿器是清除和干燥由于变压器的温度之变化而进入变压器储油柜的空气中的杂物和潮气的，其作用是保持变压器油的绝缘强度。

按结构的不同，吸湿器分吊式和座式两类。吸湿器的主体为一玻璃管，其内盛有氯化钴浸渍过的硅胶（变色硅胶）作为吸湿剂，罩或座中装有变压器油作为杂物过滤剂。当变压器由于负荷或环境温度的变化而使变压器油的体积发生胀缩时，储油柜内的气体将通过吸湿器产生呼吸，用以清除空气中的杂物和潮气，进而保持变压器内变压器油的绝缘强度。

变色硅胶在干燥的状态下呈蓝色，吸收潮气后呈粉红色。在使用过程中，应经常监视吸湿器中的硅胶是否变色，变压器油是否过脏或者是否因蒸发而使油面低于油面线。当硅胶呈红色或油面高度低于油面线或油质过脏时，应将硅胶进行干燥或更换。更换硅胶时，将吸湿器从变压器上卸下，从法兰盘或座的出口可倒出或装入硅胶（硅胶粒度的大小为2～7mm）。

受潮后的硅胶在140℃温度下烘焙约8h（或在300℃温度下烘焙约2h）后，便可完全变为蓝色。否则，应酌量延长烘焙时间，直至完全转变成蓝色。

三、压力释放阀

ASF1-55型压力释放阀适用于以变压器油为冷却介质的大、中型电力变压器，安装在变压器油箱，或侧壁上。压力释放阀在变压器正常工作时，保护变压器油与外部空气隔离，使油箱内保持正压，确保油箱外部的空气、灰尘和水不能进入变压器油箱内。变压器一旦发生短路时，绕组将产生电弧和火花，使变压器油在瞬间产生大量气体，油箱内的压力因此猛增。这种过压全靠压力释放阀来保护。当压力一旦达到阀门动作压力时，阀门在2ms内开启，变压器油箱内压力下降，油箱不致变形和爆裂。

压力释放阀的动作压力为（5.39±0.49）$\times 10^4$Pa[（0.55±0.05）kgf/cm^2]，关闭压力在2.94$\times 10^4$Pa（0.3kgf/cm^2）左右。压力释放阀动作后，除有机械信号标志外，还有电气信号输出。

压力释放阀的结构原理是：密封圈用于阀座与变压器油箱升高座法兰之间的密封。膜盘由弹簧压紧在胶圈上而关闭。作用在膜盘上的压力超过弹簧压力时，膜盘升高与胶圈脱离，流体传布到整个膜盘直到胶圈，膜盘立即跳起，阀门处于开启位置。当变压器油箱中的压力恢复到正常时，膜盘立即复位。

当变压器出现小事故产生少量气体时，密封圈变形，可排出气体，能防止误动作。

压力释放阀护盖上装有粉红色标志杆，当阀动作时，膜盘推动标志杆而升高，高出护盖（30～46）mm。标志杆突起时，说明阀已动作过。当膜盘复位后，标志杆仍滞留在动作后的位置上。故障排除后由手动复位。

信号开关装在防雨防尘的密封铸铝壳内，膜盘向上跳动时，碰撞块使机构触发，信号开关动作，动作后，用手向里推动复位扳手使机构再扣。

接线盒中装有一个微动开关、三芯插座和插头。信号通过插头引出。

四、电阻测温计

电阻测温计是用来在中央控制室远距离指示变压器油温度超过规定值时报警用。

电阻测温计是由热电阻、转换开关和动圈式温度指示调节仪等部件组成。热电阻装在变压器上，随着变压器油温升降而改变其电阻值。热电阻的结构由感温元件、绝缘套管、保护套管和接线盒等主要部件组成。热电阻有铜热电阻和铂热电阻之分，采用铜热电阻构成的电阻测温计的测量范围为－50～100℃，而采用铂热电阻构成的电阻测温计的测量范围为0～150℃。

五、分接开关

这里叙述适用于单相无励磁调压的DWP-220/1000型楔形分接开关，简称为楔形分接开关。楔形分接开关由安装在变压器油箱盖上的操动机构来操作，用以改变变压器线圈匝数，以实现电压调整。

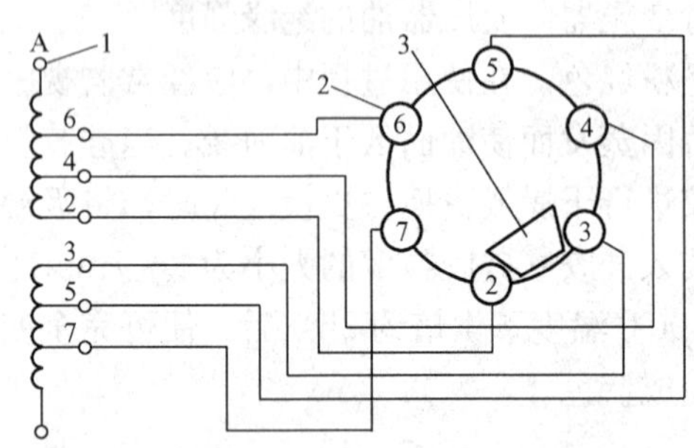

图3-1-9 楔形分接开关与变压器绕组的接线
1—变压器绕组；2—定触柱；3—触头

当需要调整电压时，首先必须将变压器从网路上切除，使变压器处于完全无电压的情况下才能操作分接开关。这种分接开关又称为无载调压分接开关。

楔形分接开关与变压器绕组的连接，如图3-1-9所示。

楔形分接开关安装在变压器器身的两柱件中间。必须确认楔形分接开关的安装正确之后，方可进行操作。注意楔形分接开关只能按座上的轴转向标记（箭头方向）转动。手柄杆顺时针转动300°，即触头调换一个分接位置。操作方法是：先拧下M6螺钉，取下罩，将手柄杆向一端拉出，再提起定位销钉并旋转约45°，使销钉搁住，然后按座上的轴转向标记（箭头方向）转动手柄杆，此时偏心转轴随之转动，并带动支持件及触头向逆时针方向转动。

当定位件缺口对准运行所需要的位置后，再反向慢慢地转一下，到转不动时，即确认开关已正位。放下定位销钉固定在定位孔内，即完成了一个分接位置变换的操作。

为了保证接触良好，不论变压器是否需要改变电压，每年必须对开关至少转动一次，以清除接触表面上的氧化膜及油污等，每次应连续转动2周。如果变压器不需要改变电压，在转动后应返回到原来位置上。分接开关操作完毕后，为判断其接触是否良好，应测量绕组的直流电阻。

对变压器进行检修时，必须对分接开关进行检查。

六、有载调压分接开关

有载调压分接开关也称为带负荷调压分接开关，其基本原理是在变压器的绕组中引出若干分接抽头，通过有载调压分接开关，在保证不切断负荷电流的情况下，由一个分接头切换到另一个分接头，以达到变换绕组的有效匝数，即改变变压器变比的目的。在切换过程中需要过渡电路。切换开关装在油箱内，切换在油中进行。

有载调压分接开关的工作原理如图3-1-10所示。假设变压器每相绕组有三个分接抽头1、2、3，负荷电流I开始由分接抽头1输出，若要从分接抽头1调到由分接抽头2输出，对于无载调压，可以在停电后切换分接抽头。有载调压时，抽头1与抽头2之间必须接入一个过渡电路（又称为限流电阻），即用一个电阻跨接在抽头1与抽头2之间。有了过渡电阻，抽头1与抽头2之间不会造成短路，起着限流作用。

有载调压分接开关主要由选择开关、切换开关、限流电阻以及操动机构组成。

1. 选择开关

选择变压器分接头的开关叫选择开关。选择开关在切换分接头过程中是不带负荷电流的，因此，带有负荷电流的切换开关的动触头在工作中只是滑动而并不切换分接头。由于选择开关在工作时不带负荷电流，因此对提高开关的容量来讲是可取的。

2. 切换开关

带负荷切换分接头位置的开关叫切换开关，或称调换开关。切换开关一般采用扇形滚动式结构，三个相的动触头分别装在扇形滚动件上，扇形滚动件分别装在星形主转轴臂上，主转轴可以往复旋转，带动滚动件转动，通过齿轮组的导向，使扇形滚动件按照滚转的方式，有规则地往复动作，于是动触头依既定的程序与定触头接触和分离，完成电路的切换。

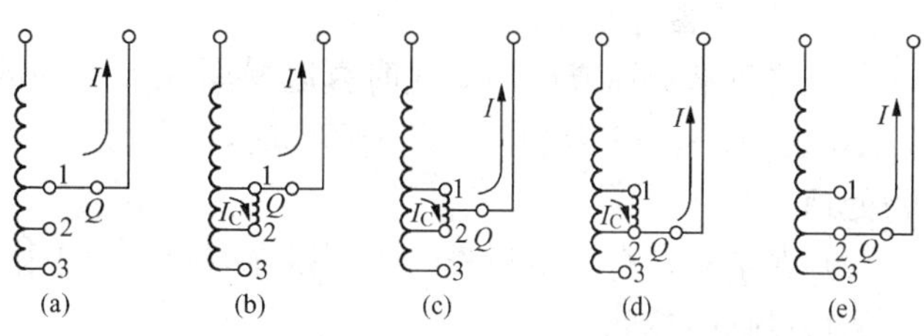

图 3-1-10 有载调压分接开关的过渡过程

(a) 过渡开始时；(b) 过渡的分接抽头接上电阻；(c) 动触头开始在电阻上滑动；(d) 动触头已经滑到需要的分接抽头；(e) 过渡用的电阻切除

3. 限流电阻

切换开关的弧触头之间并联限流电阻，目的是使切换开关在带负荷切换过程中，有效地限制开断时的电弧电流。限流电阻值是由级间电压和变压器额定负荷电流决定。

4. 操动机构

调压分接开关的操动机构部分主要由电动传动机构和快速机构组成。电动机轴的转动经蜗轮、螺杆降速之后，通过一对锥齿轮传递到垂直轴，再经过齿轮盒引入变压器油箱，与选择开关的水平轴相递接。在水平轴锥齿轮的转动下，使垂直主轴转动，主弹簧储能，在摆杆的作用下过死点，弹簧收缩，释放能量，从而带动切换开关主轴，达到快速切换的目的。

第六节 变压器的检查、试验及运行维护

下面以220kV级油浸式电力变压器（包括无励磁调压、有载调压和自耦变压器）为例，叙述变压器总体复装前的器身检查、总体复装和注油、投入运行前的检查和交接试验以及运行和维护等。

一、总体复装前的器身检查

（一）器身检查前的准备

（1）变压器主体经过运输，受到振动和颠簸，因此，总体复装前，通常都要进行器身检查。由于受结构的限制，通过视察窗不能进行全面检查和排除故障时，须起吊上节油箱进行器身检查。

（2）对于充氮运输的变压器，应先排除氮气，再注入合格的变压器油（放氮气时，注意人身安全以防产生窒息事故）。将器身浸在油中24h，然后再将油排出油箱，起吊上节油箱进行器身检查。

（3）在起吊上节油箱前，应首先做好如下工作：对于无励磁调压变压器，应先拆除无励磁分接开关的操动机构，并记录好相序，以利于复装；对于有载调压变压器，则应先拆除其水平轴和偏心法兰，具体要求详见有载调压分接开关使用说明书。

（4）准备好所需要的装备、工具，做好安全设施及人员分工等。

（二）进行器身检查的规定

（1）器身从放油或放出氮气时算起暴露在大气中的时间限制如下：相对湿度低于65%时，不超过16h；相对湿度65%～75%时，不超过12h。若超过上述规定，必须对器身进行干燥处理。

（2）在室外进行器身检查时，不得在有风沙、下雨或下雪天气中进行，室外应有防尘措施，如搭设临时棚间。

（3）器身检查的环境温度应高于−15℃。在器身暴露空气以前，应将器身加热到高于环境温度10～15℃。

（4）检查器身时，不得将梯子搭在导线夹、引线及其他绝缘件上。工作人员的衣服、鞋帽及所使用的工具等应清洁完好，严防异物掉进器身中。

（5）对于带有绝缘的引线不得随意弯折，特别应注意引线斜梢（俗称绝缘斜梢或应力锥）的位置，应尽量保持原装配位置。

（三）器身检查的内容

（1）检查引线的绝缘、引线的位置、引线的支撑及夹持情况。

（2）检查紧固件包括胶木螺杆、胶木螺母、钢螺栓、钢螺母及压钉等和铁轭螺杆及方铁（若有铁轭螺杆及方铁时）是否有松动现象。

（3）检查柱件及导线夹有无损坏、倾斜及松动现象。

（4）检查分接开关的触头是否良好，三相的指示位置是否一致，且为规定的位置。

（5）有载调压分接开关的检查按“有载调压分接开关使用说明书”规定进行。

（6）检查铁心、夹件、连接片及接地套管的接地是否牢固。

（7）拆除运输用的临时牢固装置，如有载调压分接开关的固定装置及引线的固定支架等。

（8）检查并清除所有与变压器无关的异物及污物。

（四）器身检查中的试验

（1）如果上下铁轭有铁轭螺杆，则须用2500V绝缘电阻表测量铁轭螺杆与铁心之间的绝缘电阻。

（2）将上夹件与上铁轭的接地片打开，测量夹件与铁心间的绝缘电阻。

（3）接地片接上后测量夹件、铁心及连接片的接地情况。

（4）检测铁心的接地系统（铁心、夹件及连接片等）是否为一点接地。对220kV级变压器，上夹件与上铁轭同时用电缆通过一个接地套管引出至箱盖外面，此结构下夹件与铁心是绝缘的，应无接地片连接。

（5）测量绕组所有分接位置的直流电阻，其值应符合出厂时的数据（出厂时的数据为75℃时的直流电阻）。测量中环境温度不同时，需进行折算，其折算公式为

$$R_{75}(T+t)=R_t(T+75)$$

其中：R_{75}为环境温度为75℃时的直流电阻值，Ω；R_t为环境温度为t时的直流电阻值，Ω；t为环境温度,℃；T为系数，铜导线为235，铝导线为225。

（6）测量各分接位置的变压比，其偏差值应与出厂数据相符合，并符合国家有关标准的规定。测量时应注意操动机构的指示位置是否与实际情况相符合。

(7) 测量绕组的绝缘电阻、吸收比 R_{60}/R_{15} 及绕组的介质损耗率是否与出厂数据相符合。

(8) 三相变压器应检查其联结组别，单相变压器应检查其极性。

二、总体复装和注油

(一) 总体复装前的准备

(1) 总体复装前，应彻底清理散热器（冷却器）、储油柜、安全气道（压力释放装置）、油管、不带电流互感器的升高座、套管及其所有零件、部件及组件。应创造条件，用合格的变压器油冲洗直接接触的零件、部件及组件。

(2) 严格清理安装自行配置的油、水管路，管内不允许存在焊渣和异物，并作好检查记录。

(3) 不允许在自行配置的油、水管路内加装金属网，以避免金属网冲入油箱内，确保变压器安全运行。

(二) 总体复装

(1) 装上节油箱前，须再次清理器身及油箱内的异物、污物。

(2) 有安装标志的零件与部件，须按照安装标志所指示的部位（如高压、中压升高座及安全气道升高座等与油箱的相对位置和角度）复装。

(3) 变压器引线的根部不得受拉、扭及弯曲。

(4) 对于 60kV 级及以上的引线，引线所包扎的绝缘斜梢必须进入均压球的口处，并防止引线电缆拧动。

(5) 在装配套管前，必须检查无励磁分接开关连杆是否已插入分接开关轴内，可利用升高座孔调整到所需的分接位置。

(6) 复装组件时，应按该组件的“安装使用说明书”规定进行。

(7) 油箱顶部若有上部定位件，应按外型尺寸图及技术要求进行定位或密封。

(8) 变压器型号中带“3”、“4”、“7”、“9”型的产品不需要倾斜，而其他产品应按外形尺寸图中的规定进行，若无规定应按倾斜处理，在靠储油柜气体继电器端垫高，使之有 1%～1.5% 的倾斜。

(9) 各温度计座内应注满变压器油。

(10) 具有集中冷却器的变压器，其各组冷却器的油管路（或水管路）必须并联，不得采用串联形式。集中冷却装置的安装位置应尽可能靠近变压器主体，以不超过 3m 为宜。若受条件限制，冷却装置离变压器主体之距大于 3m 时，则须采取措施确保冷却器的效率。当冷却器距离变压器主体不超过 3m 时，油路管径可与冷却器油路管径相同，否则需加大油路管径，使该油管路中油的流速不大于 3m/s。

(11) 按照变压器外形尺寸图（即装配图）复装已拆卸的各组件、部件及零件，其中储油柜、吸湿器及安全气道（压力释放装置）不装，连接法兰用盖板密封好。安装要求及其注意事项见各组件“安装使用说明书”。

(三) 进行器身检查的变压器的真空注油及密封试验

总体复装后，可在箱盖上 80 蝶阀（滤油用）处装设一个高度约 1.5m 的临时储油柜（侧面应装设油位针，顶端应有供抽真空用的接口）供抽真空用，将抽真空管路接到临时储油柜顶端，注油管路接到放（注）油闸阀，注入合格的变压器油至临时储油柜的 3/4 处，开始密封试验。

1. 密封试验方法

通常采用静油压法，油压时间为 6h，在密封试验过程中检查所有密封处有无渗漏。若有渗漏，应及时处理，其试验时间为从无渗漏开始计算。

2. 真空注油

(1) 如果变压器的储油柜为放于主体上的结构，储油柜应装好，可不采用临时储油柜。当试漏合格后，将储油柜下面的 80 蝶阀关闭，将油箱内的变压器油全部放出。如果为强迫油循环水冷变压器，则在真空注油前应将水冷却器上的差压继电器和净油器管路上的旋塞关闭。如果是有载调压变压器，则将有载调压分接开关内的油应抽出，且拆除有载调压分接开关上的气体继电器，此时冷却器的蝶阀应处于开启状态。

(2) 主体上装有储油柜的变压器，在箱盖蝶阀上或气体继电器联管处安装抽空管。有载调压分接开关应安装注油管，以便与主体同时注油。

(3) 启动真空泵开始抽真空，在 1h 内均匀提高其真空度，使真空度逐渐达到 80kPa (残压 21.3kPa) 维持 1h。如无异常，则将真空逐渐加压至 101.2kPa (残压 0.13kPa，属变压器型号中带"3"、"4"、"7" 及"9" 的产品) 维持 1h，检查油箱有无变形和异常现象。如果未见异常，在抽真空状态下进行注油，注油过程中应使真空度维持在 101.2kPa (残压 0.13kPa) 的真空度，油面接近油箱顶盖约 200mm 时停止注油，注油时间大于 6h，在该真空度下继续维持 6h，即可解除真空，拆除注油管。

(4) 对装有临时储油柜者，须拆除，已装好储油柜的，须复装气体继电器，安全气道 (压力释放装置)，将储油柜上部的放气塞拧开，从油箱下部加油管加油至储油柜放气塞有油溢出为止，并拧紧放气塞，再从加油管放油，使油面达到略高于要求高度，最后将吸湿器装好。

(5) 从真空注油结束开始，产品需静放 24h，此期间要多次放气，并检查有无渗漏现象，若有渗漏应及时处理。如油面下降时，应从油箱下部加油管加油至要求的高度。

(四) 不进行器身检查的变压器的真空注油及密封试验

充氮运输的变压器，其真空注油及密封试验与进行器身检查的变压器相同。带油运输的变压器，在不放油的情况下进行真空注油，再做密封试验的方法基本上与进行器身检查的变压器相同，不同点如下：

(1) 真空度为 80kPa (残压 21.3kPa) (对型号上带"3"、"4"、"7" 及"9" 的产品而言)。

(2) 抽真空的时间为 6h。

(3) 真空注油的时间应大于 1h。

(4) 真空注油结束后，产品须静油压试验 36h，此期间需检查油箱是否有渗漏现象，若有渗漏须妥善处理，如果需要放出部分油处理渗漏问题时，其注油按如下规定进行：

1) 当油放至油箱高的 4/5 时，应从油箱下部加油管加油，同时还要抽真空，注油结束后抽真空维持 1h，其真空度为 80kPa (残压 21.3kPa)。真空结束后进行静油压试漏时间为 36h (应扣除处理渗漏的时间)。

2) 器身暴露在空气中的时间不得超过 6h，否则须按本节真空注油所述方法进行真空注油。

三、投入运行前的检查和交接试验

（一）外观检查

（1）检查闸阀、蝶阀是否处于开启的运行状态。

（2）检查储油柜的油面高度是否符合要求。

（3）检查分接开关的位置是否三相一致。

（4）检查电流互感器、不接负荷的电流互感器是否已短接起来（不允许开路运行）。

（5）检查避雷器与变压器间的距离是否符合规定。

（6）检查外部空气绝缘距离，各电压等级套管之间及套管对地间的空气绝缘距离应不小于表 3-1-4 中的规定。

表 3-1-4　　空气绝缘距离　　mm

电压等级（kV）			3～6	10	15	35	40	60	110	220
套管之间	海拔高度（km）	≤1	80	110	150	300	390	570	840	1700
		>1 且≤2.5	95	130	180	350	460	680	990	1960
套管对地		≤1	80	110	150	315	410	590	880	1750
		>1 且≤2.5	95	130	180	370	480	700	1050	2020

（二）交接试验前的检测

（1）接地系统的检查：

1）检查油箱接地是否良好。若下节油箱有接地螺栓，则通过接地螺栓可靠接地；若上节油箱上有接地套管引出，则此接地套管必须有效接地。

2）若上节油箱有上部定位装置，而且未与油箱绝缘起来时，必须把上部定位钉拆除，使定位钉离开夹件。

3）检查下述组件的接地是否正确可靠：60kV 级及以上电容式套管法兰部位的接地套管、自耦变压器的公共中性点、有载调压的中性点（在变压器铭牌上对中性点的绝线水平已有规定的除外）。

4）接地系统必须保证一点接地，即接地点（如铁心、连接片、上下夹件及油箱等接地件）连接后不能构成回路。

（2）检查各保护装置和断路器的动作，应良好可靠。

（3）测量各绕组的直流电阻，并与出厂数据进行比较。

（4）测量各分接开关位置的变压比。

（5）取变压器油样进行试验，其性能应符合标准的规定。

（6）测量变压器的绝缘性能：

1）绝缘电阻值不得小于出厂数值的 70%。

2）吸收比（R_{60}/R_{15}）应大于 1.3。

3）整台变压器的绝缘介质损耗率应不大于出厂值的 1.3 倍。

（7）检查气体继电器、信号温度计、电阻温度计及套管型电流互感器的测量回路、保护回路与控制回路的接线是否正确。

（8）检查冷却器和控制箱的运行及控制系统是否正确可靠。检查冷却器时，在冷却器运转一定的时间后，须将所有放气塞打开，待气体放净后将塞拧紧，冷却器再停止运转。

（9）检查吸湿器是否已装有合格的吸附剂，呼吸是否畅通。

（10）检查安全气道的爆破膜是否良好。

（11）检查强迫油循环的油流方向是否正确（以潜油泵的转向为准），并检查所有油、水管路是否畅通。

（三）交接试验

在外观检查和交接试验前的检测项目均符合要求时，方可进行下述试验。

1. 空载试验和空载冲击合闸试验

（1）变压器应由电源侧接入电压。电源侧装有保护装置，可以保证在非正常情况时切断电源。

（2）将变压器的气体继电器的信号触点接至变压器电源的跳闸回路。

（3）过电流保护（时限）整定为瞬时动作。

（4）变压器接入电压时应由 0 开始，缓缓上升至额定电压，并保持 20min，测量额定状态下的空载损耗和空载电流并与出厂值进行比较。

（5）进行空载冲击合闸试验。首先检查 110kV 及 220kV 中性点接地必须牢固可靠，保证断路器合闸时三相同步时差不大于 0.01s，冲击合闸电压为系统额定电压，其合闸次数最多为 5 次。在冲击合闸过程中，如果电压值有 1 次达到最大值，则不再继续做合闸试验而视为合格。如果冲击合闸 5 次电压尚未出现最大值，则视为不合格。

2. 耐压试验

如果具备条件，则应进行耐压试验，试验电压值为出厂试验值的 85%。

3. 试验结束后的工作

试验结束后，将气体继电器的信号触点接至报警回路，跳闸触点接到继电保护的跳闸回路，调整好过电流保护值，并拆除变压器的临时接地线，最后对有关部位再进行放气。

4. 试运行

首先将冷却系统开启，对强迫油循环水冷系统须先开启潜油泵而后开启水泵，待冷却器运转正常后，再投入试运行。

四、运行及维护

（1）变压器经过试运行阶段后，如果没有异常情况发生，则认为变压器已属正式投入运行。

（2）强迫油循环冷却系统应有两个电源互为备用，如果两个电源全部停止供电，切除全部冷却器时，在额定负荷下运行 20min。若负荷不满且油面温度尚未达到 75℃时，允许上升到 75℃，但切除冷却器后的最长运行时间不得超过 1h。如果铭牌中有规定时，按铭牌的规定处理。

（3）如果风扇停止运转，只有潜油泵运行时，变压器允许运行时间由油面温升控制。

（4）当变压器处于低负荷运行时，可以切除部分冷却器，开启部分冷却器可带负荷按下式计算

$$S_n = \sqrt{\frac{P_k^1}{P_k}} \cdot S_N$$

$$P_k^1 = nP - P_0$$

$$P=\frac{P_0+P_k}{N-1}$$

式中：S_n 为变压器开启 n 只冷却器所带负荷，kVA；P_k 为变压器 75℃时额定负荷损耗，kW；S_N 为变压器额定容量，kVA；P_k^1 为变压器开启 n 只冷却器允许的负荷损耗，kW；n 为开启的冷却器只数；P_0 为变压器在额定频率下的空载损耗，kW；P 为变压器满负荷运行时每只冷却器的热负荷，kW；N 为实装冷却器只数。

（5）变压器投入运行时，除按投入运行前的试运行顺序进行外，还要接通冷却系统电源，使风扇电动机、潜油泵、水泵运转，退出运行后，再断开冷却器电源。

（6）水冷却器系统应放于室内，在环境温度低于 0℃时，应有防寒措施。如果停止运转，须将水冷却器中的水全部放出，以防冻坏水管。

（7）按本节二·（一）的顺序进行复查。

（8）具有中性点调压的有载调压变压器，按本节三·（二）·（1）·3）的要求进行复查。

（9）有载调压分接开关的运行若有异常，应立即退出运行；切换开关内的变压器油应按“有载调压分接开关使用说明书”进行检查处理。

（10）储油柜及压力释放装置的运行维护具体要求，见储油柜及压力释放装置的安装使用说明书。

（11）如果变压器的中压绕组为首末端绝缘水平相同时，中压绕组必须采用磁吹阀式避雷器保护（指工频耐受电压为 230kV）。

（12）通常采用下述两种方法来分析与判断变压器的运行状况：

1）在变压器运行的第一个月中，每周取一次油样，对油进行击穿试验。如果油的耐压值比出厂试验值下降 15％～20％，则应进行过滤；如果油的耐压值下降到 35kV/2.5mm，则变压器须停止运行。在滤油过程中，如果滤油纸表面有变黑的情况，必须进行器身检查，检查要求除按有关条款的规定进行外，还应查找故障点，并及时排除。

2）对运行中变压器油取油样进行气相色谱分析，分析油中所溶解的气体的成分及其含量，根据其成分和含量来判断变压器的故障性质。如果故障不会危及变压器的安全运行，应加强监视；故障情况严重时，必须迅速采取措施，做出处理决定。

（13）变压器油箱顶盖装有铁心接地套管，运行时按本节三·（二）·（1）·1）的要求复查。用接地套管可进行器身绝缘监视。将接地套管的接地线打开进行测量时，应注意避免瞬间开路。

（14）事故放油。当变压器的下节油箱上装有带玻璃板的事故放油闸阀时，此玻璃板作为闸阀密封盖板使用，如果发生事故须紧急放油时，应立即击碎玻璃板，便可迅速将油箱内的变压器油放出。有载调压变压器切换开关内的变压器油，按“有载分接开关使用说明书”规定维护。

第二章 高 压 电 器

第一节 高压断路器的灭弧原理

一、概述

当开断电路中有电流通过的断路器时，在断路器的触头之间可以看到强烈而刺眼的亮光，这是由于在触头之间发生了放电，这种放电称为电弧。这时，触头虽然已经分开，但是电流通过触头间的电弧仍继续流通，也就是说电路并未真正断开，要使电路真正断开，必须将电弧熄灭。由于电弧的温度很高，弧柱中心温度最高可达10000K以上，如果电弧燃烧时间过长，不仅会将触头烧坏，严重时会使电器烧毁，危害电力系统的安全运行。所以，在切断电路时，如何保证迅速而又可靠地熄灭电弧是断路器的核心问题，为此，必须研究和掌握电弧的形成和熄灭的规律，并采取有效的措施熄灭电弧。

二、电弧的形成

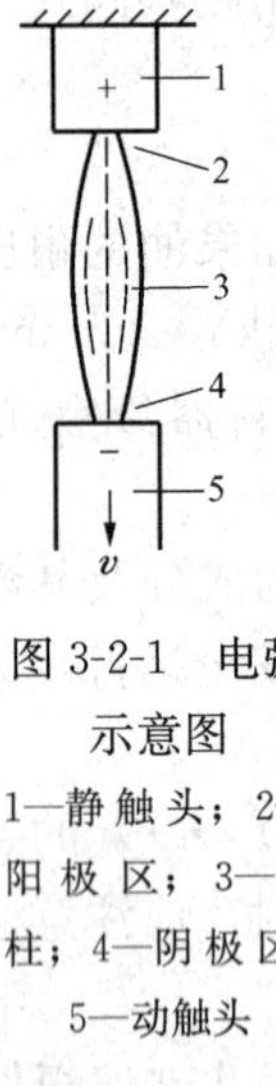

用断路器切断有电流通过的电路时，在断路器触头刚分离的瞬间，触头间会产生电弧，其示意图如图3-2-1所示。断路器是开关的一种。下面以高压断路器为例，分析开关切断电路时，触头间发生电弧的条件和物理过程。

图3-2-1 电弧示意图
1—静触头；2—阳极区；3—弧柱；4—阴极区；5—动触头

高压断路器触头刚分离时，由于触头间的间隙很小，触头间会出现很高的电场强度，当电场强度超过3×10^{6}V/m时，阴极触头的表面在强电场的作用下将发生高电场发射。从阴极表面发射出来的自由电子，在电场力的作用下向阳极作加速运动，它们在奔向阳极的途中碰撞介质的中性质点（原子或分子），只要电子的运动速度足够高，其动能大于中性质点的游离能（能使电子释放出来的能量）时，便产生碰撞游离，原中性质点即游离为正离子和自由电子。新产生的电子将和原有的电子一起以极高的速度向阳极运动，当它们和其他中性质点相碰撞时又再一次发生碰撞游离，依此连续发生。碰撞游离过程示意图，如图3-2-2所示。

碰撞游离连续进行的结果是触头间隙充满电子和正离子，介质中带电质点剧增，使触头间隙具有很大的电导。在外加电压的作用下，大量的电子向阳极运动，形成电流，这是由于介质被击穿而产生的电弧，这时，电流密度很大，触头间电压降很小。电弧产生后，弧柱的温度很高，可达5000K以上，这时处于高温下的介质分子和原子产生剧烈运动，使它们之间不断发生碰撞，其结果又游离出电子和正离子，这便是热游离过程。在电弧稳定燃烧的情况下，弧柱的温度很高，而电弧电压和弧柱的电场强度却很低，弧柱的游离作用是依靠热游离维持和发展的。

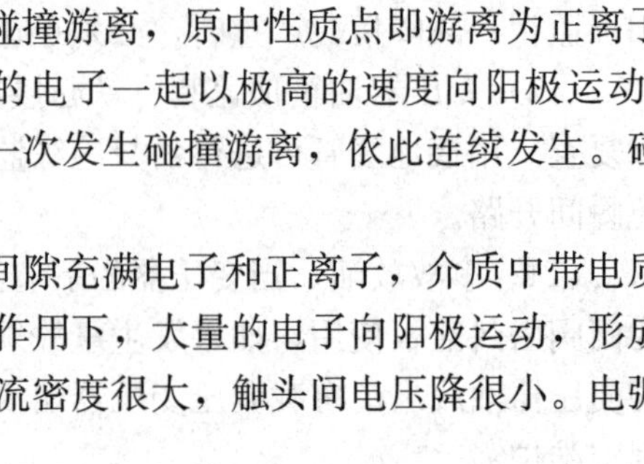

图3-2-2 碰撞游离过程示意图

由于电弧放电主要靠的是热游离，因此维持电弧燃烧只要有一定的电流（通常为 80～100mA）和不很强的电场（其场强在 10～50V/cm）即可。众所周知，高压断路器所要开断的电流为几百 A、几千 A，电压为几万 V、几十万 V，所以开断过程中必然会形成电弧。

从以上分析可以看出，电弧形成的过程是：高压断路器阴极触头在强电场作用下发射电子，电子在触头间电压作用下产生碰撞游离，形成电弧。高温的作用下，在介质中发生热游离，使电弧维持和发展。

在电弧中，发生游离过程的同时还进行着带电质点减少的去游离过程。去游离过程是指自由电子和正离子相互吸引发生中和的现象。在稳定燃烧的电弧中，这两个过程处于动态平衡，如果游离过程大于去游离过程，电弧将继续炽热燃烧；反之，如果去游离过程大于游离过程，电弧将越来越小，最后变为熄灭。

由上述分析可见，游离和去游离贯穿于电弧产生和熄灭的整个过程中，既互相对立又相互依赖。在电弧形成时，以游离为主；在电弧熄灭时，以去游离为主。只要创造一定的条件，或者采取一定的措施，使去游离转化为矛盾的主要方面，就可以使电弧熄灭。

去游离的主要方式是复合和扩散。

复合是带异号电荷的质点的电荷彼此中和。电子的运动速度远大于离子，电子对于正离子的相对速度较大，所以复合的可能性很小，但是电子在碰撞时，如果先附着在中性质点上形成负离子，则速度将大大减慢，而正、负离子间的复合比电子和正离子间的复合要容易得多。若利用液体或气体吹弧，或将电弧挤入绝缘冷壁做成的窄缝中，迅速冷却电弧，减小离子的运动速度，可加强复合过程。此外，增加气体压力，使离子间自由行程缩短，气体分子密度加大，使复合的几率增加，也是加强复合过程的措施。

扩散是指弧柱内自由电子与正离子逸出弧柱以外，到周围介质中去的过程。扩散是由于带电质点的不规则热运动以及空间电荷的不均匀分布，使电弧中的高温离子由密集的空间向密度小、温度低的介质周围方向扩散。电弧和周围介质的温度差以及离子浓度差越大，扩散作用就越强。例如，在断路器中采用高速气体吹拂电弧，带走弧柱中的大量电子和正离子，以加强扩散作用，扩散出来的离子，因冷却而互相结合，成为中性质点。

由上可知，利用各种方法强迫冷却电弧，不仅可增强带异号电荷质点的复合速度，同时也能提高自由电子和正离子的扩散速度，以使电弧迅速熄灭。

三、直流电弧的特性及熄灭方法

发电机的励磁回路为直流电路。用开关切断直流电路时所产生的电弧称直流电弧。现讲述直流电弧的特性和直流电弧的熄灭方法，并为下文介绍交流电弧的特性和熄弧方法建立一个基础。

（一）直流电弧的特性

直流电弧的特性可以用沿弧长的电压分布和其伏安特性来描述。稳定燃烧的直流电弧电压沿弧柱方向的分布如图 3-2-3 所示。由图可见，电弧压降是由阴极区压降 U_1、弧柱电压降 U_2 和阳极区压降 U_3 三部分组成的，即电弧电压 $U_{arc}=U_1+U_2+U_3$。

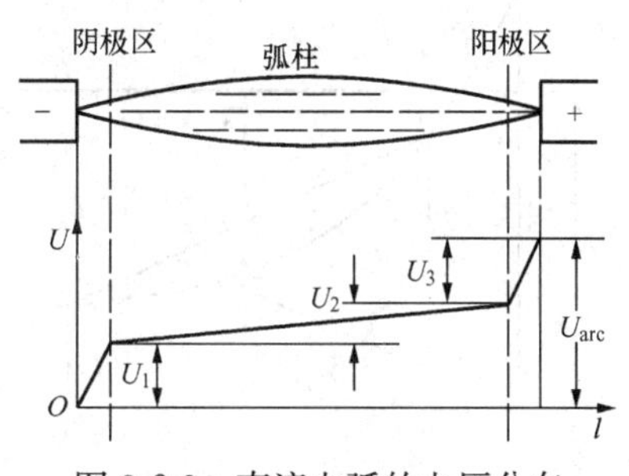

图 3-2-3 直流电弧的电压分布

阴极区（约长 10^{-4}cm 左右）电压降的主要特征是，由于在阴极附近有正的空间电荷，电位有急剧的跃变。

弧柱特性与阴极区特性不同，弧柱上的电压及电位梯度与电流大小、弧隙长短，特别是介质的状态，例如介质的导热系数、所受的压力、流动方式及流速等有关。在电弧稳定燃烧的条件下，如果电弧周围介质情况不变，当电流增大时，弧柱内部游离加强，电子浓度随电流的增加而急剧增加，弧柱的电阻便迅速减小，使弧柱电压下降。当弧长增加时，由于弧柱电阻增大，弧柱电压降上升，弧柱压降约与弧长成正比。阳极区的电压降比阴极区小，因为阳极基本上只是接受从弧柱中来的电子，其压降是由于阳极附近具有尚未中和的负的空间电荷而形成的。当电流很大时，阳极区压降很小。

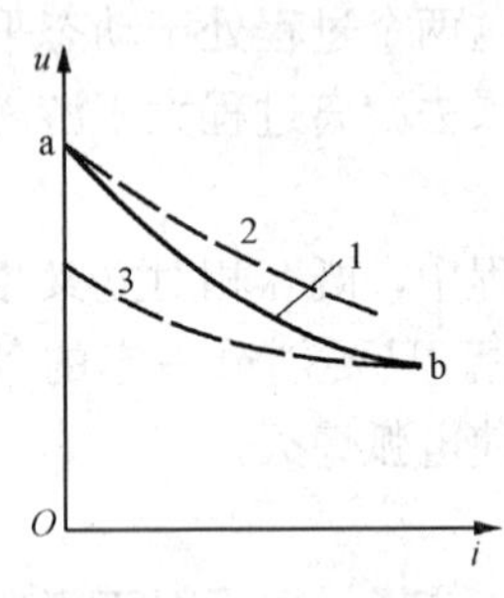

图 3-2-4　直流电弧的伏安特性

根据上述对电弧各区特性的分析，可得到整个电弧的伏安特性，如图 3-2-4 所示，即电弧电压随着电流的增加而下降。曲线 1 是在电流变化很慢、曲线上每一点的游离已达到平衡的稳定燃烧状态下得到的，称为静态特性。若电流从 a 点很快增大，以致游离作用迟于电流的变化，则得到高于曲线 1 的曲线 2。若电流从 b 点很快减小，以致去游离作用迟于电流的变化，则得到低于曲线 1 的曲线 3。曲线 2 和 3 称为动态特性，它们随着电流变化的快慢而改变。

对于长度为几毫米的电弧，通常称为短弧。在短弧中，电弧电压主要由阴极、阳极区电压降组成，所以阴极、阳极区的特性对整个电弧的特性起着决定性的作用。它的特性表现在电弧电压约为 20V 左右，与电极材料和弧隙介质有关，而与电流、外界条件无关。如果施加在电极的电压小于电弧电压降，则电弧就不会维持，以致熄灭。

对于长度为几厘米及以上的电弧，称为长弧。在长弧中，电弧电压主要由弧柱电压组成，弧柱特性起主要作用。电弧电压正比于电弧长度。在低压开关中，常常采用把长弧分割成许多短弧的方法来熄灭电弧。

（二）直流电弧的熄灭

开断电路时，电路中电弧的熄灭与线路参数有关。当开断如图 3-2-5 所示具有电阻 R 和电感 L 的直流电路时，可以写出电压方程式为

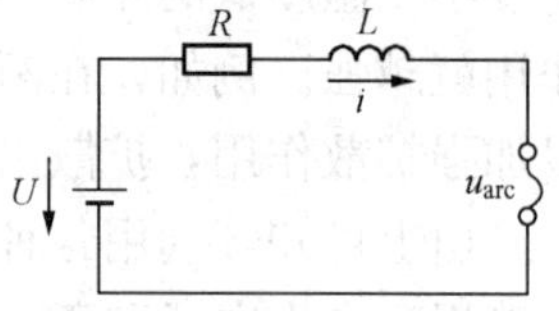

$$U = Ri + L\mathrm{d}i/\mathrm{d}t + u_{\mathrm{arc}} \tag{3-2-1}$$

或

$$L\mathrm{d}i/\mathrm{d}t = U - Ri - u_{\mathrm{arc}} \tag{3-2-2}$$

图 3-2-5　直流电弧的开断

根据上述方程式，可以画出如图 3-2-6 所示的直流电弧的开断特性曲线。图中电源电压 U 与 i 无关，因此为水平线。通过原点作一斜率与 R 成正比的 iR 线，如图中虚线所示。由 U 与 iR 线作出 U—iR 线，并作出弧长为 l_0 时的电弧静态伏安特性如图中的 u_{arc} 曲线。

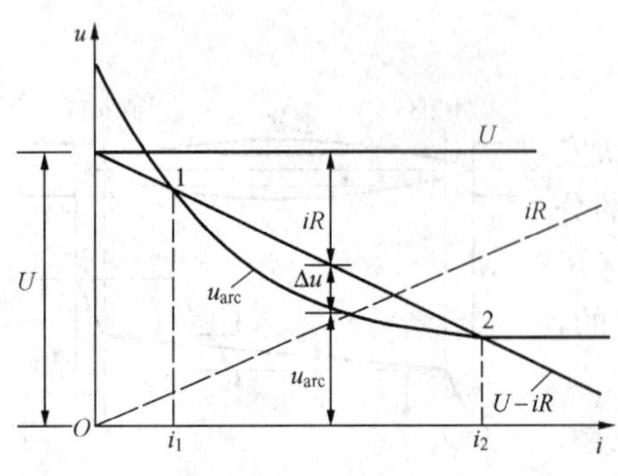

图 3-2-6　直流电弧的开断特性

当电弧稳定燃烧时，即 $\mathrm{d}i/\mathrm{d}t = 0$，式（3-2-1）可写成

$$U = Ri + u_{\mathrm{arc}} \tag{3-2-3}$$

式（3-2-3）是在弧长为 l_0 情况下电弧稳定燃烧时导出的。曲线 u_{arc} 与（$U-iR$）线相交的 1 和 2 两点，都满足式（3-2-3），但电弧在 1 点是不稳

定的，因为当电流稍大于 i_1 时，由式（3-2-2）可知，$U>(Ri+u_{arc})$，即电路的外施电压 U 大于电路内的总压降 $(Ri+u_{arc})$，因此电流便会继续增大，到 $i=i_2$ 时，即不可再增大，于是达到稳定燃烧点。2 点是在弧长 l_0 情况下的电弧稳定燃烧点，称为弧长 l_0 的工作点。反之，若电流稍小于 i_1 时，则由式（3-2-2）可得 $U<(Ri+u_{arc})$，即电路外施电压 U 小于电路内总压降时，电流必将继续减小，直到 $i=0$ 为止。

若将电弧长度增大，则相应的静态伏安特性曲线向上移。设电弧长度由 l_0 增大为 l_1、l_2、l_3，则相应的电弧电压曲线为 u_{arc1}、u_{arc2}、u_{arc3}，其工作点分别为 3、4、5，如图 3-2-7 所示。在这种情况下，若电弧电流 i 继续减小，则电弧电压 u_{arc} 继续增高，当工作点移到 5 时，曲线 u_{arc} 与 $(U-iR)$ 直线相切，达到临界情况。

如果将电弧长度继续增大到 l_4 时，其电弧电压 u_{arc} 曲线与 $(U-iR)$ 直线已无交点，此时 $U<(Ri+u_{arc})$，按上述同样的道理，当电流逐渐减小至 0 时，电弧即自行熄灭。

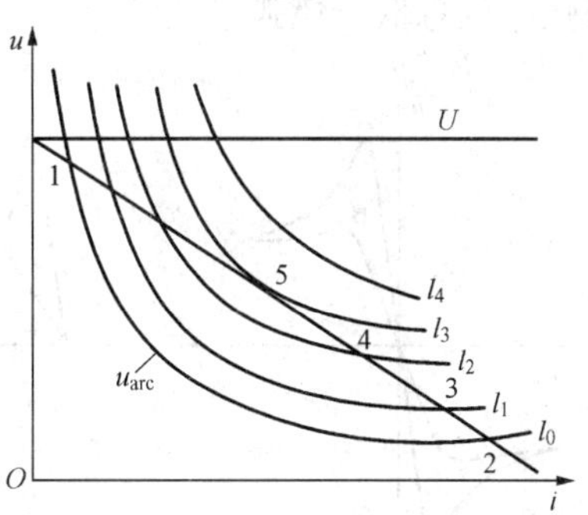

图 3-2-7　弧隙距离增大时工作点移动
$(l_0<l_1<l_2<l_3<l_4)$

当 $U<(Ri+u_{arc})$ 时，由式（3-2-2）得 $U-(Ri+u_{arc})<0$，即 $di/dt<0$，电流会不断减小，电弧最后定要熄灭。由此可得到直流电弧熄灭条件为

$$U<Ri+u_{arc} \tag{3-2-4}$$

式（3-2-4）的物理意义为，当电源电压不足以维持稳态电弧电压及线路电阻压降时，即曲线 u_{arc} 与直线 $(U-iR)$ 没有交点，电弧将自行熄灭。

（三）熄灭直流电弧的基本方法

根据直流电弧熄灭条件，通常可采取下述方法来熄灭直流电弧：

(1) 采取冷却电弧或拉长电弧的方法，以增大电弧电阻和电弧电压，使曲线 u_{arc} 与 $(U-iR)$ 直线没有交点（见图 3-2-7）。拉长电弧除了增大高压断路器触头之间的距离外，还可以利用外力（如电动力）横吹电弧。在拉长电弧的同时，还加强了电弧表面的冷却。

(2) 增加线路电阻。如果在熄弧过程中串入电阻，使得直线 $(U-iR)$ 的下降陡度增大，同样可以熄灭电弧，如图 3-2-8 所示。

(3) 将长弧分割成许多串联的短弧，利用短弧的特性，使得电弧电压大于触头间外施电压，则电弧可自行熄灭。

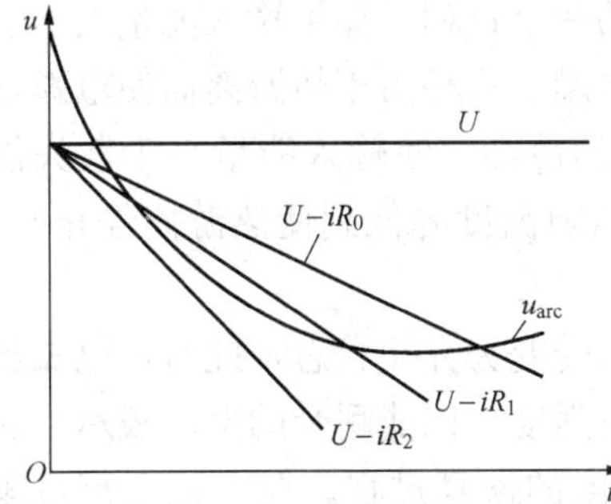

图 3-2-8　增加线路电阻熄灭电弧
$R_0<R_1<R_2$

在开断直流电路时，由于线路中有电感存在，则在触头两端及电感上均会发生过电压。过电压不仅危及线路中电器的绝缘，而且造成电弧重新击穿。由式（3-2-2）可以看出，过电压值与线路电感 L 和电流变化速度 di/dt 有关。线路电感 L 越大，过电压就越高。在线路电感一定的情况下，熄灭电弧时电流变化的速度越快，过电压也越高。因此，为了减小过电压，要限制电流变化的速度。

在高压大容量的直流电路中，例如在大型发电机的励磁电路中，既采用冷却电弧和短弧原理，又采用逐渐增大串联电阻的方法来熄弧。这样，一方面可增加熄弧能力，另一方面可限制电流变化的速度，以免产生过电压。

四、交流电弧的特性及熄灭方法

（一）交流电弧的特性

在交流电路中，电流的大小和相位不断地随时间变化而变化，并且从一个半周过渡到下一个半周时，电流要过零一次。由于交流电流变化很快，弧柱的热惯性起很大的作用，所以交流电弧的伏安特性都是动态特性，如图 3-2-9（a）所示。如果电流按正弦波形变化，根据伏安特性，可以得到如图 3-2-9（b）所示的电弧电压波形图。图中的 A 点是电弧产生的电压，称为燃弧电压，而 B 点是电弧熄灭的电压，称为熄弧电压。由此可见，在交流电弧中，熄弧电压总低于燃弧电压。

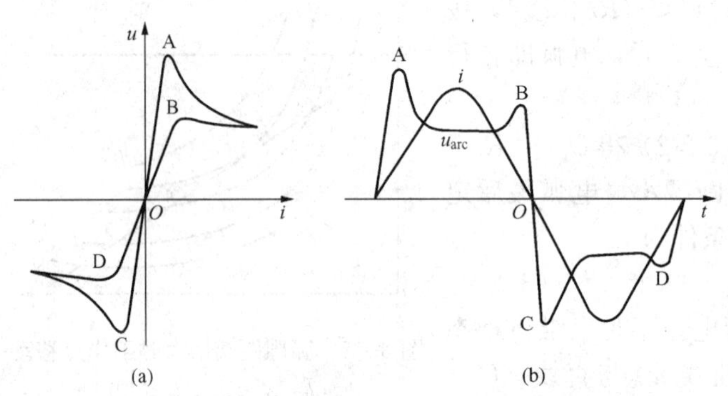

图 3-2-9　交流电弧的伏安特性及电弧电压、电流波形

（a）伏安特性；（b）电压、电流波形

（二）交流电弧的熄灭

交流电弧的燃烧过程与直流电弧的基本区别是，交流电弧电流每半周要过零一次，这时电弧自然暂时熄灭。如果在电流过零时，采取有效措施加强弧隙的冷却，使弧隙介质的绝缘能力达到不会被弧隙外施电压击穿的程度，则在下半周，电弧就不会重燃而最终熄灭。

交流电弧电流过零是熄灭交流电弧的有利时机。但电流过零后电弧是否还会重燃或最终熄灭，取决于弧隙中去游离过程与游离过程的竞争结果。在电弧过零前的几百微秒，由于电流减小，输入弧隙的能量也减少，弧隙温度剧降，因而弧隙的游离速度下降，而弧隙电阻增大。当电流过零时，电源停止向弧隙输入能量。此时，弧隙由于不断散出热量，使其温度继续下降，去游离加强；另外，由于电流过零的速度较快，而弧隙温度的降低和弧隙介质强度恢复到正常情况总需要一定时间。因此，当电流过零后很短时间内，弧隙中的温度仍很高，特别在开断大电流后，还会存在热游离，致使弧隙具有一定的导电性（称为残余电导）。在弧隙电压的作用下，通过残余电导，使弧隙中仍有电流通过，此时，电源仍向弧隙输入能量，使弧隙温度升高，热游离过程加强。所以，此时在弧隙中存在着散失能量和输入能量的两个过程。如果输入能量大于散失能量，则弧隙游离过程将会胜过去游离过程，电弧就会重燃。这种由于热游离而使电弧重燃的现象称为热击穿。反之，如果在电流过零时加强弧隙的冷却，使输入能量小于散失能量，弧隙温度得以下降，去游离过程将胜过游离过程，当弧隙温度降低到使热游离停止时，弧隙将由导电状态向介质状态转变，电弧将会熄灭。

当弧隙温度降到热游离基本停止时，弧隙已由导电状态转变为介质状态，此时，电弧虽然不会出现热击穿而重燃，但是弧隙的绝缘能力（或称介质强度，以能耐受的电压表示）要恢复到正常情况仍需要一定时间，此过程称为弧隙介质强度的恢复过程。在电弧电流过零后，弧隙电压将由熄弧电压经过由电路参数所决定的电磁振荡过程，逐渐恢复到电源电压的过程，称为电压恢复过程。由此可知，在电流过零后，弧隙中存在着两个恢复过程：弧隙介质强度恢复过程和弧隙电压恢复过程。在电弧电流过零后，如果弧隙恢复电压高于介质强度，弧隙会被击穿（称为电击穿），电弧将重燃；反之，如果弧隙恢复电压低于介质强度，电弧就自然熄灭。

弧隙介质强度的恢复过程主要与弧隙的冷却条件有关，而弧隙电压的恢复过程主要与线路参数有关。事实上，弧隙电压既影响到弧隙游离（由于弧隙电阻是线路参数之一），也影响弧隙电压的恢复，因此，弧隙中存在着的这两个相互联系的对立过程是决定电流过零后电弧重燃或熄灭的根本原因。介质强度和弧隙电压恢复过程如图 3-2-10 所示。

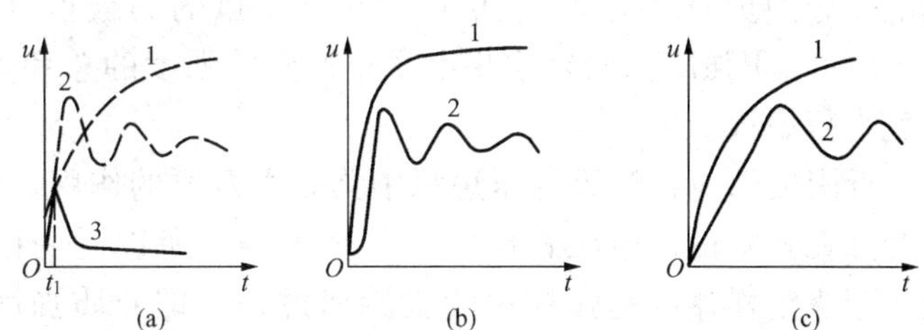

图 3-2-10　介质强度和弧隙电压恢复过程

(a) 在 t_1 时刻，弧隙电压高于介质强度，发生击穿，电弧重燃；(b) 恢复速度快，介质强度高于弧隙电压，电弧熄灭；(c) 恢复速度慢，介质强度高于弧隙电压，电弧熄灭

1—介质强度恢复过程；2—弧隙电压恢复过程；3—电弧电压

若用 u_{ds}（t）表示弧隙介质强度的恢复过程，以 u_{rec}（t）表示弧隙电压的恢复过程，则交流电弧的熄灭条件为

$$u_{ds}(t) > u_{rec}(t) \tag{3-2-5}$$

上述方程式的物理意义是，只要电流过零后，弧隙介质强度永远大于恢复电压，弧隙不再被击穿，电弧即熄灭，否则，电弧将会重燃。从图 3-2-10（a）可见，在时间 t_1 以后，弧隙恢复电压高于介质强度，则此刻弧隙被击穿，电弧又重燃。

由以上分析可知，交流电弧熄灭的关键在于电流过零时，一方面加强弧隙的冷却，使其去游离加强，即不致发生热击穿；另一方面使弧隙的介质强度及其恢复速度始终大于弧隙电压恢复速度，即不能发生电击穿。对高压断路器来讲，灭弧能力较弱的，可能因热击穿发生电弧重燃；而灭弧能力较强的，往往由于发生电击穿引起电弧重燃。

（三）介质强度的恢复

由图 3-2-10（b）可以看出，加速介质强度的恢复，对熄弧有利。在电流过零后，弧隙介质强度的恢复过程是一个比较复杂的过程。在电弧电流过零之前，弧隙空间中充满着电子和正离子，当电流过零后，弧隙的电极极性发生了改变，弧隙中的电子就立刻向新阳极运动，而比电子质量大一千多倍的正离子则基本未动，因此，在新阴极附近便形成正电荷空间，其电导很低，有一定的介质强度。根据实验知道，当电流过零后，弧隙在 0.1～1μs 的短暂时间内，介质强度能达到 150～250V。如果电极的温度很高，则介质强度较小，近于 150V；如果电极的温度很低，则介质强度较大，近于 250V。这种由于近阴极效应在弧隙中立即出现的 150～250V 的介质强度称为起始介质强度。起始介质强度出现以后，介质强度的增长速度就变得较慢，而且它主要取决于冷却电弧的条件。

介质强度的恢复与弧隙的冷却条件有关，同时与电弧电流大小、介质特性、触头分断速度等有关。电弧的冷却条件越好，电流过零时的电弧温度下降越快，介质强度恢复越快。电弧电流越大，也就是电弧温度越高，介质强度恢复得越慢。采用绝缘强度高的气体，例如六氟化硫（SF_6），提高气体的压力或利用真空作介质等，均可提高电流过零后弧隙的介质强度。高压断路器触头的分断速度也影响介质强度的恢复，提高触头分断速度，弧隙电阻增大的速度快，故可提高介质强度的恢复速度。

在常用的交流低压开关电器中，相当普遍地利用近阴极效应现象将电弧引入栅片中，把电弧分割成许多串联的短弧，每个短弧的阴极区在电流过零后，都立即出现 150～250V 的介质强度。如果这些串联短弧介质强度的总和大于线路电压，则电流过零后，电弧就自行熄灭。

近阴极效应在熄灭低压短弧中具有很重要的作用，但在高压长弧中，由于阴极介质强度与加在弧隙的高电压相比是无足轻重的，所以近阴极效应在熄灭高压长弧中不起大作用，起决定作用的是弧柱中的去游离过程，即介质强度恢复过程。在高压断路器中，普遍利用气体或液体吹动电弧来加强弧柱的冷却，加速介质强度的恢复，以达到熄灭电弧之目的。

（四）弧隙电压的恢复

交流电弧电流过零后能否熄灭，除与弧隙介质强度恢复过程有关外，还与弧隙电压恢复过程有关，见图 3-2-10（a），在 t_1 时刻，弧隙电压高于介质强度，发生击穿，电弧重燃。如果采取措施降低弧隙电压的恢复速度，如图 3-2-10（c）所示的情况，此时由于弧隙电压的恢复过程始终低于介质强度的恢复过程，则电弧熄火。

电压恢复过程与线路参数、负荷性质等有关。在实际电路中，除有电阻之外，还有电容、电感存在，在这种电路中，电流与电压的相位不同，当电弧电流在过零熄灭时，电源电压并不等于零。而且电压不可能立刻由熄弧电压上升到电源电压，需要经过一段恢复过程。由于线路参数的不同，电压恢复过程可能是周期性的或非周期性的变化过程，如图 3-2-11 所示。

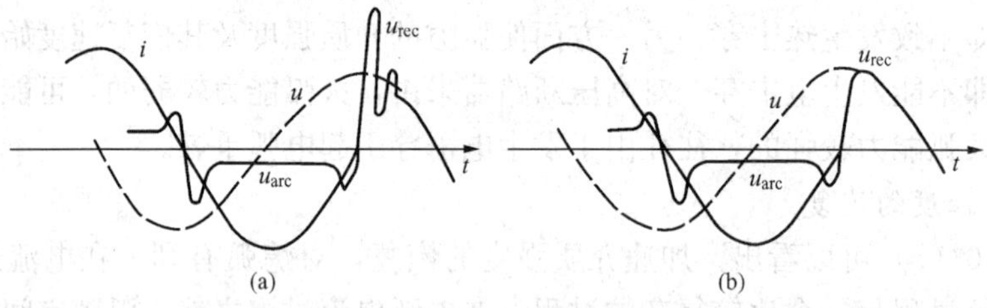

图 3-2-11　恢复电压

（a）周期性的变化过程；（b）非周期性的变化过程

在电压恢复过程中，出现在弧隙两端的电压，又称恢复电压。恢复电压由两部分组成：瞬变恢复电压和工频恢复电压。在电压恢复过程中，首先出现在弧隙两端的是具有过渡过程特性的电压，称为瞬变恢复电压，如图 3-2-12 所示，它存在的时间只有几十微秒至几毫秒；瞬变恢复电压消失后，弧隙两端出现由工频电源决定的电压，称为工频恢复电压。工频恢复电压可以说是电弧熄灭以后加在弧隙上的恢复电压稳态值，而瞬变恢复电压则是从熄弧电压过渡到稳态值之间的暂态分量。瞬变恢复电压的大小和变化波形取决于工频恢复电压的大小和电路中的电感、电阻、电容的数值以及断路器的灭弧特性等。下面分别讨论单相交流电路和三相交流电路的电压恢复过程。

1. 单相交流电路的电压恢复过程

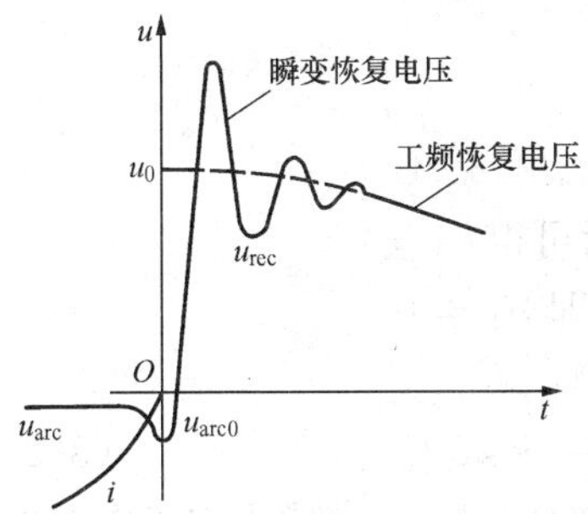

图 3-2-12　恢复电压的组成

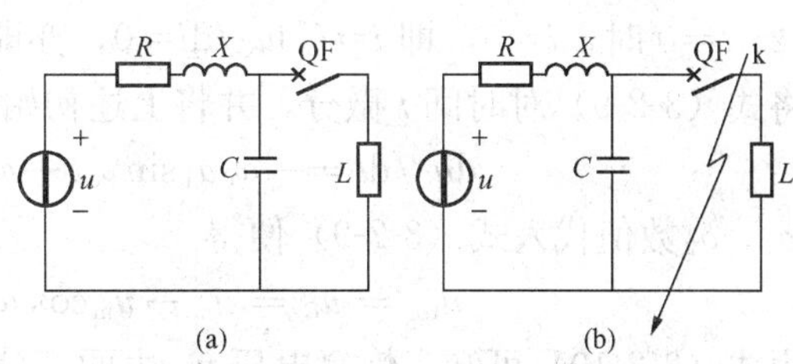

图 3-2-13　单相交流电路
(a) 正常工作时；(b) 发生短路时

对高压断路器来讲，严重的工作情况是开断短路电流，因此有必要分析高压断路器在开断短路电流时的电压恢复过程。如图 3-2-13 所示，u 为电源，$u=u_m\sin\omega t$；R 和 X（$=\omega L$）分别为电源的电阻和电抗；C 为电源对地的电容。当电源出口发生短路时，k 为短路点，短路电流 $I=U/\sqrt{R^2+X^2}$，短路电流与电源电压的相位角 $\varphi=\arctan(X/R)$。通常电阻 R 要比电抗 X 的数值小得多，因此可近似地认为 $I\approx U/X,\varphi\approx 90°$。电流、电压的波形如图 3-2-14 所示。

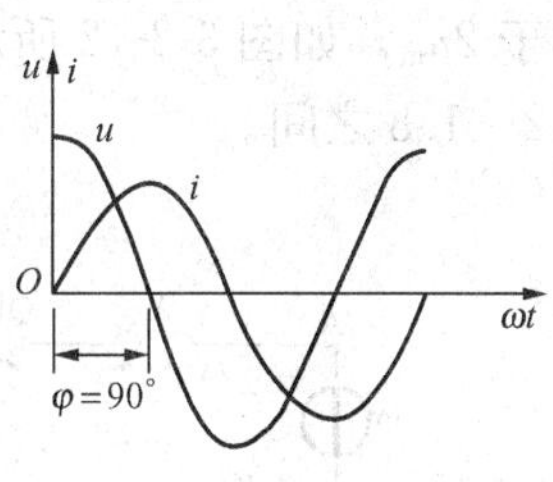

图 3-2-14　单相交流电路发生短路时电压、电流的波形

当电流过零时，电源电压 $u=U_m$，但由于对地电容 C 的存在，在线路发生短路时电容 C 相当于并联在高压断路器 QF 触头的两端，电容 C 两端的电压不能突变，因此在电流过零时，断路器触头两端的电压只能从零开始逐渐增加。从熄灭电弧的角度来看，电弧是否重燃主要决定于电流过零后毫秒内的电压恢复过程。在这很短的时间内，交流电源电压变化很小，因此在分析电压恢复过程中，可将电源电压看成是不变的数值 u_m，于是图 3-2-13（b）可简化为图 3-2-15 所示。电流过零后，电容 C 的电压变化过程就是高压断路器 QF 触头两端的电压恢复过程，与电路中 u_m、L 及 C 有关。

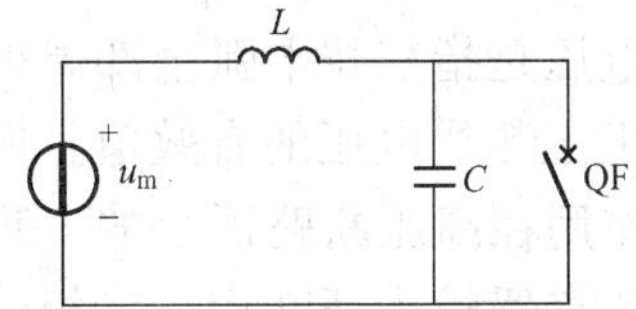

图 3-2-15　简化单相交流电路

在图 3-2-15 中，根据回路电压定律得

$$u_m = L\mathrm{d}i/\mathrm{d}t + u_C \tag{3-2-6}$$

$$i = C\mathrm{d}u_C/\mathrm{d}t$$

$$\mathrm{d}i/\mathrm{d}t = C\mathrm{d}^2u_C/\mathrm{d}t^2 \tag{3-2-7}$$

将式（3-2-7）代入式（3-2-6）后可得

$$u_m = LC\mathrm{d}^2u_C/\mathrm{d}t^2 + u_C$$

或

$$\mathrm{d}^2u_C/\mathrm{d}t^2 + u/LC = u_m/LC \tag{3-2-8}$$

式（3-2-8）为两阶常系数微分方程式，电压 u_C 的解由两部分组成：其一为微分方程的特解，即电路理论中的稳态分量，电容 C 上的稳态分量即为电源电压 u_m；其二为微分方程的通解，即电路理论中的暂态分量，由特征方程式 $p^2+1/(LC)=0$ 来确定。解之可得，微分方程式的通解为 $a_1\cos\omega_0 t + a_2\sin\omega_0 t$，于是可得电容 C 上的电压 u_C 将按下述规律变化

$$u_C = u_m + a_1\cos\omega_0 t + a_2\sin\omega_0 t \tag{3-2-9}$$

$$\omega_0 = 1/\sqrt{LC}$$

式中：a_1，a_2 为积分常数，由初始条件确定。

已知回路的初始条件如下：

(1) $t=0$ 时，$u_C=0$，代入式（3-2-9）得，$a_1=-u_m$；

(2) $t=0$ 时，$i=0$，即 $i=Cdu_C/di=0$，亦即 $du_C/dt=0$。

将式（3-2-9）对时间 t 微分，并将上述初始条件代入后可得

$$du_C/dt=-\omega_0 a_1 \sin\omega_0 t+\omega_0 a_2 \cos\omega_0 t, \text{即 } a_2=0$$

再将 a_1，a_2 数值代入式（3-2-9）便得

$$u_{rec}=u_C=u_m-u_m\cos\omega_0 t=u_m(1-\cos\omega_0 t) \tag{3-2-10}$$

由式（3-2-10）可知，恢复电压 u_{rec} 由两部分组成：一部分为 u_m，其值决定于电源电压，这个电压称为工频恢复电压最大值；另一部分为高频部分 $u_m\cos\omega_0 t$，其振荡频率为 $\omega_0=1/\sqrt{LC}$ 或 $f_0=\omega_0/(2\pi)=1/(2\pi/\sqrt{LC})$，其值由电路参数 L 和 C 确定，该振荡频率称为电路自振频率或电路固有振荡频率。当 $t=1/2f_0$ 时，u_C 为

$$\begin{aligned}u_C&=u_m(1-\cos\omega_0 t)=u_m(1-\cos 2\pi f_0 t)\\&=u_m(1-\cos2\pi f_0\cdot 1/2f_0)=u_m(1-\cos\pi)\\&=2u_m\end{aligned}$$

由此可知，在周期性振荡过程中，当 $t=1/2f_0$ 时，恢复电压将达到电源电压最大值的 2 倍。在实际电路中，由于电阻的存在，对电压起衰减作用，故恢复电压最大值 $u_{rec\cdot m}$ 通常小于 $2u_m$，如图 3-2-12 所示。$u_{rec\cdot m}$ 与 u_m 的比值 K_m 为幅值系数（也称振幅系数），一般在 1.2～1.8 之间。

$$K_m=u_{rec\cdot m}/u_m \tag{3-2-11}$$

当电压恢复过程为非周期性时，恢复电压最大值 $u_{rec\cdot m}$ 不会超过电源电压 u_m。

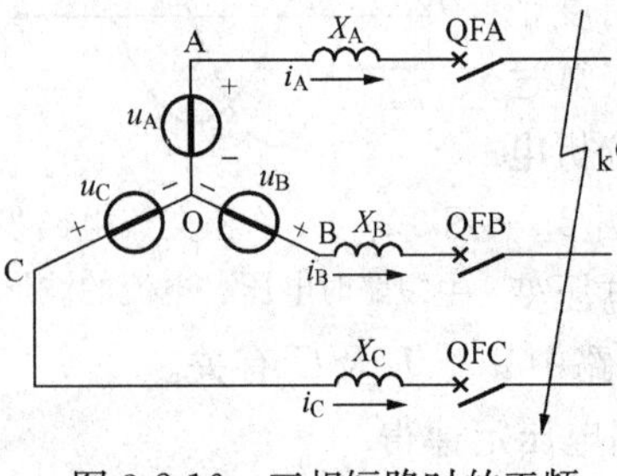

图 3-2-16 三相短路时的工频恢复电压

2. 三相交流电路的电压恢复过程

实际电网中电源是三相的，接线也比较复杂，电压恢复过程比上述的只有一个集中电感与电容的单相交流电路要复杂得多。下面叙述高压断路器的工频恢复电压。

高压断路器的工频恢复电压是指三相电弧全部熄灭后，作用在高压断路器触头上工频线电压的有效值。例如高压断路器在 220kV 线路中开断电路时，三相电弧熄灭后，作用在高压断路器上的工频线电压的有效值，即工频恢复电压为 220kV。三相电路中高压断路器触头开断后，三相电弧电流过零的时刻有先有后，电流先过零的那一相有可能先灭弧，这时出现在这相触头两端的恢复电压工频部分将会有多大呢？现以图 3-2-16 所示电路为例加以讨论。在图 3-2-16 中，若三相电源的线电压为 $\dot U_{AB}$、$\dot U_{BC}$、$\dot U_{CA}$，相电压为 $\dot U_A$、$\dot U_B$、$\dot U_C$，假定电源及线路中电阻很小，略去不计，每相只考虑电抗 X_L，则每相中电流 $\dot I_A$、$\dot I_B$、$\dot I_C$ 将分别落后于相电压 $\dot U_A$、$\dot U_B$、$\dot U_C$ 90°，如图 3-2-17 所示。

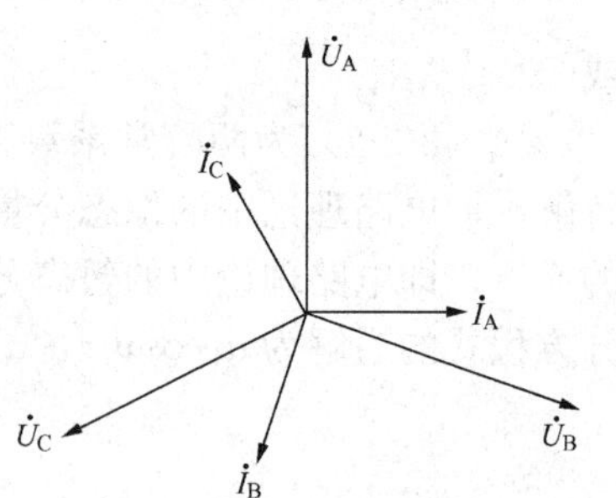

图 3-2-17 电流电压相量图

假定在某一时刻，A 相中电流先过零，电弧熄灭，但其他两相中电流仍能继续流通，如图 3-2-18 所示，此时流经 B、C 两相的短路电流 $\dot{I}_{BC}=\dot{U}_{BC}/(2X_L)$，相位将比线电压 $\dot{U}_{BC}$ 落后 90°，而 A 相触头两端的电压 $\dot{U}'_A$ 为

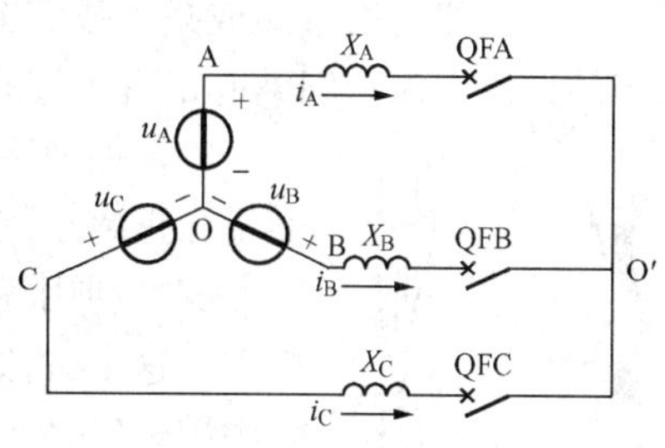

图 3-2-18　A 相电流先过零的电流电压

$$\dot{U}'_A=\dot{U}_{AB}+\dot{U}_B \qquad (3\text{-}2\text{-}12)$$

$$\dot{U}'_B=\dot{I}_{BC}X_L=\frac{\dot{U}_{BC}X_L}{2X_L}=\dot{U}_{BC}/2 \qquad (3\text{-}2\text{-}13)$$

将式（3-2-13）代入式（3-2-12）得

$$\dot{U}'_A=\dot{U}_{AB}+\dot{U}_{BC}/2 \qquad (3\text{-}2\text{-}14)$$

根据图 3-2-19，利用图解法可得

$$\dot{U}'_A=\dot{U}_{AB}+\dot{U}_{BC}/2=1.5\dot{U}_A=1.5U_p\underline{/0^\circ} \qquad (3\text{-}2\text{-}15)$$

式（3-2-15）表明，当 A 相电流过 0 时，在 A 相触头两端出现的工频恢复电压 $\dot{U}'_A$ 为相电压 $\dot{U}_p$ 的 1.5 倍。

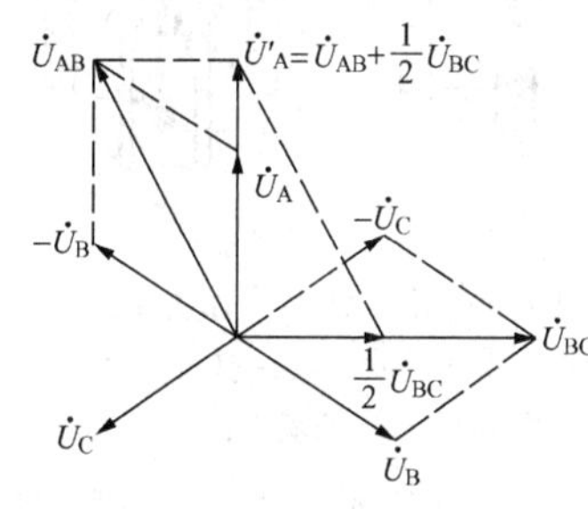

图 3-2-19　电压相量图

当 A 相高压断路器触头开断后，电路由三相短路转为 B、C 两相短路，接着由 B 相和 C 相触头切断短路电流 $\dot{I}_{BC}$，如图 3-2-18 所示。在电流 $\dot{I}_{BC}$ 过零时，如果工频恢复电压均匀分配在 B 相和 C 相高压断路器的触头上，则每相高压断路器的工频恢复电压 $\dot{U}'_B$ 和 $\dot{U}'_C$ 为

$$U'_B=U'_C=U_{BC}/2=\sqrt{3}U_p/2=0.866U_p<1.5U_p \qquad (3\text{-}2\text{-}16)$$

一般说来，恢复电压分配不完全相同，电压高的一相上的恢复电压可能达到（1.1～1.2）U_p，但仍比 A 相的恢复电压 1.5 U_p 要小。由此可见，三相高压断路器开断三相短路电流，首先开断的一相触头两端的恢复电压最为严重，其工频恢复电压有效值为相电压 U_p 的 1.5 倍。

对于 220kV 高压断路器，首先开断的一相触头两端的恢复电压有关参数如下：

（1）首相开断系数为 1.5，工频恢复电压有效值为

$$1.5U_p=1.5\times220/\sqrt{3}=190.53(\text{kV})$$

（2）工频恢复电压最大值为

$$\sqrt{2}\times190.53=269.45(\text{kV})$$

（3）考虑到振幅系数为 1.5，则电压恢复过程中可能出现的最高电压为

$$1.5\times269.45=404.18(\text{kV})$$

（五）熄灭交流电弧的基本方法

交流电弧能否熄灭，决定于电流过零时弧隙的介质强度和弧隙电压两种过程竞争的结

果。加强弧隙的去游离或减小弧隙电压的恢复速度，均可促使电弧熄灭。高压断路器中广泛采用的灭弧方法，归纳起来有下述几种：

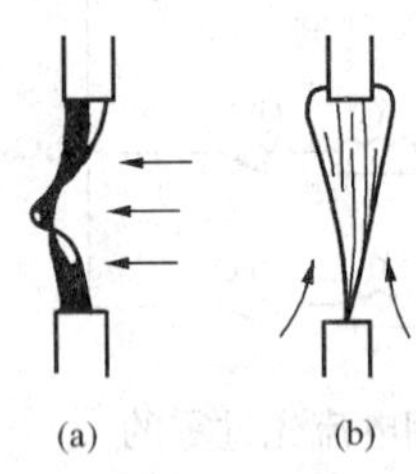

图 3-2-20　吹弧方式

（a）横吹；（b）纵吹

（1）加速冷却电弧，使电弧和固体介质表面进行接触，以加强自由电子和正离子间的再结合。

（2）利用气体或液体介质吹动电弧，使电弧在介质中移动，以加强扩散。这个方法既能起到对流换热，强烈冷却弧隙，也有部分取代原弧隙中游离气体或高温气体的作用。电弧流动速度大，对流换热能力就强，使电弧散热加剧，对弧隙的冷却作用将更大。

在高压断路器中，采用各种形式的灭弧室，使气体或液体产生较高的压力，有力地吹向弧隙。吹动电弧的方式有纵吹和横吹，如图 3-2-20 所示。吹动方向与弧柱轴线平行的叫纵吹，纵吹主要是使电弧冷却、变细，最后熄灭；横吹则把电弧拉长，表面积增大，冷却加强，熄弧效果较好。纵、横吹的方式各有其特点，不少高压断路器采用纵、横混合吹弧方式，熄弧效果更好。

压缩空气高压断路器是利用压缩空气来吹弧，一般采用纵吹方式。纵吹灭弧室可分单向纵吹和双向纵吹两种，如图 3-2-21 所示。双向纵吹式的熄弧能力较强，开断容量较大，但单向纵吹式的结构比较简单。

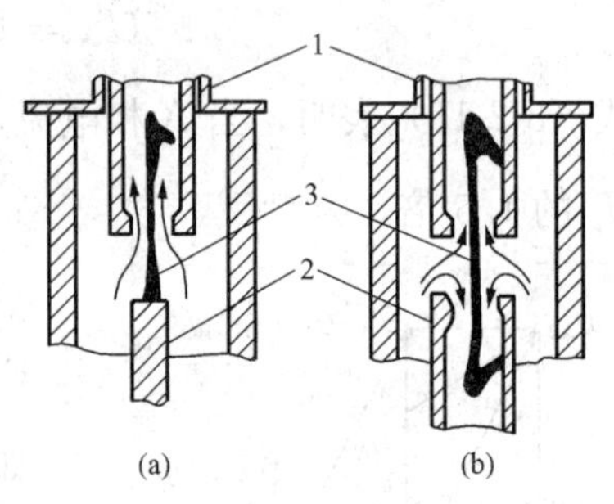

图 3-2-21　纵吹灭弧方式

（a）单向纵吹；（b）双向纵吹

1—静触头；2—动触头；3—电弧

利用六氟化硫气体吹弧的高压断路器称为 SF_6 断路器，其灭弧方式与空气断路器一样，如图 3-2-21 所示。由于 SF_6 气体具有较高的介质强度和较好的灭弧性能，所以气体压力较低，LW6 系列 SF_6 断路器中的 SF_6 气体压力为 0.6MPa。

利用变压器油作为灭弧介质的断路器称为油断路器。它的灭弧方式如图 3-2-22 所示。油断路器触头间的电弧是浸在油中燃烧的，由于电弧的温度很高，所以电弧周围的油被加热，分解出大量的气体，气体的体积受到周围油的惯性力和灭弧室的限制，压力很大，并从喷弧口对电弧进行强烈吹弧，吹弧方向按预先设计好的灭弧结构，形成纵吹和横吹，分别见图3-2-22（a）和图 3-2-22（b）。横吹灭弧室内设有空气垫，它起着调节弧室的压力和贮存压力的作用。当电流为峰值时，压力大，原贮存在空气垫内的空气受压缩，使压力提高，即起贮存作用。当电流过零时，弧隙的压力下降，此时利用贮存在空气垫内的高压力气体，将油和气泡吹向电弧，进行横吹熄弧。采用这种灭弧方式可以提高高压断路器熄弧能力。

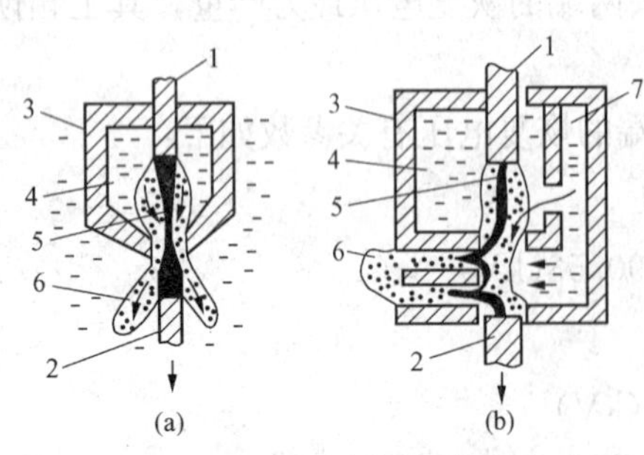

图 3-2-22　油断路器灭弧方式

（a）纵吹；（b）横吹

1—静触头；2—动触头；3—灭弧室；4—油；5—电弧；6—气泡；7—空气垫

（3）采用多断口熄弧。高压断路器常制成每相有两个或两个以上串联的断口，以利灭弧。图 3-2-23 为双断口的断路器示意图。采用多断口是将电弧分割成多个小电弧段，在相等的触头行程下，多断口比单断口的电弧拉长了，从而增大弧隙电阻，而且电弧被拉长的速度也增加，加速了弧隙电阻的增大，同时也增大了介质强度的恢复速度。由于加在每个断口的电压降低，使弧隙的恢复电压降低，因此灭弧性能更好。

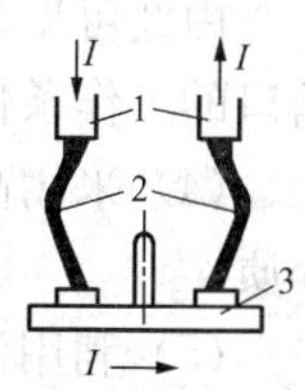

图 3-2-23 双断口高压断路器示意图

1—静触头；2—电弧；3—动触头

110kV 及以上电压等级的高压断路器往往将相同型式的灭弧室（每个灭弧室有一个断口）串联起来，用于较高的电压等级，称为组合式或积木式结构。110kV 少油断路器具有双断口，如果用两个具有双断口的 110kV 少油断路器相串联，即成为 220kV 四个断口的少油断路器。110kV SF_6断路器具有单断口，220kV SF_6断路器才具有双断口。如果用两个具有双断口的 220kV SF_6断路器串联后，即成为 500kV 四个断口的 SF_6断路器。由此可见，在用于相同电压等级下，SF_6断路器的断口数比少油断路器要少一倍。

采用多断口的结构后，每一个断口在开断位置的电压和开断过程中的恢复电压分布不均匀。图 3-2-24 所示为单相双断口断路器在开断接地故障后的电容分布图。u 为电源电压，u_1 和 u_2 分别为加在两个断口上的电压。如果电弧熄灭后，每个断口间可以看作一个电容 C_d，中间的导电部分与断路器底座和大地间也可以看成是一个对地电容 C_0，于是两个断口间的电压分布就可按图 3-2-25 所示电路进行分析，计算公式为

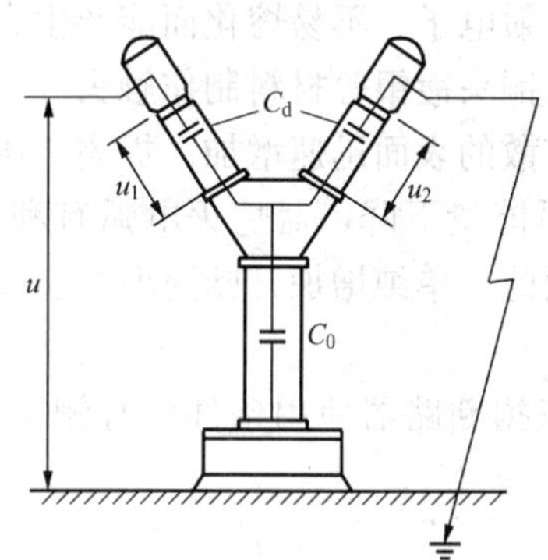

图 3-2-24 单相双断口断路器中的电容分布

$$\left.\begin{aligned} u_1 &= u(C_d + C_0)/(2C_d + C_0) \\ u_2 &= uC_d/(2C_d + C_0) \end{aligned}\right\} \tag{3-2-17}$$

由式（3-2-17）可以看出，$u_1 > u_2$，则第一个断口的工作条件比第二个断口要严重。为了充分发挥每个灭弧室的作用，应使两个断口的工作条件基本相同。通常在每个断口并联一个比 C_d 和 C_0 大很多的电容 C，即均压电容。在这种情况下，电压分布可按图 3-2-26 所示电路进行计算。由于 C 很大，$C+C_d>C_0$，各断口的电压为

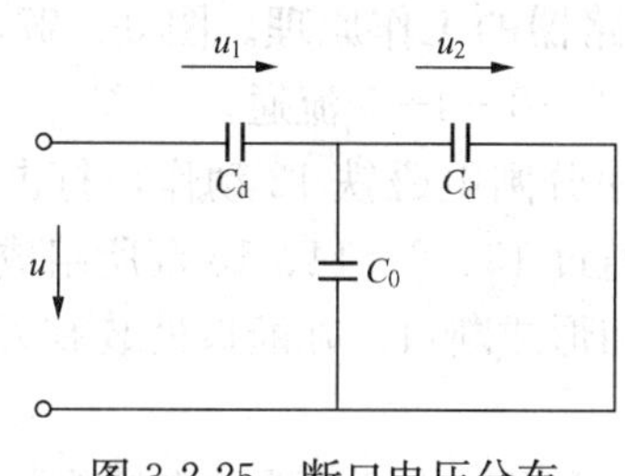

图 3-2-25 断口电压分布

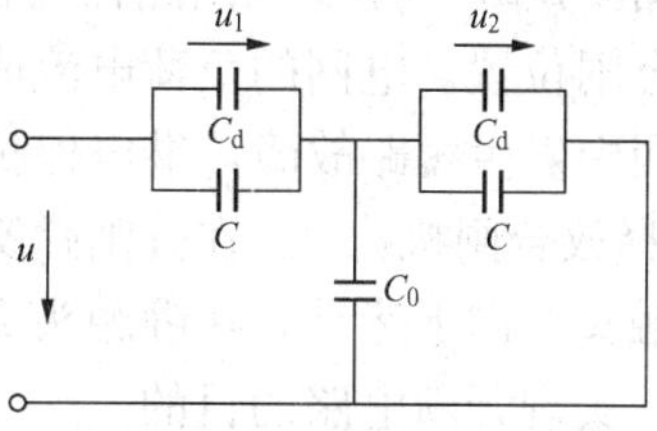

图 3-2-26 并联均压电容的断口电压分布

$$\left.\begin{aligned} u_1 &= u(C + C_d + C_0)/(2C + 2C_d + C_0) \\ &\approx u(C + C_d)/(2C + 2C_d) \\ &= u/2 \\ u_2 &= u(C + C_d)/(2C + 2C_d + C_0) \\ &\approx u(C + C_d)/(2C + 2C_d) \\ &= u/2 \end{aligned}\right\} \tag{3-2-18}$$

由此可见，并联均压电容后，只要电容量足够大，电压将平均分布在两个断口上，每个断口的工作条件基本上一样。

(4) 采用高电气绝缘强度的气体作介质，例如压缩空气、高度真空、六氟化硫气体等作介质。

(5) 利用油或硬纤维有机绝缘材料与电弧接触，产生氢气和另一些有利于灭弧的气体介质，这些介质在高温下分解，吸收电弧间隙中的热量，加速热传导，因而有利于灭弧。例如氢气在4500℃时的热传导，比室温时大11倍。

(6) 增加介质的压力，可以增加热游离的困难，并可加强电弧的冷却。事物都是一分为二的，提高介质的压力对灭弧影响有两个方面：一方面，在一定条件下，增加介质压力，使气体不能游离，因而有利熄弧；另一方面，压力提高后，导致电弧能量增加，弧隙温度升高，这对熄弧是不利的。

(7) 采用热容量大、热传导性能好，并能耐高温、不易发射电子、不易熔化而能产生金属蒸气的金属材料制作触头。例如，目前广泛采用铜钨合金和铜头镀银等材料制作触头。

(8) 提高触头的运动速度，以迅速拉长电弧，使散热和扩散的表面迅速增加。提高高压断路器触头开断速度，快速拉长电弧，减小燃弧时间，使电弧能量下降，对熄灭电弧有利。但是，当开断速度超过一定的数值后，燃弧时间减少不多。因此，单纯增加开断速度在实际中并没有好处，只会增加机构的负担。

上述各种灭弧方法在高压断路器的制造中被综合采用，根据断路器使用条件各有侧重，采用不同的灭弧方法，可构成不同的灭弧装置。

第二节　高压断路器概论

一、高压断路器的工作原理

高压断路器用来在正常情况下接通或开断电路，而在故障情况下开断故障电流。高压断路器配备有专门的操动机构，可以就地手动操作和远距离自动操作。

现以图3-2-27所示少油断路器为例，说明高压断路器的工作原理。图3-2-27中高压断路器处在合闸位置，电网的负荷电流或短路电流经1—2—3—4—5流通。

若电网中发生短路故障，继电保护装置发出命令使分闸电磁铁12动作，打击分闸脱扣搭钩11，释放合闸机构9。在分闸弹簧7的作用下，通过13、6、14、15等所组成的连杆机构，使动触头3向下运动，在静触头2及动触头3之间形成断口。在断口处装有灭弧装置以熄灭电弧，实现开断电路的目的。

闭合高压断路器时，给合闸电磁铁10通电，抬上合闸机构9，通过连杆机构，使动触头3向上运动，静、动触头闭合，同时拉长分闸弹簧7，使其储能。当合闸机构9到达一定位置时，分闸脱扣搭钩11将9扣住，保持动触头在闭合位置，实现接通电路之目的。然后，合闸电磁铁断电，铁心仍回复到原来的位置。

高压断路器的结构元件按其功能分为下述三个部分：

(1) 信号及操作的能源部分。如分闸电磁铁、合闸电磁铁以及分闸弹簧等。

(2) 中间传动机构部分。使能源装置的动作传到动触头上，如合闸机构、分闸机构、连杆机构等。

(3) 执行部分。使系统连通及开断的元件，如静触头、动触头以及灭弧装置等。

在合闸位置时，1～5 等元件组成导电系统处在高电位，在结构设计上，将处于高电位的元件制成一个整体，如图 3-2-27 中方框Ⅰ，通过绝缘拉杆及其他支持绝缘子与底架部分（方框Ⅱ）相连。方框Ⅱ中装有转轴、拐臂以及分闸弹簧，这些元件均处在低电位并接地。在分闸位置时，2 和 3 分离形成断口，断口间要耐受高电压，所以在 1－2 与 4－5 之间要有很好的绝缘。方框Ⅰ和Ⅱ构成断路器的本体。少油断路器中常将方框Ⅲ制成一整体，形成所谓的操动机构。值得指出的是，有些类型的产品，其操动机构与本体布置在一起，不再分开；有些少油断路器不采用分闸弹簧，而直接采用操作能源分闸。

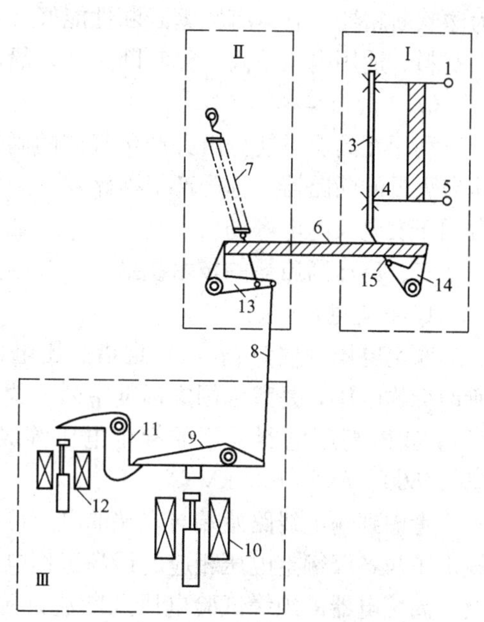

图 3-2-27　少油断路器工作原理图

1，5—接线柱子；2—静触头；3—动触头；4—中间滚动触头；6—绝缘拉杆；7—分闸弹簧；8，15—金属拉杆；9—合闸机构；10—合闸电磁铁；11—分闸脱扣搭钩；12—分闸电磁铁；13，14—拐臂

不同类型的高压断路器虽有不同的结构形式和灭弧方法，但它们的结构部件分类及其组合时要完成的功能，则与上例相同。

二、高压断路器的类型

高压断路器按照灭弧介质及作用原理可分为六种类型。

1. 六氟化硫（SF_6）断路器

采用具有优良灭弧性能和绝缘性能的 SF_6 气体作为灭弧介质的断路器称为 SF_6 断路器。这种断路器具有开断能力强、体积小等特点，但结构较复杂，金属消耗量大，价格较贵。

2. 油断路器

采用油作为灭弧介质的断路器称为油断路器。油断路器中的油除了作为灭弧介质外，还作为触头开断后弧隙的绝缘介质以及带电部分与接地外壳之间的绝缘介质的，称为多油断路器。油只作为灭弧介质和触头开断后的弧隙绝缘介质，而带电部分对地之间的绝缘采用瓷介质的，则称为少油断路器。少油断路器的用油量少，相应地体积也小，耗钢材也少，所以我国目前生产的高压油断路器主要是少油断路器。

3. 空气断路器

采用压缩空气作为灭弧介质的断路器称为空气断路器。压缩空气除了作灭弧介质外，还作为触头开断后的弧隙绝缘介质。空气断路器具有灭弧能力强、动作迅速等特点，但其结构较复杂，有色金属消耗量较大，因此它一般用于 220kV 及以上电压的电力系统中。

4. 真空断路器

利用真空的高介质强度来灭弧的断路器，称为真空断路器。这种断路器具有灭弧速度快、触头材料不易氧化、寿命长、体积小等特点。

5. 磁吹断路器

依靠电磁力来吹弧，应用狭缝灭弧原理将电弧吹入狭缝中冷却而熄灭电弧的断路器，称为磁吹断路器。它具有频繁开断性能好、不需要油和空气压缩装置等优点，但结构复杂、费工费料、适用电压不高。磁吹断路器一般用于要求频繁操作、电压不高的场所。

6. 产气断路器

利用在高温下能分解并产生气体的固体介质（如钢纸、有机玻璃等）与电弧作用产生气体来灭弧的断路器，称为产气断路器。产气断路器结构简单、耗材也少，但开断能力不大，常用于农电及配电等场所。

三、高压断路器的技术参数

1. 额定电压 U_N

额定电压（用 U_N 表示）是指高压电器（包括高压断路器）设计时所采用的标称电压。所谓标称电压，是我国国家标准中列入的电压等级。对于三极电器，是指其极间电压（线电压）。我国高压电器采用的额定电压等级有 3、6、10、15、20、35、63、110、154、220、330、500、750、1000kV 等。

考虑到输电线路始端与末端的电压可能不同，以及电力系统的调压要求，对高压电器又规定了与各级额定电压相应的最高工作电压，高压电器应能长期在此电压下正常工作。实际上，高压电器的绝缘试验电压及断流试验是由最高工作电压决定的，所以在选用高压电器时，只按额定电压选择即可。

为保证高压电器有足够的绝缘距离，通常高压电器额定电压越高，其外形尺寸越大。对于额定电压在 35kV 及以下的高压电器，为了减轻其工作条件从而降低其造价，多制成户内式并且是三极式的；对于额定电压在 110kV 及以上的高压电器，由于其外形尺寸和相间距离较大，多制成户外式并且是单极式的。但是，对于封闭式组合电器，即使额定电压为 110kV 甚至 220kV，也多制成户内式并且是三极式的。

2. 额定电流 I_N

额定电流（用 I_N 表示）是高压电器（包括高压断路器）在额定频率下能长期通过，而各金属部件和绝缘部分的温升不超过长期工作时最大容许温升的最大标称电流。我国标准规定的高压电器的额定电流等级是按所谓“R10 系列”选取的。所谓 R10 系列即是按比值为 $10^{1/10}$ 递增的级数。实际上由于每一类高压电器工作条件的不同，它们具体采用的额定电流等级也不一样，而且有的也并不完全遵从 R10 系列数字。对于高压断路器，我国采用的额定电流的等级为：200、400、630、1000、1250、1600、2000、3150、4000、5000、6300、8000、10000、12500、16000、20000A。

额定电流的大小决定了高压断路器导体、触头的尺寸和结构。额定电流愈大，它们的尺寸愈大，否则将不能满足容许温升的要求。

3. 额定开断电流 I_{Nbr}

高压断路器在进行开断操作时，首先起弧的某相电流称为开断电流，在额定电压下能保证正常开断的最大短路电流称为额定开断电流，用 I_{Nbr} 表示。额定开断电流表征高压断路器的开断能力。我国规定高压断路器额定开断电流为：1.6、3.15、6.3、8、10、12.5、16、20、25、31.5、40、50、63、80、100kA 等。

由于开断电流与电压有关，因此当高压断路器有几个额定电压时，它的额定开断电流也可能不同。在低于额定电压下，开断电流可以提高，但由于灭弧装置机械强度的限制，故开断电流仍有一极限值，该极限值称为极限开断电流，即高压断路器开断电流不能超过极限开断电流。

4. 额定断流容量 S_{Nbr}

由于高压断路器的开断能力不仅与其开断电流有关，而且与开断此电流时的电压有关。因此，一般用额定开断电流 I_{Nbr} 和额定电压 U_N 的乘积表示高压断路器的额定断流容量（用 S_{Nbr} 表示），即

$$S_{Nbr} = \sqrt{3} U_N I_{Nbr}$$

对于一般断路器如未特别注明，当使用电压 U 低于额定电压 U_N 时，其额定开断电流不变，因而断流容量（S_{br}）就要相应降低，其算式为

$$S_{br} = S_{Nbr} U / U_N$$

例如，额定电压 10kV 的高压断路器的断流容量为 500MVA，当使用电压为 6kV 时，其断流容量为

$$S_{br} = 500 \times 6/10 = 300(\text{MVA})$$

我国采用的高压断路器额定断流容量为：15、30、50、100、150、200、250、300、350、400、500、750、1000、1500、2000、2500、3000、3500、4000、5000、6000、7000、8000、10000、12000、15000、20000、25000MVA。

额定断流容量的大小决定了高压断路器灭弧装置的结构和尺寸。

5. 动稳定电流 I_{es}

动稳定电流是指高压断路器在闭合位置时所能通过的最大短路电流，又称极限通过电流。高压断路器通过这一电流时，不会因为电动力的作用而发生任何机械上的损坏。这一电流一般是指短路电流第一个周波的峰值电流。在高压断路器铭牌上，动稳定电流有用额定峰值耐受电流和额定有效值耐受电流两种表示法。动稳定电流决定于导体部分及支持绝缘部分的机械强度，并决定于触头的结构形式。

6. 热稳定电流 I_{th}

当短路电流通过高压断路器时，不仅会产生很大的电动力，而且还会产生很多的热量。短路电流所产生的热量与电流的平方成正比，而热量的散发与时间成反比。由于短路时电流很大，该电流在短时间内产生的大量热量不能及时散发，使高压断路器的温度将显著上升，严重时会使高压断路器的触头焊住，损坏高压断路器，甚至引起高压断路器爆炸。因此，高压断路器铭牌上规定了一定时间（规定标准时间为 2s，需要大于 2s 时可用 4s）的热稳定电流。在 4s 内，能够保证高压断路器不损坏的条件下允许通过的短路电流值，称为 4s 热稳定电流。在铭牌上热稳定电流以额定短时耐受电流（短路电流有效值）表示。

由于热稳定电流通过的时间很短，在计算时一般不考虑散热现象。因此，可利用发热量相等的原则对不同时间的热稳定电流进行换算，算式为

$$I_{tht} = I_{th} \sqrt{4/t}$$

式中：I_{th} 为 4s 热稳定电流，kA；I_{tht} 为时间 t 的热稳定电流，kA；t 为通过 I_{tht} 电流时允许作用时间，s。

例如，已知高压断路器 4s 热稳定电流为 21kA，则 2s 热稳定电流为

$$21 \times \sqrt{4/2} = 21 \times 1.414 = 29.69\ (\text{kA})$$

7. 额定关合电流 I_{Ncl}

当电力系统中存在短路时，高压断路器一合闸就会有短路电流通过，这种故障称为“预伏故障”。当高压断路器关合有预伏故障的设备或线路时，在动触头和静触头未接触前几毫米就发生预击穿，随之流过短路电流，给高压断路器关合造成阻力，影响动触头合闸速度和触头的接触压力，甚至出现触头弹跳、熔化、焊接以致损坏断路器等事故，这比在合闸状态下经受极限通过电流更为严重。

表征高压断路器关合短路故障能力的参数为额定关合电流（用 I_{Ncl} 表示），其数值以关合操作时短路电流第一个半周波峰值来表示，制造部门对高压断路器关合电流一般取其额定开断电流的 $1.8\sqrt{2}$倍，即

$$I_{Ncl} = 1.8\sqrt{2}I_{Nbr}$$

式中：I_{Ncl} 为额定关合电流，kA；I_{Nbr} 为额定开断电流，kA。

高压断路器关合短路电流的能力除与灭弧装置性能有关外，还与高压断路器操动机构合闸能力的大小有关。因此，在选择高压断路器的同时，应选择合适的操动机构，方能保证足够的关合能力。

8. 全开断时间 t_{ab}

高压断路器从得到分闸命令起到触头分开直至电弧熄灭为止的时间称为全开断时间，又称全分闸时间，用 t_{ab} 表示。

全分闸时间等于固有分闸时间 t_1 和燃弧时间 t_2 之和。固有分闸时间为高压断路器接到分闸命令到触头分离这一段的时间。燃弧时间是从触头分离到各相电弧熄灭的时间。从电力系统对开断短路电流的要求来看，希望分闸速度越快越好，即固有分闸时间和燃弧时间都必须尽量缩短，这样全分闸时间就短。

高压断路器开断电路时的有关时间如图 3-2-28 所示。

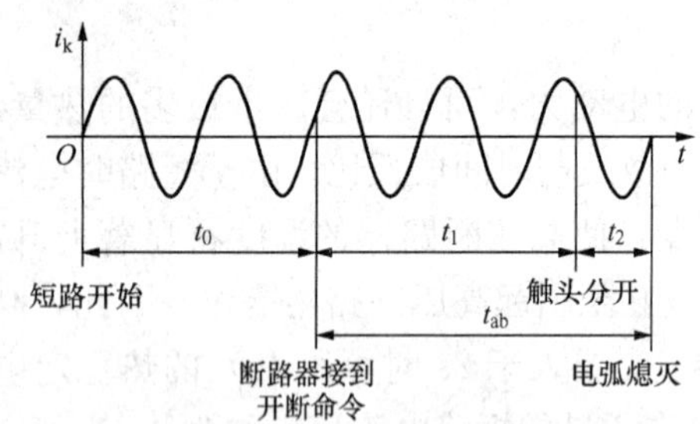

图 3-2-28 高压断路器开断电路时的有关时间

t_0—继电保护动作时间；t_1—高压断路器固有分闸时间；t_2—燃弧时间；t_{ab}—高压断路器全分闸时间

9. 合闸时间 t_{on}

高压断路器从接收到合闸命令起到主触头刚接触为止的时间称为合闸时间，用 t_{on} 表示。电力系统对断路器合闸时间一般要求不高，但希望合闸稳定性能好。

10. 自动重合闸时间

架空输电线路的短路故障大多数是雷击、鸟害等暂时性故障，一旦短路故障被切除后，故障原因就会迅速消除。因此，为了提高供电可靠性和保持电力系统的稳定性，输电线路多装有自动重合闸装置。在短路故障发生时，根据继电保护发出的信息，高压断路器立即开断电路，然后，经过很短时间又自动重合。高压断路器重合后，如果故障并未消除，高压断路器必须再次分闸，断开短路故障，这种情况称为“不成功自动重合闸”。此后，某些情况下，当高压断路器断开一定时间后，由运行人员再行合闸，叫做强送电。强送电后，如果故障仍未消除，高压断路器立即再分闸一次。高压断路器的上述动作程序称为自动重合闸操作循环，记为

分—θ—合分—t—合分

对不要求自动重合闸的高压断路器，应能承受下列操作

分—t—合分—t—合分

其中：分表示高压断路器分闸；合表示高压断路器合闸；θ表示高压断路器开断故障电路从电弧熄灭起到电路重新接通的时间，称为无电流间隔时间，一般在（0.3～0.5）s左右；合分表示高压断路器自开断位置关合电路后，没有人为延时地立即开断；t表示强送电时间，一般为180s。

高压断路器自动重合闸操作循环有关时间见图3-2-29。

全分闸时间加上无电流间隔时间（即 $t_{ab}+\theta$）称为自动重合闸时间。从高压断路器重合操作触头闭合到第二次触头分开为止的时间，即 t_4 称为金属短接时间。因为重合操作是在线路可能仍处于故障情况下的合闸，所以为提高电力系统稳定性，要求所使用的高压断路器具有较高的动作速度，除了缩短全分闸时间外，金属短接时间也必须比较短。

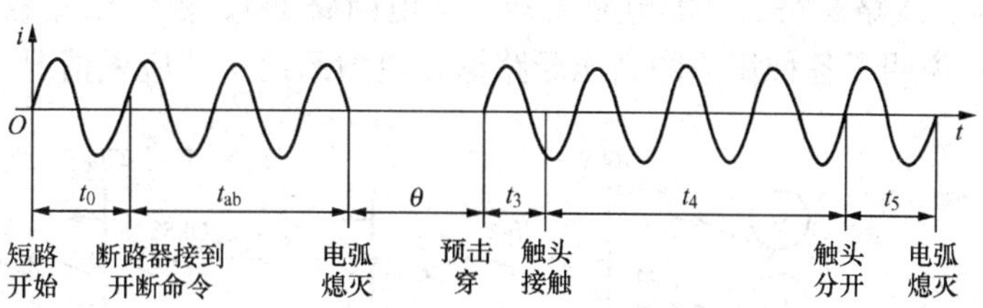

图3-2-29　高压断路器自动重合闸操作循环有关时间

t_0—继电保护动作时间；t_{ab}—高压断路器全分闸时间；θ—无电流间隔时间；t_3—预击穿时间；t_4—金属短接时间；t_5—燃弧时间

高压断路器所允许的无电流间隔时间取决于第一次开断后，高压断路器恢复熄弧能力所需要的时间。如果间隔时间太短，则当高压断路器重合后再次分闸时，会因其熄弧能力尚未恢复，而使高压断路器在第二次分闸时的开断能力有所降低。

四、高压断路器的型号

国产高压断路器的型号是由字母和数字两部分组成的，表示如下：

[1][2][3]—[4][5]/[6]—[7]

[1]——产品名称：D—多油断路器，S—少油断路器，K—空气断路器，Q—产气断路器，L—六氟化硫断路器，Z—真空断路器；

[2]——使用环境：N—户内式，W—户外式；

[3]——设计序号；

[4]——额定电压，kV；

[5]——派生代号：C—手车式，G—改进型，W—防污型，Q—防振型；

[6]——额定电流，A；

[7]——额定开断电流，kA。

下面用实例来说明高压断路器的型号。

例1　ZN5-10/1000-20为5型户内式真空高压断路器，其额定电压为10kV，额定电流为1000A，额定开断电流为20kA。

例 2　DW2-35/1000-16.5 为 2 型户外式多油高压断路器，其额定电压为 35kV，额定电流为 1000A，额定开断电流为 16.5kA。

例 3　SW3-110G/1200-15.8 为改进 3 型户外式少油高压断路器，其额定电压为 110kV，额定电流为 1200A，额定开断电流为 15.8kA。

例 4　LW6-220/3150-50 为防污 6 型户外式六氟化硫高压断路器，其额定电压为 220kV，额定电流为 3150A，额定开断电流为 50kA。

五、高压断路器在电力系统中的应用

高压断路器（可简称断路器）在电力系统中使用广泛。按其用途可分为：发电机断路器、线路断路器（输电断路器、配电断路器）、供电断路器以及特殊用途断路器等。图 3-2-30 说明了各种用途的高压断路器在电力系统中的应用情况。

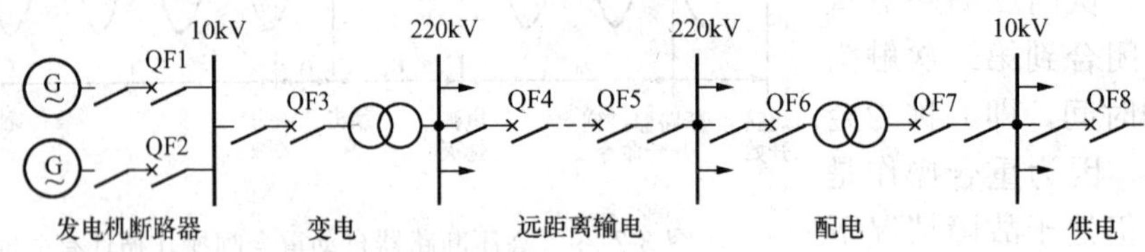

图 3-2-30　各种用途的高压断路器在电力系统中的应用

（一）发电机断路器

发电机断路器的作用是：①在正常工作时将发电机接入电网或从电网中开断发电机；②在电网中发生短路故障时进行开断，用来保护发电机。图 3-2-30 中 QF1、QF2 即为发电机断路器。电力系统对这种断路器的技术要求如下：

1. 额定电压

因为发电机的电压一般不超过 24kV，故这种断路器的额定电压为 6～24kV。

2. 额定电流

断路器的额定电流要与发电机的额定电流和额定容量相适应，一般在 5000～10000A 以上，有的可到几万 A。

3. 额定开断电流

断路器额定开断电流均与发电机的额定电压、容量以及母线的阻抗等有关。与线路断路器相比较，其额定开断电流值较大，可达到几十万 A。

4. 固有分闸时间和全分闸时间

这种断路器一般是用来开断母线短路时流过发电机的短路电流，切除时间的快慢对电力系统运行稳定性的影响不如线路断路器那样严重，所以它的固有分闸时间和全分闸时间可容许稍长一点。

（二）线路断路器

线路断路器主要用于变电站内，可分为两类：输电断路器和配电断路器。图 3-2-30 中的 QF3、QF4、QF5、QF6 为输电断路器，QF7 为配电断路器，二者均为线路断路器。这种断路器的主要技术参数及特点如下：

1. 额定电压

输电断路器的额定电压通常为 110～1000kV，配电断路器的额定电压为 35kV 及以下，有时可达 110kV。

2. 额定电流

额定电流视输电容量而定，但比发电机断路器的额定电流要小。

3. 额定开断电流

一般输电断路器的额定开断电流较大，可达 63～100kA，而配电断路器的额定开断电流较小，约为 40kA 及其以下。

4. 固有分闸时间和全分闸时间

由于电力系统运行稳定性的要求，输电断路器要求较短的全分闸时间。目前国内外生产的有三周波断路器、二周波断路器以及同步分闸的一周波断路器，这些断路器的全分闸时间分别为（对不同电源频率）三周波、二周波和一周波。

5. 重合闸时间

这类断路器对快速自动重合闸有较高的要求，无电流间隔时间一般规定为 0.3s，以及能一次、多次或单相自动重合闸。

6. 操作性能

输电断路器与配电断路器有所不同。输电断路器的动作次数少，但要求动作可靠；配电断路器的动作次数多，要求使用寿命长、维护检修方便。对输电断路器来讲，要求具有开断近区故障、失步故障、开断和闭合空载长线的能力；对配电断路器则要求能开断和闭合电容器组以及能开断空载变压器等。

（三）供电断路器

图 3-2-30 中 QF8 为供电断路器。这类断路器有时直接用于工业企业中，使用量最大，品种类型也最多。供电断路器主要技术参数及特点有：

1. 额定电压

一般为 6～15kV，有时可达 35kV。

2. 额定电流

一般为 100～1250A。

3. 额定开断电流

这类断路器因为直接与工业企业用电设备相连，发生短路故障时，短路电流常为其前置变压器的短路阻抗所限制，故短路电流值不大，因此断路器额定开断电流一般较小。

4. 固有分闸时间与全分闸时间

要求较低，一般在 0.1～0.2s 范围内。

5. 重合闸时间

为了不间断供电，有重合闸要求，无电流间隔时间为 0.3s 或 0.5s。

6. 开断电动机的能力

用在正常工作时关合、开断电动机，要求能在电动机启动过程中开断电流；在短路故障时开断高压电动机，不产生危害绝缘的过电压。

第三节　SF_6 断　路　器

SF_6气体在 1930 年被发现后，1937 年首先用于电气设备，1955 年开始用 SF_6气体作为断路器的灭弧介质，但SF_6气体广泛用于断路器还是在20世纪60年代，特别是在20世纪70年代才获得迅速发展。有些国家已相继研制成功额定电压为800kV两断口的超高压断路器，还研制成功了800kV超高压气体绝缘组合电气设备。用于更高电压等级（1000kV以上）的断路器也有，这样既满足了大容量输送电能的要求，同时也提高了电力系统运行的可靠性。

我国于1967年开始研制，目前已批量生产63、110、220和500kV的SF_6断路器。现以LW6系列SF_6断路器为例，介绍SF_6断路器的结构特点、技术参数和整体结构等。

一、结构特点

（1）以SF_6气体为绝缘和灭弧介质，采用了阻塞效应，充分发挥气流的吹弧作用，灭弧室体积小，结构简单。开断电流大，燃弧时间短，开断电容或电感电流没有重燃，过电压低。

（2）电气使用寿命长。50kA满容量连续开断可达19次，累计开断电流可达4200kA。适于频繁操作，且检修周期长。

（3）绝缘水平高。SF_6气体在0.3MPa气压时，通过了各种绝缘试验并有较大裕度。累计开断电流3000kA后，在0.3MPa气压下每个断口还可耐受工频电压250kV、1min，将SF_6气体减至零表压仍可耐受工频电压166.4kV、5min。

（4）密封性能好，SF_6气体含水量低。灭弧室、电阻（仅LW6-500R型带合闸电阻）和支柱各成独立气隔（145kV以下灭弧室和支柱为一个气隔），现场安装时不用打开，用自动接头连通，安装检修方便，并可防止脏物和水分进入断路器内部。

（5）自我保护和监视系统完备。液压机构内的信号缸可实现对断路器的自我保护，有密度继电器监视SF_6气体泄漏，有压力开关和安全阀监视液压机构压力，保护液压系统安全，液压机构采用了可防止“失压慢分”的阀系统，本体上亦可进行机械闭锁，保证运行安全。控制回路中采用了两套分闸电磁铁和防跳保护，保证操作准确无误。

（6）操作功率小，缓冲平稳。机构工作缸与灭弧动触头的传动比为1∶1，机构特性稳定，其稳定性可达3000次，机构寿命研究试验做到10000次，操作噪声小于90dB。

（7）系列性强。110～500kV灭弧室、支柱和动力单元绝大部分零件均可通用和互换。整个系列液压机构的基本元件都是通用的，只是组装方式稍有不同。

（8）适用范围广，能满足各种使用要求。0.6MPa产品可用于－30～＋40℃地区；0.4MPa产品可用于－40～＋40℃地区。为了适应高寒地区使用要求，液压机构贮压器加装了保温电热带，可防止昼夜温差较大造成的压力波动，保证低温条件下断路器的动作特性。

二、技术数据

1. 通用技术参数

SF_6气体年漏气率：＜1%；

断路器内SF_6气体含水量：$\leqslant 150\times10^{-6}$（V）；

首相开断系数：1.5；

满容量连续开断次数：50kA×19次；

累计开断电流（电气寿命）：4200kA；

机械寿命次数：3000次。

2. 主要技术参数

220kV 和 500kV LW6 系列 SF_6断路器主要技术参数，如表 3-2-1 所示。

表 3-2-1　　LW6 系列 SF_6断路器主要技术参数

型　　号	LW6-500 型		LW6-220 型	
SF_6气体压力（MPa）	0.6	0.4	0.6	0.4
额定电压（kV）	500		220	
最高工作电压（kV）	550		252	
额定电流（A）	3150		3150	
额定开断电流（kA）	50	40	50	40
近区故障开断电流（kA）	45	36	45	36
额定峰值耐受电流（kA）	125		125	100
额定短时耐受电流（kA）	50		50	40
额定关合电流（峰值，kA）	125		125	100
分闸时间（ms）	≤28		≤28/38*	
合闸时间（ms）	≤90		≤90	
全开断时间（周波）	≤2.5		≤2.5/3*	
金属短接时间（ms）	60±5		60±5	

注　带*号为三相联动时的数据。

三、整体结构

现以 LW6-220 型 SF_6断路器为例，介绍 SF_6断路器的整体结构及工作原理。

LW6-220 型 SF_6断路器分相操动机构外形如图 3-2-31 所示。V_1 和 V_2 均表示风力负荷，当风压为 1200N/m^{2}时，V_1=2870N，V_2=3560N；G 表示 SF_6断路器的重心。

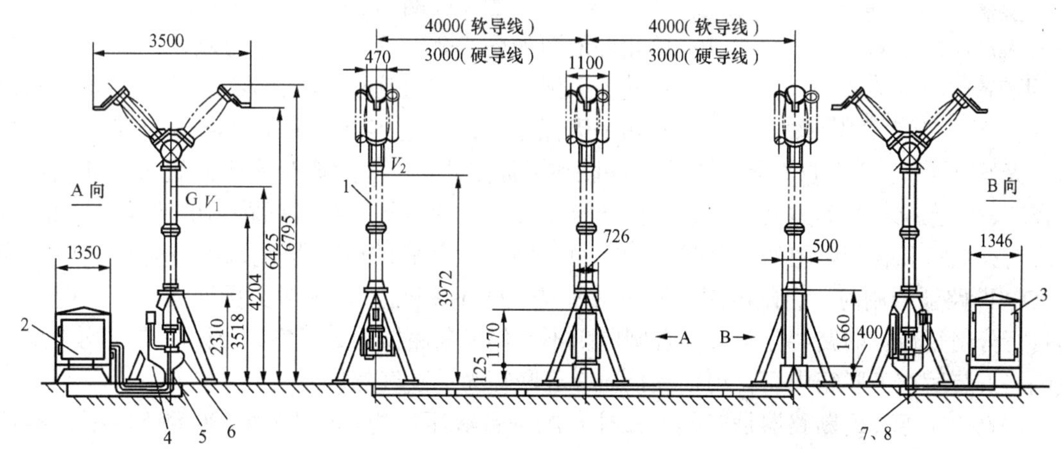

图 3-2-31　LW6-220 型 SF_6 断路器分相操动机构外形图

1—断路器单相；2—液压柜；3—汇控柜；4—低压回油管；5—常高压油管；6—分合闸命令管；7—控制电缆（液压柜与密度继电器、漏氮指示之间的连接）；8—控制电缆（液压柜与汇控柜之间的连接）

LW6-220 型 SF_6断路器单相剖面图，如图 3-2-32 所示，主要由灭弧室、均压电容器、三联箱、支柱、连接座、密度继电器、动力单元（包括主储压器、工作缸、供排油阀和辅助油箱）等部分组成。其动作过程是：工作缸内的活塞受到来自供排油阀的合、分命令后，驱动支柱内的绝缘杆作上、下运动，经过三联箱内的连杆机构变换后，使灭弧室中的压气缸、主动触头和弧触头随之运动，实现合闸和分闸。断路器分闸时，压气缸内的 SF_6 气体被压缩后向电弧区域喷吹，使电弧冷却、去游离直至熄灭。

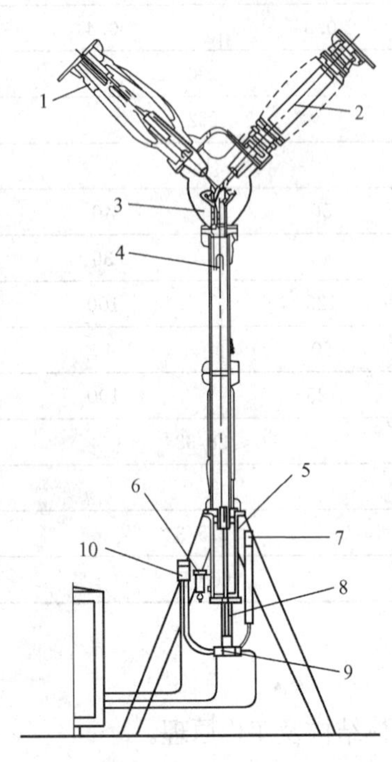

图 3-2-32 LW6-220 型 SF_6 断路器单相剖面图

1—灭弧室；2—均压电容器；3—三联箱；4—支柱；5—连接座；6—密度继电器；7—主储压器；8—工作缸；9—供排油阀；10—辅助油箱

LW6-220 型 SF_6 断路器每个断口并联有 2500pF 的均压电容器，用以改善两个断口的电压分布。连接座的上部有气体密封装置，中间有一组对接法兰把绝缘杆和工作缸活塞杆连接起来，并装有分、合机械指示板。密度继电器用于监视 SF_6 气体的泄漏，它带有充放 SF_6 气体的自动接头。

每台三相断路器配有一台液压柜，内装有控制阀（带分、合闸电磁铁）、油压开关、电动油泵、手力泵、防振容器、辅助贮压器、信号缸、辅助开关、主油箱、三级阀（仅三相联动操作有）等元件。操作方式分为分相操作和三相联动操作。分相操作的液压机构中液压元件较多，但分相操作的液压机构可以代替三相联动操作的液压机构。液压柜与断路器每相间有油管连接。每台三相断路器配有一台汇控柜，内装有各种电气控制元件，用于控制和监视断路器的分、合闸操作和油泵的启动闭锁等。断路器每相中的密度继电器和主贮压器漏氮报警装置与汇控柜之间用电缆连接，液压柜中的电气部分与汇控柜之间也用电缆连接。

下面，简单叙述 LW6-500 型 SF_6 断路器的总体结构。

LW6-500 型 SF_6 断路器由三个独立的单相组成，其单相外形图如图 3-2-33 所示，每相为双柱四断口。每个单柱由灭弧单元、支柱和支腿三部分组成。灭弧单元包括两个灭弧室、两只电容器、两个合闸电阻和一个五联箱。灭弧单元呈“Y”形布置，电容器并联在灭弧室断口上，电阻呈水平布置。支柱包括三节瓷套、绝缘拉杆和动力元件。绝缘拉杆与动力元件的工作缸和五联箱内的传动机构相连，实现对灭弧室和合闸电阻的分合闸操动。每个断口上并联的电容器为 2500pF，合闸电阻为 100Ω。断路器合闸时，合闸电阻提前主触头 7～11ms 接通，在主触头接通后，合闸电阻立即自行分闸复位。断路器分闸时，合闸电阻不动作。断路器的灭弧室、电阻、支柱均为独立气隔，安装后在五联箱内用自动接头接通，五联箱为单独气隔。

LW6-220 型 SF_6 断路器是三相（三柱）配一台液压机构，而 LW6-500 型 SF_6 断路器是一相两柱配一台液压机构，LW6 系列 SF_6 断路器的液压系统和工作原理基本一致。

四、灭弧室结构

（一）SF_6 气体的性能

SF_6 气体应用于断路器并得到发展是由于 SF_6 气体具有良好的绝缘性能和灭弧性能。在常温（20℃）下，SF_6 为无色、无味、无毒、非燃烧性、亦不助燃的非金属化合物，密度约为空气的 5 倍。常压（0.1MPa）下，升华温度为−63.8℃，常温下直至 21 个大气压仍为气

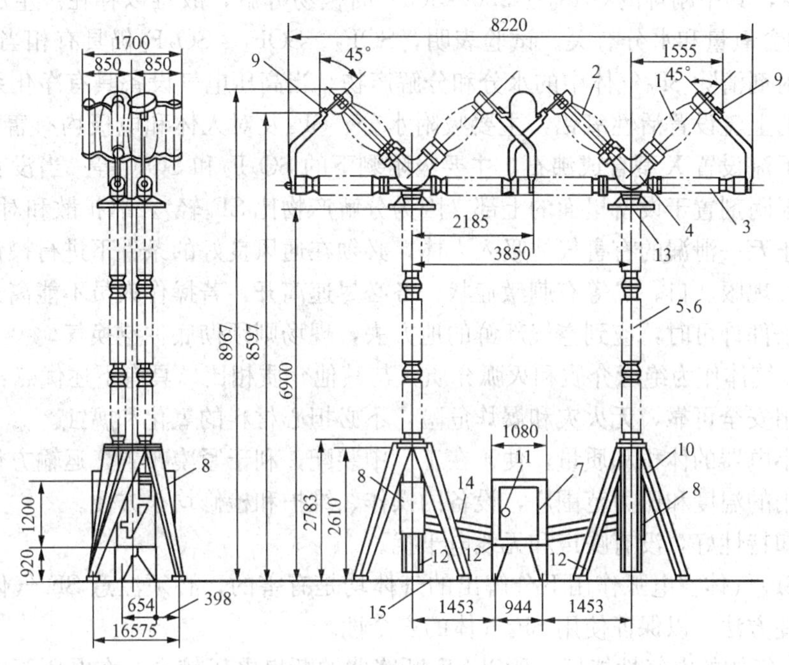

图 3-2-33　LW6-500 型 SF_6 断路器单相外形图

1—灭弧室；2—并联电容器；3—合闸电阻；4—五联箱；5—支柱；6—绝缘拉杆（在支柱内）；7—液压柜；8—动力元件；9—接线板；10—支腿；11—分合闸指示；12—接地接线板；13—均压环；14—机构与本体之间的液压管道；15—机构与本体之间的电气连接

态，所以它的压力与温度的关系能遵循理想气体的规律。SF_6的热导率（导热系数），在常温下比空气低 30%，但由于分子量（为 146.054）大，热容量大，如包括自然对流效应，总的热传导能力远比空气为好。SF_6的化学性质非常稳定，在干燥情况下，与铜、铝、钢等材料在 110℃内都不发生作用；越过 150℃时，与钢、硅钢开始缓慢作用；200℃以上，与铜或铝才发生轻微分解；到 500℃～600℃与银也不发生作用。SF_6的热稳定性极好，但在有金属存在的情况下，热稳定性则大为降低。SF_6开始分解的温度为 150～220℃，其分解随温度升高而加剧，分解物随 SF_6 含水量的增加而增加，但是一旦促使它分解的能量解除，分解物将急速再结合为 SF_6气体。

SF_6气体具有极为良好的绝缘特性和灭弧能力。当电场中具有一定能量的散射电子时，它可能导致碰撞游离，但 SF_6呈强烈的负电性，而且体积较大，对电子捕获较易，并吸收其能量，生成低活动性的稳定负离子，这种直径更大的负离子在电场中自由行程很短，难以积累到发生碰撞的能量，同时，正、负离子的质量都较大，行动迟缓，再结合的几率将大为增加。因此，在 1 个大气压下，SF_6气体的绝缘能力超过空气的 2 倍，当压力为 3 个大气压时，其绝缘能力就与变压器油相当。SF_6气体在电弧作用下接受电能而分解成低氟化合物，但在电弧电流过零时，低氟化合物则急速再结合成 SF_6气体，故弧隙介质强度恢复极快，而且由于它没有偶极矩，对于微波频率的绝缘能力差不多与工频相当，因为对弧隙恢复电压中的高频分量并不敏感。所以，SF_6气体的灭弧能力在同等条件下相当于空气的 100 倍。

SF_6气体是无毒的，在电弧作用下，一小部分 SF_6 气体分解成 SOF_2、SO_2F_2、SF_4、

SOF_4和S_2F_{10}，其中剧毒的S_2F_{10}在200～300℃时极易分解，故难以存在。生成物的多少与SF_6气体中的含氧量和水分有关。试验表明，SOF_2、SOF_4、SO_2F_2仍具有相当程度的毒性，因而多用吸附剂清除SF_6气体中的水分和分解产物。当高压电气设备具有净化系统时，一般在气体通路的上流设置活性氧铝，主要吸附水分、SF_4及对人体和电极均有害的HF，而在气体通路的下流设置X型合成沸石，主要吸附剩下的SO_2F_2和SOF_4等。当没有气体净化系统时，可将吸附剂置于设备里面的上部（因为分解产物比SF_6轻），靠扩散和对流来吸收。

为了防止万一泄漏的有害气体吸入人体，必须在通风良好的条件下进行操作。如闻到难闻的气味或发现眼、口、鼻等有刺激症状，务必尽速离开，若操作人员不能离开，则应戴上呼吸器。当条件许可时，应到空气新鲜的地方去，现场则须彻底抽空换气。

采用SF_6气体作为绝缘介质和灭弧介质，与其他介质相比，具有下述优点：

（1）使用安全可靠，无火灾和爆炸危险，不必担心材料的氧化和腐蚀。

（2）减小电器的体积和质量，便于在工厂中装配，利于紧凑布置，运输方便。

（3）适用的温度和压力范围广，设备的操作、维护和检修均很方便。

（4）冷却特性好，没有噪声和无线电干扰。

但是，SF_6气体在电弧作用下分解出的气体均是有害的，必须注意SF_6气体的纯度，采取正确的处理方法，以保证使用SF_6气体的安全性。

由于SF_6气体的电气性能好，所以SF_6断路器的断口电压较高。在电压等级相同、开断电流和其他性能相近的情况下，SF_6断路器每相断口数比少油断路器要少，如表3-2-2所示。

表3-2-2　超高压断路器每相断口数

断口数 \ 电压等级（kV）/ 类型	110	220	330	500	750
少油断路器	2	4	6	6	12
SF_6断路器	1	1或2	2	4	6

由表3-2-2可以看出，SF_6断路器每相串联断口数比同电压等级的少油断路器要少，可使制造、安装、调试和运行比较经济和方便。

（二）SF_6断路器灭弧室工作原理

SF_6断路器中的灭弧室基本上有两种结构：单压式和双压式。单压式灭弧室只有一个气压系统，灭弧室的可动部分带有压气装置，靠分闸过程中活塞气缸的相对运动，造成短时间的气压升高，产生吹弧作用来熄灭电弧。而双压式灭弧室有高压和低压两个气压系统，灭弧时，喷嘴打开，高压SF_6气体经过喷嘴吹向低压系统，吹动电弧使其熄灭。在这种灭弧室中，有的灭弧室常处在高压气体中，称为常充高压；有的灭弧室仅在灭弧过程中处在高压气体中，称为瞬时充高压。

由单压式灭弧室或双压式灭弧室构成的SF_6断路器称作气吹式SF_6断路器，这是一种他能式的断路器，主要用在110kV及以上电压等级的系统中。近来，SF_6断路器向中压10～35kV等级发展，除了采用压气式灭弧室外，还出现了旋弧式与自能吹弧式两种原理的灭弧室构成的新型SF_6断路器。所谓旋弧式灭弧，是利用磁场的作用，使开断电弧处在SF_6气体中，沿同心电极作高速旋转运动，加强冷却电弧而使其熄灭。自能吹弧式SF_6断路器，采用自能吹弧式灭弧室，它的吹弧能量来自电弧的本身，在适当利用电弧电流的磁场作用后，可以得到与电弧相对的横吹或纵吹，使电弧冷却，在电流过零时熄灭。

我国研制的SF_6断路器均采用单压式灭弧室，单压式灭弧室又有定开距和变开距两种结构。下面以单压式灭弧室为例，叙述SF_6断路器灭弧室工作原理。

1. 定开距灭弧室

图 3-2-34 为定开距灭弧室结构图。断路器的触头由两个带喷嘴的空心静触头 3、5 和动触头 2 组成。断路器的弧隙由两个静触头保持固定的开距，故有定距之称。关合位置时，动触头跨接于两个静触头之间，构成电流通路。由绝缘材料制成的固定活塞 6 和与动触头连成整体的压气罩 1 之间围成压气室 4。当分闸操作时，压气罩随同动触头向右移动，使压气室内的SF_6气体压缩，压力增加，当喷口被打开后，即形成气流进行吹弧。操动机构通过拉杆 7 带动动触头和压气罩所组成的可动部分。

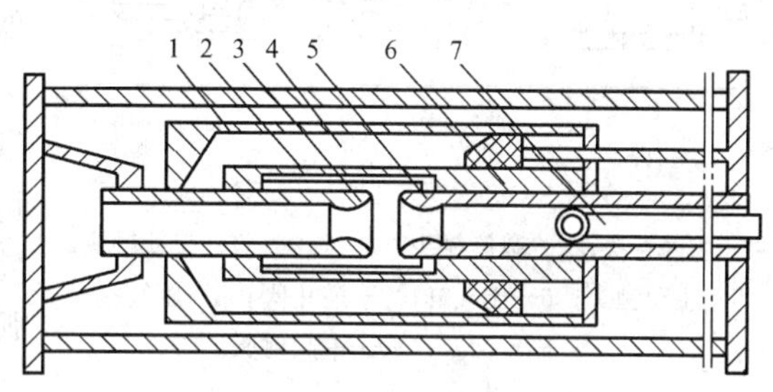

图 3-2-34 定开距灭弧室结构图

1—压气罩；2—动触头；3—静触头；4—压气室；5—静触头；6—固定活塞；7—拉杆

图 3-2-35 示出灭弧室的动作过程。图 3-2-35（a）为断路器处于合闸位置时的状态。分闸时由拉杆 7 带动可动部分向右运动，此时压气室内的SF_6气体被压缩，如图 3-2-35（b）所示。当动触头离开静触头 3 时，便产生电弧，同时，将原来由动触头所封闭的压气室打开，产生气流，向喷口吹弧，如图 3-2-35（c）所示，气流向静触头内孔对电弧进行纵吹，熄弧后的开断位置如图 3-2-35（d）所示。

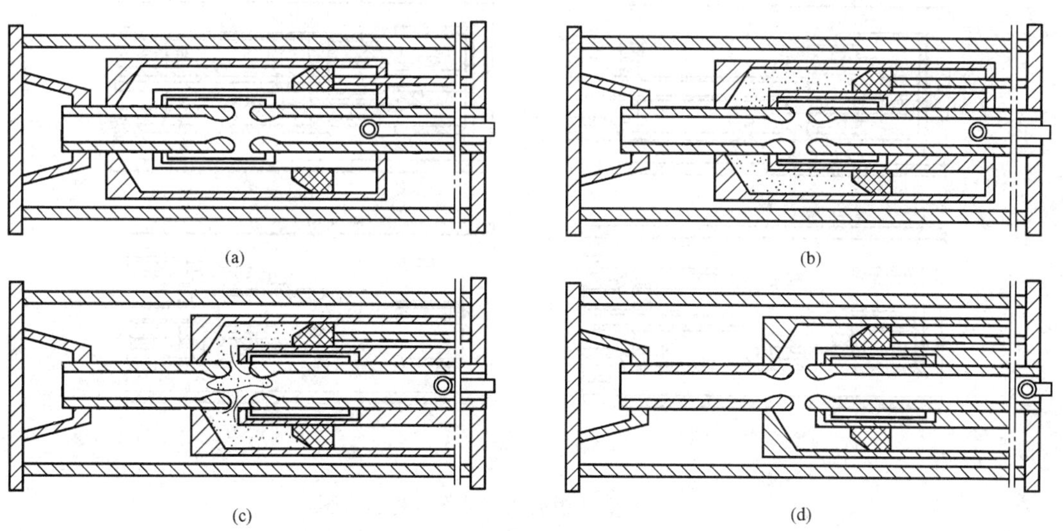

图 3-2-35 定开距灭弧室动作过程示意图

（a）合闸位置；（b）压气过程；（c）吹弧过程；（d）分闸位置

定开距灭弧室的结构特点是：由于利用SF_6气体介质强度大的优点，触头开距设计得比较小，110kV 电压的开距只有 30mm。触头从分离位置到熄弧位置的行程很短，因而电弧能量小，熄弧能力强，燃弧时间短，但压气室的体积比较大。

2. 变开距灭弧室

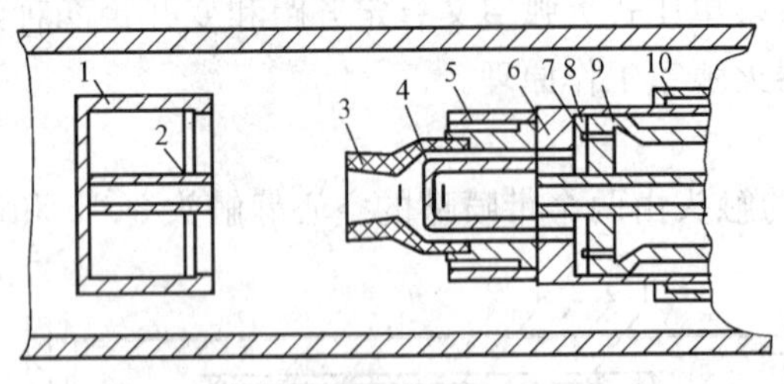

图 3-2-36　变开距灭弧室

1—主静触头；2—弧静触头；3—喷嘴；4—弧动触头；5—主动触头；6—压气缸；7—逆止阀；8—压气室；9—固定活塞；10—中间触头

SF_6断路器灭弧室的另一种结构型式是变开距灭弧室，如图 3-2-36 所示。变开距灭弧室的结构型式是从少油断路器的设计体系发展起来的，所以其灭弧室的结构与少油断路器相似。触头系统有工作触头、弧触头和中间触头，工作触头和中间触头放在外侧，可以改善散热条件，提高断路器的热稳定性。灭弧室的可动部分由动触头、喷嘴和压气缸组成。为了使在分闸过程中压气室的气体集中向喷嘴吹弧，而在合闸过程中不致在压气室形成真空，故设置有逆止阀。合闸时，逆止阀打开，使压气室与活塞内腔相通，SF_6气体从活塞的小孔充入压气室；分闸时，逆止阀堵住小孔，让SF_6气流集中向喷嘴吹弧。

变开距灭弧室的动作过程如图 3-2-37 所示。图 3-2-37（a）为灭弧室处于合闸位置时的状态。分闸时可动部分向右移动，此时压气室内 SF_6气体被压缩且压力增加，如图 3-2-37（b）所示。吹弧过程开始，工作触头首先分离，然后弧触头分离产生电弧，同时也产生气流向喷嘴吹弧，如图 3-2-37（c）所示。熄弧后的分闸位置如图 3-2-37（d）所示。从前述的动作过程可以看出，触头的开距在分闸过程中是变化的，故有变开距之称。

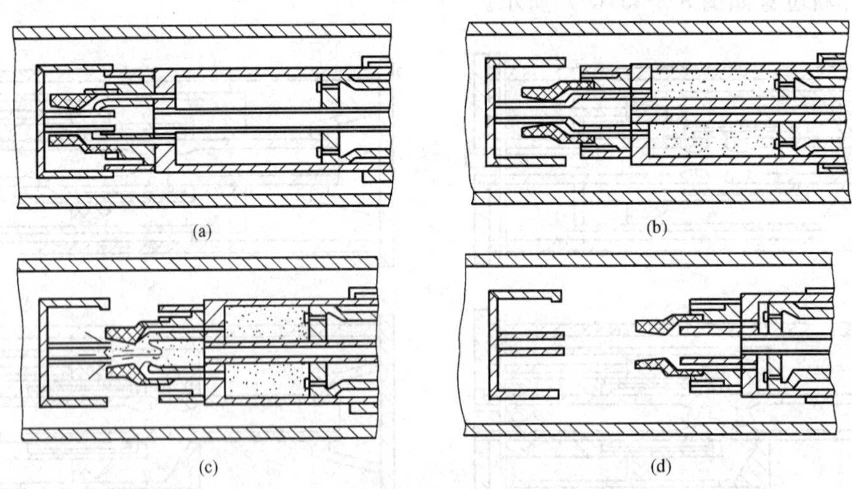

图 3-2-37　变开距灭弧室动作过程示意图

（a）合闸位置；（b）压气过程；（c）吹弧过程；（d）分闸位置

变开距灭弧室结构的特点是：触头开距在分闸过程中不断增大，最终开距比较大，故断口电压可以作得较高，起始介质强度恢复速度较快。喷嘴与触头分开，喷嘴的形状不受限制，可以设计得比较合理，有利于改善吹弧的效果，提高开断能力，但绝缘喷嘴易被电弧烧损。

定开距与变开距灭弧室的比较如下：

（1）定开距灭弧室开距短，断口间电场分布比较均匀，绝缘性能比较稳定。变开距灭弧室开距大，断口间电场分布较差，绝缘喷嘴置于断口之间，经多次灼伤之后，可能影响断口绝缘能力。

（2）定开距灭弧室在熄弧瞬间，开距一定，电弧长度一定，电弧能量较小，对熄弧有利。而变开距灭弧室在熄弧时，开距较大，电弧拉得较长，电弧电压高，电弧能量较大，对熄弧不利。

（3）定开距灭弧室吹弧时间短，压气室内的气体利用稍差。而变开距灭弧室吹弧时间较长，压气室内的气体利用比较充分。

（4）定开距灭弧室动触头的行程较长，超行程与金属短接时间也较长。而变开距灭弧室可动部分的行程较短，超行程与金属短接时间亦较短，对缩短断路器的动作时间，提高电力系统的运行稳定性是有利的。

目前，我国生产的 LW6-220 型和 LW6-500 型 SF_6断路器均采用变开距灭弧室。

五、断路器投入运行前的技术要求

下面以 LW6-220 型 SF_6断路器为例，叙述 SF_6断路器投入运行前的技术要求。

断路器投入运行前应做以下检查和调整，并应满足说明书给出的规定值。

（1）断路器按规定充入 SF_6气体后，按 LW6 系列断路器现场检漏规程检漏。

（2）按 LW6 系列断路器现场水分测量规程对断路器内 SF_6气体含水量进行测量，气体中水分含量应不大于 200×10^{-6}（体积比）。

（3）检查和调整液压系统有关油压值，应如表 3-2-3 所示。测量时用手力泵从零压力起打压。

表 3-2-3　　液压系统油压值

项　　目	规定值（MPa）	项　　目	规定值（MPa）
贮压器充压（15℃）*	18.0±1.0　18.0−0.6	合闸闭锁压力	27.8±0.8↓
油泵启动压力	31.6±1.0↓	分闸闭锁压力	25.8±0.7↓
油泵停止压力	32.6±1.0↑		

* 如果测量预压力时环境温度为 t，则按下式折算至 15℃时的数值：$p_t=p_{15℃}+0.9(t-15)$。

（4）检查密度继电器 SF_6气体压力降低报警和闭锁功能，其数值要求如表 3-2-4 所示。本项检查可在密度继电器上单独进行。

表 3-2-4　　密度继电器报警与闭锁压力值

额定压力（MPa，20℃时）	报警（MPa）	闭锁（MPa）
0.4	0.32±0.015	0.30±0.015
0.6	0.52±0.015	0.30±0.015

（5）对断路器用手力泵慢合两次，本体动作应正常。

（6）液压机构打压至额定油压，在额定操作电压下，对断路器进行单分、单合操作各两次，分 0.3s，合分两次，并测量表 3-2-5 所列各项参数，应符合规定值。

表 3-2-5　　　　　　　　　　**断路器分闸与合闸时间**　　　　　　　　　　(ms)

项　　目	220V (DC)	110V (DC)	项　　目	220V (DC)	110V (DC)
固有分闸时间	≤28	≤38	相间合闸不同期	≤5	≤5
合闸时间	≤90	≤90	金属短接时间	60±5	60±5
相间分闸不同期	≤3	≤3			

(7) 检查断路器电气控制线路（如带汇控柜时）：

1) 防跳试验。断路器分别处于分、合位置时，分合闸操作信号同时送入，断路器应不产生跳跃并最终处于分闸位置。

2) 拒动试验（对分相操动机构）。当三相中相间的分合闸位置不一致时，应延时（时间大于单相自动重合闸无电流间隔时间）进行三相分闸，并发出信号。

(8) 测量灭弧室的回路电阻。每个灭弧室处于合闸位置，通以100A直流电流，在其进出线接线板两端（不包括接线板）测得电压降应不大于3.5mV。

(9) 断路器的电气控制回路导电体对地间工频1kV耐压1min，不应发生闪络或击穿。

六、SF_6断路器的维护

LW6系列SF_6断路器在正常使用期间，维护工作很少。由于条件的限制，断路器的本体和液压操作机构中的液压元件一般不能在现场解体。断路器在现场应按规定，定期做维护。

（一）每年的检查和维护

1. 维护前的准备工作

将断路器退出运行，并使之处于分闸位置，断开交、直流电源等，把液压机构油压释放到零。

2. 断路器检查维护项目

(1) 检查外观、清洗。

(2) 检查并清洗各瓷套。

(3) 检查各油管及动力单元有无漏油，必要时予以修理。

(4) 检查SF_6气体压力，并补充到额定值。

(5) 检查密度继电器的动作值，可将密度继电器从支柱上拆下（支柱上的接头用端盖封好），对密度继电器进行充、放气，检查第一报警压力和第二报警压力是否正确，如发现问题，更换新继电器，将替换下来的继电器送制造厂修理。

3. 液压操作机构检查项目

(1) 检查机构的管路、元器件，有无渗漏油。

(2) 检查主油箱油位是否符合规定，必要时补充足量液压油。

(3) 检查、清理辅助开关触点。

(4) 检查贮压器预压力。可采用手力泵打压，开始油压上升迅速，当压力上升到某一值时，油压上升突然缓慢，此时的压力值即为预压力。注意该压力值与温度有关，按$p_t=p_{15℃}+0.9(t-15)$来折算。

(5) 检查油泵启动、停止压力。

(6) 检查分闸、合闸闭锁压力。可在压力监视处徐徐放油，这时相应的微动开关给出动作信号。

(7) 检查单分、单合操作油压降。

4. 试验

将液压机构电源、操作电源恢复，打压至额定油压，电动操作断路器应动作正常。

(二) 每五年的检查和维护

在进行每五年的检查和维护时，除了要进行每年的检查和维护外，还要对以下各项目进行检查：

(1) 将液压油全部放出，清理低压油箱和辅助油箱。

(2) 将油箱注满新液压油至规定油位。

(3) 做排气操作之后，打压至额定油压。

(4) 试验：

1) 进行 20 次合、分和 2 次 0.3s 合、分。

2) 用示波器测量断路器各动作时间、相间周期，必要时可测量分、合闸速度。

第四节 油断路器

一、概述

采用油作为灭弧介质的断路器称为油断路器。在油断路器中，按绝缘结构不同，可分为多油断路器和少油断路器两种。在少油断路器中，油只用作灭弧和触头开断后弧隙的绝缘介质，断路器的导电部分与接地部分之间的绝缘主要用瓷件做成，所以少油断路器的用油量比多油断路器少得多。例如，SW6-220 型少油断路器的三相油重只有 800kg，而 DW3-220 型多油断路器的油重达 48000kg。因而，少油断路器体积小、质量轻、能节省大量的油和钢材，且占地面积小。在我国，少油断路器在电力系统中使用数量很大。

按装设地点的不同，少油断路器可分为户内式和户外式两种。国产的 20kV 及以下的少油断路器均为户内式。户内式少油断路器过去都是用金属油箱，固定在支持绝缘子上。新型的 10kV 及 35kV 户内式少油断路器都已改用环氧树脂玻璃钢筒作为油箱，这样不但节省钢材，也可减少涡流损耗。35kV 及以上的少油断路器为户外式，均采用高强度瓷筒作为油箱。

下面以 10kV 户内式少油断路器为例，简述少油断路器的主要特点。

(1) 油只作灭弧介质而不作绝缘用。

(2) 载流部分的绝缘由空气和陶瓷绝缘材料构成。

(3) 用油量少，质量轻。

(4) 油箱体积小，占据空间少，结构坚固。

(5) 操作方便，使用比较安全。

(6) 用环氧树脂玻璃钢筒做油箱，既节省钢材，又可减少涡流损耗。

(7) 可用于操作较频繁的地方和开断电容器组。

(8) 能进行快速自动重合闸操作。

二、油断路器技术数据

下面给出 SN10-10 系列高压少油断路器技术数据和 300MW 汽轮发电机组配用的断路器

型号与技术参数。

(1) SN10-10系列高压少油断路器技术数据如表3-2-6所示。

表3-2-6　　SN10-10系列高压少油断路器技术数据

型　　号	SN10-10Ⅰ		SN10-10Ⅱ		SN10-10Ⅲ	
	SN10-10/630-16型	SN10-10/1000-16型	SN10-10/1000-31.5型	SN10-10/1250-43.3型	SN10-10/2000-43.3型	SN10-10/3000-43.3型
额定电压(kV)	10	10	10	10	10	10
最高工作电压(kV)	11.5	11.5	11.5	11.5	11.5	11.5
额定电流(A)	630	1000	1000	1250	2000	3000
额定断流容量(MVA)	300	300	500	750	750	750
额定开断电流(kA)*	16	16	31.5	43.3**	43.3**	43.3**
最大关合电流(峰值,kA)	40	40	80	125	125	125
极限通过电流(峰值,kA)	40	40	80	130	130	130
热稳定电流(2s,kA)	16	16	31.5	43.3	43.3	43.3
合闸时间(s)	≤0.2	≤0.2	≤0.2	≤0.2	≤0.2	≤0.2
固有分闸时间(s)	≤0.06	≤0.06	≤0.06	≤0.06	≤0.06	≤0.06
操作循环	分—0.5s—合分—180s—合分			分—180s—合分—180s—合分		
机械寿命(次)	2000	2000	2000	1050	1050	1050
断路器净重(无油,kg)	100	100	120	135	170	190
三相油重(kg)	6	6	8	9	13	13
配用操动机构型号	CD10Ⅰ	CD10Ⅰ	CD10Ⅱ	CD10Ⅱ	CD10Ⅲ	CD10Ⅲ

*　当额定电压低于10kV时,额定开断电流不变。

**　当操作循环为"分—0.5s—合分—180s—合分"时,额定开断电流为31.5A。

(2) 300MW汽轮发电机组配用的断路器的型号与技术参数如表3-2-7所示。

表3-2-7　　300MW汽轮发电机组配用的断路器的型号与技术参数

型　　号		SN3-10型	SN4-10型	SN4-20型	SN10-10型	SW4-110型	SW4-220型	SW6-220型
额定电压(kV)		10	10	20	10	110	220	220
最高工作电压(kV)		11.5	11.5	23	11.5	126	252	252
额定电流(A)		2000	5000	6000	1000	1000	1000	1200
额定断流容量(MVA)		500	1800	3000	500	3500	7000	8000
额定开断电流(kA)		29	105	87	28.9	15.4	18.4	21
极限通过电流(kA)	峰　值	75	300	300	74	55	55	55
	有效值	43.5	173	173	42.8	32	32	21
热稳定电流(kA)	1s	43.5				32	32	
	5s	30			(28.9)	21	21	(21)
	10s	21	70	85		12.8	14.8	
合闸时间(s)		≤0.50	<0.65	<0.65	≤0.25	0.25	0.25	0.30
固有分闸时间(s)		≤0.14	<0.15	<0.18	≤0.05	0.06	0.05	≤0.04
自动重合闸无电流间隔时间(s)					0.5	0.5	0.3	0.3

三、灭弧装置的工作原理

（一）电弧在油中燃烧与熄灭

高压油断路器是利用变压器油来灭弧的。变压器油具有较好的熄弧性能，主要利用它在高温电弧作用下分解出大量的氢气来进行灭弧。

图3-2-38表示在油中开断触头1和触头2时电弧燃烧的情况。在电弧的高温作用下，油很快蒸发和分解，在电弧周围形成气泡，电弧在气泡内燃烧。分解的气体占整个气泡体积的60%，油蒸气占40%。气体组成的大致比例为：氢气占70%～80%，乙炔占15%～20%，甲烷、乙烯占5%～10%。在各种气体中，氢气具有最佳的导热性能，最小的黏度，扩散作用比较强。这些都可以说明变压器油能熄灭电弧主要是分解的氢气起的作用，所产生的氢气直接扩散到弧柱区域，使电弧间隙强烈地冷却和去游离，特别是在交流电弧电流过零时，这种作用更为强烈。

在油中简单开断的情况下，气泡小的压力约为0.5～1MPa，电弧被包围在静止的气泡中熄弧的能力是有限的。如果设法将压力提高，并使油、气对电弧产生吹弧的作用，将可以大为增加熄弧能力。不过，当压力升高超过油的容器和灭弧装置的机械强度时，将会产生爆炸。

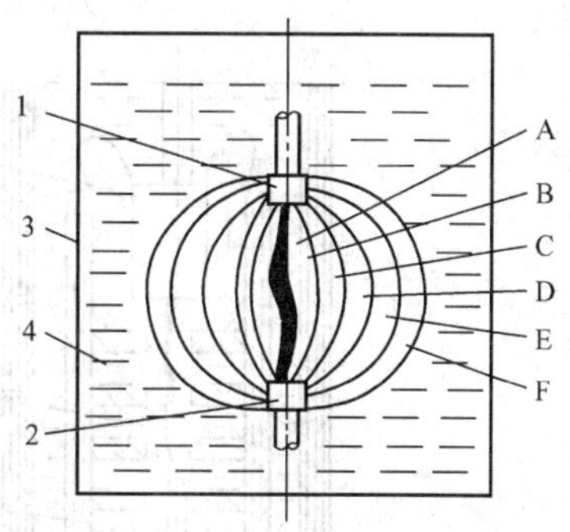

图3-2-38　触头间电弧在油中燃烧示意图

1—静触头；2—动触头；3—箱壁；4—变压器油

A—弧柱；B—氢气层；C—分解区；D—气体区域；E—蒸气区域；F—蒸发区域

在油中简单开断的情况下，燃弧时间与断路器的结构、触头间分离速度和被开断电流的大小有关。对应于最大燃弧时间的开断电流称为临界开断电流。所有自能灭弧式的油断路器都存在这种临界开断电流的现象。纵吹、横吹灭弧室均属油自能灭弧装置。

（二）油断路器灭弧室

目前，油断路器中差不多全部装有灭弧装置。按照吹弧的能源，灭弧装置可分为三类：

（1）自能吹弧灭弧装置。利用电弧放出的能量将油蒸发、分解而成油气，提高灭弧装置中的压力以驱动油气或油进行吹弧。

（2）外能吹弧灭弧装置。利用外界能量，通常是利用关合断路器时储存在弹簧中的能量，推动活塞，提高灭弧装置中的压力以驱动油进行吹弧。

（3）综合吹弧装置。利用自能和外能两种能量来吹弧，使熄弧效果更好。

在断路器灭弧装置中，用绝缘材料制成的并将电弧限于其中燃烧的小室称为灭弧室。灭弧室又分为纵吹、横吹和机械油吹灭弧室。纵吹和横吹灭弧室都是油自能吹弧灭弧装置，而机械油吹灭弧室为外能吹弧灭弧装置。下面将分别叙述三种灭弧室的原理结构和特点。

1. 纵吹灭弧室

如图3-2-39所示，纵吹灭弧室由带有盘形横隔板6的高强度内绝缘筒3组成。盘形横隔板叠装后形成许多油囊。静触头1放在灭弧室上部，动触头杆5穿过灭弧室隔板的中心孔。灭弧室装在高强度外绝缘筒2中，以防止套在绝缘筒外面的空心绝缘子（图中没有绘出）受到过高的机械压力。

触头分开时，触头间产生的电弧被圆柱形泡包围着，气泡壁由灭弧室油囊中的油形成，并受到横隔板中心孔的限制。由于电弧弧柱到气泡壁的距离很小，故油能强烈地冷却电弧，并被电弧分解和气化，产生高压力，使油和气体的混合物通过灭弧室上部的空心静触头和排气孔自下而上将气体排出，气体的强烈纵向吹弧，使电弧在电流过零时熄灭。

(1) 纵吹灭弧室结构的优点是：

1) 结构简单。

2) 电弧与油能紧密接触，气化作用强烈，压力较高，有利于熄灭小电流电弧。

3) 排出气体的方向与触头运动方向相反，有利于电弧的冷却。

(2) 其缺点是：

1) 因为压力较高，要求机械强度高的绝缘材料。在开断较大电流时，容易出现压力过高的现象，甚至会发生爆炸，因而灭弧室的机械强度成为限制极限开断电流的重要因素。

2) 在超高压等级的油断路器中，要求有较大的开距，燃弧时间较长。

3) 熄弧后回油较慢，不利于重合闸。

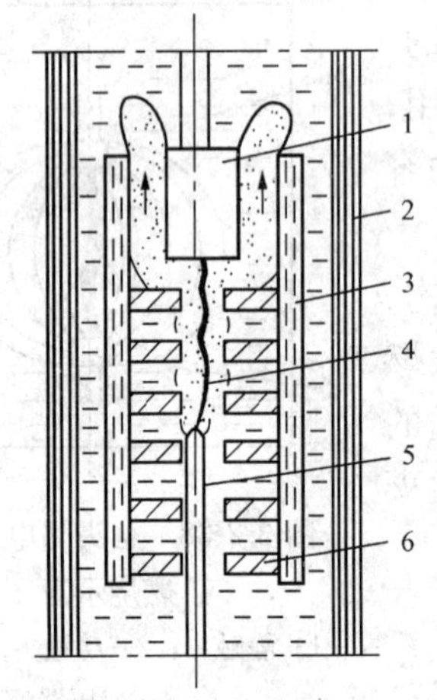

图 3-2-39　纵吹灭弧室结构图
1—静触头；2—外绝缘筒；3—内绝缘筒；4—电弧；5—动触头杆；6—横隔板

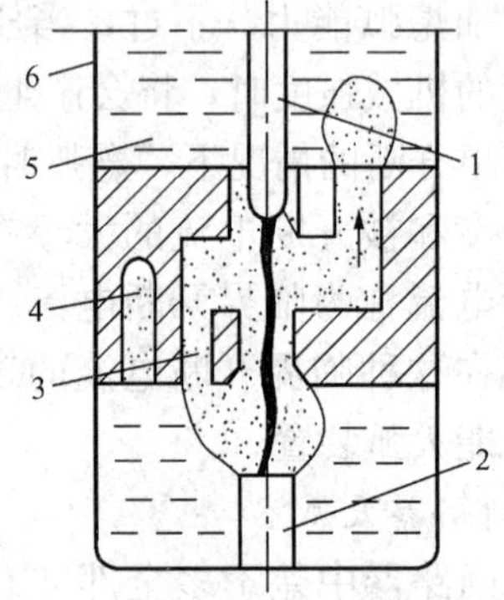

图 3-2-40　横吹灭弧室结构图
1—动触头杆；2—静触头；3—吹弧道；4—空气垫；5—油；6—灭弧室壁

2. 横吹灭弧室

图 3-2-40 为横吹灭弧室结构图。触头分离时产生电弧，将周围的油分解成气体。在动触头杆尚未通过吹弧道口之前，吹弧道口为动触头杆所堵住，没有吹弧作用，灭弧室下部贮存着压力。动触头杆过横吹道口之后，吹弧道口打开，油气被下部压力压向电弧，经吹弧道排出，造成强烈的油吹，使电弧熄灭。为了充分利用电弧能量分解的气体所产生的压力，采用空气垫的结构，一方面可降低压力峰值，另一方面可提高电流过零时吹弧的有效压力。近来对空气垫的功能有不同的意见，有些灭弧装置上已不采用空气垫，因实践证明，空气垫有时对开断小电流不利。

(1) 横吹灭弧室的优点是：

1) 结构简单。

2) 极限开断电流大，燃弧时间短。

(2) 其缺点是：开断小电流时，压力较低，吹弧效果较差，因此燃弧时间长，有时甚至出现开不断的现象。

3. 机械油吹灭弧室

纵吹和横吹灭弧室都是油自能灭弧装置。它们有一个共同的问题，即存在临界开断电流现象。为了缩短熄灭小电流时的燃弧时间，消灭临界开断电流现象，出现了利用活塞压油的机械油吹灭弧方式。

图 3-2-41 为机械油吹灭弧室的工作原理图。动触头杆 2 带动活塞 1 向上运动，当动、静触头分离时产生电弧。由于活塞的运动，灭弧室上部的油受机械力的作用吹向弧区，形成强烈纵吹。动触头杆向上运动时，活塞遇到唧筒 6，并合在一起继续向上运动。因为压油的面积增大了，压力升高了，吹弧作用更加强烈，最后使电弧熄灭。

机械油吹灭弧室中，靠机械力的作用产生油流。开断小电流时，弧区存在的反压力低，熄弧效果显著，易出现截流现象。开断大电流时，电弧能量大，分解气体量大，活塞下部弧区的压力迅速升高，活塞上、下两部分的吹弧压力差减小，油吹的作用反而减弱，熄弧的能力大为降低。在这种灭弧室中，灭弧室的机械强度决定于活塞的运动与电流的大小，但吹弧作用，则随着电流的增大而降低，因此对开断大电流不利，额定开断电流值较低。

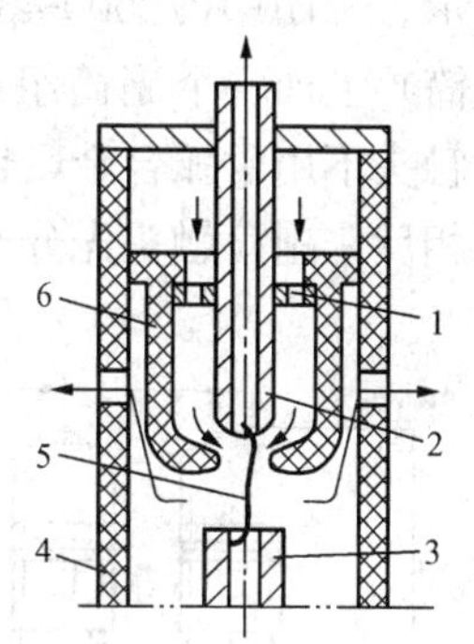

图 3-2-41　机械油吹灭弧室结构图

1—活塞；2—动触头杆；3—静触头；4—绝缘筒；5—电弧；6—唧筒

上面讨论了三种灭弧室，即纵吹、横吹和机械油吹灭弧室。第一、二种属自能吹弧灭弧装置，第三种属外能吹弧灭弧装置。对自能吹弧灭弧装置，开断电流越大，单位时间内产生的气体越多，灭弧室内压力越高，吹弧力量越大，故燃弧时间短。当开断电流较小时，吹弧力量相应减弱，则燃弧时间增长，发生临界电流现象。在开断很小的电流（几百 A 以下）时，实际上没有灭弧作用。由于自能吹弧灭弧装置结构简单，制造方便，价格便宜，故获得广泛应用。但是，由于它在开断小电流时灭弧能力差，所以在开断电容性电流时，弧隙易被击穿而产生过电压。而机械油吹灭弧室为外能吹弧灭弧装置，其吹弧力量基本上与开断电流大小无关，燃弧时间差不多为一常数，不存在临界电流，在开断小电流时，有较强的熄弧能力，但在开断小电感性电流时容易发生过电压，还要求很高动力的操动机构。仅用外能吹弧灭弧方式构成的灭弧装置目前很少采用。采用自能吹弧和外能吹弧两种灭弧方式构成的灭弧装置称为综合吹弧灭弧装置。综合吹弧灭弧装置具有自能吹弧和外能吹弧灭弧装置的优点，而对操动机构的动力又要求不高，对开断小电感性电流和电容性电流的性能也有所改善，因此是比较理想的灭弧装置。

四、油断路器结构

现以 SN10-10 和 SW6-220 型油断路器为例，叙述油断路器的结构。

1. SN10-10 型少油断路器

SN10-10 系列高压少油断路器是三相、户内式高压电气设备。适用于额定电压为 10kV、交流 50Hz 的电力系统中，供发电厂、变电站和具有相同要求的场所，作为电力设备和电力线路的控制与保护之用。也可用于操作较频繁的地方和开断电容器组，能进行快速自动重合闸操作。

SN10-10 系列高压少油断路器分为框架式和手车式两种结构。

框架式少油断路器由框架、传动部分及油箱三部分组成。框架上装有分闸限位器、合闸缓冲器、分闸弹簧及 6 个支持绝缘子。传动部分包括断路器主轴、轴承、绝缘拉杆，主轴承装在框架上。油箱固定在支持绝缘子上，下部是用球墨铸铁做成的底罩，底罩内有油缓冲器、传动拐臂、动触杆，动触杆顶端装有动触头。中部是绝缘筒和上、下出线，筒内有纵横吹和机械油吹联合作用的灭弧室，灭弧室上有静触头，下出线上有滚动触头。上部是上帽，内装油气分离器，上帽侧面有一个排气孔，顶部有一注油孔。断路器导电回路是：上出线经静触头、动触杆、滚动触头到下出线。当操动机构动作时，框架上的主轴带动绝缘拉杆，绝缘拉杆推动底罩拐臂，使动触杆上、下运动从而实现断路器的分、合闸。

SN10-10 Ⅰ型、Ⅱ型及 SN10-10/1250-43.3 型高压少油断路器为单筒结构，如图 3-2-42 所示。SN10-10/2000-43.3 型和 SN10-10/3000-43.3 型，则是在 SN10-10/1250-43.3 型（称主筒）上加一个副筒组成的双筒结构，如图 3-2-43 所示。由于副筒不产生电弧，故其动、静触头不用耐弧合金，也不装灭弧室。合闸时，主筒触头先接触，副筒触头后接触；分闸时则相反，副筒触头先分开，主筒触头后分开。

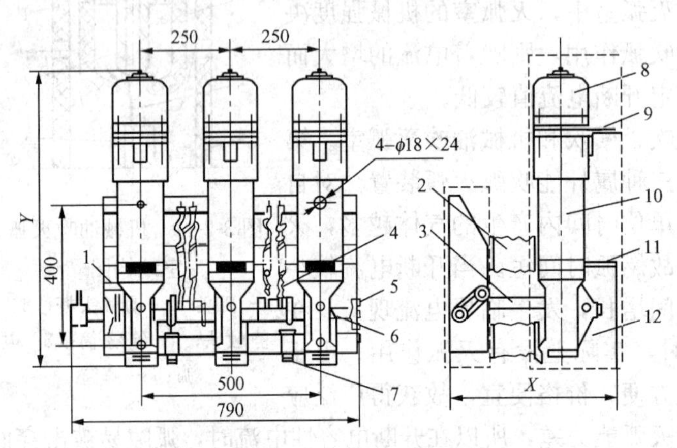

图 3-2-42　SN10-10Ⅰ型、Ⅱ型及 SN10-10/1250-43.3 型高压少油断路器外形结构图

1—分闸限位器；2—支持绝缘子；3—绝缘拉杆；4—分闸弹簧；5—轴承；6—主轴；7—合闸缓冲器；8—上帽；9—上出线座；10—绝缘筒；11—下出线座；12—底罩

手车式断路器的基本结构与框架式一样，仅将框架式的框架改成车架并装有四个小轮子，可装于手车式开关柜内。如 GC-2 型手车式高压开关柜由封闭式钢板外壳（柜体）和断路器手车组成。柜体被钢板或绝缘板划分为四个互相隔离的小室：母线室、继电器室、手车室及电缆室。柜顶前部的盒内敷设着 15 根小母线，中部为防尘通风孔，后部封盖或安装架空进线结构，柜正面上部为仪表门，内部为继电器室，门后有安装电度表的可开启的板。柜正面下部为手车室大门，门上装有模拟线路，示出柜内一次接线方案。断路器手车正面上部为推进机构，用脚踏手车下部连锁脚踏板，面板上圆孔内帘板提起，插入手柄，转动蜗杆，即可使手车在柜内前进或后移。正面下部为断路器操作机构，手车推进机构与断路器操作机构之间有防止误操作的安全连锁装置。手车两侧和底部安装有接地滑道、定位锁、位置指标等附件。

SN10-10 系列高压少油断路器一般配用 CD10-Ⅰ、Ⅱ、Ⅲ型直流电磁操动机构，除 SN10-10Ⅲ型断路器外，还可配用 CT7 或 CT8 弹簧储能操动机构。

图 3-2-44 为 SN10-10Ⅰ型高压少油断路器灭弧室结构图。该结构同时采用了横吹、纵吹和机械油吹的灭弧原理。图示灭弧装置是由耐电弧材料压制的几种形状的绝缘隔板组装而成的，组装后，形成三个横吹弧道，在各个横吹道绝缘隔板中心孔部位，形成三个油囊，这样，一方面增加了电弧电流过零后沿隔板中心孔的表面放电距离，提高了熄弧后的介质强

度，避免了因灭弧室内炭化造成的重击穿现象；另一方面，使得横吹的同时，附加有纵吹作用，提高了熄灭小电流电弧的能力。三个横吹道口相错一个角度，但吹弧的排气道均在一个方向。当第一个横吹道发挥吹弧作用时，第二、三横吹的气道的油同时排出，大大提前了第二、三横吹道的开始气吹的时间，有利于灭弧。为了降低灭弧室的压力，这一灭弧室采用了短的引弧距和扁平的横吹弧口。在图 3-2-44 所示的灭弧室中，有一个纵吹油囊，在熄灭小电流的电弧时，可以产生纵吹的作用。在这一结构中，还利用了附加油流通道，当动触头杆向下运动时，迫使油通过这一通道，经横吹弧道压向电弧，产生体积补偿作用（类似机械油吹）。

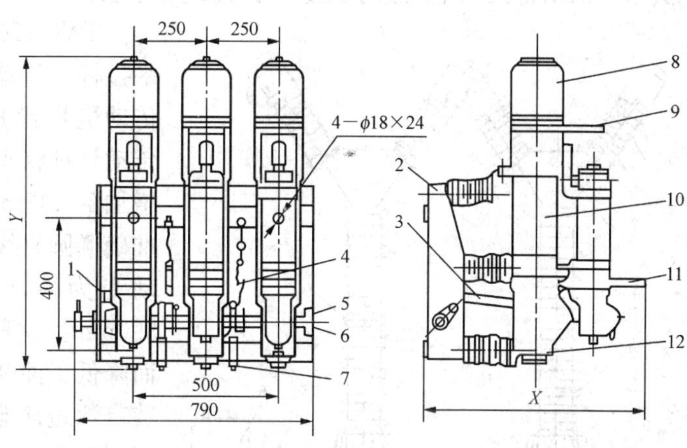

图 3-2-43　SN10-10/2000-43.3 型和 SN10-10/3000-43.3 型高压少油断路器外形结构图

1—分闸限位器；2—支持绝缘子；3—绝缘拉杆；4—分闸弹簧；5—轴承；6—主轴；7—合闸缓冲器；8—上帽；9—上出线座；10—绝缘筒；11—下出线座；12—底罩

这种灭弧室的主要特点是：

（1）在开断大电流时，采用连续横吹的原理，即在很短的引弧柱之后，动触头杆开启第一横吹弧道。由于电弧能量大，吹弧作用强，燃弧时间短。

（2）在开断较小或中等大小的电流时，由于第二、三横吹弧道的横吹作用，以及纵吹油囊的纵吹作用，使电弧熄灭。

（3）在开断更小的电流时，由于附加油流通道的体积补偿作用，使电弧熄灭。

（4）应用逆流原理，能有效地冷却电弧，熄弧能力强。

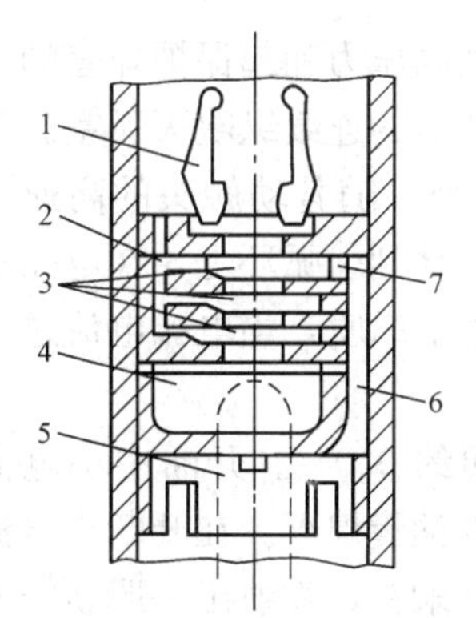

图 3-2-44　SN10-10Ⅰ型高压少油断路器的灭弧室结构图

1—静触头；2—吹弧排气道；3—横吹道中的油囊；4—纵吹油囊；5—动触头杆；6—附加油流通道；7—第一横吹弧道口

2. SW6-220 型少油断路器

该断路器采用多断口灭弧结构，每两个断口按 V 形排列，对称地固定在三角形传动机构箱上，形成星形单元。每相断路器由两个星形单元组成，并用拉杆连接。每个星形单元有两个断口，故每相共有四个断口。这种断路器系分相操作，配用 CY3 型液压操动机构。

SW6-220 型少油断路器外形图如图 3-2-45 所示。

SW6-220 型少油断路器主要由支持结构、传动系统、导电系统和灭弧系统组成。220kV 支持绝缘子由两个 110kV 支持绝缘子用弹簧卡固定方法连接起来。支持绝缘子与底架、中间机构箱也用弹簧卡固定方法连接起来。卡固法兰与绝缘子是两个各自独立的零件，且两者间隙较小。这种卡固方式可减少绝缘子的应力。SW6-220 少油断路器结构见图 3-2-46。四个灭弧装置各用螺钉固定在中间机构箱上，并与水平成 55°角。灭弧装置中的玻璃钢筒通过上下法兰及铝帽将灭弧室绝缘子压紧，因此绝缘子就只承受轴向应力。

SW6-220少油断路器的传动系统由同相水平拉杆、传动杠杆、绝缘拉杆及中间机构箱内传动机构组成。水平拉杆的行程约132mm，传动杠杆将水平运动变为垂直方向运动，行程增加到145mm。中间机构箱系由两个对称的准确椭圆直线机构组成，通过它将垂直方向运动变为两个斜向直线运动，行程增加到390mm。这种准确椭圆直线机构体积较小，从而降低了油断路器的总长度。在底架长方盒内装有油缓冲器，在断路器分闸时它起缓冲和分闸定位作用。盒外装有合闸保持弹簧，以保证当压力油突然漏完时，断路器仍处于合闸位置。导电系统的路径是：电流从一侧铝帽的上接线端引入，经静触头、导电杆、中间触头传至下法兰，再由中间导电板传至另一铝帽接线端。SW6-220型少油断路器每相电流需途经四个断口，才能从一侧铝帽接线端过渡到另一侧铝帽接线端。

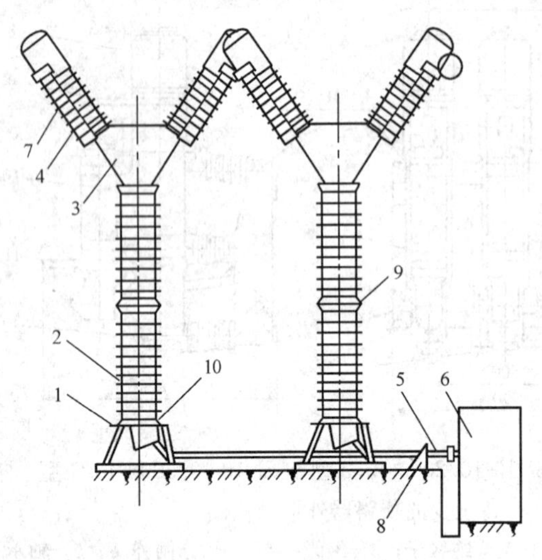

图3-2-45　SW6-220型少油断路器外形图

1—底架；2—支持绝缘子；3—三角形机构箱；4—灭弧装置；5—传动杠杆；6—操动机构；7—均压电容器；8—支架；9—卡固法兰；10—橡皮圈

灭弧装置的主体是一个高强度的玻璃钢筒，在开断过程中承受高压力和起保护瓷套的作用。玻璃钢筒内是由隔弧板、衬垫、绝缘管和压油活塞等组成多油囊的连续纵吹灭弧室。为保护触指不致在开断时烧损，在触指外有一个钨铜合金片的引弧环。随着动触头的高速分离，电弧产生于静触指与动触头钨铜合金块上，随即电弧从触指转移到引弧环上，在电弧高温高压作用下，油被分解，在灭弧室中的灭弧片中心孔处形成强烈的纵吹，当电弧电流过零时，电弧熄灭。

SW6-220型少油断路器的特点是：开断大电流时，燃弧时间约0.04s。开断中小电流时，因燃弧时间稍长，电弧随着拉长，一般电弧被拉至灭弧室下部油囊熄灭。在开断小电流及重合闸时，动触头使弹簧压缩而贮能，分闸时对准高速运动的动触头，喷射出一股新鲜的油流，填补空隙和清除油分解的气泡，以无重燃地开断电容性电流，而不致产生危险的过电压。

五、油断路器的运行

（一）油断路器运行总则

（1）在正常运行时，油断路器的工作电流、最大工作电压、断流容量不得超过额定值。

（2）所有油断路器绝对不允许在带有工作电压时使用手动机械合闸，或手动就地操作按钮合闸，以避免合于故障电路时引起油断路器爆炸和危及人身安全。

（3）所有运行中的油断路器，禁止使用手动机械分闸，或手动就地操作按钮分闸。

（4）明确油断路器的允许分、合闸次数，以保证一定的工作年限。一般说来，装有自动重合闸的油断路器，在切断3次短路故障后，应将重合闸停用；油断路器在切断4次短路故障后，应对油断路器进行计划外的检修，以避免油断路器再次切断故障电流时，造成油断路器的损坏或爆炸。

(5) 禁止将有拒绝分闸缺陷或严重缺油、漏油、漏气等异常情况的断路器投入运行。若需紧急运行，必须采取措施，并得到上级运行负责人的同意。

(6) 一切断路器均应在其上装有分、合闸机械指示器，以便运行人员在操作或检查时用它来校对断路器断开或合闸的实际位置。

(7) 在检查断路器时，运行人员应注意辅助触点的状态。若发现触点在轴上扭转、触点松动或固定触片自转盘脱离，应紧急检修。

(8) 检查断路器合闸的同时性。因调整不当、拉杆断开或横梁折断而造成一相未合闸，在运行中会引起“缺相”（即两相）运行。运行人员如检查到断路器某相未合上时，应立即停止其运行。

(9) 运行中值班人员不得任意打开断路器室的门或网状遮栏。

(二) 断路器投入运行前的检查和准备

(1) 断路器检修工作结束后，在送电前，应收回所有工作票，拆除安全措施，恢复常设遮栏，并对断路器进行全面检查。

(2) 检查断路器两侧隔离开关均应在断开位置。

(3) 断路器绝缘电阻值由检修人员用1000～2500V 绝缘电阻表检测后交给运行人员，由运行人员负责审核，其数值应符合规定。

(4) 断路器本身应清洁，无遗留工具，并且断路器三相均应在断开位置。

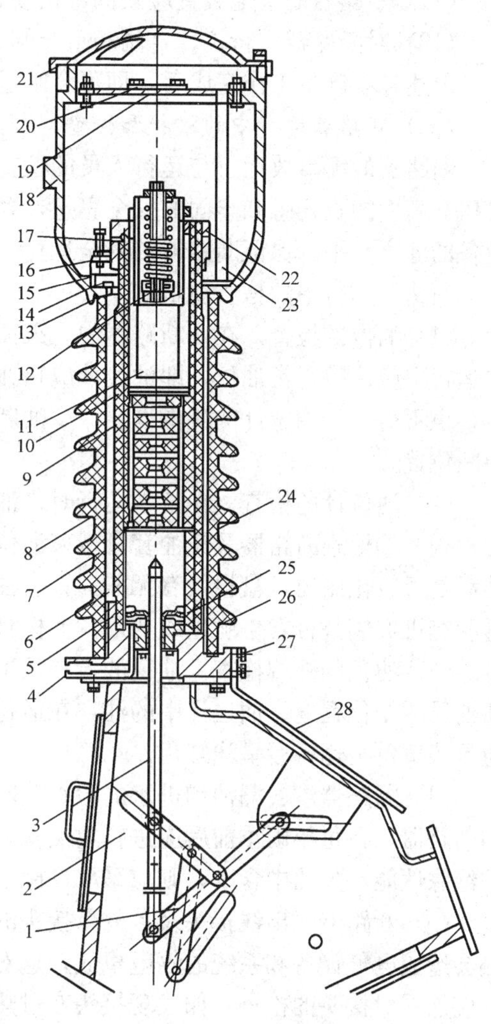

图 3-2-46　SW6-220 少油断路器结构图

1—直线机构；2—中间机构箱；3—导电杆；4—放油阀；5—玻璃钢筒；6—下衬筒；7—调节垫；8—灭弧室；9—上衬筒；10—调节垫；11—静触头；12—压油活塞；13—密封垫；14—铝压圈；15—逆止阀；16—铁压圈；17—铝法兰；18—铝帽；19—上盖板；20—安全阀片；21—盖；22—压圈；23—通气管；24—瓷套；25—中间触头；26—油毡垫；27—下铝法兰；28—导电板

(5) 断路器本身及充油套管油位应在正常位置，油色应透明，不发黑，且无漏油现象。

(6) 油断路器的套管应清洁、无裂纹及放电痕迹。

(7) 操动机构应清洁完整，连杆、拉杆绝缘子、弹簧及油缓冲器等也应完整无损，断路器手动跳闸脱扣机构应完整灵活。

(8) 断路器排气管及隔板应完整，装置牢固。

(9) 分、合闸机械位置指示器应指示在“分”的位置。

(10) 二次回路的导线和端子排应完好。

（11）断路器的接地装置应紧固不松动，断路器周围的照明及围栏应良好。

（12）对断路器进行拉、合闸和重合闸试验一次，以检查断路器动作的灵活性。

上述各项准备工作完成后，即可合闸送电。

（三）断路器运行中的维护和检查

断路器的无事故运行与运行人员的检查和维护工作有很大的关系。运行人员在值班期间要树立高度的责任感和牢固的安全思想，勤检查，如发现设备有缺陷，应及时消除，以维护设备的健康水平，保证断路器的安全运行。

断路器运行中的检查项目如下：

（1）油位的检查。在油断路器中，灭弧都是用油来进行的，因此断路器本体及充油套管在运行中应保持正常油位，即油位计应指在规定的两条红线中间，不得高于油位计的最高红线，也不得低于油位计的最低红线。少油断路器的油位指示浮标应指在断路器上部玻璃罩的中间位置。

（2）油位计的检查。在正常运行时，油位计中的油位清楚，油面没有波动。油位计本身的检查：①检查断路器及充油套管玻璃油位计有无裂纹及爆破，耐酸橡皮垫是否合适或被腐蚀后是否软化胀出，盘根处有无漏油；②油位计中是否有油泥和油的沉淀物质；③油位计的透明有机玻璃是否发生脆化或变形，油标管是否漏油。

（3）油色的外貌检查。油色的检查虽不能直接断定油质能否使用，但可迅速而简便地判断油质的变化程度。油位计中的油，在运行中颜色应当鲜明，不变质。我国生产的新油，普通是淡黄色，运行后呈浅红色。

（4）断路器渗、漏油和进水的检查。断路器在正常运行中不应有渗、漏油现象。运行中的断路器，在每年雨季前后应进行放油检查，看油内是否有水。断路器油内含水，会影响油的绝缘性能。如油中含水，则应采取措施消除。

（5）断路器引出线接头及各外露接头的检查。接头是电路中最薄弱的地方，由于接头发热会造成电气设备和系统的停电事故，这对设备的安全运行是一个严重威胁。为此，运行人员应加强对接头的检查，如发现接头有过热现象，应及时处理，以保证设备的安全运行。

（6）断路器操动机构的检查。在正常运行时，断路器的操动机构应动作良好，断路器分、合闸的实际位置应与机械指示器及红、绿指示灯相符合。对经常有人值班的发电厂和变电站的配电装置，运行人员应每班进行一次巡回检查。在巡视配电装置时，应认真仔细检查操动机构是否良好，罩子有无脱落，机构箱门是否关好，手动跳闸装置是否有销子，以防止潮气侵入及误碰跳闸。检查时，必须特别注意操动机构有可能卡住的情况。

第五节　真空断路器

一、概述

真空断路器以真空作为灭弧和绝缘介质。所谓真空是相对而言的，指的是绝对压力低于1个大气压的气体稀薄的空间。气体稀薄的程度用真空度表示，真空度就是气体的绝对压力与大气压的差值。气体的绝对压力值越低，真空度就越高。气体间隙的击穿电压与气体压力有关，击穿电压随着气体压力的提高而降低。当气体压力高于 10^{-2} Pa 以上时，击穿强度迅速降低。所以，真空断路器灭弧室内的气体压力不能高于 10^{-2} Pa。这里所指的真空，是气

体压力在 10^{-2}Pa 以下的空间。在这种气体稀薄的空间，其绝缘强度很高，电弧很容易熄灭。

真空间隙的气体稀薄，分子的自由行程大，发生碰撞的几率小，因此碰撞游离不是真空间隙击穿产生电弧的主要因素，真空中的电弧是在触头电极蒸发出来的金属蒸气中形成的。

影响真空间隙击穿的主要因素如下：

1. 电极材料

真空间隙的击穿电压随着电极材料的不同而差别很大。用硬度和机械强度较高的材料作电极，真空间隙的击穿电压一般较高。当采用合金材料作电极时，绝缘破坏的情况复杂，没有一定的规律。

2. 电极表面状况

电极表面状况对真空间隙的击穿电压影响甚大。当表面存在氧化物、杂质、灰尘、金属微粒和毛刺时，击穿电压便可能大大降低。对电极采用火花处理，进行严格清洗，可使间隙的绝缘耐压提高。

3. 真空间隙长度

试验表明，当间隙较小时，击穿电压大小差不多与真空间隙的长度成正比，但当间隙长度增大超过 10mm 时，击穿电压上升陡度减缓，这时击穿电压约与间隙长度的 0.4～0.7 次方成正比。在真空中采用长间隙来提高绝缘耐压值比较困难，因此，当额定电压较高时，宜采用两个较短的间隙串联而不宜采用一个较长的间隙。

4. 真空度（或气压）

真空度下降，粒子的自由行程减小，当粒子的自由行程比间隙长度大很多时，真空度或压力变化，绝缘击穿电压不变；如果电子的自由行程与间隙长度处在相同的数量级而可比拟，则绝缘耐压要受影响。例如：间隙长度为 1mm 时，在 1.33×10^{-2}～1.33×10^{-6}Pa 的气压时，绝缘耐压实质上没有什么变化；在压力为 1.33×10^{-2}～1.33×10^{-1}Pa 时，绝缘耐压有下降的倾向；在压力为几百帕时，绝缘耐压达到最低值。在压力 1.33～1330Pa 区段内，容易发生辉光放电。在 1.33×10^{3}Pa 以上时，压力增加，绝缘耐压又成比例地增加，进入汤生放电区域，真空断路器灭弧管内的气压在 1.33×10^{-2}以下。图 3-2-47 表示对不锈钢电极、间隙长度为 1mm 时真空间隙的绝缘耐压与真空度（或气压）的关系。

5. 电压波形

不同波形的电压，由于加压的时间不同，发生绝缘破坏的主要机理也不相同。在雷电冲击波电压作用时，作用时间短，击穿电压值较高，主要是阴极加热场发射，击穿时延小于 1μs。在操作冲击波电压作用时，作用时间较长，击穿电压较雷冲击波时低，绝缘破坏的机理主要是阳极加热，击穿时延在 1μs 以上。在工频电压作用时，因为电压作用时间更长，击穿电压更低，微块破坏的机理起着较大的作用。

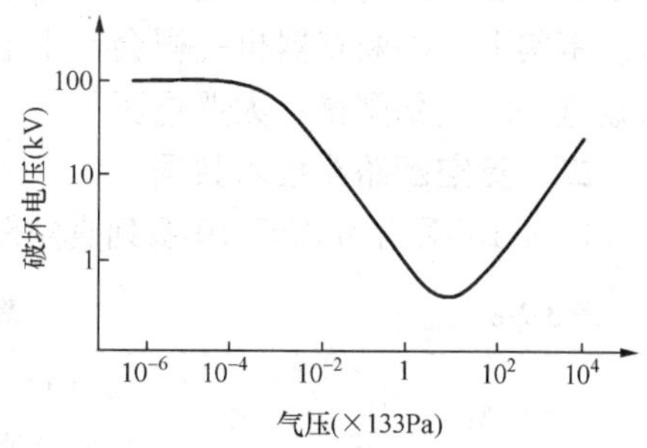

图 3-2-47　不锈钢电极、间隙长度为 1mm 时真空间隙的绝缘耐压与真空度（或气压）的关系

6. 电极老炼方法

老炼的方法有高压老炼和电流老炼两种。

高压老炼是在真空间隙上施加交流或直流电压，使真空间隙产生多次小电流火花放电，

利用火花作用使电极表面的微小凸起、毛刺等被加热而蒸发和烧掉，氧化物和其他脏物也可因此而除去。同时，高压老炼使整个电极表面加热，对电气也有一定的除气作用，因而可以使真空间隙的击穿电压提高。但是，由于触头的合、分操作和长期存放会使高压老炼的作用消失，所以这种老炼方法对提高运行中真空断路器的耐压水平没有多少作用。

电流老炼是在电极之间燃烧直流或交流真空电弧，以除去电极表面的一薄层材料。由此电极表面的气体、氧化物和其他脏物也随之除去。因为间隙的击穿电压提高，这种老炼方法对用于开断电容器组的真空断路器比较有效。经这样处理后，可以做到开断时基本上不发生重击穿现象。

真空断路器与其他类型的断路器相比较，具有下列特点：

(1) 熄弧过程是在密封的灭弧室中完成的，电弧和炽热的电离气体不会向外界喷溅，不会对周围的绝缘间隙造成闪络或击穿，因此可以在强腐蚀性及可燃性的环境中使用，也可以在较高（+200℃）及较低的（−70℃）环境温度下使用。

(2) 利用真空灭弧，不需要外界供给气体或液体。真空灭弧室即使开断失败，也不会发生爆炸事故。

(3) 燃弧时间短，电弧电压低，电弧能量小，触头的电磨损率低，使用寿命长，不需要维护，适于频繁操作。

(4) 真空的灭弧能力强，间隙短，触头的行程短，开断速度很低（额定电压 10kV 时约为 1m/s）。因此，对操动机构要求的操作功率小，对传动机构的强度要求亦低。加上真空灭弧装置的体积较小，就使得整个真空断路器的体积较小，质量较轻，操作时耗能低。

(5) 真空断路器的开断能力强，灭弧后介质强度恢复得快，开断近区故障及高频电流能力较其他类型的断路器强。

(6) 真空断路器的自动灭弧能力强。在一定的触头间隙下，如果受到过电压的作用而击穿，能自动地开断由于间隙击穿所引起的短路电流，能抗击多次雷击穿和其他过电压击穿所形成的发展性故障。

目前真空断路器有两个缺点：

(1) 价格昂贵，约为相同额定参数的少油断路器的 4～5 倍。

(2) 容易产生危险的过电压，包括截流过电压、多次重燃过电压以及三相同时开断过电压。事实上，油断路器也一样会产生上述几种过电压，只是它们较少作为控制断路器使用，以致这一缺点暴露得不太严重罢了。

二、真空断路器技术数据

ZN4-10 系列和 ZN5-10 系列真空断路器技术数据如表 3-2-8 所示。

表 3-2-8　　真空断路器技术数据

型　号	ZN4-10 /1000-16 型	ZN4-10 /1250-20 型	ZN5-10 /630-20 型	ZN5-10 /1000-20 型	ZN4-10Ⅱ /1250-25 型
额定电压（kV）	10	10	10	10	10
最高工作电压（kV）	11.5	11.5	11.5	11.5	11.5
额定电流（A）	1000	1250	630	1000	1250
额定断流容量（MVA）					

续表

型号		ZN4-10/1000-16 型	ZN4-10/1250-20 型	ZN5-10/630-20 型	ZN5-10/1000-20 型	ZN4-10Ⅱ/1250-25 型
额定开断电流（kA）		17.3	20	20	20	25
最大关合电流（峰值，kA）		44	50	50	50	63
动稳定电流（峰值，kA）			50	50	50	63
热稳定电流（kA）	2s			20	20	25
	4s	17.3	20			
合闸时间（s）		≤0.2	≤0.2	≤0.1	≤0.1	≤0.1
固有分闸时间（s）		≤0.05	≤0.05	≤0.05	≤0.05	≤0.05
全开断时间（s）				≤0.07	≤0.07	≤0.07
一次重合闸无电流间隔时间（s）				0.5	0.5	0.3
配用操动机构型号		配用专用的直流电磁操动机构				

三、真空灭弧装置的工作原理

真空交流电弧的熄灭与其他交流电弧一样，主要决定于电流过零后弧隙介质强度的恢复。真空交流电弧电流过零后介质强度的恢复速度与下述因素有关：

（1）电弧电流过零瞬间，弧隙中的蒸气密度。

（2）电弧电流过零后，电弧的热状态。试验研究表明，真空交流电弧过零后的重燃与是否出现阳极斑点有很大关系。扩散型电弧不出现阳极斑点，其开断能力强；集聚型电弧存在阳极斑点，开断能力弱，有时没有开断能力。

如果要求电弧燃烧时在半个周波内不出现阳极斑点，因为栏流所限，电极的开断能力是有限的，如铜电极的开断能力只能达到 8～15kA，现在采取了提高真空中灭弧能力的措施，才使真空断路器应用到大容量断路器的领域。

目前在真空断路器中采用的灭弧原理为：

（1）垂直于电弧弧柱方向加一横向磁场，使电弧弧根按安培定律不断地在电极上运动，不停止在一个地方燃烧。这时，即使出现集聚型电弧的阳极斑点，其温度以及在电极上烧熔的面积和深度都将大大地降低，使阳极斑点的冷却时间常数由几毫秒降到十分之几毫秒。这样，在电流过零期间，由阳极斑点发射的蒸气量将大为减少，而且冷却得快，能提高熄弧后介质恢复速度，阻止过零后电弧重燃。电弧受横向磁场的作用不断地运动，冷却作用加强，也可以使电流由幅值降到零值时，电弧由集聚型向扩散型电弧的转变加快，使电弧电流在过零期间，电弧早处在扩散型状态，易被熄灭。

（2）顺着弧柱的方向加一纵向（或轴向）的磁场，提高产生阳极斑点的栏流值，降低电弧电压，阻止阳极斑点的出现，以提高开断能力。

真空断路器的灭弧装置由外壳、触头和主屏蔽罩三大部分组成，如图 3-2-48 所示。

1. 外壳

真空断路器灭弧装置的外壳由绝缘筒、静端盖板、动端盖板和波纹管等组成。绝缘筒是用玻璃、高氧化铝陶瓷或微晶玻璃制造的。外壳的作用是构成一个真空密封容器，在其中装有动触头、静触头和主屏蔽罩，同时又作为动触头、静触头之间的支撑。对外壳的密封性要求很高，是为了保证真空灭弧装置的工作可靠性，例如要求初始真空度为 10^{-4}Pa 的情况下工作 20 年后真空度不低于 10^{-2}Pa。

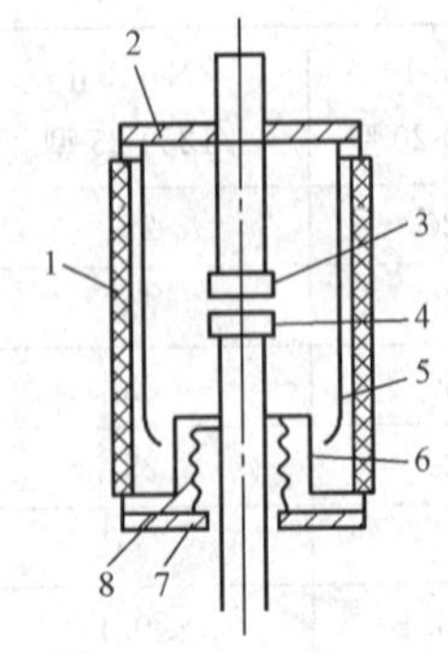

图 3-2-48 真空断路器灭弧装置的结构示意图

1—绝缘筒；2—静端盖板；3—静触头；4—动触头；5—主屏蔽罩；6—波纹管屏蔽罩；7—动端盖板；8—波纹管

波纹管是外壳的一个重要组成部分，也是真空灭弧装置中一个最薄弱的元件，其功能是既用来保证外壳完全密封，又可使自操动机构来的运动得以传到动触头上去，触头每合、分一次，波纹管的波状薄壁就要产生一次大幅度的机械变形，剧烈而频繁的机械变形很容易使波纹管因疲劳而损坏，它一旦破裂，真空灭弧装置的寿命便终止了。所以，真空灭弧装置的机械寿命主要决定于波纹管的使用寿命。

2. 触头

触头是真空灭弧装置内最重要的元件。真空断路器的额定电流、额定关合和开断电流以及开断小电流时的过电压等电气参数均与触头有关。与触头有关的因素包括：触头形状、制造触头所用材料和触头开距。触头形状有：圆柱状触头、带螺旋槽触头、杯状触头和带纵向磁场的触头等。额定开断电流小于 6kA 时，应选用圆柱状触头；开断电流在 6～25kA 范围内，多选用带螺旋槽触头或杯状触头；开断电流大于 25kA 时，多采用带纵向磁场的触头。触头材料对真空灭弧装置的工作性能起着决定性的作用，除了应满足一般开关电器对触头材料的要求，例如高的导电率、导热率、机械强度、小的接触电阻和电磨损率以外，还应满足下述一些特别要求：高的击穿电压、抗熔焊能力和开断能力，低的含气量和小的截断电流。这些要求有些是相互矛盾的，例如为了减小截断电流，希望触头材料的蒸气压高一些和导热率小一些，但这样的材料对提高弧隙的开断电流却是不利的。目前，对于开断大电流，一般采用铜铋合金或铜铬合金制作。触头开距的大小主要由弧隙应有的耐压强度（特别是雷电冲击耐压强度）所决定。考虑到影响真空间隙耐压强度的因素较多，设计时应留有足够的裕度。在我国，对额定电压 10kV 的真空灭弧装置，通常取触头开距为 9～12mm；对额定电压 35kV 的真空灭弧装置，触头开距取 35～40mm。

3. 屏蔽罩

真空灭弧装置常用的屏蔽罩有主屏蔽罩和波纹管屏蔽罩。主屏蔽罩包在触头周围，用来防止燃弧时弧隙中产生的大量金属蒸气和液滴喷到灭弧室的外壁上，以致降低其耐压强度；同时使金属蒸气迅速冷却而凝结成固体，不让其返回到弧隙中，以有利于弧隙中气体粒子密度迅速降低和介质强度快速恢复。波纹管屏蔽罩包在波纹管周围，使燃弧时产生的金属蒸气不致凝结到波纹管表面上，对波纹管具有保护作用。

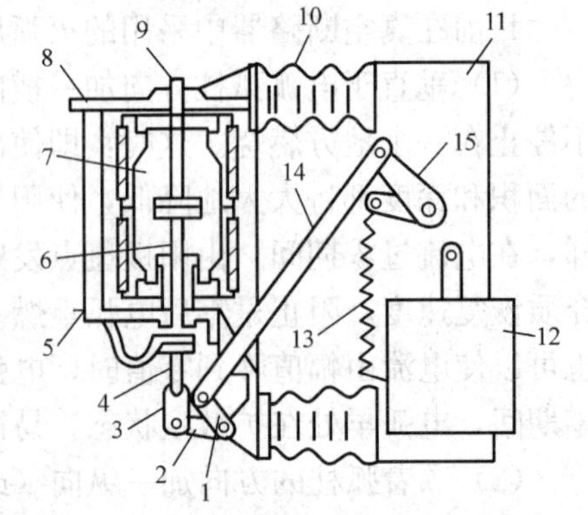

图 3-2-49 悬壁式真空断路器的原理结构图

1，2—拐臂；3—连杆；4—绝缘件；5—下接线板；6—动触头导电杆；7—真空灭弧装置；8—上接线板；9—静触头导电杆；10—支持绝缘子；11—框架；12—操动机构；13—开断弹簧；14—连杆；15—拐臂

四、真空断路器的结构

在总体结构上，真空断路器的结构与少油断路器相似。由于它不用液体介质，原则上其灭弧装置可以水平、垂直或以任意角度布置。常用的布置方式有两种：悬壁式和落地式。下面以悬壁式真空断路器为

例，叙述真空断路器的原理结构。

图 3-2-49 为额定电压 10kV、额定电流 1kA 以下及额定开断电流 20kA 的悬壁式真空断路器的原理结构图。三相的上、下接线板 8 和 5 由 6 个支持绝缘子 10 固定在框架 11 上，真空灭弧装置 7 依靠其静触头导电杆 9 和上接线板 8 固定连接，其动触头导电杆 6 则通过软连接和下接线板 5 连接，操动机构 12 和开断弹簧 13 都装在框架上，传动机构由拐臂 1、2、15 和连杆 3、14 组成，绝缘件 4 用以使动触头导电杆 6 和连杆 3 绝缘。

图 3-2-49 中所示为断路器处于合闸位置时的状态，此时开断弹簧 13 已被拉长储存能量。当开断电路时，将操动机构中的分闸电磁铁通电，使其扣住机构释放，在开断弹簧的作用下，拐臂 15、1、2 都反时针旋转，于是动触头便在连杆 3 的带动之下分开，实现电路的开断。

这种断路器的结构布置与一般额定电压 10kV 的少油断路器相似，便于在手推车式开关柜中使用。使用时，操动机构与高压导体距离较远，操作安全且便于检修。其缺点是传动机构环节较多，传动效率较差，操作时振动较大，总体深度尺寸较大。

第六节　高压断路器的操动机构

一、操动机构工作原理

高压断路器进行合闸、分闸操作，以及保持在合闸状态，这些任务是由操动机构来执行的。操动机构的工作原理示意如图 3-2-50 所示。

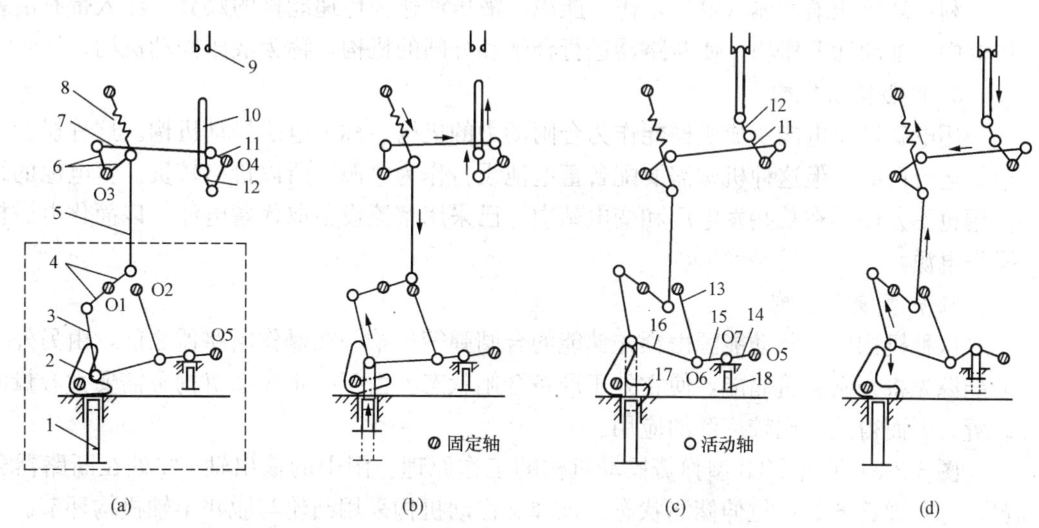

图 3-2-50　操动机构的工作原理图

（a）分闸状态；（b）合闸过程；（c）合闸位置；（d）分闸过程

1—合闸元件；2—滚子；3、5、7、12～16—连杆；4、6、11—拐臂；8—分闸弹簧；9—静触头；10—动触头；17—支持掣子；18—分闸元件

图 3-2-50（a）表示断路器处于分闸状态。当要进行合闸时，合闸元件 1 受力（如电磁力或人力）作用而向上运动，并顶撞滚子 2 一起向上运动，此时，所有的拐臂、连杆都如图

3-2-50（b）箭头所示方向转动或移动，并使触头闭合，如图 3-2-50（c）所示。在合闸操作过程中，分闸弹簧 8 被拉伸储能，作为分闸的动力。合闸完毕时，滚子 2 被支持掣子 17 顶住，而轴 O6 由连杆 13、14、15 保持住。

分闸时，由分闸元件 18 给出动力，向上撞击轴 O7，如图 3-2-50（d）所示，由于 O2 轴是固定不动的，则连杆 13 便沿轴 O2 反时针旋转，同时通过连杆 13 将滚子 2 向右移，使滚子脱离支持掣子而下落。在分闸弹簧力的作用下，触头分离。分闸的状态又还原到图 3-2-50（a）所示。

由上述分析可以看出，操动系统的动作过程实际上就是使操动元件（如合闸元件或分闸元件）获得动能，再通过拐臂和连杆机构将动能传到触头去实现合闸或分闸。操动系统中独立于断路器本体的那一部分，如图 3-2-50（a）虚线框内的部分，称为操动机构。其余作为传递动力的部分称为传动机构。因此，操动系统是由操动机构和传动机构组成的。

二、操动机构的类型

根据操作时所需动力的来源的不同，操动机构又分成手动、液压、电磁、弹簧操动机构四种类型。

1. 手动操动机构

靠人力直接作为合闸动力的机构称为手动操动机构。这种机构的结构比较简单，其缺点是，操作功率受人力限制，合闸时间长，且随操作人员的体力不同而不同，不能实现重合闸。这种机构只能用在小容量断路器上。

2. 液压操动机构

利用高压压缩气体（氮气）作为能源，液压油作为传递能量的媒介，注入带有活塞的工作缸中，推动活塞作功，使断路器进行合闸和分闸的机构，称为液压操动机构。

3. 电磁操动机构

用电磁铁将电能变成机械能作为合闸动力的机构，称为电磁操动机构。这种机构比较简单，运行可靠，但这种机构需要配备蓄电池设备作为电源，所以价格较贵。蓄电池的维护和使用也不方便，在某些发电厂和变电站中，已采用整流设备取代蓄电池，以简化电磁机构的操作电源。

4. 弹簧操动机构

这种机构中，驱动能源由预先储能的合闸弹簧供给。在操作断路器之前，由另外小功率的能源先将合闸弹簧储能，使它处于准备合闸状态。由于弹簧操动机构不需要大容量的能源装置，因而得到了比较广泛的应用。

图 3-2-51 示出 CT8 型弹簧操动机构的工作原理。图中的输出轴 O2 处在断路器分闸位置，合闸弹簧 6 处在拉伸储能状态。该弹簧操动机构采用凸轮与脱扣半轴机构环节。

进行合闸时，合闸电磁铁使合闸脱扣板 1 顺时针方向旋转，合闸脱扣拐臂 2 释放，凸轮 3 在合闸弹簧 6 作用下顺时针方向旋转，B 点被压下，扇形板 A 顺时针方向旋转，D 点扣住半轴，固定 A 点位置不动。凸轮继续转动时，由连杆机构 ABCO2 的传动，B 点继续向下，推动拐臂 O2C，使输出轴逆时针方向旋转，实现断路器合闸。

进行分闸时，在分闸电磁铁作用下，脱扣半轴 O4 顺时针方向旋转，解开与 D 点的钩锁，在断路器负载力对拐臂 O2C 的作用下，扇形板顺时针方向旋转，A、B 两点失去固定作用，使断路器分闸。

下面将结合 LW6-220 型 SF_6 断路器的操动机构叙述液压操动机构的结构及原理，结合 SN10-10 型少油断路器的操动机构叙述 CD-10 型电磁操动机构的结构及原理。

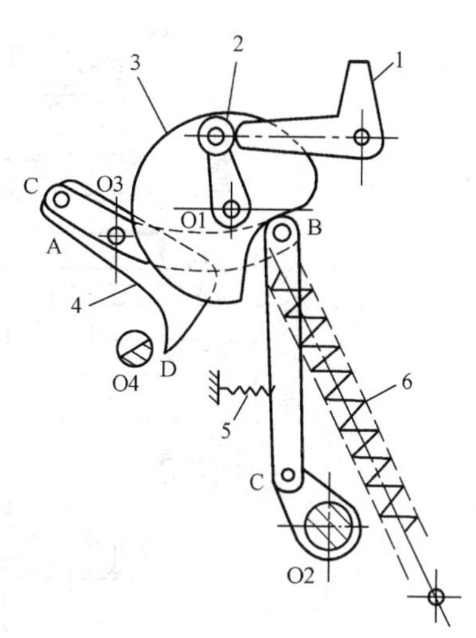

图 3-2-51 CT8 型弹簧操动机构的工作原理

1—合闸脱扣板；2—合闸脱扣拐臂；3—凸轮；4—分闸扇形板；5—复位弹簧；6—合闸弹簧；O1—凸轮轴；O2—输出轴；O3—扇形板固定轴；O4—脱扣半轴

三、液压操动机构

断路器进行合闸、分闸操作，并保持在合闸状态，是利用操动机构来完成的。液压操动机构是利用高压压缩气体（氮气）作为能源，液压油作为传递能量的媒介，注入带有活塞的工作缸内，推动活塞作功，实现断路器合闸和分闸的机构。LW6-220 型 SF_6 断路器三相联动的液压机构原理图如图 3-2-52 所示。LW6-220 型 SF_6 断路器分相操作的液压机构原理图，如图 3-2-53 所示。

图 3-2-52 和图 3-2-53 中液压原理图符号说明如下：

A—控制阀；1—A、B、C 分合闸命令油管；2—A、B、C 低压回油管；AD—手力泵；AE—控制阀中的检测孔；AF1—合闸一级阀中的排油阀；AG—防振容器中的安全阀；AH1—合闸一级阀中的供油阀；AH2—分闸一级阀中的排油阀；AH3—逆止阀；AH4—二级阀中的供油阀；AH5—二级阀中的排油阀；AH6—逆止阀；AK—定径孔（$\phi 1.7$）；AM—防振容器中的逆止阀；AN—定径孔（$\phi 1.7$）；AV2—二级阀上部空腔；AV3—二级阀内部空腔；B1—主储压器；B10—辅助储压器；B2—油压开关中的辅助储压器；C—供排油阀；C3—供排油阀中的排油阀；C4—供排油阀中的供油阀；C5—供排油阀的空腔；CAP—防振容器；D—低压主油箱；D3—三级阀中的排油阀；D4—三级阀中的供油阀；E—电动油泵；E1、E3—电动油泵中的阀；EVD、EVDS—分闸电磁铁（两套）；EVE—合闸电磁铁；F—油过滤器；FB—信号缸；FB1—信号缸中的定径孔；FBD—信号缸活塞分闸端受压截面；FBE—信号缸活塞合闸端受压截面；HPDV—高压放油阀；I—辅助开关；J—油压开关；K—压力检测装置；M—工作缸；MD—工作缸活塞分闸端受压截面；ME—工作缸活塞合闸端受压截面；MO—电机；N1—合闸定径孔；N2—分闸定径孔；N3—辅助油箱；PSG—主储压器内的漏氮指示装置；RA—三级阀；S—油压开关中的微动开关；SD—泄压螺杆；SS—油压开关中的安全阀。

下面扼要介绍液压操作系统的组成、液压操作动作原理和液压操动机构技术参数等。

（一）液压操作系统的组成

1. 组成元件

对于分相操作，其组成元件有：电机 MO、电动油泵 E、手力泵 AD、油过滤器 F、防振容器 CAP、油压开关 J、低压主油箱 D 和压力检测装置 K 等。上述元件三相公用一套，装在液压柜内。合闸电磁铁 EVE、分闸电磁铁 EVD 和 EVDS、控制阀 A、信号缸 FB 及辅助开关 I，这些元件每相各一套，共有三套，装在液压柜内。工作缸 M、供排油阀 C、主储压器 B1、辅助油箱 N3，这些元件称之为动力单元，每相各一套，共三套，装在断路器支柱的下部。

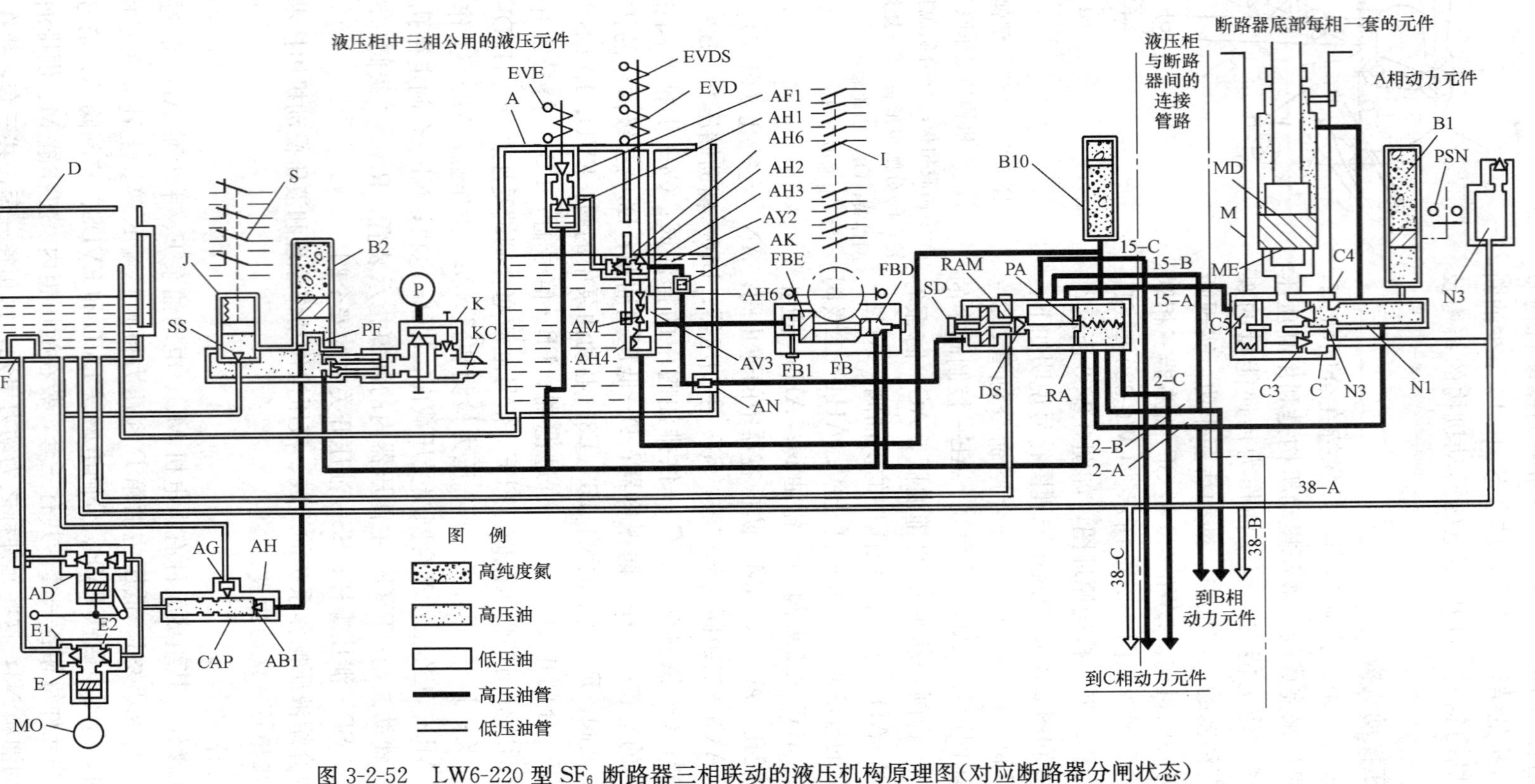

图 3-2-52 LW6-220 型 SF_6 断路器三相联动的液压机构原理图(对应断路器分闸状态)

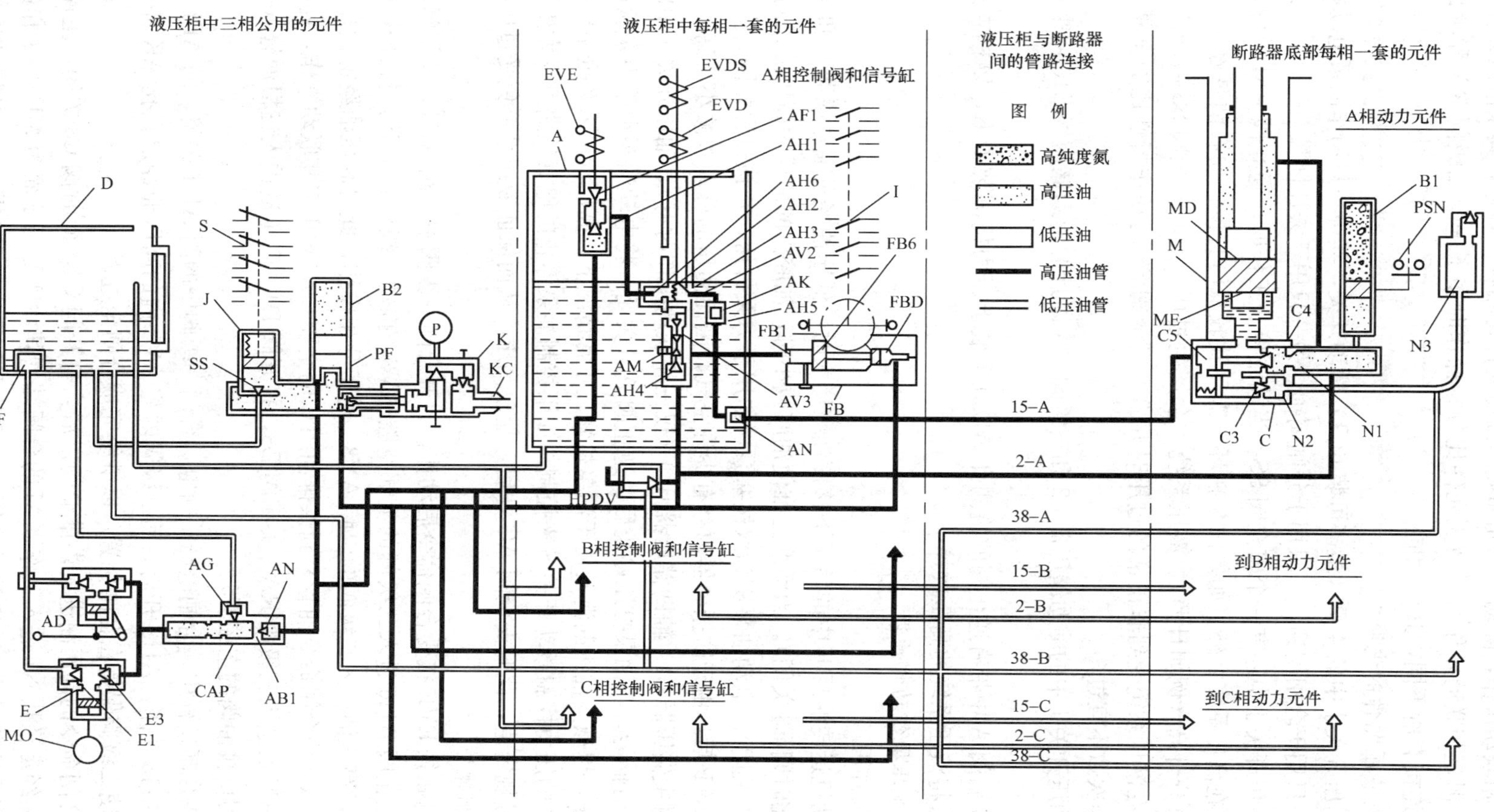

图 3-2-53 LW6-220 型 SF_6 断路器分相操作的液压机构原理图(对应断路器分闸状态)

对于三相联动操作，除动力单元部分的液压元件每相各一套外，其余液压元件都是三相公用一套，但三相联动操作时，液压元件比分相操作时多了一个三级阀 RA 和辅助储压器 B10，管路连接有所不同，其余相同。

2. 有关液压元件的说明

(1) 油压开关 J 中的 4 只（最多可装 6 只）微动开关，其中一只用作油泵电动机的启动和停止，一只用于合闸闭锁，一只用于分闸闭锁，另一只用于失压闭锁。

(2) 油压开关 J 中还有一个安全阀 SS。当油泵停止工作时，逆止阀 AM 关闭，安全阀 AG 被隔离在高压系统之外。如果油泵在环境温度比较低时打压，而在油泵停止工作期间，环境温度过分升高（例如日照），液压系统中会产生过压，此时安全阀 SS 启动泄压。安全阀 SS 也会在液压系统受到非正常的过压时开启。安全阀 SS 的动作特性比安全阀 AG 更准确，但动作次数不宜过多。

(3) 油压开关 J 中的辅助储压器 B2 和三级阀 RA 附近的辅助储压器 B10 用来提高油压的稳定性。

(4) 控制阀 A 中带有逆止阀的检测孔 AE 处可装上压力检测装置 K，以检查液压机构的油压并可将液压系统的高压放掉。

（二）液压操作动作原理

1. 油泵打压

当电动机运转油泵 E 中的活塞下移使油腔增大时，低压油经过油过滤器 F 和阀 E1，进入油腔（此时阀 E3 关闭）。当活塞上推使油腔减小时，油腔内的油成为高压油经阀 E3 输出（此时阀 E1 关闭）。电动油泵实为双柱塞泵，如用手力泵打压，与该过程相同。高压油进入防振容器 CAP 后，由于防振容器内存有少许空气，因而油压的脉动被减小。高压油途经阀 AM 后，对主储压器 B1、辅助储压器 B10（仅三相联动操作时有）、油压开关 J 中的辅助储压器 B2 同时储能。当油泵打压停止后，逆止阀 AM 关闭，将电动油泵和手力泵从高压系统中隔离出来，以减少油压漏泄及便于油泵检修。正常情况下，高压油压力数据由已调好的油压开关 J 中的压力控制微动开关 S 来控制。如果控制油泵停止的电气线路万一发生故障，油泵打压超过规定值，此时安全阀 AG 开启，泄放高压，从而保证液压系统免受过压的危险。

2. 合闸操作

合闸电磁铁 EVE 接受合闸命令后动作，打开合闸一级阀中的阀 AH1，关闭阀 AF1，高压油经过逆止阀 AH6 进入二级阀的上部空腔 AV2，推动二级阀杆向下，打开阀 AH4，关闭阀 AH5，高压油进入二级阀的内腔 AV3。对于分相操作，此时高压油经定径孔 AN 后进入油管 1－A（分合闸命令油管）到供排油阀 C 的空腔 C5；对于三相联动操作，此时高压油经定径孔 AN 后进入三级阀 RA，关闭阀 D3，打开阀 D4，高压油进入三根油管（分合闸命令油管）到供排油阀的空腔 C5。

如果在合闸过程中，合闸电磁铁断电，合闸一级阀中的阀 AH1 关闭，阀 AF1 开启，此时逆止阀 AH6 关闭，AH3 开启，而二级阀内腔 AV3 内的高压油经定径孔 AK 补充到空腔 AV2 内，使二级阀保持在合闸位置，以继续完成合闸全过程。

传达合闸命令的高压油进入供排油阀以后，打开阀 C4，此时阀 C3 关闭，主储压器 B1 中的高压油经定径孔 N1 进入工作缸 M 的合闸端（其活塞受压截面为 ME），工作缸的分闸端（其活塞受压截面为 MD）受常高压，由于截面 ME 比截面 MD 大，所以工作缸活塞向上运动即断路器合闸。合闸完成后，工作缸的合闸端继续处于高压下，使断路器维持在合闸状态。

在二级阀合闸动作时，其空腔 AV3 的高压油经定径孔 FB1（孔径需在调试中决定）进入信号缸 FB 的合闸端（其活塞受压截面为 FBE），信号缸的分闸端（其活塞受压截面为 FBD）受常高压，由于截面 FBE 比截面 FBD 大，所以信号缸活塞向右运动，通过齿条齿轮机构带动辅助开关 I 传动。辅助开关转换后，其触点将合闸电磁铁断电。

3. 分闸操作

分闸电磁铁 EVD 或 EVDS，或两者同时接受分闸命令后动作时，均可打开闸阀 AH2，空腔 AV2 内的高压油被降压，二级阀返回，关闭阀 AH4，开启阀 AH5，空腔 AV3 内的高压油降压。对于分相操作，管路 1－A、1－B、1－C 降压；对于三相联动操作，三级阀 RA 复位，阀 D4 关闭，阀 D3 开启，管路 1－A、1－B、1－C 降压，供排油阀中的内腔 C5 也随之降压，阀 C4 关闭，而阀 C3 开启，工作缸合闸端的高压油经定径孔 N2 被排泄到辅助油箱 N3。该辅助油箱的作用是加快工作缸排油速度，从而减小断路器的固有分闸时间。由于辅助油箱高于低压主油箱 D，所以油最终返回到低压主油箱，而工作缸的分闸端受常高压，所以工作缸活塞向下运动，即断路器分闸。分闸完成后，供排油阀中的排油阀 C3 在弹簧作用下复位。由于工作缸分闸端受常高压，故使断路器维持在分闸状态。

在内腔 AV3 放压时，信号缸 FB 的合闸端 FBE 也降压，因分闸端 FBD 受常高压，信号缸返回，其辅助开关 I 也随之换位，其触点将分闸电磁铁断电。

有时因调试或其他原因，需要把高压油放掉。对于分相操作，可用专用扳手将高压放油阀 HPDV 的手柄逆时针扭动，使高压油放入低压主油箱 D，再打压时，需将手柄顺时针扭动，将高压回路关死。对于三相联动操作，则可使断路器处于分闸状态，往下拧紧三级阀 PA 上的泄压螺钉 SD，这时阀 D4 打开，阀 D3 未闭合，高压油瞬时泄放到主油箱 D 中，然后往上松开 SD，使阀 D4 复位。

4. 慢分慢合

断路器必须在退出运行（即隔离开关分闸）时不承受高电压，才允许进行慢分、慢合操作。此种操作只能在断路器调试时进行。

（1）慢分。断路器处于合闸位置，将液压系统的高压油放至零。先手按一下分闸电磁铁，再用手力泵打压时，断路器就慢分。

（2）慢合。断路器处于分闸位置，将液压系统的高压油放至零。对于分相操作的断路器，用手力泵打压至 20MPa 时，手按合闸电磁铁动铁心，使合闸阀和二级阀处于合闸位置，用手力泵继续打压时，断路器就慢合。对于三相联动操作的断路器也可拧紧泄压螺钉 SD，用手力泵打压，断路器就慢合。

5. 液压机构突然失压（由于意外事故或人工放压）

（1）当断路器处于分闸位置，如液压机构突然失压至零，由于工作缸 M 的 ME 面不受压，所以断路器维持在分闸位置。

（2）当断路器处于合闸位置，在液压机构失压的过程中，由于工作缸 M 的 ME 和 MD 两端面都同时降压，而截面 ME 比截面 MD 大，所以断路器不动作。当失压至零后，由于工作缸及断路器所有运动部分的摩擦力远大于重力，所以断路器仍然维持在合闸位置。

（3）当断路器处于合闸位置，液压机构突然失压后，此时油开关 I 中的压力控制微动开关S上的失压闭锁触点自动切除油泵电动机的电源，从电气上防止了失压慢分。遇到这种情况，应紧急采取如下措施，以恢复断路器正常操作：

1）对于分相操作的断路器，将合闸闭锁工具紧固在连接座的上法兰处，然后迅速排除故障。待故障排除后，打压至额定表压，手按合闸电磁铁，使各个阀均处于合闸位置后，即可拆除合闸闭锁工具，此时断路器就可以进行正常分闸。

2）对于三相联动操作的断路器，除可以采取上述的措施外，还可以采取另一措施，即拧紧泄压螺钉SD，再打压至额定表压，手拉合闸电磁铁，使各个阀均处于合闸位置，然后松开泄压螺钉SD，此时断路器即可进行正常分闸。

（三）技术数据

LW6系列SF_6断路器液压机构的技术数据，如表3-2-9所示。

表3-2-9　LW6系列SF_6断路器液压机构的技术参数

型　　号	LW6-500	LW6-220	
		分相操作	三相联动
额定工作油压（MPa）	32.6		
贮压器预充氮气压力（MPa）	18+0.4		
操作电源（DC）（V）	220或110		
油泵电动机	交流1.5kW，380V，1410r/min 或直流1.1kW，220V，1500r/min 或直流1.1kW，110V，1500r/min		
分闸线圈电阻DC220/110（Ω）	18+外串82/32		210/74.5
分闸线圈电流DC220/110（A）	2.2/2.2	2.2/2.2	1.1/1.5
合闸线圈电阻DC220/110（Ω）	210/74.5	210/74.5	210/74.5
合闸线圈电流DC220/110（A）	1.1/1.5	1.1/1.5	1.1/1.5
控制回路瞬时最大功率（W/台）	500×3	500×3	250
液压柜加热器功率（AC，W）	500/相	500/台	500/台
贮压器保温带功率（AC，W）	40×2/相	40×3/台	40×3/台
辅助开关触点总对数（对）	30/相	30/台	30/台
辅助开关空位触点对数（对）	10/相	10/台	10/台

四、CD10型电磁操动机构

CD10型电磁操动机构是一种户内悬挂式的电磁操动机构，用于控制SN10-10型、SN10-35型户内式高压少油断路器。

该机构可以电动合闸、电动分闸和手动合闸，也可以进行自动重合闸。合闸、分闸需要使用直流电源，直流电源的通断可用外接的CZO-40C（D）型低压直流接触器来实现。

1. 结构简介

电磁操动机构由传动机构、电磁系统和缓冲法兰三部分组成。

传动机构位于电磁操动机构的上部，装于铸铁制成的基座上，主轴的一端有分、合指示牌，另一端装有输出拐臂。基座左边及右上角装有切断开关和辅助开关。

电磁系统位于电磁操动机构的中部，左边装合闸电磁铁，右边装分闸电磁铁，由上方的基座、下方的缓冲法兰及二者间固定的钢板焊成的方形磁轭作为导磁体。合闸线圈装在方形磁轭内，带顶杆的动铁心装在合闸线圈中间，成为电磁系统的运动部分。

缓冲法兰位于电磁操动机构的下部，由铸铁制成，其底上装有橡皮垫以缓和合闸动铁心落下的冲击。铸铁上有一缺口，安装手动操作杆以备调整时用。在法兰上备有接地螺钉。

2. 技术数据

CD10 型电磁操动机构技术数据，如表 3-2-10 和表 3-2-11 所示。

表 3-2-10　　CD10 型电磁操动机构技术数据

机构型号		CD10Ⅰ	CD10Ⅱ			CD10Ⅲ
所配断路器型号		SN10-10Ⅰ/630、1000-16 型	SN10-10Ⅱ/1000-31.5 型	SN10-35/1000-16 型	SN10-10Ⅱ/1250-43.3 型	SN10-10Ⅲ/3000-43.3 型
220V 合闸线圈	电流（A）	98	120			147
	电阻（Ω）	2.22±0.18	1.82±0.15			1.5±0.12
110V 合闸线圈	电流（A）	196	240			294
	电阻（Ω）	0.56±0.05	0.46±0.04			0.38±0.03
24V 分闸线圈	电流（A）	37				
	电阻（Ω）	0.65±0.03				
48V 分闸线圈	电流（A）	18.5				
	电阻（Ω）	2.6±0.13				
110V 分闸线圈	电流（A）	5				
	电阻（Ω）	22±1.1				
220V 分闸线圈	电流（A）	2.5				
	电阻（Ω）	88±4.4				

注　各制造厂的技术数据略有差异，本表为北京开关厂的数据。

表 3-2-11　　CD10 型电磁操动机构最低操作电压值

机构型号	CD10Ⅰ	CD10Ⅱ			CD10Ⅲ
所配断路器型号	SN10-10Ⅰ/630、1000-16 型	SN10-10Ⅱ/1000-31.5 型	SN10-35/1000-16 型	SN10-10Ⅱ/1250-43.3 型	SN10-10Ⅲ/3000-43.3 型
	用于 6kV	用于 10kV			
最低操作电压	85%额定电压	85%额定电压	85%额定电压		

第七节　封　闭　母　线

一、概述

随着电力工业的发展，发电机的单机容量在不断地增大，由最初的几百千瓦到目前的百万千瓦以上，相应地，发电机额定电流由几百安增大到几万安。例如单机容量为 1300MW 时，额定电压为 27kV，cosφ 为 0.9，发电机额定电流为 36000A。

当单机容量在 12MW 以下时，发电机额定电压为 6.3kV，cosφ 为 0.8，发电机额定电流在 1500A 以下，发电机母线只用一条矩形铝母线即可；当单机容量为 25～50MW 时，发电机额定电压为 10.5kV，cosφ 为 0.8，发电机额定电流由 1720A 增到 3440A，要选用 2～4 条矩形铝母线作为发电机母线；当单机容量为 100MW 时，发电机额定电压为 10.5kV，cosφ 为 0.85，发电机额定电流为 6470A，再选用矩形母线在技术上和结构上便很难满足母线发热和电动力要求，因而要选用槽形铝母线或菱形母线；当单机容量为 200MW 时，发电机额定电压为 15.75kV，cosφ 为 0.85，额定电流为 8625A，即使是槽形母线或菱形母线，也难以满足母线周围钢构件发热以及故障时母线间的巨大短路电动力的要求，因而要选用圆管形母线或封闭母线。

当单机容量为 200MW 以上时，由于发电机额定电流、短路电流以及电机容量在系统中所占的比例都增大，因此对于大容量发电机不仅存在母线本身电动力问题、发热问题，还有母线支持、悬吊钢构架以及母线附近混凝土柱、楼板、基础内的钢筋在交变强磁场中感应涡流引起的发热问题。一旦母线短路，不仅一般敞露母线和绝缘子的机械强度很难满足要求，而且发电机本身也遭受损伤，并因此影响系统安全供电以及系统的稳定运行。

为解决上述问题，可采取以下措施：①采用能承受巨大短路电动力的特殊绝缘子；②选用槽形、方管、圆管等形状的母线来改善母线材料的有效利用，提高母线机械强度；③采用人工冷却方法（如风冷或水冷）解决母线散热问题；④在母线附近避免使用钢构件或在钢构件上装设短路环，在混凝土内的钢筋采取屏蔽隔磁以及在楼板上铺设铝板等措施降低感应发热。采取了上述措施后，对 200MW 及以上机组，仍不能彻底解决这些问题。国内外实践证明，采用金属外壳的分相封闭母线，是解决上述问题的有效办法。

二、封闭母线分类

用外壳加以封闭保护的带电母线，称为封闭母线。按外壳结构、所用材料以及冷却方式，封闭母线分成如下几类。

1. 共相封闭母线和分相封闭母线

三相共用一个金属外壳，相间没有金属板隔开，或相间有金属隔板的封闭母线称为共相封闭母线，其示意图如图 3-2-54（a）和（b）所示。每相都有一个金属外壳的称为分相封闭母线，其示意图见图 3-2-54（c）。

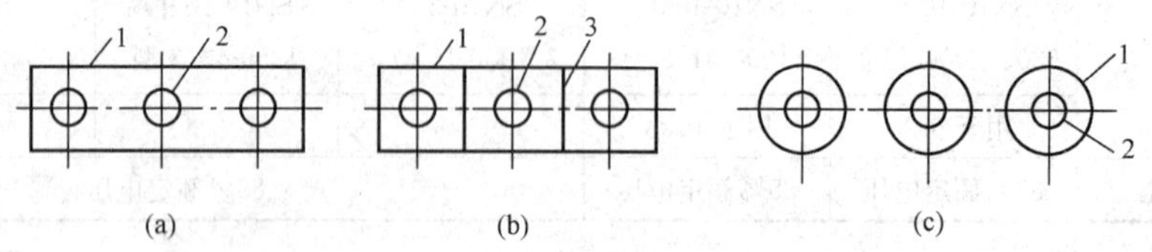

图 3-2-54　封闭母线示意图

（a）共相封闭母线；（b）有金属隔板的共相封闭母线；（c）分相封闭母线

1—外壳；2—母线；3—金属隔板

分相封闭母线又可分为以下四种：

（1）不全连分相封闭母线。每相外壳相邻段在电气上相互绝缘，以防止轴向电流流过外壳连接处，每段外壳中只有外壳涡流。为了避免短路时在外壳上感应出对人身有危害的电压，把外壳每 3～4m 分成一段，每段一点接地，如图 3-2-55 所示。

（2）全连分相封闭母线。除每相外壳各段在电气上相连接外，又在各相外壳两端通过短路板相互连接并接地，如图 3-2-56 所示。全连分相封闭母线的外壳中，除母线电流在外壳上感应出的大小与母线电流几乎相等、方向相反的轴向环流外，还产生邻相剩余磁场在外壳上感应出的涡流。由于外壳不是超导体，壳外尚有剩余磁场，不过其强度只有敞露母线的万分之几。该剩余磁场在周围钢构件上感应出的涡流和功率损耗很小，可以忽略不计。

（3）经电抗器接地的全连分相封闭母线。这种封闭母线的外壳是全连外壳，外壳的一端经三相短路板接地，另一端各相均经电抗器接地，如图 3-2-57 所示。

电抗器的作用是增加外壳回路阻抗，以减少外壳内的感应电流，使外壳损耗降低。在正常情况下，外壳不能完全屏蔽母线的磁场，将会引起邻近钢构件的发热，这点与不全连分相封闭母线相似；但在短路情况下，电抗器铁心饱和不起作用，相当于短路，这时与全连分相封闭母线一样。

（4）分段全连分相封闭母线。由于母线回路装设抽插式隔离开关或断路器等原因，使母线外壳不能从头至尾全连，而在抽插式隔离开关或断路器的两端装设三相短路板，将母线分成为两个全连分相封闭母线和抽插式隔离开关或断路器的不全连分相封闭母线的混合式称为分段全连分相封闭母线，如图 3-2-58 所示。

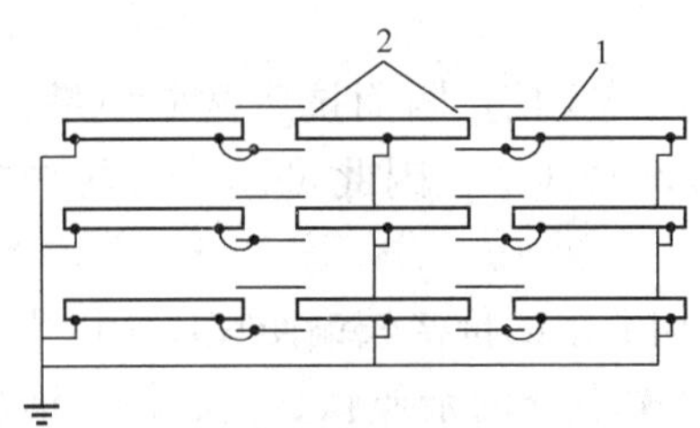

图 3-2-55　不全连分相封闭母线示意图

1—外壳；2—绝缘

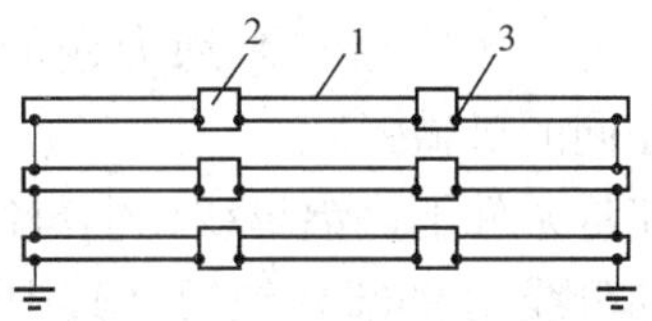

图 3-2-56　全连分相封闭母线示意图

1—外壳；2—短路板；3—焊接处

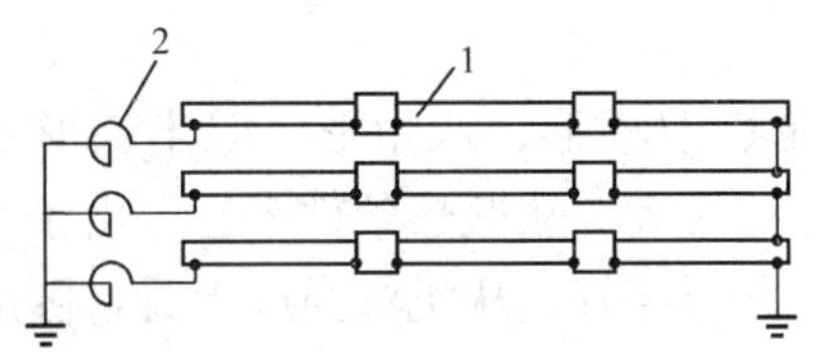

图 3-2-57　经电抗器接地的全连分相封闭母线示意图

1—外壳；2—电抗器

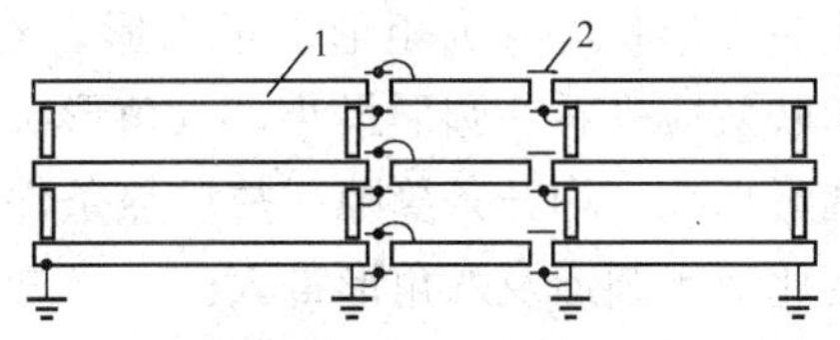

图 3-2-58　分段全连分相封闭母线示意图

1—外壳；2—绝缘

2. 塑料外壳和金属外壳封闭母线

按封闭母线外壳所用材料，封闭母线分为塑料外壳和金属外壳。塑料外壳对电磁场不起屏蔽作用，故从电磁性能上来说，相当于普通的敞露母线，既不能减少母线短路时产生的电动力，也不能减少母线附近钢构件感应发热问题，只能防止人身触及带电母线及防止金属物落到母线上产生相间短路，故塑料外壳不适于大容量机组。大容量机组的封闭母线均采用金属铝外壳。

3. 自然冷却和人工冷却封闭母线

按冷却方式，封闭母线可分为自然冷却和人工冷却两种方式。人工冷却又可分为通风冷却和通水冷却两种。

（1）自然冷却封闭母线。母线及外壳的发热完全靠辐射及对流散至周围环境。这种冷却方式简单、工作可靠、运行维护容易，但金属消耗量大。

（2）通风冷却封闭母线。用母线或封闭母线外壳作风道，以强迫通风的办法将母线及外壳热量带走散出。

（3）通水冷却封闭母线。在母线内通水将母线热量带走，这种冷却方式结构复杂，附属设备多，造价高。

三、封闭母线的结构

（一）大电流封闭母线的结构

1. 大电流母线的材料

大电流母线一般用纯度为99.5%以上的电解铜或电解铝制成。在20℃时，铜的电阻率为0.01724Ω·mm^2/m，铝的电阻率为0.0295Ω·mm^2/m，铝的电阻率大约为铜的1.7倍。所以，在相同长度和电阻情况下，铝母线比铜母线有较大的尺寸，因而具有较大的截面系数和较低的集肤效应系数。

在相同载流条件下，铝母线的截面积为铜母线的1.65倍，因而抗弯截面模量也较大，但硬铝的允许应力（70N/mm^2）约为铜的（140N/mm^2）50%，因此可以认为两种材料的母线具有大致相同的机械强度。

在相同载流量条件下，铝母线比铜母线轻一半。加上铝的价格较铜便宜，所以广泛采用铝母线。一般铝母线用99.5%纯铝（其中含有使导电率下降的杂质钛、铬、钒、锰总量不超过0.3%）制成。

2. 大电流母线截面的形状

大电流母线可以由实心或空心导体做成，在相同截面条件下，空心导体与实心导体相比，具有集肤效应系数小，交流电阻小，发热小，表面积大，散热条件好等优点。因此，大电流母线一般采用空心导体做成。

母线截面形状可分为矩形、正方形、菱形、槽形、双槽形、八角形、双半圆形和圆形等。从集肤效应来看，圆形最小，八角形次之，正方形最大。从散热条件来看，由于八角形及双半圆形母线，均开条缝隙，故散热条件比圆形及方形都好。从机械强度上看，圆形母线抗弯强度比双半圆形及八角形都大。

当母线通过电流在3000A以下时，通常采用矩形、多条矩形或单槽形母线；电流在3000～8000A情况下，通常采用双槽母线，而很少采用方管母线；在8000A以上时，圆形母线与双槽母线相比，前者集肤效应系数小，功率损耗小，故国内、外均采用圆管形、双半圆形或八角形母线。

3. 大电流母线的厚度

一般使用的母线厚度（指空心母线内、外径之差的1/2）为：圆管铝母线不大于14mm，圆管铜母线不大于10mm。

4. 大电流母线的连接

(1) 硬性焊接。在制造厂内焊接母线时，可采用开坡口直接对焊。考虑到母线运到现场安装时焊接工作条件变坏，可在母线出厂前将母线导体端部焊接一个套筒，到现场再将另一导体插入套筒内进行套筒搭接焊，实行双抱瓦（即双半圆）搭接焊。根据现场安装经验，双抱瓦搭接焊易满足母线安装过程中轴向和辐向尺寸的偏差，故宜采用。

(2) 软连接焊接。由于母线存在热胀冷缩，为补偿母线的膨胀，在母线的适当地方（每隔 6～10m，一般不超过 20m）要装设伸缩节。伸缩节一端由制造厂用氩弧焊与母线焊接在一起，另一端到现场焊接。这种伸缩节，目前大部分采用 0.5～1mm 薄铝片叠制而成。

(3) 螺栓固定的软连接。在母线导体与设备（如发电机、变压器或断路器）连接处，考虑到母线的热胀冷缩，不致使发电机或变压器的振动传到母线系统以及不同基础（如发电机与主厂房，或主厂房与变压器）的不均匀下沉引起母线应力，需在母线与设备连接处装设伸缩节。该伸缩节一端与母线经氩弧焊焊在一起，另一端经螺栓与设备连接。

此处伸缩节，既可用薄铝片叠制而成，也可采用铜编织线，由于铜编织线弯曲性好，施工安装也方便，故在要求挠性大的地方，多采用铜编织线。

5. 大电流母线的测温装置

测量大电流母线接头处温度最简单办法是将酒精温度计埋在大电流母线接头处，通过观察孔或用望远镜观察酒精温度计的刻度。除此之外，还可用红外热电视测温装置及便携式红外线测温仪进行测量。

（二）封闭母线外壳的结构

1. 外壳所用材料

封闭母线外壳可以用塑料、铁或铝制成。考虑到塑料外壳只能起到防止金属物落到母线上而造成相间短路的作用，而对电磁场起不到屏蔽作用，也不能减少母线短路时电动力，因而没有采用。铁外壳虽然能在外壳上感应出环流，起到屏蔽作用，但由于电阻大，发热损耗大，散热困难，故工程中也不采用。实际工程中，均采用铝外壳。

封闭母线的铝外壳均用 99.5%的铝板卷制成圆筒形，然后用氩弧焊将缝焊起来。一般来讲，外壳厚度 δ 为 5～10mm，外壳直径 D 为 750～1400mm。每段外壳长度受运输、包装等条件限制，一般在 6m 以内。

2. 外壳段间的连接

外壳段间的连接可分为导电硬性连接、导电软性连接和不导电软连接三种方式。

(1) 外壳段间导电硬性连接。外壳导电硬性连接与母线一样，在制造厂采用对焊，而在现场则用搭接焊。

(2) 外壳段间导电软性连接。考虑到外壳的热胀冷缩，不同基础的不均匀下沉，在不同基础交接处以及在封闭母线外壳与抽插式隔离开关外壳连接处，要采用导电的软连接，以保证外壳导电全连。具体方法是采用铝波纹管，即用 2～3mm 厚的铝板，先焊成圆管，将焊好的 2～3 层圆管放到碾压机上碾压成波纹管。铝波纹管截面与铝外壳截面相同，既可保证通过与外壳相同电流，又能保证外壳的伸缩，还能保证封闭母线的密封性。

此外，还可采用铝条窗和人字车轮。

(3) 外壳段间不导电软连接。在封闭母线外壳与发电机、变压器等设备外壳连接处，考虑到不使振动传到外壳系统，在与设备连接处可采用不导电的软连接。连接方法是采用橡胶波纹管，即用橡胶波纹管将封闭母线外壳及设备外壳通过法兰盘连接起来，以保证密封。但是该软连接电气上不联结。

也可采用活动铝外壳连接，即用比外壳直径大 10～20mm，长度为 500mm 左右的铝圆筒外壳，将两段外壳密封接起来。为保证密封良好，在接头处加迷宫式橡胶垫块，并用双抱瓦箍压紧。

3. 外壳相间短路板和支撑条

全连分相封闭母线有如 1∶1 变压器，为使外壳内轴向环流形成回路，最简单的办法是在外壳首、末两端设相间短路板，使正常运行时相差 120°的三相外壳环流在短路板处电流之和为 0，此时在发电机出口、主变压器端、厂用变压器端及厂用分支外壳从主母线外壳 T 接处，均要装设短路板。

短路板截面的大小要满足正常运行时通过母线额定电流的发热要求，一般来讲，短路板截面与外壳截面相等。为了很好地固定外壳，并增加其间的刚度，在外壳间还可以加装相间支撑条。

4. 检修孔和观察孔

装于封闭母线外壳内的绝缘子、穿墙瓷套管、电流互感器以及伸缩节等设备，不仅需要定期清扫，而且还需进行检修更换，故在封闭母线外壳上适当的地方应装设检修孔。

对于用一个绝缘子支持方式，可在绝缘子旁开一个 320mm×380mm 的长方形检修孔。在 A 排墙内侧开 320mm×380mm 的长方形检修孔，以便清扫 A 排穿墙瓷套管时用。为了观察电流互感器及母线伸缩节接头螺栓运行情况，在电流互感器及母线伸缩节处装设 ϕ100 圆形或椭圆形观察孔，并装上有机玻璃，用密封垫圈把有机玻璃与外壳密封好，防止漏气。

5. 接地装置

发电机中性点柜外壳、封闭母线出线柜外壳及封闭母线短路板均应接地。一般采用截面不小于 240mm^2 铜绞线与接地网连接。

6. 短路试验装置

由于大容量发电机大电流母线出线全被封闭母线所包围，发电机做短路试验时，很难找到装设三相短路板的合适地方，为此在发电机出口大电流母线 A、B、C 三相外壳上，装有短路试验用 T 接段。

此外，封闭母线的外壳结构还包括外壳的支座、防潮和防结露结构等。

（三）绝缘子及母线支持方式

1. 绝缘子结构

大电流母线所使用的绝缘子和普通母线所使用的绝缘子基本上是相同的，只是由于大电流母线的电动力比较大，因而使用的都是机械强度比较高的绝缘子。

（1）屋内支柱式绝缘子。支持屋内母线用的屋内支柱式绝缘子一般多为瓷质绝缘子。

（2）屋外支柱式绝缘子。屋外支柱式绝缘子用于屋外敞露母线，由于运行环境比较恶劣，受大气污染、雨水和气温突变等影响，因此屋外支柱式绝缘子都是具有大伞裙和大泄漏距离的绝缘子。为提高母线运行可靠性，一般选用比母线额定电压高一级或二级的绝缘子。

（3）封闭母线用支持绝缘子。分相封闭母线的特点是内部比较清洁，空气温度比较高（约 80℃），由于外壳不是绝对密封的，运行停机后温度下降，冷却到一定程度时可能结露，因此用于封闭母线的支持绝缘子都是多裙边的具有一定泄漏距离的内浇装绝缘子。封闭母线绝缘子的结构决定于母线支持方式。目前，有单支持用绝缘子和三支持用绝缘子等。

2. 母线支持方式

(1) 敞露母线支持方式。敞露母线支持方式可分为支持式和悬挂式两种：

1) 敞露母线支持式，是将母线导体用母线固定金具固定于支持绝缘子顶部，并通过绝缘子固定在支持结构上的。支持式大电流敞露母线的布置大体上有三种形式：三相水平布置、三相垂直布置和三相三角形布置。

2) 敞露母线悬挂式，是用悬挂式绝缘子和金具将三相母线相互绞接固定起来的，母线与母线间及母线与支持结构之间均用悬式绝缘子绝缘并拉紧，使母线固定于所要求的位置上。悬挂式布置也可分为三相垂直、三相水平和三相三角形布置三种。

(2) 封闭母线支持方式。即母线在封闭母线外壳内的支持方式，可分为一个绝缘子、二个绝缘子、三个绝缘子和四个绝缘子等四种支持方式。三个绝缘子支持方式有三种形式：①三个绝缘子相互间成120°，而其中一个与地面垂直起支撑母线质量作用；②三个绝缘子相互间成120°，但与地面垂直的绝缘子不承受母线质量，母线质量由另外两个绝缘子平均承受；③两个绝缘子安装在三相母线平面上而与地面平行，不承受母线质量，但母线故障时承受短路电动力，另外一个绝缘子与地面垂直，只承受母线质量。

四、封闭母线电气接线

单机容量为300MW的发电机组采用封闭母线：由发电机组至主变压器回路及其厂用分支回路采用分相封闭母线；由高压厂用变压器、启动/备用变压器至6kV厂用开关柜回路采用三相共相封闭母线；由主励磁机至整流柜交流励磁回路和由整流柜至发电机转子集电环引线端子的直流励磁回路采用励磁共相封闭母线。

下面就以发电机组至主变压器回路及其厂用分支回路采用的分相封闭母线作一介绍。

(一) 接线图

300MW发电机出线分相封闭母线接线如图3-2-59所示，其对应的全连封闭母线接线具有下述特点：

(1) 发电机与主变压器的连接采用发电机—变压器单元接线，无发电机出口断路器和隔离开关。

(2) 在发电机出口侧，通过高压熔断器接有三组电压互感器和一组避雷器。

(3) 在发电机出口处和中性点侧，每相装有电流互感器4只。

(4) 发电机中性点接有中性点接地变压器。

(5) 高压厂用变压器高压侧，每相装有电流互感器4只。

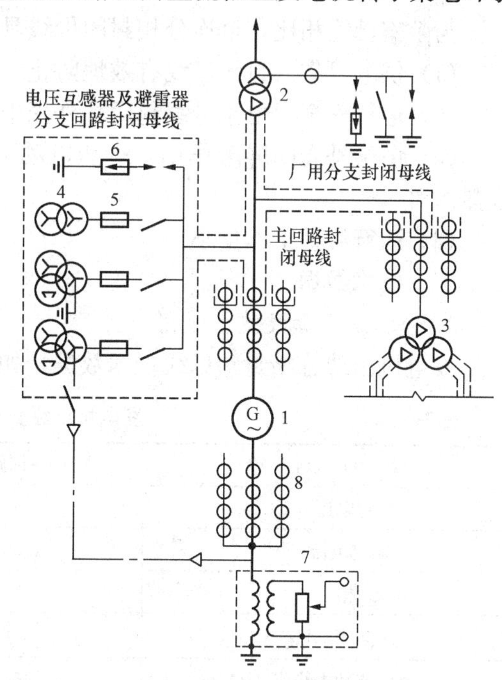

图3-2-59 300MW发电机出线分相封闭母线接线图

1—发电机；2—主变压器；3—高压厂用变压器；4—电压互感器；5—高压熔断器；6—避雷器；7—中性点接地变压器；8—电流互感器

发电机与主变压器之间的连接母线及厂用分支母线均采用全连分相封闭母线，主回路封闭母线为ϕ500×8mm的圆管形铝母线，屏蔽外壳为ϕ1050×8mm的铝管，相间距离为

1400mm。高压厂用分支封闭母线为 ϕ150×10mm 的圆管形铝母线，屏蔽外壳为 ϕ700×5mm 铝管，相间距离为 1000mm。电压互感器柜及避雷器柜分支封闭母线为 150×10mm 的圆管形铝母线，屏蔽外壳为 ϕ700×5mm 的铝管，相间距离为 1200mm。发电机回路电流互感器均套在发电机出线套管上，并吊装在发电机的出线罩上。发电机中性点选用干式接地变压器。为提高封闭母线的安全可靠性，应装设微正压充气装置。

（二）与封闭母线连接的设备

（1）发电机：额定功率 300MW，额定电压 20kV，$\cos\varphi=0.85$。

（2）主变压器：额定容量 360MVA，额定电压 230±2×2.5%/20kV。

（3）高压厂用变压器：额定容量 40/25－25MVA，额定电压 20±2×2.5%/6.3－6.3kV。

（4）电压互感器：JDZJ-20 $\frac{0.1}{\sqrt{3}}\Big/\frac{0.1}{\sqrt{3}}$kV 和 JDZ-20 $\frac{20}{\sqrt{3}}\Big/\frac{0.1}{\sqrt{3}}$kV。

（5）高压熔断器：RN_4-20，20kA，4500MVA。

（6）避雷器：FCD_2-20。

（7）中性点接地变压器：型式为干式、单相，额定电压 20kV/0.23kV，额定容量为 25kVA，二次侧负荷电阻为 0.5～0.6Ω。

（8）电流互感器：12000/5A。

（三）全连分相封闭母线的优点

与敞露母线相比，全连分相封闭母线具有以下优点：

（1）供电可靠。封闭母线有效地防止了绝缘遭受灰尘、潮气等污秽和外物造成的短路。

（2）运行安全。由于母线封闭在外壳中，且外壳接地，使工作人员不会触及带电导体。

（3）由于外壳的屏蔽作用，母线电动力大大减少，而且基本消除了母线周围钢构件的发热。

（4）运行维护工作量小。

五、技术数据

1. 分相封闭母线技术数据

发电机出线分相封闭母线技术数据，如表 3-2-12 所示。

表 3-2-12　　发电机出线分相封闭母线技术数据

项目名称	主回路	厂用分支	电压互感器分支
额定电压（kV）	20	20	20
额定电流（A）	12500	1600	1600
相数	3	3	3
频率（Hz）	50	50	50
短路电流冲击峰值（kA）	400	560	560
4s 热稳定电流（kA）	160	220	220
母线正常运行最高温度（℃）	≤90	≤90	≤90
母线接头最高温升（℃）	≤65	≤65	≤65
外壳连接最高温度（℃）	≤65	≤65	≤65

续表

项　目　名　称	主回路	厂用分支	电压互感器分支
铝母线外径及厚度（mm）	ϕ500×12	ϕ150×10	ϕ150×10
铝外壳外径及厚度（mm）	ϕ1050×8	ϕ700×5	ϕ700×5
相间距离（mm）	1400	1000	1200
1min 工频耐压（kV）	68	68	68
冲击耐压（kV）	125	125	125
冷却方式	自冷	自冷	自冷
母线涂漆（外表面）	黑	黑	黑
内壳涂漆（内表面）	黑	黑	黑
外壳涂漆（外表面）	浅灰（光泽）	浅灰（光泽）	浅灰（光泽）

2. 6kV 共相封闭母线技术数据

6kV 共相封闭母线技术数据，如表 3-2-13 所示。

表 3-2-13　　6kV 三相共相封闭母线技术数据

型　　号	GFM-10/2500	型　　号	GFM-10/2500
额定电压	10kV	外壳运行最高温升	30℃
额定电流	2500A	环境温度	－20～＋40℃
频率	50Hz	冷却方式	自冷
短路电流冲击峰值	100kA	涂漆	同主母线
4s 热稳定电流	40kA	外壳尺寸（mm×mm）	850×550
母线运行最高温度	≤90℃		

3. 励磁共相封闭母线技术数据

励磁共相封闭母线技术数据，如表 3-2-14 所示。

表 3-2-14　　励磁共相封闭母线技术数据

项　　目	交　流　励　磁	直　流　励　磁
额定电压	1000V	1000V
额定电流	3000A	3000A
频率	100Hz	
相数	3	
母线尺寸（mm×mm）	2（TMY-120×10）	2（TMY-120×10）
外壳尺寸（mm×mm）	550×400	400×400

第三章　电气主接线

发电厂的电气主接线是电力系统接线的重要组成部分，它可表明发电机、变压器、断路器、隔离开关、母线和输电线路等之间是如何连接和接入系统的。

发电厂电气主接线的确定与机组容量、电气设备的选择、配电装置的布置、继电保护和控制方式等有着密切的关系。主接线设计是否合理，不仅关系到电厂的安全经济运行，也关系到整个电力系统的安全、灵活和经济运行。电厂容量越大，在系统中的地位越重要，则影响也越大。因此，发电厂电气主接线的设计应综合考虑电厂所在电力系统的特点，电厂的性质、规模和在系统中的地位，电厂所供负荷的范围、性质和出线回路数等因素，并满足安全可靠、运行灵活、检修方便、运行经济和远景发展等要求。

第一节　300MW机组电厂电气主接线

一、电气主接线的基本要求

电气主接线应满足可靠性、灵活性和经济性三项基本要求。

1. 可靠性

供电可靠性是电力生产和分配的首要要求，电气主接线的设计首先应满足这个要求。

(1) 任何断路器检修时，不影响系统的连续供电。

(2) 任何一台进出断路器故障或拒动以及母线故障，不应切除一台以上的机组和相应的线路。

(3) 任何一台断路器检修和另一台断路器故障或拒动相重合，以及当母线分段或母线联络断路器故障或拒动时，不应切除两台以上的机组和相应的线路。

(4) 对于单机容量为300MW的电厂，经过研究，在保证系统稳定和发电厂不致全停的条件下，允许切除两台以上的机组。

2. 灵活性

主接线应满足调度、检修及扩建的灵活性。

(1) 调度时，应可以灵活地投入和切除发电机、变压器和线路，调配电源和负荷，满足系统在事故运行方式、检修运行方式以及特殊运行方式下的系统调度要求。

(2) 检修时，可以方便地停运断路器、母线以及其他继电保护设备，进行安全检修而不致影响电力网的运行和对用户的供电。

(3) 扩建时，可以容易地从初期接线过渡到最终接线。在不影响连续供电或停电时间最短的情况下，投入新装机组、变压器或线路而不互相干扰，并且对一次和二次部分改建的工作量最少。

3. 经济性

主接线在满足可靠性、灵活性要求的前提下应做到经济合理。具体说，就是要尽量做到投资小、占地面积少以及电能损失小。

二、300MW汽轮发电机组接线方式

300MW汽轮发电机组的典型（即双母线带旁路母线）接线方式如图3-3-1所示。由于300MW汽轮发电机组电压高，故不设发电机电压母线，发电机与双绕组变压器成单元接线，将电能升高电压后直接送入220kV或500kV系统。为了免除发电机遭受出口短路巨大短路电动力的损害，在发电机与变压器低压绕组之间采用全连式分相封闭母线连接。此外，分相封闭母线还具有减少母线相间电动力和降低大电流母线周围铁磁物质发热的优点。由于300MW汽轮发电机工作电流大，要求开断的短路电流也相当大，而生产这种发电机出口断路器的技术复杂，价格昂贵，所以我国300MW汽轮发电机出口不设断路器，仅在发电机变压器组高压侧设断路器。关于在封闭母线内是否装设隔离开关的问题，由于运行时封闭母线内温度高，且不便于巡视检查和检修，所以多数电厂取消了这一隔离开关，但设有可拆接的连接点，以满足发电机试验的需要。在发电机与变压器之间的母线上，以封闭母线形式支接分裂绕组变压器，作为高压厂用工作电源。分裂绕组变压器的高压侧也不装断路器和隔离开关。

在发电机出口，一般接有三组电压互感器，分别供给：自动调节励磁装置、静子100％接地保护及仪表和其他保护装置。

主变压器（简称主变）中性点，按照220kV或500kV系统要求，采用直接接地方式。考虑到机组检修和系统对主变中性点接地切换操作的需要，在主变中性点上设有隔离开关。对分级绝缘结构的变压器，为了防止变压器在中性点不接地时，中性点侧的绕组可能产生过电压，在中性点隔离开关前设有保护避雷器及放电间隙。

发电机定子绕组发生单相接地故障时，接地点流过的电流是发电机自身、封闭母线和主变低压绕组及与其连接的厂用分支的对地电容电流。当接地电容电流超过允许值时，将烧伤定子铁心，进而可能损害定子绕组绝缘，导致匝间或相间短路。国产300MW汽轮发电机组中性点采用经高电阻接地方式，以保护发电机免遭损坏。

发电机中性点经高电阻接地装置应满足：①限制发电机单相接地时，非故障相瞬间的过电压不超过2.6倍额定相电压；②限制单相接地故障电流不大于10A，但接地总电流不宜小于3A，以保证接地保护不带时限立即跳闸；③为定子接地保护提供电源，以便于检测。

发电机中性点经高阻接地方式，如图3-3-1所示。为了获得较大阻值，电阻R（0.5～0.6Ω）经容量为25kVA、变比为20/0.23kV的配电变压器接入中性点。

当主变压器与母线避雷器间电气距离超过允许值时，应在主变压器出口处装一组避雷器。由于避雷器很少投切，故不装隔离开关。避雷器的有关试验可配合机组检修时进行。为了防止感应过电压，一般在发电机出口装设一组避雷器。

三、升高电压母线的接线方式

在大型机组中，300MW汽轮发电机组属较小容量者，但它是电力系统向高电压、大容量机组发展初期所采用的主要机型。在电厂总容量不是很大，并靠近负荷中心或适应分期建设的需要，或系统尚未出现500kV电压等级等原因，300MW汽轮发电机组也常以220kV接入系统。当电厂容量较大时，则多接入500kV系统。我国目前装备300MW汽轮发电机组的电厂常用的主接线方式有：采用两级升高电压的电厂，一般220kV采用双母线带旁路接线，500kV采用3/2断路器接线，在220kV与500kV间采用联络变压器连接；采用单一

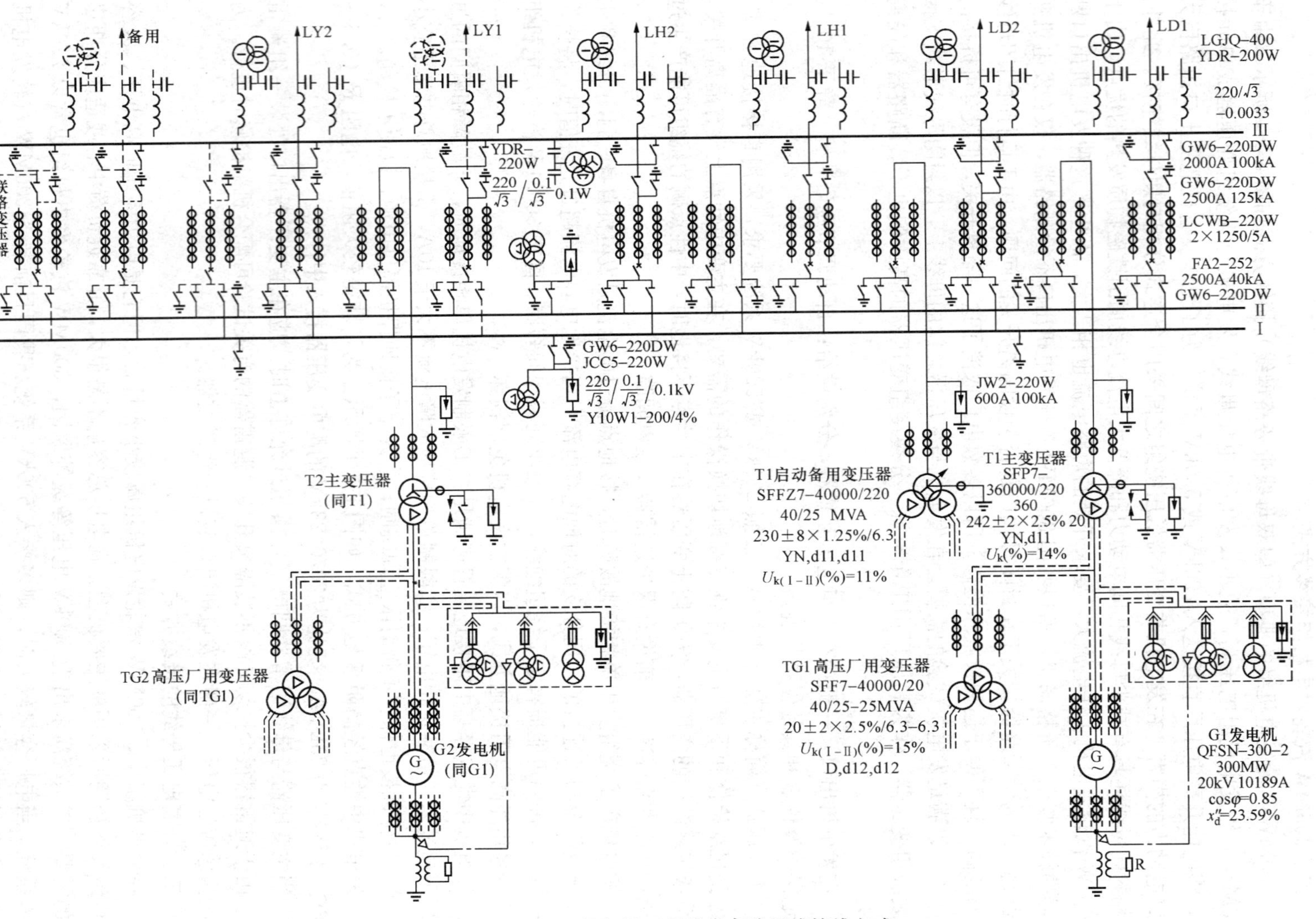

图 3-3-1　300MW 机组及双母线带旁路母线接线方式

升高电压等级的有双母线四分段或 3/2 断路器接线。

1. 双母线带旁路接线

双母线是我国最常用的主接线方式，300MW 汽轮发电机组电厂在分期建设的一期工程阶段（一般为 2 台 300MW 机组）采用双母线带旁路接线。双母线带旁路接线如图 3-3-1 所示。

双母线带旁路接线有以下优点：

(1) 母线可以轮流检修而不致使供电中断。当一组母线检修时，可将该母线上的电源和负荷切换到另一组母线上运行。

(2) 双母线通常采用单母线分段运行。如遇一组母线故障只影响一半左右的电源和负荷停电，而且可将故障母线上的负荷和电源倒向正常母线上运行，能迅速恢复供电。

(3) 当进出线母线隔离开关需要检修时，只需该进线（或出线）和一组母线停电，而不影响其他回路的正常供电。

(4) 调度灵活，各电源和负荷可以任意在一组母线上运行，并可根据潮流变化或其他要求改变运行方式。

(5) 扩建方便，双母线可以向左右任意一个方向扩建出线，且扩建时不影响供电。

(6) 便于试验，当需要时可以空出一组母线供母线或出线试验而不影响供电，还可将母联断路器与被试线路断路器串联运行，形成双重保护，以保证试验时的安全。此外，当进出线断路器出现异常（如不能操作）时，也可采用上述串联运行方式将线路停下。

(7) 由于设有旁路母线，出线断路器需要检修时可用旁路断路器代替，而线路可不停电。

(8) 双母线在我国具有丰富的运行和检修经验。

(9) 双母线进出线断路器与保护为一对一方式，故保护方式比较简单。由于发电机—变压器组只有 1 台断路器，故可在单元控制室控制，有利于单元机组机、电、炉之间的协调配合。

(10) 布置清晰，便于运行人员记忆和操作。

双母线也有它的缺点：

(1) 在改变运行方式时，母线隔离开关作为操作电气设备操作，而倒闸操作比较复杂，因而易造成误操作。

(2) 双母线存在全停的可能，如母联断路器故障（短路）或一组母线检修时而另一组母线故障（或出线故障而断路器拒动）。这一缺点对于大容量电厂和 500kV 系统的影响尤为严重。因此，双母线一般只用在分期建设的一期（2×300MW）工程阶段，二期工程阶段常采用 3/2 断路器接线接入 500kV 系统，具有两级升高电压 6×300MW 的 3/2 断路器接线如图 3-3-2 所示。对于具有两个升高电压等级的电厂，在 220kV 与 500kV 之间一般采用联络变压器，而不采用发电机—三绕组变压器单元接线，这是因为：

1) 采用三绕组变压器虽有运行灵活的优点，但要求在发电机出口装设断路器。采用双绕组变压器可以节省发电机断路器的投资。

2) 由于制造上的原因，三绕组变压器中压侧的调压抽头一般为死抽头，对高、中压侧调压及负荷分配不利，故不如双绕组变压器加联络变压器灵活方便。

3) 当电厂设置 500kV/220kV 联络变压器时，其第三绕组可作为电厂第二启动备用电源，从而提高备用电源的可靠性，并减少一个中压侧断路器间隔，降低启动备用变压器投资。

4）由于220kV能满足一期工程两台机组的负荷输出，且系统220kV与500kV有较强的联系，一般厂内220kV与500kV之间的正常交换潮流不大，因此，不需较大容量的联络变压器。

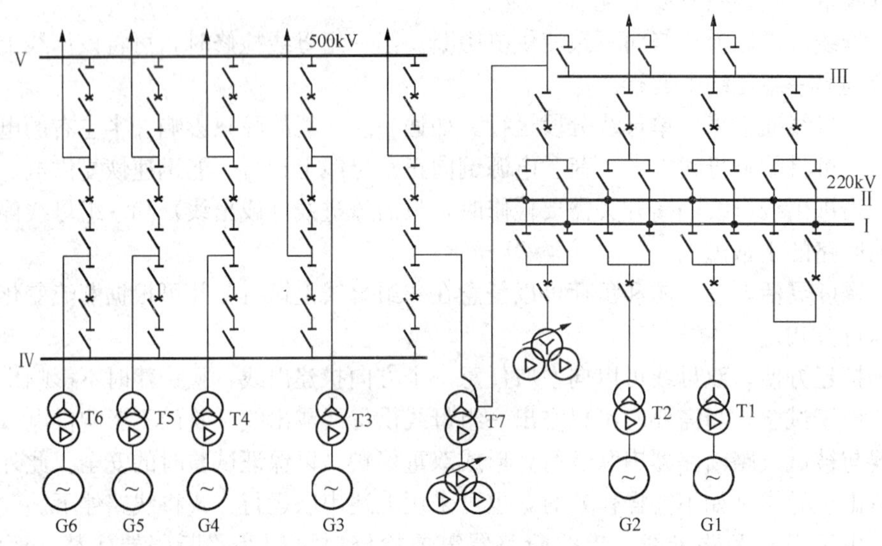

图 3-3-2　具有两级升高电压6×300MW发电厂主接线

我国220kV配电装置常采用旁路母线，以满足断路器检修时不影响进出线正常运行的要求，但随着断路器制造质量日益提高，预计不久的将来旁路母线的应用范围将会逐渐减少。

当电厂机组台数较多或电厂采用500kV电压接入系统时，双母线带旁路接线便不能满足可靠性要求。常用的接线方式有双母线三分段或四分段和3/2断路器的接线。

2. 双母线四分段接线

双母线四分段带旁路母线接线方式如图3-3-3所示。它是将两组母线又各分为两段，形成双母线四分段接线。正常时母联和分段断路器均合上，四个分段同时运行，每段母线上均接有1/4左右的机组和负荷。这样，当任一段母线故障时只影响1/4电源和负荷停电；当任一母联或分段断路器故障时，只影响一半左右的电源和负荷停电。显然双母线四分段比双母线具有更高的可靠性。

由图3-3-3可见，具有4台300MW汽轮发电机组和四回出线的双母线四分段的接线方式，若不设专用旁路断路器，则共使用了12台断路器，平均每回路占用一台半断路器，与3/2断路器接线所用断路器相当。如果采用专用旁路断路器或进出线数少于8回采用四分段接线方式时，每回线占用断路器数多于一台半。因此，在机组及出线数较少时，不宜采用双母线四分段接线方式。此外，研究结果指出，四台机组和四回出线的电厂采用双母线四分段带旁路与一台半断路器接线相比，无论是500kV送电线路还是发电机变压器回路，3/2断路器接线的可靠性指标（包括故障率和停运时间）都比双母线四分段带旁路母线好。其次，

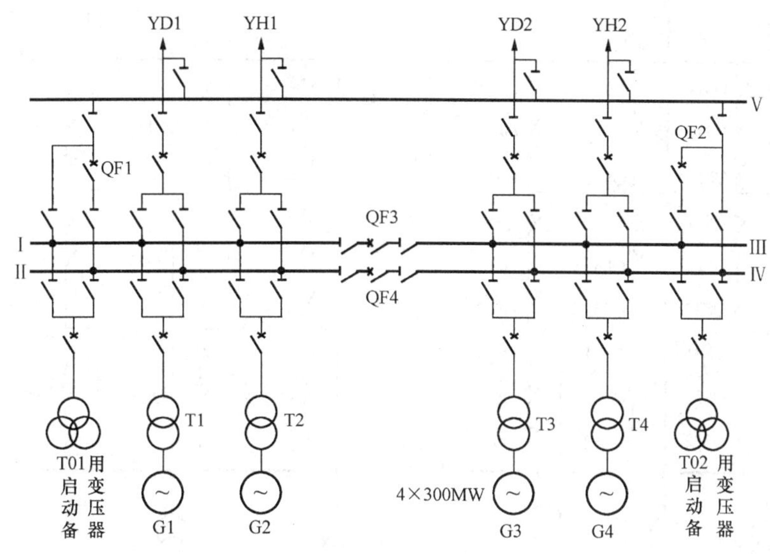

图 3-3-3　双母线四分段带旁路母线接线图

就故障后果而言，3/2 断路器接线方式没有切除三个及以上回路的可能，而双母线四分段存在这种可能。由于双母线四分段是由双母线发展起来的，我国在双母线运行方面有较丰富的经验，而 3/2 断路器接线相对来说运行经验还不足，保护也略为复杂一些，因此在我国部分地区，500kV 系统也采用双母线四分段接线。

3. 3/2 断路器接线

3/2 断路器接线是国外大机组、超高压系统的主要接线方式之一。近十余年来，国内在 330～500kV 系统中，3/2 断路器接线方式的应用日益增多，已显示出这种接线方式的优越性，并逐渐积累了不少运行经验。

3/2 断路器接线方式如图 3-3-4 所示。由图 3-3-4（a）可见，它既是一种双母线接线，又是一种多环接线。因此，3/2 断路器接线具备了这两种接线方式的优点，克服了一般双母线和环形（角形）接线的缺点，这是一种布置清晰、可靠性很高和运行灵活的接线。3/2 断路器接线的主要优点如下所述。

（1）任何一组母线或一台断路器检修退出工作都不会影响机组运行，并且隔离开关不参加倒闸操作，减少了因误操作引起事故的可能性，例如：①500kV、Ⅰ段母线检修，只要断开 QF1、QF4、QF7、QS12、QS42、QS72 等，不影响供电，并可以检修Ⅰ段母线上的 QS11、QS41、QS71 等母线隔离开关；②QF1 检修，只需断开 QF1 及 QS11、QS12，也不用旁路代替。

（2）一个元件故障的情况：

1）任何一组母线故障不影响机组和出线运行。如 500kV Ⅱ段母线故障，保护动作，QF3、QF6、QF9 跳闸，其他进出线能继续工作，并通过Ⅰ段母线并联运行。

2）一台断路器故障最多影响两回进出线停电：①靠近母线侧断路器故障，只影响一回线停电，如 QF1 故障，QF2、QF4 和 QF7 跳闸，只影响 L1 出线停运；②进出线之间联络断路器故障，影响两回线停电，例如 QF2 故障，QF1、QF3 跳闸，将使 T1 和 L1 停运。

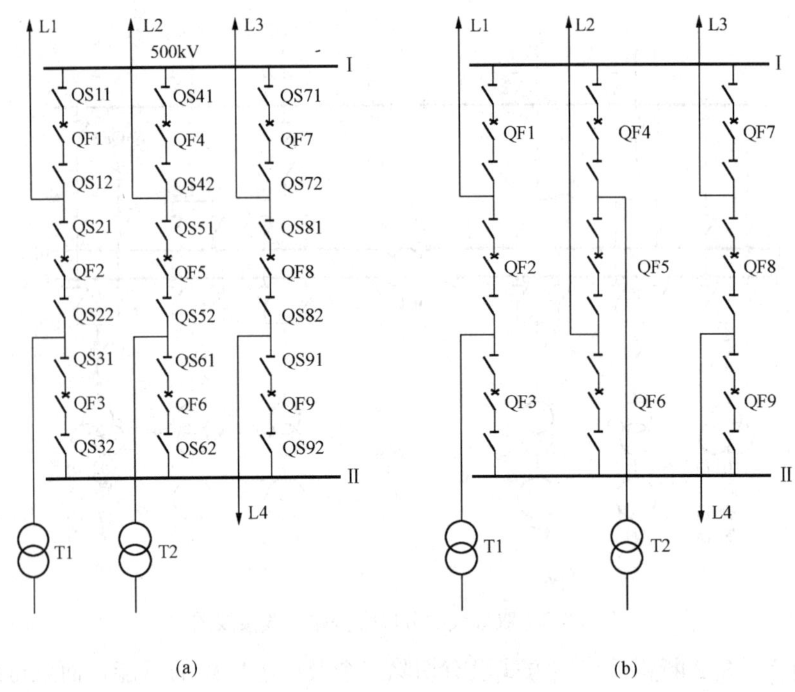

图 3-3-4　3/2 断路器接线图

(a) 同名回路正常布置；(b) 同名回路交叉布置

(3) 一个元件正常检修，又发生另一元件故障的情况：

1) 500kV Ⅰ段母线检修（QF1、QF4、QF7 断开），Ⅱ段母线又发生故障时，母线保护动作，QF3、QF6、QF9 跳闸，但不影响本厂向外供电，若出线并未通过系统连接，则各机组将在不同的系统运行，出力可能不均衡，母线上如有无电源串的出线将停电。

2) 一台断路器检修，另一组母线故障，最多影响一回线停电。例如 QF2 检修，Ⅱ段母线故障，T1 停运；又如Ⅰ段母线故障，则 L1 停运。

3) 线路故障而断路器拒动，最多停两回进出线。例如 L2 线路故障，QF4 跳闸，而 QF5 拒动，则由 QF6 跳闸，使 T2 停运。若 QF5 跳闸，QF4 拒动，扩大到 QF1、QF7 跳闸，使Ⅰ段母线停运，但不影响其他进出线运行。

4) 一台断路器检修，另一台断路器故障，一般情况只使两回进出线停电，但在某些情况下可能出现同名进出线全部停电的情况。例如，当只有 T1、T2 时，QF2 检修，QF6 故障，则 QF3、QF5 跳闸，T1、T2 将停运，即二台机组全停。又如 L1、L2 是同名双回线，当 QF2 检修，又发生 QF4 故障，则 QF1、QF5 和 QF7 跳闸，L1 和 L2 同时停运。为了防止同名回路同时停电，可按图 3-3-4（b）来布置同名回路，即将同名回路交叉布置在不同串中的不同母线侧。采用这种布置方式时，当 QF2 检修，QF6 故障，QF3、QF5、QF9 跳闸，T1 和 L2 停运，但 T2 和 L1 仍继续运行，不会发生同名回路全部停运现象。但交叉布置将增加配电装置间隔、架构和引线的复杂性。

3/2 断路器接线的缺点是所用开关电气设备较多，造价较高，并希望进出线回路数为双数。由于每一回路有 2 台断路器，进出线故障将引起 2 台断路器跳闸，增加了断路器的维护工作量。另外在继电保护的配置也比双母线要复杂一些。

第二节　电气主接线的运行方式

发电厂建成之后，主接线已基本定型，此时电厂电气运行人员的任务是如何管理好和运行好这种电气主接线。首先，应拟订电气主接线的正常运行方式；其次，应根据设备的检修或某些设备带病运行等情况，拟定非正常情况下的主接线运行方式。

总的来说，安排电气主接线运行方式的原则仍然是电厂的安全性和经济性这两点。首先，要充分发挥出原设计电气主接线所固有的安全可靠性和其他优点。这里所说的电气主接线所固有的优点就是前节所分析的有关内容。但是，主接线的优点能否得到充分的发挥，这与运行人员的技术水平和素质有很大关系，特别是在许多非正常的情况下，由于考虑不周，会使许多不利因素重叠到一起，从而大大降低了这种接线的可靠性。这就要求运行人员根据客观条件的变化，弄清矛盾的主要方面和次要方面，采取相应的方式，扬长避短，以保证电厂的安全、经济运行。

拟定运行方式应注意以下几个问题：

(1) 应减少和消除全厂停电的可能性，在万不得已无法避免出现有这种可能的运行方式时，应尽量缩短运行时间。

(2) 应考虑运行方式对常见多发性故障的抗御能力，减少事故影响的范围和缩短恢复时间。

(3) 当某些设备检修或带病运行（包括机、炉有关设备）时，矛盾的主要方面可能转化，此时，运行方式应相应调整。

(4) 在满足必要的安全可靠的条件下，考虑运行方式的经济性和灵活性。

一、双母线带旁路接线的运行方式

(一) 正常运行方式

所谓电气主接线的正常运行方式是指机、炉和电气设备全部正常并投入时的运行方式。

220kV 双母线应采用单母线分段方式运行，电源及双回出线应分别在不同母线上运行（参见图 3-3-1），即 220kV 两组母线均投入，母联断路器合上，G1 机组、LD1、LH1、LY1 线路及 T01 启动备用变压器在Ⅰ母线运行，G2 机组、LD2、LH2、LY2 线路和旁路断路器在Ⅱ母线运行，旁路断路器合上，向旁路母线Ⅲ充电。

采用这一运行方式的优点是：

(1) 双回出线分别在两组母线上运行，确保双回线的双电源。

(2) 每组母线上均有机组和出线，可使出力与负荷基本平衡，母联断路器上通过较小电流，减少电能损耗。如遇母联断路器误跳时，各机组仍可通过系统并联运行。

(3) 旁路母线正常处于充电状态，可保证旁路母线完好，随时可以投入运行，缩短旁路代替出线断路器的操作时间。

雷季运行方式应属正常运行方式，但应根据各地区雷季起止时间（可从当地气象部门取得）并应计及防雷对主接线运行方式的特殊要求拟定雷季运行方式：

(1) 在雷季到来之前所有防雷设备，如避雷器、避雷针、避雷线（包括上述各类设备的引下线腐蚀情况）等，均应检查，检修和测试完毕后全部投入运行。

(2) 雷雨天，各 220kV 出线断路器不应处于热备用方式，以防止雷击损坏断路器。雷雨季节，应尽量减少正常的检修工作，保持全接线、全保护运行。

(3) 当220kV母线（包括旁路母线）上仅单出线运行时，应校核该出线至母线避雷器的距离是否满足要求，若不满足要求，则不允许该线在母线上单线运行。

（二）非正常运行方式

非正常运行方式是指当机组或电气设备停运检修或某些设备处于不正常状态下电气主接线的运行方式。

(1) G1（或G2）机组检修时的运行方式。

1) G1机组停运时，220kV母线除G1机组外，其他运行方式不变（如果500/220kV联络变压器投入时，联络变压器220kV应在Ⅰ段母线运行），确保Ⅰ段、Ⅱ段母线均有电源。

2) G2机组停运时，220kV母线出线运行方式不变（有联络变压器时，联络变压器应在Ⅱ段母线运行），T01启动备用变压器应改在Ⅱ段母线运行。这样可使G1机组高压厂用工作电源和高压厂用备用电源来自220kV的不同母线，防止220kV Ⅰ段母线故障，使厂用电全停。G2机组停运时的运行方式也适用于近期工程中，G1机组投入至G2机组投入过渡期间的运行方式。

(2) G1（或G2）机组的高压厂用工作变压器在机组运行时的运行方式。一般，各机组的高压厂用变压器的停役应配合机组停运时检修，但在某些特殊情况下，如该机组高压厂用变压器因某种原因不能随机组复役时，可能出现这一方式，此时将用T01启动备用变压器供该机组厂用电。

G2机组的高压工作厂用变压器停运，此时除由T01启动备用变压器供G2机组厂用电外，尚须将T01启动备用变压器由220kV Ⅰ母线改至Ⅱ母线运行，即将T01启动备用变压器放到与G2机组同一组的220kV母线上运行，220kV其他方式不变。采用这种方式的优点是：既保证了厂用变压器电源取自机组同一母线，也符合厂用工作备用电源分散的原则，否则当220kV Ⅰ母线故障时，G1机组将因母线故障而停运，而G2机组则因启动变压器停运而失去厂用电，导致全厂停电。

二、双母线四分段带旁路接线的运行方式

（一）正常运行方式

具有四回进线和四回出线的双母线四分段母联兼旁路接线如图3-3-3所示。正常时四个分段均运行，母联及分段断路器合上，旁路母线做冷备用。

(1) 双回路应接在不相邻的两个分段母线上，如YH1和YH2应分别接在Ⅱ段和Ⅲ段两段上，YD1和YD2应分别接在Ⅰ段、Ⅳ两段上，这样当分段或母联断路器故障时，不会出现双回路全停的情况。

(2) 各机组应分别接到各分段母线上，这样不会发生一段母线故障使两台机组同时停运或分段（或母联）断路器故障时使三台机组停运的情况。

(3) 从提高备用电源的可靠性来说，G1、G2机组的T01启动备用变压器作正常备用时，应接在Ⅲ、Ⅳ段上运行，G3、G4机组的T02启动备用变压器应接在Ⅰ、Ⅱ段上运行，但上述接法当该机组高压厂用工作变压器停运时，启动备用变压器就不能与该机组放在同一母线上运行，否则此时再发生母联或分段断路器故障将同时停三台机组。此外，若工程分期进行，应要求一期工程投入全部高压母线，因此宜将T01变接在Ⅰ、Ⅱ段，T02变接在Ⅲ、Ⅳ段母线上。

(4) 雷季运行方式与双母线带旁路接线方式的雷季运行方式基本相同。

(二) 非正常运行方式

(1) 当一台机组停运或一回出线检修时，如无其他情况发生，运行方式可以不作调整。当两台机组同时停运时，余下的两台机组应调整到不相邻的两分段上运行。

(2) 当出线断路器检修用旁路（母联兼旁路）代替时，由图 3-3-3 可见，旁路只能固定在Ⅱ、Ⅳ两段母线上运行。因此，当 YD1 断路器检修用 QF1 代替时，应将 YD2 倒到Ⅲ段母线运行，相应地调整 YH1 和 YH2 使每段母线上仍保持有一回出线。这样，在出线断路器检修期间，也不会出现分段断路器故障使双回线全停的情况。同理，如 YH2 断路器检修用 QF2 代替时，其他出线应类似 YD1 断路器检修时进行调整。

(3) 当机组高压厂用工作变压器不能与机组同时投入时，需要注意备用变压器的运行方式。如 G1 机组在Ⅰ段母线运行，而高压厂用工作变压器停运，用 T01 启动备用变压器供电时，T01 启动备用变压器应放在Ⅰ母线上，而不应放在Ⅱ段母线，以免分段断路器 QF4 故障造成 G1、G2、G4 机组停运（G1 机组因失去厂用电源而停运）。如 G2 机组高压厂用变压器停运时，T01 启动备用变压器应在Ⅱ段母线上运行，同理 G3、G4 机组高压厂用工作变压器停运时，应作类似的调整。

(4) 当一段母线检修，该分段上电源和出线应倒到另一段母线上运行，必要时还应调整其他出线运行方式。例如Ⅲ段母线检修时，G3、G4 机组及 YD2、YH2 均在Ⅳ段母线上运行，如 QF4 故障将会使 G2、G3、G4 机组和 YD2、YH1、YH2 停运，即停了三台机组和双回 YH 线，后果十分严重。因此，可根据系统运行情况，如 YH 比 YD 双电源更为重要，可将 YH1 倒到Ⅰ段母线，YD1 倒到Ⅱ段母线运行，或将 G2 机组、YD1、YH1 均倒到Ⅰ段母线，使 QF1 与 QF4 串联运行以减少 QF4 故障的影响。当然，此时如发生Ⅰ段母线故障或出线 YD1 或 YH1 线路故障而断路器拒动，将会多停一台机组和一回出线。

(5) 母联或分段断路器检修时，四段环形母线将开环运行，如无其他情况，可不改变正常方式接线。

第四章　厂 用 电 接 线

第一节　概　　述

一、300MW汽轮发电机组厂用电接线设计的要求

现代大容量火力发电厂要求生产过程自动化和采用计算机控制，为了实现这一要求，需要有许多厂用机械和自动化监控设备为主要设备（锅炉、汽轮机、发电机等）和辅助设备服务，而其中绝大多数厂用机械采用电动机拖动，因此，需要向这些电动机、自动化监控设备和计算机供电，这种电厂自用的供电系统称为厂用电系统。

厂用电系统的接线是否合理，对保证厂用负荷的连续供电和发电厂安全经济运行至关重要。由于厂用电负荷多，分布广，工作环境差和操作频繁等原因，厂用电事故在电厂事故中占有很大的比例。此外，厂用电接线的过渡和设备的异动比主系统频繁，如若考虑不周，也常常会埋下事故的隐患。并且人们对厂用电系统往往不如对主系统那么重视，这就很容易让事故钻空子。统计表明，不少全厂停电事故是由于厂用电事故引起的。因此必须把厂用电系统的合理设计及安全运行提到应有的高度来认识。

对300MW汽轮发电机组厂用电接线设计的要求是：

（1）各机组的厂用电系统应是独立的。厂用电接线在任何运行方式下，一台机组故障停运或其辅机的电气故障不应影响另一台机组的运行，并要求受厂用电故障影响而停运的机组应能在短期内恢复本机组的运行。

（2）全厂性公用负荷应分散接入不同机组的厂用母线或公用负荷母线。在厂用电系统接线中，不应存在可能导致发电厂切断多于一个单元机组的故障点，更不应存在导致全厂停电的可能性。

（3）厂用电的工作电源及备用电源接线应能保证各单元机组和全厂的安全运行。

（4）充分考虑电厂分期建设和连续施工过程中厂用电系统的运行方式，特别要注意对公用负荷供电的影响，要便于过渡，尽量减少改变接线和更换设备。

（5）设置足够的交流事故保安电源，当全厂停电时，可以快速启动和自动投入向保安负荷供电。另外，还要设计符合电能质量指标的交流不间断电源，以保证不允许间断供电的热工负荷和计算机的用电。

二、厂用负荷分类

按生产过程中的重要性，300MW汽轮发电机组厂用负荷可分为以下几类：

（1）Ⅰ类负荷：短时（手动切换恢复供电所需时间）的停电可能影响人身或设备安全，使生产停顿或发电机组出力大量下降的负荷。例如：给水泵、锅炉引风机、一次风机和送风机、直吹式磨煤机、凝结水泵和凝结水升压泵等。

（2）Ⅱ类负荷：允许短时停电，但停电时间延长，有可能损坏设备或影响正常生产的负荷。例如，中间粉仓的制粉系统设备。

（3）Ⅲ类负荷：长时间停电不会直接影响生产的负荷，例如修配车间的电源。

（4）不停电负荷：在机组运行期间，以及正常或事故停机过程中，甚至在停机后的一段时间内，需要进行连续供电的负荷，简称0Ⅰ类负荷。例如，电子计算机、热工保护、自动控制和调节装置等。

（5）事故保安负荷：在发生全厂停电时，为了保证机组安全地停止运行，事后又能很快地重新启动，或者为了防止危及人身安全等原因，需要在全厂停电时继续供电的负荷。按负荷所要求的电源为直流或交流，又可分为直流保安负荷（如汽轮机直流润滑油泵、发电机氢侧和空气侧密封直流油泵等）和交流保安负荷（如交流润滑油泵、盘车电动机、顶轴油泵等）。

第二节　厂用电接线

300MW汽轮发电机组高压厂用电系统常用的有两种供电方案，方案Ⅰ不设公用负荷母线和方案Ⅱ设置公用负荷母线见图3-4-1。不设6kV公用负荷段，将全厂公用负荷（如输煤、除灰、化水等）分别接在各机组A、B段母线上；单独设置公用负荷母线，集中供全厂公用负荷用电，该公用负荷段正常由启动备用变压器供电。方案Ⅱ的优点是公用负荷集中，无过渡问题，各单元机组独立性强，便于各机组厂用母线清扫。其缺点是由于公用负荷集中，并因启动备用变压器要用工作变压器作备用（若无第二台启动备用变压器作备用时），故工作变压器也要考虑在启动备用变压器检修或故障时带公用段运行。因此，启动备用变压器和工作变压器均较方案Ⅰ变压器分支的容量大，配电装置也增多，投资较大。方案Ⅰ的优点是公用负荷分接于不同机组变压器上，供电可靠性高、投资省，但也由于公用负荷分接于各机组工作母线上，机组工作母线清扫时，将影响公用负荷的备用。另外，由于公用负荷分接于两台机组的工作母线上，因此，在G1机组发电时，必须也安装好G2机组的6kV厂用配电装置，并用启动备用变压器供电。两种方案各有优、缺点，选用时应经过技术经济比较后选定。

300MW汽轮发电机组厂用电接线举例：某厂厂用电接线如图3-4-2所示，该厂厂用电压共分两级，高压为6kV，低压为380V/220V，厂用高压不设全厂6kV公用厂用母线。

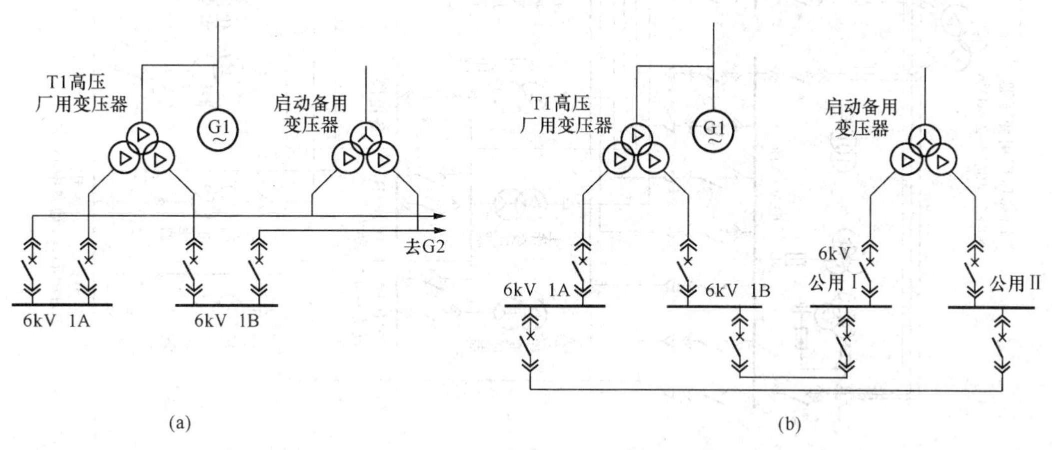

图3-4-1　高压厂用电系统供电方案

（a）不设公用负荷母线；（b）设置公用负荷母线

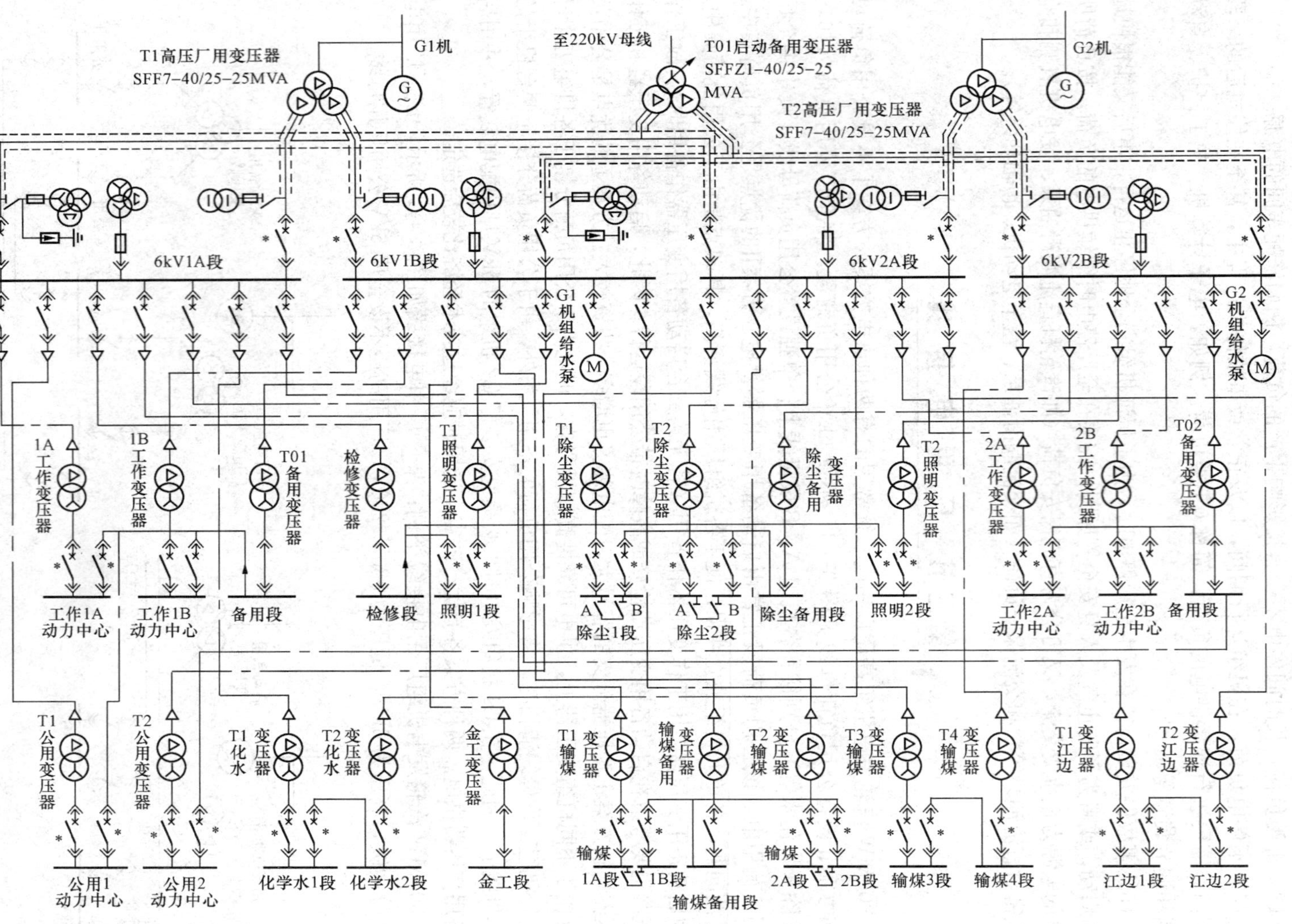

图 3-4-2 厂用电系统接线图

一、6kV 厂用电系统

1. 6kV 厂用工作电源和备用电源

每台 300MW 汽轮发电机组从各单元机组的变压器低压侧接引一台高压厂用变压器作为 6kV 厂用电系统的工作电源。为了限制厂用电系统的短路电流，以便使 6kV 系统能采用轻型断路器，并能保证电动机自启动时母线电压水平和满足厂用电缆截面不大于 150mm^2 等技术经济指标要求，高压厂用变压器选用容量为 40/25-25MVA，短路电压 $U_k(\%)=15\%$的分裂绕组变压器，其低压分裂绕组分别供 6kV 两个分段厂用母线，即 G1 机组高压厂用变压器供 6kV 1A 和 1B 段，G2 机组的高压厂用变压器供 6kV 2A 段和 2B 段。为满足机组启动时厂用电供电和作为高压变压器的备用，每两台机组配备一台容量为 40/25-25MVA、$U_k(\%)=18\%$的启动备用变压器。启动备用变压器电源引自升高电压母线，采用明备用方式。当有两级升高电压并在两级升高电压间设有联络变压器时，启动备用变压器可接在联络变压器第三绕组上。考虑到升高电压母线电压变化大，启动备用变压器采用带负荷调压变压器，以保证厂用电安全经济地运行。

由于高压厂用变压器支接在发电机出口，支接线上短路电流很大，且因采用封闭母线结构，故高压厂用变压器高压侧不设断路器和隔离开关。若高压厂用变压器发生故障，将由发电机变压器组高压侧断路器切除和发电机灭磁。为满足检修与试验需要，在厂用分支母线上设置连接片，供必要时拆接。为提高厂用电系统工作的可靠性，高压厂用变压器和启动备用变压器的 6kV 低压分支母线均采用共箱式封闭母线，厂用 6kV 配电装置采用 GFC 型全封闭手车式成套开关柜。

2. 6kV 辅助电动机和低压厂用变压器的接引

容量在 200kW 以上的电动机采用 6kV 电压供电。为了保证厂用电安全运行，高压厂用电动机的接引应遵循以下原则：

(1) 锅炉或汽轮机同一用途的甲、乙组高压辅机，不论正常是一台工作，另一台备用（如凝结水泵等）或两台同时工作（如引、送风机等），都应分别接在本机组 6kV 厂用 A 和 B 段高压母线上。

(2) 对于各机组在工艺上属于同一系统中的有两台以上的辅机，如同一制粉系统中的排粉机和磨煤机，应接在本机组同一分段厂用母线上，不得交叉接在两段母线上。本例中 300MW 汽轮发电机组的锅炉共有四组制粉系统，其中甲、乙两组接在 A 段，丙、丁两组接 B 段。

(3) 对于每台机组仅有单台的辅机，其接引虽无特殊要求，但为了减少分裂绕组变压器正常运行时两段母线的电压差，要求两分裂绕组的负荷基本平衡，单台辅机的接引可按这一要求确定所接母线段。

(4) 同一类型的全厂性公用辅机，应分散接在不同机组的厂用母线上，以减少各机组厂用电系统故障对公用系统的影响。例如本例集中供水的四台循环水泵分别接在 6kV 1A、1B、2A 和 2B 等四段母线上。对于全厂输煤系统中的甲、乙两路皮带机应分别接在不同机组的厂用电母线上，但当甲、乙两路皮带之间无落煤切换挡板而不能交叉运行时，同一路（指甲或乙路）中的各皮带机应集中在同一机组的同一分段（A 或 B 段）母线上。这种接引方式可以减少一段母线停电，造成对两路皮带的交叉影响。

同理，上述各原则也适用于各机组的低压辅机和全厂公用低压辅机电源的接引。值得注意的是，在考虑厂用供电方式时，特别要注意：当该系统中具有高、低压辅机（如制粉系统中的磨煤机和给煤机）或为高压辅机服务的辅助低压电动机（如电动给水泵及其辅助电动油泵），其低压电动机的供电变压器应与该高压电动机接在同一 6kV 母线段上，以减少母线停电的影响范围。

各机组低压厂用工作变压器应分散接在本机组的各段厂用母线上，全厂性公用的低压厂用变压器应分散接在不同机组的母线上。有关各低压工作变压器和低压公用厂用变压器的具体接引，将在后面详细讨论。

二、380V/220V 厂用电系统

（一）各机组 380V/220V 低压厂用电系统

1. 各机组 380V/220V 低压动力中心的供电方式

为了提高供电可靠性，每台 300MW 汽轮发电机组设两台容量为 1250kVA 的主厂房低压工作变压器，分别向各机组 380V/220V 工作 A 动力中心和 B 动力中心供电（G1 机组称 1A 和 1B 动力中心，G2 机组为 2A 和 2B 动力中心）。各机组低压工作变压器电源应引自本机组 6kV 不同母线段，故 G1 机组的两台 1250kVA 工作变压器 1A 和 1B 电源，分别接自 6kV 1A 和 1B 段，G2 机组两台 1250kVA 工作变压器 2A 和 2B 电源，则分别接自 6kV 2A 和 2B 段，如图 3-4-3 所示。

为了保证在厂用工作变压器检修或故障时继续供电，G1、G2 机组各设置一台备用厂用变压器，称为 T01 和 T02 低压备用变压器。由于高压厂用母线未设公用段，T01 和 T02 备用厂用变压器电源分别来自 6kV 1B 和 2B 段，由图 3-4-3 可见，G1 机组的 T01 备用变压器与 1B 工作变压器电源来自同一母线段，G2 机组的 T02 备用变压器与 2B 工作变压器电源来自 2B 母线。这样，当 6kV 1B 母线（或 2B）故障或失去电源时，T01（或 T02）低压备用变压器也将失去电源。显然，这种备用电源的接引方式并没有保证备用电源的独立性，对此，在运行中应引起注意。为了改善这种情况，可考虑在 T01 和 T02 备用段之间增设一条联络线，为了简化二次接线，可采用手动备用方式，如图 3-4-3 中虚线所示。当其中一台备用变压器检修时，可将另一台备用变压器断路器合上。T01 备用变压器除作为 G1 机组两台低压厂用工作变压器的备用外，还兼作 T1 公用变压器之备用电源，而 T02 备用变压器除作 G2 机组两台工作变压器的备用外，还兼作 T2 公用变压器的备用变压器。

为了在备用变压器停役时各段母线之间能互为手动备用和减少停役操作的工作量，在备用变压器 380V 侧设置一只总隔离插头，当备用变压器（不合低压分支）停役时，只隔离到低压侧总隔离插头，这样仍然保证各母线之间的备用连接电缆继续作为手动备用。必要时可合上一台负荷较小、重要性较低的母线段的备用电源开关，向低压联络电缆充电，构成备用电源的自投接线。

380V/220V 低压厂用电系统采用中性点直接接地方式。这种方式的优点是：①当发生单相接地故障时，中性点不发生位移，防止三相电压不对称和对地电压超过 250V；②便于管理，使接线简单。

其缺点是：①单相接地时，保护动作立即跳闸；②对于采用熔断器保护的电动机，由于一相熔断器熔断，电动机会因两相运行而烧毁。

凡机组在主厂房内辅助电动机容量在 40kW 以上、200kW 以下，均由 380V/220V 动力中心直接供电；凡有两台同一用途的辅机，不论两台同时工作或一台工作另一台备用，均应

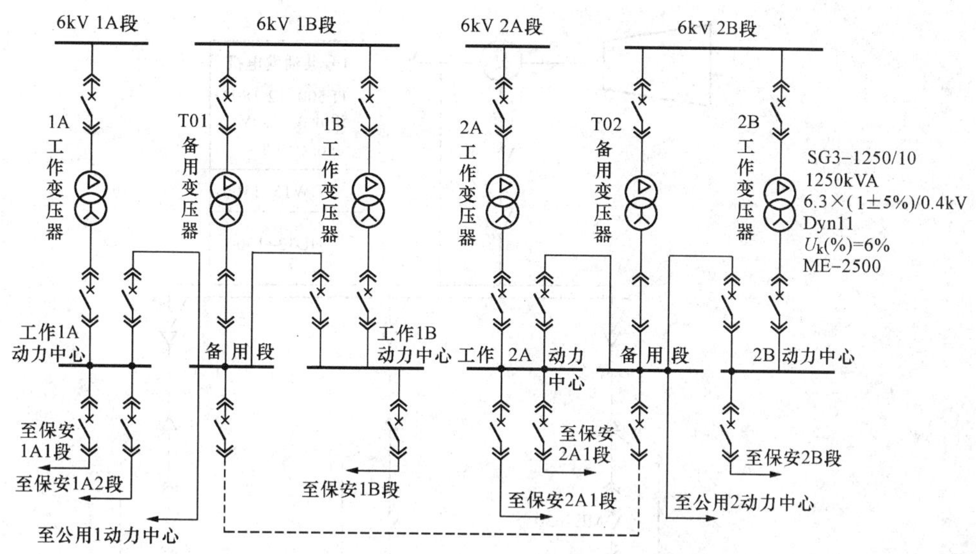

图 3-4-3　低压工作厂用变压器及备用厂用变压器接线图

分别接在 380V/220V 动力中心的 A 和 B 段上，以提高供电的可靠性。

为了减少照明和检修回路故障危及动力回路的正常运行，降低厂用电系统的可靠性，也为了减少厂用电动机启动时对荧光照明的影响，将照明、检修与动力负荷分开供电。各机组设置专用的照明变压器：T1 照明变压器供 G1 机组照明，T2 照明变压器供 G2 机组照明。全厂设置一台检修变压器，并兼作 T1、T2 照明变压器的备用变压器。

2. 交流保安电源系统供电方式

为了保证在全厂事故停电时能安全可靠地停机，各机组在 380V/220V 低压厂用系统中设置了三段事故保安动力中心母线和事故照明，G1 机组的保安负荷分别接在保安 1A1、保安 1A2 和保安 1B 三段母线上（G2 机组的保安段分别称为 2A1、2A2 和 2B）。正常情况下，G1 机组的保安段分别由 380V/220V 1A 和 1B 动力中心供电，G2 机组的保安段由 380V/220V 2A 和 2B 动力中心供电。另外，每台机组均配有一台 500kW（或 800kW）快速启动的柴油发电机组，作为全厂停电时的事故保安电源。由于这种类型的国产柴油发电机初载能力较小，设计中将保安负荷分为三段，启动时按 1A1、1A2 和 1B 的顺序，每隔 5～10s 自动投入一段，分阶段增加负荷直至满载运行。交流保安电源系统接线如图 3-4-4 所示。

3. 交流不停电电源

为了保证各机组的计算机、热工控制、保护、检测及信号等不停电负荷的用电，每台机组设置了两台容量为 30kVA 的直流电动发电机组作为交流不停电正常工作电源，如图 3-4-5 所示。正常时，一台运行另一台备用，考虑到直流电动发电机组启动投入时延较大，故采用交流保安电源作为交流不停电的备用电源，以保证不停电电源切换时间不大于 5ms。当运行中直流电动发电机组故障时，电子开关 S1 自动切换到保安电源供电，待备用直流发电机组启动正常后，再倒换到备用直流发电机组供电。

交流不停电的直流电动机容量为 40kW，由单元控制室 220V 直流母线供电。

4. 电动机控制中心的供电方式

电动机控制中心简称 MCC。本例在主厂房内各用电负荷中心设置 MCC，集中向附近容

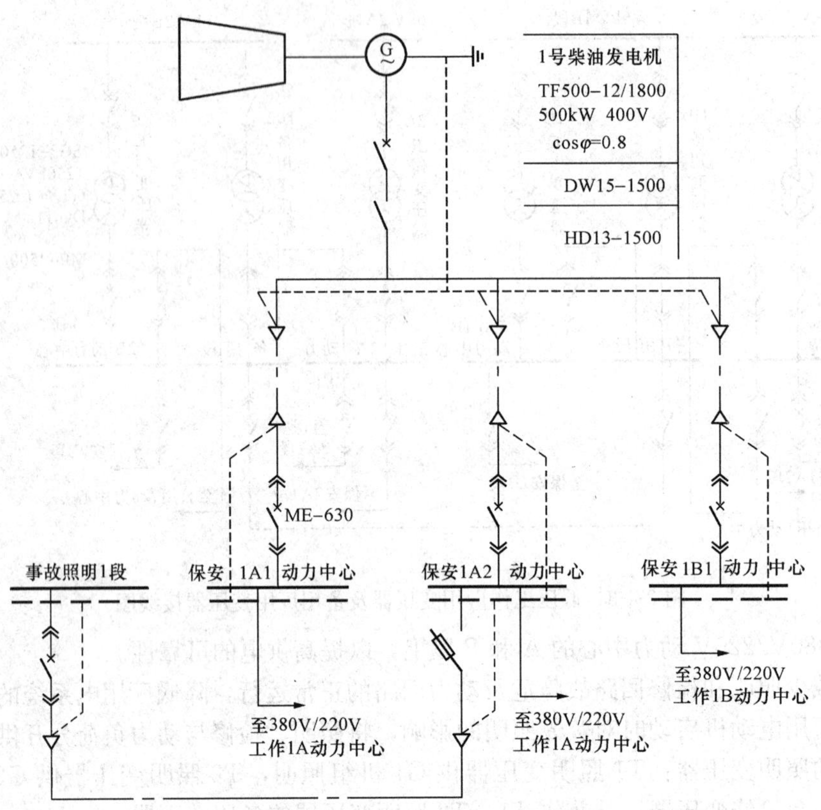

图 3-4-4 交流保安电源系统接线图

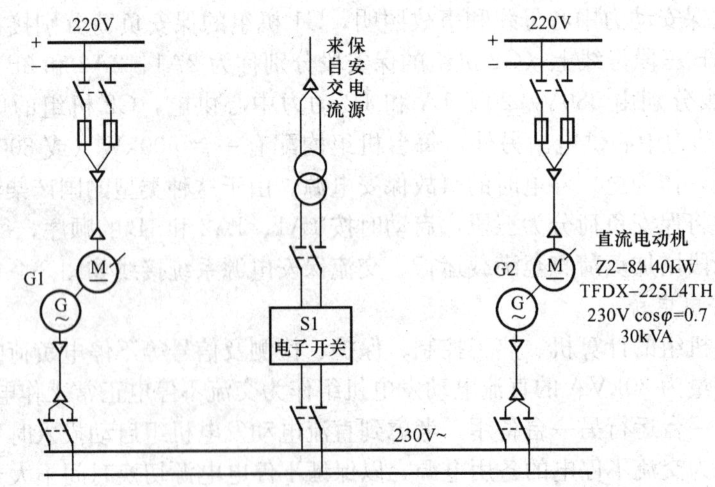

图 3-4-5 交流不停电电源系统接线图

量在 45kW 以下的电动机和其他用电设备供电，每一控制中心 MCC 均采用单母线双电源。MCC 接线如图 3-4-6 所示。凡属每台机组的 MCC，分别由本机组 A、B 两段动力中心供电，全厂公用系统中的 MCC 则应由电源来自不同机组的公用 1、2 段动力中心供电，以确保

MCC 有可靠的双电源。

每台锅炉设置两个独立的 MCC，各供给 8 台给粉电动机用电，每一 MCC 设置两路电源，正常时一路工作，另一路备用。为了满足 MCC 失去工作电源时备用电源能自动投入，在每回电源馈线上加了交流接触器。有关给粉电动机控制中心 MCC 的接线和连锁情况，详见本篇第五章给粉电源馈线控制接线和一次接线图及说明。

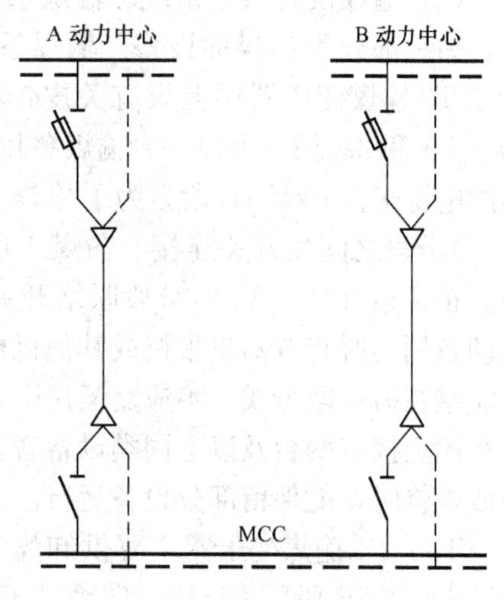

图 3-4-6　MCC 接线方式

5. 热工配电箱的供电方式

各机组除氧给水热工配电箱和锅炉热工配电箱，由于有重要仪表和控制系统用电，为确保供电可靠性，其供电方式均采用两路 380V/220V 电源供电，其中一路由本机组动力中心供电，另一路由保安电源母线接引。

6. 除尘系统设备的供电方式

1、2 号锅炉各设置一台容量为 1000kVA 的除尘变压器供本炉两台电气除尘装置用电。T1、T2 除尘变压器分别由 6kV 1A 和 2A 母线供电（参见图 3-4-2）。为提高供电可靠性和便于检修，每台除尘变压器的 380V 母线又用隔离开关分为 A、B 两个分段，分别供给一台电气除尘装置的高压整流器组、振打装置、卸灰器和加热器等设备用电。为了保证工作除尘变压器故障或检修时不影响除尘母线的继续供电，每两台炉设置一台除尘备用变压器，工作变压器和备用变压器的低压侧分别接入 A、B 两分段上。正常运行时，A、B 分段联络隔离开关合上，由工作除尘变压器供电，备用除尘变压器做联动备用。

（二）全厂低压公用系统

1. 主厂房内 380V/220V 公用负荷供电方式

主厂房内 380V/220V 公用负荷的供电方式，采用两台具有独立电源、容量为 1250kVA 变压器，分别供给公用 1 段和公用 2 段动力中心。为了保证供电的可靠性，T1 和 T2 公用变压器的电源分别引自 G1 机组的 6kV 1A 段和 G2 机组的 6kV 2A 段，并采用 T01 低压备用变压器作 T1 公用变压器的备用变压器，T02 低压备用变压器作 T2 公用变压器的备用变压器。由于 T01、T02 备用变压器与 T1、T2 公用变压器的电源系引自 6kV 不同母线段（参见图 3-4-2），因此，主厂房内 380V/220V 公用 1、2 段动力中心的供电方式具有较高的可靠性。

公用 1、2 段动力中心所接负荷为：设在主厂房内及其附近的公用系统中，容量在 200kW 以下、40kW 以上的低压电动机和部分公用部门的配电箱和 MCC。由于除灰系统未设低压除灰专用变压器，故除灰系统的低压设备用电也分别接在公用 1、2 段动力中心母线上。

2. 主厂房外 380V/220V 公用负荷的供电方式

由于厂区面积大、负荷分散，故主厂房外 380V/220V 公用负荷的供电方式，按工艺系统和就近供电相结合的原则进行设计。采用由主厂房内的 6kV 母线引出电缆，向主厂房外低压厂用变压器供电，就地设置车间配电中心母线的方式。

(1) 输煤设备供电系统。输煤系统设备包括两大部分：一部分为锅炉上煤系统有关设备，另一部分为卸煤的设备。输煤系统共设有五台 1250kVA、6kV/0.4kV 变压器，其中 T1、T2 输煤变压器供上煤有关皮带机及转运站用电。T1、T2 输煤变压器电源分别来自 6kV 1A 和 2A 段，另设一台输煤备用变压器作 T1、T2 输煤变压器的备用，输煤备用变压器的电源来自 6kV 1B 段。为了检修方便，380V 输煤 1 段和 2 段又分为 A、B 二个分段，A、B 分段之间用开关连接，输煤工作变压器的 380V 接于 A 分段，备用变压器接入 B 分段。正常运行时，A、B 分段联络开关合上，T1、T2 输煤变压器运行，输煤备用变压器做联动备用。所有双路皮带机或其他机械的甲路应接在同一段母线（指输煤 1 段或 2 段），乙路应接在另一段母线，不应交叉接引，防止一段母线故障，使两路设备均不能正常工作。对于每段上接有两台及以上同类设备者，也应分别接在 A、B 两分段上，以便某一分段发生故障或检修时，能保留部分设备运行。

T3、T4 输煤变压器主要供卸煤机械用电。T3、T4 输煤变压器 6kV 电源，分别来自 6kV 1A 和 2B 段厂用母线，向输煤 380V 3 段和 4 段母线供电。由于输煤备用变压器距 T3、T4 输煤变压器较远，采用备用变压器供电时压降太大，故 T3、T4 输煤变压器采用互为备用方式。正常运行时，T3、T4 输煤变压器运行，输煤 3 段和 4 段间联络开关备用。

(2) 江边泵房及化学水处理 380V/220V 供电方式。由于江边循环水泵房离主厂房较远，江边泵房 380V/220V 低压设备的供电方式，采用在江边循环水泵房设置两台容量为 500kVA、6kV/0.4kV 的变压器，由 6kV 1A 和 2A 段各引出一回 6kV 电缆线路分别向 T1 和 T2 江边变压器供电，就地设置两段 380V/220V 母线，每台江边变压器各供一段 380V 母线，并互为备用。

化学水处理车间 380V/220V 的供电方式与江边泵房 380V/220V 供电方式相同。在化学车间，设置两台容量为 1000kVA 的化水变压器，由 6kV 1A 和 2A 段各引出一回 6kV 电缆线路，分别向 T1、T2 化水变压器供电，降压后各供一段 380V 母线，并互为备用。按照就近供电原则，化学水 1、2 段母线还向制氢装置、消防水泵和办公大楼等用电设备供电。

第三节 厂用电动机自启动电压校验

一、概述

当发电厂厂用母线电压下降或厂用工作电源断开使厂用母线失去电压时，厂用电系统中运行电动机的转速就会下降，甚至停止运行。若经过短时间后，故障切除或备用电源自动投入，厂用母线电压将会逐渐恢复，此时，在母线电压下降或失压后未与电源断开的电动机的转速将会自动上升，恢复正常运行，这一过程称为电动机的自启动。由于参加自启动的电动机很多，启动电流很大，将会在厂用变压器上产生很大的阻抗压降，母线电压因此恢复很慢，甚至不能恢复到正常值，使参加自启动的电动机绕组发热，危及电动机和厂用电系统的安全。为此，应进行电动机的自启动电压校验。

电动机自启动时，厂用母线电压最低限值与电动机的型式和机械转矩特性有关。根据经验，对高温高压发电厂厂用母线电压要求为：

(1) 电动机容量在 2000kW 以上，正常单台启动时，厂用母线电压最低允许值为额定电压的 80%。

(2) 成组电动机自启动时，为了保证Ⅰ类电动机的自启动，要求自启动时厂用母线电压不低于表 3-4-1 中所列值。

表 3-4-1　自启动要求最低厂用母线电压

名　　称	类　　型	自启动电压 (%)
高压厂用母线	高温高压电厂	60～70①
低压厂用母线	低压母线单独自启动	60
	低压母线与高压母线串联自启动	55

① 失压或空载自启动取上限，带负荷自启动取下限。

检验自启动条件：

(1) 工作和启动备用变压器应校验带正常负荷情况下，最大一台电动机的自启动。

(2) 厂用工作电源失压时自启动是否满足要求。

(3) 启动备用电源应考虑空载、失压和已带部分负荷自启动三种方式。

1) 空载自启动是指备用电源由备用状态自动投入失去电源的工作母线段形成的自启动。

2) 失压自启动是指工作或备用电源已带有厂用母线段，运行中突然出现低电压，当事故消除后电压恢复形成的自启动。

3) 带负荷自启动是指备用电源已带有部分负荷，又自动投入失去电源工作段形成的自启动。

(4) 对于低压厂用变压器，一般尚需按高、低压厂用母线串联自启动校验。

二、厂用电动机自启动校验公式

(一) 单台电动机启动或成组电动机启动母线电压计算

图 3-4-7 所示为厂用电动机自启动接线及其等值电路。当厂用电动机自启动时，由图 3-4-7 所示的等值电路可知高压厂用母线电压 U_{w_*} 为

$$U_{W_*} = \frac{U_{G_*}}{X_{T_*} + X_{Me_*}} \cdot X_{Me_*} \quad (3\text{-}4\text{-}1)$$

$$X_{T_*} = 1.1\frac{U_{k(\text{I-II})}(\%)}{100} \times \frac{S_{2T}}{S_T}$$

其中：U_{G_*} 为发电机母线电压标幺值，对无励磁调压变压器取 1.05，有载调压变压器为 1.1；X_{T_*} 为高压厂用变压器的电抗标幺值；S_T 和 S_{2T} 分别为变压器高低压绕组额定容量；$U_{k(\text{I-II})}(\%)$ 为变压器百分电抗，对分裂绕组变压器为半穿越电抗；1.1 为计及变压器阻抗制造时可能产生的正误差；X_{Me_*} 为单台启动或成组自启动电动机及厂用母线上其他负荷的等值电抗标幺值。

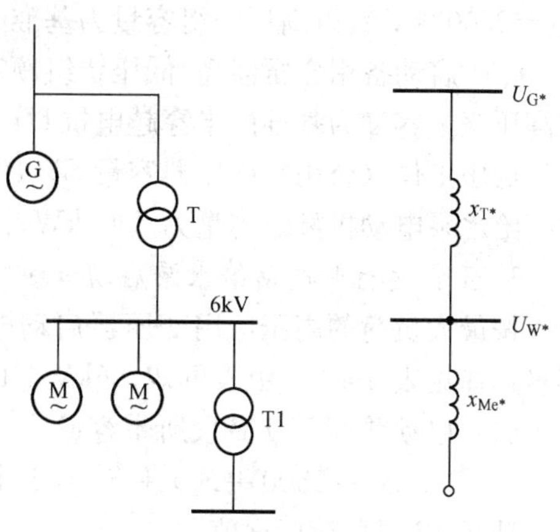

图 3-4-7　厂用电动机自启动接线及其等值电路

等值电抗标幺值（用下角 * 表示）可用自启动合成容量标幺值 S_{r_*} 表示

$$X_{Me_*} = \frac{1}{S_{r_*}} \quad (3\text{-}4\text{-}2)$$

将式（3-4-2）代入式（3-4-1）可得

$$U_{W^*} = \frac{U_{G^*}}{1 + S_{r^*} X_{T^*}} \tag{3-4-3}$$

$$S_{r^*} = S_{0^*} + S_{S^*} \tag{3-4-4}$$

$$S_{S^*} = \frac{K_S P_M}{\eta_M \cos \varphi_M S_{2T}} \tag{3-4-5}$$

其中：S_{r*} 为参加自启动的合成容量标幺值；S_{0^*} 为电动机自启动前，厂用变压器已带容量标幺值，失压或空载自启动时 $S_{0*}=0$；S_{S^*} 为启动或自启动电动机容量标幺值；K_S 为电动机启动或自启动电流倍数，对于备用电源，当快速切换（切换总时间小于 0.8s）时为 2.5，当慢速切换时取 5；P_M 为启动或自启动电动机功率；$\eta_M \cos \varphi_M$ 为电动机额定效率和功率因数的乘积，对自启动一般可取 0.8；S_{2T} 为分裂绕组变压器低压绕组额定容量。

（二）高、低压厂用电串联自启动时母线电压计算

高、低压厂用电串联自启动时，高压厂用母线电压 U_{W*} 可用式（3-4-3）计算。低压厂用母线电压可用下式计算

$$U_{LW*} = \frac{U_{W*}}{1 + S_{Lr*} X_{LT*}} \tag{3-4-6}$$

$$X_{LT*} = 1.1 \frac{U_k(\%)}{100} \tag{3-4-7}$$

其中：S_{Lr*} 为低压厂用母线上的合成容量标幺值，S_{Lr*} 的算式与式（3-4-4）、式（3-4-5）相同，使用时只需将 P_M、S_{2T} 分别改为低压自启动电动机功率 P_{LM} 和低压厂用变压器额定容量 S_{LT} 即可；

X_{LT*} 为低压厂用变压器的电抗标幺值；U_k（%）为低压厂用变压器的百分短路电压。

（三）厂用电动机启动和自启动电压校验举例

已知原始数据如下：

T1、T2 高压厂用变压器高/低压绕组额定容量分别为 $S_T=40000$kVA，$S_{2T}=25000$kVA，以高压绕组容量为基准的半穿越电抗 $U_{k(\text{I}-\text{II})}$（%）$=15\%$。

T01 启动备用变压器高/低压绕组额定容量分别为，$S'_T=40000$kVA，$S'_{2T}=25000$kVA，以高压绕组容量为基准的半穿越电抗 $U'_{k(\text{I}-\text{II})}$（%）$=18\%$。

低压工作（公用）变压器容量 $S=1250$kVA，短路电压 U_{LK}（%）$=6\%$。

给水泵电动机额定容量为 5500kW，$K_S=6$，$\eta_M\cos\varphi_M=0.8$。

1. 正常运行时电动给水泵启动母线电压计算

按最大负荷的高压厂用变压器启动电动给水泵条件计算。6kV 厂用负荷分配及变压器容量选择见表 3-4-2，由表可知，6kV 1 B 段负荷最大，在扣除给水泵电动机容量后：

（1）启动前 6kV 1 B 段所带容量

$$S_{1B} = 1.1(S_1 - 5500 + S_2) + S_3 = 1.1(9595 - 5500 + 7714) + 3865.6 = 17405.6(\text{kW})$$

6kV 1B 段负荷标幺值

$$S_{0*} = S_{1B*} = \frac{S_{1B}}{S_{2T}} = \frac{16855.5}{25000} = 0.674$$

（2）给水泵电动机启动容量标幺值

$$S_{S*} = \frac{K_S P_M}{\eta_M \cos\varphi_M S_{2T}} = \frac{6 \times 5500}{0.8 \times 25000} = 1.65$$

表 3-4-2　　**6kV 厂用负荷分配及变压器容量选择表**

序号	名称	额定容量(kW)	T1 高压厂用变压器							T2 高压厂用变压器							负荷类别	有无连锁	运行方式①	备注
			6kV 1A 段			6kV 1B 段			高压绕组工作容量(kW)	6kV 2A 段			6kV 2B 段			高压绕组工作容量(kW)				
			连接台数	工作台数	工作容量(kW)	连接台数	工作台数	工作容量(kW)		连接台数	工作台数	工作容量(kW)	连接台数	工作台数	工作容量(kW)					
1	电动给水泵	5500				1	1	5500	5500				1	1	5500	5500	Ⅰ	有	2,4	汽动泵备用
2	凝结水泵	315	1	1	315	1	1	315	315	1	1	315	1	1	315	315	Ⅰ	有	1,4	一运一备
3	凝结水升压泵	630	1	1	630	1	1	630	630	1	1	630	1	1	630	630	Ⅰ	有	1,4	一运一备
4	循环水泵	3150	1	1	3150	1	1	3150	6300	1	1	3150	1	1	3150	6300	Ⅰ	有	1,4	三运一备
	P_1				4095			9595	12745			4095			9595	12745				
	$S_1=1.0P_1$(kVA)				4095			9595	12745			4095			9595	12745				
5	一次风机	500	1	1	500	1	1	500	1000	1	1	500	1	1	500	1000	Ⅰ	有	1,4	同时运行
6	送风机	1000	1	1	1000	1	1	1000	2000	1	1	1000	1	1	1000	2000	Ⅰ	有	1,4	同时运行
7	钢球磨煤机	1120	2	2	2240	2	2	2240	4480	2	2	2240	2	2	2240	4480	Ⅱ	有	1,4	
8	排粉风机	900	2	2	1800	2	2	1800	3600	2	2	1800	2	2	1800	3600	Ⅱ	有	1,4	
9	酸洗炉清洗泵	350	1	1	350				350	1	1	350				350	Ⅲ	无	2,4	
10	引风机	1800	1	1	1800	1	1	1800	3600	1	1	1800	1	1	1800	3600	1	有	1,4	同时运行
11	一级灰渣泵	250	1	1	250	1	1	250	500	1	1	250				250	Ⅱ	有	1,4	二运一备
12	二级灰渣泵	250	1	1	250	1	1	250	500	1	1	250				250	Ⅱ	有	1,4	二运一备
13	三级灰渣泵	250	1	1	250	1	1	250	500	1	1	250				250	Ⅱ	有	1,4	二运一备
14	斗轮取料机	120	1	1	120				120				1	1	120	120	Ⅱ	有	1,4	
15	碎煤机	355	1	1	355				355	1	1	355				355	Ⅱ	有	1,4	一运一备
16	1 号胶带机	315				1	1	315	315				1	1	315	3615	Ⅱ	有	1,4	一运一备
17	3 号胶带机	220				1	1	220	220				1	1	220	220	Ⅱ	有	3,4	一运一备
18	4 号胶带机 AB 传动 1	200	1	1	200				200	1	1	200				200	Ⅱ	有	1,4	一运一备
19	4 号胶带机 AB 传动 2	280	1	1	280				280	1	1	280				280	Ⅱ	无	1,4	一运一备

续表

序号	名称	额定容量(kW)	T1 高压厂用变压器							T2 高压厂用变压器							负荷类别	有无连锁	运行方式①	备注
			6kV 1A 段			6kV 1B 段			高压绕组工作容量(kW)	6kV 2A 段			6kV 2B 段			高压绕组工作容量(kW)				
			连接台数	工作台数	工作容量(kW)	连接台数	工作台数	工作容量(kW)		连接台数	工作台数	工作容量(kW)	连接台数	工作台数	工作容量(kW)					
20	7 号胶带机 AB 传动 1	200				1	1	200	200				1	1	200	200	Ⅰ	有	1,4	一运一备
21	7 号胶带机 AB 传动 2	250				1	1	250	250				1	1	250	250	Ⅰ	有	1,4	一运一备
	ΣP_2				9395			9075	18470		9275				8445	17720				
	$S_2=0.85\Sigma P_2$(kVA)				7985.75			7713.75	15699.5			7883.75			7178.25	15062				
22	主厂房低压工作变压器	1250	1	1	1097.9	1	1	1054.5	1545.6	1	1	991.6	1	1	1023.8	1405.6				
23	低压公用变压器	1250	1	1	1151.5				1151.5	1	1	1168				1168				
24	照明变压器	400				1	1	225.6	225.6				1	1	112.3	112.3				
25	主厂房低压备用变压器	1250				1	1	1151.5	—				1	1	1168	—				
26	化水变压器	800	1	1	648.5				648.5	1	1	648.5				648.5				
27	除尘变压器	1000	1	1	913.4				913.4	1	1	903.8	1	1	913.4	1817.2				
28	检修变压器	400	1	1	~250				~250							—				兼作照明变压器的备用变压器
29	金工变压器	500				1	1	~300	~300							—				
30	T1 输煤、输煤备用变压器、T2 输煤变压器	1250	1	1	1092.7	1	1	1134	2118.2	1	1	1134				1134				
31	T3、T4 输煤变压器	1250	1	1	1033.7				1033.7				1	1	1033.7	1033.7				
32	江边泵房变压器	500	1	1	423				423	1	1	423	1	1		423				
	S_3				66610.7			3865.6	8609.5			5268.9			4251.2	7742.3				
	$S_{is}=1.1(S_1+S_2)+S_3$				19899.5			22905.2	39898.5			18445.5			22701.8	38330				
选择变压器容量 S_N(kVA)		40000/25000—25000								40000/25000—25000										

① 运行方式有四种：

1. 经常—— 一般指每天都要使用的电动机。
2. 不经常——正常不用，仅在检修、事故或机、炉启停期间使用的电动机。
3. 短时——每次使用连续带负荷运转在 10min 以上，2h 以内。
4. 连续——指每次使用连续带负荷在 2h 以上。

(3) 合成容量标幺值

$$S_{r*}=S_{0*}+S_{S*}=0.674+1.65=2.324$$

(4) 高压厂用变压器电抗标幺值 X_{T*}

$$X_{T*}=1.1\frac{U_{k(\text{I}-\text{II})}(\%)}{100}\times\frac{S_{2T}}{S_T}=\frac{1.1\times15\times25000}{100\times40000}=0.103$$

启动备用变压器电抗标幺值 X'_{T*}

$$X'_{T*}=1.1\frac{U'_{k(\text{I}-\text{II})}\%}{100}\times\frac{S_{2T}}{S_T}=\frac{1.1\times18\times25000}{100\times40000}=0.124$$

(5) 给水泵电动机自启动时 6kV 1B 段母线电压：

1) 由高压厂用变压器供电时 1B 段母线电压由式（3-4-3）可得

$$U_{W*}=\frac{U_{G*}}{1+S_{r*}X_{T*}}=\frac{1.05}{1+2.324\times0.103}=84.7\%>80\%$$

2) 由启动备用变压器（有载调压）供电时

$$U'_{W*}=\frac{U_{G*}}{1+S_{r*}X'_{T*}}=\frac{1.1}{1+2.234\times0.124}=85.4\%>80\%$$

2. 启动备用变压器带一段负荷自投另一段，高、低压厂用母线串联启动时母线电压计算

计算条件：

(1) 根据表 3-4-2 可知，启动备用变压器按已带最大负荷段 1B，又自投 2B 段时，母线电压最低；

(2) 按快速自投和慢速自投计算。快速自投因电动机转速下降不多，$K_S=2.5$，全部负荷参加自启动计算；慢速自投按 $K_S=5$，由于低电压已切除部分负荷，故自投段按保证Ⅰ类负荷自启动校验。

启动备用变压器自投前所带 1B 段负荷标幺值

$$S_{0*}=\frac{P_{1B}}{\eta_M\cos\varphi_M S'_{2T}}=\frac{22905}{0.8\times25000}=1.145$$

(1) 慢速自投 2B 段（按低电压保护动作）。根据表 3-4-2 可得：

1) 高压电动机按启动全部Ⅰ类电动机容量计算

$$P_{1M}=9595+3300=12895(\text{kW})$$

2) 低压Ⅰ类负荷按厂变负荷 50%计算

$$P_{2M}=4251\times0.5=2125.5(\text{kW})$$

$$P_M=P_{1M}+P_{2M}=12895+2125.5=15020.5(\text{kW})$$

3) 6kV 2B 段高、低压参加自启动电动机容量标幺值

$$S_{S*}=\frac{K_S P_M}{\eta_M\cos\varphi_M S_{2T}}=\frac{5\times15020.5}{0.8\times25000}=3.76$$

4) 启动备用变压器合成容量标幺值

$$S_{r*}=S_{0*}+S_{S*}=1.145+3.76=4.9$$

5) 高、低压串联启动时，高压厂用母线标幺值

$$U'_{W*}=\frac{U_{G*}}{1+S_{r*}X'_{T*}}=\frac{1.1}{1+4.9\times0.124}=0.684>65\%$$

6）最大负荷低压厂用变压器电动机自启动容量标幺值

$$S_{LS*}=\frac{K_S P_{LM}}{\eta_M \cos\varphi_M S_{LT}}=\frac{5\times1168\times0.5}{0.8\times1250}=2.92$$

7）低压厂用变压器电抗标幺值

$$X_{LT*}=1.1\frac{U_k\%}{100}=\frac{1.1\times6}{100}=0.066$$

8）串联启动低压母线电压标幺值

$$U_{LW*}=\frac{U_{W*}}{1+S_{LS*}X_{LT*}}=\frac{0.684}{1+2.92\times0.066}=0.573>55\%$$

（2）快速自投2B段。根据表3-4-2可知：

1）6kV 2B段负荷 P_{2B}=22701.8kW，按全部参加自启动计算，其自启动容量标幺值

$$S_{S*}=\frac{K_S P_{2B}}{\eta_M \cos\varphi_M S'_{2T}}=\frac{2.5\times22701.8}{0.8\times25000}=2.84$$

2）启动备用变压器合成容量标幺值

$$S_{r*}=S_{0*}+S_{S*}=1.145+2.84=3.985$$

3）高、低压串联启动时，高压厂用母线电压标幺值

$$U_{W*}=\frac{U_{G*}}{1+S_{r*}X'_{T*}}=\frac{1.1}{1+3.985\times0.124}=0.736>65\%$$

4）低压厂用变压器电动机自启动容量标幺值

$$S_{LS*}=\frac{K_S P_{LM}}{\eta_M \cos\varphi_M S_{LT}}=\frac{2.5\times1168}{0.8\times1250}=2.92$$

5）低压厂用母线电压标幺值

$$U_{LW*}=\frac{U_{W*}}{1+S_{LS*}X_{LT*}}=\frac{0.736}{1+2.92\times0.066}=0.617>55\%$$

在慢速自投计算中，曾将参加自启动低压Ⅰ类电动机容量增到低压变压器负荷70%，计算结果表明高、低压母线电压均满足要求。另外，也计算过启动备用变压器带2B段自投1B的工作方式和失压自启动等方式，结果表明均能满足要求。由上述计算结果可知：当启动备用变压器带最大负荷段1B（或2B）自投2B（或1B），高、低压母线电压均能满足表3-4-1要求。因此，启动备用变压器在已带一段的情况下，其他各段均可投入联动备用。当然，上述结论是指电动机自启动能否成功而言，如启动备用变压器同时带1B和2B，其低压绕组将要过负荷，故在变压器事故过负荷允许时间到达之前，应采取措施转移负荷或恢复工作变压器运行。

第四节　厂用电系统运行

一、厂用电系统运行方式

1. 正常运行方式

当G1、G2机组正常运行时，6kV厂用电系统的正常运行方式为：T1高压厂用变压器供6kV 1A和1B段母线，T2高压厂用变压器供2A和2B 6kV母线，T01启动备用变压器作为T1、T2高压厂用变压器的联动备用。各机组的低压工作变压器1A、1B、2A、2B，低压公用变压器T1、T2，照明变压器T1、T2，除尘变压器T1、T2，化学水变压器T1、

T2，检修变压器，输煤变压器 T1、T2、T3、T4 及江边循泵房低压变压器 T1、T2 等均投入运行，低压备用变压器 T01、T02，除尘备用变压器，输煤备用变压器作联动备用。

2. 非正常运行方式

当 G1 机组处于检修、启动或停机过程中，T01 启动备用变压器运行，供 6kV 1A 和 1B 段母线，并作为 T2 高压厂用变压器的备用。若 G2 机组处于检修、启动或停机过程中，T01 启动备用变压器运行，供 6kV 2A 和 2B 段母线，并作为 T1 高压厂用变压器备用。此外，为提高备用电源供电的可靠性，在上述检修方式下，T01 启动备用变压器与另一台运行的高压厂用变压器的机组，应在 220kV 不同母线段上运行。

由于 T1、T2 高压厂用变压器未设高压侧断路器，因此，在 G1、G2 机组正常运行时，不安排 T1 或 T2 高压厂用变压器的检修，它们只能配合机组停役时进行大、小修或临时检修。当然，这并不影响 T1 或 T2 高压厂用变压器 6kV 分支断路器的临时性检修，但每次只能安排一台分支断路器检修，此时由启动备用变压器向该段母线供电，并可作其他段的联动备用。

6kV 各段母线的检修应配合对应机组停役时进行。考虑到 6kV 母线上尚有公用负荷，故 A、B 段应轮流进行检修，并尽量缩短停役时间。此外，还要注意因母线停役受其影响的公用系统中可供使用的同类辅机是否有缺陷，如有缺陷，则必须先消除该辅机的缺陷之后再停母线。

各机组的低压厂用变压器（如低压工作变压器、除尘变压器）的大修，一般也应配合机组大修时进行。但若限于检修力量，需要安排一定设备预检修时，对 G1、G2 机组宜预检修 1B 和 2B 低压变压器，而将 1A 和 2A 低压变压器的检修安排在该机组大修的同时进行。这是因为，T01 低压备用变压器与 2B 低压工作变压器同时在 6kV 1B 段，而 T02 低压备用变压器与 2B 低压工作变压器同在 6kV 2B 段，当 1A 或 2A 低压工作变压器停役时，形成工作和备用变压器（即两台工作变压器）同在 B 段母线运行的不安全局面。若 B 段 6kV 母线发生故障，该机组 A、B 两段的动力中心母线将全部停电，这对机组的安全运行是很不利的。当然，若 T01 和 T02 低压备用变压器之间设有联络电缆，则预检修时承担的风险将大大减小。

二、厂用电系统的非同期并列点

在高、低压厂用电系统中，为了提高供电可靠性，要求将工作和备用变压器电源接于不同母线段，这就有可能在某些运行方式下，许多原来在正常运行方式下的同期并列点变为非同期并列点，这是在运行中应引起注意的。特别是对那些在设计中未采取措施来防止非同期并列的点，操作时务必要检查是否为在同一系统运行，切忌盲目并列操作。

1. 6kV 厂用电系统

（1）当 220kV 母联断开，220kV Ⅰ、Ⅱ组母线分裂运行时，与启动备用变压器不在同一组 220kV 母线机组的高压厂用变压器与启动备用变压器的 6kV 并列点，可能成为非同期并列点。

（2）当 G1 或 G2 机组正常或事故解列，而未事先倒换厂用电时，解列机组的高压厂用变压器与启动备用变压器 6kV 的并列点，可能成为非同期并列点。

为了防止高压厂用变压器和启动备用变压器 6kV 发生非同期并列，在高压厂用变压器和启动备用变压器的 6kV 侧设置电压互感器，以便经过同期检定并列。

2. 380V/220V 厂用电系统

在 380V/220V 厂用电系统中，特别是全厂公用系统，由于动力中心母线和电动机控制中心的工作和备用电源来自不同机组或同一机组的不同母线段，当 G1、G2 机组不在同一系统运行，或在同一机组但 6kV A、B 段分别由工作和启动备用变压器供电时，380V/220V 动力中心母线及电动机控制中心母线的工作和备用电源，以及具有双电源供电的各车间 MCC，均有可能成为非同期并列点。

由于在设计时一般对低压可能出现的并列点未采取防止非同期并列的措施，因此，在操作时应注意了解当时的运行方式，防止发生非同期并列。此外，还应加强管理，采取措施，防止各车间 MCC 的两路电源开关同时合上，使低压厂用变压器长期并列，危及厂用电系统安全运行。图 3-4-2 中用符号“*”表示在一定条件下，可能成为非同期的并列点，以提醒操作人员注意。

第五章　二　次　回　路

用来监视、测量、保护和控制一次回路的设备称为二次设备，如监视和测量仪表、保护和控制继电器等。由二次设备组成的电路称为二次回路，如交流电流回路、交流电压回路、控制信号回路、继电保护及自动装置回路等。现代化大型发电机组如果没有二次回路，机组将无法运行。

第一节　阅读二次回路图的基本知识

二次回路图是用二次设备特定的图形符号和文字符号，表示二次设备互相连接的电气接线图。

二次回路接线图（简称二次回路图）常用的有：①原理接线图（简称原理图）；②展开接线图（简称展开图）；③安装接线图（简称安装图）。原理图和展开图主要用于了解二次回路的构成原理和分析二次回路各种故障原因。安装图包括屏面布置、屏后接线和端子排，主要用于设备订货、现场安装和检修维护。

一、二次回路图中常用的图形符号和文字符号

为了能看懂二次回路原理图和展开图，首先必须对二次回路中各组成元件的代表图形和符号有一个初步的了解。表 3-5-1 和表 3-5-2 中列出了常用二次设备图形和文字符号，供参考。

表 3-5-1　　二次设备常用图形符号

序　号	名　　称	图形符号	序　号	名　　称	图形符号
1	动合（常开）触点		8	断路器辅助开关的动断触点	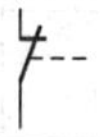
2	动断（常闭）触点		9	机械保持动合触点	
3	延时闭合的动合触点	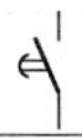	10	机械保持动断触点	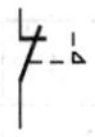
4	延时断开的动合触点	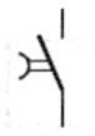	11	热继电器动断触点	
5	延时闭合的动断触点		12	动合按钮	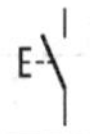
6	延时断开的动断触点		13	动断按钮	
7	断路器辅助开关的动合触点		14	接触器动合（常开）触点	

续表

序　号	名　　　　称	图形符号	序　号	名　　　　称	图形符号
15	接触器动断（常闭）触点		27	电容器	
16	非电量继电器动合触点		28	电解电容	
17	非电量继电器动断触点		29	电流互感器	
18	一般继电器及接触器线圈		30	仪表线圈	
19	继电器电压线圈		31	电阻	
20	继电器电流线圈		32	可变电阻	
21	有二线圈继电器线圈之一		33	插头与插座	
22	有三线圈继电器的线圈之一		34	电铃	
23	缓慢释放继电器线圈		35	蜂鸣器	
24	热元件		36	切换片	
25	熔断器		37	连接片	
26	指示灯				

表 3-5-2　　　　常用二次设备文字符号

序　号	元　件　名　称	文字符号	序　号	元　件　名　称	文字符号
1	电流继电器	KA	9	双位继电器	KMS
2	电压继电器	KV	10	合位继电器	KOS
3	时间继电器	KT	11	跳位继电器	KOFS
4	中间继电器	KM	12	连锁继电器	KL
5	信号继电器	KS	13	交流继电器	KA
6	温度继电器	KT	14	合闸线圈	YO
7	气体继电器	KG	15	合闸继电器	KO
8	保护出口继电器	KMP	16	跳闸继电器	KOF

续表

序　号	元件名称	文字符号	序　号	元件名称	文字符号
17	跳闸线圈	YR	38	熔断器	FU
18	合闸接触器	KO	39	断路器辅助触点	QF
19	分励脱扣线圈	YOF	40	隔离开关辅助触点	QS
20	控制开关	SA	41	电流互感器	TA
21	转换开关	SA	42	电压互感器	TV
22	连锁开关	SA	43	控制（信号、合闸）回路电源	L_+、L_-
23	一般信号灯	HL	44	闪光电源	M100
24	白灯	HW	45	事故音响信号（用于直流屏）	W728
25	红灯	HR	46	瞬时预告音响信号	W709、W710
26	绿灯	HG	47	延时预告音响信号	W711、W712
27	光字牌	HL	48	信号未复归	W703、W716
28	电铃	HA	49	手动同步发送合闸脉冲	W721、W722
29	蜂鸣器	HA	50	自动同步装置发送合闸脉冲	W721、W723
30	电笛	HA	51	自动调正周波脉冲	W717、W718
31	试验按钮	ST	52	有功功率表	PW
32	复归按钮	SR	53	有功电能表	PJ
33	停止按钮	SOF	54	电流表	PA
34	合闸按钮	SON	55	电压表	PV
35	解除信号按钮	JXA	56	频率表	PF
36	连接片	XB	57	自动空气开关	Q
37	指示器件	WS	58	接触器	KM

二、原理接线图

原理图用来表示控制信号、测量仪表、保护和自动装置的工作原理。在原理图中，各二次设备是以整体的形式与一次接线有关部分画在一起，并将电流回路、电压回路和直流回路联系起来。这样，使整个装置在一次与二次之间，交流与直流之间，形成一完整而直观的概念。这种接线图对了解二次回路动作原理是有利的，特别是初次接触二次回路的读者都很乐意使用原理图。但它的缺点是当元件较多时，接线繁杂，互相交叉，使人眼花缭乱，易产生误读，而且元件端子及连接线又无标号，特别是当只需要了解某一回路情况时，反而感到不便，故一般只是在解释动作原理时，才使用原理接线图。

三、展开接线图

展开图是将各元件内部各线圈和触点按其所处的不同性质的回路分解成若干部分，然后按回路分类绘出线圈或触点之间的连接关系图。例如，一个过电流保护继电器，其电流线圈与电流互感器连接在一起，形成交流电流回路，而其触点则归并到直流操作回路或保护回路。由于同一元件的线圈和触点分散在不同回路中，初学者很不习惯。但是，展开图可使各个不同性质的回路接线变得十分简单、清晰，便于查找和分析故障，深受专业人员的欢迎，因此实际中使用得最多。

四、二次回路展开图的绘制原则

(1) 二次回路中所有设备的触点位置规定都应按“正常状态”绘出，即以设备不带电状态（如断路器在跳闸状态、继电器在未通电动作状态）下的各触点位置绘出。

(2) 二次设备分成线圈和触点等部件后，属于同一个二次设备的所有部件应标以同一文字符号。例如，中间继电器KM的线圈和触点都要标以KM，以便查找，这些文字符号都要符合国家标准的规定。

(3) 在同一电气回路中，若有多个同类型设备，则应在文字符号后加注不同数字符号以示区别。如电流回路中有3个电流继电器，则应分别标上KA1、KA2和KA3。不同电气回路中同一设备的编号用平身阿拉伯数字表示，放在设备文字符号的前面。

(4) 二次设备的各组成部件，要分别绘在相应回路中，按照电流从电源流出的先后顺序从左到右排成行，行与行之间也应尽量按动作的先后次序从上到下排列。为了便于阅读，一般在展开图的右边对应用文字标明每行或一部分回路的名称和用途。

(5) 二次回路的标号。为了阅读、安装和检修的方便，二次回路通常都用标号来表示该回路的性质和用途。我国目前采用的二次回路中不同回路的编号范围如表3-5-3和表3-5-4所示。

表3-5-3　直流回路编号范围

回路类型	控制信号回路	保护回路	励磁回路	信号及其他回路
标号范围	1～599	01～099	601～699	701～799（不足时可以递增）

表3-5-4　二次交流回路标号组

序号	回路名称	回路标号组					
		用途	A相	B相	C相	中性线	零序
1	保护装置及测量仪表电流回路	T1	A11～A19	B11～B19	C11～C19	N11～N19	L11～L19
2		T1-1	A111～A119	B111～B119	C111～C119	N111～N119	L111～L119
3		T1-2	A121～A129	B121～B129	C121～C129	N121～N129	L121～L129
4		T1-9	A191～A199	B191～B199	C191～C199	N191～N199	L191～L199
5		T2-1	A211～A219	B211～B219	C211～C219	N211～N219	L211～L219
6		T2-9	A291～A299	B291～B299	C291～C299	N291～N299	L291～L299
7		T11-1	A1111～A1119	B1111～B1119	C1111～C1119	N1111～N1119	L1111～L1119
8		T11-2	A1121～A1129	B1121～B1129	C1121～C1129	N1121～N1129	L1121～L1129
9	保护装置及测量仪表电压回路	T1	A611～A619	B611～B619	C611～C619	N611～N619	L611～L619
10		T2	A621～A629	B621～B629	C621～C629	N621～N629	L621～L629
11		T3	A631～A639	B631～B639	C631～C639	N631～N639	L631～L639
12	经隔离开关辅助触点或继电器切换后的电压回路	6～10kV	A（C、N）760～769、B600				
13		35kV	A（C、N）730～739、B600				
14		110kV	A（B、C、L、S_C）710～719、N600				
15		220kV	A（B、C、L、S_C）720～729、N600				
16		330（500）kV	A(B,C,L,S_C)730～739、N600[A(B,C,L,S_C)750～759、N600]				

续表

序号	回路名称	回路标号组					
		用途	A相	B相	C相	中性线	零序
17	绝缘检查电压表的公用回路		A700	B700	C700	N700	
18	母线差动保护共用电流回路	6～10kV	A360	B360	C360	N360	
19		35kV	A330	B330	C330	N330	
20		110kV	A310	B310	C310	N310	
21		220kV	A320	B320	C320	N320	
22		330（500）kV	A330（A350）	B330（B350）	C330（C350）	N330（N350）	

二次回路展开图中各线段的标号按“等电位原则”标注，即在同一回路中具有同一电位的线段标以同一标号，而经触点、电阻、电容或线圈等元件分隔的线段，则应视为不同电位的线段而标以不同的标号。按水平方向绘制的回路，标号应尽量从左到右或从左、右到中间。对于交流回路，一般按从左到右顺序连续标号。对于直流回路，奇数表示正极性，偶数表示负极性。一般从左、右两极向中间标号，即正电源从左向右按奇数顺序编号，负电源从右向左按偶数顺序编号，遇有电容、电阻或线圈等主要降压元件时，应变换极性，该元件两端分别按规定标以奇、偶不同标号。在二次回路中，为了便于记忆，对于某些特定的部分，并不完全按顺序编号，而是给予专用的标号。例如：合闸回路常标以 3、103、203 或 303；跳闸回路一般标以 33、133、233 或 333；合闸回路监视标以 5、105、205、305 等；跳闸回路监视标以 35、135、235、335 等。

五、阅读展开图的基本步骤

（1）先一次后二次。通常在二次回路展开图中都绘有与二次回路相应的一次回路示意图。所谓先一次后二次是指：在阅读二次回路图时，先了解一次回路。因为二次回路是为一次回路服务的，只有对一次回路有了一定的了解后，才能更好地掌握二次回路的结构和工作原理。在阅读一次回路时应了解：

1）一次回路的构成情况。如保护和控制对象是变压器、线路还是电动机，变压器是双绕组还是三绕组，回路中有几台断路器和几组隔离开关，有几组电流互感器或电压互感器以及它们的编号。对于电流互感器还应了解其装设地点、保护范围等，注意隔离开关是否带有辅助开关。

2）了解一次回路的运行方式和特殊要求。

（2）先交流后直流。所谓先交流后直流，就是说先应了解交流电流回路和交流电压回路，从交流回路中可以了解互感器的接线方式，所装设的保护继电器和仪表的数量以及所接的相别。掌握交流回路的情况，对于阅读保护回路展开图尤为重要。

（3）先控制后信号。相对于信号回路来说，控制回路与一次回路、交流电流、电压回路以及保护回路具有更密切的联系，因此了解控制回路是了解直流回路的重要和关键部分。

（4）从左到右，由上到下。在了解直流回路时，应按照从左到右、由上到下的动作顺序阅读，再辅以展开图右边的文字说明，就能比较容易地掌握二次回路的构成和动作过程。

值得指出的是，以上顺序也不是绝对的，有时还需要反复地进行阅读和分析才能掌握回路的工作原理。另外，展开图虽然是按照不同回路分别绘制的，但是在阅读时，特别是在阅读直流回路时，不要孤立地去分析直流回路的动作情况，一定要在脑海里将其与一次设备动作情况、交流回路以及其他回路联系起来分析。例如，研究断路器控制回路时，一定要把控制开关的操作与断路器跳、合闸情况联系起来；分析保护回路一定要将保护的范围、继电器的交流回路动作情况联系起来；研究连锁回路时，要将工作电动机控制回路与备用电动机的连锁回路联系起来。这样才能全面地、系统地掌握二次回路展开图的有关内容。

第二节　厂用变压器的控制信号回路

300MW 汽轮发电机组设有高、低压厂用工作变压器，高压厂用变压器的高压侧采用封闭母线，通常不设高压断路器；厂用 6kV 高压断路器，目前多数采用 SN10-10 型少油断路器和 CD 型操动机构，少数采用真空断路器或 SF_6断路器。但无论采用何种型式的断路器和操动机构，均应满足断路器控制信号回路的基本要求。

对高压断路器控制回路的基本要求：

（1）能手动或自动合、跳闸，对于设计只能短时通电的合、跳闸线圈，在跳、合闸命令执行完毕后应能自动解除命令。

（2）能监视电源及下次操作时跳、合闸回路的完整性。

（3）能指示断路器的合闸与跳闸位置，手动与自动跳、合闸的信号应有明显的区别。

（4）有防止断路器多次合闸的防跳装置。

（5）接线简单可靠，使用电缆芯数少。

为了使读者对厂用变压器控制信号回路有一个较完整的概念，下面以低压厂用变压器为例说明控制信号回路工作情况。

一、低压厂用工作变压器的控制信号回路

低压厂用工作变压器的控制信号回路如图 3-5-1 所示。

（一）低压厂用工作变压器的高压断路器的控制信号回路

由图 3-5-1 可见，高压断路器控制信号回路采用 LW12 型万能组合控制开关的灯光监视控制方式。回路中 1SA 为高压断路器的控制开关，KO 为合闸接触器，YR 为断路器跳闸线圈，KJ 为防跳继电器，KMS 为增加触点的重动继电器，1HR 和 1HG 分别为表示断路器位置的红、绿指示灯，SON 和 SOF 分别为开关柜上就地操作的合闸和跳闸按钮，SO 和 ST 为手车开关位置触点，手车在运行位置时，SO 触点接通，手车在试验位置时，ST 触点接通。

断路器跳、合闸动作过程如下。

1. 手动合闸

QF 断路器在跳闸位置时，回路 L＋→1SA 23-24→1HG→R1→QF1→KO→L－接通，绿灯 1HG 亮，表示断路器在跳闸位置，且合闸回路良好。将控制开关 1SA 转向预合闸位置时，1SA 9-10 闭合，回路 M100→1SA 9-10→1HG→QF1→KO→L－接通，绿灯 1HG 闪光，表示操作开关位置正确。将控制开关 1SA 再转向合闸位置时，控制开关 1SA 5-6 接通，回路 L＋→1SA 5-6→SO（或 ST）→KJ2→QF1→KO→L－接通，合闸接触器 KO 动作，使回路 L＋→4FU1→KO→YO→KO→4FU2→L－接通，断路器合闸。断路器合闸后，动合和动断辅助触点位置将改变，QF1 断开，QF2、QF3 闭合，回路 L＋→1SA 21-22→1HR→KJ→QF2→YR→L－接通，红灯 1HR 亮，表示断路器已合闸，并监视断路器跳闸回路良好。

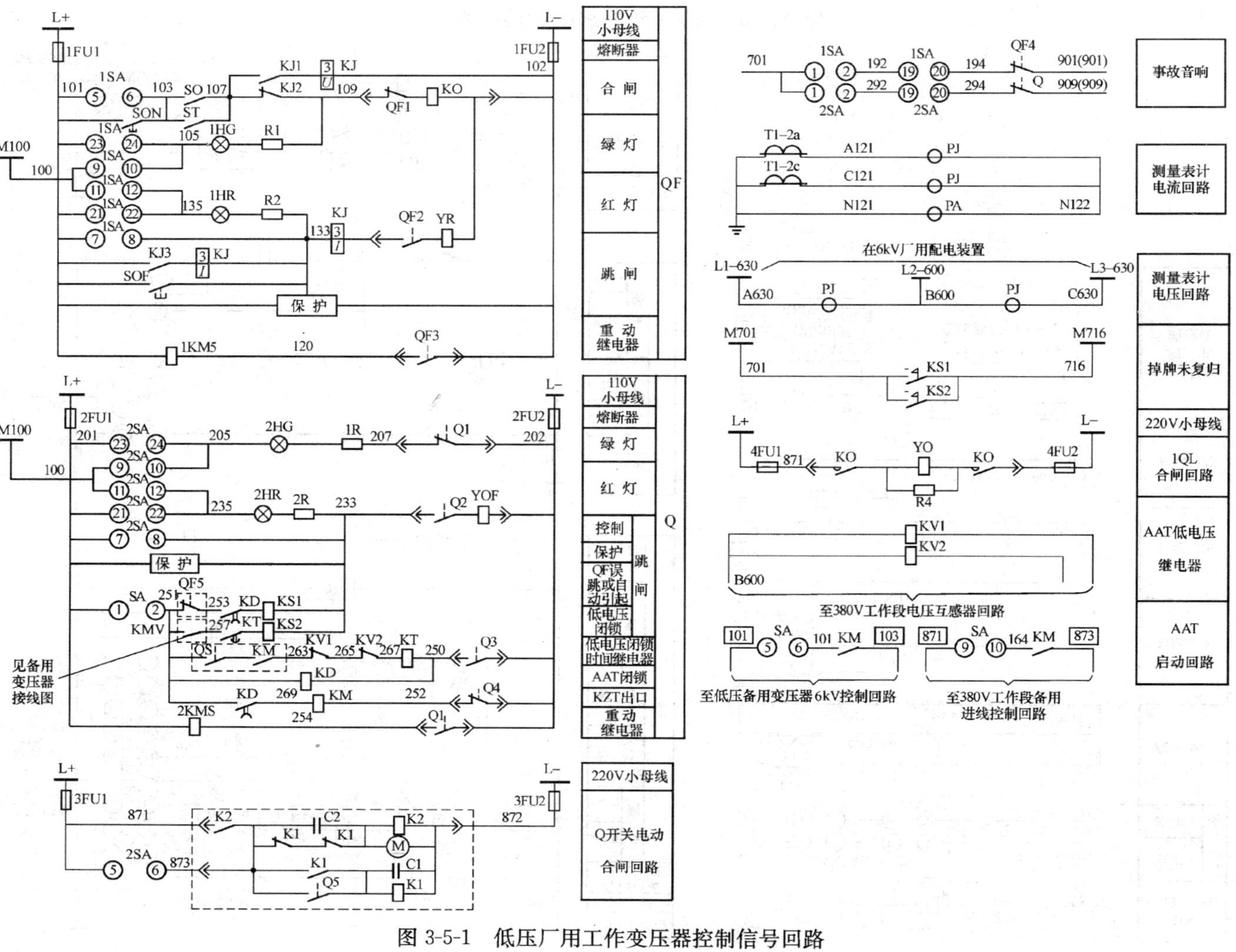

图 3-5-1 低压厂用工作变压器控制信号回路

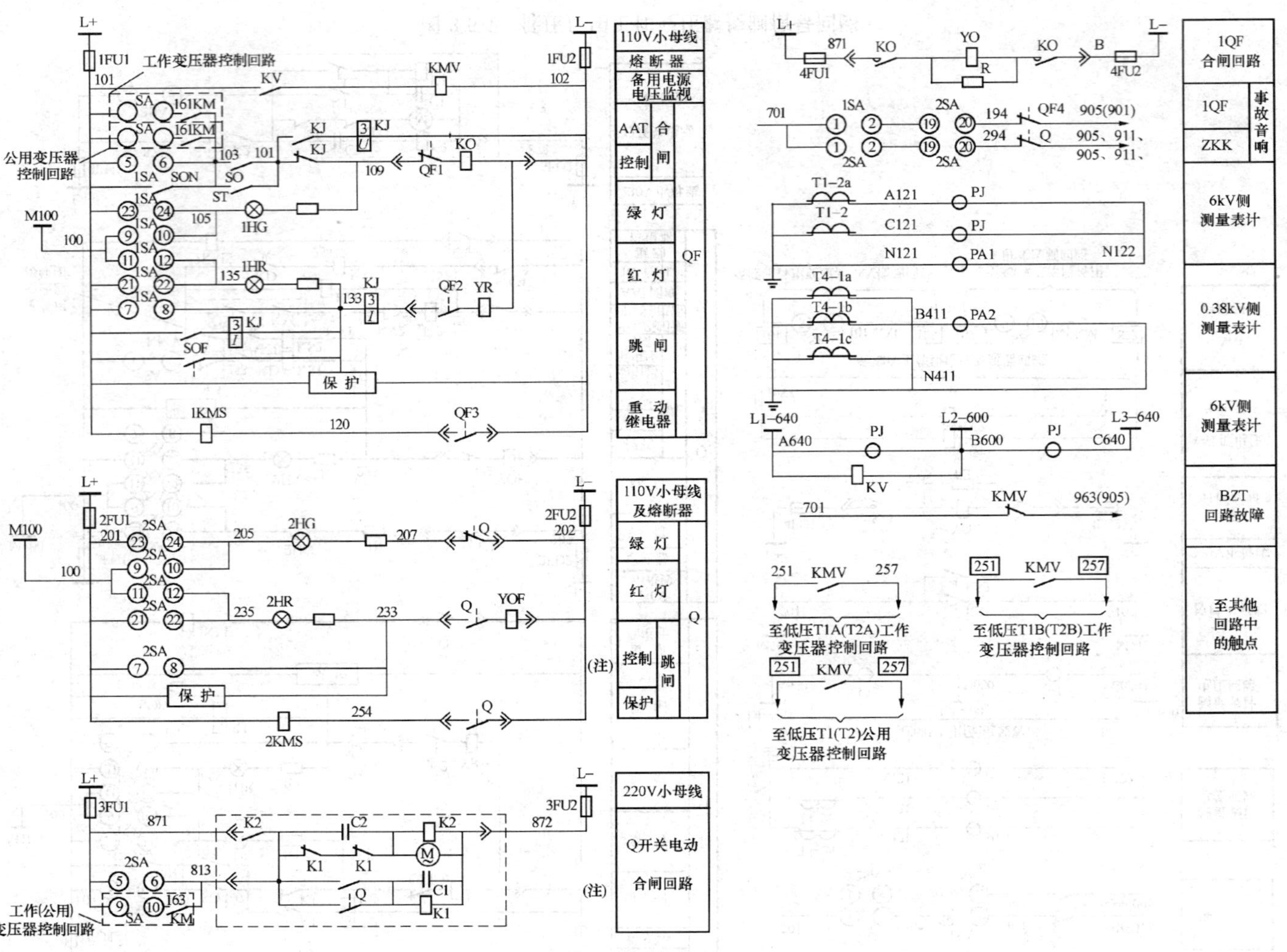

图 3-5-2　低压厂用备用变压器控制信号回路

2. 手动跳闸

将控制开关1SA转至预跳闸位置，触点1SA 11-12接通，1SA 21-22断开，回路M100→1SA 11-12→1HR（R2）→KJ→QF2→YR→L－接通，红灯1HR闪光，表示操作开关位置正确。将控制开关转至跳闸位置，触点1SA7-8接通，回路L＋→1SA 7-8→KJ→QF2→YR→L－接通，跳闸线圈YR动作，断路器跳闸，松手后，控制开关自动回复到跳闸后位置，控制开关触点1SA23-24接通，绿灯1HG亮。

3. 自动跳闸

当低压厂用工作变压器的保护动作，触点KMP（在与触点SOF并联的保护框内）接通（或手动跳闸按钮SOF接通），回路L＋→KMP→KJ→QF2→YR→L－接通，跳闸线圈YR动作，使断路器自动跳闸。由于控制开关1SA仍在合闸后位置，触点1SA 9-10闭合，回路M100→1SA 9-10→1HG→QF1→KO→L－接通，绿灯1HG闪光，表示断路器自动跳闸。

4. 自动合闸（厂用备用变压器才有此回路）

低压厂用备用变压器控制信号回路图如图3-5-2所示。在其控制回路中与控制开关触点1SA5-6并联的有连锁开关SA自动合闸触点KM，当自动合闸触点KM闭合后，L＋→自动合闸触点（SA、KM）→SO→KJ→QF1→KO→ L－接通，断路器自动合闸，由于断路器位置（合闸）与控制开关位置（跳闸）不对应，故回路M100→1SA 11-12→1HR→KJ→QF2→YR→L－接通，红灯1HR闪光，表示断路器自动合闸。

5. 断路器防跳回路

KJ为防跳继电器（见图3-5-1），它有三个线圈：两个电流线圈KJ（I），分别作为启动线圈和自保持线圈，另一个为电压线圈KJ（U），作为自保持线圈。防跳继电器的动作过程如下：当断路器合于永久性故障线路，保护将动作，使断路器跳闸，回路L＋→KMP→KJ（I）→QF2→YR→L－接通。由于防跳继电器KJ（I）额定电流仅为YR额定电流的50%左右，故先于YR启动，触点KJ3闭合自保持，KJ1闭合，KJ2断开（切断合闸回路）。若控制开关手柄未复归或触点1SA5-6被卡死未断开，则回路L＋→1SA 5-6→SO→KJ1→KJ（U）→L－接通，使防跳继电器电压线圈通电动作，此时，虽然断路器跳闸，QF2断开，KJ（I）已无电流，但因KJ（U）已通电自保持，直至合闸触点1SA 5-6或自动合闸触点断开为止，故断路器不会发生多次跳合闸的现象。

触点KJ3的作用是自保持，这样即使保护出口继电器触点短时接通，也能保证跳闸命令的执行，同时防止当保护触点KMP先于QF2断开时被电弧烧坏。

R1和R2的作用是，在红、绿指示灯短路时限制通过合闸接触器和跳闸线圈的电流不大于额定电流的10%，防止误跳或误合断路器。

在事故信号回路中串有1SA 1-2和1SA 19-20两对触点，其作用是防止手动合闸过程中误发事故跳闸信号。其中，1SA 1-2在控制开关1SA预合和合闸后位置接通，而1SA 19-20在合闸和合闸后接通。这样在手动合闸过程中，当QF4尚未断开时，因1SA 1-2和1SA 19-20不会同时接通，故不会误发事故跳闸信号，而在合闸后，QF4已先断开，1SA 1-2和1SA 19-20再同时接通，准备好事故跳闸发信回路。

（二）低压厂用工作变压器低压开关的控制信号回路

低压厂用工作变压器低压开关Q采用ME型自动空气开关。由图3-5-1可见，ME型自动空气开关的控制回路与高压断路器的控制回路有以下区别：

（1）没有手车开关的位置触点 SO 和 ST。

（2）没有防跳继电器 KJ。

（3）ME 型自动空气开关采用电动机储能合闸回路。

（4）没有就地跳、合闸按钮。

在 Q 开关电动合闸回路中，M 为交、直流两用串励式电动机，K1 和 K2 为中间继电器，Q5 为自动空气开关 Q 的辅助触点。

电动机储能合闸过程如下：当手动合闸时，触点 2SA 5-6 闭合，回路 L+→2SA 5-6→K1→K1 触点→K2 线圈→L－接通：

1）继电器 K2 动作，其动合触点 K2 闭合并自保持；

2）电动机 M 转动储能并使开关 Q 合闸。当开关合闸完毕，动合辅助触点 Q5 闭合，使继电器 K1 通电动作，其动合触点 K1 闭合，自保持，动断触点 K1 断开，切断储能电动机电源。当控制开关自复到合闸后位置时，继电器 K1 断电返回。电容器 C1 为继电器 K1 线圈的放电回路，与电容器 C2 一样，均有减小触点开断时电弧的作用。根据某些厂的运行经验，曾多次发生电动机 M 因触点 Q5 闭合不良，而长期通电烧毁的事故，故检修时应仔细调整触点 Q5。

当低压厂用变压器投入运行，连锁开关 SA 投入，SA 1-2 接通，在下列情况之一出现时，连锁厂用工作变压器低压开关 Q 跳闸：

（1）高压断路器 QF 误跳或误拉。

（2）由厂用工作变压器所在 6kV 母线失电引起的 380V 工作母线降低至 25％额定电压以下，而厂用备用变压器 6kV 电压在 70％额定电压以上时。

（3）厂用工作变压器保护动作自动跳闸。

连锁跳闸回路动作情况如下：

（1）当高压断路器误跳时，辅助触点 QF5 闭合，回路 L+→SA 1-2→QF5→KD→KS1→Q2→YOF→L－接通，Q 的分励脱扣线圈 YOF 通电动作跳闸，断路器辅助触点 Q3 断开，在连锁继电器 KD 尚未断电返回前，断路器辅助触点 Q4 闭合，回路 L+→SA 1-2→KD→KM→Q4→L－接通，AAT 出口中间继电器 KM 动作，使厂用备用变压器自动投入。连锁继电器 KD 的作用是保证只发出一次跳、合闸脉冲，防止厂用备用变压器多次合于故障。

（2）当由于厂用工作变压器 6kV 失电引起 380V 低电压时，接在 380V 母线电压互感器回路中的低电压继电器 KV1 和 KV2 返回，触点闭合，回路 L+→SA 1-2→QS→KM→KV1→KV2→KT→Q3→L－接通，时间继电器 KT 启动，当到达整定时间后触点 KT 闭合。此时若厂用备用变压器 6kV 母线有电，电压监视继电器 KMV 动作时，其触点 KMV 闭合，回路 L+→SA 1-2→KMV→KT→KS2→Q2→YOF→L－接通，自动空气开关 Q 跳闸。如果厂用备用变压器 6kV 母线无电，电压监视继电器 KMV 触点断开，厂用工作变压器低压开关 Q 不跳，等待厂用工作变压器高压断路器来电。低电压启动回路中设置 KT 的目的，是在到达整定时间之前等待厂用工作变压器高压侧来电。如整定时间内不能来电，表示高压厂用变压器备用电源自投不成功，则启动低压 AAT 回路，以减少备用电源自投切换次数。回路虚框内 QS 为厂用工作变压器 380V 母线电压互感器隔离开关的动合辅助触点，KM 为电压互感器断线的中间继电器，当 380V 母线电压互感器因检修或误拉其隔离开关（触点 QS 断开）时，或当电压回路出现断线（触点 KM 断开）时，自动切断低电压连锁跳闸回路，防止误动。

二、低压厂用备用变压器控制回路

图 3-5-2 所示为低压（T01 或 T02）厂用备用变压器控制回路，比较图 3-5-2 和图 3-5-1 可以看出，厂用工作变压器与备用变压器的控制信号回路基本是相同的，主要是备用电源自投回路部分有所不同。当厂用工作变压器连锁开关投入 SA 触点接通，若工作变压器低压开关自动跳闸，备用电源自投出口中间继电器 KM 动作，备用变压器的高压断路器合闸回路 L+→SA→KM→SO→KJ→QF1→KO→L－接通，同时备用变压器低压开关合闸回路 L+→SA 9-10→储能合闸回路→L－也接通（合闸过程参见上节所述），使高、低压回路同时接通。由于断路器（合闸）位置与控制开关（跳闸）位置不对应，故回路 M100→1SA 11-12→1HR→KJ→QF2→YR→L－接通，回路 M100→2SA 11-12→2HR→Q→YOF→L－接通，备用厂用变压器高、低压断路器的红灯闪光，表示自动合闸成功。

低压厂用备用变压器高、低压断路器除用红、绿灯光监视直流控制回路电源的完整性外，低压备用变压器在高压断路器的控制回路中还设有备用 6kV 有电压监视回路。KMV 为电压监视中间继电器，KV 为低电压继电器，接在备用变压器 6kV 母线电压互感器的 A、B 相上。当 6kV 母线电压互感器 A、B 相电压低于继电器整定值（约 70%U_N）时，KV 返回，触点 KV 断开，备用电源电压监视中间继电器 KMV 失电，动断触点闭合报警，动合触点断开，解除工作变压器低电压连锁跳闸回路，这样当工作变压器母线低电压时，工作变压器低压开关将不跳闸，而是等待工作变压器的 6kV 母线来电。

第三节　发电机变压器组出口断路器控制信号回路

300MW 汽轮发电机变压器组容量大、电压高，高压侧出口断路器通常选用开断电流大的 SF_6 型断路器，并采用液压操动机构，相应地对发电机变压器组出口断路器控制信号回路的功能和可靠性提出了更高的要求。因此，发电机变压器组出口断路器控制信号回路除满足上节所述基本要求外，还应满足以下特殊要求：

（1）发电机应能经过手动准同期和自动准同期方式合闸。

（2）当发电机变压器组升压母线采用双母线接线时，应增设母线隔离开关的位置指示，并考虑倒换母线运行方式时对有关保护的影响，自动进行保护方式调整。

（3）对液压操动的 SF_6 型断路器应设有油泵电动机自动控制和保护回路，并考虑 SF_6 气体压力和油压异常时的信号和保护回路，保证 SF_6 断路器运行的安全。

图 3-5-3 为发电机变压器组 220kV LW-220 型 SF_6 断路器的控制信号回路。为了节省篇幅，这里仅重点说明本回路与上节所述厂用变压器 6kV 的 SN10-10 型电磁操动机构的控制信号回路不同之处。

图 3-5-3 所示 W721、W722 为手动准同期发脉冲小母线，W721、W723 为自动准同期发脉冲小母线，SA 为发电机同期开关。KG1～KG4 为液压操动机构油压开关，当油压为额定值（32.6MPa）时，油压开关 KG1～KG4 的触点均断开；当油压下降到 27.8MPa 时 KG2 触点闭合，触点 K1 断开，闭锁断路器合闸回路；当油压下降到 25.8MPa 时，KG3 触点闭合，触点 K2 断开，闭锁断路器跳闸回路。KG 为 SF_6 气体压力保护开关，当气体压力下降到 0.5MPa 时，其触点闭合，使动断触点 K3 断开，同时切锁断路器的分、合闸回路，以确保安全。

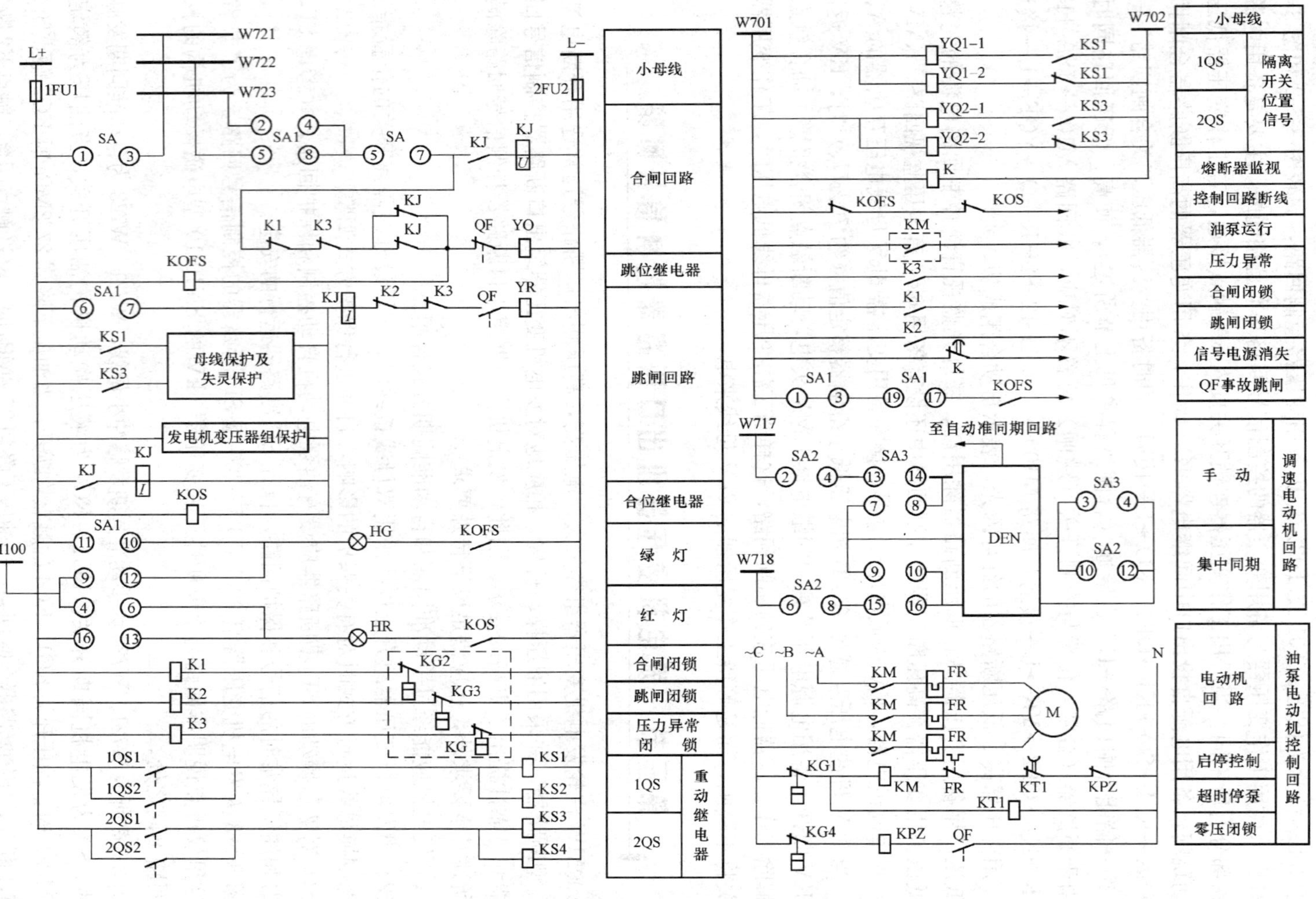

图 3-5-3　发电机变压器组出口断路器控制信号回路

一、断路器合闸

1. 手动准同期合闸

当 SF_6 断路器中 SF_6 气压正常时，触点 KG 断开，继电器 K3 的动断触点保持闭合状态，当油压大于 27.8MPa 时，KG2 触点断开，K1 触点保持闭合状态。合上同期开关 SA，触点 SA 1-3、SA 5-7 闭合，调整发电机电压和频率与系统一致，当达到同期条件时，手动合上控制开关 SA1、触点 SA15-8 闭合，使合闸回路 L+→SA 1-3→W721→W722→SA1 5-8→SA 5-7→K1→K3→KJ→QF→YO→L－接通，合闸线圈 YO 通电，断路器同期合闸。为了防止操作不当造成非同期合闸，回路中设有同期闭锁继电器，当运行系统与待并系统相角差小于 10°时，同期闭锁继电器触点闭合，W721 与 W722 接通，方允许发出合闸脉冲。

2. 自动准同期装置合闸

采用自动准同期装置进行同期并列的操作过程如下：当控制开关在跳闸后位置时，SA1 2-4 接通。合上同期开关 SA，并启动自动准同期装置，准同期装置自动调整发电机的电压和频率，使其与系统电压和频率一致，当达到准同期并列条件时，W721 与 W723 短接，回路 L+→SA 1-3→W721→W723→SA1 2-4→SA 5-7→K1→K3→KJ→QF→YO→L－接通，断路器自动同期合闸。

二、隔离开关位置指示

1QS1、1QS2、2QS1 和 2QS2 为母线隔离开关 1QS 和 2QS 的辅助触点，重动继电器 KS1～KS4 用于增加 1QS 和 2QS 的辅助触点。隔离开关位置指示器 WS 内设有合位线圈 YQ 1-1 和跳位线圈 YQ 1-2，正常仅有一只线圈通电，以指示闸刀的分、合位置。如母线隔离开关 1QS 合上，触点 1QSl、1QS2 闭合，启动 KSl、KS2 继电器，动合触点 KS1 闭合，使合位线圈 YQ 1-1 通电，动断触点 KS1 断开，分位线圈 YQ 1-2 失电，显示隔离开关 1QS 处于合闸位置。在跳闸回路中，触点 KS1 和 KS3 的作用是当本机组并入系统时（1QS 或 2QS 合上），根据所处母线运行方式相应改变母差或失灵保护的接线，并作用于本断路器跳闸。

三、音响监视回路

本接线采用合位继电器 KOS 和跳位继电器 KOFS 分别监视跳合闸回路和电源的完整性。例如，当断路器在跳闸位置时，回路 L+→KOFS→QF→YO→L－接通，跳位继电器 KOFS 动作，其动合触点 KOFS 闭合，绿灯亮。当合闸线圈断线或直流控制电源消失时，跳位继电器 KOFS 失电返回，绿灯熄灭，回路 W701→KOFS→KOS 接通，发出控制回路断线报警信号。类似方法可以分析跳闸回跳监视，这里不再重复叙述。

四、油泵电动机控制回路

液压操动系统的油泵由油压开关 KG1 控制作周期性自动启停。当油压下降到 31.6MPa 时，油压开关 KG1 触点闭合，回路～C→KG1→KM→FR→KT1→KPZ→N 接通，油泵启动；当油压上升到 32.6MPa 时，触点 KG1 断开，油泵停止运行。KT1 为超时继电器，当油泵运行时间超过 3～5min，时间继电器 KT1 触点断开，接触器 KM 断电，油泵停止运行。在断路器运行时，为防液压系统异常，油压下降至零，电动机启动恢复打压时造成断路器慢分（详见本篇第二章第五节），在电动机控制回路中设置零压电气闭锁回路，当液压下降到零时，油压开关 KG4 触点闭合，回路～C→KG4→KPZ→QF→N 接通，零压闭锁继电器 KPZ 动作，使电动机合闸接触器 KM 回路中的 KPZ 触点断开，防止在失压状态下电动机自启动。

第四节 厂用电动机控制信号回路基本接线

根据厂用电动机的电压等级、开关设备和控制方式的不同，厂用电动机控制信号回路接线也有多种形式，下面介绍几种常用的厂用电动机的控制信号回路接线。

一、采用集中控制方式的厂用高压电动机控制回路接线

厂用高压电动机常用手车式高压开关柜供电，柜中设有 SN10-10 型少油断路器和 CD 型电磁操作机构，其控制信号回路如图 3-5-4 所示。由图可见，该控制信号回路是采用带灯按钮的灯光监视控制信号回路，其接线的基本部分与低压厂用变压器的高压断路器控制回路属于同一类型，但该接线有以下特点：

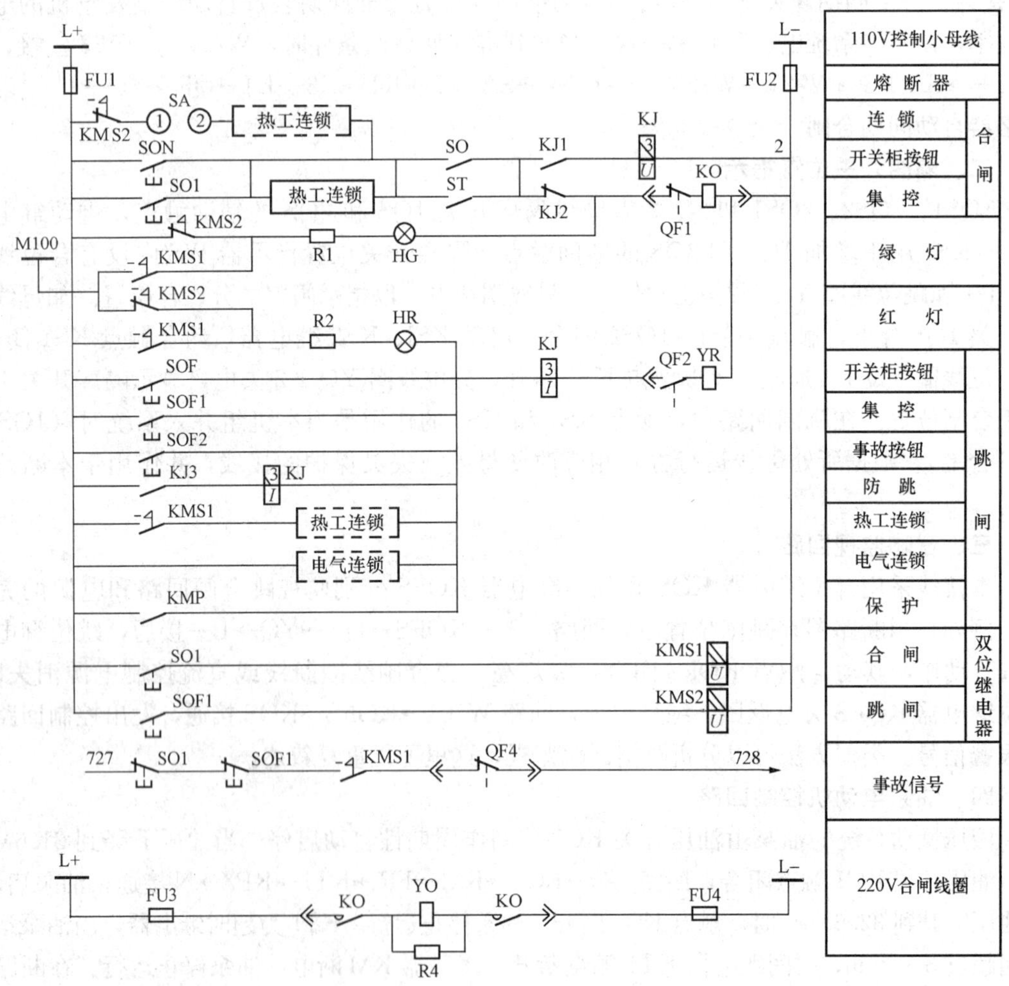

图 3-5-4 采用集中控制方式的厂用高压电动机控制回路

(1) 采用带灯按钮 SO1 和 SOF1，SO1 为带红色指示灯（HR）的合闸按钮，其触点 SO1 相当于图 3-5-1 中的 1SA 5-6。SOF1 为带绿色指示灯（HG）的跳闸按钮，其触点

SOF1 相当于图 3-5-1 中的 1SA 7-8。

（2）增加了电动机事故跳闸按钮 SOF2（设在电动机旁），供巡回检查发现电动机故障时紧急跳闸之用。

（3）采用双位继电器 KMS，双位继电器 KMS 用作断路器跳、合闸状态位置指示，双位继电器有两个电压线圈，其中之一为 KMS1 由合闸按钮 SO1 控制，另一电压线圈为 KMS2 由跳闸按钮 SOF1 控制。当线圈 KMS1 通电时，触点 KMS1 闭合，KMS2 断开；当线圈 KMS2 通电时，触点 KMS1 断开，触点 KMS2 闭合。

（4）设有电气和热工的连锁合闸和连锁跳闸回路。由于厂用机械设有备用辅机需连锁启动和机组程序启动需要工作辅机启动，或由于工艺流程要求和机械部分的热工保护要求而设置连锁跳闸。不同容量和性质的厂用电动机连锁回路有所不同。

（5）由于图 3-5-4 采用带灯按钮控制，所以事故信号回路相应用合、跳闸按钮的动断触点 KO1 和 KOF1 和合闸位置触点 KMS1（动合）来代替 1SA 1-2 和 1SA 19-20。当断路器在合闸位置，辅助触点 QF4 断开，手动跳、合闸按钮动断触点 SO1 和 SOF1 闭合；当断路器自动跳闸时，触点 QF4 闭合，接通断路器跳闸事故信号回路。

由于图 3-5-4 所示回路与低压厂用变压器高压断路器控制回路基本相同，故控制回路的动作过程不再重复叙述。

二、采用接触器集中控制的低压电动机的控制回路接线

图 3-5-5 为采用交流接触器集中控制的低压电动机的典型控制回路图。由图可知，该回路也是采用直流控制电源带灯按钮的灯光监视控制回路。图中，KO 为合闸继电器，KOF 为跳闸继电器，在电动机回路中，KA 为交流中间继电器，KM 为交流接触器，KT 为过负荷保护热继电器。本回路的分、合闸动作过程如下。

1. 手动合闸

按下手动合闸按钮，SO1 触点闭合，合闸继电器 KO 通电动作，触点 KO1 瞬时闭合，交流回路～A→KO1→KOF2→KT→KM→～C 接通，接触器线圈 KM 通电动作，接触器主触头 KM（三相）闭合，电动机启动。与 KO1 触点并联的接触器的动合辅助触点 KM 闭合，使接触器线圈 KM 自保持（～A→触点 KM→KOF2→KT→KM→～C），防止由于某种原因造成直流电源短时中断（如寻找直流接地的瞬时断电）时，KO1 返回，使电动机误跳闸。交流中间继电器 KA 用于增加接触器 KM 的辅助触点，当电动机启动后，反电动势升高，继电器 KA 动作，与 SO1 触点并联的 KA1 闭合，KA1 用于手动合闸按钮释放后直流合闸继电器 KO 的自保持。KA2 断开，KA3 闭合，使绿灯熄灭红灯亮（双位继电器 KMS1 通一次电后，触点 KMS1 闭合，KMS2 断开；反之，KMS2 通一次电，触点 KMS2 闭合，KMS1 断开）。

2. 手动跳闸

按下手动跳闸按钮，触点 SOF1 闭合，跳闸继电器 KOF 动作：

（1）动断触点 KOF1 闭合，回路 L+→KO2→KOF1→KOF→L－接通，继电器 KOF 通过此回路自保持，以保证跳闸命令正确执行。

（2）触点 KOF2 断开，切断接触器 KM 线圈电源，接触器 KM 返回，电动机停止运行。交流继电器 KA 失电返回：①触点 KA1 断开，使合闸继电器 KO 返回，延时断开的触点 KO2 断开后，解除跳闸继电器 KOF 的自保持回路，KOF 返回，准备下次合闸操作；②触点 KA2 闭合，KA3 断开，绿灯亮，红灯灭。

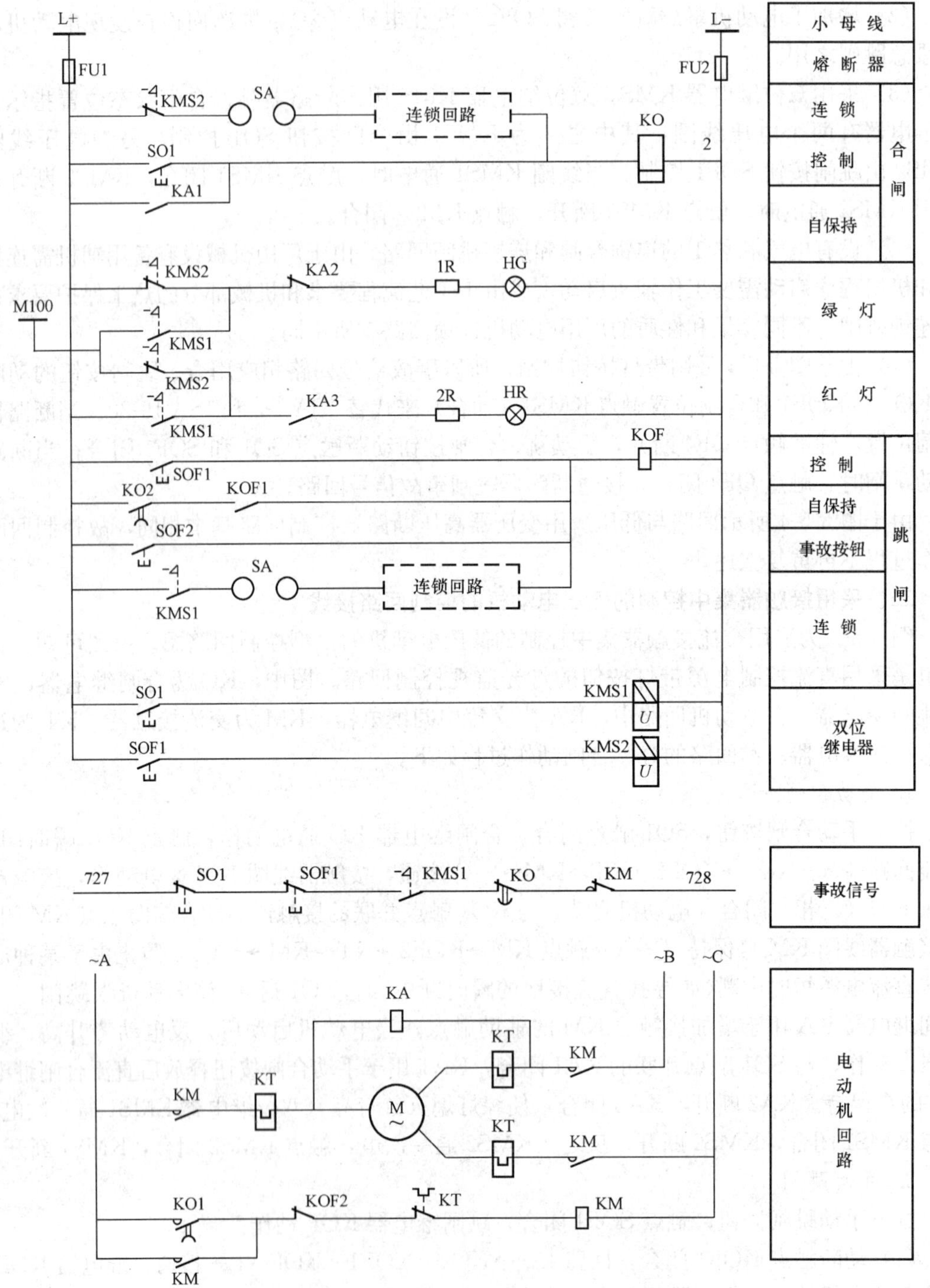

图 3-5-5 采用交流接触器集中控制的低压电动机控制回路

3. 自动合闸

部分具有连锁合闸要求的备用电动机设有连锁自动合闸回路，一般连锁合闸回路串有该电动机控制回路的跳闸位置动断触点 KMS2 和连锁开关 SA 的触点。若电动机处于连锁备用位置，连锁开关投入，SA 触点和 KMS2 触点闭合，当满足连锁条件时，连锁回路接通，合闸继电器 KO 动作，电动机自动投入。由于未进行手动合闸操作，故 KMS1 和 KMS2 位置不变，而继电器 KA 动作后，KA2 断开 KA3 闭合，故红灯闪光。有关连锁合闸回路动作情况将在本章第五节中详细讨论。

4. 自动跳闸

当电动机过负荷时，热继电器 KT 动作，在电动机的合闸回路中，触点 KT 自动断开，切断交流接触器线圈 KM 的电源，接触器返回，主触头 KM 断开，电动机停止运行。由于未进行手动跳闸操作，故 KMS1 和 KMS2 仍在合闸状态，继电器 KA 返回，KA2 闭合，KA3 断开，红灯熄灭，绿灯闪光。

值得指出的是：

(1) 合闸继电器 KO 的延时返回时间不宜过长，能保证跳闸时间即可。返回时间过长则可能出现跳闸自保持回路尚未断开时又出现新的合闸指令（如连锁合闸回路触点闭合），致使继电器 KO 和 KOF 同时动作，相互闭锁，而无法操作（去掉直流电源后可恢复正常）。

(2) 当电动机采用熔断器作保护时，应将交流中间继电器 KA 与接触器的线圈 KM 接在不同相上，见图 3-5-5（继电器 KA 接 A、B 相电源，接触器 KM 线圈接 A、C 相电源）。这样，当 A 或 C 相熔断器熔断时，接触器 KM 将会跳闸，电动机停止运行，而 B 相熔断器熔断时，继电器 KA 失电，触点 KA 2 闭合 KA3 断开，红灯熄灭，绿灯闪光，可提醒运行人员检查处理，防止一相熔断器熔断后长时间单相运行烧坏电动机。

第五节 厂用电动机的连锁回路

从广义上说，为了满足生产工艺流程要求，实现连续生产，或当生产工艺流程遭到破坏时，为了保证人身及设备安全等，要求在系统中某些互相有紧密联系的厂用辅机之间建立某种连锁关系，即当某些辅机（或设备）正常工作状态破坏时，立即通过电气二次回路迅速相应地改变另一些辅机的工作状态（投入或退出运行），实现这种连锁关系的电气二次回路部分称为连锁回路。应该指出，根据专业分工，本章所介绍的连锁回路仅仅是指利用开关电器辅助触点和继电器触点来实现的电气连锁，不包括热工连锁的有关内容。本书虽然在某些地方也涉及到一点热工连锁的内容，但这只是为了便于读者学习和理解，因而是不完整的。有关热工连锁的内容，可参考本丛书热控部分。

按照连锁的性质，厂用电动机的连锁回路可以分为按生产工艺流程设置的连锁回路和同一类型电动机中工作与备用电动机之间的连锁两大类。

一、按生产工艺流程设置的连锁回路

按生产工艺流程设置的连锁回路又可分为同一系统中担负不同任务的电动机之间按工艺流程要求设置的连锁和厂用机械主电动机与其辅助设备电动机之间的连锁两种。

（一）同一系统中担负不同任务的电动机之间按工艺流程要求设置的连锁

按工艺流程要求，构成的连锁回路的特点是："顺序启动，连锁跳闸"。所谓"顺序启动"指的是在手动或自动启动时，必须按照工艺流程要求的顺序才能启动，违反这一顺序，厂用电动机的断路器（或自动开关）就会合不上。在特殊情况下，例如需单独试验某一电动

机时，必须将连锁解除，才能不按上述工艺顺序操作。所谓“连锁跳闸”，是指当该系统正常投入运行并投入连锁后，当其中某个环节的电动机跳闸，连锁将会使系统中按启动顺序排在该电动机之后的所有电动机自动跳闸，使系统全部或部分设备停止运行，属于这一类的连锁有锅炉电动机连锁。

由于锅炉具有复杂的燃烧过程，运行中燃料和风、烟系统设备之间有密切的联系，例如两台同时工作的辅机，如果其中某一台设备故障，就会造成锅炉燃烧失调，若不及时采取措施，将可能扩大成为事故，对此热控装置（或人为手动）将采取相应的措施调整。但若两台同时跳闸，如两台引风机全部跳闸，则锅炉将无法运行，此时如送风机不停将造成炉膛正压，大量烟火外喷，如给粉机或排粉机未立即停运，大量煤粉进入炉膛将会造成炉内煤粉爆炸的严重危及设备和人身安全的恶性事故，因此必须设置锅炉电动机连锁回路。

在介绍锅炉电动机连锁回路之前，先介绍各辅机的作用。

1. 锅炉燃烧及风烟系统辅机的作用

锅炉燃烧及风烟系统的辅机包括旋转式空气预热器电动机、引风机、送风机和给粉机等，它们的作用分别是：

（1）旋转式空气预热器。空气预热器是用来提高锅炉进风温度，改善锅炉燃烧情况，降低排烟温度，提高锅炉效率的。旋转式空气预热器是利用蓄热板（包括波形板和定位板）轮流用烟气加热和向空气放热方式运行，因此具有旋转部分，并相应设有旋转电动机和向旋转式空气预热器转动轴承供油的润滑油泵等辅助设备。

（2）引风机。用于将炉膛内燃烧所产生的烟气抽出，并通过烟囱排向高空，维持锅炉炉膛−3～−5mm 水柱负压运行，防止烟火外漏。

（3）一次风机和送风机。对具有中间粉仓锅炉的一次风机所提供的空气经空气预热器加热后作为一次风，用于加热和输送煤粉至炉膛燃烧，或供直吹式制粉系统干燥原煤和输送煤粉。送风机所提供的空气经空气预热器加热后用于：①作为二次风，在一次风粉进入炉膛燃烧的同时送入二次风，与一次风粉强烈地混合，保证足够的氧气，使煤粉达到完全燃烧；②供制粉系统。

（4）给粉机和给粉机电源馈线。给粉机用于调节进入锅炉的煤粉量（改变给粉机台数和转速），以适应锅炉负荷变化的要求。给粉机电源馈线用于向给粉机供电。为安全运行，每台炉共设两个给粉电动机控制中心（MCC），每个给粉电动机控制中心设有两路给粉电源馈线，正常时一路电源工作，另一路备用，故每台锅炉共有四路给粉电源馈线。

2. 制粉系统各辅机的作用

300MW 汽轮发电机组具有中间粉仓的燃煤锅炉，每台炉共有四组完全独立的制粉系统。制粉系统辅机包括给煤机、磨煤机和排粉机。给煤机用于向磨煤机馈煤，控制磨煤机的出力；磨煤机用于将直径 20～25mm 的原煤加热干燥并研磨成煤粉；排粉机的作用是输送煤粉和维持制粉系统的负压，并经风粉分离后将剩余的粉气（约含 10%煤粉）送入炉膛燃烧（通常称为三次风）。制粉系统各辅机的启动顺序是：

排粉机→磨煤机→给煤机

即先启动排粉机，进行暖管，待温度达到要求后，启动磨煤机，最后启动给煤机，向磨煤机馈煤。按照“先开后停”原则，正常停止制粉系统时，应先停给煤机，再停磨煤机，最后停排粉机。如果违反上述顺序，先停排粉机，而磨煤机或给煤机未停，将造成堵粉或堵煤。

图 3-5-6 为具有旋转空气预热器和中间储粉仓锅炉辅机连锁回路。

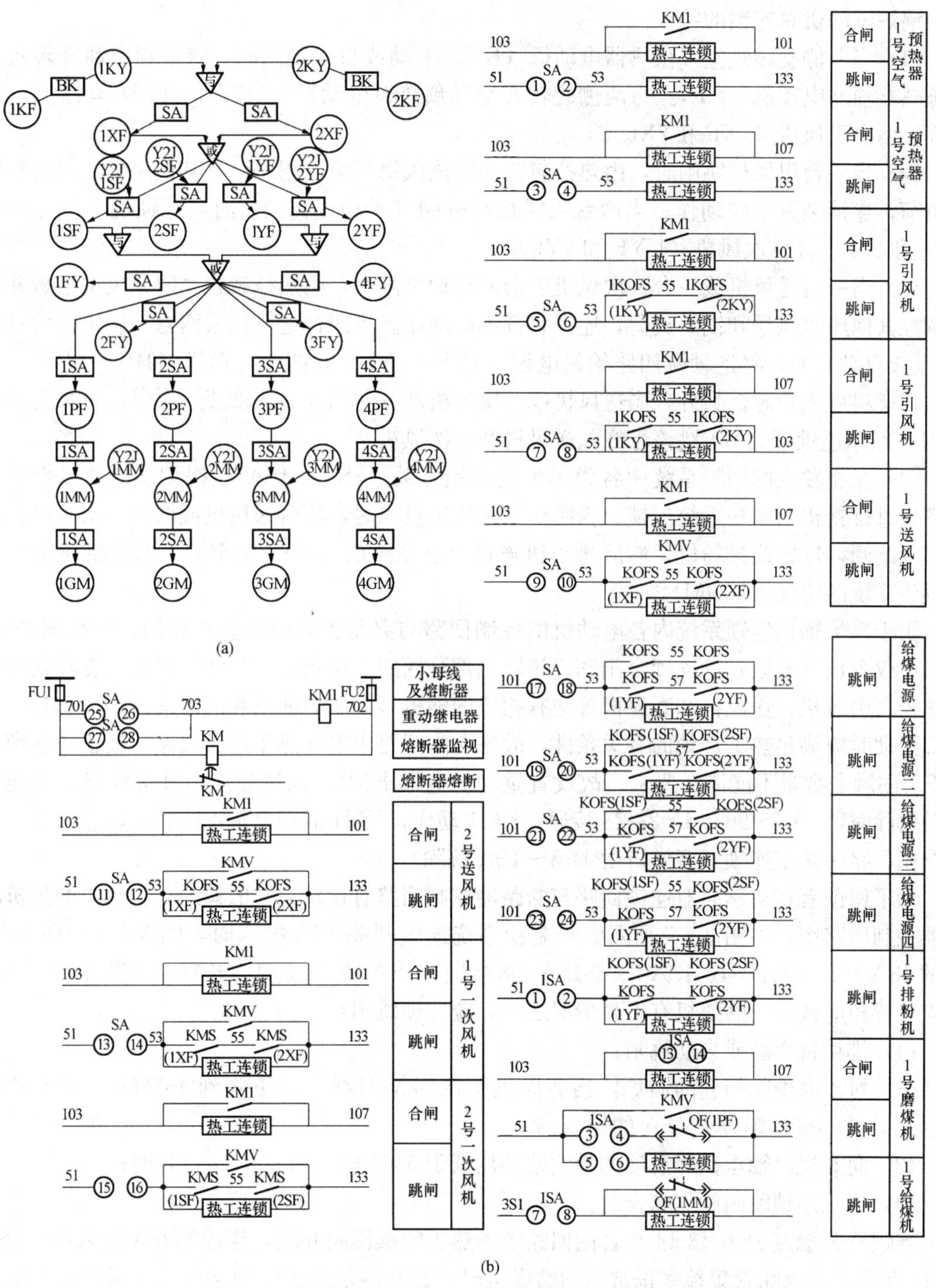

图 3-5-6　锅炉电动机连锁回路

（a）原理图；（b）连锁回路接线

锅炉电动机连锁按照工艺流程要求，其启动顺序为；空气预热器→引风机→送风机→一次风机→给粉电源（给粉机）→制粉系统。

锅炉电动机总连锁的特点：

(1) 当一侧旋转式空气预热器电动机（KY）手动或自动跳闸时，将连锁启动旋转式空气预热器辅助电动机（KF）。当两侧旋转式空气预热器电动机（1KY 、2KY）均跳闸，将连锁跳两台引风机（1XF 和 2XF）。

(2) 当一台引风机跳闸时，由热控装置关闭该风机挡板，相应调整其他风机的风量和锅炉负荷，连锁装置不应动作。当两台引风机均跳闸（手动或自动）时，连锁跳全部送风机（1SF 和 2SF）和一次风机（1 YF 和 2YF）。

(3) 当一台送风机或一台一次风机手动或自动跳闸时，由热控装置关闭该风机挡板并相应调控其他风机风量和锅炉负荷，连锁装置不应动作。当两台送风机或两台一次风机均跳闸（手动或自动）时，将连锁跳四路给粉电源（1YF～4YF）和四台排粉机（1PF～4PF），停止一切燃料进入炉膛。另外，当送风机或一次风机所在母线电压降低到 $45\%U_N$ 的时间达到 9s 时，经总连锁开关 SA 跳该母线上送风机和一次风机。

(4) 互相独立的制粉系统中各设单独的连锁开关（1SA～4SA)。锅炉燃烧、风烟系统连锁通过排粉机与制粉系统连锁。当制粉系统连锁投入时，两台送风机或两台一次风机自动或手动跳闸，连锁跳排粉机，然后排粉机连锁跳该系统的磨煤机（MM），磨煤机跳闸后连锁跳该系统的给煤机（GM）。

由于锅炉辅机连锁系统内各电动机的控制回路与典型控制回路基本相同，故在图 3-5-6 (b) 中仅列出互有区别的连锁合闸和连锁跳闸部分回路。由图 3-5-6 (b) 可见，旋转式空气预热器、引风机、送风机和磨煤机等均有相应的辅机（如压力油泵和润滑油泵等）和热工保护，启动时应满足热工连锁的有关条件，故在合闸回路中串入热工连锁回路。由于总连锁开关 SA 的触点数量不能满足要求，故设置重动继电器 KM1，以增加连锁开关触点，当连锁开关解除时，SA 25-26、SA 27-28 接通，KM1 动作，KM1 的动合触点闭合，解除上述各辅机合闸回路中热工连锁（磨煤机由 1SA～4SA 解除）。

为了使读者在初学时对连锁回路与断路器控制回路有比较完整的概念，特给出磨煤机断路器控制回路图，如图 3-5-7 所示。当制粉系统连锁开关 1SA 投入时，图 3-5-6 和图 3-5-7 中的 1SA 1-2、1SA 3-4、1SA 5-6、1SA 7-8 接通，1SA 13-14 断开。连锁开关断开时，上述触点位置相应改变。磨煤机有下列情况之一，应连锁跳闸：

(1) 排粉机手动或自动跳闸；

(2) 对于有中间粉仓的锅炉，当磨煤机所在 6kV 母线电压下降到 $45\%U_N$，时间达到 0.5s 时，并不受连锁开关 1SA 的控制；

(3) 向磨煤机轴承供润滑油的稀油站油压低于 5×10^4Pa（$0.5kg/cm^2$）时；

(4) 热工连锁跳闸触点闭合时。

连锁开关触点 1SA 13-14 与合闸回路中的热工闭锁回路并联，当连锁开关投入时，1SA 13-14 断开，这意味着集控室正常启动磨煤机时，必须满足热工连锁条件，合闸回路方能接通。当连锁开关解除时，1SA 13-14 闭合，这就是说，集控室启动磨煤机将不受热工连锁条件限制，因此必须慎用。另外在开关柜上就地合闸（按钮 SON）回路，完全不受热工闭锁条件控制，因此，只允许在检修调试断路器（手车在试验位置）时使用。

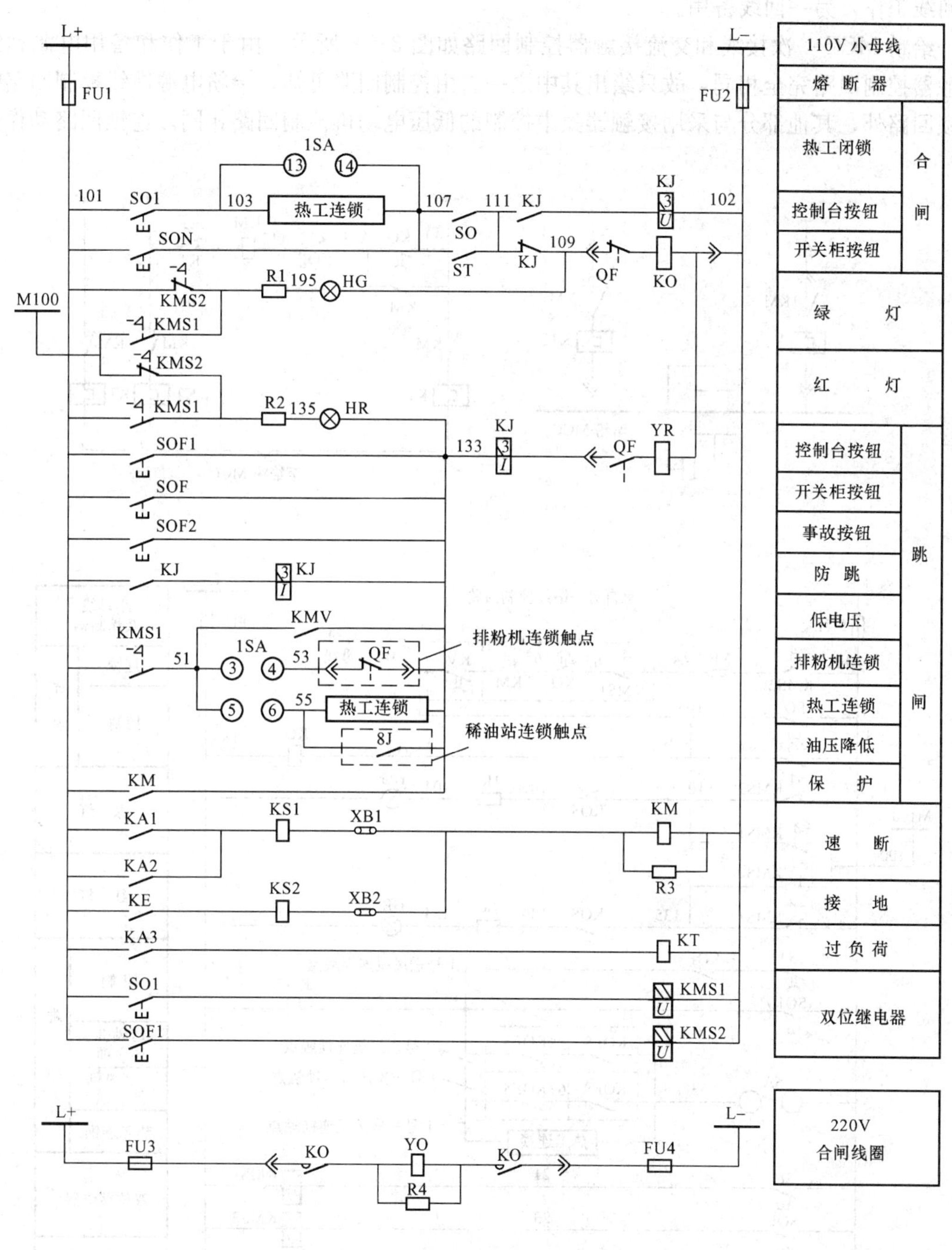

图 3-5-7　磨煤机断路器控制回路

锅炉给粉电源除受锅炉连锁回路控制外，在两路给粉电源之间还设有备用电源自投回路。

每台锅炉设有两个给粉 MCC，每一给粉 MCC 母线上设有两路给粉电源馈线，正常时一回线工作，另一回线备用。

给粉 MCC 一次接线和交流接触器控制回路如图 3-5-8 所示。由于工作和备用电源馈线接触器控制回路完全相同，故只绘出其中之一。由控制回路可知，给粉电源馈线控制回路除连锁回路外，其他部分与采用接触器集中控制的低压电动机控制回路相同。连锁回路动作情

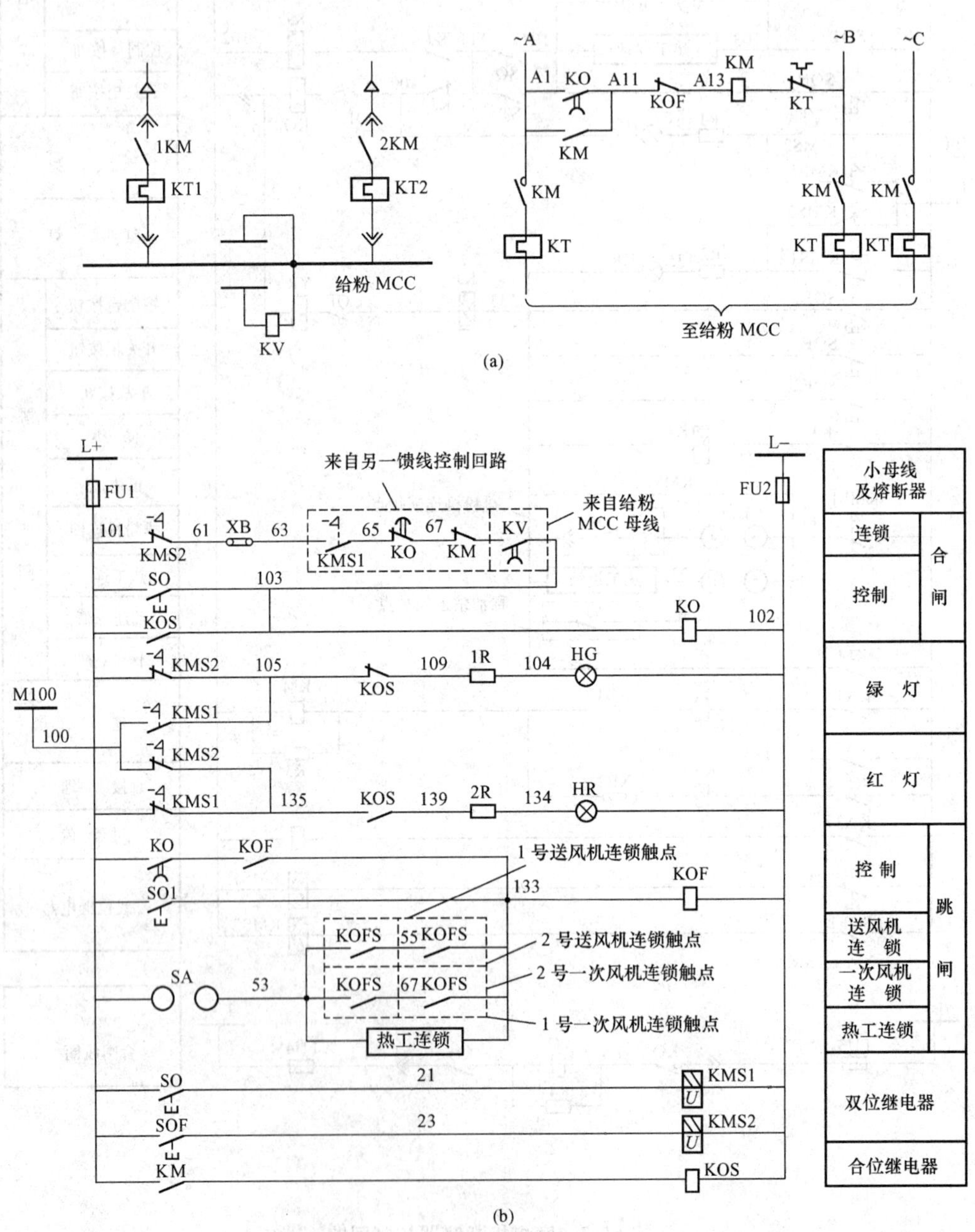

图 3-5-8 给粉 MCC 一次接线和交流接触器控制回路图

(a) 给粉 MCC 一次接线；(b) 给粉电源馈线接触器控制回路接线

况如下：

（1）正常工作时各触点状态。在图 3-5-8（b）连锁合闸回路中，XB 为连接片，其作用相当于前述互为备用连锁回路中的连锁开关，XB 接通表示连锁投入，解除连锁时取下 XB。由于馈线连锁回路所需触点不多，且不经常操作，故采用连接片来代替连锁开关。当馈线在备用位置，跳位动断触点 KMS2 和 XB 均在接通位置。虚线框中的 KMS1、KO 和 KM 为工作馈线有关触点，馈线投入工作时，合位动合触点 KMS1 和合闸继电器触点 KO 闭合，工作接触器动断触点 KM 断开。KV 为给粉 MCC 母线上的电压监视继电器（共用），母线电压正常时，延时断开的动合触点 KV 闭合。

（2）工作馈线开关自动跳闸（指非锅炉辅机连锁动作引起的跳闸）。当工作馈线自动跳闸时，给粉 MCC 母线失电，在电压监视继电器 KV 触点尚未返回之前，由于工作馈线接触器辅助触点 KM 闭合，备用电源接触器合闸回路 L+→KMS2→XB→KMS1→ KO→KM→KV→KO→L－接通，合闸继电器 KO 动作，使备用馈线投入。

母线电压监视继电器 KV 的作用是，只允许在 KV 延时断开的很短时间内恢复对给粉 MCC 的供电，防止锅炉熄火后再恢复给粉电源造成煤粉进入炉膛引起爆炸。

（3）两台一次风机跳闸或两台送风机跳闸。当两台送风机或两台一次风机跳闸时，KOFS（1SF）和 KOFS（2SF）同时闭合（或 1YF、2YF 的 KOFS 同时闭合），工作和备用馈线开关的跳闸回路 L+→SA→KOFS（1SF）→KOFS（2SF）→KOF→L－接通，跳闸继电器 KOF 动作，使工作馈线开关跳闸。工作馈线跳闸后，虽然也向备用馈线连锁合闸回路发出合闸脉冲，使 KO 动作，但因跳闸继电器 KOF 动作在先，使接触器 KM 的合闸回路［图 3-5-8（a）］中的动断触点 KOF 早在 KO 闭合之前断开，故备用馈线接触器 KM 仍保持在断开位置。

二、同类型辅机中工作与备用电动机之间的连锁

为了保证发电机组的安全运行，重要厂用工作辅机均设有备用辅机，如各机组的凝结水泵、凝结水升压泵、发电机水冷却泵、开式和闭式循环泵等均为一台工作、一台备用。公用系统的循环水泵则可有多台工作、一台备用。当工作辅机发生电气或机械故障时，为了使备用辅机能自动投入，在电动机控制接线中设置了电气和热工连锁回路。按照连锁回路的构成原理连锁可分为：

（1）具有两台同类型辅机互为备用（一台工作，一台备用）的连锁回路。

（2）具有两台以上同类型辅机的连锁回路。

（3）其他连锁方式。

（一）具有两台同类型辅机互为备用（一台工作、一台备用）的连锁回路

具有两台同类型的辅机间的连锁回路，由于连锁关系仅限于两台辅机之间，关系比较简单。它们的连锁接线通常附在各自的电动机控制回路中，连锁回路的特点是两台辅机共用一只连锁开关。由于两台辅机可以互为备用，故两台电动机控制回路的接线除连锁开关触点编号不同外，其余回路完全相同。

两台同类型辅机互为备用连锁回路的一般要求如下：

（1）当工作辅机的电动机自动跳闸时，备用辅机应自动投入。

（2）当工作辅机由于机械故障或其他原因使其工作系统的运行参数如水压（或油压、水位、油位等参数）低于正常下限时，备用辅机应自动投入。对于容量较大的厂用辅机，通常

还设有其他热工保护连锁，此时反映上述单项参数超限的连锁回路有时也并入热工连锁回路，此处不再单列。

由于保护和控制电动机所用开关电器（断路器、自动开关或接触器）的不同，以及辅机工作和备用方式的不同，其连锁回路稍有不同，下面结合具体设备举例说明。

1. 凝结水泵的连锁回路

汽轮机凝结水泵用于将凝汽器热井中的凝结水抽出，供给凝结水升压泵继续提高压力后送入各级低压加热器加热。每台 300MW 汽轮发电机组设有两台凝结水泵，可以互为备用。凝结水泵电动机电压等级为 6kV，使用高压断路器控制。图 3-5-9 为凝结水泵电动机控制回路接线图。不难看出，图 3-5-9 与图 3-5-4 的差别在于图 3-5-9 将连锁回路和保护这两部分作了较清晰的说明。

设图 3-5-9 为 1 号凝结水泵控制回路图，即虚线框中的 SA 触点标上 2 号凝结水泵编号，框外 SA 触点标上 1 号凝结水泵编号。若 2 号凝结水泵工作，1 号凝结水泵备用，连锁开关投入连锁 3 位置，连锁回路动作情况如下：

(1) 2 号凝结水泵正常运行 1 号凝结水泵备用时有关触点的状态。在 1 号凝结水泵的连锁合闸回路中，跳闸位置动断触点 KMS2 和连锁开关触点 SA 1-2 闭合。虚线框中为 2 号凝结水泵电动机触点，位置如下：合闸位置动合触点 KMS1 闭合，连锁继电器延时开启的动合触点 KL 闭合，断路器动断辅助触点 QF4 断开，连锁开关触点 SA 13-14 闭合，当热工连锁未达到动作条件时内部触点断开，故两条连锁回路均未接通。

(2) 工作（2 号）凝结水泵跳闸，在备用泵的连锁回路中，2 号凝结水泵断路器动断辅助触点 QF4 闭合，在 2 号凝结水泵连锁继电器触点 KL 延时断开之前，1 号凝结水泵的回路 L+→KMS2→SA1-2→KMS1→KL→QF4→SO→KJ2→QF1→KO→L－接通，KO 动作，接通合闸回路，备用（1 号）凝结水泵启动。

(3) 工作（2 号）凝结水泵未跳闸，但凝结水出口压力低于正常运行下限，热工连锁回路中低水压触点接通，回路 L+→KMS2→SA 1-2→KMS1→KL→SA 13-14→热工连锁→SO→KJ2→QF1→KO→L－接通，备用（1 号）凝结水泵启动。

连锁继电器 KL 的作用是，当工作电动机自动跳闸后，继电器 KL 失电，触点 KL 延时断开，该触点所需延时只允许向备用电动机合闸回路发出一次合闸脉冲，以防止多次启动备用电动机（防跳继电器失灵）或因长时间通电而烧坏只允许短时通电的合闸线圈。

2. 开式循环冷却水泵电动机连锁回路

开式循环冷却水泵进水来自循环水母管，经冷却水泵加压后供给励磁机空气冷却器、发电机定子水冷却器、发电机氢气冷却器、电动给水泵空气冷却器和润滑油冷却器、真空泵冷却器及柴油发电机冷却器等用水。开式循环冷却水系统设有两台冷却水泵，正常时一台工作、一台备用。开式循环水泵电动机的电压等级为 380V，采用交流接触器作开关电器。

图 3-5-10 为开式循环冷却水泵电动机控制回路接线图。由于两台泵可以互为备用，故两台电动机控制回路除连锁开关 SA 触点（1 号泵为 SA 1-2，2 号泵为 SA 3-4）外，其他原理接线完全相同。开式循环冷却水泵公用一只连锁开关，它只有连锁和解除两个位置。

设 2 号开式循环冷却水泵工作，1 号冷却泵备用，连锁开关投入连锁位置时，SA 1-2、SA 3-4接通。连锁回路动作情况如下：

(1) 正常工作状态。1 号冷却泵在备用状态下，跳闸位置动断触点 KMS2 和连锁开关

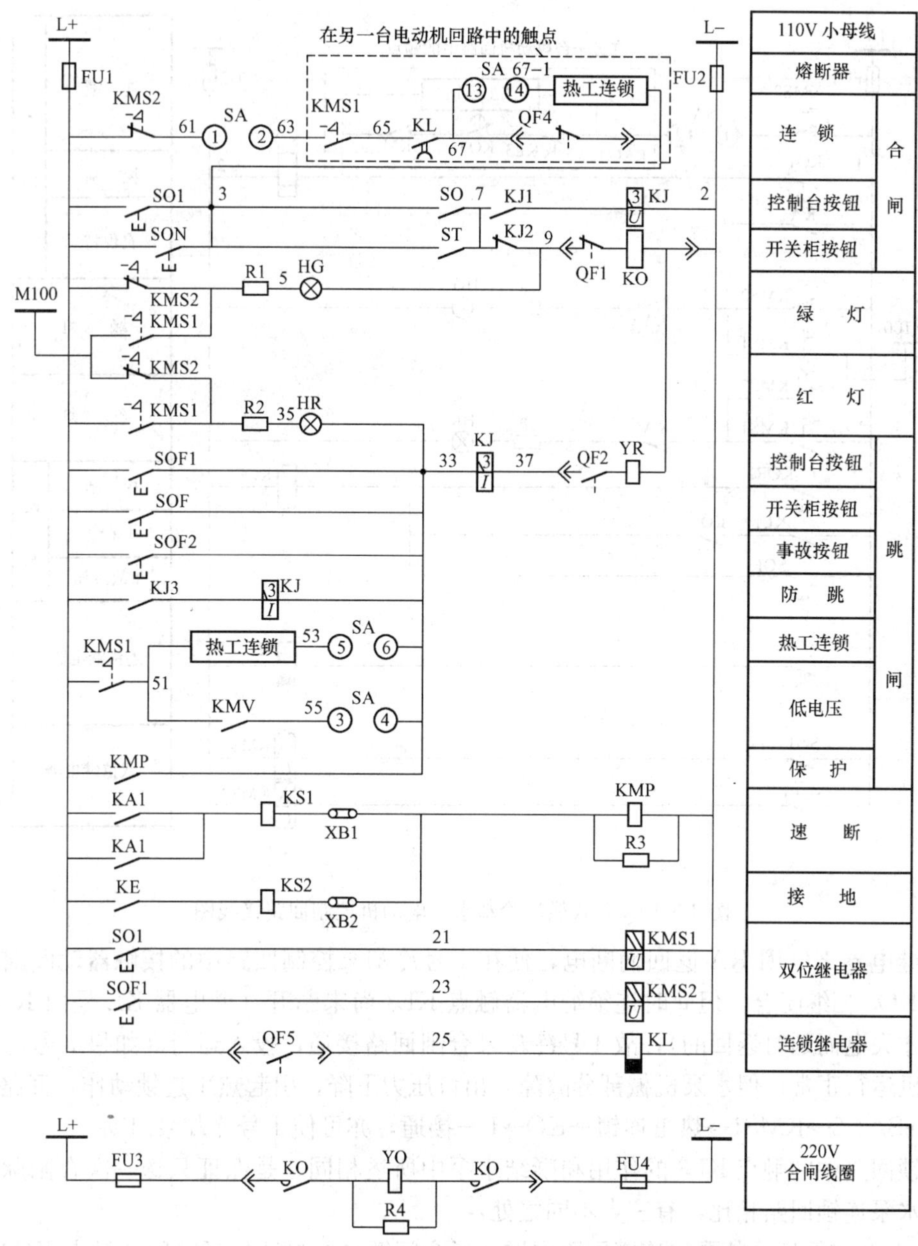

图 3-5-9　1 号凝结水泵控制回路接线图

SA 1-2接通，图 3-5-10 虚线框中的触点为 2 号冷却泵的触点，当 2 号冷却泵在正常工作时，合闸位置动合触点 KMS1 闭合，连锁继电器延时开启的动合触点 KL3 闭合，而合闸继电器延时闭合的动断触点 KO3 和接触器辅助触点 KM3 均在断开位置，故 1 号冷却泵的连锁合闸回路 L+→KMS2→ SA1-2→KMS1→KL3→KO3→KM→KO→L−不通。此外，由于 2 号冷却水泵工作正常，故热工连锁回路亦断开。

（2）2 号工作冷却泵自动跳闸。当工作中 2 号冷却泵的接触器 KM 自动跳闸时，2 号泵

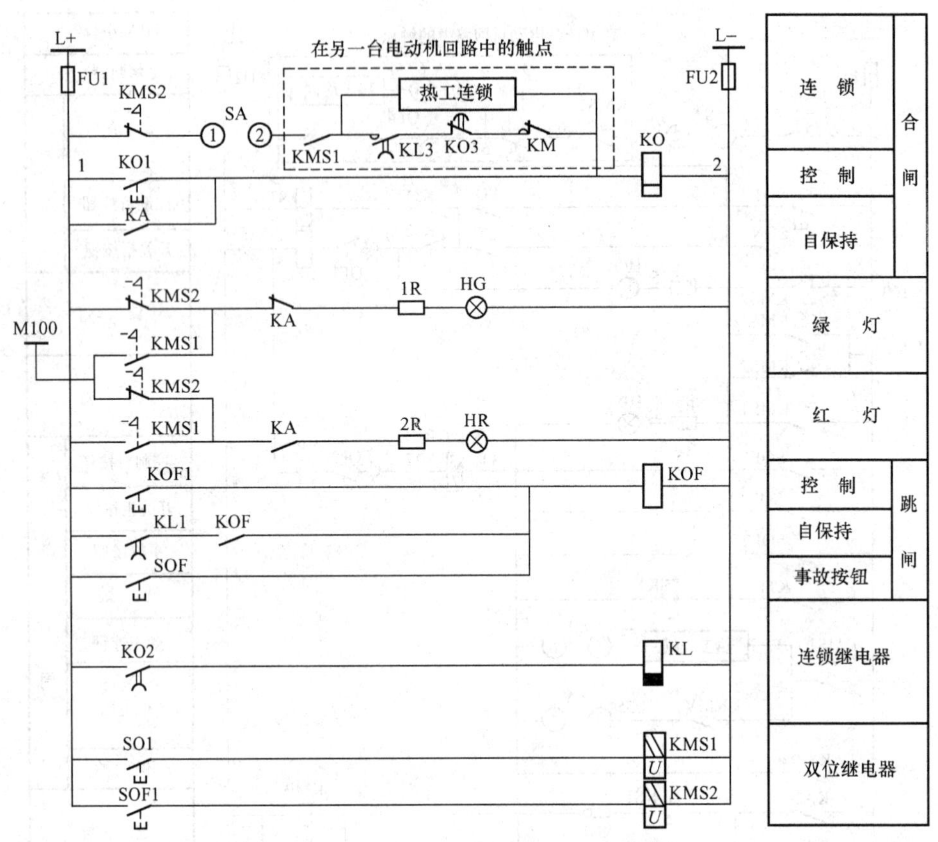

图 3-5-10 开式循环冷却水泵电动机控制回路接线图

的合闸继电器 KO 因 KA 返回而断电，使在 1 号冷却泵控制回路中的接触器动断辅助触点 KM 和 KO3 相继闭合，但此时连锁继电器触点 KL3 尚未断开（继电器 KL 是由 KO2 延时断开后才失电而延时返回的），故 1 号冷却泵合闸回路接通，投入运行。如果 2 号冷却水泵的电动机运行正常，但水泵机械部分故障，出口压力下降，引起热工连锁动作，回路 L+→KMS2→SA1-2→KMS1→热工连锁→KO→L−接通，亦可使 1 号冷却泵启动。

连锁回路中的触点 KL3 的作用和凝结水泵中所述相同，是保证只送一次合闸脉冲。但与凝结水泵连锁回路相比，有三点不同之处：

1）在开式循环冷却泵的连锁回路中增加了合闸继电器 KO 的延时闭合触点 KO3，原因是本接线中连锁继电器 KL 是由 KO2 供电的，当 2 号冷却泵跳闸至 KL3 断开的时间应为继电器 KO 和 KL 延时之和，这就增加了允许发合闸脉冲的时间。当回路中增加了 KO3 触点后，回路因 KO3 延时闭合，使允许送合闸脉冲时间仍为 KL 自身的延时。

2）热工连锁回路跨接在连锁继电器 KL3 之前，可防止因 KL3 接触不良影响热工连锁可靠地启动备用冷却泵。

3）本接线因无热工连锁跳闸和单独使用电气连锁的要求，故取消热工连锁分支回路中的 SA 触点。

与开式循环冷却泵电动机连锁回路相同的还有发电机定子冷却水泵电动机和闭式循环冷

却水泵电动机。

顺便说一下，闭式循环冷却水泵采用凝结水作冷却介质，以防止设备冷却水管道堵塞。当凝结水吸收热量后，再通过另一冷却器，由凝结水向循环水放热（二次循环冷却）。闭式循环冷却水泵所供的负荷有：①氢密封油装置油冷却器（氢和空气侧）；②取样冷却器；③汽动给水泵和前置泵底座冷却水、密封、轴承冷却水；④电动给水泵同③的冷却水。

（二）具有三台及以上同类型辅机的连锁回路

具有三台及以上同类型辅机的连锁回路，如果仍采用与两台同类型辅机类似方法来实现相互备用的连锁，将使连锁回路非常复杂，且辅机台数越多，接线越复杂，从而降低了连锁回路工作的可靠性。比较简单并且可靠的方法是设置一个公共的连锁回路，并使用独立的公共连锁回路电源，各工作泵和备用泵均与公共的连锁回路建立联系，通过各自的连锁开关来选择工作、备用或解除的连锁方式。例如，采用集中供水方式的循环水泵和循环水泵电动机共用的冷却泵，皆属于这一类的连锁回路。

由于图 3-4-2 所示的江边循环水泵房距离厂用配电装置较远，6kV 供电电缆长，且因循环水泵容量大，电动机又设有差动保护，为缩短循环水泵差动保护的二次连接导线，循环水泵差动保护电流互感器和循环水泵房测量仪表用互感器设在循环水泵房，而电流速断和接地保护作为电缆线路主保护和电动机的后备保护，其电流互感器设在 6kV 开关柜内，为了便于操作、管理和节约控制电缆，分别在循环水泵房控制屏和 6kV 开关柜各设有一套断路器控制和保护回路。图 3-5-11 为分别设在江边泵房和 6kV 开关柜上的循环水泵电动机控制回路图。

由图可知，江边泵房和 6kV 开关柜内控制回路有以下区别：

(1) 江边循环水泵房采用 220V 直流电源，控制开关 SA 用于循环水泵房远方手动与自动合闸和跳闸，在循环水泵房还可进行连锁（1SA～6SA）操作，电动机就地手动（1SON）合闸操作（使继电器 KO 通电动作），在控制屏上手动跳闸（使 KOF 通电）及电动机旁事故按钮 SOF 跳闸，差动保护 KD 及蝶阀跳闸时的连锁跳闸（启动 1KMP），但是在循环水泵房内所有分、合闸均通过 6kV 开关柜内控制回路，启动相应的合闸和跳闸继电器来完成上述操作。

(2) 6kV 开关柜内控制回路的特点是：采用 110V 操作电源，可以在开关柜上就地跳闸（2SOF）、合闸（2SON），设有速断、接地及低电压保护跳闸回路，该接线还具有防跳等功能，但不能进行连锁开关操作。

由以上分析可知，江边泵房的控制回路和 6kV 开关柜控制回路是一个串行的控制回路，而不是并行的控制回路。运行中如发现江边循环水泵指示灯不亮，若检查泵房指示灯泡和电源正常，应及时查 6kV 开关柜的控制回路熔断器是否熔断。如果 6kV 开关柜的控制回路故障，将使江边泵房的控制回路也失去作用；如果江边泵房控制回路故障，6kV 开关柜的控制回路虽仍起作用，但保护不完整、且不具备连锁等功能。因此二者不能相互取代，而是共同构成一个完整的循环水泵控制保护接线。了解这一点有利于运行管理和安全运行。

图 3-5-12 为循环水泵间连锁和冷却水泵间连锁的接线图。1XHB～6XHB 为循环水泵，1SA～6SA 为 6 台循环水泵连锁开关，1KV～6KV 和 1SA1～6SA1 为低电压继电器与相应的连锁开关。图 3-5-12 中实线表示工作电动机自动跳闸的信息送至总连锁回路，启动中间继电器 KM1 的路径。点划线表示 KM1 动作后连锁信号作用于备用电动机的合闸路径。图

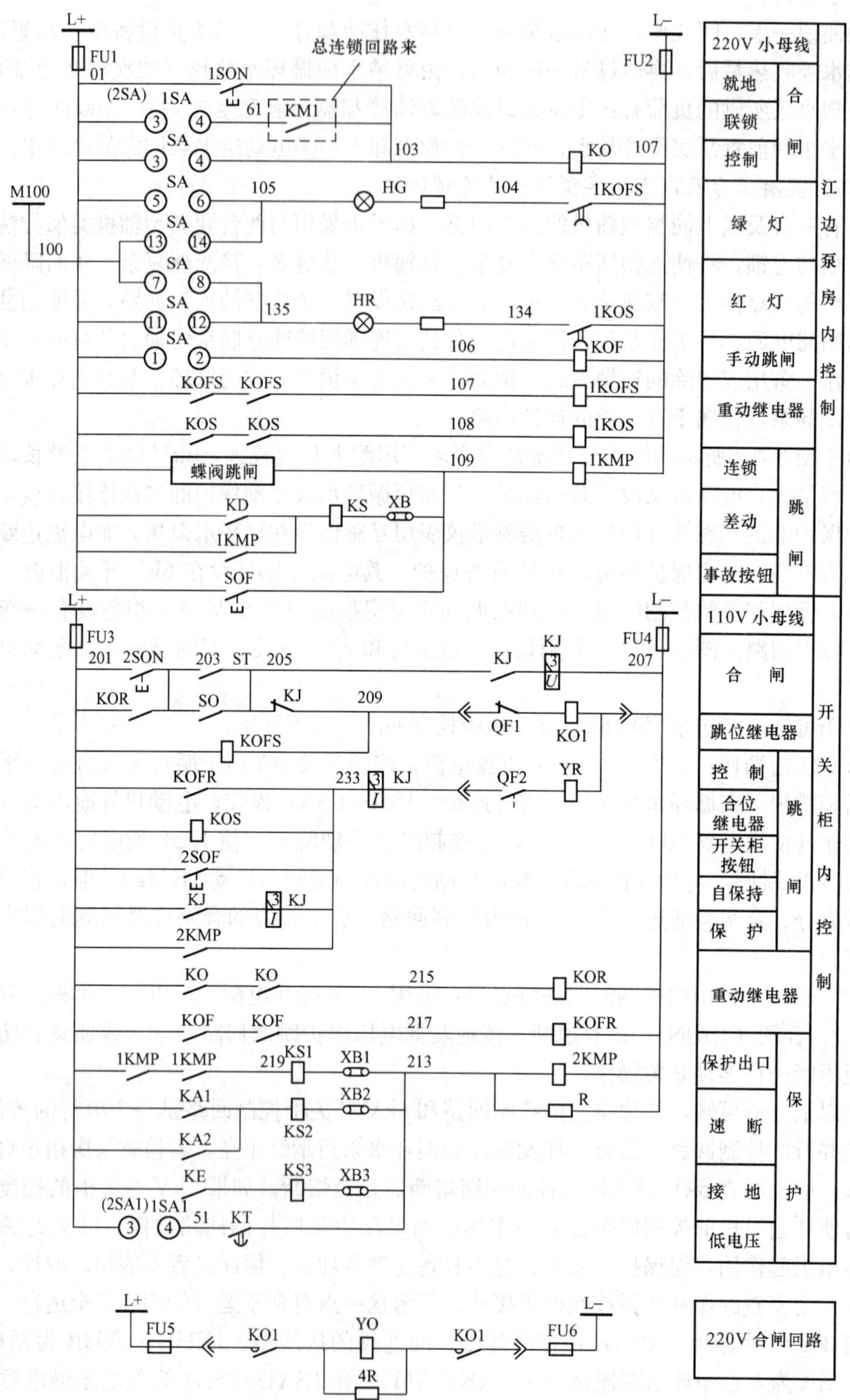

图 3-5-11 江边泵房及 6kV 开关柜上的循环水泵电动机控制回路图

3-5-13 为江边循环水泵房事故音响及总连锁回路接线图。图中虚线框内的触点为工作泵启动 KM1 的回路，由于任一台循环水泵均可作为工作或备用泵，并有各自的连锁开关，因此它们的电动机控制回路和连锁启动回路接线完全相同，故图中只示意一台循环水泵为代表。为了叙述简便和概念清晰，设 1 号循环水泵工作，2 号循环水泵备用，并将相应图中连锁开关编号改为与连锁示意图一致（括号内编号为修改后编号）。

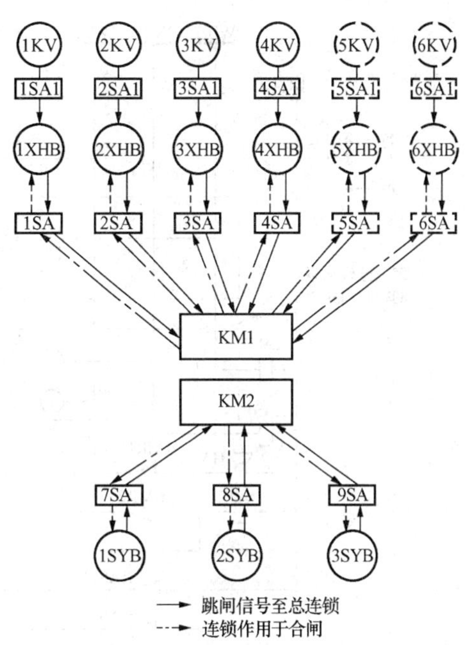

图 3-5-12　循环水泵间连锁及冷却水泵间连锁接线图

连锁回路动作情况如下：

（1）正常状态下与连锁动作有关触点位置。当 1 号循环水泵运行，连锁开关 1SA 投入工作位置时，总连锁回路中的 1SA 5-6、SA 17-18 和 SA 19-20 接通，跳闸重动继电器动合触点 1KOFS 断开，连锁启动回路不通（参见图 3-5-13总连锁回路图）。

当 2 号循环水泵备用，连锁开关 2SA 放备用位置时，连锁触点 2SA 3-4 闭合，但 KM1 继电器的动合触点 KM1 断开，江边泵房备用泵的合闸回路不会接通（参见图 3-5-11）。

（2）1 号循环水泵自动跳闸，2 号（备用）循环水泵自动投入。当 1 号循环水泵自动跳闸时，跳位继电器 KOFS 动作，触点 KOFS 闭合，跳位重动继电器 1KOFS 动作，动合触点 1KOFS 闭合，总连锁（见图 3-5-13）中 1 号循环水泵的启动回路 L+→KAS→1SA 5-6→SA 17-18→SA 19-20→1KOFS→L－接通，继电器 KAS1 动作，动断触点 KAS 1-2 断开，总连锁继电器 KLT1 失电返回，在其触点 KLT1 延时断开之前，动合触点 KAS 1-3 闭合，回路 L+→KAS 1-3→KLT1→KM1→L－接通，连锁启动备用循环水泵中间继电器 KM1 动作，动合触点 KM1 闭合。在 2 号循环水泵合闸回路（见图 3-5-11）中 L+→2SA 3-4 →KM1→KO→L－接通，合闸继电器 KO 动作，触点 KO 闭合，使 6kV 开关柜内的回路 L+→KO→KO→KOR（线圈）→L－和 L+→KOR（触点）→SO→KJ→QF1→ KO1→L－相继接通，合闸接触器 KO1 动作，合闸线圈 YO 通电，2 号循环水泵启动。

图 3-5-11 中跳位重动继电器 1KOFS 详细动作过程如下：当 1 号循环水泵差动保护跳闸时，出口中间继电器 1KMP 动作，其触点 1KMP 闭合，使 6kV 开关柜内的保护出口中间继电器 2KMP 动作（如系过流和速断保护动作，其动作过程由此开始），动合触点 2KMP 闭合，使回路 L+→2KMP→KJ（I）→QF2→YR→L－接通，断路器自动跳闸，动断触点 QF1 闭合，跳位继电器 KOFS 动作（L+→KOFS→QF1→KO1→L－），触点 KOFS 闭合，使江边循环水泵房的跳位重动继电器 1KOFS 动作，循环水泵房控制屏上 1 号循环水泵绿灯闪光。

运行中应注意以下几点：

（1）由于本连锁只有断路器自动跳闸的连锁，没有设计成低水压连锁启动备用泵回路，

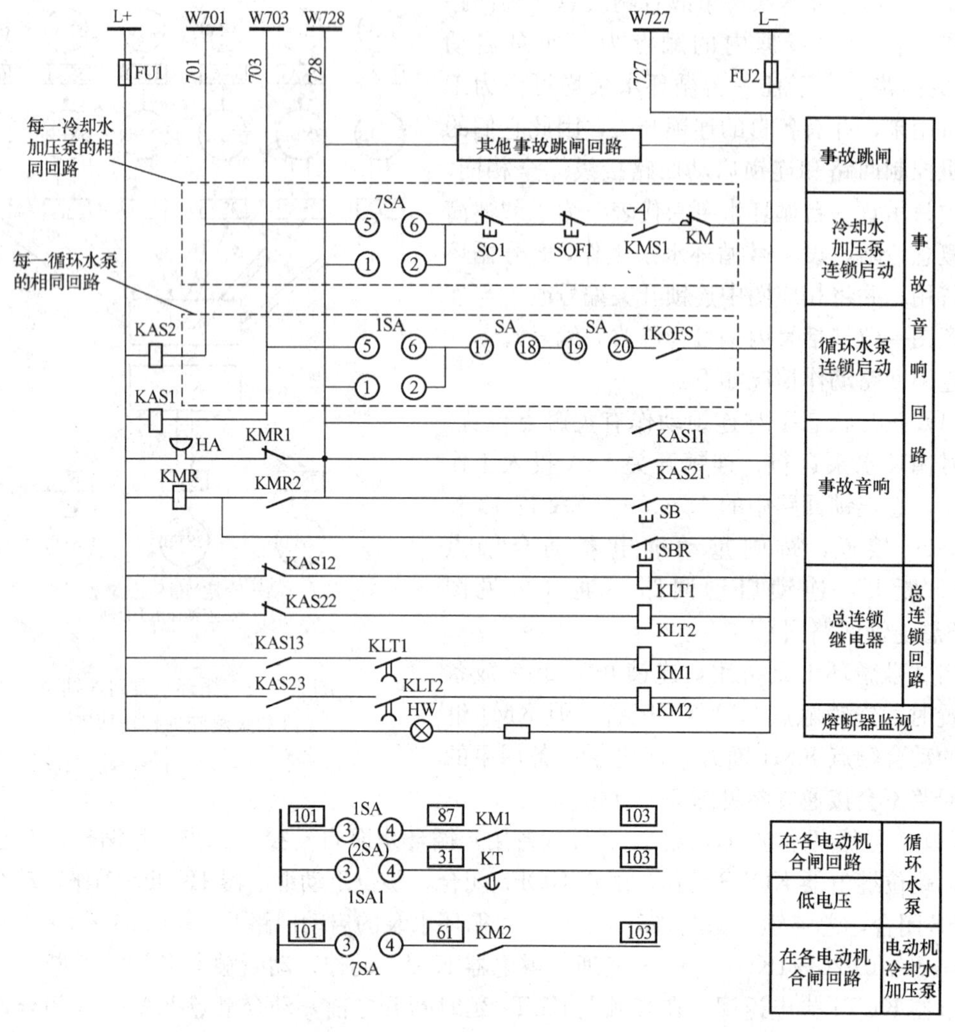

图 3-5-13　江边循环水泵房事故音响及总连锁回路接线图

操作时应特别小心，如误拉工作泵的断路器，因 SA 17-18、SA 19-20 断开，备用泵将不会启动。

（2）本连锁回路每台泵都有一连锁开关和多个连锁位置，操作时容易出错，每次操作后应注意核对连锁开关是否放到相应位置。

（3）当工作循环水泵故障跳闸，备用泵联动成功后，应及时将故障跳闸的循环水泵连锁开关解除，控制开关放到跳闸后位置，如果有其他泵可作备用，应将其连锁改投备用。这是因为循环水泵房事故信号装置通常是不重复动作的，如不将故障电动机控制开关复位，则其他断路器跳闸时将不再发出事故信号，并且由于继电器 KAS1 处于动作状态，KLT1 失电，即使再有循环水泵跳闸也无法使备用泵投入。

（4）总连锁回路电源采用白色灯光（HW）监视，如失去直流电源，事故跳闸音响和连锁备用泵自投将失去作用，应经常注意监视白灯（HW）是否常明，另外由于总连锁回路与事故信号回路共用电源，因此运行中不能随意停用事故音响回路直流电源。

循环水泵房事故信号音响回路为不重复动作的事故信号音响装置，图 3-5-13 中的 HA 为蜂鸣器，SB 为事故音响试验按钮，SBR 为事故音响解除按钮，断路器或接触器跳闸时事故音响动作过程仍以 1 号循环水泵工作为例，说明如下：

当 1 号循环水泵连锁开关 1SA 放在工作位置时，1SA 5-6 接通，当断路器自动跳闸时，跳位重动继电器动合触点 1KOFS 闭合，使继电器 KAS1 动作，其触点 KAS1 闭合，回路 L+→HA→KMR1→KAS 1-1→L－接通，HA 发出音响。按下事故音响解除按钮 SBR，使继电器 KMR 动作，动断触点 KMR1 断开，解除音响，动合触点 KMR2 闭合，回路 L+→KMR→KMR2→KAS1→L－接通自保持，此时如果再有其他断路器（或接触器）自动跳闸，装置将无法动作发出音响，直至将控制开关复置到跳闸位置（SA 17-18、SA 19-20 断开，KAS1 失电返回）切断继电器 KMR 自保持同路，事故音响回路方恢复到准备动作状态。如果循环水泵运行无备用泵，1 号循环水泵连锁开关放解除位置，此时 1SA1-2 闭合，当 1 号循环水泵自动跳闸时，回路 L+→HA→KMR1→1SA 1-2→SA 17-18→SA 19-20→1KOFS→L－接通，仅发出事故音响，余下解除音响和复归回路情况与前述动作相同，故不重复。

（三）其他连锁方式

1. 具有多台备用辅机的连锁回路

（1）300MW 汽轮机交、直流润滑油泵连锁回路。汽轮机和发电机轴承的润滑油，在汽轮机正常运行时由汽轮机主轴带动的主油泵供给。为了在汽轮机启动前和停机后盘车以及汽轮机停机惰行过程中向轴承供润滑油，300MW 汽轮机设有交、直流润滑油泵，并作为汽轮机润滑油系统的事故备用。

交、直流润滑油泵电动机控制接线如图 3-5-14 所示。两台润滑油泵公用一只连锁开关 SA，连锁投入时，SA 1-2、SA 5-6 接通，解除时则不通。交直流油泵在备用位置时，跳闸位置动断触点 KMS2 闭合。连锁回路动作情况如下：

1）当交流油泵备用，而汽轮机轴承油压下降到 50kPa 时，交流润滑油泵连锁合闸回路中的油压触点 KP 闭合，回路 L+→KMS2→SA 1-2→KP→KOF→KO→L－接通，合闸继电器 KO 动作，交流润滑油泵投入运行。

2）当交流润滑油泵已正常投入运行时，直流油泵仍作备用，由图 3-5-14（a）可见：交流润滑油泵的合闸继电器 KO 动作后，延时打开的动合触点 KO2 闭合使连锁继电器 KL 动作，触点 KL 闭合。当在下列情况下直流润滑油泵连锁启动：

a. 交流润滑油泵自动跳闸，交流接触器动断触点 KM 闭合，在连锁继电器 KL 延时断开的动合触点打开之前，图 3-5-14（b）中直流润滑油泵电气连锁合闸回路 L+→KMS2→SA 5-6→KMS1→KL→KM→KOF→KO→L－接通，启动直流油泵。连锁继电器 KL 是保证交流油泵跳闸时，直流油泵只连锁合闸一次。

b. 交流润滑油泵电动机未跳闸，但润滑油压下降到 50kPa 时，触点 KP 闭合，直流润滑油泵油压连锁回路 L+→KMS2→SA5-6→KMS1→KP→KOF→KO→L－接通，直流油泵合闸继电器 KO 动作，启动直流油泵。

由以上动作情况分析可知，本连锁是交流润滑油泵作汽轮机油系统的备用，而直流油泵做交流油泵的备用。应该指出，当汽轮机轴承油压下降，如交流油泵未连动或虽连动但油压仍未回升时，直流润滑油泵是不能自动投入的（因为交流润滑油泵的 KMS1 未闭合），因此如要求直流油泵也作为润滑油第二备用时可将直流油泵油压继电器（油压整定应低于交流油

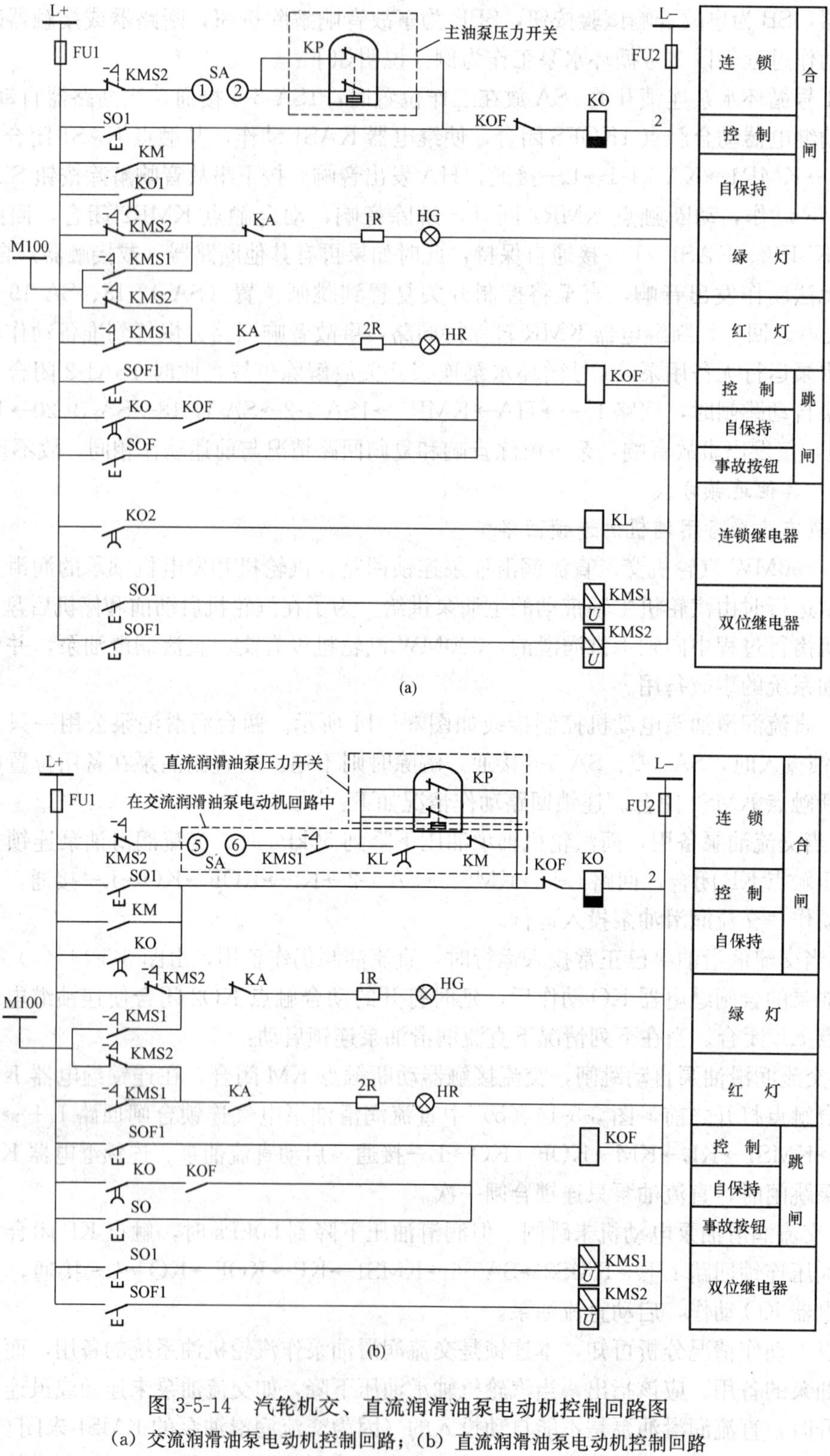

L+
FU1
KMS2
SA
主油泵压力开关
KP
L−
FU2
KO
SO1
KOF
2
KM
KO1
KMS2
KA
1R
HG
M100
KMS1
KMS2
KMS1
KA
2R
HR
SOF1
KOF
KO
KOF
SOF
KO2
KL
SO1
KMS1
SOF1
KMS2

连 锁	合闸
控 制	
自保持	
绿 灯	
红 灯	
控 制	跳闸
自保持	
事故按钮	
连锁继电器	
双位继电器	

(a)

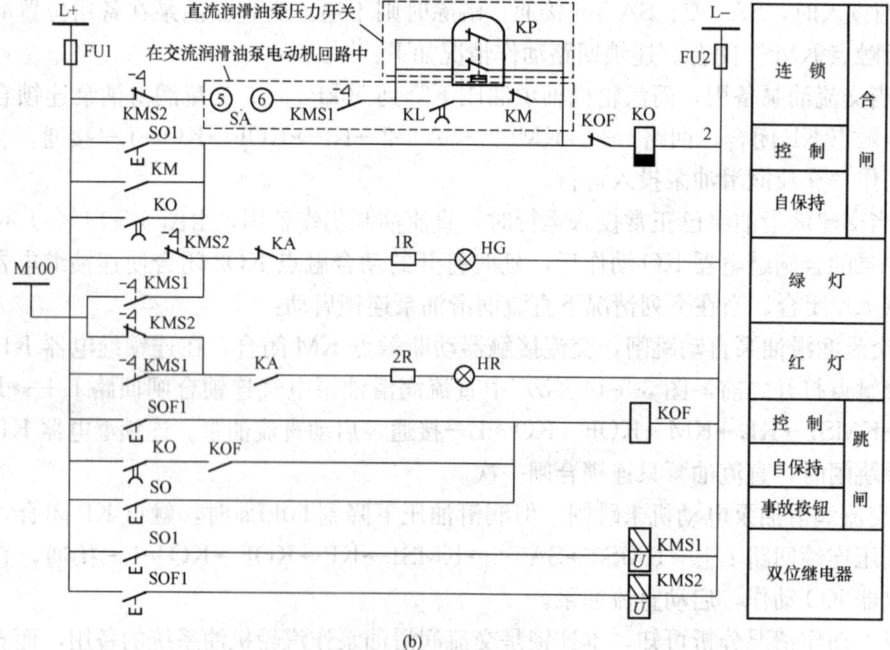

(b)

图 3-5-14　汽轮机交、直流润滑油泵电动机控制回路图

（a）交流润滑油泵电动机控制回路；（b）直流润滑油泵电动机控制回路

泵定值）跨接在 KMS1 之前。此外，在交流油泵连动后，应立即按交流油泵的合闸按钮，使直流油泵及时投入备用。因为润滑油压对汽轮机来说是十分重要的，而直流油泵又是最可靠的，所以最好应将此连锁改为能使直流油泵做为汽轮机轴承润滑油的第二备用。

在交流润滑油泵的合闸回路中增加了合闸继电器 KO 的自保持触点，这种接法的优点是：当油泵失去交流电源后接触器返回，但合闸继电器并不失电，一旦电力电源恢复，油泵将自行启动。为了在手动或自动跳闸时能解除合闸继电器自保持回路，故在合闸回路中串联跳闸继电器 KOF 的动断触点，串联 KOF 动断触点的另一作用是可防止跳合闸继电器同时动作相互闭锁情况的发生。

（2）气动给水泵交直流润滑油泵电动机连锁回路。每台气动给水泵设有二台交流润滑油泵和一台直流润滑油泵，正常时一台交流润滑油泵工作，另一台交流润滑油泵作第一备用，直流润滑油泵作第二备用。二台交流润滑油泵分别由 380V 保安段供电，直流润滑油泵由 220V 直流供电，三台交、直流润滑油泵均采用接触器作开关电器。图 3-5-15（a）为交流润滑油泵电动机控制接线图，由于 1、2 号交流润滑油泵可以互为备用，故二台交流润滑油泵除连锁开关触点、连锁继电器 KT 以及交流中间继电器 KA（线圈在电动机回路中）等编号不同外，其余完全相同［图 3-5-15（a）中括号内的编号为 2 号交流润滑油泵标号］。图 3-5-15（b)为直流润滑油泵电动机控制回路图。气动给水泵交、直流润滑油泵连锁回路动作情况如下。

设 1 号交流润滑油泵工作，2 号交流润滑油泵和直流润滑油泵备用，除 SA 3-4 不通外，其他 SA 触点接通。

1）正常工作和备用状态下与连锁有关的触点位置：

a. 1 号交流润滑油泵正常工作时，图 3-5-15（a）中合闸位置触点 KMS1 闭合，跳闸位置触点 KMS2 断开，切断连锁合闸回路，合闸继电器 KO 动作，并自保持，另一动合触点 KO2 闭合，使连锁继电器 KL 动作，但回路 L+→KMS1→KL→KM→1KT→L－，因接触器 KM 动断辅助触点断开而不通，继电器 1KL 不动作。

b. 2 号交流润滑油泵备用时［见图 3-5-15（a），使用括号“（）”内标号］，连锁合闸回路中跳闸位置触点 KMS2 闭合，连锁开关在连锁 2 位置，SA 5-6 接通，虚框中 1 号油泵触点 1KT 断开，KMS1 虽闭合，但热工连锁未接通，故连锁回路不通。

直流润滑油泵在备用时图 3-5-15（b）中 KMS2 闭合，连锁开关在连锁 1 或连锁 2 位置，SA 1-2 均接通，但因 1、2 号交流润滑油泵的连锁继电器 KT 和交流中间继电器 KA 的触点交叉连接，故一台工作一台备用时 1KT 和 2KA、2KT 和 1KA 不会同时接通，只有在 1 号自动跳闸 2 号未连动成功或 2 号自动跳闸 1 号未连动成功时，直流润滑油泵连锁回路才能接通。

2）连锁回路动作情况：

a. 1 号交流润滑油泵自动跳闸。当 1 号交流润滑油泵自动跳闸时，接触器 KM 返回，动断辅助触点 KM 闭合，在连锁继电器 KL 触点尚未返回时，1 号交流油泵回路 L+→KMS1→KL→KM→1KT→L－接通，继电器 1KT 动作，使 2 号交流油泵合闸回路 L+→KMS2→SA 5-6→1KT→KOF→KO→L－接通，2 号油泵启动。若 1 号交流油泵跳闸，2 号油泵未连锁启动，则直流油泵启动，动作过程如下：由于 2 号油泵未能连动，该电动机回路中的继电器 2KA 不动作，触点 2KA 仍闭合，当 1 号交流油泵连锁继电器触点 1KT 闭合时，直流油

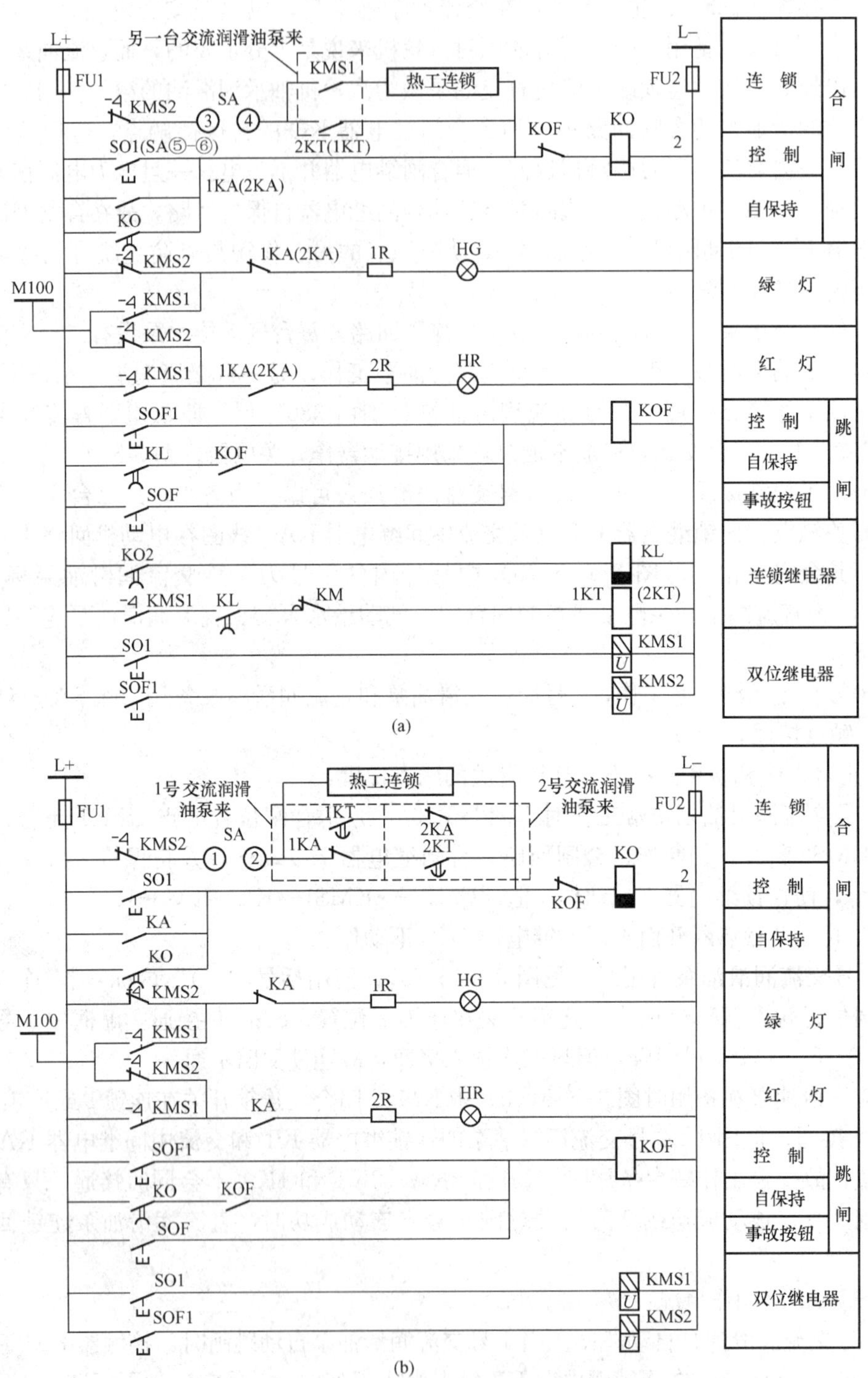

图 3-5-15 汽动给水泵交、直流润滑油泵电动机控制回路图

(a) 交流润滑油泵 1 号（2 号）电动机控制回路；

(b) 直流润滑油泵电动机控制回路

泵合闸回路 L+→KMS2→SA 1-2→1KT→2KA→KOF→KO→L－接通，使直流油泵启动。同理，若 2 号交流油泵工作中跳闸，1 号油泵未能联动，则直流油泵启动。

b. 1 号交流润滑油泵未跳闸，但出口油压低于正常下限。由于出口油压低于下限，热工保护动作，2 号交流油泵合闸回路 L+→KMS2→SA 5-6→KMS1→热工连锁→KOF→KO→L－接通，使 2 号油泵启动，如果油压仍不能恢复正常，直流油泵合闸回路中的热工连锁将动作见图 3-5-15（b），回路 L+→KMS2→SA 1-2→热工连锁→KOF→KO→L－接通，使直流油泵启动。

2. 盘车电动机控制回路及其与顶轴油泵电动机的连锁回路

为了保证汽轮机转子能均匀地冷却，以便汽轮机随时可以启动，汽轮机设有转子盘车装置。由于大型汽轮发电机转子质量大，连续盘车时转速太低，仅靠润滑油压不能形成稳定油膜，盘车时不仅需要克服很大摩擦力，也易损坏轴瓦的钨金。为了保护轴瓦和减小盘车电动机容量，300MW 机组设有三台顶轴油泵，在启动盘车前先开顶轴油泵，将汽轮发电机主轴微微托起，形成油膜，以减少盘车时的摩擦力。另外，根据汽轮机启动前、停机后的不同时间和所处状态，要求有多种盘车方式，如连续盘车或寸行（间断）盘车、远方或就地操作、自动或手动操作等，盘车电动机的控制回路应满足上述各种盘车要求。

图 3-5-16 为盘车装置电动机控制回路接线。图中 SA1 为手动或自动盘车的连锁选择开

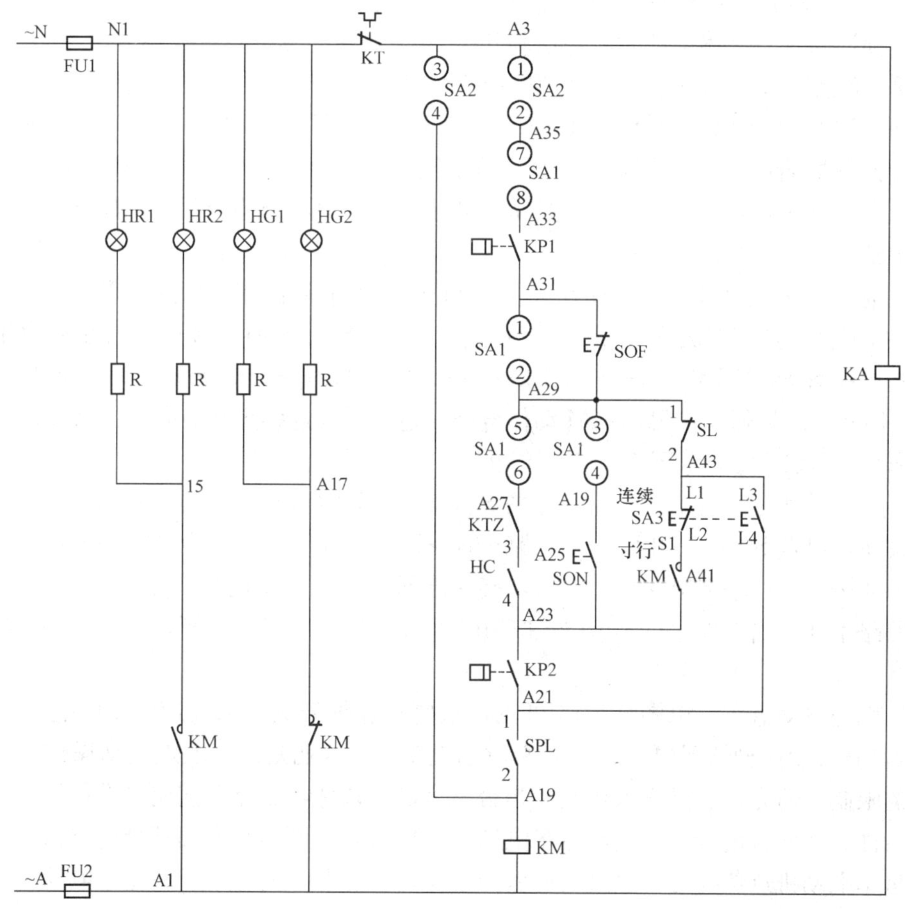

图 3-5-16　盘车电动机控制回路图

关，SA2 为远方或就地盘车连锁选择开关，HC 为盘车手柄位置辅助触点，SL 为盘车手柄的极限开关，SA3 为连续和寸行盘车的控制开关。KP1 为润滑油压开关触点，当润滑油压超过整定值时触点闭合；KTZ 为 0 转速辅助时间继电器触点，当汽轮机轴转速至 0 并达到整定时间后触点闭合；KP2 为顶轴油压连锁触点，当顶轴油泵出口压力超过整定值后触点闭合；SPL 为盘车电动机轴端手动轮保护帽的极限开关，当需要手动盘车时，打开保护帽，触点 SPL 断开，防止远方操作使电动机突然旋转伤人；SON 和 SOF 分别为设在动力箱上的手动合闸和跳闸按钮；HR1 和 HG1 为设在单元控制室内的盘车运行指示灯；HR2 和 HG2 为动力箱上的指示灯；盘车电动机控制回路采用交流操作（KM 为交流接触器），KA 为控制回路电源监视继电器。

盘车电动机控制回路动作情况：

（1）远方自动连续盘车。连续盘车时需要满足的连锁条件：

1）顶轴油泵启动，顶轴油压达到整定值时，触点 KP2 闭合。

2）汽轮机交流或直流润滑油泵启动，润滑油压达到整定值时，触点 KP1 闭合。

3）盘车电动机手动轮保护帽已装上，触点 SPL 1-2 闭合。

4）汽轮机大轴停转，0 转速辅助时间继电器触点 KTZ 闭合。

5）盘车手柄推到啮合位置，SL1-2、HC3-4 接通。

当连锁回路具备上述条件时，将控制开关 SA3 放在连续位置，连锁开关 SA2 置远方位置（SA2 1-2 接通），SA1 置于自动位置（SA1 1-2、SA1 5-6、SA1 7-8 接通），回路～N→SA2 1-2→ SA1 7-8→KP1→SA1 1-2→SA1 5-6→KTZ→HC→KP2→SPL→KM →～A接通，交流接触器 KM 合闸，盘车电动机启动。由于接触器动合辅助触点 KM 闭合，回路 SL 1-2→SA3 L1-L2 →KM 接通自保持，故盘车后转速时间继电器触点 KTZ 虽断开，但不会使连续盘车中断。

（2）远方手动连续盘车。将连锁开关 SA1 转换到手动位置，SA1 1-2、SA1 5-6 断开，SA1 3-4 接通。将控制开关 SA3 置于连续位置，触点 SA3 L3-L4 接通，当在动力箱上手动按下合闸按钮 SON，回路～N→SA2 1-2→ SA1 7-8→KP1→SOF→SA1 3-4→SON→KP2→SPL→ KM→～A 接通，接触器 KM 动作合闸，进行手动连续盘车。其控制回路动作情况同（1）。手动按下跳闸按钮 SOF 时，盘车停止。

（3）间断（寸行）盘车。将控制开关 SA3 转换到寸行位置，触点 SA3 L1-L2 断开，按下寸行按钮，触点 SA3L3-L4 闭合，回路～N→SA2 1-2→SA1 7-8→KP1→SOF→SL 1-2→SA3 L3-L4 →SPL1-2→KM→～A 接通，接触器 KM 合闸启动盘车，由于 SA3 L1-L2 断开，自保持回路不通，当释放寸行（SA3）按钮时，触点 SA3 L3-L4 断开，盘车停止，故可进行寸行盘车。

（4）就地电动盘车。由图 3-5-16 可见，只要将连锁开关 SA2 切换到就地位置时，SA2 3-4 闭合，直接使接触器 KM 通电，盘车电动机转动。这就是说，就地电动操作不受任何连锁条件的限制，而完全由操作人员判断是否符合盘车条件，故盘车前应非常仔细检查是否具备盘车条件。一般就地操作多用于盘车电动机单独试转，而不与大轴啮合进行盘车。

当盘车电动机过负荷时，热过负荷保护动作，触点 KT 断开，切断盘车电动机控制回路电源，使接触器 KM 跳闸。

300MW 机组设有三台顶轴油泵，连续盘车时，三台油泵同时工作。顶轴油泵设有公用的连锁回路来实现三台油泵的同时自动启动（停用时应分别手动操作）。

图 3-5-17 为顶轴油泵的公用连锁和电动机控制回路。图中 SA 为公用回路的手动或自动的连锁开关，SA1 为每台顶轴油泵回路中的连锁开关，KP1、KP2 为顶轴油泵出口母管上的油压开关触点，KP3 为顶轴油泵进口油压开关，KS 为汽轮机低转速辅助继电器的触点。顶轴油泵采用就地磁力启动器控制回路接线。

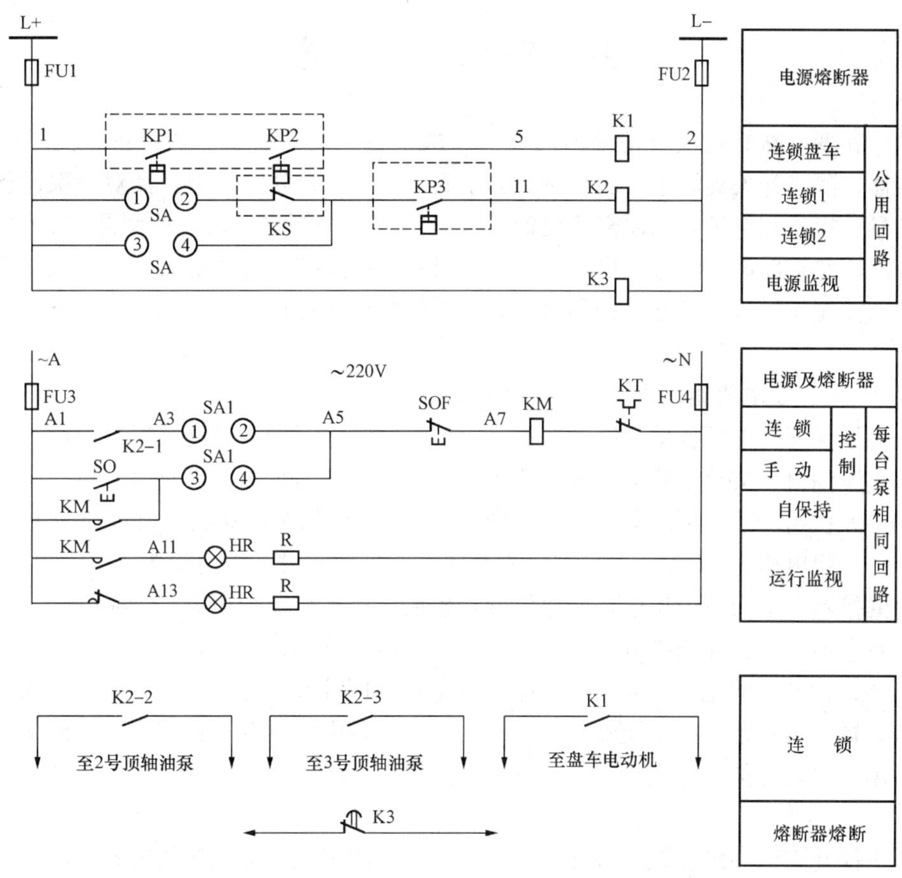

图 3-5-17 顶轴油泵连锁和电动机控制回路

连锁回路动作情况如下：

连锁开关 SA 放连锁 1（自动）位置，SA1-2 接通，当满足以下条件：①汽轮机转速低于设定转速，动断触点 KS 闭合；②当顶轴油泵进口油压高于最小允许值时，动合触点 KP3 闭合，则连锁启动回路 L+→SA1-2→KS→KP3→K2→L−接通，继电器 K2 动作，动合触点K2-1、K2-2、K2-3 闭合，分别接通三台顶轴油泵合闸回路，以 1 号顶轴油泵为例，～A→K2-1→SA1 1-2→SOF→KM→KT→～N 接通，KM 通电合闸，电动机启动。当顶轴油泵出口油压表（二只）压力均高于最小允许值时，动合触点 KP1、KP2 闭合，回路 L+→KP1→KP2→K1 →L−接通，继电器 K1 动作，触点闭合，即在盘车电动机控制回路（参见图 3-5-16）中的触点 KP2 接通。

第六章　直　流　系　统

第一节　概　　述

发电厂和变电站的电气设备分为两类：一次设备和二次设备。发电机、变压器、电动机、断路器、隔离开关等属于一次设备。为了安全、经济地发、供电，需对一次设备及其电路进行测量、操作和保护，因而需装设辅助设备，如各种测量仪表、控制开关、信号器具、继电器等。这些辅助设备称作二次设备。二次设备互相连接而成的电路叫做二次回路。向二次回路中的控制、信号、继电保护和自动装置供电的电源称作操作电源。操作电源一般采用直流电。

300MW汽轮发电机组的发电厂直流系统设备应考虑以下问题：

（1）为了保证对电厂各单元机组的控制、信号、继电保护、自动装置等负荷（简称控制负荷）和直流油泵、交流不停电电源装置等负荷（简称动力负荷）以及直流事故照明负荷供电，每一单元机组均装设两组蓄电池，其中一组电压为220V，专供动力负荷及直流事故照明负荷；另一组电压为110V，为控制负荷专用。网控楼装设一组电压为110V的蓄电池组，供网控室的控制及动力负荷用电，并兼供网控楼的直流事故照明用电。

（2）蓄电池充电按浮充电方式进行，不设端电池，选用典型设计直流屏。

（3）各组蓄电池的充电（兼作浮充电）设备均采用硅整流电源装置。每个单元按不同直流电压各配置一台单独的硅整流器，两组相同电压的蓄电池设置一台同容量的硅整流装置作为公共备用。网控楼的一组蓄电池装设两台充电（浮充电）硅整流设备，一台工作，一台备用。

（4）为简化直流系统接线，各级电压的直流系统均采用单母线接线方式，两单元相同电压等级的直流系统间应考虑有闭锁措施的互联。

（5）对于离主厂房较远的辅助车间（如输煤集控室、循环水泵房等），其操作电源宜装设各自独立的镉镍电池屏。

第二节　蓄电池的基础知识

蓄电池是一种独立可靠的直流电源。尽管蓄电池投资大，寿命短，且需要很多的辅助设备（如充电和浮充电设备、保暖、通风、防酸建筑等），以及建造时间长，运行维护复杂，但由于它供电具有独立而可靠的特点，因而在发电厂和变电站内发生任何事故时，即使在交流电源全部停电的情况下，也能保证直流系统的用电设备可靠而连续地工作。另外，不论如何复杂的继电保护装置、自动装置和任何型式的断路器，在其进行远距离操作时，均可用蓄电池的直流电作为操作电源。因此，蓄电池组在发电厂中不仅是操作电源，也是事故照明和一些直流自用机械的备用电源。

蓄电池是储存直流电能的一种设备，它能把电能转变为化学能储存起来（充电），使用时再把化学能转变为电能（放电），供给直流负荷。这种能量的变换过程是可逆的，也就是说，当蓄电池已部分放电或完全放电后，两极表面形成了新的化合物，这时如果用适当的反向电流通入蓄电池，就可使已形成的新化合物还原成原来的活性物质，供下次放电之用。

在放电时，电流流出的电极称为正极或阳极，以“＋”表示；电流经过外电路之后，返回电池的电极称为负极或阴极，以“－”表示。

根据电极或电解液所用物质的不同，蓄电池一般分为铅酸蓄电池和碱性蓄电池两种。下面以铅酸蓄电池为例，对蓄电池的构造、工作原理进行介绍。

一、铅酸蓄电池的构造

蓄电池由极板、电解液和容器构成，如图 3-6-1 所示。极板分正极板和负极板，在正极板上的活性物质是二氧化铅（PbO_2），负极板上的活性物质是灰色海绵状的金属铅（铅绵），电解液是浓度为 27％～37％的硫酸水溶液（稀硫酸），其与水的相对密度在 15℃时为 1.21，放电时比重稍为下降。

正极板采用表面式的铅板，在铅板表面上有许多肋片，这样可以增大极板与电解液的接触面积，以减少内电阻，增大单位体积的蓄电容量。

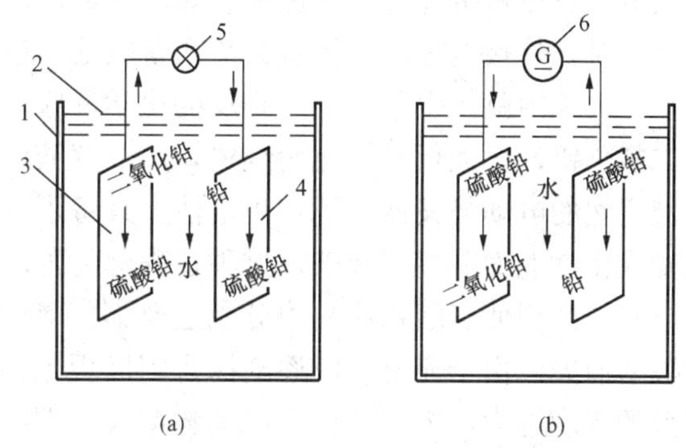

图 3-6-1　蓄电池工作原理

(a) 蓄电池放电；(b) 蓄电池充电

1—容器；2—电解液；3—二氧化铅板（正极）；4—铅板（负极）；5—灯泡；6—直流发电机

负极板采用匣式的铅板，匣式铅板中间有较大的栅格，两边用有孔的薄铅皮加以封盖，以防止多孔性物质（铅绵）的脱落。匣中充以参加电化学反应的活性材料，即将铅粉及稀硫酸等物调制成浆糊状混合物，涂填在铅质栅格骨架上。

极板在工厂经过加工处理后，正极板的有效物质为深棕色的二氧化铅，负极板中的有效物质是淡灰色绵状的金属铅。正、负极板之间用多孔性隔板隔开，以使极板之间保持一定距离。

电解液面应该比极板上边至少高出 10mm，比容器上边至少低 15～20mm。前者是为了防止反应不完全而使极板翘曲，后者是防止电解液沸腾时从容器内溅出。蓄电池中负极板总比正极板多一块，使正极板的两面在工作中起的化学作用尽量相同，以防止极板发生翘曲变形。同极性的极板用铅条连接成一组，此铅条焊接在极板的突出部分，并用耳柄挂在容器的边缘上。为了防止在工作过程中有效物质脱落到底部沉积，造成正、负极板短路，所以极板的下边与容器底部应有足够的距离。容器上面盖以玻璃板，以防灰尘侵入和充电时电解液溅出。

二、蓄电池的工作原理

1. 放电

把正、负极板互不接触而浸入容器的电解液中，在容器外用导线和灯泡把两种极板连接起来，如图 3-6-1 (a) 所示，此时灯泡发亮，因为二氧化铅板和铅板都与电解液中的硫酸起了化学变化，使两种极板之间产生了电动势（电压），在导线中有电流流过，即化学能变成了使灯泡发光的电能。这种由于化学反应而输出电流的过程称为蓄电池放电。

放电时，正负极板上的活性物质都与硫酸发生了化学变化，生成硫酸铅 $PbSO_4$。当两极板上大部分活性物质都变成了硫酸铅后，蓄电池的端电压就下降。当端电压降到 1.8～1.75V 以后，放电不宜继续下去，此时两极板间的电压称为终止放电电压。

在整个放电过程中，蓄电池中的硫酸逐渐减少而形成水，硫酸的浓度减少，电解液密度降低，蓄电池内阻增大，电动势下降，端电压也随之减小，此时，正极板为浅褐色，负极板为深灰色。

必须注意，在正常使用情况下，蓄电池不宜过度放电，因为在化学反应中生成的硫酸铅小晶块在过度放电后将结成体积较大的大晶块，晶块分布不均匀时，就会使极板发生不能恢复的翘曲，同时还增大了极板的电阻。放电时产生的硫酸铅大晶块很难还原，妨碍充电过程的进行。

2. 充电

把外电路中的灯泡换成直流电源，即直流发电机或硅整流设备，并且把正极板接外电源的正极，负极板接外电源的负极，如图 3-6-1（b）所示。当外接电源的端电压高于蓄电池的电动势时，外接电源的电流就会流入蓄电池，电流的方向刚好与放电时的电流方向相反，于是在蓄电池内就产生了与上述相反的化学反应，就是说，硫酸从极板中析出，正极板又转化为二氧化铅，负极板又转化为纯铅，而电解液中硫酸增多，水减少。经过这种转化，蓄电池两极之间的电动势又恢复了，蓄电池又具备了放电条件。这时，外接电源的电能充进了蓄电池变成化学能而贮存了起来，这种过程称为蓄电池充电。

充电过程使硫酸铅小晶块分别还原为二氧化铅（正极板）和铅绵（负极板），极板上的硫酸铅消失。由于充电反应逐渐深入到极板上活性物质内部，硫酸浓度就增加，水分减少，溶液的密度增大，内阻减少，电动势增大，端电压随之上升。

当充电电压上升到大约 2.3V 时，极板上开始有气体析出：正极板上逸出氧气，负极板上逸出氢气，造成强烈的冒气现象，这种现象称为蓄电池的沸腾。沸腾的原因是负极板上硫酸铅已经很少了，化学反应逐渐转变为水的电解所造成。上述两种反应同时进行时，需要消耗更多的能量，浪费蒸馏水和电力，因此，为了维持恒定的充电电流，应逐渐提高外加电源的电压。

为了减少能量损耗，防止极板活性物质脱落损坏，在充电终期时，充电电流不宜过大，在有气体放出时应减小充电电流。在充电终期时，正、负极板的颜色由暗淡变为鲜明，蓄电池发生强烈的气泡，当蓄电池端压在 2.5～2.7V 并经 1h 不变，即认为充电已经完成。

3. 蓄电池自放电现象

由于电解液中所含金属杂质沉淀在负极板上，以及极板本身活性物质中也含有金属杂质，因此，在负极板上造成局部的短路，形成了蓄电池的自放电现象。通常在一昼夜内，蓄电池由于自放电，将使其容量减少 0.5%～1%。自放电现象也随着电解液的温度、密度和使用时间的增长而增加。

4. 蓄电池放电和充电程度的测量

放电时电解液因硫酸减少而变稀；充电时，电解液因硫酸增多而变浓。因此，电解液的浓度就代表着蓄电池放电和充电的程度。电解液的浓度用其密度大小来衡量。液体的相对密度是液体的质量与相同容积水的密度的比值。水的密度为1，蓄电池使用的纯硫酸的密度是1.83，因此电解液的相对密度总是大于1，具体数字要看其中所含硫酸的多少而定。蓄电池放电放得越多，电解液中硫酸越少，相对密度就越小。反之，充电充得越多，电解液中硫酸越多，相对密度就越大。电解液的相对密度和温度有密切关系，例如温度升高，电解液受热膨胀，相对密度就降低。通常，在室内温度为20℃时，充足电的蓄电池，它的电解液相对密度是1.275～1.33；当蓄电池放电到电解液相对密度为1.13～1.18时，它的正、负极板已接近于全部转化为硫酸铅，此时应该停止放电。

电解液相对密度可以用比重计测量，但测试用的比重计不可能测出极板细孔中电解液的相对密度，故必须在蓄电池静止状态（停止充、放电时）进行测试较为准确。

用电压表在蓄电池两极板之间测出的电压叫蓄电池的端电压。手电筒用的干电池，不论是几号电池，每节电池的额定电压都是1.5V。蓄电池的电压也与容量大小无关，额定电压均为2V。

5. 蓄电池的电动势和容量

蓄电池电动势的大小与蓄电池极板上活性物质的电化性质和电解液的浓度有关，与极板的大小无关。当电极上活性物质已固定后，蓄电池的电动势主要由电解液的浓度决定。因此，蓄电池的电动势可近似由下式确定

$$E = 0.85 + d \tag{3-6-1}$$

式中：d 为电解液的相对密度；E 为蓄电池的电动势，V；0.85为铅酸蓄电池电动势的常数。

电动势与电解液的温度有关。当温度变化时，电解液的黏度要改变，黏度的改变会影响电解液的扩散，从而影响放电时的电动势，因而引起蓄电池容量的变化。运行中蓄电池室的温度以保持在10～20℃为宜，因为电解液在此温度范围内变化较小，对电动势影响甚微，可忽略不计。蓄电池在运行中，不允许电解液的温度超过35℃。

蓄电池的容量就是蓄电池的蓄电能力。通常以充足电的蓄电池在放电期间端电压降低10%时的放电电量来表示。一般以10h放电容量作为蓄电池的额定容量。

当蓄电池以恒定电流值放电时，其容量等于放电电流和放电时间的乘积，即

$$Q = It \tag{3-6-2}$$

式中：Q 为蓄电池容量，A·h；I 为放电电流，A；t 为放电时间，h。

蓄电池在使用过程中，其容量主要受放电率和电解液温度的影响。

（1）放电率对蓄电池容量的影响。蓄电池每小时的放电电流称作放电率。蓄电池容量的大小随放电率的大小而变化，一般放电率越高，则容量越小，因蓄电池放电电流大时，极板上的活性物质与周围的硫酸迅速反应，生成晶粒较大的硫酸铅，硫酸铅晶粒易堵塞极板的细孔，使硫酸扩散到细孔深处更为困难。因此，细孔深处的硫酸浓度降低，活性物质参加化学反应的机会减少，电解液电阻增大，电压下降很快，电池不能放出全部能量，所以，蓄电池的容量较小。放电率越低，则容量越大，因蓄电池放电电流小时，极板上活性物质细孔内电解液的浓度与容器周围电解液的浓度相差较小，且外层硫酸铅形成得较慢，生成的晶粒也小，硫酸容易扩散到细孔深处，使细孔深处的活性物质都参加化学反应，所以，电池的容量就大。

（2）电解液温度对蓄电池容量的影响。电解液温度越高，稀硫酸黏度越低，运动速度越

大，渗透力越强，因此电阻减小，扩散程度增大，电化学反应增强，从而使电池容量增大。当电解液温度下降时，渗透力减弱，电阻增大，扩散程度降低，电化学反应滞缓，从而使电池容量减小。电解液温度与蓄电池容量的关系为

$$Q_{25}=\frac{I_{25}t}{1+0.008(T-25)} \tag{3-6-3}$$

式中：Q_{25}为电解液平均温度为25℃时的容量，A·h；T为放电过程中电解液的实际平均温度,℃；I_{25}为电解液温度为25℃时的放电电流，A；t为连续放电时间，h。

【例3-6-1】 有一组容量为216A·h的蓄电池，在电解液平均温度为32℃时，用21.6A电流放电10h39min（即10.65h），问换算成标准温度25℃时的容量为多少？

解

$$Q_{25}=\frac{I_{25}t}{1+0.008(T-25)}=\frac{21.6\times10.65}{1+0.008(32-25)}=216.89\ (\text{A}\cdot\text{h})$$

【例3-6-2】 某组蓄电池的容量为288A·h，在电解液平均温度为20℃时，用28.8A电流放电9h42min（即9.70h），问换算成标准温度时的容量为多少？

解

$$Q_{25}=\frac{I_{25}t}{1+0.008(T-25)}=\frac{28.8\times9.7}{1+0.008(20-25)}=291\ (\text{A}\cdot\text{h})$$

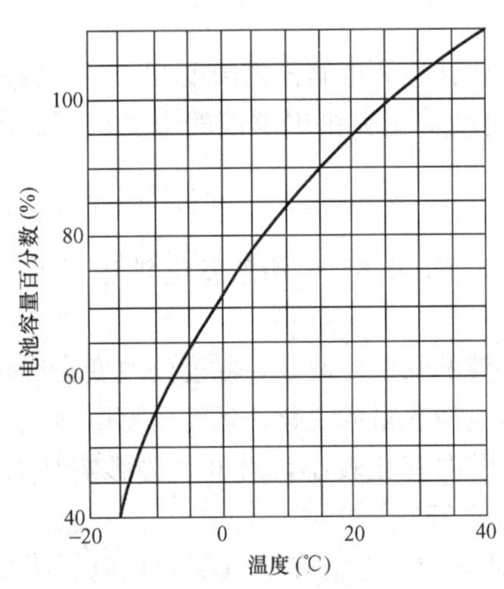

图3-6-2 电解液温度与蓄电池容量的关系曲线

电解液温度与蓄电池容量的关系曲线如图3-6-2所示，由图可以看出，电解液温度为25℃时，蓄电池容量为100%。当电解液温度升高时，增大了蓄电池的容量，但超过一定界限时，易使正极板弯曲，同时增大了蓄电池局部放电。所以，在正常运行时，电解液的温度一般应保持在20℃左右，不允许超过35℃，即使在充电过程中，电解液的温度也不得超过40℃。反之，当电解液温度降低时，会引起蓄电池容量的减少，因此运行中蓄电池的室温不得低于10℃。

第三节 充 电 设 备

蓄电池只能用直流电源来充电，发电厂厂用电是交流电。这就需要使用将交流电变为直流电的设备，即整流设备。可以用作充电设备的整流设备有下述几种：

（1）电动机－发电机组（由交流电动机带动直流发电机）。

（2）汞弧整流器。

（3）钨管整流器。

（4）半导体整流器：如硅整流器、硒整流器等。

目前，广泛采用硅整流器作为直流电源蓄电池的充电设备。

整流装置的种类繁多，各个生产厂家对整流装置的型号标法不一致，即使是同一型号的产品，其技术数据、外形尺寸、质量也不完全相同。整流装置的型号一般是由字母和数字组成，例如：

KG 1 2 3—4/5—6

其中：K—晶闸管整流装置；

G—硅整流装置（新标准以Z代G）；

1—用途代号：B— 一般工业，C—充电，V—浮充电，F—充、放电，CQ—快速充电，D—电镀，G—高压静电，K—电磁保护，DT—镀铁，H—电化；

2—元件冷却方式代号：A—空气自冷，F—强迫风冷，S—水冷，J—油浸，SJ—油浸水冷，AS或SA—空气自冷及水冷，AJ—空气自冷及油浸；

3—设计序号或特征代号（以两位数字表示）；

4—额定直流输出电流，A；

5—额定直流输出电压，V；

6—特殊环境条件代号：F或FS—防腐，TH—湿热带地区，TA—干热带地区。

例如，KVA40-100/160型产品表示晶闸管整流装置，浮充电，空气自冷，设计序号40，额定直流输出电流100A，输出电压160V。

下面，以GCA系列硅整流充电装置为例介绍有关内容。

GCA系列硅整流和晶闸管整流装置作蓄电池充电用直流电源。按整流元件不同，可分为硅整流和晶闸管整流。按冷却方式不同，分空气自冷和强迫风冷。

GCA系列硅整流和晶闸管整流装置由交流接触器、整流变压器、硅或晶闸管整流元件及控制保护回路等组成。根据其容量大小，主电路可分单相或三相桥式整流线路。交流输入电压有220、380V；额定直流输出电流有8～200A等；最大直流输出电压有36～360V等。

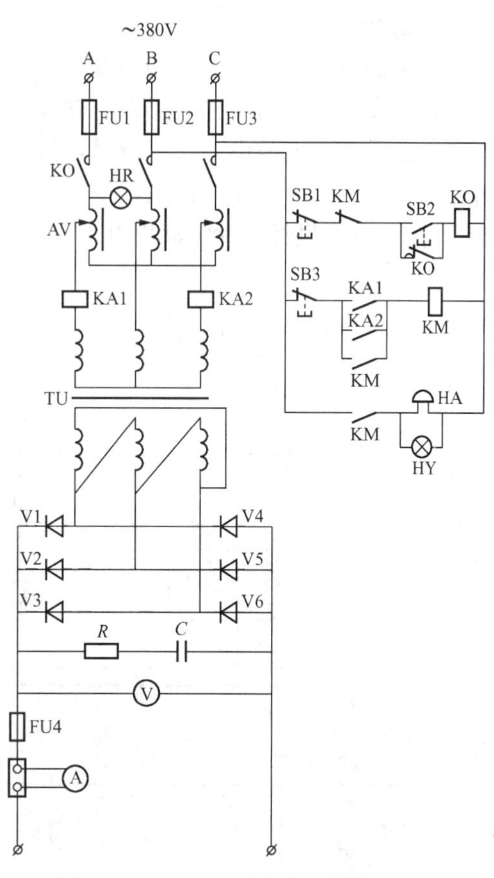

图3-6-3 GCA-20/0～230型硅整流充电装置电气接线图

SB1—跳闸用按钮；SB2—合闸用按钮；SB3—复归按钮；KM—中间继电器；HR—红灯（电源指示灯）

整流装置与蓄电池组相连接时，整流装置的正极接蓄电池组的正极，整流装置的负极与蓄电池组的负极相连，不能将极性接反。整流装置的正极输出不允许过负荷或短路，否则将烧坏整流元件。

GCA-20/0～230型硅整流充电装置的电气接线如图3-6-3所示。它使用三相380V交流电源，经熔断器FU1、FU2、FU3、交流接触器KO、调压器AV、电流继电器KA1、KA2及整流变压器TU向三相桥式硅整流电路供电。它的额定直流输出电流为20A，输出电压可在0～230V范围内调节。

考虑到当整流器电路发生过载或负荷侧短路时，流过硅元件的电流很大，将使元件的温度急剧地上升而易被烧坏，所以装置中采用了快速熔断器FU1～FU3作装置外部短路的过电流保护。R和C构成装置的过电压保护；KA1、KA2及KM作为装置的过载保护。当过载时，KA1或KA2动作，经KM使接触器KO跳闸，切断电源，并有警铃HA响声及黄灯HY指示，图3-6-3中控制电路按接触器KO在断开时绘出。

充电装置应根据蓄电池组的电压、容量以及直流系统经常负荷电流的大小来选用。

第四节　蓄电池和充电设备的运行

一、运行方式

单元控制室直流系统接线如图3-6-4和图3-6-5所示。蓄电池组的运行有两种方式，一种是充电放电方式，另一种是浮充电方式。

蓄电池采用充电放电方式运行时，蓄电池经常接在直流母线上供负荷用电，充电机组则断开。在充电时，启动充电机组，一方面向蓄电池充电补充能量的储存（充电约每两天进行一次），另一方面供经常性负荷用电。

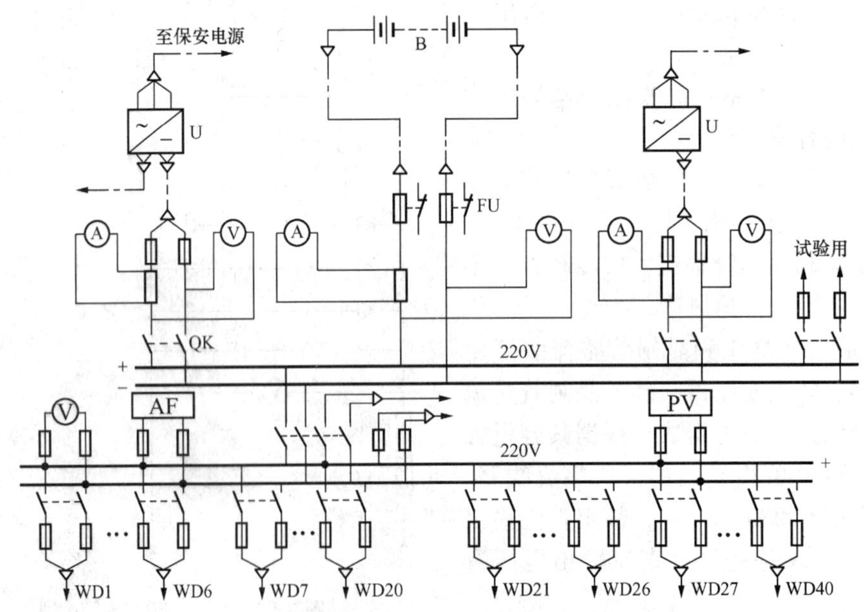

图3-6-4　单元控制室直流系统接线图（220V直流系统）

B—蓄电池组；U—晶闸管整流装置；FU—熔断器；PV—绝缘电压监视装置；AF—闪光装置；QK—开关；V—电压表；A—电流表；WD—直流馈线

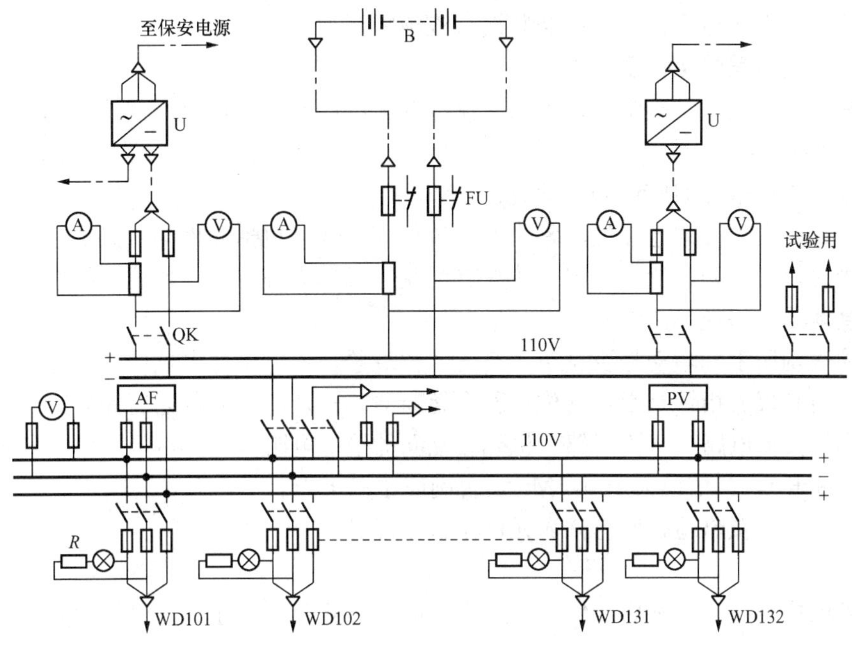

图 3-6-5 单元控制室直流系统接线图（110V 直流系统）

B—蓄电池组；U—晶闸管硅整流装置；FU—熔断器；PV—绝缘电压监视装置；

AF—闪光装置；QK—开关；V—电压表；A—电流表；WD—直流馈线

蓄电池采用浮充电方式运行时，用浮充电机组或硅整流器，或晶闸管整流器作为浮充电源，浮充电源与蓄电池并列运行于直流母线上。浮充电源一方面供经常性的直流负荷用电，另一方面以很小的电流（此值约等于 $0.03Q_N/36$，Q_N 为蓄电池的额定容量）向蓄电池充电，以补偿蓄电池自放电的损耗。

浮充电流的大小，一般以 GG-36 型蓄电池为基数，其浮充电流 $I_c=0.01\sim0.03$A，对于其他标号的蓄电池，I_c可按容量的倍数推算，即

$$I_c=(0.01\sim0.03)\frac{Q_N}{36} \tag{3-6-4}$$

式中：Q_N 为蓄电池的额定容量，A·h；I_c为浮充电流，A。

浮充电流是决定蓄电池寿命的关键参数。浮充电流过大，会使蓄电池过充电，造成正极板脱落物增加而加速损坏；浮充电流过小，会使蓄电池欠充电，造成负极板脱落物增加，以及使负极板硫化（生铅盐），同时还会降低蓄电池的容量。因此，必须使浮充电流处于良好状态。影响浮充电流的因素很多，其中主要的是蓄电池的电压，浮充电压应在 2.1～2.2V 之间，一般取 $U_c=2.15$V，若蓄电池的电压比它高，就是过充电，反之，就是欠充电。用硅整流器作浮充电源时，由于一次系统电压的变化，使硅整流器的输出电压随之变化，因而影响了浮充电流，所以应该设法使浮充电流随系统电压的波动变化最小，以保证蓄电池的使用寿命。

在直流装置中，发生一极接地时并不会引起任何危害，但长期一极接地是不允许的，因为在同一极的另一点再发生接地后，就可能造成信号装置、继电保护和控制电路的误动作。

另外，在有一极接地时，假如再发生另一极接地，就将造成直流系统短路。因此，不允许直流系统长期带一点接地运行，为此需装设直流绝缘监视装置。

二、硅整流装置的运行及检查

在正常运行情况下，硅整流装置的交流电源由厂用变压器供电，并能自动投入运行。

1. 启动前的准备工作

硅整流装置在启动前应作如下检查：

（1）检查所有导线的连接处、紧固处、硅整流元件（包括元件与散热器）连接处的引线螺丝的连接是否有松动；所有电路焊接点有无脱焊或断裂等现象；导线或绕组的裸露部分是否有碰壳接地或短路现象。

（2）检查调压手柄转动是否灵活，有无卡涩现象；各电磁继电器的触头是否清洁，接触是否良好；所有仪表指针是否指0位；所有熔断器芯子及电阻元件是否完好。

（3）测量交流电路、直流电路、机壳相互间的绝缘电阻（用500V绝缘电阻表并将硅元件从电路中断开），其值应大于0.5MΩ，否则应予以干燥。

（4）用万用表粗略检查所有整流元件是否完好。

2. 运行操作

上述各项检查确认正常后，便可接入交流电源，此时“停止”信号灯应亮，然后按下述步骤进行操作：

（1）将调压器手轮按反时针方向旋转到起点位置（0位），负荷回路应连接完备后，方可启动，以防断路器合闸时因冲击电流过大而烧坏硅整流元件，然后按顺时针方向转动手轮至运行位置。

（2）按下运行按钮，则中间继电器、交流接触器均应动作，并接通电路，同时“停止”信号灯熄灭，“运行”信号灯亮，直流电压表应有指示值，直流电流表指示值不应超过额定值。将调压器手柄按顺时针方向缓慢旋转，直流电压表指示值逐渐上升，此时须注意，旋转调压器手柄时应缓慢进行，以免电压迅速上升超过调压范围的上限值过大而损坏元件。

（3）硅整流装置投入运行后，应检查其输入和输出电压是否为正常值，不得过高或过低。此外还应检查其电流应为额定值，因长期过负荷运行会使硅整流元件烧坏。另外需检查硅整流装置各元件的温度不得超过下列数值：

隔离变压器的绕组温升　　　≤85℃

硅整流元件的温升　　　≤60℃

还应检查接触器、调压器等接触部分有无过热及冒火花现象。

三、直流系统运行中的检查和维护

（1）直流母线电压的检查。直流母线电压应正常，保持在225V，允许在220～230V之间波动。蓄电池应经常处于浮充电方式，每个蓄电池的电压应为2.15V，允许在2.1～2.2V范围内变动。

（2）充、放电电流的检查。摸清负荷变化规律，随时注意充电及放电电流的大小，并作好记录。放电后应及时充电，即使有特殊情况，也不得超过24h。

（3）极板颜色和形状的检查。在充好电后，正极板是红褐色（过二氧化铅），负极板是深灰色（铅绵）。在放电后，正极板是浅褐色，负极板是浅灰色。极板形状不应弯曲、短路、断裂和鼓肚；极板上不应生盐，有效物质（PbO_2）不应大量脱落。

(4) 对代表蓄电池的检查。对指定的代表蓄电池，测量其电压、相对密度和液温，从而观察蓄电池的工作情况。

(5) 电解液液面、温度和相对密度的检查。电解液的液面应经常高于极板上边10～20mm。电解液（在运行中）的温度不得低于10℃，不得高于25℃，在充电过程中不得超过40℃。在浮充电运行时，蓄电池的电解液相对密度一般应保持为1.20～1.21（+15℃）。

(6) 蓄电池电解液冒泡情况的检查。蓄电池在正常情况下，电解液会冒出细小气泡。

(7) 沉淀物的检查。电池在正常情况下，沉淀物的高度距极板下边应在10mm左右。

(8) 绝缘电阻的检查。应定期检查蓄电池的绝缘电阻，用电压表法测出的绝缘电阻值应不小于0.2MΩ（电池电压为220V）。

(9) 各接头和连接导线的检查。经常检查各接头与导线连接是否紧密，有无腐蚀现象。

(10) 室温的检查。蓄电池室应保持适当的温度（10～30℃），并保持良好的通风和照明。

第五节　直流系统的异常运行及事故处理

直流系统中发生两点接地时，可能会引起直流熔断器熔断或造成继电保护和断路器误动作，这对安全运行有极大的危害性。

一、直流系统故障的危害性

(1) 直流系统中，如发生一点接地后，在同一极的另一地点再发生接地或另一极的一点接地时，便构成两点接地短路，将造成信号装置、继电保护和断路器的误动作。

(2) 两点接地可能造成断路器拒绝动作。

(3) 两点接地引起熔断器熔断，同时有烧坏继电器触点的可能。

二、直流系统接地故障的处理

当直流系统发生一点接地时，应迅速寻找接地点，并尽快消除，以防止发展成两点接地故障。

1. 直流系统接地处理的原则

根据运行方式、操作情况、气候影响来判断可能发生接地的地点：

(1) 先信号和照明部分后操作部分；

(2) 先室外部分后室内部分；

(3) 先负荷后电源。

根据以上原则采取拉路寻找分路处理的方法处理直流系统接地。在切断各专用直流回路时，切断时间不得超过3s，不论回路接地与否均应合上。当发现某一专用直流回路有接地时，应及时找出接地点，尽快消除。如设备不允许短时停电（失去电源后引起继电保护误动作），则应将直流系统解列运行后，再寻找接地点。

2. 直流系统接地处理步骤

值班人员听到警铃响，看到“直流母线接地”光字牌亮时，值班人员应切换接地电压表，判明直流接地的极性。当判明接地的极性后，向调度员汇报直流系统接地情况，然后进行如下处理：

(1) 对绝缘水平低、存在设备缺陷及有检修工作的电气设备和线路进行检查，是否有接地情况。

(2) 询问载波室是否有直流系统故障。

(3) 取下中央信号回路熔断器。

(4) 拉开直流照明电源开关。

(5) 拉开断路器合闸电源开关。

(6) 拉开断路器操作电源开关。

(7) 检查蓄电池、硅整流装置是否有接地现象。

(8) 当发现某一专用直流回路有接地时，应分别取下各分支线的操作熔断器，找出接地点，并进行处理。

值班人员在切断上述每一直流回路后，应迅速恢复送电。在切断每一回路过程中，值班人员应根据仪表和信号装置的指示，判断是否有接地。如切断时接地消失，恢复送电后接地出现，则可肯定接地发生在该回路上，应设法消除。

3. 检查直流系统接地时的注意事项

(1) 禁止使用灯泡寻找接地点，以防止直流回路短路。

(2) 使用仪表检查接地时，所有仪表的内阻不应小于 2000Ω/V。

(3) 当直流系统发生接地时，禁止在二次回路上工作。

(4) 检查直流系统一点接地时，应防止直流回路另一点接地，造成直流系统短路。

(5) 寻找和处理直流系统接地故障，必须有两人进行。

(6) 在拉路寻找直流系统接地前，应采取必要措施，以防止因直流电源中断而造成继电保护装置误动作。

第四篇　继电保护配置及设备

第一章　概　　述

大型火力发电厂是电气设备最为集中和最为复杂的地方，配备了数量最多、品种最为齐全的各类继电保护装置，包括发电机、主变压器、母线、线路以及厂用电气设备和线路等的继电保护装置。本篇比较全面地介绍大型火力发电厂继电保护系统的原理与配置。考虑到目前技术发展和工程应用的现状，本书主要介绍微机型继电保护，同时也适当介绍集成电路型继电保护。下面从最为复杂的大型汽轮发电机及其继电保护系统的特点开始介绍。

第一节　大型汽轮发电机及其继电保护的特点

随着我国电力工业的发展，300～600MW大型汽轮发电机组已成为我国的主力机组。增大单机容量可降低单位造价和发电成本，但由于大型机组地位重要、价格昂贵和维修困难，需更加注意提高运行可靠性，从而对继电保护提出了新的和更高的技术要求，这些要求与大型机组本身特点有关，主要表现在以下几个方面：

(1) 大容量机组的体积与质量并不随其容量成比例增大。譬如，国产300MW机组相对于100MW机组，其定子质量仅增加51%，转子质量增加105%。但有效材料利用率的提高也带来了如下影响：

1) 机组惯性常数明显降低，易于失步，因此大型机组要求装设失步保护。

2) 发电机热容量与铜损、铁损之比显著下降，使定、转子绕组过负荷能力降低。为确保直接冷却方式大型机组在安全运行条件下充分发挥机组过负荷的能力，要求定子、转子绕组过负荷保护和转子表层过热保护采用反时限特性。

(2) 大型发电机组的X_d、X_d'、X_d''等电抗普遍增大，定、转子绕组的电阻相对减少，这使得：

1) 短路电流水平相对下降，要求继电保护更灵敏。

2) 定子回路时间常数T_d和比值T_d/T''_d显著增大，使定子非周期电流的衰减变慢，恶化了保护用电流互感器的工作特性，也加重了不对称短路时转子表层的附加发热，使负序保护进一步复杂化。

3) 由于X_d的增大，使发电机的静稳储备系数减少，因此在系统受到扰动或发电机发生失磁故障时，很容易失去静态稳定，有关保护必须适应这种情况。

4) 由于电抗增大，大型发电机平均异步转矩大大降低，使其失磁异步运行的滑差较大，从系统吸收较多的感性无功，允许异步运行的负荷小、时间短，所以需要性能完善的失磁保护。

5）由于 X_d'增大，使发电机在满载运行突然甩负荷时，变压器过励磁现象比中、小型机组严重，要求更理想的过励磁保护。

（3）大型机组结构上的变化也带来以下新问题：

1）由于采用复杂的直接冷却方式和铁心通风结构（比如增加转子轴向及大齿横向通风槽），这使得故障率增加，且铁心检修困难，因而对保护性能与可靠性的要求更高。

2）大型机组轴向长度与直径之比值增大，运行振动加大，匝间绝缘磨损加快，还会引起冷却系统故障，因此希望装设灵敏的定子匝间短路保护和接地保护。

除了大型发电机本身的特点所带来的对继电保护特殊要求外，还需考虑由于单机容量增大，对系统影响增大，继电保护的拒动和误动均将造成十分严重的后果，所以对其继电保护的技术指标要求更高，同时对各种异常工况的运行（如低频运行、启动过程、失步、逆功率运行等）都要求装设相应的保护。为避免突然跳闸造成对系统的冲击和对主机、辅机的损伤，保护出口应针对不同情况合理动作于减出力、程序跳闸、跳闸灭磁、跳闸、停机等多种形式，以避免轻易紧急停机。大型单元机组端和厂用分支一般均不装设高压断路器，设计保护时必须特别注意故障和异常状态机端电压严重下降时厂用电的安全。

另外，大型发电厂对变压器、母线、出线的线路保护以及厂用电气设备和线路等也提出了更高的要求，这些内容将在后续章节中介绍。

大型发电厂普遍采用发电机、主变压器和厂用电变压器构成的单元发电机变压器组接线，相应的继电保护通常也按照单元发电机变压器组进行配置，从而构成所谓发电机变压器组保护系统。

第二节　发电机变压器组保护的配置方案

大型发电机—变压器组结构复杂，有可能发生类型繁多的故障和异常运行工况，因此需要装设多达几十种功能的继电保护，并要求这些保护既有明确的职责范围，又能相互配合。目前，国内外均已提出各种不同的保护功能配置方案，尤其是国内有关电力部门形成了不少典型设计方案，这些方案大同小异，又各具特点，它们普遍遵守下列基本规则：

（1）各项保护功能配置完备，以确保能反应各种故障和不正常运行状态。

（2）选用的保护原理应性能优良，有成熟的运行经验，满足技术要求。

（3）整套发电机变压器组保护系统要求实现完全的双重化，以确保保护不拒动的可靠性。完全双重化是指应配置两套可单独运行的功能配置完全的保护系统，它们相互独立、互不影响。这就要求两套保护系统的相关保护装置、传感器回路、出口回路、操作回路（如断路器跳闸线圈）及供电电源等配置应完全独立，并且要求基于非电气量的保护相对于基于电气量的保护独立配置、独立出口。同时还要求每一套保护系统内部能充分地满足不误动的可靠性要求。

（4）组屏合理。双重化的两套保护系统应分屏设置，非电气量保护与电气量的保护也应分屏设置，以保证在发电机变压器组不停运状况下可对其中任何一套保护系统进行检修、调整和调试。同时要求二次回路设计正确简明，接线安全可靠。

（5）保护系统应尽可能结构简单，具备友好的人机界面和合理的通信组网功能，各项保护功能投退和整定操作清晰便捷，支持现场调试和调整功能，易于使用和维护。

(6) 保护出口设计合理，配置灵活，以满足紧急状态下不同的动作要求和允许根据实际运行条件方便地进行调整。

发电机变压器组保护功能可按设备故障性质分为故障保护和异常运行保护两大类，又可按输入量性质分为电气量保护和非电气量保护两大类，还可按保护对象分为电气设备保护和动力机械设备保护两大类。

故障保护用以反应保护区域（含设备和设备引线）内发生的各种相间短路、匝间短路和接地短路等各种类型的短路故障，这些故障会对发电机变压器组造成直接破坏，这类保护构成了发电机变压器组的保护主体，通常称为主保护。另外，还需要考虑发电机变压器组主保护失效，以及辅机和外部相连系统的故障对发电机变压器组损坏问题，也需要配置保护，通常称为后备保护。因此故障保护可分为主保护和后备保护。

异常运行保护用以反应各种可能对发电机变压器组造成危害的异常运行工况，包括可能不利于动力机械设备的异常工况，不过这些工况可能不会很快或不会直接造成对机组的破坏，为异常工况配置的保护通常也归于后备保护范畴。

一种典型的大型汽轮发电机变压器组保护配置与接线图如图 4-1-1 所示，图中标出了主要电气设备、保护配置以及电力传感器的位置及其与保护的连接关系。下面对图中与发电机、变压器的特点和保护配置相关的问题作如下说明：

(1) 主变压器高压侧为 3/2 断路器接线方式，这是 500kV 开关站常用的主接线方式。若是 220kV 开关站变压器常用的双母线主接线则略有不同。

(2) 发电机端除支持高压厂用变压器和励磁变压器外，无其他机端负荷。对于采用同轴励磁机的场合则没有励磁变压器。

(3) 发电机端和主变压器、高压厂用变压器、励磁变压器之间均未装设断路器，保护的跳闸命令将动作于主变压器高压侧主断路器和其他低压侧相关断路器（厂用变压器分支断路器）。

(4) 主变压器高压侧中性点可直接接地，也可在系统不失去中性点时不接地。

(5) 大型发电机中性点一般可经消弧线圈接地（欠补偿）或经接地变压器二次电阻（高阻）接地。目前大型火电厂多采用后者。

(6) 汽轮发电机变压器组高压厂用变压器容量较大，一般一台机组配置一台高压厂用变压器；为改善厂用电的可靠性，也有采用两台高压厂用变压器或一台低压侧具有两分裂绕组的高压厂用变压器，此处以后者为例。

(7) 根据我国电力部门的《“防止电力生产重大事故的二十五项重点要求”继电保护实施细则》的要求，整套发电机变压器组继电保护装置采用完全双重化设置，因此图 4-1-1 中未设置发电机变压器组差动保护，采用双套发电机保护和主变压器保护，且发电机主保护区和变压器主保护区相互重叠。同时，保护配置应遵循加强和完善主保护、简化后备保护的原则。

(8) 目前大型汽轮发电机定子绕组大多为每相两并联分支，需要根据中性点侧三相绕组的不同引出方式来选择主保护的配置方案。原则上有两种情况：

1) 中性点具有 3 个引出端（每相一个），这是大型汽轮发电机最普遍的情况。这种情况下，无法装设零序电流横差保护、裂相横差保护和不完全纵差保护。因此配置完全纵差保护

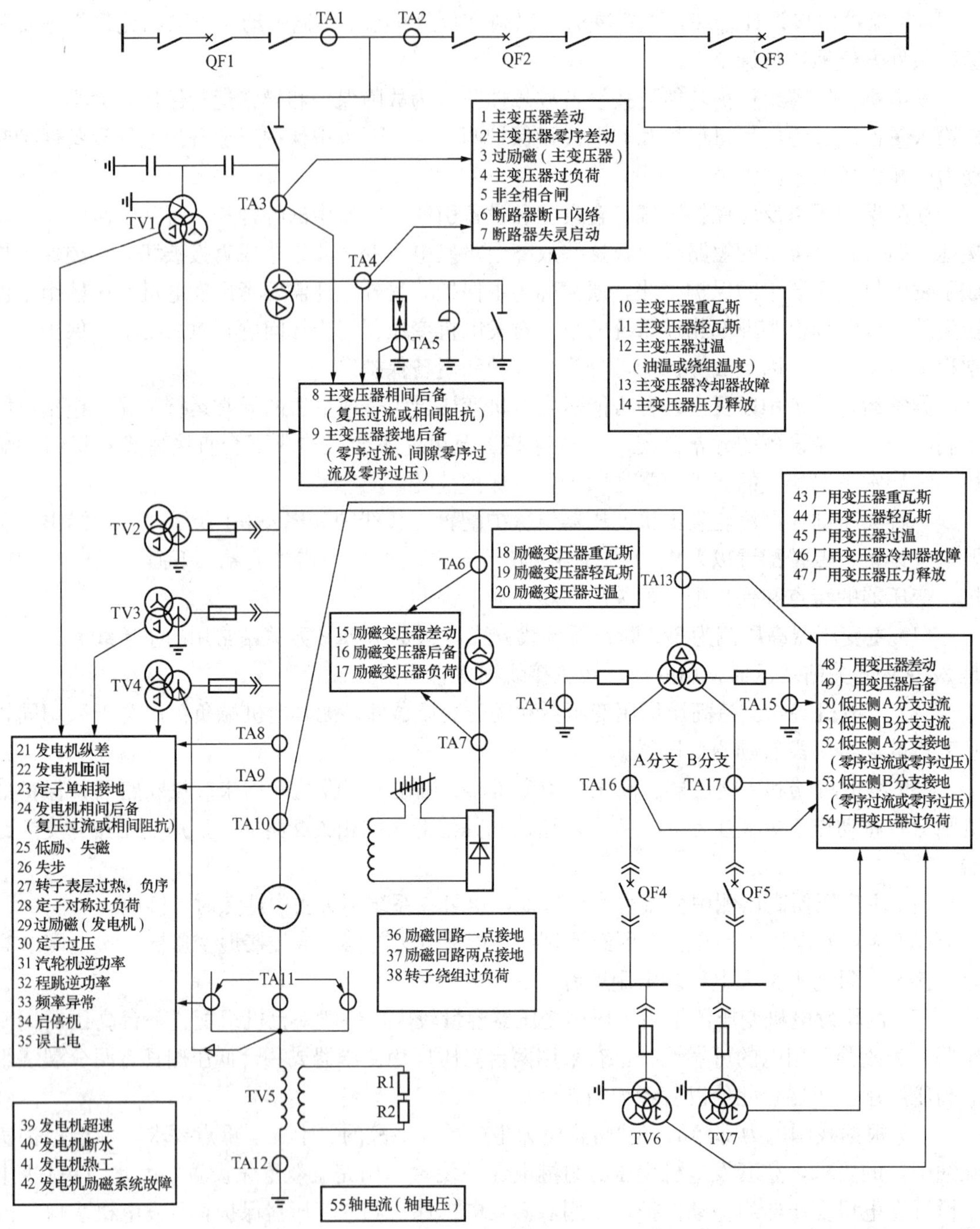

图 4-1-1　大型汽轮发电机变压器组保护典型配置与接线图

实现针对定子绕组相间短路故障的保护，配置经负序功率方向元件闭锁的纵向基波零序电压保护实现针对匝间短路、分支开焊故障的保护。

2）中性点具有 6 个引出端（每分支一个，每相两个），大型汽轮发电机少有此情况。这种情况下，原则上可装设发电机完全纵差保护、零序电流横差保护、裂相横差保护和不完全纵差保护，应根据实际要求选择。其中由完全纵差保护实现针对定子绕组相间短路故障的保护，由后三种保护实现针对定子绕组匝间短路、分支开焊故障的保护。

第三节　发电机变压器组保护动作的控制对象

所谓控制对象，是指保护动作时所作用的断路器、调节设备及声光信号等。

各保护装置动作后所控制的对象，依保护装置的性质、选择性要求和处理方式的不同而不同，通常按发电机变压器组全套保护综合考虑。常用的有以下几种处理方式：

(1) 全停：停锅炉、汽轮机（包括锅炉、汽轮机甩负荷，关主汽门）及相应辅机，断开主变压器高压侧断路器，跳灭磁开关，跳厂用变压器分支断路器，同时启动断路器失灵保护。为了运行检修的方便，全停又可再分为全停Ⅰ、全停Ⅱ、全停Ⅲ等方式，由不同的保护分组控制。

(2) 解列灭磁：断开高压侧断路器，跳灭磁开关，锅炉、汽轮机甩负荷，同时启动断路器失灵保护。

(3) 解列：断开高压侧断路器，锅炉、汽轮机甩负荷，同时启动断路器失灵保护。

(4) 程序跳闸：按规定程序自动跳闸停机，通常保护动作可切换到此项操作。

(5) 母线解列：跳开双母线主接线的母联断路器。

(6) 减出力：减少原动机输出功率。

(7) 厂用变压器分支跳闸：分别作用使厂用变压器 A 分支或 B 分支跳闸。

(8) 发信号：所有保护装置动作的同时均应按要求发声光信号，并可根据运行要求打开跳闸连接片，仅发声光信号。有些保护或保护阶段则要求发出预告信号。

(9) 另外还有降低励磁电流，切换励磁及启动通风等处理方式。

发电机变压器组保护的配置情况及其在不同处理方式下的控制对象如表 4-1-1 所示。

表 4-1-1　　大型发电机变压器组保护的配置及出口处理方式

序号	保护名称和类型	动作处理方式	备注
1	定子绕组相间短路（纵差）	全停	§3-2，(21)
2	定子绕组匝间短路	全停	§3-3，(22)
3	定子绕组单相接地（95%，100%）	全停（95%），全停/信号（100%）	§3-4，(23)
4	励磁回路一点接地	信号 / 解列灭磁	§3-6，(36)
5	励磁回路两点接地	全停	§3-7，(37)
6	发电机相间后备（复压过流或阻抗）	母线解列（t_1），解列灭磁（t_2）	§3-8，(24)
7	低励、失磁	减出力，切换励磁（t_1），解列 / 程序跳闸（t_2）	§3-5，(25)
8	转子表层过热（负序电流）（定、反）	信号（t_1）（定），解列 / 程序跳闸（反）	§3-9，(27)
9	定子绕组过电压	解列灭磁 / 程序跳闸	§3-12，(30)
10	失步异常运行	信号，解列	§3-13，(26)

续表

序号	保护名称和类型	动作处理方式	备注
11	定子对称过负荷（定、反）	信号（t_1）、减出力（t_2）（定），解列/程序跳闸（反）	§3-14，(29)
12	转子绕组过负荷（定、反）	信号（t_1）、减励磁（t_2）（定），程序跳闸（反）	§3-15，(38)
13	发电机过励磁（定、反）	减励磁（定），解列灭磁/程序跳闸（反）	§4-7，(29)
14	发电机逆功率 1（汽轮机）	信号（t_1），解列（t_2）	§3-10，(31)
15	发电机逆功率 2（程序跳闸）	解列灭磁（由程序跳闸命令投入）	§3-10，(32)
16	频率异常（低频/过频，延时/累积）	（分段）信号 / 程序跳闸	§3-11，(33)
17	启停机	全停	§3-16，(34)
18	误上电	全停	§3-17，(35)
19	轴电流（轴电压）	全停	§3-18，(55)
20	发电机超速	关主汽门 / 全停	(39)
21	发电机断水	解列灭磁 / 程序跳闸	(40)
22	热工保护	解列灭磁	(41)
23	励磁系统故障	解列灭磁	(42)
24	主变压器内部短路（差动）	全停	§4-2，(1)
25	主变压器内部接地（零差）	全停	§4-2，(2)
26	主变压器相间后备（复压过流或阻抗）	全停	§4-4，(8)
27	主变压器接地后备（零序过流，间隙零序过流，零序过压）	母线解列（t_1，t_3）；解列灭磁（t_1，t_2，t_4）	§4-3，(9)
28	主变压器过负荷（相电流过流）	信号（定），解列 / 程序跳闸（反）	§4-5，(4)
29	主变压器过励磁（定、反）	信号（定），解列灭磁 / 程序跳闸（反）	§4-7，(3)
30	主变压器瓦斯	信号（轻瓦斯），全停 / 信号（重瓦斯）	§4-6，(10、11)
31	主变压器过温（油温、绕组温度）	信号	§4-6，(12)
32	主变压器冷却系统故障	减出力（t_1），解列 / 程序跳闸（t_2）	§4-6，(13)
33	主变压器压力释放	信号	(14)
34	高压厂用变压器内部短路（差动）	全停	§4-2，(48)
35	高压厂用变压器后备（复合或低压过流）	A或B厂用分支断路器跳闸（t_1），解列灭磁（t_2）	§4-4，(49)
36	高压厂用变压器 A 分支过流	厂用 A 分支断路器跳闸	§4-4，(50)
37	高压厂用变压器 B 分支过流	厂用 B 分支断路器跳闸	§4-4，(51)
38	高压厂用变压器 A 分支接地（零序过压/过流）	厂用 A 分支跳闸（t_1），解列灭磁（t_2）	§4-3，(52)
39	高压厂用变压器 B 分支接地（零序过压/过流）	厂用 B 分支跳闸（t_1），解列灭磁（t_2）	§4-3，(53)

续表

序号	保护名称和类型	动作处理方式	备注
40	高压厂用变压器过负荷	信号（定），解列/程序跳闸（反）	§4-5，(54)
41	高压厂用变压器瓦斯	信号（轻瓦斯），全停 / 信号（重瓦斯）	§4-6，(43、44)
42	高压厂用变压器过温	信号	§4-6，(45)
43	高压厂用变压器冷却系统故障	启动通风，信号	§4-6，(46)
44	高压厂用变压器压力释放	信号	(47)
45	励磁变压器内部短路（差动）	全停	§4-2，(15)
46	励磁变压器后备（过流）	全停	§4-4，(16)
47	励磁变压器 / 励磁机过负荷	信号（t_1），解列灭磁（t_2）	§4-5，(17)
48	励磁变压器瓦斯	信号（轻瓦斯），全停 / 信号（重瓦斯）	§4-6，(18、19)
49	励磁变压器过温	信号	§4-6，(20)
50	主断路器非全相合闸	解列	§4-8，(5)
51	主断路器断口闪络	灭磁（t_1），启动失灵保护（t_2）	§4-8，(6)
52	断路器失灵启动	启动失灵保护	§4-8，(7)

注 1. 表中，1～6 为发电机短路性质故障的保护，7～19 为发电机异常状态的电气量保护，20～23 为机组故障及异常状态的非电量保护；24～27 为主变压器短路性质故障的保护，28、29 为主变压器异常状态的电气量保护，30～33 为主变压器故障及异常状态的非电量保护；34～39 为高压厂用变压器短路性质故障的保护，40 为高压厂用变压器异常状态保护，41～44 为高压厂用变压器非电量保护；45、46 为励磁变压器短路性质故障的保护，47 为励磁变压器异常状态保护，48、49 为励磁变压器非电量保护；50～52 为高压断路器异常保护。

2. 过励磁保护通常在发电机和主变压器上均有装设，但是在保护现场，一般可仅对过励磁能力相对较低的主设备投入该项保护功能。我国除自耦变压器，很少使用变压器零差保护。

3. 备注中的说明为本篇中与该保护有关章节，括号内为保护配置图中该保护序号（参见图 4-1-1）。

4. 方式说明中符号“/”表示“可选择至”。

5. 表中（定）表示“定时限”；（反）表示“反时限”。

第四节　发电机变压器组保护装置的组屏方案

根据本章第二节和第三节中所给出的发电机变压器组的保护功能配置，这里给出一种典型的大型汽轮发电机变压器组保护的组屏方案，如图 4-1-2 所示。

图 4-1-2 中，整套发电机变压器组保护装置组成三面屏。其中，A 屏和 B 屏配置的保护装置完全相同，都配有一台发电机、励磁变压器/励磁机保护装置和一台主变压器、高压厂用变压器保护装置，即每面屏包含有发电机变压器组所有的电气量保护功能。A 屏和 B 屏配置两套相同的电气量保护装置，实现“或门”逻辑的完全双重化配置。这种双重化配置是防止因保护装置拒动而导致系统事故的有效措施，同时又可大大减少由于保护装置异常、检修等原因造成的一次设备的停运，但这种双重化配置也增加了保护误动的几率。两面屏之间应遵循相互独立的原则，并且对于其中每一套保护装置，都应选用安全性高的继电保护装置。具体要求如下：

(1) 双重化配置的保护装置之间不应有任何电气联系。

(2) 保护装置双重化配置还应充分考虑运行和检修时的安全性。当运行中的一套保护因

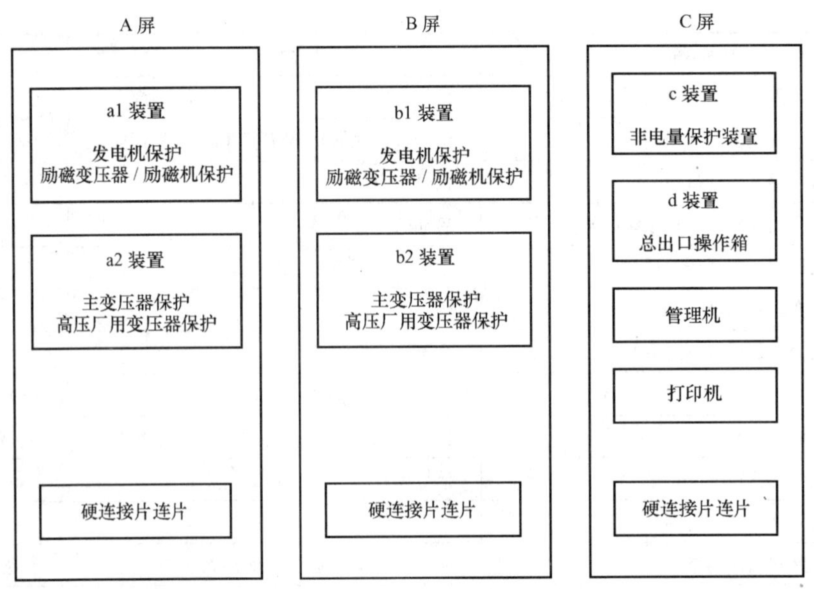

图 4-1-2 大型发电机变压器组保护典型组屏方案示意图

异常需要退出或需要检修时，应不影响另一套保护正常运行。

(3) 每套保护装置的输入电压、电流应分别取自独立的互感器及传感器。

(4) 与保护装置双重化配置相适应，应选用具备双跳闸线圈的断路器，并且与保护配合的相关回路（如断路器、隔离开关的辅助触点等）均应遵循相互独立的原则按双重化配置。

图 4-1-2 中，C 屏上配置有非电量保护和所有保护操作的出口合成（操作继电器箱），以及上层管理计算机。上层管理计算机既可通过内部网络对双重化保护系统实现统一的高级管理功能，又可完成保护与电厂信息系统的网络通信。

图 4-1-2 中所示的仅仅是一种比较紧凑的装置功能配置和组屏方案，所需要保护装置和屏的数量较少。但对于每个保护装置而言，需要较多的模拟量和开关量输入、输出通道，需要 CPU 处理的数据量较大，对保护装置的硬件性能要求较高，而且每面屏需要装设的接线端子数量较多。根据不同厂商的设计理念和现场实际条件，保护装置功能配置和组屏方案可能会与图 4-1-2 中的方案有所不同。例如：有些场合要求将保护装置 a1、a2、b1、b2 各自单独组一面屏；还有些场合将 A 屏和 B 屏中的保护装置的保护功能配置重新进行调整，每面屏配置三个保护装置，第一个保护装置配置发电机电气量保护，第二个保护装置配置主变压器电气量保护，第三个保护装置配置高压厂用变压器、励磁变压器电气量保护等。

在保护应用现场，非电量保护元件（含传感器）一般仅配置一套，常常只能提供一路触点，因此在图 4-1-2 中的组屏方案中，仅采用了一个非电量保护装置，但是非电量保护装置内部必须配置有两套独立的动作出口设备，当然也可配置两套非电量保护装置。如果非电量保护元件可以提供两路触点，更可靠的做法是采用两套独立的非电量保护装置。对于总出口操作继电器箱，根据保护现场的实际需要，可以采用配置一个或两个，但如果像图4-1-2中只配置一个，其内部也需要配备两套独立的出口操作回路并分别使用独立的操作电源。

第五节 发电机变压器组保护装置的主要类型

发电机和变压器保护装置的类型经历了由机电型、整流型、晶体管型、集成电路型至微机型的发展过程。对于大型发电机变压器组，因为要求其保护性能优良，功能齐备且安全可靠，前三种类型的保护从总体上说因技术老化而难负重任，国内已不再使用。目前使用的主要是代表现代技术的微机型发电机变压器组成套保护装置，这也是首选方案。现实中也还存在少量集成电路型保护装置，正在逐步被淘汰。

毫无疑问，由于最新一代微机型发电机变压器组成套保护系统在性能优良、配置灵活、调试方便和运行可靠等方面较之传统保护有着无与伦比的优势，因而成为发展和应用的主流。国外厂商于20世纪80年代后期开始提供发电机变压器组微机保护产品，而国内厂商从1994年底陆续推出自己的产品，目前整体技术水平已达到甚至超过了国外产品，在国内市场占据了主导地位。微机型保护以微型计算机为基础，用数字电路代替传统的模拟电路，用数字信号处理技术来完成各种计算和逻辑功能。由于保护的具体功能不再与硬件电路相对应，而是靠软件来完成，因而使得保护能方便灵活地满足现场的不同要求，并且使保护硬件的通用性和互换性更好。微机型发电机变压器组保护系统着重于整体设计，在硬件组织上与传统保护有较大区别。由于微机信息处理能力很强，一台微机可以同时承担多种保护，因此微机型发电机变压器组保护通常是按保护对象和保护整体配置要求，多个品种的保护由一台微机保护装置承担，而其内部通常形成分层多微机处理系统；并且多台微机保护装置可通过数字通信网，由上层计算机进行统一控制，可实现各种高级管理功能。微机型发电机变压器组保护系统不仅保护品种上更为完备、配置上更为灵活、性能上更为优良、运行更加可靠，而且还能提供很多辅助功能，如视窗化和图形化的操作功能、自动辅助调试功能、装置故障自动巡检或自检功能、故障录波功能以及通过与发电厂监控计算机系统联网而得到的远方管理功能和信息远传功能等，这些都是各种传统模拟型保护无法实现的。

由于历史的原因，还存在一些大型发电机变压器组采用集成电路型保护。集成电路型大型发电机变压器组保护在国外发展于20世纪70年代，在80年代得到广泛应用。自20世纪80年代末期，国内主要厂商也先后推出了集成电路型大型发电机变压器组成套保护装置，并得到成功的应用。这些保护装置均能提供功能完备的保护配置，便于按设计要求灵活地配置和组屏。其中许多保护采用了比较先进的保护原理及电路技术，使保护性能得到改善。集成电路保护构成比较复杂，一般是按完成独立功能的电路组织插件，由若干个功能插件组成一种保护，再由各种保护通过适当组屏构成保护系统，这对于改善插件的通用性很有好处。同时插件易于更换，便于检修，但由于插件数目较多，使成套保护的复杂性大为增加，可靠性受到影响；并且随着保护复杂性的提高，保护调试整定管理的矛盾也越来越突出。集成电路保护需要逐个插件、逐个保护进行调试，工作量与难度均相当大，对调试人员的技术要求也非常高。有些集成电路保护中通过增加试验插件等方法试图对此加以改善，但因发电机变压器组保护功能过于复杂，该问题并未得到圆满解决。另外，现场要求对保护方案或特性作较大调整时，需要改变硬件电路，这实际上是非常困难的。

为便于对比，图4-1-3给出了一个典型的集成电路型大型汽轮发电机变压器组保护配

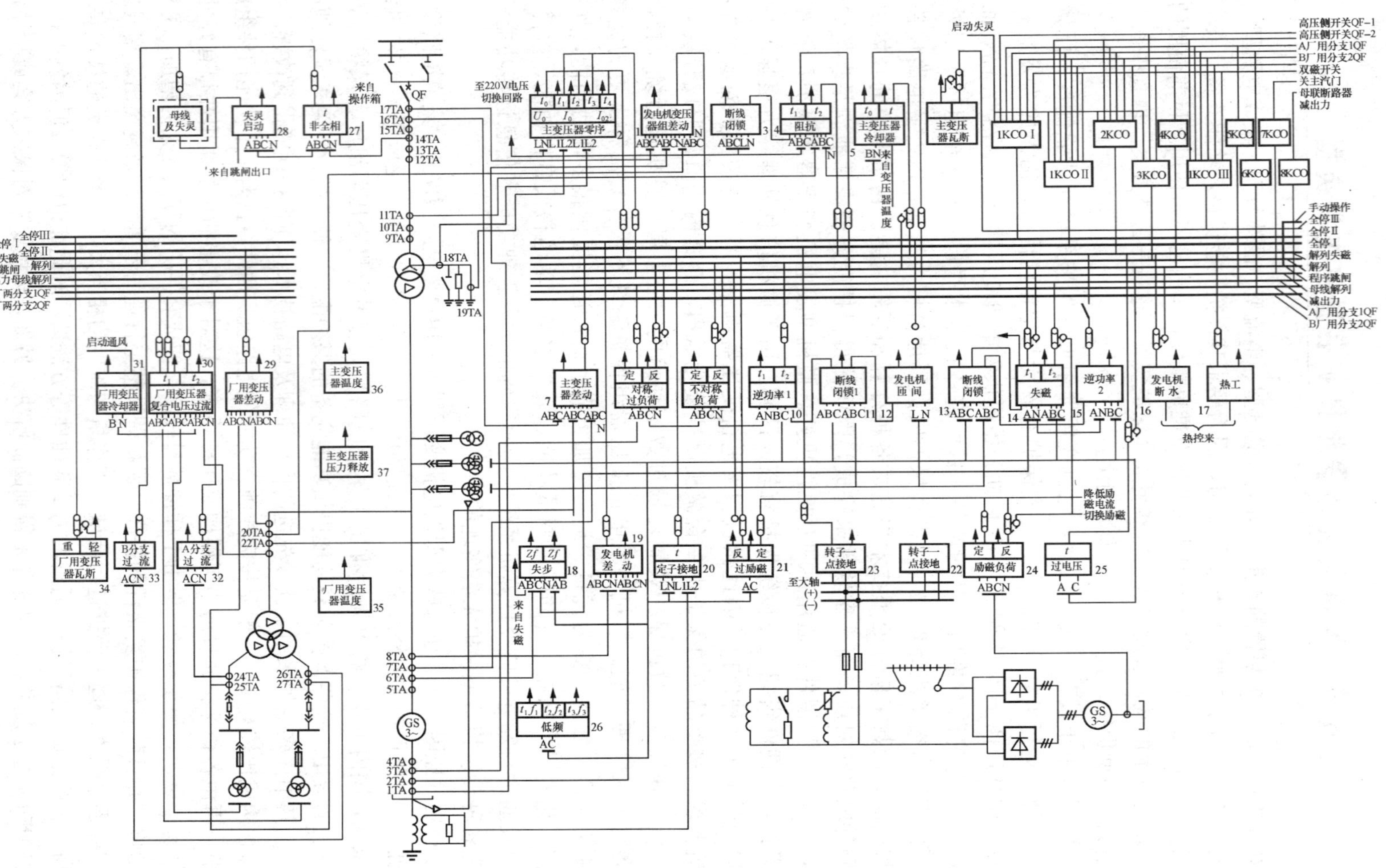

图 4-1-3　集成电路型大型汽轮发电机变压器组保护典型配置与接线图

置与接线图。其中只有部分的重要保护功能实现了双重化。比较特别的是为保证主保护双重化，在发电机纵联差动保护、主变压器差动保护只配置一套的情况下，增加了一套发电机变压器组差动保护（即保护范围为整个发电机变压器组，俗称大差保护），这是以往为了减少保护的复杂性的通常做法。目前微机型大型发电机—变压器组保护按照完整独立的两套发电机变压器组保护配置，其中已包括了两套发电机纵联差动保护和两套主变压器差动保护，因此通常不再配置发电机变压器组差动保护。需要注意，图 4-1-3 给出了集成电路型发电机变压器组保护的详细接线，这对于理解各种保护如何配合，如何构成出口逻辑很有帮助。

第二章 继电保护基础

目前大型电厂的各类电气设备和线路均广泛采用微机型成套继电保护装置。微机型继电保护（Microcomputer Based Protection 或 Microprocessor Based Protection）是指以嵌入式微型计算机为核心构成的，或者说基于可编程数字电路技术和实时数字信号处理技术实现的电力系统继电保护技术以及继电保护装置。本章重点介绍微机型继电保护（以下简称微机保护）技术原理方面的基础知识，主要包括硬件原理、数据采集、数字滤波、特征量的算法、保护动作判据的算法以及软件流程等方面的内容。

考虑到当前尚有一些集成电路型发电机变压器组保护装置仍在使用，为了这些读者的需要，本章最后一节对集成电路型保护装置的基本电路做了介绍。

第一节 微机保护装置硬件原理概述

一台完整的微机继电保护装置主要由硬件和软件两部分构成。硬件指模拟和数字电子电路，硬件不仅提供软件运行的平台，并且提供微机保护装置与外部系统的电气联系；软件指计算机程序，由它按照保护原理和功能的要求对硬件进行控制，有序地完成数据采集、外部信息交换、数字运算和逻辑判断、动作指令执行等各项操作。所有模拟式继电保护装置完全依赖硬件电路来实现保护原理和功能。而微机保护装置则不然，需要硬件和软件的配合才能实现保护原理和功能，缺一不可。甚至从某种角度上说，软件才真正代表了微机型继电保护装置的内涵和特点。为同一套硬件配上不同的软件，就能构成不同特性或者不同功能的继电保护装置。正是这一优点使微机保护装置具有超越模拟式继电保护装置的灵活性、开放性和适应性。这里首先概要地介绍微机保护装置硬件系统工作原理和技术特点。

微机保护装置的硬件系统原理框图如图4-2-1所示。由图可见，微机保护装置的硬件以数字核心部件为中心，围绕着数字核心部件的是各种外围接口部件，各部件的功用需要在软件的支持下才能实现。

一、数字核心部件

微机保护装置的数字核心部件实质上是一台特别设计的专用微型计算机，一般由中央处理器（CPU）、存储器、定时器/计数器及控制电路等部分组成，并通过数据总线、地址总线、控制总线连成一个系统，实现数据交换和操作控制。继电保护程序在数字核心部件内运行，完成数字信号处理任务，指挥各种外围接口部件运转，从而实现继电保护的原理和各项功能。

（一）CPU

CPU是数字核心部件以及整个微机保护装置的指挥中枢，计算机程序的运行依赖于CPU来实现。因此，CPU在很大程度上决定了微机保护装置的技术水平。CPU的主要技术

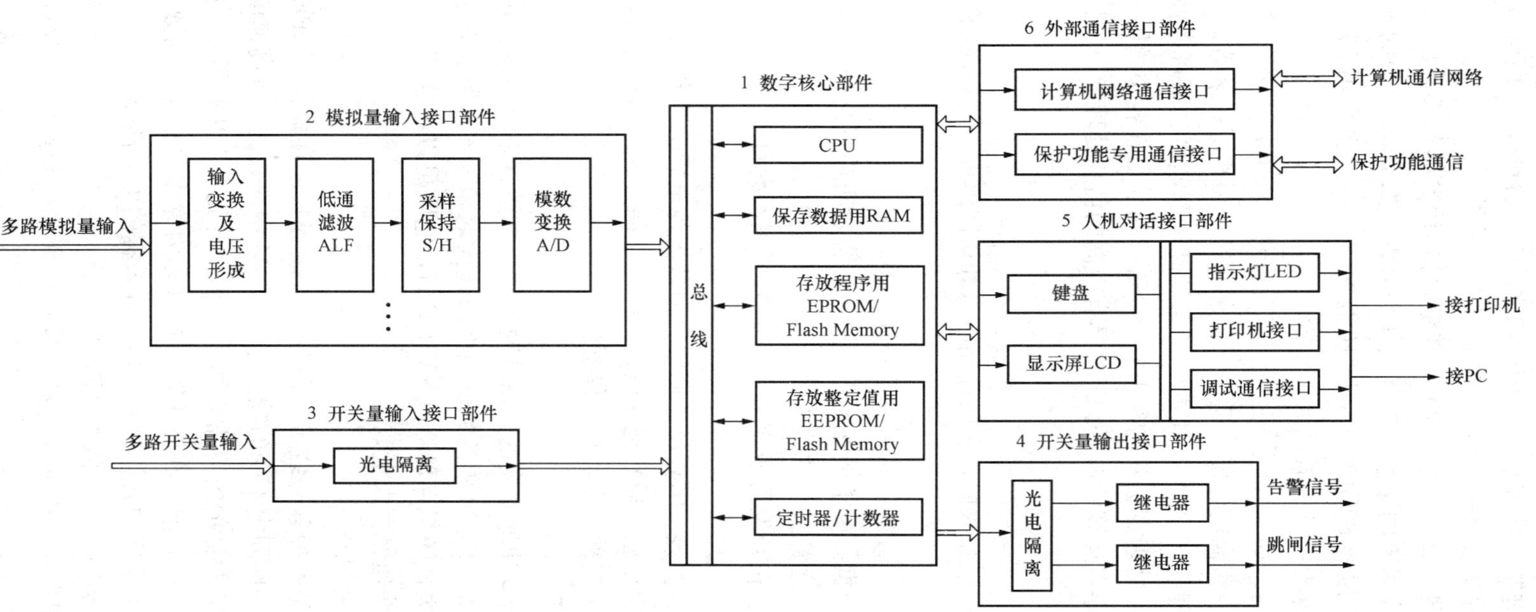

图 4-2-1 微机保护装置的硬件系统原理框图

指标包括字长（用二进制位数表示）、指令的丰富性、运行速度（用典型指令执行时间表示）等。当前应用于微机保护装置的 CPU 主要有以下几种类型：

（1）单片微处理器。其特点是将 CPU 与定时器/计数器及某些输入/输出接口器件集成在一起，特别适于构成紧凑的测量、控制及保护装置，如 Intel 公司的 8031 系列及其兼容产品（字长 8 位）、8096 以及 80C196（字长 16 位）等。目前多采用 16 位单片微处理器构成中、低压或中、小型电力设备的微机保护装置。

（2）通用微处理器。如 Intel 公司的 80X86 系列、Motorola 公司的 MC863XX 系列等。其中的 32 位 CPU 具有很高的性能，适用于各种复杂的微机保护装置。

（3）数字信号处理器（DSP）。其主要特点是高运算速度、高可靠性、低功耗以及可由硬件完成某些数字信号处理算法并包含相关指令等，目前已在各类微机保护装置中得到广泛使用。尤其是可支持浮点运算的 32 位 DSP 具有极高的信息处理能力，特别适于构成高性能的微机保护装置。

（二）存储器

存储器用来保存程序和数据，它的存储容量和访问速度（读取时间）也会影响整个微机保护装置的性能。

在微机保护装置中，数字信息大致可分为三类。

（1）经常变化的数据。要求能在 CPU 和存储器之间进行高速数据交换（读写），如实时采样值、控制变量、运算过程的数据等。

（2）计算机程序。在开发阶段定稿后不再需要也不允许改变，装置失电后也不允许改变。

（3）整定值等控制参数。需要经常调整，但装置掉电后也不允许改变。

根据上述三类数字信息，通常把存储器的存储空间分为数据存储区、程序存储区和定值存储区，相应地采用了三种不同类型存储器件：

1. 随机存储器（RAM）

RAM 用来暂存需要快速交换的大量临时数据，如数据采集系统提供的数据信息、计算处理过程的中间结果等。RAM 中的数据允许高速读取和写入，但在失电后会丢失。还有一种存储器件叫做非易失性随机存储器（NVRAM），它既可以高速读写，又可以在失电后不丢失数据，适于用来快速保存大量数据。

2. 只读存储器（ROM）

目前实际使用的是一种紫外线可擦除且电可编程只读存储器（EPROM），用来保存微机保护的运行程序和一些固定不变的数据。EPROM 中的数据允许高速读取，且在失电后不会丢失。改写 EPROM 存储的内容需要两个过程：首先在专用擦除器内经紫外线较长时间照射擦除原来保存的数据，然后在专用写入器（称为编程器）写入新数据。因此，EPROM 的内容不能在微机保护装置中直接改写，但保存数据的可靠性极高。

3. 电可擦除且可编程只读存储器（EEPROM）

EEPROM 用来保存在使用中有时需要改写的那些控制参数，如继电保护的整定值等。EEPROM 中保存的数据允许高速读取且在失电后不会丢失，同时无需专用设备就可以在使用中在线改写，对于修改整定值比较方便。但也正是因为改写方便，EEPROM 保存数据的可靠性不如 EPROM，因而不宜用来保存程序。另外，EEPROM 写入数据的速度很慢，也不能用它来代替 RAM。目前使用的 EEPROM 有两种接口形式：一种为并行数据总线，另一种为串行数据总线。后者的数据操作需要按特定编码格式逐位进行（类似于串行通信），读写速度较前一种相对较慢，但数据保存的可靠性较高。因此，目前人们更倾向于采用串行 EEPROM 来保存定值，并通过在微机保护装置上电或复位后将串行 EEPROM 中的定值调入 RAM 存储区来满足继电保护运行中高速使用定值的要求。

目前还广泛使用快闪存储器（Flash Memory，也称为快擦写存储器），它的数据读写和存储特点与并行 EEPROM 类似（即快读慢写、掉电后不丢失数据），但存储容量更大且可靠性更高，在微机保护装置中不仅可以用来保存整定值，还可以用来保存大量的故障记录数据（便于事后事故分析），也可被用来保存程序。目前，不少 CPU（如常用的 DSP）中已内置了 Flash Memory 器件，主要用来保存程序，从而可省去外部程序存储器。

（三）定时器/计数器

定时器/计数器在微机保护装置中也是十分重要的器件，它除了为延时动作的保护提供精确计时外，还有提供定时采样触发信号、形成中断控制等作用。目前，很多 CPU 中已将定时器/计数器集成在其内部。

（四）控制电路

数字核心部件的控制电路包括地址译码器、地址锁存器、数据缓冲器、晶体振荡器及时钟发生器、中断控制器等，它们的作用是保证整个微机数字电路的有效连接和协调工作。早期这些控制电路由分离的逻辑器件相互连线构成，而现在已广泛采用了大规模可编程逻辑器件（如 CPLD 和 FPGA 等器件），大大简化了印制板的连线，提高了数字核心部件的可靠性。

以上介绍的这些部分是工业控制微机原理及应用方面的内容，想多了解的读者，可查阅相关资料。

二、模拟量输入（AI）接口

继电保护的基本输入电量是模拟性质的电信号。一次系统的模拟电量可分为交流电量（包括交流电压和交流电流）、直流电量（包括直流电压和直流电流）以及各种非电量。它们经过各种电力传感器（如电压互感器 TV 或电流互感器 TA 等）转变为二次电信号，再由引线端子进入微机保护装置。然后将电力传感器输入的模拟电信号准确地变换成离散化的数字量。这个过程也就是通常所说的数据采集，因此模拟量输入接口部件也称为模拟量数据采集部件或数据采集系统，简称为 AI（Analog Input）接口。

AI 接口往往包括多路不同性质的模拟量输入通道，如不同相别的电压和电流、零序电压和电流以及直流电压和电流等，具体情况取决于微机保护装置的功能要求。一般要求由 AI 接口得到的多路数字信号之间保持时间上的同时性（对于交流信号相当于保持各通道之间原有相位关系不变）和同性质的通道之间变换比例一致（如三相电压之间或者三相电流之间的幅值变换比相同）。另外，要求 AI 接口能够不失真地传变输入信号。继电保护装置需要在故障暂态过程中有效地工作，而发生故障时电流、电压量值往往呈现很大的动态变化范围，因此 AI 接口在可能的输入信号最大变化范围内应能保持良好的线性度和变换精度。

以交流信号输入（取自于 TV、TA 的二次侧）为例，典型的交流 AI 接口按信号流程（即信号传递顺序）主要包括以下各部分：输入变换及电压形成回路、前置模拟低通滤波器（ALF）、采样保持回路（S/H）、模数变换电路（A/D），可参见图 4-2-1。AI 接口是微机保护装置的关键部件之一，不仅要求它能完成数据采集任务，还要求遵循数字化处理的基本原理并达到技术要求。

（一）输入变换及电压形成回路

交流信号输入变换由输入变换器来实现，它接受来自电压互感器和电流互感器二次侧的电压、电流信号，通过装置内的输入变压器、变流器将二次电压、电流进一步变小，以适应弱电电子元件的要求；同时还可使二次回路与继电保护装置内部电路之间实现电气隔离和电磁屏蔽，以保障保护装置内部弱电元件的安全，减少来自高压设备对弱电元件的干扰。交流电压可直接采用电压变换器，如图 4-2-2（a）所示。而对于交流电流，由于通常使用的弱电电子器件为电压输入型器件，因此还需将电流信号转换为电压信号，这个转换过程称为电压形成。电压形成的方式与微机保护装置所采用的电流变换器的形式有关，常用的有以下两种形式：

（1）采用电流变换器。其工作原理与电流互感器完全相同，如图 4-2-2（b）所示。此时电压形成的常用方法是在电流变换器二次侧接入一个低阻值电阻，二次侧输出电流流过电阻便产生与二次侧电流同相位、正比例的输出电压。

（2）采用电抗变换器，这种方式可一次完成电流标度变换和电压形成，如图 4-2-2（c）所示。电抗变换器是一种铁心带气隙的特殊的电流变换器，它的一次侧输入电流，二次侧输出电压，理想状态下其输出电压与一次侧电流的微分成正比。电抗变换器的这种特点可使其二次侧输出电压较少受一次侧电流中衰减直流分量的影响，但对一次侧电流中的高次谐波有放大作用。就多数基于基波和某次谐波信号的保护而言，前一个特点有利而后一个特点则不利，使用中应加以注意。

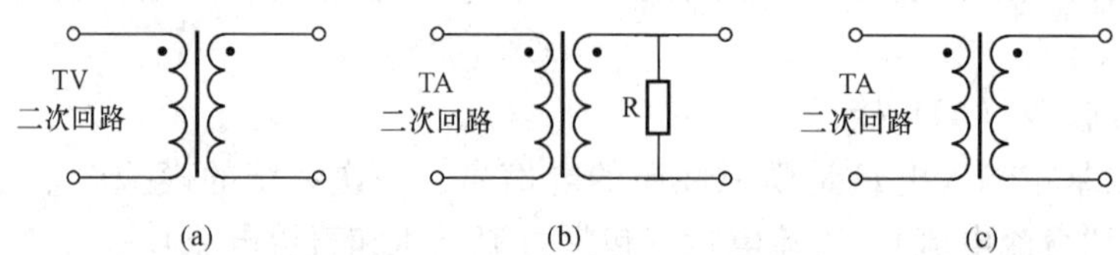

图 4-2-2　输入变换及电压形成回路的原理图

（a）电压输入变换；（b）采用电流变换器的电压形成；（c）采用电抗变换器的电压形成

（二）前置模拟低通滤波器（ALF）

ALF 是一种简单的低通滤波器，每一路 AI 通道都需要配置。ALF 的作用仅仅是为了抑制输入信号中对保护无用的较高频率的成分，以便采样时易于满足采样定理的要求（参见本章第二节）。ALF 可采用简单的有源或无源低通滤波电路，常用的二阶 RC 型无源 ALF 电路如图 4-2-3 所示。

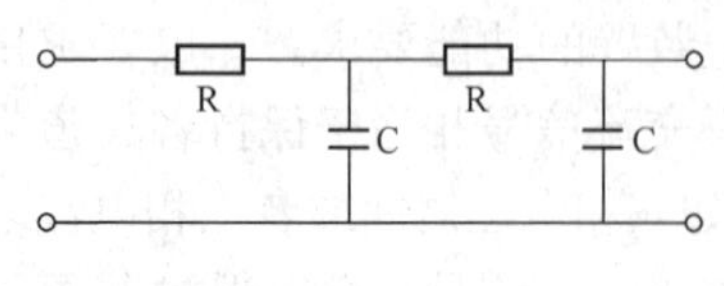

图 4-2-3　简单的 RC 型无源 ALF 电路

输入变换、电压形成及模拟低通滤波三部分电路合起来通常又被称为信号调理回路。直流信号的信号调理回路其原理与作用基本类似，主要差别在于输入变换器不同，目前常用的有隔离放大器（光电型或逆变型）或基于霍尔效应的传感器等。

（三）采样保持回路

采样保持回路（S/H 回路）完成对输入模拟信号的采样。所谓采样保持，指在某时刻获取（抽取）输入模拟信号在该时刻的瞬时值，并维持适当时间不变，以便模数变换回路将其转化为数字量。如果按固定的时间间隔重复地进行这种采样操作，就可将时间上连续变化的模拟信号转换为时间上离散的模拟信号序列。

（四）模/数变换电路

模/数变换回路（A/D 回路）实现模拟量到数字量的变换，也就是将由 S/H 采集（抽取）并保持的输入模拟信号的瞬时值变换为相应的数字值。

三、开关量输入（DI）接口

这里开关量泛指反映“是”或“非”两种状态的逻辑变量，如断路器的“合闸”或“分闸”状态、开关或继电器触点的“通”或“断”状态、控制信号的“有”或“无”状态等。继电保护装置常常需要确知相关开关量的状态才能正确地动作，外部设备一般通过其辅助继电器触点的“闭合”与“断开”来提供开关量状态信号。由于开关量的状态正好对应二进制数字的“1”或“0”，所以开关量可作为数字量读入（每一路开关量信号占用二进制数字的一位），因此，开关量输入接口部件简称为 DI（Digital Input）接口。DI 接口的作用是为开关量提供输入通道，并在微机保护装置内外部之间实现电气隔离，以保证内部弱电电子电路的安全和减少外部干扰。一种典型的 DI 接口电路如图 4-2-4 所示（仅绘出一路），它使用光电耦合器件实现电气隔离。光电耦合器件内部由发光二极管和光敏晶体管组成。目前常用的光电耦合器件为电流型，当外部继电器触点闭合时，电流经限流电阻流过发光二极管使其发光，光敏晶体管受光照射而导通，其输出端呈现低电平“0”；反之，当外部继电器触点断开时，无电流流过发光二极管，光敏晶体管无光照射而截止，其输出端呈现高电平“1”。该“0”、“1”状态可作为数字量由 CPU 直接读入，也可控制中断控制器向 CPU 发出中断请求。

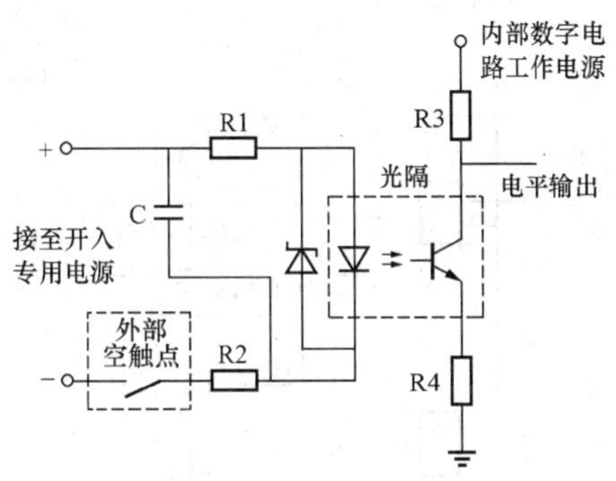

图 4-2-4 采用光电耦合器件的开关量输入回路

四、开关量输出（DO）接口

微机保护装置通过开关量输出的“0”或“1”状态来控制执行回路（如报警信号或跳闸回路继电器触点的“通”或“断”），因此开关量输出接口部件简称为 DO（Digital Output）接口。DO 接口的作用是为正确地发出开关量操作命令提供输出通道，并在微机保护装置内外部之间实现电气隔离，以保证内部弱电电子电路的安全和减少外部干扰。一种典型的使用光电耦合器件的 DO 接口电路如图 4-2-5 所示（仅绘出一路），其动作原理可参见 DI 接口说明。继电器线圈两端并联的二极管称为续流二

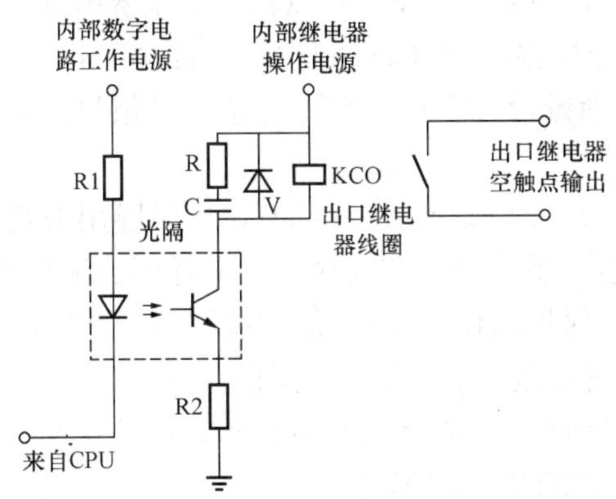

图 4-2-5 采用光电耦合器件的开关量输出及继电器控制电路

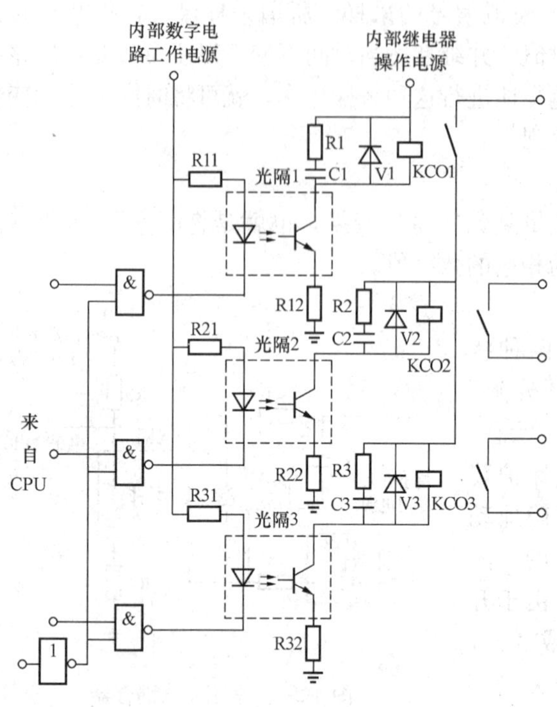

图 4-2-6 具有电源控制和异或逻辑的跳闸出口继电器输出回路

极管，它在 CPU 输出由“0”变为“1”、光敏晶体管突然由“导通”变为“截止”时为继电器线圈释放储存的能量提供电流通路。这样一方面加快继电器的返回，另一方面避免电流突变产生较高的反向电压而引起相关元件的损坏和产生强烈的干扰信号。另一个需要注意的问题是，在重要的开关量输出回路（如跳闸回路）中，需要对跳闸继电器的电源回路采取控制措施，同时对光隔导通回路采用异或逻辑控制，其示意图如图 4-2-6 所示。这样做主要是为了防止因强烈干扰甚至元件损坏在输出回路出现不正常状态改变时，以及因保护装置上电（合上电源）或工作电源不正常通断在输出回路出现不确定状态时而导致保护装置发生误动。

五、人机对话接口（MMI）

人机对话接口部件简称为 MMI（Man-Machine Interface），其作用是建立起微机保护装置与使用者之间的信息联系，以便对保护装置进行人工操作、调试和得到反馈信息。继电保护的操作主要包括整定值和控制命令的输入等；而反馈信息主要包括被保护的一次设备是否发生故障、何种性质的故障、保护装置是否已发生动作以及保护装置本身是否运行正常等。所有模拟式保护装置的人机联系手段很有限，一般只能通过切换开关或电位器进行整定值调整，通过指示灯和信号继电器来反应保护动作情况，通过外接仪表来了解电子电路工作是否正常（只能在装置退出运行后才能进行）。而微机保护装置采用智能化人机界面使人机信息交换功能大为丰富、操作更为方便。微机保护装置的 MMI 通常包括以下几个部分：

（1）紧凑键盘。主要用来修改整定值和输入操作命令。这里之所以称之为紧凑键盘是指其控制电路简捷且键的数量很少，例如通常只有光标移动键（如含上下左右四方向移动）、数值增减键（增值和减值）、操作确认键、操作取消键等几个键，需要与显示屏相配合来完成对保护装置的各种操作任务。

（2）显示屏。通常采用小型图形化（或点阵式）液晶显示屏（LCD），显示屏用来实现数据、曲线、图形及汉字的显示，显示内容通常包括整定值、控制命令、采样值、测量值、被保护设备故障报告（含故障发生的时间、性质、保护动作情况）、保护装置运行状态的报告等。目前微机保护装置通常都能通过 LCD 和紧凑键盘来实现菜单和图标操作。

（3）指示灯。可对一些重要事件，如保护装置动作、保护装置运行正常、保护装置故障等提供明显的监视信号。目前指示灯通常采用发光二极管（LED）。

（4）按钮。用来完成对某些特定功能的直接控制，如微机保护装置的系统复位（Reset）按钮、信号复归按钮等。

（5）打印机接口。用来连接打印机形成纸质文字报告。早期重要的微机保护装置通常都配有打印机，目前基本上已取消了打印机，改由将相关信息经通信传送给电站自动化系统统一打印。

（6）调试通信接口。用来在对微机保护装置进行现场调试时与通用计算机（如笔记本电脑）相连，实现视窗化和图形化的高级自动调试功能。

六、外部通信接口（CI）

外部通信接口部件简称为CI（Communication Interface），其作用是提供与计算机通信网络以及远程通信网的信息通道。CI可分为两大类：第一类CI为实现特殊保护功能的专用通信接口，如输电线路纵联保护，它要求位于输电线路两端的保护交换信息和相互配合，共同完成保护功能，这时需要为不同类型的纵联保护提供载波、微波或光纤等通信接口；另一类CI为通用计算机网络接口，可与发电厂计算机局域网以及电力系统远程通信网相连，实现更高一级的信息管理和控制功能，如信息交互、数据共享、远方操作及远方维护等。

微机保护装置除了上述各部件外，还需要工作电源。由于电源必须保证对所有有源器件安全、稳定、优质、可靠地供电并满足它们的特殊要求，故电源部件是最重要的部件之一。目前通常采用开关式逆变电源组件。

需要指出，一台完整的微机保护装置硬件系统要比图4-2-1所示内容丰富和复杂得多，要求考虑很多工业应用中的技术问题和系统设计问题，主要包括装置结构设计、工作电源选择、各项硬件功能如何在插件上分配，抗干扰（又称为EMC，即电磁兼容）技术和装置自身故障检测（简称自检）等可靠性措施，这些需要实际参与微机保护装置的研发工作才能掌握。另外，现代微机型继电保护装置内部通常采用分层多微机系统模式，其特点是：由多个独立并行的下层CPU子系统（插件）分担保护功能；由一个上层CPU管理系统（插件）通过内部通信网对各个下层CPU子系统进行管理和数据交换，同时担负对外部通信网络接口、人机对话接口的控制。这种结构可有效提高微机保护装置的处理能力、可靠性以及硬件模块化、标准化水平。

随着微机硬件系统处理能力不断增强，微机保护装置软件系统的技术水平也在不断发展。微机保护装置要求极高的实时处理能力，早期限于CPU的处理能力，均采用低级语言（汇编语言甚至机器语言）编程；目前不仅保护功能软件已普遍采用高级语言（如C语言）和面向对象的模块化编程技术，而且标准化的实时多任务操作系统平台也逐步得到应用，使继电保护软件的可读性、可维护性、可开发性以及安全性、灵活性和适应性得到全面提高。

第二节　微机保护的数据采集与数字滤波

一、数据采集系统的基本原理

微机保护的基本特征是由软件对数字信号进行计算和逻辑处理来实现继电保护的原理，而所依据的电力系统的主要电量却是模拟性质的信号，因此，首先需要通过数字信号采集系统（由上述模拟量输入接口通过CPU控制实现）将连续的模拟信号转变为离散的数字信号，这个过程称为离散化。离散化过程包含了两个子过程：第一步为采样过程，通过采样保持器（S/H）对时间进行离散化，即把时间连续的信号变为时间离散的信号，或者说在一个个等时间间隔的瞬时点上抽取信号的瞬时值；第二步为模数变换过程，通过模数变换器

(A/D) 对采样信号幅度进行离散化，即把时间上已离散而数值上仍连续的瞬时值变换为数字量。

下面讨论与采样和模数变换过程有关的一些基本概念。

1. 采样过程描述及采样定理

设输入模拟信号为 $x_A(t)$，现在以确定的时间间隔 T_S 对其连续采样，得到一组代表 $x_A(t)$ 在各采样点瞬时值的采样值序列 $x(n)$，可表示为

$$x(n)=x_A(nT_S)\quad n=1,2,3,\cdots \tag{4-2-1}$$

采样过程如图 4-2-7 所示。例如，设输入模拟信号 $x_A(t)=X_m\sin(\omega t+\varphi)$，则有 $x(n)=X_m\sin(\omega nT_S+\varphi)$。这里 n 只能为整数，这意味着 $x(n)$ 只在采样点上有值，而在采样点以外没有定义，不能认为这些位置上其值为零。换言之，$x(n)$ 是以 n 为变量、以 T_S 为时间间隔的一组采样序列。下面将要讨论的各种算法，都是对这种采样序列的运算。

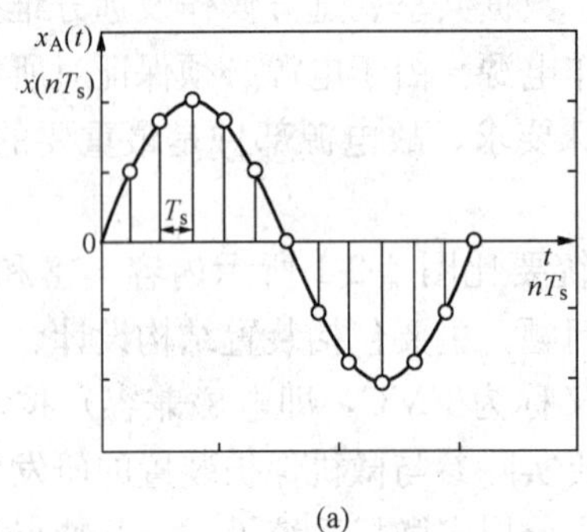

(a)

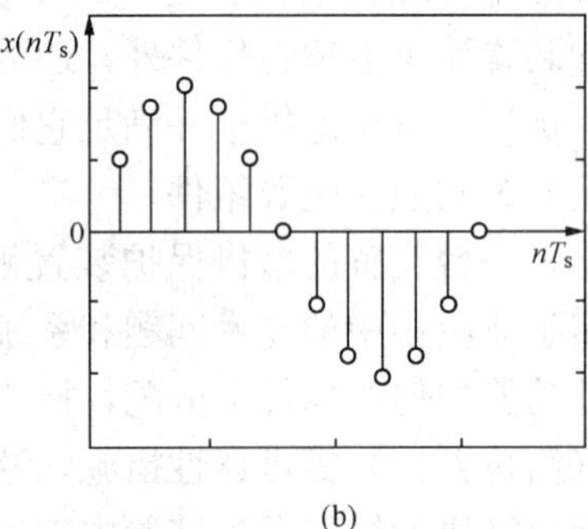

(b)

图 4-2-7　采样过程示意图
(a) 输入模拟信号；(b) 采样序列

上述确定的相邻采样值之间的间隔时间 T_S 称为采样周期。采样周期 T_S 的倒数称为采样频率（简称采样率），记为 f_S，即

$$f_S=\frac{1}{T_S} \tag{4-2-2}$$

采样率反映了采样速度。在电力系统的实际应用中，习惯用采样率 f_S 相对于基波频率的倍数（记为 N）来表示采样速率，称为每基频周期采样点数，或简称为 N 点采样。设基波频率为 f_1、基频周期为 T_1，则有

$$N=\frac{f_S}{f_1}=\frac{T_1}{T_S} \tag{4-2-3}$$

若输入模拟信号的频率较高而采样率很低，采样数据便无法正确地描述原始波形，即，合适的采样率与输入信号的频率有关。研究表明，无论原始输入信号的频率成分多复杂，保证采样后不丢失其中信息的充分必要条件，或者说由采样值能完整、正确和唯一地恢复输入连续信号的充分必要条件是：采样率 f_S 应大于输入信号的最高频率 f_{max} 的两倍，即

$$f_S>2f_{max} \tag{4-2-4}$$

这就是著名的采样定理（Sampling Theory）。

采样定理的必要性可以用图 4-2-8 加以说明。图 4-2-8 (a) 所示为当 $f_S<2f_{max}$ 时引起错误的情况：原高频信号如实线所示，由于采样率太低，由采样值观察，将会误认为输入信号

为虚线所示的低频信号。图 4-2-8（b）所示为当 $f_S=2f_{max}$时引起错误的情况：对于实线所示的信号一周波可以得到两个采样值，但由这两个采样值还可以得到另一同频率但不同幅值和相位的信号（虚线所示），实际上由这两个采样值可以得到无数个同频率但不同幅值和相位的信号，这表明当 $f_S=2f_{max}$时，由采样值无法唯一地确定输入信号。由此说明了满足采样定理的必要性。

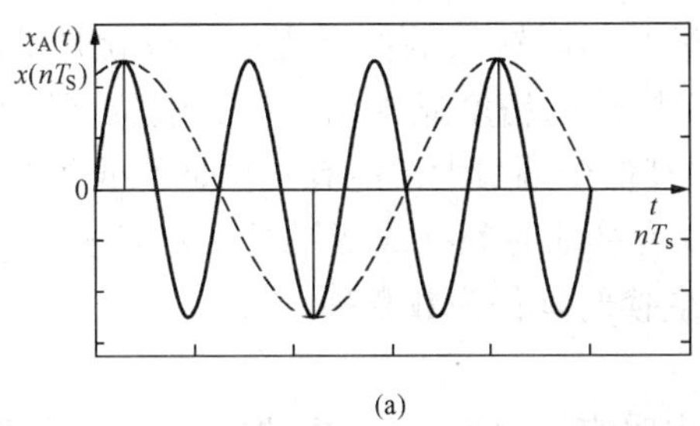

(a)

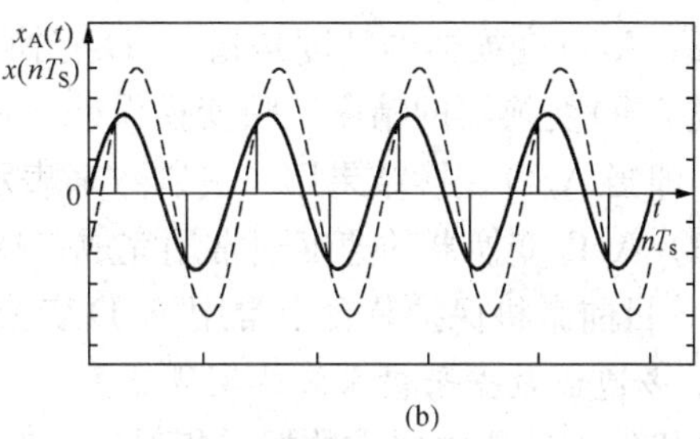

(b)

图 4-2-8　说明采样定理必要性的示意图

（a）$f_S<2f_{max}$引起的错误；（b）$f_S=2f_{max}$引起的错误

实际应用中，确定采样率还需考虑以下问题：

（1）电力系统的故障信号中可能包含很高的频率成分，但多数保护原理只需要使用基波和较低次的高次谐波成分。为了不对微机保护的硬件系统提出过高的要求，可以对输入信号先进行模拟低通滤波，降低其最高频率，从而可选取较低的采样频率。前面介绍的前置模拟低通滤波器（ALF）就是为此目的而设置的。

（2）实用采样频率通常按保护原理所用信号频率的 4～10 倍来选择。例如常用采样率为 $f_S=600$Hz（$N=12$）、$f_S=800$Hz（$N=16$）、$f_S=1000$Hz（$N=20$）及 $f_S=1200$Hz（$N=24$）等。这样选择的主要原因是为了保证计算精度，同时也考虑了数字滤波的性能要求（后文介绍）。另外，由于简单的前置模拟低通滤波器难于达到很低的截止频率和理想的高频截断特性，因而也就限制了采样频率不能太低。

2. 模数变换过程及技术指标

模数变换（A/D 变换）的基本原理简单地说是用一个微小的标准单位电压（即 A/D 的分辨率）来度量一个无限精度的待测量的电压值（即瞬时采样值），从而得到它所对应的一个有限精度的数字值（即待测量的电压值可以被标准单位电压分为多少份）。显然，选定的标准单位电压越小，A/D 变换的分辨率越高，得到的数字量就能越精确地刻划瞬时采样值。但无论多小，总会有误差，该误差被称为量化误差。这也说明了 A/D 的分辨率越高，量化误差越小。

A/D 变换器的主要技术指标是分辨率、精度和变换速度。

（1）分辨率是反映 A/D 对输入电压信号微小变化的区分能力的一种度量。A/D 变换器分辨率的计算公式为

$$r_{A/D}=\frac{U_{A/D\cdot n}}{2^{B_{A/D}}} \tag{4-2-5}$$

式中：$r_{A/D}$为 A/D 变换器的分辨率（用最小可分辨电压表示），V；$U_{A/D\cdot n}$为 A/D 变换器额定满量程电压，即最大允许的输入信号电压；$B_{A/D}$为 A/D 变换器最大可输出数字量对应的

二进制位数。

以满量程电压值为±5V、最大可输出数字量对应的二进制位数 $B_{A/D}=12$ 的 A/D 变换器为例，其 A/D 变换器的分辨率 $r_{A/D}=10/2^{12}=10/4096\approx0.00244$（V）。也就是说，如果输入信号电压（或者电压的变化）比这个数值还小，则该 A/D 变换器将无法分辨。由于 A/D 转换器的分辨率与其输出数据的位数直接相关，通常又用 A/D 变换器的二进制位数 $B_{A/D}$ 来表示。在微机保护装置中多使用 12 位、14 位或 16 位分辨率的 A/D 变换器。

（2）A/D 变换器的精度是指 A/D 变换的结果与实际输入的接近程度，也就是准确度，或者说 A/D 变换器的精度反映变换误差。A/D 变换器的精度通常用最低有效位（LSB）来表征，即当 A/D 变换结果用二进制数来表示时，其低位端最大可能有几位是不准确的。

（3）A/D 变换器的速度通常用完成一次 A/D 变换的时间（或变换时延）来表示，记为 $\Delta T_{A/D}$。目前微机保护装置中常用 A/D 变换器的变换时延仅为数微秒。

3. 多通道数据采集系统的实现方案

微机保护装置中要求数据采集系统同时完成多路模拟输入信号的数据采集，并保证多路数字采样序列在每一时刻采样值的同时性。目前微机保护装置中广泛实用的数据采集系统由多路采样保持器（S/H）、多路转换器（MPX）及 A/D 变换器（A/D）组成，原理示意图如图 4-2-9 所示。

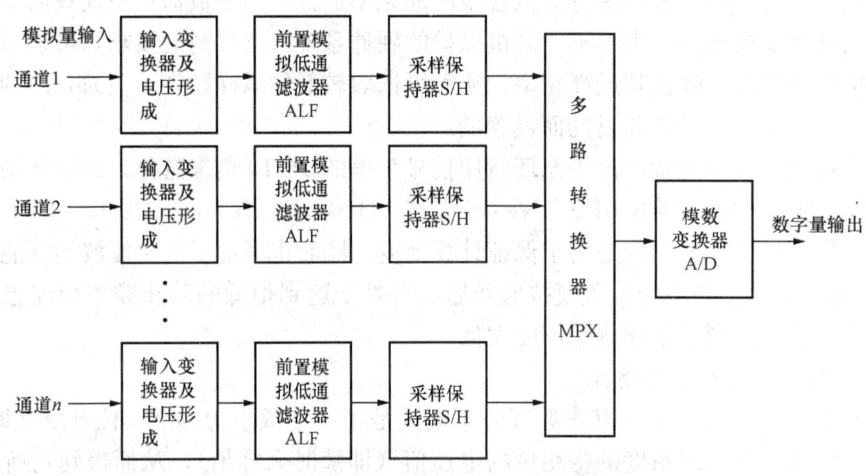

图 4-2-9　基于采样保持器和 A/D 变换器的多路数据采集系统原理示意图

由图可见，为实现多路模拟信号的同时采样，每一路模拟通道对应一路采样保持器，并由 CPU 通过逻辑控制电路对它们进行同时操作。平时，采样保持器处于“跟随状态”，其输出随输入信号电压变化；到达采样时刻，CPU 发出指令，使采样保持器进入“采样保持”状态，它将捕捉当前时刻输入信号电压的瞬时值并记忆保持，以保证在 A/D 变换期间电压值恒定不变。待到所有通道都完成 A/D 变换之后，CPU 又将控制各路采样保持器恢复到“跟随状态”，为下一次转换作好准备。以后不断依此循环，形成数字采样序列。

多路转换器（MPX）是一种多信号输入、单信号输出的电子切换开关器件，它可由 CPU 通过编码控制将多通道输入信号（由 S/H 送来）依次与其输出端连通，而其输出端与模数变换器的输入端相连。它在 CPU 的控制下逐一将各通道的采样值变换成数字量，并读入内存。利用多路转换器可以只用一路 A/D 变换器实现所有通道的模数变换，这样能大大简化电路和降低成本，当然，同时也对 A/D 变换器的变换速度提出了较高的要求。因此，在此方案中，A/D 变换器通常采用所谓逐次逼近型 A/D 变换器（请参阅微机接口原理方面的书籍）。

采样保持器、多路转换器以及逐次逼近型 A/D 变换器既有各自独立的集成电路芯片也有组合在一起的集成电路芯片，需要根据具体设计指标来选择。

在目前国内生产的微机保护装置中，还有一种基于电压频率变换器（VFC）和计数器的多路数据采集系统方案，请读者参考相关文献。

二、数字滤波的基本概念

微机保护装置通过对采样序列的数字运算和时序逻辑处理来实现继电保护的原理和功能。数字运算主要包括三方面内容：数字滤波、基本特征量的计算（如幅值、相位、阻抗、功率等）和保护动作方程的运算。后两项习惯上简称为算法，将在以下两节讨论。这里先简要介绍数字滤波的基本概念。

目前，大多数微机继电保护原理，以故障信号中的基频分量或某种整次谐波分量为基础构成。而在实际故障情况下，输入的电流、电压信号中，除了保护所需的有用成分外，还包含有许多无效的“噪声”分量，如衰减直流分量和各种高频分量等。消除噪声分量的影响有两种基本途径：其一是首先采用数字滤波器对输入信号采样序列进行滤波，然后再使用算法对滤波后的有效信号进行运算处理；其二是设计算法时使其本身具有良好的滤波性能，直接对输入信号采样序列进行运算处理。但一般情况下或多或少都需要用到数字滤波器。

数字滤波器的特点是不以计算电气量特征参数为目的，它通过对采样序列的数字运算得到一个新的序列（通常仍称为采样序列），在这个新的采样序列中已滤除了不需要的频率成分，只保留了需要的频率成分。为什么通过运算可以实现数字滤波呢？下面先用简单的例子加以说明。

设有一个第 k 次谐波的原始正弦输入信号 $x_{\mathrm{k}}(t)=U_{\mathrm{mk}}\sin(\omega_{\mathrm{k}}t+\alpha)$，选择采样率为每基频周期 N 点采样，经采样可得 $x_{\mathrm{k}}(n)=x_{\mathrm{k}}(nT_{\mathrm{S}})$，其周期可表为 $T_{\mathrm{k}}=T_1/k=(N/k)T_{\mathrm{S}}$，波形如图 4-2-10（a）所示。通过微机的存储记忆可将上述信号延迟。当延迟时间为 $T_{\mathrm{k}}/2$（即半周期）时，得到半周期延迟信号 $x_{\mathrm{k}}\left(t-\dfrac{T_{\mathrm{k}}}{2}\right)=x_{\mathrm{k}}\left[\left(n-\dfrac{N}{2k}\right)T_{\mathrm{S}}\right]$，波形如图 4-2-10（b）所示；当延迟时间为 T_{k}（即整周期）时，得到整周期延迟信号 $x_{\mathrm{k}}(t-T_{\mathrm{k}})=x_{\mathrm{k}}[(n-N/k)T_{\mathrm{S}}]$，波形如图 4-2-10（c）所示。如果需要滤除（消除）此第 k 次谐波，可取图 4-2-10 中波形（a）与（b）相加或者波形（a）与（c）相减，则有

$$x_{\mathrm{k}}(t)+x_{\mathrm{k}}\left(t-\frac{T_{\mathrm{k}}}{2}\right)=x_{\mathrm{k}}(nT_{\mathrm{S}})+x_{\mathrm{k}}\left[\left(n-\frac{N}{2k}\right)T_{\mathrm{S}}\right]=0$$

或者
$$x_{\mathrm{k}}(t)-x_{\mathrm{k}}(t-T_{\mathrm{k}})=x_{\mathrm{k}}(nT_{\mathrm{S}})-x_{\mathrm{k}}[(n-N/k)T_{\mathrm{S}}]=0$$

即通过上述运算消除了第 k 次谐波（实际上也消除了第 k 次谐波的整倍数谐波），而其他信号，只要其频率不为 $x_{\mathrm{k}}(t)$ 频率的整倍数的信号，都将不同程度地得到保留。反之，如果在上两式中交换加、减号［即取图 4-2-10 中波形（a）与（b）相减或者波形（a）与（c）相加］，可使这第 k 次谐波得到增强，并且相对于其他频率的信号增强最大。由此可见，通过对采样序列采样信号的适当延时与运算相配合可实现滤波。当然，实际应用的数字滤波器的

运算过程要比上例复杂，以获得优良的滤波特性。

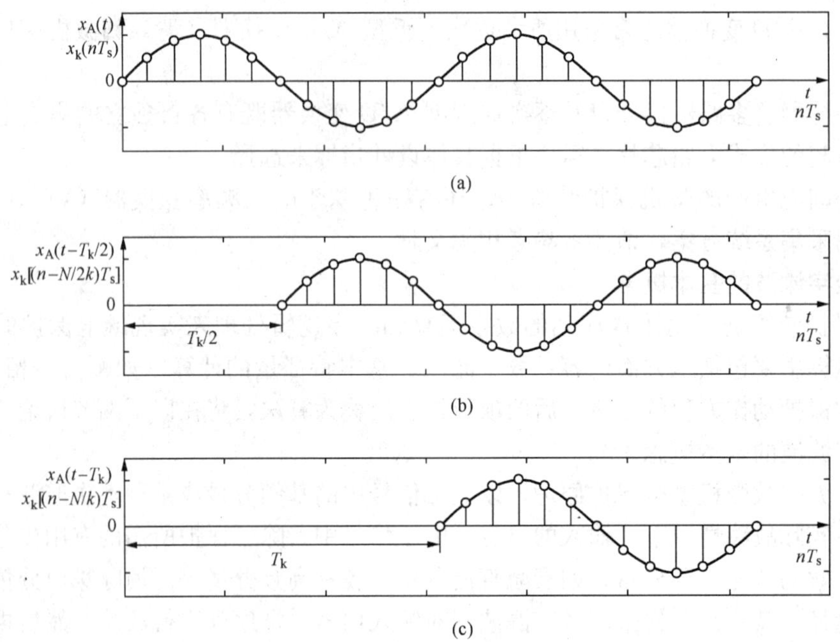

图 4-2-10　数字滤波基本原理示意图

(a) $x_k(t)=x_k(nT_S)$；(b) $x_k\left(t-\frac{T_k}{2}\right)=x_k\left[\left(n-\frac{N}{2k}\right)T_S\right]$；

(c) $x_k(t-T_k)=x_k\left[\left(n-\frac{N}{k}\right)T_S\right]$

一般地，线性数字滤波器的运算过程可用下述常系数线性差分方程来表述

$$y(n)=\sum_{i=0}^{K}a_i x(n-i)+\sum_{i=1}^{K}b_i y(n-i) \tag{4-2-6}$$

式中：$x(n)$、$y(n)$ 分别为滤波器的输入值采样序列和输出值采样序列；a_i、b_i 为滤波器的系数，简称滤波系数。

通过选择滤波系数 a_i 和 b_i，可控制数字滤波器的滤波特性。在式（4-2-6）中，若系数 b_i 全部为 0 时，称之为有限冲激响应（FIR）数字滤波器，此时，当前的输出 $y(n)$ 只是过去和当前的输入值 $x(n-i)$ 函数，而与过去的输出值 $y(n-i)$ 无关。若系数 b_i 不全为 0，即过去的输出对现在的输出有直接影响，称之为无限冲激响应（IIR）数字滤波器。与模拟滤波器对比，FIR 和 IIR 数字滤波器可以理解为前者没有输出信号对输入的反馈，而后者则有输出信号对输入的反馈。

数字滤波器的滤波特性用频率响应特性来表征，包括幅频特性和相频特性。幅频特性反映经过数字滤波后，输入和输出信号的幅值随频率的变化情况；而相频特性则反映输入和输出信号的相位移随频率的变化情况。获得数字滤波器的频率响应特性需要使用数学工具 Z 变换。

设离散序列 $x(n)$ 的 Z 变换为 $Z[x(n)]=X(z)$，这里 $z=e^{sT_s}$，$s=\sigma+j\omega$。对离散系统的差分方程式（4-2-6）进行 Z 变换，

$$Y(z)=\sum_{i=0}^{K}a_iX(z)z^{-i}+\sum_{i=1}^{K}b_iY(z)z^{-i} \tag{4-2-7}$$

定义该离散系统的转移函数为 $H(z)=\dfrac{Y(z)}{X(z)}$，则有

$$H(z)=\frac{Y(z)}{X(z)}=\frac{\sum_{i=0}^{K}a_iz^{-i}}{1-\sum_{i=1}^{K}b_iz^{-i}} \tag{4-2-8}$$

注意 $H(z)=|H(z)|e^{j\varphi_H(z)}$，$Y(z)=|Y(z)|e^{j\varphi_Y(z)}$，$X(z)=|X(z)|e^{j\varphi_X(z)}$ 均为复数，因此，上式还可表示为

$$H(z)=|H(z)|e^{j\varphi_H(z)}=\frac{Y(z)}{X(z)}=\frac{|Y(z)|e^{j\varphi_Y(z)}}{|X(z)|e^{j\varphi_X(z)}}=\left|\frac{Y(z)}{X(z)}\right|e^{j[\varphi_Y(z)-\varphi_X(z)]} \tag{4-2-9}$$

若在上式中取 $z=e^{j\omega T_s}$ 代入，即获得该系统的频域响应特性，记为 $H(\omega)$。于是得到幅频和相频特性响应分别如下所示

$$|H(\omega)|=\left|\frac{Y(\omega)}{Z(\omega)}\right| \tag{4-2-10}$$

$$\varphi_H(\omega)=\varphi_Y(\omega)-\varphi_X(\omega) \tag{4-2-11}$$

在微机保护中，只要各通道模拟信号采用同样的数字滤波器，无论相频特性响应如何，都不会改变各信号的相对相位关系，从而不会影响相位判别。因此，通常主要关心幅频特性响应，因为它真正反映了对不同频率信号的增益（即对有用信号的增强和对无用信号的衰减程度）。

对于 FIR 型数字滤波器，其差分方程为

$$y(n)=\sum_{i=0}^{K}a_ix(n-i) \tag{4-2-12}$$

这意味着当前滤波输出与当前及前 K 个输入数据有关。更确切地说，需等待 $K+1$ 个输入数据之后滤波器才可能得到第一个滤波输出数据。也就是说，滤波输出采样序列相对于输入采样序列出现了时间上的延迟，K 越大则时延越长。定义 FIR 型数字滤波器的响应时延 τ 为

$$\tau=KT_S \tag{4-2-13}$$

由于 T_S 为常数，因而在实用中广泛采用数字滤波器产生一个输出数据所需要等待的输入数据的个数来表示时延，这称为数据窗，记为 W_d（为整数）。显然有

$$W_d=K+1,\text{且 }\tau=(W_d-1)T_S \tag{4-2-14}$$

时延和数据窗反映数字滤波器对输入信号的响应速度，是非常重要的技术指标。

FIR 型数字滤波器的优点是由于采用有限个输入信号的采样值进行滤波计算，不存在信号反馈，因而滤波器没有不稳定问题，也不会因计算过程中舍入误差的累积造成滤波特性逐步恶化。此外，由于滤波器的数据窗明确，便于确定它的滤波时延，易于在滤波特性与滤波时延之间进行协调。而 IIR 滤波器利用了反馈信号，易于获得较理想的滤波特性，但存在滤波系统稳定性问题，在设计和应用中需特别注意。目前在实用的微机保护装置中实用 FIR 型数字滤波器居多。

数字滤波器作为数字信号处理领域中的一个重要组成部分，已建立起完整的理论体系和成熟的设计方法。但继电保护作为一种实时性要求较高而且需要使用故障暂态信号的自动装

置，对滤波器的性能有一些特殊的要求，通过研究，提出了很多具有针对性的适于微机保护的数字滤波器的设计方法。读者要想全面了解这方面知识，可查阅相关文献，而本书只介绍在微机保护装置中使用的最简单的数字滤波器，以求帮助读者建立起这方面的基本概念。

三、微机保护中常用的简单数字滤波器

（一）最简单的单位系数数字滤波器

1. 差分（相减）滤波器

这是一种最简单的数字滤波器，它的滤波差分方程如下

$$y(n) = x(n) - x(n-K) \tag{4-2-15}$$

式中：K 为差分步长，是根据不同的滤波要求事先选择的整常数，$K \geqslant 1$。

采用 Z 变换方法可由差分方程得到该滤波系统转移函数为 $H(z) = 1 - z^{-K}$，令 $z = e^{j\omega T_S}$，得到其频域响应特性为

$$H(\omega) = 1 - e^{-j\omega T_S K} = 1 - \cos(\omega T_S K) + j\sin(\omega T_S K)$$

注意到若取每基频周期内采样点数为 N、基频频率为 f_1，则有 $T_S = \dfrac{1}{Nf_1}$。将此关系代入上式，可得到差分滤波器的幅频特性为

$$|H(\omega)| = \left|2\sin\frac{K\omega T_S}{2}\right| = \left|2\sin\frac{Kf}{Nf_1}\pi\right| \tag{4-2-16}$$

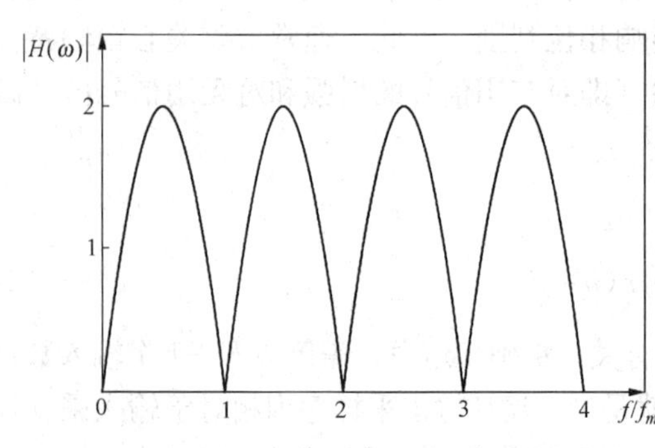

图 4-2-11　差分滤波器幅频特性

频率响应特性中 f 的变化范围应满足采样定理要求，即 $f < \dfrac{N}{2}f_1$。上式中若设 $f_m = \dfrac{N}{K}f_1$，其幅频特性曲线如图 4-2-11 所示。当取 $f = mf_m$（$m = 0, 1, 2, \cdots$）时，$|H(\omega)| = 0$，这表明经差分滤波后输入信号中的直流分量以及频率为 f_m 和 f_m 的整次谐波分量将被完全滤除；当 $f = \left(m + \dfrac{1}{2}\right)f_m$（$m = 0, 1, 2, \cdots$）时，有一系列等幅极大值 $|H(\omega)| = 2$，这表明经差分滤波后输入信号中所有对应此频率的谐波将会得到等幅的最大输出。通过合理地选择（或控制）参数 N 与 K，可以控制滤波器的滤波特性。

在微机保护装置中，差分滤波器主要有以下用途：

（1）消除直流和某些谐波分量的影响。但需要指出的是，差分滤波器对故障信号中的某些高频分量有放大作用。因此，一般不能单独使用，需要与其他的数字滤波器和算法配合使用，以便得到良好的综合滤波效果。

（2）抑制故障信号中的衰减直流分量的影响。利用差分滤波器可以完全滤除恒定直流分量的特点，也可对衰减直流分量起到良好的抑制作用。为获得最好的抑制衰减直流分量的效果，需要合理地选择数据窗。通常数据窗越短，取 $K=1$，抑制衰减直流分量的效果越好，但需要综合考虑对其他有用信号的不利影响。

2. 积分滤波器

这也是一种常用的简单数字滤波器，其滤波方程为

$$y(n)=\sum_{i=0}^{K} x(n-i) \tag{4-2-17}$$

式中：K 为积分区间，常数，可按不同的滤波要求选择，$K \geqslant 1$。

积分滤波器的幅频特性为

$$H(\omega)=\left|\frac{\sin \frac{(K+1)\omega T_S}{2}}{\sin \frac{\omega T_S}{2}}\right|=\left|\frac{\sin \frac{(K+1)f}{Nf_1}\pi}{\sin \frac{f}{Nf_1}\pi}\right| \tag{4-2-18}$$

上式若设 $f_m=\frac{N}{K+1}f_1$，其幅频特性曲线如图 4-2-12 所示。当 $f=mf_m$（$m=1$，2，…,）时，$|H(\omega)|=0$，对应此频率的谐波分量将被完全滤除；当 $f=\left(m+\frac{1}{2}\right)f_m$（$m=1$，2，…）时，有一系列极值点，而当 $f=0$ 时，$|H(\omega)|$ 得到其最大值 $|H_{max}(\omega)|=|H(0)|=K+1$，且随 f 的增大，在其他的极值点上 $|H(\omega)|$ 逐步减小（并均小于 $|H(0)|$）。这表明积分滤波器是不能滤除输入信号中的直流分量和低频分量的，但对高频分量有一定的抑制作用，并且频率越高抑制作用越强。进一步考虑取 $K=(N-2)/2$，即取积分区间或数据窗约为半个基频周期时，$f_m=2f_1$，表明此时积分滤波器可滤除所有的偶次谐波分量。

上述差分和积分滤波器的结构非常简单，并具有单位系数的特点，计算量很小，但各自独立使用时，滤波特性难以满足要求。

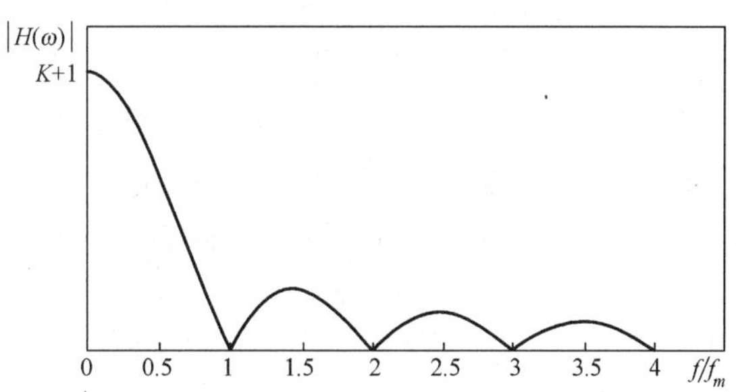

图 4-2-12　积分滤波器幅频特性

（二）级联数字滤波器

为了改善滤波特性，可将多个简单的数字滤波器进行级联。所谓级联，类似于多个模拟滤波器相串联，即将前一个滤波器的输出作为后一滤波器的输入，如此依次相连，构成一个新的滤波器，称为级联滤波器。

级联滤波器的时延为各个滤波器时延之和。设有 M 个滤波器级联，第 i 个滤波器的时延为 τ_i，则级联滤波器的时延为

$$\tau=\sum_{i=1}^{M} \tau_i \tag{4-2-19}$$

相应地，若设第 i 个滤波器的数据窗为 W_{di}，则级联滤波器的数据窗为

$$W_d=\sum_{i=1}^{M} W_{di}-(M-1) \tag{4-2-20}$$

级联滤波器的幅频特性等于各滤波器的幅频特性的乘积。对于 M 个滤波器级联，设第 i 个滤波器的幅频特性为 $H_i(\omega)$，那么级联滤波器的幅频特性 $H(\omega)$ 为

$$H(\omega)=\prod_{i=1}^{M} H_i(\omega) \tag{4-2-21}$$

利用上式还可以把这 M 个滤波器频域特性连乘展开，合成统一的频域特性，然后再还

原成时域差分方程，从而综合得到一个新的数字滤波器。当然。此时即使上述 M 个滤波器都是单位系数的，但新的滤波器一般将不再是单位系数的，但能保证是整系数的。

通过合理选择具有不同滤波特性的滤波器进行级联，可使得级联滤波器的滤波性能得到明显改善。例如，为了提取故障暂态信号中的基频分量，可将差分滤波器与积分滤波器相级联，利用差分滤波器消除直流分量和减少非周期分量的影响，而借助积分滤波器来抑制高频分量；还可将多个积分滤波器相级联，进一步加强放大基频分量和抑制高频分量的作用。下面是一个具体示例。

这里要求利用差分滤波器和积分滤波器的级联设计一个获取基频分量的级联数字滤波器，并具有良好的高频衰减特性。设采样频率 $f_S=1200$Hz（即每基频周期 24 点采样，$N=24$）。可以考虑选用一个差分滤波器和两个积分滤波器依次级联，组成三单元级联滤波器。各滤波器的滤波差分方程选择为

$$y_1(n)=x(n)-x(n-6), y_2(n)=\sum_{i=0}^{7}y_1(n-i), y(n)=\sum_{i=0}^{9}y_2(n-i)$$

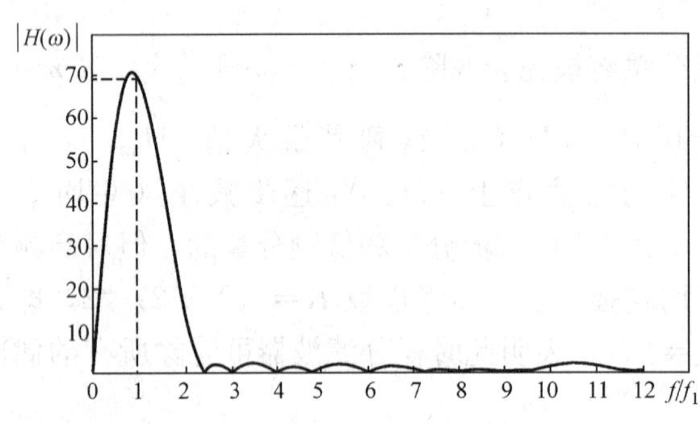

图 4-2-13　式（4-2-22）所示级联滤波器的幅频特性

由式（4-2-19）和式（4-2-20）可得，滤波器的时延为 $\tau=(6+7+9)T_S=22T_S\approx$ 18.33（ms），数据窗为 $W_d=(7+8+10)-(3-1)=23$。又根据式（4-2-21）、式（4-2-16）、式（4-2-18），该级联滤波器的幅频特性如下式，其幅频特性如图 4-2-13 所示。

$$H(\omega)=\frac{Y_m}{X_m}=\left|2\sin\frac{6f}{24f_1}\pi\right|\cdot\left|\frac{\sin\frac{(7+1)f}{24f_1}\pi}{\sin\frac{f}{24f_1}\pi}\right|\cdot\left|\frac{\sin\frac{(9+1)f}{24f_1}\pi}{\sin\frac{f}{24f_1}\pi}\right| \tag{4-2-22}$$

由图 4-2-13 可见，上例级联滤波器具有优良的滤波特性，相对于基频分量（有用信号），它对其他所有高于 2.4 次谐波的高频分量（无用信号）的衰减不小于 20dB，实际上它对非周期分量也具有良好的抑制效果。

级联滤波是一种设计数字滤波器的常用方法，它不仅可用于 FIR 型滤波器的设计，而且可用于设计 IIR 型滤波器。

以上简要介绍了在微机保护装置中使用的简单的数字滤波器。选择数字滤波器主要取决应用场合的不同要求，包括所采用的保护原理、故障信号的变化特点以及保护所选用的计算机硬件等。此外，在滤波器的选型和滤波特性的设计时，还应充分考虑与对滤波输出序列进行后续计算的算法相配合。算法最终完成输入信号的特征参数的计算和保护原理的实现，不同的算法，对滤波器的要求也会有所不同，两者应综合考虑。

第三节　微机保护的特征量算法

微机继电保护的算法不同于数字滤波，算法的目的是从数字滤波器的输出采样序列或直

接从输入采样序列中求取电气信号的特征参数，进而实现保护原理。在微机继电保护中算法可分为两大类：一类是特征量算法，它用来计算保护所需的各种电气量的特征参数，如交流电流和电压的幅值及相位、功率、阻抗、序分量等；另一类是保护动作判据的算法，它用特征量算法的结果来实现保护的动作方程和特性，因此与具体的保护功能密切相关，然后还需要完成各种逻辑处理及时序配合算法，才能最终实现故障判定。特征量算法是微机保护算法的基础，本节介绍在微机保护中常用的特征量算法。

一、正弦信号的特征量算法

正弦信号的特征量算法是指基于正弦函数模型的特征量算法，即假设提供给算法的电流、电压采样数据为纯正弦函数序列。以电压为例，正弦信号可表示为

$$u(t)=U_{\mathrm{m}}\sin(\omega t+\alpha) \tag{4-2-23}$$

式中：U_{m}、α 分别为正弦电压的幅值、相位。

设周期为 T，每周期采样数 N 为常整数，则有 $\omega T_{\mathrm{S}}=2\pi f\cdot\frac{T}{N}=\frac{2\pi}{N}$，正弦信号的采样序列可表示为

$$u(n)=U_{\mathrm{m}}\sin(\omega T_{\mathrm{S}}n+\alpha)=U_{\mathrm{m}}\sin\left(\frac{2\pi}{N}\cdot n+\alpha\right) \tag{4-2-24}$$

在实际故障情况下，输入交流信号并不是正弦信号。因此，采用基于正弦函数模型的算法，必须与数字滤波器配合使用，即上式信号是经过数字滤波后的正弦采样值序列。

（一）正弦信号幅值的直接算法

1. 半周绝对值积分算法

对于连续函数 $u(t)=U_{\mathrm{m}}\sin(\omega t+\alpha)$，设在半周期 $T/2$ 内对其绝对值的积分值记为 S，则

$$S=\int_0^{T/2}|u(t)|\,\mathrm{d}t=\int_0^{T/2}|U_{\mathrm{m}}\sin(\omega t+\alpha)|\,\mathrm{d}t=\frac{U_{\mathrm{m}}}{\omega}\left[\int_\alpha^{\pi}\sin(\omega t)\,\mathrm{d}\omega t+\int_0^{\alpha}\sin(\omega t)\,\mathrm{d}\omega t\right]=\frac{2U_{\mathrm{m}}}{\omega} \tag{4-2-25}$$

所以得到

$$U_{\mathrm{m}}=\frac{\omega}{2}S=\frac{\omega}{2}\int_0^{T/2}|u(t)|\,\mathrm{d}t$$

上式离散化后，可求得幅值的估值 $\overline{U}_{\mathrm{m}}$ 为

$$\overline{U}_{\mathrm{m}}=\frac{\omega}{2}\sum_{i=0}^{N/2-1}[|u(iT_{\mathrm{S}})T_{\mathrm{S}}|]=\frac{\pi}{N}\sum_{i=0}^{N/2-1}|u(i)| \tag{4-2-26}$$

上式采用离散积分代替连续积分（即通过采样值求和，用分块矩形面积之和代替连续积分之面积)，所以也带来计算误差，并且此误差同样也受初始相位 α 和采样点数 N 的影响。但由于积分运算对高频噪声有较强的抑制能力，因此半周绝对值积分算法具有一定的抗干扰和抑制高次谐波能力。该算法时延为半个周波。

2. 采样值积算法

进一步考虑用尽量短的数据窗来计算正弦函数的幅值。一个正弦函数可以由三个基本特征量来表征，即幅值 U_{m}（以电压为例）、初始相位 α、频率 $\omega=2\pi f$（对于基波 $\omega_1=2\pi f_1$），或者说确定一个正弦函数需要求取上述三个未知数。为了求解这三个未知数，需要建立三个独立方程，可以利用三个不同时刻的采样值来得到这三个方程。设 $u(n)$、$u(n+K)$、$u(n+$

2K）分别为在采样时刻 t_n、t_{n+K}、t_{n+2K} 时的电压的采样值，可得到下列方程组

$$
\left.\begin{aligned}
u(n) &= U_{\mathrm{m}}\sin(\omega t_n+\alpha)\\
u(n+K) &= U_{\mathrm{m}}\sin(\omega t_{n+K}+\alpha)=U_{\mathrm{m}}\sin(\omega t_n+\omega KT_{\mathrm{S}}+\alpha)\\
u(n+2K) &= U_{\mathrm{m}}\sin(\omega t_{n+2K}+\alpha)=U_{\mathrm{m}}\sin(\omega t_n+\omega 2KT_{\mathrm{S}}+\alpha)
\end{aligned}\right\}\tag{4-2-27}
$$

求解上述方程组，便可确定正弦函数的三个基本特征量。这说明只需要三个采样值就能求得包括幅值 U_{m} 在内的正弦函数的全部特征量。如果假定正弦函数频率已知（在电力系统继电保护很多情况下这个假定是合适的，这时可选择 N 为常整数），正弦函数的待求特征量减为两个，即上述方程组的方程个数可减至两个，这时只需要两个不同时刻的采样值就能求得幅值和相位。由于上式为超越方程，直接求取需要用到三角函数，数字计算的计算量较大，往往不能满足继电保护快速实时计算的要求，因此常常根据实际需要使用的特征量来构造简化算法，尽量避免三角函数或反三角函数的运算。例如，对于幅值的计算就可以通过采样值之间的乘积运算来实现，称为采样值积算法。采样值积算法包括两采样值积算法和三采样值积算法。

（1）两采样值积算法。设在时刻 n 和 $n+K$ 得到正弦信号两个采样值，即取式（4-2-27）的前两式为

$$
\begin{aligned}
u(n) &= U_{\mathrm{m}}\sin(\omega t_n+\alpha)\\
u(n+K) &= U_{\mathrm{m}}\sin(\omega t_n+\omega KT_{\mathrm{S}}+\alpha)
\end{aligned}
$$

取上两式相加和相减可得到

$$
\begin{aligned}
u(n)+u(n+K) &= U_{\mathrm{m}}[\sin(\omega t_n+\alpha)+\sin(\omega t_n+\omega KT_{\mathrm{S}}+\alpha)]\\
&= 2U_{\mathrm{m}}\sin\left(\omega t_n+\alpha+\frac{\omega T_{\mathrm{S}}}{2}K\right)\cos\left(\frac{\omega T_{\mathrm{S}}}{2}K\right)
\end{aligned}\tag{4-2-28}
$$

$$
\begin{aligned}
u(n)-u(n+K) &= U_{\mathrm{m}}[\sin(\omega t_n+\alpha)-\sin(\omega t_n+\omega KT_{\mathrm{S}}+\alpha)]\\
&= 2U_{\mathrm{m}}\cos\left(\omega t_n+\alpha+\frac{\omega T_{\mathrm{S}}}{2}K\right)\sin\left(\frac{\omega T_{\mathrm{S}}}{2}K\right)
\end{aligned}\tag{4-2-29}
$$

上两式分别平方后，将两式相加，可得

$$
U_{\mathrm{m}}^2=\frac{u^2(n)+u^2(n+K)-2u(n)u(n+K)\cos(K\omega T_{\mathrm{S}})}{\sin^2(K\omega T_{\mathrm{S}})}\tag{4-2-30}
$$

在上式中，$\sin(K\omega T_{\mathrm{S}})$、$\cos(K\omega T_{\mathrm{S}})$ 都是可事先离线算出的常数。因此，用两点积算法来计算幅值的计算量不大。实时计算中在响应速度要求不高的场合，为进一步减少计算量，可选择 $K\omega T_{\mathrm{S}}=\pi/2$（即 $K=N/4$），从而有

$$
U_{\mathrm{m}}^2=u^2(n)+u^2\left(n+\frac{N}{4}\right)\tag{4-2-31}
$$

需要指出的是，虽然上述简单算法的计算量得到减少，但因算法的数据窗的时长为 1/4 输入信号周期，时延较长。为提高算法的计算速度，可取 $K=1$，此时数据窗仅为一个采样周期 T_{S}，但算法的计算量略微增大。

（2）三采样值积算法。当有三个采样值时，由式（4-2-30）可得

$$
\left.\begin{aligned}
U_{\mathrm{m}}^2 &= \frac{u^2(n)+u^2(n+K)-2u(n)u(n+K)\cos(K\omega T_{\mathrm{S}})}{\sin^2(K\omega T_{\mathrm{S}})}\\
U_{\mathrm{m}}^2 &= \frac{u^2(n+K)+u^2(n+2K)-2u(n+K)u(n+2K)\cos(K\omega T_{\mathrm{S}})}{\sin^2(K\omega T_{\mathrm{S}})}
\end{aligned}\right\}\tag{4-2-32}
$$

由上两式中分子相等可解得

$$\cos(K\omega T_S)=\frac{u^2(n)-u^2(n+2K)}{2u(n+K)[u(n)-u(n+2K)]}$$
$$=\frac{u(n)+u(n+2K)}{2u(n+K)} \tag{4-2-33}$$

代入式（4-2-32）的任何一式均可得到下述三点采样值积算法

$$U_m^2=\frac{u^2(n+K)-u(n)u(n+2K)}{\sin^2(K\omega T_S)} \tag{4-2-34}$$

上述利用采样值的积算法是在假设已知 ω 的条件下得到的，当利用三个采样值计算时，对于式（4-2-27）的三式联立方程组，却只有两个未知数（即 U_m 和 α），这种冗余方程组的求解当有多种求解算法。因此，可以导出多种形式的三点采样值积算法，这一点留给读者自己去尝试。

由式（4-2-33）并注意到 $\sin^2(K\omega T_S)=1-\cos^2(K\omega T_S)$，代入式（4-2-32）得到

$$U_m^2=\frac{u^2(n+K)-u(n)u(n+2K)}{1-\left[\frac{u(n)+u(n+2K)}{2u(n+K)}\right]^2}$$
$$=\frac{4u^2(n+K)[u^2(n+K)-u(n)u(n+2K)]}{4u^2(n+K)-[u(n)+u(n+2K)]^2} \tag{4-2-35}$$

由于上式不含 ω 值，即除去 $\omega=0$ 以外，它对 ω 的其他任何变化值都成立。换句话说，幅值计算结果与输入信号的频率无关，即该算法不受系统频率变化的影响。这正是利用了三个采样值来求解式（4-2-27）的结果，当然计算量有所增加。为得到最快响应，上式中可取 $K=1$。

（二）正弦信号复相量的算法

电气工程中，正弦信号通常采用复相量表示，继电保护中也常常利用复相量来构成动作判据。下面讨论由正弦信号采样值序列直接计算其复相量的算法。

1. 计算复相量实部和虚部的两采样值算法

正弦信号对应的复相量可以表示为模值及相角，或者表示为实部及虚部，如下

$$\dot{U}_m=U_m e^{j\alpha}=U_m\cos\alpha+jU_m\sin\alpha=U_R+jU_I \tag{4-2-36}$$

式中：U_R、U_I 分别为复相量 $\dot{U}_m$ 的实部、虚部，$U_R=U_m\cos\alpha$、$U_I=U_m\sin\alpha$。

这个复相量是一个旋转相量，通常规定为逆时针旋转为正方向，并且正弦信号（及其采样值序列）可视为该旋转相量在直角复平面的实轴或者虚轴上的投影。现视正弦信号为旋转相量在虚轴上的投影，则有

$$u(t)=U_m\sin(\omega t+\alpha)$$
$$=U_m\cos\alpha\sin\omega t+U_m\sin\alpha\cos\omega t \tag{4-2-37}$$
$$=U_R\sin\omega t+U_I\cos\omega t$$

其离散采样序列为

$$u(n)=U_R\sin\left(\frac{2\pi}{N}n\right)+U_I\cos\left(\frac{2\pi}{N}n\right) \tag{4-2-38}$$

上式中当分别取 $n=0$ 和 $n=N/4$ 时，复相量的实部和虚部可以由下式计算

$$\left.\begin{aligned} U_{\mathrm{R}} &= u\left(\frac{N}{4}\right) = U_{\mathrm{m}}\cos\alpha \\ U_{\mathrm{I}} &= u(0) = U_{\mathrm{m}}\sin\alpha \end{aligned}\right\} \tag{4-2-39}$$

进一步讨论快速算法，设在 $n=0$ 和 $n=K$ 得到两个采样值，可由式（4-2-37）列出如下方程组

$$\left.\begin{aligned} u(0) &= U_{\mathrm{m}}\sin\alpha = U_{\mathrm{I}} \\ u(K) &= U_{\mathrm{R}}\sin\left(K\frac{2\pi}{N}\right) + u(0)\cos\left(K\frac{2\pi}{N}\right) \end{aligned}\right\} \tag{4-2-40}$$

由上两式可以导出

$$\left.\begin{aligned} U_{\mathrm{R}} &= \frac{u(K) - u(0)\cos\left(K\frac{2\pi}{N}\right)}{\sin\left(K\frac{2\pi}{N}\right)} \\ U_{\mathrm{I}} &= u(0) \end{aligned}\right\} \tag{4-2-41}$$

上式取 $K=N/4$，即为式（4-2-39），此时计算量最小。为获得最短时延，可取 $K=1$。

实际上，复相量的实部与虚部决定于初相，而初相又决定于计算始点，前面在推导复相量的实部与虚部的算法时，曾假定计算始点为 0（即对应于 0 时刻初相值），对于一般地将 n 作为计算始点的情况（即对应于 n 时刻初相值），式（4-2-41）可改为

$$\left.\begin{aligned} U_{\mathrm{R}} &= \frac{u(n+K) - u(n)\cos\left(K\frac{2\pi}{N}\right)}{\sin\left(K\frac{2\pi}{N}\right)} \\ U_{\mathrm{I}} &= u(n) \end{aligned}\right\} \tag{4-2-42}$$

随着 n 的增加（时间后移），上式计算的实虚部是变化的，即复相量的初相是变化的，并总是对应于 n 时刻的初相，它反映出相量逆时针旋转，每移动一个采样点引起的初相相位增量为 $k\frac{2\pi}{N}$。这就是将 n 作为计算始点对应于 n 时刻初相值的含义，或者说上式计算的实虚部总是反映（对应）当前时刻旋转相量的初相。

2. 根据复相量实部和虚部求取其模值与相位的算法

根据复相量实部和虚部，求取其模值与相位为

$$U_{\mathrm{m}} = \sqrt{U_{\mathrm{R}}^2 + U_{\mathrm{I}}^2}, \theta = \arctan(U_{\mathrm{I}}/U_{\mathrm{R}}) \tag{4-2-43}$$

按上式计算的计算量较大，实时计算中有一定困难。为减少计算量，相角计算可采用查表法，并采用快速查表技术，这一点请读者查阅其他文献，此处不赘述。如果在微机继电保护中，相角计算结果是用来构成相位比较判据，则可以通过其他的算法来实现，从而避免直接计算相角，这将在后面介绍。下面讨论根据复相量的实部和虚部求取其模值的快速近似算法。

对式（4-2-43）的 U_{m} 表达式，取 $|U_{\mathrm{R}}|$ 和 $|U_{\mathrm{I}}|$ 两数中的大者为 L，小者为 S，即定义

$$L = \max(|U_{\mathrm{R}}|, |U_{\mathrm{I}}|), S = \min(|U_{\mathrm{R}}|, |U_{\mathrm{I}}|) \tag{4-2-44}$$

再令

$$r = S/L \tag{4-2-45}$$

显然 r 的取值范围为 0～1。将上式代入式（4-2-43）的 U_{m} 表达式，有

$$U_m = L\sqrt{1+r^2} \tag{4-2-46}$$

设 $\overline{U}_m$ 为 U_m 的估计值，为简化计算这里取线性估计，故令

$$\overline{U}_m = L + bS = L(1+br) \tag{4-2-47}$$

上式为模值近似算法的基本运算式。现在的问题是如何确定 b，令 $\overline{U}_m = U_m$，由式（4-2-46）、式（4-2-47）联立求解，可得 $b=\dfrac{\sqrt{1+r^2}-1}{r}$。当 r 取 0 或 1 时，b 值分别为 0 或 $\sqrt{2}$；而当取 $r=$（0～1）时，b 与 r 的关系如图 4-2-14 中的曲线所示。它的形状非常近似于直线，因此考虑用一条直线来近似它。这里按近似误差最小的原则举出两种直线方程：

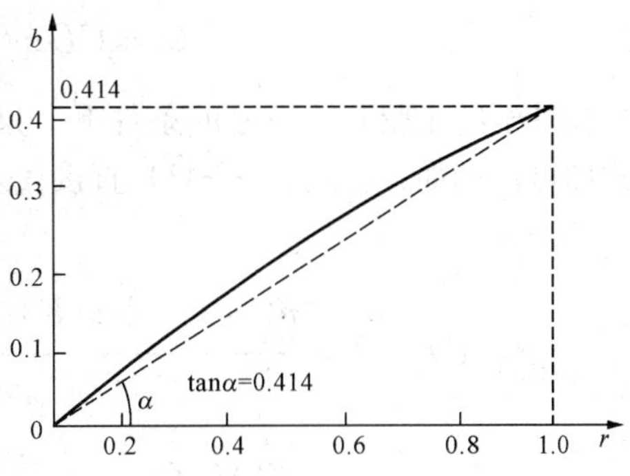

图 4-2-14 b 与 r 的关系曲线及近似直线

第一种直线方程 $$b = 0.4285r \tag{4-2-48}$$

第二种直线方程 $$b = 0.0075 + 0.414r \tag{4-2-49}$$

将上述直线方程代入式（4-2-47），就可求出模值 U_m 的近似值。

当采用式（4-2-48）所示直线和式（4-2-47）时，最大相对误差约为 ±1%；当采用式（4-2-49）所示直线和式（4-2-47）时，最大相对误差约为 ±0.75%。若采用分段直线来逼近 $b-r$ 曲线，可进一步改善 $\overline{U}_m$ 估值的精度，但会增加由判断引起的逻辑判断时延和编程的复杂性，需要权衡。

更简单的算法是在式（4-2-47）中令 b 为常数。分析表明，若取 $b=1/2.975$，可使正负相对误差的最大值相等，约为 ±5.5%。为进一步简化计算，可令 $b=1/3$，则式（4-2-47）变为

$$3\overline{U}_m = 3L + S \tag{4-2-50}$$

这种算法的计算量很小，可在一些对精度要求不高的情况下使用。

（三）功率的算法

根据复功率的定义，视在功率与有功功率和无功功率的关系为

$$S = P + jQ = UI\cos\theta + jUI\sin\theta \tag{4-2-51}$$

视在功率与前面定义的电压相量 $\dot{U}_m = U_R + jU_I$ 与电流相量 $\dot{I}_m = I_R + jI_I$ 的关系为

$$\begin{aligned} S &= \dot{U}I^* = \frac{1}{2}\dot{U}_m I_m^* = \frac{1}{2}(U_R + jU_I)(I_R - jI_I) \\ &= \frac{1}{2}(U_R I_R + U_I I_I) + j\frac{1}{2}(U_I I_R - U_R I_I) \end{aligned} \tag{4-2-52}$$

式中：I_m^* 为 $\dot{I}_m$ 的共轭相量，$I_m^* = I_R - jI_I$。

比较式（4-2-51）和式（4-2-52），可得到

$$\left.\begin{aligned} P &= UI\cos\theta = \frac{1}{2}(U_{\mathrm{R}}I_{\mathrm{R}} + U_{\mathrm{I}}I_{\mathrm{I}}) \\ Q &= UI\sin\theta = \frac{1}{2}(U_{\mathrm{I}}I_{\mathrm{R}} - U_{\mathrm{R}}I_{\mathrm{I}}) \end{aligned}\right\} \tag{4-2-53}$$

在基于纯正弦基波信号的条件下，只要将式（4-2-41）或式（4-2-42）的计算结果代入上式即可。例如，将式（4-2-41）直接代入上式，经化简可得基于正弦信号两采样值的基波功率算法为

$$\left.\begin{aligned} P &= UI\cos\theta = \frac{u(0)i(0) + u(K)i(K) - [u(0)i(K) + u(K)i(0)]\cos\left(K\frac{2\pi}{N}\right)}{2\sin^2\left(K\frac{2\pi}{N}\right)} \\ Q &= UI\sin\theta = \frac{u(0)i(K) - u(K)i(0)}{2\sin\left(K\frac{2\pi}{N}\right)} \end{aligned}\right\} \tag{4-2-54}$$

同理，在式（4-2-54）中若取 $K=1$，计算时延最短；若取 $K=N/4$，则可使得计算量最小。

4. 阻抗的算法

根据阻抗的定义，复阻抗与电阻和电抗的关系为

$$Z = R + \mathrm{j}X = \frac{UI\cos\theta}{I^2} + \mathrm{j}\frac{UI\sin\theta}{I^2} = \frac{P}{I^2} + \mathrm{j}\frac{Q}{I^2} \tag{4-2-55}$$

复阻抗与前面定义的电压相量 $\dot{U}_{\mathrm{m}}=U_{\mathrm{R}}+\mathrm{j}U_{\mathrm{I}}$ 与电流相量 $\dot{I}_{\mathrm{m}}=I_{\mathrm{R}}+\mathrm{j}I_{\mathrm{I}}$ 的关系为

$$Z = \frac{\dot{U}}{\dot{I}} = \frac{\dot{U}_{\mathrm{m}}}{\dot{I}_{\mathrm{m}}} = \frac{U_{\mathrm{R}} + \mathrm{j}U_{\mathrm{I}}}{I_{\mathrm{R}} + \mathrm{j}I_{\mathrm{I}}} = \frac{(U_{\mathrm{R}}I_{\mathrm{R}} + U_{\mathrm{I}}I_{\mathrm{I}}) + \mathrm{j}(U_{\mathrm{I}}I_{\mathrm{R}} - U_{\mathrm{R}}I_{\mathrm{I}})}{I_{\mathrm{R}}^2 + I_{\mathrm{I}}^2} \tag{4-2-56}$$

比较式（4-2-55）和式（4-2-56），可得到

$$\left.\begin{aligned} R &= \frac{U_{\mathrm{R}}I_{\mathrm{R}} + U_{\mathrm{I}}I_{\mathrm{I}}}{I_{\mathrm{R}}^2 + I_{\mathrm{I}}^2} \\ X &= \frac{U_{\mathrm{I}}I_{\mathrm{R}} - U_{\mathrm{R}}I_{\mathrm{I}}}{I_{\mathrm{R}}^2 + I_{\mathrm{I}}^2} \end{aligned}\right\} \tag{4-2-57}$$

在基于纯正弦基波信号的条件下，只要将式（4-2-41）或式（4-2-42）的计算结果代入上式即可。另外，还可依式（4-2-54）的关系，将式（4-2-54）、式（4-2-30）（需将电压符号改为电流，然后取 $n=0$）直接代入上式，经化简可得到基于正弦信号采样值的基波阻抗算法为

$$\left.\begin{aligned} R &= \frac{P}{I^2} = \frac{2UI\cos\theta}{I_{\mathrm{m}}^2} \\ &= \frac{u(0)i(0) + u(K)i(K) - [u(0)i(K) + u(K)i(0)]\cos\left(K\frac{2\pi}{N}\right)}{i^2(0) + i^2(K) - 2i(0)i(K)\cos(K\omega_1 T_{\mathrm{S}})} \\ X &= \frac{Q}{I^2} = \frac{2UI\sin\theta}{I_{\mathrm{m}}^2} \\ &= \frac{[u(0)i(K) - u(K)i(0)]\sin(K\omega_1 T_{\mathrm{S}})}{i^2(0) + i^2(K) - 2i(0)i(K)\cos(K\omega_1 T_{\mathrm{S}})} \end{aligned}\right\} \tag{4-2-58}$$

同样地，在式（4-2-58）中若取 $K=1$，计算时延最短；若取 $K=N/4$，则可使得计算量最小。

二、非正弦信号的特征量算法——傅氏算法

系统发生故障时，输入信号并非纯正弦信号，其中除了含有基波分量外，还含有各种整次谐波、非整次谐波和衰减直流分量。前面讨论的是基于纯正弦信号模型的算法，它们通常需要与数字滤波器配合使用。在微机保护装置中，还有一类算法是基于非正弦交流信号模型构造的，本身具有良好的滤波特性，可以从故障信号中直接计算基波及某次谐波的特征量。依据对非正弦交流信号不同的假设模型和不同的滤波理论，有多种不同的此类算法，如傅氏算法、最小二乘算法、卡尔曼最佳滤波算法等。这里只介绍应用最为普遍的全周傅氏算法。

傅氏算法的基本思想源于傅里叶级数。假设输入信号为周期函数，即输入信号中除基频分量外，还包含直流分量和各种整次谐波分量。仍以电压为例，此时输入信号可表示为

$$\begin{aligned} u(t) &= U_{m0}+\sum_{k=1}^{M}U_{mk}\sin(k\omega_1 t+\varphi_k) \\ &= U_{m0}+\sum_{k=1}^{M}[U_{mk}\cos\varphi_k\sin(k\omega_1 t)+U_{mk}\sin\varphi_k\cos(k\omega_1 t)] \\ &= U_{m0}+\sum_{k=1}^{M}[U_{Rk}\sin(k\omega_1 t)+U_{Ik}\cos(k\omega_1 t)] \end{aligned} \tag{4-2-59}$$

式中：ω_1 为基频角频率；M 为信号中所含的最高次谐波的次数；k 为谐波次数，表示第 k 次谐波；U_{mk}、φ_k 分别为第 k 次谐波分量的幅值和相位；U_{Rk} 为第 k 次谐波分量的实部，$U_{Rk}=U_m\cos\varphi_k$；U_{Ik} 为第 k 次谐波分量的虚部，$U_{Ik}=U_m\sin\varphi_k$；U_{m0} 为直流分量，即第零次谐波。

根据三角函数是在区间［0，T_1］（T_1 为基频周期）上的正交性和傅里叶系数的计算方法，可在上式中直接导出实、虚部计算式为

$$\left.\begin{aligned} U_{Rk} &= \frac{2}{T_1}\int_0^{T_1} u(t)\sin(k\omega_1 t)\mathrm{d}t \\ U_{Ik} &= \frac{2}{T_1}\int_0^{T_1} u(t)\cos(k\omega_1 t)\mathrm{d}t \end{aligned}\right\} \tag{4-2-60}$$

取每基频周期 N 点采样，并采用按采样时刻分段的矩形面积之和（当然也可采用梯形面积之和，请读者尝试）来近似上式连续积分，则有

$$\left.\begin{aligned} U_{Rk} &= \frac{2}{N}\sum_{i=0}^{N-1}u(i)\sin\left(ki\cdot\frac{2\pi}{N}\right) \\ U_{Ik} &= \frac{2}{N}\sum_{i=0}^{N-1}u(i)\cos\left(ki\cdot\frac{2\pi}{N}\right) \end{aligned}\right\} \tag{4-2-61}$$

该算法的数据窗为一个完整的基频周期，称之为全周傅氏算法。注意到全周傅氏算法的滤波系数为可事先算得的常数，故算法的实时计算量不大。如取 $k=1$，则得到基频分量的实部和虚部

$$\left.\begin{aligned} U_{R1} &= \frac{2}{N}\sum_{i=0}^{N-1}u(i)\sin\left(i\cdot\frac{2\pi}{N}\right) \\ U_{I1} &= \frac{2}{N}\sum_{i=0}^{N-1}u(i)\cos\left(i\cdot\frac{2\pi}{N}\right) \end{aligned}\right\} \tag{4-2-62}$$

上式的幅频特性如图 4-2-15 所示。由图可见，全周傅氏算法可保留基波并完全滤除恒

定直流分量及所有整次谐波分量；虽不能完全滤除非整次谐波分量，但有很好的抑制作用，尤其对高频分量的滤波能力相当强。分析表明，傅氏算法的主要缺点是易受衰减的非周期分量的影响，在最严重情况下，此时的计算误差可能超过 10%。为减小由衰减直流分量引起的计算误差，一个简单可行的方法是对输入信号的原始采样数据先进行一次差分滤波，然后再进行傅氏计算。

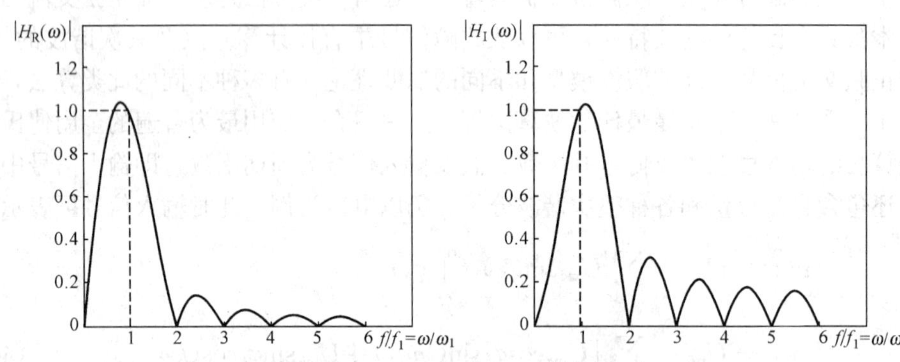

图 4-2-15　计算基频分量的全周傅氏算法的幅频特性

观察式（4-2-61），其实部和虚部算法实质上是两个 FIR（或递归型）数字滤波器，而这两个 FIR 数字滤波器的系数严格满足正交条件，因此全周傅氏算法的实部和虚部算法构成了一组正交滤波器。正是这种正交特性，使其可正确获得基波及各次谐波对应相量的实部和虚部。由此可以看出，输入信号特征量的实虚部算法与数字滤波器可以统一起来，构造实虚部算法无非是要找到一组正交滤波器。

总的来看，全周傅氏算法原理清晰，计算精度高，因此在微机保护装置中得到了广泛应用。不过该算法的数据窗较长（一个基频周期），使保护的动作速度受到一定限制。实际上，无论采用何种算法或数字滤波器，要提高滤波性能，都不可避免地需要延长它们的数据窗，这需要根据实际要求在这两者之间进行权衡。

为了提高算法的响应速度（减小时延），还可以在式（4-2-61）中将数据窗压缩到半个基频周期，从而得到所谓半周傅氏算法，对此读者可自行推导和分析。

三、移相算法及序分量算法

（一）移相算法

在实现继电保护原理时常常要求将复相量旋转一个相位角（或改变一个正弦函数的初始相位），并保持其幅值不变，这种运算称为移相算法。

对一个用实部和虚部表示的复相量作移相计算很简单。设初始相量为 $\dot{U}=U_R+jU_I$，现将其旋转 β 相位角得到一个新相量 $\dot{U}'=U'_R+jU'_I$。根据相量计算方法

$$\dot{U}'=\dot{U}e^{j\alpha}=(U_R+jU_I)(\cos\beta+j\sin\beta)$$

将其展开便可得到如下的移相算法

$$\left.\begin{aligned}U'_R&=U_R\cos\beta-U_I\sin\beta\\U'_I&=U_I\cos\beta+U_R\sin\beta\end{aligned}\right\}\tag{4-2-63}$$

式中：β 为移相角度，当 $\beta>0$，相量向超前方向（逆时针）移相；当 $\beta<0$，向滞后方向（顺

时针）移相。

一般情况下，上式中的实部和虚部可采用傅氏算法的结果。对于正弦函数模型，也可采用前面式（4-2-39）、式（4-2-41）、式（4-2-42）所示算法的结果，或者直接将这些计算式代入式（4-2-63），得到用正弦函数采样值表示的移相算法。

有时候，还需要直接对采样序列进行移相，即通过对一个正弦输入信号采样序列进行计算得到一个被改变了初始相位的新的采样序列。采样序列移相的最简单的方法是时差法，即通过对采样序列的延时来获得移相序列，即移相后的序列与原始序列的关系可表示为

$$u'(n) = u(n-k) = u(nT_S - kT_S) = u(t-\beta/\omega) = u(t-\Delta t) \tag{4-2-64}$$

由于该方法简单，此处不细论。但需注意：时差法的移相角度受采样周期的限制（即移相步长为 $2\pi/N$，或者说移相角度为 $2\pi/N$ 的整倍数），移相精度较低；当移相角度较大时，会延时过长。采样序列移相的改进方法可利用式（4-2-42）的算法，仍保持为旋转相量对虚轴的投影，因此将其代入式（4-2-63）的第二式可得到快速的序列移相算法，这一点请读者思考。

（二）序分量算法

在各种继电保护原理中，广泛使用对称分量。以电压为例，用相电压相量表示的零序电压 $\dot{U}_0$、正序电压 $\dot{U}_1$ 及负序电压 $\dot{U}_2$ 的表达式为（以 a 相电压为基准）

$$\begin{aligned} 3\dot{U}_0 &= (\dot{U}_a + \dot{U}_b + \dot{U}_c) \\ 3\dot{U}_1 &= (\dot{U}_a + \dot{U}_b e^{-j\frac{4}{3}\pi} + \dot{U}_c e^{-j\frac{2}{3}\pi}) \\ 3\dot{U}_2 &= (\dot{U}_a + \dot{U}_b e^{-j\frac{2}{3}\pi} + \dot{U}_c e^{-j\frac{4}{3}\pi}) \end{aligned} \tag{4-2-65}$$

在式（4-2-65）中

$$e^{-j2\pi/3} = \cos(-2\pi/3) + j\sin(-2\pi/3) = -1/2 - j\sqrt{3}/2$$

$$e^{-j4\pi/3} = \cos(-4\pi/3) + j\sin(-4\pi/3) = -1/2 + j\sqrt{3}/2$$

对称分量的计算根据输入量的性质也有两类算法，即复相量的滤序算法和正弦采样序列的滤序算法。

1. 复相量滤序算法

假定已通过前面的算法（譬如傅氏算法）求得了各相电压基频相量的实部和虚部，令三相电压的相量记为

$$\dot{U}_a = U_{Ra} + jU_{Ia}, \dot{U}_b = U_{Rb} + jU_{Ib}, \dot{U}_c = U_{Rc} + jU_{Ic} \tag{4-2-66}$$

而零序分量、正序分量及负序分量电压的相量分别记为

$$\dot{U}_0 = U_{R0} + jU_{I0}, \dot{U}_1 = U_{R1} + jU_{I1}, \dot{U}_2 = U_{R2} + jU_{I2} \tag{4-2-67}$$

这时只需将式（4-2-66）代入式（4-2-65），便可直接算出各序分量的相量。以负序分量为例，由式（4-2-65）、式（4-2-66）、式（4-2-67），可得

$$3U_{R2} = U_{Ra} - \frac{1}{2}U_{Rb} + \frac{\sqrt{3}}{2}U_{Ib} - \frac{1}{2}U_{Rc} - \frac{\sqrt{3}}{2}U_{Ic}$$

$$3U_{I2} = U_{Ia} - \frac{1}{2}U_{Ib} - \frac{\sqrt{3}}{2}U_{Rb} - \frac{1}{2}U_{Ic} + \frac{\sqrt{3}}{2}U_{Rc} \tag{4-2-68}$$

零序分量和正序分量也仿此计算。对于正弦函数模型，也可采用式（4-2-39）、式（4-2-41）、式（4-2-42）所示算法的结果，或者直接将这些计算式代入式（4-2-68），得到用正弦函数采样值表示的滤序算法。

2. 正弦采样序列的滤序算法

这时假定已通过前面的数字滤波求得了各相电压基频分量采样值序列，三相基频电压采样值分别为 $u_a(n)$、$u_b(n)$、$u_c(n)$。

零序分量的计算比较简单，可采用同时刻的采样值直接相加，即

$$3u_0(n) = u_a(n) + u_b(n) + u_c(n) \tag{4-2-69}$$

以计算负序分量为例，参考式（4-2-65），根据前述利用时差移相原理，可有

$$3u_2(n) = u_a(n) + u_b(n - N/3) + u_c(n + N/3) \tag{4-2-70}$$

上式的数据窗的宽度为 $W_d = 2N/3 + 1$（时延为 2/3 个基频周期），计算时间较长。

为了缩小数据窗，注意到对于正弦量有 $u(n) = -u(n - N/2)$，依此来处理式(4-2-70)的 c 相电压，即取 $u_c(n + N/3) = -u_c(n + N/3 - N/2) = -u_c(n - N/6)$。再利用正弦函数的关系 $\sin(\varphi - 2\pi/3) = -\sin\varphi + \sin(\varphi - 2\pi/6)$，依此来处理式(4-2-70) 中的 b 相电压，即取 $u_b(n - N/3) = -u_b(n) + u_b(n - N/6)$，代入式（4-2-70），可得

$$3u_2(n) = u_a(n) - u_b(n) + u_b(n - N/6) - u_c(n - N/6) \tag{4-2-71}$$

上式的数据窗的宽度为 $W_d = N/6 + 1$（相当于 1/6 个基频周期），计算延时大大缩短。由于采样次数只能为整数，因此采用式（4-2-70）时，N 必须为 3 的倍数；而采用式（4-2-71）时 N 必须为 6 的倍数。

以上介绍的采样值滤序算法的特点是计算量非常小，只需要做简单的加减法运算，而且响应速度也比较快，但对 N 的选取有限制。若想进一步加快响应速度，而且不对 N 的选择附加限制，则可结合采用前述对采样序列的快速移相算法来实现采样序列的滤序算法。

第四节　微机保护的基本动作判据的算法

继电保护的原理及整组功能的实现通常是许多不同的基本元件（或称基本功能模块）综合作用的结果，各个基本元件的动作特性又是通过动作判据（或称为动作方程）及相关的逻辑和时序来表达，而动作判据的算法是建立在特征量算法之上的更高层次的算法。现代成套微机保护装置的实际动作判据往往都比较复杂，但又都是由基本动作判据变化而来的。本节介绍微机继电保护中常用的基本元件及其基本动作判据的算法，对这些基本动作判据的扩展和综合应用，可以实现各种实用的复杂动作判据。

一、启动判据的算法

微机保护中通常采用位于中断服务程序的启动元件来灵敏、快速地探测系统故障扰动，待判定系统存在故障扰动之后才进入故障处理程序模块，由它来完成复杂的故障处理算法、形成保护动作特性、时序逻辑处理等保护功能，最终对是否区内故障作出判断和处理。采用启动元件和故障处理程序相配合的结构有很重要的作用，譬如可在平时大量节省出 CPU 的时间，用于处理其他任务（如自检、通信、人机对话、辅助测量功能等）。

启动元件通过启动判据来实现，其算法称作启动算法，对启动元件及其算法的主要要求是：在正常负荷状态下不要启动（对于超高压线路保护，通常还希望在发生系统振荡而本线路未发生故障时不要启动），但在故障发生瞬间具有较高的启动灵敏度和足够的响应速度。微机保护装置中根据保护原理的不同而采用不同的启动量和启动算法。最常见的有反映测量量大小的稳态量启动元件和反映扰动前后变化量（或叠加分量、故障分量）大小的突变量启动元件。

1. 稳态量启动元件及算法

稳态量启动元件是指直接根据测量量的大小决定是否启动的判别元件，它又可分为过量启动元件（测量量增大动作，如过电流启动元件）和欠量启动元件（测量量降低动作，如低电压启动元件）。此处，“稳态量”三个字在这里只是根据工程习惯采用的一个名称而已，以便与后面将要介绍的突变量启动元件相区别，实际上该元件在启动过程中其输入量一般并不是稳态量而是暂态量。现以反映基频分量的过电流启动元件为例，其启动判据为

$$I > I_{s\cdot set} \tag{4-2-72}$$

式中：I 为计算基波电流相量的有效值，$I=I_m/\sqrt{2}=|\dot{I}_m|/\sqrt{2}$；$I_{s\cdot set}$为过电流启动判据的整定值。

上式中，注意整定值在工程中通常采用二次回路测量的有效值表示，因此当采用前述反映正弦峰值的相量及模值算法时，需要引入标度变换系数 $1/\sqrt{2}$。对于启动元件，其作用仅为检测系统的故障扰动，对检测性能的主要要求是保证在故障发生前其计算值稳定，故障发生前一般可认为输入信号为正弦函数，因此可采用最短数据窗的正弦函数模型的算法，以利于减少计算量和提高相应速度。例如可采用本章第三节中的式（4-2-41）计算相量实虚部，采用式（4-2-47）或式（4-2-50）来完成模值计算。为避免模值计算，也可采用半周绝对值积分算法，若想进一步减少计算量，还可将上式取平方，得到新的启动判据

$$I_m^2 > 2I_{s\cdot set}^2 \tag{4-2-73}$$

上式右侧可事先或离线计算，保存于存储器中，不增加实时计算量；上式左侧可采用上节介绍的两采样值积算法或三采样值积算法。

由于启动元件多采用较短数据窗的算法，为避免因干扰等偶然的原因引起误启动，可采用连续多次重复计算启动判据，当连续 M 次都满足启动判据时，才判定并发出启动指令。实用中常取 $M=3$。

另外，为了确保启动灵敏度，启动判据的整定值应选取得足够灵敏。如在上述判据中，$I_{s\cdot set}$应小于保护范围最小短路电流的计算值。保护是否动作，由启动后继电保护故障检测判别元件而不是由启动元件决定，因此适当提高启动元件的灵敏度不会影响保护动作的选择性和可靠性。

实用中，具体采用什么电量作为启动量取决于保护原理的要求。常用的启动量有相电流（或相电压），两相电流差（或线电压）、差动电流、序分量及其更为复杂的组合量等。如在距离保护中稳态量启动元件通常采用零序电流或负序电流，在变压器电流差动保护中稳态量启动元件往往采用差电流等。

2. 突变量启动元件及算法

为提高启动灵敏度，微机保护装置中广泛使用突变量启动元件，其基本原理与前述反映

采样值的故障分量类似，以电流启动方式为例，突变量启动判据的算法通常有两种（设每基频周期采样次数为 N）

$$|\Delta i(n)| = |i(n) - i(n-KN)| > \Delta I_{s\cdot set} \tag{4-2-74}$$

或者

$$|\Delta i(n)| = \left| i(n) + i(n - \frac{2K-1}{2}N) \right| > \Delta I_{s\cdot set} \tag{4-2-75}$$

式中：$\Delta I_{s\cdot set}$为突变量启动判据的门槛值（整定值），$\Delta I_{s\cdot set} > 0$。

为防止干扰引起误启动，上式同样需要使用连续多点采样值进行连续多次判定（通常取为 3 次）。在额定频率下正常运行时，$|\Delta i(n)|$的理论值接近于零，即使考虑了各种测量、计算和随机误差，其值也比较小。因此，整定值 $\Delta I_{s\cdot set}$可选择得很小，故突变量启动元件具有较高灵敏度。但需注意当系统频率发生波动而偏离工频时，$|\Delta i(n)|$的不平衡值会增加，对此在启动整定值中应考虑足够的裕度。在上述突变量启动判据中，减小 K 值有利于减小系统频率波动的不利影响，一般可取 $K=1$。

突变量启动元件基于故障分量原理，其特点是不受系统正常运行状态的影响，能有效地提高启动的灵敏度。对于上述稳态相电流启动元件，为避免误启动，整定值 $I_{s\cdot set}$至少必须大于最大负荷电流，但是当重载长线保护区末端带过渡电阻短路时，短路电流的大小可能接近最大负荷电流，该启动元件将拒动。而此时短路电流与负荷电流却存在较大的相位差。因此，两者的相量差，或者说故障分量（突变量）仍比较大，使得突变量启动元件可以可靠启动。

一般情况下，每周波采样次数 N（或采样周期、采样频率）是按工频确定的整数（即为工频周期的整倍数），而实际运行中，系统频率会偏离工频，这时就有可能造成上述启动判据误启动。另外，当发生系统振荡时，若振荡频率较快，或振荡引起的电网频率偏差较大，也有可能造成上述启动判据误启动，这都是不希望发生的。为了进一步减少系统频率波动的影响，改善启动元件的稳定性和提高启动灵敏度，实用中与式（4-2-74）、式（4-2-75）相对应的电流突变量启动判据为

$$\left.\begin{aligned} |\Delta\Delta i(n)| &= \big|\, |i(n) - i(n-N)| - |i(n-N) - i(n-2N)| \,\big| > \Delta\Delta I_{s\cdot set} \\ |\Delta\Delta i(n)| &= \left| \left| i(n) + i(n-\frac{N}{2}) \right| - \left| i(n-\frac{N}{2}) + i(n-N) \right| \right| > \Delta\Delta I_{s\cdot set} \end{aligned}\right\} \tag{4-2-76}$$

式中：$\Delta\Delta I_{s\cdot set}$为启动门槛值（整定值），$\Delta\Delta I_{s\cdot set}>0$。

以式（4-2-76）的第一个算式为例说明：当系统频率偏移时，$i(n)$ 与 $i(n-N)$ 之间将出现一个相角差使得$|\Delta i(n)|$产生不平衡差值，而 $i(n-N)$ 与 $i(n-2N)$ 之间也将出现相角差使得$|\Delta i(n-N)|$产生一个大小几乎相同的差值，两者相减后基本上可以消除系统频率偏移引起的差异。同时上式对系统振荡引起的不平衡电流也有削弱的效果，对避免由此引起的误启动也有一定作用。

二、相位比较和幅值比较判据的算法

相位比较和幅值比较是实现各种继电保护原理的基本元件，也是关键元件，在距离保护、纵联保护、差动保护、方向保护等均有广泛应用。尽管对于某种具体保护中使用的相位

比较判据和幅值比较判据有其特殊性和复杂性，但都是由相位比较判据和幅值比较判据的基本形式演变而来的。本篇后面还将针对距离保护对相位比较判据和幅值比较判据以及它们之间的关系进行讨论，本小节将重点讨论相位比较判据和幅值比较判据的基本形式及算法。

（一）相位比较判据的算法

常用的相位比较判据有两种基本判据形式，即余弦型比相判据和正弦型比相判据，它们是复平面上各种直线或圆弧构成的动作特性的基础。

1. 余弦型比相判据的算法

余弦型比相判据的基本表达式为

$$90^\circ \leqslant \arg \frac{\dot{C}_C}{\dot{D}_C} \leqslant 270^\circ \tag{4-2-77}$$

式中：$\dot{C}_C$、$\dot{D}_C$ 为在余弦型比相判据中参与比相的两个相量，其中

$$\dot{C}_C = C_{CR} + jC_{CI} \qquad \dot{D}_C = D_{CR} + jD_{CI}$$

余弦型比相判据的用途很广泛，例如许多阻抗元件常被表示为余弦型比相判据的形式。注意在上式中

$$\frac{\dot{C}_C}{\dot{D}_C} = \frac{\dot{C}_C D_C^*}{D_C^2} = \frac{(C_{CR}D_{CR} + C_{CI}D_{CI}) + j(C_{CI}D_{CR} - C_{CR}D_{CI})}{D_C^2}$$

式中：D_C^* 为相量 $\dot{D}_C$ 的共轭相量。

当上式所示相量的相角满足式（4-2-77）条件时，必然有其实部小于或等于零，由此可得到余弦型比相判据的算法为

$$C_{CR}D_{CR} + C_{CI}D_{CI} \leqslant 0 \tag{4-2-78}$$

2. 正弦型比相判据的算法

正弦型比相判据的表达式为

$$0^\circ \leqslant \arg \frac{\dot{C}_S}{\dot{D}_S} \leqslant 180^\circ \tag{4-2-79}$$

式中：$\dot{C}_S$、$\dot{D}_S$ 为在正弦型比相判据中参与比相的两个相量，其中

$$\dot{C}_S = C_{SR} + jC_{SI} \qquad \dot{D}_S = D_{SR} + jD_{SI}$$

正弦型比相判据的用途也很广泛，例如方向元件常被表示为正弦型比相判据的形式。类似于上述分析，其算法为

$$C_{SI}D_{SR} - C_{SR}D_{SI} \geqslant 0 \tag{4-2-80}$$

由前面的章节可知，余弦型比相判据与正弦型比相判据是可以相互转换的，在式（4-2-79）中，各项均旋转 90°，即 $90^\circ \leqslant \arg \frac{\dot{C}_S e^{j90^\circ}}{\dot{D}_S} \leqslant 270^\circ$，只要令 $\dot{C}_S e^{j90^\circ} = \dot{C}_C$ 和 $\dot{D}_S = \dot{D}_C$ 就得到式（4-2-77），并由此同样可以导出式（4-2-80）所示的算法。

另外，上述余弦和正弦比相判据的比相区域都是比较理想的（即比相范围为 180°且比相边界为 90°～270°或者 0°～180°），在复平面上可对应于直线形或完整的圆形动作区。实用

中由于动作方程（或动作区）比较复杂，其比相区域往往会有很多变化，譬如会出现比相边界不是 90°～270°或者 0°～180°（如偏移一个角度），比相范围小于或大于 180°，或者甚至采用不对称动作区等情况。只要动作边界是由圆弧段和直线构成，上述各种情况都可以转化为余弦或正弦型比相判据及其某种逻辑组合。

（二）幅值比较判据的算法

幅值比较的基本判据形式为

$$|\dot{A}| \geqslant |\dot{B}| \tag{4-2-81}$$

展开为

$$|A_R + jA_I| \geqslant |B_R + jB_I| \tag{4-2-82}$$

这表明幅值比较判据可以通过前述相量实虚部的各种算法结合由实虚部求模值的各种算法来实现，此处不赘述。

为避免求模值运算，可对上式取平方运算，得

$$|\dot{A}|^2 \geqslant |\dot{B}|^2 ,\text{即 } A^2 \geqslant B^2 \tag{4-2-83}$$

展开可得到幅值比较判据的平方算法

$$A_R^2 + A_I^2 \geqslant B_R^2 + B_I^2 \tag{4-2-84}$$

根据相量求取和差的平行四边形法则，余弦比相判据与幅值比较判据之间可以相互转换，其转换关系为

$$\begin{gathered}\dot{A} = \dot{D}_C - \dot{C}_C , \dot{B} = \dot{D}_C + \dot{C}_C \\ \dot{C}_C = \frac{1}{2}(\dot{B} - \dot{A}) , \dot{D}_C = \frac{1}{2}(\dot{B} + \dot{A})\end{gathered} \tag{4-2-85}$$

通过正弦比相判据与余弦比相判据之间的转换关系，也能实现正弦比相判据与幅值比较判据之间的相互转换。事实上，其他的更为复杂的比相判据，都能通过相位变换和“与”、“或”等逻辑组合，实现与幅值比较判据之间的相互转换。总之，幅值比较判据可以由相位比较判据的算法来实现，反之亦然。

三、实现阻抗元件动作特性的算法

微机保护的阻抗元件按其实现方法主要可分为两类：动作方程式和测量阻抗式。下面简要讨论实现阻抗元件动作特性的算法。

1. 动作方程式阻抗元件

所谓动作方程式阻抗元件，是指直接由比相式动作判据以及与之对应的比幅式动作判据构成的阻抗元件，譬如那些可以在阻抗平面上直接表示为圆特性或直线特性的阻抗元件。对于更为复杂的情况，如各种复合特性的距离元件，一般也可以表示为多个不同的圆特性或者直线特性阻抗元件的“与”、“或”逻辑组合。

各种动作方程式阻抗元件均可以由上一小节介绍的相位比较和幅值比较算法的基本形式及其逻辑组合来实现，此处不赘述。

2. 测量阻抗式阻抗元件

测量阻抗式阻抗元件的特点是先根据故障类型和故障相别计算出测量阻抗，然后根据阻抗平面上动作区域（动作特性）构成判据及算法。

下面举一个例子。设在阻抗平面的动作区域为如图 4-2-16 所示的四边形特性，其动作

判据及其算法为

$$\begin{aligned}R_{\mathrm{m}}\tan\gamma \leqslant X_{\mathrm{m}} \leqslant (X_{\mathrm{set}} + R_{\mathrm{m}}\tan\alpha)\\ X_{\mathrm{m}}\cot\delta \leqslant R_{\mathrm{m}} \leqslant (R_{\mathrm{set}} + X_{\mathrm{m}}\cot\beta)\end{aligned} \quad (4\text{-}2\text{-}86)$$

这里参数范围为 $X_{\mathrm{set}}>0$、$R_{\mathrm{set}}>0$、$0°>\alpha>-90°$、$0°>\gamma>-90°$、$90°>\beta>0°$、$180°>\delta>90°$，它们均为整定值，故 $\tan\alpha$、$\tan\gamma$、$\cot\beta$、$\cot\delta$ 为常数。

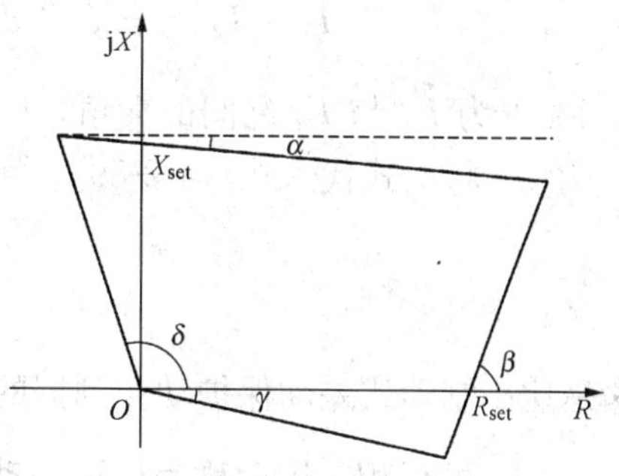

图 4-2-16 四边形阻抗元件动作特性图

四、功率方向判据的算法

功率方向元件也是各种保护装置中的常用元件。功率方向实际上反映的是电压与电流的比相，可以用前述相位比较或幅值比较判据来实现，但需要注意两点：

（1）参与比相的电压和电流可能是多样化的，即可能是相电压和相电流、线电压和两相电流差、线电压和相电流（90°接线）、序分量电压和电流（零序或者负序方向判据）、故障分量电压和电流的比相以及这些电压和电流的线性组合的综合比相，这需要综合应用前面介绍的各种特征量算法和比相或比幅判据来实现。

（2）功率方向判据通常要求满足最灵敏角的要求，即要求电压或者电流相量旋转某一角度，因此功率方向判据在实用中需要结合移相算法。

五、电流差动判据的算法

目前纵联电流差动保护的主要原理为具有穿越制动特点的比率制动式差动保护。现以两端有引出线的电力设备（如发电机、双侧绕组变压器等）的纵联电流差动保护为例，规定两侧测量电流 $\dot{I}_1$ 和 $\dot{I}_2$ 的假定正向均指向被保护设备，比率制动式电流差动保护的基本判据形式为

$$|\dot{I}_1 + \dot{I}_2| \geqslant \frac{K}{2}|\dot{I}_1 - \dot{I}_2| \quad (4\text{-}2\text{-}87)$$

式中：K 为比率制动系数，$0<K<2$；$\dot{I}_1$、$\dot{I}_2$ 为两侧测量电流，根据被保护设备及其原理的不同，$\dot{I}_1$、$\dot{I}_2$ 可以同为对应相的相电流、两相差电流、序电流以及综合电流。

上式展开为

$$|(I_{1\mathrm{R}} + I_{2\mathrm{R}}) + \mathrm{j}(I_{1\mathrm{I}} + I_{2\mathrm{I}})| \geqslant \frac{K}{2}|(I_{1\mathrm{R}} - I_{2\mathrm{R}}) + \mathrm{j}(I_{1\mathrm{I}} - I_{2\mathrm{I}})| \quad (4\text{-}2\text{-}88)$$

这表明比率制动式差动保护动作判据也可以通过前述相量实虚部的各种算法结合由实虚部求模值的各种算法来实现。

为避免求模值运算，可对式（4-2-87）取平方运算，即

$$|\dot{I}_1 + \dot{I}_2|^2 \geqslant \frac{K^2}{4}|\dot{I}_1 - \dot{I}_2|^2 \quad (4\text{-}2\text{-}89)$$

展开可得到比率制动式差动保护动作判据的平方算法

$$(I_{1\mathrm{R}} + I_{2\mathrm{R}})^2 + (I_{1\mathrm{I}} + I_{2\mathrm{I}})^2 \geqslant \frac{K^2}{4}[(I_{1\mathrm{R}} - I_{2\mathrm{R}})^2 + (I_{1\mathrm{I}} - I_{2\mathrm{I}})^2] \quad (4\text{-}2\text{-}90)$$

进一步讨论式（4-2-89）所示比率制动式差动保护动作判据的其他表现形式与算法。现考虑对式（4-2-89）作等式变换。根据余弦定理，注意到该式的右边

$$|\dot{I}_1-\dot{I}_2|^2=I_1^2+I_2^2-2I_1I_2\cos\theta=|\dot{I}_1+\dot{I}_2|^2-4I_1I_2\cos\theta \tag{4-2-91}$$

式中：θ 为 $\dot{I}_1$ 与 $\dot{I}_2$ 之间的夹角，即 $\theta=\arg(\dot{I}_1/\dot{I}_2)$。

将上式代入式（4-2-89），可得

$$|\dot{I}_1+\dot{I}_2|^2 \geqslant \frac{-4K^2}{4-K^2}\cdot I_1I_2\cos\theta \tag{4-2-92}$$

这是比率制动式差动保护动作判据的另一种表达形式。上式右边的制动量中 $I_1I_2\cos\theta$ 为相量 $\dot{I}_1$ 与 $\dot{I}_2$ 的标积，因而称为标积制动。采用相量 $\dot{I}_1$ 与 $\dot{I}_2$ 的标积制动量构成的电流差动保护又称为标积制动式电流差动保护。标积制动式电流差动保护的基本动作判据一般表示为

$$|\dot{I}_1+\dot{I}_2|^2 \geqslant S(-I_1I_2\cos\theta) \tag{4-2-93}$$

式中：S 为标积制动系数，$S>0$。

比较式（4-2-93）和式（4-2-92），可知比率制动系数 K 与标积制动系数 S 的转换关系为

$$S=\frac{4K^2}{4-K^2},\text{即 } K=\sqrt{\frac{4S}{S+4}} \tag{4-2-94}$$

以上分析说明，由式（4-2-87）或式（4-2-89）表示的比率制动式差动保护与由式（4-2-93）表示的标积制动式差动保护在原理上是完全一致的，只是两种不同的表达形式和两种不同的算法，并且两种判据可以通过比率制动系数与标积制动系数的关系而相互转换。

进一步讨论标积制动量的算法。设 $\dot{I}_1=I_1e^{j\alpha}$、$\dot{I}_2=I_2e^{j\beta}$、$\theta=\alpha-\beta$，则有

$$\dot{I}_1I_2^*=I_1I_2e^{j(\alpha-\beta)}=I_1I_2e^{j\theta}=I_1I_2\cos\theta+jI_1I_2\sin\theta$$

又

$$\dot{I}_1I_2^*=(I_{1R}I_{2R}+I_{1I}I_{2I})+j(I_{1I}I_{2R}-I_{1R}I_{2I})$$

比较上两式，可知式（4-2-93）的右边有

$$I_1I_2\cos\theta=I_{1R}I_{2R}+I_{1I}I_{2I} \tag{4-2-95}$$

将上式代入式（4-2-93），可得标积制动式电流差动保护的基本动作判据的算法为

$$(I_{1R}+I_{2R})^2+(I_{1I}+I_{2I})^2 \geqslant S(-I_{1R}I_{2R}-I_{1I}I_{2I}) \tag{4-2-96}$$

实用中，电流纵联差动保护的判据往往更复杂，譬如采用多段折线式动作判据，又譬如多侧电流的差动保护判据（指针对多端引出线的电力设备，如具有三侧绕组的变压器等的差动保护判据），这些将在本篇后面介绍。不过，这些情况下的电流差动保护动作判据的算法，均可以由本小节介绍的电流差动保护基本动作判据的算法演变得到。

第五节　微机保护的软件构成

微机保护装置由硬件电路和软件程序共同构成，而保护装置的原理、特性及性能特点更多地由软件来体现，而且微机保护装置许多特有的优良辅助功能也主要是由软件来实现的，正因为如此，对软件的结构、性能以及可靠性提出了很高的技术要求。本节从微机保护装置软件的基本功能要求出发介绍其软件结构和程序流程，并讨论这些基本功能的含义和实现方法。

一、微机保护的基本软件流程

1. 微机保护软件的基本功能

首先需要明确两个问题：

（1）微机保护装置中软件的各项功能必须有相应的硬件电路的支持，并满足硬件电路的技术要求。在后面讨论诸如自检、人机对话、通信等功能的软件实现时，假定均已得到硬件的充分支持。

（2）微机保护装置的功能与一般意义上的保护功能不是等同的概念，而是前者包含后者。

目前，微机保护装置除了具备高性能的保护功能外，其他的主要基本功能包括：微机保护装置的系统监控、人机对话、通信、自检、事故记录及分析报告以及调试功能。这些将在微机保护装置软件结构及流程的介绍中逐一说明。

与各种微机型实时测控系统相类似，微机保护装置的基本软件结构及程序流程由主程序流程和中断服务程序流程构成。下面考虑一个简单而典型的结构，即软件系统由主程序和一个采样中断服务程序构成：前者执行对整个系统的监控以及实时性要求相对较低的各项辅助功能；后者按采样周期不断地定时中断前者，周期性地执行实时性要求较高的保护和辅助功能。

2. 微机保护软件的主流程及主循环

微机保护软件的主流程如图 4-2-17 所示，由图可见，主流程可看作由上电复位流程及主循环流程两大部分组成。

保护装置在合上电源（简称上电）或硬件复位（简称复位）后，首先进入第 1 框，执行系统初始化。初始化的作用是使得整个硬件系统处于正常工作状态。系统初始化又可细分为低级初始化和高级初始化：低级初始化任务通常包括与各存储器相应的可用地址空间的设定、输入或输出口的定义、定时器功能的设定、中断控制器的设定以及安全机制等其他功能的设定；高级初始化是指与保护装置各项功能直接有关的初始化，如地址空间的分配、各数据缓冲区的定义、各个控制标志的初设、整定值的换算与加载、各输入输出口的置位或复归等等。

然后，程序进入第 2 框，执行上电后的全面自检。

自检（Self-check）是微机保护装置软件对自身硬软件系统工作状态正确性和主要元器件完好性进行自动检查的简称。通过自检可以迅速地发现保护装置缺陷，发出报警信号并闭锁保护出口，等待技术人员排除故障，从而使微机保护装置工作的可靠性、安全性得到根本性的改善。自检是微机保护装置的一种特有的和非常重要的智能化安全技术，目前自检功能主要包括：程序的自检、定值的自检、输入通道的自检、输出回路的自检、通信系统的自检、工作电源的自检、数据存储器（如 RAM）的自检、程序存储器（如 EPROM）的自检以及其他关键元器件的自检等。例如，对于三相交流系统，可采用下式对输入通道及采集数据的正确性进行检查

$$|i_a + i_b + i_c - 3i_0| < \varepsilon_i$$

$$|u_a + u_b + u_c - 3u_0| < \varepsilon_u$$

式中：ε_i、ε_u 为反映微机保护装置测量误差的门槛值。

若输入回路完好，数据采集系统正常，采样过程未受到干扰，则无论电力系统处于何种

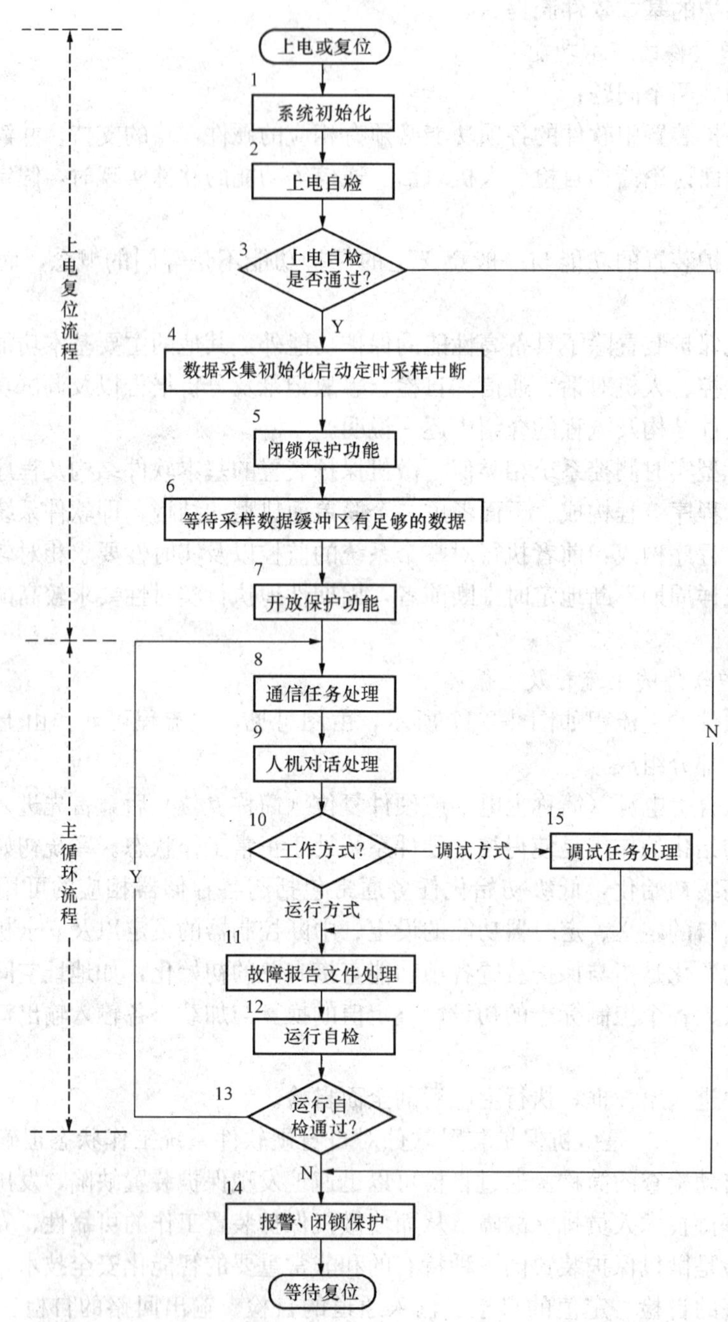

图 4-2-17 微机保护软件的主流程图

运行状态，上述两式均应该成立；反之，如果某个环节出现错误，上式则有可能不成立。所以可根据上式来判断出采集的数据的正确性。在数据准确的前提下，才能进行后续计算，否则应将本次采集的数据丢弃。

自检在程序中分为上电自检和运行自检。上电自检是在保护装置上电或复位过程（保护功能程序运行之前）进行的一次性自检，此时有时间进行比较全面的自检，以保证开始执行保护功能程序时装置处于完好的工作状态；而运行自检是在保护装置运行过程中进行的自检，以便及时发现运行中出现的装置故障。由于保护程序在运行中的大部分时间必须分配给保护功能以及其他辅助功能，因此通常在运行自检中需对自检任务进行简化，同时采用分类处理的措施：对于某些必须快速报警、处理量较小以及必须一次性完成的自检任务应置于中断服务程序中；而对于其他较次要的且处理量又较大的自检任务，则置于主循环程序中，并且采用分时处理的方法。

上电自检完成后，在第 3 框判别自检是否通过：若自检不能通过将转至第 14 框，发出报警信号并闭锁保护，然后等待人工复位；若上电自检通过，则进入第 4 框，保护功能程序开始运行。

第 4 框执行数据采集初始化和启动定时采样中断。其主要作用是对循环保存采样数据的存储区（称为采样数据缓冲区）进行地址分配，设置标志当前最新数据的动态地址指针，然后按规定的采样周期对控制循环采样的中断定时器赋初值并令其启动，开放采样中断。从此定时器开始每隔一个采样周期循环产生一次采样中断请求，由采样中断服务程序（后面介绍）响应中断，周而复始地运转。

由于保护功能的实现需要足够的数据（可理解为保护算法需要一定时宽的数据窗），因而不能马上进入保护功能的处理，因此在第 5 框暂时闭锁保护功能（实质上是通过设置闭锁保护的控制字，通知采样中断服务程序暂时不要执行启动元件、故障处理程序等相关功能）。第 6 框的作用则是等待一段时间使采样数据缓冲区获得足够的数据供计算使用。在具备足够的采样数据之后，进入第 7 框重新开放保护功能，此后主程序进入主循环。

主循环在微机保护正常运行过程中是一个无终循环，只有在复位操作和自检判定出错时才会中止。在主循环过程中，每逢中断到来，它当前任务被暂时中止，CPU 响应中断并转而执行中断服务；CPU 完成中断服务任务后又返回主循环，继续刚才被中断的任务。主循环利用中断服务的剩余时间来完成各种非严格定时的任务，譬如通信任务处理、人机对话处理、调试任务处理、故障报告的处理以及运行自检等。需要指出，在主循环中需要逐一执行的各项任务往往都要求得到及时的服务，那么一个任务不能因执行时间过长而影响其他任务的执行，更不能出现内部死循环。为避免这种情况，主循环中任何一个任务当不满足上述要求时，需要作分时处理；在各任务间还需要处理好优先权问题。

在主循环中，第 8 框执行通信任务处理。需要指出，此处并不是指对装置外部或装置内部其他部分进行信息的发送和接收操作，而是为信息发送和接收进行数据准备：如根据保护程序其他部分数据发送请求而收集相关数据、按通信规约进行通信信息整理和打包，并将其置于数据发送缓冲区；又如对数据接收缓冲区的数据进行整理、分类和任务解释，并将其按任务类别交给相应的任务处理程序。通信的发送和接收数据的操作需要满足严格的通信速率（如串行通信的波特率）要求，并且应保证发送数据的及时性和接收数据的完整性（不丢失数据），即要求很强的实时性，因此通信的发送和接收操作一般需根据硬件系统的设计，或者置于中断程序中或者置于专用的通信硬件模块中。

第 9 框执行人机对话处理。关于人机对话的处理，不同的硬件配置模式对应不同的处理方式。若采用具备独立 CPU 的专用上层管理插件，则通常上层管理插件与保护功能插件采用通信交换信息，并由上层管理插件的 CPU 负责人机对话部件的控制，此处保护功能插件通过通信与管理插件 CPU 交换数据，那么第 9 框只需完成第 8 框交付的信息处理任务。若没有配置具备独立 CPU 的专用上层管理插件，此时需要由保护功能插件的 CPU 对人机对话部件进行管理，此时第 9 框程序应执行如扫描键盘及控制按钮、在 LCD 上显示数据等任务，同时对各种操作命令进行解释和分类，并按任务类别交给相应的任务处理程序执行。

第 10 框判别微机保护系统当前工作方式，即处于调试方式还是运行方式：若是调试方式，则在第 15 框先执行由第 8 框或第 9 框下达的调试功能任务；若是运行方式，以及在执行完毕调试任务后，进入第 11 框去执行后续任务。

调试功能是指微机保护装置特有的对控制参数进行给定、核对和对自身性能进行辅助测试、调整的功能。继电保护装置新安装或定期检修之后，需要进行项目繁多的调试工作，以保证保护装置的性能指标和状态符合技术要求，如各测量通道的校准、整定值的输入和修改、各项保护特性的测定、出口操作回路的传动检测、通信系统的测试以及保护装置各种辅助功能的调整等。对于模拟式保护装置，调试往往要借助于各种仪器仪表，并花费大量时间和人力。而微机保护装置则通过智能化调试程序，可以高效可靠地完成调试工作。另外，现代微机保护装置通常还预留了调试通信接口，通过它与通用电脑接口，可实现视窗化、菜单化和图形化的高级调试、管理和分析功能。简单、便捷和丰富的调试功能是微机保护装置深受现场技术人员喜爱的重要原因之一。调试功能虽然重要，但在处理某些调试任务过程中可能会影响保护运行安全，这些调试功能只能在微机保护装置退出运行后才能执行。为此微机保护装置设计了两种基本工作方式：运行方式和调试方式，通过开关或键盘操作来进行工作方式的切换。

第 11 框为故障报告处理程序。电力系统发生故障或者微机保护装置自身发生故障，微机保护装置在完成处理任务之后，可自动生成、保存并通过通信网络向电厂计算机监控系统提交故障报告。故障报告对于系统事故的追忆和分析，以及对于保护装置自身动作正确性的评估有非常重要的作用，这也是微机保护的优势之一。目前，对故障报告内容的要求越来越高。以电力系统事故为例，一份故障报告通常要求包括故障时刻、故障性质及原因、保护装置的动作行为及根据、计算结果、延时情况、使用的整定值、故障前后的采样数据（相当于故障录波）等完整的信息。另外甚至还要求提供附带时标的程序实际流程、中间计算结果、逻辑判别过程等对保护动作行为的细节描述以及故障诊断的结果（如故障定位等）等，以便使得整个事故过程和保护装置的处理过程一目了然。故障报告中的原始数据是在故障处理过程中由故障处理程序模块等来临时保存的，而故障报告的信息综合、文件生成和转储则由故障报告处理程序来完成。

最后在第 12 和第 13 框的执行运行自检功能。若自检判定保护装置出错，则报警并闭锁保护，然后等待人工复位；若自检通过则继续执行主程序。如前所述，在主循环中的运行自检主要是执行如保护程序的自检、整定值的自检、数据存储器（如 RAM）的自检、程序存储器（如 EPROM）的自检以及某些元器件的自检等。这些自检任务由于处理量较大，需要通过分时和循环执行程序来完成的。

至此完成了一次主循环的过程，返回到第 8 框，然后周而复始。

3. 采样中断服务程序的流程

微机保护装置的软件系统根据具体设计的不同，可能存在多个中断源，因而相应地有多个不同的中断服务程序，但其中必不可少的是采样中断服务程序。为简化说明，以下考虑一个较为简单的情形，即只有一个定时采样中断源，从而只有一个采样中断服务程序的情形来介绍。

采样中断服务程序的基本流程如图4-2-18所示。由图可见，采样中断服务程序并不只是进行周期性的数据采集（即采样和A/D变换），通常还需完成通信数据收发、运行自检、调试、启动检测及故障处理等任务。由于中断服务程序是由采样定时器周期性激活的，习惯上仍称为采样中断服务程序。

响应采样中断后的初始阶段和中断返回前的最末阶段通常必须进行保留现场和恢复现场的操作，必要时还需执行关闭中断和重新开放中断的操作，这些属于中断响应和服务的基本程序的内容，图中未标出。然后采样中断服务程序进入第1框执行数据采集处理，它主要完成各通道模拟信号的采样和A/D变换，并将采集的数据按各通道和时间的先后顺序存入采样数据缓冲区，并标定指向最新采样数据的地址指针。还需注意，数据采集还包括对于对各路开关输入信号、脉冲信号、频率测量信号等的采集工作。

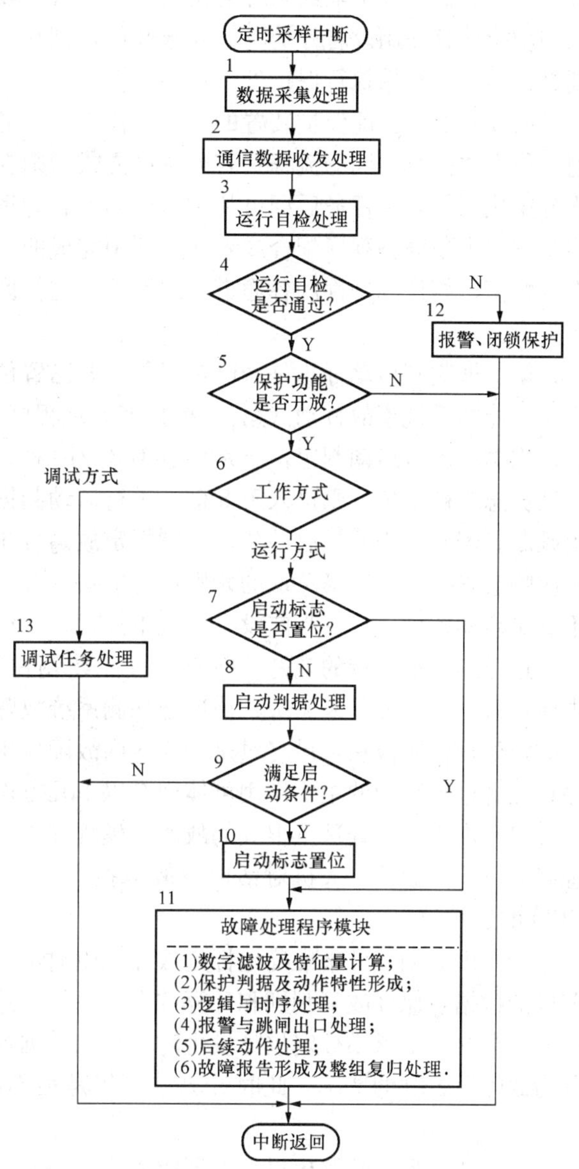

图4-2-18　采样中断服务程序的基本流程图

第2框主要完成通信所要求的直接接收和发送数据的任务（参看主循环说明），当然，对于规定在中断服务中应作出响应的通信处理任务也必须迅速加以执行。采样中断的速率必须足够高，在满足采样率规定指标的同时，必要时还应兼顾与通信速率（如波特率）相匹配，满足不迟滞发送数据和不丢失接收数据的要求（若采样率不能够达到此要求，则需要另设更高速率的通信中断）。

第3框完成必须在中断服务中完成的运行自检任务，并在第4框进行判断：若运行自检没有通过将转向第12框进行装置故障报警、闭锁保护等处理，并置相关标志，然后直接从中断返回，等候人工处理；若自检通过则可以进入第5框执行后续任务。中断服务中完成的运行自检任务是指输入输出回路的自检、工作电源的自检等，它们往往需要当前数据且会立即影响保护后续功能的正确性（如输入通道和电源状态），或者不允许被中断打断（如输出回路），否则会引起不可预料的结果，甚至造成保护误动作，因此必须由中断服务程序完成。

第5框判断保护功能是否已开放，其作用完全是为了与主程序中第5到第7框任务相配合，即在保护装置上电或系统复位之后需等待一段时间使采样数据缓冲区获得足够的数据供保护功能计算使用。若保护功能尚未开放，则从中断返回，继续等待；若保护功能已开放，则进入第 6 框开始执行保护处理功能。

第 6 框判别当前保护装置的基本工作方式（通常来自于人机对话部件的请求），根据当前工作方式执行不同的流程：若为调试方式，则在第 13 框完成由调试功能规定必须在中断服务中执行的处理任务后即可从中断返回；若为运行方式，则直接进入第 7 框。不少调试功能是需要中断服务程序配合或者在中断中完成的，如利用外加信号源对各模拟输入通道的标度（幅值、相位准确性和各通道一致性等）进行调试时需要中断采样数据和相关计算结果给予配合。

第 7 框判别启动标志是否已被置位。若已置位则说明在此次中断之前启动元件已经检测到了可能的系统事故扰动（第 11 框故障处理程序已被启动并在运行），当前暂时无需再计算启动判据和进行启动判定，于是跳过第 8～10 框，直接进入第 11 框执行故障处理程序；若启动标志未被置位，则进入第 8 框，进行启动判据处理，并在第 9 框对是否满足启动条件做出判断。若判断为满足启动条件，则标定故障发生时刻，在第 10 框对启动标志置位，为下一次响应采样中断后第 7 框的判别做好准备，接着也进入第 11 框的执行故障处理程序；若不满足启动条件，表明当前没有系统事故扰动，便可从中断返回。

这里第 8 框执行的就是前面介绍的启动元件的功能，这里再作一点补充说明。微机保护中通常采用启动元件来灵敏、快速地探测系统故障扰动，待判定系统存在故障扰动之后才进入故障处理程序模块，最终对是否为区内故障作出判断和处理。采用启动元件和故障处理程序相配合这种结构的主要作用可体现在以下几方面：

（1）由于计算处理量很大的故障处理程序平时不投入运行，这样可让 CPU 有时间来处理诸如自检、通信、人机对话以及故障报告形成、辅助测量和分析等任务，可有效地提高 CPU 的运行效率。

（2）由启动元件来准确地标定故障发生时刻，以使故障处理程序能正确地获取故障发生前后的数据，保证故障判别和计算的准确可靠。这是因为故障判别元件的算法通常都需要较长的数据窗，如果不标定故障发生时刻，在数据窗中可能出现一部分为故障前数据而另一部分为故障后数据的情况，此时计算结果将是很不确定的，有可能引起某些原理的保护误判断。

（3）微机保护装置出口继电器的操作电源平时是不投入的，这样做有利于提高出口回路的可靠性和实现对该回路的自检。

当启动元件动作后，便立即投入出口继电器电源，可加快出口操作回路的准备时间；另外，现代微机保护中还常采用多套相同启动元件置于相互独立的 CPU 插件中，通过多启动元件“与”逻辑甚至“三取二”表决器来控制出口继电器的操作电源，可有效地防止硬件故障引起保护误动作。

第 11 框为故障处理程序模块，它是完成保护功能、形成保护动作特性的核心部分。参见图 4-2-18，第 11 框的说明抛开了具体保护内容，扼要列举了故障处理程序模块的基本功能和处理步骤，主要包括：①数字滤波及特征量计算；②保护判据计算及动作特性形成；③逻辑与时序处理；④报警与跳闸处理；⑤后续动作处理，如重合闸及启动断路器失灵保护等；⑥故障报告数据准备及整组复归标志置位。在下面小节，将以线路距离保护为例对故障处理程序模块作进一步说明。

相对于正常运行时间而言，故障处理时间很短，因此，在故障处理的时候，只保留采样中断服务程序中的数据采集与保存、通信数据收发、运行自检等必须按严格定时完成的以及必须及时响应的任务外，其他中断服务任务（譬如启动元件）和主循环中的大部分任务将会自动地暂时中止，留待故障处理完毕后再恢复正常执行，这就要求编制相关的程序模块能适应这一要求。

另外，在故障处理程序模块的执行过程中，有些任务不能在一次采样中断服务周期（即采样周期 T_s）中完成，常见的此类情况有：

（1）数据窗等待问题。各种算法都有一定时宽的数据窗，即需要等待多点采样数据逐步都到达后才能最终完成计算。

（2）信号滞后等待问题。如纵联保护远方信号需要传输时间等，在信号正确到达之前，故障处理程序必须等待。

（3）动作延时等待问题。如后备保护通常需要较长的延时，CPU 在此期间需保持重复计算和故障判断，并在出现不满足判据时执行整组复归操作，只有一直满足判据并到达规定时延时，才能发出告警或跳闸。

（4）计算处理超时问题。因计算处理量太大而在一个采样中断服务周期中无法完成。

前三种情况有共同之处，即无论 CPU 的处理能力有多强，都必须等待完整信息或规定时延的到达。而第（4）种情况主要受限于 CPU 的处理能力。

为了解决好上述问题，在编制采样中断服务程序（尤其是故障处理程序）时需要严格遵循两点基本要求：

（1）在当前中断服务中还不完全具备完成该任务的条件时，不允许在中断服务中等待。在处理完当前可以执行的部分任务后，应立即转至下一具备处理条件的任务或从中断返回，未完成的处理任务留待下一次中断服务时再进行判断和处理。这是针对非受限于 CPU 能力而出现的延时等待的对策。

（2）针对与 CPU 处理能力相关的对策问题，在设计每次中断服务任务时不允许超过在一次中断服务限定时间内 CPU 的处理能力，或者说应选用足够能力的 CPU 保证能在一次中断服务限定时间内完成全部计算处理任务并留有裕度（这是目前可以做到并且推荐的做法），以避免中断程序走死或不可预计的中断嵌套。当受限于 CPU 的能力在一次中断服务限定时间内无法完成规定的故障处理任务时，故障处理程序模块则需要采用分时分步处理的方法。

在目前实用的保护装置中，对故障处理程序模块还有其他的处理方法，如一次中断嵌套法和中断返回转移法等，也可解决延时等待和计算超时问题，读者可参阅相关参考文献。

完成第 11 框任务后执行中断返回，便结束了此次采样中断服务，CPU 从中断返回至被打断的主循环程序执行，并等待下一次采样中断的到来，周而复始。

二、变压器差动保护的故障处理程序流程举例

下面简介一个利用二次谐波电流鉴别励磁涌流、采用比率制动特性的微机变压器差动保护的故障处理程序流程，如图 4-2-19 所示。与该故障处理程序相关的主程序、采样中断程序以及其他的部分和前述通用的微机保护流程类似，这里不再给出。通常在采用中断服务程序中利用启动元件判断是否启动（可采用相电流或者差电流的大小或突变量启动），启动后

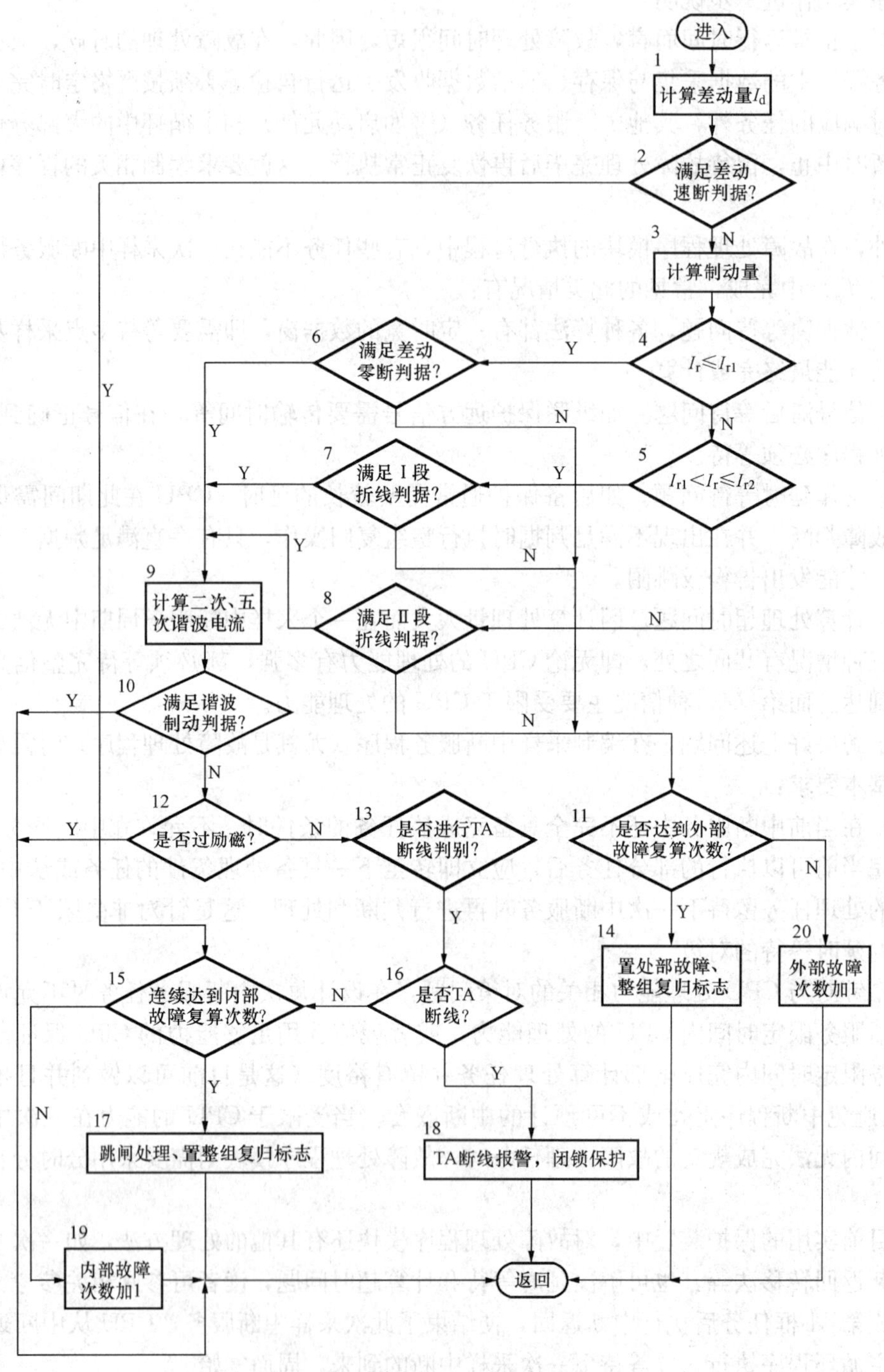

图 4-2-19　变压器差动保护的故障处理程序流程

进入差动保护的故障处理程序。

微机变压器差动保护的原理和实现方法详见本篇第四章。这里假定差动保护针对一台双绕组变压器，励磁涌流采用二次谐波制动原理，过励磁采用五次谐波制动原理，并且配置了差流速断判据和三折线式比率制动特性的差动判据。同时假定变压器两侧电流的相位移以及两侧 TA 变比误差已由数字计算进行了补偿。对于双绕组变压器，若规定其两侧分别记为Ⅰ侧和Ⅱ侧，各侧电流流入变压器为假定正方向，那么用基波相量表示的三段折线式比率制动特性的动作判据为

$$\left.\begin{array}{ll} I_d > I_{d\cdot min} & I_r \leqslant I_{r1} \\ I_d > K_1(I_r - I_{r1}) + I_{d\cdot min} & I_{r1} < I_r \leqslant I_{r2} \\ I_d > K_2(I_r - I_{r2}) + K_1(I_{r2} - I_{r2}) + I_{d\cdot min} & I_r > I_{r2} \end{array}\right\} \tag{4-2-97}$$

式中：I_d 为差动电流 $I_d=|\dot{I}_{\mathrm{I}}+\dot{I}_{\mathrm{II}}|$；$I_r$ 为制动电流 $I_r=|\dot{I}_{\mathrm{I}}-\dot{I}_{\mathrm{II}}|$；$I_{d\cdot min}$为不带制动时差流最小动作电流；$K_1$ 和 K_2 分别为第Ⅰ和第Ⅱ段折线斜率，$K_1<K_2$；I_{r1}和 I_{r2}分别为与第一和第二折点对应的制动电流，$I_{r1}<I_{r2}$。

动作判据中的各量可按本篇第二章介绍的算法计算，如经差分滤波后再由傅氏算法获得所需的各次谐波相量。

在图 4-2-19 中，第 1 框计算差动量 I_d，第 2 框判断是否满足差动速断判据，若满足则转到第 15 框进行有关的跳闸处理，若不满足则转向第 3 框计算制动量 I_r，然后在第 4、5 框判断制动电流所在的区域，并根据不同的区域转到第 6、7、8 框对应于由式（4-2-97）给出的三段判据，此处分别称为零段、Ⅰ段和Ⅱ段折线判据判断是否满足相应的折线段的制动比率特性。若不满足比率制动的动作特性则转到第 11 框进行外部故障的处理。为了防止误判为外部故障，设置了外部故障复算次数，在没有达到复算次数之前，返回，等候下一次中断重新进入本故障处理程序，由第 1 框再次计算差动量；若达到外部故障的复算次数之后，转至第 14 框，置外部故障的标志并设置整组复归标志，然后恢复原中断返回地址后返回，保护为下一次故障检测做好准备。若第 6、7 或 8 判为内部故障，先转至第 9 框计算二次谐波电流的大小，并由第 10 框进行励磁涌流的判别即是否满足谐波制动判据。若满足谐波制动判据，则为励磁涌流，返回，等候下一次中断重新进入本故障处理程序，由第 1 框重新计算差动量，直到判为内部或外部故障后从故障处理返回原中断的地址；若不满足谐波制动判据，还需在第 12、13 框分别排除过励磁和 TA 断线，才能判为内部故障。若为过励磁，则返回等候重新计算差动量；若为 TA 断线则报警，闭锁差动保护。判为内部故障也要经过第 15 框的复算控制，在连续达到复算的次数之后才进行跳闸处理，然后设置整组复归标志，并返回原中断地址，等候进行整组复归的处理。

第六节　集成电路保护的基本电路

集成电路型继电保护（通常简称集成电路保护）装置的启动与测量元件主要由运算放大器构成的线性电路实现，逻辑电路主要由 CMOS 或 HTL 及其他器件构成的数字电路实现。本节将对与保护有关的基本电路作简要介绍。

一、运算放大器基础

1. 理想运算放大器及电平检测电路

图 4-2-20（a）所示为理想运算放大器的等值电路，其符号表示如图 4-2-20（b）所示。

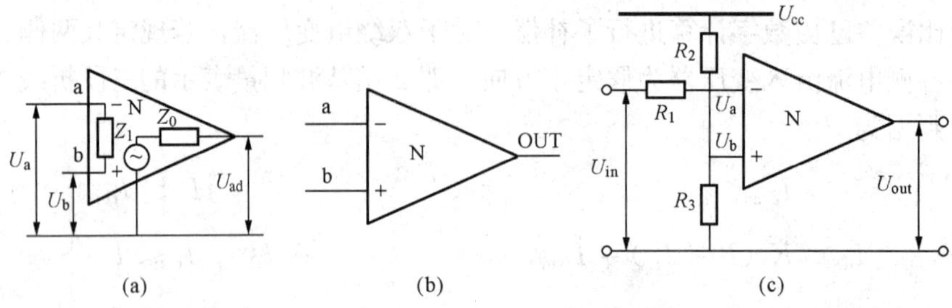

图 4-2-20　理想运算放大器及其电平检测电路

(a) 理想运算放大器的等值电路；(b) 运算放大器的图形符号；(c) 电平检测电路

运算放大器的工作电源电压为 $\pm U_{cc}$（一般为±15V 或±12V），并且有公共 0V 端。a 为反相输入端，b 为正相输入端。当直流输入电压 U_a 比 U_b 大时，输出端 U_{out} 为负，反之为正。输出电压 U_{out} 与输入电压 U_a、U_b 有如下关系

$$U_{out}=K_0(U_b-U_a) \tag{4-2-98}$$

式中：K_0 为开环放大倍数（开环增益），是一个常量，对于直流和全频带交流为相同值。

理想运算放大器的内部参数有如下特点：①开环增益 $K_0 \to \infty$；②输入阻抗 $Z_i \to \infty$；③输出阻抗 $Z_0 \to 0$。

实际运算放大器不完全等同于理想运算放大器，例如，广为使用的 741 型（相当于国产 FC154 型）通用运算放大器的典型参数：开环增益 $K_0=200000$，输入阻抗 $Z_i=20\text{M}\Omega$，输出阻抗 $Z_0=75\Omega$。可见，实际运算放大器非常接近理想运算放大器，因此，在分析中，可将其视作理想运算放大器。由于理想运算放大器 Z_i 为∞，故静态输入基极电流和从信号源吸收的电流为 0；由于其 K_0 为∞，故两输入端压差（U_b-U_a）$=U_{out}/K_0 \to 0$。利用这两个特点，使运算放大器电路的分析非常简便。运算放大器的直接应用就是所谓电平检测电路，如图 4-2-20 (c)所示。假定 U_b 为参考电压，当输入使 U_a 略大于 U_b 时，因极大的开环增益，使 U_{out} 立即由高电平变为低电平（$-U_{cc}$）。这表明，由于运算放大器开环增益很大，极小的输入电压就会使输出饱和。

2. 基本应用电路及运算方程

当要求运算放大器应用于非饱和状态（如线性放大）时，需要引入负反馈，即在输出端与反相输入端之间跨接反馈元件（其阻抗为 Z_f），以减小放大倍数，提高稳定度。运算放大器的基本应用电路如图 4-2-21 所示。

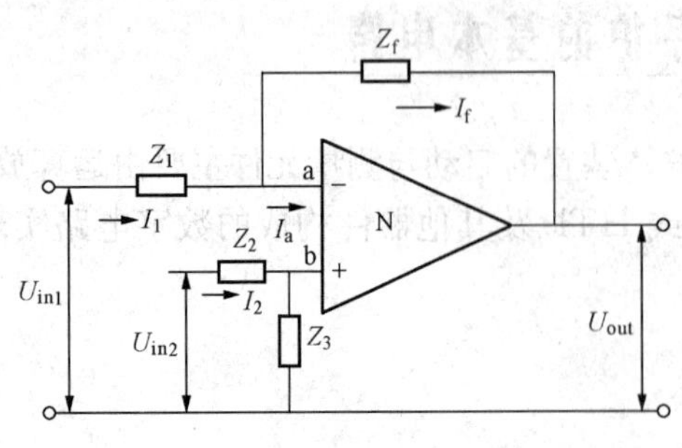

图 4-2-21　运算放大器基本应用电路

利用叠加原理，先令 $U_{in2}=0$，仅 U_{in1} 作用，由图 4-2-21 可知

$$I_1=\frac{U_{in1}-U_a}{Z_1}, I_f=\frac{U_a-U_{out}}{Z_f}$$

考虑前述两个特点，对于理想运算放大器，$I_a=0$，即 $I_1=I_f$；又因 $I_a=I_b=0$，故 $U_b=0$，于是 $U_a=0$，利用这些条件合并上两式可得

$$U_{out} = -\frac{Z_f}{Z_1}U_{in1} \tag{4-2-99}$$

再令 $U_{in1}=0$，仅加入 U_{in2}，同样考虑理想运算放大器的上述两个特点，则有

$$U_b - U_a = \frac{Z_3}{Z_2+Z_3}U_{in2} - \frac{Z_f}{Z_1+Z_f}U_{out} = 0$$

即

$$U_{out} = \frac{Z_3}{Z_2+Z_3} \cdot \frac{Z_1+Z_f}{Z_1}U_{in2} \tag{4-2-100}$$

将式（4-2-99）和式（4-2-100）相加，得到

$$U_{out} = -\frac{Z_f}{Z_1}U_{in1} + \frac{Z_3}{Z_2+Z_3} \cdot \frac{Z_1+Z_f}{Z_1}U_{in2} \tag{4-2-101}$$

这就是运算放大器实际应用电路的基本运算方程，以下分析中将经常使用。

3. 反相放大电路及反相器电路

图 4-2-22 为反相放大电路，相当于在式（4-2-101）中令 $U_{in1}=U_{in}$，$Z_3=\infty$，$U_{in2}=0$，得到其运算式为

$$U_{out} = -\frac{Z_f}{Z_1}U_{in} = -K_c U_{in} \tag{4-2-102}$$

式中：$K_c=\frac{Z_f}{Z_1}$为闭环放大倍数（闭环增益）。

图 4-2-22 中的 Z_2 不影响放大倍数，为减少输入偏置电流及温度漂移引起的误差，通常要求取 $Z_2=\frac{Z_1Z_f}{Z_1+Z_f}$。

由上面分析可知，U_a 非常接近于 0，而又不等于 a 点与地直接相连，故 a 端称为虚地端，因此图 4-2-22 电路的输入阻抗就是 Z_1。适当选取 Z_1 和 Z_f，可得到 $K_c>1$、$K_c<1$ 及 $K_c=1$。当 $K_c=1$ 时，U_{out}与 U_{in}大小相等极性（相位）相反，该放大电路称为反相器电路。

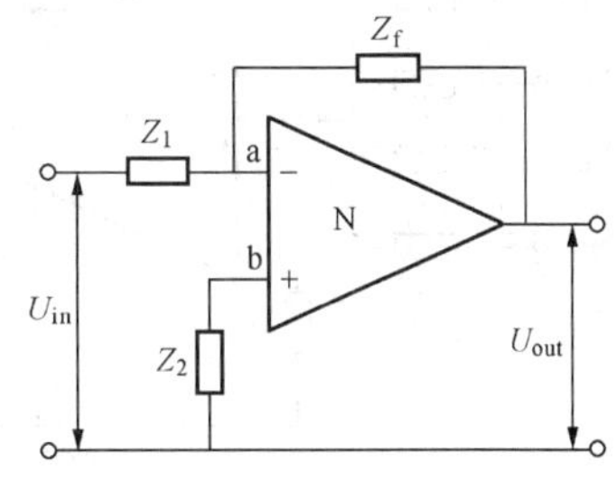

图 4-2-22　反相放大电路

4. 同相放大电路及电压跟随器

同相放大电路如图 4-2-23（a）所示，相当于在式（4-2-101）中令 $U_{in}=U_{in2}$，$Z_3=\infty$，$U_{in1}=0$，得到其运算式为

$$U_{out} = \left(1+\frac{Z_f}{Z_1}\right)U_{in} = (1+K_c)U_{in} \tag{4-2-103}$$

同相放大电路的特点是输入阻抗大，U_{out}与 U_{in}同相，当信号源要求负荷阻抗大时，可用其作阻抗匹配之用。在式（4-2-103）中，若令 $Z_1=\infty$，则 $U_{out}=U_{in}$，可得到与输入电压大小相等方向相同的输出，可实现高输入阻抗和低输出阻抗的电压跟随。电压跟随器的电路如图 4-2-23（b）所示，从式（4-2-103）中可看出，此时输出与 U_f 和 U_2 的值无关，故实用电压跟随器电路常取 $Z_f=0$，Z_2 虽也可取为 0，但选择适当的 Z_2 对改善稳定性有一定作用。

5. 方波形成电路

在用到比相原理的地方，通常先将正弦波转换成方波以便于比相，这就需要方波转换电路。在前述放大电路中，只要放大倍数取得足够大，微小的输入电压就能使输出电压饱和，正弦波就被转换为方波。同相与反相放大电路均可被用来产生方波，应用时，可根据电路配

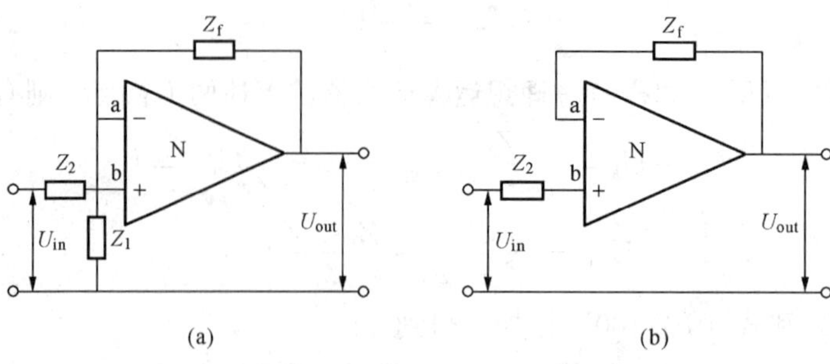

图 4-2-23　同相放大电路及电压跟随器电路

(a) 同相放大电路；(b) 电压跟随器电路

合的需要而选用。

各种保护对形成方波的灵敏度要求不一样，如要求 50mV 的正弦波就能形成方波，这时要求放大倍数 $K_c \geqslant 2000$。

6. 加法器

加法器电路示于图 4-2-24。如前所述，a 点电位为 0 且输入运算放大器的电流为 0，故有 $I_f = I_1 + I_2 + I_3 + \cdots + I_n$，可得

$$U_{out} = -Z_f\left(\frac{1}{Z_1}U_{in1} + \frac{1}{Z_2}U_{in2} + \cdots + \frac{1}{Z_n}U_{inn}\right) \tag{4-2-104}$$

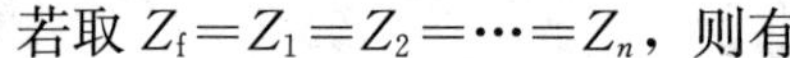

若取 $Z_f = Z_1 = Z_2 = \cdots = Z_n$，则有

$$U_{out} = -(U_{in1} + U_{in2} + \cdots + U_{inn}) \tag{4-2-105}$$

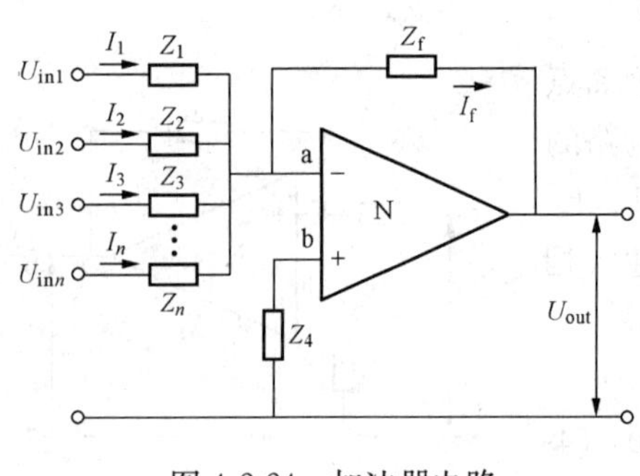

图 4-2-24　加法器电路

7. 减法器

图 4-2-21 所示即为减法器电路，输出电压等于两输入电压按不同比例放大后相减，各输入量的放大比例可通过调整 Z_f、Z_1、Z_2 和 Z_3 来控制，为实现两输入量按相同比例放大并相减，可令 $K_c = \frac{Z_f}{Z_1} = \frac{Z_3}{Z_2}$，代入式 (4-2-101) 可得

$$U_{out} = -K_c U_{in1} + K_c U_{in2} = K_c(U_{in2} - U_{in1}) \tag{4-2-106}$$

若再令 $K_c = 1$，则有

$$U_{out} = U_{in2} - U_{in1} \tag{4-2-107}$$

8. 积分器

积分器的输出信号与输入信号的积分成比例，其电路原理如图 4-2-25 所示，列出微分方程

$$\frac{u_{in}}{R_1} = -\frac{1}{C}\frac{du_{out}}{dt}$$

积分整理后得

$$u_{out} = -\frac{1}{R_1 C}\int u_{in}dt \tag{4-2-108}$$

若在 $t=0$ 时刻突然加上一个直流电压 u_{in}，且初始条件为 0，式（4-2-108）可写为

$$u_{out}=-\frac{u_{in}}{R_1C}t$$

此时在运算放大器输出未饱和之前，输出电压 u_{out} 是一个随时间线性变化的电压，如果再定时改变输入电压的极性，比如输入一个方波电压，输出电压将接近一个三角波，所以积分电路可用作三角波发生器。

对于正弦输入信号可用相量法写出方程

$$\dot{U}_{out}=-\frac{1}{j\omega R_1C}\dot{U}_{in} \tag{4-2-109}$$

由此可看出，输入信号频率越低，输出越大，相当于一简单的低通滤波器。

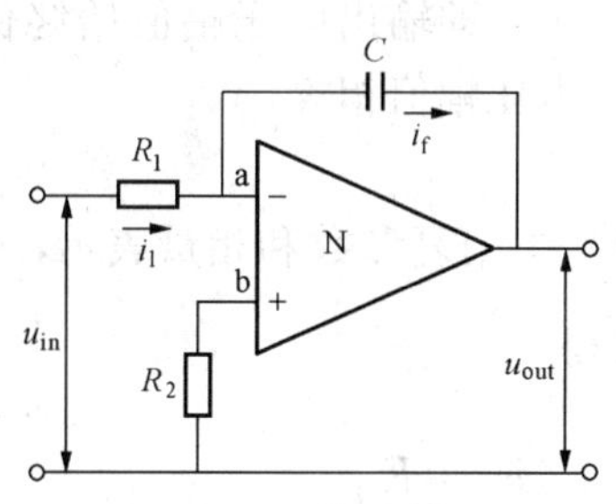

图 4-2-25　积分器基本电路

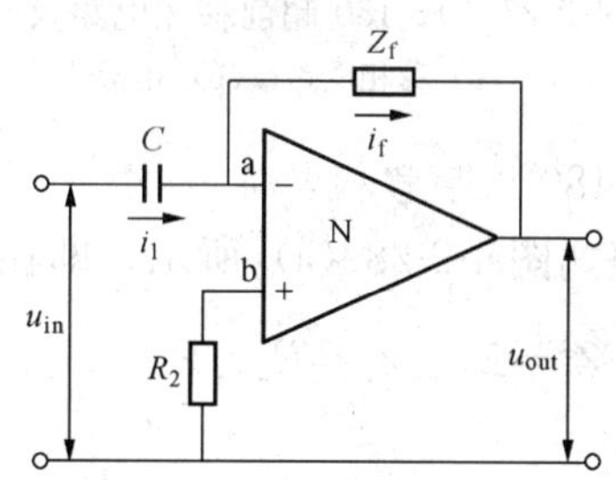

图 4-2-26　微分器基本电路

9. 微分器

微分器的输出信号与输入信号的微分成比例，其原理电路如图 4-2-26 所示，相当于将积分器中电阻与电容位置互换，直接列出微分方程则为

$$u_{out}=-R_fC\frac{du_{in}}{dt} \tag{4-2-110}$$

用相量表示的微分器方程为

$$\dot{U}_{out}=-j\omega R_fC\dot{U}_{in} \tag{4-2-111}$$

二、移相电路

为实现保护功能，往往需要对信号进行移相，例如为得到最大灵敏角或构成滤序器时都需要这样做。用运算放大器加简单的 RC 网络，可以得到性能稳定、精度高的 0～360°移相电路。

这里介绍两种实用的超前和滞后的移相电路，其主要特点是能满足 180°移相，并保持幅值恒定。

1. 0～180°超前移相电路

该电路如图 4-2-27（a）所示，即在式（4-2-101）中用复参数和相量表示，且令 $U_{in1}=U_{in2}=\dot{U}_{in}$、$Z_1=R_1$、$Z_2=\frac{1}{j\omega C}$、$Z_3=R_3$、$Z_f=R_f$ 可得

$$\dot{U}_{out}=-\frac{R_f}{R_1}\dot{U}_{in}+\frac{j\omega CR_3}{1+j\omega CR_3}\cdot\frac{R_1+R_f}{R_1}\dot{U}_{in} \tag{4-2-112}$$

再令 $R_1=R_f$，经整理可得

$$\dot{U}_{out}=\frac{j\omega CR_3-1}{j\omega CR_3+1}\dot{U}_{in}=e^{j2\beta}\dot{U}_{in} \quad (4\text{-}2\text{-}113)$$

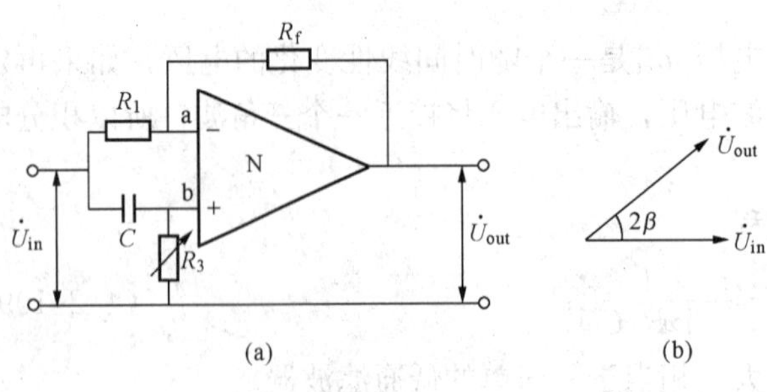

图 4-2-27　0～180°超前移相电路及相量图

(a) 移相电路；(b) 相量图

式中：$\beta=\arctan\frac{1}{\omega CR_3}$。

调整 R_3 可改变超前移相的角度，当 R_3 从∞变到 0 时，2β 从 0°变到 180°，故移相范围为 $\dot{U}_{out}$ 超前 $\dot{U}_{in}$ 0～180°，其相量图见图 4-2-27（b）。由于输出幅值与频率及元件参数无关，故能保证在不同移相角度时输出幅值恒定，即输出电压幅值始终保持与输入电压幅值相等。

2. 0～180°滞后移相电路

该电路如图 4-2-28（a）所示，即在式（4-2-101）中用复参数和相量表示，并令 $U_{in1}=U_{in2}=\dot{U}_{in}$、$Z_1=R_1$、$Z_2=R_2$、$Z_3=\frac{1}{j\omega C}$、$Z_f=R_f$，可得

$$\dot{U}_{out}=-\frac{R_f}{R_1}\dot{U}_{in}+\frac{1}{1+j\omega CR_2}\times\frac{R_1+R_f}{R_1}\dot{U}_{in} \quad (4\text{-}2\text{-}114)$$

再令 $R_1=R_f$，经整理可得

$$\dot{U}_{out}=\frac{1-j\omega CR_2}{1+j\omega CR_2}\dot{U}_{in}=e^{j(2\beta-180°)}\dot{U}_{in} \quad (4\text{-}2\text{-}115)$$

式中：$\beta=\arctan\frac{1}{\omega CR_2}$。

调整 R_2 可改变滞后移相角度，当 R_2 从 0 变到∞时，$2\beta-180°$则由 0°变到 180°，故移相范围为 $\dot{U}_{out}$ 滞后 $\dot{U}_{in}$ 0～180°，并且输出电压幅值恒等于输入电压幅值，相量图见图 4-2-28（b）。

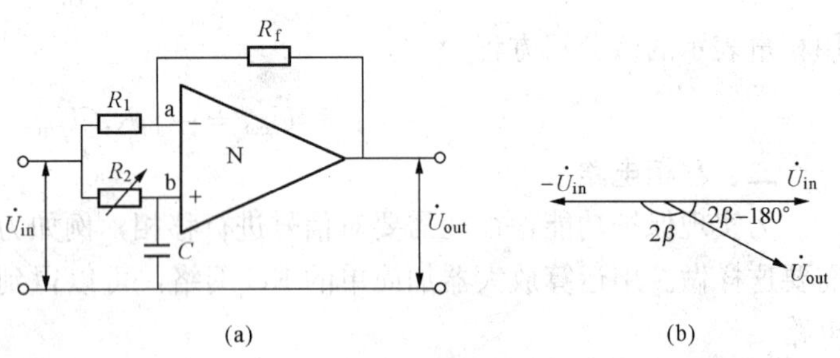

图 4-2-28　0°～180°滞后移相电路及相量图

(a) 移相电路；(b) 相量图

三、整流电路

整流电路用来得到输入信号的绝对值，以便实现电平检测。用普通二极管作为整流器时，由于其正向伏安特性是非线性的，且受温度影响大，故整流特性不好，尤其在小信号时，会产生严重失真。由运算放大器与二极管组成的整流器可以工作于低电平信号，保证高线性度和温度特性指标，故称之为线性整流器。

用运算放大器可实现多种整流电路，这里仅简略介绍两种典型的整流电路。

1. 精密全波整流电路

精密全波整流电路如图 4-2-29 所示。当输入电压为正半波时，N1 接成反相放大电路，

其输出为负电压，因V2反向偏置，故N1的输出电压对U_{out}不起作用，而N2接成跟随器电路，其输出为正电压，V4正向偏置，故U_{out}输出正半波。当输入电压为负半波时，V4反向偏置，N2的输出电压对U_{out}不起作用；而N1将负半波变为正电压，V2为正向偏置，故U_{out}输出为与输入负半波波形相同的正电压。为使U_{out}的正负半波一致，根据前面的分析，应取$R_1=R_2$。实际应用中，可对N1和N2皆采用调零电路来消除失调电压的影响。

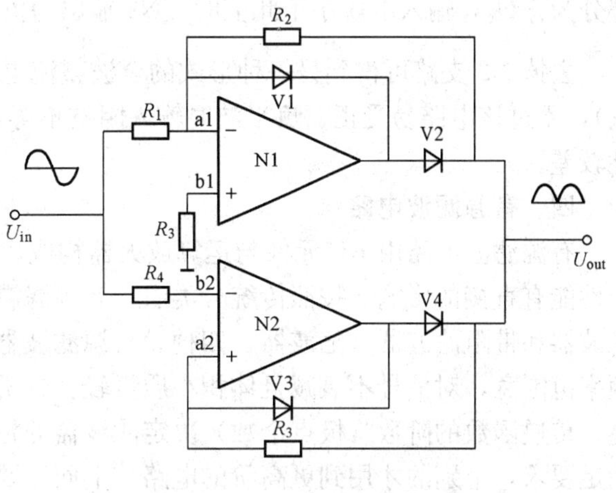

图4-2-29　精密全波整流电路

2. 截波整流电路

差动保护要求有非线性制动作用，即要求整流电路在输入电压（反映制动电流）小于门槛值时没有输出电压，不起制动作用，在输入电压超过门槛值后，将超过部分的电压进行全波整流，此时需采用截波整流电路，如图4-2-30所示。

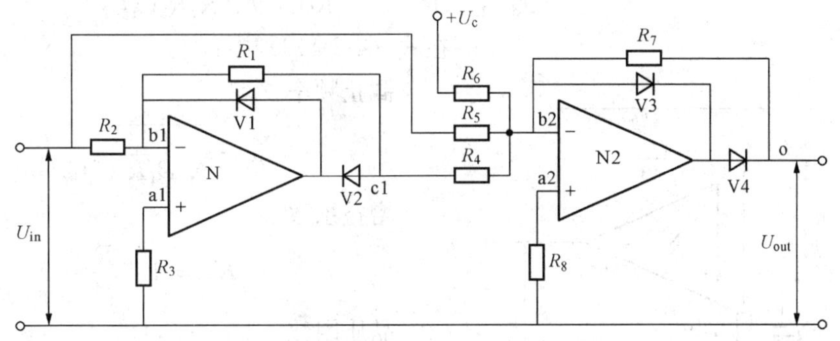

图4-2-30　截波整流电路

当U_{in}为负半波时，N1输出为正电位，V2反向偏置，故仅有通过R_1的U_{in}和通过R_6的U_c加于N2的反向输入端。此时输出电压U_{out}为

$$U_{out}=-\frac{R_7}{R_1}U_{in(-)}-\frac{R_7}{R_6}U_c \tag{4-2-116}$$

当U_{in}为正半波时，U_{out}可表为

$$U_{out}=-\frac{R_3}{R_2}\cdot\frac{R_7}{R_4}U_{in(+)}-\frac{R_7}{R_1}U_{in(+)}-\frac{R_7}{R_6}U_c \tag{4-2-117}$$

为使该电路在输入的正、负半波均输出相等的正半波，令式（4-2-116）与式（4-2-117）相等，并注意$U_{in(+)}=-U_{in(-)}$，可求得全波整流条件为

$$\frac{R_3}{R_2}=\frac{2R_4}{R_1} \tag{4-2-118}$$

式（4-2-116）和式（4-2-117）中的最后一项提供截波整流的门槛，输入电压被截去的

部分为$\frac{R_7}{R_6}U_c$，输入电压小于此值时，N2 输出为负，V4 反向偏置，U_{out}为 0。

去掉 N2 支路可得到另一种形式的全波整流电路（此时可去掉 V3 和 V4 并短接 b2 和 o 点），不过该电路易受正、负半波时输入阻抗不等等因素影响，在小信号时输出电压的对称性较差。

四、有源滤波电路

有源滤波电路由 RC 元件与运算放大器构成，是集成电路继电保护中的重要电路，对保护性能有直接的影响。按照传统分类法，有源滤波器主要有低通滤波器、高通滤波器、带通滤波器和带阻滤波器（陷波器）四种。有源滤波器的突出优点是输入阻抗高、输出阻抗低、频率范围宽，对信号不衰减且体积小质量轻。分析和设计滤波器时使用传递函数对其进行描述，传递函数的阶数（极点个数）决定滤波器的特性。对继电保护来说，一般二阶电路就能满足要求，个别的才用到更高阶的电路。下面扼要介绍集成电路保护中采用的各种实用有源滤波电路。

1. 低通有源滤波器

典型的二阶低通滤波电路如图 4-2-31 所示，用节点电位法可列出其传递函数

$$H(p)=\frac{K_c/(R_1R_2C_1C_2)}{p^2+p\left(\frac{1}{R_1C_1}+\frac{1}{R_2C_1}+\frac{1-K_c}{R_2C_2}\right)+\frac{1}{R_1R_2C_1C_2}} \tag{4-2-119}$$

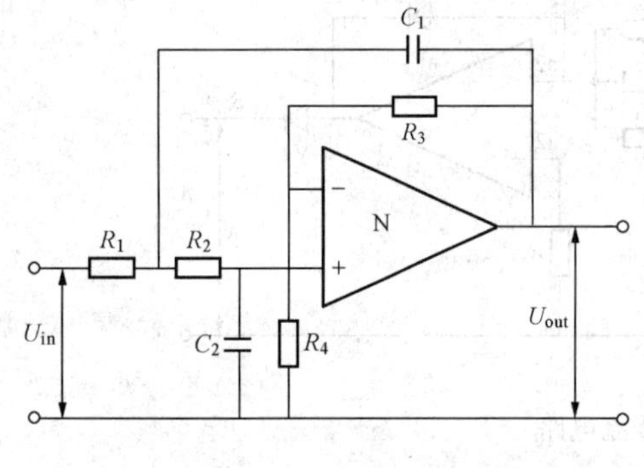

图 4-2-31 典型的二阶低通滤波电路

在式（4-2-119）中：

截止频率

$$\omega_0=\sqrt{\frac{1}{R_1R_2C_1C_2}} \tag{4-2-120}$$

增益系数

$$K_c=1+\frac{R_3}{R_4} \tag{4-2-121}$$

品质因数

$$Q=\omega_0/\left(\frac{1}{R_1C_1}+\frac{1}{R_2C_2}+\frac{1-K_c}{R_2C_2}\right) \tag{4-2-122}$$

实用中，均根据式（4-2-120）～式（4-2-122）给出的约束条件来确定各元件参数。例如，常取消 R_4，即令 $R_4=\infty$，使运算放大器按电压跟随器的电路接线，这时 $K_c=1$；一般取 $R_1=R_2=\frac{R_3}{2}$；按照滤波特性的要求选定比值$\frac{C_1}{C_2}$（改变比值$\frac{C_1}{C_2}$，可使频率响应曲线的陡度发生改变，如增加比值则增加陡度）；最后在式（4-2-120）和式（4-2-122）中分别给定截止频率 ω_0 和 Q 值，这样全部元件参数均可确定。

电路单端正反馈低通滤波器的电路如图 4-2-31 所示。常用的还有一种多端负反馈低通滤波器，其典型应用电路如图 4-2-32 所示。

实验表明，图 4-2-31 所示电路的抗干扰性能较差。在发电机变压器保护中也采用另外一种低通滤波电路，如图 4-2-33 所示。它实质上是一个两阶无源 *RC* 滤波器再级联一个电压跟随器，用以得到理想的输出阻抗。这种电路的频率响应曲线不大好调节，在某些性能方面

较图 4-2-32 电路差，其主要优点是抗干扰能力强。

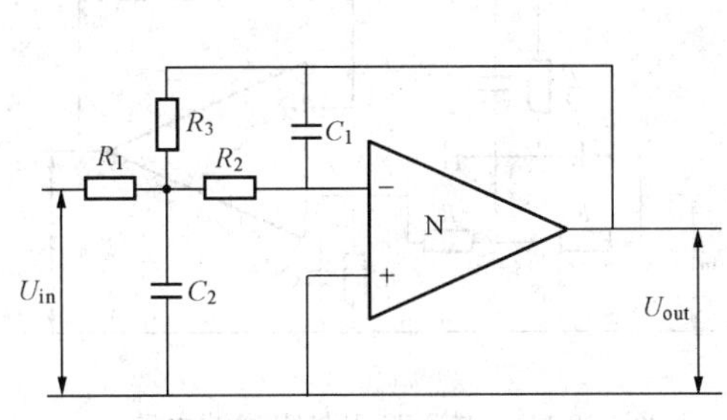

图 4-2-32　多端负反馈低通滤波电路

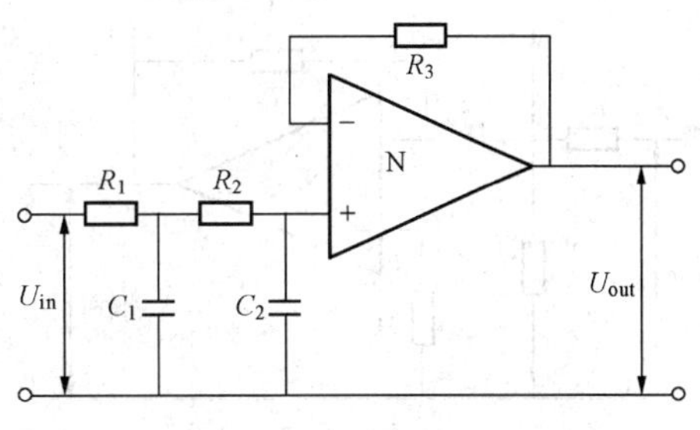

图 4-2-33 发电机变压器组保护中采用的低通滤波电路

2. 高通滤波器

只要将图 4-2-32 电路中 R_1 与 C_1 的位置互换一下，就可得到高通滤波电路，因其在继电保护中用得不多，这里不多介绍。

3. 带通滤波器

有代表性的二阶多端负反馈有源带通滤波电路如图 4-2-34 所示。当输入信号频率很低时，C_2 阻抗很大，由 R_2 构成深度负反馈而阻止其通过；反之当信号频率很高时，C_1 阻抗很小，由其构成深度负反馈阻止其通过，因而只有中间频带可以通过。滤波器的传递函数为

$$H(p)=\frac{-p/(R_1C_1)}{p^2-\frac{p}{R_3}\left(\frac{1}{C_2}+\frac{1}{C_1}\right)+\frac{1}{R_3C_2C_1}\left(\frac{1}{R_1}+\frac{1}{R_2}\right)} \tag{4-2-123}$$

在式（4-2-123）中：

检出（峰值）频率

$$\omega_0=\sqrt{\frac{1}{R_1C_2C_1}\left(\frac{1}{R_2}+\frac{1}{R_1}\right)} \tag{4-2-124}$$

增益系数

$$K_c=-\frac{R_3C_2}{R_1(C_2+C_1)} \tag{4-2-125}$$

品质因数

$$Q=\sqrt{\frac{1}{R_1}+\frac{1}{R_2}}\Big/\left[\frac{1}{\sqrt{R_3}}\left(\sqrt{\frac{C_1}{C_2}}+\sqrt{\frac{C_2}{C_1}}\right)\right] \tag{4-2-126}$$

根据要求的特性求元件参数时，可令 $C_1=C_2=C$，则

$$\left.\begin{aligned}R_1&=Q/(K_c\omega_0C)\\R_2&=Q/[(2Q^2-K_c)\omega_0C]\\R_3&=2Q/(\omega_0C)\end{aligned}\right\} \tag{4-2-127}$$

在滤波器中最关心的幅频和相频特性为

$$\left.\begin{aligned}H(\omega)&=K_c\Big/\sqrt{1+Q^2\left(\frac{\omega}{\omega_0}-\frac{\omega_0}{\omega}\right)^2}\\\varphi(\omega)&=-\pi-\arctan\left[Q\left(\frac{\omega}{\omega_0}-\frac{\omega_0}{\omega}\right)\right]\end{aligned}\right\} \tag{4-2-128}$$

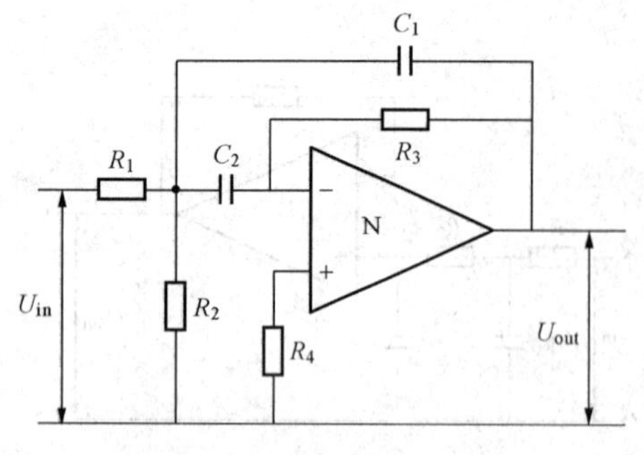

图 4-2-34　二阶带通滤波电路

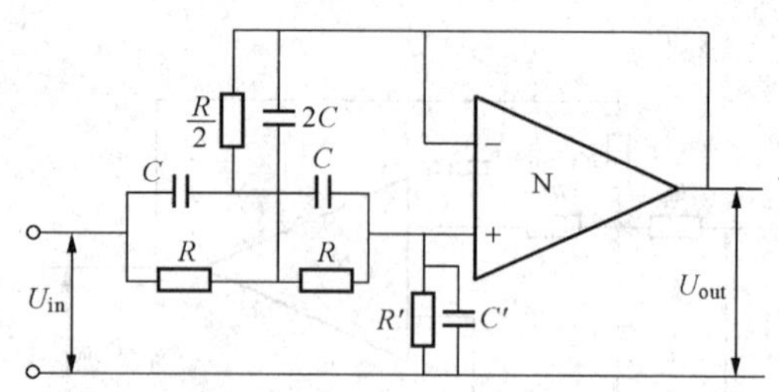

图 4-2-35　有源双 T 带阻滤波电路

4. 带阻滤波器（陷波器）

图 4-2-35 为一种实用的有源双 T 带阻滤波电路，其中运算放大电路接成跟随器的电路。当输入信号频率很低时，信号可经电阻到同相端；当信号频率很高时，信号通过电容到同相端；当信号频率 $f=\frac{1}{2\pi RC}$，具有最大衰耗。

按照不同的作用，选配适当的参数，可以得到以下三种用途的滤波器：

(1) 用于工频全波整流后滤波。为得到平直的电流，需滤除 100Hz 交流量，按$\frac{1}{2\pi RC}=$100Hz 计算，并使 R'开路。

(2) 用于选频滤波。设要滤除的频率为 f_1，要滤取的频率为 f_2，则按$\frac{1}{2\pi RC}=f_1$，$\frac{1}{2\pi R'C'}=f_2$ 计算。

(3) 用于吸收某一频率 f。按$\frac{1}{2\pi RC}=\frac{1}{2\pi R'C'}=f$ 计算。

上面介绍的都是二阶有源滤波电路。由于有源滤波器输入阻抗大而输出阻抗小，当二阶滤波器不满足性能要求时，可通过级联的方法来使性能得到改善，这也是有源滤波器的长处之一。例如对一个二阶低通滤波器，难以同时满足良好截止特性和快速响应时间这两个要求，譬如增大电容和电阻可以降低截止频率，但会增加响应时间。解决的办法是采用两组二阶低通滤波器级联构成四阶低通滤波器，可使得响应曲线变陡而影响时间增加不多。一般地说，两组滤波级联时，总衰减系数是二者的乘积，而响应时间则是二者之和。

五、滤序电路

在集成电路保护中，由于输入电流均通过适当变换而成为电压量，故只需要使用电压滤序电路；又由于正序和负序滤序器的区别仅在于对调输入电压 $\dot{U}_B$ 和 $\dot{U}_C$，故只需讨论负序滤过器。对于零序滤过器，则只需用一个简单的加法器就能构成，本节不作讨论。

1. 负序滤过器电路之一

负序滤过器电路之一如图 4-2-36 所示。由对称分量法可知负序电压 $\dot{U}_2$ 为

$$\dot{U}_2=\frac{1}{3}(\dot{U}_A+a^2\dot{U}_B+a\dot{U}_C) \tag{4-2-129}$$

$$a = e^{j120^\circ} = -\frac{1}{2} + j\frac{\sqrt{3}}{2}$$

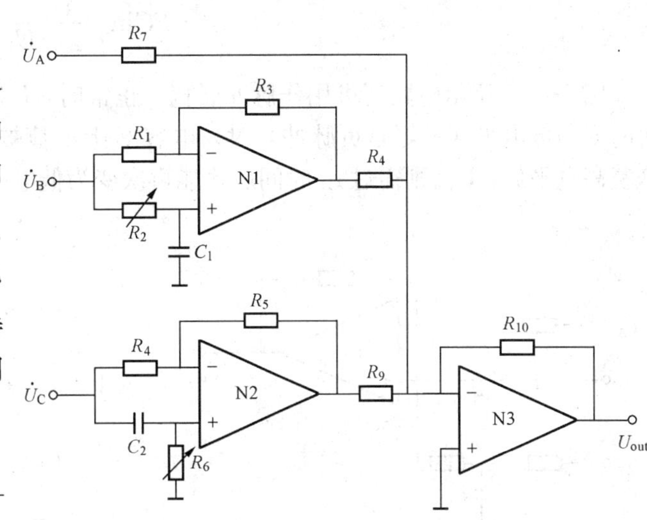

图 4-2-36 负序滤过器电路之一

因此，该电路先通过相移电路将 U_B 和 U_C 分别移相 -120° 和 $+120^\circ$（调整 R_2 和 R_6），然后经加法电路与 $\dot{U}_A$ 按比例（调整 R_7、R_8、R_9 和 R_{10}）相加而得到负序电压 $\dot{U}_2 = \dot{U}_{out} = -\dot{U}_2$。这个电路的特点是取三相量作为输入量，常被用作负序电流滤过器。

2. 负序滤过器电路之二

负序滤过器电路之二如图 4-2-37 所示，其特点是输入为线电压 $\dot{U}_{AB}$ 和 $\dot{U}_{BC}$，同时也使电路得到简化。由式（4-2-129）得

$$\begin{aligned}\dot{U}_2 &= \frac{1}{3}(\dot{U}_A + a^2\dot{U}_B + a\dot{U}_C) \\ &= \frac{1}{3}(\dot{U}_A - \dot{U}_B + \dot{U}_B + a^2\dot{U}_B + a\dot{U}_B - a\dot{U}_B + a\dot{U}_C) \qquad (4\text{-}2\text{-}130) \\ &= \frac{1}{3}(\dot{U}_{AB} - a\dot{U}_{BC}) = \frac{1}{3}(\dot{U}_{AB} + e^{-j60^\circ}\dot{U}_{BC})\end{aligned}$$

因此图 4-2-37 中先让 $\dot{U}_{BC}$ 相移 -60° 后再与 $\dot{U}_{AB}$ 相加，只要合理调整 R_4、R_5 和 R_6，就可以得到 $\dot{U}_{out} = -\dot{U}_2$。

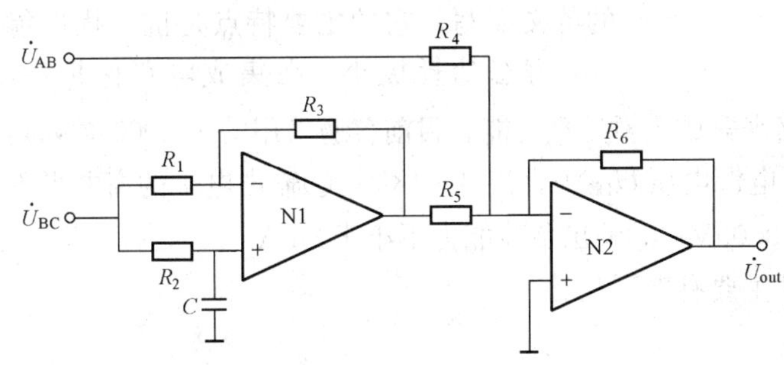

图 4-2-37 负序滤过器电路之二

3. 负序滤过器电路之三

这是一种更为简明的负序滤过器电路，如图 4-2-38 所示。

为了得到负序滤过器，要求元件参数值满足 $R_2 = R_1/3$、$R_3 = R_4 = 2R_5$、$C_1 = 1/(\sqrt{3}R_3)$、$C_2 = \sqrt{3}/R_4$，这时 $U_{out} = -U_2$，可完全滤除正序和零序分量。

六、时间电路

图 4-2-39 所示为 RC 充电延时电路。正常输入电压 U_{in} 为 0，输出电压 U_{out} 为高电平，当输入电压变为高电子后，经电阻 R 对电容 C 充电，经延时 t_D 后 U_{out} 才翻转。由图 4-2-39 得

$$U_C = U_{cc} - U_{cc}e^{-\frac{t}{RC}}$$

在上式中，令 $U_C = U_B$，即有确定延时，t_D 为

$$t_D = RC\ln\frac{U_{cc}}{U_{cc}-U_B} \qquad (4\text{-}2\text{-}131)$$

图 4-2-39 所示电路还可用作脉冲展宽。正常时，U_{in}维持高电平，U_{out}为低电平；当U_{in}短时变为低电平（最好是负脉冲）时，电容 C 上电荷被很快放掉，U_{out}变为高电平；当U_{in}恢复高电平后，U_{out}则需过 t_D 时间后才能再次变为低电平，即将短时反向脉冲展宽了 t_D。

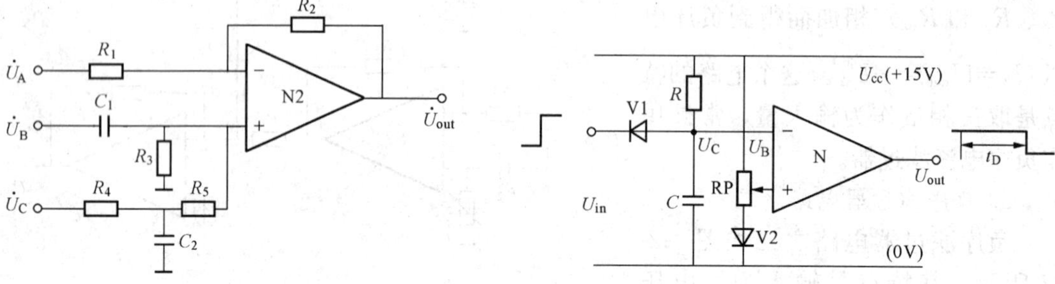

图 4-2-38　负序滤过器电路之三

图 4-2-39　*RC* 充电延时电路

七、峰值检波器电路

峰值检波器是一种特殊的采样保持电路，它跟踪输入信号，直到输入达到当前的最大值时，就自动地保持这个最大值。实用的峰值检波器电路如图 4-2-40 所示，它靠电容来记录峰值，因此要求 N2 采用输入电流极小的运算放大器。图 4-2-40 所示电路是正向峰值检波电路，若将 V1 和 V2 的极性反过来，就可得到负向峰值检波电路。

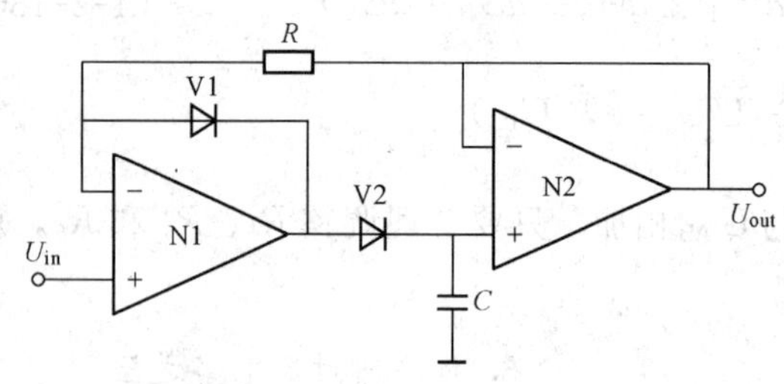

图 4-2-40　峰值检波器电路

八、CMOS 器件及其应用

CMOS 是“互补型金属氧化物半导体”的英文缩写，它的主要特点是抗干扰性能好，静态功耗极小。在集成电路保护中，广泛采用 CMOS 器件构成的数字电路来完成逻辑处理功能。目前普遍采用的为 4000 系列器件，主要性能如下：①单电源供电，电源电压 U_{DD}为直流 3～18V；②输出电平的高电平不低于（U_{DD}－0. 05V），低电平不高于 0. 05V；③输出负荷能力不小于 3mA。

在保护电路中使用的 CMOS 器件主要有以下几类。

1. 基本逻辑器件

逻辑器件用来构成逻辑电路，主要为门器件和触发器件。门器件包括各种逻辑门，如与门、或门、非门、与非门、或非门、异或门等。触发器件则包括 D 触发器、JK 触发器等，另外还有各种寄存器和计数器等器件。

2. 双向模拟开关

模拟开关为一种可控的电子开关。每个模拟开关有一个控制端和两个传输端，当控制端为低电平时，两传输端之间处于“关断”状态，漏电流为 0. 1mA。当控制端为高电平时，两传输端之间呈“导通”状态，导通电阻约几百欧姆，而且可双向传输。

3. 电压比较器

电压比较器的功能与开环运算放大器相似。CMOS 电压比较器的优点是静态功耗小、输入阻抗大，缺点是输入失调电压较大。

九、其他器件与电路

集成电路保护中还需用到多谐振荡器、单稳触发器及时序发生器等电路。

（一）时基电路器件及其应用电路

时基电路器件是一种可控的延时和振荡集成电路芯片。常用的 555 型时基电路器件引脚及原理示意如图 4-2-41 所示。

1. 多谐振荡器

由 555 型时基电路器件构成的多谐振荡器电路原理图如图 4-2-42（a）所示。当电容器 C_1 上的电压 U_{C_1} 升到$\frac{2}{3}U_{cc}$时，比较器 A 输出高电平（B 输出为低），触发器翻转使 $\overline{Q}$ 输出为高，引脚 3 输出低电平，同时引脚 7 对地导通，使 C_1 经 R_2 放电。当 U_{C_1} 逐渐降到$\frac{1}{3}U_{cc}$时，比较器 B 输出高电平（A 输出为低），触发器翻转使 $\overline{Q}$ 输出为低，引脚 3 输出高电平，同时引脚 7 对地不导通，于是 U_{cc}经 R_1 和 R_2 对 C_1 充电，当充电到 U_{C_1} 等于$\frac{2}{3}U_{cc}$时又开始下一个循环。如此周而复始形成振荡。图 4-2-42（b）所示为振荡电压波形。

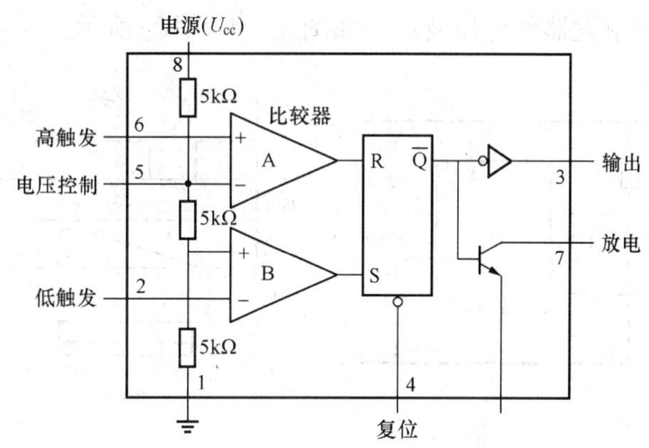

图 4-2-41　555 型时基电路器件原理图

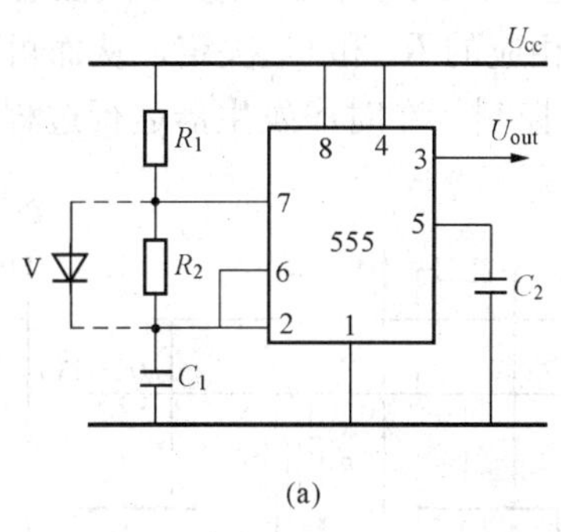

(a)

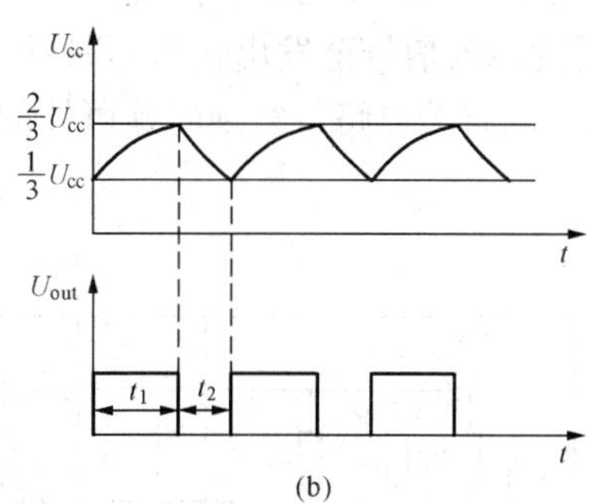

(b)

图 4-2-42　多谐振荡器

（a）电路原理图；（b）振荡电压波形图

设 t_1 和 t_2 分别为输出呈高电平和低电平的时间，则可表示为

$$\left.\begin{aligned} t_1 &= (R_1 + R_2)C_1\ln 2 \\ t_2 &= R_2C_1\ln 2 \end{aligned}\right\} \tag{4-2-132}$$

若在电阻 R_2 上并联一个二极管 V，如图 4-2-42（a）所示，则 $t_1 = R_1C_1\ln 2$，这样 t_1 和 t_2 可

分别由 R_1 和 R_2 来调节，互不影响。振荡周期 $T=t_1+t_2$。

2. 单稳触发器

单稳触发器的原理如图 4-2-43（a）所示，当在 555 时基电路器件输入端（引脚 2）上出现信号的下降沿时，输出（引脚 3）变为高电平。同时，因 555 的引脚 7 相连的晶体管由导通变为截止，U_{cc}便开始通过 R_1 对 C_1 充电，当 U_{C_1} 升至$\frac{2}{3}U_{cc}$，U_{out} 自动返回低电平，而后面这个过程不再受引脚 2 上输入脉冲电压大小的影响，这是因为 RS 触发器只响应上跳沿的缘故（参见图 4-2-42）。维持高电平的时间为

$$t = R_1C_1\ln3 \tag{4-2-133}$$

单稳触发器的电压波形图如图 4-2-43（b）所示。

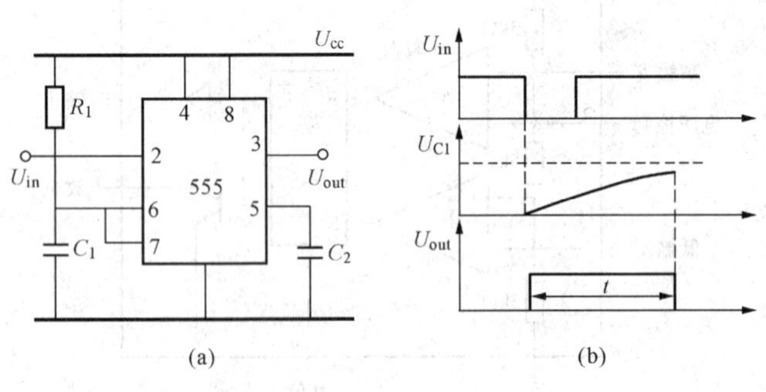

图 4-2-43　单稳触发器电路
（a）原理图；（b）电压波形图

3. 时序发生器电路

图 4-2-44 为一个三级时序发生器的电路。它包括由 S1、S2 和 S3 构成的三级单稳态触发器，每级单稳态触发器输出电压的下降沿通过耦合电容启动下一级。该电路加上电源或按下启动键 SB1 时，由于 C_4 的作用，U_B 瞬时变高，使 V1 瞬时导通，在 S1 的输入端引脚 2 加低电平，启动 S1 使之输出为高电平。这时 C_6 两端均为高电平，电压差为 0。随着 U_{cc} 经 R_1 和 C_1 充电，当达到$\frac{2}{3}U_{cc}$时，S1 的输出端突变为低电平。因 C_6 上电压不能突变，故 S2 的引脚 2 上亦为低电平，S2 启动，其输出变为高电平。这样每级终了便启动下一级，周而复始，循环不已。按照图 4-2-44 的连接方式，串联级数可以任意增加，由此可知，S1 从得到输入信号至发出输出的时延 t_1 由相应的 R_1 和 C_1 决定，从而可以按照预定的时序依次去启动有关电路，实现时延可控的有序控制。在时序发生器运行过程中，按停止

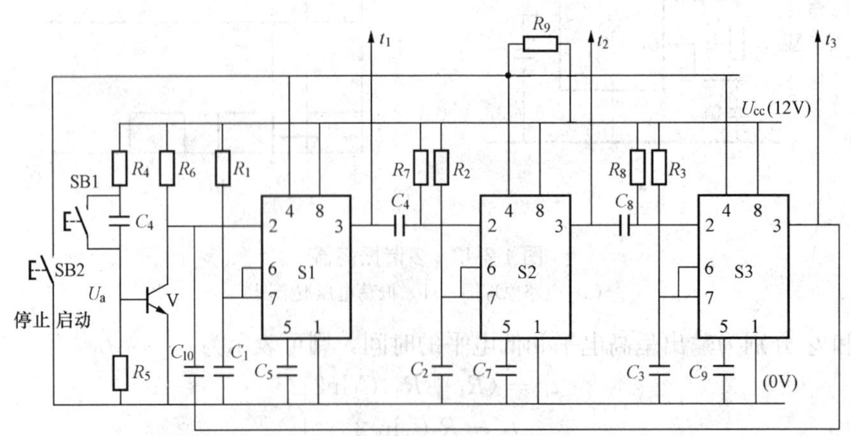

图 4-2-44　时序发生器电路

键 SB2 时可使 S1、S2、S3 复位，各输出皆为低电平，运行停止；再按启动键又可恢复运行。当然，启动和停止操作上亦可由电子电路来控制。

（二）光电耦合器

光电耦合器可实现输入与输出回路间的电气隔离，并具有较高的耐压强度。光电耦合的输入回路是一个发光二极管，而输出回路是一个光敏三极管。当输入回路流过电流时，发光二极管发生光，光敏元件受光照射而导通，输出端在外加电源作用下产生输出电流，输出电流基本上正比于输入电流。

第三章　大型汽轮发电机的保护

第一节　大型汽轮发电机的故障类型与保护配置

发电机结构和运行工况复杂，发生故障和异常运行状态的可能性较大，并且系统故障的影响，也可能损伤甚至毁坏发电机，因此需要按照各种类型的故障和异常运行状态，针对性地对发电机配置各种保护。

1. 大型发电机可能的故障形式和相应的保护配置

(1) 定子绕组相间短路故障。会引起巨大的短路电流，严重烧损发电机。需要装设瞬时动作的纵联差动保护。

(2) 定子绕组匝间短路故障。又可分为分支绕组内部匝间短路和同相异分支间短路，同样会引起巨大短路电流而烧毁发电机。要求装设瞬时动作的专用匝间短路保护。

(3) 定子绕组单相接地故障。这是发电机最常见的故障之一，通常因绝缘破坏使得绕组对铁心短路而引起，故障时的接地电流引起的电弧一方面灼伤铁心，另一方面会进一步破坏绝缘，导致严重的匝间或相间短路。对于大型发电机，规定装设能灵敏地反应全部绕组接地故障的100%定子绕组接地保护。

(4) 发电机转子绕组及励磁回路接地故障。又分一点接地和两点接地。转子绕组一点接地后可能诱发转子绕组两点接地，而两点接地会因磁场不平衡而引起机组剧烈振动，造成灾难性后果。因此大型汽轮发电机要求装设转子绕组一点接地和两点接地保护。

(5) 发电机失磁或部分失磁（称为低励）故障。这也是发电机常见故障之一，会引起发电机过流和失步振荡，造成发电机损坏，并且因无功缺额造成母线电压下降，引发系统稳定问题。因此要求及时检测到失磁发生，并根据失磁过程的发展，采取不同的措施，来保证系统和发电机的安全，这就需要装设低励失磁保护。

2. 系统异常工况或调节装置故障需要装设的保护配置

(1) 负荷不对称出现的负序电流可能引起发电机转子表层过热。大型发电机需装设反时限不对称过负荷保护。

(2) 对于对称过负荷，大型发电机需装设反时限对称过负荷保护。

(3) 对于励磁回路过负荷，大型发电机也要求装设反时限转子过负荷保护。

(4) 与系统并列运行的发电机可能因机、炉保护动作等原因将汽门关闭而引起逆功率运行，为防止汽轮机叶片与残留尾汽剧烈摩擦过热而损坏汽轮机，大型汽轮发电机应装设逆功率保护。装有程序跳闸的发电机，为了防止因程序跳闸控制误动使发电机在输出功率时断开断路器而造成发电机飞车，也需要由逆功率保护对跳闸操作进行控制。

(5) 为了防止过励磁而损坏铁心，大型发电机应装设过励磁保护。

(6) 其他异常运行状态还有：定子绕组过电压，低频运行、非全相运行、失步运行等，也应按规程要求装设相应的保护。另外还需要装设反应外部短路电流或短路阻抗的后备保护，以防止外部故障未及时排除而损坏发电机和变压器。

(7) 当电压互感器或电流互感器回路发生断线故障时，会引起某些保护误动或拒动，因此需要装设相应的电压互感器或电流互感器断线检测和闭锁装置。

(8) 与发电机运行直接有关的热力、机械、冷却系统也需要装设各种相应的保护，如热工保护、发电机断水保护等。

第二节　定子绕组相间短路的纵差保护

发电机纵差保护是电流纵差动（或纵联差动）保护的简称，在定子绕组和引出线的相间短路故障时保护发电机，是发电机的主保护之一，它瞬时动作于机组全停。

一、发电机纵差保护的基本原理及折线比率制动特性

纵差保护通过比较发电机机端与中性点侧同相电流的大小和相位来检测保护区内相间短路故障，其工作原理可以用图 4-3-1 来说明。图中，两个相同变比（$n_{TA1}=n_{TA2}=n_{TA}$）的电流互感器 TA1 和 TA2，分别装设在发电机出口侧和中性点侧的同一相上（三相均仿此处理），TA1 与 TA2 之间的区域为纵差保护的保护区。在图示极性下，若一次系统假定正向选取为由中性点指向机端，则 TA 二次侧电流$\frac{\dot{I}_1}{n_{TA1}}$和$\frac{\dot{I}_2}{n_{TA2}}$正方向如图 4-3-1 箭头所示，流过差动继电器 KD 的差动动作电流 $I_d=|\dot{I}_d|=\left|\frac{\dot{I}_1}{n_{TA1}}-\frac{\dot{I}_2}{n_{TA2}}\right|$。在保护区内部 k_2 点发生短路故障时，$\dot{I}_1$ 与 $\dot{I}_2$ 基本反向，流入 KD 的电流的大小约为两 TA 二次侧电流之和，即 $I_d=\frac{I_1}{n_{TA1}}+\frac{I_2}{n_{TA2}}$，它大于 KD 的整定值而动作。在正常运行或保护区外部 k_1 点发生短路时，$\dot{I}_1$ 与 $\dot{I}_2$ 同相，流入 KD 的电流的大小为两 TA 二次侧电流之差，即 $I_d=\frac{I_1}{n_{TA1}}-\frac{I_2}{n_{TA2}}$。当两 TA 特性一致时，$\frac{I_1}{n_{TA1}}=\frac{I_2}{n_{TA2}}$，流入 KD 的电流 $I_d=0$，故 KD 不会动作。

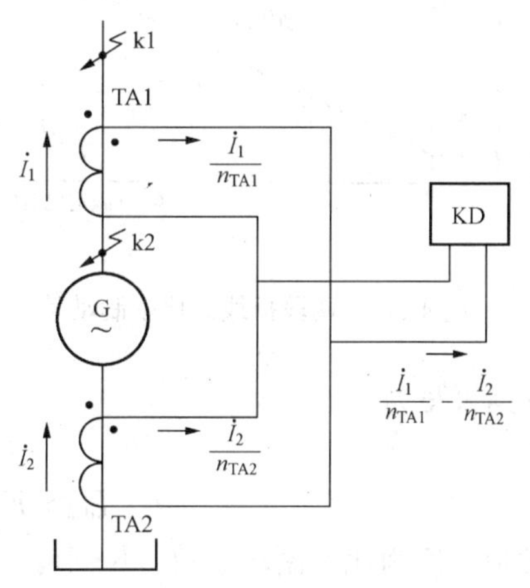

图 4-3-1　纵差保护原理示意图

实际上，TA1 与 TA2 的特性不可能完全一致，当外部故障暂态过程中因饱和不一致引起 $n_{TA1}\neq n_{TA2}$，使得外部故障时总有一定量值的电流流入 KD，此电流称为不平衡流（用 I_{unb} 表示）。一般外部故障短路电流（尤其是非周期衰减分量）越大，I_{unb}越大，会引起纵差保护误动作。为使 KD 在正常运行及外部故障时不发生误动作，KD 的整定值必须大于最大不平衡电流 $I_{unb\cdot max}$（通常发生在最严重外部短路时）。$I_{unb\cdot max}$越大，整定值就越大，使得内部故障的灵敏性（用灵敏系数表示）降低。研究和运行经验表明，为保证内部故障灵敏性，要求纵差保护最小差流动作值有时仅为 0.2I_N（I_N 为额定电流）。显然图 4-3-1 所示纵差保护无

法满足这种要求，需要寻求改进措施。

提高发电机纵差保护灵敏性的措施主要包括以下两个方面：

(1) 尽量减少 I_{unb}。这包括尽可能选择两侧 TA 的特性一致（如选用同型号的差动保护专用 TA）、二次负担一致，并尽量减少二次负担等。

(2) 改善纵差保护的动作特性。目前在大机组纵差保护中广泛采用了具有折线比率制动特性的纵差保护，使灵敏性和制动特性同时得到有效的改善。

具有比率制动特性的纵差保护中有两个主要量，其中反映差流的动作量为

$$I_d = \left| \frac{\dot{I}_1}{n_{TA1}} - \frac{\dot{I}_2}{n_{TA2}} \right| \tag{4-3-1}$$

反映穿越电流的制动量为

$$I_r = \frac{1}{2}\left| \frac{\dot{I}_1}{n_{TA1}} + \frac{\dot{I}_2}{n_{TA2}} \right| \tag{4-3-2}$$

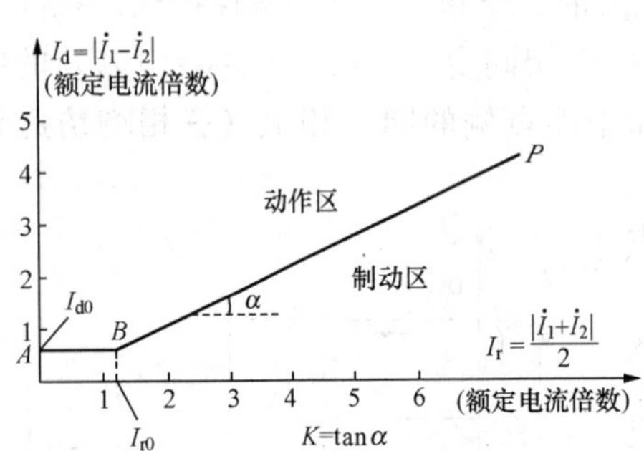

图 4-3-2　两段折线式比率制动特性

纵差保护的两段折线式比率制动特性如图4-3-2所示。制动特性分为两段直线，AB 段与横轴平行；而 BP 段与横轴倾斜，斜率 $K=\tan\alpha$。当 $I_r<I_{r0}$ 时，动作量 I_d 只要大于动作门槛 I_{d0} 即可动作，保证轻微内部故障时较高的灵敏性。当 $I_r>I_{r0}$，制动量随 I_r 的增加按比率 K 增加。外部严重故障时，I_r 很大，即制动量很大，可保证不误动；内部故障时，制动量 I_r 较小，不大的动作量 I_d 便可动作，保证了较高的灵敏性。

上述具有折线比率制动特性的纵差保护动作判据可写为

$$\left.\begin{array}{ll} I_d > I_{d0} & I_r \leqslant I_{r0} \\ I_d > K(I_r - I_{r0}) + I_{d0} & I_r > I_{r0} \end{array}\right\} \tag{4-3-3}$$

式中：K 为比率制动系数，$K<1$。

二、微机型发电机纵差保护的构成与逻辑

实用中的发电机纵差保护还必须考虑一些其他因素来改善其性能与可靠性，下面将通过一些典型保护构成逻辑，说明微机纵差保护的实现方案。

完整的发电机纵差保护按三相分相设置，主要由比率差动元件、差动速断元件和 TA 断线闭锁元件三部分组成。

（一）比率差动元件

比率差动元件的动作方程及折线比率制动特性分别如式（4-3-3）及图 4-3-2 所示。由于比率差动元件的灵敏度较高，在构成实用保护时还需考虑一些特殊情况下的辅助防误动措施，譬如 TA 断线闭锁措施，有时还需考虑在 TA 严重饱和时的对策，这使得比率差动元件的构成逻辑较为复杂。分相配置的三相比率差动元件可以构成不同的出口逻辑，主要有以下两种。

1. 三相元件按单相独立出口逻辑

三相差动电流元件采用“或”门出口逻辑，即不少于一相元件动作便会使出口动作。这

是目前最常用的保护方式。为保证定子绕组小匝数相间短路的灵敏性，比率差动元件的动作门槛电流低于负荷电流，一侧 TA 断线时会引起断线相比率差动元件误动，因此这种形式的保护需要考虑有效和安全的 TA 断线闭锁措施，不仅要求发生 TA 断线时（此时比率差动元件一定会同时启动）做到实时响应和闭锁，而且要求保证不发生内部故障时误闭锁。这种出口逻辑的优点是它不仅可以反应一般保护区内部相间短路，也能反应故障点一点在区内而另一点在区外的短路故障，并且均有较高的灵敏性。

2. 三相元件按 3 取 2 出口逻辑

三相元件 3 取 2 出口逻辑简称为 3 取 2 出口逻辑，即在三相比率差动元件中，至少有两相元件动作，保护元件才出口动作。

定子绕组纵差保护的主要作用是反应内部相间短路。发生区内相间短路时，至少会引起两相纵差元件动作，并且它们具有相同的灵敏性，因此 3 取 2 出口逻辑可以可靠动作。且当某一相（通常也只会某一相）偶然出现坏数据时或者单个 TA 发生断线时不会误动，这相当于提高了保护防误动的可靠性。不过，当发生主保护区内一点对区外一点短路这种特殊故障时（这通常为分属两相的两点相继发生接地故障），由于仅有一相纵差元件动作，3 取 2 出口逻辑将拒动。

对这种特殊故障是否需要采取对策有两种不同意见：

（1）认为目前大型发电机的接地保护已经要求跳闸，并且上述接地故障时接地保护通常都有足够的灵敏性，故第一点接地时已由接地保护切除；最严重的情况不过是接地保护动作时限较大，若出现一点接地后另一点紧接着发生接地会引起延时动作，但对于这类极稀少故障模式无需苛求。实际上，匝间短路的专用保护对此类故障具备相当好的保护能力。

（2）定子绕组接地保护仍有可能选择只发信而不跳闸，并且 3 取 2 出口逻辑毕竟有上述可能延时动作之不足，另外有些匝间短路的专用保护有一定保护死区（如这两点均靠近机端——无论在同一相还是分属两相），对于大型发电机应充分保证其安全性和保护的完善性，因此应考虑对策。

目前的对策是除了 3 取 2 出口逻辑外，再设置具有单相元件独立出口逻辑的一组（三相）所谓高门槛比率差动元件，与 3 取 2 出口逻辑构成“或”门逻辑出口并经 3 取 2 出口闭锁，来弥补这个保护死区。由于高门槛比率差动元件主要针对保护区内一点对区外一点短路故障，其电流门槛定值可按躲过最大负荷工况 TA 断线差流整定，使得单纯 TA 断线时不会误动。这样整定虽对上述特殊故障的保护灵敏性有所降低，但因无需 TA 断线实时闭锁而改善了防拒动的可靠性，工程上是可以接受的。当然，在 TA 断线后，又发生保护区外短路故障（即双重故障），高门槛比率差动元件仍有可能误动，所以仍然需要有 TA 断线闭锁措施。不过这里不是前面所说的 TA 断线实时闭锁，因而有时间对 TA 断线做出较为准确的判断，并在 TA 断线闭锁后给运行人员以处理事故的时间，以便在下次故障前消除 TA 断线，这样便不会对保护的作用产生不利影响。

上面对纵差保护中比较关心的 TA 断线闭锁配置与配合问题做了较多的说明，TA 断线闭锁的原理和方法将在后面进行讨论。不过还需指出，由于大型发电机变压器组的保护系统是按完全双重化配置的，并且工程上不必考虑两路 TA 回路同时故障，因此一套纵差保护出现 TA 断线闭锁时不会丧失保护功能。需要特别注意的是必须避免 TA 断线闭锁的原理方案的不正确或不完善，因为由此会在某些工况下发生内部故障时造成两套保护同时被错误闭锁，带来严重后果。上述3取2出口逻辑虽然复杂一些，但在这方面是有一定优势的。

为保证比率差动元件的动作精确性，可采用较长的数据窗的算法以获得优良的滤波效果，如常用一个周波数据窗的全周傅氏算法。全周傅氏算法精度较高，有较强的滤波能力，能完全滤掉各种整次谐波和纯直流分量，对高频分量有很好的抑制作用，但需要采取抑制衰减直流分量的措施，常用的简单而有效的措施是将输入电流的采样序列先经过一次差分滤波。在本章以后部分介绍的各项保护中，除做特别说明外，均假定采用全周傅氏算法，且对于电流信号均事先经过了诸如差分滤波之类的抑制衰减直流分量处理。

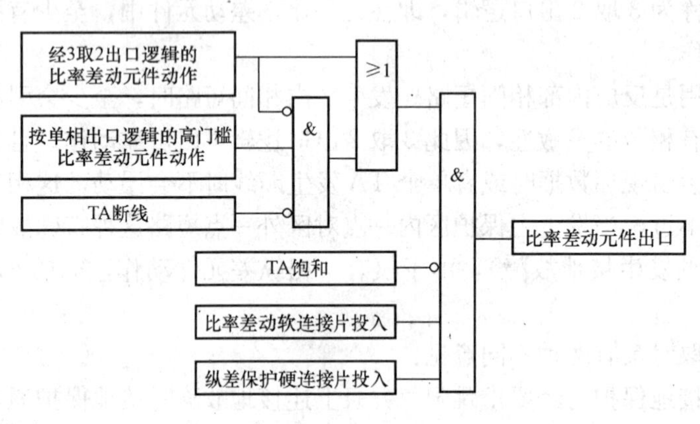

图 4-3-3　比率差动元件逻辑框图

以3取2出口逻辑为例，比率差动保护的逻辑框图如图4-3-3所示。当经3取2出口逻辑的比率差动元件动作，或者单相独立出口逻辑的高门槛比率差动元件动作（无TA断线）时，整组差动保护出口跳闸。在图4-3-3中，TA饱和闭锁主要用来反应外部故障造成TA严重饱和引起纵差保护误动问题，无特别要求时也可以不用。关于TA断线和TA饱和的判别方法下面说明。另外，图中的“硬连接片”和“软连接片”用来控制比率差动保护元件是否投入运行。

任何保护或保护元件的“投”、“退”状态均由连接片控制，在微机保护中又分为所谓“硬连接片”和“软连接片”：硬连接片通过金属连片可直接控制电路的“通”、“断”状态，通常置于保护屏上，便于手动操作和目视观察其“通”、“断”状态；软连接片通过逻辑的“有”、“无”（如“1”、“0”）来控制保护或元件的“投”、“退”状态，软连接片的功能在软件中实现，并通过人机界面（如键盘和显示器）进行手动操作和状态监视。目前微机保护装置中既有硬连接片又有软连接片，根据需要设置，而有些重要保护则同时有硬连接片和软连接片。由于软连接片设置灵活、不占空间、无需引线、操作安全方便，甚至可深入到控制保护的某个元件，因此软连接片使用的数量要多一些，并且有尽量少用硬连接片、多用软连接片的趋势。

（二）*差动速断元件*

差动速断元件的作用是在定子绕组发生严重相间短路故障（如较大匝数或机端引线上的相间短路）时使纵差保护能够快速动作，它不再使用比率制动判据，而简单采用足够大的动作门槛（整定值）来躲开最大不平衡电流。

差流速断元件分相配置，“或”出口逻辑，其动作判据采用差流越限判据

$$I_{d} > I_{dh} \tag{4-3-4}$$

式中：I_{dh}为差流速断保护定值。

由于差流速断元件按躲过外部短路最大不平衡电流整定，电流定值较大，可以躲过由于TA断线和外部短路故障时因TA饱和而产生的不平衡电流，因此差流速断元件无需TA断线闭锁和TA饱和闭锁。较大的动作电流降低了差流速断元件的灵敏性，由此换来内部严重

故障时动作的快速性。

为保证差动速断元件在内部故障时动作的快速性和良好的抗 TA 饱和性能，一般可采用短窗算法，如半周傅氏算法（但需要有反应衰减直流分量的措施）。短窗算法使得差流速断元件的动作精度相对较低，但这关系不大，通常还可通过适当的重复计算改善动作的稳定性。

（三）纵差保护的辅助元件

纵差保护的辅助元件主要有启动元件、TA 断线闭锁元件、TA 饱和闭锁元件以及差流监视元件，在比率差动保护中，这些辅助元件均有运用。另外，TA 断线闭锁元件和 TA 饱和闭锁元件在其他保护中也需要，下面主要对这两种元件进行介绍。

1. TA 断线监视及闭锁元件

TA 断线不仅可能造成纵差保护、负序保护等误动，还因 TA 二次侧绕组开路产生高电压，危及工作人员的安全和有关设备的绝缘。因此，通常都需要设置 TA 断线监视及闭锁元件，它一方面的作用是当发生 TA 断线时报警，另一方面的作用是根据要求闭锁那些会因 TA 断线而引起误动的保护。关于后者也存在两种不同看法，一种是认为 TA 断线也是一种故障，由它引起某些保护动作是允许的，因此无需闭锁保护；另一种则认为 TA 断线引起的保护动作是误动作，这是不允许的，因此必须闭锁相关保护。目前保护装置中 TA 断线闭锁保护的功能通常是可选的，可由现场根据不同要求来选定是否投入。

对 TA 断线监视及闭锁元件的基本要求是，发生 TA 断线时应能准确迅速判定，及时发出报警信号通知运行人员处理，并可根据要求闭锁有关保护。当 TA 断线恢复正常后，应及时返回，撤销闭锁信号，使保护恢复运行。为防止在被保护设备内部故障时误闭锁保护，一般还要求对 TA 断线监视及闭锁元件的工作范围附加限制措施（也称启动条件）。在纵差保护中，对于在 TA 断线的同时立即会引起误动的逻辑形式，通常的附加限制措施为当任何一相差流超过最大负荷电流时立即自动退出 TA 断线闭锁功能。

TA 断线监视及闭锁元件的核心是 TA 断线的判别，本篇下面将其简称为 TA 断线判别元件。TA 断线的判别方法有多种，适用于不同场合。这里介绍一种负序电流纵向比较式 TA 断线判别元件。

这种 TA 断线判别元件是针对发电机纵差保护而设计的，它通过直接比较发电机机端和中性点侧 TA 测量到的负序电流的大小构成。当发电机正常运行或外部对称短路时，两侧负序电流都很小；当发生外部不对称短路或内部故障（一定是不对称故障）时，两侧负序电流都很大；仅当单侧 TA 发生单相或两相断线时，断线侧 TA 才会出现较大的负序电流，而非断线侧 TA 基本上没有负序电流（只有系统不平衡等原因产生的不大的负序电流），这样即可判定哪一侧发生了 TA 断线。注意，这里不考虑发电机两侧 TA 同时断线和任一侧三相 TA 同时断线。

完整的 TA 断线判据由动作判据和限制判据组成。TA 断线的动作判据如下：

若 $I_{gt2}>I_{2\cdot set1}$ 且 $I_{gn2}<I_{2\cdot set1}$ 时，判为机端 TA 断线　　(4-3-5)

若 $I_{gt2}<I_{2\cdot set1}$ 且 $I_{gn2}>I_{2\cdot set1}$ 时，判为中性点侧 TA 断线　　(4-3-6)

式中：I_{gt2} 为由机端 TA 测得的负序电流；I_{gn2} 为由中性点侧 TA 测得的负序电流；$I_{2\cdot set1}$ 为动作电流门槛值。

$I_{2\cdot set1}$ 一般由保护厂商整定而无需用户整定（下面将这类定值称为内部定值），它通常按

躲开系统不平衡等原因产生的最大负序电流整定，一般可取

$$I_{2.\mathrm{set1}} = 1.2 I_{2.\max} \tag{4-3-7}$$

式中：$I_{2.\max}$为发电机正常运行时的最大负序电流。

限制判据见式（4-3-8），当任何一相差流满足时立即退出 TA 断线动作判据，可尽量防止 TA 断线闭锁元件的误判断。

$$I_{\mathrm{d}\cdot\mathrm{p}} > 1.2 I_{\mathrm{L}\cdot\max} \tag{4-3-8}$$

式中：$I_{\mathrm{d}\cdot\mathrm{p}}$为差动电流，A，p 为 a、b、c 三相；$L_{\mathrm{L}\cdot\max}$为最大负荷电流，指 TA 二次侧实际最大负荷电流（A）。

负序电流纵向比较式 TA 断线判别元件的逻辑框图如图 4-3-4 所示。

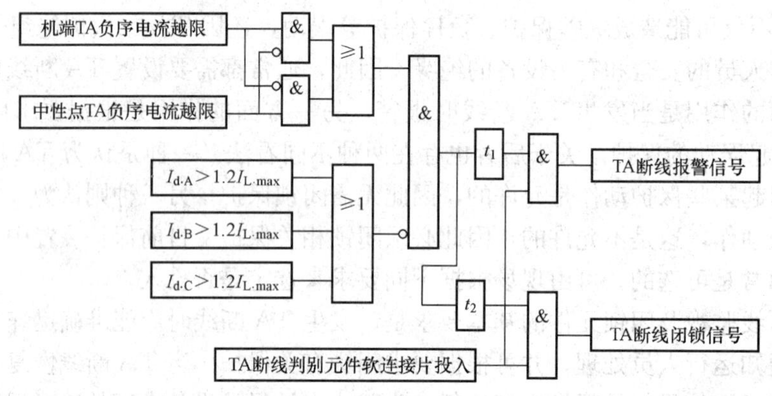

图 4-3-4　负序电流纵向比较式 TA 断线判别元件的逻辑框图

图 4-3-4 中，当 TA 断线使判别元件满足动作判据时，经短延时 t_2 闭锁相关保护（纵差保护），同时经长延时 t_1 发报警信号。当满足在 TA 断线返回条件时，为保证被闭锁保护不出现误动，闭锁信号一般设置为经延时返回，该延时和 t_2 通常设置为无需用户整定的保护装置内部定值。

当判断出断线 TA 后，可以进而根据 TA 的三相电流数值判别出断线相。

反应电流的 TA 断线判别方法的共同的局限性是电流很小时失效，譬如发电机处于解列、空载和轻载时会出现这种情况。不过这种情况下一般不致引起纵差保护误动，随着负荷电流增加 TA 断线检测功能会自动生效。即使在并列后的空载和轻载状态发生外部短路，TA 断线检测功能也会立即生效。另外，上述负序电流纵向比较式 TA 断线判别元件还有一些不足是当发电机两侧 TA 同时发生断线和任意一侧 TA 发生三相断线时，无法进行判别。

2. TA 饱和闭锁元件

TA 是否出现饱和以及饱和程度与若干因素有关。例如：一次侧暂态电流的幅值、所含衰减非周期分量的大小、一次侧系统时间常数的大小、TA 的二次侧负载和 TA 剩磁等。TA 饱和闭锁元件主要针对当发电机主保护区外部发生短路故障时，防止因 TA 饱和而导致纵差保护误动的情况，对于主保护区内部发生的短路故障，则无需进行 TA 饱和判断。

TA 饱和判别有多种方法，例如：时差判别法、谐波判别法、导数法、差动保护附加制动区法等。谐波判别法的基本原理是通过计算综合谐波比，即谐波与基波的含量比来判断是否 TA 饱和。因为当 TA 出现饱和时，TA 二次侧电流会出现波形缺损和畸变，其结果等效

于工频电流上叠加了高次谐波的电流信号。时差判别法的简介可参见变压器差动保护的内容，其他方法请参阅相关参考资料。

3. 差流越限监视元件

差流越限监视通过对差动电流进行监测，来判断保护装置的元器件和电流信号回路等是否处于良好状态，一般经延时 t_1 动作于报警并闭锁差动保护。

三、发电机纵差保护的整定计算

发电机纵差保护中通常要求其差动速断元件、比率差动元件的动作时间分别不大于 20、30ms。而需要整定的主要定值有：差动速断元件的差流门槛 I_{dh}，比率差动元件的最小动作电流 I_{d0}、比率制动系数 K、拐点电流 I_{r0}，以及差流越限监视元件的门槛 $I_{d\cdot lim}$、延时等。

1. 差动速断元件

差流门槛 I_{dh}按躲过外部短路时差动保护的最大不平衡电流进行整定

$$I_{dh}=I_{nub.max}=K_{ap}K_{st}K_{er}I_{k\cdot max}^{(3)}/n_{TA} \tag{4-3-9}$$

式中：K_{ap}为非周期分量系数，取 1.5～2.0；K_{st}为互感器同型系数，取 0.5；K_{er}为互感器比误差系数，按 10%误差考虑取 0.1；$I_{k\cdot max}^{(3)}$为最大外部三相短路电流周期分量；n_{TA}为 TA 变比。

2. 比率差动元件

(1) 最小动作电流 I_{d0}一般按照躲过正常运行情况下的不平衡电流来整定，I_{d0}通常可取为 0.1～1.2；也可实测最大负荷下的不平衡差电流 I_{unb}，然后取 $I_{d0}=K_L I_{unb}$，$K_L=1.5\sim2$，以确定图 4-3-2 中的 A 点。而对于单相高值判据，需要躲过 TA 断线，因此最小动作电流值较大，可取为 $1.1\sim1.2I_N$。

(2) 当外部短路电流小于或等于负荷电流时，差动保护两侧 TA 特性差异很小，不必进入比率制动特性段，故通常可取动作特性的拐点 B 对应的电流定值为 $I_{r0}\leqslant1.0I_N$。这样既可保证轻微内部故障的灵敏度，又可保证当穿越电流较大时适时进入比率制动特性。

(3) 为保证外部短路时比率差动元件不误动，一般取比率制动系数即 BP 段斜率 $K=K_{rel}K_{st}K_{er}$，其中 TA 变比误差 K_{er}按 TA 的 10%误差取为 0.1，可靠系数 $K_{rel}\approx2.0\sim3.0$，同型系数 $K_{st}=0.5$。实用中结合工程经验可取 $K\approx0.3\sim0.5$，至于单相高值判据，仅为了对付极少的特殊情况，从安全性考虑，可取为 0.8～0.9。

四、集成电路型发电机纵差保护继电器简介

本书将通过一些典型的电路逻辑框图，对某些集成电路型保护的实现方案，进行简略的介绍。这里首先介绍集成电路型发电机纵差保护继电器，如图 4-3-5 所示。

1. 结构说明

(1) 集成电路型发电机纵差保护继电器主要由插件①与②构成。插件①为交流输入插件，其主要作用是对 TA 二次侧电流进行隔离变换，并形成与输入电流成比例的电压提供给比率制动插件②，后者则完成折线比率制动的差动判据。每一个插件①包括 A、B、C 三相，为了同时输入中性点和机端电流，共需两块该插件。每一个插件②仅包括一相，每一相需要一块，共需三块该插件。

(2) A、B、C 三相差动继电器出口可采用循环闭锁方式，任一相继电器元件损坏或任何一相 TA 断线时只发信号不跳闸，以提高保护运行的可靠性。

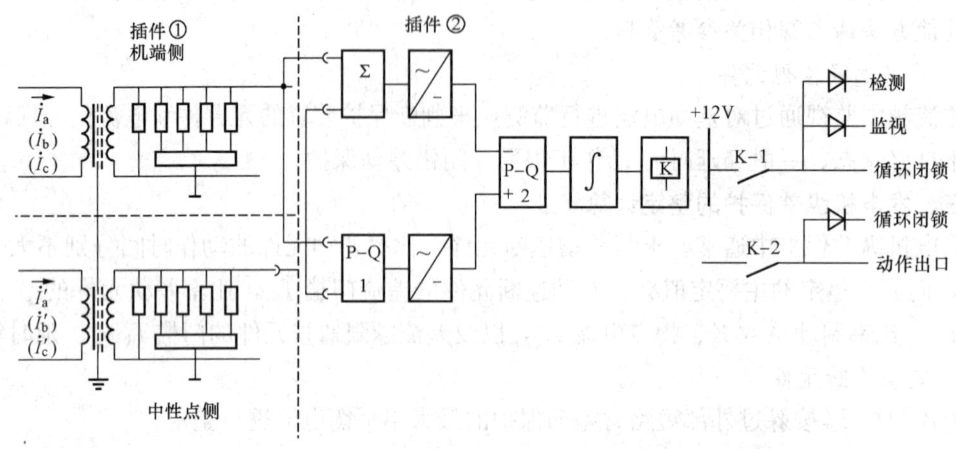

图 4-3-5　集成电路型发电机差动继电器电路原理方框图

2. 电路工作原理

动作方程及折线比率制动特性分别如式（4-3-3）及图 4-3-2 所示。

(1) 在插件①中，同相的中间变流器的一次侧分别接到发电机中性点和出口侧的 TA 二次侧，将 TA 二次侧额定电流（5A 或 1A）进一步变小，然后通过负荷电阻进行电流电压变换，其输出电压 U_1 和 U_2 分别与 I_1 和 I_2 成正比。中间变流器的另一个作用是实现集成电路与交流二次回路的电隔离。因为集成电路通常工作在很低电压等级，为保证其工作可靠性，不允许与 TA 二次回路有电的联系。中间变流器一、二次侧绕组间设计了一个屏蔽层可靠接地，可有效地抑制外界干扰的影响。

(2) 插件②中，由中性点侧和机端侧的电流电压变换器输出的两个同相电压同时送到加法器和减法器 1 的输入端。加法器的输出经整流滤波器 2 后得到直流制动电压，送到减法器 2 的反相输入端。减法器 1 的输出经整流滤波器得到与 $|\dot{I}_1-\dot{I}_2|$ 成比例的直流动作电压，送到减法器 2 的同相输入端。

正常运行情况下，动作量 $I_1-I_2\approx0$，制动量 $\frac{1}{2}$（I_1+I_2）$\approx I_{load}$（I_{load}为负荷电流），故减法器 2 输入的制动电压大于动作电压，减法器 2 输出负信号，电平检测部分输出正信号，出口不动作。

外部故障时，由于 TA 的误差，动作量增大，但制动量更大，减法器 2 仍输出负信号，电平检测输出正信号，出口不动作。

发生发电机内部故障时，动作量大于制动量，减法器 2 输出正信号，电平检测器输出负信号，出口动作。

第三节　定子绕组匝间短路保护

现代大型发电机的定子绕组通常采用双层绕组，并且每相可能包括两个及以上的并联分支。匝间短路故障主要是指属于同一分支的位于同槽的上下层导体间发生短路，或者属于同一相但不同分支的位于同槽上下层导体间发生短路，当然还有绕组端部匝间短路以及因两点接地引起的匝间短路。由于匝间短路发生在同一相绕组，从该相绕组中性点侧与机端侧的 TA 上测得的电流相同，故上述完全纵差保护不反应匝间短路。计算和运行经验表明，匝间短路处电流可能超过机端三相短路电流，会严重损伤铁心和绕组，因此匝间短路是发电机的一种严重故障。规程规定，大型发电机组必须装设高灵敏专用匝间短路保护，瞬时动作于全停。

发电机定子绕组发生匝间短路故障时，三相绕组的对称性遭到破坏，在定子、转子绕组中将出现如下特征电量：

（1）目前国内大型汽轮发电机大多为每相两并联分支，匝间短路时，属于第一分支的三相绕组中性点与属于第二分支的三相绕组中性点之间的连线上会产生以基波为主的不平衡电流，它可以用来构成横差保护。

（2）定子绕组中性点侧与机端侧相线上出现的负序电流、机端出现的负序电压，它们在定子绕组中产生与同步旋转磁场反向旋转的负序磁场，它相对于转子以两倍同步转速运动，在转子绕组中感应出二次谐波电流。这些电量可以利用来构成反映转子二次谐波电流和机端负序功率方向的匝间短路保护。

（3）机端三相对发电机中性点出现的基波零序电压 $3\dot{U}_0$，它可以用来构成纵向零序电压匝间短路保护。

下面介绍大型发电机的匝间短路保护的横差保护和纵向零序电压保护。

一、发电机横差保护

1. 发电机横差保护的原理与判据

发电机横差保护是电流横差动（横联差动）保护的简称，主要用来防御定子绕组匝间短路、定子绕组开焊故障，也可兼顾定子绕组相间短路故障。大型汽轮发电机大多为每相两并联分支绕组，当三相第一分支的中性点和第二分支的中性点可分别引出机外时，可采用单元件横差保护，原理接线如图 4-3-6 所示。

图 4-3-6 中，发电机定子绕组每相并联分支数 $a=2$（即每相有两并联分支），故在三相绕组中性点侧可接成两个中性点 o1 和 o2，在 o1 和 o2 连线上接入横差电流互感器 TA0。横差保护反应具有零序性质的中性点连线上的基频电流，因此也常称为零序横差保护。当发电机正常运行时，流过 TA0 的电流很小（仅为不平衡电流）；而当定子绕组发生相间短路和匝间短路时，TA0 上会流过较大的基频零序短路电流，当电流越过动作门槛，横差保护出口。

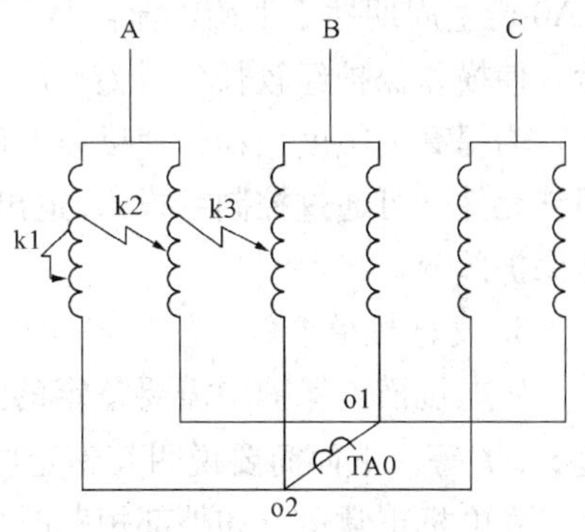

图 4-3-6 单元件零序横差保护原理接线图

这种零序横差保护采用简单的横差电流基频分量越限动作判据为

$$I_{d} > I_{d\cdot set} \qquad (4\text{-}3\text{-}10)$$

式中：I_d 为横差电流的基频分量；$I_{d\cdot set}$ 为横差保护电流定值。

当发电机正常运行时，TA0 也会流过不平衡电流，其中三次谐波电流占很大比例。为减小不平衡电流，提高匝间短路的灵敏性，要求采用优良的过滤三次谐波分量的滤波器。

2. 微机型发电机横差保护的构成与逻辑

微机型发电机横差保护采用数字滤波（如全周傅氏算法），可获得很强的过滤三次谐波分量的能力，其滤过比可达到 80～100。

发电机横差保护的动作逻辑框图如图 4-3-7 所示。

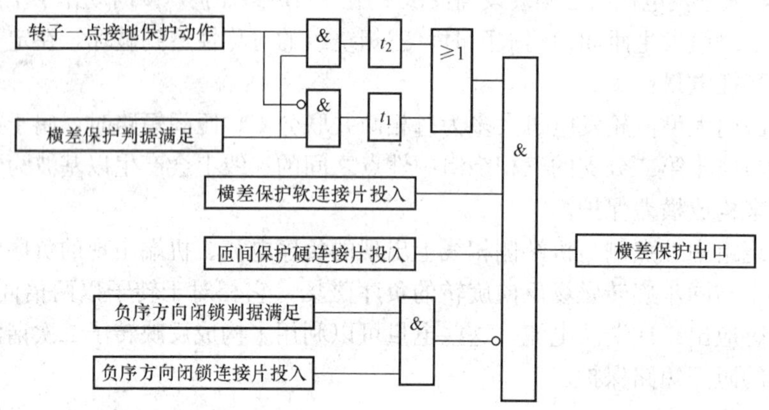

图 4-3-7　单元件零序横差保护逻辑框图

在图 4-3-7 中，一般情况下，当发生定子绕组匝间短路时，横差保护判据满足，经短延时 t_1 出口。防御匝间短路的横差保护作为主保护之一，原则上应瞬时出口。但运行经验表明，当外部严重故障或系统振荡等情况下，可能在 TA0 上出现暂态不平衡电流，易引起横差保护判据短时越限而误动。若提高动作门槛，又会导致内部故障灵敏度降低。因此目前我国电力行业的有关规定中允许横差保护经不大于 0.2s 的短延时出口，以提高抗暂态不平衡电流的能力。

考虑到发电机转子绕组发生两点接地短路故障时，会造成发电机气隙磁场畸变，在 TA0 产生周期性不平衡电流，从而可能导致横差保护误动，因此在发生转子一点接地故障后，使横差保护经较长延时 t_2（$t_2 > t_1$）动作。

为提高灵敏度、动作速度以及防外部故障误动能力，横差保护可考虑增加机端负序方向闭锁元件（可通过控制字投入/退出），机端负序方向闭锁元件的原理可参见纵向基波零序电压保护部分。

3. 发电机横差保护的整定计算

发电机横差保护中需要整定的主要定值有：横差保护电流定值 $I_{d\cdot set}$，横差保护延时定值 t_1、t_2等。下面简要说明其整定原则和方法。

发电机正常运行和外部短路时横差电流互感器（TA0）上流过的不平衡电流是难以计算确定的，因此保护整定计算必须根据发电机常规短路实验结果进行。

(1) 进行发电机常规短路实验，实测与机端三相短路电流对应的在横差电流互感器（TA0）二次绕组流过的不平衡电流的基波分量（$I_{unb\cdot 1}$）和三次谐波分量（$I_{unb\cdot 3}$），可得到直线 OA 和 OC，如图 4-3-8 所示，其中 A、C 点横轴值均为短路电流等于机端额定电流。然后将两条直线分别外推至 B 点和 D 点，得到直线 OAB 和 OCD，当 B、D 点横轴值均取为 $I_{k.max}^{(3)}$（发电机机端三相最大短路电流）时，与其对应的纵轴值即为最大不平衡电流

$I_{\text{unb}\cdot 1\cdot \max}$和 $I_{\text{unb}\cdot 3\cdot \max}$。然后可由这两个电流值按下式计算横差保护电流动作定值（二次值）

$$I_{\text{d}\cdot\text{set}} = K_{\text{rel}}\sqrt{I^2_{\text{unb}\cdot 1\cdot \max} + (I_{\text{unb}\cdot 3\cdot \max}/K_3)^2} \quad (4\text{-}3\text{-}11)$$

式中：K_{rel}为可靠系数，取 1.3～1.5；K_3为三次谐波滤过比，取 $K_3 \geqslant 80$。

当三次谐波滤过比大于 80 时，三次谐波分量影响很小，因此式（4-3-11）可近似为

$$I_{\text{d}\cdot\text{set}} = K_{\text{rel}} I_{\text{unb}\cdot 1\cdot \max} \quad (4\text{-}3\text{-}12)$$

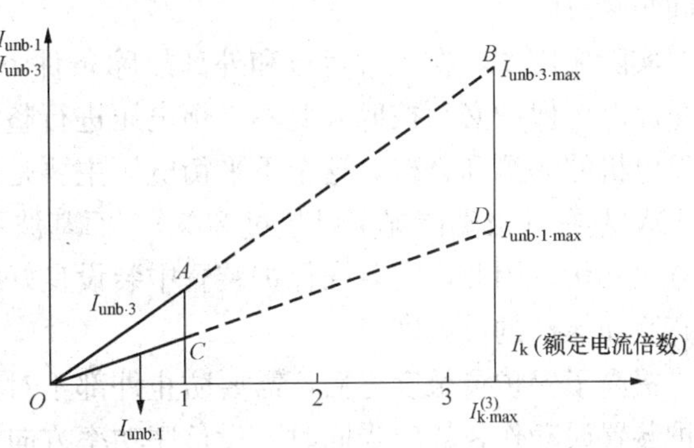

图 4-3-8　单元件零序横差保护的不平衡电流

(2) 如果横差保护中已采取了防外部短路时误动的措施（如装有负序功率方向闭锁元件），则动作门槛 $I_{\text{d}\cdot\text{set}}$只需按发电机额定负荷时横差电流互感器 TA0 二次侧流过的不平衡电流来整定。根据现场经验，可初选为 $I_{\text{d}\cdot\text{set}} = 0.05 I_N / n_{\text{TA0}}$，一般可满足要求（$n_{\text{TA0}}$为 TA0 的变比）。

二、发电机纵向零序电压保护

（一）发电机纵向零序电压保护的原理

如前所述，匝间短路时，机端三相引出端对发电机中性点出现的基波零序电压 $3\dot{U}_0$，称为纵向零序电压，它可以用来构成纵向零序电压式匝间短路保护。

由于大型发电机均采用高阻抗接地方式，通常装设的机端电压互感器（这里称为通用 TV）其一次侧中性点是直接接地的，只有当发电机定子绕组发生接地故障时，通用 TV 的二次侧才能测到零序电压。当发生匝间短路时，尽管中性点电位相对于机端电压发生变化，但在通用 TV 的二次侧无法测到由此引起的零序电压。

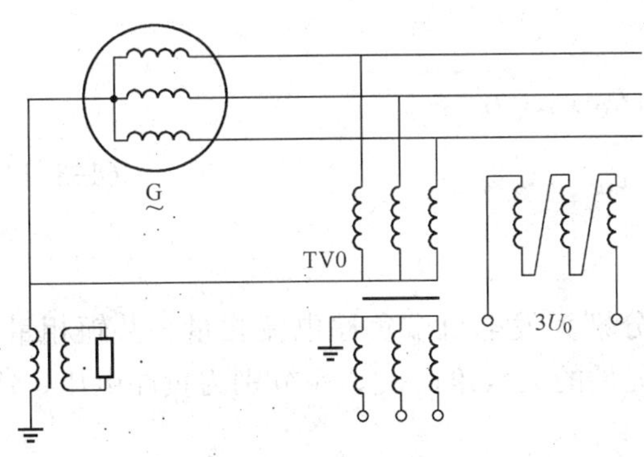

图 4-3-9　纵向零序电压测量原理图

反应匝间短路的纵向零序电压需取自机端专用电压互感器（称为专用 TV，记为 TV0）的二次侧开口三角形绕组。TV0 必须将其一次侧的中性点与发电机中性点直接相连，而不能接地，如图 4-3-9 所示。正因为如此，TV0 的一次绕组必须是全绝缘的，而且它不能被用来测量相对地电压，因此图 4-3-9 中的 TV0 称为纵向零序电压式匝间短路保护的专用电压互感器（专用 TV）。

当发电机正常运行和外部相间短路时，理论上说，TV0 的第三绕组没有输出电压，$3\dot{U}_0 = 0$。当发电机内部或外部发生单相接地故障时，虽然一次系统出现了零序电压，即一次侧三相对地电压不再平衡，中性点电位相对于地电位升高 $3U_0$，但机端三相端子对中性点的电压仍然完全对称，因 TV0 一次绕组中性点接于发电机中性点而并不接地，其第三绕组输出电压 $3U_0$ 仍等于 0。

只有当发电机内部发生匝间短路或者发生对中性点不对称的各种相间短路时，TV0 的三相一次对中性点的电压不再平衡，第三绕组才有输出电压，即 $3U_0 \neq 0$，使零序电压匝间短路保护正确动作。由此可知，零序电压原理的保护不仅反应匝间短路，还可以反应发电机相间短路故障。

实际应用中，在正常运行和外部故障条件下，TV0 的开口三角形存在不平衡电压，纵向零序电压保护必须按躲开此不平衡电压进行整定，使保护灵敏度降低。根据对许多正常运行发电机的实测和分析，这个不平衡电压主要是三次谐波电压，其二次电压值可达零点几伏到 10V 左右（极端情况下可超过 20V），而基波不平衡电压一般较小，大约为百分之几伏到十分之几伏。因此，需要在保护装置中装设良好的滤波器，滤除三次谐波电压，便可显著地提高匝间保护的灵敏度。

提高了保护灵敏度之后，需要防止外部不对称短路时暂态不平衡引起纵向零序电压匝间保护装置误动作，故应当同时装设负序功率方向元件，当发电机外部故障时由负序功率方向元件闭锁纵向零序电压式匝间保护。

根据安全要求，专用 TV0 的一次侧应装设熔断器。为了防止在一次侧熔断器熔断时零序电压继电器误动作，还需装设电压断线闭锁元件。

（二）微机型发电机纵向零序电压保护的构成和逻辑

1. 微机型纵向零序电压保护的构成

微机型纵向零序电压保护由相应若干保护判据构成。保护判据分为主判据和闭锁判据，主判据为零序过电压判据，闭锁判据包括负序功率方向判据、机端 TA 断线闭锁判据、机端通用 TV 断线闭锁判据和匝间保护专用 TV 断线闭锁判据等。

主判据采用零序电压越限判据，判据如下

$$3U_0 > U_{0\cdot set} \tag{4-3-13}$$

式中：$3U_0$ 为实测的基波纵向零序电压有效值；$U_{0\cdot set}$ 为动作电压定值。

负序功率方向闭锁元件的判据为

$$\begin{gathered} P_2 = \mathrm{Re}\ (\dot{U}_{g2} I_{g2}^* e^{j\varphi_2}) < 0 \\ |\dot{U}_{g2}| > \varepsilon_{U2} \\ |\dot{I}_{g2}| > \varepsilon_{I2} \end{gathered} \tag{4-3-14}$$

式中：$\dot{U}_{g2}$ 为发电机端负序电压相量；$\dot{I}_{g2}$、I_{g2}^* 分别为发电机端负序电流相量、共轭相量；P_2 为构造的发电机端负序功率；φ_2 为负序方向元件的灵敏角；ε_{U2}、ε_{I2} 分别为负序电压、负序电流门槛定值。

设置负序电压和负序电流门槛定值的目的是为了防止出现机端发生三相短路时，由于负序分量较小而导致负序功率方向元件误判的情况。灵敏角和负序电压、负序电流门槛这三个定值一般由生产厂商为保护装置给定（内部定值），第一个定值决定于发电机负序阻抗角，而后两者一般决定于最小精工电压和电流。

上述匝间保护需要设置机端 TV 断线闭锁元件和 TA 断线闭锁元件，其中，TV 断线闭锁元件又包括匝间保护专用 TV 和通用 TV 断线闭锁元件两种。匝间保护专用 TV 闭锁元件用来防止专用 TV 一次侧断线后导致主判据误动；通用 TV 断线闭锁元件和 TA 断线闭锁元件用来防止在机端 TA 或通用 TV 发生断线后，又发生发电机外部不对称短路故障时造成负序功率方向元件出现误判的情况。TA 断线判据原理可参见本章第二节中的 TA 断线闭锁元件部分的有关内容，TV 断线判据原理可参见本节中的 TV 断线判别部分的有关内容。

2. 微机型纵向零序电压保护逻辑

微机型纵向零序电压式匝间保护的逻辑框图如图 4-3-10 所示。

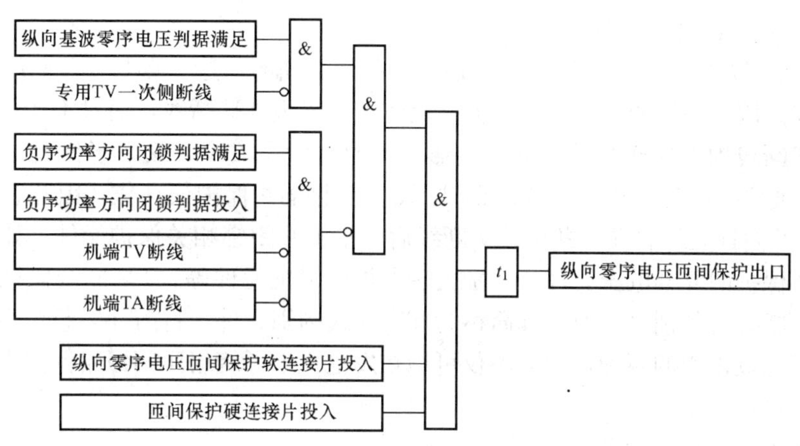

图 4-3-10　纵向零序电压式匝间保护逻辑框图

（三）发电机纵向零序电压保护的整定计算

发电机纵向零序电压保护中需要整定的主要定值有：纵向零序电压元件动作电压 $U_{0\cdot set}$、动作延时 t_1，负序方向元件负序电流门槛 ε_{I2}、负序电压门槛 ε_{U2} 等。

纵向零序动作电压定值 $U_{0\cdot set}$ 应当满足

$$U_{0\cdot set}=K_{rel}\sqrt{(3U_{0\cdot unb.1})^2+(3U_{0\cdot unb.3}/K_3)^2} \tag{4-3-15}$$

式中：K_{rel} 为可靠系数，$K_{rel}=1.5$；$3U_{0\cdot unb.1}$ 为正常运行时 TV0 的最大不平衡基波零序电压（二次值）；$3U_{0\cdot unb.3}$ 为正常运行时 TV0 的最大不平衡三次谐波电压（二次值）；K_3 为三次谐波滤波比。

如果 $K_3>100$ 时，纵向零序动作电压定值 $U_{0\cdot set}$ 也可整定为

$$U_{0\cdot set}=K_{rel}(3U_{0\cdot unb\cdot 1}) \tag{4-3-16}$$

事实上，$3U_{0\cdot unb\cdot 1}$ 或 $3U_{0\cdot unb.\cdot 3}$ 的实测和计算均有较大困难。根据前面的分析，零序基波电压一般不超过零点几伏，如 $3U_{0\cdot unb\cdot 1}=0.5$V，而目前实测到的外部短路最大三次谐波不平衡电压 $3U_{0\cdot unb\cdot 3}=40$V。因此 $U_{0\cdot set}$ 可选择为 1.2～1.5V。将以上得到的定值作为初设值，再根据发电机组的实际运行情况作适当修正。

（四）运行注意事项

（1）微机保护中的滤波算法（或集成电路保护中的三次谐波滤波电路）通常是按额定频率设计的。在发电机启动过程中，由于频率较低，三次谐波滤波器的不平衡输出加大，可能会造成纵向零序电压式匝间短路保护误动，此时需要退出该保护。因此，这种保护方式在发电机启动过程中将失去保护作用。在微机保护中，可以通过频率跟踪算法来对此加以改善。

（2）当专用 TV 中性点与发电机中性点之间的连线上发生接地故障时，发电机的 100%

定子绕组接地保护（下一节介绍）将动作。如果定子绕组接地保护作用于信号，需对上述连线是否接地进行检查；如果定子绕组接地保护允许跳闸，会使发电机不必要地被切除，需要引起注意。

（3）纵向零序电压式匝间短路保护可以同时反应发电机定子匝间和不对称相间短路故障。在加装负序功率方向闭锁装置时，如果希望该保护只反应匝间短路，其电流应引自中性点侧 TA；如果希望同时反应匝间和相间短路故障，其电流则应引自于机端侧 TA。

（五）TV 断线监视及闭锁元件

TV 断线监视及闭锁元件的监视与闭锁功能都是必须的，这一点与 TA 断线监视及闭锁元件有所不同。因为 TV 通常装有熔断器，比较容易出现 TV 断线，而对于 TV 而言，这种以及外部引线断线均不属于故障，既不会影响人身和设备安全，又易于修复，没有理由在 TV 断线时让被保护设备跳闸。但是，TV 断线会引起某些保护误动作，因此它们必须配备 TV 断线监视及闭锁元件。在判断出 TV 断线后，报警并闭锁相关保护元件，如负序功率方向元件、后备保护的复合电压元件、低励失磁保护的阻抗元件等。TV 断线监视及闭锁元件的核心是 TV 断线的判别，下面将其简称为 TV 断线判别元件。目前 TV 断线判别元件有多种，这里介绍比较常用的两种，它们不仅可用在发电机定子绕组匝间短路保护中，也可在其他有需要的保护中使用。

1. 双 TV 电压平衡式 TV 断线判别元件

双 TV 电压平衡式 TV 断线判别元件适用于当 TV 一次侧或二次侧回路断线时可能误动的各种保护中用作电压回路断线闭锁。譬如，作为负序方向元件的 TV 断线闭锁元件，也可在纵向零序电压保护中用作专用 TV 一次侧断线的闭锁元件。

该方法的基本原理是将接在同一电源系统（如同一母线）上的两组 TV 二次侧的三个相间电压引入，通过对这两组电压进行比较来判断是否发生了 TV 断线，以及是哪一组 TV 发生了断线。下面以用作纵向零序电压保护的专用 TV 一次侧断线闭锁元件为例进行介绍，其判据包括电压平衡判据和负序电压判据。

（1）电压平衡判据

$$|U_{XY}-U_{xy}|>\Delta U_{set} \tag{4-3-17}$$

式中：U_{XY}为第一组 TV 二次侧的线电压，XY 为 AB、BC、CA，这里可认为是通用 TV 的线电压；U_{xy}为第二组 TV 二次侧的线电压，xy 为 ab，bc，ca，这里可认为是专用 TV（图 4-3-9 中的 TV0）的线电压；ΔU_{set}为断线判别的电压差门槛。

ΔU_{set}按躲过正常工况下两组 TV 之间的最大压差来整定，均为通用 TV 情况下取为 3～5V。另外，考虑 TV0 一次侧熔丝熔断或抖动的暂态过程中应能可靠判别，ΔU_{set}也可设置为 10V。

（2）负序电压判据

$$U_2>U_{2\cdot set} \tag{4-3-18}$$

式中：U_2为通用 TV 二次侧的负序电压；$U_{2\cdot set}$为动作电压门槛。

$U_{2.set}$按躲过正常运行时通用 TV 二次侧出现的最大负序电压来整定，一般可设置为 9～10V。

双 TV 电压平衡式 TV 断线判别元件的逻辑框图如图 4-3-11 所示。

当电压平衡判据和负序电压判据均满足动作条件时，判定为通用 TV 发生断线；当仅有电压平衡判据满足时，判定为专用 TV 发生断线。专用 TV 发生断线后，经长延时 t_1 发报警信号，经短延时 t_2 发闭锁信号。当 TV 断线故障消失时，报警信号瞬时返回，但为保证被闭锁保护不出现误动，闭锁信号一般设置为经延时返回，该延时和 t_2 通常设置为无需用户整定的保护装置内部定值。通用 TV 发生断线后，经长延时 t_3 发报警信号，经短延时 t_4 发闭锁信号。当 TV 断线故障消失时，报警信号瞬时返回，闭锁信号一般也设置为经延时返回。

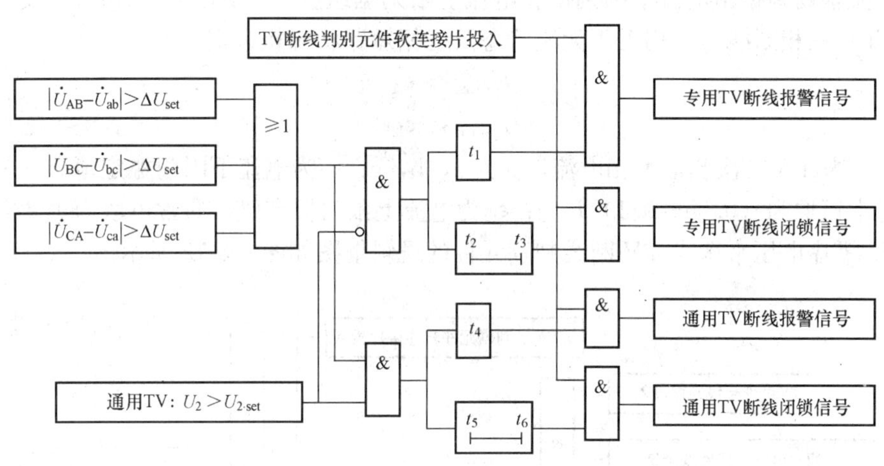

图 4-3-11　双 TV 电压平衡式 TV 断线判别元件的逻辑框图

上例在发电机采用纵向零序电压式匝间保护的场合，巧妙地利用了已有的专用 TV 和通用 TV 来实现双 TV 电压平衡式 TV 断线判别。显然，如果两个 TV 都是通用 TV 时上述 TV 断线判别方法也是可行的，并且还有多种的 TV 断线判别方法（此处略）。双 TV 电压平衡式 TV 断线判别方法的显著优点是可以有效地判断 TV 一次和二次侧的断线，但只能用于在同一母线上有两组 TV 的场合，因此该方法不适用于发电机中性点侧单相电压互感器断线判别，另外当两组 TV 的同一相同时发生断线时，该方法也无法进行判别。

2. 单 TV 零序电压平衡式 TV 断线判别元件

单 TV 零序电压平衡式 TV 断线判别元件只需利用一组 TV 的电气量就可进行 TV 断线判别，不过有些情况下还需利用电流量作为辅助判据。通过对被测 TV 的电压量和相关电流量进行判别，可确定该组 TV 是否发生断线。这种 TV 断线判据的主要目的是反应 TV 二次侧断线，判据分为两部分：不对称断线判据和对称断线判据。

(1) TV 不对称断线判据。TV 不对称断线指单相、两相断线。当 TV 的开口三角绕组的零序电压与三相电压构成的零序电压（称为自产零序电压）之差大于给定门槛（即定值）时，判断为 TV 断线，即

$$|\dot{U}_a+\dot{U}_b+\dot{U}_c-K_0\cdot 3\dot{U}_0|>\varepsilon_{U0} \tag{4-3-19}$$

式中：$\dot{U}_a$，$\dot{U}_b$，$\dot{U}_c$ 为 TV 二次侧三相绕组电压；$3\dot{U}_0$ 为 TV 二次侧开口三角绕组电压；K_0 为变比因子，对于中性点直接接地系统，取 $K_0=1/\sqrt{3}$，对于中性点不接地系统，取 $K_0=\sqrt{3}$；ε_{U0} 为零序电压门槛定值。

(2) TV 对称断线判据。TV 对称断线指三相断线。实际情况下 TV 三相断线并不多见，

三相断线判据是整个断线判据的一个补充，它又包括三相无电压判据和电流辅助判据。

1）三相无电压判据是指机端三个相间电压（二次值）均小于低门槛值，即

$$U_{xy} < \varepsilon_{U2} \tag{4-3-20}$$

式中：U_{xy}为相间电压，xy为ab，bc，ca；ε_{U2}为相间电压门槛定值（又称为无压定值），通常可取为$0.08U_{N\cdot s}$。

2）电流辅助判据由电流下限判据和电流上限判据组成，见式（4-3-21）。利用这两个辅助判据将TV三相断线与三相无压无流状态及三相短路状态相区别。

$$\left.\begin{array}{l} I_{p\cdot max} > \varepsilon_{I1} \\ I_{p\cdot max} < \varepsilon_{I2} \end{array}\right\} \tag{4-3-21}$$

式中：$I_{p\cdot max}$为TA二次侧最大相电流，p为a，b，c；ε_{I1}为电流下限门槛定值（又称为有流定值），通常可取为（0.05～0.1）$I_{N\cdot s}$；ε_{I2}为电流上限门槛定值，通常可取为$1.2I_{N\cdot s}$。

单TV零序电压平衡式TV断线判别元件的逻辑框图如图4-3-12所示。

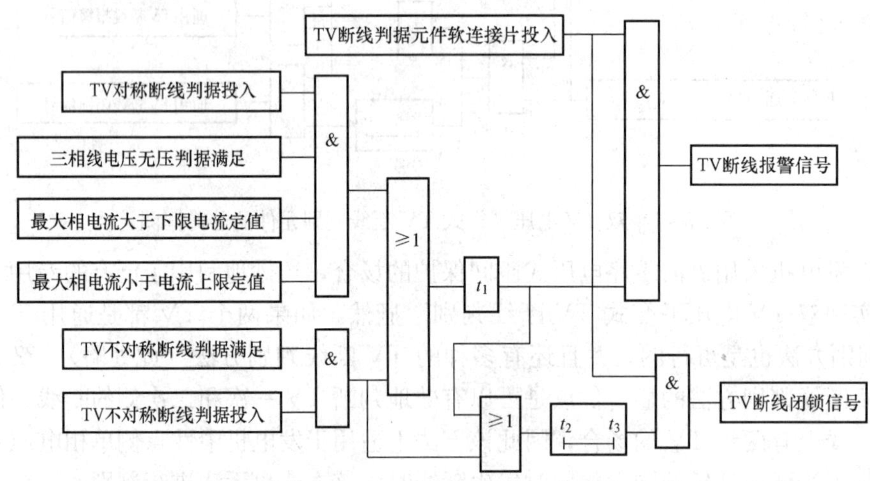

图4-3-12　单TV零序电压平衡式TV断线判别元件的逻辑框图

如图4-3-12所示，无论TV不对称还是对称断线判据满足，经“或”门和长延时t_1（通常设置为5s），发TV断线报警信号。在TV不对称断线判据满足时经短延时t_2迅速发出闭锁信号。当TV断线故障消失时，报警信号瞬时返回，闭锁信号则经延时返回，防止闭锁信号撤消过快而造成被闭锁的保护误动。

第四节　定子绕组单相接地保护

如果定子绕组与铁心间的绝缘在某一点上遭到破坏，就会发生定子绕组单相接地故障。实践表明，定子绕组单相接地故障是发电机最常见的故障之一。尤其当发电机定子绕组采用水冷方式时，由于偶然的漏水致使定子绕组接地（或某点对地绝缘下降至危险值）就更易发生。由于大型汽轮发电机中性点多是高阻接地方式，定子绕组单相接地故障不会引起很大的故障电流，而主要是由绕组对铁心的分布电容引起的电容电流。

（1）接地故障电流的危害主要表现在以下两个方面：

1）持续的接地电流会产生电弧烧损铁心，使定子铁心叠片烧结在一起，造成检修困难。烧伤试验表明，对于额定电压大于 10kV 的发电机，不产生电弧的最大接地电流仅为 1A，称为安全电流。0.75A 接地电流持续 20min 就可能破坏硅钢片的绝缘。实际上当中性点采用高阻接地方式时，接地故障电流将大于上述电流值。

2）接地电流将破坏绕组绝缘，扩大事故。如果一点接地而未及时发现并采取措施，有可能再发生第二点接地而造成匝间或相间短路故障，严重损坏发电机。

（2）大型发电机的定子绕组接地保护要求满足两个基本条件：

1）有 100%绕组保护区。

2）保护区内发生带过渡电阻接地故障时保护应有足够高的灵敏度。

（3）根据故障接地电流的大小，发生接地故障后可能有不同的处理方式：

1）当接地电流小于安全电流时，保护可只发信号，经转移负荷后平稳停机，以避免突然停机对发电机组与系统的冲击。

2）当接地电流较大时，为保障发电机的安全，应当立即跳闸停机。

目前常要求大型发电机定子绕组单相接地保护直接作用于跳闸，故设计时应做到这一点，同时还可根据运行要求通过打开跳闸连接片或其他方式切换到仅动作于信号。

目前所采用的大型发电机定子绕组单相接地保护可分为两类：①利用发电机自身电气量作为特征电量的定子绕组单相接地保护，包括基波电压保护和零序三次谐波电压保护；②利用外加低频电压源的定子绕组单相接地保护。

一、利用发电机自身电气量的定子绕组单相接地保护

（一）保护原理和实现方案

定子绕组单相接地保护与发电机中性点接地方式有关。下面将以大型汽轮发电机常用的中性点通过配电变压器高阻接地方式为例来说明接地保护原理。

1. 定子绕组单相接地故障时基本电量的特点和计算

（1）基频零序电压。当发生定子绕组单相接地故障时，发电机中性点和机端均会产生基频零序电压，其大小与发电机电压、对地电容、中性点接地电阻以及接地位置有关。假定 A 相绕组单相接地，计算接地故障基频零序电压的简化等值电路如图 4-3-13 所示。

在图 4-3-13 中，设故障点位于定子绕组 A 相距中性点 α 处，E_N 为额定电压，r_0 为中性点接地电阻（一次侧），r_d 为故障点电弧电阻，C_g 为发电机定子绕组每相对地电容，C_t 为发电机外部每相对地等值总电容（它主要由主变低压绕组对地电容、机端引线电容、冲击波电压吸收器的电容、高压厂用变压器高压绕组对地电容等构成）。由图 4-3-13 可得

$$3\dot{U}_0=\frac{\alpha\dot{E}_N}{3r_d+\dfrac{1}{\dfrac{1}{3r_0}+j\omega_0(C_g+C_t)}}\cdot\frac{1}{\dfrac{1}{3r_0}+j\omega_0(C_g+C_t)} \tag{4-3-22}$$

$$=\frac{\alpha\dot{E}_N r_0}{r_d+r_0+j3r_d r_0\omega_0(C_g+C_t)}$$

可见，当机端发生接地故障时，$\alpha=1$，U_0最大；当中性点直接接地时，$\alpha=0$，$U_0=0$。当靠近中性点发生接地故障时，因 α 很小，U_0会很小，所以用基频零序电压来检测定子绕组接地故障，在中性点附近一定存在着死区，因此还必须寻求其他的特征电量来实现 100%

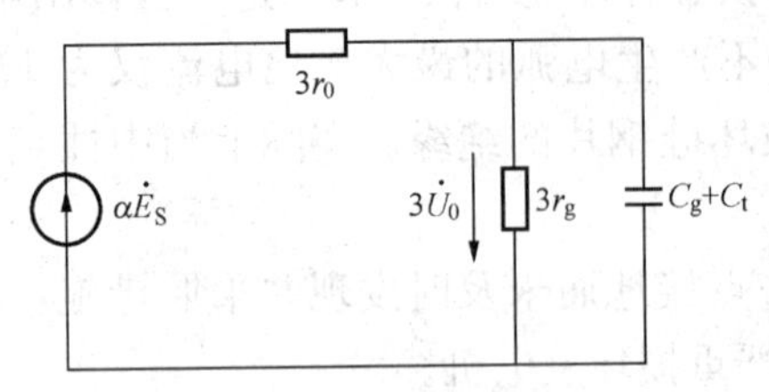

图 4-3-13　定子绕组接地的基频零序电压等值电路

定子绕组接地保护。

【例】　令 $E_N=20kV$，$r_0=3781\sim4537\Omega$，TV 一次侧对二次侧开口三角形的变比（零序综合变比）$n_{TV0}=200$，并设 $C_g=0.176\mu F$，$C_t=0.116\mu F$。由式（4-3-22），当取 $\alpha=0.05$，$r_d=0$ 时，二次侧基频零序电压 $3U_0/n_{TV0}=5$（V）；而当取 $\alpha=0.1$，$r_d=10k\Omega$ 时，$3U_0/n_{TV0}=2.19\sim2.37V$。

（2）三次谐波零序电压。实际测量表明，无论发电机容量大小如何，它们的相电压中总有少量的三次谐波，其大小可为额定电压的千分之几到百分之十左右，这是因为转子绕组结构上的特点，总存在一定的（虽然很小）三次谐波磁通势，另一方面因转子大齿和小齿结构使两等效气隙线不同，也会产生三次谐波磁通势，这样便会在相绕组中产生三次谐波电动势分量。显然，这种三次谐波电动势是零序性质的，因此不会出现在线电压中。主变压器低压侧通常是三角形接线，发电机中性点采用高阻接地方式，正常运行时不存在三次谐波零序电流主通路，这时三相绕组中的三次谐波零序电动势通过绕组对地分布电容和发电机所连设备对地电容形成机端侧和中性点侧对地零序三次谐波零序电压 U_S 和 U_N，两者大小与机端和中性点对地等值导纳成反比分配，两者之相量和正好与三次谐波零序等值电动势相等。由于机端所连设备对地电容使机端等值电容增大，故通常有 $U_S\leqslant U_N$。以下为简化叙述，不再强调“零序”这个词，即将三次谐波零序电压简称为三次谐波电压。

发电机发生定子绕组接地故障时，迫使绕组中的三次谐波电动势按故障接地点分为两部分，使相应的 U_S 和 U_N 发生变化。当靠近中性点附近发生接地故障时，U_N 减小，U_S 增大。故障点越靠近中性点，U_N 减小得越多，而 U_S 增大得越多。极端情况下，当中性点直接接地时，$U_N=0$。因此，利用三次谐波电压 U_N 与 U_S 相对变化的特征可以构成定子绕组接地保护并有效地消除中性点附近的保护死区。

需要指出的是，即使在正常运行状态，三次谐波电动势随发电机运行工况的改变而不断变化，使 U_N 和 U_S 也发生变化。例如当励磁电流增加时，三次谐波电动势通常亦呈增加趋势。实际上当发电机输出的有功功率和无功功率改变时，均会引起三次谐波电压的变化，并且不随有功和无功功率的增加而直线增加。因此单独根据 U_N 或 U_S 一个量的改变并不能作为发生接地故障的特征，需要利用 U_N 和 U_S 的相对变化来实现三次谐波电压原理的定子绕组单相接地保护。

2. 基频零序电压原理的定子绕组接地保护

采用发电机基频零序电压越限判据就可构成基频电压原理的定子绕组接地保护，以下称为基频零序电压式定子绕组接地保护，简称为基频零序电压保护。

$$|3\dot{U}_0|/n_{TV0}>U_{0\cdot set} \tag{4-3-23}$$

在发电机定子绕组回路某点发生单相接地时，其各点均有零序电压，因此作为保护动作参量的基波零序电压可以取自机端 TV 的第三绕组（开口三角形），也可以取自发电机中性点接地配电变压器的二次侧。需要注意的是机端 TV 变比在设计时已保证当机端单相金属性接地时，开口三角形电压正好为 100V（指 $3U_{g0}/n_{TV0}$）。由于此时中性点与机端对地基频电压（一次）相等，故要使中性点接地配电变压器二次侧基频零序电压与机端开口三角形一致，则要求其变比与机端 TV 变比一致。实际上中性点接地变压器的变比往往不满足这个要求。例如某发电机的机端 TV 变比为 20000/100＝200，而中性点接地配电变压器变比为 20000/230＝87＜200，这使得在相同接地故障下中性点零序电压二次测量值较机端偏高。若继电器输入电压取自中性点接地配电变压器二次侧，则应考虑附加电压变换或在整定时考虑变比不同引起的差别。

为了防止正常情况下零序基波电压式接地保护误动，其整定值需要躲过正常运行时不平衡零序电压。实测表明，发电机正常运行时不平衡零序电压可能超过 10V，有时因 TV 饱和，甚至可能超过 20V。若按此整定，保护死区会超过 10%～20%，因此需要努力减小正常运行时的不平衡电压。实际上不平衡零序电压主要是三次谐波成分，基波成分很小。为了减小接地保护的动作电压，有效而简便的方法是将输入电压先通过滤过比很高的三次谐波滤波器。实践证明，如果能将三次谐波滤过比提高到 80～100，即能基本消除三次谐波成分。这样可使保护动作电压减小为 5～10V（即动作区为 90%～95%）。

另外，因高压系统中性点为直接接地方式，当高压系统发生单相接地故障时，若通过主变压器一、二次侧绕组间的耦合电容直接传递给发电机的零序电压超过定子绕组接地保护动作电压，也会引起保护误动。尤其当接地保护动作于跳闸时，这种误动是绝对不允许的。解决方法是使定子绕组接地保护动作时限大于系统接地保护动作时限。若实施该措施有困难，只好提高动作电压，缩小保护区。这种情况下，更有必要采用其他原理的保护来预防中性点附近的定子绕组接地故障。

尽管基频零序电压式接地保护死区有可能降到 5%～10%，但在保护区内靠近中性点部分的灵敏性往往较低。灵敏性是用耐过渡电阻的大小来衡量的，发生接地故障时故障点往往有较大的过渡电阻（如绝缘下降至某一阻值，或接地点绝缘层残留物等），这使得实际动作区大大缩小。仍以前例说明，若设零序基波电压整定值为 5V，那么离中性点 10%的地方经 10kΩ 电阻发生接地短路时，测量电压不超过 2.4V，显然保护将拒动，这时保护死区将扩大到 21%以上。

3. 三次谐波电压原理的定子绕组接地保护

三次谐波电压原理的定子绕组接地保护可以帮助消灭基频零序电压式接地保护在中性点附近的保护死区。事实上只要动作判据选择合适，它还有可能单独完成发电机的 100%定子绕组接地保护，再与基频零序电压式接地保护相配合，可使发电机最常见的定子绕组接地故障具有主、后备保护，并完全消除了死区。

发电机正常运行时，中性点对地三次谐波电压 $\dot{U}_N$ 与机端对地三次谐波电压 $\dot{U}_S$ 的相位并不一致，大小亦有差别（一般是 $U_N > U_S$）。为了提高灵敏性，需要在正常运行条件下事先尽量减小这个差别，以降低保护动作值（即降低定值），这样在发生接地故障时才有利于反应 $\dot{U}_N$ 与 $\dot{U}_S$ 间的微小变化，提高保护灵敏性。按照这个要求，常用的三次谐波电压式定子绕组接地保护判据主要有以下几种：

（1）动作判据 1（三次谐波电压幅值比判据）

$$|\dot{U}_S| > K_3 |\dot{U}_N| \tag{4-3-24}$$

式中：K_3 为制动系数。

制动系数 K_3 的选取原则是在各种正常运行工况下尽量使式（4-3-24）的两边接近相等，

且右边略大于左边并保留必要的裕度，保证在正常运行不误动的前提下尽量提高灵敏性。K_3的精确确定最好能实测，而估算K_3的常用公式为

$$K_3 = K_{rel}\frac{n_{TV\cdot n}}{3n_{TV\cdot t}} \tag{4-3-25}$$

式中：K_{rel}为可靠系数，可取1.3～1.5；$n_{TV\cdot t}$为机端TV开口三角绕组的变比；$n_{TV\cdot n}$为中性点单相TV、消弧线圈或配电变压器的变比。

上述动作判据只能保护定子绕组靠近中性点的部分，需要与基频零序电压式接地保护相配合构成完整的100%定子绕组接地保护。这个方案的优点是当机端TV发生断线时因$\dot{U}_S$降低而不会误动，中性点处接地设备的一、二次侧一般不装设熔断器，因此一般不需考虑电压回路断线问题。经验表明，上述动作判据用于大型发电机组时会显得灵敏性不足，对于大型发电机组使用的三次谐波电压式定子绕组接地保护，可采用以下两种判据，有利于提高保护的灵敏性。

（2）动作判据2（三次谐波电压相量差判据）

$$|\dot{U}_N - \dot{K}_P\dot{U}_S| > K_R|\dot{U}_N| \tag{4-3-26}$$

式中：$\dot{K}_P$为平衡因子，一般为幅值大于1.0的复常数，整定值；K_R为制动系数，整定值。

在式（4-3-26）中，将$\dot{U}_S$乘以$\dot{K}_P$，相当于对$\dot{U}_S$的幅值与相位进行调整，使得在正常运行条件下$\dot{K}_P\dot{U}_S \approx \dot{U}_N$（即尽量平衡），则动作量$|\dot{U}_N - \dot{K}_P\dot{U}_S|$接近于0，这样使正常运行时满足可靠制动要求的制动量$K_R|\dot{U}_N|$可以非常小（即制动系数K_R可选得非常小）。另一方面，当发生中性点附近的定子绕组接地短路时，$|\dot{U}_N|$减小，使保护在中性点附近接地故障的灵敏性进一步改善。事实上，因K_R取值一般较小，即使在机端发生接地故障时，动作判据式（4-3-26）仍有较高灵敏性。而当绕组中部附近发生接地故障时，其灵敏性较低。这是因为在定子绕组中部发生接地时，$|\dot{U}_N|$与$|\dot{K}_P\dot{U}_S|$可能与正常运行情况很接近，使动作量大大减小，而制动量又较大的缘故。当然，这时$\dot{U}_N$与$\dot{K}_P\dot{U}_S$间的相位差别还是存在的，故仍有一定的灵敏性。由此可见，动作判据式（4-3-26）可以单独保护100%定子绕组，只是在不同地点发生接地故障时其灵敏性不同，而中性点附近最低。定值$\dot{K}_P$与K_R通常需要实测确定。作为经验，当在满负荷条件下恰当选择$\dot{K}_P$达到基本平衡时，K_R一般可取为0.2～0.3。

（3）动作判据3（自适应三次谐波电压判据）

$$|\dot{U}_N - \dot{K}'_P\dot{U}_S| > K'_R|\dot{U}_N| \tag{4-3-27}$$

式中：$\dot{K}'_P$为自调整平衡因子，整定值；K'_R为制动系数，整定值。

比较式（4-3-27）与式（4-3-26），它们在形式上虽然基本相同，但$\dot{K}'_P$的处理方法与$\dot{K}_P$完全不同。$\dot{K}'_P$是一个实时计算并不断自动调整的复数平衡因子，而$\dot{K}_P$仅为事先整定的常数，即它在整定完毕后不再改变。发电机正常运行工况的变化乃至$\dot{U}_N$、$\dot{U}_S$随之发生的变化相对于突发故障而言是一个较缓慢的过程，$\dot{K}'_P$在运行中每隔一段时间（称为计算周

期，如 2～4 个工频周波）自动计算和调整一次（$\dot{K}'_{P}$ 以 $\dot{K}_{P}$ 为初值），这样即使在发电机运行工况变化过程中，均可通过这种自跟踪而得到最优的平衡因子，保持使动作量达到最小，因而可选择更小的制动系数 K'_{R} 而不会误动作，从而可有效地提高接地故障时保护的灵敏性。接地故障是一个突然的过程，上述判据一旦满足（即启动后），暂时停止 $\dot{K}'_{P}$ 调整并通过重复计算来判定故障，直至保护复归后再重新恢复 $\dot{K}'_{P}$ 调整运算。

动作判据 3 的灵敏性虽然更高，但对发现定子绕组绝缘缓慢下降存在缺点，因此可将动作判据 3 和动作判据 2 结合使用。

（4）三次谐波电压式定子绕组接地保护的实现问题。在实现三次谐波电压式定子绕组接地保护时，为了获得 $\dot{U}_{N}$、$\dot{U}_{S}$，需要输入中性点和机端对地电压。三次谐波电压通常不大，而发生接地故障时基频零序电压有可能远大于三次谐波电压（如定子绕组较大匝数处甚至机端附近的接地故障），因此在微机保护中其电压输入通道的电压范围需要按最大可能的基频零序电压范围设计（当然对于大多数同时要求配置基频零序电压式定子绕组接地保护的场合，这种要求也是必然的）。这便要求数据采集系统具有较高的分辨率来保证能有效地获取这量值不大的三次谐波电压，另外还需要使用优良的数字滤波器来滤取三次谐波和滤除各种其他谐波（包括量值可能很大的基波，要求滤过比＞100）。

另一方面，为了实现三次谐波电压式定子绕组接地保护，除了上述主判据外还需要有下述辅助判据。

三次谐波低压闭锁判据

$$(|\dot{U}_{N}| < \varepsilon_{0}) \cap (|\dot{U}_{S}| < \varepsilon_{0}) \tag{4-3-28}$$

式中：ε_{0} 为无电压门槛。

发电机组在启停机时，电压中的三次谐波分量较小，该闭锁判据动作，防止三次谐波电压式定子绕组接地保护因测量误差而造成误判。

TV 断线闭锁判据：当机端通用 TV 的一次侧或开口三角绕组发生断线时，也可能造成有些三次谐波电压判据误动，故应设置 TV 断线闭锁功能，TV 断线判别元件参见前面内容。

（二）微机型定子绕组接地保护的逻辑及构成

微机型基频零序电压式定子绕组单相接地保护的逻辑框图如图 4-3-14 所示，三次谐波电压式定子绕组单相接地保护的逻辑框图如图 4-3-15 所示。后者将动作判据 2（三次谐波电压相量差判据）与动作判据 3（自跟踪式三次谐波电压判据）结合使用，使保护具有较高的灵敏度。如前所述，基频零序电压式与三次谐波电压式定子绕组接地保护往往同时使用，有人称之为双频式定子绕组接地保护。基频零序电压和三次谐波电压定子绕组接地保护均可设置为报警和跳闸，通过相应软压板进行切换，以满足现场的要求。目前以选择基频零序电压式接地保护作用于跳闸，而三次谐波电压式接地保护多作用于发信号。

（三）利用发电机电量的定子绕组接地保护的整定计算

利用发电机电量的定子绕组接地保护中需要整定的主要定值有：基频零序电压接地保护的电压定值 $U_{0\cdot set}$、发信延时 t_1、动作延时 t_2，三次谐波电压接地保护的平衡因子 $\dot{K}_{P}$（或 $\dot{K}'_{P}$）、制动系数 K_{R}（或 K'_{R}），以及报警延时定值 t_1、跳闸延时定值 t_2 等。

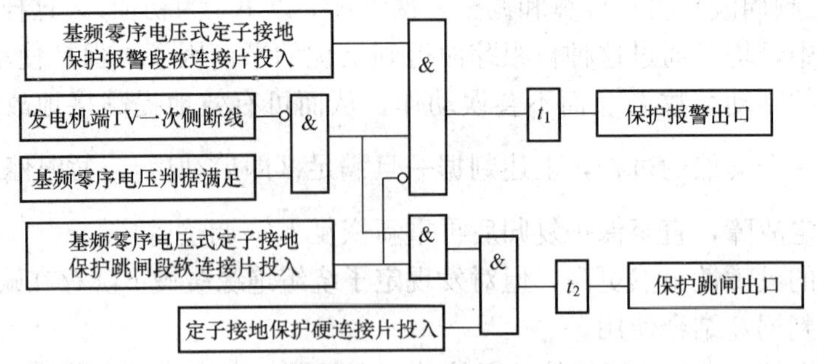

图 4-3-14　基频零序电压式定子绕组单相接地保护逻辑框图

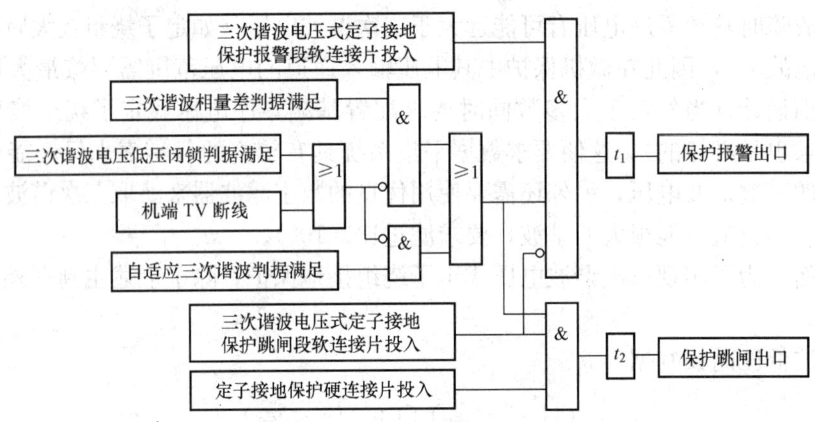

图 4-3-15　三次谐波电压式定子绕组单相接地保护逻辑框图

1. 基频零序电压保护

动作电压门槛 $U_{0\cdot set}$ 应按躲过正常运行时发电机中性点侧单相 TV 或机端 TV 开口三角绕组的最大不平衡电压整定，即

$$U_{0\cdot set}=K_{rel}U_{unb\cdot max} \tag{4-3-29}$$

式中：K_{rel} 为可靠系数，取 1.2～1.3；$U_{unb\cdot max}$ 为实测最大不平衡电压，为了减小动作电压，可将输入电压先通过高滤过比的滤波器滤除三次谐波电压。

根据经验，在使用三次谐波滤波器前提下，动作电压门槛 $U_{0\cdot set}$ 一般可整定为 5～10V；动作延时可根据现场实际需要来整定，一般不小于 0.5s。

2. 三次谐波电压保护

三次谐波电压式定子绕组接地保护各系数的整定可参见该保护原理部分。

二、采用外加电源注入信号的定子绕组单相接地保护

（一）保护原理

目前发电机通常都采用中性点经高阻抗接地方式，正常情况下，整个三相定子回路对地可认为是绝缘的，对地电阻较高。而发生单相接地故障时对地绝缘被破坏，对地电阻降低甚至接近零，可直接利用这个特征来区分正常状态和接地故障。考虑在发电机定子绕组回路与大地之间外加一个信号电源，正常运行时，这个信号源几乎不产生电流（或很小电流），仅当发生接地故障后，才产生相应频率的接地电流，使保护动作。这种采用外加电源注入信号

的定子绕组单相接地保护（常简称为外加电源式或注入式定子绕组接地保护）需要考虑以下几个问题：

(1) 这种定子绕组接地保护的注入电源一般不从一次侧直接注入，而是通过 TV 的开口三角绕组接入，或者由发电机中性点接地变压器二次侧注入。

(2) 注入电源的外加信号频率不能使用工频，以保证能正确区分正常运行的工频电流和接地故障的信号电流。同时也要避开三次谐波频率和 1/2 次谐波频率，因为要尽量避免发电机已有的信号频率以及易于在发电机定子绕组回路引起谐振过电压的频率。就目前使用情况来看，一般采用低频方波电压源作为注入电源，这样既可保证接地故障的保护灵敏度，又能减少外加电源的容量。

(3) 外加电源式保护可以在发电机处于停机状态或在启动、停机过程中提供定子绕组接地保护。

有人认为，外加电源式定子绕组接地保护可反应绕组绝缘的均匀下降，因此能对绝缘老化起到一定的监视作用。利用发电机自身电气量（基频零序电压和三次谐波电压）的定子绕组单相接地保护只能反应定子绝缘的局部恶化和破坏。

目前使用的外加电源式定子绕组接地保护主要有两种形式：①采用频率为 12.5Hz 的方波电压源作为注入电源；②采用频率为 20Hz 的方波电压源作为注入电源，通称为低频方波注入式定子绕组接地保护。下面以前一种为例，对外加电源式定子绕组接地保护的接线方式和保护判据进行介绍。

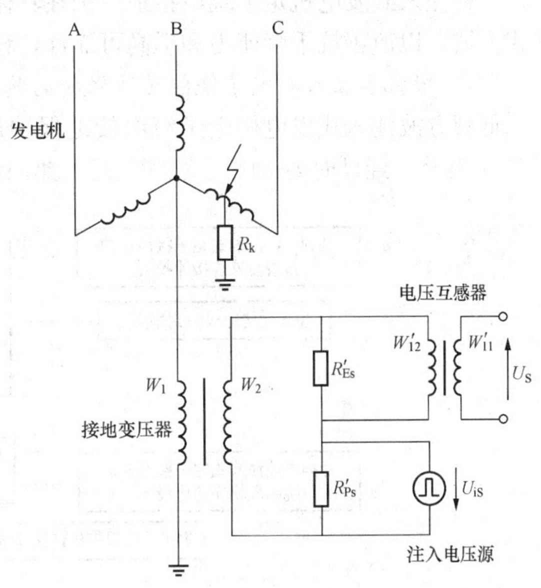

图 4-3-16　低频方波注入式定子接地保护原理接线图

这种低频方波注入式定子绕组接地保护原理接线示意图如图 4-3-16 所示。

图 4-3-16 中，低频方波注入电源接在发电机中性点接地变压器的二次侧，图中 R'_{Ps} 和 R'_{Es} 的作用不仅仅是帮助低频方波信号的注入和测量，R'_{Ps} 和 R'_{Es} 又是限流电阻，当发生接地故障时可使发电机中性点流过的最大电流值限制在一定的安全范围内，不过 R'_{Es} 和 R'_{Ps} 又不能太大，以避免发电机中性点过电压。

由图 4-3-16 可见，测量量有两个：一个是注入电源的电压 U_{iS}；另一个是电压 U_S，它代表电阻 R'_{Es} 两端的电压，亦即反映流过中性点的接地电流。当发电机处于正常状态时，定子绕组可视为对地绝缘，其中性点接地变压器二次侧回路没有电流（实际上，因定子绕组存在对地电容，当发电机正常运行时，接地变压器的二次侧回路存在着很小的电容电流），电压 U_S 值近似为零。当发生接地故障后，由于定子绕组对地构成了电流回路，在中性点接地变压器二次侧回路也出现了电流，从而电压 U_S 值不再为零。现假设接地故障的接地电阻记为 R_k，且不计定子绕组自身的阻抗和对地阻抗的影响，那么电压 U_S 可表为

$$U_S \times \left(\frac{W'_{12}}{W'_{11}}\right) = \frac{U_{iS}}{R'_{Es} + R_k \times (W_2/W_1)^2} \times R'_{Es}$$

因此，可通过测量电压 U_S 和注入电压 U_{iS} 来判断定子绕组是否发生单相接地故障。将上式变形可得 R_k 的估算式为

$$R_k = \frac{R'_{Es}U_{iS} - R'_{Es}U_S \times \left(\frac{W'_{12}}{W'_{11}}\right)}{U_S \times \left(\frac{W'_{12}}{W'_{11}}\right) \times \left(\frac{W_2}{W_1}\right)^2} \tag{4-3-30}$$

由此可建立这种低频方波注入式定子绕组接地保护的动作判据为

$$R_k \leqslant R_{k\cdot set} \tag{4-3-31}$$

这种注入式发电机定子绕组接地保护在具体实现中其 12.5Hz 的低频电源采用了所谓编码式方波，以改善抗干扰能力和提高可靠性，详情请参考相关资料。

（二）微机型注入式定子绕组接地保护的构成逻辑

低频方波注入式发电机定子绕组接地保护逻辑框图见图 4-3-17 所示。保护动作后，经延时 t_1 报警，经延时 t_2 动作于跳闸。通常延时范围为 0.1～100s。

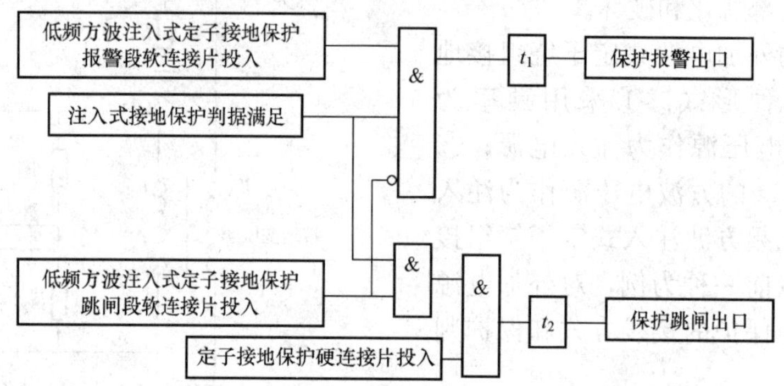

图 4-3-17 低频方波注入式定子接地保护逻辑框图

需要指出，注入式定子绕组接地保护装置（尤其是其中的注入电源）比较难于同时使用两套，因此常常需要和前面介绍的利用发电机本身电气量的接地保护共同使用来构成双重化的定子绕组接地保护，这也是一种比较优化的组合方案。

第五节 低励、失磁保护

发电机低励、失磁通常是指发电机励磁异常下降或励磁完全消失的故障，一般将前者称为部分失磁或低励故障，后者则称为完全失磁故障。

励磁异常下降是指运行中发电机励磁电流的降低超过了静态稳定极限所允许的程度，使发电机稳定运行遭到破坏。造成励磁异常下降的原因通常是由于主励磁机或副励磁机故障；励磁系统中硅整流元件部分损坏或自动调节系统不正确动作以及操作上的错误等等，这时励磁电压很低，但仍能维持一定的励磁电流。

完全失磁是指发电机失去励磁电源，通常表现为励磁回路开路，其原因包括自动灭磁开关误跳闸、励磁调节器整流装置中自动开关误跳闸。励磁绕组断线或端口短路以及副励磁机励磁电源消失等，亦可引起完全失磁。

习惯上将发电机低励、失磁故障简称为失磁故障，这是一种常见的故障，特别对于大型机组，励磁系统环节多，更易发生这种故障。

失磁后，发电机将由同步运行逐渐转入异步运行。在一定条件下，异步运行将破坏电力系统的稳定，并威胁发电机本身的安全。

（1）失磁对电力系统的危害主要表现为：

1）失磁发电机由失磁前向系统送出无功功率转为从系统吸收无功功率，尤其是满负荷运行的大型机组会引起系统无功功率大量缺额。若系统无功功率容量储备不足，将会引起系统电压严重下降，甚至导致系统电压崩溃。

2）失磁引起的系统电压下降会使相邻发电机励磁调节器动作，增加其无功输出，引起有关发电机、变压器或线路过流，甚至使后备保护因过流而动作，扩大故障范围。

3）失磁引起有功功率摆动和励磁电压下降，可能导致电力系统某些部分之间失步，使系统发生振荡，甩掉大量负荷。

失磁发电机单机容量与电力系统容量之比越大，对系统不利影响就越严重。

（2）失磁对失磁发电机本身的危害主要表现为：

1）由于出现转差，在转子回路出现差频电流，在转子回路里产生附加损耗，可能使转子过热而损坏。

2）失磁发电机进入异步运行后，等效电抗降低，定子电流增大。失磁前发电机输出有功功率越大，失磁失步后转差越大，等效电抗越小，过电流越严重，定子因之过热。

3）失磁失步后发电机有功功率发生剧烈的周期摆动，变化的电磁转矩（可能超过额定值）周期性地作用到轴系上，并通过定子传给机座，引起剧烈振动，同时转差也作周期性变化，使发电机周期性地严重超速。这些直接威胁机组安全。

4）失磁运行时，发电机定子端部漏磁增加，使端部的部件和边段铁心过热。

鉴于低励、失磁故障引起的上述危害，大型发电机必须装设完善的低励、失磁保护（简称为失磁保护），以便及时发现失磁故障并及时采取必要的措施。失磁保护构成原理及动作处理方式均与失磁发展过程中各电量变化紧密相关。下面先简要描述失磁过程中各电量的变化特点，为介绍失磁保护做好准备。

一、失磁过程中主要电量的变化特点

低励、失磁的直接表现是转子电压降低或消失，随之引起转子励磁电流逐步减小。但发电机是通过定子与系统相连的，需要分析这一过程中定子侧电量的变化情况，以便构成有效的失磁保护方案。以下分析中，若无特别说明均采用标幺形式的表达式，为简化表达，暂时略去符号中表示标幺值的下标 * 号。

隐极汽轮发电机同步运行时，若忽略所有电阻分量，则用系统电压 U 表示的功角特性为

$$P=\frac{E\cdot U}{x_s+x_d}\sin\delta \tag{4-3-32}$$

$$Q=\frac{E\cdot U}{x_s+x_d}\cos\delta-\frac{U^2}{x_s+x_d} \tag{4-3-33}$$

式中：P、Q 分别为发电机送至系统的有功功率、无功功率；U、E 分别为系统电压、发电机内电动势；x_s、x_d 分别为系统电抗（含升压变和等值线路的电抗）、发电机纵轴电抗；δ 为 $\dot{E}$ 超前 $\dot{U}$ 的角度，称为功角。

功角特性亦可用机端电压 U_g 来表示

$$P_g = \frac{EU_g}{x_d}\sin\delta_g \tag{4-3-34}$$

$$Q_g = \frac{EU_g}{x_d}\cos\delta_g - \frac{U_g^2}{x_d} \tag{4-3-35}$$

式中：δ_g 为 $\dot{E}$ 超前 $\dot{U}_g$ 的角度；P_g、Q_g 分别为发电机机端送出的有功功率及无功功率。

相应的转子运动方程为

$$T_J\frac{d^2\delta}{dt^2} = P_T - P - P_{as} \tag{4-3-36}$$

式中：T_J 为转子惯性常数；P_T、P 分别为发电机输入的机械功率、输出的同步电磁功率；P_{as} 为异步功率，正常运行时 $P_{as}=0$。

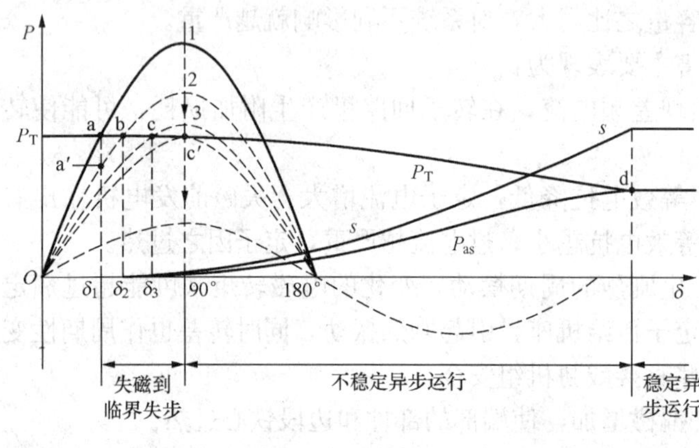

图 4-3-18　功角特性曲线

式（4-3-36）对应的功角特性曲线如图 4-3-18 所示。正常运行时，发电机输入机械功率 P_T 与电磁功率 P 相平衡，以 δ_1 功角稳定运行在图中的 a 点。这时发电机通常向系统送出无功功率，故定子电流滞后于定子端电压，称为滞相（迟相）运行。

（一）有功功率特性

设励磁绕组短接引起完全失磁，有功功率特性变化可分为三个阶段：

（1）失磁到临界失步阶段（$\delta<90°$）。发生失磁后，随着励磁电流的减小，发电机电动势 E 随之按指数规律减小，电磁功率 $P(E,\delta)$ 曲线逐渐变低，如图 4-3-18 所示（曲线 1→2→3）。这期间，由于调速器来不及动作，P_T 维持不变。为了维持 P_T 与 P 之间功率平衡，运行点发生改变（a→b→c），功角 δ 则逐渐增加（$\delta_1\rightarrow\delta_2\rightarrow\delta_3$），使发电机输出有功功率基本保持不变。所以这个阶段称为“等有功过程”。此过程一直持续到临界失步点（C'），$\delta=90°$。这一阶段所经历的时间与励磁电流（亦即电动势 E）的衰减时间常数成正比，这表明，该时间随失磁故障方式不同而不同。同时，发电机正常运行时静稳储备系数越大，该时间越长，即失磁前发电机所带负荷越小，该时间也越长。这期间，因滑差 s 很小，异步功率极小，可忽略不计。

（2）不稳定运行阶段。在 $\delta>90°$ 之后，机械功率 P_T 无法与同步功率 P 相平衡，而是随着 E 的衰减及 δ 的增大，P_T 与 P 的差值越来越大，于是转子加速，滑差 s 不断增大，异步功率（转矩）P_{as} 也随之增大。特别是当 $\delta>180°$ 后，随着励磁电流 I_f 及 P 完全衰减，P_{as} 及 s

增大得更多更快。另一方面，调速系统开始反应，作用于减少机械输入功率 P_T。这一阶段 P、P_{as}、s、P_T都是变化的，属于不稳定异步运行阶段。

（3）稳定异步运行阶段。当滑差 s 达到一定数值，使 P_{as}达到能与减少了的 P_T 相平衡，即达到图 4-3-18 中的 d 点，转子停止加速 s 不再增大，发电机便转入稳定异步运行阶段。注意这里所说的“稳定”，是指 s 的平均值，实际上由于异步功率中有交变分量，因此 s 的瞬时值是不断变动的。

以上分析是就完全失磁而言的，当发电机部分失磁时，励磁电流并不会衰减至 0，即尚有剩余的同步功率，若此时已因部分失磁而转入异步运行，由于同步功率随转差频率交变，加剧了有功功率的摆动，对发电机非常不利。

（二）其他基本电量的变化

从发电机失磁到临界失步阶段，有功功率基本不变，无功功率则发生很大变化，由送出无功功率迅速改变为从系统吸收无功功率。在式（4-3-33）中，一般情况下，电动势 E 在失磁后衰减可表示为$E=E_0 e^{-\frac{1}{T'_d}}$，代入式（4-3-33）及式（4-3-35），则有

$$Q=\frac{UE_0}{x_d+x_s}e^{-\frac{1}{T'_d}}\cos\delta-\frac{U^2}{x_d+x_s} \tag{4-3-37}$$

$$Q_g=\frac{U_g E_0}{x_d}e^{-\frac{1}{T'_d}}\cos\delta_g-\frac{U_g^2}{x_d} \tag{4-3-38}$$

以 $Q=0$ 为临界点，系统无功功率开始反向，然后 Q_g 通过零点，机端无功功率开始反向，机端无功电流随之开始反向，此时机端电流相量 $\dot{I}$ 由原来滞后机端电压 $\dot{U}_g$ 转为超前 $\dot{U}_g$，发电机变为进相运行。由式（4-3-33）和式（4-3-35）不难看出，在 $\delta=90°$之前，发电机就已进入进相运行，开始从系统吸取无功功率。在这个过程中，由于 E 不断下降，机端电压 U_g 也呈不断下降趋势。所不同的是机端电流 I 从失磁发生到Q_g 反向（$\dot{I}$ 仍滞后于$\dot{U}_g$）时，无功电流不断减小，而有功电流基本不变，所以 $\dot{I}$ 逐渐略有减小；在 Q_g 反向之后（$\dot{I}$ 超前于$\dot{U}_g$），反向无功电流不断增大，机端电流 $\dot{I}$ 将不断增大，这阶段各量变化的相量图如图 4-3-19 所示，图中假定系统电压 $\dot{U}$ 保持不变，选作参考相量。

失磁发生后，$\dot{E}$ 不断减小（$\dot{E}_1\rightarrow\dot{E}_2\rightarrow\dot{E}_3$），$\dot{U}_g$ 不断减小（$\dot{U}_{g1}\rightarrow\dot{U}_{g2}\rightarrow\dot{U}_{g3}$），$\dot{I}$ 则由最初滞后于 $\dot{U}_g$（滞相运行）逐渐变到与 $\dot{U}_g$ 同相（$\dot{I}_1$、$\dot{U}_{g1}$），此时，$\dot{I}$ 逐渐增大（$\dot{I}_1\rightarrow\dot{I}_2\rightarrow\dot{I}_3$），并超前于 $\dot{U}_g$，变为进相运行。这期间因发电机仍然同步运行，x_d 保持不变，故有

$$\dot{E}=\dot{U}+j(x_d+x_s)\dot{I}=\dot{U}_g+jx_d\dot{I} \tag{4-3-39}$$

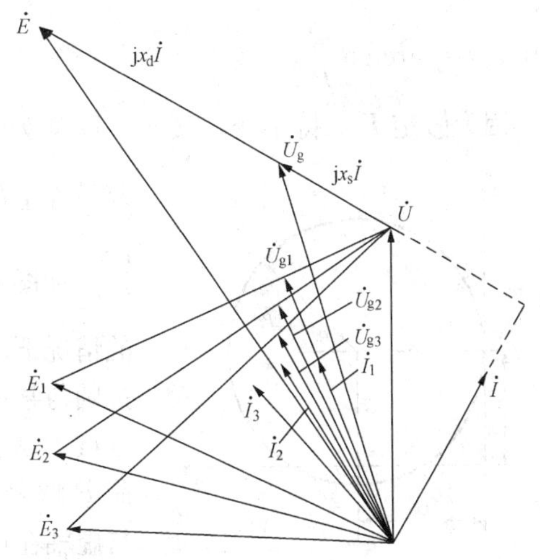

图 4-3-19 失磁后有关相量的变化

由此可以得到失磁期间 $\dot{E}$ 和 $\dot{I}$ 的变化规律，即 $\dot{E}$ 不断减小，而 $\dot{I}$ 则先短时略为减小，在 $\dot{I}$ 超前于 $\dot{U}_g$ 后，则一直维持不断增大趋势。

进入异步运行之后，滑差 s 逐渐增大，异步功率逐渐增强。失磁前发电机所带有功负荷越大，失磁后稳态异步运行时的滑差 s 越大，异步无功功率也就越大，这时无功功率中含有 2 倍转差率频率交变分量，也会发生摆动，但其摆动程度远小于有功功率的摆动。失磁异步运行后，伴随着吸收无功功率的增大，定子电流也逐渐增加，在达到稳态异步运行时才稳定下来。这时定子电流因含有标幺值为 1 及 $1+2s$ 倍转差率频率分量，也呈现 $2s$ 倍转差率频率的摆动。失磁以后，发电机端电压将会显著降低，同时引起主变压器高压母线电压降低，严重时会威胁厂用电的安全和系统的稳定。

（三）失磁过程中机端测量阻抗变化特性

测量阻抗定义为从发电机端向系统方向所看到的阻抗，通常通过机端线电压（如 $\dot{U}_{AB}$）与相应的线电流差（如 $\dot{I}_{AB}=\dot{I}_A-\dot{I}_B$）来测量（即 0°接线）。

1. 失磁后至临界失步阶段的测量阻抗轨迹及等有功阻抗圆

如前所述，发电机由失磁开始至临界失步是一个等有功过程，令 P 为恒定，导出机端测量阻抗。

$$Z=\frac{\dot{U}_g}{\dot{I}}=\frac{\dot{U}+j\dot{I}x_{st}}{\dot{I}}=\frac{U^2}{P-jQ}+jx_s=\frac{U^2}{2P}\times\frac{2P}{P-jQ}+jx_s \tag{4-3-40}$$

$$=\frac{U^2}{2P}\times\frac{(P-jQ)+(P+jQ)}{P-jQ}+jx_s=\frac{U^2}{2P}\left(1+\frac{P+jQ}{P-jQ}\right)+jx_s$$

$$=\frac{U^2}{2P}(1+e^{j\theta})+jx_s$$

$$=\frac{U^2}{2P}+jx_s+\frac{U^2}{2P}e^{j\theta}$$

式中，$\theta=2\arctan\dfrac{Q}{P}$。

因为假定 P 保持不变，又 x_s、U 均为恒定，只有角度 θ 为变数，故式（4-3-40）在阻抗复平面上的轨迹为一圆，其圆心坐标为 $\left(\dfrac{U^2}{2P},x_s\right)$，半径为 $\dfrac{U^2}{2P}$，如图 4-3-20 所示。因图 4-3-20 的图形是在假定 P 不变的情况下求得的，故称为等有功阻抗圆。一定的等有功阻抗圆与某一确定的 P 相对应，其半径与 P 成反比（圆周上各点 P 为恒量而 Q 为变量），即发电机失磁前带的有功负荷 P 越大，相应测量阻抗模值越小，故该圆越小，但全都与虚轴在点（x_s）处相切。发电机失磁后至临界失步，测量阻抗将沿该圆的圆周从第一象限进入第四象限。测量阻

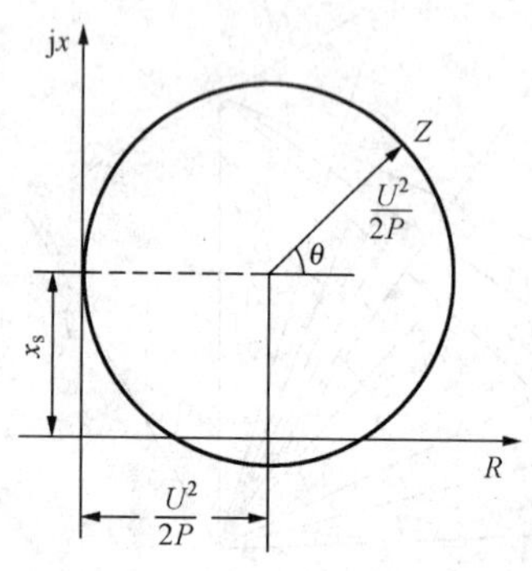

图 4-3-20　等有功阻抗圆

抗轨迹与系统联系电抗 x_s 有关，x_s 越大，等有功阻抗圆越向上移，使等有功阻抗圆进入第四象限的部分减少。

2. 静稳边界及临界失步阻抗圆

失磁过程中，励磁电流及其感应电动势下降到一定值时，δ 达到静稳极限角，发电机临界失步。在不同有功功率 P 下，临界失步时机端测量阻抗的轨迹称为静稳边界，此时测量阻抗为

$$
\begin{aligned}
Z &= \frac{\dot{U}_g}{\dot{I}} = \frac{U^2}{P-jQ} + jx_s = \frac{U^2}{-2j} \times \frac{-2jQ}{P-jQ} + jx_s \\
&= j\frac{U^2}{2Q}\left(1 - \frac{P+jQ}{P-jQ}\right) + jx_s \\
&= j\left(\frac{U^2}{2Q} + x_s\right) - j\frac{U^2}{2Q}e^{j\theta}
\end{aligned}
\tag{4-3-41}
$$

式中，$\theta = 2\arctan\dfrac{Q}{P}$。

设 $\delta=90°$时发电机临界失步，由式（4-3-33），$Q=-\dfrac{U^2}{x_d+x_s}$，代入式（4-3-41）得

$$
Z = -j\frac{x_d - x_s}{2} + j\frac{x_d + x_s}{2}e^{j\theta} \tag{4-3-42}
$$

式（4-3-42）在阻抗平面上也为一圆，圆心坐标为 $\left(0, -\dfrac{x_d - x_s}{2}\right)$，圆的半径为$\dfrac{x_d+x_s}{2}$，如图 4-3-21 所示。该圆是在静态稳定极限条件下（$\delta=90°$）得出的，称为临界失步阻抗圆或静稳极限阻抗圆。圆外为稳定工作区，圆内为失步区。该圆的大小与 x_s 及 x_d 均有关系，x_s 越大，圆的直径越大，且在第一、二象限部分增加。但无论 x_s、x_d 为何值，该圆都与点（0，$-x_d$）相交。

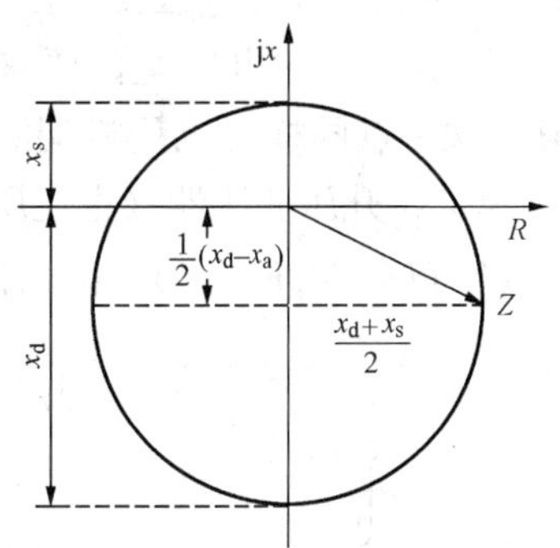

图 4-3-21 临界失步（或静稳极限）阻抗圆

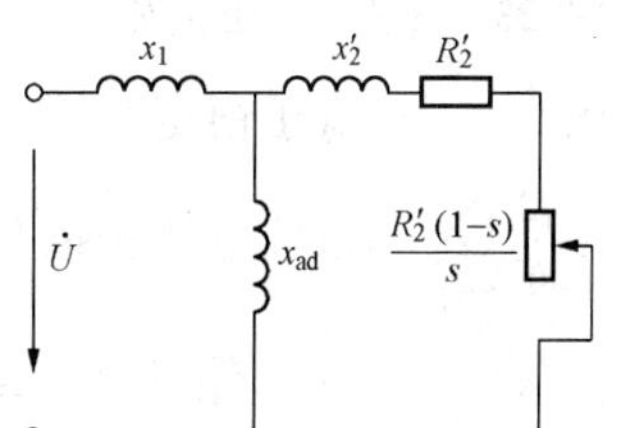

图 4-3-22 发电机异步运行等值电路

3. 稳态异步运行阻抗特性及异步运行阻抗圆

进入稳态异步运行之后，同步发电机成为异步发电机，其等效电路与异步电动机类似，如图 4-3-22 所示。图4-3-22中 x_1 为定子绕组漏抗，x'_2为转子绕组的归算电抗，x_{ad}为定子、转子绕组间的互感电抗（即电枢反应电抗），R'_2 为转子绕组的归算电阻，s 为转差率

$\left(s=\dfrac{\omega_0-\omega}{\omega}\right)$，$\dfrac{R'_2(1-s)}{s}$ 则为表示发电机功率大小的等效电阻。

由图 4-3-22 可得，此时发电机的测量阻抗为

$$Z=\frac{\dot{U}}{\dot{I}}=-\left[\mathrm{j}x_1+\frac{\mathrm{j}x_{\mathrm{ad}}\left(\dfrac{R'_2}{s}+\mathrm{j}x'_2\right)}{\dfrac{R'_2}{s}+\mathrm{j}(x_{\mathrm{ad}}+x'_2)}\right] \tag{4-3-43}$$

显然，此时发电机测量阻抗与转差率 s 有关。考虑两个极端情况：

（1）发电机空载运行失磁时，$s\to 0$，$\dfrac{R'_2}{s}\to\infty$，此时测量阻抗最大，为

$$Z=-(\mathrm{j}x_1+\mathrm{j}x_{\mathrm{ad}})=-\mathrm{j}x_{\mathrm{d}} \tag{4-3-44}$$

（2）发电机在其他运行方式时，Z 随 s 增大而减小，s 取极限，即 $s\to\infty$，$\dfrac{R'_2}{s}\to 0$，此时测量阻抗最小，为

$$Z=-\mathrm{j}\left[x_1+\frac{x_{\mathrm{ad}}x'_2}{x_{\mathrm{ad}}+x'_2}\right]=-\mathrm{j}x'_{\mathrm{d}} \tag{4-3-45}$$

以 $-\mathrm{j}x'_{\mathrm{d}}$ 和 $-\mathrm{j}x_{\mathrm{d}}$ 为两个端点，并取 $x_{\mathrm{d}}-x'_{\mathrm{d}}$ 为直径，也可构成一个圆，如图 4-3-23 所示，它反映稳态异步运行时，$Z=f(s)$ 的特性，称为异步运行阻抗圆。发电机在异步运行阶段，机端测量阻抗先进入临界失步阻抗圆内，并最终落在 $\mathrm{j}x$ 轴上 $-\mathrm{j}x'_{\mathrm{d}}$ 至 $-\mathrm{j}x_{\mathrm{d}}$ 范围内。注意上述分析未计及阻尼回路的作用，若计及阻尼回路的作用，当转差达到 5%左右时，电抗值实际上接近 $-x''_{\mathrm{d}}$，即 $Z\approx-\mathrm{j}x''_{\mathrm{d}}$。

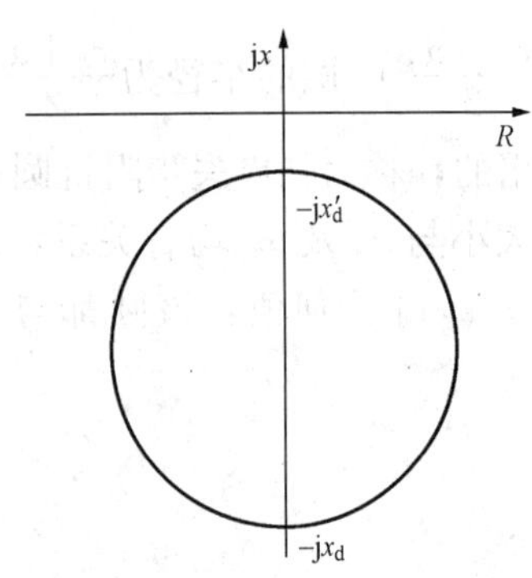

图 4-3-23　异步运行阻抗圆

4. 主变压器高压侧电压变化及临界电压阻抗圆

为保证在失磁后系统稳定及厂用电安全，要求机端电压 U_{g} 不得低于某一定值，这一点同样可以用机端测量阻抗 Z 的特性来反应。按通常规定，升压变压器（主变压器）高压侧电压 U_{h} 不得低于恒定系统电压 U 的某比例值 K，即 $U_{\mathrm{h}}/U=K(K<1)$。主变压器高压侧电压相量 $\dot{U}_{\mathrm{h}}$ 和系统电压相量 $\dot{U}$ 可以表示为

$$\left.\begin{aligned}\dot{U}_{\mathrm{h}}&=\dot{U}_{\mathrm{g}}-\mathrm{j}\dot{I}x_{\mathrm{t}}\\ \dot{U}&=\dot{U}_{\mathrm{g}}-\mathrm{j}\dot{I}(x_{\mathrm{t}}+x_{\mathrm{l}})=\dot{U}_{\mathrm{g}}-\mathrm{j}Ix_{\mathrm{s}}\end{aligned}\right\} \tag{4-3-46}$$

式中：x_{t}、x_{l} 分别为主变压器电抗和等值线路电抗，$x_{\mathrm{s}}=x_{\mathrm{t}}+x_{\mathrm{l}}$；

用机端测量阻抗 Z 表示式（4-3-46），有

$$\left.\begin{aligned}Z_{\mathrm{h}}&=Z-\mathrm{j}x_{\mathrm{t}}\\ Z_{\mathrm{s}}&=Z-\mathrm{j}(x_{\mathrm{t}}+x_{\mathrm{l}})\end{aligned}\right\} \tag{4-3-47}$$

由 U_h 与 U 比例关系 K，可有

$$\begin{aligned}\frac{U_h}{U}&=\frac{|Z_h|}{|Z_s|}=\frac{|Z-jx_t|}{|Z-j(x_t+x_l)|}\\&=\frac{|R+j(X-x_t)|}{|R+j(X-x_t-x_l)|}=K\end{aligned}\tag{4-3-48}$$

式中：Z 为机端测量阻抗，$Z=R+jX$。

式（4-3-48）经整理后可得

$$R^2+\left[X-\left(x_t-\frac{K^2}{1-K^2}x_l\right)\right]^2=\left(\frac{K}{1-K^2}x_l\right)^2\tag{4-3-49}$$

式中：x_l、x_t、K 均为已知系数。

机端测量阻抗 $Z=R+jX$ 在复平面上的轨迹为一个圆，称为临界电压阻抗圆（或等电压阻抗圆），其圆心坐标为 $\left[0,-j\left(x_t-\frac{K^2}{1-K^2}x_l\right)\right]$，半径为 $\frac{K}{1-K^2}\cdot x_l$。对于给定的 K 值，均有一个确定的临界电压阻抗圆与之对应。当机端测量阻抗进入该圆时，说明主变压器高压侧电压已低于允许值，危及稳定运行和厂用电的安全，应立即将失磁发电机切除。汽轮发电机通常可以用临界电压阻抗圆的边界作为由失磁引起主变压器高压母线电压低于安全值的跳闸动作区。实用中，若便于直接测量变压器高压侧电压 U_h，也可直接用 $K=U_h/U$ 作为动作边界。

二、失磁保护的原理及判据

根据发生失磁故障后机端各电量的变化规律和对系统及失磁发电机安全运行的要求，便可以选择合适的原理及动作处理方式来构成失磁保护。目前失磁保护的构成原理多种多样，这里主要以微机型失磁保护为例，对大型发电机常用的失磁保护进行扼要的介绍。

（一）失磁保护的主判据（阻抗判据）

目前广泛使用各种特殊动作特性的阻抗判据来构成发电机失磁保护的主判据。对于汽轮发电机，阻抗判据可采用前面分析得到的各种阻抗圆作为动作边界来实现。例如采用表示静稳边界的临界失步圆作为阻抗判据的动作边界，或者采用异步运行阻抗圆作为阻抗判据的动作边界等。

1. 阻抗判据的动作方程

反映静稳边界的阻抗判据的动作方程应与发电机的静稳边界相符合。动作方程通常可有幅值比较式或相位比较式两种。根据式（4-3-42）与图 4-3-21，可以直接写出相应的动作方程：

幅值比较式

$$\left|Z+j\frac{1}{2}(x_d-x_s)\right|\leqslant\left|j\frac{1}{2}(x_d+x_s)\right|\tag{4-3-50}$$

相位比较式

$$90^\circ\leqslant\arg\frac{Z-jx_s}{Z+jx_d}\leqslant270^\circ\tag{4-3-51}$$

如果取 $\delta_g=90^\circ$ 作为静稳极限，即由式（4-3-44）、式（4-3-45）和式（4-3-51），同样可导出其静稳极限阻抗圆为

$$Z=-j\frac{x_d}{2}+j\frac{x_d}{2}e^{j\theta}\tag{4-3-52}$$

相应的圆心坐标为$\left(0,-\frac{x_d}{2}\right)$,半径为$\frac{x_d}{2}$,此圆与复平面坐标系的$R$轴在原点相切。与式（4-3-52）相对应的阻抗继电器动作方程为

幅值比较式

$$\left|Z+\mathrm{j}\,\frac{1}{2}x_d\right| \leqslant \left|\mathrm{j}\,\frac{1}{2}x_d\right| \tag{4-3-53}$$

相位比较式

$$90° \leqslant \arg\frac{Z+\mathrm{j}x_d}{Z} \leqslant 270° \tag{4-3-54}$$

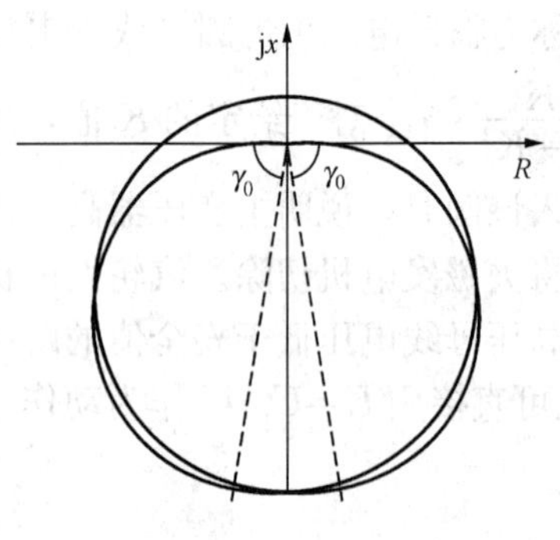

图 4-3-24　圆及苹果圆阻抗特性

实用中，为了避开外部短路、进相运行及振荡的影响，常常采用苹果圆特性的阻抗判据，使其特性仅在R轴以下部分逼近$\delta=90°$静稳边界（但削去R轴以上的大部分动作区），如图 4-3-24 所示。苹果圆可视为由两个圆组成，每个圆过原点的直径与正、负横轴的夹角为γ_0（$\gamma_0<90°$），这样便可由式（4-3-52）所示的圆先以原点为轴心分别顺时针和逆时针旋转至γ_0角度位置，得到两个圆，再将直径扩大至$\frac{x_d}{\sin\gamma_0}$，即使得这两圆周在虚轴上相交于$-\mathrm{j}x_d$。取两圆内共同区域（并集）得到新的动作区。注意其边界为两圆外周线，状似苹果，故称之为苹果圆阻抗特性。

根据苹果圆上任意一点与纵轴割线相对的圆周角可直接写出其相位比较式动作方程

$$\gamma_0 \leqslant \arg\frac{Z+\mathrm{j}x_d}{Z} \leqslant 360°-\gamma_0 \tag{4-3-55}$$

实用中，也常采用另一种阻抗判据来避开外部短路及进相运行和振荡的影响，这就是直线阻抗判据，直线阻抗特性如图 4-3-25 所示。

图 4-3-25 中，阴影部分为直线阻抗判据的动作区域，它由两直线下方区域相“与”构成，其相位比较式动作方程为

$$(180°-\alpha \leqslant \arg Z \leqslant 360°-\alpha) \cap (180°+\alpha \leqslant \arg Z \leqslant 360°+\alpha) \tag{4-3-56}$$

上述动作方程可以单独使用，或者将直线阻抗特性与圆（或苹果圆）动作特性相配合，构成发电机失磁保护的组合判据。图 4-3-26 为直线阻抗判据与静稳边界圆阻抗判据配合构成的失磁保护阻抗特性图，图中阴影部分为动作区域。

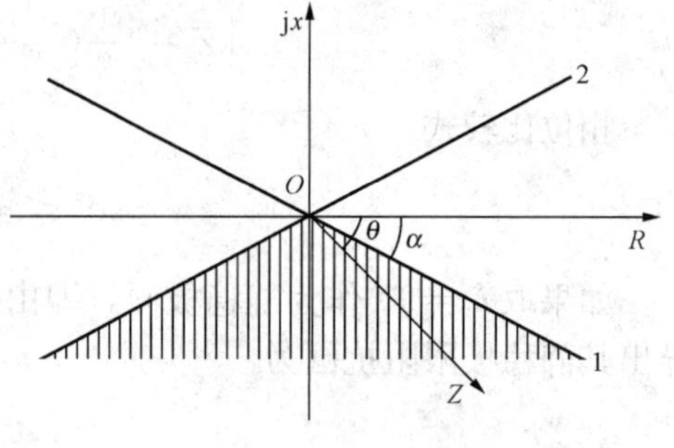

图 4-3-25　直线阻抗特性

反应失磁异步阻抗边界的动作特性则与图 4-3-23相符合，这就是所谓下抛球式阻抗特性。实际应用中，综合考虑阻尼回路的作用及系统振荡的影响，取圆的上半周过$-\mathrm{j}\,\frac{x'_d}{2}$，这时其动作方程为

幅值比较式

$$\left|Z+\mathrm{j}\,\frac{1}{2}\left(x_{\mathrm{d}}+\frac{1}{2}x'_{\mathrm{d}}\right)\right|\leqslant\left|\mathrm{j}\,\frac{1}{2}\left(x_{\mathrm{d}}-\frac{1}{2}x'_{\mathrm{d}}\right)\right| \tag{4-3-57}$$

相位比较式

$$90^{\circ}\leqslant\arg\frac{Z+\mathrm{j}x_{\mathrm{d}}}{Z+\mathrm{j}\,\dfrac{1}{2}x'_{\mathrm{d}}}\leqslant 270^{\circ} \tag{4-3-58}$$

这种特性的继电器比反应静稳边界的圆特性阻抗继电器受振荡及外部短路的影响要小，但对失磁反应却要迟缓一些。

图 4-3-26　直线与圆合成的阻抗特性

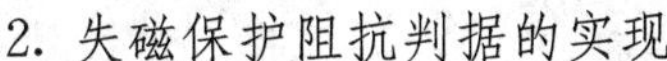

2. 失磁保护阻抗判据的实现

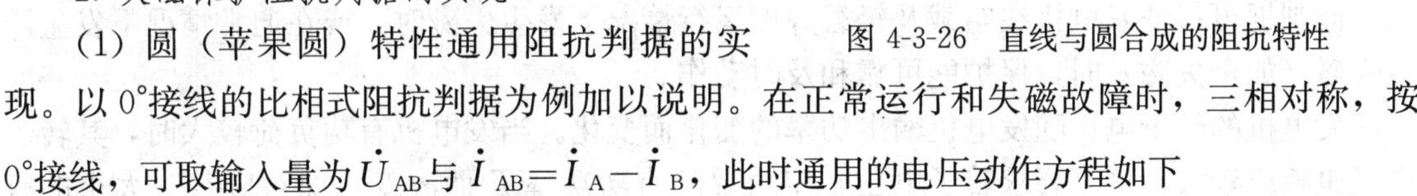

(1) 圆（苹果圆）特性通用阻抗判据的实现。以0°接线的比相式阻抗判据为例加以说明。在正常运行和失磁故障时，三相对称，按0°接线，可取输入量为$\dot{U}_{\mathrm{AB}}$与$\dot{I}_{\mathrm{AB}}=\dot{I}_{\mathrm{A}}-\dot{I}_{\mathrm{B}}$，此时通用的电压动作方程如下

$$\theta\leqslant\arg\frac{\dot{U}'}{\dot{U}''}=\arg\frac{\dot{U}_{AB}-\mathrm{j}x_{\mathrm{a}}\dot{I}_{\mathrm{AB}}}{\dot{U}_{\mathrm{AB}}+\mathrm{j}x_{\mathrm{b}}\dot{I}_{\mathrm{AB}}}\leqslant 2\pi-\theta \tag{4-3-59}$$

式中：$\dot{U}'=\dot{U}_{\mathrm{AB}}-\mathrm{j}x_{\mathrm{a}}\dot{I}_{\mathrm{AB}}$、$\dot{U}''=\dot{U}_{\mathrm{AB}}+\mathrm{j}x_{\mathrm{b}}\dot{I}_{\mathrm{AB}}$可分别为视为补偿电压、极化电压；$x_{\mathrm{a}}$、$x_{\mathrm{b}}$分别为其整定电抗，灵活选取可供获得不同的阻抗特性。

将式（4-3-59）表示为阻抗形式

$$\theta\leqslant\arg\frac{Z-\mathrm{j}x_{\mathrm{a}}}{Z+\mathrm{j}x_{\mathrm{b}}}\leqslant 2\pi-\theta \tag{4-3-60}$$

分别与式（4-3-51）、式（4-3-55）及式（4-3-58）比较可见，只要合理地选择x_{a}、x_{b}及θ就能构成各种特性的失磁阻抗继电器：

1）当取$x_{\mathrm{b}}=x_{\mathrm{d}}$、$x_{\mathrm{a}}=x_{\mathrm{s}}$、$\theta=90^{\circ}$时，即构成与隐极机静稳边界相符合的圆特性阻抗判据。

2）当取$x_{\mathrm{b}}=x_{\mathrm{d}}$、$x_{\mathrm{a}}=0$、$\theta=\gamma_{0}$（$<90^{\circ}$）时，即构成逼近静稳边界的苹果圆特性阻抗判据。

3）当取$x_{\mathrm{b}}=x_{\mathrm{d}}$、$x_{\mathrm{a}}=-\dfrac{1}{2}x'_{\mathrm{d}}$、$\theta=90^{\circ}$时，即构成与异步阻抗圆相符合的抛球型阻抗判据。

(2) 直线阻抗判据的实现。同样按0°接线，将输入量$\dot{U}_{\mathrm{AB}}$与$\dot{I}_{\mathrm{AB}}=\dot{I}_{\mathrm{A}}-\dot{I}_{\mathrm{B}}$代入式（4-3-56）可得

$$\left(180^{\circ}\leqslant\arg\frac{\dot{U}_{\mathrm{AB}}}{\dot{I}_{\mathrm{AB}}\mathrm{e}^{-\mathrm{j}\alpha}}\leqslant 360^{\circ}\right)\cap\left(180^{\circ}\leqslant\arg\frac{\dot{U}_{\mathrm{AB}}}{\dot{I}_{\mathrm{AB}}\mathrm{e}^{\mathrm{j}\alpha}}\leqslant 360^{\circ}\right) \tag{4-3-61}$$

（二）失磁保护的辅助判据

1. 转子电压判据

转子低电压是失磁故障的直接反应，合理地使用转子电压判据可加快对失磁故障的反应速度，改善失磁保护可靠性，以及便于在失磁过程中及时采取必要的控制措施，因此转子电压判据通常作为失磁保护的重要的辅助判据。转子电压判据主要有等转子电压判据和变转子电压判据两种，在大型发电机微机保护中通常采用两种判据相结合的方式，以下对此分别介绍。

等转子电压判据如下所示

$$U_{f} < U_{f\cdot set} \tag{4-3-62}$$

式中：U_{f} 为转子绕组电压；$U_{f\cdot set}$为转子低电压动作门槛整定值，通常应低于转子额定空载电压。

此判据可保证发电机在空载及轻载并网运行情况下发生失磁时，或在通常情况下发生严重失磁（如全失磁）时，保护能可靠和及时动作。

发电机的转子电压随发电机输出功率的变化而变化。当发电机有功负荷较大时，其转子电压也相应较大，这就要求转子电压整定值要随有功功率 P 而改变。即对应某一大小的有功功率 P，要求有一相应的维持静稳极限的最低励磁电压相对应，此判据即为变转子电压判据。对于隐极汽轮发电机，在式（4-3-32）所示用标幺值表示的功角特性中，在静稳极限即 $\delta=90°$处，设机端电压标幺值 $U_{*}=1$，可有 $E_{*}=(X_{s}+X_{d})P_{*}$。又因电动势标幺值 E_{*} 与励磁电压的标幺值 U_{f*} 相等，同时改用有名值来表示转子电压（V）和定子有功功率（MW）关系则有

$$U_{f}=\frac{(X_{s}+X_{d})U_{f0}}{S_{N}}\cdot P=K_{f\cdot set}P \tag{4-3-63}$$

$$K_{f\cdot set}=\frac{(X_{s}+X_{d})U_{f0}}{S_{N}}$$

式中：$K_{f\cdot set}$为隐极发电机静稳边界上励磁电压与定子输出功率的比例常数，V/MW；S_{N} 为发电机额定视在功率，MVA；U_{f0}为发电机空载额定励磁电压，V。

这表明在静稳边界处转子电压 U_{f} 与输出功率 P 成正比，当实际 U_{f} 小于式（4-3-63）的右侧时，即发生了低励或失磁并导致了静稳破坏。由水轮发电机的功角关系也可导出类似的结论和关系，尽管更为复杂一些。研究表明，按 U_{f} 与 P 在静稳边界点的关系可导出随输出功率而变的所谓变转子电压判据为

$$U_{f} < K_{f\cdot set}(P-P_{T}) \tag{4-3-64}$$

式中：P_{T} 为发电机最大凸极功率，对于隐极机 $P_{T}=0$，kW；$K_{f\cdot set}$为转子电压系数，即静稳边界上转子电压与定子输出功率的比例，V/kW，对于隐极机其值如式（4-3-63）所示。

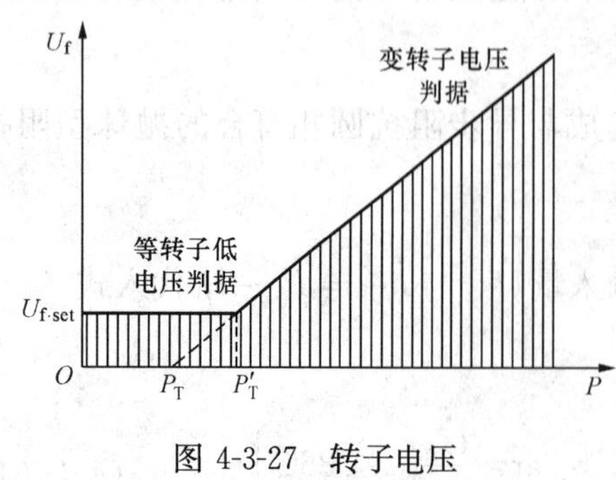

图 4-3-27　转子电压判据动作特性图

完整的转子电压判据由等转子电压判据与变转子电压判据共同构成，其动作特性如图4-3-27所

示，线下阴影部分为动作区。还需注意，当转子绕组电压测量回路发生故障时应及时报警并闭锁转子电压判据。

2. 三相同时低压判据

三相同时低压判据包括主变压器高压侧低压判据和机端低压判据，均采用三个线电压低压判据并通过“与”逻辑构成。该判据用来与其他判据相配合动作，主变压器高压侧低压判据用于判断失磁发电机对系统的影响，动作于发电机解列。机端低压判据用于判断失磁故障对厂用电系统的影响，动作于切换厂用电。

主变压器高压侧低压判据

$$U_{h} \leqslant U_{h\cdot set} \tag{4-3-65}$$

机端低压判据

$$U_{g} < U_{g\cdot set} \tag{4-3-66}$$

在式（4-3-65）和式（4-3-66）中，电压均为线电压。

3. 过功率判据

对于汽轮发电机，有时允许在异步情况下运行一段时间。但是，当发电机工作在异步运行状态时，必须对机端功率 P_{g} 进行监视，若功率过大时，表明平均异步功率较大，则应减出力。过功率动作判据为

$$P_{g} \geqslant P_{g\cdot set} \tag{4-3-67}$$

4. 闭锁判据

闭锁判据包括 TV 断线闭锁判据、无流闭锁判据和负序电流闭锁判据。

（1）TV 断线闭锁。当机端电压互感器发生断线时，为防止定子阻抗判据误动作，需要予以闭锁。机端 TV 断线判据通常要求能反应 TV 高压侧和低压侧断线。必要时，还需有主变压器高压侧 TV 断线闭锁措施。

（2）无流闭锁判据。设置无流门槛 ε_{I}，在发电机并网前闭锁失磁保护，判据为

$$I_{g} < \varepsilon_{I} \tag{4-3-68}$$

当机端三相电流均满足式（4-3-68）时，无流闭锁判据才动作。

（3）负序电流闭锁判据。该判据的作用是避免在某些故障或异常运行工况下，失磁保护误动。例如：当发生外部短路故障时，故障电流中的衰减直流分量会在发电机的转子中产生交流电流分量，从而使励磁电压产生波动。励磁电压的波动有可能使励磁电压低于励磁电压判据的定值，从而满足动作条件。对于定子侧的阻抗判据，采用阻抗圆（一般采用静稳阻抗圆）和直线阻抗判据的组合可以避开部分外部故障以及发电机的进相运行工况。但是，对于某些外部故障，例如主变压器高压侧发生单相接地短路故障，由于主变压器高压侧一般是接地系统，主变压器低压侧（发电机侧）一般为不接地系统，这就造成了在主变压器高压侧所测量的阻抗值与发电机端测量的阻抗值产生较大的差异，在发电机端测得的测量阻抗可能会进入定子侧阻抗判据的动作区域。如果此时转子侧励磁电压判据也满足动作要求，则会使失磁保护误动。

对于这种误动情况，理论上可以通过为失磁保护设置较长延时来躲过，但是在某些情况下会产生相应问题。例如，靠延时躲过系统故障需要与后备保护延时配合，由于后备保护的延时较长，延长失磁保护延时在发生失磁故障时，危及机组安全。设置负序电流闭锁元件，是一种解决上述问题的措施，可防止外部发生不对称短路故障时造成失磁保护误动（由于三

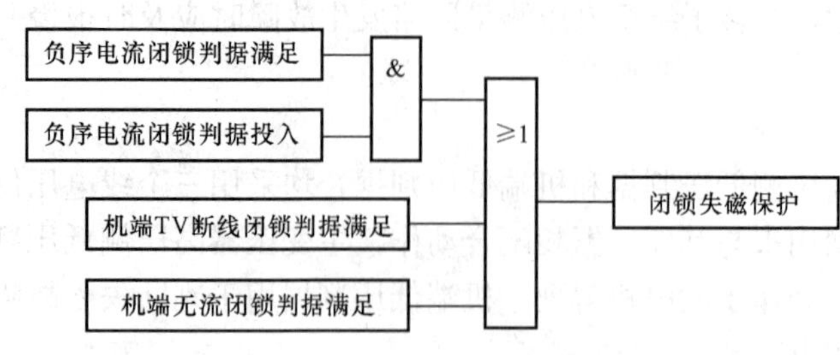

图 4-3-28 低励、失磁保护闭锁判据逻辑框图

相短路故障发生的机率很小，故通常不考虑这种故障引起的失磁保护误动）。

当发生失磁故障时，发电机机端的各交流量为对称量，所产生的负序分量较小。而发生外部短路故障时，会产生较大的负序分量，通过判断负序电流大小来区分这两种类型的故障。机端负序电流闭锁判据为

$$I_{g2} > I_{g2 \cdot set} \tag{4-3-69}$$

发电机低励、失磁保护的闭锁判据逻辑图如图 4-3-28 所示。

三、失磁保护的构成方案及逻辑

失磁保护由以上介绍的保护判据组合而成，但是对于不同类型的发电机，以及对发电机组不同的运行要求，在失磁保护的构成和逻辑上有一些差异。如汽轮发电机组与水轮发电机组，还有在失磁后允许或不允许运行一段时间的汽轮发电机组，它们失磁保护的构成方案均不相同。下面介绍比较典型的大型汽轮发电机失磁保护构成方案，它采用静稳边界阻抗判据为主判据，同时假定不允许发电机异步运行，因为这是目前大型汽轮发电机常见的失磁状态的处理方式。该失磁保护构成方案逻辑图如图 4-3-29 所示。

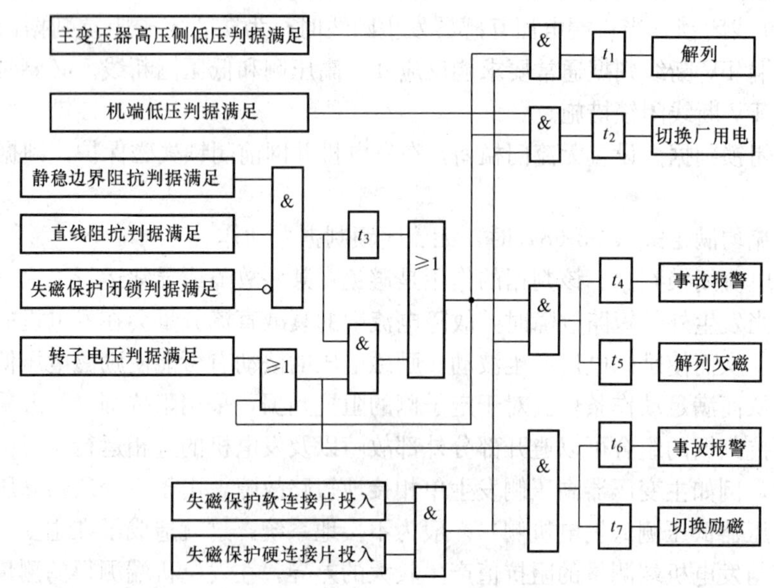

图 4-3-29 发电机失磁保护典型构成方案逻辑框图

(1) 该方案中以定子静稳边界阻抗判据和直线阻抗判据相结合作为主判据，它可单独经较长延时（t_3+t_5）出口解列灭磁，经延时（t_3+t_4）报警。设置延时 t_3 的目的是考虑在系统振荡时，阻抗轨迹可能进入保护动作区，但是为断续性的，持续时间一般在 1s 以内，故可通过 t_3 延时以躲开振荡，亦可避开外部短路可能引起的误动作，t_3 通常整定为 1～1.5s。

(2) 主判据可通过转子电压判据进行加速，当转子电压判据也同时满足时，即跳过 t_3 加速出口，这样可更好地防止对发电机的损坏。如前所述，失磁失步进入异步运行后转子电压会周期性摆动，因此设计了一个记忆保持回路来改善它动作的稳定性。当发电机静稳条件被破坏时，如果转子侧判据满足，则将此状况记忆下来，只有在发电机静稳条件恢复或失磁保护可靠动作后，记忆才撤除。

(3) 转子电压判据可单独出口，分别经短延时 t_6 动作于事故报警和经延时 t_7 动作于切换励磁。当发电机发生失磁故障时，定子阻抗判据动作速度较慢，设置转子电压判据单独出口可在较短时间内切换励磁，消除故障。

(4) 当发电机静稳条件被破坏，且主变压器高压侧电压判据满足时，说明发生失磁故障的发电机已威胁到系统的稳定，因此经较短延时 t_1 动作于解列。

(5) 当发电机静稳条件破坏且机端低电压判据满足时，经延时 t_2 动作于切换厂用电。

(6) 当失磁保护闭锁条件满足时闭锁阻抗判据，相当于失磁保护退出运行。

(7) 在实际运行时，只要失磁保护投入则主判据无条件投入，而其余各判据均可经控制字控制，由现场运行要求决定其投入或退出状态。

对于允许在失磁后异步运行一段时间的汽轮发电机，其失磁保护的构成和逻辑是很不相同的，需要考虑一些特殊问题。例如其阻抗主判据通常采用异步边界圆特性，并在机端测量阻抗的轨迹进入异步边界后暂时只发信号，而延时一段异步运行允许时间后才动作于切除发电机。又例如发电机工作在异步运行状态时，必须对机端功率进行监视，若功率过大时，表明平均异步功率较大，则应减出力，因此用到过功率判据。再例如必须对功率大幅振荡进行监视，若测量阻抗保持在异步圆内则可按规定使发电机继续运行，如果测量阻抗周期性出入异步圆则说明存在功率大幅振荡，需要切除发电机。这是因为对异步运行影响较大的是失磁后仍有较大的同步功率（如部分失磁会出现这种情况），在异步运行状态下这种同步功率可能引起剧烈的振荡，将会对发电机造成严重损坏，如果仅有异步功率，测量阻抗会停留在异步圆内，若有较大的同步功率出现功率振荡时测量阻抗会周期性出入异步圆。

四、失磁保护的整定计算

上述失磁保护中需要整定的主要定值有：静稳边界阻抗特性中 x_a、x_b，直线阻抗特性倾斜角 θ，主变压器高、低电压侧低电压定值 $U_{h\cdot set}$、$U_{g\cdot set}$，等转子电压判据的低电压定值 $U_{f\cdot set}$，变转子电压判据的转子电压系数 $K_{f\cdot set}$ 和发电机凸极功率定值 P_T，以及相关各时延定值等。下面摘要说明其整定原则和方法。

1. 主判据（阻抗判据）相关定值的整定

(1) 圆（或苹果圆）特性的阻抗判据的整定可参见本节中的失磁保护原理部分。

(2) 直线特性的阻抗判据的整定。直线阻抗判据需要整定的定值为两条直线的倾角 θ，按经验一般整定为 15°。

2. 辅助判据相关定值整定

(1) 转子电压判据。参见图 4-3-27，转子电压判据包括等转子电压判据和变转子电压判据。对于等转子电压判据，根据经验其动作门槛通常可按转子绕组空载额定电压的 80% 整定，即 $U_{f\cdot set}=0.8U_{f0}$。对于大型汽轮发电机，变转子电压判据中转子电压系数 $K_{f\cdot set}$ 根据式 (4-3-63)，有 $K_{f\cdot set}=\dfrac{(X_d+X_s)\times U_{f0}}{S_N}$，凸极功率 $P_T=0$。

（2）三相低压判据。根据经验，主变压器高压侧三相低压判据电压门槛定值$U_{h\cdot set}$一般可取为0.8～0.85倍的主变压器高压侧额定电压，机端三相低压判据电压门槛定值$U_{g\cdot set}$一般可取为0.8倍的发电机额定电压。

第六节　励磁回路一点接地保护

当发电机励磁绕组及引线的绝缘严重下降或损坏时，会引起励磁回路的接地故障。最常见的是励磁回路一点接地故障。发生一点接地故障时，由于没有形成电流回路，对发电机运行没有直接影响，但一点接地以后，励磁回路对地电压升高，在某些条件下会诱发第二点接地，而两点接地故障将严重损坏发电机。因此有关规程要求发电机必须装有灵敏的励磁回路一点接地故障保护（又称为转子一点接地保护），保护作用于信号，以便通知值班人员采取措施。

现在已投入使用的励磁回路接地保护有多种形式，这里介绍目前使用较多的两种励磁回路一点接地保护：切换式励磁回路一点接地保护和低频注入式励磁回路一点接地保护式。

一、微机型切换式励磁回路一点接地保护

1. 切换式励磁回路一点接地保护的原理

常见的一种切换式励磁回路一点接地保护的原理如图4-3-30所示。图中AB代表励磁绕组两端，由于励磁绕组流过直流故对其电感不予考虑，且绕组电阻数值很小也予以忽略，而直流回路的电动势记为E_f。现假设k点为故障点，它离正极性端距离的百分比为α，这样把直流电动势分为了αE_f和$(1-\alpha)E_f$两部分。由四个等阻值的分压电阻R（高阻，如10～20kΩ）、一个测量电阻R_m（低阻，如200～400Ω）以及两个联动电子开关S1和S2构成保护的测量回路。工作中电子开关S1和S2在微机控制下按给定周期不停地交替进行开合切换操作（即任何时候只有一个开关闭合，而另一个开关断开，交替轮换，故又称为乒乓切换），开关完成一次开合（含两种状态）动作称为一个测量周期。在每一个测量周期中，对应于开关两种状态下分别测量两次转子电压E_f和测量电阻R_m两端的测量电压U_m（它反应的实际上是流过R_m的接地电流$I=I_1-I_2$）。

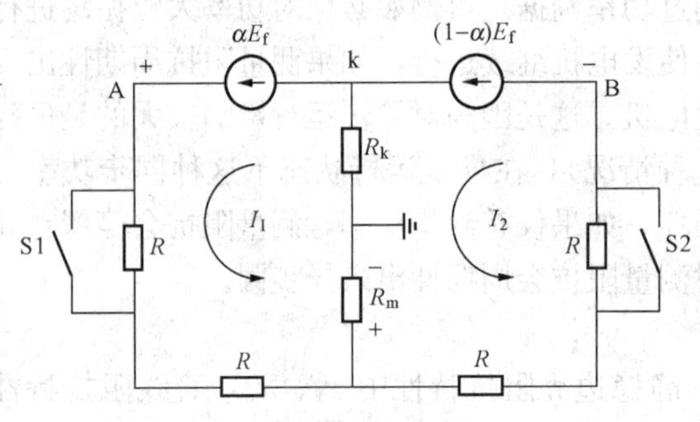

图 4-3-30　切换式励磁回路一点接地保护简化原理图

当转子绕组没有接地故障时，测量电阻R_m上电压为零，表示转子回路绝缘良好。当转子绕组在k点发生接地故障时，按上述切换测量方法获得两次关于E_f和I的测量值，再根据图4-3-30所示网络计算故障点接地电阻R_k和位置α。

当S1导通、S2断开时，设当前励磁绕组的测量电压为E'_f，测量电阻R_m两端的测量电压为U'_m，则有

$$(R_k+R_m+R)I'_1-(R_k+R_m)I'_2=\alpha E'_f$$
$$-(R_k+R_m)I'_1+(R_k+R_m+2R)I'_2=(1-\alpha)E'_f$$

$$U'_{\mathrm{m}} = R_{\mathrm{m}}(I'_1 - I'_2) \tag{4-3-70}$$

当 S1 断开、S2 导通时，设当前励磁绕组的测量电压为 E''_{f}，测量电阻 R_{m} 两端的测量电压为 U''_{m}，则有

$$\begin{aligned} &(R_{\mathrm{k}} + R_{\mathrm{m}} + 2R)I''_1 - (R_{\mathrm{k}} + R_{\mathrm{m}})I''_2 = \alpha E''_{\mathrm{f}} \\ &-(R_{\mathrm{k}} + R_{\mathrm{m}})I''_1 + (R_{\mathrm{k}} + R_{\mathrm{m}} + R)I''_2 = (1-\alpha)E''_{\mathrm{f}} \\ &U''_{\mathrm{m}} = R_{\mathrm{m}}(I''_1 - I''_2) \end{aligned} \tag{4-3-71}$$

将式（4-3-70）与式（4-3-71）联立求解，可得

$$\begin{aligned} R_{\mathrm{k}} &= \frac{E'_{\mathrm{f}}R_{\mathrm{m}}}{3\Delta U} - R_{\mathrm{m}} - \frac{2R}{3} \\ \alpha &= \frac{1}{3} + \frac{U'_{\mathrm{m}}}{3\Delta U} \end{aligned} \tag{4-3-72}$$

式中：$\Delta U = U'_{\mathrm{m}} - \frac{E'_{\mathrm{f}}}{E''_{\mathrm{f}}}U''_{\mathrm{m}}$。

因此，可建立这种切换式励磁回路一点接地保护的动作判据为

$$R_{\mathrm{k}} < R_{\mathrm{k\cdot set}} \tag{4-3-73}$$

式中：$R_{\mathrm{k\cdot set}}$为动作门槛阻值，一般 $R_{\mathrm{k\cdot set}} \geqslant 10\mathrm{k}\Omega$。

2. 切换式励磁回路一点接地保护的构成与应用

除了上述主判据外，在构成这种切换式励磁回路一点接地保护时，还需要考虑以下一些问题：

（1）当励磁电压为零或很小时，会引起计算的不稳定甚至错误，因此需要引入开放判据，当励磁电压高于门槛值时才开放保护。

（2）保护的启动判据可利用测量电阻 R_{m} 上电压的变化量，即 $|\Delta U| > \Delta U_{\mathrm{set}}$，这里 ΔU_{set} 为启动门槛值，由正常运行状态下保护装置的采样误差和计算误差决定。

（3）尽管被测量的电量为直流，但必须注意励磁电压往往是脉动的（尤其对于晶闸管励磁系统），接地电流也会受到随机干扰，因此为获得正确的测量值应采用合适的滤波算法，如积分算法或均值算法。

（4）前面讨论原理时忽略了转子绕组分布电容等惯性元件，实际由于它们的影响，测量电阻 R_{m} 两端的电压在电子开关切换瞬间会产生尖峰过冲，然后才按回路的时间常数逐步衰减到稳定值，需要有措施消除由此带来较大的计算误差，因此可以等待暂态过程结束后再进行电压测量。例如，可以取测量电压后半段波形的平均值。

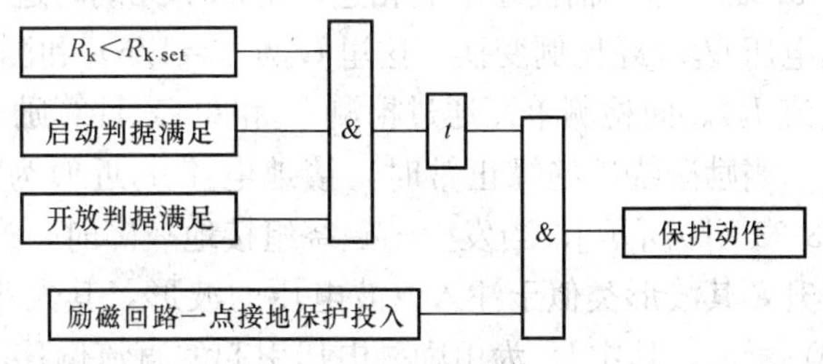

图 4-3-31　切换式励磁回路一点接地保护逻辑框图

（5）上述情况同时也表明开关 S1 和 S2 的切换周期不宜取得过短；不过另一方面，由于接地电弧可能引起接地电阻值不稳定，为使计算正确切换周期也不宜取得过长，目前通常取为 0.5～2.0s 之间。

这种微机型切换式励磁回路一点接地保护逻辑如图 4-3-31 所示。

二、注入式励磁回路一点接地保护

注入式励磁回路一点接地保护有多种形式，主要有直流电压注入式、工频电压注入式（包括简单的工频交流电压注入式和基于测量对地导纳的工频交流电压注入式）以及低频方波电压注入式等。在这些励磁回路一点接地保护中，直流电压注入式保护的灵敏度随着故障点位置的不同而差别较大；简单的工频交流电压注入保护用于大型发电机时保护灵敏度很低；基于测量对地导纳的工频交流电压注入式保护虽性能不错，但其灵敏性易受测量回路、整定回路元件参数以及滑环与电刷接触电阻等因素变化的影响，调整比较困难。相比而言，低频方波电压注入式保护的原理简单，保护灵敏度和精度较好，目前在大型发电机中的应用越来越广泛。因此，下面仅介绍低频方波电压注入式励磁回路一点接地保护。

1. 注入式励磁回路一点接地保护的原理

现在国内使用的注入低频方波电压式励磁回路一点接地保护可根据注入电源不同，分为两种形式：①直接以低频方波电压源作为注入电源；②以直流电压源作为注入电源，采用电子开关切换的方式将直流电压转变为低频方波电压。这里仅以前一种方式为例，对注入式励磁回路一点接地保护进行介绍。

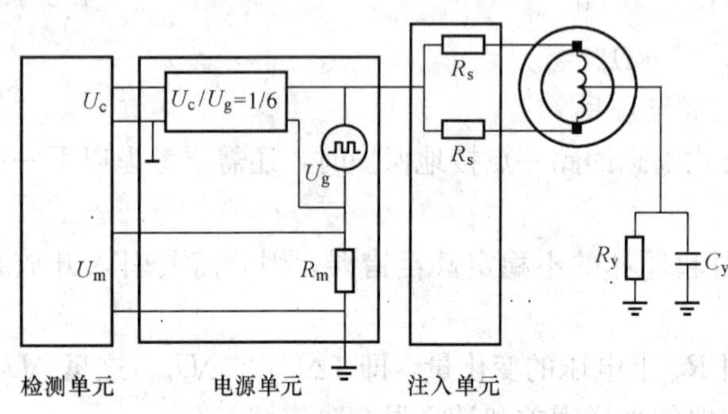

图 4-3-32　低频电压注入式励磁回路一点接地保护原理图

一种低频电压注入式发电机励磁回路一点接地保护原理图如图 4-3-32 所示。

由图 4-3-32 可见，这种励磁回路一点接地保护由电源单元、注入单元和检测单元等三个主要部件组成。电源单元在其内部产生方波电压 U_g，该电压幅值为 50V，频率为 0.5～4Hz（可调），如图 4-3-33（a）所示。方波电压源 U_g 的一端通过注入单元中的两个耦合电阻 R_S（高阻，常用阻值为 40kΩ）与励磁绕组正负两端相连，电压源 U_g 的另一端通过测量电阻 R_m（低阻，常用阻值为 375Ω）与大轴接地电刷相连。电源单元同时还向检测单元提供代表方波电压 U_g 的电源检测电压 U_c（经比例变换，这里 $U_c/U_g=1/6$）和测量电阻 R_m 两端的测量电压 U_m（代表接地电流 I_y）。而检测单元通过检测 U_c 和 U_m 来计算励磁绕组接地电阻 R_y。

当励磁绕组绝缘正常时，接地电流 I_y 近似为零，R_m 两端电压 U_m 的稳定值为 0［如图 4-3-33（b）所示］；当发生励磁绕组接地故障时，产生接地电流 I_y，R_m 两端电压 U_m 的稳定值上升，其波形类似于注入方波电压的波形，其大小和接地电阻 R_y 的数值有关，如图 4-3-33（c）所示，其中 U_i 为由励磁电压引起的直流偏移电压，而 U_{m2}、U_{m1} 则为两次切换过程获得的 R_m 两端的测量电压。每当电压 U_g 极性改变时，会由于励磁绕组对地电容的充放电过程引起在 U_m 上产生一个尖峰电压，然后逐步衰减到稳定值，显然正确测量应当在衰减之后。这也对低频电压源的频率或周期提出了要求，即需要根据发电机励磁回路参数（主要是对地分布电容）选择低频电压的半周期远大于衰减时间常数。

在该保护方案中，由于耦合电阻 R_S 很大，在电压 U_g 极性改变时，由绕组对地电容引起的暂态过程很快就会结束，故可以在这之后测量到 R_m 两端的稳态电压 U_m 和计算接地电阻，

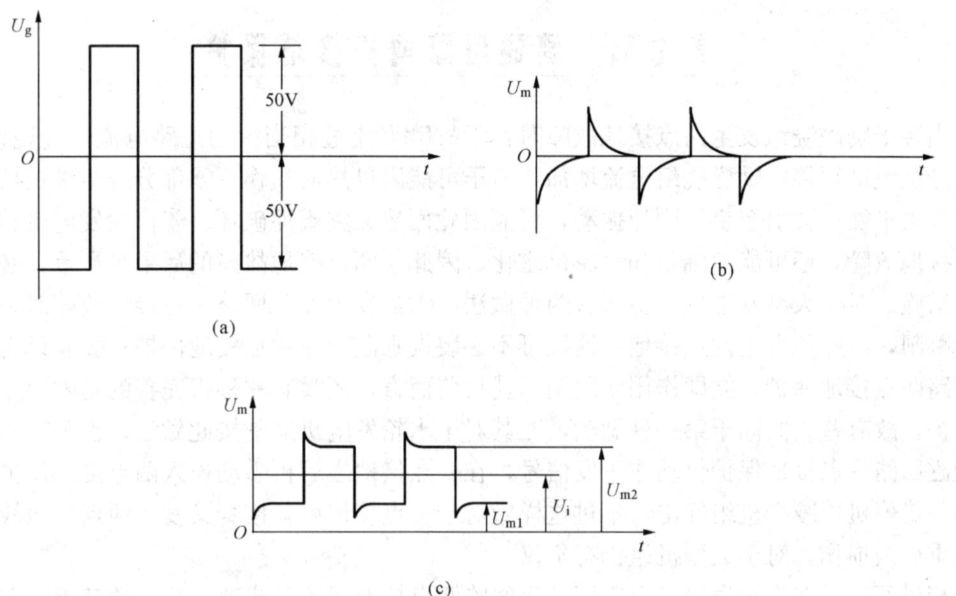

图 4-3-33　电源电压 U_g 和测量电压 U_m 的波形图

(a) U_g 的波形图；(b) $R_y \to \infty$ 时 U_m 的波形图；(c) $R_y = 5k\Omega$ 时 U_m 的波形图

因此保护的灵敏性不受励磁绕组对地电容的影响。不过，还有一些影响正确测量的因素，需要予以消除。主要有两个：一个是加在直流励磁电压上的各种高频谐波干扰电压，可通过数字滤波器滤除；另一个是测量回路中由励磁电压引起的直流偏移分量 U_i，其大小与励磁绕组电压的大小和故障点的位置有关，这可以通过在注入电压两个半周进行两次测量来消除。由图 4-3-32 和图 4-3-33，令接地故障电阻为 R_k，并注意到测量电阻 R_m、电源内阻和励磁绕组电阻远小于耦合电阻，故可导出如下近似关系

$$\frac{U_g - (-U_g)}{[U_{m2} - (-U_{m1})]/R_m} = R_k + \frac{R_S}{2}$$

亦即

$$R_k = \frac{2U_g R_m}{U_{m2} - U_{m1}} - \frac{R_S}{2} \tag{4-3-74}$$

在式（4-3-74）中，利用 $U_{m2} - U_{m1}$ 消除了直流励磁电压的影响，可计算出励磁绕组接地电阻 R_k 的数值。因此，可建立形式上与式（4-3-73）相同的这种注入式励磁回路一点接地保护的动作判据为

$$R_k < R_{k \cdot set} \tag{4-3-75}$$

式中：$R_{k \cdot set}$ 为动作门槛阻值，定值范围一般为 0.5～100kΩ。

2. 微机型注入式励磁回路一点接地保护的构成

与上述类似地，在构成这种注入式励磁回路一点接地保护时，除了上述主判据外，还需要考虑一些必要的辅助判据，这主要是指启动和闭锁措施。一般要求当注入电源电压 U_g 大于规定门槛，且当实际测量电压 $|U_{m2} - (-U_{m1})|$ 大于规定门槛时才开放保护，这样可防止某些原因引起测量值过低时造成错误判断。

第七节　励磁回路两点接地保护

当转子励磁绕组发生两点接地故障时：①故障点流过相当大的短路电流，会烧伤转子；②部分绕组被短接，励磁绕组电流增加，转子可能因过热而损伤；③部分绕组被短接，气隙磁通失去平衡，会引起机组剧烈振动，可能因此而造成灾难性破坏；④汽轮发电机转子绕组两点接地故障，还可能使轴系和汽轮机磁化。因此，两点接地故障的后果很严重，必须采取有效措施。对于大型发电机，主要有两种做法：①当发生励磁回路一点接地故障时，延时作用于跳闸，以避免发生两点接地，这样可不必装设励磁回路两点接地保护；②装设有效的励磁回路两点接地保护，立即作用于跳闸。就目前而言，还没有一种很完善的励磁回路两点接地保护，故有些人倾向于第一种做法，尤其对于水轮发电机通常按此做法；也曾有不少人建议励磁回路一点接地保护仅动作于发信号，在一点接地之后再手动投入两点接地保护，或者手动平稳停机以减少机组冲击，不过这样做对于一点接地后紧接着又发生两点接地故障可能会加重机组损伤，对于大型机组仍有争议。

相对而言，在汽轮发电机上应用励磁回路两点接地保护更成熟一些，故基于此在这里对目前采用较多的两种励磁回路两点接地保护进行介绍，即切换式保护和机端二次谐波电压保护。

一、切换式励磁回路两点接地保护

1. 微机型切换式励磁回路两点接地保护原理

这种两点接地保护是基于前面介绍的切换式励磁回路一点接地保护之上构成的，其硬件结构相同，所不同的只是动作判据。如果在励磁绕组 k1 处（即离正极 α 处）发生一点接地故障后，相继在 k2 处（即离 k1 点 β 处）发生第二点接地，并设接地故障电阻分别为 R_{k1} 和 R_{k2}，说明原理的电路如图 4-3-34 所示。

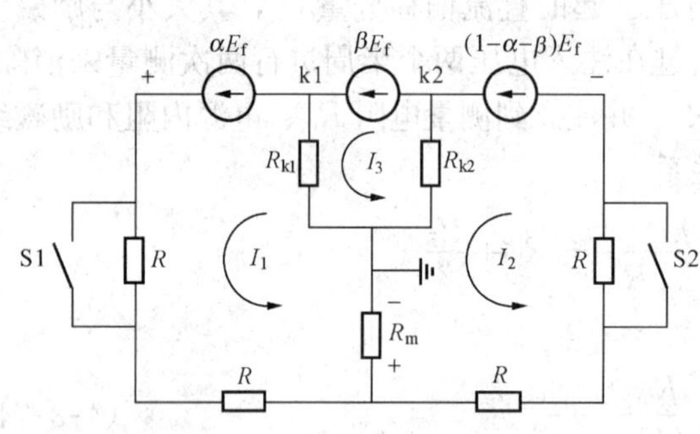

图 4-3-34　切换式励磁回路两点接地故障原理图

设已在一点接地故障后解出了第一点接地电阻 R_{k1} 和距离 α，现在根据图 4-3-34 列写回路方程求解两故障点间的距离 β 和第二点接地电阻 R_{k2}。

当 S1 导通、S2 断开时，设转子测量电压为 E'_f，测量电阻 R_m 上的测量电压为 U'_m，电流分别为 I'_1、I'_2 和 I'_3，则可得

$$
\begin{aligned}
&(R+R_m+R_{k1})I'_1-R_mI'_2-R_{k1}I'_3=\alpha E'_f\\
&-R_mI'_1+(R_{k2}+R_m+2R)I'_2-R_{k2}I'_3=(1-\alpha-\beta)E'_f\\
&-R_{k1}I'_1-R_{k2}I'_2+(R_{k1}+R_{k2})I'_3=\beta E'_f\\
&R_m(I'_1-I'_2)=U'_m
\end{aligned}
\qquad(4\text{-}3\text{-}76)
$$

当 S1 断开、S2 导通时，设励磁测量电压为 E''_f，测量电阻 R_m 上的测量电压为 U''_m，则

可得

$$
\begin{aligned}
&(2R+R_m+R_{k1})I''_1-R_mI''_2-R_{k1}I''_3=\alpha E''_f\\
&-R_mI''_1+(R_{k2}+R_m+2R)I''_2-R_{k2}I''_3=(1-\alpha-\beta)E''_f\\
&-R_{k1}I''_1-R_{k2}I''_2+(R_{k1}+R_{k2})I''_3=\beta E''_f\\
&R_m(I''_1-I''_2)=U''_m
\end{aligned}
\quad (4\text{-}3\text{-}77)
$$

联立式（4-3-76）和式（4-3-77），原则上可解出 β 和 R_{k2}。那么，对于励磁绕组的第二点接地的动作判据为

$$R_{k2}<R_{k\cdot set} \quad (4\text{-}3\text{-}78)$$

但是，采用联立方程组进行求解的计算相当繁琐，因此通常采用另一种方法。当发生一点接地故障后，可由式（4-3-72）计算得到 R_{k1} 和 α 的数值。如果此后再发生两点接地故障，仍由式（4-3-72）计算得到的 α 值将发生变化。当变化值 $\Delta\alpha$ 值超过设定值 α_{set} 时，则判定发生了两点接地故障，发电机立即动作于停机。因此有励磁回路两点接地保护的动作判据为

$$|\Delta\alpha|>\alpha_{set} \quad (4\text{-}3\text{-}79)$$

2. 微机型切换式励磁回路两点接地保护的逻辑

切换式励磁回路两点接地保护的逻辑如图 4-3-35 所示。由图可见，励磁回路两点接地保护受一点接地保护闭锁，在发生励磁回路一点接地故障后经延时 t_1 将两点接地保护自动投入。

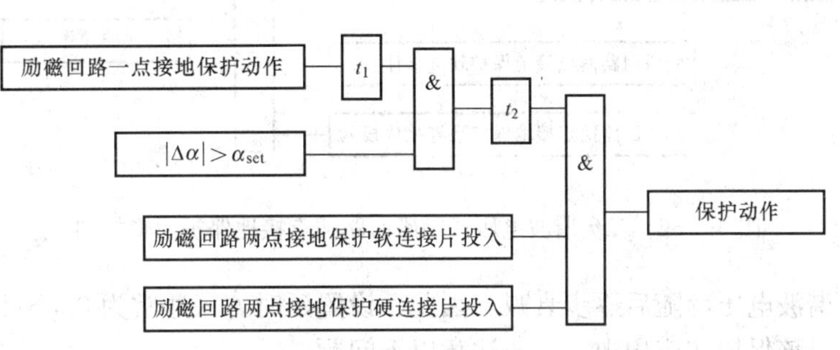

图 4-3-35 切换式励磁回路两点接地保护逻辑框图

二、机端二次谐波电压式励磁回路两点接地保护

1. 二次谐波电压式励磁回路两点接地保护原理

利用机端二次谐波电压作为特征量的励磁回路两点接地保护一般仅用于两极汽轮发电机组。正常稳定运行的两极发电机，气隙磁场的南北极是对称的，即气隙磁密的空间分布完全对称于横轴。根据傅里叶级数进行谐波分析，这一气隙磁密的空间波形中，应该不存在偶次谐波。因此，由它产生的定子电动势中，也就不会包含有偶次谐波分量。

当励磁回路发生两点接地故障后，将会有部分励磁绕组被短接，只要被短接的线匝不对称于横轴，则气隙磁密南北极的对称性就遭到了破坏。这样一个不对称于横轴的气隙磁密，根据傅里叶级数进行的谐波分析，就会包含有包括二次谐波在内的偶次谐波，从而在定子绕组中产生相应的偶次谐波电压。基于这一特点，可以利用机端二次谐波电压作为判据来构成励磁回路两点接地保护。

限于篇幅，本书不对励磁回路两点接地后机端二次谐波电压的定量分析进行介绍，仅简要讨论基于机端二次谐波电压的励磁回路两点接地保护的动作判据、逻辑和应用中的一些问题。

机端二次谐波电压式励磁回路两点接地保护有两种形式。设机端二次谐波电压、基波电

压分别记为U_2、U_1，第一种形式保护的动作判据为

$$U_2 > U_{2 \cdot set} \tag{4-3-80}$$

式中：$U_{2 \cdot set}$为二次谐波动作门槛电压。

第二种形式保护的动作判据为

$$U_2/U_1 > \varepsilon_{set} \tag{4-3-81}$$

式中：ε_{set}为二次谐波与基波动作门槛的电压比。

2. 二次谐波电压式励磁回路两点接地保护的构成与应用

二次谐波电压式励磁回路两点接地保护逻辑框图如图 4-3-36 所示。

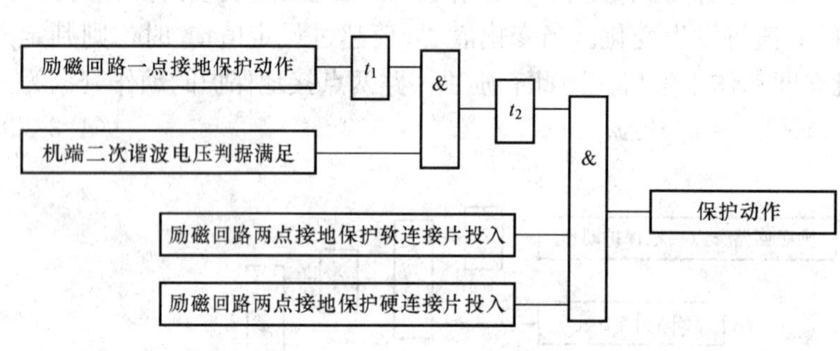

图 4-3-36　二次谐波电压式励磁回路两点接地保护逻辑框图

当定子绕组内部或发电机外部发生短路故障时，短路电流中将出现衰减直流分量，它将在励磁回路中产生工频分量，进而在定子回路中产生暂态二次谐波电压。如果短路电流中初始直流分量很大，将会产生较大的初始暂态二次谐波电压，随后逐步衰减。因此，设置延时t_2（通常为0.5～1.0s）躲过这一暂态过程。

该保护在应用中，需要注意以下问题：

（1）利用机端二次谐波电压作为特征量的励磁回路两点接地保护存在动作死区。当被短路匝数的的宽度等于极距或者两个故障点完全对称于南北磁极时，机端将没有二次谐波电压。

（2）当发电机处于正常运行时，由于转子偏心等原因，气隙磁密的空间分布会有轻微的不对称，因此，由它产生的定子电动势中，还是会包含有很小的偶次谐波分量。直接测量机端二次谐波不平衡电压大小并加以躲过作为整定依据。

（3）励磁绕组匝间短路也会在机端产生二次谐波电压，从发电机定子侧看，性质是一样的，因此利用机端二次谐波电压作为励磁绕组两点接地保护，无法区分励磁绕组匝间短路和励磁回路两点接地。

第八节　发电机短路故障的后备保护

当发电机出现内部故障或相邻元件出现短路故障时，若主保护或相应断路器因故拒动，则应由短路故障的后备保护动作以保障发电机组的安全。对于发电机组而言，所配置的后备保护主要是针对相间短路故障，有以下几种类型：

（1）复合电压启动的过电流保护。

（2）负序过电流保护和单元件低电压启动的过电流保护（复合过电流保护）。

（3）阻抗保护。

一、发电机的复合电压启动的过电流保护

对于大型发电机组，我国目前常以复合电压启动的过电流保护作为首选的后备保护。复合电压启动的过电流保护也称为复合电压闭锁的过电流保护，或简称为复压过流保护（这里采用简称）。

（一）复压过流保护的原理和构成

复压过流保护的基本原理可参见本篇第四章，这里主要介绍组成元件和判据。复压过流保护由过电流元件、复合电压元件和 TV 断线闭锁元件组成，对于自并励的发电机组，还需要增加电流记忆元件。作为后备保护，复压过流保护需要延时动作，在动作时限上与相邻后备保护相配合。

1. 过电流元件

过电流元件采用机端三相电流作为动作特征量，动作判据为

$$I_g > I_{g\cdot set} \tag{4-3-82}$$

式中：$I_{g\cdot set}$为电流门槛整定值。

机端三相电流中，当至少有一相电流满足上述动作判据，过电流元件动作。

2. 复合电压元件

复合电压元件由负序过电压判据和低电压判据组成，负序过电压判据反映发电机内部和外部发生的不对称故障，其检测量为机端负序电压；低电压判据反映发电机内、外部的对称和不对称故障，其检测量为机端线电压。

负序过电压判据为

$$U_2 > U_{2\cdot set} \tag{4-3-83}$$

式中：$U_{2\cdot set}$为负序电压门槛整定值。

低电压判据为

$$U_g < U_{g.set} \tag{4-3-84}$$

式中：$U_{g\cdot set}$为低电压门槛整定值。

低电压判据只有在机端三相线电压均满足式（4-3-84）时才成立。

上述两个判据通过“或”逻辑出口，即两个判据满足一个即可使复合电压元件动作。当 TV 断线时，复合电压元件退出运行。

3. TV 断线闭锁元件

当发生 TV 断线时，会造成复合电压元件误动作，因此要将复合电压元件闭锁。TV 断线闭锁元件参见本章第三节。

4. 电流记忆元件

电流记忆功能用于采用自并励的发电机组。对于此类发电机，当发电机外部发生对称或不对称短路时，机端电压下降，励磁电流会随之减小。尤其是机端发生三相短路故障，机端电压会下降到很低的数值，使短路电流逐渐减小到低于动作定值，这样有可能使后备保护在延时期间返回而失效。故需要采用电流记忆功能来保证使后备保护有效动作。当复合电压元件和过电流元件均动作时，初始电流被记忆，电流被记忆后电流元件便不会随机端电流的衰减而返回，若此时为外部故障且被其他保护切除，则依靠电压元件返回而复归。

（二）微机型复压过流保护的逻辑

微机型复压过流保护的逻辑框图如图 4-3-37 所示。图中，复合电压元件和电流记忆元

件均设置了投退控制字。当复合电压元件投入时，如果发生机端 TV 断线，有可能使复合电压元件误动，因此此时要闭锁整个过流保护。当复合电压元件不投入时，TV 断线闭锁元件不对保护起闭锁作用。当电流记忆元件投入后，整个保护必须由电压元件返回，因此若复合电压元件退出，则自动解除记忆功能。

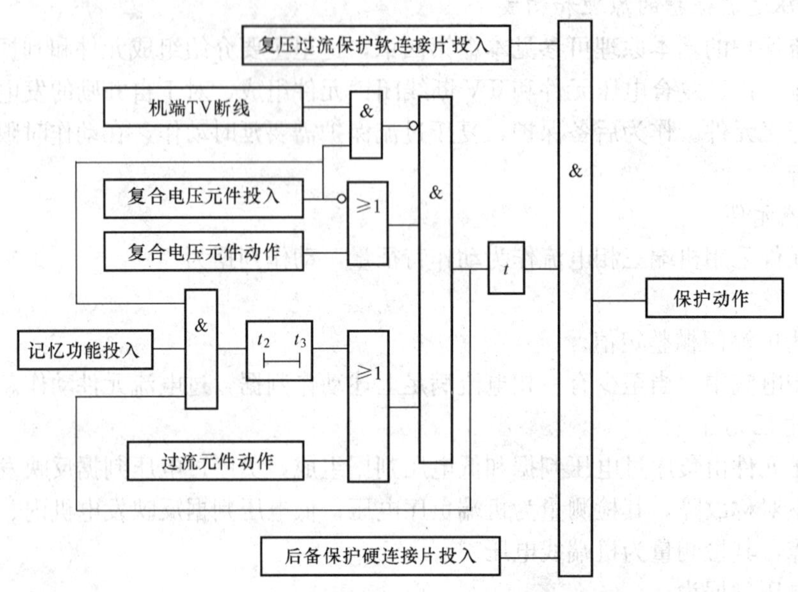

图 4-3-37　复合电压启动的过电流保护逻辑框图

使电流记忆功能起作用的前提条件是电流记忆功能与复合电压元件均投入，这时当保护范围内有短路故障发生时，机端过电流元件和复合电压元件均快速动作，两者经“与”逻辑后产生输出信号，该信号一面启动延时，一面作为反馈量去短接过电流元件（即记忆电流元件初始动作状态）。本保护或相邻保护切除故障之后，复合电压元件返回，经延时撤销记忆功能，保护整组复归。

后备保护一般动作于解列灭磁或停机。

（三）复压过流后备保护的整定计算

1. 过电流定值

过电流定值按发电机额定负荷下可靠返回的条件整定，即

$$I_{g\cdot set}=K_{rel}I_N/K_{rt} \tag{4-3-85}$$

式中：I_N为发电机额定电流；K_{rel}为可靠系数，一般取 1.3～1.5；K_{rt}为返回系数，一般取 0.85～0.95。

灵敏系数按主变压器高压侧母线两相短路的条件校验，即

$$K_{sen}=I_{k.min}^{(2)}/I_g \tag{4-3-86}$$

式中：$I_{k.min}^{(2)}$为主变压器高压侧母线两相短路时，保护安装处的最小短路电流。

通常，要求灵敏系数 $K_{sen}\geqslant 1.2$。

2. 负序过电压定值

负序过电压定值按躲过发电机正常运行时的不平衡电压整定，即

$$U_{2\cdot set}=(0.06\sim 0.08)U_N \tag{4-3-87}$$

式中：U_N为发电机额定电压。

灵敏系数按主变压器高压侧母线两相短路的条件校验，即

$$K_{sen} = U_{2\cdot min}/U_{2\cdot set} \tag{4-3-88}$$

式中：$U_{2\cdot min}$为主变压器高压侧母线两相短路时，保护安装处的最小负序电压。

通常，要求灵敏系数 $K_{sen} \geqslant 1.5$。

3. 低电压定值

对于汽轮发电机组，动作电压可整定为

$$U_{g.set} = 0.6U_N \tag{4-3-89}$$

灵敏系数按主变压器高压侧母线三相短路的条件校验，即

$$K_{sen} = U_{g\cdot set}/X_t I_{k\cdot max}^{(3)} \tag{4-3-90}$$

式中：X_t为主变压器电抗；$I_{k\cdot max}^{(3)}$为主变压器高压侧母线三相短路时，保护安装处的最大短路电流。

通常，要求灵敏系数 $K_{sen} \geqslant 1.2$。

4. 延时定值

复压过流保护的动作延时，按大于升压变压器后备保护的动作时限整定。当整定时限和保证发电机安全允许时限（例如：$I_2^2 t \leqslant A$，转子负序过负荷允许时限）相矛盾且无转子负序过负荷反时限保护时，应以发电机安全允许时限为准。

二、发电机的复合过电流保护

1. 复合过电流保护的原理和构成

复合过电流保护简称为复合电流保护，它由负序过电流元件、低电压启动的过电流元件和 TV 断线闭锁元件组成，对于自并励的发电机组，也必须增加电流记忆元件。除了负序过电流元件外，其余各元件与前述复合电压启动的过电流保护的相应元件基本相同，不过为简化保护，低电压启动的过电流元件只需一相。

负序过电流元件用来反应发电机内部和外部发生的不对称故障，其检测量为机端负序电流；动作判据为

$$I_2 > I_{2\cdot set} \tag{4-3-91}$$

2. 微机型复合过电流保护的逻辑

微机型复合过电流保护的逻辑如图 4-3-38 所示。

3. 复合过电流后备保护的整定计算

(1) 负序过电流元件定值。负序电流定值 $I_{2\cdot set}$按防止负序电流导致转子过热损坏的条件整定，一般有

$$I_{2\cdot set} = (0.5 \sim 0.6)I_N \tag{4-3-92}$$

通常，间接冷却式汽轮发电机用 $0.5I_N$，水轮发电机用 $0.6I_N$，其他发电机可用 $I_{2\cdot set} = (\sqrt{A/120})I_N$ 计算，A 值由电机制造厂给定。

灵敏系数按主变压器高压侧母线两相短路的条件校验，即

$$K_{sen} = I_{k\cdot min\cdot 2}^{(2)}/I_{2\cdot set} \tag{4-3-93}$$

式中：$I_{k\cdot min\cdot 2}^{(2)}$为主变压器高压侧母线两相短路时，保护安装处的最小负序电流。

要求灵敏系数 $K_{sen} \geqslant 1.5$。

(2) 低电压定值、相电流定值和延时定值的整定和灵敏系数校验与复合电压启动的过电

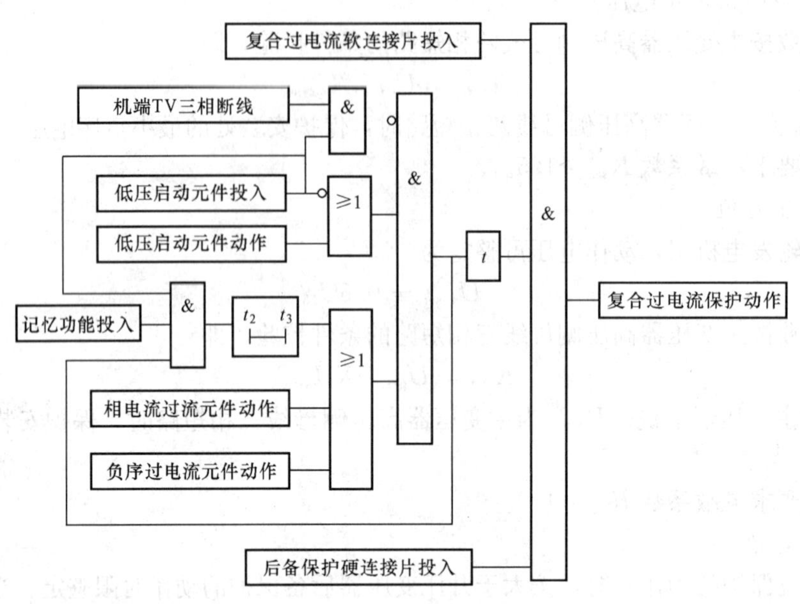

图 4-3-38　复合过电流保护逻辑框图

流保护相同。

三、发电机的阻抗后备保护

当以上两种过电流后备保护的灵敏度不满足要求时，可以采用低阻抗保护作为发电机的后备保护。

1. 阻抗后备保护的基本原理

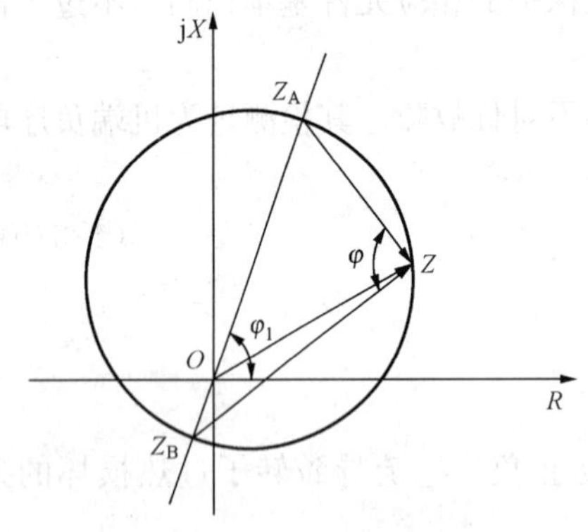

图 4-3-39　阻抗元件动作特性图

发电机的阻抗后备保护通常装设在发电机机端，其动作特性如图 4-3-39 所示，圆内为动作区，且动作特性可选择为全阻抗圆或偏移阻抗圆，由整定阻抗 Z_A和 Z_B决定。在 $R-X$ 平面上，动作区位于 R 轴以下部分，应包括发电机的等值阻抗；而 R 轴以上部分，应包括主变压器、主变压器到断路器的引线、母线及部分出线的等值阻抗，以保证对发电机、主变压器、母线及相应线路近端等提供后备保护。这样一来阻抗保护的动作区不得不向前延伸得较远，为保证选择性，常采用一段动作区和两段延时：第Ⅰ段时延与主变后备保护的动作时间相配合，动作于母线解列，以缩小故障影响范围；第Ⅱ段时延再增加一个时限阶段，动作于发电机解列、灭磁。

阻抗后备保护的动作判据的比相形式为

$$90° < \arg\left(\frac{Z-Z_A}{Z-Z_B}\right) < 270° \tag{4-3-94}$$

当用电压和电流相量表示时，上式分子分母均乘以测量电流 $\dot{I}$，则有

$$90^\circ < \arg\left[\frac{\dot{U}-\dot{I}Z_A}{\dot{U}-\dot{I}Z_B}\right] < 270^\circ \tag{4-3-95}$$

目前，这种用来反应相间短路的阻抗后备保护通常采用 0°接线，$\dot{U}$ 取为机端线电压，而 $\dot{I}$ 取为对应的两相电流差。完整的阻抗后备保护包括三个相间阻抗元件（即 AB、BC、CA 相的元件），当至少有一个满足式（4-3-95）时，保护动作。

2. 微机型阻抗后备保护的构成与逻辑

除了基本的阻抗判据外，完整的阻抗后备保护还需要配备启动判据和 TV 断线闭锁判据。通常采用电流突变量构成启动判据，这又包括负序电流突变量启动判据和相电流突变量启动判据，并取“或”门启动逻辑。

（1）负序电流突变量启动判据为

$$\Delta I_2 > \varepsilon I_2 \tag{4-3-96}$$

式中：ΔI_2为负序电流突变量；εI_2为负序电流启动门槛值。

负序电流突变量按下式计算

$$\Delta I_2 = |\dot{I}_2(t) - \dot{I}_2(t-nT)| \tag{4-3-97}$$

式中：T 为基频周期；n 为基频周期数，一般可取 $n=2$。

对负序电流突变量启动判据的灵敏性要求，当保护区末端发生两相金属性短路时，其灵敏度系数应大于 4。

（2）相电流突变量启动判据为

$$\Delta I_g > \varepsilon_I \tag{4-3-98}$$

式中：ΔI_g为相电流突变量；ε_I 为相电流启动门槛值。

相电流突变量按下式计算

$$\Delta I_g = |\dot{I}_g(t) - \dot{I}_g(t-2T)| \tag{4-3-99}$$

对相电流突变量启动判据的灵敏性要求，在保护区末端发生各类金属性短路时，其灵敏度系数应大于 2。

三相相电流突变量启动判据采用分相启动（即“或”逻辑）方式。

另外，对于用于发电机的阻抗后备保护，因装于机端，需要考虑 TV 高、低压侧断线误动问题，故 TV 断线闭锁判据通常采用电压平衡式判别原理，详情参见本章第三节。

微机型阻抗后备保护的逻辑框图如图 4-3-40 所示，其中 t_1 为第Ⅰ段时延，t_2 为第Ⅱ段时延。

3. 阻抗后备保护的整定计算

（1）阻抗定值。反向阻抗定值 Z_B整定为发电机的等值阻抗，正向阻抗定值 Z_A整定为从发电机机端至变压器高压侧外引线路的等值阻抗，并保证线路近区短路时的灵敏性。

（2）延时定值。阻抗后备保护的第Ⅰ段动作时延 t_1，按大于升压主变压器后备保护的动作时限整定。当此整定时限与保证发电机安全允许时限（例如：$I_2^2t \leqslant A$，转子负序过负荷允许时限）相矛盾且没有转子负序过负荷反时限保护时，应以发电机安全允许时限为准。第Ⅱ段动作时延 t_2 在第Ⅰ段动作时延 t_1 上再增加一个时限阶段 Δt。

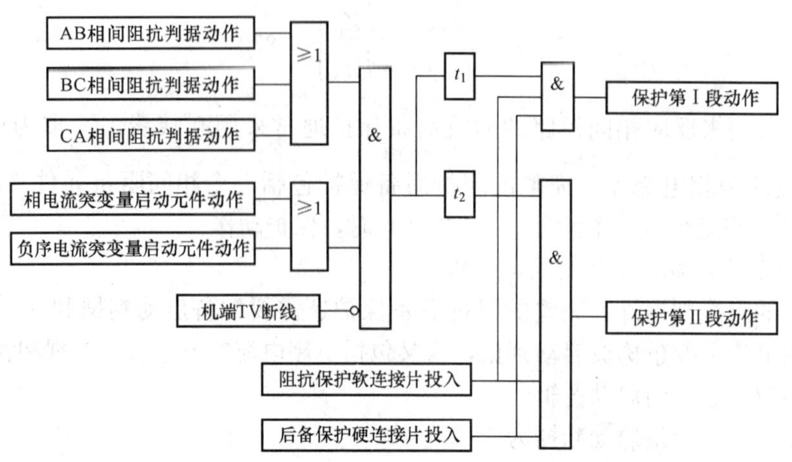

图 4-3-40　阻抗后备保护逻辑框图

阻抗后备保护为简化保护，很少考虑振荡闭锁措施，故各延时均应保证在振荡过程中保护不误动，因此各延时不要小于 1.5s。

第九节　转子表层过热（负序电流）保护

发电机在不对称负荷状态下运行或发生内、外部不对称故障时，定子绕组将流过负序电流，它所产生的旋转磁场的方向与转子运动方向相反，以两倍同步转速切割转子，在转子本体、槽楔及励磁绕组中感生倍频电流，引起额外的损耗和发热。另一方面，由负序磁场产生的两倍频交变电磁转矩，使机组产生 100Hz 振动，引起金属疲劳和机械损伤。

汽轮发电机转子由整块钢锻压而成，励磁绕组置于转子槽中。倍频电流主要部分在转子表层沿轴向流动，这个电流可达到极大数值，会在转子表面某些接触部位引起高温，发生严重电灼伤，同时局部高温还有使护环松脱的危险。机组承受负序电流的能力主要由转子表层发热情况来确定，特别是大型发电机，热容量设计裕度较低，对承受负序电流能力的限制更为突出，必须装设与其承受负序电流能力相匹配的负序电流保护，又称为转子表层过热保护。

一、转子表层过热（负序电流）保护基本原理及构成

（一）转子发热特点及负序电流反时限动作判据

大型发电机要求转子表层过热保护与发电机承受负序电流的能力相适应，因此在选择负序电流保护判据时需要首先了解由转子表层发热状况所规定的发电机承受负序电流的能力，这个能力通常又分为短时和长期承受负序电流的能力。

1. 发电机长期承受负序电流的能力

发电机正常运行时，由于输电线路及负荷不可能三相完全对称，因此，总存在一定的负序电流 I_2，但数值较小，通常不超过 2%～3%额定电流。发电机带不对称负荷运行时，转子虽有发热，但如果负序电流不大，由于转子的散热效应，其温升不会超过允许值，即发电机可以承受一定数值的负序电流长期运行。发电机长期承受负序电流的能力与发电机结构有

关，应根据具体发电机确定。我国有关规定为：在额定负荷下，汽轮发电机允许长期承受的负序电流 $I_{2\infty}=5\%\sim8\%I_N$，对于大型直接冷却式发电机的相应值更低一些。

负序电流保护通常依据发电机长期允许承受的负序电流值来确定启动门槛值，当负序电流超过长期允许承受的负序电流值后，保护延时发出报警信号。

2. 发电机短时承受负序电流的能力

在异常运行或系统发生不对称故障时，I_2 将大大超过允许的持续负序电流值，这段时间通常不会太长，但因 I_2 较大，必须考虑防止可能对发电机造成的损伤。发电机短时间内允许负序电流值 I_2 的大小与电流持续时间有关。转子中发热量的大小通常与流经发电机的负序电流 I_2 的平方及所持续的时间 t 成正比。若假定发电机转子为绝热体（即短时内不考虑向周围散热的情况），则发电机允许负序电流与允许持续时间的关系可用下式来表示

$$I_{*\cdot2}^2t=A \tag{4-3-100}$$

式中：$I_{*\cdot2}$为以发电机额定电流 I_N 为基准的负序电流标幺值；A 为与发电机型式及冷却方式有关的常数；t 为允许持续时间。

A 值反映发电机承受负序电流的能力，A 越大，说明发电机承受负序电流的能力越强。一般地说，发电机容量越大，相对裕度越小，A 值也越小。对发电机 A 值的规定并不统一，对于 300MW 直接冷却式大型汽轮发电机，其 A 值大致范围是 $A\leqslant(5\sim8)$。

A 值通常是按绝热过程设计计算的，但在有些情况下，可能偏于保守。因为一般只在很短时间内可不计及散热作用。当 $I_{*\cdot2}$较小，而允许持续时间较长时，转子表面向本体内部和周围介质散热就不能再予以忽略。因此在确定转子表面过热保护的负序电流能力判据时，再引入一个修正系数 K_2，即有下述判据

$$(I_{*\cdot2}^2-K_2^2)t\geqslant A \tag{4-3-101}$$

修正系数 K_2 与发电机允许长期承受的负序电流 $I_{*2\infty}$有关，为了将温升限制在一定范围内，要求 $K_2^2\leqslant I_{*\cdot2\infty}^2$，即

$$K_2=K_0I_{*\cdot2\infty} \tag{4-3-102}$$

式中：K_0 为安全系数，一般约为 0.6～0.8。

将式（4-3-102）代入式（4-3-101）便得到在负序电流保护中常用的反时限动作判据为

$$t\leqslant\frac{A}{I_{*\cdot2}^2-(K_0I_{*\cdot2\infty})} \tag{4-3-103}$$

这种负序电流反时限特性使得保护的动作时间与负序电流的大小成反比关系，即负序电流越大，保护的动作时间越短，反之亦然。这样可使保护特性与发电机发热特性配合恰当，当发生严重故障时保护以较快速度动作以保证发电机安全，而在发生较轻微异常时充分利用发电机裕度，减少停机冲击。

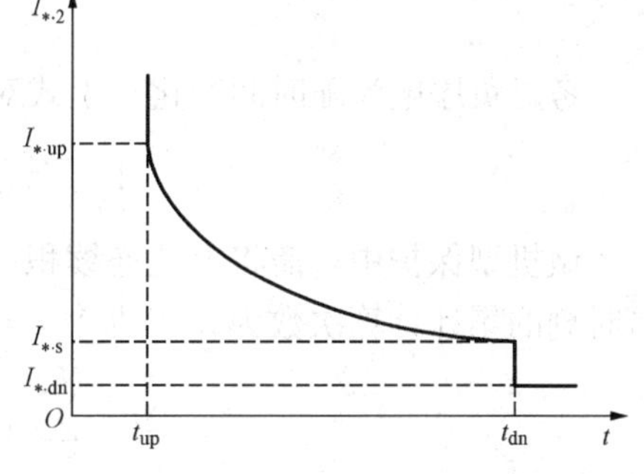

图 4-3-41 转子表层过热保护动作特性图

（二）转子表层过热（负序电流）保护的构成方案

1. 保护动作特性的构成与应用

完整的转子表层过热（负序电流）保护动作特性如图 4-3-41 所示。该特性主要由三部分组成，分

别对应于一个反时限元件、一个上限定时限元件和一个下限定时限元件。上限定时限元件的动作判据为

$$I_{*\cdot 2} > I_{*\cdot up} \tag{4-3-104}$$

式中：$I_{*\cdot up}$为上限动作门槛。

上限定时限特性应与主变压器高压侧相间短路相配合，上限门槛电流 $I_{*\cdot up}$可按躲过主变压器高压侧发生两相短路时发电机所提供的负序电流来整定，一般可整定为 $2I_N$（发电机额定电流）。而其动作时间 t_{up}按与高压出线快速保护延时相配合，可在（0.3～0.5）s范围内整定，出口作用于跳闸解列。

下限定时限元件的动作判据为

$$I_{*\cdot 2} > I_{*\cdot dn} \tag{4-3-105}$$

式中：$I_{*\cdot dn}$为下限动作门槛。

下限动作门槛电流 $I_{*\cdot dn}$按发电机允许长期承受的负序电流整定，并应在外部不对称短路切除后返回，故有

$$I_{*\cdot dn} = \frac{K_{rel}}{K_{re}} I_{*\cdot 2\infty} \tag{4-3-106}$$

式中：K_{rel}为可靠系数，一般取 1.05；K_{re}为返回系数，一般取 0.95。

下限定时限元件的动作延时有两个，短延时 t_{dn1} 作用于报警信号，一般整定为 5～10s；长延时 t_{dn2}作用于跳闸解列，其延时通常在 250～1000s 范围内。

反时限元件按式（4-3-103）构成，作用于跳闸解列。由图 4-3-41 可见，反时限元件有一个启动门槛 $I_{*\cdot s}$，它除了起启动作用外，还对反时限特性的最长延时进行了限制（一般为 1000s 左右），因为反时限元件延时太长不仅会降低延时精度（因反时限特性曲线接近水平），也无必要。启动门槛 $I_{*\cdot s}$显然应大于 $K_0 I_{*\cdot 2\infty}$，具体整定可参照式（4-3-106）。亦可先给定反时限最长延时（一般不宜超过 1000s，或不超过下限定时限元件的延时），然后按式（4-3-103）倒算推出 $I_{*\cdot s}$，并校验满足 $I_{*\cdot s}$不小于 $I_{*\cdot dn}$。

2. 负序电流反时限特性的实现

在实现负序电流反时限特性时，需要考虑因反时限动作时间较长、其间负序电流的大小可能发生变化甚至较大变化带来的影响，这是一个在电流变化过程中合理处理热积累效应的问题，在微机保护中需要基于此来构造反时限特性算法。

由式（4-3-103）变形可得

$$(I^2_{*\cdot 2} - K_0 I^2_{*\cdot 2\infty})t \leqslant A \tag{4-3-107}$$

考虑负序电流随时间变化，上式对时间微分后再积分可得

$$\int_0^t [I^2_{*\cdot 2}(t) - K_0 I^2_{*\cdot 2\infty}]dt \leqslant A \tag{4-3-108}$$

微机型保护中，需将上述连续积分离散化，设计算时间间隔为 Δt，保护启动开始到当前时刻的累计计算次数为 M，即令 $t=\Delta t \cdot M$，可得数字算法

$$\Delta t \cdot \sum_{k=0}^{M-1} [I^2_{*\cdot 2}(k) - K_0 I^2_{*\cdot 2\infty}] \leqslant A \tag{4-3-109}$$

二、微机型转子表层过热（负序电流）保护的逻辑

微机型发电机转子表层过热（负序电流）保护的逻辑框图如图 4-3-42 所示。

如前所述，微机型转子表层过热（负序电流）保护有三部分，在逻辑框图中表现为上限定时限判据、下限定时限判据和反时限判据。除此之外，为了防止TA断线引起负序电流保护误动，还设有TA断线闭锁判据。

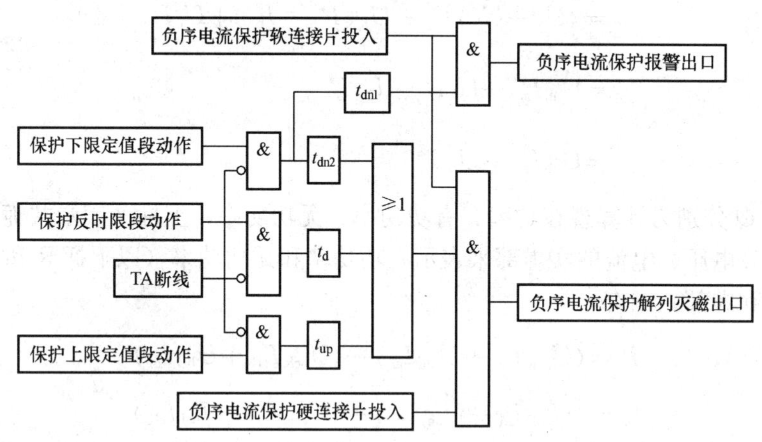

图 4-3-42 转子表层过热（负序电流）保护逻辑框图

第十节 逆功率保护

在汽轮机发电机组上，由于各种原因误将主汽门关闭，则在发电机断路器跳闸之前，发电机将迅速转为电动机运行，即逆功率运行。逆功率运行对发电机并无危害，但由于残留在汽轮机尾部的蒸汽与叶片摩擦，会使叶片过热，因此一般规定逆功率运行不得超过3min，所以大型汽轮发电机规定装设逆功率保护。

逆功率的大小决定于发电机和汽轮机的有功功率损耗，一般最大不超过额定有功功率的10%，最小仅为1%。在发生逆功率时，往往无功功率很大，故要求在视在功率（主要是无功功率）很大的情况下，检测出很小的有功功率方向，并且要求在无功功率很大的变化范围内保持保护的有功功率动作值基本稳定不变，因此需要专门设置逆功率保护来满足上述要求。

目前大型汽轮发电机普遍设有程序跳闸功能，可自动跳闸停机，为防止在此过程中当发电机输出有功功率未完全调整到零时提前误发跳闸命令而造成机组飞车，通常将程序跳闸回路经由一个逆功率保护闭锁，当检测到出现逆功率后才开放跳闸。故大型汽轮发电机通常都配置了两种逆功率保护，一种是防止汽轮机叶片损坏的“普通逆功率保护”，另一种是与程序跳闸功能配合可防止机组飞车的所谓“程跳逆功率保护”。实际上这两种逆功率保护的原理是一样的，仅在应用中略有区别。为简化起见，下面仅以前者为例进行介绍和讨论。

一、逆功率保护基本原理及算法

逆功率保护通常经延时动作于报警或解列灭磁，其保护判据为

$$P_g < P_{g\cdot set} \tag{4-3-110}$$

式中：P_g为机端有功功率；$P_{g\cdot set}$为逆功率保护的功率门槛定值，$P_{g\cdot set}<0$。

有功功率算法可采用三表法或两表法，对于大型发电机因中性点采用高阻接地，故从原

理上说两表法可以胜任，这里以此为例，简述计算公式如下。

$$
\begin{aligned}
S = P + \mathrm{j}Q &= \dot{U}_{a} I_{a}^{*} + \dot{U}_{b} I_{b}^{*} + \dot{U}_{c} I_{c}^{*} \\
&= (\dot{U}_{a} - \dot{U}_{b}) I_{a}^{*} + \dot{U}_{b} (I_{a}^{*} + I_{b}^{*}) + \dot{U}_{c} I_{c}^{*} \\
&= \dot{U}_{ab} I_{a}^{*} - \dot{U}_{b} I_{c}^{*} + \dot{U}_{c} I_{c}^{*} \\
&= \dot{U}_{ab} I_{a}^{*} - \dot{U}_{bc} I_{c}^{*}
\end{aligned}
\tag{4-3-111}
$$

式中：S、P、Q分别为计算视在功率、有功功率、无功功率，上标 * 表示共轭相量。

当采用计算电压、电流的实虚部来表示有功功率和无功功率（以下标R和I分别表示对应相量的实部和虚部）则有

$$
\begin{aligned}
P &= (U_{abR} I_{aR} + U_{abI} I_{aI}) - (U_{bcR} I_{cR} + U_{bcI} I_{cI}) \\
Q &= (U_{abR} I_{aI} - U_{abI} I_{aR}) - (U_{bcR} I_{cI} - U_{bcI} I_{cR})
\end{aligned}
\tag{4-3-112}
$$

二、微机型逆功率保护构成和逻辑

一种用以保护汽轮机叶片的微机型逆功率保护的逻辑框图如图 4-3-43 所示。实用中，具体保护逻辑根据现场的不同要求而有不同的方式，图 4-3-43 为一段两时限动作逻辑，即第Ⅰ段时延动作于报警，第Ⅱ段时延动作于解列灭磁。

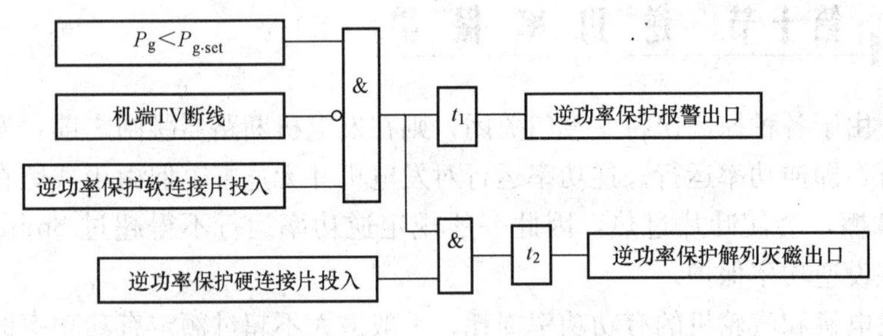

图 4-3-43　逆功率保护逻辑框图

当机端 TV 发生断线时，将引起有功功率计算错误，因此逆功率保护也需要 TV 断线闭锁元件，可采用电压平衡式原理，请参见本章第三节。

三、逆功率保护的整定计算

保护汽轮机叶片的逆功率保护的逆功率定值可按下式计算

$$
P_{g.set} = K_{rel}(P_1 + P_2) \tag{4-3-113}
$$

式中：K_{rel}为可靠系数，取 0.5～0.8；P_1为汽轮机在逆功率运行时的最小损耗，一般取汽轮机额定功率的 2%～4%；P_2为发电机在逆功率运行时的最小损耗，一般取 $P_2 \approx (1-\eta) P_N$，这里 η 为发电机效率，一般对应于 300MW 机组取 98.6%，对应于 600MW 机组取 98.7%，而 P_N为发电机额定功率。

若汽轮发电机的逆功率保护经主汽门触点出口，可取延时 1.0～1.5s 动作于解列灭磁；若不经主汽门触点出口，通常取延时 15s 动作于信号，再根据汽轮机所允许的逆功率运行时间，经 1～3min 后动作于解列灭磁。

第十一节　频率异常运行保护

频率异常运行保护主要保护的也是汽轮机。汽轮机的叶片都有一个自然振荡频率，如果发电机在运行中发生频率升高或者降低，只要满足某种谐振条件，将导致叶片谐振，迅速使材料疲劳。当超过材料的耐疲劳限度时，叶片就有可能断裂，造成严重事故。材料的疲劳是一个不可逆的积累过程，所以汽轮机在某种异常频率下连续运行不允许超过规定的持续时间，在异常频率下间歇运行也不允许超过规定的累计时间。

国内的调查结果建议，300～600MW 汽轮机组在并网运行中其运行频率及相应的允许时间的关系如表 4-3-1 所示，表中所列数据为对机组制造商提出的最小允许值要求。

表 4-3-1　　大型机组运行频率及相应的运行时间关系表

运行频率（Hz）	允许运行时间	
	累计时间（min）	每次持续时间（s）
51.5	30	30
51.0	180	180
48.5～50.5	连续运行	
48.0	300	300
47.5	60	60
47.0	10	10
46.5	0	0

可见，机组联网运行中长期允许的频率变化范围为 48.5～50.5Hz，表明频率升高与降低均会对汽轮机的安全带来危险，但通常对频率升高（亦即转速升高）的限制较严格，控制措施相对完善，而低频率异常运行多发生在重负荷下，对汽轮机的威胁更为严重。另外，对于极端低频工况，还将威胁厂用电的安全。因此，汽轮发电机一直都要求装设低频异常运行保护（简称低频保护）。目前随着微机保护的应用，对各种频率的测量和保护均易于实现，故也广泛引入了高频异常运行保护，两者合起来称为频率异常保护。

一、频率异常保护的基本原理及要求

频率异常保护的基本原理基于测频与延时，但必须满足汽轮机在各种异常频率状态不同的延时要求。

根据以上阐述，汽轮机在频率异常状态下运行有以下限制：

（1）频率异常时允许运行的时间与频率值及具体机组有关，一般而言偏离额定频率越远允许运行时间越短，实用中通常由厂家分段给出每频率段对应的允许运行时间。

（2）如前所述，频率异常将引起材料疲劳，而材料疲劳是一个不可逆的积累过程，为保障汽轮机安全，发生上述频率异常时每一频率段对应的允许运行时间须包括两个限制值，即本次允许继续运行时间和迄今为止多次累计允许运行时间。

（3）同样异常频率下运行，解列或并网轻载状态叶片所承受的应力较带一定负荷甚至满载时要小得多，故一般主要关心并网且携带一定负荷状态下发生系统频率异常时机组的安全。

因此，对发电机的频率异常保护通常有以下几方面要求：

（1）高精度频率测量回路。目前广泛采用测量机端电压的频率来实现。

（2）对频率进行分段保护，即将频率保护范围划分为若干区段，分别按不同延时动作，并可根据具体发电机的要求对各频率段进行灵活的整定。

（3）需要配置两种类型的频率异常保护：频率异常持续时限保护和频率异常累计时限保护。前者作为对每一次频率异常超过本次允许继续运行时间的保护；而后者作为多次频率异常累计计时超过相应允许时间的保护，它还要求能显示各段频率异常运行累计时间（或各频率段允许运行的剩余时间）。

（4）频率异常保护按频率范围还要求具有高频异常保护和低频异常保护。

（5）通常只要求在发电机组并网运行期间实施上述频率异常保护，因此应设置相应的闭锁措施在并网前闭锁保护，提高保护的可靠性。

在频率异常保护中，频率分段数及每段的整定值是根据机组要求来确定的，表 4-3-2 是一个低频运行状态所对应的允许累计运行时间的例子。

表 4-3-2　　大型汽轮机组分段低频运行及相应的允许累计运行时间举例

f（Hz）	50.00～49.50	49.50～48.75	48.75～46.75	<46.75
允许时间（min）	∞	60	10	0

频率异常保护通常动作于报警或解列灭磁。

二、微机型频率异常保护的构成和频率测量

根据前面介绍，完整的微机型频率异常保护通常由低频异常持续时限保护、低频异常累计时限保护、高频异常持续时限保护和高频异常累计时限保护四部分组成。下面仅以两种低频异常保护（分别简称为低频持续保护、低频累计保护）为例，说明它们的判据和构成方案，而高频异常保护与之相似。

（一）低频持续保护

以使用较多的一种分段式低频持续保护为例说明，如图 4-3-44 所示。它采用三个频率定值 f_{l1}、f_{l2}、f_{l3}（$f_{l3}<f_{l2}<f_{l1}<f_N$，f_N为额定频率）对低频率区间进行分段。完整的低频异常持续保护由低频率主判据和闭锁判据构成。

1. 低频持续保护主判据

$$\begin{aligned}&\text{Ⅰ 段：} && f<f_{l1}\\ &\text{Ⅱ 段：} && f<f_{l2}\\ &\text{Ⅲ 段：} && f<f_{l3}\end{aligned}\qquad(4\text{-}3\text{-}114)$$

相应的三段保护延时分别为：t_{fl1}、t_{fl2}、t_{fl3}（通常有 $t_{fl1}>t_{fl2}>t_{fl3}$），各段判据均采用延时动作瞬时返回的动作特性，当频率在各区段内的持续运行时间超过各段的延时定值时，保护动作。

2. 保护闭锁判据

（1）断路器辅助触点闭锁条件。当机端断路器断开时，闭锁低频异常保护。

（2）机端无流闭锁判据。当机端三相电流满足式（4-3-115）时，判为发电机无流。该判据和断路器辅助触点闭锁条件配合使用。

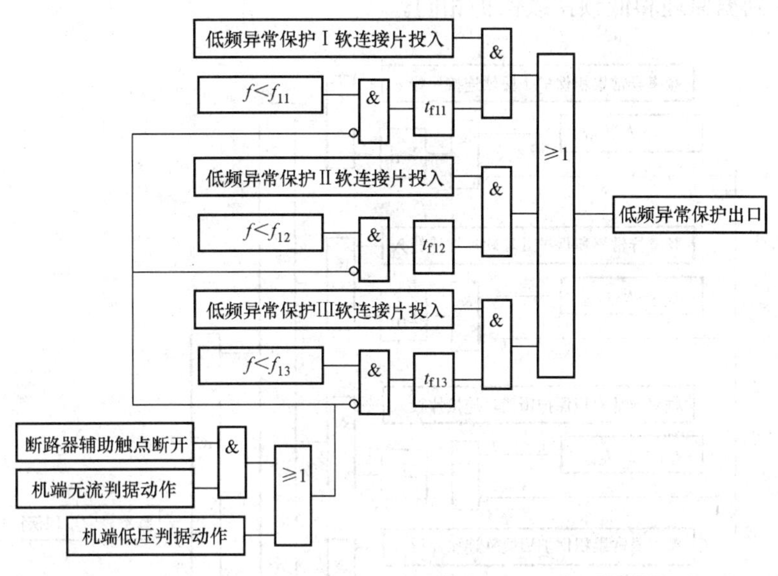

图 4-3-44　一种低频异常持续限时保护逻辑框图

$$I_g < \varepsilon_{I \cdot f} \tag{4-3-115}$$

式中：$\varepsilon_{I \cdot f}$为无流阈值，一般设置为保护装置内部定值。

（3）机端电压闭锁判据。当机端电压过低时，会导致频率测量不准，可能造成保护误动，因此在机端电压过低时闭锁保护。电压闭锁判据为

$$U_g < \varepsilon_{U \cdot f} \tag{4-3-116}$$

式中：U_g 为机端线电压；$\varepsilon_{U \cdot f}$为无压阈值，一般设置为保护装置内部定值。

只有当机端 3 个线电压均满足式（4-3-116），才闭锁保护。

（二）低频累计保护

这里介绍的为一种四段式低频累计保护，如图 4-3-45 所示。它采用 8 个频率定值，即 $f_{c \cdot l1}$、$f_{c \cdot h1}$、$f_{c \cdot l2}$、$f_{c \cdot h2}$、$f_{c \cdot l3}$、$f_{c \cdot h3}$、$f_{c \cdot l4}$、$f_{c \cdot h4}$，共可获得 4 个频率分段（这里有 $f_{c \cdot l4} < f_{c \cdot h4} \leqslant f_{c \cdot l3} < f_{c \cdot h3} \leqslant f_{c \cdot l2} < f_{c \cdot h2} \leqslant f_{c \cdot l1} < f_{c \cdot h1} < f_N$）。其中前 3 个频率分段均为时间累计保护，而第Ⅳ段为普通持续时限保护，用于紧急情况下动作。保护亦由主判据和闭锁判据构成。

1. 频率主判据

$$\begin{aligned} &\text{Ⅰ 段：} && f_{c \cdot l1} < f < f_{c \cdot h1} \\ &\text{Ⅱ 段：} && f_{c \cdot l2} < f < f_{c \cdot h2} \\ &\text{Ⅲ 段：} && f_{c \cdot l3} < f < f_{c \cdot h3} \\ &\text{Ⅳ 段：} && f_{c \cdot l4} < f < f_{c \cdot h4} \end{aligned} \tag{4-3-117}$$

四段的保护延时分别为：Σt_{f1}、Σt_{f2}、Σt_{f3}、t_{f4}（$\Sigma t_{f1} > \Sigma t_{f2} > \Sigma t_{f3} > t_{f4}$）。当频率在各段区内的累计时间或持续时间超过各段的时间上限时，保护动作。

2. 保护闭锁判据

保护闭锁判据原理和低频持续保护相同。

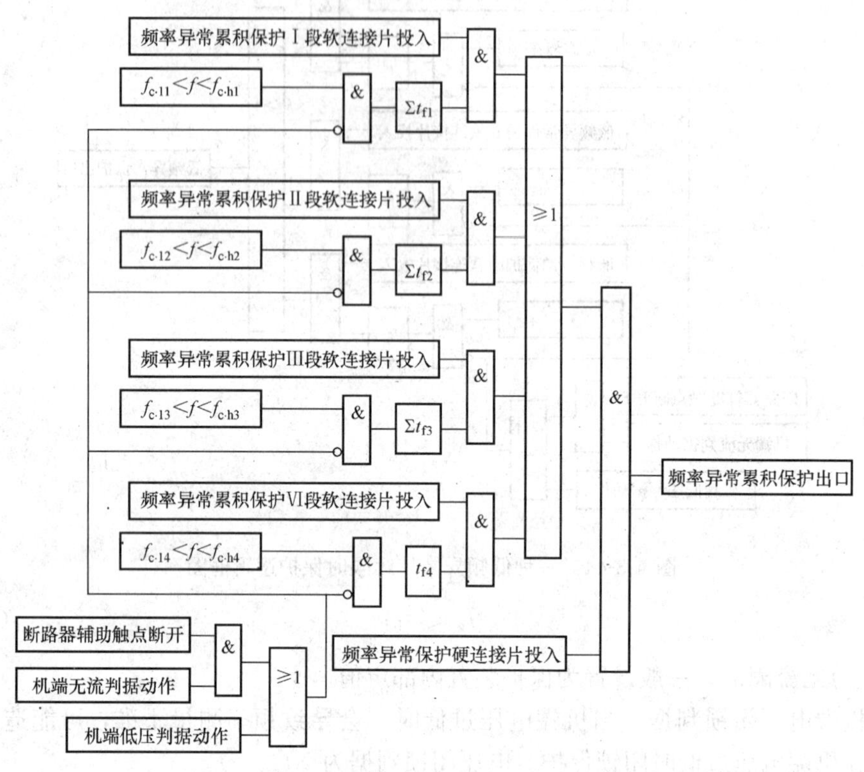

图 4-3-45　一种低频异常累计限时保护逻辑框图

第十二节　定子绕组过电压保护

运行实践表明，大型汽轮发电机出现危及绝缘安全的过电压是比较常见的故障，因此要求装设过电压保护。

一、定子绕组过电压保护的原理

若发电机在满负荷下突然甩去全部负荷，由于调速系统和自动励磁调节装置有一定惯性，发电机在过剩动力的驱动下转速将上升，而励磁电流又不能迅速随之变化，致使发电机电压在较短时间内升高，其值可能达到 1.3～1.5 倍额定电压，持续时间可能达到几秒。倘若调速系统或自动励磁调节装置故障或退出运行，过电压持续时间会更长。这表明实际过电压数值和持续时间有可能超过发电机定子绕组耐压试验标准，从而对发电机主绝缘构成直接威胁。

发电机承受过电压的能力随具体机组不同而不同。某发电机定子绕组允许过电压的能力（用电压的标幺值表示）如表 4-3-3 所示。

表 4-3-3　　某发电机定子绕组过电压能力

过电压允许值 U/U_N	1.05	1.10	1.15	1.20	1.30
允许时间 t（s）	∞	240	60	2	0

我国通常采用一段式定时限过电压保护，其原因之一是大型发电机变压器组已装有较完善的反时限过励磁保护，该保护在工频下也能够反应过电压，因此，单纯过电压保护不宜很复杂。过电压保护动作于解列灭磁或程序跳闸。

二、微机型定子绕组过电压保护的构成及逻辑

定子绕组过电压保护以机端线电压作为测量量和动作量，过电压判据为

$$U_{g} \geqslant U_{g\cdot set} \quad (4\text{-}3\text{-}118)$$

在机端三相线电压中，至少有一个满足式（4-3-118）时，经延时 t 动作。

定子绕组过电压保护逻辑如图 4-3-46 所示。

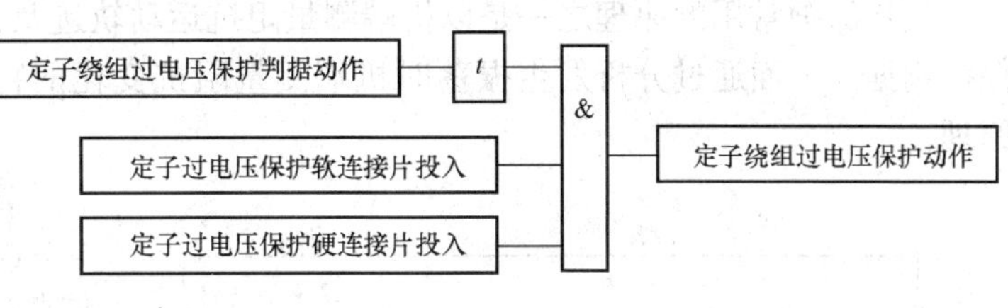

图 4-3-46　定子绕组过电压保护逻辑框图

三、定子绕组过电压保护的整定计算

定子绕组过电压保护的定值，应根据电机制造厂家提供的允许过电压能力或定子绕组的绝缘状况决定。一般情况下，过电压定值为

$$U_{under\cdot set} = K_{U}U_{N} \quad (4\text{-}3\text{-}119)$$

对于大型汽轮发电机通常取 $K_{U}=1.3$，动作时限取为 0.5s。

第十三节　失步异常运行保护

引起运行中的发电机与系统发生失步的原因很多。当出现小的扰动和调节失误使发电机与系统间的功率角 δ 大于静稳极限角时，发电机将因静稳态破坏而发生失步；当出现某些大的扰动（如短路故障）处理不当或不及时，若发电机与系统间的功率角 δ 大于动稳极限角时，发电机将因不能保持动态稳定而失步。发生失步时，伴随着出现发电机的机械量和电气量与系统之间的振荡。这种持续的振荡将对发电机组和电力系统产生如下具有破坏性的影响：

（1）单元接线的大型发电机变压器组电抗较大，而系统规模的增大使系统等效电抗减小，因此振荡中心往往落在发电机附近或升压变压器范围内，使振荡过程对机组的影响大为加重。由于机端电压周期性地严重下降，使厂用辅机工作稳定性遭到破坏，甚至导致停机、停炉和全厂停电这样的重大事故。

（2）失步运行时，电机电动势与系统等效电动势的相位差为 180°的瞬间，振荡电流的幅值将接近机端三相短路时流经发电机的电流值。对于三相短路故障均有快速保护切除，而振荡电流则要在较长的时间内反复出现，若无相应保护会使定子绕组遭受热损伤或端部遭受机械损伤。

（3）振荡过程中产生对轴系的周期性扭力，可能造成大轴严重机械损伤。

（4）振荡过程中，周期性转差变化使转子绕组中感生电流，引起转子绕组发热。

（5）大型机组与系统失去同步，还可能导致电力系统解列甚至崩溃事故。

由于上述原因，大型发电机组需要装设失步异常运行保护（简称失步保护），以保障机组和电力系统的安全。

对于失步保护的基本要求是：失步保护应能鉴别短路故障、稳定振荡和非稳定振荡，且只在发生非稳定振荡时可靠动作，而在发生短路故障和稳定振荡情况下，不应当误动作。另外失步保护动作于跳闸时，如在$\delta=180°$时使断路器断开，则会因遮断电流最大而对断路器熄弧最为不利，因此失步保护应避免在这一时机动作于跳闸。

一、失步保护基本原理

失步保护常用的原理之一是以机端测量阻抗运动轨迹及其随时间的变化特征来构成失步保护判据。下面通过分析发生振荡时机端测量阻抗变化的特点来说明这种失步保护的基本原理。

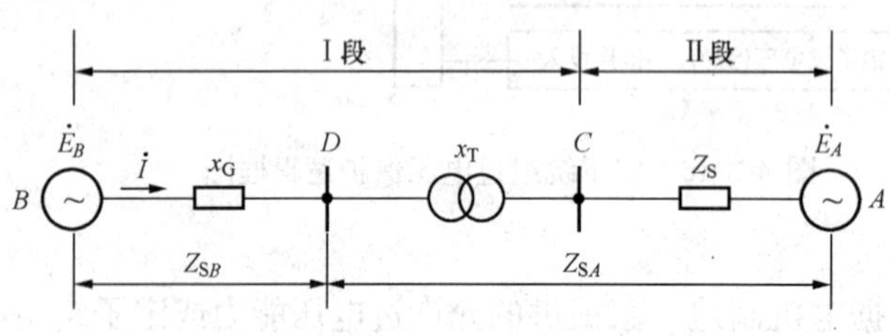

图 4-3-47 发电机与系统等值电路图

发电机与系统的等值电路如图4-3-47所示，失步时机端测量阻抗的振荡轨迹如图 4-3-48 所示。

在图 4-3-47 和图 4-3-48 中，$\dot{E}_B$和$\dot{E}_A$分别表示发电机电动势与系统等效电动势，x_G为发电机电抗，x_T为变压器电抗，Z_S为系统等值阻抗，$\dot{U}$和$\dot{I}$分别为机端测量电压和电流，假定正向如箭头所示。令$Z_{SB}=jx_G=\overline{BO}$，$Z_{SA}=jx_T+Z_S=\overline{OA}$，$Z_\Sigma=Z_{SB}+Z_{SA}=\overline{BA}$。若假设$\dot{U}_B$超前$\dot{U}_A$的功角为$\delta$，则有

$$\left.\begin{aligned}\dot{U}&=\dot{E}_B-\dot{I}Z_{SB}=\dot{E}_A+\dot{I}Z_{SA}\\ \dot{I}&=(\dot{E}_B-\dot{E}_A)/Z_\Sigma\end{aligned}\right\}\tag{4-3-120}$$

机端测量阻抗Z可表示为

$$\begin{aligned}Z&=\frac{\dot{U}}{\dot{I}}=\frac{\dot{E}_A}{\dot{I}}+Z_{SA}\\&=\frac{\dot{E}_AZ_\Sigma}{\dot{E}_B-\dot{E}_A}+Z_{SA}\\&=\frac{Z_\Sigma}{\frac{E_B}{E_A}e^{j\delta}-1}+Z_{SA}\end{aligned}\tag{4-3-121}$$

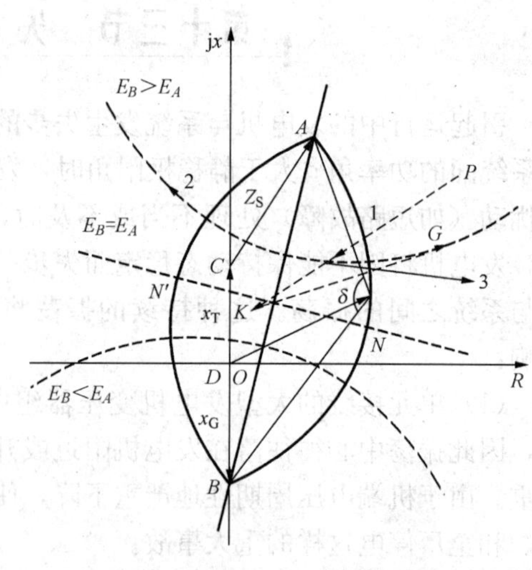

图 4-3-48 两机系统失步阻抗振荡轨迹图

式中：δ为功角，$\delta=\arg(\dot{E}_B/\dot{E}_A)$。

发生振荡时，电动势夹角δ不断增大。若设(E_B/E_A)不变，仅δ变化，那么上述测量阻抗Z的运动轨迹在复平面上为一圆，指向该圆圆心的相量Z_{OS}及圆的半径r可以分别表示为

$$\left.\begin{aligned}Z_{OS}&=\frac{Z_\Sigma}{\left(\frac{E_B}{E_A}\right)^2-1}+Z_{SA}\\ r_{OS}&=\left|Z_\Sigma\frac{E_B}{E_A}\Big/\left[\left(\frac{E_B}{E_A}\right)^2-1\right]\right|\end{aligned}\right\}\tag{4-3-122}$$

测量阻抗振荡轨迹的一部分，如图 4-3-48 虚弧线所示。当 $E_B > E_A$ 时，为上面那条虚弧线；当 $E_B < E_A$ 时则为下面那条虚弧线。发生振荡时，测量阻抗 Z 即为从原点 O 指向圆弧的相量。

发电机正常运行时，送出有功功率和无功功率，测量阻抗 Z 在第一象限。设正常运行时 Z 的终端为 P 点。发生短路故障时，Z 的终端由 P 点突变到 K 点。当故障切除后，Z 的终端则由 K 点突变到 G 点，然后随功角 δ 的增大，Z 的终端沿圆弧从右向左运行。如果出现动稳不能保持的不稳定振荡，δ 角将逐渐大于 180°，即 Z 的终端沿圆弧 $\overline{BA}$ 连线继续向左运动，如图中箭头 2 所示；如果能保持稳定（稳定振荡），δ 角不会大于 180°，Z 的终端运动到某点之后，将向反方向摆动，如箭头 3 所示。可能经多次摆动后，最终达到新的稳定运行点。对于不稳定振荡，在 $\dot{E}_B$ 和 $\dot{E}_A$ 反相（δ=180°）的瞬间，测量阻抗 Z 的终端轨迹通过 $\overline{AB}$ 连线，意味着失步已发生。因此，可以把连线 $\overline{AB}$ 作为一个标准线，在失步保护装置中称之为阻挡器，Z 的终端越过这条阻挡器可作为失步发生的一个判据。不过，当系统发生短路（不管后果是否发生失步）时，Z 的终端也会越过阻挡器，因此在利用这一判据时还需计及 Z 的终端的运动时间。当发生短路时，Z 的终端瞬间越过阻挡器；而发生不稳定振荡时，Z 的终端越过阻挡器则需一定时间。

实际上，正常运行发电机的电动势与系统等效电动势间的功角 δ 也是随着运行点的变化而不断变化的，所以启动计时的时刻必须按躲开正常运行时可能的最大功角 δ 确定，并保证一定的安全裕度，设满足此条件的功角 $\delta=\delta_0$，为了使比值（E_B/E_A）为任何值时，保护都在 $\arg(\dot{E}_B/\dot{E}_A)=\delta_0$ 时启动，那么动作边界必然是过 $\overline{BA}$ 线段两顶端的一段圆弧，这是因为圆弧上任一点分别与 B 及 A 点连线间的夹角保持为 δ_0，如图 4-3-48 中圆弧 $\widehat{BNA}$ 所示。实用中，在 $\overline{BA}$ 连线的左侧再构造一个与 $\widehat{BNA}$ 完全对称的圆弧 $\widehat{BN'A}$，两圆弧相结合形成了一个透镜形状的动作区。由这两个圆弧和阻挡器以及在复平面上 Z 由右到左穿过这两个半边透镜分别所需要的时间，共同构成了同步发电机失步保护的动作特性。

根据以上分析，透镜和阻挡器特性应满足以下条件

$$360°-\delta_0 \geqslant \delta \geqslant \delta_0 \tag{4-3-123}$$

$$\delta = 180° \tag{4-3-124}$$

如果测量阻抗 Z 的终端由右至左穿过透镜，并且由右圆弧到越过阻挡器的历时不小于给定的延时，则判断为失步，否则均不认为是失步。

发生失步振荡时，功角 δ 的变化是周期性的，测量阻抗 Z 在复平面上从右至左穿过透镜之后，还将继续沿圆弧运动，若不采取任何措施，Z 的终端轨迹将再次从右至左穿过透镜，周而复始。Z 的终端轨迹每穿过一次透镜表示失步发电机的转子磁极相对系统同步旋转磁场的磁极运动了 360°电角度，称为一次滑极。实际运行中有时为了使发电机能在采取某些措施（如通过调节调速器和励磁装置）后，重新拉入同步，并不是发生一次滑极后就动作跳闸，而往往根据发电机与系统具体情况允许几次滑极。因此要求失步保护能记录滑极次数，在达到规定值时才动作跳闸。

振荡过程中，电动势源 $\dot{E}_B$ 与 $\dot{E}_A$ 的联系阻抗上电压幅值最低的一点称为振荡中心。振荡中心的电压与其他各点的电压一样，其幅值随功角 δ 而变，通常在 δ=180°时达到最低点。

振荡中心的位置与比值 E_B/E_A 有关，当 $E_B/E_A=1$ 时，振荡中心固定在系统等效阻抗 x_Σ 的中点（即图 4-3-48 中$\overline{BA}$连线的中点），并不随角 δ 而变；若 $E_B/E_A\neq 1$，振荡中心是变动的，其位置与比值 E_B/E_A 及功角 δ 均有关，但进一步分析表明，通常 E_B/E_A 比较接近于 1，而在所检测的 δ 变化范围内（如 $90°<\delta<270°$），振荡中心位置变动不大。前面已提到，振荡中心落在发电机端附近，对发电机及其辅机稳定工作影响最大，需要失步保护尽快动作。反之，若振荡中心落在机端以外较远的地方（这种情况与运行方式有关，有些时候是可能发生的），则可根据系统稳定要求适当延缓跳闸，以便采取措施恢复同步运行，因此需要检测振荡中心位置。可以证明，测量阻抗 Z 在系统综合联系阻抗 x_Σ（即图 4-3-48 中$\overline{BA}$连线）上的投影即为振荡中心位置（用阻抗表示），于是可在$\overline{BA}$连线上选择某点，用一条过该点并与$\overline{BA}$连线垂直的直线把透镜分作上下两个区域，若测量阻抗 Z 仅穿过上部区域，即振荡中心落在机端以外较远的地方，则可适当放宽动作的滑极次数再动作，甚至仅作用于报警。而若 Z 穿过下部区域，则以较小的滑极次数动作于跳闸。

发生失磁故障时也会引起发电机失步，对于这种特殊的失步现象，因为已有完善的失磁保护（它与失步保护的动作方式和延时不相同），为明确职责，便于分析事故，故不希望由失步保护动作，为此失步保护常常还要求引入失磁闭锁信号，即当失磁保护动作时闭锁失步保护。

另外，$\delta=180°$时，振荡电流最大，因此保护动作于跳闸的时机应避开 $\delta=180°$附近的一段时间。最简单的方法是采用低电流动作元件或过电流闭锁元件，当失步保护已判断为必须跳闸之后，若电流过大，则由电流元件闭锁，直到电流值低于某定值时，开放出口。也有一些保护采用检测功角来控制跳闸时刻。

综合以上各点，就可以构成较为完善的基于机端测量阻抗原理的失步保护。

二、微机型失步保护的构成和逻辑

（一）微机型失步保护的构成

目前实用中的微机型失步保护主要是基于机端测量阻抗原理的，但其构成有多种具体形式，如双阻抗元件式失步保护、三阻抗元件式失步保护、多阻挡器型阻抗元件式失步保护等。这类失步保护的构成逻辑和保护判据虽然不尽相同，但基本原理还是相近的，即通常都是利用若干个阻抗元件以及将阻抗平面分成几个不同的区域，通过判断机端测量阻抗轨迹穿越相应区域的次数和时间，来判定是否发生失步。前文在介绍基于测量阻抗的失步保护的基本原理时就是以三阻抗元件式失步保护为例来讨论的，下面还以它为例介绍其构成方案。

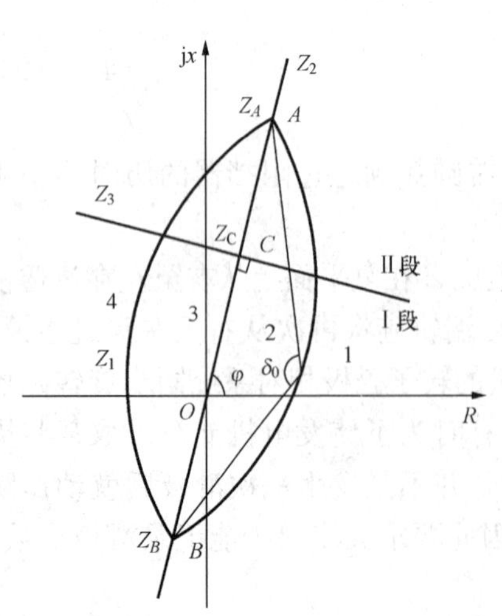

图 4-3-49　失步保护阻抗元件动作特性图

这种三阻抗元件式失步保护的动作区如图 4-3-49 所示，它由以下各元件组成。

（1）透镜特性阻抗元件，对应于图 4-3-49 中的 Z_1，它把阻抗平面分成透镜内和透镜外两部分。当功角 δ 满足式（4-3-123）时，判定机端阻抗进入透镜圆内，并开始计时。

（2）代表阻挡器的直线特性阻抗元件，即图 4-3-49 中的 Z_2，倾角为 φ，它把阻抗平面分成左半部分和右半部分。由透镜特性和阻挡器特性的结合，把阻抗平面分成 1、2、3、4 四个区，当阻抗轨迹顺序穿过四个区（同步发电机工况时为 1→2→3→4，而同步电动机工况时为 4→3→2→1），并在每个区停留时间大于设定时限，保护判为发电机失步振荡。每顺序穿过一次，保护的滑极计数加 1，到达整定次数，保护动作。

（3）判定振荡中心远近的阻抗元件，具有电抗线特性，即图 4-3-59 中的 Z_3，它把阻抗平面分为上下两部分，定义电抗线以下为Ⅰ段，电抗线以上为Ⅱ段。当测量阻抗轨迹顺序穿过四个区且位于电抗线以下时，则认为振荡中心位于发电机变压器组内；当位于电抗线以上时，则认为振荡中心位于发电机变压器组外，这两种情况下滑极次数和出口方式均可分别整定。

下面进一步说明这种三阻抗元件式发电机失步保护的动作过程和限制条件。

（1）由于失步后阻抗轨迹的变化比短路时要慢得多，因此根据阻抗轨迹穿透镜圆所需的时间来区分振荡和短路，分别设置 2 区和 3 区穿越时间定值，当阻抗轨迹穿越 2 区和 3 区的时间小于穿越时间，则不判为失步。

（2）当机端视在阻抗依次穿过 1、2、3、4 区时，才判为一次滑极，滑极计数器加 1。如果阻抗轨迹穿过 1、2 区后返回，则不判滑极并将滑极计数器清零。

（3）当机端测量阻抗穿越阻挡器时还需按测量阻抗是位于Ⅰ段（电抗线以下）还是Ⅱ段（电抗线以上）分别进行计数。目前多数做法是当到达Ⅰ段计数时动作于跳闸，而当到达Ⅱ段计数时作用于报警。

（4）在滑极计数过程中，如果接受到一个计数后，在设定时间内（例如 20s），没有新的滑极计数到来或阻抗轨迹一直停留在阻抗透镜圆外，则将计数器清零。

（5）当失步保护动作于跳闸时，要受机端或主变压器高压侧（针对无机端断路器的情况）电流闭锁判据作用。因为发电机与系统失步后，当功角 δ 为 180°时，电流达到最大，其值将大于三相短路电流，断路器此时跳闸会造成遮断容量过大而遭损坏，因此，当电流过大时，由电流判据闭锁，只有电流满足条件时，方可跳闸。电流判据闭锁采用瞬时动作、延时返回特性。

（6）当发生机端 TV 断线时，闭锁失步保护。

（二）失步保护判据

1. 阻抗元件的判据

阻抗元件判据包括透镜圆阻抗判据、阻挡器阻抗判据和电抗线阻抗判据。

（1）透镜圆及阻挡器阻抗判据。为构造透镜形阻抗特性，由图 4-3-47 所述的系统等效电路不难确定

$$\dot{E}_B=\dot{U}+\dot{I}Z_{SB},\dot{E}_A=\dot{U}-\dot{I}Z_{SA} \tag{4-3-125}$$

代入式（4-3-123），并注意到 $\delta=\arg(\dot{E}_B/\dot{E}_A)$，可得

$$360°-\delta_0\geqslant\arg\left[\frac{\dot{U}+\dot{I}Z_{SB}}{\dot{U}-\dot{I}Z_{SA}}\right]\geqslant\delta_0 \tag{4-3-126}$$

或

$$360^\circ - \delta_0 \geqslant \arg\left[\frac{Z+Z_{SB}}{Z-Z_{SA}}\right] \geqslant \delta_0 \tag{4-3-127}$$

通常在实现动作边界时使用判据式（4-3-126），而式（4-3-127）则说明了动作方程所反映的阻抗之间的关系。这里 Z_{SB}、Z_{SA} 和 δ_0 为整定值，如何整定将在后面介绍。

类似上述做法，并将上述判据与代表阻挡器判据的式（4-3-124）相结合，便可以对测量阻抗位于透镜之外以及哪半个透镜之内做出判断；当与定时器相配合时，就可进一步确定任何半个透镜的进入、离开和停留时间。

（2）电抗线阻抗判据。采用幅值比较形式，电抗线判据可表达如下

Ⅰ 段：

$$|Z| < |Z-2Z_C| \tag{4-3-128}$$

Ⅱ 段：

$$|Z| \geqslant |Z-2Z_C| \tag{4-3-129}$$

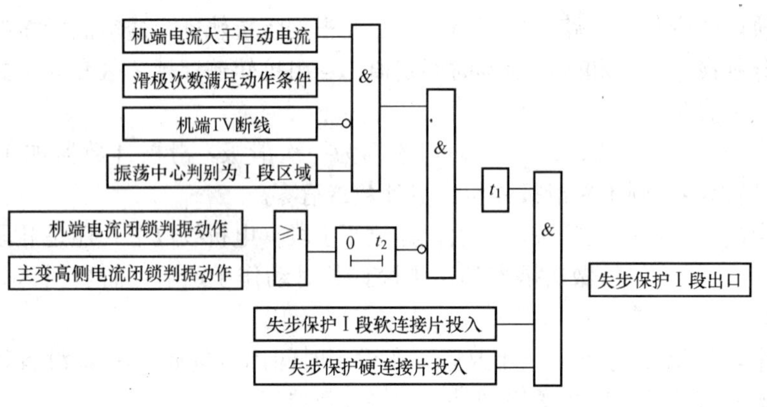

图 4-3-50　失步保护Ⅰ段逻辑框图

2. 其他判据

（1）大电流闭锁判据。采用机端或主变压器高压侧（针对无机端断路器的情况）电流闭锁判据，当电流过大时，电流判据闭锁失步保护。闭锁判据一般设置为瞬时闭锁，延时返回。电流判据比较简单，不再说明。

（2）电流启动判据。当机端三相电流均低于电流门槛值时，不启动失步保护。该判据主要针对需要进相运行的机组，其电流门槛值一般取为额定电流的10%～30%。

（3）TV 断线闭锁判据。参见本书前面的章节。

（三）失步保护的动作逻辑

失步保护的动作逻辑如图 4-3-50 和图 4-3-51 所示，为便于说明，图中将失步保护的Ⅰ段和Ⅱ段分开图示。在图 4-3-51 中，由于失步保护Ⅱ段一般动作于报警，所以Ⅱ段未经大电流判据闭锁，也未与硬连接片配合。

三、失步保护的整定计算

以上述失步保护为例，参见图 4-3-49，讨论主要相关定值的整定原则。

1. Z_A、Z_B 的整定

Z_A 按机端至无穷大系统之间的联系阻抗（包括升压主变）Z_{st} 来整定，即

$$Z_A = |Z_{st}|e^{j\varphi} \tag{4-3-130}$$

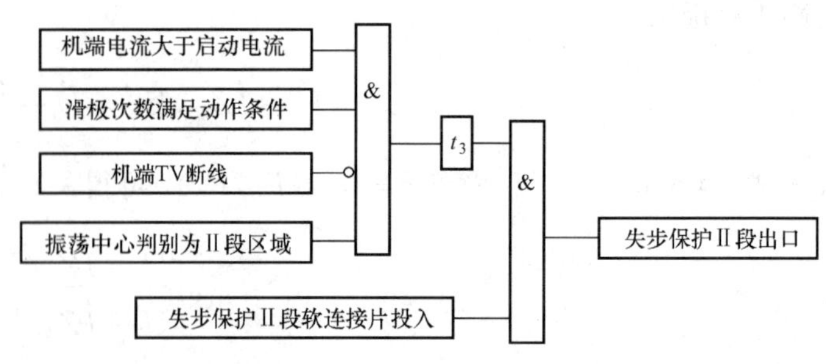

图 4-3-51　失步保护Ⅱ段逻辑框图

Z_B 按同步电机的暂态电抗 X'_{d}来整定，即

$$Z_B = -X'_{\mathrm{d}} e^{j\varphi} \tag{4-3-131}$$

φ 可取为 Z_{st}的阻抗角 φ_{st}和 90°的平均值，即

$$\varphi = \frac{\varphi_{\mathrm{st}} + 90^\circ}{2} \tag{4-3-132}$$

2. δ_0 的整定

δ_0 保证躲过机组正常运行时的最小负荷阻抗 $Z_{\mathrm{L \cdot min}}$（对应于最大负荷），取为

$$\delta_0 = 180^\circ - 2\arctan\left(1.54 \times \frac{|Z_{\mathrm{L \cdot min}}|}{|Z_A| + |Z_B|}\right) \tag{4-3-133}$$

3. Z_{C} 的整定

按照跳闸区的要求，常按变压器电抗 x_{T} 的 90%来整定，即

$$Z_{\mathrm{C}} = \frac{0.9 x_{\mathrm{T}}}{\sin\varphi} e^{j\varphi} \tag{4-3-134}$$

4. 大电流闭锁定值整定

大电流闭锁判据只闭锁跳闸段，其定值 I_{set}通常按断路器额定遮断电流 I_{CB}考虑，即

$$I_{\mathrm{set}} = K_{\mathrm{rel}} I_{CB} \tag{4-3-135}$$

式中：K_{rel}为可靠系数，可取为 0.85～0.9。

5. 穿越时间

通常取阻抗轨迹穿越 2 区和 3 区其中一个的最短时间不小于 25ms，而阻抗轨迹穿越整个透镜圆的时间不小于 50ms 作为发生振荡的条件，若小于设定时间，则不判为失步。

第十四节　定子绕组对称过负荷保护

引起发电机对称过负荷的原因主要有：系统中切除电源；生产过程出现短时冲击性负荷；大型电动机自启动；发电机强行励磁；失磁运行；同期操作及振荡等。对于大型机组，由于其线负荷大、材料利用率高、绕组热容量与铜损比值减小，因而发热时间常数较低。为了避免绕组温升过高，必须装设较完善的定子绕组对称过负荷保护，限制发电机的过负荷量，防止过热。为限制定子绕组温升，实际上就是要限制定子绕组电流，所以对称过负荷保护，是通过定子绕组对称过电流保护来实现的。

一、定子绕组对称过负荷保护原理

定子绕组过负荷保护的设计取决于发电机在一定过负荷倍数下允许的过负荷时间，而这一点是与具体发电机的结构及冷却方式有关的。一般汽轮发电机的允许过负荷倍数与允许时间关系见表 4-3-4。其中过负荷倍数用电流标幺值表示。

表 4-3-4　　发电机过负荷倍数与允许时间

电流 I_*	1.5	1.3	1.15
允许时间 t（s）	30	60	120

由表 4-3-4 可见，允许时间随过电流的大小呈反时限特性。当发生过负荷时，应根据表中值让发电机再运行一段时间，以便在系统中进行按频率减负荷，投入备用容量，以及对发

电机进行减出力等操作。若仍不能消除发电机过负荷，并超过了允许时间，才应将发电机切除。

大型发电机定子绕组对称过负荷保护通常由两部分，即定时限过负荷元件和反时限过负荷元件构成。

定时限元件通常按较小的过电流倍数整定，动作于报警或减出力。

反时限元件在启动后即报警，然后按反时限特性动作于跳闸。

分析表明，若不考虑散热过程，定子对称过负荷反时限动作特性为

$$t=\frac{K}{I_*^2-1} \tag{4-3-136}$$

式中：I_*为过电流倍数，即$I_*=I/I_N$；K为发热系数，对于具体发电机为一常数。

如表4-3-4所列，当$I_*=1.5$时，允许持续时间为$t=30s$，按此计算K值得

$$K=(I_*^2-1)t=(1.5^2-1)\times 30=37.5$$

实际计算时应考虑过负荷过程绕组散热效应，尤其对于长延时应加以考虑。为此，在保证发电机安全的前提下，对式（4-3-136）进行适当修改为

$$t=\frac{K}{I_*^2-\alpha} \tag{4-3-137}$$

式中：α为修正系数，可近似取为1.02。

当电流I_*较大时，α的影响很小；在I_*较小时，α的修正使允许过负荷时间显著增大，这正符合散热影响的实际情况。

在反时限动作特性中，保护动作时限的上限，即最大跳闸时间一般按过负荷10%考虑，即$I_*=1.1$，将前述K值及I_*代入式（4-3-137），最大动作时限

$$t_{max}=\frac{37.5}{(1.1)^2-1.02}=197.2(s)$$

另外在反时限元件中，通常还包括一个报警信号门槛，在过负荷5%时经短延时（<10s）动作于报警信号，以便运行人员采取措施。

二、定子绕组对称过负荷保护的构成及应用

定时限对称过负荷保护一般按一段过电流和两动作时限构成，也有按两段过电流和两动作时限构成的保护。在与反时限过负荷保护配合应用中，往往取短延时动作于报警，以长延时动作于减出力（若在中小型机组中单独使用则经长延时跳闸）。对于对称过负荷保护，原则上可以只测量一相电流，不过目前微机型保护三相电流通常均已输入且处理能力很强，故多采用三相分相过流判别，任一相电流满足过流判据，则保护动作。动作电流按在发电机允许的长期持续电流下可靠返回来整定，延时应躲过后备保护的最大延时。

定时限定子绕组对称过负荷保护的逻辑如图4-3-52所示。

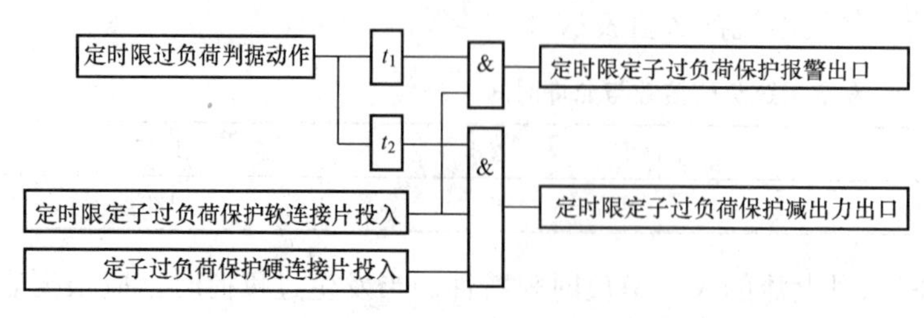

图4-3-52　定时限定子对称过负荷保护逻辑框图

定子绕组反时限对称过负荷保护的动作特性和转子表层过负荷保护基本类似，其动作特性如图4-3-53所示，它同样包括上限定时

限、下限定时限和反时限几部分组成，反时限特性如式（4-3-137）所示，而其算法的实现，以及所有各部分的定值类型也与转子表层过负荷保护基本类似，此处不赘述。

反时限定子对称过负荷保护的逻辑如图 4-3-54 所示。在微机型保护中也多采用三相判别，即任一相电流满足图示特性，则保护动作。

反时限过负荷曲线应与发电机定子绕组允许过负荷曲线相同，按此条件对反时限段部分进行整定。

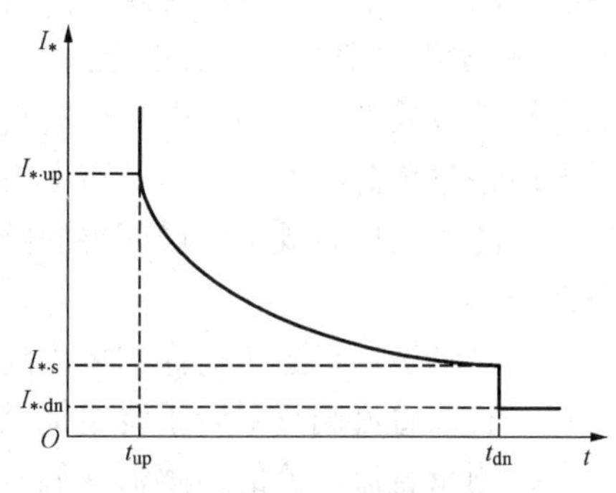

图 4-3-53　反时限定子对称过负荷保护动作特性图

上限电流 I_{up} 按发电机端三相金属性短路的条件整定

$$I_{up}=I_{*\cdot up}I_N=\frac{I_N}{K_{sat}X''_d} \tag{4-3-138}$$

式中：K_{sat} 为饱和系数，可取为 0.8；X''_d 为发电机次暂态电抗（非饱和值）标幺值；I_N 为发电机额定电流。

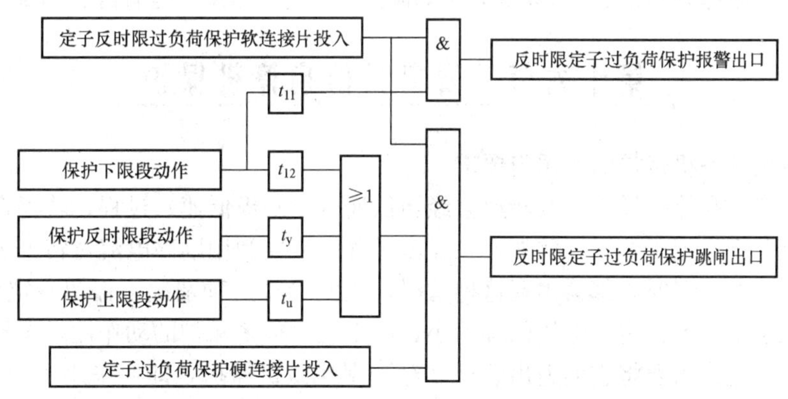

图 4-3-54　反时限定子对称过负荷保护逻辑框图

下限电流 I_{dn} 按发电机长期允许的负荷电流下能可靠返回的条件整定，即

$$I_{dn}=I_{*\cdot dn}I_N=K_{c0}K_{rel}\frac{I_N}{K_{rt}} \tag{4-3-139}$$

式中：K_{rel} 为可靠系数，可取为 1.05；K_{c0} 为配合系数，可取为 1.05；K_{rt} 为返回系数，可取为 0.85～0.95，条件允许应取较大值。

第十五节　励磁绕组过负荷保护

励磁绕组过负荷就是指发电机励磁绕组过流。大型汽轮发电机励磁系统通常包括交流励磁机（现也有采用交流变压器）、可控或不可控整流装置、发电机励磁绕组及其供电线路等环节，由此形成的励磁电流通路称为励磁主回路。当励磁机或者整流装置发生故障时，或者励磁绕组内部发生部分绕组短路故障时以及在强励过程中，都会发生励磁绕组过负荷（过电流）。励磁绕组过负荷同样会引起过热，损伤励磁绕组。另外，励磁主回路的其他部分也可能发生异常或故障。大型发电机上的自动励磁调节装置，通常设有过励磁限制环节，具有防止励磁回路过负荷的作用，但仍需考虑其失效的对策，这就要求独立于励磁装置之外的保护设备。因此大型机组规定装设完善的励磁绕组过负荷保护，并希望能对整个励磁主回路提供后备保护。

发电机励磁绕组过负荷保护可以配置在直流侧，也可配置在交流侧，取决于传感器的安装位置。装在直流侧只对转子绕组提供过负荷保护，但当切换励磁时该保护通常还能发挥作用，另外测量直流电流的传感器（如直流电流互感器或分流器）往往比较复杂和昂贵，并且某些直流传感器要么可靠性不高、要么易于被干扰，需要有完备的技术对策。为了简化保护输入设备，并使励磁绕组过负荷保护能兼作交流励磁机、整流装置及其引出线的短路保护，常把励磁回路过负荷保护配置在交流励磁机出口（或中性点）处，或励磁设备主回路的交流侧，甚至整流变压器的电源侧。现在通常要求励磁回路过负荷保护可以适合这两种情况。

励磁绕组过负荷的发热过程与定子绕组类似，故励磁回路过负荷保护的构成原理与定子绕组过负荷保护类似，大型发电机的励磁绕组过负荷保护也由定时限元件和反时限元件构成。定时限部分动作电流按正常励磁电流（或按长期允许持续励磁电流）下能够可靠返回的条件整定，反时限部分则由式（4-3-137）来确定，不过发热系数是有区别的。

第十六节 发电机的启停机保护

一、发电机启停机保护的作用与要求

发电机在启动和停机过程中其转速会经历低速（以及极低速）过程，若存在励磁电源便会有励磁电流并产生定子电压。例如，在盘车过程中需要利用励磁电流对转子进行预热，还有当发生操作上的失误时，都会出现这种情况，因此希望这种情况下保留一定的保护功能。由于在低速状态下发电机定子电压的幅值小、频率低，很多保护的动作性能大打折扣，甚至无法正确动作，通常需要将它们退出运行（对于现代微机保护，即使采用了频率跟踪技术，也往往限于跟踪范围会在极低频状态下造成保护失效，但通过电压及频率的检测而退出相关保护运行却并不困难）。因此，对于在低转速下可能加励磁电压的发电机，通常要求装设仅在此阶段发挥作用的保护，这种保护称为启停机保护。

启停机过程比较短暂，通常只要求保留很少的重要保护功能，并且允许降低对其性能（如灵敏性）的要求，目前比较常见的做法是采用反应定子接地故障和相间短路故障的保护构成启停机保护。由于启停机保护设计特殊、结构简单和性能不高，只允许在频率很低的启停机过程中起作用，因此需要根据发电机的状态投入和退出其运行，以往需要人工干预，而现代微机型保护均能做到自动投退。启停机保护还需要考虑互感器的影响。研究表明，启停机的低频过程会造成互感器特性恶化，但由于启停机过程中对发电机保护性能的要求允许降低，所以互感器的低频误差影响不大。

二、微机型启停机保护的原理及构成

（一）启停机保护的原理及构成

启停机保护有多种方案，这里介绍的微机型启停机保护由零序过压元件（针对定子接地

故障）、电流差动元件（针对定子相间短路故障）和频率闭锁元件组成。

1. 零序过压元件

零序过压元件反应定子接地故障，采用发电机机端或中性点侧零序电压。保护判据为

$$3U_0 \geqslant U_{0\cdot set} \tag{4-3-140}$$

为避免频率大幅度变化影响，这里的零序过压元件通常可采用正负最大采样值平均算法，并且不要求滤除三次谐波，整定值一般可取为10V（机端二次电压）及以下。显然，当发电机正常频率下有可能因三次谐波过大而误动，这也说明需要在频率升高后退出启停机保护。

2. 电流差动元件

电流差动元件保护发电机定子绕组的相间短路故障，它采用简单的差流越限判据，即

$$I_d \geqslant I_{d\cdot set} \tag{4-3-141}$$

式中：I_d 为差动电流

该保护采用三相分相判据，任一相差流满足判据，差动元件动作。为避免频率大幅度变化影响，差动电流 I_d 的算法也比较特殊，可利用机端和中性点电流采样值获得差流采样值，然后再使用正负最大采样值平均算法获得 I_d。

启动和停机过程中，发电机处于解列状态，定子相间短路故障时，机端无电流，这时电流差动元件相当于发电机中性点侧过流保护。

3. 频率闭锁元件

采用频率闭锁，使启停机保护在发电机频率接近正常时退出运行。频率值由测频元件提供。频率闭锁判据为

$$f > f_{set} \tag{4-3-142}$$

频率定值 f_{set} 应与整套发变组保护转入正常运行状态的最低频率 f_{min} 相配合，即 f_{set} 应略大于 f_{min}，一般可取为额定频率的80%～90%。

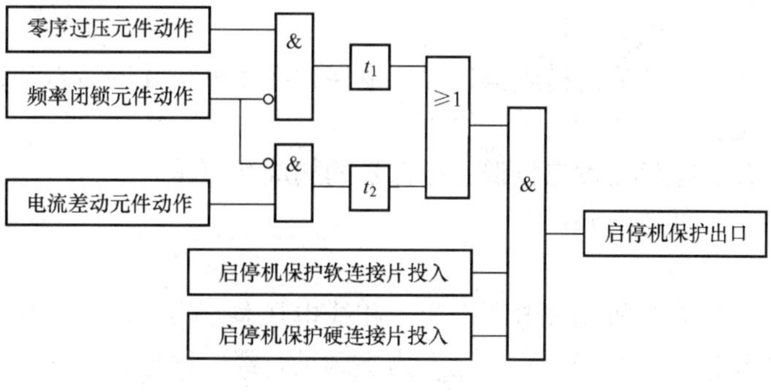

零序过压元件动作
频率闭锁元件动作
电流差动元件动作
&
&
t_1
t_2
≥1
&
启停机保护软连接片投入
启停机保护硬连接片投入
启停机保护出口

图 4-3-55　启停机保护逻辑框图

（二）启停机保护的逻辑

启停机保护的动作逻辑如图4-3-55所示，其中零序过压元件和电流差动元件经不同的延时动作。

第十七节　发电机误上电保护

一、发电机误上电保护的作用与要求

发电机处于停转状态或慢速旋转状态，由于主断路器误合闸（隔离开关已在合上位置）而意外突加三相电压而造成发电机异步启动称为误上电，又称为断路器意外合闸或误合闸。

通常在发电机盘车加热或冷备用等过程中容易发生误上电现象。误上电会在很短时间内给机组造成损伤。

静止或低速旋转的发电机突然加电压后，其电抗接近 x''_d，并在启动过程中基本上不变。计及升压变压器的电抗 x_t 和系统联系电抗 x_s，并且在 x_s 较小时，流过发电机定子绕组的电流可达 3～4 倍额定值。定子电流所建立的旋转磁场，将在转子中产生差频电流（频率变化），如果不及时切除电源，流过电流的持续时间过长，则在转子上产生的热效应将超过允许值，引起转子过热而遭到损坏，而转子绕组上的感应电压也会威胁转子绝缘的安全。误上电相当于异步电机全压启动，引起发电机突然加速，形成巨大的启动转矩施加在大轴上，可能造成机械损伤，还可能因润滑油压低而使轴瓦遭受损坏。

因此，对这种发电机定子突然加电压的异常运行状况，应当有相应的保护装置，以迅速切除电源。发电机现有的一些保护，如逆功率保护、失磁保护、后备过流保护或后备阻抗保护等在理论上都可以反应这种发电机突加电压异常工况，不过用它们来兼顾反应误上电现象其特性并不能很好地满足要求（如延时过长等），结构上也显得比较复杂。另外在微机型保护中通常有低压、低频闭锁条件而使得这些保护在停机状态已自动退出。目前通常采用专用保护来防御发电机误上电，称为发电机误上电保护（或断路器意外合闸保护）。

误上电保护需要考虑发电机的两种基本状态：有压状态和无压状态。

有压状态是指发电机虽处在慢速旋转但有一定机端电压，可保证利用机端电压的测频系统正常工作，如盘车加热过程中。这时可利用频率记忆来协助判定误上电。无压状态是指发电机停机或慢速旋转时机端电压为零或很低而不足以正确测频，此时需要利用电压记忆来协助判定误上电。

另外，还应有措施保证误上电保护在发电机并网后自动退出运行，当发电机解列后自动投入运行。

二、微机型发电机误上电保护的构成和逻辑

（1）低电压判据

$$U_g < U_{set} \tag{4-3-143}$$

电压取自机端线电压，当三相线电压均满足式（4-3-143）时判据才满足。判据满足时瞬时动作；当判据由满足突变为不满足，经一段记忆时间后返回。

（2）低频率判据

$$f < f_{set} \tag{4-3-144}$$

通过机端电压进行测频，判据满足时瞬时动作；当判据由满足突变为不满足，经一段记忆时间后返回。

（3）过电流判据

$$I_g > I_{g.set} \tag{4-3-145}$$

过电流判据采用三相分相判别，即只要任一相电流判据满足，则整个判据满足。

发电机处在正常的停机或盘车状态时，低电压判据或低频率判据满足，过电流判据不满足，误上电保护不出口。这时若发电机突发误上电，机端电流值会变大，当机端电流值大于定值时，电流判据满足。另一方面，低电压判据或低频率判据由于记忆作用仍保持满足（延时返回），误上电保护出口跳闸。对于正常开机加励磁过程，因无电流使电流判据不会满足，

而低电压判据或低频率判据延时后返回，禁止误上电保护，即使再出现大电流也不会动作。

(4) 闭锁判据。闭锁判据包括断路器位置触点闭锁判据和机端无流闭锁判据。

当断路器断开时，断路器位置触点闭锁判据经瞬时开放保护；当断路器闭合时，判据经延时返回。

机端无流闭锁判据为

$$I_g < \varepsilon_I \tag{4-3-146}$$

只有机端三相电流均满足时，无流判据才满足，表明发电机已解列，误上电保护可投入。机端无流闭锁判据和断路器位置触点闭锁判据根据要求配合使用。

发电机误上电保护的逻辑框图如图 4-3-56 所示。

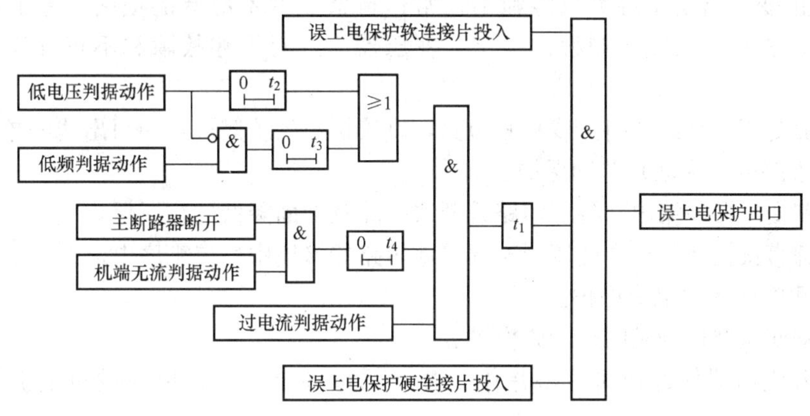

图 4-3-56　误上电保护逻辑框图

图 4-3-56 中，误上电保护共设置了三个主元件（判据），其中低电压元件和低频率元件分别针对无电压和有电压这两种状态下发生的误上电故障。当低电压元件动作时，闭锁低频率元件，以便使它们两个各司其职，正确动作。同时它们通过短时记忆与过电流判据通过“与”门出口。发电机正常启动后，可由机端无流闭锁判据或断路器位置接点闭锁判据使误上电保护退出运行。

第十八节　轴电流保护

在大型发电机的轴—轴承—基础所构成的回路中有多种原因可能引起电动势（轴电压）。轴电压的数值可达数伏，有时可超过 10V。当励磁机侧（滑环侧）轴端的对地绝缘损坏时，在轴电压的作用下，轴电流可能达到相当大的数值（几百安甚至上千安）。

当发电机的轴承绝缘击穿时，轴电流将损坏轴承和其他部件，其损坏程度取决于轴电流的大小和持续时间的长短。如果轴电流密度超过 0.2A/cm^2，发电机转轴轴颈的滑动表面和轴瓦可能被损坏。轴电流引起的磁场还会引起大轴磁化。因此，在必要时可以装设轴电流保护。

轴电流保护由套装在大轴上的专用轴电流互感器和灵敏的过电流保护构成。轴电流保护通常延时动作于报警和跳闸。

第四章　变压器的保护及发电机变压器组的公用保护

第一节　变压器的故障类型与保护配置

为了防止变压器发生各类故障和不正常运行造成的不应有的损失，保证电力系统安全连续运行，根据有关技术规程的规定，变压器应针对下述故障和不正常运行状态设置相应的保护。

(1) 防御变压器绕组和引出线相间短路，直接接地系统侧绕组和引出线的单相接地短路及绕组匝间短路的（纵联）差动保护。

(2) 防御变压器油箱内部各种短路或断线故障及油面降低的瓦斯保护。

(3) 防御直接接地系统中变压器外部接地短路的接地中性点零序电流保护、零序电压保护以及放电间隙的零序电流保护。

(4) 防御变压器过励磁的过励磁保护。

(5) 防御变压器外部相间短路并作为瓦斯保护和差动保护后备的过电流保护或阻抗保护。

(6) 防御变压器对称过负荷的过负荷保护。

(7) 反应变压器温度及油箱内压力升高和冷却系统故障的相应保护。

第二节　变压器内部故障的差动保护

一、变压器差动保护的基本原理

1. 变压器差动保护的概念

变压器差动保护（如无特殊说明，特指纵联差动保护，以下同）是变压器最重要的保护之一。其保护范围为由安装于变压器各电压等级引出线上并引入差动保护的各组电流互感器TA（同一地点的三相TA为一组）所限定的区域，可以反应在这个区域内的变压器本体绕组短路故障、引出线的相间短路故障，以及中性点接地侧的绕组和引出线上接地短路故障。引入变压器差动保护的电流互感器的组数与变压器的结构、主接线方式和相关技术要求直接相关。

最简单的情况是针对两绕组变压器采用两侧电流的差动保护，两组TA分别位于变压器的高压侧和低压侧。就发电厂发电机变压器组的主变压器而言，应使发电机变压器组高压厂用变压器分支位于差动保护范围内。这种方式仅仅适合于允许不考虑厂用变压器分支电流影响的场合（如厂用变压器容量足够小，其低压侧外部最严重短路故障条件下流经其高压侧的短路电流低于主变压器差动保护动作门槛或当主变压器差动保护按躲过该短路电流整定时不会降低灵敏性)。当厂用变压器分支电流不可忽略时，主变压器差动保护应采用三侧电流差动保护，即一组主变压器高压侧电流引自高压断路器处的电流互感器，而主变压器低压侧电流分为两路，一路引自发电机机端的电流互感器，另一路引自高压厂用变压器的高压侧电流互感器。注意，上述最后一路电流通常不主张引自高压厂用变压器的低压侧，尽管采用高压厂用变压器的低压侧电流从理论上可以节省高压厂用变压器的差动保护，但在实际应用中往往会给主变压器差动保护在进行差动电流平衡调整时带来困难。理论上变压器差动保护各侧TA变比应按同一基准容量，即保护范围内最大侧的基准容量，对于主变压器差动保护显然应按主变压器的最大容量来选择，但实际工程中高压厂用变压器低压侧TA变比一般并非或有困难按上述原则来选择，于是需要由主变压器差动保护内部进行较大范围的变比调整或增加中间变流器，这都有可能增加实施的困难，影响主变压器差动保护的性能。同时，如引用高压厂用变压器低压侧电流也会对高压厂用变压器内部故障灵敏性和厂用电的灵活性带来不利影响。目前对于大型发电机变压器组，高压厂用变压器均单独配置差动保护。

近年来，随着系统规模的扩大，主变压器差动保护也出现了四侧甚至五侧差动保护，其典型应用情况是发电机变压器组的主变压器高压侧采用3/2断路器接线，厂用电采用机端双分支双高压厂用变压器供电。引入差动保护的电流分别为主变压器高压侧分支1，主变压器高压侧分支2，发电机机端侧，厂用电（高压侧）分支1，厂用电（高压侧）分支2。这种形式的主变压器差动保护已经把主变压器高压侧至3/2断路器的短引线包含在保护范围内，有些工程中，采用单独配置短引线保护的方案，这时主变压器差动保护可以简化。

2. 比率制动式差动保护动作判据

变压器差动保护的基本原理与发电机纵联差动保护类似，并且也采用利用穿越电流的比率制动式差动保护判据。但由于变压器是利用电磁感应传递能量并跨越不同电压等级的设备，各侧TA因电压等级不同而不可能同型号。各侧TA特性的不一致性往往比较大，由此引起的不平衡电流也会更大一些。另外还常常需要多侧差动保护，因此变压器差动保护判据要更复杂一些。

下面先通过一个三侧差动保护来讨论变压器比率制动式差动保护判据。

设在保护装置内部形成的差动电流记为 I_d，制动电流记为 I_r。在变压器差动保护中常常采用三段折线式比率制动判据，如式（4-4-1）所示（以一相为例），对应的动作特性如图4-4-1所示，特性上方为动作区。

$$
\begin{aligned}
&I_d > I_{d0} && I_r \leqslant I_{r1} \\
&I_d > K_1(I_r - I_{r1}) + I_{d0} && I_{r1} < I_r \leqslant I_{r2} \\
&I_d > K_2(I_r - I_{r2}) + K_1(I_{r2} - I_{r1}) + I_{d0} && I_r > I_{r2}
\end{aligned}
\tag{4-4-1}
$$

式中：I_{d0} 为差动门槛（整定值），即比率差动元件的最小动作电流；I_{r1}、I_{r2} 分别为第1、第2拐点对应的制动电流（整定值），$I_{r2}>I_{r1}$；K_1、K_2 分别为第1、第2段斜线斜率（整定值），即制动系数，$K_2>K_1$。

在式（4-4-1）中，当 $K_2=K_1$ 时便蜕变为两段折线式比率制动判据，即

$$
\begin{aligned}
&I_d > I_{d0} && I_r \leqslant I_{r1} \\
&I_d > K_1(I_r - I_{r1}) + I_{d0} && I_r > I_{r1}
\end{aligned}
\tag{4-4-2}
$$

两段折线式比率制动判据在变压器差动保护中（包括在集成电路型保护中）仍然使用得非常普遍。若在式（4-4-2）中令 $K=K_2=K_1$，$I_{r0}=I_{r1}$，就可发现与式（4-3-3）的形式完全

相同。不过，由以下说明将会看到，由于这里电流假定正向与前面发电机差动保护不同，使差动电流和制动电流的表达形式不同。

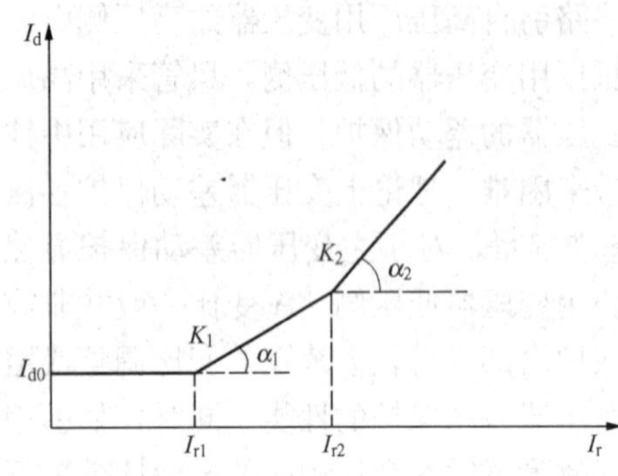

图 4-4-1　三段折线式比率制动特性

设供差动保护动作判据使用的各侧二次电流的基波相量（仍以一相为例）分别记为 $\dot{I}_{\mathrm{I}}$、$\dot{I}_{\mathrm{II}}$、$\dot{I}_{\mathrm{III}}$，规定变压器各侧电流的假定正向均由外部指向变压器内部，并假定已通过合理选择变压器各侧的 TA 变比和二次接线使得变压器正常状态（以及外部故障状态）时各侧同名相二次电流基波相量的相量和为零，可定义差动电流 I_d 为

$$I_d = |\dot{I}_{\mathrm{I}} + \dot{I}_{\mathrm{II}} + \dot{I}_{\mathrm{III}}| \tag{4-4-3}$$

制动电流 I_r 有多种构成形式，常见的有以下两种

$$I_r = \max(|\dot{I}_{\mathrm{I}}|, |\dot{I}_{\mathrm{II}}|, |\dot{I}_{\mathrm{III}}|) \tag{4-4-4}$$

$$I_r = |\dot{I}_{\mathrm{I}}| + |\dot{I}_{\mathrm{II}}| + |\dot{I}_{\mathrm{III}}| \tag{4-4-5}$$

采用不同的制动电流，其制动效果是有区别的，相应的制动系数也不相同。

对于两绕组变压器，差动保护的差动电流 I_d 和制动电流 I_r 通常为

$$\left.\begin{aligned} I_d &= |\dot{I}_{\mathrm{I}} + \dot{I}_{\mathrm{II}}| \\ I_r &= |\dot{I}_{\mathrm{I}} - \dot{I}_{\mathrm{II}}|/2 \end{aligned}\right\} \tag{4-4-6}$$

二、变压器差动保护的特殊问题

变压器内部结构、运行方式、电量特征均有其特点，产生了一系列特有的技术问题，因此其差动保护在具体构成上与发电机纵差保护有较大的不同。例如，需要根据变压器各侧绕组的联结组别的不同确定多侧差动保护的接线方式；又如必须妥善处理励磁涌流引起差动保护误动问题等。

（一）差动保护中影响不平衡差流的因素及对策

理想情况下，当正常运行和外部故障时，差动电流（简称差流）为零；内部故障时，差流不为零，差动保护动作。实际应用中，即使在正常情况下或外部故障时，差动回路中也会出现各种不平衡差动电流（简称为不平衡差流）。变压器的差动保护需要采取相应措施躲开流过差动回路的这种不平衡差流，并且不应降低差动保护内部故障的灵敏性。

1. 由三相变压器联结组别产生的不平衡差流

三相电力变压器联结组别的形式有多种。以双绕组变压器为例，只有少数情况下变压器高、低压侧三相绕组的联结方式相同（譬如 Yy12 联结组别），很多情况下并不相同（如 Yd11 或 YNd11 联结组别），这使其两侧对外引出线同名相一次电流之间存在较大相位差。为了消除这种相位差，避免在差动电流中出现很大的不平衡差流，需要在 TA 的二次侧进行相位调整或补偿。传统做法是在变压器不同侧对 TA 二次侧采用不同接线方式来进行消除相位差的调整；而在微机变压器差动保护中均已改用计算的方式。尽管如此，本书中将此统称为变压器差动保护的接线问题，对此在下一小节还将深入讨论，这里仅就双绕组变压器作简

单说明。对于 YNd11（或 Yd11）联结组别的变压器的差动保护，相位调整的典型方式是在变压器的两侧都采用两相绕组电流的电流差来实现：对于变压器的 d 侧，每相引线电流已经是两相绕组电流的电流差；而对于变压器的 Y 侧，则在 TA 的二次侧重新构造两相绕组电流的电流差（两相绕组电流相减或 TA 二次侧采用 d 接线），同时相应调整（一般为增大）TA 变比以保持二次电流的大小不变。这样一来，实际上每一相差动电流都是由变压器两侧的相同两相绕组电流差的相量和来构成的。这种做法在实现两侧电流相位补偿的同时，也解决了 YN 侧外部接地故障（此时零序电流只流过变压器 YN 侧的 TA）引起变压器差动保护误动问题，当然这也带来了某些需要特殊考虑的励磁涌流的问题。

实际上，在微机变压器差动保护中，有多种不同的相位调整方法，从而有不同的差动电流构成方式，这一点应当加以注意。目前使用的各种相位调整方法，均可以完全消除由变压器各侧引入差动保护的电流的相位差以及由此引起的不平衡电流。

2. 变压器高、低压侧电流互感器变比不匹配产生的不平衡差流

因为电流互感器变比按标准变比设计，难于恰好与变压器变比相匹配，因而有可能产生不平衡电流。在集成电路保护中，通常是在 $I-U$ 变换部分通过调整负荷电阻来实现，可以做到较精细的调节，基本上能够消除此种不平衡电流影响。而在微机数字式保护中，可以由软件通过计算来实现此种电流平衡的精确调整。

例如对于发电机变压器组的主变压器差动保护而言，可以取发电机端侧（即变压器的低压侧）为基准侧（当然也可以取其他侧作为基准侧），将其二次电流额定值作为基准电流，记为 $I_{N\cdot S}$。将差动保护的其他各侧均作为待折算侧，譬如 x 侧，其二次电流额定值记为 $I_{N\cdot S\cdot x}$。那么，待折算侧电流平衡系数为

$$K_{bal} = I_{N\cdot S}/I_{N\cdot S\cdot x} \tag{4-4-7}$$

求出各侧电流平衡系数 K_{bal} 后，只需要将各侧电流与其对应的平衡系数相乘即可实现电流平衡的精确调整，这样可以将因为变比匹配问题产生的不平衡电流消除到可忽略不计的极小程度。

关于与变压器各侧相关的引入差动回路的二次电流额定值的算法还需作一点说明。若令变压器各侧中最大额定容量为 S_N，而对于 x 侧，令电压额定值（线电压）为 $U_{N\cdot x}$、TA 变比为 $n_{TA\cdot x}$，那么该侧二次电流额定值的算法为

$$I_{N\cdot S\cdot x} = \frac{S_N K_{con\cdot TA}}{\sqrt{3}U_{N\cdot x}n_{TA\cdot x}} \tag{4-4-8}$$

式中：$K_{con\cdot TA}$ 为 TA 接线系数。

一般情况下，$K_{con\cdot TA}=1$；而对于 Y d 形式的变压器，其星形侧因 TA 二次侧采用三角形接线而使 TA 变比增加了 $\sqrt{3}$ 倍，故 $K_{con\cdot TA}=\sqrt{3}$；而变压器三角形侧仍有 $K_{con\cdot TA}=1$。该算法同样适用于变压器基准侧二次电流。

3. 带负荷调压而产生的不平衡差流

在改变带负荷调压变压器的分接头位置时，使变压器变比发生改变，从而产生不平衡电流。由带负荷调压引起的不平衡电流记为 $I_{unb\cdot T}$，它与变压器调压范围有关，归算到变压器 Y 侧的不平衡电流 $I_{unb\cdot T}$ 的二次最大值可用下式计算（假定变压器联结组别为 Yd 型，Y 侧 TA 变比按一次额定电流的 $\sqrt{3}$ 倍选择，调压装置位于变压器 Y 侧，其他情况仿此处理）

$$I_{\text{unb}\cdot\text{T}\cdot\text{max}} = \pm \frac{\Delta U}{n_{\text{TA}\cdot\text{Y}}} \sqrt{3} I_{\text{Y}} \tag{4-4-9}$$

式中：$n_{\text{TA}\cdot\text{Y}}$为变压器星形侧电流互感器变比；$\Delta U$ 为变压器调压范围，用额定电压的百分比表示；I_{Y} 为流过变压器星形侧的最大电流。

在由带负荷调压引起不平衡电流中，当 I_{Y} 取额定电流时，$I_{\text{unb}\cdot\text{T}\cdot\text{max}}$为正常运行工况下的最大不平衡电流；当 I_{Y} 取为主变压器星形侧最大短路电流时，则 $I_{\text{unb}\cdot\text{T}\cdot\text{max}}$为所有工况下最大不平衡电流。由于带负荷调压是在运行过程中随时根据运行要求调整的，事先难于预计，若采用跟踪分接头位置实时调整，会造成差动保护复杂化和降低其可靠性，因此目前多采用适当提高差动保护门槛的方法来躲开带负荷调压引起的不平衡电流。

4. 变压器各侧电流互感器特性不一致而产生的不平衡差流

构成差动电流的各侧电流互感器因特性不一致而造成传变误差不同，从而引起附加的不平衡电流，尤其当外部短路故障时，因电流暂态分量（主要是非周期分量）及 TA 饱和等原因，有可能造成很大的不平衡电流，容易引起差动保护误动。解决电流互感器特性不一致而产生的不平衡电流主要有两方面措施：一方面是二次回路上的措施，包括尽量选择同型同特性的差动保护专用电流互感器，尽量减小电流互感器二次负荷等；另一方面是在差动保护动作特性上的措施，如广泛使用具有比率制动特性的差动保护原理。由于变压器各侧电压等级不同，TA 特性差异较大，相对于发电机差动保护而言这种不平衡电流更严重一些，故变压器差动保护的比率制动特性往往更为复杂一些（如三段折线式比率制动特性）。需要指出，随着目前系统规模扩大导致短路电流骤增，以及发电厂出口电压升高致使采用 3/2 断路器主接线等因素，使得出现 TA 严重饱和的几率增加，这种情况下不能完全靠比率制动特性就能充分避免差动保护误动，需要采用特殊的解决 TA 严重饱和的措施。

5. 变压器过励磁运行工况引起的稳态不平衡差流

变压器需要励磁电流才能完成电压变换和功率传送。根据变压器的等值电路，励磁电流只流经励磁支路，即只流经与提供励磁电流的供电电源相连的那一侧绕组。对于差动保护而言，励磁电流相当于变压器内部故障电流，从而形成不平衡差流，严重时会引起差动保护的误动作。

正常稳态运行情况下，变压器励磁阻抗很大，因而励磁电流很小，通常只有变压器额定电流 2%～5%，故差动回路中的不平衡电流增加很少。在外部短路时，由于系统电压下降，励磁电流将减小。因此，在正常运行和外部短路情况下，变压器励磁电流对差动保护的影响，可略去不计。

若运行电压偏高或频率偏低，变压器工作磁密 B 将增加，当工作磁密 B 大于饱和磁密 B_{S} 时，便发生变压器过励磁。过励磁引起铁芯饱和（对称饱和），励磁阻抗迅速减小，因而励磁电流会大大增加。现代大型变压器为提高材料利用率和降低成本，往往选择其额定工作磁密 B_{N} 比较接近饱和磁密 B_{S}，如 $B_{\text{S}}/B_{\text{N}}$ 值为 1.1，使变压器更容易发生过励磁。发生过励磁后，铁芯饱和更为严重，过励磁电流更大。对大型变压器典型分析表明，当工作磁密 B 分别为 1.25、1.33 及 1.43 倍的额定工作磁密 B_{N} 时，励磁电流均方值将分别达到 0.1、0.5 及 1.0 倍的变压器额定电流。过励磁电流的特点不仅在于其均方值大幅度增加，同时非线性励磁阻抗使励磁电流发生畸变，使之含有大量的谐波分量，其中较高的为奇次谐波。伴随变压器过励磁而出现的较大的励磁电流将完全形成不平衡差流，有可能引起差动保护误动作。

这里之所以认为是差动保护的一种误动作，是因为差动保护的任务在于快速切除变压器绕组和引线的各种短路故障，而过励磁则是一种不正常运行工况，并不是变压器内部的故障，不属于差动保护的范围，因此发生变压器过励磁时，差动保护不应该动作。由于变压器过励磁引起的不平衡差流可能很大，不能简单地采取提高差动保护动作门槛的方法来防止误动，因为如果这样做将大大降低差动保护反映内部短路故障的灵敏度。目前主要利用监测不平衡差流中的某些谐波特征量（如 5 次谐波）的增加来识别变压器过励磁状态，并闭锁差动保护的动作。

6. 变压器励磁涌流引起的暂态不平衡差流

如前所述，变压器在正常运行工况和外部故障时的励磁电流很小。当变压器空载投入或者外部故障切除后电压恢复时，由于励磁电压突然升高，励磁电流将骤然大大增加，其值大小与变压器结构形式、绕组参数、铁心材料特性、电压初相（即合闸角）和变化幅度、铁心剩磁以及系统容量等诸多因素相关，最大可达变压器额定电流的 6～8 倍，并且因含有很大非周期分量而偏于时间轴一侧。然后，随时间推移逐步减小，最终进入变压器正常运行状态。这种由电压突升引起的巨大的暂态励磁电流称为励磁涌流。由于励磁涌流是单侧注入性电流，其幅值又很大，因此会造成比率制动判据误判而引起差动保护误动作。传统电磁式差动继电器靠增大差流门槛和自动延时（通过继电器铁心在非周期分量差流作用下的速饱和特性暂时阻断信号传变，然后随着非周期分量衰减使铁心退出饱和后自动恢复正常传变）来躲过励磁涌流，将严重降低差动保护在变压器内部故障时的动作速度和灵敏度，不能满足大电网和大型变压器的安全要求。现代变压器差动保护需要解决的突出问题就是既能可靠地躲过励磁涌流，又能灵敏、快速和正确地反应内部故障。

（二）励磁涌流及其制动措施

为了使差动保护躲过励磁涌流，首先需要根据实际运行条件对励磁涌流波形特征进行分析。如前所述，励磁涌流的产生与很多因素密切相关，另外，由于关心的主要是在差动电流中励磁涌流的特点和表现形式，它还与差动电流的构成方式相关（即与具体差动保护判据相关），故其分析和计算过程比较复杂。为节省篇幅和突出变压器差动保护的构成原理，这里根据变压器的特点，直接给出由理论分析、实验研究及工程实践得出的有关励磁涌流的主要结论。

某种理想情况下，三相电力变压器空投励磁涌流的波形如图 4-4-2 所示。

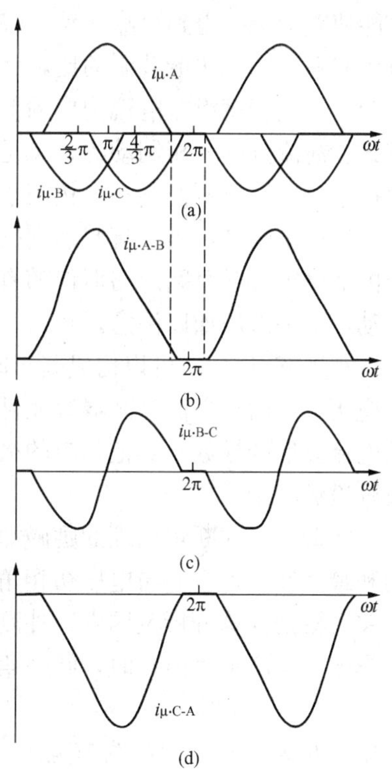

图 4-4-2　理想情况下三相电力变压器空投励磁涌流的波形

（a）各绕组的励磁涌流波形；（b）、（c）、（d）两绕组励磁涌流之差的波形

一般地，对于由三个单相变压器构成的或三相五柱式大型三相电力变压器，其励磁涌流有下述特点：

（1）变压器每相绕组励磁涌流中含有较大的二次谐波分量，其含量大小与铁心饱和磁通、剩磁大小及电压突变初相角等因素直接相关，一般二次谐波分量占基波分量的比例不小于 20%。对于基于两相绕组电流差构成的差动保护判据的情形，每相差动电流中的涌流均为相应两相绕组中励磁涌流之差形成的合成涌流（以下简称合成涌流），其中某相合成涌流可能表现为对称涌流波形，它的二次谐波分量可能较小，但在三相合成涌流（即相邻两相绕组的涌流之差构成的三相涌流，下同）中至少有一相的二次谐波分量占基波分量的比值超过 20%。

（2）理论上，就变压器一次电流而言，每相绕组励磁涌流以及每相合成涌流均会出现波形间断，形成间断角 θ_d。所谓间断角，即为涌流波形中在一个基频周波内保持为 0 的那一段波形所对应的电角度。对于每相绕组励磁涌流波形，θ_d 一般不小于 65°。对于合成差流出现对称涌流时，θ_d 会进一步减小，但这时波形的宽度（称为波宽 θ_w）比故障波形的波宽要小。所谓波宽，定义为涌流波形在一个基频周期内不为 0 的那一段所对应的电角度，即波宽 $\theta_w=2\pi-\theta_d$。对称涌流的波宽通常不大于 120°。

（3）在变压器内、外部短路故障时，差动电流中二次谐波分量所占比例较小，低于 15%，一般不会出现波形间断，波宽不小于 180°。

利用特点（1）可以构成基于二次谐波电流的励磁涌流制动判据，简称为二次谐波制动。通常要求对各相（三相）差电流分别求取二次谐波对基波的比值，作为判别励磁涌流和对差动保护实施制动的依据。对于目前广泛使用的基于变压器两相绕组电流差构成的差动保护，三相涌流中可能会有一相出现对称涌流使二次谐波制动判据失效。为了在某相发生对称涌流时能使差动保护得到可靠制动，多采用统一制动方式，即三相合成差流中只要其中有一相超过预先整定的二次谐波制动比，就会制动差动保护总出口（或制动三相差动元件）。对于基于变压器同相绕组差电流构成的差动保护，差流中不会出现对称性涌流，可以采用分相制动方式。涌流判据分相制动的含义是指，任何一相差流满足涌流制动判据时，仅制动本相差动保护元件。这里所谓制动，相当于暂时闭锁差动保护元件，但不允许退出差动元件，随着励磁涌流逐步衰减，当涌流制动判据不再满足时，应适时重新开放差动保护元件，以确保变压器内部绕组轻微匝间短路但伴随有励磁涌流（如变压器空投于绕组小匝数匝间短路）时不会拒动，这一点应加以注意。

利用特点（2）可以构成基于间断角原理的励磁涌流制动判据，简称为间断角制动。实际应用中，由于电流互感器等元件暂态过程的影响，会出现间断角消失的现象，因而采用差动电流波形的导数及其他相应的措施恢复间断角，并同时采用涌流导数的间断角和波宽来构成励磁涌流制动判据。

构造基于间断角原理的励磁涌流制动判据的关键在于确定涌流导数可能出现的最小间断角和最大波宽，它们与电压初相角 α、变压器铁心饱和磁通 B_s 以及剩磁大小 B_r 等诸多因素有关。根据计算分析及国内、外测量结果，考虑最大剩磁密度为 0.5～0.7B_m（B_m 为变压器工作磁通密度最大值）时，间断角原理的涌流制动元件可采用下述判据

$$(\theta_d > 65°) \cup (\theta_w \leqslant 140°) \tag{4-4-10}$$

式中：θ_d 为间断角；θ_w 为波宽。

间断角原理的涌流制动元件与差动元件的配合通常都采用分相制动方式。

（三）变压器差动保护接线方式

1. 常规差动保护接线方式

三相变压器高、低压侧（有时还有中压侧）绕组接线方式（即联结组别）通常不同，例

如常见的主变压器具有高、低压双侧绕组，采用 Yd11 或 YNd11 型接线方式，因此变压器两侧同名相电流的相位不一致。在正常运行工况下，变压器三角形侧的线电流比星形侧对应的线电流超前 30°。另一方面因变压器变比 K 的影响，高、低压侧额定电流也不相同。为了保证在变压器差动保护的二次回路中，代表变压器、二次侧电流的幅值与相位基本一致，在选取电流互感器的变比及二次接线方式时需考虑进行相位与幅值校正。图 4-4-3 以发电机变压器组（含厂用变压器）的主变压器为例，示出了 YNd11 型双绕组变压器高、低压侧和电流互感器二次侧的接法。

图中变压器星形侧的电流互感器二次侧采用三角形接线，而变压器三角形侧的电流互感器二次侧采用星形接线，这样变压器高、低压侧的电流互感器二次侧流入差动回路的同名相电流 $\dot{I}_{a\text{I}}$、$\dot{I}_{b\text{I}}$、$\dot{I}_{c\text{I}}$ 分别与 $\dot{I}_{a\text{II}}$、$\dot{I}_{b\text{II}}$、$\dot{I}_{c\text{II}}$（以及 $\dot{I}_{a\text{III}}$、$\dot{I}_{b\text{III}}$、$\dot{I}_{c\text{III}}$）的相位一致，实现了相位校正。

由于变压器星形侧（高压侧）电流互感器的二次侧采用三角形接线，使差动保护输入电流较之每相电流互感器二次侧电流的幅值扩大了$\sqrt{3}$倍，因此选择该侧电流互感器变比时需要按在 TA 二次绕组获得额定电流的 $1/\sqrt{3}$来考虑。变压器三角形侧（低压侧）电流互感器的变比则无需做此处理。这样便可保证正常运行时变压器各侧输入差动保护的电流均为额定电流（二次），其计算可参见式（4-4-8）。

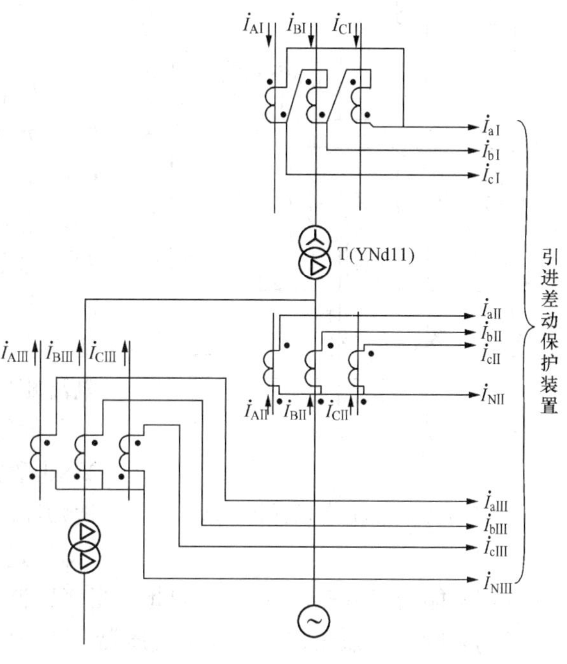

图 4-4-3　常规差动保护接线

2. 微机型差动保护接线方式

对于微机型差动保护，变压器各侧电流互感器的二次侧一般均接成星形，这样有利于统一和简化二次接线，便于构成不同形式的差动电流，易于实现 TA 断线监视和闭锁，避免在各相 TA 饱和不同时形成 TA 二次环流而影响差动保护特性，甚至在某些情况还有利于区分涌流和故障，改善差动保护的性能。在这种接线方式下，变压器各侧电流相位和幅值的校正改由软件进行。微机型差动保护的接线形式如图 4-4-4 所示。

在微机型变压器差动保护中，利用软件通过计算对变压器各侧的输入电流进行相位和幅值校正。最常用的算法是仿照传统保护中常规接线的处理方式，对变压器 Y 侧电流按两相电流差的方法进行相位和幅值校正，变换算式如下

$$\begin{aligned}\dot{I}_{a\text{I}} &= \dot{I}_{Yab\text{I}} = (\dot{I}_{Ya\text{I}} - \dot{I}_{Yb\text{I}}) \\ \dot{I}_{b\text{I}} &= \dot{I}_{Ybc\text{I}} = (\dot{I}_{Yb\text{I}} - \dot{I}_{Yc\text{I}}) \\ \dot{I}_{c\text{I}} &= \dot{I}_{Yca\text{I}} = (\dot{I}_{Yc\text{I}} - \dot{I}_{Ya\text{I}})\end{aligned} \quad \text{或} \quad \begin{aligned}\dot{I}_{a\text{I}} &= \dot{I}_{Yab\text{I}} = (\dot{I}_{Ya\text{I}} - \dot{I}_{Yb\text{I}})/\sqrt{3} \\ \dot{I}_{b\text{I}} &= \dot{I}_{Ybc\text{I}} = (\dot{I}_{Yb\text{I}} - \dot{I}_{Yc\text{I}})/\sqrt{3} \\ \dot{I}_{c\text{I}} &= \dot{I}_{Yca\text{I}} = (\dot{I}_{Yc\text{I}} - \dot{I}_{Ya\text{I}})/\sqrt{3}\end{aligned} \qquad (4\text{-}4\text{-}11)$$

在式（4-4-11）中，前后两组变换式对应于两种可能存在的 TA 变比为：前式对应于前

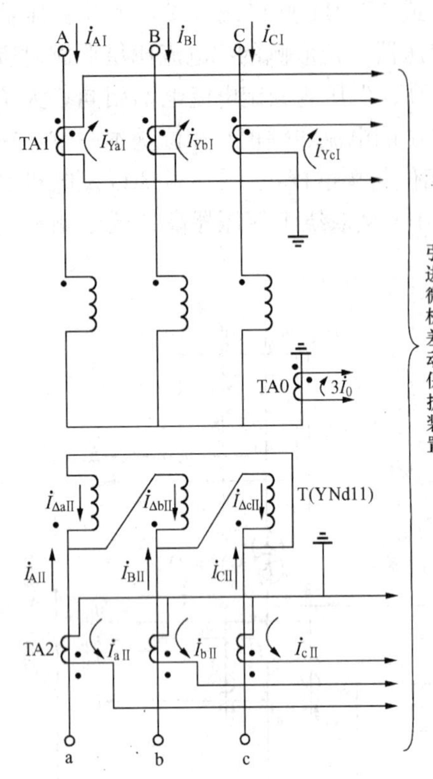

图 4-4-4 微机差动保护接线

述变压器Y侧TA变比基于在TA二次绕组获得额定电流的$1/\sqrt{3}$来选择；后式则对应于变压器Y侧TA变比基于在TA二次绕组获得额定电流来选择，后者是采用微机型保护后可能碰到的情形。因此差动保护的实际的差流可写为

$$\left.\begin{aligned}\dot{I}_{da}&=(\dot{I}_{a\mathrm{I}}+\dot{I}_{a\mathrm{II}})\\\dot{I}_{db}&=(\dot{I}_{b\mathrm{I}}+\dot{I}_{b\mathrm{II}})\\\dot{I}_{dc}&=(\dot{I}_{c\mathrm{I}}+\dot{I}_{c\mathrm{II}})\end{aligned}\right\}\tag{4-4-12}$$

在正常负荷状态和外部故障时，校正后的Y侧二次电流与d侧同各相二次电流恰好反相位（各侧电流的假定正向为指向变压器内部），且大小相等，差流为零，达到了相位和幅值校正的目的。显然，此方法也是基于变压器各侧内部两相绕组的电流差来构成差动电流，因此实际效果与常规模拟式变压器差动保护相同。这种方法称为变压器Y侧电流相位合成校正法。

值得注意的是，对于Y侧中性点直接接地的YNd型变压器，当变压器Y侧发生区内外单相接地短路时，零序电流能在变压器Y侧引线上流通（即流过Y侧的TA），而不能在变压器d侧引线上流通（即不能流过d侧的TA）。因此，当变压器Y侧发生区外单相接地短路时，从防止保护误动的角度，应该在差流中扣除变压器Y侧电流中的零序分量，前述关于变压器Y侧电流的校正处理方法可自动做到这一点。但是，当变压器Y侧发生区内单相接地短路时，为提高差动保护单相接地短路灵敏度的角度，应该保留Y侧电流中的零序分量。按照上述模仿常规接线的电流校正方法，变压器Y侧电流中的零序分量已经被消去（即通过在变压器Y侧采用两相绕组电流差的做法来消除零序分量），保证了区外单相接地短路不误动的可靠性，但使得区内单相接地短路的灵敏性有所降低。

下面介绍一种可以兼顾YNd型变压器区内外单相接地短路可靠性与灵敏性的电流相位校正方法。这种电流相位校正方法采用对变压器d侧的电流进行分解移相来实现相位校正，同时在变压器Y侧电流中引入变压器中性点零序电流$\dot{I}_{N0}$，这里将其称之为变压器d侧电流相位分解校正法。变压器Y侧引入差动保护的电流表达式如下（取流入变压器的零序电流为假定正方向）

$$\dot{I}'_{a\mathrm{I}}=\dot{I}_{Ya\mathrm{I}}+\dot{I}_{N0}\tag{4-4-13}$$

$$\dot{I}'_{b\mathrm{I}}=\dot{I}_{Yb\mathrm{I}}+\dot{I}_{N0}\tag{4-4-14}$$

$$\dot{I}'_{c\mathrm{I}}=\dot{I}_{Yc\mathrm{I}}+\dot{I}_{N0}\tag{4-4-15}$$

而变压器d侧电流变换式为

$$\dot{I}'_{\alpha}=(\dot{I}_{a\mathrm{II}}-\dot{I}_{c\mathrm{II}})/\sqrt{3} \tag{4-4-16}$$

$$\dot{I}'_{\beta}=(\dot{I}_{c\mathrm{II}}-\dot{I}_{b\mathrm{II}})/\sqrt{3} \tag{4-4-17}$$

$$\dot{I}'_{\gamma}=(\dot{I}_{b\mathrm{II}}-\dot{I}_{a\mathrm{II}})/\sqrt{3} \tag{4-4-18}$$

在这种情况下，差动保护的实际的差流可写为

$$\dot{I}_{da}=(\dot{I}'_{a\mathrm{I}}+\dot{I}'_{a\mathrm{II}}) \tag{4-4-19}$$

$$\dot{I}_{db}=(\dot{I}'_{b\mathrm{I}}+\dot{I}'_{b\mathrm{II}}) \tag{4-4-20}$$

$$\dot{I}_{dc}=(\dot{I}'_{c\mathrm{I}}+\dot{I}'_{c\mathrm{II}}) \tag{4-4-21}$$

由图 4-4-5 可见，在穿越性电流作用时，校正后的变压器 d 侧二次电流与 Y 侧同名相二次电流正好反相位且大小相等，实现了相位和幅值校正。

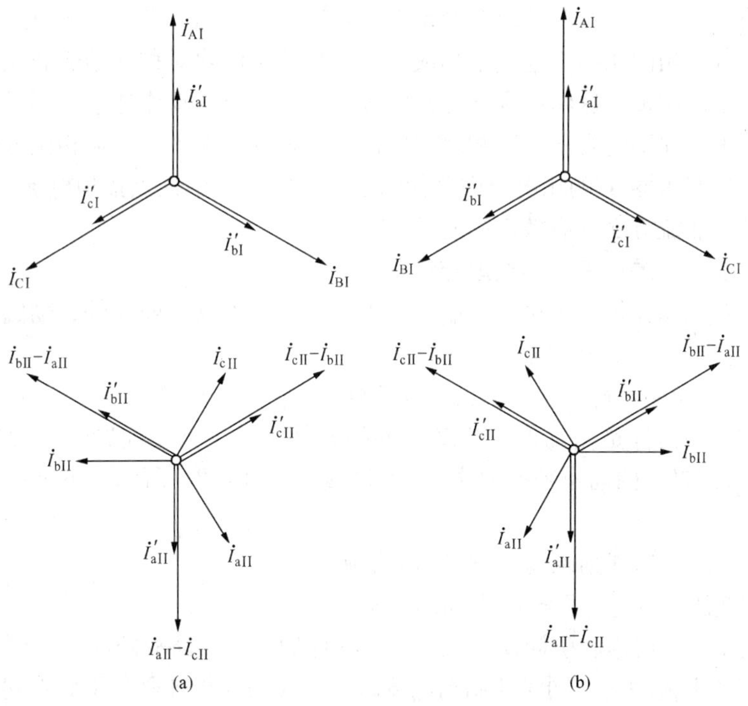

图 4-4-5　穿越性电流作用时电流相位关系（YNd11 型变压器）

(a) 正序电流作用时；(b) 负序电流作用时

当区外发生单相接地短路时，变压器 Y 侧电流中的正、负序分量与 d 侧校正电流中的正、负序分量平衡；Y 侧相电流中的零序分量与中性点零序电流大小相等、极性相反，两者抵消，零序电流的影响被消除，保证了差动保护此时不会误动作。

当区内发生单相接地短路时，变压器 Y 侧相电流中的零序分量与中性点零序电流之和即为接地短路点的零序电流（假设 TA 的变比均为 1），从而增大了差动电流，提高了差动

保护反应区内单相接地短路的灵敏性。

实际上，上述零序电流的处理方法类似于在普通变压器差动保护中同时引进了零序差动保护的作用，零序差动保护将在本节第四部分给予介绍。

由于上述方法需要引入变压器中性点电流，增加了变压器差动保护的复杂性；同时由于变压器接地中性线上的 TA 的形式通常与变压器相引线上的 TA 不同且变比通常较小，因此要特别注意电流标度变换的正确性以及因 TA 特性差异引起的不平衡电流（因为变压器中性点 TA 因变比较小，当外部接地故障时更容易饱和）等问题，以防止外部接地故障时引起差动保护误动。

在上述方法中，若将变压器 Y 侧中性点获得的零序补偿电流改为由三相电流之和来构成，可得到另外一种处理差流的变压器 d 侧电流相位分解校正法，目前也有应用。当然，这种方法不再有提高差动保护反应区内单相接地短路的灵敏性的优点。

需要注意，人们之所以愿意在变压器差动保护中尝试将传统的变压器 Y 侧电流相位合成校正法改为采用变压器 d 侧电流相位分解校正法还有一个重要意图在于，企图借此消除因采用两相绕组电流差构成的差动保护时而在差流中产生的对称性励磁涌流问题（因此不得不采用涌流判据的“统一制动”和“综合制动”逻辑，影响空投于轻微故障的动作速度）。如果能采用高低压对应相的相绕组电流来构成差流，显然可消除对称性励磁涌流，从而可应用涌流判据的分相制动逻辑，这将有利于提高空投于轻微故障的动作速度。不过，变压器 d 侧电流相位分解校正法并不能真实反映相绕组电流（通常变压器 d 侧电流相位分解建立在基频分量基础上，并且变压器 Y 侧相电流中已扣除了零序电流或中性点接地电流），因此该方法在消除对称性励磁涌流方面的有效性尚有争议，需要进一步研究。

三、微机型变压器差动保护的构成与逻辑

完整的变压器差动保护主要由比率制动式差动元件、差动速断元件、励磁涌流制动元件以及其他辅助元件等多个部分构成。

（一）变压器差动保护的比率制动式差动元件

比率制动式差动元件是差动保护中最主要的元件，采用分相配置三相元件，分相出口（即“或”门出口逻辑）的动作判据如式（4-4-1）或式（4-4-2）所示，不过还有一些特殊问题需要考虑：

（1）防止在变压器出现励磁涌流时误动的措施。

（2）防止在变压器发生过励磁时误动的措施。

（3）防止电流互感器饱和引起误动的措施。在保护区外短路故障时，一侧电流互感器的饱和导致差动回路电流增大，同时使制动电流减少，应采取措施避免由此引起差动保护误动作。

（4）电流互感器断线闭锁措施。大型变压器对差动保护的灵敏系数要求较高，如要求能灵敏地动作于内部匝间短路故障，因而最小差流动作值均低于额定电流，并且三相比率制动元件均用分相出口方式，因此在电流互感器断线时会误动作。为此变压器差动保护需要附设专门的电流互感器断线闭锁元件。

比率制动式变压器差动保护的逻辑框图如图 4-4-6 所示。

（二）变压器差动保护的差动速断元件

变压器差动速断元件的作用与发电机纵差保护中差动速断元件类似，但可获得更多的好

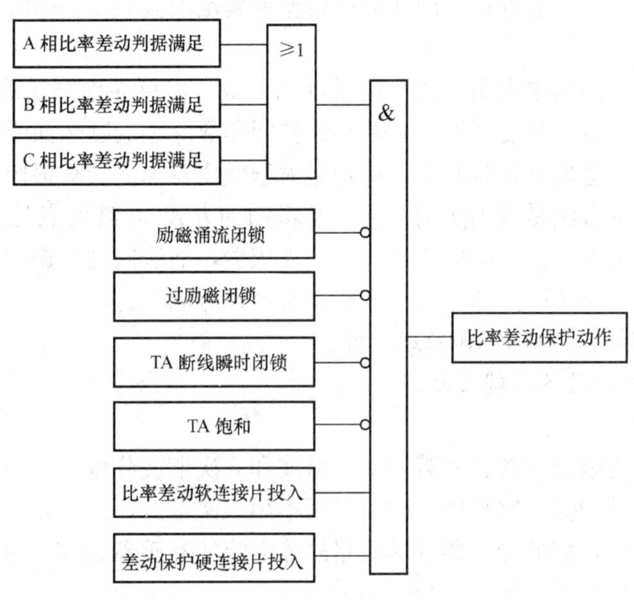

图 4-4-6　比率制动式变压器差动元件逻辑框图

处。当变压器内部发生严重故障时，差流可能大于最大励磁涌流，这时便不需再进行是否励磁涌流的判别，而改由差动速断元件直接出口，加快保护动作速度。对于变压器接于长线或附近装有静止补偿电容器的场合，在变压器发生内部严重故障时，由于谐振时也会短时出现较大的衰减二次谐波电流，或者因电流互感器及中间电流互感器严重饱和产生二次谐波电流，谐波比制动元件可能会误闭锁，直到二次谐波衰减后才返回开放出口。同时谐波比制动元件本身固有延时也比较大，均会延缓区内故障变压器差动保护动作速度。这对快速切除严重故障是不利的，利用差动速断元件能克服这个不足。差动速断元件的构成原理、逻辑以及整定计算原则可参见发电机纵差保护的相关内容，不过其动作电流定值 I_{dh} 还需考虑躲过变压器最大励磁涌流。变压器差动速断元件的动作判据为

$$I_{d} > I_{dh} \tag{4-4-22}$$

（三）变压器差动保护的励磁涌流判别及制动元件

二次谐波制动的含义是利用差动电流中二次谐波分量模值对基波分量模值的比值来构成励磁涌流制动判据。通常要求对各相（三相）差电流分别求取二次谐波对基波的比值，作为判别励磁涌流和对差动保护实施制动的依据。三相制动判据中任何一相的动作方程可表示如下

$$I_{2nd} > K_{2xd} I_{1st} \tag{4-4-23}$$

式中：I_{2nd} 为每相差动电流中的二次谐波；I_{1st} 为对应相差动电流的基波；K_{2xd} 为二次谐波制动系数整定值（即二次谐波对基波的制动比）。

根据前面的分析，广泛使用的基于变压器两相绕组电流差构成的差动保护（Yd11 联结组别变压器常采用这种形式），可能在某相出现对称涌流，使得二次谐波比降低。为了防止在这种情况下发生差动保护误动，需要采用三相差流中只要其中有一相超过预先整定的二次谐波制动比，即制动三相差动元件，这称为统一制动方式，或称为“或”逻辑制动。而对于基于变压器同相绕组差电流构成的差动保护，在保证不会出现对称涌流并不会因此发生误动

的情况下，也可以采用分相制动方式，即任何一相差流满足涌流制动判据时，仅制动本相差动保护元件。

在二次谐波涌流制动判据中采用“或”逻辑制动，虽可以可靠地防止涌流引起的误动，却存在某些不足。如当空投故障变压器时，差动保护因非故障相的励磁涌流而闭锁，直到涌流衰减后保护才能动作，造成动作时间长，特别是大型变压器涌流衰减很慢，将会造成变压器严重烧损。一种改进的方法是采用所谓“混合逻辑制动方式”，其要点是采用三相差流中最大相的二次谐波值与最大相的基波值之比作为制动依据，涌流制动判据如下式。

$$\max(I_{2nd\cdot p}\mid_{p=a,b,c}) > K_{2xd}\max(I_{1st\cdot p}\mid_{p=a,b,c}) \tag{4-4-24}$$

当式（4-4-24）满足时，制动三相差动元件。

（四）变压器差动保护的各种辅助元件

1. 过励磁闭锁元件

稳态过励磁时，励磁电流中含有显著的3次谐波和5次谐波分量，但作为变压器差动保护的防过励磁误动的闭锁判据，宜采用五次谐波而不用三次谐波，其原因是三次谐波经常还会大量地出现在其他场合，例如变压器内部短路故障电流使互感器饱和时也会出现明显的3次谐波，而这时不应闭锁差动保护。

过励磁闭锁元件的动作方程如式（4-4-25）所示，当满足时，闭锁差动保护。

$$I_{5th} > K_{5th}I_{1st} \tag{4-4-25}$$

式中：I_{5th}为每相差流中的五次谐波；K_{5th}为五次谐波制动系数（根据运行经验，一般取为0.35）。

2. TA饱和闭锁元件

变压器差动保护中，发生TA饱和将对变压器差动保护的选择性和速动性产生较大影响。变压器区外故障TA饱和，使相关TA的特性差异增大，变压器差动回路感受到的不平衡电流增大，可能导致变压器差动保护误动；变压器区内故障时，TA饱和引起故障电流波形畸变，使谐波含量较大，容易造成谐波涌流制动元件误闭锁而导致差动保护延时，甚至较长延时动作。

（1）变压器区内故障时的TA饱和。对于区内故障，最严重的情况在于单侧电源的三相短路，此时TA可能严重饱和，波形完全畸变，依靠带二次谐波的比率差动元件无法实现速切。目前的做法是利用具有高定值的差动速断元件来解决这个问题，由于TA在故障开始的短时间内不会饱和（不出现饱和的最短时间的经验值为一般不小于10ms，极端情况不小于4～5ms），利用短窗算法，可以保证在较短的时间内正确切除内部故障。这种做法已在系统成熟使用数十年，未见因TA饱和而差动无法出口的事例，应该说是可以信赖的。实际上，采用快速差动速断元件解决这种TA饱和延时动作问题是具有充分的理论依据的：因为若要使TA在5ms内饱和，其短路电流至少达到或超过TA额定电流的20倍以上，并且同时伴随有相当大的衰减直流分量（即直流暂态偏移）。此时通过短窗算法计算5ms之内的内部故障短路电流值（在此期间为正确传变），一定能超过变压器差动速断定值（一般为6～8倍额定电流，对超高压大型变压器，还会略小一些），可以保证快速切除故障。

（2）变压器区外故障时TA饱和。一般情况下，变压器区外故障引起的TA饱和不会太严重，因为变压器本身具有电抗（尤其是超高压变压器短路电抗较大），从而对短路电流起到较大的限制作用。对于穿越变压器的短路电流，这种情况一般很少会引起变压器TA严重饱和，传统的比率制动式差动判据可以防止误动，实际上比率制动式差动判据就是针对这个问题而设计的（当然具体效果与整定有关）。需要引起注意的是发生 TA 严重饱和，尤其是变压器单侧 TA 发生 TA 严重饱和的情况。如当与变压器相连的主接线采用 3/2 断路器接线方式且变压器差动保护某侧直接取自 3/2 断路器处的两组 TA，在某些运行方式下，外部故障穿越这两组 TA 的短路电流可能极大而引起 TA 严重饱和。当出现这种 TA 严重饱和时，仅靠比率制动往往不够，容易造成差动保护误动。另外，由于变压器各侧处于不同的电压等级，各侧 TA 不可能同型，甚至有的现场高压侧选用 TP 级，而中、低压侧选用 P 级 TA；加上各侧电流互感器二次回路时间常数相差较大，所有这些情况都有可能导致在区外故障时，由于各侧 TA 饱和不同造成暂态特性严重差异而导致变压器差动保护误动。在我国已经发生过这类现象，为了克服上述问题，需要引入专门的 TA 饱和判别措施和闭锁元件。

目前国内外已经提出很多判别 TA 饱和的方法，如时差法、波形识别法、谐波制动法、静态最大值保持法、利用小波变换或形态学识别的方法等。下面仅简介比较常用且简单可靠的时差法抗 TA 饱和原理。

用于差动保护的抗 TA 饱和的时差法利用一个高灵敏的差动保护启动元件和比率制动式差动元件之间的动作时差来对因 TA 饱和在外部故障时引起差动保护误动作出判断。当发生区外短路故障时，高灵敏的差动保护启动元件首先动作，若区外短路故障引起 TA 饱和，则可能导致差动保护误动，但由于 TA 饱和是需要时间的，则这种误动必在达到 TA 饱和时间后发生，即差动保护动作与差动保护启动之间必然存在时间差 Δt。而发生区内短路故障时，差动保护启动与差动保护动作是基本同时的。因此，通过测定差动保护动作和差动保护启动的时间差 Δt 可以判别 TA 饱和。通常认为，当 $\Delta t>3.75$ms，可判定为 TA 饱和，闭锁差动保护 150～200ms，以躲过暂态电流中衰减直流分量的影响；当 $\Delta t<3.75$ms，可判定为内部故障，允许差动保护动作出口。

3. TA 断线瞬时闭锁元件

若 TA 二次回路断线，对应相差流增大（只要变压器带有一定负荷），差动保护将误动，为此需要考虑设置 TA 断线瞬时闭锁元件。下面是一种用于变压器差动保护的 TA 断线闭锁判据，仅供参考。

设变压器各侧 TA 二次侧均采用 Y 形连接，TA 断线分侧判别。当下述三个条件同时满足时判为 TA 断线，然后可按需要瞬时闭锁差动保护（通常可通过控制字选择是否需要闭锁差动保护）。

$$\left.\begin{array}{l}\Delta I_{\mathrm{p}} \geqslant 0.1 I_{\mathrm{NS}} \cap I_{\mathrm{p}}<I_{\mathrm{p}|0|} \\ I_{\mathrm{p}} \leqslant I_{\mathrm{NI}} \cap I_{\mathrm{D}} \geqslant I_{\mathrm{NI}} \\ \max \left(I_{\mathrm{da}}, I_{\mathrm{db}}, I_{\mathrm{dc}}\right) \geqslant 0.33 I_{\mathrm{d0}}\end{array}\right\} \tag{4-4-26}$$

式中：ΔI_{p} 为相电流突变量，$\Delta I_{\mathrm{p}}=\left|\dot{I}_{\mathrm{p}}-\dot{I}_{\mathrm{p}|0|}\right|$；$I_{\mathrm{NS}}$为二次额定电流；$I_{\mathrm{p}}$ 为当前测量的相电流；$\dot{I}_{\mathrm{p}|0|}$ 为当前之前一个计算周期测量的相电流；I_{NI}为无电流门槛，通常可取 0.04 倍的 TA 额定电流；I_{D} 为无流相的差动电流；I_{da}、I_{db}、I_{dc}为 a、b、c 三相差流；I_{d0}为比率差动保护动作门槛。

在式（4-4-26）中，条件 1）用于区分系统故障和 TA 断线。系统故障和 TA 断线均会引起相电流突变量 ΔI_{p}，但通常，系统故障时保护感受到的相电流增大，而 TA 断线时保护感受到的相电流会减小。条件2）用于区分系统突减负荷状态与TA断线。因为系统突减负荷时条件1）也可能满足，但通常系统减负荷后的电流不会小于所设置的无电流门槛，即使负荷电流小于设置的无电流门槛，在正常负荷状态下也不会引起差动电流。条件3）用于进一步保证TA断线瞬时闭锁元件的可靠性，它可在差动电流远小于差动保护的最小动作电流时，避免TA断线瞬时闭锁元件误发闭锁信号。

4. 差流越限监视元件

差流越限监视元件的作用和实现请参见发电机纵差保护的相关内容。

四、零序差动保护

超高压大型变压器相间短路的可能性较小，主要的故障类型是绕组对铁芯的绝缘损坏，即单相接地短路。而通常差动保护应用在Y侧中性点直接接地的YNd接线方式的变压器中时，可能存在保护灵敏度不高的问题，尤其是自耦变压器，更需要对此加以考虑。

在超高压大容量系统中，自耦变压器得到了广泛应用。与普通同容量变压器相比，自耦变压器具有用料少、造价低、损耗小、便于运输、极限制造容量大等优点。自耦变压器高中压侧中性点均直接接地，单相接地是其主要的故障形式之一，其短路电抗较同容量的普通变压器小，单相接地时短路电流大，如果不解决内部单相接地保护灵敏度的问题，对设备本身和系统都将构成很大的威胁。

零序差动保护可以提高变压器接地侧内部单相接地故障的灵敏度，现介绍其基本原理。图4-4-7给出了变压器（YNd11）的零序差动保护接线。

保护区外发生故障时，如图4-4-7（a）中的k_1点，取流入变压器的零序电流方向为正方向，则零序差动继电器KDZ中电流$\dot{I}_{0\cdot d}=\dot{I}_{0\cdot \mathrm{II}}+\dot{I}_{0\cdot \mathrm{III}}=\dfrac{\dot{I}_{0.2}}{n_{TA2}}+\dfrac{\dot{I}_{0.3}}{n_{TA3}}$，当电流互感器变比$n_{TA2}=n_{TA3}$时，$\dot{I}_{0\cdot d}=0$，KDZ不动作。若电流互感器变比$n_{TA2}\neq n_{TA3}$，同样需要由装置来进行电流平衡的调整使差电流为零。保护区内k_2点发生接地故障时，零序电流的分布如图4-4-7（b）所示，$\dot{I}_{0\cdot d}=\dot{I}_{0\cdot \mathrm{II}}+\dot{I}_{0\cdot \mathrm{III}}=\dfrac{1}{n_{TA2}}(\dot{I}_{0.2}+\dot{I}_{0.3})=\dfrac{1}{n_{TA2}}\dot{I}_{k0}$，零序差动继电器KDZ动作。

零序差动保护的动作特性也需采用比率制动特性，因为在区外短路故障等情况下，同样会导致各TA暂态特性差异（如饱和不一致）而在二次回路产生“虚假的零序差电流”，造成零序差动保护的误动。另外，在需要时，零序差动保护也应采取防止TA断线以及TA饱和的闭锁措施。

五、变压器差动保护的整定计算

这里主要以两段折线式动作特性的比率差动元件和两绕组变压器为例进行说明，相应变量的定义参见式（4-4-2）和式（4-4-4），其他情况请查阅相关资料。

上述变压器差动保护中，通常要求其差动速断元件、比率差动元件的动作时间分别不大于20、30ms。而需要整定的主要定值有：差动速断元件的差流门槛I_{dh}，比率差动元件的最小动作电流I_{d0}、比率制动系数K_1、拐点电流I_{r1}，以及二次谐波制动系数K_{2nd}、五次谐波制动系数K_{5th}等。下面用$I_{N\cdot S}$表示差动保护基准侧（对于发电机变压器组，通常为主变压器低压侧）的实际二次额定电流，或者更一般地说是指在额定工况下基准侧进入差动继电器的电流，可按式（4-4-8）计算。

（一）比率差动元件

1. 最小动作电流 I_{d0} 的整定

最小动作电流应大于变压器额定负荷时的不平衡电流，即

$$I_{d0} = K_{rel}(K_{er} + \Delta U + \Delta m) I_{N \cdot S} \quad (4\text{-}4\text{-}27)$$

式中：$I_{N \cdot S}$ 为差动保护基准侧的实际二次额定电流；K_{rel} 为可靠系数，取 1.3～1.5；K_{er} 为 TA 变比误差，10P 型取 0.03×2，5P 型和 TP 型取 0.01×2；ΔU 为变压器调压偏差，取调压范围偏离额定值的最大值（百分值）；Δm 为由于电流互感器变比未完全匹配产生的误差，初设时可取 0.05，经在线精确补偿后可取为零。

2. 起始制动电流 I_{r1} 的整定

起始制动电流宜取为

$$I_{r1} = 0.8 \sim 1.0 I_{N \cdot S} \quad (4\text{-}4\text{-}28)$$

3. 动作特性中折线斜率 K_1 的整定

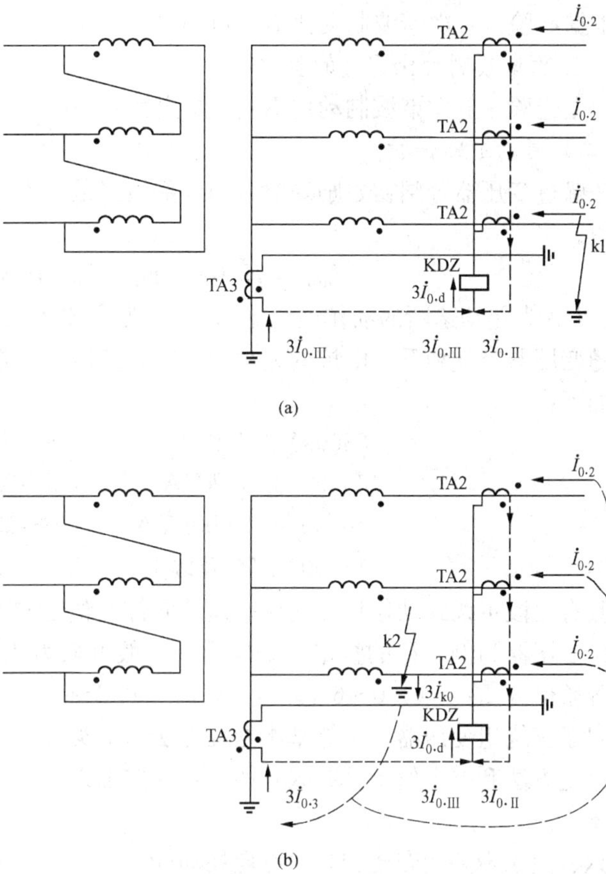

图 4-4-7　变压器（YN，d11）零序差动保护接线及工作原理

（a）外部单相接地；（b）内部单相接地

整定折线斜率 K_1 的依据是保证差动保护的动作电流能躲开外部短路时流过差动回路的最大不平衡电流。

下面以双绕组变压器为例，说明折线斜率 K_1 的整定。首先给出最大不平衡电流（基准侧二次值）的计算方法，即

$$I_{unb \cdot max} = (K_{ap} K_{cc} K_{er} + \Delta U + \Delta m) I_{k \cdot max} K_{con \cdot TA} / n_{TA} \quad (4\text{-}4\text{-}29)$$

式中：K_{er}、ΔU、Δm、n_{TA} 的含意同式（4-4-27），但取 $K_{er}=0.1$；K_{cc} 为电流互感器的同型系数，$K_{cc}=1.0$；$I_{k \cdot max}$ 为外部短路时，最大穿越性短路电流的周期分量；K_{ap} 为非周期分量系数，两侧同为 TP 级电流互感器取 1.0，两侧同为 P 级电流互感器取 1.5～2.0；$K_{con \cdot TA}$ 的含意同式（4-4-8）。

式（4-4-29）乘以可靠系数，可得差动保护的动作电流应躲开的最大不平衡电流，即

$$I_{op \cdot max} = K_{rel} I_{unb \cdot max} \quad (4\text{-}4\text{-}30)$$

折线斜率 K_1 为

$$K_1 = \frac{I_{op \cdot max} - I_{d0}}{\dfrac{I_{k \cdot max} K_{con \cdot TA}}{n_{TA}} - I_{r1}} \quad (4\text{-}4\text{-}31)$$

4. 二次谐波制动比 K_{2nd} 的整定

根据经验，二次谐波制动比 K_{2nd} 可整定为 0.15～0.20。

5. 五次谐波制动比 K_{5th} 的整定

根据经验，五次谐波制动比 K_{5th} 可整定为 0.30～0.40。

(二) 差动速断保护

按躲过变压器合闸初始励磁涌流和外部短路最大不平衡电流进行整定，可取下两式中的较大值。

$$I_{d\cdot h}=K_h I_{NS} \quad 或 \quad I_{d\cdot h}=K_{rel} I_{unb\cdot max} \tag{4-4-32}$$

式中：$I_{d\cdot h}$ 为差动速断的动作电流定值；K_h 为主要考虑最大励磁涌流与额定电流倍数的比值，随变压器容量和系统电抗的大小而不同，变压器容量及系统电抗越大则 K_h 值越小，推荐值如下：

6300kVA 及以下	7 ～ 12
6300～31500kVA	4.5～7.0
40000～120000kVA	3.0～6.0
120000kVA 及以上	2.0～5.0

具有三段折线式动作特性的比率差动元件，整定方面所不同的是 I_{r1}、I_{r2} 和 K_1、K_2。以双绕组变压器为例，I_{r1} 的整定方法同前，一般可取为 $I_{r1}=(0.8\sim1.0)\ I_{N\cdot S}$；其他各整定值的经验值为 $I_{r2}=(4.0\sim6.0)\ I_{N\cdot S}$；$K_1=0.2\sim0.4$；$K_2=0.6\sim0.8$。

对于三绕组变压器，尽管基本处理方法与上类似，但因为制动量的构成形式有差异，在具体整定方法和整定值上是有区别的，对此应加以注意和慎重处理，不过作为典型经验值差别并不大。

六、集成电路型变压器差动继电器简介

这里介绍的集成电路型差动继电器包括灵敏的比例差动元件和二次谐波制动原理的涌流判别元件，另设有不灵敏的差动速断及闭锁元件。

1. 结构特点说明

该保护由四个主要元件构成，其电路原理方框图如图 4-4-8 所示（以双绕组变压器的差动保护为例）。

(1) 主要插件有三种：插件①是交流回路插件，完成电流电压变换、滤波及整流；插件②是直流回路插件，为比率制动差动判据（采用两段折线式，制动斜线过原点）的实现元件，并提供速断闭锁出口；插件③也是直流回路插件，为二次谐波制动元件及差流速断元件。

(2) 直流回路插件②、插件③按每相一套配置。交流插件①数目则需随接于差动回路的电流互感器组数而定，一般双绕组变压器每相配置两套，但若采用三侧电流差动，则需每相配置三套。

(3) 外加的电流互感器断线闭锁装置（图中未给出）。

2. 电路原理说明

图 4-4-8 的插件②、插件③中自上而下排列为比率差动元件、速断闭锁元件、差动速断元件和二次谐波判别元件。

比率差动元件中，经滤波的各侧工频交流电流一路直接输入求和后构成差动电流，再经

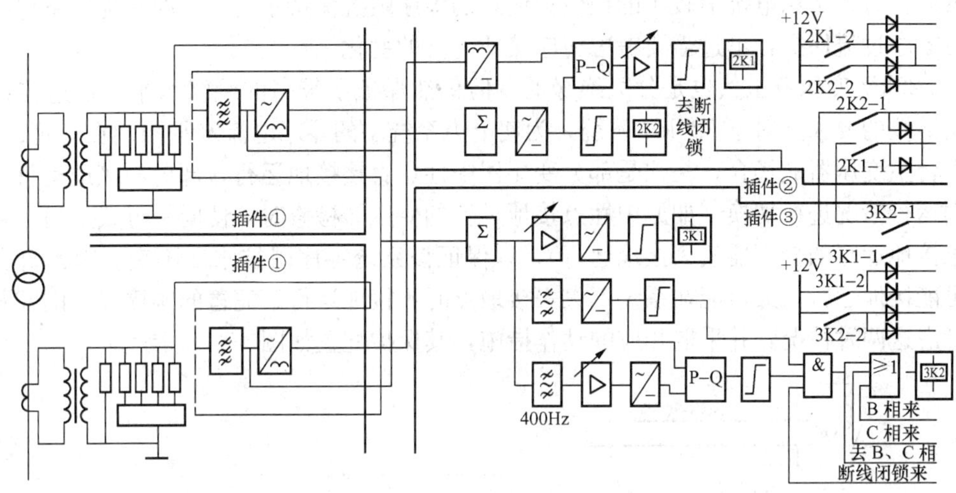

图 4-4-8　集成电路型变压器差动保护电路原理方框图

整流整形，形成动作量，加于比较器的一端，而另一路则将各侧电流整流后再相互并联输入构成制动量（制动量由最大电流侧确定）加于比较器的另一端，从而形成比率制动特性。为了防止高次谐波对定值的影响，电路中设置了有源带通滤波器。

涌流判别元件采用差流的二次谐波量与基波量相比较后通过各相“或”门闭锁的方式，以保证可靠的谐波涌流制动。当存在静补电容时，为防止内部故障产生的振荡电流中的谐波对涌流判别元件的不利影响，采用了带通滤波器。

差动速断元件在差流特别大时，由 3K1 直接出口，以此来避免严重内部故障时因电流互感器或中间电流互感器饱和等原因使涌流判别元件误闭锁。

为了防止元件损坏可能引起的保护误动，保护中的比率差动元件与涌流判别元件以及差动速断元件与速断闭锁元件，均采用“与”门出口，形成相互闭锁。“与”门由相应两元件出口继电器常开触点串联构成。速断闭锁元件可兼作电流断线信号。

为外设电流互感器断线闭锁装置提供了电位闭锁输入线，低电平闭锁。

第三节　变压器接地故障的零序保护

实践表明，电力系统各种短路故障中单相接地故障几率最高。在变压器高压侧所配置的零序保护主要用于反应单相接地故障，作为变压器及相邻元件的接地故障的后备保护。

变压器的绝缘设计及接地方式对接地后备保护的配置有很大影响。目前对于 220kV 及以上电压等级的大型变压器的高压绕组均采用分级绝缘，其中性点绝缘水平通常较低，因此在选择变压器中性点接地方式以及保护方式时需要受到更多的限制。

对于多数 500kV 系统的变压器，高压绕组中性点绝缘水平往往很低，如仅为 38kV，因此其中性点只能直接接地运行。这时接地后备保护均采用零序过流保护。也有一些直接接入 500kV 系统的大型发电机组，主变压器采用中性点经可调电抗器接地的方式。这种电抗器的电抗值很小（近于直接接地），并具有两个挡位，根据接于同一母线的相邻两台主变压器的运行情况来选择：当两台主变压器均投入运行时，选用电抗值较大的挡位；当仅有一台主变压器运行时，选用电抗值较小的挡位；使总的零序阻抗保持不变。这时接地后备保护也主要采用零序过流保护，不过需要考虑适应接地电流的变化。

而 220kV 变压器虽然也是分级绝缘的，但仍然保证了较高的绝缘水平，以适应系统运行的灵活性的要求。对于 220kV 系统，为使电力系统中的零序电流水平限制在合理的范围，当有多台主变压器的场合，往往是部分变压器中性点直接接地运行，部分不接地运行，并且需根据运行情况进行切换（如原中性点接地运行的变压器检修时，使同一母线上另一台原中性点未接地运行的变压器改为接地运行），以保证该系统零序阻抗水平不变。因此每台变压器既可能接地运行，又可能在系统不失去接地点时不接地运行。完善的零序保护的配置必须同时考虑这两种情况，并采取相应的动作措施，其保护配置如图 4-4-9 所示。

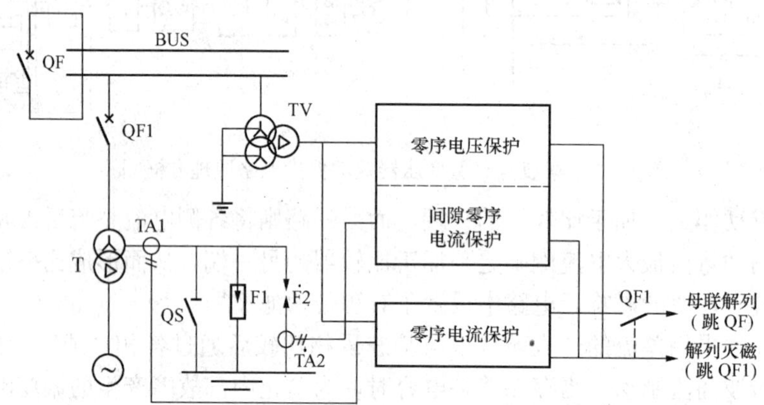

图 4-4-9　变压器零序保护配置示意图

一、变压器零序保护的基本原理

1. 中性点直接接地运行时的零序保护

此时，变压器零序保护由零序电流保护组成，电流元件接到变压器中性点电流互感器的二次侧。为提高可靠性和满足选择性，变压器中性点均配置两段式零序电流保护，且每段均设置两个延时。

零序保护Ⅰ段的动作电流及相应的延时 t_1 与 t_2 应与相邻元件单相接地保护Ⅰ段相配合。一般取 $t_1=0.5\sim1.0$s，而取 $t_2=t_1+\Delta t$ 为时限阶段。零序保护Ⅰ段以 t_1 延时母线解列，以缩小故障影响范围；动作后仍不能消除故障，再以 t_2 延时解列灭磁。设置Ⅰ段的目的主要是解决母线及其附近的短路，因这类故障对电力系统影响特别严重，应尽快切除，因此零序保护Ⅰ段的动作电流大于Ⅱ段的动作电流。

零序保护Ⅱ段的动作电流及相应的延时 t_3 与 t_4 应与相邻元件零序保护的后备段相配合，而取 $t_4=t_3+\Delta t$。t_3 母线解列，t_4 解列灭磁。

为防止变压器接入电网前高压侧接地时误跳母联断路器，通常要求在母联解列回路中串进高压侧断路器的动合辅助触点。

对于多绕组变压器，有时候需要根据应用要求采用带方向的零序电流保护。

2. 中性点不接地运行时的零序保护

220kV 及以上的大型变压器高压绕组均采用分级绝缘，中性点绝缘水平偏低。例如 220kV 主变压器最高工作电压为 242kV，但其中性点对地稳态耐压水平却远低于 $242/\sqrt{3}=$

140（kV），而 1min 工频耐压极限值也仅为 200kV。当主变压器不接地运行时，单相接地故障引起的工频过电压将超过变压器中性点绝缘水平，如暂态电压值有可能达到 252kV（取暂态系数为 1.8）。这时起保护作用的中性点避雷器可能会在暂态过电压下放电。避雷器按冲击过电压设计，热容量小，在工频过电压下放电后不能灭弧，会造成避雷器爆炸。另外在系统故障引起断路器非全相跳、合闸时，若发生失步也会使中性点与地之间最高电压超过中性点耐压允许值，甚至引起避雷器爆炸。对此，零序电流保护往往不能起到保护作用，故目前在变压器中性点装设了放电间隙作为过电压保护。由于放电间隙是一种比较粗糙的保护，受外界环境状况变化的影响较大，并不可靠，且放电时间不允许过长，因此又装设了专门的零序电流电压保护，其任务是及时切除变压器，防止间隙长时间放电，并作为放电间隙拒动的后备。

零序电压元件的输入取自相应的母线电压互感器的开口三角形，用于反应单相接地时的零序过电压。间隙零序电流元件的输入取自放电间隙对地连线的电流互感器，用于反应间隙放电电流。单相接地后，若放电间隙未动，则零序电压元件（$3U_0$）动作，经延时 t_u（一般取 $t_u \leqslant 0.5s$）切除变压器、解列灭磁。若间隙零序电流元件（$3I_0$）动作，则经延时 t_g（一般取 $t_g=0$）切除变压器、解列灭磁。

在变压器中性点直接接地运行时，为提高保护的安全性，通常要求零序电压保护元件和间隙零序过流保护元件可由变压器中性点接地开关辅助触点闭锁。

3. 零序保护逻辑框图

变压器零序保护逻辑框图如图 4-4-10 所示。

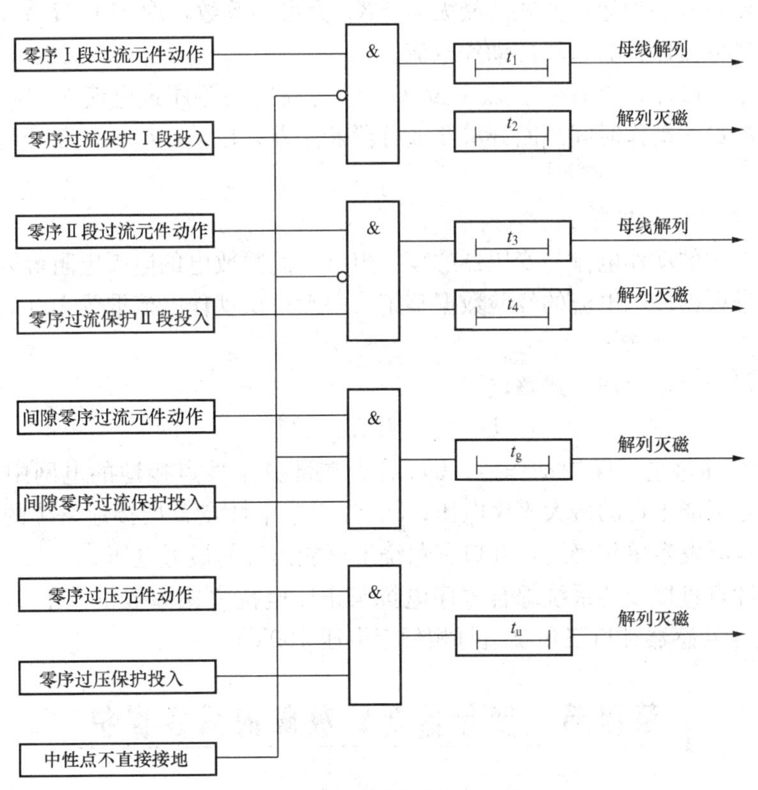

图 4-4-10　变压器零序保护逻辑图

二、变压器零序保护的整定计算

上述变压器零序保护中需要整定的主要定值有：变压器零序过电流保护Ⅰ段动作电流 $I_{op\cdot0\cdot\mathrm{I}}$、Ⅱ段动作电流 $I_{op\cdot0\cdot\mathrm{II}}$，间隙过流保护动作电流，零序过电压保护动作值 $U_{op\cdot0}$，以及各相关的延时定值等。

1. 零序过电流保护的整定

（1）变压器零序过电流保护的Ⅰ段动作电流应与相邻线路零序过电流保护Ⅰ段或Ⅱ段或快速主保护相配合。

$$I_{op\cdot0\cdot\mathrm{I}} = K_{rel}K_{br\cdot\mathrm{I}}I_{op\cdot0\cdot L\mathrm{I}} \tag{4-4-33}$$

式中：$I_{op\cdot0\cdot\mathrm{I}}$ 为变压器零序过电流保护Ⅰ段动作电流；$K_{br\cdot\mathrm{I}}$ 为零序电流分支系数，其值等于线路零序过电流保护Ⅰ段保护区末端发生接地短路时，流过本保护的零序电流与流过线路的零序电流之比，取各种运行方式的最大值；K_{rel} 为可靠系数，取1.1；$I_{op\cdot0\cdot L\mathrm{I}}$ 为与之相配合的线路零序电流保护相关段的动作电流。

变压器零序Ⅰ段保护以 $t_1=t_0+\Delta t$（t_0 为线路保护配合段的动作时间）断开母联或分段断路器，以按系统配合要求整定的延时 t_2 断开变压器各侧断路器（例如通常会有 $t_2=t_1+\Delta t$）。

（2）变压器零序过电流保护的Ⅱ段动作电流应与相邻线路零序过电流保护后备段相配合。

$$I_{op\cdot0\cdot\mathrm{II}} = K_{rel}K_{br\cdot\mathrm{II}}I_{op\cdot0\cdot L\mathrm{II}} \tag{4-4-34}$$

式中：$I_{op\cdot0\cdot\mathrm{II}}$ 为变压器零序过电流保护Ⅱ段动作电流；$K_{br\cdot\mathrm{II}}$ 为零序电流分支系数，线路零序过电流保护后备段保护范围末端发生接地故障，流过本保护的零序电流与流过该线路保护的零序电流之比，取各种运行方式的最大值；K_{rel} 为可靠系数，取1.1；$I_{op\cdot0\cdot L\mathrm{II}}$ 为与之相配合的线路零序过电流保护后备段的动作电流。

变压器零序Ⅱ段保护以 $t_3=t_{1\cdot max}+\Delta t$（$t_{1\cdot max}$ 为线路的零序过电流保护后备段或接地距离保护后备段的最大动作时间）断开母联或分段断路器，以 $t_4=t_3+\Delta t$ 断开变压器各侧断路器。

2. 间隙过流保护的整定

间隙过流保护的动作电流与变压器的零序阻抗、间隙放电的电弧电阻等因素有关，难以准确计算，通常根据放电电流的经验数据整定，一般一次动作电流取为100A。

3. 零序过压保护的整定

零序过压保护动作值按下式整定

$$U_{0\cdot max} < U_{op\cdot0} \leqslant U_{sat} \tag{4-4-35}$$

式中：$U_{op\cdot0}$ 为零序过电压保护动作值；$U_{0\cdot max}$ 为在部分中性点接地的电网中发生单相接地时，保护安装处可能出现的最大零序电压；U_{sat} 为用于中性点直接接地系统的电压互感器在失去接地中性点时发生单相接地，开口三角绕组可能出现的最低电压。

考虑到中性点直接接地系统综合零序电抗与正序电抗之比一般不大于3，故建议 $U_{op\cdot0}=180\mathrm{V}$（设电压互感器开口三角绕组每相额定电压100V）。

第四节　变压器短路故障的后备保护

为反应变压器外部短路而引起的变压器绕组过电流，以及在变压器内部故障时作为差动保护和瓦斯保护的后备，变压器应装设反应内外部短路故障的后备保护。对于发电机变压器组而言，主变压器低压侧后备保护可与发电机后备保护共用，故主变压器后备保护的主要作用是为高压侧及引出线提供后备保护。根据变压器容量和保护灵敏度的要求，目前变压器后备保护的方式主要有复合电压启动的过电流保护和阻抗保护两种，可根据实际情况加以选用。不难发现，变压器与发电机的后备保护配置和原理极为相像，不过它们在具体应用中仍有差别，故下面针对变压器后备保护的特点给予简明扼要的讨论。

一、变压器复合电压启动的过电流保护

在我国较多采用复合电压启动的过流保护（简称复压过流保护）作为变压器内部及外部引出线相间短路故障的后备保护。采用复压过流保护可以获得比简单过流保护更高的灵敏性。

1. 复压过流保护的原理与构成

为便于说明原理，给出由模拟式继电器组成的复合电压过流保护典型原理接线图，如图 4-4-11 所示。它由过流元件（$I>$）、负序过电压元件（$U_2>$）、低电压（线电压）元件($U<$) 及时间元件构成。负序过电压元件与低电压元件共同构成复合电压启动元件。

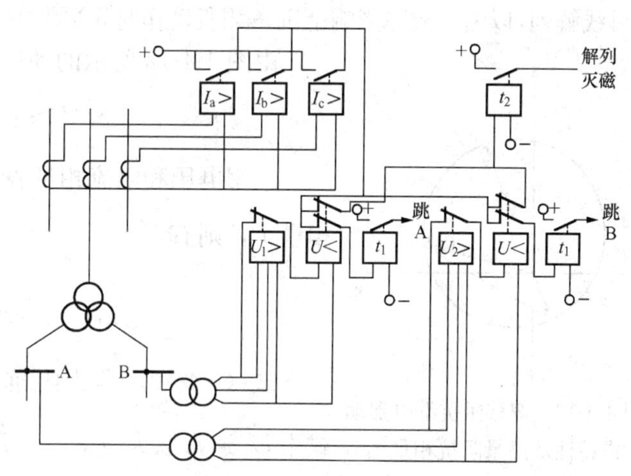

图 4-4-11 复合电压启动的过电流保护电路原理接线图

发生相间短路时，过流元件“$I>$”将动作；若发生相间不对称短路故障，“$U_2>$”元件启动，动断触点断开，使“$U<$”元件启动；若发生三相短路，“$U_2>$”元件短时启动，“$U<$”元件也启动，在“$U_2>$”元件返回后，因“$U<$”返回电压较高，只要相间残压不高于返回电压，“$U<$”元件仍保持动作状态，注意这时过流元件“$I>$”已经动作，先按Ⅰ段延时 t_1 跳开本侧断路器，若故障不能消除，再按Ⅱ段延时 t_2 动作于解列灭磁。

微机型复合电压过流保护依据上述原理来实现，具体判据和动作逻辑可参见本篇第三章，算法参见第二章。

2. 变压器复压过流保护的整定与应用

整定计算中，过流元件动作值 I_{act} 可按躲过变压器额定电流 I_N 整定，即

$$I_{act}=\frac{K_{rel}}{K_{re}}I_N \tag{4-4-36}$$

式中：K_{rel} 为可靠系数，取 1.2～1.3；K_{re} 为继电器返回系数，一般取 0.95。

负序过电压元件电压 $U_{act\cdot2}$ 按躲过正常运行时负序不平衡电压整定，根据运行经验可取（令 U_N 为额定电压）

$$U_{act\cdot2}=0.06U_N \tag{4-4-37}$$

低电压元件动作电压 U_{act} 按躲过正常运行最低工作电压 $U_{w\cdot min}$ 整定，即

$$U_{act}=\frac{U_{w\cdot min}}{K_{rel}\cdot K_{re}} \tag{4-4-38}$$

二、变压器后备阻抗保护

为了提高后备保护的灵敏性，大型发电机、变压器或发电机变压器组均可采用低阻抗保护作为相间短路的后备保护。

（一）阻抗保护的基本原理与构成

变压器后备阻抗保护通常装于变压器高压出线处，采用一段动作区和两段延时。阻抗继电器动作特性为一偏移圆，如图 4-4-12 所示。在 $R-X$ 平面上，动作区位于 R 轴以下部分，若作为发电机变压器组的后备时，应包括发电机与变压器总的等值阻抗；而 R 轴以上部分，应包括变压器到断路器引线、母线及部分出线的等值阻抗，以保证对发电机变压器组、母线及相应引出线提供后备保护。这样后备阻抗保护的动作区不得不向前延伸得较远。为保证选择性，后备阻抗保护的动作时间分为两段：第Ⅰ段动作时延与出线相间后备保护动作时间相配合，动作于母线解列，以缩小故障影响范围；第Ⅱ段动作时间再增加一个时段，动作于解列灭磁。

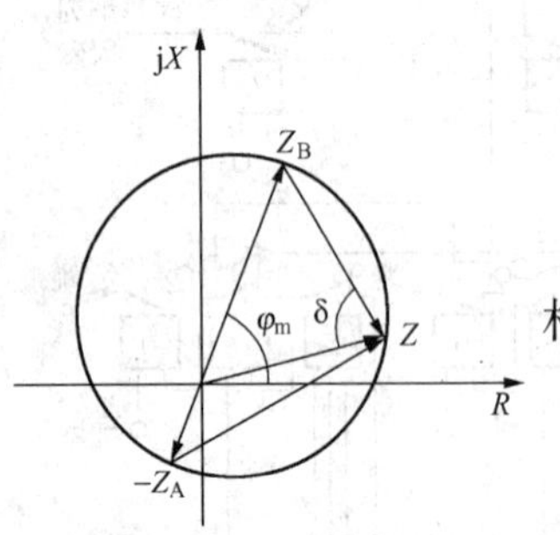

图 4-4-12　偏移阻抗继电器动作特性及测量阻抗相量图

由图 4-4-12 所示的动作特性，在测量阻抗落入圆内时有

$$270^\circ \geqslant \arg\left(\frac{Z+Z_A}{Z-Z_B}\right) \geqslant 90^\circ \qquad (4\text{-}4\text{-}39)$$

当用电压和电流相量表示时，上式分子分母均乘以测量电流相量 $\dot{I}$，则有

$$270^\circ \geqslant \arg\left[\frac{\dot{U}+\dot{I}Z_A}{\dot{U}-\dot{I}Z_B}\right] \geqslant 90^\circ \qquad (4\text{-}4\text{-}40)$$

式（4-4-40）即为阻抗继电器的动作判据（相位比较式），式中 $\dot{U}$ 通常取为线电压，$\dot{I}$ 取为对应的相电流差，构成 0°接线的相间阻抗继电器。

用微机实现上述相间阻抗继电器非常简单，具体算法可参考本篇第二章。

（二）集成电路型阻抗继电器简介

1. 结构特点说明

（1）原理实现部分由一块插件构成（不包括电压变换及 $I-U$ 变换部分）。

（2）这种具有偏移圆特性的反应相间短路故障的阻抗继电器交流回路采用 0°接线，判据采用相位比较原理实现，参见式（4-4-40）和图 4-4-12。

2. 电路工作原理

电路原理方框图如图 4-4-13 所示。

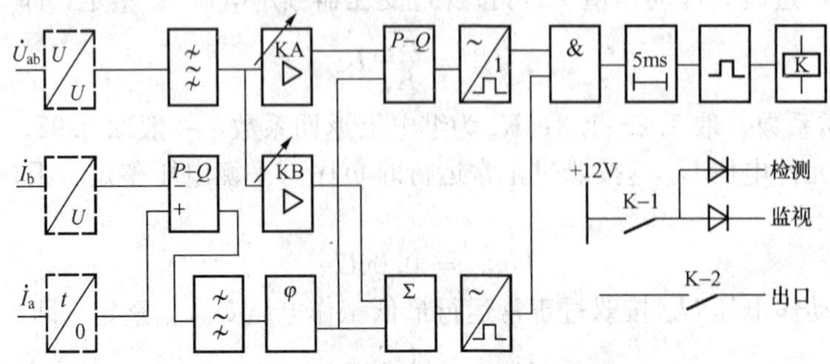

图 4-4-13　集成电路型变压器后备阻抗继电器电路原理方框图

带通滤波器用以取出输入信号中的工频分量，消除其他分量。移相器（φ）用来改变 Z_A 和 Z_B 的相角，以得到继电器的最大灵敏角。调整运算放大器的放大倍数 K_A 和 K_B 可分别对 Z_A 和 Z_B 的幅值进行整定。

送到比相回路的两个电压（假定用于定值调整的运算放大器接成反相放大器）为

$$\left.\begin{aligned}\dot{U}_{\mathrm{I}} &= -\left(\frac{\dot{U}}{K_{TV}}K_A + \frac{\dot{I}\angle\varphi}{K_{TA}}R\right)\\ \dot{U}_{\mathrm{II}} &= -\left(\frac{\dot{U}}{K_{TV}}K_B + \frac{\dot{I}\angle\varphi}{K_{TA}}R\right)\end{aligned}\right\} \tag{4-4-41}$$

式中：K_{TV}、K_{TA}分别为 TV 与 TA 并考虑装置输入变换器的综合变比；φ 为电流 $\dot{I}$ 的移相角（整定阻抗的阻抗角）；R 为 $I-U$ 变换器的负载电阻。

由式（4-4-41），动作判据可表示为

$$|\arg(\dot{U}_{\mathrm{I}}/\dot{U}_{\mathrm{II}})| \leqslant 90^\circ \tag{4-4-42}$$

$\dot{U}_{\mathrm{I}}$ 与 $\dot{U}_{\mathrm{II}}$ 被形成方波后通过时差法进行比相。整定阻抗为

$$Z_A = \frac{K_{TV}}{K_A} \times \frac{R}{K_{TA}}, Z_B = \frac{K_{TV}}{K_B} \times \frac{R}{K_{TA}} \tag{4-4-43}$$

（三）电压互感器断线闭锁

为防止电压互感器回路断线使阻抗继电器误动，必须装设电压互感器断线闭锁继电器。阻抗继电器一般取用主变压器高压侧电压，而此处的电压互感器一次（高压）侧通常并不装设熔断器，故不必考虑一次侧断线，只需实现电压互感器二次侧断线闭锁。输入电压为电压互感器二次侧三相电压和开口三角形电压。对于 220kV 直接接地系统总有 $\dot{U}_a + \dot{U}_b + \dot{U}_c = 3\dot{U}_0$，当电压互感器二次侧回路非对称断线时，则不满足。此元件工作原理简单，可参见本篇第三章第三节，此处从略。

第五节　变压器的过负荷保护

变压器过负荷时电流增大并引起温度升高，长时间过负荷将降低绝缘寿命甚至破坏绝缘，从而威胁变压器的安全。后面将要介绍的变压器温度保护通过直接测量绕组或者铁心等处的温度也可以反映过负荷，但因测点少、温度上升速度慢等原因有其局限性，可作为过负荷的补充保护。目前主要使用的是基于电气量的变压器过负荷保护，它通过检测相电流来实现，可以较全面、直观和迅速地反应绕组过负荷状态。过负荷保护有两种，定时限和反时限。定时限过负荷保护通常有两段电流定值，每段有自己的延时定值，其中第一段作用于信号，第二段作用于解列灭磁。对于大型变压器或者大型发电机变压器组的主变压器，由于提高了材料利用率，其过负荷运行能力较低，目前通常采用具有反时限特性的过负荷保护来充分保证变压器的安全。尽管变压器过负荷特性与发电机有所区别，但过负荷保护的基本原理是相同的，故请参考本篇第三章中发电机对称过负荷相关内容，此处不赘述。

第六节 变压器的非电量保护

一、变压器瓦斯保护

变压器内部发生严重漏油或匝数很少的匝间短路故障以及绕组断线故障时，差动保护及其他反应电量的保护均不能动作，而瓦斯保护却能动作，因此瓦斯保护是变压器内部故障的重要的保护装置。

瓦斯保护有轻、重瓦斯保护之分，装于油箱与油枕之间的连接导管上。

当变压器严重漏油或轻微故障时，在所产生的气体压力作用下，使保护装置内油面降低，引起轻瓦斯保护动作，延时作用于信号。

若变压器内部发生严重故障，变压器油和绝缘材料分解产生大量气体，迫使油从油箱经导管冲向油枕，重瓦斯保护动作，瞬时作用于跳闸。

轻瓦斯保护动作值采用气体容积大小表示，整定范围通常为250～300cm^3。

重瓦斯保护动作值采用油流速度大小表示，整定范围通常为0.6～1.5m/s。

需要说明，瓦斯保护虽然简单、灵敏、经济，但它动作速度较慢，且仅能反应变压器油箱内部的故障，不能反应油箱以外的套管及引出线等部位上发生的故障。因此瓦斯保护需要与差动保护相互配合、相互补充，它们共同构成变压器的主保护，从而达到快速而灵敏地切除变压器内部发生的各种故障的目的。

二、变压器温度保护

变压器运行中，总有部分损耗（如铜损、铁损、介质损耗等）使变压器各部分温度升高。绕组温度过高时会加速绝缘的老化，缩短变压器使用寿命。绕组温度越高，持续时间越长，造成绝缘老化的速度越快，使用期限越短。研究表明，绕组温度每增加6℃，变压器使用寿命将要减少一半。根据所采用的绝缘材料，对变压器正常运行温度有一规定的限值。因此大型变压器均装有冷却系统，保证在规定的环境温度下按额定容量运行时，使变压器温度不超过限值。主变压器温度保护就是在冷却系统发生故障或其他原因（如过负荷）引起变压器温度超过限值时，发出报警信号（以便采取措施），或者延时作用于跳闸。

温度保护定值与绝缘材料级别有关，一般可整定为75℃。

三、冷却器故障保护

当冷却器故障引起变压器温度超过安全限值时，并不是立即将变压器退出运行，常常允许其短时运行一段时间，以便处理冷却器故障。这期间可以降低变压器负荷运行，使变压器温度恢复到正常水平。若在规定时间内温度不能降至正常水平，才切除变压器。

冷却器故障保护一般由反应变压器绕组电流的过流继电器与时间继电器构成，并与温度保护配合使用，构成两段时限保护。当变压器冷却器发生故障时，温度升高，超过限值后温度保护首先动作，发出报警的同时开放冷却器故障保护出口。这时变压器电流若超过Ⅰ段整定值，先按继电器固有延时 t_0 动作于减出力，使变压器负荷降低，促使变压器温度下降，若温度保护返回，则变压器维持在较低负荷下运行，以减少停运机会；若温度保护仍不能返回，即说明减出力无效。为保证变压器的安全，变压器冷却器故障保护将以Ⅱ段延时 t 动作于跳闸。延时 t 值通常按失去冷却系统后，变压器允许运行时间整定。

第七节　发电机、变压器的过励磁保护

大型发电机、变压器在运行中，发生过励磁现象的原因如下：

(1) 发电机变压器组与系统并列之前，由于操作错误，误加大励磁电流引起过励磁。

(2) 发电机启动过程中，转子在低速下预热时，若误将电压升至额定值，则因发电机和变压器低频运行造成过励磁。

(3) 切除发电机过程中，发电机解列减速，若灭磁开关拒动，使发电机变压器组遭受低频引起过励磁。

(4) 发电机变压器组出口断路器跳闸后，若自动励磁调节装置退出或失灵，则电压与频率均会升高，但因频率升高较慢而引起发电机变压器组过励磁。

(5) 运行中，当系统过电压及频率降低时也会发生过励磁。

过励磁将使发电机、变压器的温度升高，若过励磁倍数高、持续时间长，可能使发电机、变压器因过热而遭受破坏。特别地，现代大型变压器额定工作磁密为 $B_N=1.7\sim1.8T$，饱和仅磁密为 $B_s=1.9\sim2.0T$，两者很接近，容易出现过励磁。另一方面，现代变压器的铁心都采用冷轧硅钢片，它的磁化特性曲线很“硬”，当铁心饱和后，励磁电流急剧增加，易造成变压器严重过励磁。因此大型发电机、变压器均需装设性能完善的过励磁保护。如果是发电机变压器组的单元接线方式，通常对发电机和变压器均配置过励磁保护，但可以根据发电机、变压器两设备各自的过励磁倍数曲线的特性，仅选择过励磁倍数低的设备投入过励磁保护，而将相对过励磁倍数高的设备过励磁保护退出。

一、过励磁保护基本原理

假设磁通呈正弦，忽略铜损和铁损，发电机、变压器的端电压与磁通密度的关系为

$$U = 4.44fWBS \tag{4-4-44}$$

这里绕组匝数 W 和铁心截面 S 都是常数，因此发电机、变压器工作磁密 B 可表为

$$B = K\frac{U}{f} \tag{4-4-45}$$

式中：K 为磁密系数，$K=1/(4.44WS)$。

这个关系说明当电压 U 升高和频率 f 降低均会导致励磁磁密升高。通过测量电压 U 和频率 f，再根据式（4-4-45），就能确定励磁状况。

通常用相对于额定状态的过励磁倍数 M 来反映过励磁状况，即

$$M = \frac{B}{B_N} = \frac{U/f}{U_N/f_N} = \frac{UT}{U_N T_N} = \frac{U_*}{f_*} \tag{4-4-46}$$

式中：U、f、T 分别为电压的有效值、频率、周期；U_N、f_N、T_N 分别为额定电压、额定频率、额定周期；U_*、f_* 分别为电压、频率的标幺值。

在发生过励磁后，发电机、变压器并不会立即损坏，有一个热积累过程。对于某一过励磁倍数 M，均有对应的允许运行时间 t。研究表明，过励磁倍数与允许运行时间之间的关系 $M=f(t)$ 为一条反时限特性曲线。在发生过励磁时可先动作于减励磁（需要且有可能时），并根据过励磁倍数在超过允许运行时间后跳闸（通常是解列灭磁），保证发电机变压器组的安全。

二、微机数字式过励磁保护

过励磁保护通常有定时限和反时限过励磁保护两种形式。

1. 定时限过励磁保护

定时限过励磁保护通常设有一个报警信号段和两个跳闸段。一般地，报警信号段的过励磁倍数 M 的整定值可取为 1.1，延时时间为 4s；跳闸Ⅰ段的过励磁倍数 M 的整定值可取为 1.3，延时时间为 2～6s；跳闸Ⅱ段的过励磁倍数 M 的整定值可取为 1.18～1.20，延时时间为 45～60s。

在保护装置中，通常还有一个启动元件对保护是否进入工作状态进行控制，要求其响应最灵敏，故这里启动元件的过励磁倍数 M 的整定值可取为 1.05，且无延时地立即启动整个过励磁保护。有些装置的启动元件由报警信号段充任。

在式（4-4-46）中，因 $B_N=U_N/f_N=U_N T_N$ 为常数，故只需测量并计算 $U/f=UT$ 就很容易确定过励磁倍数 M。对于稳态过励磁，其电压基本为正弦波形，故 U 可采用简单的半周绝对值积分算法。另外，目前稳态频率的测量往往通过检测整周波两次过零点的时间（周期）来实现，故可直接得到当前信号周期 T。因此对于时刻 k 的过励磁倍数 M_k 的算法为

$$M_k=\frac{T\sum_{i=1}^{N/2}\left|u(i+k)\right|}{(N/\pi)U_N T_N} \tag{4-4-47}$$

式中：u（k）为 k 时刻的电压采样值；N 为每基频周期的采样数。

进一步还可以通过平均值算法来控制计算稳定性（消除随机误差），即

$$M=\frac{1}{K}\sum_{k=0}^{K-1}M_k \tag{4-4-48}$$

定时限过励磁保护比较简单，但不能很好反应设备过励磁状态，有可能出现要么过早切除设备，要么过迟切除设备而造成损坏，因此主要适用于耐过励磁能力较强的小型设备，而目前大型发电机或变压器均采用反时限过励磁保护。

2. 反时限过励磁保护

完整的反时限过励磁保护的动作特性如图 4-4-14 所示。其中反时限过励磁特性是指 a 点和 b 点之间那部分单调下降的非线性曲线，特性上方为动作区。

由图 4-4-14 可见，当过励磁倍数小于启动值 M_{act} 时，反时限元件不启动；当大于 M_{act} 时，按反时限曲线动作。实际的反时限元件均有一个最小动作时间（由最短有效计算时间确定），图中记为 t_b，它与反时限曲线的交点记为 b，对应的过励磁倍数为 M_b。当过励磁倍数大于 M_b 时，无论多大，其动作时间均为 t_b。注意，当励磁倍数很接近于 M_{act} 时，按反时限曲线得到的动作时间很长，会引起较大的计时误差，同时也没有实际意义，因此，在设计反时限元件时往往也事先给定一个最长动作时间限制，记为 t_a，它与反时限曲线的交点记为 a，对应的过励磁倍数为 M_a。当过励磁倍数在 M_{act} 与 M_a 之间时，动作时间均为 t_a。故真正反时限电流特性仅为 a 点和 b 点之间的曲线。

在保护装置中，一条反时限动作曲线通常由若干个给定的离散点的坐标给定，并作为整定值存放，一般可同时存放多组（如 8 组或 10 组）不同的反时限动作曲线，便于在不同场合下切换使用。过励磁倍数的整定值范围一般在 1.0～1.6 之间，时间延时最大可到 3000s。实际使用中，需要对由有限个点描述的反时限过励磁特性曲线进行补足处理，即在计算得到

过励磁倍数后，采用分段线性插值求出对应的动作时间，实现反时限特性。

由于实际导致过励磁保护动作的时间可能较长，这期间过励磁倍数会发生变化，对应的总延时也随之变化，对此需要考虑相应对策以保证正确延时。

有一种对策是采用基于发热效应的所谓等效过励磁倍数的方法，即根据等效过励磁倍数在反时限过励磁特性曲线上查找延时，然后扣除已经历的延时便可确定余下的延时，或者说不断按计算间隔累积延时，但总是使用当前等效过励磁倍数在反时限过励磁曲线上所对应的延时作为动作总延时。一种等效过励磁倍数 $\overline{M}$ 的计算方法如下

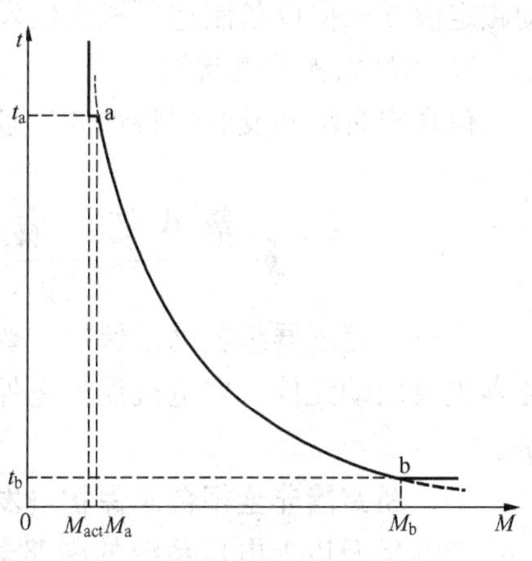

图 4-4-14　反时限过励磁保护的动作特性

$$\overline{M}=\sqrt{\frac{1}{T_K}\int_0^{T_K} M^2(t)\mathrm{d}t} \tag{4-4-49}$$

式中：T_K 为过励磁开始（即启动元件动作瞬间开始）到当前计算时刻的时间；$M(t)$ 为当前计算时刻的过励磁测量倍数，它为随时间变化的函数。

式（4-4-49）离散后的表达式为

$$\overline{M}=\sqrt{\frac{\sum\limits_{k=0}^{K-1}(M_k^2)\Delta t_k}{\sum\limits_{k=0}^{K-1}\Delta t_k}} \tag{4-4-50}$$

式中：Δt_k 为计算间隔时间。

为了保证反时限过励磁保护动作特性与发电机、变压器的过励磁能力相匹配，反时限过

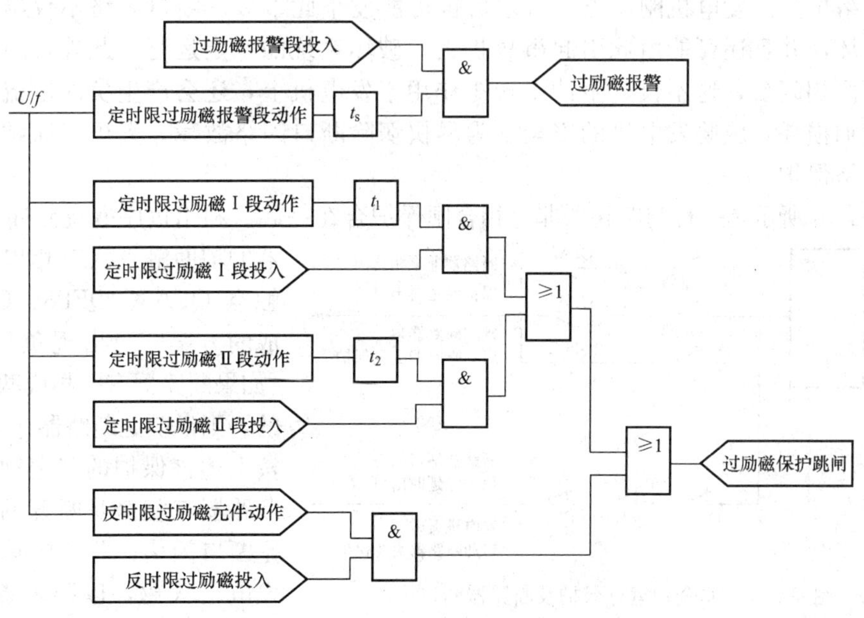

图 4-4-15　过励磁保护逻辑图

励磁定值须根据设备制造厂提供的发电机、变压器过励磁曲线确定。

3. 过励磁保护逻辑图

包含定时限和反时限特性的过励磁保护的逻辑图如图 4-4-15 所示。

第八节　发电机变压器组的辅助性保护

发电机变压器组辅助性保护主要包括断路器非全相合闸保护、断路器断口闪络保护、断路器失灵启动元件、发电机误上电保护以及发电机起停机保护等。本节仅扼要介绍前三种保护。

一、断路器非全相合闸保护（发电机非全相运行保护）

220kV 及以上电压系统的断路器通常为分相操作断路器，常由于误操作或机械方面的原因，使三相不能同时合闸和跳闸，或在正常运行中突然一相跳闸，这时发电机变压器组中将流过负序电流。但如果这种情况靠反应负序电流的反时限保护动作，则有可能会因为动作时间较长，而导致相邻线路对侧保护先动作，使故障范围扩大，甚至造成系统瓦解事故，因此要求装设断路器非全相合闸保护（也称为发电机非全相运行保护）。

断路器非全相合闸保护一般由灵敏的负序电流元件和非全相判别回路构成，如图 4-4-16 所示。保护经短延时（例如 t=0.2～0.5s）动作于断开其他健全相。如果是操动机构故障，断开其他健全相不能成功，则应动作（启动）断路器失灵启动元件，切断与该断路器相连母线段上的全部有源支路。

二、断路器断口闪络保护

接在 220kV 及以上电压系统的大型发电机变压器组，在进行同步并列的过程中，断路器合闸之前，所用于断口上的电压随待并发电机与系统等效发电机电动势之间角度差 δ 的变化而变化，当 $\delta=180°$时，其值最大，为两者电动势之和。这样大的电压有时会造成断口闪络事故。发电机刚退出运行之后也可能发生此事故。断口闪络不仅给断路器本身造成损坏，并且还可能由此引起事故扩大，破坏系统的稳定运行。此外，闪络时通常是一相或两相闪络，这不仅产生冲击转矩作用于发电机上，还会产生负序电流，在转子上引起附加损耗，威胁发电机的安全。为尽快切除断口闪络故障，大机组通常装设断路器断口闪络保护。

图 4-4-16 所示是一种与断路器非全相合闸保护合在一起、利用负序电流元件 I_2 和断路器的辅助触点（三相串连的动断触点 QFA3、QFB3、QFC3）构成的方案。当出现负序电流后，如果断路器有一相或两相是断开的，则说明是断路器非全相合闸，按上述该保护的规定动作；如果断路器三相全是断开的，则说明是断口闪络，此时应首先动作于发电机灭磁，以降低断口电压，消除断口闪络，无效时，再启动

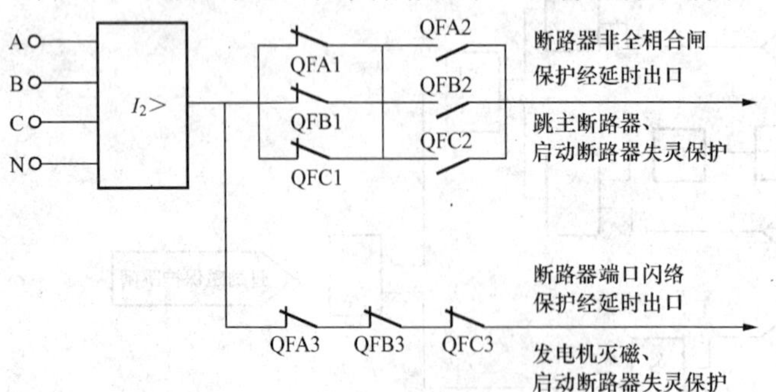

图 4-4-16　非全相运行保护及断路器断口闪络保护的电路原理图

失灵保护。

三、断路器失灵启动元件

断路器失灵启动元件由灵敏的过流继电器（三相）与有关的保护跳闸出口继电器辅助触点共同构成。当发电机变压器组范围内的任一种保护出口跳闸时，同时启动失灵启动元件，失灵启动元件则去启动母线的失灵保护。如果断路器跳闸成功，电流消失，失灵启动元件返回；若断路器发生故障而无法正确跳闸，母线失灵保护则按规定时延切除与本回路有关的母线段上的所有其他电源。传统的断路器失灵启动元件的电流元件通常采用三套过流继电器分相安装。为了改善失灵启动元件的性能，近年来已提出失灵启动元件同时应能反应负序或零序电流。

第九节　发电机变压器组的大差动保护

按我国目前的有关规定，大型发电机变压器组的保护必须按双重化配置，以确保保护动作的可靠性。在这种情况下，通常都采用发电机和变压器各自配置两套独立的差动保护的方式。不过在我国现存的以及一些国外的发电机变压器组保护中，还有另外一种较为简化的差动保护的配置方式，即发电机和变压器各自仅单独配置一套差动保护，而双重化的第二套差动保护采用发电机变压器组的公用纵联差动保护（也称为发电机变压器组差动保护或大差动保护）的方案。

发电机变压器组差动保护通常采用三侧电流差动，输入电流分别取自发电机中性点处电流互感器、厂用变压器高压侧电流互感器以及主变压器高压侧断路器处的电流互感器。保护区为发电机、主变压器及其连线以及变压器至高压断路器与发电机至厂用变压器高压侧间的引线。保护出口动作于全停。

发电机变压器组差动保护装置的原理、结构及技术数据与变压器差动保护基本相同（参见本章第二节）。为提高可靠性，保护往往选择与主变压器差动保护不同的判别励磁涌流的原理，如主变压器差动保护采用二次谐波的原理判别励磁涌流，则发电机变压器组差动保护可采用间断角原理。

第五章 线路保护基础

第一节 保护的启动和选相元件

在微机线路保护的发展过程中，人们对微机距离保护倾注了最多的关注，寄希望于微机能用它独特的处理方法改善距离保护的性能。在国内外的研究工作中，大量的是基于算法的研究。本节将介绍实现距离保护功能方面的应用算法以及对距离保护遇到问题时的特殊处理方法。

一、启动元件

距离保护的启动元件要求在正常负荷状态下不启动，但在故障时则要求具有较高的灵敏度。常规保护常用负序电流启动元件。微机保护则通常采用相电流突变量启动元件，或者将负序电流突变量和相电流突变量组成与门后输出，以保证纯振荡时不会启动。以相电流突变量为例，说明其算法如下

$$\Delta i_k = |i_k - i_{k-N}| - |i_{k-N} - i_{k-2N}| \tag{4-5-1}$$

式中：i_k为电流在某一时刻的采样值；i_{k-N}为比i_k早1个工频周期（20ms）前的采样值；i_{k-2N}为比i_k早2个工频周期（40ms）前的采样值；Δi_k为k时刻电流的突变量；N为每周波采样次数。

若k时刻发生故障，i_k为故障时刻电流，i_{k-N}及i_{k-2N}为故障前电流。从这时起Δi_k有输出，当大于整定值时，开始启动计数。连续启动计数超过3、4次时，给出启动信号，置启动标志。式（4-5-1）中后项$|i_{k-N} - i_{k-2N}|$是为了防止系统频率偏移的影响。当频率偏移时，i_k与i_{k-N}间有一个相角差，而且i_{k-N}与i_{k-2N}之间也有几乎相同的相角差。两者相减后基本上可以消除这一差异。同时式（4-5-1）对系统静稳破坏引起的不平衡电流也有削弱的效果，只有在振荡周期很小时才会造成误启动。因此将负序电流突变量Δi_2与之结合起来使用的效果很好。

负序分量的滤取可以采用以下算法，正序分量亦可照此类推。由对称分量法有（以负序电流为例）

$$\dot{I}_2 = \frac{1}{3}(\dot{I}_a + \dot{I}_b e^{-j\frac{2\pi}{3}} + \dot{I}_c e^{j\frac{2\pi}{3}}) \tag{4-5-2}$$

将上述原理用于离散化量值时，有

$$i_2(k) = \frac{1}{3}\left[i_a(k) + i_b\left(k - \frac{N}{3}\right) + i_c\left(k + \frac{N}{3}\right)\right] \tag{4-5-3}$$

式（4-5-3）需要的数据窗宽度为$\frac{2N}{3}+1$。为了缩小数据窗，采用如图4-5-1的处理，不难看出式（4-5-3）中

$$i_b\left(k - \frac{N}{3}\right) = -i_b(k) + i_b\left(k - \frac{N}{6}\right)$$

$$i_c\left(k+\frac{N}{3}\right)=-i_c\left(k-\frac{N}{6}\right)$$

将上两式代入式（4-5-3）可得

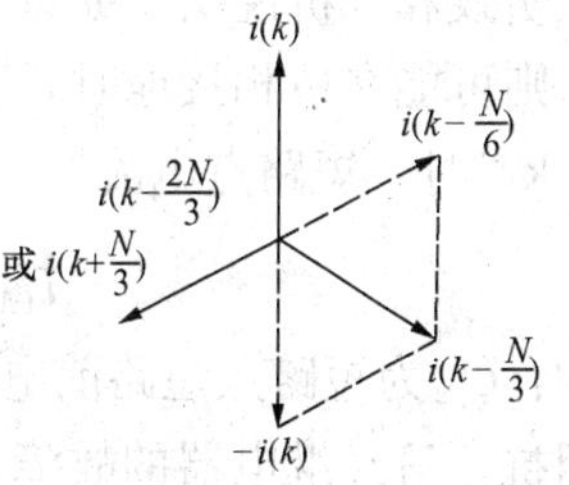

图 4-5-1　滤序算法推导相量图

$$i_2(k)=\frac{1}{3}\left[i_a(k)-i_b(k)+i_b\left(k-\frac{N}{6}\right)-i_c\left(k-\frac{N}{6}\right)\right] \tag{4-5-4}$$

式（4-5-4）亦可表示如下

$$i_2(k)=\frac{1}{3}\left[i_{ab}(k)+i_{bc}\left(k-\frac{N}{6}\right)\right] \tag{4-5-5}$$

式（4-5-4）及式（4-5-5）只需要$\frac{N}{6}+1$的数据窗宽度。

当 $N=12$ 点/周时，有

$$i_2(k)=\frac{1}{3}[i_a(k)-i_b(k)+i_b(k-2)-i_c(k-2)]$$

计算正序分量时，只需要将式（4-5-4）及式（4-5-5）中 b、c 两相电流互换即得。

二、故障类型与相别判断

为了反应各种不同的故障型式和相别，需要设置不同的阻抗测量元件，使用不同的电压电流对来形成相间和接地阻抗特性。所以为了减少阻抗测量的计算量，在阻抗判别之前，往往预先进行故障类型和相别判断，在识别出故障相别后，将相应的电压、电流取出，送至故障阻抗测量区段判别处理程序。这种方法可以节省计算时间，但对故障类型与相别判断的准确性要求非常高。其故障选相主要流程图见图 4-5-2，首先判断是相间或接地故障，如为相间故障则进一步判断是哪两相或三相故障；如为接地故障则进一步判断哪相单相接地或者哪两相接地。

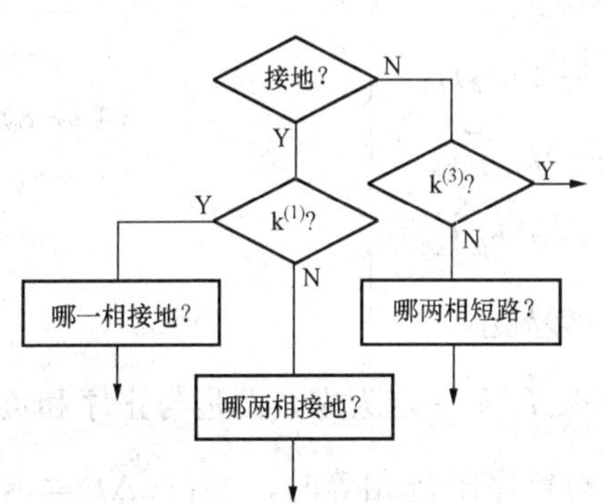

图 4-5-2　故障选相流程

（一）接地/相间故障判别

通常用 ΔI_0 进行判别，当 $\Delta I_0\geqslant\varepsilon_1$ 时，判为接地故障，由于正常运行中存在着不平衡电流（即有零序电流），而发生三相故障后，零序电流反而消失，ΔI_0 超过定值 ε_1 而误选相。因此建议采用以下判据

$$(\Delta I_0\geqslant\varepsilon_1)\cap(I_0\geqslant\varepsilon_2) \tag{4-5-6}$$

在动态模拟试验中还发现，当发生相间短路时，由于电流互感器暂态过程的不平衡，也会短时出现 I_0，引起误判断。但 U_0 的暂态特性比较好，因此，在线路不太长、U_0 较大时，也有同时采用如下判据的

$$U_0\geqslant\varepsilon_3$$

（二）单相接地相别判别

在我国通常采用相电流差突变量选相，即在有 I_0 时

$$\left.\begin{aligned}&|\Delta\dot{I}_b-\Delta\dot{I}_c|\leqslant\varepsilon,\text{判为 a 相单相接地 }k^{(a)}\\&|\Delta\dot{I}_c-\Delta\dot{I}_a|\leqslant\varepsilon,\text{判为 b 相单相接地 }k^{(b)}\\&|\Delta\dot{I}_a-\Delta\dot{I}_b|\leqslant\varepsilon,\text{判为 c 相单相接地 }k^{(c)}\end{aligned}\right\} \tag{4-5-7}$$

实践和分析说明，如果 ε 值选择过低，会因不平衡值过高而误判；如果 ε 值选择过高时，则可能在单相接地时，其他两个选相条件也满足，从而引起误判。

$k^{(n)}$时，短路点电流

$$\dot{I}_{fa1}=\dot{I}_{fa2}=\dot{I}_{fa0}=U_{fa}/(Z_{1\Sigma}+Z_{2\Sigma}+Z_{0\Sigma})$$

式中：U_{fa}为短路点短路前电压；$Z_{1\Sigma}$、$Z_{2\Sigma}$、$Z_{0\Sigma}$分别为归结到短路点的正序、负序、零序等值阻抗。流经继电器的故障分量各序电流为

$$\Delta\dot{I}_{a1}=k_{f1}\dot{I}_{fa1},\Delta\dot{I}_{a2}=k_{f2}\dot{I}_{fa2},\Delta\dot{I}_{0}=k_{f0}\dot{I}_{fa0}$$

式中：k_{f1}、k_{f2}、k_{f0}分别为正序、负序、零序电流分布系数。

$$\Delta\dot{I}_{a}=\Delta\dot{I}_{a1}+\Delta\dot{I}_{a2}+\Delta\dot{I}_{a0}$$

或
$$\Delta\dot{I}_{a}=k_{f1}\Delta\dot{I}_{fa1}+k_{f2}\Delta\dot{I}_{fa2}+k_{f0}\Delta\dot{I}_{fa0}$$

同理
$$\Delta\dot{I}_{b}=a^2k_{f1}\Delta\dot{I}_{fa1}+ak_{f2}\Delta\dot{I}_{fa2}+k_{f0}\Delta\dot{I}_{fa0}$$

$$\Delta\dot{I}_{c}=ak_{f1}\Delta\dot{I}_{fa1}+a^2k_{f2}\Delta\dot{I}_{fa2}+k_{f0}\Delta\dot{I}_{fa0}$$

可得

$$\left.\begin{aligned}\Delta\dot{I}_{b}-\Delta\dot{I}_{c}&=(a^2-a)k_{f1}\dot{I}_{fa1}+(a-a^2)k_{f2}\dot{I}_{fa2}\\&=(a^2-a)(k_{f1}-k_{f2})\dot{I}_{fa1}\\\Delta\dot{I}_{c}-\Delta\dot{I}_{a}&=(a-1)k_{f1}\dot{I}_{fa1}+(a^2-1)k_{f2}\dot{I}_{fa2}\\&=[(a-1)k_{f1}+(a^2-1)k_{f2}]\dot{I}_{fa1}\\\Delta\dot{I}_{a}-\Delta\dot{I}_{b}&=(1-a^2)k_{f1}\dot{I}_{fa1}+(1-a)k_{f2}\dot{I}_{fa2}\\&=[(1-a^2)k_{f1}+(1-a)k_{f2}]\dot{I}_{fa1}\end{aligned}\right\}\qquad(4\text{-}5\text{-}8)$$

从式（4-5-8）可见，非故障相故障分量电流差 $\Delta\dot{I}_b-\Delta\dot{I}_c$ 不一定为零，而是与正序和负序电流的分布系数之差成正比。当电力系统的正序阻抗与负序阻抗相等时，$\Delta\dot{I}_b-\Delta\dot{I}_c\equiv0$，选相能力很强。但由于凸极发电机正负序电抗差别较大，因而在某些情况下 k_{f1}与 k_{f2}差别较大，使得整定值不得不提高，从而降低了灵敏度，导致灵敏度不足。为解决这一问题，在常规保护中可采用 I_0 制动或故障相电流故障分量制动的方法。下面的方程采用 3 个差值比较，避免受 k_f 影响，比采用 I_0 制动的效果更好一些，其判据是

$$\left.\begin{aligned}&k^{(a)}\text{ 时}\quad(m|\Delta\dot{I}_b-\Delta\dot{I}_c|\leqslant|\Delta\dot{I}_a-\Delta\dot{I}_b|)\cap\\&\qquad\times(m|\Delta\dot{I}_b-\Delta\dot{I}_c|\leqslant|\Delta\dot{I}_c-\Delta\dot{I}_a|)\\&k^{(b)}\text{ 时}\quad(m|\Delta\dot{I}_c-\Delta\dot{I}_a|\leqslant|\Delta\dot{I}_b-\Delta\dot{I}_c|)\cap\\&\qquad\times(m|\Delta\dot{I}_c-\Delta\dot{I}_a|\leqslant|\Delta\dot{I}_a-\Delta\dot{I}_b|)\\&k^{(c)}\text{ 时}\quad(m|\Delta\dot{I}_a-\Delta\dot{I}_b|\leqslant|\Delta\dot{I}_c-\Delta\dot{I}_n|)\cap\\&\qquad\times(m|\Delta\dot{I}_a-\Delta\dot{I}_b|\leqslant|\Delta\dot{I}_b-\Delta\dot{I}_c|)\end{aligned}\right\}\qquad(4\text{-}5\text{-}9)$$

大多数电力系统可按 $4\leqslant m\leqslant8$ 选取 m 值。

例如图 4-5-3 所示的电力系统（图上参数为标幺值），以 A 相故障为例则有

$$k_{f1}=\frac{0.3}{0.27+0.1+0.3}=0.448$$

$$k_{f2}=\frac{0.3}{0.45+0.1+0.3}=0.353$$

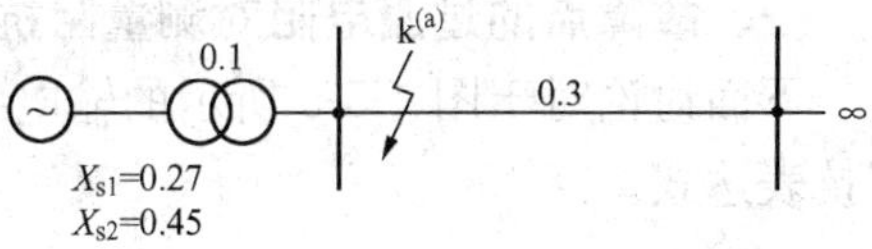

图 4-5-3　系统短路参数举例

可得 $|\Delta\dot{I}_b-\Delta\dot{I}_c|=|(a^2-a)(0.448-0.353)|\dot{I}_{fa1}$

$=0.164\dot{I}_{fa1}$

$|\Delta\dot{I}_c-\Delta\dot{I}_a|=|(a-1)k_{f1}+(a^2-1)k_{f2}|\dot{I}_{fa1}$

$=1.45\dot{I}_{fa1}$

故
$$\left|\frac{\Delta\dot{I}_c-\Delta\dot{I}_a}{\Delta\dot{I}_b-\Delta\dot{I}_c}\right|=8.84$$

考虑一定裕度，此时 m 取 4～6 较合适。

（三）两相接地短路相别判别

当已判明为接地短路，但 3 个单相接地判据都不符合时，即可判断为两相接地短路。其相别判别方法有多种，以下介绍其中的一种。

图 4-5-4 是 bc 两相金属性接地时的电压相量关系图，此时 $\dot{U}_0$ 与非短路相 a 相电压 $\dot{U}_a$ 基本同相位。分析表明，过渡电阻增大时 $\dot{U}_0$ 将超前 $\dot{U}_a$，但即使过渡电阻比较大，也不容易超前 60°以上。因此，用 $\dot{U}_0$ 与 $\dot{U}_a e^{j30^\circ}$ 比相，其相位差在 30°以内。当采样频率取每周 12 次时，两个同向过零点之间不会超过两个采样值，即不会连续有两个采样点的 $\dot{U}_0$ 和 $\dot{U}_a$ 异号。因此可用 5 个连续采样值中同号超过 3 次就判别为 $\dot{U}_0$ 和 $\dot{U}_a$ 同相，即 b、c 相接地短路。

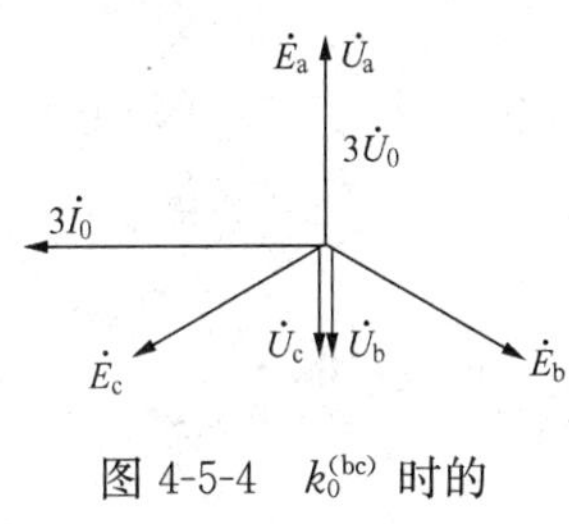

图 4-5-4　$k_0^{(bc)}$ 时的电压相量关系

（四）三相短路判别

当不是接地短路时，可先判断是否为三相短路。先用短路数据窗计算 $|\Delta I_a|$、$|\Delta I_b|$、$|\Delta I_c|$，当三者都大于整定值时，即可判断为三相短路。

（五）两相短路相别判别

当判明不是三相短路时，便可判别为两相短路。此时可用下面判据判别是否 ac 相短路，即

$$(|\Delta I_a|>|\Delta I_b|)\cap|\Delta I_c|>|\Delta I_b|)\tag{4-5-10}$$

如符合式（4-5-10），即判为 ac 两相短路。其余类推。

第二节　影响距离保护正确动作的原因和对策

在输电线路发生的短路故障中，绝大多数的故障是接地故障，且故障点存在较大的接地电阻，接地电阻比较复杂，主要是由电弧电阻和杆塔接地电阻决定。相间短路（不接地）往往是相与相之间经过电弧放电而形成的，因而其过渡电阻由电弧电阻构成。微机型距离保护是以故障点到保护安装处的测量阻抗值为判断其保护动作范围的依据，那么，在故障点存在过渡电阻时，将直接影响故障点到保护安装处的测量阻抗值，影响微机型距离保护的正确动作。

一、故障点的过渡电阻对测量阻抗的影响

下面讨论对于图 4-5-5 所示的输电线路，当故障点存在过渡电阻 R_f 时，在 M 侧的测量阻抗表达式。

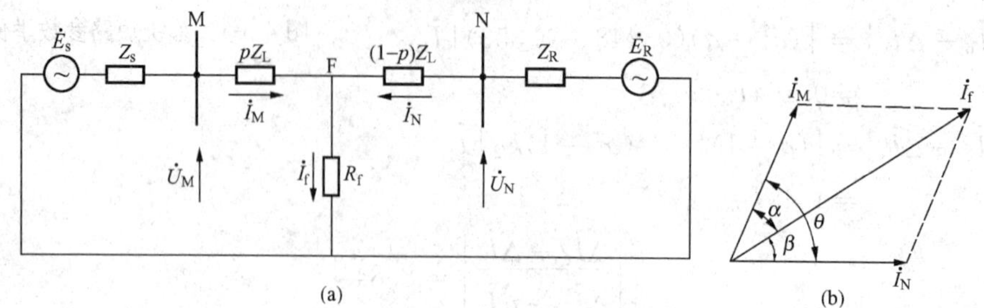

图 4-5-5　双侧有电源的输电线路经电阻接地故障示意图

(a) 系统图；(b) 相量图

图中 p 是故障点 F 和 M 端的阻抗占线路阻抗的百分比，$\dot{I}_M$，$\dot{I}_N$，$\dot{I}_f$ 分别是 M、N 端和流过过渡电阻上的故障回路电流；对于相间短路为故障相的电流之差（例如 BC 两相短路取 $\dot{I}_A-\dot{I}_B$），对于接地短路为故障相电流与带补偿的零序电流之和（例如 A 相接地短路取 $\dot{I}_A+K3\dot{I}_0$）；$\dot{U}_M$、$\dot{U}_N$ 分别为 M、N 端故障回路的电压，对于相间短路为故障相的电压之差（例如 BC 两相短路取 $\dot{U}_A-\dot{U}_B=\dot{U}_{AB}$）对于接地短路为故障相电压（例如 $\dot{U}_A$ 等）。

对于图 4-5-5 所示系统图，M 端的电压为

$$\dot{U}_M = pZ_L\dot{I}_M + R_f\dot{I}_f \tag{4-5-11}$$

对于 M 端的测量阻抗表达式为

$$Z = \dot{U}_M/\dot{I}_M = pZ_L + R_f\dot{I}_f/\dot{I}_M = pZ_L + Z_a \tag{4-5-12}$$

式中：Z_a 为附加阻抗，正是由于它的存在造成了测量阻抗的误差。

从 $\dot{I}_M$、$\dot{I}_N$ 和 $\dot{I}_f$ 之间的相量关系可以得出

$$\begin{aligned} Z_a &= R_f\dot{I}_f/\dot{I}_M = |\dot{I}_f/\dot{I}_M| e^{j\alpha}R_f \\ &= KR_f \end{aligned}$$

式中

$$K = \dot{I}_f/\dot{I}_M = K_r + jK_i \tag{4-5-13}$$

$$= |\dot{I}_f/\dot{I}_M|\cos\alpha - j|\dot{I}_f/\dot{I}_M|\sin\alpha$$

$$= (1+|\dot{I}_f/\dot{I}_M|\cos\theta) - j|\dot{I}_f/\dot{I}_M|\sin\theta \tag{4-5-14}$$

式中：K 是一个复数，它是流经过渡电阻上的电流与 M 端流过的电流之比。按式（4-5-12）所示的相量关系看，K 的幅角对于 M 端为负，对于 N 端为正。这表明了由于过渡电阻的存在，在线路保护安装处 M 端的附加测量阻抗可能是感性的，也可能是容性的，这样将使距离保护的阻抗元件动作，造成保护范围伸长或缩短，如不采取有效的措施，将使距离保护拒动或越区动作。接地电阻对测量阻抗的影响如图 4-5-6 所示。

二、减小过渡电阻影响的对策

故障的主要特征是故障点到保护安装处的电抗不变，针对故障点过渡电阻的存在对测量

阻抗保护的影响，在微机型距离保护中所采取的对策是调整阻抗元件的动作特性。

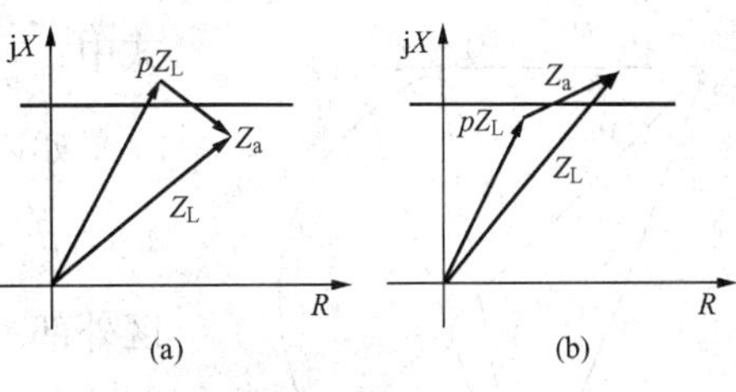

图 4-5-6 接地电阻对测量阻抗的影响

1. 在 $+R$ 方向上增大动作区动作特性的调整

如图 4-5-7 所示，在保证电抗动作区不变的情况下，尽量增大阻抗元件 $+R$ 方向的动作区，是一种减小过渡电阻对距离保护影响的有效对策。这种方法对于单电源供电的输电线路距离保护非常有效。

2. 将阻抗元件动作特性的电抗线向下倾斜一个角度

从上一节的分析可知，对于双电源的输电线路在故障点存在过渡电阻时，保护安装处的测量阻抗有可能超出或者不在保护范围内，这将使距离保护越区动作或拒动。为此，在微机型距离保护中采取将阻抗元件动作特性的电抗线向下倾斜一个角度，如图 4-5-8 所示。

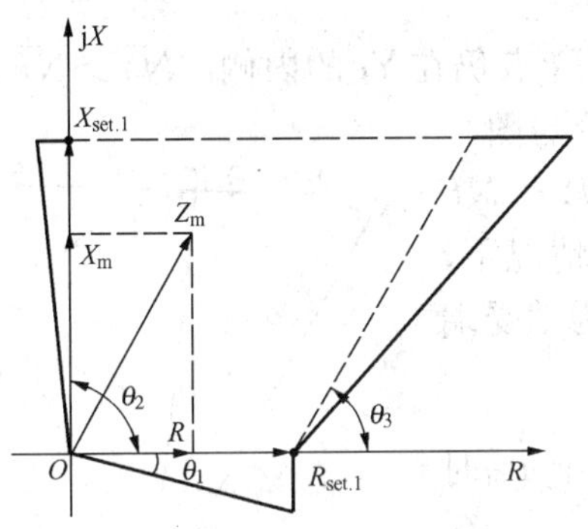

图 4-5-7 在 $+R$ 方向上增大动作区的阻抗元件动作特性

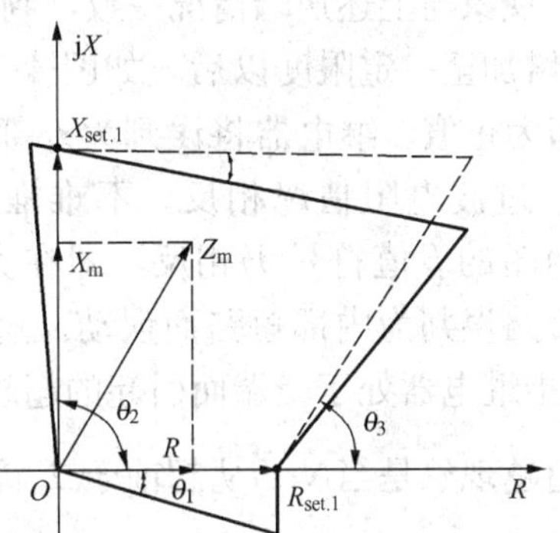

图 4-5-8 阻抗元件电抗线向下倾斜一个角度

采用这种方法在一定程度上消除了距离保护越区动作或拒动的问题。但是，电抗线向下倾斜角度的确定须根据具体的线路运行情况来确定，利用微机对数据和信息的智能化处理能力，可采用自适应式的方法让整定电抗 X_{set} 跟随系统短路状态的变化而调整。

三、I_0 极化电抗元件与过渡电阻的对策

以 I_0 为极化量的电抗元件［见式 4-5-15］具有较其他接地距离继电器优越的性能，广泛地应用于新型的集成电路和微机型线路保护中，这一电抗元件装于输电线的送端有很好的性能，允许大过渡电阻且无超越。但是当运行在受端且过渡电阻大于一定的值时将发生稳态超越。可以用如下的方法加以改进。

图 4-5-9 为单相接地短路时的电压相量图。继电器装于 M 侧，为送端运行状态。F 为短路点，Y 为整定点，F_f 为短路时的 F 点位置，Y_f、M_f 分别为短路时 Y、M 点的位置，设 $\dot{U}$、$\dot{I}$ 分别为短路相的电压电流，$\dot{U}'$ 为短路相整定点的补偿电压。则有

$$\dot{U}' = \dot{U}_A - (\dot{I}_A + K\dot{I}_{0M})Z_{set}$$

电抗元件为

$$360° \geqslant \arg\frac{\dot{U}'_a}{\dot{I}'_0} \geqslant 180° \tag{4-5-15}$$

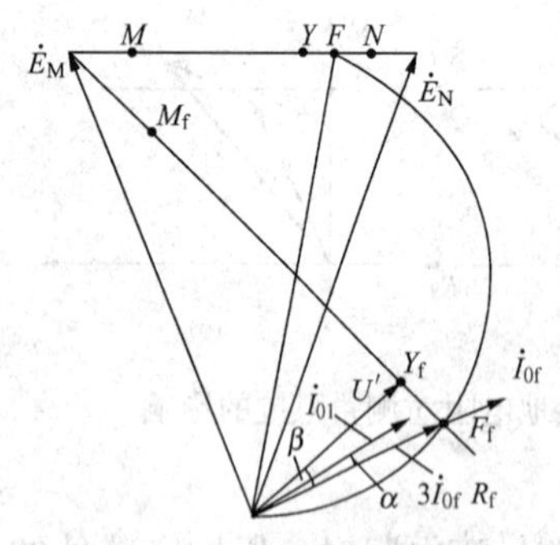

图 4-5-9 送端继电器在 $k^{(1)}$ 时的电压相量图

式中：$\dot{I}'_0=\dot{I}'_0 e^{j\theta}$

如以 $\dot{I}_{0f}$ 为极化量，则 Y_f 处于电源侧方向，$\dot{U}'$ 超前于 $\dot{I}_{0f}$，$\beta=\arg(\dot{U}'$，$-\arg(\dot{I}_{0f})$ 为正值，表明短路点在动作区外部。Y_f 点在 F_f 之外时，$\dot{U}'$ 落后于 $\dot{I}_{01}$，β 为负值，表明短路点在整定点之内，即内部短路。由于继电器处的 $\dot{I}_{01}$ 超前 $\dot{I}_{0f}$ 一个 α 角（图 4-5-9），所以实际保护范围略有变动，但不太大。根据上述分析可知，继电器受过渡电阻的影响较少。

图 4-5-10 为继电器装于受端 N 时的电压相量图，这是当电阻 R_f 不太大时的情况。当 $\overline{NY}>\overline{NF}$ 时，β 为负值，表明是内部短路，现象与上述送端情况一致，判据是正确的。

当 R_f 增加至一定限度以后，如图 4-5-11 所示，F_f 点仍在 Y_f 的内侧，$\overline{NY}>\overline{NF}$，但此时的 β 值却为正值。继电器将误判为外部短路，结论与图 4-5-10 时的小过渡电阻情况相反。不难推论出，当 $\overline{NY}<\overline{NF}$ 时，上述两图的 β 值符号仍相反，即在大过渡电阻情况下，将使外部短路误判为内部短路而误动。这种现象称为"受端超越"，即指继电器处于受端而引起的超越现象。

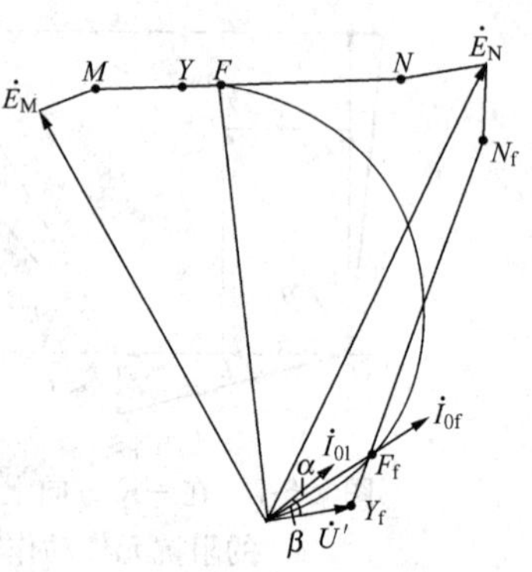

图 4-5-10 受端继电器在 $k^{(1)}$ 时的电压相量图

受端超越现象是当 $\overline{N_fY_f}$ 从超前于 $\dot{I}_{0f}$ 转变为落后于 $\dot{I}_{0f}$ 时发生的。因此，可以用 $r=\arg\overline{(N_fY_f)}-\arg(\dot{I}_{0f})$ 的符号作为辅助判据，对主电抗测量判据进行切换，使"动作"态改为"闭锁"态，"闭锁"态改为"动作"态，从而校正受端超越现象。切换后的判据为

$$180°\geqslant\arg\frac{\dot{U}'_a}{\dot{I}'_0}\geqslant 0°$$

化简后用在微机保护中的算式为

$$U'_{aI}I'_{0R}-U'_{aR}I'_{0I}\geqslant 0 \tag{4-5-16}$$

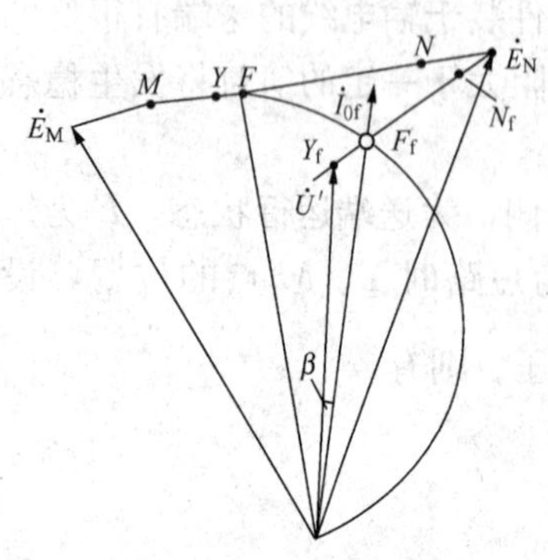

图 4-5-11 出现受端超越现象的相量图

式中：U'_{aR}、U'_{aI}、I'_{0R}、I'_{0I} 分别为电压 U'_a 电流 I'_0 的实部和虚部。

经过进一步的研究，提出双下偏 I_0 极化接地距离继电器的方案，以解决 I_{0f} 的不可测，用 $I_0e^{j\theta}$ 代替 I_{0f} 引起的误差问题，保证过渡电阻变化时不会引起稳态超越，并已用于保护装置中。

四、微机距离保护的振荡闭锁

计算机距离保护中振荡闭锁的对策也采用常规保护中圆套的思想，增设负序电流作为启动量，用户可通过整定值在检测到振荡时闭锁无延时的速动段等。随着计算机保护的推广应用，有关振荡闭锁新原理的研究不断提出。其

中以测量电阻分量突变量判据的新原理有较好的效果。其判据如下

$$\left.\begin{aligned}|R_{m+}-R_{m-}|\geqslant\Delta R_{m0}\\ \frac{\Delta R_{m+}}{\Delta T}\leqslant D\end{aligned}\right\} \quad (4\text{-}5\text{-}17)$$

式中：R_{m+}为故障发生后测量阻抗中的电阻分量；R_{m-}为故障发生前测量阻抗中的电阻分量；ΔR_{m0}为测量电阻突变量整定值；ΔR_{m+}为故障后测量电阻的差分值；ΔT为与ΔR_{m+}对应的时间间隔；D为整定值。

当式（4-5-17）中两个条件均满足时，判断为短路。下面结合图4-5-12简要说明如下。图4-5-12中，系统纯振荡时，测量阻抗将沿线1、线2或线3渐渐移动。线1为两侧电动势相等，线2、线3为两侧电动势不等的情况。当发生故障时，测量阻抗的电阻分量是突变的。所以在一般情况下，用$|\Delta R_{m+}-\Delta R_{m-}|\geqslant\Delta R_{m0}$来区分振荡和短路是有效的。但当系统振荡周期很短时，只要启动元件启动以后，条件$|\Delta R_{m+}-\Delta R_{m-}|\geqslant\Delta R_{m0}$很可能满足，如果提高整定值$\Delta R_{m0}$，则可能保证不了灵敏度，为此增设了第二个判据$\frac{\Delta R_{m+}}{\Delta T}\leqslant D$。因为短路发生后$\Delta R_{m+}$相对变化慢，$\frac{\Delta R_{m+}}{\Delta T}\leqslant D$的条件可以满足，而振荡时$\frac{\Delta R_{m+}}{\Delta T}$因$\Delta R_{m+}$连续变化而比较大。

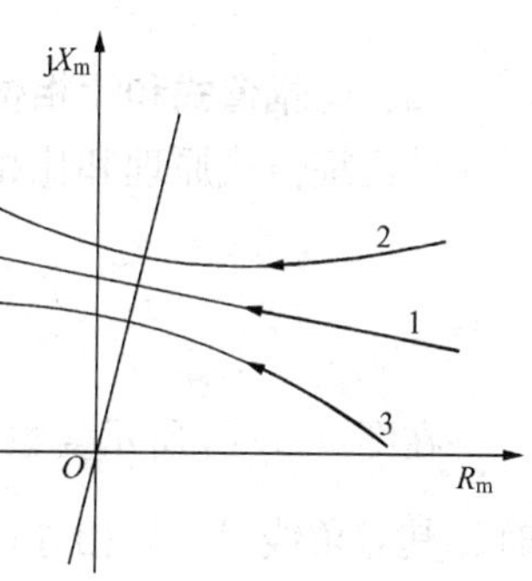

图4-5-12　系统无短路而产生振荡时的测量阻抗

第三节　距离保护特性表达式

根据其特性的不同，距离继电器可分为单相式距离继电器和多相补偿式距离继电器。根据其实现方法的不同，又可分为绝对值比较式和相位比较式两种。

分相式距离继电器可以用复数阻抗平面来分析它的动作特性，并用一定的几何图形表示出来。多相补偿式距离继电器引入的是几个相或相间的电压、电流，因而一个继电器便可以反应不同相别组合的故障，它的动作特性，一般不能用复数阻抗平面来分析。

一、阻抗平面上圆和直线特性的表示方法

反映两个电气量C和D之间的相位关系的继电器，用比相器来实现相位比较，其理想动作条件设为

$$\theta_2\geqslant\arg\frac{C}{D}\geqslant\theta_1$$

当上式中$\theta_1=90°$，$\theta_2=270°$时，表达式为余弦型判据

$$270°\geqslant\arg\frac{C}{D}\geqslant 90°$$

或

$$\cos\left(\arg\frac{C}{D}\right)\leqslant 0 \quad (4\text{-}5\text{-}18)$$

当 $\theta_1=0°$，$\theta_2=180°$时，表达式为如下的正弦型判据

$$180° \geqslant \arg\frac{C}{D} \geqslant 0°$$

或

$$\sin\left(\arg\frac{C}{D}\right) \geqslant 0 \tag{4-5-19}$$

反映两个电气量 A 和 B 之间的大小关系的继电器，用比幅器来实现绝对值比较，其理想动作条件为

$$|A| \geqslant |B|$$

二、比幅值式和比相位式原理的相应关系

设比幅值式原理和比相位式原理继电器的动作条件分别为

$$\begin{aligned} &|A| \geqslant |B| \\ &90° \leqslant \arg\frac{C}{D} \leqslant 270° \end{aligned} \tag{4-5-20}$$

在图 4-5-13 所示复数平面上的平行四边形中，A、B 为其对角线，当 $\arg(C/D)=90°$ 时，其对角线 A、B 相等；当 $\arg\dfrac{C}{D}>90°$时，$|A|>|B|$；当 $\arg\dfrac{C}{D}<90°$时，$|A|<|B|$，见图4-5-13。根据平行四边形这一特点，推得

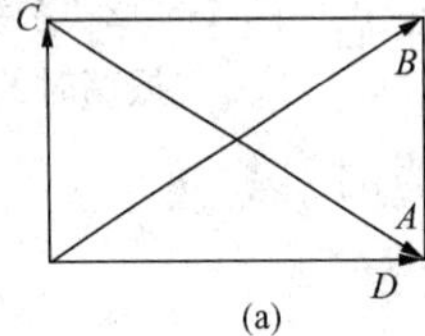

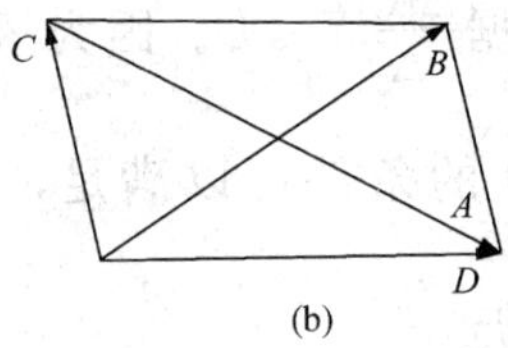

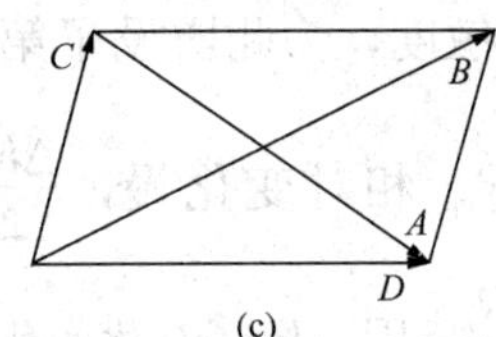

图 4-5-13　比幅值式和比相位式继电器的原理

(a) $\arg\dfrac{C}{D}=90°$；(b) $\arg\dfrac{C}{D}>90°$；(c) $\arg\dfrac{C}{D}<90°$

$$\left.\begin{aligned} A &= D-C \\ B &= D+C \end{aligned}\right\} \tag{4-5-21}$$

同样可得

$$\left.\begin{aligned} C &= \frac{1}{2}(B-A) \\ D &= \frac{1}{2}(B+A) \end{aligned}\right\} \tag{4-5-22}$$

用式（4-5-21）和式（4-5-22）就可分别将相位比较式转换为幅值比较式或者反之。换句话说，即可实现式（4-5-20）中两式的互换。

如果将式（4-5-20）改为

$$\begin{aligned} &|A| \geqslant |B| \\ &-90° \leqslant \arg\frac{C}{D} \leqslant 90° \end{aligned} \tag{4-5-23}$$

同理可得它们间的转换关系为

$$\left.\begin{aligned} A &= D+C \\ B &= D-C \end{aligned}\right\} \tag{4-5-24}$$

$$\left.\begin{aligned}C&=\frac{1}{2}(A-B)\\D&=\frac{1}{2}(A+B)\end{aligned}\right\}\qquad(4\text{-}5\text{-}25)$$

第四节　常用的圆和直线特性继电器

一、全阻抗继电器

全阻抗继电器的特性在阻抗复平面上是以原点为圆心、整定阻抗 Z_{set} 为半径所作的圆。圆内是动作区，圆周是临界动作圆。用幅值比较原理，其动作条件为

$$|Z_{set}|\geqslant|Z|$$

用式（4-5-22）或式（4-5-25），得相位比较式动作条件为

$$-90^\circ\leqslant\arg\frac{Z_{set}-Z}{Z_{set}+Z}\leqslant90^\circ$$

或

$$90^\circ\leqslant\arg\frac{Z-Z_{set}}{Z+Z_{set}}\leqslant270^\circ\qquad(4\text{-}5\text{-}26)$$

式中：Z_{set}为整定阻抗，Z 为测量阻抗。

其动作特性圆如图 4-5-14 所示。

二、方向阻抗继电器

如图 4-5-15 所示。方向阻抗继电器的特性为以 Z_{set}为直径，圆周通过原点的圆。其动作条件可表示为

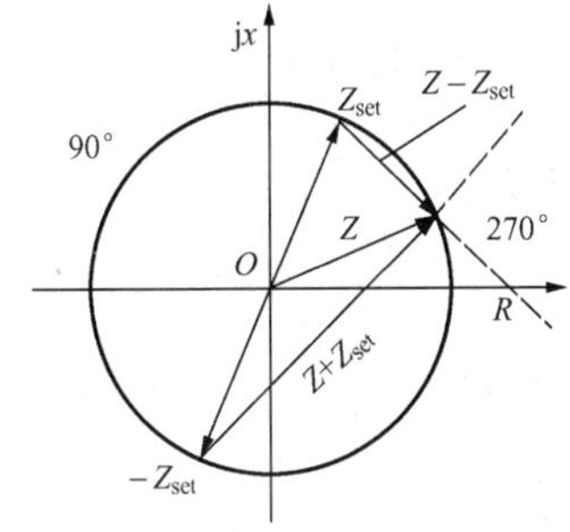

图 4-5-14　全阻抗特性圆

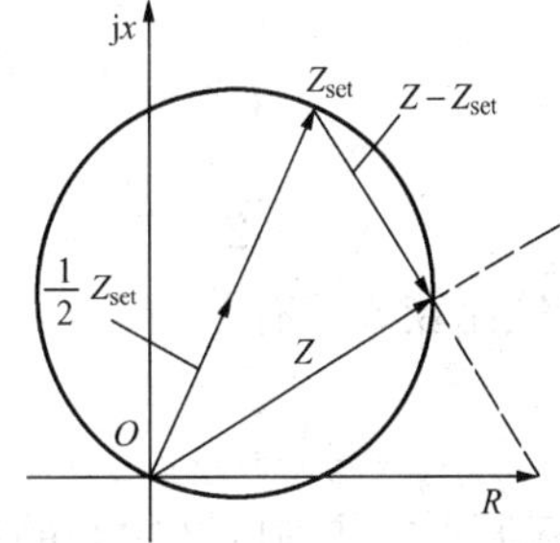

图 4-5-15　方向阻抗特性圆

$$\left|\frac{1}{2}Z_{set}\right|>\left|Z-\frac{1}{2}Z_{set}\right|\text{（比幅值式）}$$

或

$$90^\circ\leqslant\arg\frac{Z-Z_{set}}{Z}\leqslant270^\circ\text{（比相位式）}\qquad(4\text{-}5\text{-}27)$$

为了防止方向阻抗特性的继电器在出口金属短路时误动，在实际方向阻抗继电器（如 LZ-12 型）中，常接有记忆谐振回路以及防止记忆作用消失引入的第三相电压。忽略负荷电流的影响，这种继电器在正方向短路时有如图 4-5-16 所示的初态特性。在保证整定阻抗 Z_{set}不变的前提下，它是向三、四象限偏移的包括原点的特性，当记忆作用消失后，它将过渡到稳态圆，所以正向出口金属短路时，能可靠动作。而反方向短路时有如图 4-5-17 所示的初态特性，为一下抛圆，所以反向短路它不会误动，有方向性。目前微机保护在相间距离

保护中常采用这种带记忆电压的方向阻抗特性的继电器，如 WXB-41 型微机高压线路保护采用了如下相间距离特性方程（以 A 相为例）

$$270° \geqslant \arg \frac{U'_{ab}}{U_{abm}} \geqslant 90°$$

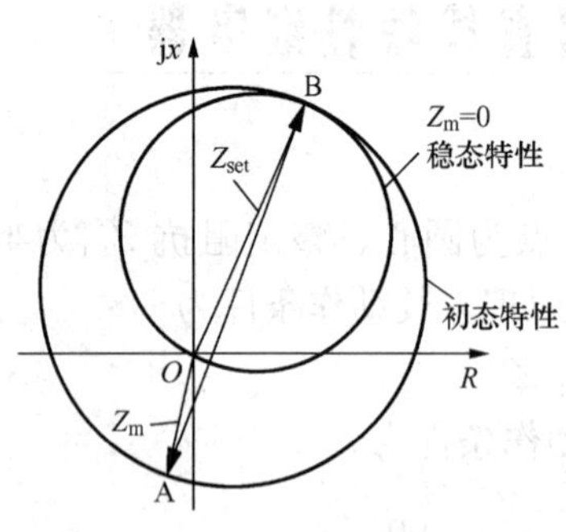

图 4-5-16　正向短路时的初态特性

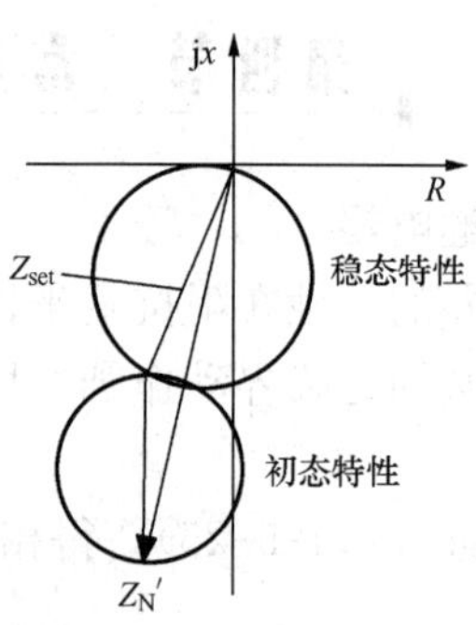

图 4-5-17　反向短路时的初态特性

式中：$U'_{ab}=U_{ab}-I_{ab}Z_{set}$；$U_{abm}$为$U_{ab}$在故障前的记忆电压。

由于微机的长记忆作用，它在正、反方向短路时，将保持图 4-5-16 和图 4-5-17 所示的初态特性，不会向稳态特性过渡。所以有很好的方向性及出口短路不会误动的特性。同样 CKJ-3 型快速接地相间距离的姆欧元件，均采用了类似的记忆电压比相。

三、偏移特性阻抗继电器

偏移特性阻抗继电器的特性圆如图 4-5-18 所示。其幅值比较式可表示为

$$\left|\frac{1}{2}(Z_{set}+Z_s)\right| \geqslant \left|Z-\frac{1}{2}(Z_{set}-Z_s)\right|$$

或

$$\left|\frac{1}{2}I(Z_{set}+Z_s)\right| \geqslant \left|U-\frac{1}{2}I(Z_{set}-Z_s)\right| \tag{4-5-28}$$

若写成相位比较式，有

$$90° \leqslant \arg \frac{Z-Z_{set}}{Z+Z_s} \leqslant 270° \tag{4-5-29}$$

式中：θ为坐标原点O与圆 C2 中心的连线与Z_{set}的夹角。

图 4-5-18 中，圆 C2 为向第Ⅰ象限偏移所得的圆，其相位比较式继电器的动作条件（对应θ为负的情形）为

$$90°-\theta \leqslant \arg \frac{Z-Z_{set}}{Z+Z_s} \leqslant 270°-\theta \tag{4-5-30}$$

这种特性的阻抗继电器较方向阻抗继电器有较强的耐过渡电阻的能力。

四、上抛式阻抗继电器

上抛式阻抗继电器的动作特性圆如图 4-5-19 所示。其动作特性表达式为

$$\left|\frac{1}{2}(Z_{set}-Z'_s)\right| \geqslant \left|Z-\frac{1}{2}(Z_{set}+Z'_s)\right| \tag{4-5-31}$$

或

$$90° \leqslant \arg \frac{Z-Z_{set}}{Z-Z'_s} \leqslant 270° \tag{4-5-32}$$

上两式对应图 4-5-19 中的圆 C1。而第Ⅰ象限偏移的特性圆 C2 的动作表达式为

$$90° - \beta \leqslant \arg \frac{Z - Z_{set}}{Z - Z'_{s}} \leqslant 270° - \beta \tag{4-5-33}$$

式中：β 为坐标原点 O 与圆 C2 中心的连线与 Z_{set} 的夹角。

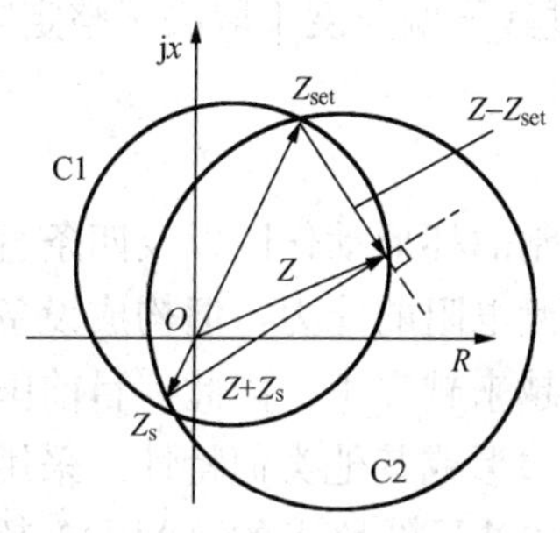

图 4-5-18　偏移阻抗特性圆

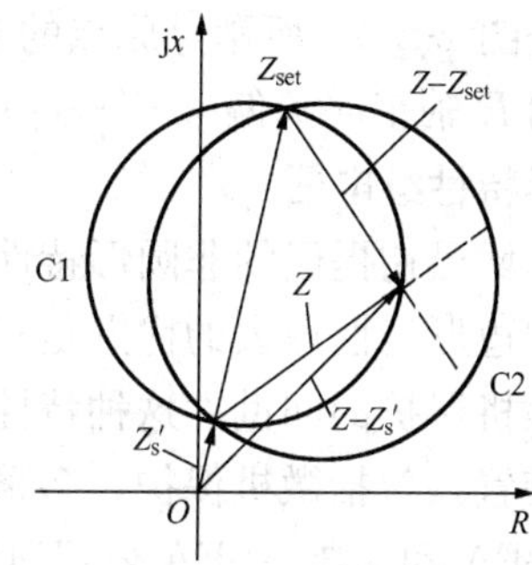

图 4-5-19　上抛式阻抗特性圆

五、电抗型继电器

如图 4-5-20 所示，过整定阻抗 Z_{set} 的末端作 R 轴的平行线，直线的下方即式（4-5-34）所表示的电抗特性。

$$180° \leqslant \arg \frac{Z - Z_{set}}{R} \leqslant 360°$$

即
$$180° \leqslant \arg(Z - Z_{set}) \leqslant 360° \tag{4-5-34}$$

实际应用中，常将电抗线向下偏移，以防止区外故障因过渡电阻造成超越，如图 4-5-20 中虚线所示。

$$180° + \theta_0 \leqslant \arg(Z - Z_{set}) \leqslant 360° + \theta_0 \tag{4-5-35}$$

式（4-5-35）即其特性的直线表达式。

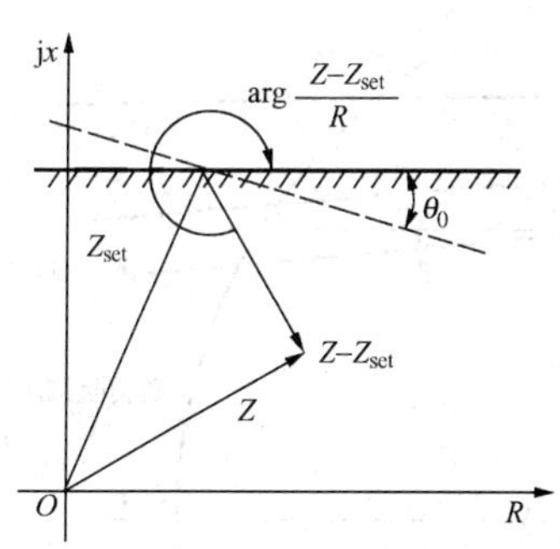

图 4-5-20　电抗型继电器动作特性

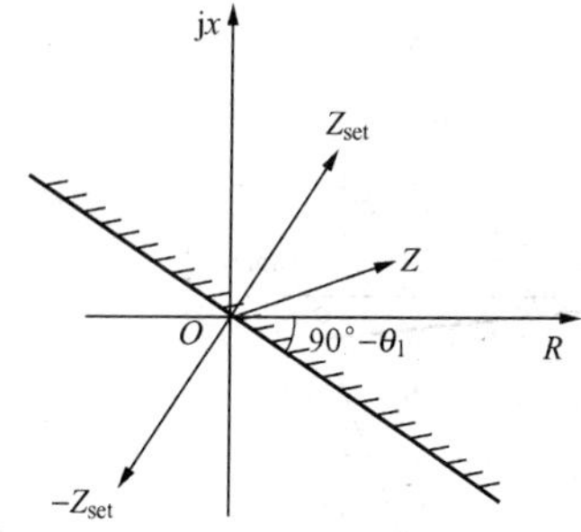

图 4-5-21　功率方向继电器动作特性

六、功率方向继电器

如图 4-5-21 所示，功率方向继电器动作表达式（4-5-36）所表达的动作特性为一过原点沿 R 轴正向向下偏移的一条直线，直线上方是其动作区。

$$-90° \leqslant \arg \frac{Z}{Z_{set}} \leqslant 90°$$

或
$$-90° \leqslant \arg \frac{U}{IZ_{set}} \leqslant 90° \tag{4-5-36}$$

对零序功率方向继电器，为

$$-90^\circ \leqslant \arg \frac{U_0}{I_0 e^{j\theta_1}} \leqslant 90^\circ \tag{4-5-37}$$

其动作特性也是图 4-5-21 所示过原点的下偏直线，不过其下偏角度不取决于整定阻抗与 90° 的偏差，而是向 R 轴正向下偏（$90^\circ-\theta_1$）。

七、多边形特性继电器

继电保护领域最初提倡的非圆形特性有三条直线限制的杯形动作区以及四条直线围成的四边形特性。四边形特性最大的优点是有较大的耐受过渡电阻的能力，但构成设备时比圆特性复杂。随着微机保护的问世，这种特性的优越性变得越来越突出。因此，目前国内、外最新的继电保护装置，包括微机保护，多采用四边形、五边形或其他类似特性。采用四边形特性的有：美国 BPA 和瑞典 ASEA 公司研制的用在我国 500kV 线路上的 RALDA 超高压线路保护，西门子公司 7SL32 距离保护，我国研制的 WXB（WXH）-11 型、WXB-22 型及 WXB-52型高中压线路保护均用到这种四边形、五边形或者类似的特性。

图 4-5-22 所示为五边形特性，它用于 WXB-11 型微机高压线路保护的距离元件。该特性由五根直线组成，它们的动作方程分别表示如下：

线 1 $\quad R_m \geqslant -\tan 15^\circ \cdot x_m$

线 2 $\quad x_m \geqslant -\tan 15^\circ \cdot R_m$

线 3 $\quad R_m \leqslant R_{set} \qquad (4\text{-}5\text{-}38)$

线 4 $\quad R_m \leqslant \cot 60^\circ \cdot x_m + R_{set}$

线 5 $\quad x_m \leqslant x_{set} - R_m \tan\alpha$

式中：R_m、x_m为测量电阻和测量电抗；R_{set}、x_{set}分别为整定电阻和整定电抗，三段的整定电阻均一样。

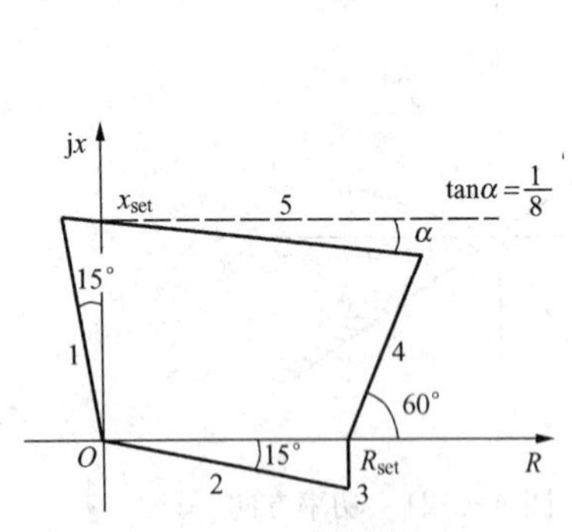

图 4-5-22 五边形特性

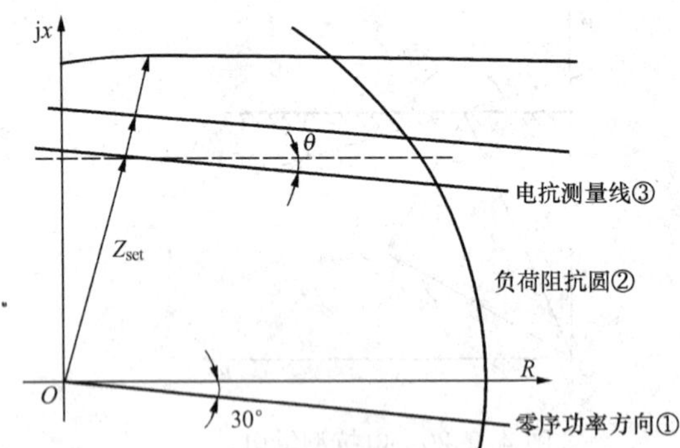

图 4-5-23 类似杯型特性的距离保护特性

图 4-5-23 为一类似杯形特性的继电器特性，它由两条直线（一条零序功率方向线、一条电抗测量线）和负荷阻抗圆的一部分组成，它将杯形特性中的一条直线用圆弧代替了。这一特性已用在 WXB-41 型接地距离保护中。

该特性继电器的动作方程如下：

线 1 $\quad 30^\circ \leqslant \arg \dfrac{3I_0}{3U_0} \leqslant 210^\circ \qquad (4\text{-}5\text{-}39)$

式（4-5-39）表示的为零序功率方向元件，经变换后与式（4-5-20）一样（取 $\theta_1=60°$）。

圆弧 2

$$|(I_p+k3I_0)R_L|>|U_p| \tag{4-5-40}$$

式（4-5-40）为全阻抗特性圆。R_L 为负荷电阻；U_p、I_p 分别为故障时的相电压、相电流，故图 4-5-23 中的负荷阻抗圆即为全阻抗圆的一部分。

线 3　采用改进型零序电流极化电抗特性，为解决超越、缩范围的问题，在下面两个截然相反的式子中进行切换

$$180°\leqslant \arg\frac{U'_p}{I_0 e^{-j\theta_2}}\leqslant 360° \tag{4-5-41}$$

$$0°\leqslant \arg\frac{U'_p}{I_0 e^{-j\theta_2}}\leqslant 180° \tag{4-5-42}$$

$$U'_p=U_p-(I_p+KSI_0)Z_{set}$$

式中：Z_{set} 为整定阻抗；θ_2 为下偏角，一般在 0°～5°左右。

由于这种改进型的零序电流极化的电抗测量线，在一定程度上解决了接地距离继电保护长期不能很好解决的超越误动和拒动问题，因此在距离保护中得到广泛应用。

第五节　微机型保护中距离特性的算法

自微机型保护问世以来，许多各具特色的阻抗特性算法相继问世，这里对常用两种典型思路的算法加以介绍。一种是先建立输电线路模型，再计算保护安装点至短路处电阻、电抗（电感），然后代入式（4-5-38），实现如图 4-5-22 所示五边形特性的方法；另一类是先计算电压、电流幅值相位或实部虚部，再代入式（4-5-39）～式（4-5-42），实现如图 4-5-23 的类似杯形特性的方法。

一、算法一

以单相接地为例，采用基于 R-L 模型的微分方程算法，对故障线路可写出下列微分方程

$$u=L\frac{d}{dx}(i+K_L 3i_0)+R(i+K_R 3i_0)+3i_{0f}R_f \tag{4-5-43}$$

$$K_L=\frac{L_0-L_1}{3L_1}$$

$$K_R=\frac{R_0-R_1}{3R_1}$$

式中：u、i 分别为保护测量电压和电流；R_f 为过渡电阻；i_{0f} 为流过短路点的零序电流；i_0 为保护测得的零序电流；L、R 分别为待求的电感、电阻。

将式（4-5-43）离散化可得需要的三点采样值方程为

$$u_K=LA_K+3i_{0f,K}\cdot R_f \tag{4-5-44}$$

$$A_K=\frac{1}{2T_s}[i_{K+1}-i_{K-1}+3K_L(i_{0,K+1}-i_{0,K-1})+\alpha(i_K+K_R\cdot 3i_{0K})]$$

$$\alpha=R/L$$

式中：L 为保护安装点至短路点的线路电感；u_K、$i_{0f,K}$ 分别为测量电压、流过故障点的零序电流 i_{0f} 在 K 时刻的采样值；R_f 为过渡电阻；α 为线路电阻电抗之比，常数；T_s 为采样间隙；下标 $K-1$、K、$K+1$ 表示不同的时刻。

推后一个采样间隙，同理可得另一组方程

$$u_{K+1}=LA_{K+1}+3i_{0f,K+1}\cdot R_f \tag{4-5-45}$$

$$A_{K+1}=\frac{1}{2T_S}[i_{K+2}-i_K+3K_L(i_{0,K+2}-i_{0,K})+\alpha(i_{K+1}+K_R3i_{0,K+1})]$$

式（4-5-44）及式（4-5-45）中，有三个未知数 L、i_{0f}（$i_{0f,K}$、$i_{0f,K+1}$）和 R_f 不可解。对于这一距离保护的症结问题，通常有多种近似处理方法，如用 $3i_0$ 代替 $3i_{0f}$，这将带来测量误差，据分析，对两侧供电系统，输电线路越长，两者间的相位差越大，甚至可达十几度，这时带来的误差是很大的。进一步的改进方法是，将 $3I_0$ 下偏一个角度后代替 $3i_{0f}$，对不同系统选用不同的角度。这样可以适当地缩小误差。经处理后，解式（4-5-44）及式（4-5-45）即可得电感 L，而 $R=L\cdot\alpha$。然后将 R、$x_L=\omega L$ 代入式（4-5-38）即可判断故障在哪一范围内。

二、算法二

另一类算法是先计算电压、电流的实、虚部，然后代入有关的动作方程进行判断。现以式（4-5-39）为例说明这一算法。

首先将式（4-5-39）作如下变换

$$60^\circ+30^\circ\leqslant\arg\frac{3I_0e^{j60^\circ}}{3U_0}\leqslant 210^\circ+60^\circ$$

将上式转换为比幅值式为

$$|U_0-I_0e^{j60^\circ}|\geqslant|U_0+I_0e^{j60^\circ}|$$

设 $I_0'=I_0e^{j60^\circ}$，有

$$|U_0-I_0'|\geqslant|U_0+I_0'|$$

设 $U_0=U_{0R}+jU_{0X}$，$I_0'=I_{0R}'+jI_{0X}$，有

$$|(U_{0R}+jU_{0X})-I'_{0R}-jI'_{0X}|>|U_{0R}+jU_{0X}+I'_{0R}+jI'_{0X}|$$

将上式的实、虚部组合求幅值，消除同类项后得简化判据为

$$U_{0R}I'_{0R}+U_{0X}I'_{0X}<0 \tag{4-5-46}$$

下面只要求得 U_0 和 I_0' 的实、虚部，即可判断出零序功率方向。微机线路保护中，常用到傅里叶算法，以零序电压为例简介如下。

傅里叶算法的基本思想来自于傅里叶级数，本身具有滤波作用。假定被采样的模拟信号 u_0 是一周期时间函数，可表示为

$$u_0(x)=\sum_{n=0}^{\infty}[b_n\cos n\omega_1t+a_n\sin n\omega_1t]$$

其中 a_n、b_n 分别为

$$a_n=\frac{2}{T}\int_{-\frac{T}{2}}^{\frac{T}{2}}u(t)\sin n\omega_1t\mathrm{d}t$$

$$b_n=\frac{2}{T}\int_{-\frac{T}{2}}^{\frac{T}{2}}u(t)\cos n\omega_1t\mathrm{d}t$$

式中：a_n、b_n 分别为 n 次倍频分量的实、虚部。

将上式离散化，得到零序电压 n 次倍频分量的实、虚部。

$$U_{0\mathrm{R}n}=a_n=\frac{2}{N}\sum_{K=1}^{N}u_{0K}\sin nK\ \frac{2\pi}{N}$$

$$U_{0\mathrm{X}n}=b_n=\frac{2}{N}\sum_{K=1}^{N}u_{0K}\cos nK\ \frac{2\pi}{N} \tag{4-5-47}$$

式中：$U_{0\mathrm{R}n}$、$U_{0\mathrm{X}n}$分别为U_0的n次倍频分量的实、虚部。当$n=1$时，它们为基波分量。N为每周波采样点数，u_{0K}为u_0在K时刻的采样值。

用式（4-5-47）计算出$U_{0\mathrm{R}}$及$U_{0\mathrm{X}}$，同理也可算出$I'_{0\mathrm{R}}$、$I'_{0\mathrm{X}}$，然后代入式（4-5-46），即可判断出零序功率的正、反方向。

第六节　故障系统电压相量图分析法

分析阻抗继电器静态特性的常用方法中，电压相量图分析法是其中之一，另一方法为解析法。现以相间距离继电器中方向阻抗继电器为例，说明电压相量分析法。

对于圆特性的方向阻抗继电器，其动作条件判别式为

$$270^\circ \geqslant \arg\frac{\dot{U}}{\dot{U}-\dot{I}Z_{\mathrm{set}}} \geqslant 90^\circ \tag{4-5-48}$$

用电压相量图法分析其静态运行特性，就是在复平面上寻找故障后补偿后电压$\dot{U}_{\mathrm{r}}=\dot{U}-\dot{I}Z_{\mathrm{set}}$和极化电压$\dot{U}_{\mathrm{P}}=\dot{U}_{\mathrm{M}}$的相量位置，然后判断这两相量的夹角$\left(\arg\dfrac{\dot{U}_{\mathrm{P}}}{\dot{U}_{\mathrm{r}}}\right)$是否满足动作条件判别式（4-5-48），若满足，则继电器动作，否则不动作。下面以三相短路为例，说明分析的步骤和方法。

（一）在复平面上作短路前的电压相量图

对于图4-5-24（a）所示的等值系统，三相对称运行时，其一相的电压相量图如图4-5-24（b）所示（图中认为线路阻抗角和系统的阻抗角相等）。相量图上标出了继电器安装位置A、继电器整定阻抗的末端位置r、短路点K的位置等，则M、A、K、r、B、N分别为短路前等值系统上各点在电压相量图上的相应位置。图上任两点之间的距离和方向都表示两点之间的电压相量差。例如，$\overline{OK}$表示短路前K点的电压$\dot{U}_{\mathrm{L}}$。

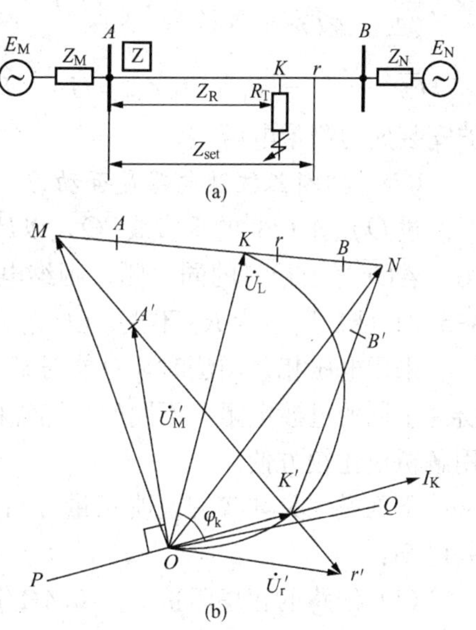

图4-5-24　分析三相短路的系统图和电压相量图

（a）系统图；（b）电压相量图

（二）确定K点短路后，短路电流$\dot{I}_K$的方向

$$\dot{I}_K=\frac{\dot{U}_{\mathrm{L}}}{Z_\Sigma+R_{\mathrm{T}}}=\frac{\dot{U}_{\mathrm{L}}}{|Z_\Sigma|\mathrm{e}^{\mathrm{j}\varphi_K}}$$

式中：$\dot{U}_{\mathrm{L}}$为短路前短路点K的电压；Z_Σ为算至短路点的A侧系统的等值阻抗；R_{T}为短路

点的过渡电阻；φ_K为计入过渡电阻后的综合阻抗角。

（三）作出短路后的电压相量图

由于短路后，仅是流过系统各部分的电流发生了变化，所以各元件电压降的大小和方向虽会发生变化，但各元件之间电压降的大小将按阻抗的比例保持不变，即它们之间的相对位置保持几何相似。因此，短路前 M、A、K、r、B、N 各点，在短路后的位置由下法确定：

（1）R_T 为纯电阻时，R_T 上的压降必与 $\dot{I}_K$ 同方向。根据 R_T 的大小，确定短路后故障点的电压为 $\dot{U}'_K=\overline{OK'}=\dot{I}_K R_T$。然后作 $OK'K$ 圆弧，圆弧上各点即为 R_T 变化时 K'的变化轨迹。

（2）连接 MK'，按几何相似的原则，在 MK'线上确定出 A'的位置。同理，连接 NK'线可确定 B'点的位置，则 $MA'K'B'N$ 为短路后，各相应电压相量变化后的位置。

（四）寻找短路后 r'在相量图上的位置

因为 r 点是 A 侧阻抗继电器保护范围末端，$\dot{U}_r=\overline{Or}$是阻抗继电器的补偿后电压。外部故障时，r'在 MK'线段内，内部故障时，r 在 MK'的延长线上，大小仍按比例伸长。

（五）连$\overline{Or'}$、$\overline{OA'}$

$\overline{Or'}=\dot{U}'_r=\dot{U}'_A-I_K Z_{set}=\dot{U}_M-\dot{I}_K Z_{set}$，为短路后的补偿电压，$\overline{OA'}=\dot{U}_M$ 表示短路后保护安装处的测量电压。

（六）判断阻抗继电器是否动作

过 O 点作 OA'的垂直线$\overline{PQ}$，以$\overline{PQ}$为分界线，若$\overline{Or'}$与$\overline{PQ}$重合，则继电器为临界动作状态，若$\overline{Or'}$落在$\overline{OA'}$的同一侧，则继电器不动作；若$\overline{Or'}$在$\overline{OA'}$的另一侧，则继电器动作。图 4-5-24（b）所示为 R_T 不大，$\overline{Or'}$落在$\overline{OA'}$另一侧，继电器动作时的电压相量图。

采用电压相量图法时，只能对某一具体的短路点，一个具体的过渡电阻进行分析。若要研究不同的过渡电阻、不同的短路点的工作状态，必须进行多次计算。在后一种情况下，采用解析法比较方便。

下面举一具体实例说明相量分析方法的应用。已知图 4-5-25 所示系统及其等值网络，并已知：

（1）线路的正序阻抗 $Z_1=0.4\Omega/\text{km}$，阻抗角 $\varphi_L=70°$。

（2）两侧系统的阻抗为 $Z_M=15\Omega$，$\varphi_M=70°$；$Z_N=10\Omega$，$\varphi_N=70°$。

（3）两侧电源电动势的相位角差为 60°。

试用电压相量图分析法分析当 AB 线距 A 侧 100km 处发生带过渡电阻 $R_T=5\Omega$ 的三相短路时，A 变电站接入线电压和两相电流差的方向阻抗继电器的动作情况。

解：线路阻抗 $X_{AB}=150\times0.4=60\Omega$，取可靠系数 $K_{rel}=0.8$，则 $Z_{pu}^{I}=0.8\times60=48\Omega$。在 100km 处短路时，归算至短路点的等值阻抗为（“//”为两阻抗并联）

$$Z_\Sigma=(15+40)\underline{/70°}\ //\ (20+10)\underline{/70°}=\frac{55\times30}{85}\underline{/70°}=19.4\underline{/70°}(\Omega)$$

$$Z_\Sigma+R_T=(6.64+5)+\text{j}18.2=11.64+\text{j}18.2=21.6\underline{/57.4°}(\Omega)$$

（1）作短路前的电压相量图，见图 4-5-26。相量图上 A、K、r 分别为短路前保护安装点、短路点和保护范围末端位置。

（2）确定 K 点短路后，求短路电流 $\dot{I}_K$的方向

$$\dot{I}_K=\frac{\dot{U}_L}{Z_\Sigma+R_T}=\frac{\dot{U}_L}{|Z'_\Sigma|+e^{j\varphi_K}}=\frac{\dot{U}_L}{21.6e^{j57.4^\circ}}$$

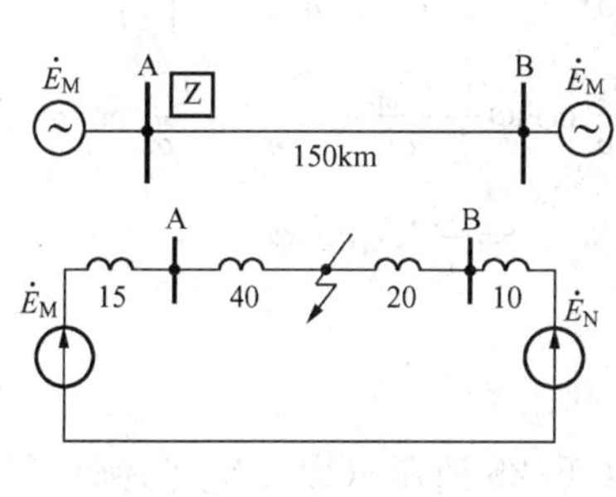

图 4-5-25　系统及其等值网络

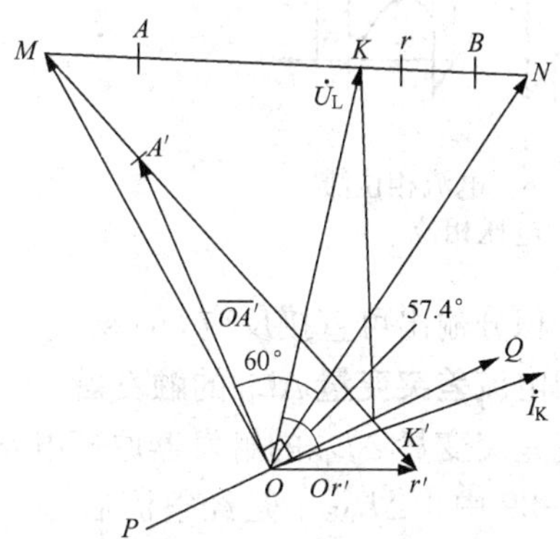

图 4-5-26　电压相量图

在图上求得 $|\dot{U}_L|=58.3$（kV），$\dot{I}_K\approx2.70e^{-j57.4^\circ}$（A）。

作$\angle KOK'=57.4^\circ$，并使$\overline{OK'}=\dot{I}_KR_T=2.70e^{-j57.4^\circ}\times5=13.5e^{-j57.4^\circ}$（kV），在 $\dot{I}_K$方向上可找出K'点。

(3) 作短路后的电压相量图，连$\overline{MK'}$，按几何相似原则找到 A′。

(4) 找短路后 r'在相量图上的位置，按几何相似原则延长$\overline{MK'}$使$\overline{K'r'}$正比于$\overline{Kr}$。

(5) 连$\overline{OA'}$、$\overline{Or'}$，作$\overline{OA'}$垂直于$\overline{PQ}$，显然$\overline{Or'}$与$\overline{OA'}$的夹角大于 90°，满足动作条件，继电器动作。

第七节　集成电路型保护装置的基本电路

前面章节已介绍了滤波器、滤序器等基本电路，这里仅说明这类继电器专用电路的基本原理。

一、$U\cos\varphi$ 形成电路

U 为母线电压，φ 为电压与电流间的相角。该电路用作电力系统振荡判别元件，具体电路如图 4-5-27 所示。

图 4-5-27 中，电流 i 的方波控制电子开关 S 的开合，电流方波为正时，S 闭合；电流方波为负时，S 断开。由此可得 M 点的电压如下：

当 i 与 U 同极性时，若同为正，S 闭合，$U_M=U=|U|$；若同为负，S 开路，$U_M=-U=|U|$。

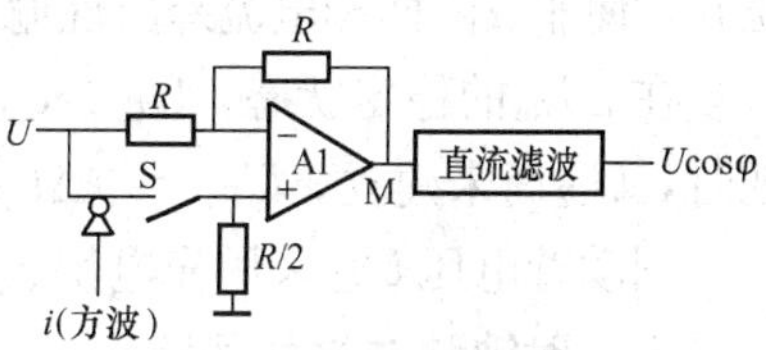

图 4-5-27　$U\cos\varphi$ 形成电路

当 i 与 U 不同极性时，若 U 正 i 负，S 开路，$U_M=-U=-|U|$；若 U 负 i 正，S 闭合，$U_M=U=-|U|$。

设电流相位滞后电压 φ，上述情况可用波形图表示于图 4-5-28 中。

从图 4-5-28 中可见，当电压与电流不同相时，幅值 U_M 与输入电压相等，符号为负值。当电压与电流同相位时，幅值 U_M 与输入电压相等，而符号为正。每半周重复一次。这种脉动的波形经直流滤波 、积分后输出。因此，只要求半周内的积分值，即可反应其输出，即

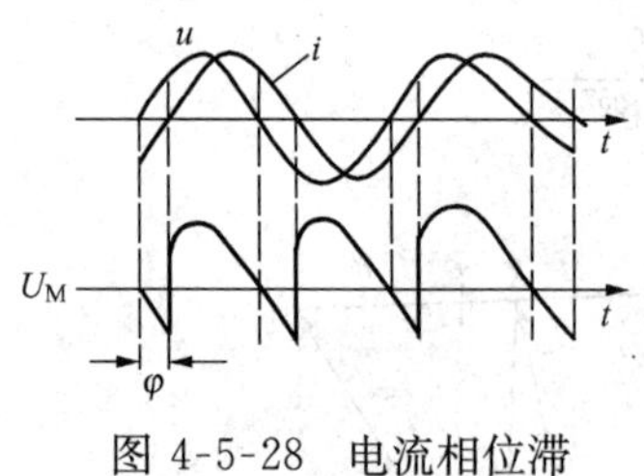

图 4-5-28　电流相位滞后电压相位

$$
\begin{aligned}
U_b &= -\int_0^{\frac{\varphi T}{2\pi}} U_M \sin\omega t\, dt + \int_2^{\frac{\pi}{2}} U_M \sin\omega t\, dt \\
&= \frac{U_M}{\omega}\cos\omega t \Big|_0^{\frac{\omega}{2\pi}T} - \frac{U_M}{\omega}\cos\omega t \Big|_{\frac{\varphi}{2\pi}T}^{\pi} \\
&= \frac{U_M}{\omega}\cos\varphi - \frac{U_M}{\omega} + \frac{U_M}{\omega} + \frac{U_M}{\omega}\cos\varphi \\
&= \frac{2}{\omega} U_M \cos\varphi
\end{aligned}
$$

可见，积分输出可直接反应 $U\cos\varphi$。

二、相电流差突变量 ΔL_{pp} 的触发器

相电流差突变量 ΔL_{pp} 的触发器原理电路如图 4-5-29 所示（以 ΔL_{AB} 为例）。

图 4-5-29 中 $|\Delta L_{AB}|$ 是经整流后的与相电流差突变量幅值相应的电压。

三个电压经二极管 V1～V3 在电容 C1 上建立压降，C1 上建立的是三个电压中的最大值。该电压经 R5 接至运算放大器 A1 的反相输入端，R6 的选择使制动量为 0.2，该电路构成最大相制动。

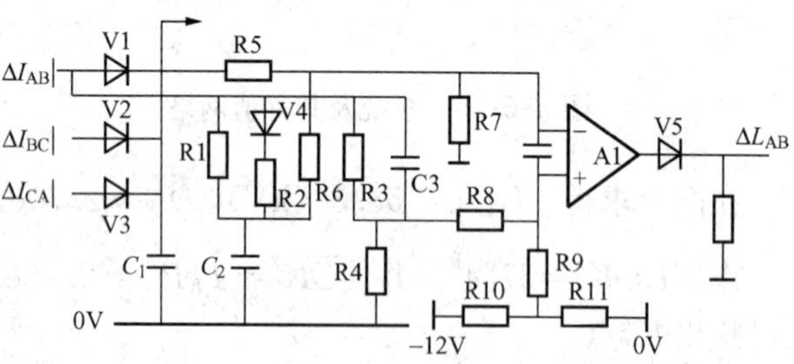

图 4-5-29　相电流差突变量 ΔL_{pp} 的触发器

ΔI_{AB} 增大时，经 R1、R2 向 C2 充电；ΔI_{AB} 减小时，经 R1 放电，因此充电快，放电慢。U_{C2} 经 R6 接至制动臂，制动量为 1，该电路构成浮动门槛。

ΔI_{AB} 突然增大时，U_{R4} 快速建立，经 C3 充电，U_{R4} 逐渐降低，直至最后为 R3、R4 的分压。U_{R4} 经 R8 接到动作臂，动作量为 1。

另外，R10、R11 分压构成触发器的门槛，即继电器的整定值，实际整定值分三挡 $0.1I_N$、$0.2I_N$、$0.3I_N$，它由改变 R11 来得到。

最大相制动的加入是为了在大电动机负荷下，正、负序阻抗不一致，单相接地时，非故障两相电流差有输出时，防止误动作。制动系数 0.2 已考虑到最严重情况。电容 C1 使最大相幅值保持一段时间，也是为了上述目的。因为电动机在短路初始时，正、负序阻抗相等，并迅速拉开，使非故障两相电流差出现输出，制动量保持一段时间，即可克服误动的可能性。

在 ΔI_{AB} 的稳定状态，$U_{C2} > U_{R4}$，制动量高于动作量，触发器不会动作。当 ΔI_{AB} 突然出现时，U_{C2} 尚未建立，$U_{R4} = |\Delta L_{AB}|$，动作量迅速建立，触发器动作。

制动臂电压 U_{C2} 采用充电快、放电慢的措施，解决了系统振荡时继电器误动的问题。

三、时钟脉冲发生回路

比相电路和时间电路都需要相应频率的时钟脉冲。CK 系列保护的时钟脉冲电路如图 4-5-30所示，其中主要由 4060、4518 芯片构成。

4060 由一个振荡器部分和 14 个脉动二进制计数器构成，如图 4-5-31 所示。在图 4-5-30 中，计数器输入脉冲线上具有施密特触发电路。为了得到高精度的时钟脉冲，采用了石英晶体振荡器，振荡频率为 1024kHz。15 脚输出 2^{10} 分频，为 1kHz，接至 4518 的第一脚（第 1 级计数器的脉冲输入）。4518 的 6 脚输出为 10 分频，即 100Hz。将此接第 2 级计数器

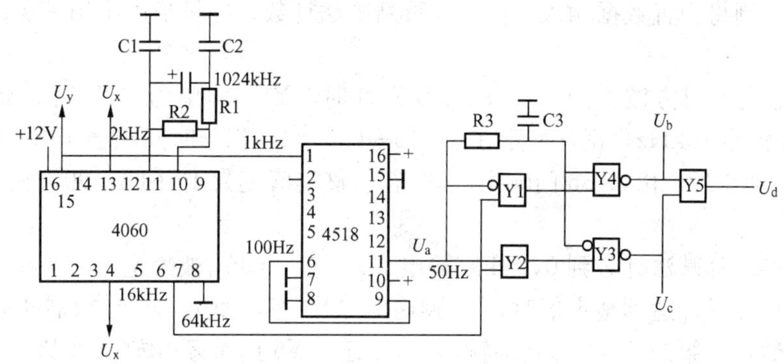

图 4-5-30 时钟脉冲电路

第 9 脚，经 11 脚输出 U_a，为 2 分频，即 50Hz，与工频相同。

4060 的 7 脚为 2^4 分频，即 64kHz，当 U_a 为负半周时，与门 Y1 门输出 64kHz 脉冲。在 U_a 由正变负的瞬间，C3 通过 R3 放电，放电过程中，Y4 门输出 64kHz 的负脉冲；反之，当 U_a 由负变正的瞬间，则 Y3 门输出 64kHz 的负脉冲。Y5 门则在 U_a 每次变换时，均输出负脉冲。R_3C_3 为时间常数，使每次输出 2～3 个脉冲。脉冲波形如图 4-5-32 所示。这些脉冲的作用是：

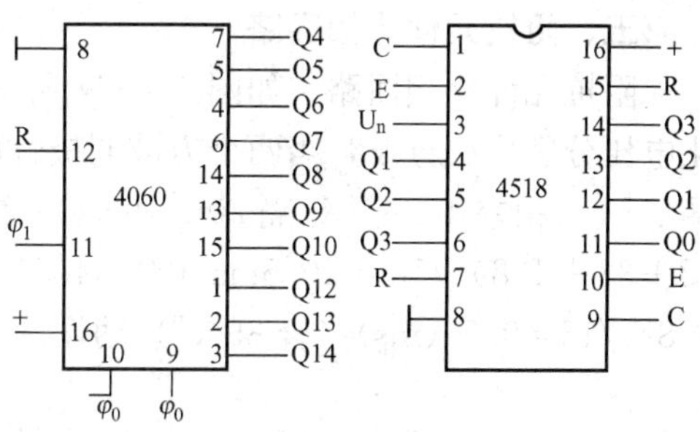

图 4-5-31 4060 和 4518 芯片的构成

U_b 和 U_c：用于计数平均比相回路，在每一周期内清 0 一次，即在一个周期内比较相位。

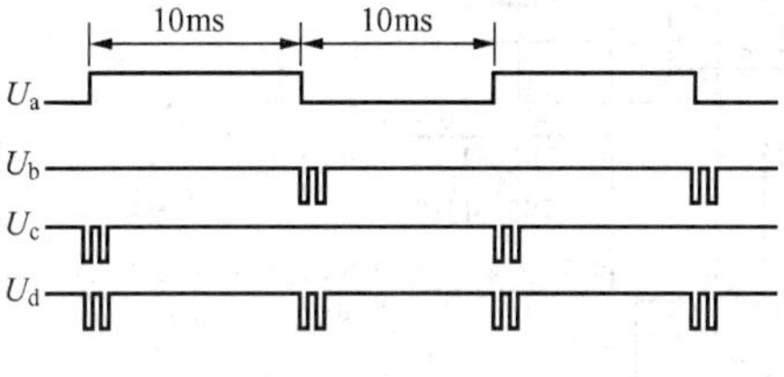

U_d：可用于零序功率方向比较回路，在半周内比相。

另外，由原理图 4060 的 13 脚输出为 2kHz、15 脚输出为 1kHz，用于时间元件。4 脚输出 16kHz，用作继电器比相回路的时钟信号。由这些脉冲构成的时间元件和比相回路，具有高精度级。

图 4-5-32 脉冲波形图

四、零序方向比相回路

零序方向比相回路如图 4-5-33 所示，主要由两片 40103 电路组成。40103 为 8 位二进制减法计数器：第一片作比相电路用，第 9 脚受时钟脉冲 U_d 控制，工频每半周输入负脉冲

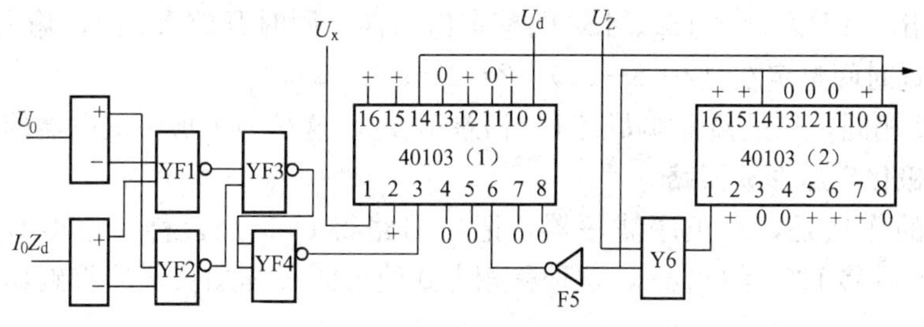

图 4-5-33 零序方向比相回路

信号，非同步强制将预置数据输入计数器，重新减法计数，即每半周比相一次；第二片作展宽电路用。

U_0 与 I_0Z_d 先形成方波。当 U_0、I_0Z_d 反极性时，YF4 输出为“0”态，允许计数器计数。U_x 是时钟脉冲 16kHz，正常整定在 4＋16＋64＝84，积分时间相当于 84/16＝5.25ms，合 94.5°动作。动作后，由于 F5 门输出“0”态，整定值变为 16＋64＝80，相当于 80/16＝5ms。

正常时，第二片减法计数到 0，14 脚输出“0”态。Y6 门被禁止，保持在 0 数状态。

当第一片计数脉冲达到整定值时，14 脚输出“0”态，使第二片计数器非同步强制将预置数据输入计数器，第二片 14 脚立即输出“1”态。Y6 门重新开放时钟脉冲 U_Z（2kHz），开始减法计数。如图，预置数据为 2＋4＋8＋16＝30，相当于 3012＝15ms，即 14 脚电位展宽了 15ms。正方向故障，每 10ms 第一片 14 脚输出“0”态，因此第二片 14 脚将连续输出“1”态。

五、阻抗元件比相回路

阻抗元件比相回路，如图 4-5-34 所示，与零序方向比相回路基本相同。工作电压和极化电压分别形成方波，当两个方波同极性时，F1 门输出“0”态，允许 JS1、JS2 开始计数，U_b、U_c（相差 10ms）每隔 20ms 出现一次负脉冲。将计数器预置为整定值，计数器整定在（8＋32＋128）/16＝10.5ms（合 94.5°）动作。继电器动作后整定值切换为（8＋16＋128）/16＝9.5（ms）（合 85.5°）动作。

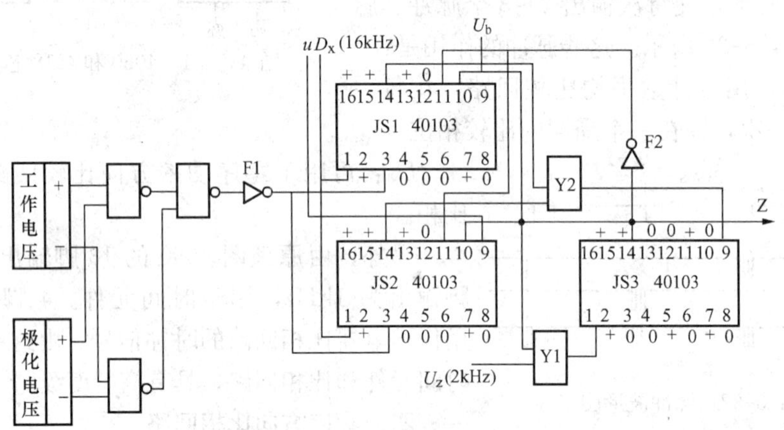

图 4-5-34 阻抗元件比相回路

当积分脉冲大于整定值时，JS1 或 JS2 的 14 脚输出“0”态，通过 Y2 门预置 JS3，使 JS3 的 14 脚输出“1”态，将 JS1、JS2 的整定值切换，同时开放 Y1 门，输入 $U_{Z(2kHz)}$ 脉冲，开始计数，展宽时间整定在（2＋8＋32）/2＝21ms。

JS1 与 JS2 相同，只是预置端 U_b、U_c 相差 10ms，这是为了加快继电器的动作速度。

六、正序极化电压形成回路

国外保护的作法是，经正序滤序器，记忆回路得 U_{1AM} 后，移 θ 角得 $U_{1AMe^{j\theta}}$，再前移 120°得 $U_{1CMe^{j\theta}}$，后移 120°得 $U_{1BMe^{j\theta}}$，这种移相方式使过渡过程加长，严重破坏了继电器的暂态特性。

由分析可知，当移相回路角度 φ 的范围在 $-90°<\varphi<0°$ 或 $90°<\varphi<180°$，有较好的暂态

特性，时间常数 τ 较小；当 $-180^\circ<\varphi<-90^\circ$ 或 $0^\circ<\varphi<90^\circ$ 时，时间常数 τ 较大，暂态特性差。因此，选择移相方式应尽量使 φ 在 τ 较小的范围内。

CKJ系列保护装置中，正序极化电压形成回路如图 4-5-35 所示。经正序滤序器得 U_{1A}，再经记忆回路（由陷波、减法器组成）得 U_{1AM}。采取的措施是令 $U_{1C}=-U_{1A}e^{-j60^\circ}$，将反相的 U_{1A} 移相 $-60^\circ+\theta$，即得到C相的极化电压 $U_{1CM}e^{j\theta}$。由于 θ 是由 0° 到 40°，因此，实际移相角度 φ 在 -60° 到 -20° 范围内，有较小的时间常数。

一相正序电压形成后，另外两相不再由正序滤序器形成，而由该相移相得到。通常国外保护的形成方式是：向前移相 120°得到超前相，向后移相 120°得到滞后相。向前移相 120°时，$\tau=1.8$ms；向后移相 120°时，$\tau=5.4$ms，因此滞后相时，过渡过程较长。

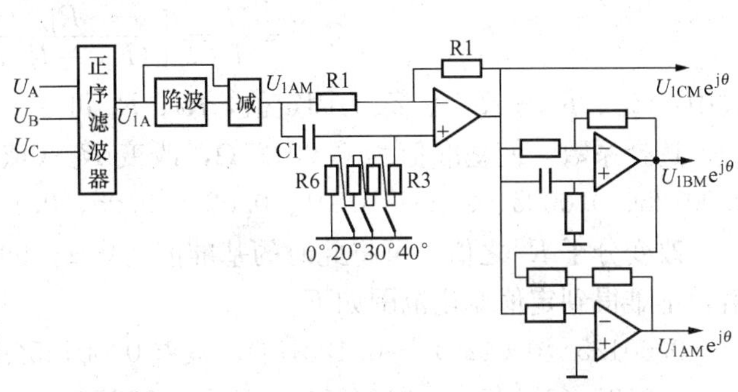

图 4-5-35 正序极化电压形成回路

本移相方式是，向前移相 120°形成 $U_{1BM}e^{j\theta}$，然后超前相与本相电压相加并反相，构成滞后相，其结果是过渡过程得到较大程度的减小，暂态特性也得到改善。

七、阻抗继电器工作电压 IZ_d—U 形成回路

阻抗继电器的定值调整是由改变工作电压（U_{op}）的参数而得，U_{op} 的一般表达式如下

$$U_{op}=IZ_d-U$$

从上式可知，U_{op} 有两项，一是电流回路（Z_d 为整定阻抗），一是电压回路，改变任一回路参数，都可达到改变定值的效果。以往机电型、整流型、分立元件型皆改变电压回路的参数。根据近年来的研究表明，改变电流回路的参数更为合理，具体电路如图 4-5-36 所示。

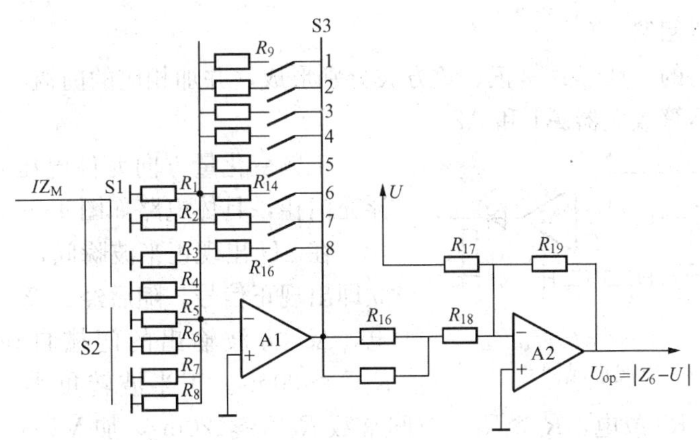

图 4-5-36 阻抗继电器工作电压 IZ_d-U 形成回路

$R_1\sim R_4$ 接个位拨轮开关 S1，$R_2=R_1/2$，$R_3=R_1/4$，$R_4=R_1/8$。$R_5\sim R_8$ 接十位拨轮开关 S2，$R_5=R_1/10$，$R_6=R_5/2$，$R_7=R_5/4$，$R_8=R_5/8$。它们与 IZ_M 相接，并在面板上整定。阻值变化范围为 1～1/99 倍。

$R_9\sim R_{16}$ 作定值的基准值，分别由开关S3的 8 个闭合位置决定。$R_{10}=2R_9$，$R_{11}=4R_9$，

$R_{12}=8R_9$，$R_{13}=20R_9$，$R_{14}=2R_{13}$，$R_{15}=4R_{13}$，$R_{16}=8R_{13}$。

现以 S1 在 1 位置（接 R1），S2 在开路位置，S3 在 1 位置（接 R9）为例加以说明。运放 A2 输出得

$$U_{op}=IZ_M\frac{R_9}{R_1}\times\frac{R_{19}}{(R_{18}+R'_{18})}-\frac{R_{19}}{R_{17}}U$$

在边际条件 $U_{op}=0$，可得此时的整定值

$$Z_{set}=\frac{U}{I}=\left[\frac{R_{17}}{(R_{18}+R'_{18})}Z_M\right]\frac{R_9}{R_1}$$

式中：R_{17}、$R_{18}+R'_{18}$ 、Z_M为固定值，R_9、R_1 可变。

选择系数，使基准值为 0.00125Ω，改变 R_9（依次整定S3），不难得到基准值分别为 0.00125、0.0025、0.005、0.01、0.025、0.05、0.1、0.2 共 8 挡。

改变分子 R_1 之值，可将此时的基准值变化 1～99 倍。由基准值乘以面板上拨轮开关数值，不难得到定值变化范围如下：

0.00125（0.0125）～0.12375Ω，级差 0.00125Ω；

0.0025（0.025）～0.2475Ω，级差 0.0025Ω；

0.005（0.05）～0.495Ω，级差 0.005Ω；

0.01（0.1）～0.99Ω，级差 0.01Ω；

0.025（0.25）～2.475Ω，级差 0.025Ω；

0.05（0.5）～4.95Ω，级差 0.05Ω；

0.1（1）～9.9Ω，级差 0.1Ω；

0.2（2）～19.8Ω，级差 0.2Ω。

括号内为使用起始值。

Ⅰ、Ⅱ、Ⅲ段保护定值皆一样，可见定值变化范围之广，而且精度高，可用于任何线路。

八、方波形成回路

方波形成回路的一般形式是正、负方波分别形成，并加相应的门槛，如图 4-5-37 所示，图中采用了两个运算放大器 A1 和 A2。

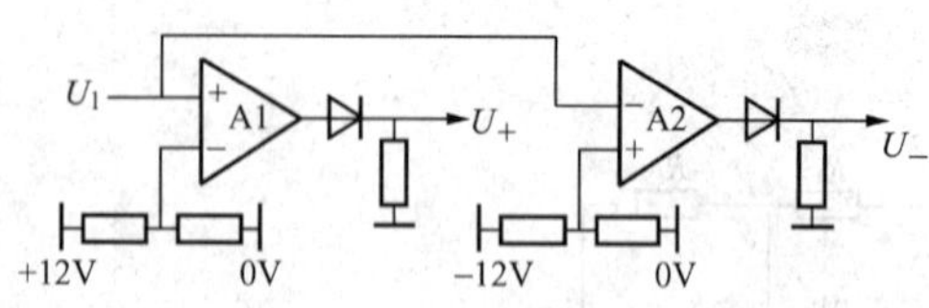

图 4-5-37　方波形成回路

工频变化量方向元件电压方波形成回路采用浮充门槛，具体电路如图 4-5-38（a）所示。

在 ΔU 出现正半波瞬间，C1 尚未充电，ΔU_+ 立即出现正信号，随后经二极管 V1，R4 对 C1 充电，ΔU 方波输出的门槛自动抬高。时间常数 $R_4C_1\approx 20$ms。正半波转负半波或 ΔU 逐渐消失时，C1 通过 V2、R5 放电，$R_6\gg R_4$，时间常数 $R_5C_1\approx 120$ms，加 V2 的目的是使其衰减小于 V2 压降时，减缓衰减速度。

负半波构成方式与正半波相同。它们的方波形成如图 4-5-38（b）所示。采用这种浮动门槛的优点是：

（1）抑制了正常时不平衡分量的影响。

（2）系统振荡时，ΔU 装有输出，由于浮充门槛，且充电快，放电慢，保护不会误动。

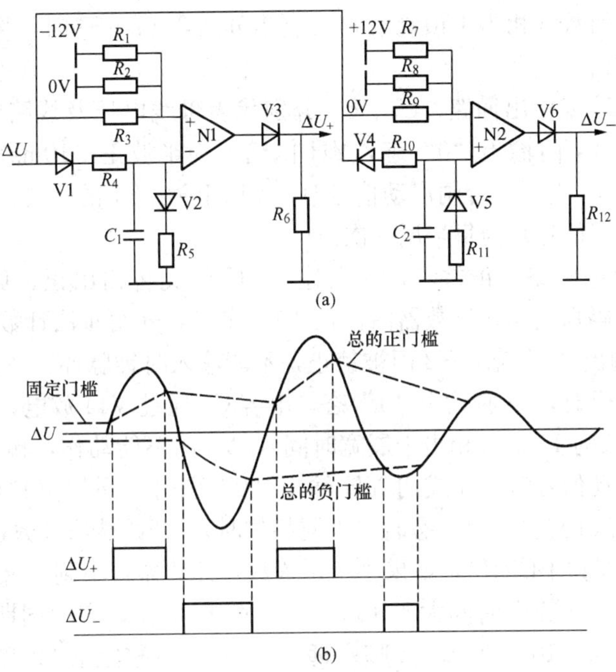

图 4-5-38 工频变化量方向元件电压方波形成回路

(a) 方波形成电路；(b) 电压方波形成

(3) 短路后初始，ΔU、ΔI 输出幅值较大，相位正确。到后来，由于逐渐衰减得很小，使不平衡输出与实际的电流电压短路分量混杂，采用浮充门槛后，即可自动关断比相。

九、同期检查电路

同期检查电路如图 4-5-39 所示。

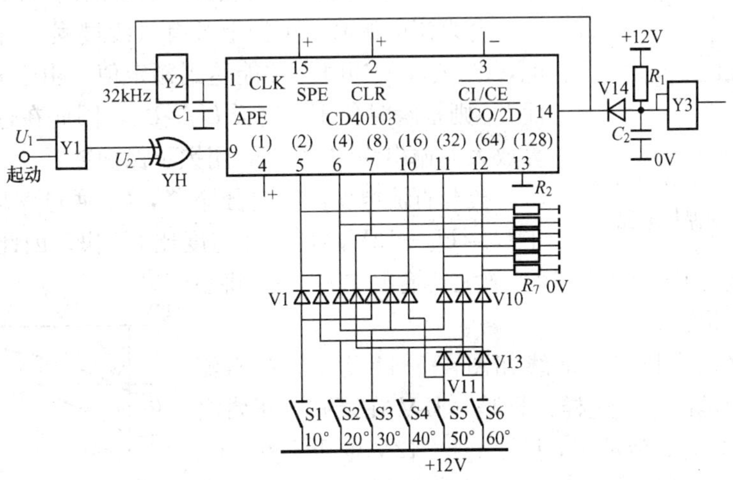

图 4-5-39 同期检查电路

当线路三相跳闸后，需要检查线路电压与母线电压的相角差 δ，相角差 δ 小于预定值才能重合。检查相角差的电路由 CD40103 电路构成。

(1) 预置定值回路。由开关 S1～S6 来实现，当开关 S 打开时，预置输入端通过 R2～R7 接 0V。不整定任何数（相当于预置数为 0)。当分别合 S1～S6 时，将+12V 接相应输入端，可得到相应整定值。

(2) 相角差δ的波宽检出回路。U_1、U_2 分别代表母线电压及线路电压方波。正常时，重合闸无启动信号，Y1 门输出"0"态，YH 门输出为半波正（10ms)，半波负（10ms)，相当于相角差δ=180°。当有重合闸启动信号时，Y1 门输出U_1 的方波，YH 门输出U_1、U_2 的相角差δ的波宽（正信号）为每半周一次。

(3) 相角差δ测量回路。正常时，如上述，YH 门交替输出正、负 10ms 的方波，在"0"态时，将预置数码强制输入计数器内。在"1"态时，开始减法计数，因为δ>整定值，减到 0 数时，14 脚输出"0"态，Y2 门被禁止，不能输入时钟脉冲，40103 计数器保持在 0 数，直到重新预置数码时，14 脚输出"1"态，电容 C2 通过 V14 放电，每 10ms 放电一次，R1、C2 充电时间常数为 15ms（相当于展宽时间)，Y3 门不能动作，输出"0"态，表示不同期。当有重合闸启动信号时，在或门 YH 输出"0"态时（同相位时），将预置数码强制输入计数器内。在 YH 门输出"1"态时（不同相位时），开始减法计数，如果δ的宽度大于预置数，结果同前，Y3 门不动作，如果小于预置数，计数器减不到 0 又重新置数，14 脚永远输出"1"态。R1、C2 充电时间大于 15ms 后，Y3 门动作，表示同期，可以重合。当合 S3 时，将+12V 引至 6、10、11 脚，4 脚永远接"+"，得整定值 29.8°（约 30°)。其他定值，依此类推。

十、拉合直流电源或电源故障时的保护电路

拉合直流电源或电源故障时，保护装置的逻辑回路可能不正常，因此需要一保护电路，使装置的所有重要出口回路均经过该电路闭锁。具体电路如图 4-5-40 所示。

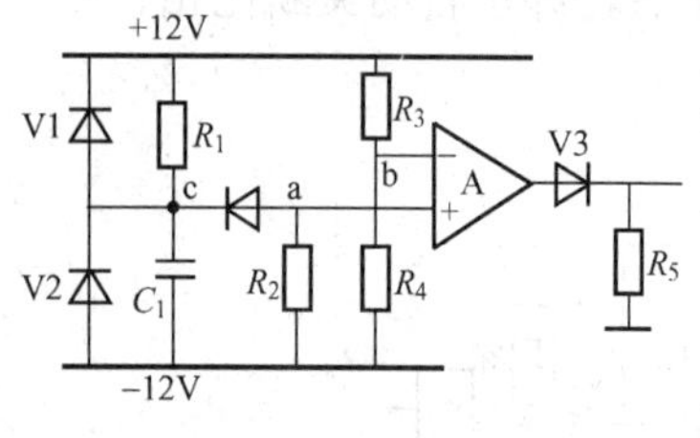

图 4-5-40　拉合直流电源或电源故障时的保护电路

图 4-5-40 中，$R_2 \gg R_1$，稳压管稳压约为 12V，R_3、R_4 分压后 U_b=－1V。正常运行时，U_a=0V，因此运放输出为正，开放闭锁回路，不闭锁保护装置的出口回路。

合直流电源时，电源上升有过渡过程，由于 R_1 对 C_1 充电，U_c 要经相当时间才能达到额定值。由于 $U_a = U_c - 12V$，而 U_b 则是瞬时分压，这样 $U_b > U_a$，因此在过渡过程中，运算放大器输出为"0"态，闭锁了保护装置。

拉开直流电源时，电压下降，U_c 通过 V1 快速放电，由于 $U_a = U_c - 12V$，其下降速度比 U_b 快，因此，当电源电压下降到装置不能正常运行时，运算放大器输出"0"态，将装置出口闭锁，并报警。

该保护电路的电压变化曲线如图 4-5-41 所示。拉直流时，以+12V 为基准点，这样，只是－12V 在衰减。正常时 $U_a > U_b$，从 $t=0$ 时直流消失，U_a 相对+12V 电压不变，U_b 随即衰减，很快交于 M 点，M 点以后 $U_b > U_c$，运算放大器输出"0"信号，将保护出口闭锁。

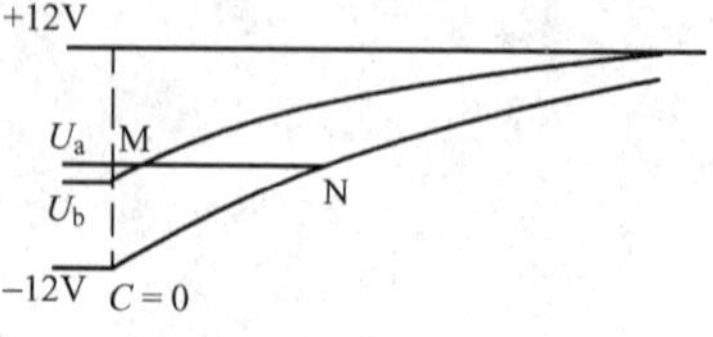

图 4-5-41　拉合直流电源或电源故障时的保护电路的电压变化曲线

十一、时间继电器电路

CKJ 系列保护的时间继电器电路如图 4-5-42 所示。它

由 4 片 4017（JS1～JS4）组成。4017 由 5 个静态 V 触发器构成的十进制计数器和十进制的输出译码电路所组成（参看 JS3、JS4 的 1～7 脚 9～11 脚）。输入有前沿输入 C_P 端，后沿输入 C_T 和复位 R 端（参看 JS1 的 14、13、15 脚注）。在 R 端施加逻辑“1”电平时，计数器全为 0。十进制译码门正常输出是低电平，仅在各自输出时为高电平。每 10 个时钟输入，输出一个进位信号 Q_c（12）脚，在各级计数链中，可以直接作为下一级的时钟输入。

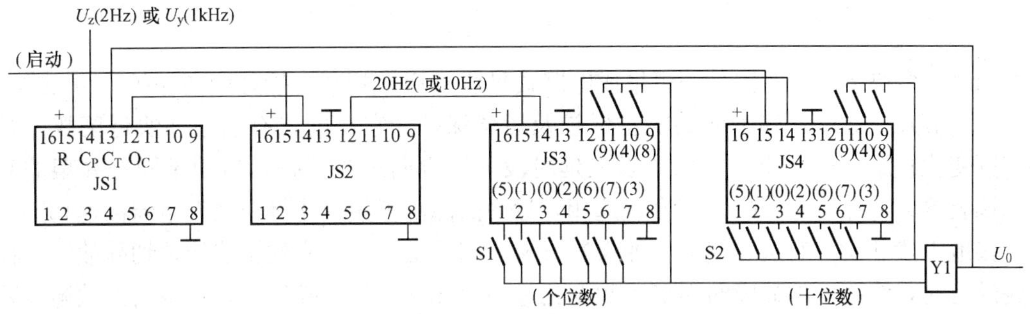

图 4-5-42　时间继电器电路

图中 JS1、JS2 作分频器用。12 脚输出为 10 分频，如果输入脉冲为 U_Z（2kHz），经两级分频后，则 JS2 的 12 脚输出为 20Hz，每个脉冲时间为 50ms。JS3、JS4 分别为时间的个位和十位数整定，整定由十进制拨轮开关 S1（个位）、S2（十位）进行。可整定 1～99 个脉冲，合计时间为 50ms～4.95s，级差为 50ms。如果输入脉冲为 U_y（1kHz），则时间整定范围为 100ms～9.9s，级差 100ms。

启动信号接复位 R 端（15 脚），正常时为“1”态，JS1～JS4 计数器全为 0。需要计时时，变为“0”态，开始计数。当计数脉冲达到 JS4、JS3 的定值时，即 Y1 门的两输入端同为“1”态，Y1 门输出“1”态至 JS1 的 13 脚（C_T）。闭锁了 JS1 的时钟脉冲（U_Z）输入、JS3、JS4 保护在定值输出状态，U_0 保持“1”态，即时间继电器动作。

第六章　综合比相式距离继电器

CKJ-3 型快速距离保护是一组集成电路式Ⅲ段不切换相间、接地距离保护，可用作 110～500kV 高压、超高压输电线路的主保护及后备保护。它还配置有前述加快近区故障跳闸的工频变化量距离继电器以及两个以上延时段零序方向过流保护，适用于同杆并架的双回线。该装置的特点是跨线故障不会误选相，近区故障由工频变化量距离继电器高速切除。相间、接地Ⅰ段Ⅱ段都有选相能力。如设置分相三路通道时，可实现全线快速切除故障；仅用一路通道时，线路末端故障时对侧工频变化量距离元件首先切除后，再相继切除故障线路。

第一节　综合比相式接地距离继电器的基本原理

第Ⅰ、Ⅱ段综合比相式接地距离继电器的特性是由下面四个量进行比相来实现的，这四个量是：

工作电压　$U_{op.p}=U_p-(I_p+K3I_0+K_m3I_{0m})Z_{set}$

第一极化电压　$U_{pol.1}=-U_{1pM}e^{j\theta_0}$

第二极化电压　$U_{pol.2}=-I_{2p}Z_d$

第三极化电压　$U_{pol.3}=-I_0Z_d$　　(4-6-1)

式中：下角标 p 表示 A、B、C 三相；下角标 1、2、0 分别代表正序、负序、零序分量；下角标 M 代表记忆；Z_{set} 为整定阻抗，θ_0 为姆欧特性的偏移角；$K3I_0$ 为本线零序电流补偿分量，$K=\dfrac{Z_0-Z_1}{3Z_1}$；K_m3I_{0m} 为双回线中邻线的 I_0 补偿分量。

当上面四个量同极性的时间达 90°（5ms）时，接地距离继电器动作。这相当于四个量中两两比相，要用六个继电器，这六个继电器的功用分述如下。

对工作电压 $U_{op.p}$ 和第一极化电压 $U_{pol.1}$ 比相的继电器的主要功能是测距，当 $U_{pol.1}$ 一项中 $\theta_0=0$ 时，其特性同第Ⅲ段距离继电器，即为带记忆特性的方向阻抗继电器；对第二和第三极化电压（$U_{pol.2}$ 和 $U_{pol.3}$）比相的继电器的功能是在单相故障时选出故障相；另外将 $U_{pol.1}$ 和 $U_{pol.2}$，$U_{pol.1}$ 和 $U_{pol.3}$ 分别进行比相实现负序、零序方向元件判别方向并附加选相的功能；最后，分别对 $U_{op.p}$ 和 $U_{pol.2}$，$U_{op.p}$ 和 $U_{pol.3}$ 比相实现负序、零序电抗元件的功能，忽略邻线的影响，上述元件基本原理和功用分述如下。

一、姆欧元件

忽略同杆邻线的影响，姆欧元件的动作特性方程如下。

$$-90^\circ \leqslant \arg\frac{U_p-(I_p+K3I_0)Z_{set}}{-U_{1pM}e^{j\theta_0}} \leqslant 90^\circ \tag{4-6-2}$$

(1) 对正方向故障，见分析用系统图 4-6-1，有

$$U_{1pM} = E_M = U_p + (I_p + K3I_0)Z_s$$

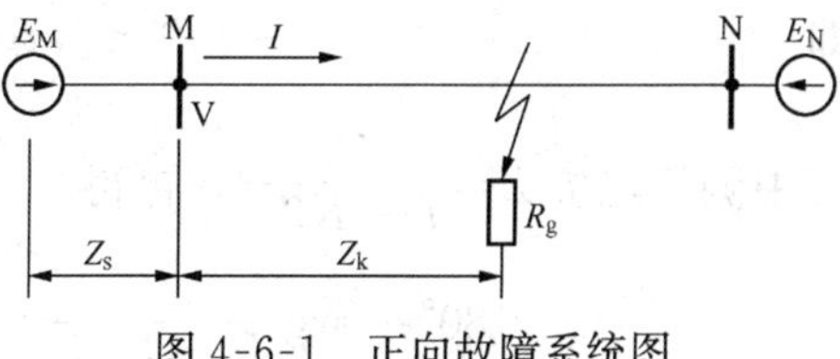

图 4-6-1　正向故障系统图

令 $Z=U_p/(I_p+K3I_0)$ 为继电器的测量阻抗。将记忆正序电压 U_{1pM} 及 Z 代入式（4-6-2），化简得正方向故障的特性为

$$-90° \leqslant \arg\frac{Z-Z_{set}}{-(Z+Z_s)e^{j\theta_0}} \leqslant 90°$$

或

$$90°-\theta_0 \leqslant \arg\frac{Z-Z_{set}}{Z+Z_s} \leqslant 270°-\theta_0 \qquad (4\text{-}6\text{-}3)$$

式中，θ 与式（4-5-30）中的 θ 定义同。

由式（4-6-3）作出的特性圆见图 4-6-2。圆 C1 对应 $\theta_0=0$，圆 C2 对应 $\theta_0<0$。正方向故障特性圆 C1 和 C2 均为包含原点在内的偏移特性圆，它的耐过渡电阻能力较方向元件强。

（2）反方向故障时，见系统图 4-6-3，这时，正序记忆电压

$$U_{1pM} = E_N = U_p + (I_p + K3I_0)Z'_s$$

其中 Z'_s 恒大于 Z_{set}。设 $Z=\dfrac{U_p}{I_p+K3I_0}$ 为测量阻抗，并将其代入式（4-6-2），得反方向故障姆欧元件的动作判据为

$$90°-\theta_0 \leqslant \arg\frac{Z-Z_{set}}{Z-Z'_s} \leqslant 270°-\theta_0 \qquad (4\text{-}6\text{-}4)$$

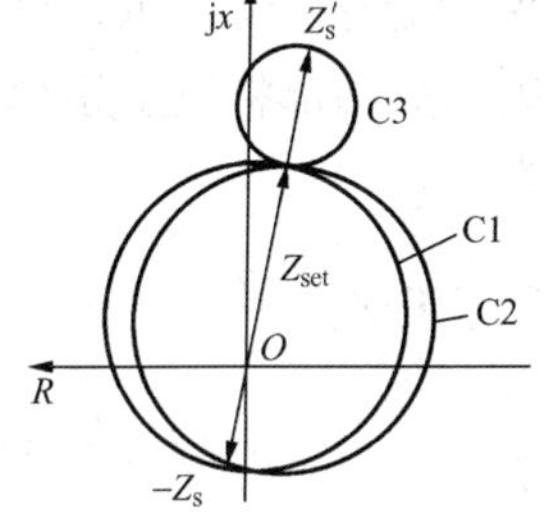

图 4-6-2　偏移上抛特性圆

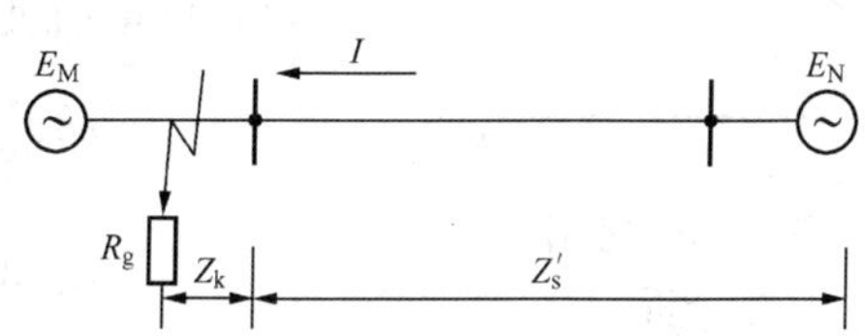

图 4-6-3　反方向故障系统图

式（4-6-4）在阻抗平面上的特性如图 4-6-2 中圆 C3（对应 $\theta_0=0$）。由于反向故障时测量阻抗总是落在第Ⅲ象限，故本继电器有明确的方向性。由于 $\theta_0\neq0$，姆欧元件特性将向第Ⅰ象限偏移，这增加了耐过渡电阻的能力。另一方面，带记忆的偏移方向阻抗特性不能解决静态超越的问题，为此增设了电抗元件。

二、负序、零序电抗元件

对于零序电抗元件，其特性判据为

$$-90° \leqslant \arg\frac{U_p-(I_p+K3I_0)Z_{set}}{-I_0Z_d} \leqslant 90° \qquad (4\text{-}6\text{-}5)$$

仍然假设 Z_d 的阻抗角为 90°，则式（4-6-5）可化为

$$-180° \leqslant \arg\frac{U_p-(I_p+K3I_0)Z_{set}}{I_0}\times\frac{I_p+K3I_0}{I_p+K3I_0} \leqslant 360°$$

即
$$-180° \leqslant \arg(Z-Z_{set})\frac{I_p+K3I_0}{I_0} \leqslant 360°$$

其中测量阻抗 $Z=\frac{U_p}{I_p+K3I_0}$。再得

$$180°+\arg\frac{I_0}{I_p+K3I_0} \leqslant \arg(Z-Z_{set}) \leqslant 360°+\arg\frac{I_0}{I_p+K3I_0} \tag{4-6-6}$$

式中设 $\beta_0=\arg\frac{I_0}{I_p+K3I_0}$。

由式（4-6-6）可见，零序电抗元件特性是围绕着整定阻抗端点旋转的一束直线，它与电阻 R 正方向成的倾斜角为 β_0。

在单侧电源的空载线路上有 $\arg\frac{I_0}{I_p+K3I_0}=0$，这时电抗元件的特性是一平行于 R 轴的直线，在双侧电源有负荷的线路上，这一角度 β_0 将随短路点的位置和过渡电阻而变化。另一方面，在 A 相接地时，故障相的测量阻抗

$$Z_A=\frac{U_A}{I_A+K3I_0}=Z_L+\frac{3I_{0F}}{I_A+K3I_0}\cdot R_g=Z_L+\Delta Z_R$$

设 $\beta_1=\arg\frac{3I_{0F}}{I_A+K3I_0}$，其中 I_{0F} 为流过短路点的零序电流；Z_L 为故障点至保护安装点的线路正序阻抗。对单侧供电线路，I_0 与 I_{0F} 同相位，$\beta_1=\beta_0$，继电器的动作特性在这种情况下，将不受 R_g 的影响，不会造成超越，见图4-6-4。对双侧供电线路，保护处于受端，R_g 较大时继电器可能拒动；而对区外故障无论送端受端都将发生超越。

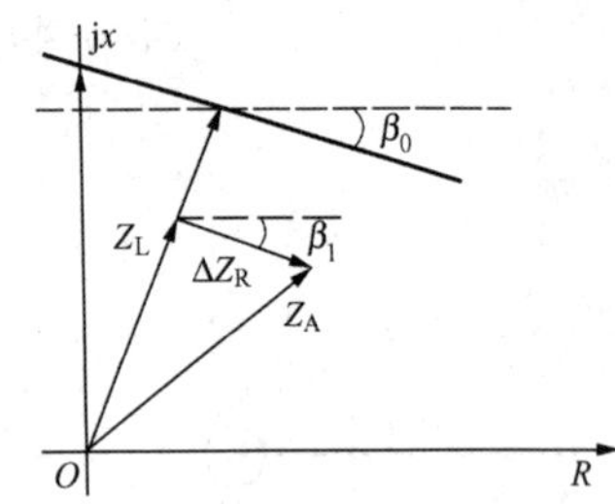

图 4-6-4　电抗动作特性分析

对负序电抗元件，其动作判据为

$$180°+\arg\frac{I_{2p}}{I_p+K3I_0} \leqslant \arg(Z-Z_{set}) \leqslant 360°+\arg\frac{I_{2p}}{I_p+K3I_0} \tag{4-6-7}$$

由式（4-6-7）看出，I_{2p} 和 I_{0F} 的相位越接近，该负序电抗元件对 R_g 的自适应能力越强。同样，设

$$\arg\frac{I_{2p}}{I_p+K3I_0}=\beta_2$$

则由于单相接地时流经故障点的各序电流分量相等，所以流经保护的故障相电流负序、零序分量分别为

$$\left.\begin{aligned} I_{2p}&=\frac{Z_{N2}}{Z_{\Sigma2}}I_{0F}=\frac{Z_{N1}}{Z_{\Sigma1}}I_{0F} \\ I_{0p}&=\frac{Z_{N0}}{Z_{\Sigma0}}I_{0F} \end{aligned}\right\} \tag{4-6-8}$$

式中：Z_{N1}、Z_{N2}、Z_{N0} 分别为短路点至对侧的正序、负序、零序阻抗；$Z_{\Sigma1}$、$Z_{\Sigma2}$、$Z_{\Sigma0}$ 分别为系统总的正序、负序、零序阻抗。

由式（4-6-8）看出，I_{2p}、I_{0p} 和 I_{0F} 之间的相位差分别取决于 $Z_{N1}/Z_{\Sigma1}$ 和 $Z_{N0}/Z_{\Sigma0}$ 的相位角。一般来说两侧正（负）序等效阻抗角的差别小于两侧零序阻抗角之差别，增设 I_{2p} 比相

元件可望取得更好的对付过渡电阻的自适应能力。

对于区外 BC 两相经过渡电阻 R_g 接地时，若 R_g 较大，I_0 将超前 I_{2A}很多，见图 4-6-5，这时 $U_{0p.C}$落后于 I_0，C 相零序电抗元件将误动，这是因为 $\beta_0=\arg\dfrac{I_0}{I_p+K3I_0}$很大，电抗线转动太多所致。但由于 I_{2C}落后于 $U_{0p.C}$，所以负序电抗元件不会超越，对 C 相继电器，区外故障 $U_{0p.B}$超前 I_0，在 I_0 与 I_{0F}之间相位差不大的情况下，零序电抗元件不会误动。然而 $U_{0p.B}$滞后 I_{2B}，所以负序电抗元件将出现超越，两者互相制约，致使两相接地短路时电抗元件的暂态超越问题解决得比较好。

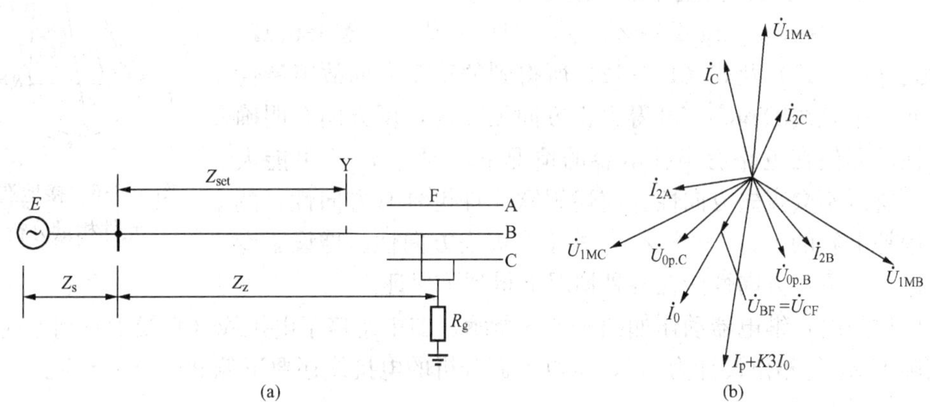

图 4-6-5　区外两相短路接地

(a) 系统图；(b) 相量图

三、选相元件

由于Ⅱ、Ⅲ段接地距离继电器主要用来反应单相接地故障，所以需要配置能准确选出单相接地故障相的选相元件。本装置中该选相元件的动作判据为

$$-90^\circ \leqslant \arg\frac{I_{2p}}{I_0} \leqslant 90^\circ \tag{4-6-9}$$

在单相故障时，故障相的负序分量和零序分量同相位，满足式(4-6-9)，而健全相的 $\dot{I}_2$ 和 $\dot{I}_0$ 相位差 120°，故不会动作。在 BC 两相金属性短路接地时，$\dot{I}_0$ 和 $\dot{I}_{2a}$同相位，然而由于 A 相为非故障相，其姆欧元件不会动作。在 BC 两相经过渡电阻接地时，因为受 R_g 的影响，随着 R_g 的增大，$\dot{I}_0$ 的相位将向超前方向移动，见 I_0' 。而负序电流分量的相位相对稳定，见图 4-6-6。当 R_g 很大时，$\dot{I}_0'$ 可能超前 $\dot{I}_{2A}'$ 90°，而 $\dot{I}_0'$ 和 $\dot{I}_{2B}'$却在 90°范围以内，至使故障超前相（B 相）选相元件动作。据分析，两相经过渡电阻短路接地时，故障相中超前相电抗元件能正确动作。所以，BC 两相接地时选相元件选出 B 相是有利的。

四、负序、零序方向元件

以零序、负序方向元件为例，其动作判据为

$$-90^\circ \leqslant \arg\frac{-U_{1pM}e^{j\theta}}{-I_0Z_d} \leqslant 90^\circ \tag{4-6-10}$$

对正方向单向故障时，记忆正序电压

$$U_{1pM}=E_M=U_p+I_pZ_{sd}$$

式中：Z_{sd}为经 I_0 补偿后的本侧等值电源阻抗。仍设 Z_d 的阻抗角为 90°，$Z=\dfrac{U_p}{I_p}$，同时近似认为 I_p与 I_0 同相位，得正方向单相故障的动作条件为

$$-\theta \leqslant \arg(Z+Z_{sd}) \leqslant 180° - \theta \qquad (4\text{-}6\text{-}11)$$

反方向故障时，有

$$U_{1pM} = E_N = U_p - I_p Z'_{sd}$$

同样，Z'_{sd} 为经 I_0 补偿的从保护安装点至电源之等值阻抗，一般 $Z'_{sd} > Z_{sd}$，得反方向故障动作条件为

$$-\theta \leqslant \arg(Z - Z'_{sd}) \leqslant 180° - \theta \qquad (4\text{-}6\text{-}12)$$

由式（4-6-11）及式（4-6-12）所得到的正反方向故障特性见图 4-6-7 中直线①和②。可得出正方向无死区，反方向有明确的方向性。即使在电路有串补电容的情况下，因为 x_c 不可能大于 Z'_{sd}，所以不会丧失方向性。前述姆欧元件也具有方向性，然而要求串补电容的 $|x_c| < |Z_{sd}|$ 才不会失去方向性。增设了专用的方向元件后，方向性能在各种情况下得到了保证。

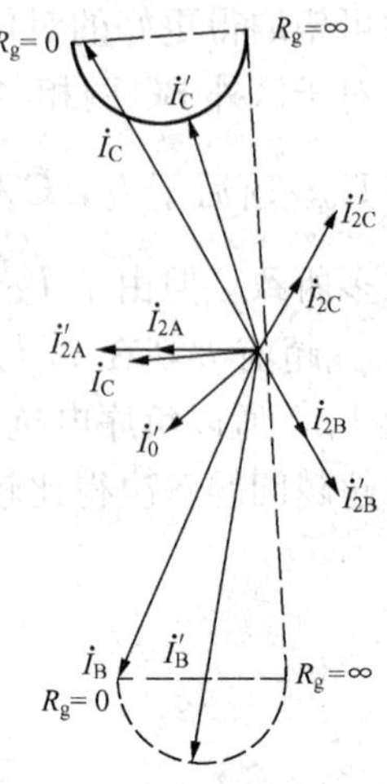

图 4-6-6 接地选相元件相量分析

正向故障时，继电器动作如图 4-6-8 所示。图中忽略了电抗线（直线①）和方向线的下偏。实际上 Z_d 的相位设计为 85°，所以上面分析的电抗线还要下偏 90°−85°＝5°。

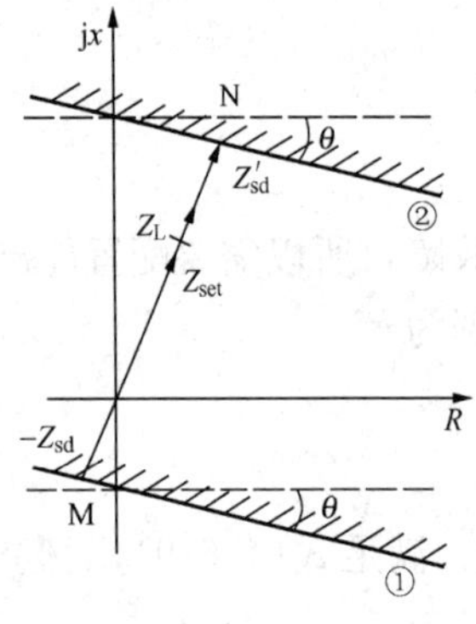

图 4-6-7 直线特性

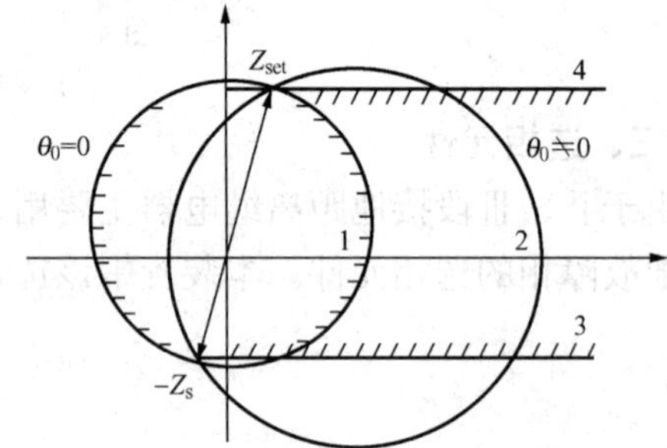

图 4-6-8 正向故障继电特性

1、2（圆）—姆欧线；3（直线）—方向线；4—电抗线

综上所述，此种接地距离继电器的性能特点归纳如下：

（1）选相性强。选相元件、姆欧元件均有良好的选相性能。

（2）方向性好。在反方向经实际可能的串补电容短路时，不会失去方向性。

（3）对接地过渡电阻有自适应性。

（4）在电抗线的约束下可以使特性圆的第Ⅰ象限偏转以提高耐受过渡电阻的能力。

第二节 综合比相式相间距离继电器的基本原理

本装置中，相间距离继电器主要用来对付两相及以上的故障，包括两相短路、两相短路接地及三相故障，单相接地时距离继电器不会动作。当相间继电器动作后，可立即动作跳三

相，或者在同杆并架双回线上应用时，跳对应的三相。

第Ⅰ、Ⅱ段相间距离继电器由一个工作电压和三个极化电压之间比相构成。其中：

$$\left.\begin{array}{ll}\text{工作电压} & U_{\text{Op. pp}}=U_{\text{pp}}-I_{\text{pp}}Z_{\text{set}} \\ \text{第一极化电压} & U_{\text{p. pp1}}=-U_{\text{1ppM}}e^{j\theta_{\text{p}}} \\ \text{第二极化电压} & U_{\text{p. pp2}}=-I_{\text{2pp}}Z_{\text{d}}-[I_{\text{pp}}Z_{\text{d}}]_{\text{lim}} \\ \text{第三极化电压} & U_{\text{p. pp3}}=I_0R\end{array}\right\} \tag{4-6-13}$$

式（4-6-13）中：pp 为 AB 或 BC 或 CA 相间；p 为 A 或 B 或 C 三相；$[I_{\text{pp}}Z_{\text{d}}]_{\text{lim}}$表示括号内的值经过限幅；其他符号与接地距离Ⅰ、Ⅱ段同。

考虑到两相短路和三相短路时 $I_0=0$，在这两种情况下 $U_{\text{p. pp3}}$ 自动退出比相。

相间距离继电器的动作条件是当上述四个量同极性的时间达 5ms 以上（大于 90°），相间继电器也分解为六个在两个量之间比相的继电器，按其功能可分解为姆欧元件、电抗元件、选相和方向元件。它们的功能分述如下。

一、选相元件

选相元件由第二极化电压 $\dot{U}_{\text{p. pp2}}$ 和第三极化电压 $\dot{U}_{\text{p. pp3}}$ 之间比相实现。对不对称故障，$\dot{U}_{\text{p. pp2}}$ 中以第一项（$-\dot{I}_{\text{2pp}}Z_{\text{d}}$）为主。其动作特性为

$$-90^\circ \leqslant \arg\frac{-\dot{I}_{\text{2pp}}Z_{\text{d}}}{\dot{I}_0} \leqslant 90^\circ \tag{4-6-14}$$

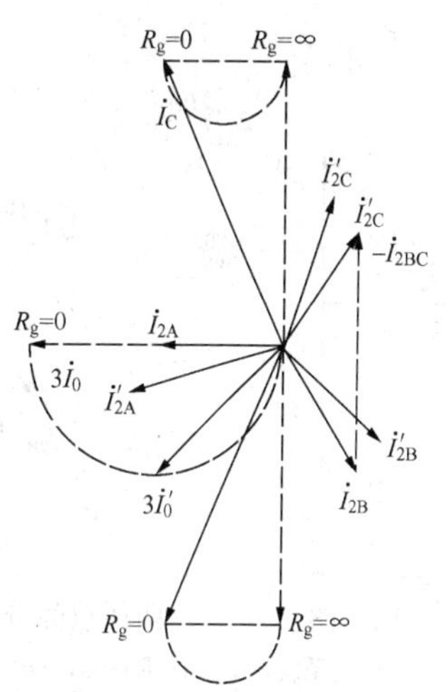

图 4-6-9　相间选相元件相量分析

在 BC 相间金属性短路接地时，如图 4-6-9 所示。$\dot{I}_0$ 和 $\dot{I}_{2A}$ 同相位，假设 Z_{d} 的相位角为 90°时，$-\dot{I}_{\text{2BC}}Z_{\text{d}}$ 则与 I_{2A}（I_0）同相。所以 BC 相间距离继电器中选相元件动作。而 AB、CA 相间方向元件因相差 120°将不会动作。

当 BC 两相短路经大过渡电阻接地时，见图 4-6-9，I_0 将明显地向超前方向移动至 $\dot{I}'_0$，$\dot{I}_{2A}$ 也稍稍向超前方向移动至 $\dot{I}'_{2A}$，所以当 R_g 增至很大时，可能使选相元件拒动。然而，在这种情况下，因为 R_g 大，I_0 的数值较小，由于$\dot{U}_{\text{p. pp3}}=\dot{I}_0R$的方波形成回路有较高的门槛，它所形成的方波宽度增大，保证选相元件动作。

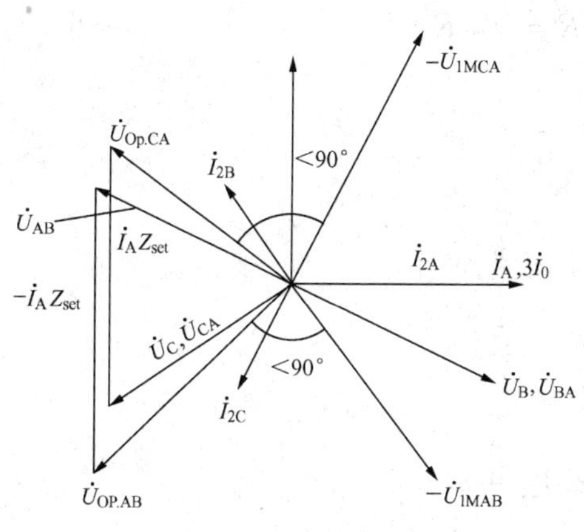

图 4-6-10　单相接地相量图

引入 I_0 作为极化量是为了防止在出口单相短路接地时相间距离继电器动作跳三相。图4-6-10为出口 A 相金属接地之相量图。若电源容量大（I_A 大），线路长，则 Z_{zd} 大。又由于 $\dot{I}_AZ_{\text{zd}}$ 大，$\dot{U}_{\text{Op. AB}}$、$-\dot{U}_{\text{1MAB}}$和$-\dot{I}_{\text{2AB}}Z_{\text{d}}$ 三个相量可能落在 90°范围内，只有 $\dot{I}_0$（即 $\dot{I}_0$R）与 $\dot{U}_{\text{Op. AB}}$、$-\dot{I}_{2A}Z_{\text{d}}$ 不同在 90°范围内，使 AB 相间距离继电器不动作。同理，

由于 $\dot{I}_0$ 参加比相，也使CA相间距离继电器不动作。至于BC相间距离继电器，其选相元件因 $\dot{I}_0$ 和 $-\dot{I}_{2BC}Z_p$ 同相而动作，但此时电压 $\dot{U}_{BC}$ 和电流 $\dot{I}_B-\dot{I}_C$ 保持故障前的数值不变，姆欧元件不会动作。

两相短路没有 I_0，选相元件退出工作，这时选相任务由后面要讲的方向元件来承担。

对于三相短路，也没有 I_0，但这时不需要选相，三个相间距离继电器都能正确动作。

二、电抗元件

由工作电压 U_{OP} 分别对第二、三极化电压 $U_{pol.2}$、$U_{pol.3}$ 比相来实现电抗元件的动作特性。这里主要对 U_{OP} 和 $U_{pol.2}$ 比相进行分析。其动作判据式为

$$-90^\circ \leqslant \arg \frac{U_{pp}-I_{pp}Z_{zd}}{I_{pp}Z_d-[I_{pp}Z_d]_{lim}} \leqslant 90^\circ \tag{4-6-15}$$

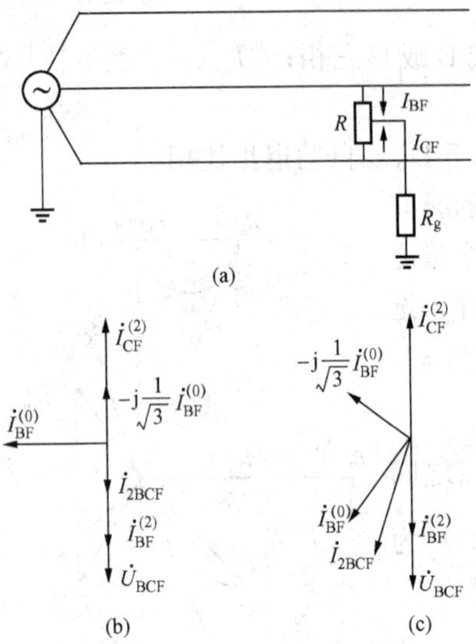

图 4-6-11　两相故障分析

（a）系统图；（b）$R_g=0$；（c）$R_g\neq0$

（一）BC两相故障时电抗元件的动作行为

如系统图 4-6-11（a）所示，设接地过渡电阻 R_g 自相间过渡电阻中点引出。应用叠加原理分析如下。

首先分析两相短路不接地的情况，此时在电阻 R 中流过的电流设为 $I_{BF}^{(2)}$，然后再分析两相短路径 R_g 接地，这时在电阻 R 的两部分中分别叠加 $I_{BF}^{(0)}$ 和 $I_{CF}^{(0)}$ 分量，其中 $I_{BF}^{(0)}=I_{CF}^{(0)}$，于是图 4-6-11 中流过 R 的BC相电流分别为

$$\left.\begin{aligned} I_{BF} &= I_{BF}^{(2)}+I_{BF}^{(0)} \\ I_{CF} &= I_{CF}^{(2)}+I_{CF}^{(0)} \\ &= I_{BF}^{(2)}+I_{BF}^{(0)} \end{aligned}\right\} \tag{4-6-16}$$

故障点F处BC两相相间电压为

$$U_{BCF}=(I_{BF}-I_{CF})\cdot\frac{1}{2}R=I_{BF}^{(2)}R \tag{4-6-17}$$

将 I_{BF}，I_{CF}（$I_{AF}=0$）分解为对称分量得

$$I_{2AF}=\frac{1}{3}(a^2I_{BF}+aI_{CF})$$

$$I_{2BF}=\frac{a}{3}(a^2I_{BF}+aI_{CF})$$

$$I_{2CF}=\frac{a^2}{3}(a^2I_{BF}+aI_{CF})$$

则

$$I_{2BCF}=I_{2BF}-I_{2CF}=\frac{1}{\sqrt{3}}(a^2I_{BF}+aI_{CF})$$

式中：$a=e^{j120^\circ}$。

将式（4-6-16）中 I_{BF}和 I_{CF}代入并化简得

$$I_{2BCF}=I_{BF}^{(2)}-j\frac{1}{\sqrt{3}}I_{BF}^{(0)} \tag{4-6-18}$$

式（4-6-18）中，$I_{BF}^{(2)}$和 $I_{BF}^{(0)}$取决于自故障点 F 看到的系统负序、零序阻抗以及 F 点两侧的分配。按式（4-6-18）作出相量图 4-6-11（b）和（c），其中图 4-6-11（b）对应着金属性短路，即$R_g=0$的情况，这时，$I_{BF}^{(0)}$较大，I_{2BCF}虽然较小，但与 $I_{BF}^{(2)}$（即与 U_{BCF}）同相位。设 Z_d 的相位角仍为 90°，当短路发生在整定点时，工作电压 $U_{BC}-I_{BC}Z_{zd}=U_{BCF}$与$-I_{2BCF}Z_d$ 的相位差为 90°，继电器处于临界动作状态。图 4-6-11（c）对应着 R_g 较大的情况，这时 $I_{BF}^{(0)}$的相位向超前方向偏移，这时 I_{2BCF}与 $I_{BF}^{(2)}$不再同相，所以不能准确地反映 $U_{BCF}=I_{BF}^{(2)}R$ 的相位，但由于 $I_{BF}^{(0)}$较小，所以 I_{2BCF}的相位与 $I_{BF}^{(2)}$的相位差别不大，而且 I_{2BCF}的相位是落后的，其结果使得 U_{BCF}与$-I_{2BCF}Z_d$ 的相位差不在 90°的范围内，使区内故障（确切地说是临界点故障）拒动，也即允许过渡电阻的能力减小，但不会超越。对工作电压与 I_0R 比相的零序电抗元件，R_g 增大，$I_{BF}^{(0)}$向超前方向偏移，将产生超越。

（二）三相短路时电抗元件的动作行为

三相短路时，既无 I_0 也无 I_2，所以第二极化电压中限幅一项 $[I_{pp}Z_d]_{lim}$起作用。这时，$U_{pol.pp2}=-I_{pp}Z_d$，负序电抗元件为

$$-90^\circ \leqslant \arg\frac{U_{pp}-I_{pp}Z_{set}}{-I_{pp}Z_d} \leqslant 90^\circ \tag{4-6-19}$$

式（4-6-19）为第一类姆欧元件的电抗特性，它在阻抗平面上为固定不变的直线，所以对过渡电阻不具有自适应性，它与特性圆向第Ⅰ象限偏移的姆欧元件配合使用，在减小静态超越方面能起一定的作用。

三、姆欧元件

将相间工作电压和带记忆作用的第一极化相间正序电压比相，实现测距功能，其特性判据为

$$-90^\circ \leqslant \arg\frac{U_{pp}-I_{pp}Z_d}{-U_{1Mpp}Z_d e^{j\theta_p}} \leqslant 90^\circ \tag{4-6-20}$$

姆欧元件取正序记忆电压为极化量，其正反方向故障时的动作特性圆在接地距离继电器一节中已作过介绍，它有明确的方向性，有耐受过渡电阻的能力，在记忆作用消失后，稳态特性为经过坐标原点的圆。

四、方向元件

零序、负序方向元件的动作特性由第一极化电压分别与第二和第三极化电压比相实现。当三个电压相量在 90°以内时，方向元件出口，动作判据为

$$\left.\begin{aligned}&-90^\circ \leqslant \arg\frac{-U_{1Mpp}e^{j\theta_p}}{-I_{2pp}Z_d-[I_{pp}Z_d]_{lim}} \leqslant 90^\circ\\&-90^\circ \leqslant \arg\frac{-U_{1Mpp}e^{j\theta_p}}{I_0} \leqslant 90^\circ\end{aligned}\right\} \tag{4-6-21}$$

两相短路时，因正序电压不会消失，所以同接地距离继电器的方向元件一样，由式

(4-6-21)得以实现其方向特性。如果近似认为 I_0 与 I_p 同相位，则正方向故障时的动作特性如图4-6-12中直线 D1、D2 所示，直线 D1、D2 是假设第一极化量表达式中 $\theta_p=0$ 的前提下作出的。

三相短路时，在记忆作用下动态特性圆同两相故障一样。记忆作用消失后，其动作特性为经过坐标原点的直线 D3，如图 4-6-12 所示。

如前所述，两相短路时，因为没有 I_0，选相元件将退出工作，所以两相短路的选相任务主要由方向元件承担。

图 4-6-13 为 BC 两相短路时负序电流和正序电流相间电压的相量图。在金属性短路时，I_{2A} 和 $-U_{1BC}$ 同相位，BC 相间距离继电器的方向元件动作且 Z_{BC} 正确测量距离。而 I_{2B} 和 I_{2C} 分别与 $-U_{1CA}$ 和 $-U_{1AB}$ 相差 120°，所以两相的方向元件不会动作，起到了选相的作用。当 R_g 增大时负序电流将向超前方向偏移，如图 4-6-13 中 I'_{2A} 、I'_{2B} 、I'_{2C} 相量，然而相间短路过渡电阻是电弧电阻，不可能达到很大数值，使 I'_{2B} 和 $-U_{1CA}$ 之间相位角小于等于 90°，因而不致于导致 CA 相间方向元件动作误选相，从而防止了 BC 相间故障时 Z_{CA} 不能正确测距而使阻抗元件误动。

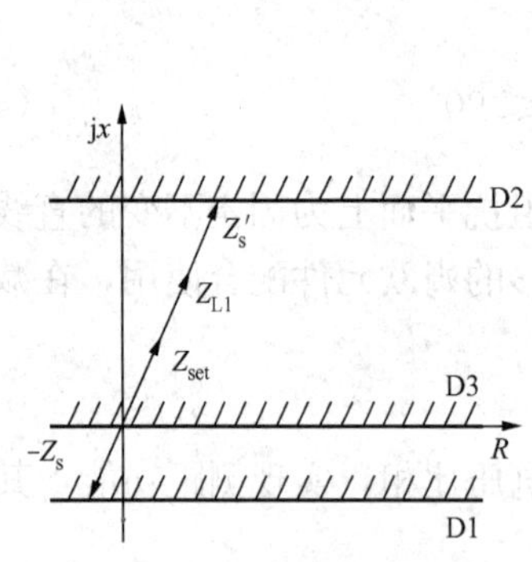

图 4-6-12 方向元件特性

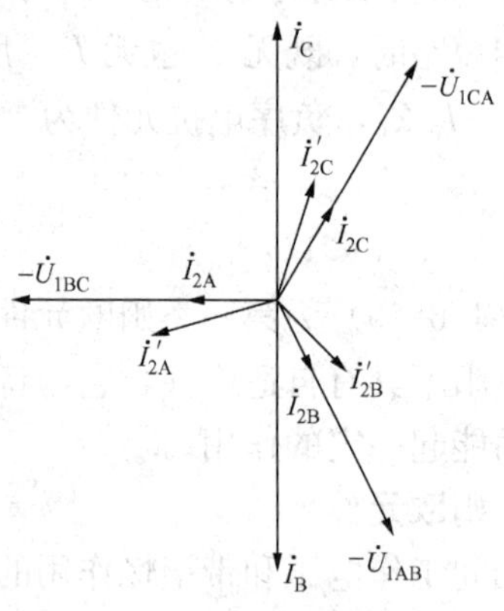

图 4-6-13 $K^{(BC)}$ 时的相量图

Ⅰ、Ⅱ段相间距离继电器的性能综述如下：

(1) 在单相故障时可能不动作。两相接地或不接地故障时仅故障相间距离继电器动作。三相短路时，三个相间距离继电器均动作。

(2) 在反方向经实际可能的补偿度的串补电容短路时两相故障不会丧失方向性，三相故障在记忆消失后，可能会失去方向性。

(3) 两相故障时，对过渡电阻有自适应能力，没有静态超越。三相短路与常规电抗特性一样可能超越。

装置中，Ⅲ段接地、相间距离继电器采用的是两个电压比相的继电器，共包括三个接地、三个相间继电器。

对相间距离Ⅲ段：

工作电压 $U_{OP.pp}=U_{pp}-I_{pp}Z_{set}$

极化电压 $U_{P.pp}=-U_{1ppM}$

对接地距离Ⅲ段：

工作电压　$U_{OP \cdot p}=U_p-(I_p+K3I_0+K_m3I_{0m})Z_{set}$

极化电压　$U_{Pp}=-U_{1pM}$

以相间距离为例，其动作判据为

$$-90° \leqslant \arg \frac{U_{pp}-I_{pp}Z_{set}}{-U_{1ppM}} \leqslant 90°$$

它与Ⅰ、Ⅱ段接地相间距离保护中 $\theta=0$ 时姆欧元件相同，在此不再分析。

第三节　振荡闭锁装置原理

我国广泛采用的振荡闭锁装置是利用短路初期出现的负序电流和其突变量启动来区分短路和静稳破坏引起的振荡。对动稳破坏引起的振荡，采取短路后，保护短时开放一段时间，然后将保护退出，再过一段时间将保护整组复归。这种方式的优点是大大防止了保护在振荡时引起的误动作，但延长了保护退出的时间，这是不足之处。最近，也研究了各种新的振荡闭锁原理，如：采用电阻突变量和电阻变化率来区分短路与振荡。当继电器测量到有电阻的突变量，紧接着电阻的变化率又很小时，判断为短路，否则认为发生了振荡。引入电阻突变量是为了防止静稳破坏的恢复期装置误动作。这一新原理已被应用在微机距离保护装置中。国外振荡闭锁装置大多采用灵敏系数不同的两个阻抗元件动作时间的先后来区分短路与振荡，这一方法也有很多不足之处。BBC 公司的 LZ-96 型保护中采用 d（U，cosφ）/dt 元件作为振荡判别元件代替上述方法，性能上有所改进。

本装置振荡闭锁的基本原理是：两侧电动势相位差增大，判为振荡，迅速闭锁保护；两侧电动势相位差减小，判为短路或振荡中短路，保护能迅速动作，保证了保护Ⅰ段能迅速或经短延时切除其保护区内的故障。按其功能该装置包括四部分，现分述如下。

一、在启动元件动作起始 160ms 以内

这一阶段采用国内传统的振荡闭锁方式。其原理方框图见图 4-6-14。图中 $2Z_p$、$3Z_p$ 为Ⅱ段、Ⅲ段阻抗元件；1L1、2L1 分别为低定值和按躲过最大负荷整定的正序过流元件；$\Delta L_{\Sigma G1}$、$\Delta L_{\Sigma G3}$ 分别为每次故障初始开放时间 80ms 和 160ms 的电流突变量初始开放元件（见第四节启动元件框）；du_1 为振荡中心电压变化量元件；$L_{0 \cdot 2Q}$ 为不对称启动元件。

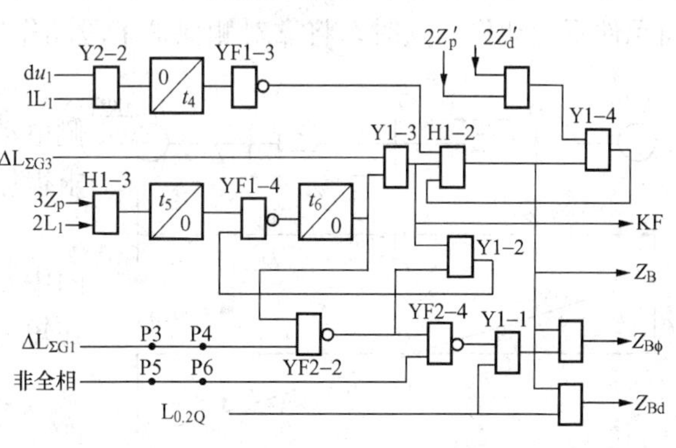

图 4-6-14　振荡闭锁原理方框图

当系统发生故障时，启动元件动作，$\Delta L_{\Sigma G3}$ 在起动初始 160ms 以内开放。因为这时与非门 YF1-4 输出为“1”态，与门 Y1-3 动作，经 Y1-2 使 YF1-4 保持“1”态输出直至 $\Delta L_{\Sigma G3}$ 返回，或门 H1-2 因此动作。如果这时Ⅱ段范围内有故障，则与门 Y1-4 动作，H1-2 被保持，所有振荡闭锁元件的输出 KF、Z_B、Z_{Bp} 和 Z_{Bd} 均输出“1”态，振荡闭锁元件处于开放状态，其中 Z_{Bp} 为相间阻抗开放元件，Z_{Bd} 为接地阻抗开放元件。

当系统振荡时，Ⅲ段阻抗元件或按躲过最大负荷电流整定的正序过流元件 2L1 先于启动元件动作，延时 t_3 后与非门 YF1-4 动作输出“0”态，将与门 Y1-3 闭锁至振荡消失后再延续到 t_6 动作。在此期间，即使 $\Delta L_{\Sigma G3}$ 动作，Y1-3 也不动，所以振荡闭锁元件不能由此回路开放。

当系统先有操作或区外故障后再发生区内故障时，由于启动元件开放时间（160ms）已过，$\Delta L_{\Sigma G3}$ 不再动作，振荡闭锁元件仍不能由此回路开放。

二、不对称故障时

不对称故障时，振荡闭锁回路还可由综合对称分量元件开放，开放判据为

$$|I_2|+|I_0|>m|I_1|$$

式中：$|I_1|$、$|I_2|$ 和 $|I_0|$ 分别为正序、负序、零序电流的绝对值；m 为比例系数，取 $m=0.66$。

（1）振荡无故障时，$I_2=I_0=0$，而 I_1 很大，此时 I_2 和 I_0 即使有不平衡量，也必然小于 $m\cdot|I_1|$，所以此故障判别元件可靠不动作。

（2）系统被保护线上发生故障时，设线路空载，短路前振荡电流等于 0，对于纯故障情况短路点序电流有如下关系：

单相短路接地时　$|I_{2F}|+|I_{0F}|=2|I_{1F}|$

两相短路时　$|I_{2F}|=|I_{1F}|$

两相短路接地时　$|I_{2F}|+|I_{0F}|=|I_{1F}|$

可见，故障支路中各序电流关系都不满足判别元件动作的条件。故障点处过渡电阻对其影响只是在两相短路接地时更有利于开放判据的成立。保护安装处的序电流关系取决于各序电流分配系数的关系，最不利的情况是线路末端发生两相短路接地时，如果对侧变压器中性点接地零序阻抗很小，则有可能使得 $|I_{2F}|<|I_{0F}|$，又由于本侧分到的 I_0 很小，使得判别元件不能动作。这时，将靠对侧保护Ⅰ段动作后，本侧保护就可以相继动作。

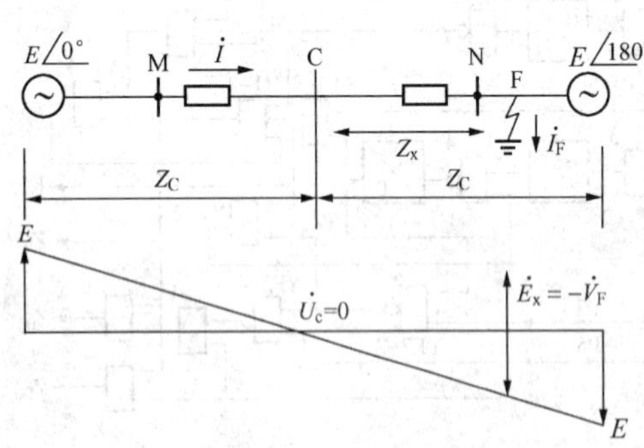

图 4-6-15　区外故障分析系统

（3）区外故障而振荡中心在区内时，假设两侧电动势相位差为 180°，见图 4-6-15，则由图可求得振荡电流分量 I_{sw} 为

$$I_{sw}=E/Z_C$$

图中 C 点为振荡中心，其电压 $U_C=0$。故障点 F 在短路前的电压为

$$U_F=-\frac{Z_x}{Z_C}E$$

为简化计算假设正序、负序及零序阻抗均相等，短路点 F 的附加电动势 $E_x=-U_F$。

对两相短路接地

$$I_F=\frac{-\dfrac{Z_x}{Z_C}\cdot E}{\dfrac{(Z_C+Z_x)(Z_C-Z_x)}{2Z_C}\times\dfrac{3}{2}} \tag{4-6-22}$$

设 C_1 为正序分配系数，流经 M 侧的正序电流

$$I_1 = I_{sw} + C_1 I_{1F} = E/Z_C + \frac{Z_C - Z_x}{2Z_C} \cdot I_{1F} \tag{4-6-23}$$

而流经保护的负序、零序电流为

$$C_2 I_{2F} = C'_0 \ I_{0F} = \frac{1}{2} C_1 I_{1F} \tag{4-6-24}$$

判别元件是比较 $|I_2|+|I_0|$ 和 $|I_1|$ 的比例，将式（4-6-22）、式（4-6-23）及式(4-6-24)代入并化简，得

$$\frac{|I_2|+|I_0|}{|I_1|} = \frac{\frac{1}{2}|C_1 I_{1F}| + \frac{1}{2}|C_1 I_{1F}|}{\left|\frac{E}{Z_C} + C_1 I_{1F}\right|} \tag{4-6-25}$$

由式（4-6-22）得

$$\frac{E}{Z_C} = \frac{C_1 I_{1F} \cdot 3(Z_C + Z_x)}{-2Z_x} \tag{4-6-26}$$

将式（4-6-26）代入式（4-6-25），整理后可得

$$\frac{|I_2|+|I_0|}{|I_1|} = \frac{2Z_x}{3Z_C + Z_x} = \frac{2}{3 \cdot \frac{Z_C}{Z_x} + 1} \tag{4-6-27}$$

同样也可求得单相接地及两相短路的计算结果表达式。由式（4-6-27），$Z_C/Z_x=1$（实际上电源因有阻抗 Z_C，不可能等于 Z_x，此值等于 0.5）为理论上可能的极大值。整个计算结果偏大，因为忽略了序阻抗之间的差异及对侧母线上有中性点接地的变压器存在，在接地故障时引起的零序电流分量还要小。上述分析是 $\delta=180°$，即两侧电源电动势角摆得最大，也即最不利的情况。

但实际上，继电器在 δ 较小时已动作。考虑长线，在极端的情况下 $\delta=105°$时距离Ⅰ段已开始动作。$\delta=105°$时，振荡电流分量

$$I_{sw} = \frac{E}{Z_C} \sin\frac{105°}{2} = 0.79 \frac{E}{Z_C}$$

所以 $\delta=105°$时，I_{sw}下降至 $\delta=180°$时的 0.79，而由故障产生的 $C_1 I_{1F}$分量下降很少，因此 I_1 仍然能对 $|I_2|+|I_0|$ 有效地起制动作用。

综上所述，对区内不对称故障，两侧电源电动势角差 $\delta=180°$时，I_2、I_0 很小，判别元件不动作，但随着 δ 的减小，I_2、I_0 不断增大，于是判别元件可能动作。因此内部故障时，有利的情况下，即 δ 小的情况下，两侧距离Ⅰ段同时切除故障；在不利的情况下总有一侧距离Ⅰ段先动，另一侧相继跳闸。区外故障，并为长线时，则 F 点靠近对侧电源，I_2、I_0 均很小，判别元件可靠制动；若为短线，故障点可能很近，要使健全相误动的 δ 需要很大，所以 I_2、I_0 仍然很小，判别元件也能可靠制动。

三、对称故障时

对称短路时，在启动元件开放 160ms 以后或系统振荡过程中，如果发生了三相故障，上述开放措施均不能开放保护时，装设了专门的振荡判别元件，其判据

$$|\mathrm{d}(U\cos\varphi)/\mathrm{d}t| > U_d \tag{4-6-28}$$

式中：$\mathrm{d}(U\cos\varphi)/\mathrm{d}t$ 为振荡中心电压突变量；φ 为功率因数角；U_d 为门槛电压。

当式（4-6-28）满足，则判断为振荡。换句话说在上式左边小于一定值后，经小延时开放保护。因为该判别元件只在三相故障时开放保护，所以只需在一相中装该元件，其原理进一步分析如下。

电力系统正常运行及系统振荡时，$U\cos\varphi$ 恰好为振荡中心电压，它将随两侧系统功角 δ 的变化而变化，如图 4-6-16 所示。

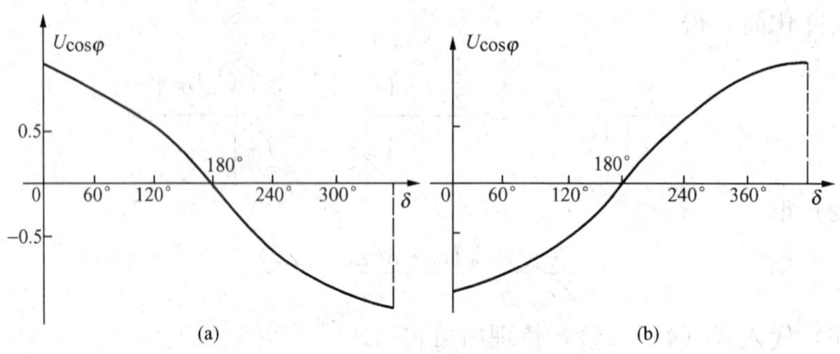

图 4-6-16　系统振荡时振中电压分布

（a）加速失步侧；（b）减速失步侧

图 4-6-16 中，假设两侧电动势相等，图 4-6-16（a）为加速失步侧振中电压 $U\cos\varphi$ 的变化曲线。由变化曲线可见，在系统功角小于 60°时，电压变化率小，系统功角大于 60°时，电压变化率增大，系统功角在 180°附近时，电压变化率最大。所以当系统功角摆开，阻抗元件有可能误动时，该元件能可靠地将保护闭锁。图 4-6-16（b）是减速失步侧振中电压的变化曲线，从取绝对值的角度来说，该侧与加速失步侧的结论是一致的。

当电力系统发生短路故障时，du_1 元件也将动作，然而动作后不久将返回。而系统振荡时，du_1 元件始终不返回，以此来区分三相故障与振荡。

在原理方框图 4-6-14 中，du_1 元件与低定值的正序过流元件 1L1 同时动作后，经脉冲展宽 t_4 元件，与非门 YF1-3 输出“0”态，在此期间，或门 H1-2 不能由该回路启动。当系统振荡时，YF1-3 始终输出“0”态，H1-2 不开放。当系统发生故障时，故障初始 YF1-3 因 du_1 和 1L1 同时动作而输出“0”态，延时 t_4 后，YF1-3 恢复“1”态，开放 H1-2 或门，也即开放保护。t_4 一般取 400ms 左右，因此，当被保护线路在系统振荡过程中发生三相故障时，保护将经相对于Ⅲ段延时为短的时延（400ms 左右）跳闸。

四、非全相运行时

非全相时，不对称启动元件 $L_{0.2Q}$ 在正常负荷状态下即处于开放状态，这时，跳开相的负序电流与零序电流同相位，因此接地阻抗的第二、第三极化电压比相的结果是选中跳开相，但因跳开相无电流，该阻抗继电器不会误动，所以接地距离保护在非全相加振荡时不可能动作，不需加振荡闭锁。而非全相时，相间阻抗继电器的第二、三极化电压比相的结果是选健全的两相，这时，如果系统振荡，该两相相间阻抗元件可能误动，所以必须加装振荡闭锁。

见原理方框图 4-6-14，发生非全相时，YF2-4 将 Y1-1 闭锁，相间阻抗开放元件 Z_{Bp} 不再开放。非全相运行再故障时，可由故障初始开放 80ms 的元件 $\Delta L_{\Sigma G1}$ 至 YF2-2 的一个输入端，这时若故障前系统未振荡，即 $3Z_p$ 或 2L1 未先动作，则 YF1-4 输出“1”态，YF2-2 输出“0”态，将 YF2-4 反闭锁，输出“1”态，将相间阻抗元件 Z_{Bp} 开放，若为区内故障，则允许动作跳闸，另外，YF2-2 输出“0”态，使 Y1-2、YF1-4 保持输出“1”态，直至 $\Delta L_{\Sigma G1}$ 返回。

当系统非全相振荡时，$3Z_p$ 和 2L1 先动作，使 YF1-4 输出“0”态，YF2-2 被闭锁，因此 YF2-4 始终输出“0”态。Z_{Bp} 不再能由 Y1-1 开放。这时，如果再有区内两相故障，则由 du_1 元件经短延时开放 Z_{Bp}，相当于全相运行时的三相故障。

振荡闭锁功能如下：

(1) 当系统正常运行发生第一次故障时，可由启动元件在故障初始将距离保护开放 160ms，系统先有操作，或区外先有故障，或系统振荡该回路被闭锁。

(2) 当系统发生任何不对称故障，还可由不对称启动元件 $L_{0.2Q}$ 开放，保护瞬时跳闸。即使在系统振荡后故障的情况下，仍能保证快速跳闸。

(3) 在启动元件开放 160ms 以后，或系统先振荡并发生三相短路时，由反应振荡中心电压的变化率 du_1 元件判别振荡，经短延时跳闸。

(4) 在非全相运行时，接地阻抗不需经振荡闭锁元件即可直接开放，相间阻抗则由电流突变开放振荡闭锁元件。非全相振荡再故障时，该回路被闭锁，由 du_1 元件经短延时开放保护。

第四节　综合启动元件和过流继电器

一、综合启动元件

由反应电流综合分量的工频变化量过流继电器和零序电流继电器作为启动元件。综合电流变化量启动元件为 $\Delta(I_1-4I_2e^{j90^\circ})$，这种启动元件用以保证各种故障下保护的灵敏性。

启动元件的动作原理方框图见图4-6-17。

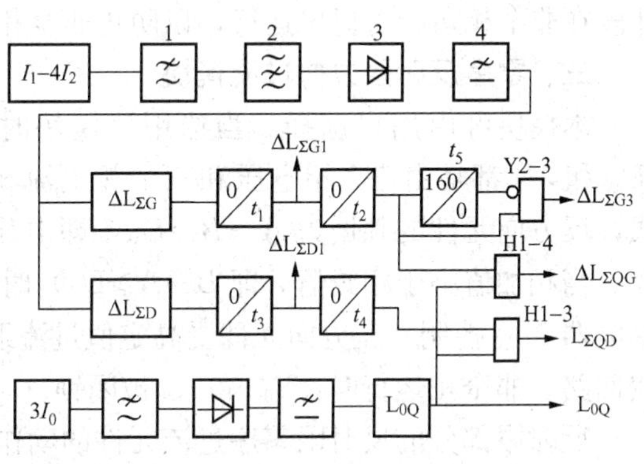

图 4-6-17　启动元件原理方框图

输入电流首先形成综合量 $\Delta(I_1-4I_2e^{j90^\circ})$，由低通回路 1 滤除高频分量后，经工频带通回路 2 取出工频变化量，然后经整流 3、滤波 4 形成直流量至触发器、构成高低定值的启动元件 $\Delta L_{\Sigma G}$、$\Delta L_{\Sigma D}$。$\Delta L_{\Sigma G}$ 经脉冲展宽元件 t_1 形成启动后开放 80ms 的 $\Delta L_{\Sigma G1}$ 元件，$\Delta L_{\Sigma G1}$ 输出去启动前述 ΔZ 元件，再展宽 t_2（约 7s），t_2 动作后启动 Y2-3 的一个输入，同时经过 $t_5=160$ms 将 Y2-3 闭锁，形成启动后定时 160ms 的 $\Delta L_{\Sigma G3}$ 元件，供振荡闭锁开放元件用。

低定值元件 $\Delta L_{\Sigma D}$ 动作后展宽 $t_3=80$ms，再展宽 $t_4=7$s，形成 $L_{\Sigma QD}$ 元件，用于高频闭锁式方向比较保护的启动发信元件。

I_0 启动元件的输出 L_{0Q} 启动零序方向过流延时段的输出。零序启动元件 L_{0Q} 输出至 H1-4，t_2 也输出至 H1-4，H1-4 输出为高定值启动元件动作信号 $L_{\Sigma QG}$，$L_{\Sigma QG}$ 用于开放出口正电源方向比较保护的动作条件以及跳闸固定回路的控制元件等。

过流继电器原理方框图见图 4-6-18。图中，来自电抗变压器的信号 I_AZ_d 经由滤波器

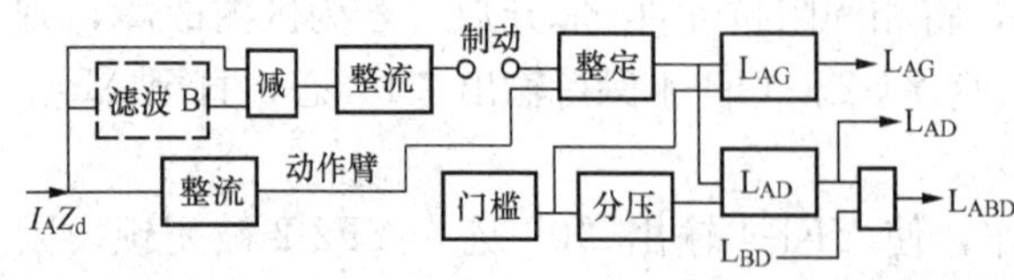

图 4-6-18　过流继电器原理方框图

B，相减和整流回路构成制动臂，该回路用在开关合闸过程中，防止线路的暂态电容电流导致电流继电器高定值元件误动作。

继电器的动作有高、低两个定值（L_{AG} 和 L_{AD}）。定值整定指的是高定值。高定值元件 L_{AG} 用于启动工频变化量阻抗元件 ΔZ。低定值的门槛由高定值分压，可以分别切换为高定值的 1/5、2/5、3/5 和 4/5。相间电流元件 L_{ABD} 是由两相电流元件及与门构成。

二、二段零序方向过流元件

装置装有两个延时段零序方向过流元件。其原理方框图见图 4-6-19。I_0、U_0 分别来自三个相电流和三个相电压。I_0Z_d 经移相 120°后，再与 U_0 进行比相，因此继电器的最大灵敏角固定在 73°附近。图中 $2L_0$、$3L_0$ 分别至Ⅱ、Ⅲ段时间元件，$2L_{0F}$ 输出至高频方向比较回路。第Ⅱ、Ⅲ段零序过流元件分别经整流后，进行定值整定，至触发器。其输出分别至 $2L_0$、$2L_{0F}$ 和 $3L_0$、$3L_{0F}$。同时Ⅱ段，Ⅲ段输出 $2L_0$，$3L_0$ 还可分别经开关 S1-2，S1-3 选择经或不经方向元件控制。另外 $2L_0$ 还受S1-1控制，合上 S1-1 使零序Ⅱ段在非全相运行时退出运行，以防止非全相时 $2L_0$ 误输出。

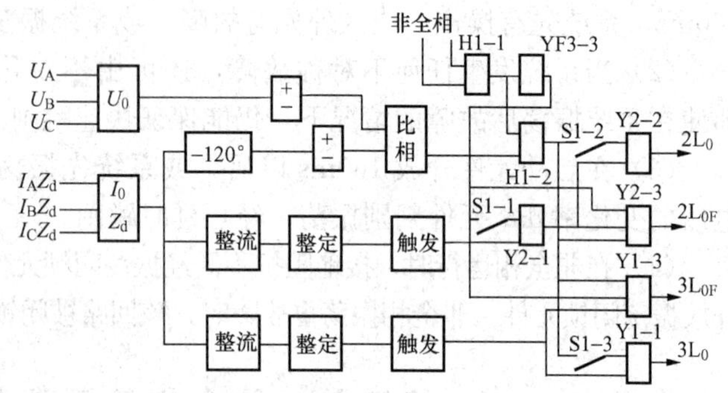

图 4-6-19　二段零序方向过流元件原理方框图

三、零序反时限方向过流模块

本模块可由用户选择。当选用该模块时，零序延时段必须退出。如图 4-6-20 所示，$3U_0$ 和 $3I_0$ 都是由三个相电压和三个相电流相加而得。零序方向继电器采用绝对值比较方式，反方向元件的判据为 $A-B>U_0$，即电压和电流相量相加大于相减值，反方向元件动作。当相加值小于相减值（即 $B-A>U_0$）时，正方向元件动作。反方向元件受低定值过流继电器 $1L_{OD}$ 控制，正方向元件受高定值过流继电器 $1L_{0G}$ 控制。输出 F_{0-} 和 L_{0F} 至高频方向比较回路。非全相运行时，F_{0-} 和 L_{0F} 被闭锁。

反时限部分的反时限零序过流元件的动作时间判据为

$$t=\frac{t_a}{n-1}$$

式中：t_a 为时间整定基值；n 为实际动作电流相对整定值的倍数。

图 4-6-20 中，反时限动作特性受三路开关信号的控制。投入 S2-2 并非全相运行时，将反时限部分退出工作；当投 S2-1 并非全相运行时，瞬时对反时限积分回路放电，其作用是：如果出口故障零序电流很大，对反时限回路充电，紧接着非全相运行的零序电流元件再充电时有可能误动作；合上 S2-1 后，在非全相运行初始，将短路分量放电，就可以防止误动作，当投入 S2-3 时，反时限元件受方向控制，正常运行时，YF1-3 处于“1”态，反时限元件处于放电状态，在零序正方向元件动作后，H1-3 动作，YF1-3 成“0”态，将反时限回路开放。非全相运行时，H1-3 也动作，将方向控制部分解除。反时限元件动作后，经连接片

XB1、XB2 至Y2-2,另外由零序启动元件来的 L_{0Q}，使 Y2-2 输出 L_{0T1} 至选相跳闸回路。另外，反时限部分动作后，还可经 L_{0T2} 到直跳三相回路。如果短路电流大，L_{0T1} 在 $t_2=500$ms 以内已经动作，则需经选相回路跳闸，该直跳回路在非全相运行时退出。

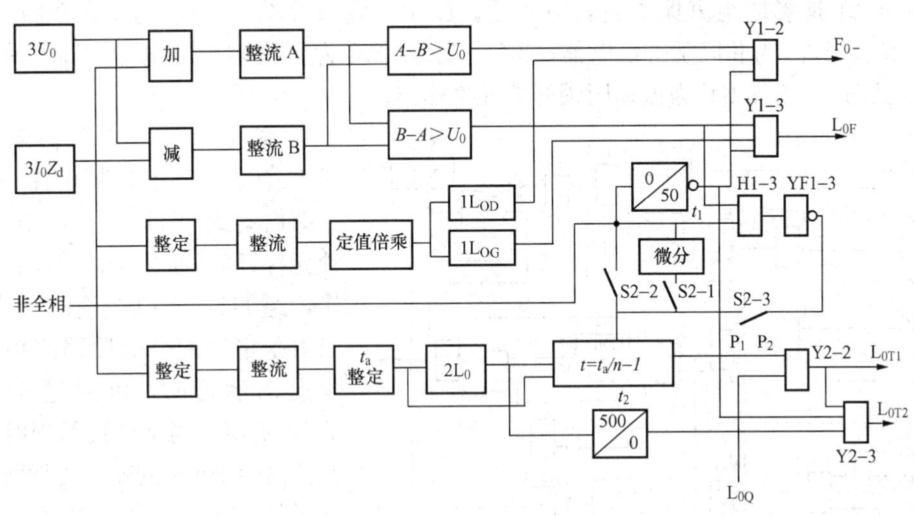

图 4-6-20　零序反时限方向过流元件原理方框图

第五节　装置整体结构及接地相间逻辑

一、交流元件整体结构

（1）交流输入插件，由 4 个电压互感器和 4 个电流互感器构成。输入为六个相电压、相电流和一个零序电压，一个零序电流。

（2）滤波插件。滤波器 A 主要滤除三次谐波；滤波器 B 为带通滤波器，因为本装置比相间回路带有 50Hz 带通滤波的性能，所以使用时只需将连接片 1-3 连接，仅选滤波器 A 就行了。对短线和有串补电容的线路，则可选用 B，将 2-3 连接。

（3）灵敏角调整，通过小开关选择灵敏角 φ_1、φ_2，另有相邻线补偿系数整定，还包括电压、电流形成回路。

（4）Ⅰ、Ⅱ段相间和接地距离继电器的第二、第三极化电压的方波形成回路。

（5）第一极化电压形成回路，其中包括正序电压形成、记忆，以及阻抗偏移角 θ_B、θ_p 的整定及方波形成。

（6）工频变化量距离元件。ΔZ 元件的输入端接在 B 滤波器输出端。ΔZ 元件动作后与相应的高定值电流继电器构成与门后输出。

（7）阻抗继电器模，所有接地相间阻抗继电器用同一模块，只改变输入量和整定值可得到不同的阻抗继电器。阻抗继电器有两个输出端，一个为不经振荡闭锁元件直接输出端 Z_p 和 Z_{pp}，另一个为可选择经或不经振荡闭锁元件的输出端 Z_p' 和 Z_{pp}' 。

（8）振荡闭锁回路。输出 KF 至Ⅰ段逻辑回路。

（9）过流继电器，设有低高定值。

（10）二段零序方向过流模件。

(11) 启动元件。

其他还有电压互感器二次回路断线闭锁元件 DX，设在装置故障检测模件上。

二、三段式接地距离保护动作逻辑

图 4-6-21 是接地距离保护逻辑方框图。图中 $1Z'_A$ 、$1Z'_B$ 、$1Z'_C$ 为Ⅰ段阻抗继电器；$2Z'_A$ 、$2Z'_B$ 、$2Z'_C$ 为Ⅱ段阻抗继电器；$3Z_A$、$3Z_B$、$3Z_C$为Ⅲ段阻抗继电器；$L_{\Sigma QG}$为启动元件输出，见图4-6-17；KF 为振荡闭锁开放元件输出。

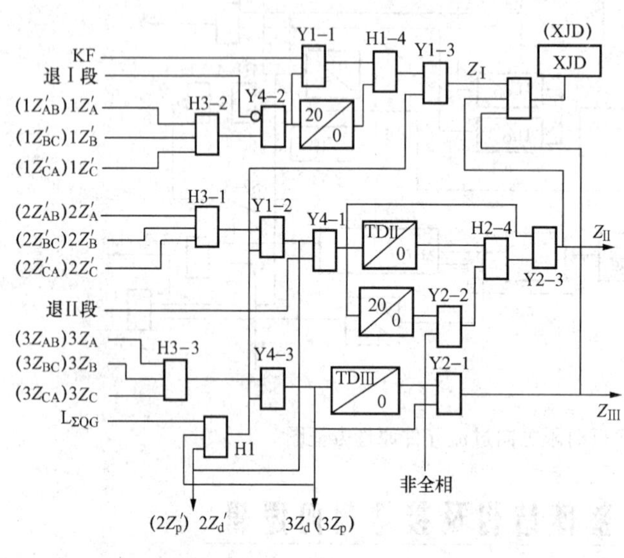

图 4-6-21 接地距离保护逻辑方框图

图 4-6-21 中，Ⅰ段阻抗继电器 $1Z'_A$ 、$1Z'_B$ 、$1Z'_C$ 中任一元件动作即启动或门 H3-2，在 KF 振荡闭锁元件开放的时间内，与门 Y1-1 动作，经 H1-4、Y1-3 瞬时动作出口。当由于定值配合的原因需将阻抗Ⅰ段退出运行时，可通过连接片将 Y4-2 闭锁。当 KF 被闭锁时，Ⅰ段元件需经 20ms 的短延时后跳闸。该延时是为了躲过相邻线故障切除引起振荡时，阻抗元件可能先于 du_1 元件动作的时间。

Ⅱ段阻抗继电器 $2Z'_A$ 、$2Z'_B$ 、$2Z'_C$ 任一个动作后，H3-1 动作经 Y1-2 后，开放Ⅱ段时间元件 TDⅡ，TDⅡ 动作后至 H2-4、Y2-3 去出口。非全相运行时，Y2-2 动作，将 TDⅡ 短接，相当于Ⅱ段阻抗元件动作后仅经 20ms 短延时出口。与Ⅰ段一样，Ⅱ段阻抗元件也可以通过连接片退出。

Ⅲ段阻抗继电器是不经过振荡闭锁的。$3Z_A$、$3Z_B$、$3Z_C$ 中任一元件动作后，启动H3-3、Y4-3,经Ⅲ段延时 TDⅢ 去出口。

相间距离动作逻辑原理同接地距离，不再赘述。

三、Ⅲ段式相间距离保护动作逻辑

Ⅲ段式相间距离保护逻辑框图与接地距离保护完全一样，仅将接地距离元件改为相间距离元件即可。

四、两延时段零序方向过流保护动作逻辑

图 4-6-22 中，2L0、3L0 都是经方向元件控制的零序过流元件。2L0 动作后，经延时 $T_{0Ⅱ}$ 出口。3L0 动作后，启动Ⅲ段延时 $T_{0Ⅲ}$，当 12P 1.2不连通时，$T_{0Ⅲ}$ 到后立即起动 12Y 3-3出口，当 12P1.2 连通时，只有 $T_{0Ⅲ}$ 到后，才经 $\Delta T=500$ms 的延时，去启动 12H2-3、12Y3-3 出口。这时，零序Ⅲ段出口 $L_{0Ⅲ}$ 的实际时间是 $T_{0Ⅲ}+\Delta T$。

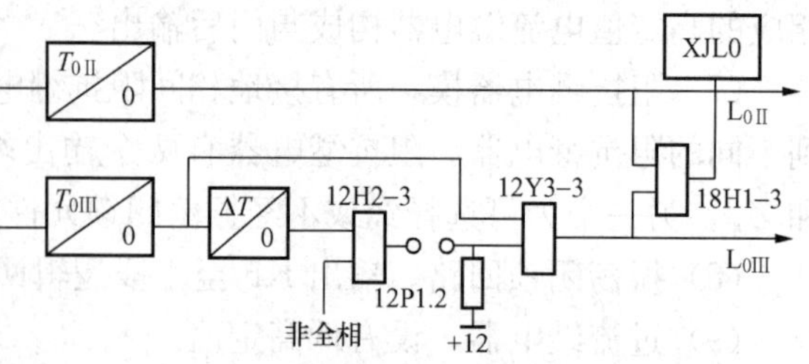

图 4-6-22 两延时段零序保护逻辑图

五、选相逻辑

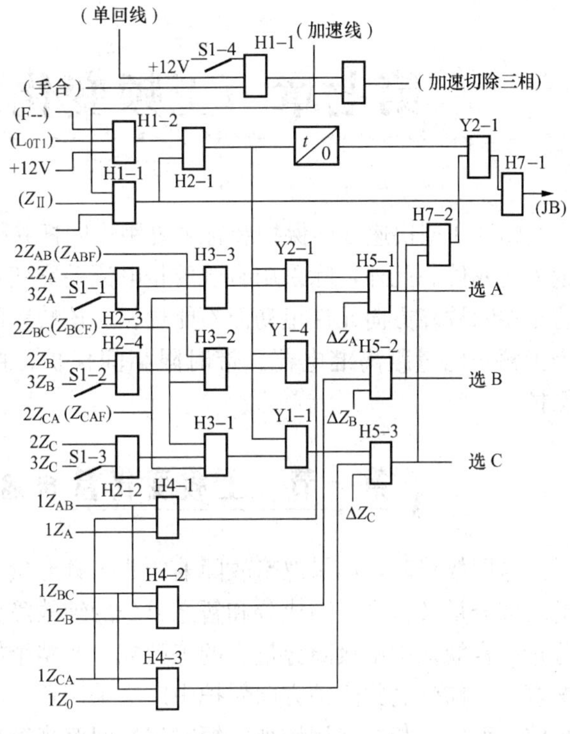

图 4-6-23　选相逻辑回路

图 4-6-23 为选相逻辑框图，用于同杆并架双回线时，采用相邻线Ⅲ段相间阻抗元件闭锁本线路相应相间的Ⅱ段相间阻抗选相的方式，实现全线快速按相切除。

设双回线不同名相交叉故障，如一回线 C 相接地，另一回线 A 相接地，如图 4-6-24。对 N 侧保护，线路 L1 的 C 相和线路 L2 的 A 相Ⅰ段动作；对 M 侧，在 N 侧跳开前，如前所述侧无法选相，L1、L2 均判为 CA 相间故障，因此 L1、L2 的Ⅱ段采用由相邻线的Ⅲ段来闭锁的方式，见图4-6-24。以 CA 相为例，当线路 L1 的方向比较保护 F_{++} 和 $3Z_{CA}$ 同时动作时，Y2-2 动作，去闭锁 L2 的 Y1-2，使 L2 的 Z_{CAF} 不能动作。反过来，线路 L2 的 F_{++} 及 $3Z_{CA}$ 同时动作去闭锁 L1 的 Y1-2，使 L1 的 Z_{CAF} 不能动作。

CKJ-3 型保护选相原理如下：

(1) 对Ⅰ段范围内的故障，与普通线路一样，由 H4-1、H4-2、H4-3 选相。例如 $1Z_A$ 动作，H4-1、H5-1 动作，选 A 相；$1Z_{AB}$ 动作时，H4-1、H4-2 动作，使 H5-1、H5-2动作，选 AB 两相。

(2) 对同名单相跨线或不跨线故障，由接地阻抗元件选相，两侧均能速跳。

(3) 单回线多相故障时，由于邻线 F ++不动作，Y2-2 不动作，本线相间阻抗选相元件不会被闭锁，两侧保护均能速跳。

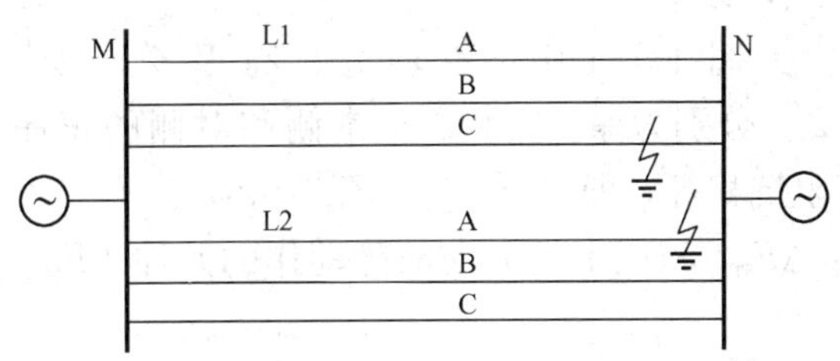

图 4-6-24　跨线故障示意图

(4) 跨线末端多相故障时，如图4-6-23所示，M 侧双回线方向保护 F_{++} 和 $3Z_{CA}$ 均动作，双回线 Z_{CAF} 均不选相，待 N 侧 L1 的 C 相、C2 的 A 相切除后，M 侧 L1 的 $2Z_C$，L2 的 $2Z_A$ 动作，分别选 C 相和 A 相跳闸。

(5) 跨线同名相故障时，例如靠近 N 侧母线，L1，L2 同判为 CA 相故障，当 N 侧双回线均由Ⅰ段切除后，每回线的 F_{++} 和 $3Z_{CA}$ 均仍动作，Z_{CAF} 被相互闭锁，这时由图 4-6-23 中H2-1 动作，延时 t 后，Y2-1 动作，由 H7-1 使 JB 输出，解除相互闭锁，Z_{CAF} 动作，选相逻辑回路选 CA。其中延时 t 的选择原则是躲过开关最大跳闸时间。

当 S1-4 合上时，合闸于故障线路时加速切除三相。

第七章　工频变化量快速方向保护

CKJ-3 型快速方向保护装置主要用作同杆并架双回线路的主保护。该保护采用工频变化量方向元件。此外，除采用常规的相电流差突变量选相元件以外还引入了阻抗元件选相，以防止相间故障方向元件拒动而不能选相。该装置除了方向比较保护外，还包括按相装设的三个工频变化量距离继电器、带时限相间保护、接地距离保护及一个反时限零序方向过流保护。

第一节　工频变化量快速方向保护的基本原理

电网故障时，如果忽略故障前的非工频分量，则流入继电器的电压电流中将包含故障前的工频分量及包含工频成分和暂态成分的纯故障分量。工频变化量是指纯故障分量中的工频分量。常规保护中故障分量中的工频成分或整个故障分量曾用来作为选相元件和构成行波保护等。目前的高频闭锁方向保护中广泛采用负序功率方向元件，因为它能反应所有的不对称短路，而对三相短路用增加一短时记忆回路来解决。所以保护安装处短路时没有死区，易于实现灵敏系数的配合，且在电力系统振荡时不会误动。用工频变化量来构成方向元件时，由于它只含有故障分量中的高频成分，故不受系统结构和运行方式的影响。

一、工频变化量方向继电器的基本原理

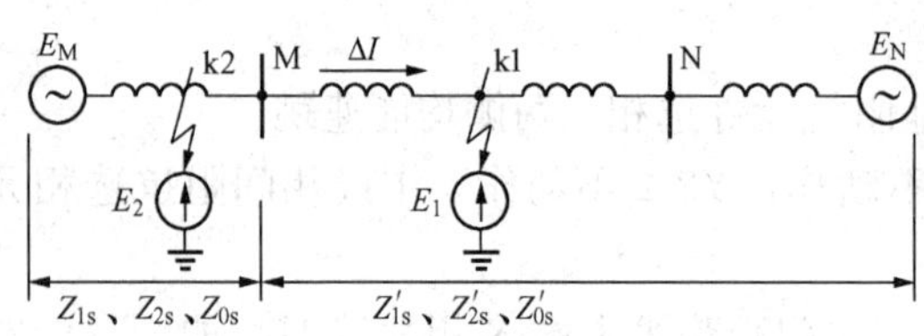

图 4-7-1　故障分析用系统图

以图 4-7-1 所示系统为例，因为工频变化量只反映故障分量中的工频成分，所以只考虑故障点附加电源的作用（不考虑电源 E_m、E_N，以下同）。

图 4-7-1 中，Z_{1s}、Z_{2s}、Z_{0s} 及 Z'_{1s}、Z'_{2s}、Z'_{0s} 分别为保护安装点至本侧和对侧的正序、负序、零序阻抗。分析中可以认为正序、负序阻抗相等，即 $Z_{1s}=Z_{2s}$，$Z'_{1s}=Z'_{2s}$。

装置中采用了三个正方向故障动作的元件 ΔF_{pp+} 和三个反方向故障动作的元件 ΔF_{pp-}。正方向元件 ΔF_{pp+} 测量的相角为

$$\varphi_{+}=\arg\frac{\Delta U_{pp}-\Delta I_{pp}\cdot CZ_{d}}{\Delta I_{pp}\cdot Z_{d}} \tag{4-7-1}$$

反方向元件 ΔF_{pp-} 测量的相角为

$$\varphi_{-}=\arg\frac{\Delta U_{pp}}{-\Delta I_{pp}Z_{d}} \tag{4-7-2}$$

式（4-7-1）和式（4-7-2）中：下角标 pp 表示 AB、BC、CA；Z_d 为模拟阻抗，其相位角与线路阻抗的相位角一致；CZ_d 为补偿阻抗，取线路阻抗的 35%～45%。

当正方向故障时，见图 4-7-1 中 k1 点故障，相当于在故障点附加了一新电源，工频变化量仅由这一附加电源 E_1 产生，由对称分量法可得

$$\Delta I_A = \Delta I_1 + \Delta I_2 + \Delta I_0$$
$$\Delta I_B = a^2\Delta I_1 + a\Delta I_2 + \Delta I_0$$
$$\Delta I_C = a\Delta I_1 + a^2\Delta I_2 + \Delta I_0$$

式中：$a=e^{j120^\circ}$，进而可得

$$\begin{aligned}\Delta I_{AB} &= (1-a^2)\Delta I_1 + (1-a)\Delta I_2 \\ \Delta I_{BC} &= (a^2-a)\Delta I_1 + (a-a^2)\Delta I_2 \\ \Delta I_{CA} &= (a-1)\Delta I_1 + (a^2-1)\Delta I_2\end{aligned} \tag{4-7-3}$$

同理，对电压有

$$\begin{aligned}\Delta U_{AB} &= (1-a^2)\Delta U_1 + (1-a)\Delta U_2 \\ \Delta U_{BC} &= (a^2-a)\Delta U_1 + (a-a^2)\Delta U_2 \\ \Delta U_{CA} &= (a-1)\Delta U_1 + (a^2-1)\Delta U_2\end{aligned} \tag{4-7-4}$$

因为是正方向短路，有

$$\begin{aligned}\Delta U_1 &= -\Delta I_1 Z_{1s} \\ \Delta U_2 &= -\Delta I_2 Z_{2s} = -\Delta I_2 Z_{1s}\end{aligned} \tag{4-7-5}$$

将式（4-7-3）、式（4-7-4）及式（4-7-5）三式分别代入式（4-7-1）和式（4-7-2）中，得正向故障时正方向元件的测量相角

$$\varphi_+ = \arg\frac{Z_{1s}+CZ_d}{-Z_d} \tag{4-7-6}$$

反方向元件测量相角

$$\varphi_- = \arg\frac{Z_{1s}}{Z_d} \tag{4-7-7}$$

当近似认为 Z_d 与 Z_{1s}的阻抗角相等时

$$\varphi_+ = 180^\circ$$
$$\varphi_- = 0^\circ$$

对反方向故障，见图 4-7-1 中 K2 点故障，工频变化量由附加电源 E_2 产生。考虑到 $Z'_{1s}=Z'_{2s}$以及图中所示电流的正方向有

$$\begin{aligned}\Delta U_1 &= \Delta I_1 Z'_{1s} \\ \Delta U_2 &= \Delta I_2 Z'_{1s}\end{aligned} \tag{4-7-8}$$

将式（4-7-3），式（4-7-4）及式（4-7-8）三式分别代入式（4-7-1）和式（4-7-2）中，得反方向故障时正反两个方向元件测量相角如下

$$\varphi_+ = \arg\frac{Z'_{1s}-CZ_d}{Z_d} \tag{4-7-9}$$

$$\varphi_- = \arg\frac{Z'_{1s}}{-Z_d} \tag{4-7-10}$$

设 Z_d 与 Z'_{1s}有相同的阻抗角，且 Z'_{1s} 恒大于 CZ_d，有

$$\varphi_+ = 0^\circ$$
$$\varphi_- = 180^\circ$$

由式（4-7-6）和式（4-7-9）可见，正方向元件电压回路引入了补偿电压 $\Delta I_{pp}\cdot CZ_d$ 对

测量相角无影响，但在正方向短路时提高了电压回路的灵敏系数，同时，正、反方向元件都有极其明确的方向性。为了防止系统正、负序阻抗角以及 Z_d 和系统阻抗角间的差别，采用了在较长时间对被比较两电压的极性连续测量的措施。装置中 ΔF_{pp+} 元件在测量异极性时间达 4.2ms 时动作，ΔF_{pp-} 元件在测量异极性时间达 3ms 时动作，这样，正、反方向元件在灵敏系数和动作时间上都得到了配合。由于比相在系统正序阻抗和固定的继电器模拟阻抗之间进行，与短路点的位置、方向无关，所以这种比相方式基本不受故障点的过渡电阻以及电源助增作用的影响。因为反方向故障时三个反方向测量元件均能可靠制动，所以只要有一个正方向继电器动作，就判断正方向故障，这将有利于灵敏系数的提高，克服各种不同故障类型时，流入各元件的电流幅值不同使三个方向元件灵敏系数各异的问题。

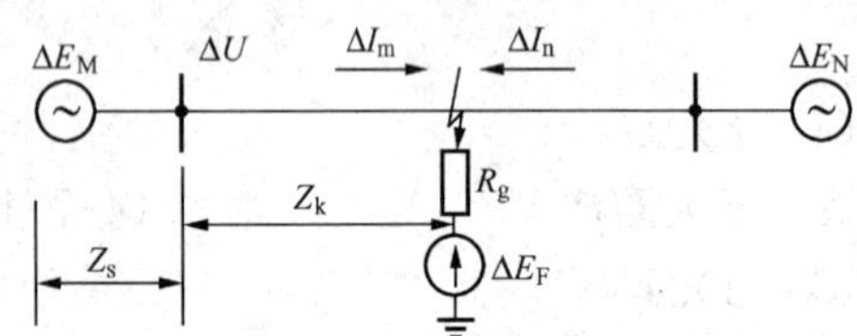

图 4-7-2　正方向故障分析用系统图

二、工频变化量阻抗继电器 ΔZ_p 的构成

三相阻抗元件 ΔZ_p（下角标 p 分别为 A、B、C 三相）测量工作电压幅值的动作方程为

$$|\Delta U_{OP}| \geqslant U_Z \tag{4-7-11}$$

$$\Delta U_{OP} = \Delta U_p - \Delta I_p Z_{set}$$

式中：Z_{set} 为整定阻抗，U_Z 为门槛电压，取 1.15 倍额定电压。

正方向故障时，见图 4-7-2，设门槛电压 U_Z 等于故障前电压 $|\Delta E_F|$，则

$$U_Z = \Delta E_F = -\Delta I_m(Z_s + Z_k)$$

$$\Delta U_{OP} = \Delta U - \Delta I_m Z_{set} = -\Delta I_m(Z_s + Z_{set})$$

将上式代入式（4-7-11）得

$$|\Delta I_m(Z_s + Z_{set})| \geqslant |\Delta I_m(Z_s + Z_k)|$$

即

$$|Z_s + Z_{set}| \geqslant |Z_s + Z_k| \tag{4-7-12}$$

由式（4-7-12），其正方向故障动作特性为一以 $-Z_s$ 末端为圆心，$|Z_s + Z_{set}|$ 为半径的下偏移特性圆，见图 4-7-3。

反方向故障时，见图 4-7-4，仍假设 $U_2 = \Delta E_F$，则有

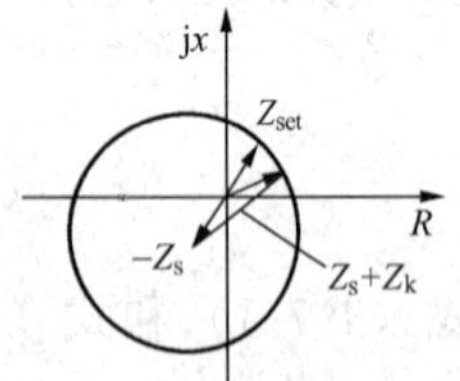

图 4-7-3　正方向故障时的特性圆

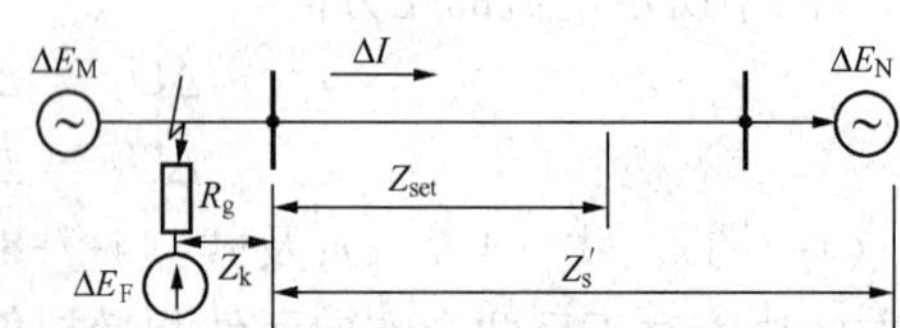

图 4-7-4　反方向故障分析用系统图

$$\Delta E_F = \Delta I(Z_k + Z'_s)$$

$$\Delta U_{OP} = \Delta U - \Delta I Z_{set} = \Delta I(Z'_s - Z_{set})$$

将上两式代入式（4-7-11），得

$$|Z'_s - Z_{set}| \geqslant |Z'_s + Z_k| \tag{4-7-13}$$

式（4-7-13）表示反方向故障时的动作特性，是以 $-Z'_s$ 末端为圆心，以 $|Z'_s - Z_{set}|$

为半径的圆，如图 4-7-5 所示。因为恒有 Z_s' $-Z_{set}$，所以阻抗圆落在第Ⅲ象限，而 Z_k 总是落在第Ⅰ象限，因此阻抗元件有明确的方向性。

三、保护基本构成原理方框图

现以 A 相继电器为例说明距离、方向和选相元件的基本构成原理。图 4-7-6 中，来自电压互感器的二次电压以及来自电抗变压器二次的正比于电流的电压（I_AZ_d）分别经过有源滤波器（1）滤除谐波及直流分量，然后经陷波器（2）输出工频变化量，即 ΔU_A、ΔI_AZ_d 及 $\Delta\dot{I}_BZ_d$。工频变化量形成以后，将 ΔI_AZ_d 乘以 C，再乘以 Z，然后经由减法器（D1），将 ΔU_A 和 $2C\Delta I_AZ_d$ 相减生成工频变化量的工作电压 ΔU_{OP}，当 U_{OP} 大于门槛值 $1.2U_N$ 时，A 相工频变化量距离元件 ΔZ_A 有输出。下面再依次说明正、反方向故障动作的元件 ΔF_{AB+} 和 ΔF_{AB-} 的形成。同前，$\Delta U_A'$ 和 $C\Delta I_AZ_d$，经另一减法器（D2）形成 $\Delta U_A'$，继而形成 $\Delta U_{AB}'$，$\Delta U_{AB}'$ 与 $\Delta I_{AB}Z_d$ 经比相（3）得到 ΔF_{AB+}，不经补偿的线电压变化量 ΔU_{AB} 与 $\Delta I_{AB}Z_d$ 比相得到 ΔF_{AB-}，最后，当 $\Delta I_{AB}Z_d$ 达到一定的幅值时，选相元件 ΔL_{AB} 动作。

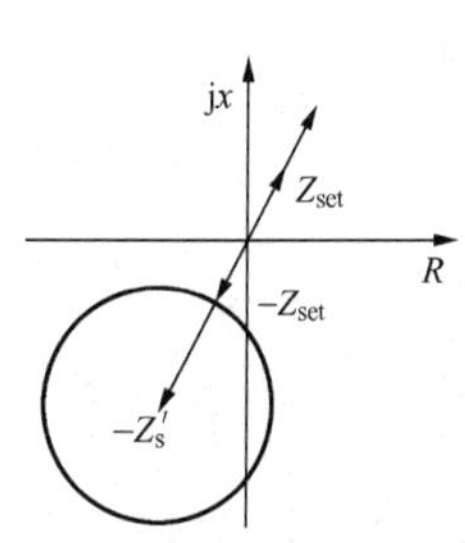

图 4-7-5　反方向故障时的特性圆

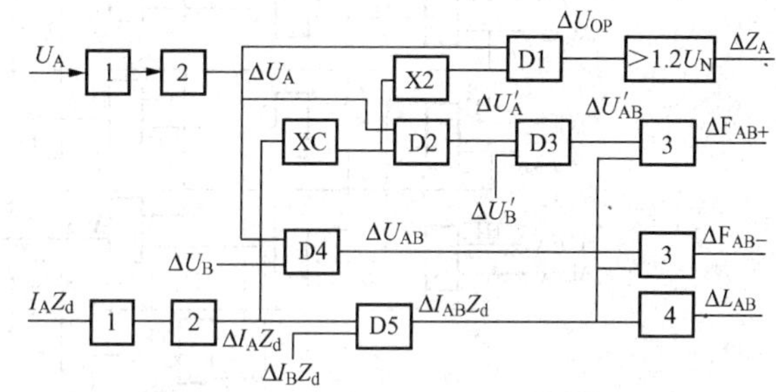

图 4-7-6　工频变化量快速方向保护的基本构成原理方框图
1—滤波元件；2—陷波器；D1～D5—减法器；3—比相元件；4—鉴幅器

第二节　工频变化量快速方向保护的动作逻辑

一、选相逻辑

图 4-7-7 中：F_{++} 表示两侧正方向元件，动作时方向元件判断为区内故障。L_{OT1} 为零序反时限过流未经固定延时闭锁出口。L_{OT2} 为零序反时限过流经固定延时闭锁出口。Ⅱ段为接地或相间阻抗继电器，经Ⅱ段延时动作。$3Z_{ABL}$、$3Z_{BCL}$、$3Z_{CAL}$ 为双回线另一回线整定在Ⅲ段定值的相间继电器并经该回线 F_{++} 闭锁的出口。换句话说，另一回线区内故障的同时Ⅲ段阻抗继电器动作。$2Z_{AB}$、$2Z_{BC}$、$2Z_{CA}$ 为本线路整定于Ⅱ段定值的相间阻抗继电器，其在相间短路时动作。

2ZA、2ZB、2ZC 为本线路整定于Ⅱ段定值的接地阻抗继电器，保证在接地短路时才动作。TG_{AB}、TG_{BC}、TG_{CA} 为跳闸固定回路输出。ΔL_{AB}、ΔL_{BC}、ΔL_{CA} 为相电流差突变量过流元件。

（1）当单相（例如 A 相）故障或跨线同名相故障时，相电流差突变量选相元件动作，或门 H 10以及 H 12动作，与门 Y8 开放。同时，由于两侧正方向元件动作 F_{++} 开放，Y11 动作。又由于 Y9 及 Y10 输出“0”态，与非门 YF4 为“1”态，Y17 元件出口经 H13 选 A 相，如果在 A 相跳闸过程中又发生 B 相故障，则 ΔL_{BC} 动作，为了防止 ΔL_{AB} 的灵敏系数因跳

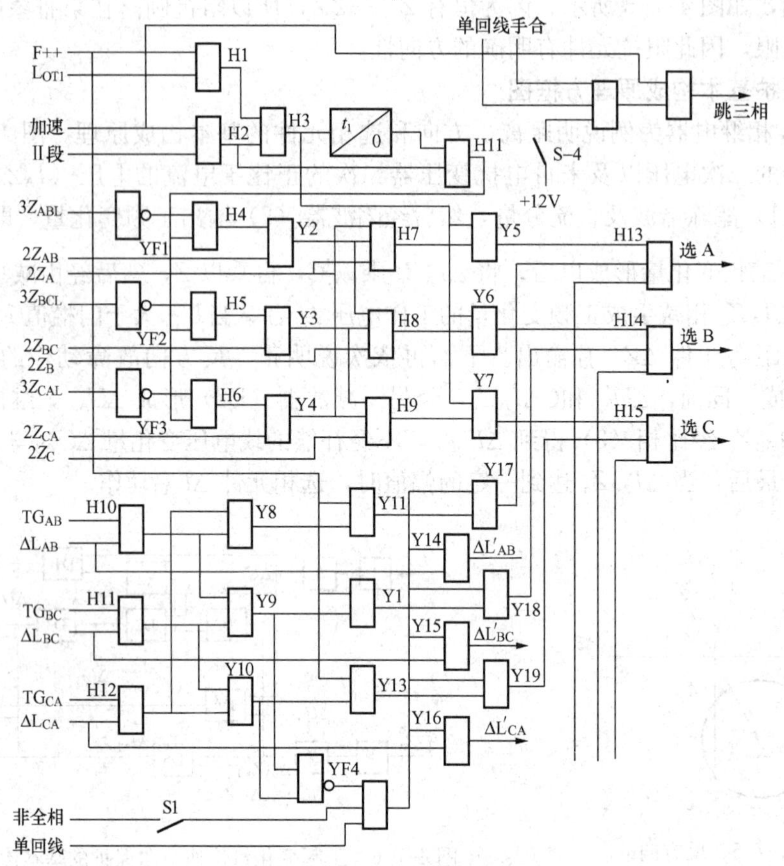

图 4-7-7　选相逻辑框图

闸后降低，至使选不出 B 相来，故采用了跳闸固定回路输出 TG_{AB} 与 ΔL_{AB} 元件构成或门，保证了灵敏系数不足时或门 H10 仍有输出，使与门 Y9、Y12、Y18 相继动作，经或门 H14 动作选出故障发展相——B 相，然后，再由跳闸逻辑根据两相以上的故障跳三相的设计原则跳三相。

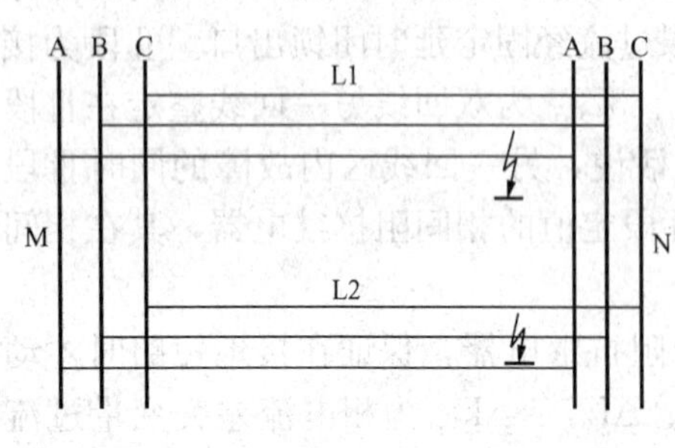

图 4-7-8　双回线系统示意图

(2) 当图 4-7-8 中一回线，如 L1 上 AB 相间故障时，所有三个相电流差突变量均有输出，则 YF4 输出“0”态，闭锁了三个相电流差突变量出口，与门 Y17、Y18 和 Y19，这时将靠阻抗元件选相，因为另一回线 L2 上无故障，$3Z_{ABL}$ 不动作，YF1 输出“1”态，H4 动作且 $2Z_{AB}$ 动作，同时 Y2、H7、H10 动作，由于方向元件 F_{++} 动作，H3 输出“1”态，Y5、Y6 也输出“1”态，选 AB 两相故障，可以全线快速切除故障线路。

(3) 当两线上发生不同相，如图 4 -7-8 靠近 N 侧 L1 上 A 相故障时，L2 上 B 相故障，N 侧的反方向元件 F_{BC-} 可能误动。为此装置中采取了这样的措施：在两相及以上故障时，除采用阻抗继电器选相以取代 ΔL_{pp}（pp 为 AB、BC、CA）选相元件外，还将工频变化量方向元件的正、反方向元件全部闭锁，而由采用Ⅱ段整定值的六个相及相间阻抗继电器 $2Z_p$ 和 $2Z_{pp}$ 作为方向元件（见图 4-7-7），相间故障 YF4 输出“0”态闭锁 Y17、Y18、Y19 的同时，也闭锁 Y14、Y15 和 Y16，$\Delta L'_{AB}$ 、$\Delta L'_{BC}$ 和 $\Delta L'_{CA}$ 也被闭锁，并分别去控制相应的工频变化量方向继电器，退出比相。对 N 侧保护具体叙述如下：线路 L1 上 A 相故障，L1 上的保护 $2Z_A$ 动作，H7、Y5 及 H13 动作选 A 相。对 M 侧保护，由于线路 L1、L2 都是区内故障，两侧 $3Z_{AB}$ 均动作，即图中 $3Z_{ABL}$ 动作，YF1 输出“0”态，不能选相。待对侧（近故障侧）L1 的 A 相，L2 的 B 相跳开后，本侧 L1 的 $2Z_A$、L2 的 $2Z_B$ 动作，分别切除 L1、L2 线路的 A、B 两相。避开了末端非同名相故障时，L1、L2 上Ⅱ段阻抗元件误选为 AB 相间故障而误跳三相的问题。

（4）当双回线同名相多相故障时，例如 L1、L2 上靠 N 侧同时发生 AB 相间故障，则二条线上 M 侧 $3Z_{ABL}$ 直至对侧跳闸后仍继续动作，H4 只有当经 t_1 的延时后才能开放，由 $2Z_{AB}$ 动作使 Y2 动作开放 H7、H8，经 Y5、Y6 出口选 AB 两相。

（5）单回线运行或非全相经用户选择预先将 S1 合上时，H16 将不再被 YF4 闭锁，即在单回线及非全相运行时，永投相电流差突变量选相回路，也不闭锁工频变化量方向继电器。

（6）当故障发生在工频变化量距离继电器动作范围时，由该继电器立即快速切除近区故障。

二、电流保持逻辑

以 A 相为例的电流保持逻辑框图如图 4-7-9 所示。其工作原理说明如下。

（1）A 相区内故障，12H2-3 和 A 相电流继电器 LA 动作，使 12Y3-3 动作，其输出使12H3-3自保持，直至 A 相跳开，LA 返回。

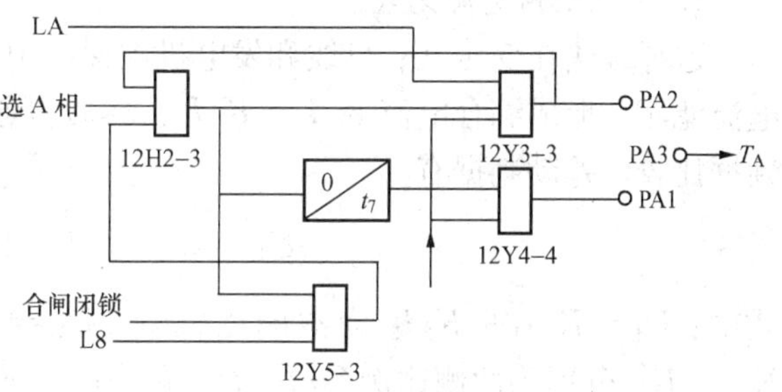

图 4-7-9　电流保持逻框图

（2）该逻辑引入了零序电流（L0）保持回路，它有两个作用。其一是当线路断线时，两侧方向保护都判为正方向，12H3-3动作而 LA 不动，但这时因负荷电流掉了一相，L0 能动作，12Y5-3 启动将12H2-3自保持，如果断线落地形成短路时，LA 动作，12Y3-3 动作，保证了断线又故障侧能瞬时跳开关。其二是当长线经特大过渡电阻故障时，LA 可能不动，只能由 L0 动作后将 12H2-3 保持到对侧开关切除，助增消失后，本侧 LA 才动作切除故障。合闸时闭锁 12Y5-3 可以防止开关合闸过程中误动作。

（3）当该装置用于单侧供电线路负荷端时，虽选相、阻抗及方向元件均能正确动作，但 LA 不动作，因此不在 12H3-3 动作后，另设置一经脉冲展宽 t_7 元件，12Y4-4 出口跳闸输出，这一不经 LA 控制的逻辑回路和由 LA 控制的逻辑回路可由用户选择。图 4-7-9 中，装置装于双侧电源线路和单端电源供电电源端时，PA2 和 PA3 连，由 LA 控制逻辑出口跳闸；当置于负荷端时，PA1 和 PA3 连，由本逻辑控制跳闸输出 T_A。装置出厂时，已将 PA2 和 PA3 连通。同时当检查回路发现装置异常时，将闭锁 12Y3-3 和 12Y4-4 出口。

第八章　光纤纵差保护

光纤纵差保护用在线路上是一种理想的保护，尤其对于整定配合比较困难的短线更是如此。以往由于通道的问题没有妥善解决，如导引线电缆作为传输通道易受电磁干扰等问题，光纤的出现解决了这些问题，使纵差保护在线路上的推广应用有了可能。

第一节　差动保护的基本原理

电流差动保护中常采用的差动比较方法有两种：一种是综合比较三相电流的方法；另一种是分相进行差动电流比较的方法，现就这两类方法叙述如下。

一、电流差动保护动作判据

1. 综合三相电流比较法

这种方法在变压器、母线和发电机主保护中得到应用。首先用正序、负序滤序器将三相电流滤序，形成综合电流 $K_1I_1+K_2I_2$，然后再通过通道或导引线电缆传送至对侧进行差动判据比较，差动判据有

$$|U_L+U_R|\geqslant K|U_L-U_R|+U_M \qquad (4\text{-}8\text{-}1)$$

式中：$U_L=K_1I_1+K_2I_2$ 为本侧比较量；$U_R=K_1'I_1'+K_2'I_2'$ 为对侧比较量；K_1、K_2、K_1'、K_2' 分别为两侧比例系数；I_1、I_2、I_1'、I_2' 分别为两侧正序、负序电流；U_M 为门槛电压；K 为制动系数，可分0.6、0.7、0.8三档。

上述原理被用在光纤纵差保护装置中。

2. 分相差动电流比较方法

这种原理是将两侧A、B、C三相电流及零序电流四个量直接传输至对侧，然后分相（包括零序）进行差动比较。差动判据如下

$$|i_m+i_n|-K_1\{|i_m|+|i_n|-K_2|i_m+i_n|-K_3I_d+I_p\}^+\geqslant I_d \qquad (4\text{-}8\text{-}2)$$

式中：i_m、i_n 为线路两侧的三相电流或零序电流；K_1、K_2、K_3 为固定常数，其值分别取为0.5、1、2；I_p 固定值，取0.5A（对 I_N=5A而言）；I_d 为动作定值；$|i_m+i_n|$ 为动作量；$G=|i_m|+|i_n|-K_2|i_m+i_n|-K_3I_d+I_p$ 为制动量，并

$$\{G\}^+=\begin{cases}G & 当G>0时\\0 & 当G\leqslant 0时\end{cases}$$

二、差动比较回路及其制动特性

1. 综合三相电流差动

实现式（4-8-1）所示综合三相电流差动回路原理方框图如图4-8-1所示。

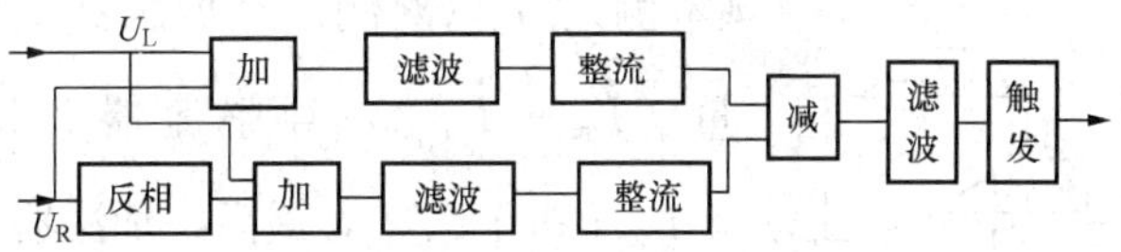

图 4-8-1　综合三相电流差动回路原理方框图

本地工作量 U_L 与远方工作量 U_R 相加后，滤除其中的谐波分量，然后经整流回路整流，成为动作臂。另外 U_L 与反相后的 U_R 相加，经滤波整流后，构成制动臂。

外部短路或正常负荷情况下，两侧电流相差 180°，动作量小于制动量，不会动作。

内部短路时，两侧电流同相，动作量大于制动量，可靠动作。

图 4-8-2 所示为上述综合三相电流差动回路的制动特性曲线。虚线所示的制动区可确保两侧工作电压方向相反，而由于测量误差等引起两侧工作电压幅值相差一倍以上时仍能可靠制动，另外，由于实际动作区为阴影部分，其折线特性更有益于当区外故障电流很大，其中一侧电流互感器深度饱和造成两侧偏差很大时仍可靠制动。此外，也保证了区内故障时，由于负荷电流影响而使两侧工作电压不同相时仍能正确动作。

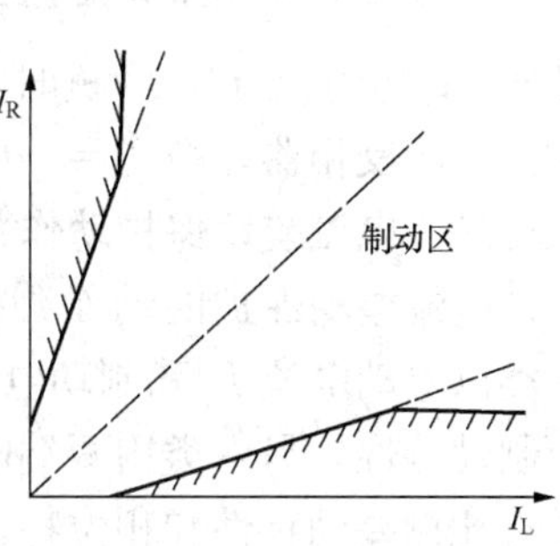

图 4-8-2　综合三相电流差动回路的制动特性

2. 分相电流差动保护

实现式（4-8-2）分相式电流差动判据的原理方框图如图 4-8-3 所示。主要分为两部分：前置电路和动作判据电路。

前置电路主要有 50Hz 带通滤波电路如图 4-8-4 所示的调相调幅电路，后者是为了将本侧信号后移约 30°和进行幅值调整，以补偿对侧电流信号在传输过程中带来的角度滞后及幅值变化。经处理后使图 4-8-3 中 M_4、M_5 两处电流幅值相等、相位相反。这是差动元件正确动作的前提。

动作判据电路是对动作判据中各信号进行加、减、整流、鉴别等处理。两侧信号 I_m

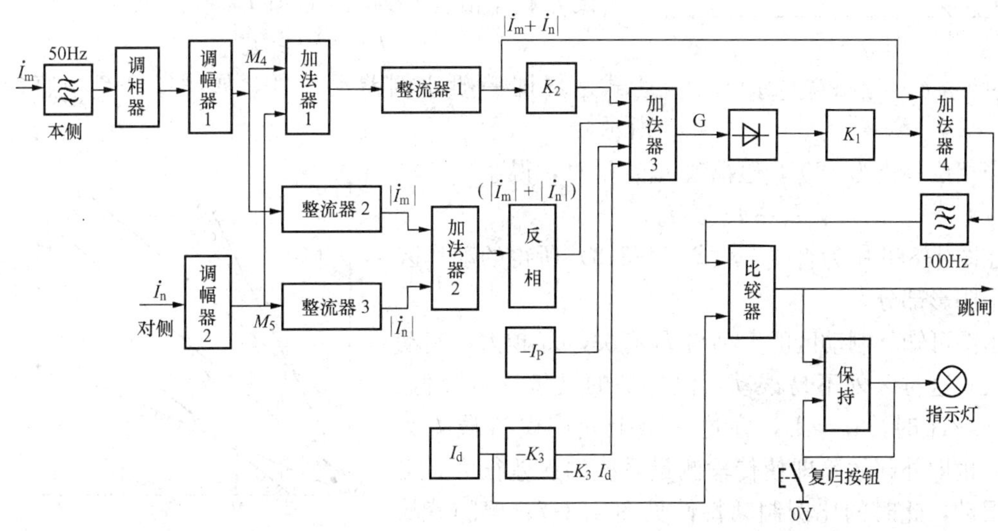

图 4-8-3　分相电流差动保护差动元件原理方框图

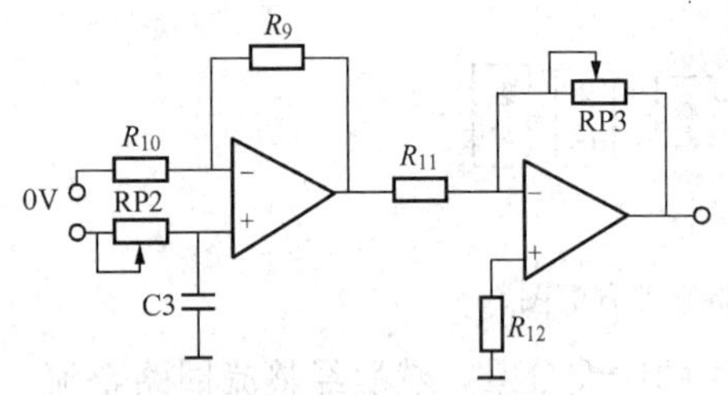

图 4-8-4　调相调幅电路图

（本侧）、I_n（对侧）经加法器 1 和整流器 1 形成动作量 $|\dot{I}_m+\dot{I}_n|$，经整流器 2 和 3，加法器 2 形成 $|\dot{I}_m|+|\dot{I}_n|$，最后，加法器 3 的输出（G 点）为

$$G=|\dot{I}_m|+|\dot{I}_n|-K_2|\dot{I}_m+\dot{I}_n|-K_3I_d-I_p$$

实现判据式 $\{G\}^+$ 的电路，即正滞阻电路如图 4-8-5 所示，运算放大器 A6 的输入为 U_i，输出信号为 U_0，当 U_i 为正时，A6-1 端为负，V9 导通，V10 不导通，$U_0=0$。当 U_i 为负时，A6-1 端为正，V9 不导通，V10 导通，这时 A6 为一个放大系数为 1 的反相器，则 $U_0=-U_i$。

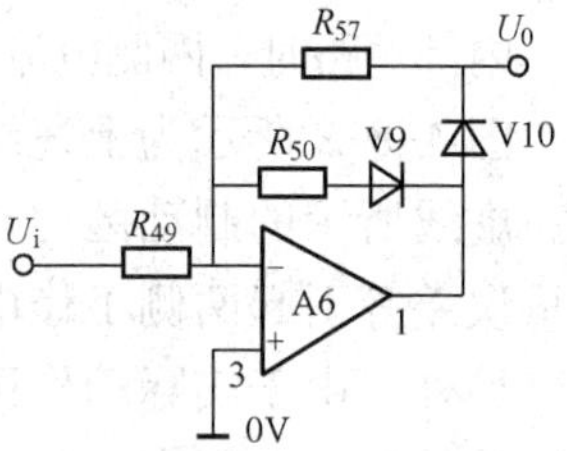

图 4-8-5　正滞阻电路

三、电流差动保护动作判据的设计和分析

电流差动保护的动作判据的分析方法原则上可以分为两类：一类以差动电流 I_d 和制动电流 I_r 的关系表示，即 $I_d=f(I_r)$ 称为制动特性；另一类用两端电流 I_m、I_n 的关系表示，广泛被采用的有比例差动特性和相位特性。

后一种方法能直接给出差动保护动作情况与被保护线路两端电流的关系，比一般介绍的前一种方法使用更为方便。因此下面的分析讨论主要在比例差动特性方法的基础上进行。

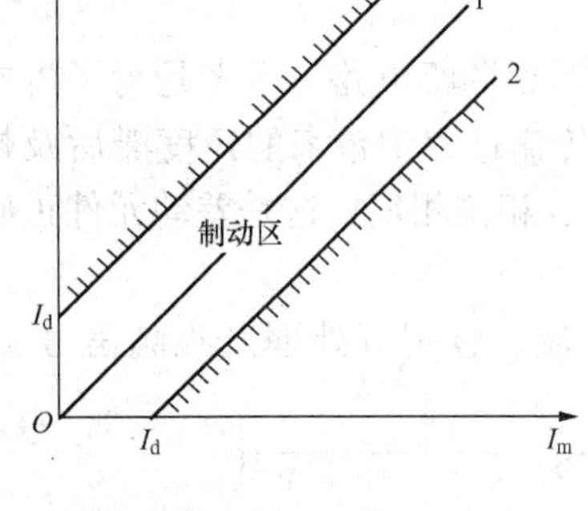

图 4-8-6　一般比例差动特性

1. 比例差动特性

这一特性是在线路两侧电流相位差为 180°的条件下（规定电流由母线流入被保护线路的方向为正），以两侧电流幅值为变量，在直角平面上作出的特性曲线。

现以下式为例说明其分析方法

$$|i_m+i_n|\geqslant I_d \tag{4-8-3}$$

式中：i_m、i_n 为两侧电流相量，I_d 为定值。

设 i_m、i_n 相差 180°，且幅值 $I_m>I_n$，可得

$$I_m-I_n\geqslant I_d$$

上式边界即一般比例差动特性，如图 4-8-6 中直线 2 所示。

当相位差仍为 180°，但幅值 $I_m<I_n$ 时，得

$$I_n-I_m\geqslant I_d$$

上式在图 4-8-6 中为直线 3，式（4-8-3）所得的动作区为图中阴影部分。

由图可知，制动区的大小与 I_d 有关，I_d 越大，制动区越大，这时区外不易误动，但保护的灵敏系数降低。当 $I_m=2I_d$ 时，$I_n=I_d$，在这一点上允许电流误差为 50%，也即外部故障即使传输测量系统的误差很大，也不会误动，此时的比例制动特性见图 4-8-7；但随着故障电流的增大，这种特性的防误动能力很差。

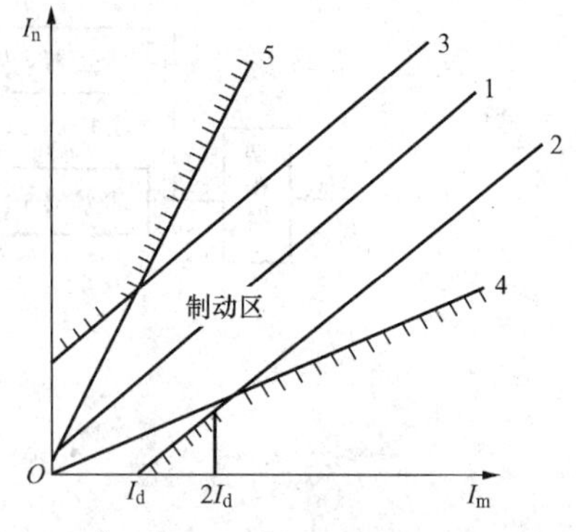

图 4-8-7　实用的比例制动特性

2. 电流差动元件动作判据的设计原则

(1) 区内故障电流较小时，有足够的灵敏系数。

(2) 区外故障电流越大，允许电流误差相应增大，以提高保护防误动能力。

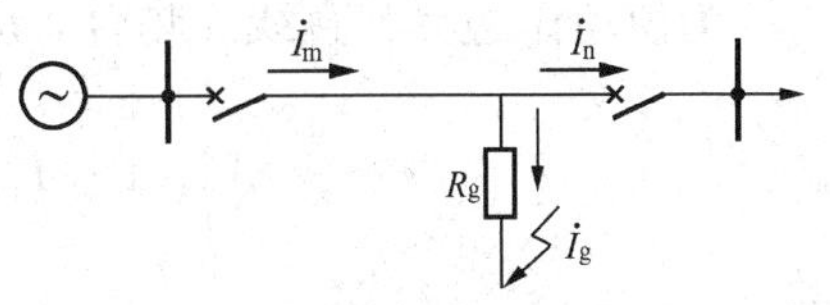

图 4-8-8 单端供电系统图

(3) 如图 4-8-8 所示单端供电系统，带有负荷，区内经过渡电阻短路时，I_n 与 I_m 反相，从故障点流出，保护应能动作。

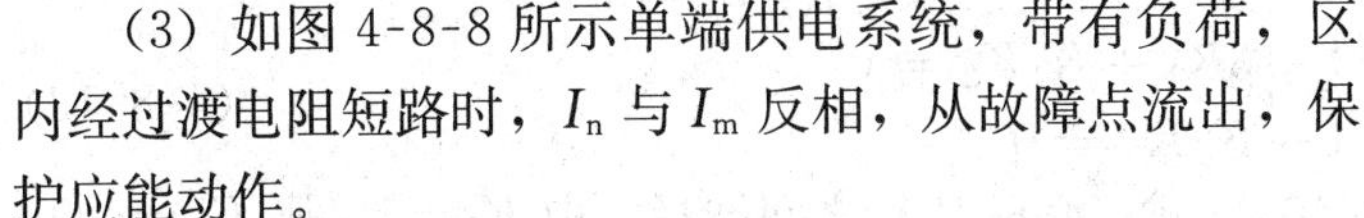

设 $I_n=-KI_m$，$K<1$，要求当 $I_n\leqslant-\frac{I_m}{2}$时，保护能正确动作，即一侧电流有 50% “溢出”时，保护能动作。

下面简要分析图 4-8-7 所示实用的比例差动特性，在小电流范围内，制动区小，动作灵敏；电流增大时，制动区变大，防误动能力强。直线 4、5 为 50%电流“溢出”线。可用式 $I_m-2I_n=0$ 表示。因此选用符合图 4-8-7 特性曲线的动作判据，能满足以上原则。

3. 动作判据分析及参数设计

现以式（4-8-4）为例，对动作判据进行分析，确定参数，使之产生图 4-8-7 所示特性曲线。

$$|i_m+i_n|-K_1\{|i_m|+|i_n|-K_2|i_m+i_n|-K_3I_d\}^+\geqslant I_d \quad (4\text{-}8\text{-}4)$$

设 $F=|i_m|+|i_n|-K_2|i_m+i_n|-K_3I_d$ 为制动量，有

$$\{F\}^+=\begin{cases}F & F>0\\0 & F\leqslant 0\end{cases}$$

$\{F\}^+=0$ 时，式（4-8-4）与式（4-8-3）相同，其边界为图 4-8-7 中 2、3 两条直线。

设 i_m 与 i_n 相差 180°，幅值分别为 I_m、I_n，当 $I_m>I_n$ 时，有

$$(I_m-I_n)-K_1\{(I_m+I_n)-K_2(I_m-I_n)-K_3I_d\}^+=I_d \quad (4\text{-}8\text{-}5)$$

如前所述，直线 2 和直线 4 分别为

$$I_m-I_n\geqslant I_d \quad (4\text{-}8\text{-}6)$$

$$I_m-2I_n=0 \quad (4\text{-}8\text{-}7)$$

其交点 $I_n=I_d$，$I_m=2I_d$，在交点前，式（4-8-5）应与式（4-8-6）符合，$F<0$；交点后，式（4-8-5）应与式（4-8-7）一致，$F>0$。

下面进一步分析式（4-8-5）中的制动量 F。

$$\begin{aligned}F&=I_m+I_n-K_2(I_m-I_n)-K_3I_d\\&=(1-K_2)I_m+(1+K_2)I_n-K_3I_d\end{aligned} \quad (4\text{-}8\text{-}8)$$

由上分析，F 是以 I_m、I_n 为变量，以（$2I_d$、I_d）为过零点的线性递增函数。系数（$1-K_2$）和（$1+K_2$）均应大于等于 0，即得

$$-1\leqslant K_2\leqslant 1 \quad (4\text{-}8\text{-}9)$$

将过零点（$2I_d$、I_d）代入 F，得

$$F(2I_d,I_d)=2(1-K_2)I_d+(1+K_2)I_d-K_3I_d=0$$

所以

$$K_3=3-K_2 \quad (4\text{-}8\text{-}10)$$

由式（4-8-5）得

$$(1-K_1+K_1K_2)I_m-(1+K_1+K_1K_2)I_n=I_d-K_1K_3I_d \quad (4\text{-}8\text{-}11)$$

为使动作边界与直线 4 吻合，应使式（4-8-11）和（4-8-7）对应项系数相等，得

$$\begin{cases}(1+K_1+K_1K_2)/(1-K_1+K_1K_2)=2\\I_d(1-K_1K_3)=0\end{cases}$$

即

$$\begin{cases}1-3K_1+K_1K_2=0\\1-K_1K_3=0\end{cases}\tag{4-8-12}$$

最后，在式（4-8-9）、式（4-8-10）、式（4-8-12）之间选择，取 $K_2=1$，则 $K_1=0.5$，$K_3=2$。

同理，可以分析出 $I_m<I_n$ 时，动作特性式和上半区域的动作边界。

4. 保护的动作判据及其特点

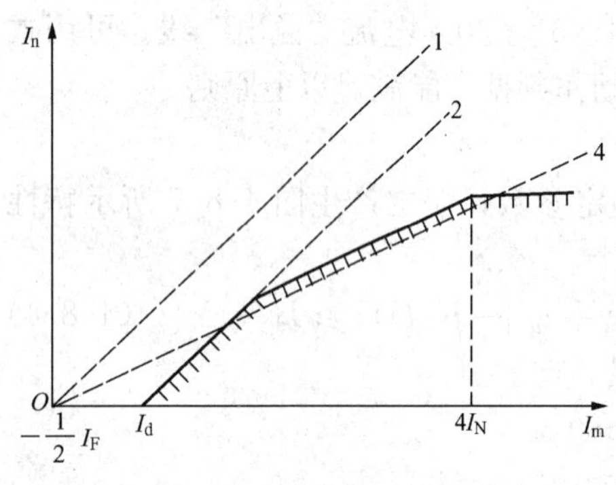

图 4-8-9　改进的动作边界

图 4-8-7 中，50%电流溢出线处于动作边界，实际装置中应考虑元件误差，为使装置可靠动作，动作边界实际上向直线 1 有一小偏移，因此装置中实际动作判据如式（4-8-2）所示。式（4-8-2）与式（4-8-4）的差别在于实际动作判据式（4-8-2）增设了电流偏移量 I_p，其比例差动特性曲线如图 4-8-9 所示。

动作边界曲线的斜率取决于系数 K_1、K_2。与直线 4、5 的偏差取决于 I_p。第一折点的位置取决于 K_2、K_3、I_d（图 4-8-9 中线 5 略）。

随着故障电流的增大，信号幅值接近电路的工作电压时，电路中的信号出现饱和，动作边界不再与直线 4、5 平行，而出现第二折点，逐渐趋于与两坐标轴平行。如图 4-8-9 所示，第二折点大约出现在 $I=20A$ 处（设 $I_N=5A$）。

第二节　光纤纵差保护装置

分相光纤纵差保护原理方框图见图 4-8-10，装置由电流/电压变换器、差动元件、负序突变量启动元件、电流检测元件、逻辑回路、PCM（Pulse Code Modulation）调制及解调电路和光端机等部分组成。

各相电流经变换成电压后分两路：一路送至本侧的差动元件和电流检波元件，另一路送至 PCM 调制器传输至对侧。

传输系统传送回路电压（即电流）信号和远跳或外部远传的四个键控信号（$K_1\sim K_4$）调制成一路脉冲信号，并由光端机的发送电路（E/O—电/光转换电路）将其转换成光脉冲信号待传输。同时由光端机的接收电路（O/E）接收对侧的光脉冲信号转换成电脉冲信号，并由 PCM 解调器将它还原成四个模拟量信号和四个键控信号，分送至各相电流差动元件和逻辑电路。在差动元件中，本侧电流信号均通过带通滤波器，滤除直流分量以及高次谐波，而对侧电流在解调电路中被滤波。相位调节电路用以补偿传输过程中带来的相位滞后，电流检测元件为电流互感器回路断线情况下提供闭锁信号和经逻辑回路输出报警信号。

启动元件由三相式负序电流滤过器、三相全波整流器、负序电流突变量形成电路组成。

负序电流突变量电路见图 4-8-11。

运算放大器 A1 和电容 C，电阻 $R/2$ 构成积分电路。加法器 A2 有两个输入，一个为 I_2，一个为 I_2 的积分值。在无 I_2 或稳态 I_2 时，A1 的输出信号为 $-I_2$，A2 的输出为零。I_2 突变时，由于积分线路的暂态延时，加法器 A2 输出为 I_2 的瞬时突变量。I_2 突增，A2 输出为负；反之为正。输出的突变量最后经展宽电路作为启动信号送至图 4-8-10 的逻辑电路。

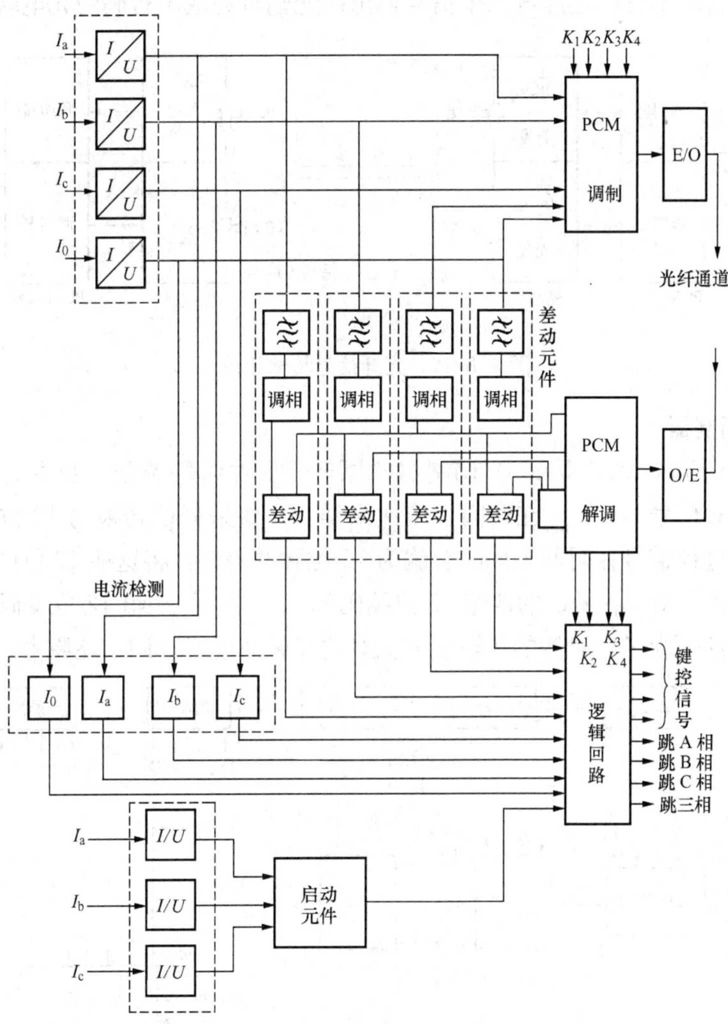

图 4-8-10　分相光纤纵差保护装置原理方框图

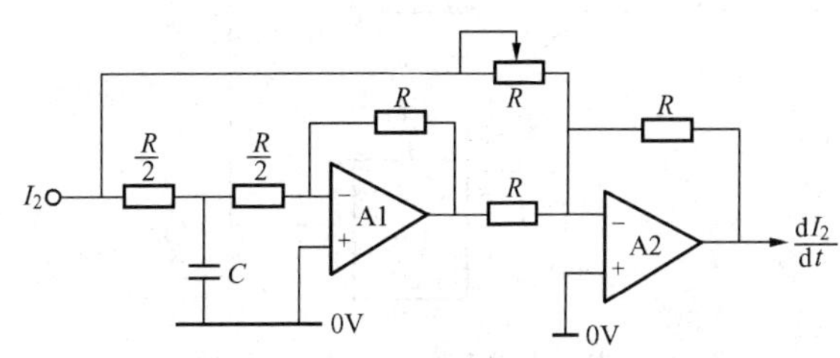

图 4-8-11　负序电流突变量电路

第三节　信号传输系统

光纤信号传输系统如图 4-8-12 所示，由两侧 PCM 端机及光端机、光缆组成光纤信号传输系统。PCM 端机（调制器）将前述八个信号转换为一路 PCM 串行码，接收电路（解调器）将对侧发送的串行码还原成八个信号输出。光端机完成串行码的光电转换。

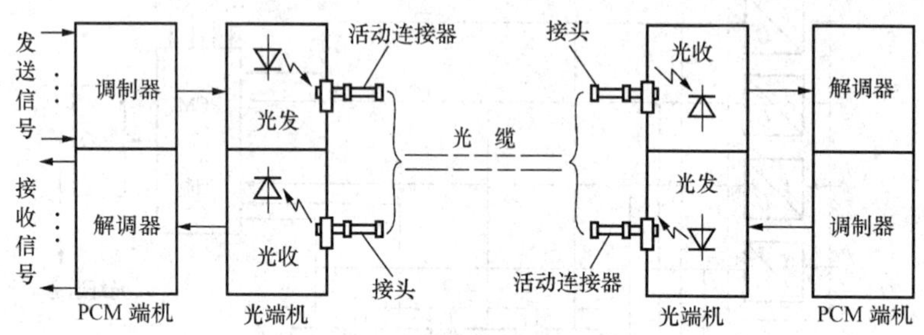

图 4-8-12　光纤信号传输系统

一、PCM 调制器

PCM（Pulse Code Modulation）调制器的原理是脉冲编码调制。在本装置的传输系统中，对四路模拟量信号 $A_1 \sim A_4$ 在时间上依次采样，并将采样值转换为 12 位的脉冲码。在此同时，对四路键控信号在时间上同时合编为 12 位脉冲码，再将这些 12 位的脉冲码在时间上依次向对侧传送。对 $A_1 \sim A_4$ 的四组 12 位编码和 $K_1 \sim K_4$ 的一组 12 位编码，每传送一遍称为一个传输周期，为了使对侧的传输装置在对这些脉冲进行解调、还原中，能够与本侧的

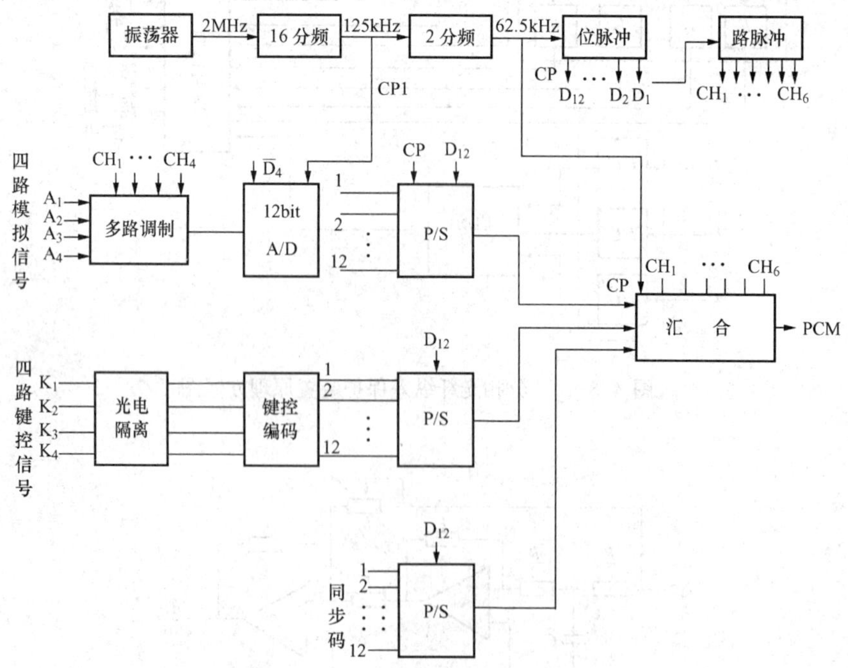

图 4-8-13　PCM 调制器的原理方框图

传输装置准确、同步地工作，需要在每一个传输周期中加入12位的同步码。因此，在一个传输周期中 $A_1 \sim A_4$ 的编码，$K_1 \sim K_4$ 的编码和同步码，共计六组 12 位编码向对侧传输。

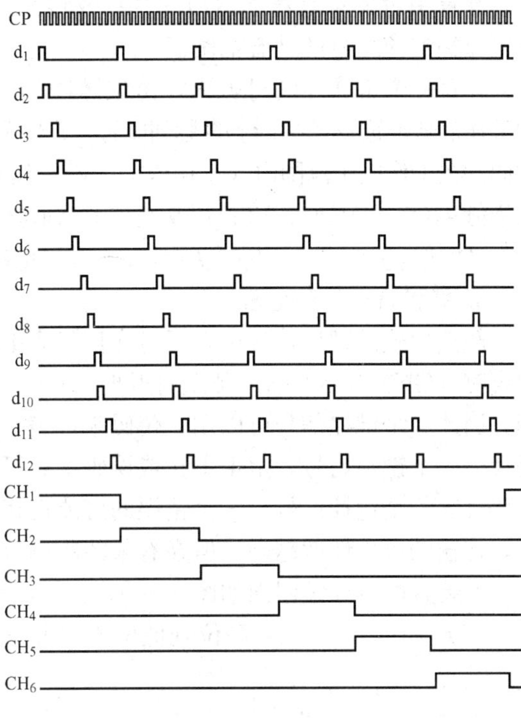

图 4-8-14 时序图

PCM 调制器的原理方框图如图 4-8-13 所示。电路可分为四个部分：时序电路、模拟信号编码电路、键控信号编码电路，并/串转换及汇合电路。

1. 时序电路

由石英晶体构成的振荡器产生频率为2MHz的信号，经分频器得到传输系统的时钟信号 CP，频率为 $f_{CP}=62.5$kHz。由时钟信号产生位脉冲信号 D，由位脉冲信号产生路脉冲 CH。如上所述，在一个传输周期中，共传输六组 12 位码。因此需要六个路脉冲信号 $CH_1 \sim CH_6$ 和十二个位脉冲信号 $D_1 \sim D_{12}$。

时钟信号 CP，位脉冲信号 $D_1 \sim D_{12}$，路脉冲信号 $CH_1 \sim CH_6$ 作为 PCM 调制器中信号采样、数模转换、键控编码以及并/串转换等环节及时序控制信号，保证整个调制电路对传输信号分时处理的准确性。其时序如图 4-8-14 所示。在每一路时隙内共有 12 个位脉冲时隙。

2. 模拟信号编码电路

对模拟信号的编码是由采样和模/数转换两部分组成。

图 4-8-15 表示对一路模拟信号采样的原理。采样器相当于一个电子开关。控制器 b 接时序信号 CH，输入端 c 接模拟信号 $f\ (t)$，输出端为 e。

当 CH=1 时，输入端与输出端之间的开通电阻 $R_{on}<300\Omega$。

当 CH=0 时，输入端与输出端之间的关断电阻 $R_{OFF}>10^9\Omega$。

由此可知，在时序信号的作用下，输出端获得采样信号 $f_s\ (t)$。

图 4-8-16 是对四路模拟信号采样的示意图。

由图 4-8-16 可知，时序信号 $CH_2 \sim CH_5$ 在时间上依次出现，因而采样器依次开通。$f_s\ (t)$ 为一串行的采样信号，它是对模拟信号 $A_1 \sim A_4$ 的依次采样。

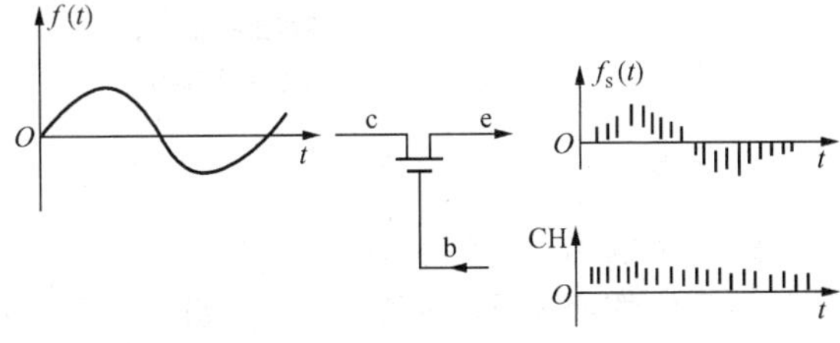

图 4-8-15 采样原理

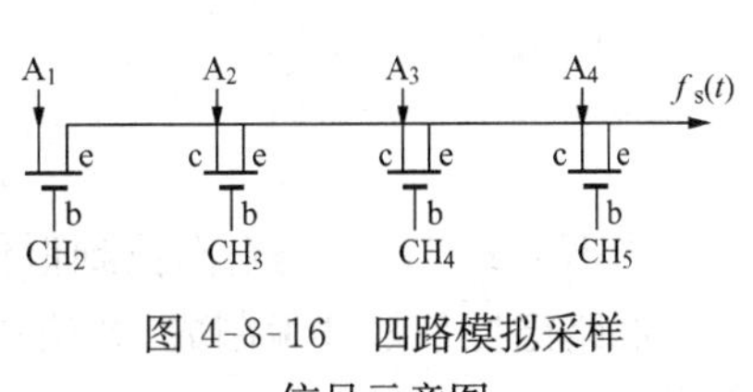

图 4-8-16 四路模拟采样信号示意图

装置中对采样信号 $f_s(t)$ 的模/数转换采用 12bit A/D 转换器，其精度完全可以满足继电保护交流信号的动态范围。

在每一个路脉冲的时隙内，由位脉冲 D_4 启动 A/D 转换器将出现在这一路脉冲时隙内的采样值转换成12 位并行的脉冲码。12 位码的进位方式与四位码中“8421”码的规则相同。在工作电压范围内（−15～+15V），12 位 A/D 转换器对采样值线性量化、编码。例如采样值 $f_s(t)=0$V 时，12 位码从高位 P_1 到低位 P_{12} 依次为 011111111111，如图 4-8-17（a）所示。又例如，$f_s(t)=+15$V、$f_s(t)=-15$V 的编码分别如图 4-8-17(b)、4-8-17(c) 所示。

3. 键控信号编码电路

触点形式的键控信号可以经过光耦隔离电路，转换成“0”、“1”形式的电信号，即触点闭合时（ON）$K=1$ 态，触点打开时（OFF）$K=0$ 态。由于键控信号和脉冲信号形式相同，因此一个键控信号可以用一位码来代表，也可以用一组码来代表。显而易见，若用一位码代表一个键控信号，由于干扰或误码都有可能使键控信号在传输过程中发生错误。若用两位码代表一个键控信号，发生错误的可能性将小得多。因此键控信号的编码占用的脉码位数多，传输的可靠性就越高，但在有限的脉码位数中能够传输的路数也就越少。

本装置的键控编码图如图 4-8-18 所示，一个键控信号用 3 位码编制。

当 $K=0$ 时，编码自高位到低位依次为 001，称 OFF 编码。

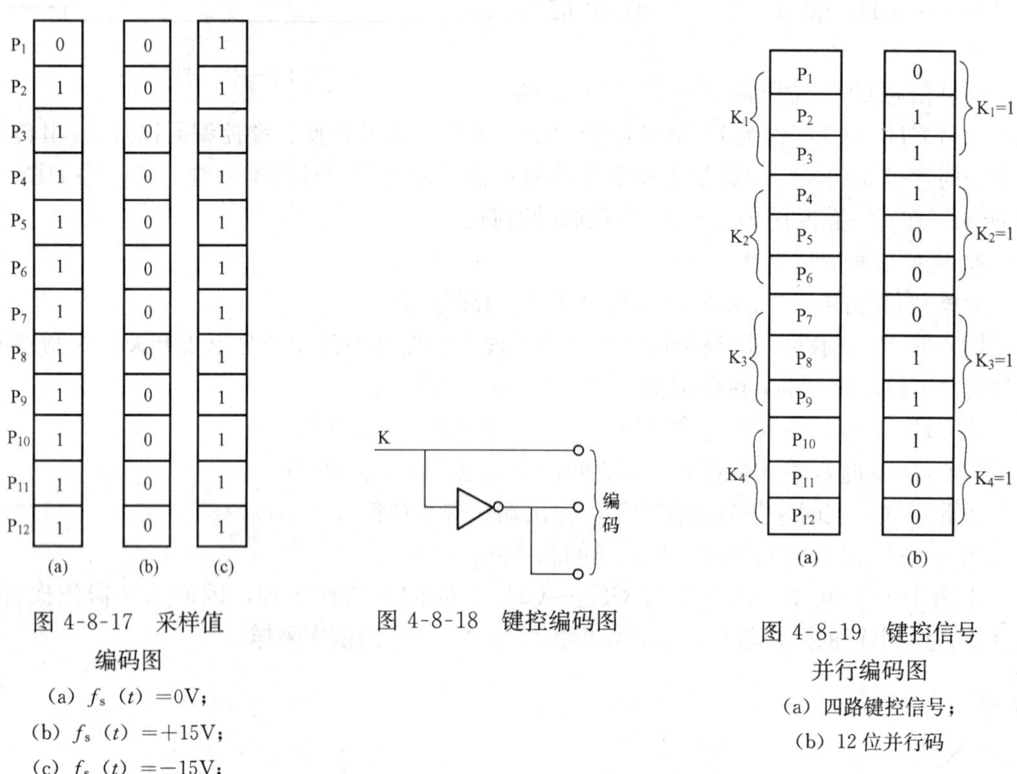

图 4-8-17　采样值编码图

（a）$f_s(t)=0$V；
（b）$f_s(t)=+15$V；
（c）$f_s(t)=-15$V；

图 4-8-18　键控编码图

图 4-8-19　键控信号并行编码图

（a）四路键控信号；
（b）12 位并行码

当 $K=1$ 时，编码自高位到低位依次为 100，称 ON 编码。

四路键控信号共编制成 12 位并行码，从高位到低位依次与 K_1～K_4 对应，如图 4-8-19 所示。

例如：$K_1=0$、$K_2=1$、$K_3=0$、$K_4=1$，其编码图即图4-8-19所示。

4. 同步码的设置

同步电路是保证 PCM 传输系统可靠工作的重要环节。一般地，同步码越长，传输的可靠性越高。本装置中采用 12 位同步码，电路简单且可靠性高。

同步码的码形选择应使这种码形在其他信号的编码中出现的概率最小，用以保证接收电路能够正确地识别出同步码，使传输系统的失步率最低。经过计算和分析比较，本装置的同步码采用如图 4-8-20 所示的编码较为适宜，即从高位到低位编码依次为 010100110011。

5. 并/串转换及汇合电路

在传输通道中，PCM 码是以串行码方式向对侧传输。因此要将 12 位并行的同步码、键控信号的编码、模拟信号的编码转换为串行码，并按不同的路时隙依次传输。

在每一个路时隙中，并/串转换（P/S）电路将输入的 12 位并行码以时钟信号 CP 的速率从高位到低位依次输出。在 D_{12} 位脉冲后，一组 12 位码转换完毕，即启动 P/S 电路输入下一组 12 位并行码，进行下一个转换过程。

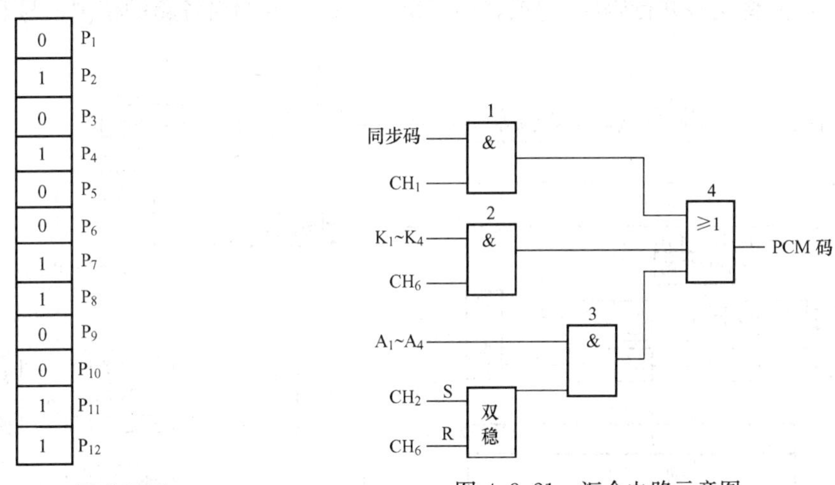

图 4-8-20　同步码图

图 4-8-21　汇合电路示意图

汇合电路示意图如图 4-8-21 所示。在 CH_1 时隙内门 1 开通，门 2 及门 3 关闭，输出串行的同步码。在 $CH_2 \sim CH_6$（即从 CH_2 上升沿到 CH_6 上升沿为止）的时隙内，门 3 开通，输出 $A_1 \sim A_4$ 的串行编码。在 CH_6 时序，门 2 开通，输出 $K_1 \sim K_4$ 的串行编码。

6. 传输系统的参数

一个传输周期称为一帧，每一帧的脉冲数 $m=n \times N$，其中 N 为路数，n 为编码位数。

采样频率　$f_s=s \times f_0$，其中 f_0 为模拟信号的频率，s 为模拟信号一周期内的采样次数。

PCM 传输系统的传输速率即数码率为

$$f_{CP}=m \times f_1=n \times N \times s \times f_0 \tag{4-8-13}$$

装置中，$N=6$、$n=12$、$f_0=50Hz$、$f_{CP}=6.25Kbit/s$。

由式（4-8-13）可得 $s=17.36$，即对于 50Hz 的交流信号，每周期采样次数为 17.36，一帧内的脉码数 $m=12 \times 6=72$。

图 4-8-22 表示一帧内的编码时序图。每一帧的第一个路时隙为固定的同步码。第二到

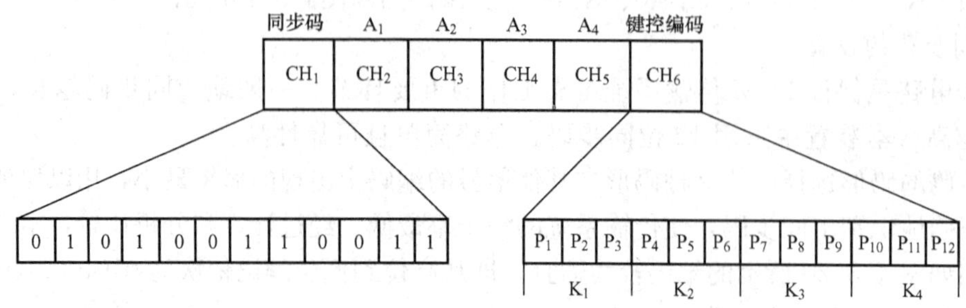

图 4-8-22　编码时序图

第五个路时隙依次模拟信号 A_1、A_2、A_3、A_4 的编码。第六个路时隙为键控信号的编码，其中第一、第二、第三位码为 K_1 的编码，其后依次为 K_2、K_3、K_4 的编码。

二、PCM 解调器

PCM 解调器的原理方框图如图 4-8-23 所示。解调器主要将接收到的 PCM 串行码转换成并行码，并将这些并行码经数/模转换和键控解码，解调出各路的模拟信号和键控信号。

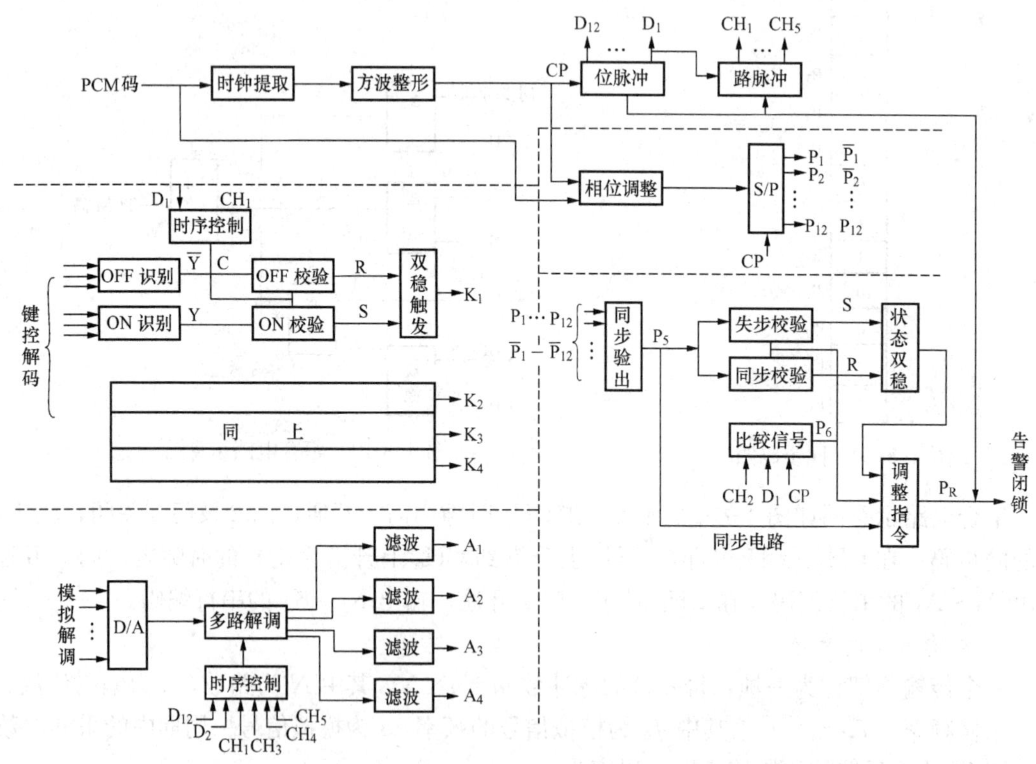

图 4-8-23　PCM 解调器原理方框图

1. 时序电路

与 PCM 调制电路相同，解调电路需要同样的时钟信号 CP，12 个位脉冲信号 D_1～D_{12}，6 个路脉冲信号 CH_1～CH_6 作为解调电路的时序控制信号。

为了能够准确可靠地处理接收到的 PCM 码，要求接收侧解调电路中的时钟频率与发送侧调制电路中的时钟频率绝对一致。因此 PCM 传输系统采用主一从时钟方式，即发送侧的时钟信号由晶体振荡器产生，称为主时钟，接收侧的时钟信号从接收到的 PCM 串行码中提取，称为从时钟。

时钟提取的过程如图 4-8-24 所示。从理论分析可知，在 PCM 码中尽管带有 0 码、1 码、连 0 码、连 1 码，但仍包含有丰富的时钟频率分量。用中心频率为 f_{CP} 的带通滤波器获得频率为 f_{CP} 的交流信号，经过零检测形成方波，整形后得到与发送侧完全相同的时钟信号。

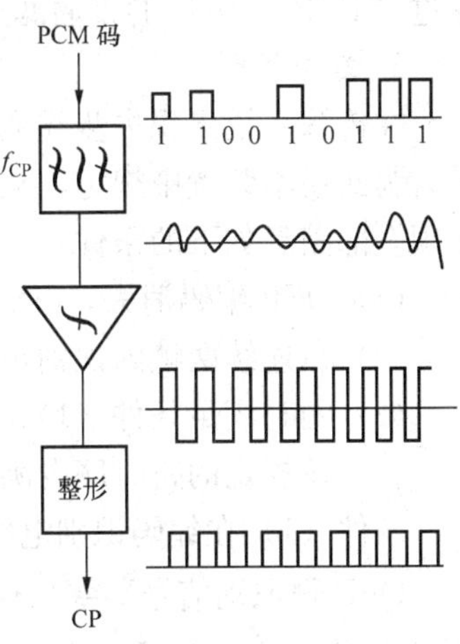

图 4-8-24 时序分析图

由时钟 CP 产生的脉冲和路脉冲信号与脉冲调制电路中完全相同，其时序如图 4-8-24 所示。

2. 串/并转换电路

同步码的识别，键控编码的识别以及数/模转换均需并行的 PCM 码。串/并转换电路（S/P）在时钟信号 CP 的控制下，按照输入码先进低位，逐位上升原则，依次将串行码输出到从高位 P_1 到低位 P_{12} 的 12 个并行输出端，得到 12 位并行码 $P_1 \sim P_{12}$，同时从另外 12 个并行输出端，获得反极性的并行码 $\overline{P}_1 \sim \overline{P}_{12}$。

若 P=0 时，$\overline{P}=1$；反之亦然。

3. 同步电路

解调电路在对接收信号进行解码、分路的处理过程中，要严格按照发送侧的时序进行。同步电路的作用就是通过检测对侧发送的同步码，识别出发送调制电路的时序，并对接收侧解调电路的时序进行比较、调整，使发、收两侧的时序信号时刻保持同步。

由同步码的编码（如图 4-8-20 所示）可知，当同步码出现时

$$P_S = \overline{P}_1 \cdot P_2 \cdot \overline{P}_3 \cdot P_4 \cdot \overline{P}_5 \cdot \overline{P}_6 \cdot P_7 \cdot P_8 \cdot \overline{P}_9 \cdot \overline{P}_{10} \cdot P_{11} \cdot P_{12} = 1$$

同步码的发送是在每一帧的第一个路时序（CH_1），因此当检测出 $P_S=1$，即表示发送侧已完成 CH_1 的时序，开始进入下一个路时序（CH_2）。

比较信号 $P_C = CH_2 \cdot D_1 \cdot CP$ 提取出接收侧解调电路中第二路第一位码的前半个时序。当 CP=1 时，说明解调电路进入 CH_2 时序。

若 P_S 与 CP 相吻合，说明两侧同步。若 P_S 与 CP 不吻合时，说明解调电路与发送侧的调制电路已失步。这时发出调整信号 P_K，复归时序电路中的位脉冲及路脉冲电路，使解调器中的时序重新开始启动。在下一帧同步码到后，P_S 继续与 CP 比较，若仍不吻合，则 P_K 继续调整，直至 P_S 与 CP 吻合，说明接收侧的时序已被调整到与发送侧同频，则 P_K 取消。

在失步和调整期间，同步电路的调整信号同时输出至逻辑插件作为闭锁信号，输出至信号插件作为报警信号。

4. 模拟解调电路

在一个路时序中，当 12 位并行码输入进数/模转换器（D/A）后，由位脉冲 D_{12} 启动 D/A，将 12 位码转换成与发送侧对应的采样值，接着输入下一组 12 位并行码。各路解调器的原理和电路与图 4-8-16 所示的四路采样相类似，不同的是，输入信号为 D/A 转换后的采样值 $f_S(t)$。按照不同的路脉冲控制多路解调器，将四个模拟信号的采样值送入各自的带通

滤过器 BFP。50Hz 的带通滤过器除掉采样信号中的高次谐波，输出 50Hz 的交流信号。

5. 键控解码

在传输系统出现失步误码、漏码或其他干扰情况下，键控解码电路均不应误收键控信号。为此在本装置中规定，从键控解码电路中输出一个键控信号（K 由“0”态变“1”态），必须全部满足如下的条件：

（1）OFF 编码消失，ON 码出现。

（2）在连续两帧内识别正确。

（3）同时满足条件（1）、（2）。

（4）在规定的路时序内满足条件（1）、（2）、（3）。

条件（1）在编码识别电路中实现。以键控信号 K_1 的解码电路为例：

OFF 码识别信号$\overline{Y}=\overline{P}_1 \cdot P_2 \cdot P_3$，ON 码识别信号 $Y=P_1 \cdot \overline{P}_2 \cdot \overline{P}_3$，$K_1=0$ 时，其 OFF 编码为 011，$\overline{Y}=1$；K=1 时，其 ON 编码为 100，Y=1。

若由于失步或误码等原因，收到 K_1 的编码变为 010（即 P_3 为误码），经识别后，尽管 OFF 编码消失，但 ON 编码并未出现，因而不满足条件（1）。

条件（2）在校检电路中实现。在连续两帧内均识别出 OFF 编码消失，ON 编码出现，则 S=1，R=0。

条件（3）由双稳态电路实现，对 OFF 编码和 ON 编码的识别和校验必须同时正确，即同时满足 S=1，R=0 时输出 $K_1=1$。

条件（4）由时序控制信号 C 保证，因为发送键控制码是在 CH_0 时序，解码电路收到全部的键控编码后，时序将进入下一个路时序 CH_1。因此用 $C=CH_1 \cdot D_1$ 控制校验电路工作，保证了其他路时序出现的各种编码而不会引起键控码电路错误判别。

当 K 由“1”态变为“0”态时，ON 编码消失，OFF 编码出现，同样应满足条件（2）、（3）、（4）。

四路键控信号的解码电路完全相同。

三、光端机

两侧装置中的光端机与光缆的连接如图 4-8-12 所示。每一侧光端机包括发送插件和接收插件。光信号在光纤中单向传输，两侧光端机需要两根光纤。一般采用四芯光缆，两芯运行，两芯备用。光端机与光缆经过光纤活动连接器连接。活动连接器一端为裸纤，与光缆的裸纤焊接，另一端为插头，可与光端机插接。

1. 光发送电路

图 4-8-25 表示光发送电路原理图。其核心元件是电流驱动的发光管 LED。驱动电流越大，输出光功率越高。PCM 码经过放大，电流驱动电路驱动 LED 工作，使输出的光脉冲信号与 PCM 码的电脉冲信号一一对应，即输入为“1”码时，输出 1 个光脉冲，输入“0”码时，没有光信号输出。

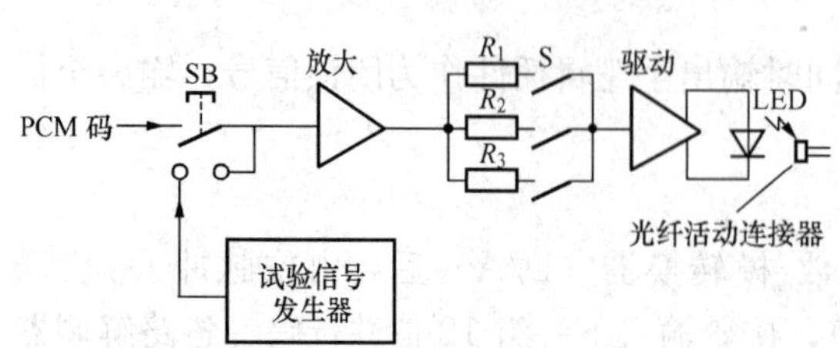

图 4-8-25　光发送电路原理图

插件内的拨动开关 S 可以调节输出光功率的大小，每一个开关置 ON，输出光功率增加 2dB，三个开关共能增加 6dB。

信号发生器产生 60～64Kbit/s 的试验脉冲信号，该信号经试验按钮 SB 可以取代 PCM 码的输入，作为发送插件或两侧光端机调试中的检测信号。

2. 光接收电路

光接收电路的核心元件是光接收管 PIN。它将接收到的光脉冲信号转换为微弱的电流脉冲信号，经前置放大器、主放大器放大，成为电压脉冲信号，经比较器整形后，还原成 PCM 码。

第九章　微机型高压线路保护

第一节　微机型继电保护装置构成

微机型继电保护的主要部分是计算机本体，用来分析电力系统的有关电量及判断系统是否发生故障，决定是否发出跳闸信号。除计算机本体外，还须配备来自电力系统的送至计算机的有关信息的输入接口部分和向电力系统送出控制信息的输出接口部分等。

一、装置硬件配置

图 4-9-1 介绍了一个单 CPU 构成的微机型高压线路保护装置硬件图，这一硬件被用在某高压线路保护中。

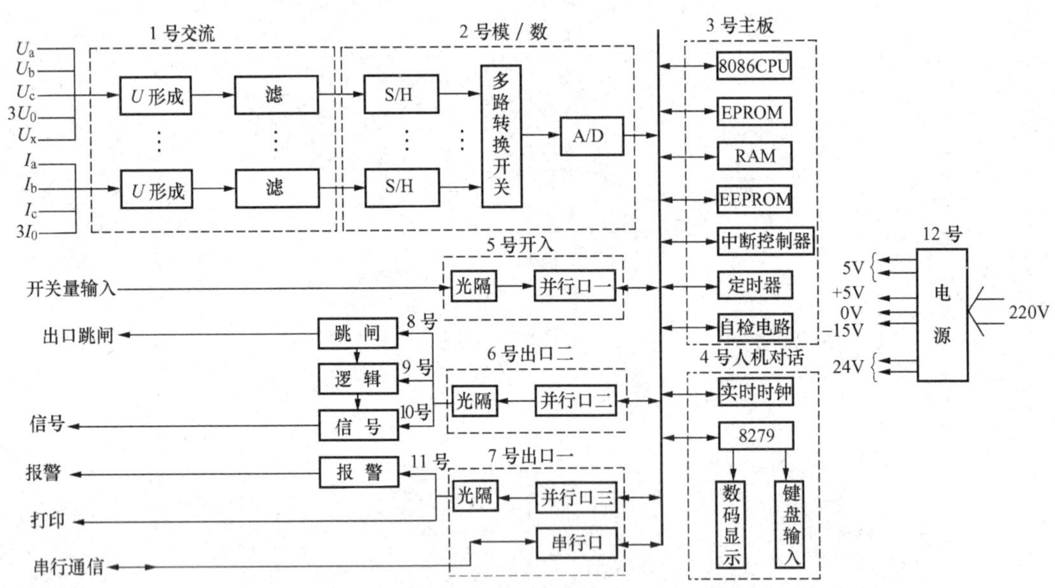

图 4-9-1　硬件配置图

装置输入模拟信号一般是 9 个交流量：三相电流、三相电压、零序电压、零序电流以及供检查同期用的线路侧相电压或相间电压。有 12 个插件，它们是交流插件、模数转换插件、CPU 插件、人机对话插件、开关量输入插件、两个出口插件、跳闸继电器插件、逻辑插件、信号插件、报警插件及电源插件。配置有相间距离、接地距离三段、零序电流方向四段，并具有重合闸功能，主要用于 110kV 线路，如配合高频通道亦可用在 500kV 线路。其特点是距离保护有二段加速跳闸功能，接地电抗元件有自适应能力，可用于较短的输电线路。

（1）交流插件。交流插件把 9 路交流模拟量分别通过电流及电压变换器转换成低电压，各电流变换器二次侧有两个相同阻值的电阻，用跳线可得三种不同的变换比，以适应不同短路容量（10倍、20倍、40倍额定电流）的要求，然后经简单的RC低通滤波后输出。

（2）模/数变换插件，包括采样保持及模/数变换。9个通道各有一个采样保持器（LF398），其采样脉冲输入端并联后接至定时采样信号控制端以实现同时采样。由于模/数转换器（AD574）价格较贵，所以9个通道共用一个。各路模拟量经一个模拟量多路转换开关AD7506输出至模/数转变器。为监视供电电源正常与否，将5V直流电源接到了多路转换开关的第16通道上。转换完成的数据经缓冲驱动器读入CPU。

结合调试监控程序命令及插件上的电位器可以进行模/数转换系统的零点调整及刻度调整。

（3）CPU插件。实现保护、管理、计算的功能。CPU采用8086芯片，有16位数据线，可作16位或8位运算。另外还包括供堆栈寄存器及存放各种标志字和中间结果用的随机存储器RAM；用于存放定值的电可擦除电可编程存储器EEPROM可以存放32组定值，所有软件存放在EPROM中。

该插件还设有硬件自检电路及自复位电路，以便在万一程序出错时自动恢复正常工作。一旦CPU不能正常工作，自检电路将发报警信号。

本插件面板设有下列器件：

1）“主板故障”LED，指示CPU插件损坏。

2）“巡检”LED，巡检灯交替明灭表示运行正常。当灯不亮或不闪时意味着软件或硬件不正常。

（4）人机对话插件。由键盘/显示控制器（8279）实现整定值的输入、命令的操作和信息显示，其硬件配置如图4-9-1所示。该插件还设置了一个由硬件实现的实时时钟，由运行时处于充电状态的锂电池供电，若装置短时失去直流电源不会中断运行，允许断电一个月，重新运行时装置将给电池自动充电。该插件也可在装置退出运行时通过插件内的短接块XS1将电池退出，以免消耗电池。该插件面板设有以下器件：

1）“运行/调试”方式开关。在装置调试、整定值输入、执行监控命令与PC机通信的情况下，该开关置“调试”方式；运行时置“运行”方式。

2）“运行/整定”方式开关。在输入整定值、选需运行的整定值组号时，开关置“整定”方式，调整时间及日历。

3）“运行监视”LED。当“运行/调试”方式开关置“运行”方式时灯亮，指示装置处于运行状态。置“调试”时灯不亮。

4）“待打印”LED。当召唤打印或自动打印时，灯亮表示正往打印机送数据，灯灭表示不打印或数据已送完（可能打印机还在打印）。注意，当装置动作后必须待装置整组复归后才开始打印，若有打印要求时而打印机处于失电状态，则4min后装置自动取消打印要求。

5）数码管。

6）按键。RESET键为系统复归键。

（5）开关量输入插件。供转换开关、连接片或外部触点输入用。可用24路开入量（这里用16路），经光隔输到8255并口中，如图4-9-2所示。图中$+E$和$-E$为开关量输入回路专用电源24V，但为了抗干扰原因，不使用内部装置的24V电源，而单独用一个外部逆变电源装在屏上，每一路的$-E$端连在一起后，从装置外接端子引出。

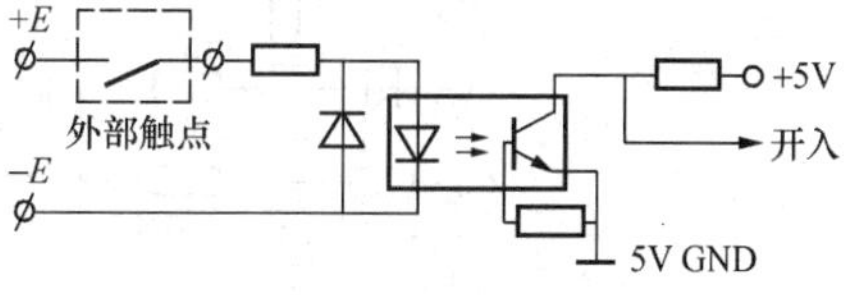

图4-9-2　开关量输入回路

（6）出口一插件。包括一片并行口 8255，输出 CPU 发出的跳闸、呼唤等命令。一片串行口 8251，可实现装置与外部计算机的通信，以便于调试软件或进行数据分析。插件内两个 LED 用于指示串行通信的进行。在继电器和光隔之间设有出口自检回路。

（7）出口二插件。该插件用于与打印机的信号交换和打印数据输出以及各 8255 并行口的互检。软件发出的装置异常信号经此 8255 输出，与来自 CPU 插件的"主板故障"信号相或后输出至报警插件。

（8）跳闸出口插件。该插件装备有三相及分相跳闸及后备继电器。

（9）逻辑插件。该插件设置有重动、固定、重合闸、后加速继电器。

（10）信号插件。该插件设置有各类信号继电器。

（11）报警插件。该插件设置有各类报警继电器，并有自保持。信号由手动复归。

（12）逆变电源插件。该插件提供三组稳压电源：24、5V 和±15V。24V 与其他两组电源不共地，且均不与机壳相连。通过面板上的灯可监视电源工作状况，具有过载及过压保护。

图 4-9-3 为 WXB（WXH）-11 型微机线路保护装置的硬件框图。该装置配置了四个硬件完全相同的保护（CPU）插件，分别完成高频保护、距离保护、零序电流保护以及重合闸等功能。下面对主要插件分别给予说明。

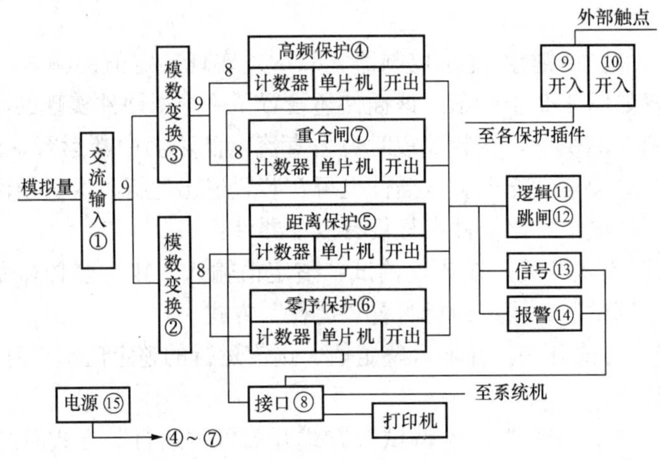

图 4-9-3　WXB（WXH）-11 型微机线路保护硬件框图

1. 交流输入插件

同上所述的 9 路模拟量分别经过变换器，输出为与各量成比例的适应不同量测范围需要的低电压。

2. 模/数变换（VFC）插件

本插件设有 9 路完全相同的电压—频率变换电路，分别对应交流输入插件的 9 路模拟量。

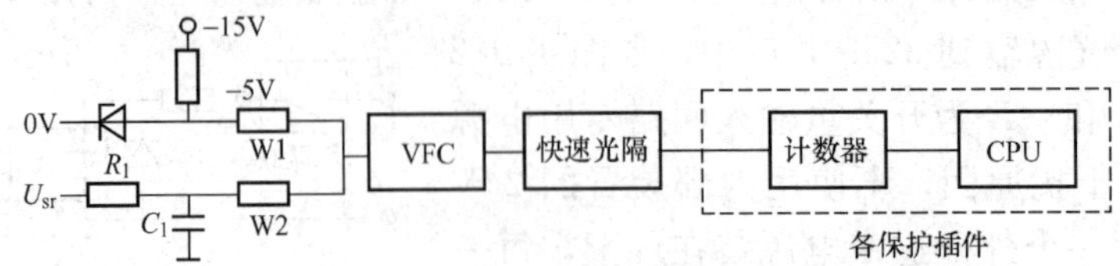

图 4-9-4　VFC 插件原理框图

每一路主要由 AD654（VFC）和 6N137（快速光隔）两种芯片构成，如图 4-9-4 所示。这种基于 VFC 变换的模数转换原理还被用在 WXB-22 型线路保护装置中。

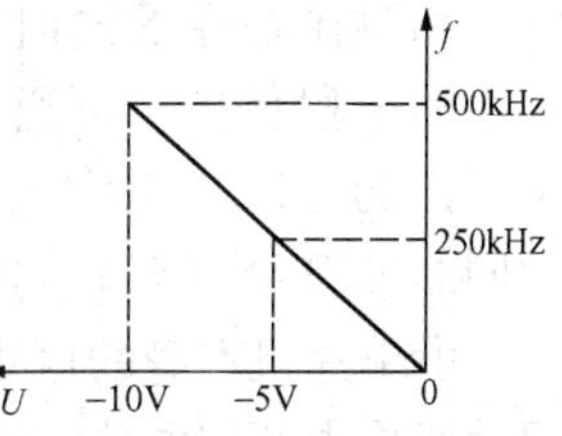

图 4-9-5　U—f 的变换关系

VFC 芯片的功用是将输入电压变换成一串重复频率正比于输入电压瞬时值的等幅脉冲。本装置采用负极性接线，U—f 变换关系示于图 4-9-5。由于 VFC 不能直接反应双极性信号，所以图 4-9-4 中设置了一个－5V 偏置电源，可用 W1 微调偏置量，从而使输入交流的测量范围控制在±5V 峰值。各通道的平衡度及刻度比例可用电位计 W2 微调。图 4-9-4 中 R1 和 C1 组成浪涌吸收电路。

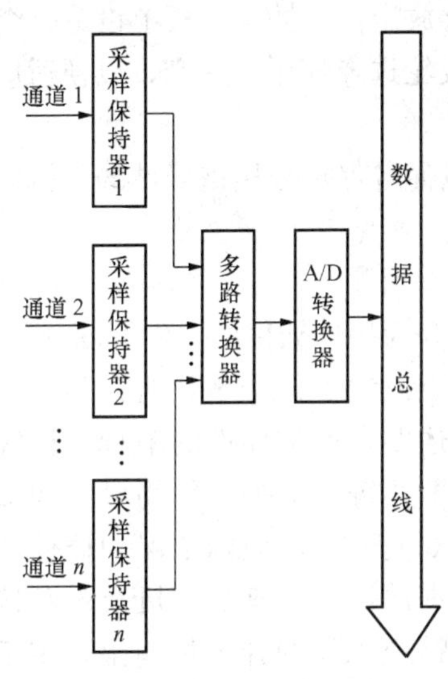

图 4-9-6　同步采样 A/D 转换原理框图

快速光隔的作用是使 VFC 芯片所用的电源（±15V）和微机电源（+5V）电气上隔离，从而进一步抑制共模干扰，提高微机工作的可靠性。快速光隔输出的脉冲引至保护插件，并且为各保护插件共享，在每个保持插件中都设有计数器，在一定时间间隔内，计数器的计数值反映了输入电压的大小，从而实现了模/数变换。

上述 VFC 模数变换原理完全等效于经阻容低通滤波器后的同步采样 A/D 转换原理，如图 4-9-6 所示。图 4-9-6 中常规同步采样 A/D 转换原理目前常被用于中、低压线路保护装置中。

3. 保护插件

图 4-9-7 为保护插件的硬件配置图，其中计数器的 9 个输入端分别同模数变换 VFC 插件的输出相连。实际上每个插件只接入 8 个模拟量，高频距离和零序插件不需要抽取线路电压，而综合重合闸插件不接入 $3U_0$。本插件总共提供了 8 路经光隔的开关输出量，其中经并行接口驱动的六路开关输出量分别用于驱动三个分相出口继电器、永跳继电器和启动继电器（QDJ）。另一路对高频保护用于控制收发信机停信或发允许信号（高频相差则用于操作）；综合重合闸用于合闸出口，对距离和零序保护则作备用。其中任两个分相出口继电器（KCOA、KCOB、KCOC）动作，驱动三相跳闸继电器，其触点接于操作继电器箱中的 TJQ，作为分相出口拒动的后备跳闸回路。永跳继电器 CKJR 触点用于驱动操作继电器箱中的 TJR，作为三相出口继电器拒动的后备跳闸回路。发出单相跳闸命令 0.125s，故障相仍有电流时，发三相跳闸命令，驱动三个分相出口继电器及 CKJQ，再过 0.25s，三相中任一相仍有电流时，驱动 CKJR 继电器。在发出三相跳闸命令 0.25s，任一相仍有电流时驱动 CKJR 继电器。在手投故障线或重合到永久性故障时，

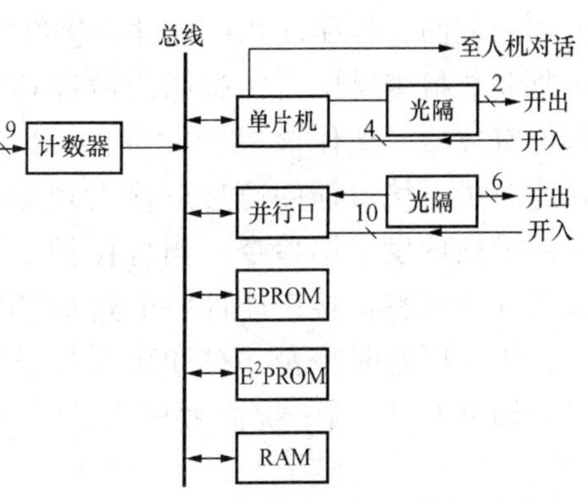

图 4-9-7　保护插件硬件框图

发三相跳闸命令的同时驱动该继电器，以便通过 TJR 触点闭锁重合闸。距离保护末端和零序的末段保护，可通过控制字控制在其末段动作时是否驱动该 CKJR 继电器。上述 6 路开出的 +24V 电源经报警插件中本保护插件的报警继电器动断触点引来，以便在报警的同时断开跳（合）闸电源。

由单片机本身的口线驱动的两路开关量输出中，一路用于本插件自检报警，另一路用于驱动巡检中断继电器。但综合重合闸不接至巡检中断，而用于驱动后加速继电器，加速其他保护。本装置内各保护均利用电流判别，不需要后加速信号。

保护插件共设有 14 个开关量输入端口，10 路由并行接口芯片提供，另 4 路由单片机本身口线提供。

图 4-9-7 中的电可擦除电可编程芯片（E^2PROM）用于存放定值，插件面板上设有一个定值选择拨轮，可以在 E^2PROM 上同时固化 10 套定值，用拨轮选择使用任一套，以便适应不同运行方式时选择不同线路的定值。

单片机内部还有一个双向通信串行口，引至接口插件，以便各保护公用该插件的人机对话设施（键盘及打印机接口）。

4. 接口插件

图 4-9-8 为接口插件的硬件框图。

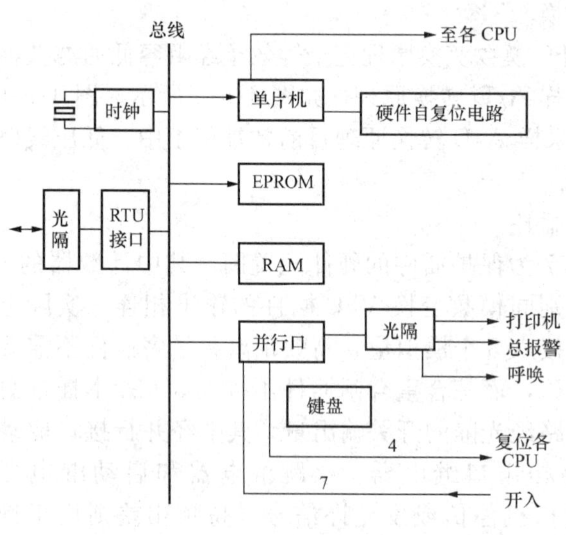

图 4-9-8 接口插件硬件框图

该插件也设置了一个单片机，其片内串行口同上述四个保护插件的串行口按辐射状相连，即：每个保护插件均可以同接口插件进行双向通信，但四个保护插件之间不通信，本插件除设有打印机及键盘接口外还有两路经光隔的开关量输出，用于驱动总报警继电器及呼唤继电器，以及四路不经光隔的开关量输出，分别用于复位四个保护插件，其功用详见下述。

接口插件主要有两个功能：

(1) 人机对话；

(2) 巡检。

各保护插件都设有自诊断程序，一般情况下如插件上有硬件损坏，可由各插件自诊断检出，一方面直接驱动相应插件报警继电器报警，另一方面通过串行口向接口插件报告，后者驱动总报警继电器并打印出故障插件报告的故障信息，如果某一保护插件硬件在致命部位有故障，致使该保护插件的 CPU 不能工作，因而也就不能执行自诊断程序和报警，此时可由接口插件通过巡检发现而报警。接口插件在运行状态时不断地通过串行口向各保护插件发出巡检令。当各保护插件均正常时应作出回答，如某一保护插件在预定的时间内不回答，接口插件将通过如图所示开关量输出回路复位该保护插件，并再发巡检令，仍无回答时报警并打印出该保护插件异常的信息，采用先复位再报警是为了万一某保护插件 CPU 因干扰而程序出格并无硬件损坏时可以在复位后恢复正常工作，不必报警。

如接口插件发生致命硬件故障，不能由本身自诊断报警，其他保护插件将在预定时间收不到巡检令后驱动巡检中断继电器报警。

所有报警继电器动作后都能自保持，并给出中央信号，接口插件上还有一个硬件自复位电路，在万一程序出格时自动恢复正常工作。

5. 开关量输入（简称开入）插件

本装置设有两个完全相同的开入插件，每个插件各有 16 路开入光隔回路。

综上所述，目前国内已投运的微机高压线路保护装置在硬件结构方面，既有用单 CPU，也有用两片 CPU 或四片 CPU 芯片构成。CPU 类型采用单片机居多，如 8031、8096 系列，也有如 8086 芯片。对于多 CPU 装置，交流输入变换插件一般公用，而模数变换插件至多一块插件供给两块保护插件。这样的配置提高了装置的可靠性。

二、保护软件的配置

国内现有微机线路保护中，最低限度配置有接地距离及相间距离三段、零序电流方向四段及自动重合闸。各种保护均经启动元件动作，经选相元件选出正确的故障类别相别，再进入不同的阻抗元件计算。启动元件要求在被保护范围内发生的任何故障均能有足够的灵敏性，并具有全面的自检功能。对成套的微机保护，除上述配置外，还有高频距离、高频方向或相差高频。这些保护装置可由一个或多个 CPU 完成。为提高可靠性，各 CPU 之间启动元件以与门方式出口，或者说互相闭锁装置的出口。以 WXB-11 型微机线路保护装置为例，其硬件原理图见图 4-9-3，高频、距离、零序保护三个 CPU 的启动元件分别启动三个继电器，其六对动合触点两两串联，当六对触点中有不同 CPU 的两个及以上触点闭合时才允许装置出口。

这些微机保护的又一个共同点是它们的距离元件动作特性基本上都采用多边形特性。与圆特性比较，它的性能优越这点是不可置疑的。并且对微机保护来说实现起来比常规保护便利。

第二节　微机型线路保护装置

本节将以图 4-9-3 所示微机型线路保护为例说明其典型结构。

一、硬件原理

该装置配置有高频、距离、零序保护和综合重合闸的四个 CPU 插件，管理人机对话、打印、多 CPU 之间通信的接口插件，变换插件，以 VFC 为原理的两个模数变换插件，开关量输出、开关量输入、逻辑、跳闸、信号、报警及逆变电源插件。

现对其中一些主要插件的硬件原理介绍如下。

（一）保护插件

经 VFC 的 9 个模拟量通道的各种频率信号，分别进入三个 8253 计数器的三个脉冲输入端 CLK0、CLK1、CLK2，见图 4-9-9。计数器控制端 GATE 嵌成高电位。初始化软件中可以预置计数器在正或负脉冲翻转计数，计数由上述脉冲输入端控制，当电压越高时，VFC 输出的频率越高，计数器计数值就越大。

8253 计数器工作的前提是片选信号 $\overline{CS}$ 为低，这些片选信号和选通内存（RAM）芯片，存放定值的 E^2PROM 芯片以及管理开关量输出输入的 8255 并行口的信号经如图 4-9-10 的译码电路提供。译码器 139 内含两个二输入四输出的译码电路，其中一个的 2、3 脚为输入，有 00、01、10、11 四种状态，4～7 为输出，对应四种输入，4～7 脚，即 $\overline{Y}0$、$\overline{Y}1$、$\overline{Y}2$、$\overline{Y}3$

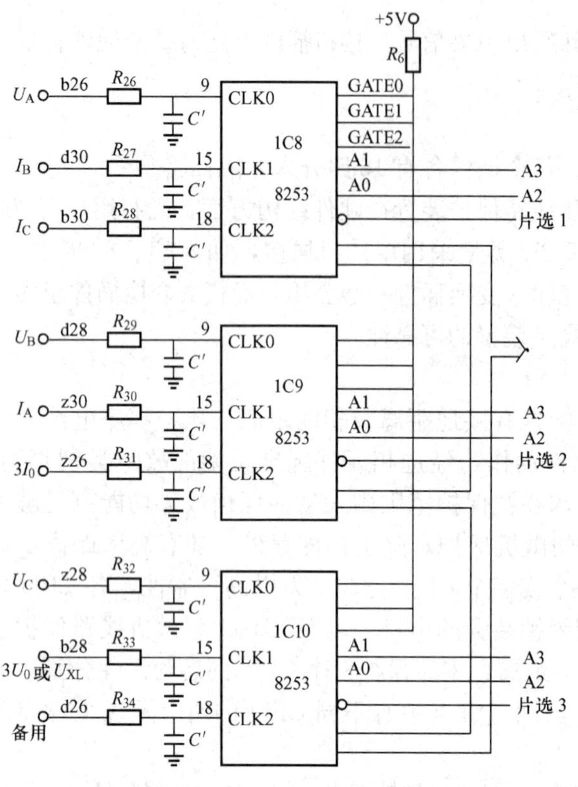

图 4-9-9　计数器电路

分别为低位，$\overline{Y}2$ 选通 RAM 芯片（6264），$\overline{Y}3$ 选通 E²PROM（2817A）芯片，因输入端高、低两位分别接入地址线 A14、A13，A14、A13 为“1 0”时选通 6264，为“1 1”时选通 2817A，地址线 A 15必须为“0”时，该译码器才有效，其余地址线 A12、A11、…、A0 直接上 6264、2817A 芯片，对芯片内选通不同单元，所以，6264 占用的口地址为 4000H～5FFFH，容量 8K，而上 2817A 的地址只有 11 根，即 A10～A0，A12、A11 未接，可任选，这种译码方式称为部分译码，所以 2817A 的地址是可以复用的，如当 A12、A11 取“0 0”时，可用地址数为6000H～67FFH，容量为 2K。此外，输入 Y1 未用，Y0 去选通片上另一译码器，该译码器的两个输入 13、14 脚接至最低位地址 A1、A0，它的输出 $\overline{Y}0$、$\overline{Y}1$、$\overline{Y}2$、$\overline{Y}3$ 分别选通 IC8、IC9 和 IC10 三片 8253 计数器以及开关量输入并行接口 8255。A15、A14、A13 均要求为“0”，A12～A2 任选，A1、A0 为“0 0”，选中 IC8，“0 1”选中 IC9，“1 0”选中 IC10，“1 1”选中开关量输入并行接口 8255，对 8255 芯片，A3、A2 接至 8255 片内二根地址线，当 A3、A2 为“0 0”、“0 1”、“1 0”、“1 1”时，分别选中 A 口、B 口、C 口及控制口。地址线 A12～A4 未用，可以任选，若选全“0”时，则 A、B、C 三个口的地址分别为 0003H、0007H、000BH。同理可以分析出三片 8253 芯片三个计数器的九个口地址。

图 4-9-11 为经 8255 驱动的开关量输出（简称开出）接口电路。

本插件共提供 8 路经光隔的开出量。

经 8255 的 B 口驱动的开出量有六路（开出 1～6），其中的开出 1～5 分别用于驱动三个分相出口继电器、永跳继电器和启动继电器；开出 6 对于不同的插件有不同的用途。

每路开出量的控制电路相同，由两根口线控制，并设有如图 4-9-11 示的反馈回路（由 IC23 及 V1、V2、…、V6 组成），以便自检出开出量是否正常。分析图 4-9-11 的电路可见，对于驱动 CKJA，只有在 PB. 7=1，PB. 6=0 同时满足时才使 7400 的 6 脚为低电平，使光隔中的二极管导通，+24V 经 AXJN（本插件报警继电器动断触点）及光隔与三极管构成的驱

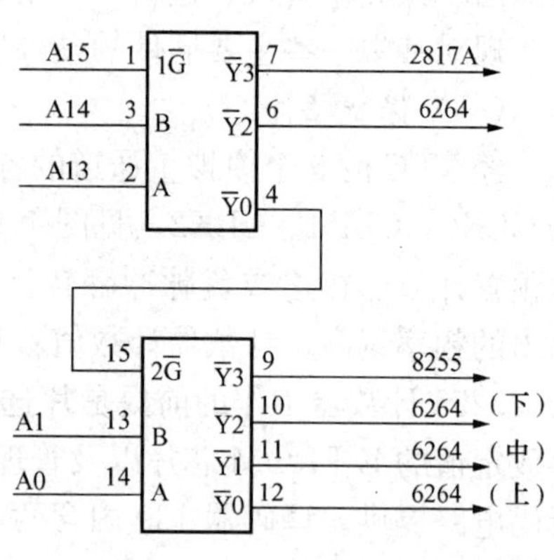

图 4-9-10　译码电路

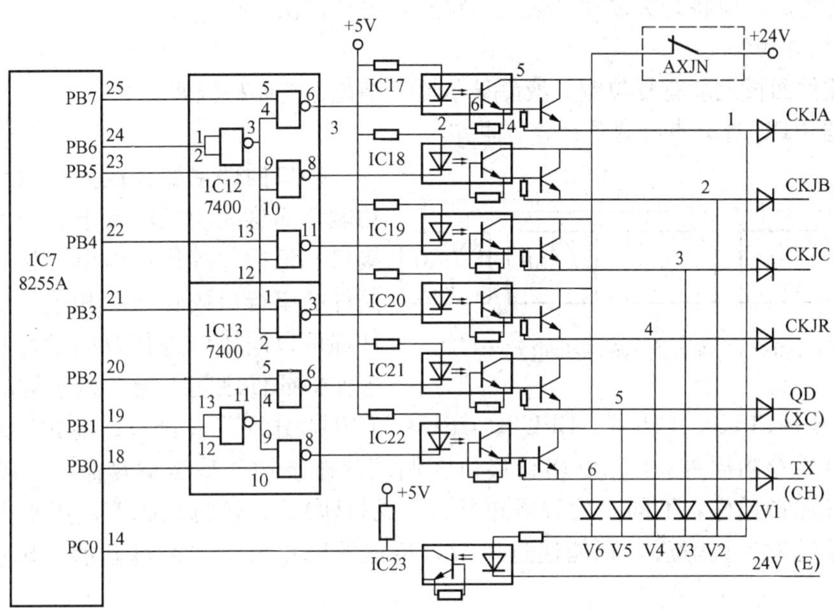

图 4-9-11　开关量输出接口电路

动回路使 CKJA 动作，同时电流通过二极管 D6 及光隔 IC23 使 PC.0＝0。在自检循环中驱动各开出回路并检查 PC.0 是否为 0，即可判断开出回路是否正常工作，所以不会导致保护拒动或误出口。

定值固化电路由一片 E^2PROM 芯片（2817A）和相应的控制电路构成，如图 4-9-12 所示。

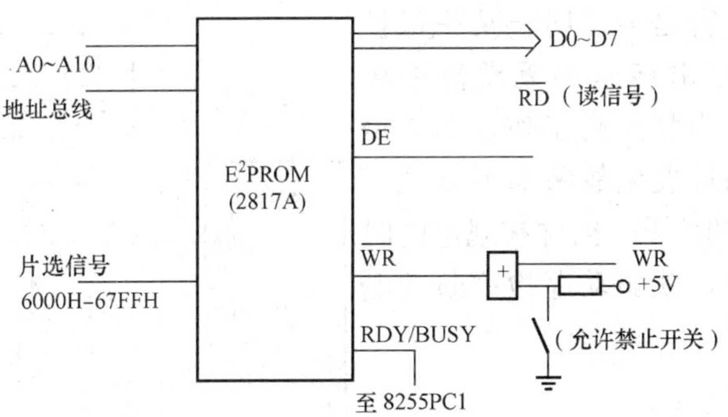

图 4-9-12　定值固化电路

2817A 为电可擦除可编程的 ROM 芯片，在每次写入之前可自动将原有内容擦除，无需外加编程电压。每写入一个字节需 10ms 的时间，每个字节可连续擦写 1 万次。从图中可知，CPU 来的写信号（WR）要经固化开关控制，只有固化开关打在允许位置，才允许对 2817A 进行改写。在改写过程中，由 BUSY 端给一个低电平送到 8255A 的 PC1 端，通知 CPU 还没有改写完，以免造成当前数据没改写完又送其他数据造成数据改写出错。

在 CPU 插件的面板上设有一个拨轮开关，从 0 到 9 分别对应 10 个不同的定值区，因此可在 2817A 中同时存放 10 套定值，每套定值的长度为 64 个字节。定值固化开关也设在面板上，固化完后，应将开关放在“禁止”位置，以防被误改写。

（二）接口插件

接口插件面板上装有复位键、液晶显示器、键盘、打印机插座。

1. 与各CPU进行串行通信的接口电路

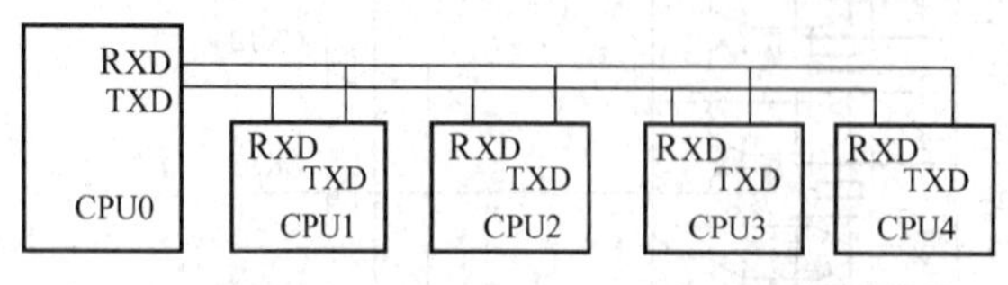

图 4-9-13 串行通信的接口电路

接口插件主要完成人机对话及巡检等功能，而这些功能依赖于各单片机的串行接口、该插件单片机内串行接口与各保护插件的串行口按辐射状相连，每个保护插件都可以同接口进行双向的串行通信，而各保护插件之间不能互相通信，如图 4-9-13 所示。图中 CPU0、CPU1、CPU2、CPU3、CPU4 分别代表接口、高频、距离、零序保护和综合重合闸插件。CPU0 串行接口在调试状态下用于传送键盘命令，接收各 CPU 插件（指各保护插件，下同）的数据并显示（或打印）；在运行状态下，用于查询各 CPU 插件，当系统发生故障后，则能通过串行口传送故障报告，并通过显示器显示（或打印出来）。

正常运行状态时，接口插件不断地通过串行口向各 CPU 插件发出巡检令，当各 CPU 均正常时，应分别作出回答。如果某一 CPU 插件自检出硬件故障，一方面驱动该 CPU 报警继电器，一方面收到巡检令后向接口插件传送故障信息及出错码，接口插件收到错码后，驱动总报警继电器，并显示（或打印）出故障信息，如果接口插件发巡检令，某一 CPU 未作回答，则接口插件通过外部复位开关量输出强制使该 CPU 复位，然后再发巡检令。如果仍得不到回答，则驱动总报警开关量输出，并显示（或打印）出该 CPU 出错信息。采用先复位后报警是为了防止某一保护插件因干扰造成程序出格但并无硬件损坏时，可在复位后使其恢复正常工作，不必报警。如果人机对话插件发生故障而不能执行循环检测程序时，其他 CPU 插件在规定的时间内收不到巡检命令，就驱动巡检中断继电器报警。

2. 键盘输入电路

键盘输入电路如图 4-9-14 所示，本装置的键盘型式为 2×4 矩阵式。由 8256 的 P2 口高 4 位作为列线，8256 的 P1.6、P1.7 为 2 条行线，从而构成一个 8 个按键的方式。

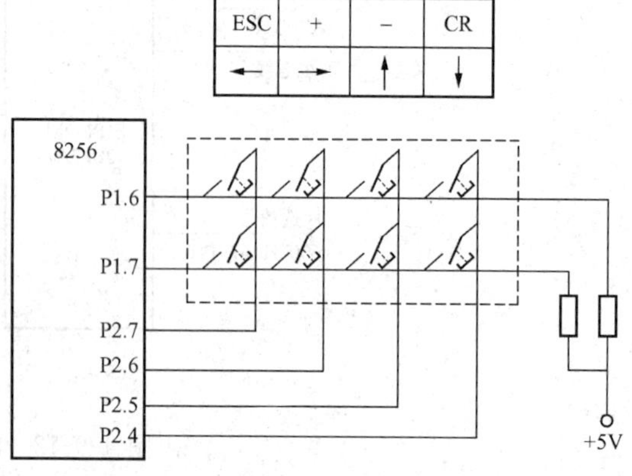

图 4-9-14 键盘输入电路

通过键盘并借助于液晶显示可以输入命令、地址和数据。各按键的功能及使用详见“人机对话使用方法”。

3. 液晶显示电路

接口插件设置了液晶显示电路，如图 4-9-15 所示。该电路由一片 74LS245 及一块 4×16 字符式液晶显示器 LCD 组成。

正常运行时，可通过显示器显示装置的工作状态，调试时，可显示命令、数据。

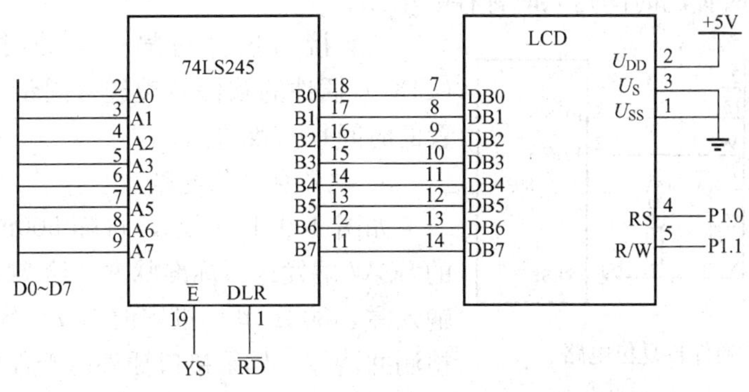

图 4-9-15　液晶显示电路

4. 硬件时钟电路

接口插件设置了一个硬件时钟电路，由一片 MC146818 芯片及辅助元器件组成，如图 4-9-16所示。

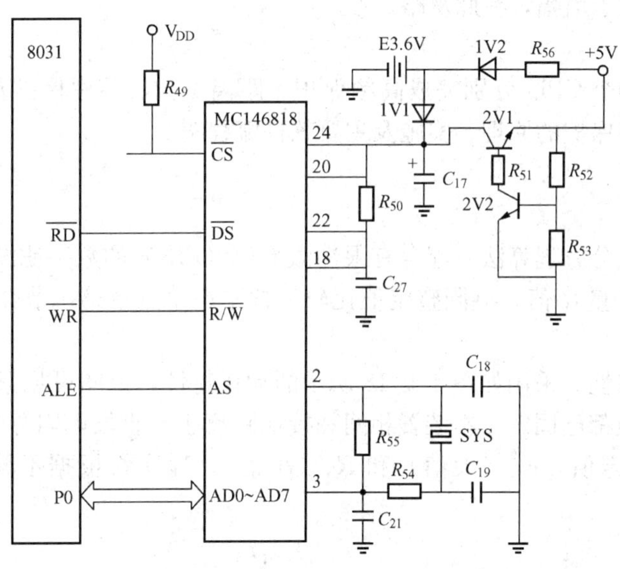

图 4-9-16　硬件时钟电路

MC146818 芯片为智能式硬件时钟，在 8031 单片机对它进行初始化后，该芯片可自动计算年、月、日、时、分、秒，并自动辨识月结束和进行闰年补偿。

正常时，硬件时钟由装置+5V 电源供电，当直流 5V 电源消失时，由电池对 MC146818 供电，以保持硬件时钟继续运行。

本装置时钟工作方式有：

(1) 在运行方式下，每次接口插件复位重新开始执行程序初始化工作完成后，从硬件时钟取时间值送到单片机内部时钟存贮单元。在定时中断程序中设置了一个软件时钟，软件时钟按采样间隔（5/3ms）运行，每隔一定的时间由硬件时钟对存储单元校正一次。

(2) 当装置直流电源掉电时，软件时钟丢失，但硬件时钟由电池供电继续运行，直流恢复后又重新把硬件时钟的时间送入时钟存贮单元。

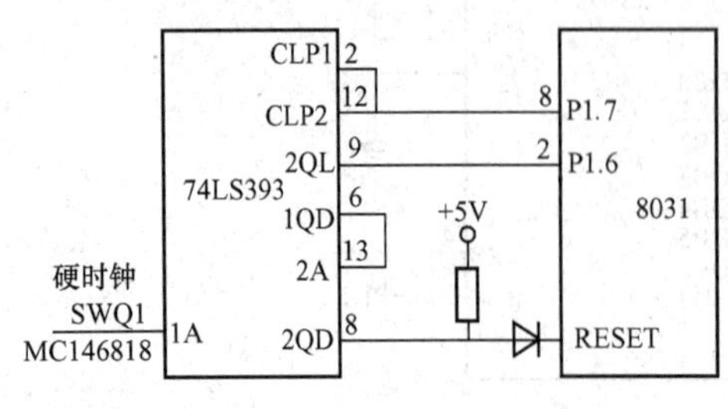

图 4-9-17　硬件自复位电路

(3) 接口插件每隔一定的时间对四个保护（CPU）插件的软件时钟进行同步工作，使整套装置的时间是一致的。

5. 硬件自复位电路

如图 4-9-17 所示，每隔 500ms 由 MC146818 的 SQW 端发送一标准脉冲，给 74LS393 计数器的输入端，8031 单片机定时对 74LS393 计数器进行检测并清零。如果接口插件由于程序出格不能对计数器进行检测并清零，那么经过一定的时间，74LS393 计数器将通过其 2QD 端向 8031 发复位信号，使接口插件重新投入正常工作。

另外，接口插件设有两路开入量，即启动反馈开入量（接 8031 的 P3.5）与外部 P 键开入量（接 8256 的 P1.2）。通过启动反馈来完成整理总报告的功能；通过外部 P 键来完成复制总报告功能。

其他硬件介绍限于篇幅，在此从略。

二、软件

本装置中，由四个 CPU 分别完成高频保护、距离保护、零序保护及综合重合闸功能。这里将着重介绍距离保护的原理、实施及主要软件流程图。

（一）软件原理

1. 保护装置

本装置采用解微分方程算法，配合有限冲激响应（FIR）的数字滤波器，计算出感受的电抗分量 x 和电阻分量 R 值，再同整定值比较，按本篇第五章第二节介绍的方法确定是否在区内。

(1) 阻抗动作特性。采用如图 4-9-18 所示的动作特性，由图可见只有两个参数 x 和 R 可以整定，其余参数都已固定。本装置相间和接地距离Ⅰ～Ⅲ段电阻分量的整定值都公用，但有两个不同的整定值，R_L（大值）和 R_S（小值），程序将根据不同场合自动选用 R_L 和 R_S。

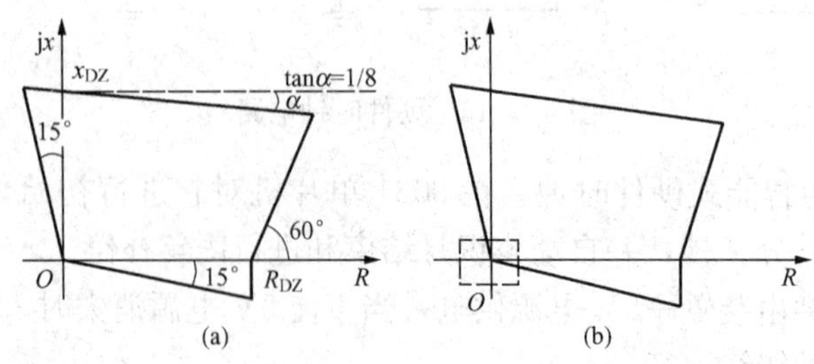

图 4-9-18　阻抗特性

(a) 方向特性；(b) 叠加后的偏移特性

出口短路时，由于电压为零，x、R 的计算值均接近于 0，其符号不能正确代表短路方向。为此采用记忆特性，故障处理程序中，在非手动合闸的情况下，先调用故障前一周电压同故障后电流进行比相。如果反方向，等待 0.3s 后转至振荡闭锁程序（ZDBS），等待 0.3s

的目的是为了更加可靠地防止反向误动，如正方向，则调用图 4-9-18（b）所示的偏移特性判断是否在区内。这种偏移特性是在图 4-9-18（a）的方向特性基础上叠加一个小矩形，构成“或”，从而使动作特性包括了原点，保证正向出口故障可靠动作。

第一次阻抗计算中，感受 R 分量较大。此时，保护程序自动再按高阻的微分方程算法重新计算。

（2）突变量启动元件。对于启动元件的主要要求是能够整定得很灵敏，确保在Ⅲ段的保护范围内故障能灵敏地启动，又要保护在重负荷下不能频繁误启动。微机保护一般采用突变量启动元件，为防止系统频率偏移造成的不平衡，可采用

$$\Delta i_K = |i_K - i_{K-N}| - |i_{K-N} - i_{K-2N}|$$

式中：N 为一周期内采样次数，用来计算相电流差突变量。

用相电流差突变量作为启动元件有以下好处：

1）抗共模干扰能力强。例如对讲机的无线电波干扰，可能造成 VFC 偏置电源波动而误启动，用相电流差时可在两相电流求差时抵消这种干扰。

2）对于各种相间故障可以提高灵敏系数，例如对两相短路灵敏系数可以提高一倍。

此外，为防止特大过渡电阻短路时启动元件不灵敏，增设了整定得很灵敏的零序辅助启动元件，同时该元件也作为判断振荡停息用。

（3）故障相判别。微机保护故障处理的第一步是判相，只有判定了故障的种类与相别，才能确定阻抗计算应取用什么相别的电压和电流，显然只有故障相（间）的阻抗才能反应故障距离。装置的判相程序先计算三个相电流差的有效值，ΔI_{AB}、ΔI_{BC}和 ΔI_{CA}。并按大小分成大、中、小，如果（大－中）≪（中－小），必定是单相接地，而且“小”者即为两个非故障相之差，否则必定是相间故障，可取“大”者对应的两相计算相间阻抗。

（4）发展性故障对策。当保护判断发生单相接地故障后投入判断两健全相的相电流差突变量启动元件 DI_2，如 DI_2 动作，且两个健全相对地及两健全相相间的阻抗值任一段在Ⅱ段测量范围内，则确认健全相已发生故障。此时如未发单相跳闸令，则立即改发三相跳闸令，如果已发单跳令，则补发三相跳闸令。

（5）振荡问题。距离保护受系统振荡的影响比较突出，为了防止系统振荡时引起误动，本保护采用了如下措施：

正常运行时设置静稳破坏检测元件；当系统发生短路故障后，采用短时开放Ⅰ、Ⅱ段的振荡闭锁方式。

对振荡中又发生区内故障，除设有不经振荡闭锁的阻抗Ⅲ段外，又设置了按 $\mathrm{d}R/\mathrm{d}t$ 原理构成的带 0.2s 延时的 DZI 段保护。

DZI 段保护的动作判据如下：

1）感受阻抗的模值有一个突变，大于 8 倍的 $\mathrm{d}R$ 定值。

2）以后持续 0.2s 内感受阻抗的电阻分量基本不变（其电阻分量的变化量小于 $\mathrm{d}R$ 定值）。

3）突变后阻抗在Ⅰ段以内。

（二）软件框图

目前，在电力系统中广泛使用的 WXB-11 型高压输电线路的微型机继电保护装置，是集多种保护功能于一身的继电保护装置，在其中的距离保护功能中，软件程序的流程图按其

作用可以划分为若干个功能模块。下面对其中的三个程序模块——初始化和自检循环程序、采样中断服务子程序、故障处理程序的功能作一简要介绍。

1. 初始化和自检循环程序

初始化和自检循环程序框图如图 4-9-20 所示

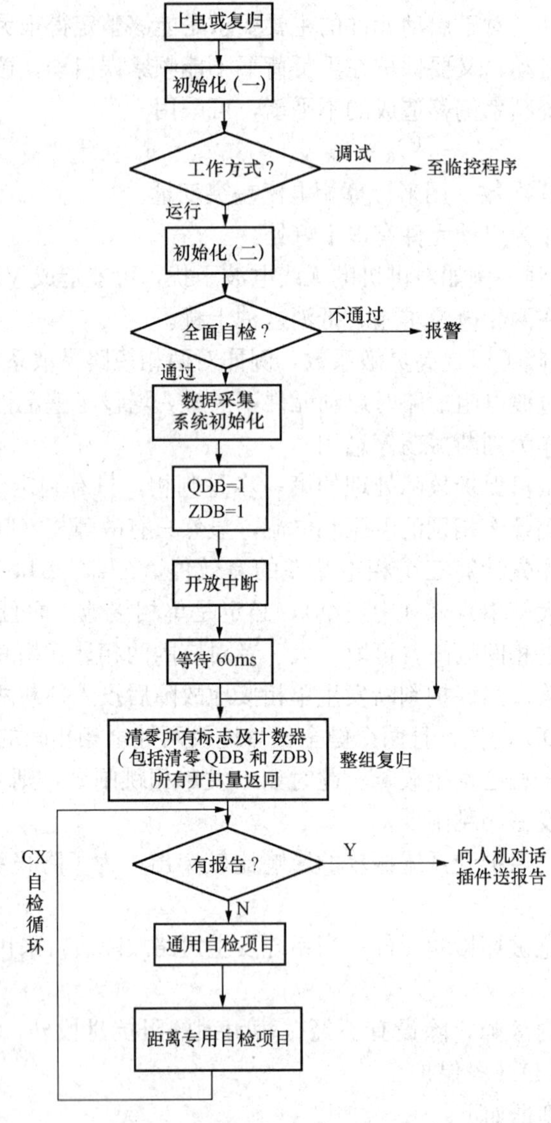

图 4-9-19　主程序框图

（1）初始化一的功能：

1）在微型机距离保护正式投入运行之前，首先，应对有硬件设备中有关芯片的工作方式进行初始化。例如并行接口芯片和串行接口芯片的初始化（不包括对定时/记数芯片的初始化）。

2）对堆栈指示寄存器的指针进行设定，对中断服务子程序的入口地址和故障处理程序

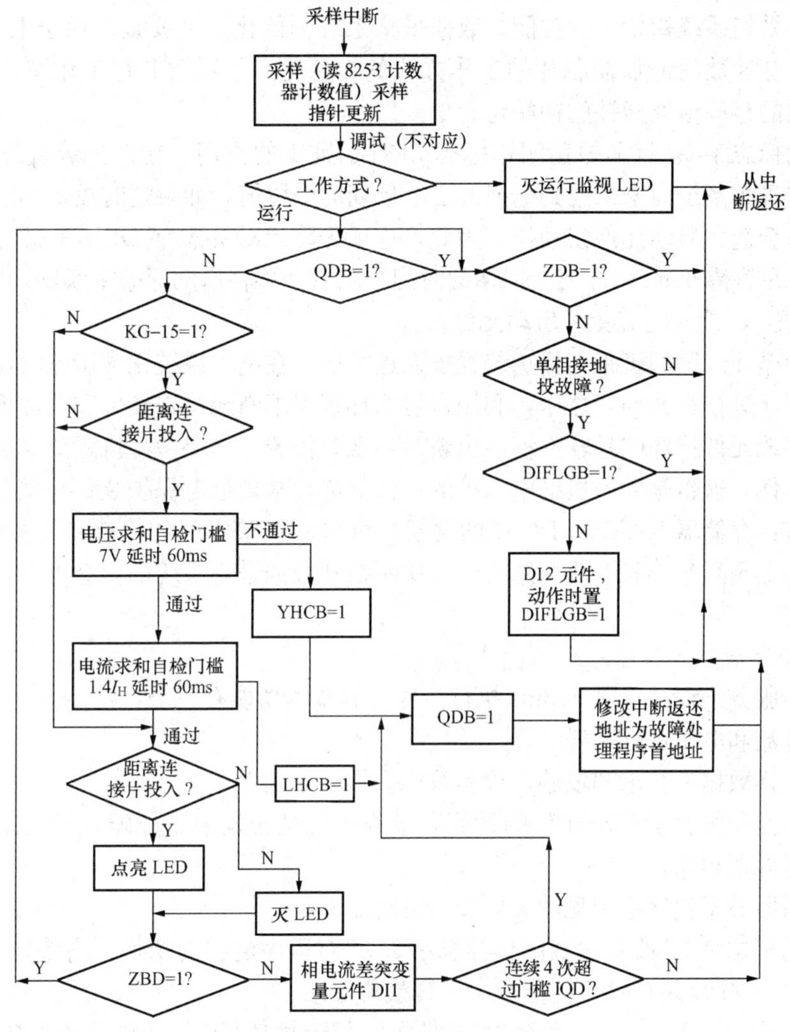

图 4-9-20　采样中断服务子程序

的起始地址等有关控制程序流程的标志字进行设定。

（2）工作方式的功能：

1）利用人机对话微型机系统通过键盘输入送来的控制字，实现继电保护整定值的输入和确认。

2）通过人机对话微型机系统通过键盘输入送来的控制字，实现对保护装置的工作方式（调试或运行）进行设定。

（3）初始化二的功能：

1）对用于控制采样周期的定时芯片进行初始化；工作方式为中断方式，采样周期为 5/3（ms）。

2）对各种标志字清零。

（4）全面自检的内容：

对保护装置的硬件系统进行全面的检查，待检查合格后，才允许进入下一步骤。

(5) 数据采集系统初始化的功能。数据采集系统初始化，主要是对用于电压/频率变换式芯片输出的脉冲数的记数器芯片的工作方式的初始化，记数器芯片工作在记数不中断方式，采样数据的存放地址指针的初始化。

(6) 启动标志字 QDB 和振荡闭锁标志 ZDB 字置 1 的作用。在保护装置开始投入运行时，由于数据采集系统尚未采集到电流的三个周期的采样值，如果这时投入相电流差突变量启动元件，将会造成启动元件误动作。为此，这里先将启动标志字 QDB 和振荡闭锁标志字 ZDB 都置 1。在等待 60ms（即三个周期的时间）之后，再将启动标志字 QDB 和振荡闭锁标志字 ZDB 都置 0，投入电流变量启动元件。

(7) 自检循环。微型机距离保护装置投入运行后，在电力系统正常运行时，微型机继电保护的软件程序运行在此循环之中，利用自检循环程序不断地检查硬件和软件系统的运行情况。在硬件系统元件损坏或是软件程序出轨时，及时报警。确保微型机距离保护装置自身在线运行的可靠性，这也是微型机继电保护的一大优势，常规继电保护装置是做不到的。自检的主要内容有：存储器 RAM 和 ROM 的自检；继电保护整定值的检查；开关量输入/输出电路的检查；电压互感器和电流互感器的二次断线和数据采集系统的检查等（自检原理见本篇第八章所述）。

2. 采样中断服务子程序

采样中断服务子程序每隔 5/3ms 执行一次，其基本功能有三个：

(1) 对电流和电压进行采样。

(2) 对采样数据进行求和校验，检验采样数据的正确性。

(3) 相电流差突变量起动元件的计算，检查系统是否发生了故障，一旦系统发生故障时，启动故障处理程序。

采样中断服务子程序框图见图 4-9-20，说明如下：

(1) 启动标志字 QDB 和振荡闭锁标志字 ZDB 对程序流程的切换。启动标志字 QDB 和振荡闭锁标志字 ZDB 共有四种组合方式，其意义为：

1) QDB=1，ZDB=1。表示在初始化阶段，用于暂时退出除采样外的所有其他的功能。

2) QDB=0，ZDB=0。在整组复归时，将两个标志都清零；这时表明，系统处于正常的运行状态。此时，采样中断程序的三大功能都投入执行。

3) QDB=1，ZDB=0。当电流突变量元件 DI1 动作时，置 QDB=1；此后采样仍将继续，但在以后每一次执行采样中断服务子程序时，不再计算电流突变量，而且，求和自检也停止（电力系统故障时，短路电流中的非周期，使电流求和难以合格），使微型机集中时间执行故障处理程序，加快保护的动作速度。在 QDB=1 时，如果发生的故障是单相接地故障，还应投入 DI2 元件（即非全相运行，健全相电流差启动元件）。

4) QDB=0，ZDB=1。振荡闭锁标志字 ZDB 的状态来自于故障处理子程序部分，如果判断是因系统发生振荡，使启动元件动作时，将振荡闭锁标志字 ZDB 置 1，即如果此时启动标志字 QDB=1，表明启动元件动作是由系统振荡引起的，则程序进入振荡闭锁模块，恢复对电流和电压求和自检，并退出 DI2。这时表明：系统发生故障不在本保护范围内或是故障已被切除。退出 DI2 的原因是，在振荡闭锁条件下，如果故障发生在本线路，选相元件不再选相而直接跳三相。

(2) 电流求和自检从图 4-9-20 可以看出，在对电流求和自检时，如果自检不合格，则不能进行电流突变量起动元件 DI1 的计算。其原因是：如果在数据采集系统出现问题时，电流的采样数据不是系统运行的真实数据，若再计算 DI1，很容易使启动元件误起动。因此，在此情况下，求和自检等待 60ms（三个周期）后，如果仍不能通过，则表明电流量的数据采集通道出现故障，置电流出错标志字 LHCB=1，修改中断返回地址，使程序在执行完中断服务子程序后，转入故障处理程序的入口地址，发出电流输入模拟通道故障的报警信号。

同理，在对电压求和自检时，如不能通过，也采用相同的办法，置电压出错标志字 YHCB=1，修改中断返回地址，使程序在执行完中断服务子程序后，转入故障处理程序的入口地址，发出电压输入模拟通道故障报警的信号。

但是，人们顾虑，如果数据采集系统未故障，而是电力系统故障时，能否也将保护闭锁。运行经验表明：在系统故障时，即使短路电流很大，但是电流互感器不会立即饱和，在电流互感器饱和前，电流求和能够通过求和自检，DI1 已经启动，且一旦启动，求和自检立即停止，所以，这种采用措施不会使系统故障时保护被误闭锁。

(3) 中断服务子程序的返回问题。在中断服务子程序执行至电流突变量启动元件时，如果启动元件动作，置 DI1=1，然后判断对故障电气量的采样数据是否达到了四次，如果对故障电气量的采样数据不够四次，无法计算测量阻抗，则从中断响应的断点返回；如果对故障电气量的采样数据达到四次，可以利用故障电气量的采样值计算测量阻抗，则先将堆栈栈底的内容弹出，然后再压入故障处理程序的入口地址，在执行完中断服务子程序后，微型机距离保护的工作程序自动转入故障处理程序；如果电流突变量启动元件未动作，置 DI1=0 时，在执行完中断服务子程序后，程序自动返回响应中断时的断点。

3. 故障处理程序

故障处理程序的框图如图 4-9-21 及 4-9-22 所示。故障处理程序由以下几个部分组成：

(1) 选相部分。通过判断电压和电流求和是否合格的标志是 YHCB 和 LHBC 是否有出现零的现象，借此判断程序进入故障处理程序是否是由电流突变量元件动作引起的，确认后应执行故障选相元件，找出电力系统的故障相别，为解微分方程算法提供计算时所使用的电压和电流相别的采样值。

(2) 阻抗元件。采用解微分方程算法，直接从故障的电流和电压采样值中求出故障点至保护安装处的测量阻抗 X 和 R 的数值，然后，利用阻抗元件确定故障点是否在保护范围内，决定保护是否跳闸。三段式距离保护功能主要通过设置三个不同动作特性的阻抗元件来实现。

(3) 在线路出口附近发生短路时的对策。在线路出口短路时，由于电压的采样值为零或接近零，测量阻抗 X 和 R 的值接近零，其符号的正、负不能正确地说明短路故障点的方向。为此，调用故障前一周的电压采样值与故障后的电流采样值进行比相，判断短路的方向。如果是反方向短路时，等待 0.3s 后，转至振荡闭锁模块。0.3s 的等待是为了可靠地防止反方向故障保护误动的措施；如果是正方向故障时，则判断测量阻抗是否在阻抗元件的动作特性内。

4. 距离Ⅰ段的动作时间

算法的计算时间和精度是影响保护性能的两个重要的因素。计算精度取决于采样数据的精度和数字滤波器的数据窗的长度；计算速度则取决于数字滤波器和算法所用的数据窗的长度。数据窗的长度是影响计算时间和精度的主要因素，采用短数据窗计算速度快但精度差，

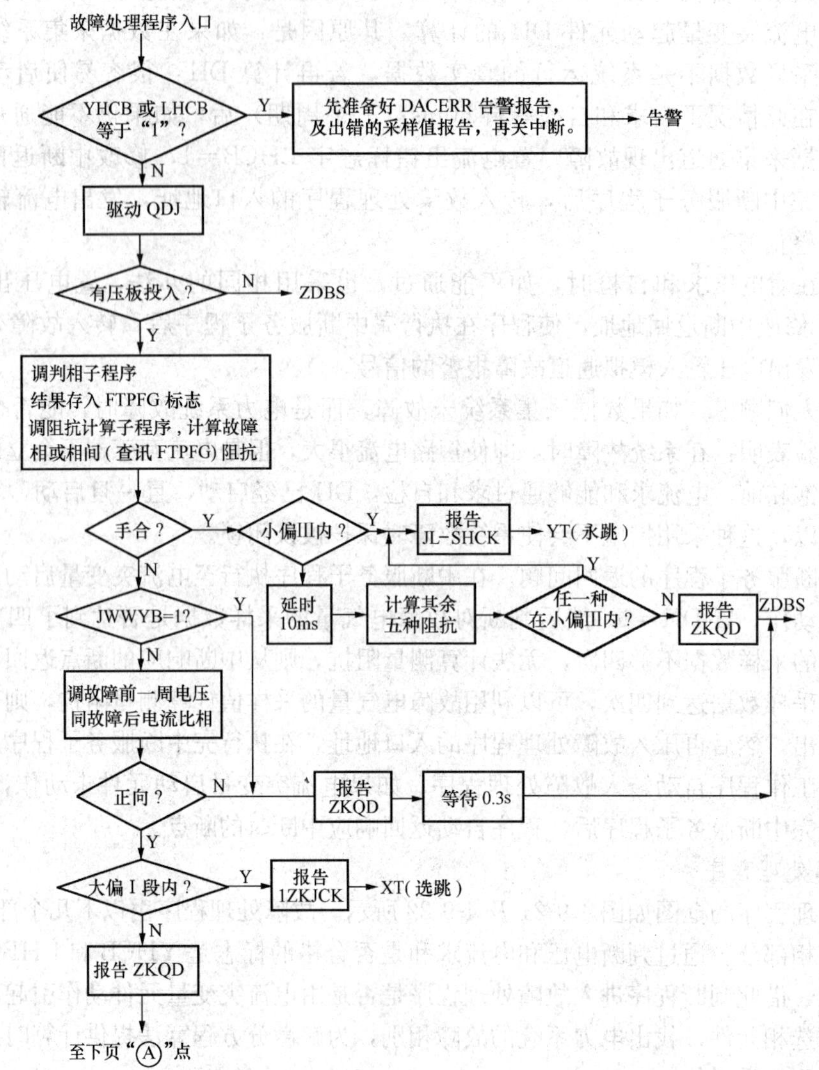

图 4-9-21　手合及Ⅰ段部分程序

长数据窗计算精度高但速度慢。为此，在实际计算时，可将短数据窗粗算和长数据窗精算相结合，以缩短距离Ⅰ段的动作时间，即在故障时，先用短数据窗经过简单滤波后粗算一次阻抗，由于计算误差大，为防止保护越区动作，将计算值乘以一个比例系数再利用阻抗元件来决定保护是否动作，如果计算结果仍在Ⅰ段动作范围内，则立即动作，加快了保护的动作时间，提高距离保护的速动性；如果计算结果不在Ⅰ段动作范围内，再利用较长的数据窗精算，如果故障点在Ⅰ段动作范围末端，则进行更为精确的计算。

5. 发展性故障时，采取的对策

在选相元件动作后，如确认是某一相在保护范围内的接地故障，保护动作跳闸，断开故障相。同时设置标志字，在采样中断服务子程序中投入一个监视另外两个健全相相电流差突变量启动元件 DI2，以此来对付可能发生的发展性故障。如果 DI2 元件动作，则置 DIFLGB＝1，有以下几种可能性：

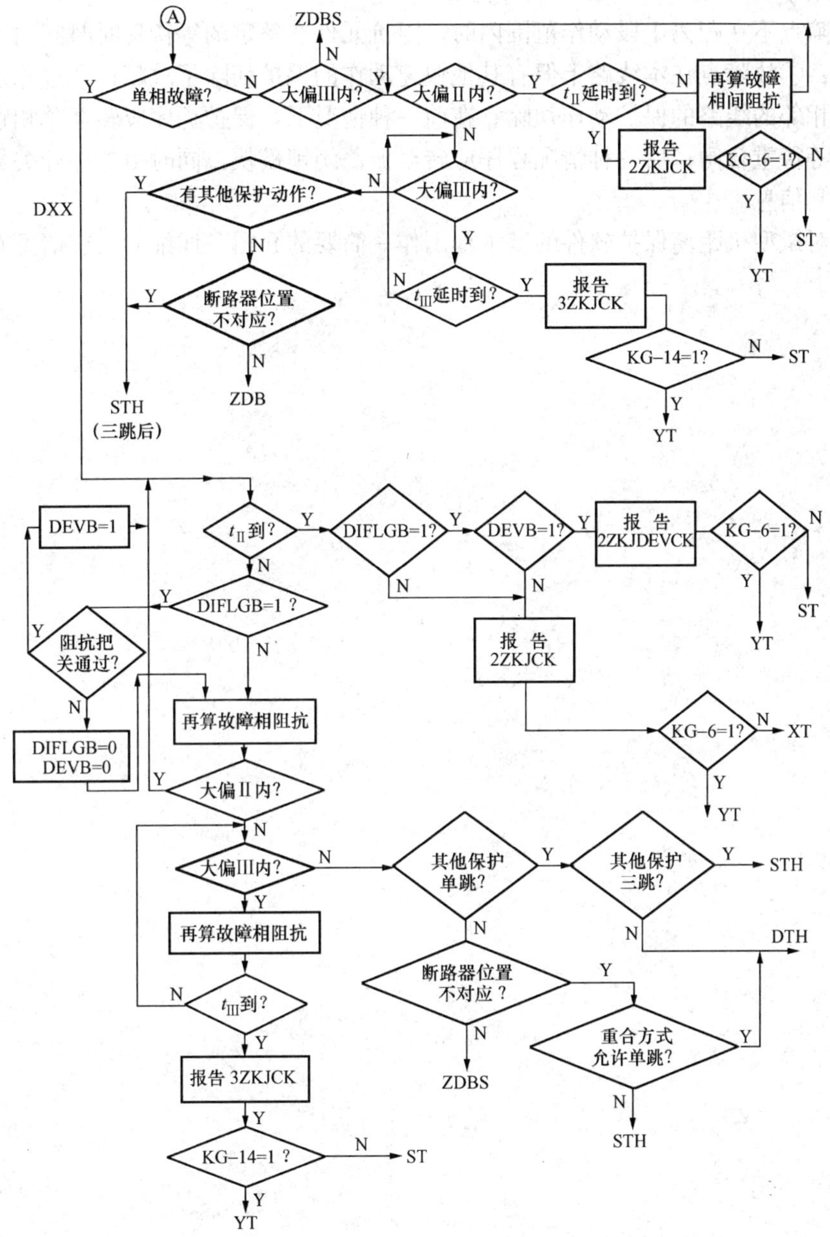

图 4-9-22 Ⅱ段及Ⅲ段程序

1）发展性故障在Ⅰ段范围内：若 DI2＝1，立即计算三种阻抗值，例如故障为 A 相接地，则计算 Z_B、Z_C 和 Z_{BC}，如果任意一种阻抗在Ⅱ段动作范围内时，确认故障为发展性故障，直接跳闸三相；否则将 DIFLGB 清零。

2）发展性故障点不在Ⅰ段范围内，由高频保护来切除故障。

3）发展性故障点在Ⅱ段范围内，由于没有瞬时动作的保护，在接地距离Ⅱ段等待延时的循环中，如确认发展性故障为相间故障时，当达到Ⅱ段延时时间后，发出三相跳闸信号。

6. 其他保护动作跳闸后的程序执行流程

如果故障点不在距离Ⅰ段动作范围内时，阻抗元件在整定的等待延时时间内返回，这里有两种情况：①故障点在本线路上但有其他快速动作的保护切除了故障；②故障点在相邻的线路上，有相邻的线路的保护动作切除。在前一种情况下，保护程序应转至单相跳闸后或三相跳闸后，等待重合闸；后一种情况程序应转至振荡闭锁模块，同时由外部开关量提供本线路保护的跳闸信息。

以上仅对微型机距离保护软件的基本框图作一简要的介绍，详细的内容请见有关资料。

第十章 母 线 保 护

第一节 母线故障及其保护

高压母线上发生故障的原因多种多样，根据统计资料，其故障可以归纳为三种：一是母线上所连设备（包括断路器、电流互感器、电压互感器、避雷器）故障；二是母线绝缘子，包括隔离开关、支持绝缘子闪络或母线的带电导线直接闪络；三是某些人为的操作和作业引起的故障。

一般来说，如果不装设特殊的母线保护设备，靠相邻元件的保护作后备，最终也可以切除故障，但这将延长故障切除时间，并且往往要扩大停电范围。国内220kV母线已有多次这样的教训，由于未装设专用的母线保护装置或母线保护装置在停用中，发生母线故障而不能快速切除，以至事故扩大，甚至酿成系统性大面积停电。因此，在我国110kV及以上的电网中要求装设或逐步要求装设母线保护。

最简单的单母线固定连接的差动保护示于图4-10-1。图中母线M上有4条引出线，4条引出线上流过的电流分别为I_1、I_2、I_3和I_4。各引出线上装有完全相同的电流互感器，这些电流互感器同极性端连在一起，差动继电器中的电流为所有电流互感器二次侧电流之和，电流互感器二次侧绕组中的电流分别为i_1、i_2、i_3和i_4。

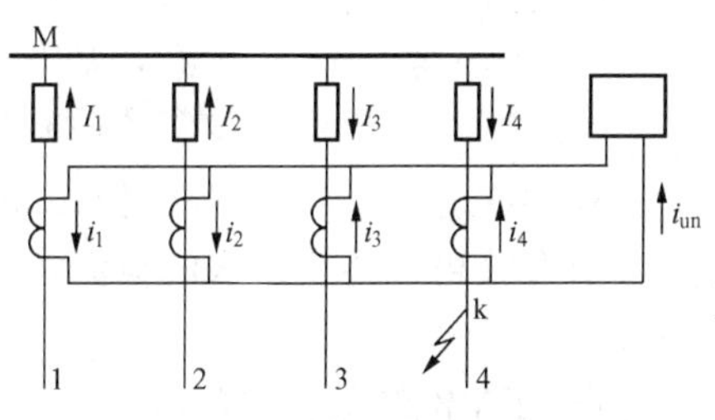

图4-10-1 单母线差动保护原理图

在正常运行和外部短路的情况下，根据基尔霍夫电流定理

$$\sum_{j=1}^{4} I_j = I_1 + I_2 + I_3 + I_4 = 0 \tag{4-10-1}$$

由于电流互感器具有相同的变比，且同极性相连，假设电流互感器工作在非饱和状态，则有

$$\sum_{j=1}^{4} I_j = I_1 + I_2 + I_3 + I_4 = i_{dif} = 0 \tag{4-10-2}$$

式中：i_{dif}为差动电流。

由于差动继电器中无电流流过，保护装置不会动作。

在发生母线内部短路时，由于故障电流的存在，式（4-10-1）不再满足，即母线各引出线上的电流之和不再为零，而是等于总的短路电流。因此，在差动继电器中流过的是与此短路电流成比例的一个电流，适当地整定差动继电器的动作电流，就可以检出母线内部发生的故障，并动作于相应的断路器。

从理论上讲，如果不计及电流互感器之间的误差，以及构成电流互感器的铁心的饱和，这样构成的差动继电器是非常理想的。然而，由于电流互感器之间的误差及铁心的饱和，使母线保护在内部或外部故障时，不能正确检测外部故障在差动继电器中出现的不平衡电流。

内部故障时，不是所有与故障电流相应的电流都能从电流互感器的二次侧绕组流入差动继电器。为了避开不平衡电流，保证保护装置对外部短路的鉴别能力，使保护装置快速、正确地辨别出母线内部故障，从事母线保护的电力系统工程技术人员在下述几个方面进行了研究。

一、防止电流互感器饱和的影响

在一些严重的母线区外故障情况下，电流互感器可能深度饱和，其二次侧输出严重畸变，这是母线保护误动的重要原因之一。如何有效地防止电流互感器（TA）饱和对母线保护的影响是母线保护的主要研究方向之一。

1. TA 饱和对保护的影响

TA 的等值简化电路如图 4-10-2 所示。

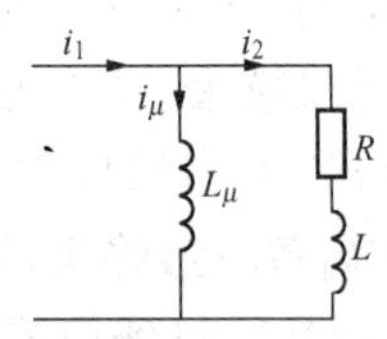

图 4-10-2　电流互感器等值电路图

L_μ—励磁阻抗；R、L—归算到一次绕组的负荷电阻和电抗

在正常工作情况下，L_μ 很大，铁芯工作在低磁密条件下，$i_1 \approx i_2$，TA 线性工作。

在短路瞬间，短路电流中含有一定幅值的非周期分量，可以和上次故障的剩磁共同作用使 TA 铁芯的磁密快速达到饱和值，L_μ 下降，$i_1 = i_\mu + i_2$，i_μ 上升，使 i_2 波形畸变，当 TA 严重饱和时 $L_\mu \approx 0$，使得此时 $i_2 \approx 0$。从 TA 饱和暂态波形，可以看到：

（1）在发生短路的开始阶段，铁芯的剩磁尚未达到饱和磁密时，TA 可以正确传变电流。如继电保护能在该段时间内作出判断，基本上可以不受铁芯饱和的影响。

（2）当铁芯进入饱和后，i_2 的波形出现缺损现象。

（3）当一次电流 i_1 的瞬时值由正半周趋向负半周时，铁芯磁密又回复到非饱和状态，此时，TA 又可以传变一次的电流，因此，每次 i_1 过零后，使得 TA 二次侧输出有一个线性传变区。

由于 TA 饱和使得二次侧电流出现畸变，不能正确地反映系统的一次情况，母线差动保护可能误动。

2. 常规保护处理 TA 饱和的方法

（1）速饱和变流器。将差动继电器通过一个速饱和变流器接入差动回路，可以有效地防止由于故障电流直流分量引起 TA 饱和而导致的保护误动，但是它对稳态不平衡电流不起作用，故障交流分量过大引起 TA 饱和时，保护仍会误动。另外在内部故障，故障电流中存在直流分量时，由于速饱和变流器的影响，保护将延时动作，这种方法已逐渐被淘汰。

（2）带制动特性的差动方案。当 TA 轻度饱和时，此判据可以达到制动的目的。当 TA 严重饱和的时候，仍会误动。因此只能部分抑制 TA 饱和的影响，必须与其他方法配合使用。

（3）在差动回路中串入阻抗，可以有效地减少 TA 饱和的影响。如果阻抗过小，对 TA 饱和达不到完全抑制的效果，但阻抗过大，相应设备要求高，也降低保护的灵敏度。所以现有产品较多采用带比率制动特性的中阻抗电流差动母线保护的方案。这种原理的保护由于不受 TA 饱和的影响，动作速度快，在国内外都得到了广泛的应用。

（4）线性互感器构成的母线保护。国外研制了不带铁芯的线性互感器，它是一种空气芯的互感器，线性度好，不存在饱和的影响，因此动作速度快。但是，TA 输出电压低、功率小，不能用于各种接线复杂的继电保护中，而且其励磁阻抗小、误差大，在常规的电磁型、晶体管型和集成电路型的母线保护中不宜采用。

（5）饱和发生器。当 TA 饱和时，由 TA 饱和发生器产生闭锁信号，闭锁保护。现在发生器的原理有两种：

1）检测 TA 二次侧电流波形，利用其饱和时缺损的波形产生闭锁信号；

2）检测 TA 铁芯中的磁通量，饱和时，磁通量将超过磁化曲线的拐点，这时将保护闭锁。

不足之处是每条出线都需加装、成本高、结构复杂，不便于调试。

对于微机保护来说防止 TA 饱和的影响，除带制动特性的方法可以采用外，其他方法用计算机实现比较麻烦。已有的微机母线保护利用计算机的优势，采用了一些新的技术方法，主要是以下 3 种：

（1）同步检测。主要起作用于故障发生的开始阶段，在很严重的外部故障引起饱和时，从故障开始到 TA 发生饱和也需要一段时间。在这段时间内，TA 传变是线性的，差动关系也是成立的。在故障发生的初始时刻母线上的电压检测元件瞬时动作，而电流差动元件不动作。过一段时间之后，TA 饱和，此时差动元件也会动作。所以，当母线电压元件先于差动元件动作时，则将保护闭锁一个周波，至此同步检测的任务完成。

（2）波形拟合。在同步检测完成之后的时间里，保护的闭锁功能则由波形拟合功能程序完成。这一程序的原理是采用最小二乘的拟合方法。当波形为一正弦信号（或基本正弦信号）时程序不产生闭锁信号。此时至多是 TA 发生轻微饱和。带比率制动的差动判据可以防止轻微饱和的影响，保护不会误动。当波形发生畸变时，程序产生闭锁信号，继续将保护闭锁一个周波，直至 TA 饱和消失后，再执行差动判据。

（3）双母线接线对母线保护的特殊要求和解决办法。微机保护充分发挥计算机的优势，采用自适应原理识别双母线运行方式，实现差动电流和跳闸逻辑的软件切换，彻底解决了常规母线保护硬件切换存在的问题。

二、提高母线保护动作速度和动作灵敏度

对母线保护而言，提高保护的动作速度，不仅是被保护元件本身的要求，而且是防止电流互感器饱和对母线保护的影响以及电力系统稳定运行的要求。从电力系统运行稳定性的角度来看，母线故障被切除的时间越短越好。超高压变电站母线保护装置，其动作时间一般都要求在 10ms 之内。

早期的电流差动保护装置，虽然其动作速度比较快，但由于其动作电流要躲过母线外部故障的最大不平衡电流，灵敏度往往较低。针对这一缺陷，人们研制出了带制动特性的母线保护以及相位比较式母线保护，从而大大提高了母线保护的灵敏度。

三、增强母线保护适应母线运行方式变化的能力

为了提高供电系统运行的可靠性和灵活性，现在高电压输电系统很少采用简单的单母线供电方式。双母线、双母分段、旁路母线等的使用，一方面提高了电力系统运行的可靠性，但同时又给母线差动保护提出了新的问题，这方面问题较多地涉及到差动保护的构成原理以及对不平衡电流产生原因的分析；另一方面的问题则是要解决母线保护适应不同母线运行方式的能力。这个问题从原理上讲比前一个问题简单些，但要较多涉及到母线保护方案的实现。

第二节　带制动特性的母线差动保护

带制动特性的母线差动保护将母线上引出线的电流（即电流互感器的二次侧电流）按一定的方式组合成一制动电压，以阻止继电保护动作，这种电流又以另外的方式组合成一差动电压，以启动继电保护。继电保护的动作与否决定于制动电压与差动电压之间的大小；如果差动电压大于制动电压，则保护装置动作；如果差动电压小于制动电压，则保护装置不动作，这就是这种母线差动保护的工作原理。

设母线上有几条引出线，其电流分别为 I_1，I_2，…，I_n，常用的几种制动特性的差动保护，其动作条件为

$$\left|\sum_{i=1}^{n} I_{\mathrm{i}}\right| - K\left|I_{\mathrm{i}\cdot\max}\right| \geqslant i_{\mathrm{o}} \tag{4-10-3}$$

$$\left|\sum_{i=1}^{n} I_{\mathrm{i}}\right| - K\sum_{i=1}^{n}\left|I_{\mathrm{i}}\right| \geqslant i_{\mathrm{o}} \tag{4-10-4}$$

$$\left|\sum_{i=1}^{n} I_{\mathrm{i}}\right| - K_1\left[\sum_{i=1}^{n}\left|I_{\mathrm{i}}\right| - K_2\left|\sum_{i=1}^{n} I_{\mathrm{i}}\right| - i_{\mathrm{d}}\right]^{+} \geqslant i_{\mathrm{o}} \tag{4-10-5}$$

式中：K、K_1、K_2 为制动系数；i_{o}、i_{d} 为定值。

在各种带制动特性的母线差动保护中，几乎无例外地将母线上各引出线电流互感器的二次侧电流之和作为差动继电器的动作量，此即上式中左边第一项。上式中左边第二项为差动保护的制动量。动作方程表明，只有在动作量和制动量之差大于某一选定的电流 i_{o} 时，差动保护才动作。

动作方程式（4-10-3）选择所有引出线电流中的最大电流 $I_{\mathrm{i}\cdot\max}$ 构成制动量；方程式（4-10-4）选择所有引出线电流绝对值之和构成制动量；而方程式（4-10-5）的制动特性较为复杂，它是一种具有折线特性的差动继电器，式中 $[x]^{+}$ 定义为：当 $x \geqslant 0$ 时，$[x]^{+}=x$，当 $x<0$ 时，$[x]^{+}=0$。

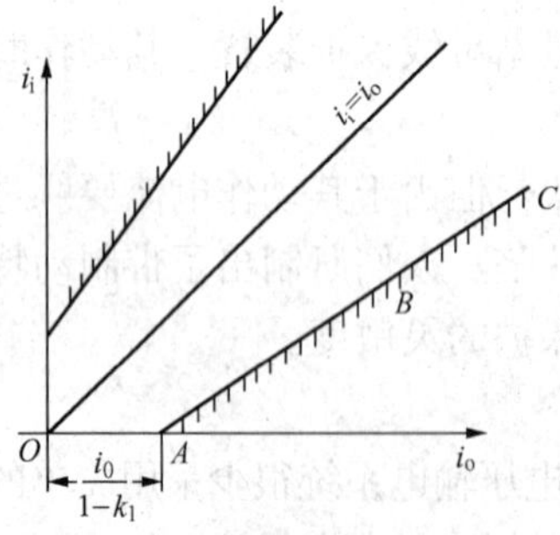

图 4-10-3　具有直线制动特性的差动保护的动作区域

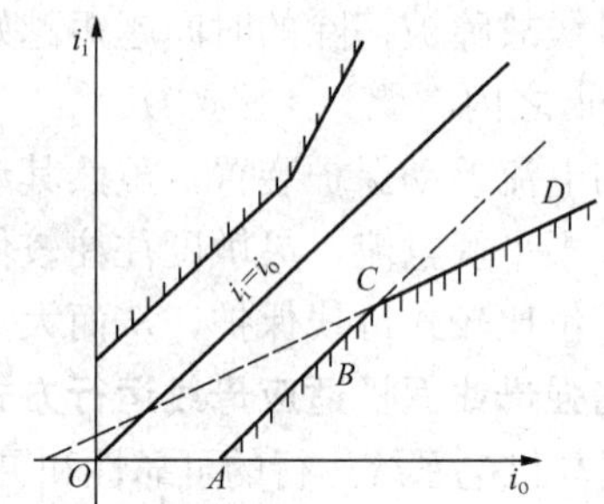

图 4-10-4　具有折线制动特性的差动保护的动作区域

为了详细了解带制动特性的差动保护的特性，现在对式（4-10-4）和式（4-10-5）所确定的差动保护的动作特性分析如下：

设发生故障时，I_{i} 为由线路流向母线的电流之和，I_{o} 为母线流向线路的电流之和，这

两个电流皆取绝对值。

由式（4-10-4）所决定的差动保护的动作方程式可简写成

$$|I_{out}-I_{in}|-K|I_{out}+I_{in}|\geqslant i_o \qquad (4\text{-}10\text{-}6)$$

如果以 I_i 为纵坐标，I_o 为横坐标，可以在 I_i-I_o 平面上画出这种继电保护的动作区域，显然动作区域分为 $I_o>I_i$ 和 $I_o<I_i$ 两种情况讨论。但是，若将上式中 I_o 与 I_i 互换，方程式不变，这说明在 $I_o>I_i$ 及 $I_o<I_i$ 这两种情况下，所画出的动作区域将对称于 $I_o=I_i$ 直线。所以可以只讨论其中一种情况。设 $I_i>I_o$，则式（4-10-6）变成

$$I_i-I_o-KI_o-KI_i\geqslant i_o \qquad (4\text{-}10\text{-}7)$$

$$I_i\geqslant\frac{1+K}{1-K}I_o+\frac{1}{1-K}i_o \qquad (4\text{-}10\text{-}8)$$

由此可以作出 I_i-I_o 平面中的右下部分动作区域。同样可以作出左上半部分动作区域，最终的动作区域示于图 4-10-3 中。其临界动作曲线的斜率可以通过调整 K 达到，K 值越大（在小于 1 的条件下）两条临界动作直线离直线 $I_i=I_o$ 越远。若 $K=0$，则两条直线平行于直线 $I_i=I_o$，这时制动性消失。K 越大，制动能力也越大。i_o 的选择能够按使特性直线与坐标轴的截距能够避开线路电容电流来考虑。

较大 K 值的选择，可以使动作区域远离直线 $I_i=I_o$，这使得在外部短路时保护动作的可能性变小，从而提高了整个保护装置的可靠性。但 K 值取得太大，又可能使内部故障时，由于铁心的饱和使得只有部分短路电流从电流互感器流出时保护装置拒动，从而使整个保护装置的灵敏系数下降，这是这种制动特性的差动保护的一个缺点。由式（4-10-5）所决定的带制动特性的差动保护可以在一定程度上解决这一问题。

由式（4-10-5）所决定的制动特性的差动保护的动作方程为

$$I_o-I_i|-K_1[I_o+I_i-K_2|I_o-I_i|-i_d]^+\geqslant i_o \qquad (4\text{-}10\text{-}9)$$

根据同样的道理，只讨论 $I_i>I_o$ 这种情况。在这种情况下，动作方程为

$$I_i-I_o-K_1[I_o+I_i-K_2(I_i-I_o)-i_d]^+\geqslant i_o \qquad (4\text{-}10\text{-}10)$$

若 $I_o+I_i-K_2$（I_i-I_o）$-i_d\geqslant 0$，则

$$I_i\geqslant\frac{1+K_1+K_1K_2}{1+K_1-K_1K_2}I_o+\frac{1}{1+K_1-K_1K_2}(i_o+K_1i_d) \qquad (4\text{-}10\text{-}11)$$

若 $I_o-I_i-K_2$（I_i-I_o）$-i_d\leqslant 0$，则

$$I_i\geqslant i_o+I_o \qquad (4\text{-}10\text{-}12)$$

由此可以在 I_i-I_o 平面中画出如图 4-10-4 所示的动作区域。分析在 $I_i>I_o$ 时的临界动作曲线可知，该曲线是一条折线，它由两条直线组成即图中的 ACD。其中 AC 段对应于式（4-10-12）所表示的直线，CD 对应于式（4-10-11）表示的直线。在外部短路情况下，动作特性由直线 CD 来决定，它具有较大的制动特性，可以保证较高的可靠性，而在内部短路时，动作特性由直线 AC 决定，它的制动特性为零，可以保证在内部短路时，在只有部分短路电流从电流互感器流出的条件下，保护仍能可靠地动作，从而得到较高的灵敏系数。

上述几种带制动特性的差动保护都可以不同程度地改善保护装置的性能。但是在外部短路，故障线路电流互感器完全饱和时，制动电流都将失去最大的一个电流（称为失去制动）从而影响了与内部故障的区分。为了不失去制动，可以采取增加差动回路的电阻的办法，这

点曾在上节中分析过，在差动回路电阻很高的情况下，尽管故障线路电流互感器饱和，其二次侧回路中仍流入所有健全线路电流之和，这样就不会失去制动。

第三节　母线差动保护装置

在前面几节，讨论了母线保护的基本原理，由于电流互感器的误差和铁心的饱和给母线差动保护带来的问题及其解决办法，几种类型的母线差动保护装置的构成及其基本原理。从本节开始，将在上面几节的基础上具体讨论 JMH-1 型母线保护装置。

该装置可以适用于大电流接地系统各种方式的母线保护，适用的接线方式有单母线、分段单母线 、双母线、环形母线、3/2 母线等。作为主保护，它能迅速反映母线的各种故障，在各种运行方式下，均具有较好的选择性。由于装置采用的中间电流变换单元可以选用不同的变比，所以它适用于母线上各连接单元的电流互感器变比不一致的场合，且属于中阻差动型，故整个装置具有良好的抗电流互感器饱和的能力。

为了适应各种不同的母线结构，装置具有模块化结构，用户可以根据自己的要求和母线的结构很方便地构成适合自己的保护装置。装置由以下几种类型的模块（元件）所组成：FL-10 型中间电流变换器单元，GMH-1 型差动元件，GMH-2 型信号元件，GMH-3 型复合电压元件，GMH-4 型闭锁元件，GMH-5 型及 GMH-6 型切换元件所组成。

为了保证保护装置动作的可靠性，装置只有在差动继电器、差电流继电器、复合电压元件均动作的条件下，方允许出口跳闸继电器动作。差电流继电器和差动继电器按各自的方式同时接入被保护母线的综合电流回路之中，其中差电流继电器是差动继电器的启动元件，它仅反映差电流的大小，而差动继电器所反应的是差电流与总输入电流的比例关系。装置具有制动特性且在差动回路接入高阻抗，配以复合电压闭锁回路，能有效地防止由于电流回路断线、元件损坏等原因而可能引起的保护误动作。

为了适应各种方式连接的母线，设计了两种类型的切换元件，即 GMH-5 型切换元件和 GMH-6 型切换元件。前者是为母线上的引出线而设置的，后者是为母联处的电流回路而设置的，它也适用于母线分段处及母联兼旁路的场合。

第四节　JMH-1 型母线保护装置的基本工作原理

从原理上讲，JMH-1 型母线保护主要由中阻抗差动回路、电压闭锁回路、断线闭锁回路、切换回路（包括出口回路）及自检回路等组成，本节将对这些回路逐一进行分析。

一、中阻抗差动回路

中阻抗差动回路是本保护装置的最核心的部分，它由中间电流变换器、差动元件和信号元件等组成，在用于双母线或多母线保护时，还应包括切换元件的触点回路，此回路的详细原理图略。为了方便分析，这里将其单母线系统保护的交流电流回路一相的简图在图 4-10-5 中绘出，有关断线闭锁及切换（指出线在母线上的运行方式切换）电路均未画出，这些将在后面讨论。

图 4-10-5 所示的母线保护的中阻抗差动回路表明了系统的构成，母线上的几条出线的电流互感器的二次侧出线分别接入中间电流变换器的一次侧，其二次侧出线接于由二极管组

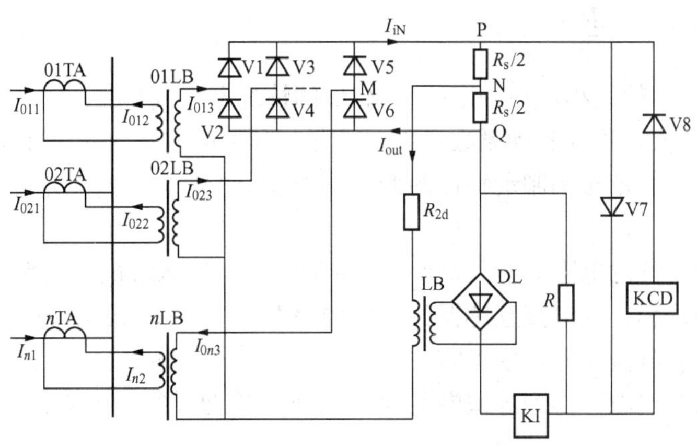

图 4-10-5　单母线系统保护的交流电流回路

成的桥式整流电路，在图示的正方向下的正半周内，与出线 1、2、…，相应的中间电流变换器的二次电流构成了 I_i，而与出线 r（假定故障发生在此出线上）相应的中间电流变换器的二次侧电流构成了 I_o。

I_i 流过$\dfrac{R_s}{2}$所形成的电压降与 I_o 流过$\dfrac{R_s}{2}$所形成的电压降之和形成了制动电压，用 u_{zd}表示，假定有差动电流，则 $I_i \neq I_o$，I_o 作为 I_i 的一部分直接通过二极管返回中间电流变换器，而 I_i 的另一部分，即 $I_i - I_o$ 经过 R_{cd}与电流变换器 LB 的一次侧绕组构成回路，返回到中间电流变换器，LB 的一次侧绕组所感应出的电流通过全波整流电路进入差电流继电器 KI 和电阻 R 串联构成的回路，它一方面启动差动继电器 KCD，同时在 R 上产生压降 u_{cd}称为差动电压。由于制动电压 u_{brk}与差动电压 u_{cd}反极性相连，其差值作用在差电流继电器 KI 上启动该继电器，同时该电流在 R 上产生的压降 u_{cd}，称为差动电压。考虑到与差动继电器 KCD 相连的二极管 V7、V8 的作用，只有在 $u_{cd} > U_{brk}$时，差动继电器才动作。

下面就正常运行、外部故障及内部故障三种不同的情况讨论差动回路的工作原理。

在正常运行时，差动回路可以等效成图 4-10-6 所示的回路，此时流进母线的电流 I_i 等于流出母线的电流 I_o。因为 $I_i = I_o$，M 与 N 之间无电位差，P 与 Q 之间有制动电压 u_{brk}存在，$u_{brk} = I_i \times R_s$，同时 $I_{cd} = 0$，因此 $u_{cd} = 0$，故 KI 动作。而且显然这时 $u_{cd} \ll u_{brk}$，差动继电器 KCD 也可靠不动作。

在母线外部发生故障时，若故障线路（设为第 n 条出线）的电流互感器没有饱和，则其等效电路仍如图 4-10-6 所示。此时仍有 $I_i = I_o$，以上正常运行时的分析全部成立，即 $u_{cd} = 0$，$u_{cd} \ll u_{brk}$，差电流继电器 K1 和差动继电器 KCD 均可靠不动作。

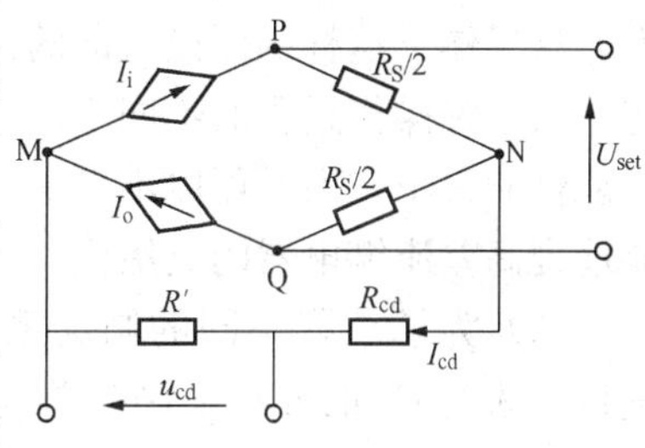

图 4-10-6　正常运行时差动回路的等效电路

若故障线的电流互感器发生饱和，尽管仍然有 $I_{011} + I_{021} + \cdots + I_{n1} = 0$，但 $I_{013} + I_{023} + \cdots + I_{0n3} \neq 0$，即 $I_i \neq I_o$。这样就会产生 i_{cd}，相应地也会引起 u_{cd}变化，u_{cd}的大小与 R_{cd}的取值有关，当然也与 I_o 所对应的电流互感器的饱和程度有关。U_{cd}的出现可能使差动继电器动作。但差动继电器的动作与否还取决于制动电压的存在与大小，这时制动电压为$U_{brk}=(I_i+I_o)\times\frac{R_s}{2}$。

可以通过改变R_s的大小，在一定的I_i和I_o的情况下得到U_{brk}，使$U_{cd}=U_{brk}$，这时的差动电流I_{cd}与I_i之比值，称为制动系数，以S表示。S可以在0.5～0.8之间选取。这种特性就使中阻抗差动保护与带比例制动特性的低阻抗差动保护一样具有一定的抗电流互感器饱和的能力。

在差动回路中设计的电阻R_{cd}可以使本差动保护具有与高阻抗差动保护一样的抗故障线路电流互感器完全饱和，即电流互感器的二次侧完全无信号输出的能力。在电流互感器完全饱和之后，其二次侧电流为零，励磁阻抗$Z_m=0$，将电流互感器的二次侧的直流电阻折算到中间电流变换器的二次侧，得到等值电阻R'_{TA}（连同辅助导线的电阻），这时的差动回路如图4-10-7所示。

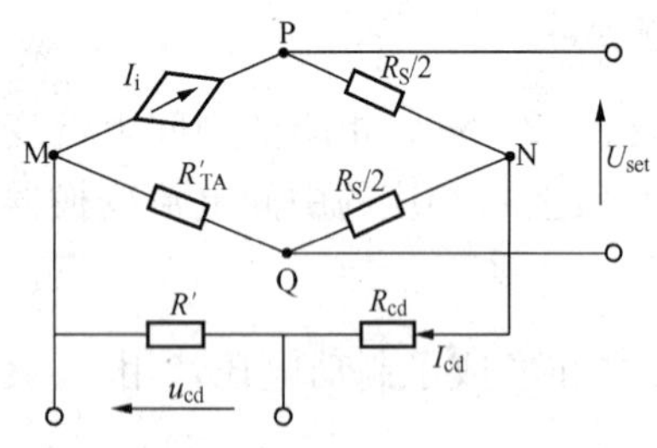

图4-10-7　故障线路电流互感器完全饱和时差动回路的等效电路

可以看出，这时I_i在N点分成两部分：一部分流经$R_s/2$与R'_{TA}所组成的支路，一部分流经R_{cd}与R所组成的支路。I_{cd}与I_i之比决定于$R_{cd}+R'$与$R'_{TA}+R_s/2$的比值。增加R_{cd}的数值可以减少I_{cd}，从而减少u_{cd}，增大u_{brk}。本保护装置就是采用适当选定R_{cd}使中阻抗差动保护具有与高阻抗差动保护一样的抗电流互感器完全饱和的能力的。

将图4-10-7进一步简化可以得出，只要故障线电流互感器二次侧的直流电阻及由此电流互感器到其相应的中间电流变换器的连线电阻之和$R_{TA}<0.7\frac{s}{1-s}(R_{cd}+n^2_{LB\cdot R})/n^2_{LB}$（0.7为可靠系数），不论电流互感器的特性如何，恒有$u_{cd}<u_{zd}$，从而可以保证在外部故障时，即使在电流互感器完全饱和的情况下，差动保护仍然能可靠不误动作，上式中的n_{LB}表示中阻抗差动回路中电流变换器LB的变比。

在内部故障时，所有出线上电流都由线路流入母线，所有$I_o=0$，这时差动回路可以等效成图4-10-8所示的回路。由图4-10-8可以很明显地看出恒有$u_{cd}>u_{brk}$，故在内部故障时，差动保护装置能可靠动作。

关于差动回路还有以下几点需要说明：

(1) 本装置中设置了差流继电器KI，此继电器是为了防止保护的切换回路与一次系统的操作过程的不同步而设置的，同时它也可以防止某电流回路断线等原因引起差动保护的误动作。因此，在一般的情况下，差流继电器的定值应按能躲过单条出线最大的负荷电流考虑。这里作了这样的假设，即两条出线同时发生切换回路与一次系统操作过程的不同步或电流回路断线同时发生的可能性非常小，因此可以不考虑。这样一来，就可以尽可能地提高差流继电器的灵敏性。

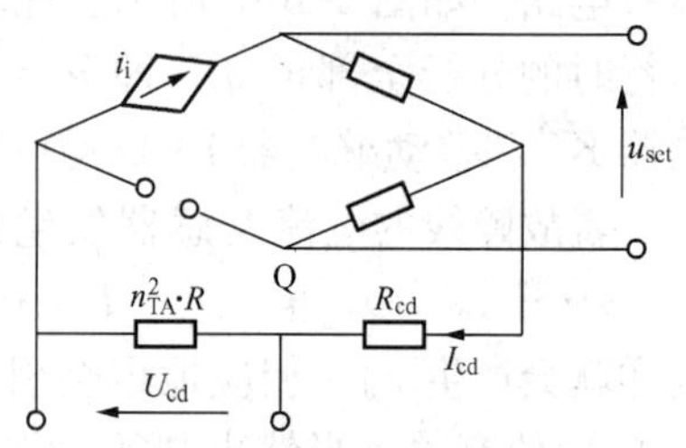

图4-10-8　内部故障时差动回路的等效电路

(2) 为了获得不同的制动系数S，可以通过改变R_s进行，改变R_s的方法是调整差动元件后端子上的连片的连接方式。

制动系数S的选择原则是：当被保护母线上所有的连

线出线的电流互感器的二次侧直流电阻均较小（应按折算到辅助电流变换器的二次侧的阻值考虑）时，S 的取值从小考虑，R_{cd}的阻值也可以适当减小，这样可以使差动继电器较为灵敏，并能获得较高的可靠系数，反之可以增大 S 的取值，R_{cd}的值可以适当增加，以提高差动继电器在外部故障时抗电流互感器饱和的能力。

二、断线闭锁回路

断线闭锁回路是由 GMH-4 型断线闭锁元件构成的，其工作原理如图 4-10-9 所示。三个灵敏型电流继电器分别接于 A、B、C 各相的差电流回路中，用于检测各相的电流回路有无断线，在有电流回路断线时，差电流回路中就有不平衡电流产生。

任一灵敏型电流继电器动作后，经过延时（5.005～5.03s 可调）启动断线闭锁继电器 KS。其触点 KS1 闭合启动闭锁继电器 KL。KL 的触点 KL1 和 KL2 断开，以封锁住保护装置的出口回路，触点 KL1 和 KL2 是并联之后再串入出口回路的，其目的是为了提高可靠性。

如前所述，在中阻抗差动回路中，为防止差动继电器和差流继电器长期动作不复归设置了两个继电器触点并联之后控制监视继电器 KV。当出现元件损坏时，差动继电器或差流继电器长期动作不复归，触点中任何一个闭合，启动 KV，其触点 KV1 或 KV2 闭合，接通闭锁保护出口的回路 KL。

同样的，该闭锁元件也可以用于监视电流继电器的切换（由于母线运行方式的改变必须进行的切换）。此时，闭锁元件中的电流继电器接于切换继电器（关于切换回路以后再讨论）的动断触点回路。这三个继电器任何一个动作都可以启动切换监视继电器 KS，从而闭锁出口跳闸回路，以上过程同断线闭锁。

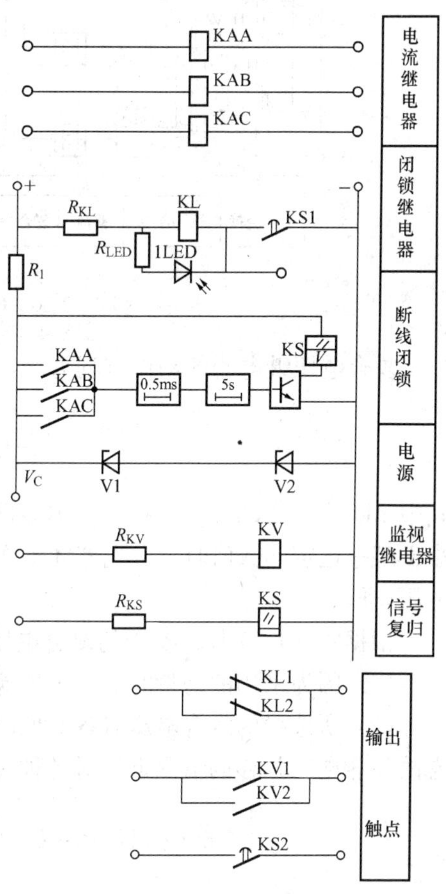

图 4-10-9　GMH-4 型断线闭锁元件工作原理图

三、电压闭锁回路

本装置所采用的电压闭锁回路是用如图 4-10-10 所示的电路。电压闭锁的作用是防止整个系统中任何部件的异常导致保护装置出口误动作。为了适合中阻抗差动保护动作速度快的特点，本电压闭锁回路采用了能反应全相电压、用瞬时值进行判断的新型复合电压继电器。

复合电压回路是这样工作的，通过 A、B、C 三相电压以及零序电压分别取绝对值，然后对这些绝对值电压进行复合，得到一复合电压，这个复合电压经过电平检测电路之后就可以决定是否有故障发生。如果有故障发生，电平检测电路有输出，经过脉冲展宽电路之后，驱动复合电压继电器 KV。复合电压继电器的触点接通跳闸回路。在未发生故障时，电平检测电路无信号输出，当然复合电压继电器 KV 也不动作，从而闭锁住跳闸回路。这样就可以防止差动保护装置由于别的回路故障而产生误动作。

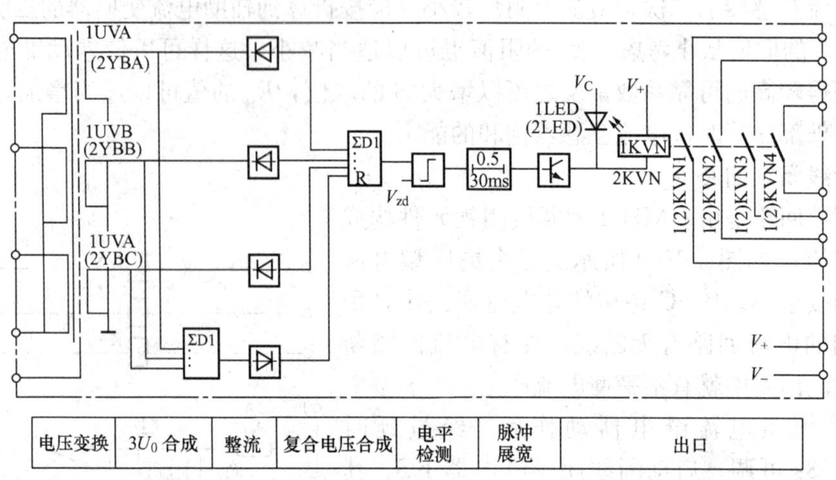

图 4-10-10　GMH-3 型复合电压元件原理图

复合电压继电器的动作方程为

$$|U_a|+|U_b|+|U_c|-K|3U_o|\leqslant U_{set} \tag{4-10-13}$$

其中 $|U_a|+|U_b|+|U_c|-K|3U_o|$ 就是复合电压。动作方程表明，只有在复合电压小于某一选定的数值时，继电器才动作，否则继电器不动作。这一预先选定的电压叫做门槛电压，即 U_{set}。

根据式（4-10-13）实现的复合电压继电器具有以下几个特点：

（1）因为采用的是瞬时值，未加滤波电路，故动作速度快。

（2）所选择的复合电压对各类低电压故障的灵敏系数较为一致，比如取 $K=1$，在不考虑故障相电压相移的情况下，对各种类型的故障均有

$$\min\{|U_a|+|U_b|+|U_c|-K|3U_o|\}=2U_j\cos30^\circ$$

式中：U_j 为故障相电压的峰值；min $\{x\}$ 表示取 x 在取值范围内的最小值，即在其变化周期内的最小值。

由此可见，该继电器在预值 $K=1$ 时，反应各类故障的灵敏系数一致。

电平检测电路检测出的低电压信号可能只是窄脉冲信号，这种窄脉冲信号常常不能可靠地启动复合电压继电器。因此设计了脉冲展宽电路，把脉冲信号展宽，以便把故障期间检测到的每周期的脉冲信号转换成连续的动作信号，以便出口继电器动作。

每个复合电压元件中装有两个相互独立的复合电压继电器。从原理上讲，一套母线保护只需一个这样的继电器。因此，当把这种复合电压元件用于单母线保护时，可将这两个复合电压继电器并联运行，以便更有效地防止因元件损坏可能导致保护装置的误动作。当用于双母线保护时，每个元件中的两个复合电压差动继电器都可以接入双母线中的两差动保护回路，这样两个元件可以互为备用。当一个复合元件退出运行时，母线保护仍能正常工作。

第五节　微机型母线保护

目前国内微机型母线差动保护已有投运产品。这些产品能适用于500kV及以下的电压等级和各种接线方式，能快速、灵敏地、有选择性地切除各种母线短路故障。下面以LFP-901A型保护装置为例来讲述。

一、保护运行特性

LFP-901A型是由微机实现的数字式超高压线路成套快速保护装置。

(1) 动作快速。该保护对近视故障的动作时间小于10ms，线路中间的故障的动作时间小于15ms，末端的跳闸时间由方向元件的动作时间与通道传输时间合成决定。其动作速度快于国内外已投入运行的高压线路保护。

(2) 高可靠性。可保证在任何复杂的故障状态下，都能快速正确切除故障。最新统计表明，运行至今除外部因素外，无一例是由于装置本身原理引起的测量错误。

(3) 该保护装置在任何系统、任何运行情况都不需要退出保护，保证了高压输电线路在任何条件下都有快速保护。

(4) 现场调试、整定维护非常方便。

二、保护配置

该保护设置有工频变化量方向元件和零序方向元件为主体的快速主保护，由工频变化量距离元件构成的超快速段主保护，有三段式时间和接在距离及两个延时段的零序方向过流作为全套后备保护。保护装置设有分相出口并配置了重合闸出口，根据需要可实现单相、三相重合和综合重合闸方式。

三、硬件结构及作用特点

装置的硬件整体结构如图4-10-11所示。图4-10-11中，CPU表示CPU插件板，板内除CPU外，还有EPROM、E^2PROM、RAM及计数器等接口心片。其板内结构与第二章所述基本相同，这里仅就硬件功能及相互配合说明如下。

装置的硬件核心部分是三个独立的16位加强单片机80C196。其中CPU1作为装置的两个主保护及两个延时段的零序方向电流的接地后备保护；CPU2作为装置的总后备保护和综合重合闸逻辑；CPU3作为装置的总启动，人机接口、通信接口及离线测距计算。

三个CPU功能独立，但互相补充。CPU1作为主保护，强调的是灵敏度及快速性，采样率为每周20点，采用积分算法速度快而且安全性高；CPU2作为总后备保护，强调的是准确性及功能齐全，采样率为每周12点，采用傅氏算法计算精确度高。CPU1采用反应系统工频变化量的工作原理，CPU2则采用反应系统工频电气量的工作原理。CPU1先选相后对故障相测量，CPU2则先对各相进行测量，判为区内故障时再由选相元件选择跳闸相别。总之，这两个CPU相互补充可使装置在任何复杂的故障形式下不失去保护功能，而且任一CPU退出时，保护装置仍能保护各种故障。

从图4-10-11可看出，保护的总启动由CPU3完成，而CPU1和CPU2内均设有本保护的启动元件，构成独立而完善的保护启动功能。CPU3总启动的数据采集，取自于带低通滤过器的VFC1，能保证保护总启动的可靠和安全性；而CPU1和CPU2的数据采集，取自不带低通滤过器的VFC2，加快了保护动作速度。CPU1和CPU2是通过实时在线计

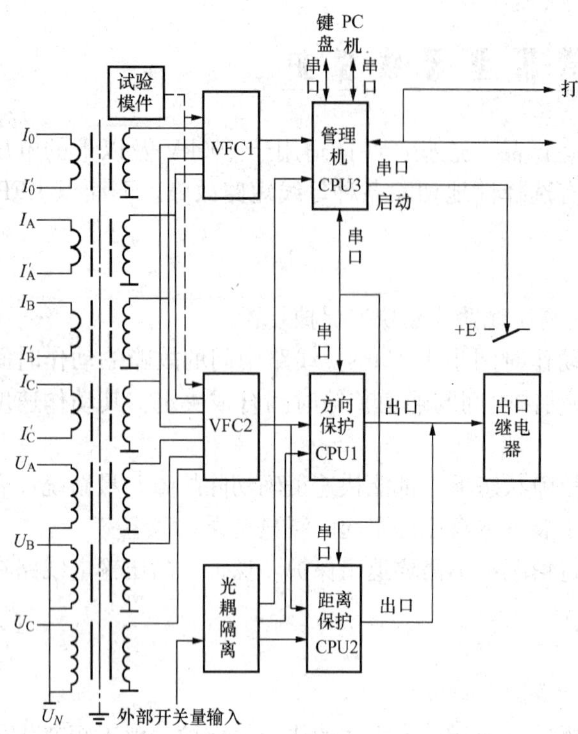

图 4-10-11　LFP-910A 型母线保护硬件整体结构图

算完成保护的功能，而 CPU3 则是利用 CPU1 和 CPU2 的计算结果，在保护整组复归后进行离线测距计算，可选择较好的滤波措施，从而提高了测距计算的精度。

从图 4-10-11 可看出，保护有两个串行通信口：一个串口直接与串行打印机相联，或送至后台计算机；另一串口可远方通信，通过 RM-90 管理机将保护动作情况传至调度所，或在调度所查询保护动作及有关情况，以及远方修改定值等。

四、动作原理

1. 复式比率差动继电器

WMB-1 型装置中，差动继电器的动作判据由两个判据完成。

（1）电流差动特性由下式获得

$$\left|\sum_{m=1}^{k} I_m\right| \geqslant I_d \tag{4-10-14}$$

（2）复式比率差动特性由下式获得

$$\left|\sum_{m=1}^{k} I_m\right| \Big/ \left|\sum_{m=1}^{k} I_m\right| - \sum_{m=1}^{k}\left|I_m\right| \geqslant K_r \tag{4-10-15}$$

式中：$\sum\limits_{m=1}^{k} I_m$ 为 k 条引出线电流的相量和，即所谓差电流；$\sum\limits_{m=1}^{k}\left|I_m\right|$ 为 k 条引出线电流的标量和；I_d 为差电流定值；K_r 为制动系数。

电流差动特性和最简单的差动保护相同，差电流启动值 I_d 按避开正常不平衡电流整定。建议 $I_d=0.1I_N$（I_N 为电流互感器二次额定电流）。

复式比率差动特性在理想条件下，当区外故障时比值为零，当区内故障时比值为∞，故有极其宽的整定范围。实际上电流互感器有误差，这是保证区外故障的安全性必须考虑的问题。在区内故障时可能有电流流出（这种情况在 3/2 断路器接线的母线上可能出现），这是保证区内故障的灵敏性必须考虑的问题。显然，这两者之间存在矛盾，为此在选择制动系数时需在这两方面权衡得失。不同 K_r 下允许的电流互感器误差 δ_s 和允许的流出电流 I_{out} 不同，电流互感器完全饱和也不会误动。

2. 综合判据

$$\left|\sum_{i=1}^{N} I_i\right| \geqslant I_{d1} \qquad \left(\sum_{i=1}^{N}\left|I_i\right| < I_{f1}\right) \tag{4-10-16}$$

$$\left|\sum_{i=1}^{N} I_i\right| \geqslant K\left(\left|\sum_{i=1}^{N}\right| Z_i\left|-I_{f1}\right|\right) \qquad \left(\sum_{i=1}^{N}\left|Z_i\right| > I_{f1}\right) \tag{4-10-17}$$

式中：I_{d1}、I_{f1}为定值，本装置取其范围：

$$0 < I_{d1} < 0.3I_N \qquad (I_N \text{ 为额定电流})$$

$$0.6I_N < I_{f1} < I_N$$

式（4-10-16）在外部故障短路电流较大时易于误动，短路电流较小时可靠性高。另一方面，它的动作条件由各侧电流相位决定，与短路电流的大小无关，故灵敏系数较高。当外部故障短路电流较大时，由式（4-10-17）保证保护不误动，提高保护的可靠性。

五、复式比率定值的整定

实际上，复式比率制动系数变化范围为 0～∞，是忽略了 TA 误差和流出负荷电流的影响。事实证明在区外故障的故障支路上，TA 严重饱和，其误差是不可忽略的。而在区内故障时，除金属性短路之外，母线上的残压不可能下降到零，如经过较大的过渡电阻短路，母线上还保持有较高的残压，因此母线流出的负荷电流也是不可忽略的。由此可见实际上区内故障时，$I_d \neq I_r$，K_r 的取值范围不可能为 0～∞。

如果考虑区内故障时，母线流出电流占总故障电流的 $x\%$，那么进一步分析可以求得这种情况下复式比率制动系数 K_r 的取值范围。假设连接母线有 $m+n$ 条支路，其中 m 条有源支路，n 条无源支路，在区内故障时有源支路流入的短路电流之和为 $\Sigma I_{m.k}$，无源支路流出母线电流之和为 $\Sigma I_{n.out}$，如图 4-10-12 所示。上述各 $I_{m.k}$和 $I_{n.out}$均为已折算到 TA 二次侧的电流。这时制动电流可表示为

$$I_r = \Sigma \mid I_i \mid = \Sigma \mid I_{m.k} \mid + \Sigma \mid I_{n.out} \mid$$

假设在短路瞬间各支路的电流相位基本相同，则差动电流可表示为

$$I_d = \mid \Sigma I_i \mid = \Sigma \mid I_{m.k} \mid - \Sigma \mid I_{n.out} \mid$$

将 $\Sigma \mid I_{m.k} \mid$ 代入 $I_r = \Sigma \mid I_i \mid$ 中得

$$I_r - I_d = 2 \times \Sigma \mid I_{n.out} \mid$$

$$K_r = I_d/(I_r - I_d) = I_d/(2 \times \Sigma \mid I_{n.out} \mid)$$

$$K_r = 1/[2(\Sigma \mid I_{n.out} \mid /I_d)]$$

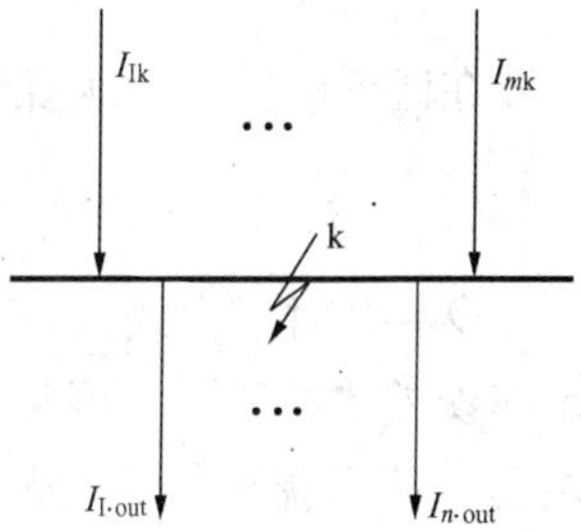

图 4-10-12 母线区内故障时各支路相电流分布图

考虑到 $x\% = \Sigma \mid I_{n.out} \mid /I_d$ 当比率差动系数大于比率差动定值 D_2 时，保护动作，得式（4-10-18）

$$K_r = 100/(2x) > D_2 \tag{4-10-18}$$

在区内故障时，为保护可靠动作，如果流出负荷电流占故障电流 20%，则 $K_r = 2.5$，那么比率差动定值 D_2 应选 2。

当然，只要满足式（4-10-18），D_2 可以选得更小些，这样虽然灵敏度高了，但势必影响保护的选择性。在下面讨论的内容中，还将看到 D_2 选小了，差动保护允许 TA 误差的能力就会下降，保护的可靠性也随之下降。

六、复式比率定值与允许 TA 最大误差的关系

在复式比率定值 D_2 确定的条件下，保护允许 TA 最大误差就可以通过计算确定。

假设区外故障时，故障支路的 TA 误差为 δ，其余支路因故障电流在设计范围内，误差均可忽略。以图 4-10-13 为例（图中所标电流均为折算至二次电流），故障支路短路电流 I_{k2} 比其他电源支路流出的电流 $I_{n.out}$ 大得多，因此可得

$\Sigma I_{n.out} = I_{k2}$（$I_{k2}$ 为一次短路电流 I_{k1} 对应的线性二次电流）。

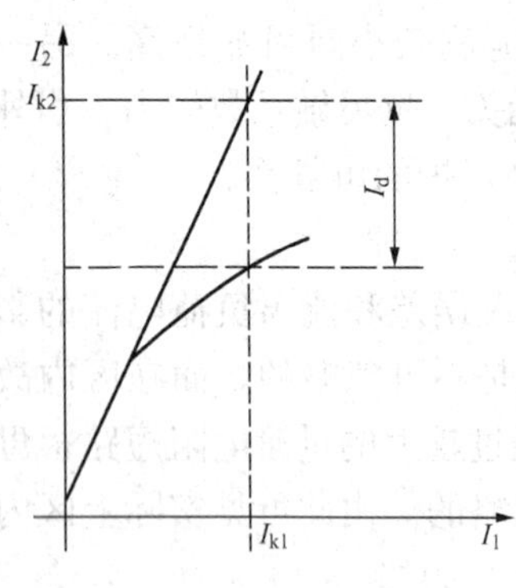

图 4-10-13　故障支路 TA 误差曲线图

这时制动电流 I_r 为

$$I_r = \Sigma \mid I_i \mid = \Sigma \mid I_{m.k} \mid + \mid I_{k2} \mid$$

显然上式 I_{k2} 是未考虑 TA 误差得出的，当考虑了故障支路误差时，在区外故障时由故障支路的 TA 误差 δ 产生的不平衡差流，也就是区外故障时的差电流 I_d（见图 4-10-13）所示，注意这不是 10%误差曲线），所以实际制动电流为

$$I_r = \Sigma \mid I_{m.k} \mid + \mid I_{k2} \mid - I_d$$

考虑到 $\Sigma \mid I_{m.k} \mid = \mid I_{k2} \mid$，所以 $I_r = 2 \times \mid I_{k2} \mid - I_d$，复式制动电流 $I_r - I_d = 2 \times \mid I_{k2} \mid - 2 \times I_d$ 由于区外故障时故障支路 TA 误差可表达为 $\delta = I_d / I_{k2}$，代入前述的复式比率制动系数公式

$$K_r = I_d / \mid I_r - I_d \mid = I_d / [2(\mid I_{k2} \mid - I_d)] = \delta / (2 - 2\delta)$$

在区外故障时，为保证保护不动作，应使 $K_r < D_2$。

$$\delta / (2 - 2\delta) < D_2 \tag{4-10-19}$$

$D_2 = 2$ 时，由式（4-10-19）求得 $\delta < 80\%$，仍可保证保护不会误动。当 $D_2 = 1$ 时，保护允许误差 $\delta < 67\%$。可见当 D_2 取值较大时，可以允许 TA 有更大的误差，而保护仍不会误动，从而获得较高可靠性，这就是复式比率差动定值 D_2 与 TA 误差 δ 的关系，这也是复式比率差动保护的优点。这种优点显然是因为复式比率差动保护灵敏度较高，允许它牺牲一部分灵敏度，使 D_2 可以选取较高定值以获得较好的区内外故障的选择性及保护动作时的可靠性。为了比较起见，将不同的 x 值时选取的 K_r 与允许误差 δ 的关系，列出表 4-10-1。

表 4-10-1　　**x 和 K_r 及 δ 的关系表**

K_r	x（%）	δ（%）	K_r	x（%）	δ（%）	K_r	x（%）	δ（%）
1	40	67	1.3	30	72	2	20	80

七、微机型母线保护的 TA 变比设置

常规的母线差动保护为了减少不平衡差流，要求连接在母线上的各个支路 TA 变比必须完全一致，否则就要求安装中间变流器，这造成体积很大而不方便。微机型母线保护的 TA 变比可以通过设置，方便地改变 TA 的计算变比，从而允许母线各支路差动 TA 变比不一致，也不需要装设中间变流器。

运行前，将母线上连接的各支路变比键入 CPU 插件后，保护软件以其中最大变比为基准，进行电流折算，使得保护在计算差流时各 TA 变比均变为一致，并在母线保护计算判据

及显示差电流时也以最大变比为基准。

八、电流互感器饱和的对策

当母线外部近端短路时，短路电流过大有可能引起线路电流互感器饱和，对母线保护造成威胁。为了防止电流互感器饱和引起保护误动，本保护装置采用同步识别法判别电流互感器饱和，发出饱和闭锁信号，闭锁保护一个周波。同步识别法逻辑框图如图 4-10-14 所示。

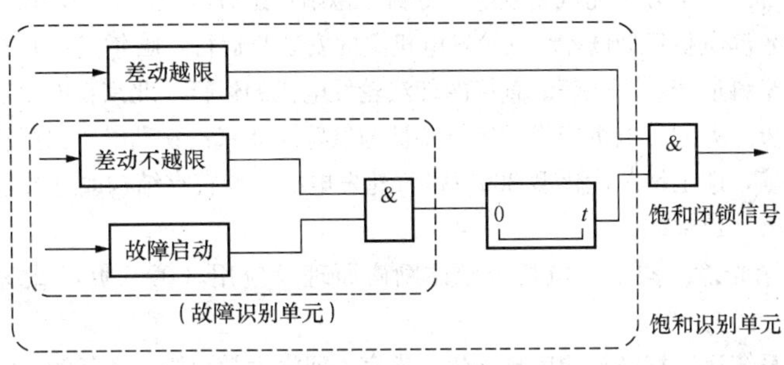

图 4-10-14　电流互感器饱和判别逻辑框图

参 考 文 献

1 熊家驹．东方300MW汽轮发电机综述．德阳：东方电机．1991（1）

2 东方电机编辑部．三十万千瓦汽轮发电机专辑．德阳：东方电机．1986，12

3 任秀春等．哈尔滨电机厂300MW汽轮发电机组的安装与运行．哈尔滨：大电机技术．1994（2）

4 金多罗普、玛米科尼奇［苏］著．直接冷却汽轮发电机的运行．北京：电力工业出版社，1980

5 王绍禹，周德贵．大型发电机绝缘的运行特性与试验．北京：水利电力出版社，1992

6 刘庆河，王彦滨，谢玉增．优化型300MW汽轮发电机设计特点结构改进及运行性能．哈尔滨：大电机技术．1994（1）

7 樊俊，陈忠，涂光瑜．同步发电机半导体励磁原理及应用（第二版）．北京：水利电力出版社，1991

8 王士政．电力系统运行控制与调度自动化．南京：河海大学出版社，1990

9 熊信银主编．发电厂电气部分（第三版）．北京：中国电力出版社，2004

10 孔庆东，罗敬安，林福本．大电流母线的设计制造及安装．北京：水利电力出版社，1988

11 《简明电工手册》编写组．简明电工手册．北京：水利电力出版社，1992

12 《电工手册》编写组．电工手册．上海：上海科学技术出版社，1985

13 江西省科学技术情报所《实用电工手册》编写组．实用电工手册．南昌：江西科学技术出版社，1993

14 陈崇源，陈乔夫主编．最新实用电工手册．成都：成都科技大学出版社，1995

15 徐名通．电力变压器的运行与检修．北京：水利电力出版社，1989

16 刘绍峻．高压电器．北京：机械工业出版社，1989

17 尚振球，郭文元．高压电器．西安：西安交通大学出版社，1992

18 西北电力设计院．电力工程电气设计手册（电气一次部分）．北京：水利电力出版社，1991

19 西北电力设计院．电力工程电气设计手册（电气二次部分）．北京：水利电力出版社，1991

20 韦特（美）等著，沈承杭等译．运算放大器原理和应用导轮．北京：人民邮电出版社，1983

21 王维俭，侯炳蕴．大型机组继电保护理论基础．北京：水利电力出版社，1982

22 朱声石．高压电网继电保护原理与技术（第三版）．北京：中国电力出版社，2005

23 贺家李，葛耀中．超高压输电线路故障分析与继电保护．北京：科学出版社，1987

24 刘爱忠主编．300MW火电机组培训丛书　电气设备及运行．北京：中国电力出版社，2003

25 邓庆松，周世平主编．300MW火电机组调试技术．北京：中国电力出版社，2003

26 望亭发电厂．300MW火力发电机组运行与检修技术培训教材　电气．北京：中国电力出版社，2002

27 程波，周秋月．300MW汽轮发电机内冷水系统故障检查及处理．哈尔滨：大电机技术，2002（4）

28 熊东旭．我公司第三代300MW汽轮发电机的设计．德阳：东方电机，2002（2）